Werner Fricke

Mathematik verstehen
Band 2

Grundlagen für das Studium naturwissenschaftlicher
und technischer Fächer

2. Auflage

Mit zahlreichen Beispielen, Übungen und Abbildungen

Bibliografische Information der Deutschen Nationalbibliothek

Die Deutsche Nationalbibliothek verzeichnet diese Publikation in der
Deutschen Nationalbibliografie; detaillierte bibliografische Daten sind
im Internet über www.dnb.de abrufbar

Herstellung und Verlag: BoD – Books on Demand, Norderstedt
ISBN: 9783746078113

Vorwort

„Die Mathematik ist eine Mausefalle. Wer einmal in dieser Falle gefangen sitzt, findet selten den Ausgang, der zurück in seinen vormathematischen Seelenzustand leitet. ..."
So beginnt das Vorwort zu Egmont Colerus legendärem Lehrbuch der Mathematik für interessierte Nichtmathematiker: „Vom Einmaleins zum Integral (1934)". Auch in Band 1 habe ich diesen Satz vorangestellt.

Ich bin immer noch in dieser Falle gefangen. Nach Vollendung von Band 1 und der unerwartet erfolgreichen Veröffentlichung, habe ich nicht loslassen können und weiter an einem Konzept gearbeitet, dass es mathematisch nicht so begabten ermöglicht, tiefer in diese Materie einzusteigen.

Dieses Lehr- und Arbeitsbuch ist für das Grund- und Hauptstudium von Studierenden naturwissenschaftlicher und technischer Fächer geschrieben worden. Es wendet sich speziell an diejenigen, welche eben nicht über die Gabe verfügen, komplizierte mathematische Zusammenhänge sofort zu durchschauen. Ich habe versucht, die mathematischen Problemstellungen in kleinen, nachvollziehbaren Schritten darzustellen, so dass dem Leser ein hohes Maß an Verständnis für die jeweilige Problemstellung vermittelt werden kann. Zunächst werden jeweils sehr einfache Beispiele für die Aufgabe angeführt, die dann nach und nach zu einer allgemeinen Lösung aufgebaut werden. Diese wird dann abgeleitet und durch weitere Beispiele untermauert.

An dieser Stelle möchte ich allen danken, die mit ihrer Hilfe und ihren Anregungen konstruktiv am Zustandekommen dieses Buches beteiligt waren. Mein besonderer Dank gilt Herrn Witali Gutschmidt für die fachlich kompetente Durchsicht und Korrektur des Manuskriptes und seine vielen Vorschläge zur verbesserten Gestaltung.

Schwerte, im Frühjahr 2018   *Werner Fricke*

Inhaltsverzeichnis

Inhaltsübersicht Band 1

Inhaltsübersicht Band 3

1 Fortgeschrittene Integralrechnung

1.1 Allgemeine Zusammenfassung von Band 1

Schon in Band 1 /1/ haben wir eine Einführung in die Integralrechnung beschrieben. Zunächst wollen wir die dort gemachten Ausführungen zusammenfassen. Wir haben die Integralrechnung als Operation zur Berechnung von Flächen eingeführt, die sich unterhalb einer Funktion befinden.

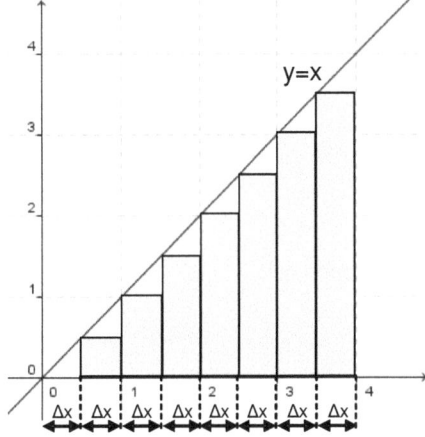

Bild 1: Einteilung in Streifen mit $\Delta x = 0{,}5$

Am Beispiel der Funktion $y = x$ haben wir gezeigt, wie sich die Fläche unterhalb der Funktion näherungsweise wie folgt berechnen lässt:

$$A \approx f_{(x_0)} \cdot \Delta x + f_{(x_1)} \cdot \Delta x + f_{(x_2)} \cdot \Delta x + \ldots + f_{(x_{n-1})} \cdot \Delta x = \sum_{k=1}^{n} f_{(x_{k-1})} \cdot \Delta x$$

Um ein genaues Ergebnis zu erlangen, haben wir die Anzahl der Streifen gegen unendlich und Δx gegen 0 gehen lassen und erhielten:

$$A = \lim_{n \to \infty} \sum_{k=1}^{n} f_{(x_{k-1})} \cdot \Delta x$$

Diesen Ausdruck haben wir dann wie folgt geschrieben:

$$A = \int_{a}^{b} f_{(x)} \cdot dx \qquad \text{(bestimmtes Integral)}$$

a = Untergrenze, b = Obergrenze

Danach konnten wir zeigen, dass Folgendes gilt: $F_{(x)} = \int f_{(x)} \cdot dx$

Den bekannten Differentialquotienten konnten wir umstellen:

$$\frac{dy}{dx} = f'_{(x)} \quad \Rightarrow \quad dy = f'_{(x)} \cdot dx \quad \Rightarrow \quad F_{(x)} = \int dy = y = \int f'_{(x)} \cdot dx = \int y' \cdot dx$$

Damit können wir so tun, als ob hinter dem Integralzeichen die Ableitung einer höheren Funktion stehen würde. Die Aufgabe der Integralrechnung lautet nun:

„Finde eine Funktion deren Ableitung f´$_{(x)}$ gegeben ist"

Diese gesuchte Funktion nennt man auch **Stammfunktion**. In diesem Sinne haben wir die Integralrechnung als Umkehroperation zur Differentialrechnung entlarvt.

Wenn wir dies auf die Funktion y = x anwenden, erhalten wir folgende Rechenregel:

Wir suchen eine Funktion $F_{(x)}$, deren 1. Ableitung gleich x ist.

1. Erhöhe den Exponenten von x um 1.

2. Dividiere den Vorfaktor von x durch den neuen erhöhten Exponenten.

Es folgt: $y = 1 \cdot x^1 \quad \Rightarrow \quad F_{(x)} = \int x \cdot dx = \frac{1}{2} \cdot x^2$

Man nennt dies auch ein **unbestimmtes Integral**.

Für allgemeine Exponenten haben wir dann Folgendes erhalten:

$f_{(x)} = y = x^n \quad \Rightarrow \quad F_{(x)} = \int x^n \cdot dx = \frac{1}{n+1} \cdot x^{(n+1)} + c$

Es wurden folgende Rechenregeln für Integrale abgeleitet:

Faktorregel der Integralrechnung

Besitzt die zu integrierende Funktion einen konstanten Faktor, dann gilt:

$f_{(x)} = y = a \cdot x^n \quad \Rightarrow \quad F_{(x)} = \int a \cdot x^n \cdot dx = a \cdot \int x^n \cdot dx = a \cdot \frac{1}{n+1} \cdot x^{(n+1)} + c$

Summenregel der Integralrechnung

Besteht die zu integrierende Funktion aus einem oder mehreren Summanden, so gilt:

$f_{(x)} = y = y_1 + y_2 + y_3 + \ldots + y_n$

$\Rightarrow F_{(x)} = \int f_{(x)} \cdot dx = \int (y_1 + y_2 + y_3 + \ldots + y_n) \cdot dx + c \Rightarrow F_{(x)} = \int y_1 \cdot dx + \int y_2 \cdot dx + \int y_3 \cdot dx + \ldots + \int y_n \cdot dx$

Dies gilt natürlich für die Subtraktion.

Vertauschungsregel

Vertauscht man die die Untergrenze eines bestimmten Integrals mit der Obergrenze, so gilt:

$F_{(x)} = \int_a^b f_{(x)} \cdot dx = \left[F_{(x)} \right]_a^b = F_{(b)} - F_{(a)} \quad \Rightarrow \quad \int_b^a f_{(x)} \cdot dx = \left[F_{(x)} \right]_b^a = F_{(a)} - F_{(b)} = -F_{(x)}$

Regel über gleiche Grenzen

Sind Ober- und Untergrenze eines bestimmten Integrals gleich groß, so gilt:

$F_{(x)} = \int_a^b f_{(x)} \cdot dx = \left[F_{(x)} \right]_a^b = F_{(b)} - F_{(a)} \quad \Rightarrow \quad \int_a^a f_{(x)} \cdot dx = \left[F_{(x)} \right]_a^a = F_{(a)} - F_{(a)} = 0$

Intervallregel

Jedes bestimmte Integral kann in beliebige Teilintervalle zerlegt werden, es gilt:

$F_{(x)} = \int_a^b f_{(x)} \cdot dx = \int_a^c f_{(x)} \cdot dx + \int_c^d f_{(x)} \cdot dx + \int_d^b f_{(x)} \cdot dx \quad \text{mit } (a \le c \le d \le b)$

1.2 Eigenschaften von Stammfunktionen

Eine Stammfunktion ist wie folgt definiert:

Eine differenzierbare Funktion $F_{(x)}$ ist die Stammfunktion von $f_{(x)}$, wenn gilt: $F'_{(x)} = f_{(x)}$

Für jede stetige Funktion $f_{(x)}$ gilt:

1. Es gibt unendlich viele Stammfunktionen zu der Funktion $f_{(x)}$.

Dies liegt daran, dass zu jeder Stammfunktion eine beliebige additive Konstante C existiert.

$$F_{(x)} = \int f_{(x)} \cdot dx + C \qquad \text{mit C als beliebiger Kons tan te}$$

2. Wenn wir die Differenz zweier beliebiger Stammfunktionen der Funktion $f_{(x)}$ bilden, dann erhalten wir eine Konstante:

$$F_{1(x)} - F_{2(x)} = \text{const.}$$

3. Wenn $F_{1(x)}$ eine Stammfunktion von $f_{(x)}$ ist, dann ist auch $F_{1(x)} + C$ eine Stammfunktion von $f_{(x)}$. Daraus ergibt sich die Menge aller Stammfunktionen wie folgt:

$$F_{(x)} = F_{1(x)} + C \qquad \text{(C ist eine beliebige Kons tan te)}$$

1.3 Bestimmtes, unbestimmtes Integral und Flächenfunktion

Der Unterschied zwischen einem bestimmten und einem unbestimmten Integral ist folgender:

Bestimmtes Integral:

Bei einem bestimmten Integral sind die Grenzen des Integrals fest vorgegeben.

$$F_{(x)} = \int_a^b f_{(x)} \cdot dx \qquad \text{mit a und b als den Integrationsgrenzen}$$

Unbestimmtes Integral:

Bei einem unbestimmten Integral sind die Grenzen des Integrals nicht vorgegeben.

$$F_{(x)} = \int f_{(x)} \cdot dx + C \qquad \text{mit C als beliebiger Kons tan te}$$

Da es eine überabzählbar unendliche Anzahl von Werten für C gibt, können wir sagen, dass es eine überabzählbar unendliche Anzahl von Stammfunktionen für die Funktion $f_{(x)}$ gibt.

Flächenfunktion

Wenn man nun die untere Integrationsgrenze als konstant und die obere Integrationsgrenze als variabel annimmt, so erhält man eine Flächenfunktion, die von der variablen oberen Integrationsgrenze abhängt. Hierzu zwei einfache Beispiele:

(1) Gegeben sei die Funktion: $f_{(x)} = a_1 \cdot x$

Wir bilden nun die Flächenfunktion, indem wir die Integrationsgrenzen wie folgt festlegen:
Untere Grenze: k = const.
Obere Grenze: x_0 (variabel)

$$F_{(x_0)} = \int_k^{x_0} f_{(x)} \cdot dx = \int_k^{x_0} a_1 \cdot x \cdot dx = a_1 \cdot \int_k^{x_0} x \cdot dx = a_1 \cdot \left[\frac{x^2}{2} + c\right]_k^{x_0} = \left(a_1 \cdot \frac{x_0^2}{2} + c\right) - \left(a_1 \cdot \frac{k^2}{2} + c\right)$$

$$\Rightarrow \quad F_{(x_0)} = \frac{a_1}{2} \cdot \left(x_0^2 - k^2\right)$$

Setzen wir z.B. die Untergrenze zu k = 2, so erhalten wir die Flächenfunktion: $F_{(x_0)} = \frac{a_1}{2} \cdot \left(x_0^2 - 4\right)$

Das folgende Bild zeigt die Funktion $f_{(x)} = 0,5 \cdot x$ und die zugehörige Flächenfunktion für k = 2.
Flächenfunktion: $F_{(x_0)} = 0,25 \cdot \left(x_0^2 - 4\right) = 0,25 \cdot x_0^2 - 1$

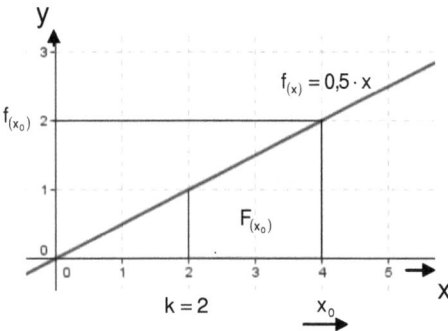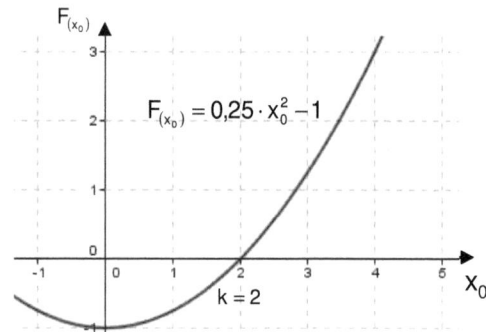

Bild 2: Darstellung von Funktion und Flächenfunktion

Für $x_0 = 4$ erhalten wir das Ergebnis der Flächenfunktion zu: $F_{(x_0 = 4)} = 3$

Wenn wir uns auf der linken Seite die Fläche für $x_0 = 4$ betrachten, finden wir dieses Ergebnis bestätigt.

(2) Gegeben sei die Funktion: $f_{(x)} = a_2 \cdot x^2$

Wir bilden nun die Flächenfunktion, indem wir die Integrationsgrenzen wie folgt festlegen:
Untere Grenze: k = const.
Obere Grenze: x_0 (variabel)

$$F_{(x_0)} = \int_k^{x_0} f_{(x)} \cdot dx = \int_k^{x_0} a_2 \cdot x^2 \cdot dx = a_2 \cdot \int_k^{x_0} x^2 \cdot dx = a_2 \cdot \left[\frac{x^3}{3} + c\right]_k^{x_0} = \left(a_2 \cdot \frac{x_0^3}{3} + c\right) - \left(a_2 \cdot \frac{k^3}{3} + c\right)$$

$$\Rightarrow \quad F_{(x_0)} = \frac{a_2}{3} \cdot \left(x_0^3 - k^3\right)$$

Setzen wir z.B. die Untergrenze zu k = 1, so erhalten wir die Flächenfunktion: $F_{(x_0)} = \frac{a_2}{3} \cdot (x_0^3 - 1)$

Das folgende Bild zeigt die Funktion $f_{(x)} = 0,3 \cdot x^2$ und die zugehörige Flächenfunktion für k = 1.

Flächenfunktion: $F_{(x_0)} = 0,1 \cdot (x_0^3 - 1) = 0,1 \cdot x_0^3 - 0,1$

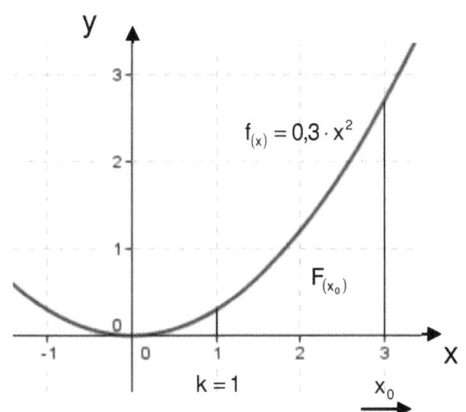
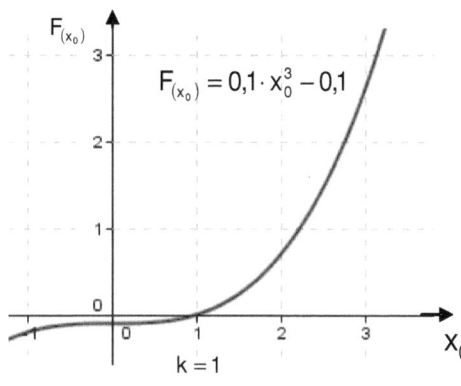

Bild 3: Darstellung von Funktion und Flächenfunktion

Für $x_0 = 3$ erhalten wir das Ergebnis der Flächenfunktion zu: $F_{(x_0 = 3)} = 2,6$

Wenn wir uns auf der linken Seite die Fläche für $x_0 = 3$ betrachten, finden wir dieses Ergebnis bestätigt.

Wählt man nun eine andere Untergrenze (k* = const.), so ist auch das daraus resultierende unbestimmte Integral eine Flächenfunktion in Abhängigkeit von x_0. Dabei ist die Differenz der beiden Flächenfunktionen (Untergrenze k und Untergrenze k*) eine Konstante. Dies wollen wir anhand unserer o.g. Beispiele einmal zeigen.

(3) In Beispiel 1 hatten wir folgende Funktion: $f_{(x)} = 0,5 \cdot x$

Daraus resultierte die zugehörige Flächenfunktion für k = 2: $F_{(x_0)} = 0,25 \cdot (x_0^2 - 4) = 0,25 \cdot x_0^2 - 1$

Berechnen wir nun die Flächenfunktion von k* = 3 so erhalten wir:

$$F^*_{(x_0)} = \frac{a_1}{2} \cdot (x_0^2 - (k^*)^2) = \frac{0,5}{2} \cdot (x_0^2 - 9) = 0,25 \cdot x_0^2 - 2,25$$

Bilden wir nun die Differenz dieser beiden Funktionen, so erhalten wir:

$$\Delta F = F_{(x_0)} - F^*_{(x_0)} = 0,25 \cdot x_0^2 - 1 - (0,25 \cdot x_0^2 - 2,25) = 1,25$$

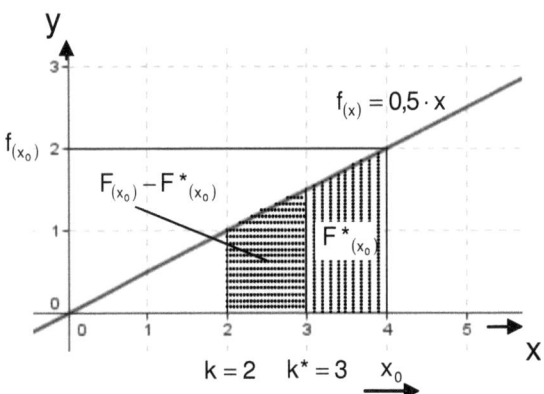

Bild 4: Differenz der Flächenfunktionen bei
verschiedenen Untergrenzen

Im dem nebenstehenden Bild können
wir erkennen, dass die Differenz der
Flächenfunktionen identisch ist mit
dem bestimmten Integral der Funktion
mit Untergrenze $k = 2$ und Obergrenze
$k^* = 3$.

Wir können also schreiben:

$$\Delta F = F_{(x_0)} - F^*_{(x_0)} = \int_k^{x_0} f_{(x)} \cdot dx - \int_{k^*}^{x_0} f_{(x)} \cdot dx = \int_k^{k^*} f_{(x)} \cdot dx$$

$$\Delta F = a_1 \cdot \left[\frac{x^2}{2} + c\right]_k^{k^*} = \left(a_1 \cdot \frac{(k^*)^2}{2} + c\right) - \left(a_1 \cdot \frac{k^2}{2} + c\right)$$

$$\Delta F = \frac{a_1}{2} \cdot \left((k^*)^2 - k^2\right) = \frac{0,5}{2} \cdot (9 - 4) = 1,25$$

(4) In Beispiel 2 hatten wir folgende Funktion: $f_{(x)} = 0,3 \cdot x^2$

Daraus resultierte zugehörige Flächenfunktion für $k = 1$: $F_{(x_0)} = 0,1 \cdot \left(x_0^3 - 1\right) = 0,1 \cdot x_0^3 - 0,1$

Berechnen wir nun die Flächenfunktion von $k^* = 2$ so erhalten wir:

$$F^*_{(x_0)} = \frac{a_2}{3} \cdot \left(x_0^3 - (k^*)^3\right) = \frac{0,3}{3} \cdot \left(x_0^3 - 8\right) = 0,1 \cdot x_0^3 - 0,8$$

Bilden wir nun die Differenz dieser beiden Funktionen, so erhalten wir:

$$\Delta F = F_{(x_0)} - F^*_{(x_0)} = 0,1 \cdot x_0^3 - 0,1 - \left(0,1 \cdot x_0^3 - 0,8\right) = 0,7$$

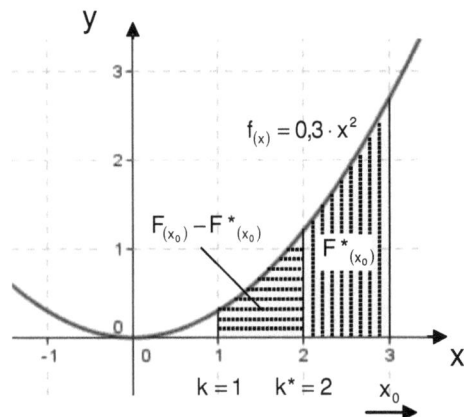

Bild 5: Differenz der Flächenfunktionen

Wieder ist die Differenz der Flächenfunktionen
identisch ist mit dem bestimmten Integral der
Funktion mit Untergrenze $k = 1$ und Obergrenze $k^* = 2$. Es gilt also:

$$\Delta F = F_{(x_0)} - F^*_{(x_0)} = \int_k^{x_0} f_{(x)} \cdot dx - \int_{k^*}^{x_0} f_{(x)} \cdot dx = \int_k^{k^*} f_{(x)} \cdot dx$$

$$\Delta F = a_2 \cdot \left[\frac{x^3}{3} + c\right]_k^{k^*} = \left(a_2 \cdot \frac{(k^*)^3}{3} + c\right) - \left(a_2 \cdot \frac{k^3}{3} + c\right)$$

$$\Delta F = \frac{a_2}{3} \cdot \left((k^*)^3 - k^3\right) = \frac{0,3}{3} \cdot (8 - 1) = 0,7$$

Fazit:

Haben wir zwei Flächenfunktionen einer Funktion $f_{(x)}$ mit den unterschiedlichen Untergrenzen k und k*, dann ist die Differenz der Flächenfunktionen das bestimmte Integral der Funktion mit der Untergrenze k und der Obergrenze k*:

$$\Delta F = \int_{k}^{k^*} f_{(x)} \cdot dx = const.$$

1.4   Fundamentalsatz der Differential- und Integralrechnung

Der Fundamentalsatz der Differential- und Integralrechnung, auch Hauptsatz der Differential- und Integralrechnung genannt, verbindet die beiden Rechenarten "Differentialrechnung" und "Integralrechnung" miteinander.

In Band 1 /1/ haben wir bereits die Integralrechnung als Umkehroperation zur Differentialrechnung eingeführt. Wir können also schreiben: $F_{(x)} = \int dy = y = \int f'_{(x)} \cdot dx = \int y' \cdot dx$

Man kann also folgende Aussagen treffen:

1. Zu jeder Funktion $f_{(x)}$ gibt es eine unendliche Anzahl von Stammfunktionen (Menge der unbestimmten Integrale), für die folgendes gilt:

$F_{(x)} = \int f_{(x)} \cdot dx + C$ mit C als beliebiger Kons tan te

Man kann aber auch schreiben:

$\int f_{(x)} \cdot dx = F_{(x)} + C$ mit C als beliebiger Kons tan te

2. Umgekehrt gibt es zu jeder Stammfunktion genau eine Funktion f(x), welche die Ableitung dieser Funktion ist, es gilt:

$F'_{(x)} = \dfrac{dF_{(x)}}{dx} = \dfrac{d\int f_{(x)} \cdot dx + C}{dx} = \dfrac{d\int f_{(x)} \cdot dx}{dx} + \dfrac{dC}{dx} = d\dfrac{\int f_{(x)} \cdot dx}{dx} + d\dfrac{C}{dx} = f_{(x)}$

Man kann aber auch schreiben:

$F'_{(x)} = d\dfrac{F_{(x)}}{dx} = \int f'_{(x)} \cdot dx = \dfrac{d}{dx} \int f_{(x)} \cdot dx = f_{(x)}$

Bei der Differentiation der Stammfunktion wird die Ableitung der Konstanten C = 0.

1.5   Die Grundintegrale

Nach dem Fundamentalsatz der Differential- und Integralrechnung existiert zu jeder Differential-
formel der elementaren Funktionen eine entsprechende Integralformel. Diese werden auch
Grundintegrale genannt:

$\int 0\,dx = C$	$\int a\,dx = a \int dx = a\,x$
$\int x^n\,dx = \dfrac{x^{n+1}}{n+1} + C \quad (n \neq -1)$ (Potenzregel)	$\int \dfrac{dx}{x} = \ln\|x\| + C$ *
$\int a^x\,dx = \dfrac{a^x}{\ln a} + C$	$\int e^x\,dx = e^x + C$
$\int \sin x\,dx = -\cos x + C$	$\int \cos x\,dx = \sin x + C$
$\int \dfrac{dx}{\cos^2 x} = \tan x + C$	$\int \dfrac{dx}{\sin^2 x} = -\cot x + C$
$\int \dfrac{dx}{\sqrt{1-x^2}} = \begin{cases} \arcsin x + C_1 \\ -\arccos x + C_2 \end{cases}$	$\int \dfrac{dx}{1+x^2} = \begin{cases} \arctan x + C_1 \\ -\operatorname{arc\,cot} x + C_2 \end{cases}$
$\int \sinh x\,dx = \cosh x + C$	$\int \cosh x\,dx = \sinh x + C$
$\int \dfrac{dx}{\cosh^2 x} = \tanh x + C$	$\int \dfrac{dx}{\sinh^2 x} = -\coth x + C$
$\int \dfrac{dx}{\sqrt{x^2+1}} = \operatorname{ar\,sinh} x + C = \ln\!\left(x + \sqrt{x^2+1}\right) + C$	$\int \dfrac{dx}{\sqrt{x^2-1}} = \operatorname{ar\,cosh} x + C = \ln\!\left(x \pm \sqrt{x^2-1}\right) + C$
$\int \dfrac{dx}{1-x^2} = \operatorname{ar\,tanh} x + C = \dfrac{1}{2}\cdot\ln\dfrac{x+1}{x-1} + C$ für $\|x\| < 1$	$\int \dfrac{dx}{1-x^2} = \operatorname{ar\,coth} x + C = \dfrac{1}{2}\cdot\ln\dfrac{x+1}{x-1} + C$ für $\|x\| > 1$

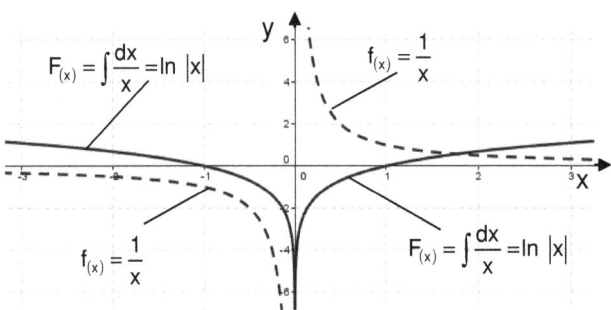

Bild 6: Integration der 1 / x – Funktion

* Die Funktion 1 / x ist sowohl für negative als auch für positive x gültig. Die Funktion ln(x) ist jedoch nur für positive x > 0 gültig. Um nun das Integral auch für negative x < 0 zu bekommen, nimmt man als Ergebnis der Integration den Absolutwert von x (Dargestellt als $\ln\|x\|$).

1.6 Beispiele für Stammfunktionen und Flächenfunktionen

(1) Gegeben ist die Funktion: $f_{(x)} = 8 \cdot x - 13$

a) Finde die Stammfunktion

b) Bestimme die Flächenfunktion für die Untergrenze k = 4

a) $F_{(x)} = \int f_{(x)} dx = \int (8 \cdot x - 13)\, dx = 8 \cdot \dfrac{x^2}{2} - 13 \cdot x + C = 4 \cdot x^2 - 13 \cdot x + C$

b) $F_{(x_0)} = \int\limits_{k}^{x_0} f_{(x)} \cdot dx = \left[4 \cdot x^2 - 13 \cdot x + C \right]_{k}^{x_0} = \left(4 \cdot x_0^2 - 13 \cdot x_0 + C \right) - \left(4 \cdot k^2 - 13 \cdot k + C \right)$

$\Rightarrow \quad F_{(x_0)} = 4 \cdot x_0^2 - 13 \cdot x_0 + C - 4 \cdot k^2 + 13 \cdot k - C$

für k = 4

$\Rightarrow \quad F_{(x_0)} = 4 \cdot x_0^2 - 13 \cdot x_0 - 64 + 52 = 4 \cdot x_0^2 - 13 \cdot x_0 - 12$

(2) Gegeben ist die Funktion: $f_{(x)} = \dfrac{8}{1 + x^2}$

a) Finde die Stammfunktion

b) Bestimme die Flächenfunktion für die Untergrenze k = 2

a) Wir schreiben: $\qquad F_{(x)} = \int f_{(x)}\, dx = \int \dfrac{8}{1 + x^2}\, dx$

Wir können nun die 8 vor das Integral ziehen: $\quad F_{(x)} = 8 \cdot \int \dfrac{1}{1 + x^2}\, dx$

Für das verbleibende Integral finden wir Folgendes in der Tabelle der Grundintegrale:

$\int \dfrac{dx}{1 + x^2} = \begin{cases} \arctan x + C_1 \\ - \ \mathrm{arc\,cot}\, x + C_2 \end{cases}$

Wir erhalten also die Lösung: $\quad F_{(x)} = 8 \cdot (\arctan x + C_1) = 8 \cdot \arctan x + C$

b) Flächenfunktion für die Untergrenze k = 2

$F_{(x_0)} = \int\limits_{k}^{x_0} f_{(x)} \cdot dx = 8 \cdot \left[\arctan x + C \right]_{k}^{x_0} = 8 \cdot (\arctan x_0 - \arctan k)$

für k = 2

$\Rightarrow \quad F_{(x_0)} = 8 \cdot (\arctan x_0 - \arctan k) = 8 \cdot \arctan x_0 - 8 \cdot 1{,}1072 = 8 \cdot \arctan x_0 - 8 \cdot 1{,}1072 = 8 \cdot \arctan x_0 - 8{,}8572$

(3) Gegeben ist die Funktion: $f_{(x)} = 5 \cdot \ln x$

a) Finde die Stammfunktion

b) Bestimme die Flächenfunktion für die Untergrenze k = 5

a) Wir schreiben: $\qquad\qquad\qquad\qquad\qquad\qquad F_{(x)} = \int f_{(x)}\ dx = \int 5 \cdot \ln x\ dx$

Wir können nun die 5 vor das Integral ziehen: $F_{(x)} = 5 \cdot \int \ln x\ dx$

Für das verbleibende Integral finden wir Folgendes in der Integraltafel (Abschnitt 1.12 Tabelle 25 Integral 420).

$$\int \ln x\ dx = x \cdot \ln x - x = x \cdot (\ln x - 1)$$

Wir erhalten also die Lösung: $F_{(x)} = 5 \cdot x \cdot (\ln x - 1) + C$

b) Flächenfunktion für die Untergrenze k = 2

$$F_{(x_0)} = \int\limits_{k}^{x_0} f_{(x)} \cdot dx = 5 \cdot \left[x \cdot (\ln x - 1) + C \right]_{k}^{x_0} = 5 \cdot \left[x_0 \cdot (\ln x_0 - 1) - k \cdot (\ln k - 1) \right]$$

für k = 2

$$\Rightarrow\ F_{(x_0)} = 5 \cdot \left[x_0 \cdot (\ln x_0 - 1) - 2 \cdot (\ln 2 - 1) \right] = 5 \cdot \left[x_0 \cdot (\ln x_0 - 1) - 2 \cdot (0{,}6931 - 1) \right] = 5 \cdot \left[x_0 \cdot (\ln x_0 - 1) + 0{,}6137 \right]$$

1.7   Bestimmte Integrale

Ein bestimmtes Integral ist dadurch gekennzeichnet, dass Untergrenze und Obergrenze des Integrals bekannt sind. Es gilt Folgendes:

$$\int\limits_{a}^{b} f_{(x)} \cdot dx = \left[F_{(x)} \right]_{a}^{b} = F_{(b)} - F_{(a)}$$

Man sucht also eine Stammfunktion (unbestimmtes Integral) für die Funktion $f_{(x)}$ und berechnet die Differenz der Werte $F_{(b)} - F_{(a)}$.

Beispiele:

(1) Gegeben ist die Funktion: $f_{(x)} = \sin x$

Gesucht ist der Flächeninhalt der Funktion mit der Untergrenze 0 und der Obergrenze $\frac{\pi}{2}$.

Statt Unter- und Obergrenze sagt man auch: ... im Intervall $0 \le x \le \frac{\pi}{2}$

$$\int\limits_{0}^{\pi/2} \sin x \cdot dx = \left[-\cos x \right]_{0}^{\pi/2} = -\cos\left(\frac{\pi}{2}\right) + \cos 0 = 0 + 1 = 1$$

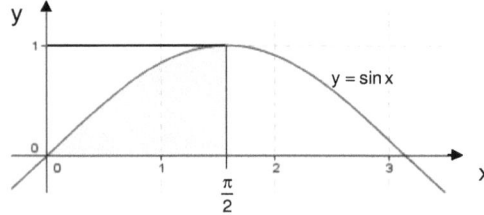

Bild 7: Flächenberechnung der Sinuskurve

(2) Gegeben ist die Funktion: $f_{(x)} = 2 \cdot x^3 - 4 \cdot x + 5$

Gesucht ist der Flächeninhalt der Funktion im Bereich $-1 \leq x \leq +1$

$$F = \int_{-1}^{1} \left(2 \cdot x^3 - 4 \cdot x + 5\right) \cdot dx = \left[\frac{2 \cdot x^4}{4} - 4 \cdot \frac{x^2}{2} + 5 \cdot x\right]_{-1}^{1} = \left(\frac{2}{4} - \frac{4}{2} + 5\right) - \left(\frac{2}{4} - \frac{4}{2} + 5 \cdot (-1)\right) = 5 + 5 = 10$$

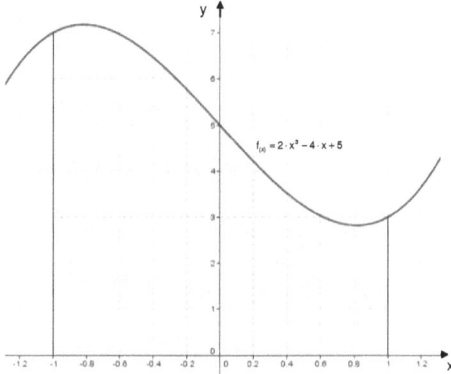

Bild 8: Flächeninhalt der Funktion

1.8   Integrationsverfahren

1.8.1   Die Substitutionsmethode

1.8.1.1   Grundlagen der Substitutionsmethode

Bei der Substitutionsmethode wird versucht, eine innere Funktion von x durch eine geeignete einfachere Funktion zu ersetzen, damit die äußere Funktion leichter zu integrieren ist.

Wir wollen zunächst einmal die Begriffe „äußere" und „innere" Funktion klären.
Gegeben ist z.B. eine Funktion deren Variable wiederum eine Funktion ist: $y = f_{(u_{(x)})}$

Die Funktion f wird hierbei äußere und die Funktion $u_{(x)}$ innere Funktion genannt.

Betrachten wir hierzu ein einfaches Beispiel: $y = \sin(2 \cdot x)$

Wir können hier den Klammerausdruck wie folgt substituieren: $u_{(x)} = 2 \cdot x$

$u_{(x)}$ ist hierbei die innere Funktion

Für die äußere Funktion erhalten wir: $\sin(u)$

Wir wollen nun die Funktion $y = f_{(u_{(x)})} = \sin(2 \cdot x)$ integrieren.

$$F = \int f_{(u_{(x)})} dx = \int \sin(2 \cdot x) \cdot dx$$

1) Wir suchen eine geeignete Substitutionsfunktion, hier $u = 2 \cdot x$

2) Wir setzen u in das Integral ein: $F = \int f_{(u)} \cdot dx = \int \sin(u) \cdot dx$

3) Wir bilden die Ableitung von u und stellen diese nach dx um:

$$u' = \frac{du}{dx} = 2 \quad \Rightarrow \quad dx = \frac{du}{u'} = \frac{du}{2}$$

4) Wir ersetzen im Integral dx:

$$F = \int f_{(u)} \cdot \frac{du}{u'} = \int \sin(u) \cdot \frac{du}{2}$$

5) Da jetzt die Stammfunktion nicht mehr von x abhängt, können wir das Integral lösen. In unserem Beispiel können wir 1/2 vor das Integral ziehen und erhalten:

$$F = \frac{1}{2} \cdot \int \sin(u) \cdot du = -\frac{1}{2} \cdot \cos(u)$$

6) Nun können wir u wieder ersetzen (Rücksubstitution) und erhalten die Stammfunktion:

$$F = -\frac{1}{2} \cdot \cos(2 \cdot x) + C$$

Wenn wir nun den Wert von F in den Grenzen $x_{UG} = a$ und $x_{OG} = b$ ermitteln wollen, so können wir schreiben:

$$[F]_a^b = -\frac{1}{2} \cdot [\cos(2 \cdot x)]_a^b = -\frac{1}{2} \cdot [\cos(2 \cdot b) - \cos(2 \cdot a)]$$

Man kann aber auch Ober-und Untergrenze in die substituierte Funktion eintragen. Dabei müssen diese jedoch entsprechend der Substitution umgerechnet werden:

$$[F]_{U_{UG}}^{U_{OG}} = \left[-\frac{1}{2} \cdot \cos(u) \right]_{U_{UG}}^{U_{OG}} \quad \text{mit:} \quad U_{UG} = 2 \cdot x_{UG} = 2 \cdot a \quad \text{und} \quad U_{OG} = 2 \cdot x_{OG} = 2 \cdot b$$

$$\Rightarrow \quad [F]_{U_{UG}}^{U_{OG}} = \left[-\frac{1}{2} \cdot \cos(u) \right]_{U_{UG}}^{U_{OG}} = -\frac{1}{2} \cdot [\cos(u)]_{2 \cdot a}^{2 \cdot b} = -\frac{1}{2} \cdot [\cos(2 \cdot b) - \cos(2 \cdot a)]$$

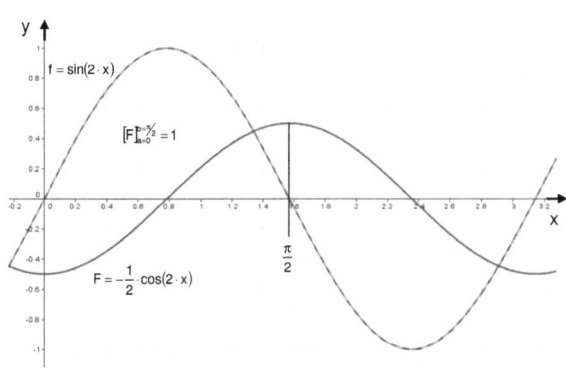

Wenn wir z.B. das Integral zwischen $a = 0$ und $b = \frac{\pi}{2}$ bilden, dann erhalten wir Folgendes:

$$[F]_{a=0}^{b=\frac{\pi}{2}} = -\frac{1}{2} \cdot \left[\cos\left(2 \cdot \frac{\pi}{2} \right) - \cos(2 \cdot 0) \right]$$

$$[F]_{a=0}^{b=\frac{\pi}{2}} = -\frac{1}{2} \cdot [(-1) - 1] = -\frac{1}{2} \cdot (-2) = 1$$

Bild 9: Beispiel Substitutionsmethode

Beispiele:

(1) Gegeben ist die Funktion: $f_{(x)} = \dfrac{1}{(3 + 4 \cdot x)^2}$

Gesucht ist die Stammfunktion: $F = \int f_{(x)} dx = \int \dfrac{1}{(3 + 4 \cdot x)^2} dx$

1) Wir suchen eine geeignete Substitutionsfunktion: $u = 3 + 4 \cdot x$

2) Wir setzen u in das Integral ein: $F = \int \dfrac{1}{u^2} \cdot dx$

3) Wir bilden die Ableitung von u und stellen diese nach dx um: $u' = \dfrac{du}{dx} = 4 \quad \Rightarrow \quad dx = \dfrac{du}{4}$

4) Wir ersetzen im Integral dx: $F = \int \dfrac{1}{u^2} \cdot \dfrac{du}{4}$

5) Da jetzt die Stammfunktion nicht mehr von x abhängt, können wir das Integral lösen. In unserem Beispiel können wir 1/4 vor das Integral ziehen und erhalten:

$$F = \int \frac{1}{u^2} \cdot \frac{du}{4} = \frac{1}{4} \cdot \int u^{-2} \cdot du = \frac{1}{4} \cdot \frac{u^{-2+1}}{-2+1} = -\frac{1}{4} \cdot u^{-1} = -\frac{1}{4 \cdot u}$$

6) Nun können wir u wieder ersetzen (Rücksubstitution) und erhalten die Stammfunktion:

$$F = -\frac{1}{4 \cdot u} = -\frac{1}{4 \cdot (3 + 4 \cdot x)} = -\frac{1}{4} \cdot \frac{1}{3 + 4 \cdot x}$$

(2) Gegeben ist die Funktion: $f_{(x)} = \dfrac{1}{2 \cdot x - 1}$

Gesucht ist die Stammfunktion: $F = \int f_{(x)} dx = \int \dfrac{1}{2 \cdot x - 1} dx$

1) Wir suchen eine geeignete Substitutionsfunktion: $u = 2 \cdot x - 1$

2) Wir setzen u in das Integral ein: $F = \int \frac{1}{u} \cdot dx$

3) Wir bilden die Ableitung von u und stellen diese nach dx um: $u' = \frac{du}{dx} = 2 \Rightarrow dx = \frac{du}{2}$

4) Wir ersetzen im Integral dx: $F = \int \frac{1}{u} \cdot \frac{du}{2}$

5) Da jetzt die Stammfunktion nicht mehr von x abhängt, können wir das Integral lösen. In unserem Beispiel können wir 1/2 vor das Integral ziehen und erhalten:

$$F = \int \frac{1}{u} \cdot \frac{du}{2} = \frac{1}{2} \cdot \int \frac{1}{u} \cdot du = \frac{1}{2} \cdot \ln(u) \quad \text{(Grundintegral)}$$

6) Nun können wir u wieder ersetzen (Rücksubstitution) und erhalten die Stammfunktion:

$$F = \frac{1}{2} \cdot \ln|2 \cdot x - 1|$$

(3) Gegeben ist die Funktion: $f_{(x)} = x \cdot \sqrt{1 + x^2}$

a) Gesucht ist die Stammfunktion: $F = \int f_{(x)} dx = \int x \cdot \sqrt{1 + x^2} \cdot dx$

b) Wie groß ist das bestimmte Integral in den Grenzen $x_u = 0$ und $x_o = 2$?

c) Wie müssen wir rechnen, wenn wir direkt mit F_u integrieren wollen?

a) Stammfunktion

1) Wir suchen eine geeignete Substitutionsfunktion: $u = 1 + x^2$

2) Wir setzen u in das Integral ein: $F = \int x \cdot \sqrt{u} \cdot dx$

3) Wir bilden die Ableitung von u und stellen diese nach dx um: $u' = \frac{du}{dx} = 2 \cdot x \Rightarrow dx = \frac{du}{2 \cdot x}$

4) Wir ersetzen im Integral dx: $F = \int x \cdot \sqrt{u} \cdot \frac{du}{2 \cdot x} = \int \frac{1}{2} \cdot \sqrt{u} \cdot du = \int \frac{1}{2} \cdot u^{\frac{1}{2}} \cdot du$

5) Wir können nun 1/2 vor das Integral ziehen:

$$F = \frac{1}{2} \cdot \int u^{0,5} \cdot du = \frac{1}{2} \cdot \frac{u^{0,5+1}}{0,5+1} = \frac{1}{3} \cdot u^{1,5} \quad \text{(Grundintegral)}$$

6) Nun können wir u wieder ersetzen (Rücksubstitution) und erhalten die Stammfunktion:

$$F = \frac{1}{3} \cdot u^{1,5} = \frac{1}{3} \cdot \left(1 + x^2\right)^{1,5}$$

b) Es gilt: $[F]_0^2 = \frac{1}{3} \cdot \left[\left(1 + 2^2\right)^{1,5} - \left(1 + 0^2\right)^{1,5}\right] = \frac{1}{3} \cdot \left(5^{1,5} - 1^{1,5}\right) = \frac{1}{3} \cdot (11,1803 - 1) = \frac{10,1803}{3} = 3,3934$

c) In diesem Fall verwenden wir die Stammfunktion: $F_{(u)} = \frac{1}{3} \cdot u^{1,5}$

Wenn wir integrieren wollen, müssen wir die Unter- und Obergrenze von u bestimmen:

Untergrenze von u $\qquad u_{UG} = 1 + x_u^2 = 1 + 0^2 = 1$

Obergrenze von u $\qquad u_{OG} = 1 + x_o^2 = 1 + 2^2 = 5$

Daraus ergibt sich:

$$\left[F_{(u)}\right]_1^5 = \left[\frac{1}{3} \cdot u^{1,5}\right]_1^5 = \frac{1}{3} \cdot \left(5^{1,5} - 1^{1,5}\right) = \frac{1}{3} \cdot (11{,}1803 - 1) = \frac{10{,}1803}{3} = 3{,}394$$

(4) Gegeben ist die Funktion: $\qquad f_{(x)} = \dfrac{a \cdot x^2}{\left(1 - b \cdot x^3\right)^n}$

Gesucht ist die Stammfunktion: $\quad F = \int f_{(x)} dx = \int \dfrac{a \cdot x^2}{\left(1 - b \cdot x^3\right)^n} dx$

1) Wir suchen eine geeignete Substitutionsfunktion: $\ u = 1 - b \cdot x^3$

2) Wir setzen u in das Integral ein: $\ F = \int \dfrac{a \cdot x^2}{u^n} dx$

3) Wir bilden die Ableitung von u und stellen diese nach dx um: $\ u' = \dfrac{du}{dx} = -3 \cdot b \cdot x^2 \ \Rightarrow \ dx = -\dfrac{du}{3 \cdot b \cdot x^2}$

4) Wir ersetzen im Integral dx: $\quad F = \int \dfrac{a \cdot x^2}{u^n} \cdot \left(-\dfrac{du}{3 \cdot b \cdot x^2}\right) = -\int \dfrac{a \cdot x^2}{u^n} \cdot \dfrac{du}{3 \cdot b \cdot x^2} = -\dfrac{a}{3 \cdot b} \int u^{-n} \cdot du$

5) Da jetzt die Stammfunktion nicht mehr von x abhängt, können wir das Integral lösen.

$$F = -\dfrac{a}{3 \cdot b} \int u^{-n} \cdot du = -\dfrac{a}{3 \cdot b} \cdot \dfrac{u^{-n+1}}{-n+1} \quad \text{(Grundintegral)}$$

6) Nun können wir u wieder ersetzen (Rücksubstitution) und erhalten die Stammfunktion:

$$F = -\dfrac{a}{3 \cdot b} \cdot \dfrac{\left(1 - b \cdot x^3\right)^{-n+1}}{-n+1}$$

(5) Gegeben ist die Funktion: $\qquad f_{(x)} = a \cdot \sin x \cdot \cos x$

Gesucht ist die Stammfunktion: $\quad F = \int f_{(x)} dx = \int a \cdot \sin x \cdot \cos x \cdot dx$

a) Wähle als geeignete Substitutionsfunktion: $\qquad u = \cos x$

b) Wähle als geeignete Substitutionsfunktion: $\qquad u = \sin x$

a)

1) Wir wählen als geeignete Substitutionsfunktion: $\qquad u = \cos x$

2) Wir setzen u in das Integral ein: $\ F = \int a \cdot \sin x \cdot u \cdot dx$

3) Wir bilden die Ableitung von u und stellen diese nach dx um: $\ u' = \dfrac{du}{dx} = -\sin x \ \Rightarrow \ dx = -\dfrac{du}{\sin x}$

4) Wir ersetzen im Integral dx: $\quad F = \int a \cdot \sin x \cdot u \cdot \left(-\dfrac{du}{\sin x}\right) = -a \cdot \int u \cdot du$

5) Da jetzt die Stammfunktion nicht mehr von x abhängt, können wir das Integral lösen.

$$F = -a \cdot \int u \cdot du = -a \cdot \frac{u^2}{2}$$ (Grundintegral)

6) Nun können wir u wieder ersetzen (Rücksubstitution) und erhalten die Stammfunktion:

$$F = -a \cdot \frac{\cos^2 x}{2}$$

b)

1) Wir wählen als geeignete Substitutionsfunktion: $u = \sin x$

2) Wir setzen u in das Integral ein: $F = \int a \cdot u \cdot \cos x \cdot dx$

3) Wir bilden die Ableitung von u und stellen diese nach dx um: $u' = \frac{du}{dx} = \cos x \Rightarrow dx = \frac{du}{\cos x}$

4) Wir ersetzen im Integral dx: $F = \int a \cdot u \cdot \cos x \cdot \frac{du}{\cos x} = a \cdot \int u \cdot du$

5) Da jetzt die Stammfunktion nicht mehr von x abhängt, können wir das Integral lösen.

$$F = a \cdot \int u \cdot du = a \cdot \frac{u^2}{2}$$ (Grundintegral)

6) Nun können wir u wieder ersetzen (Rücksubstitution) und erhalten die Stammfunktion:

$$F = a \cdot \frac{\sin^2 x}{2}$$

Da gilt: $\sin^2 x + \cos^2 x = 1 \quad \Rightarrow \quad \cos^2 x = 1 - \sin^2 x$

$$\Rightarrow F = -a \cdot \frac{1 - \sin^2 x}{2} = a \cdot \frac{\sin^2 x - 1}{2} = a \cdot \frac{\sin^2 x}{2} - \frac{a}{2}$$

Das a/2 geht in der Integrationskonstanten C unter.

1.8.1.2   Spezielle Integralsubstitutionen

Das Problem bei der Substitutionsmethode ist, eine geeignete, einfachere Funktion zu $u_{(x)}$ zu finden, damit die äußere Funktion leichter zu integrieren ist. In den bisherigen Beispielen ist uns das jeweils gelungen. Das folgende Beispiel soll jedoch zeigen, dass dies in manchen Fällen nicht so einfach ist. Betrachten wir hierzu als Beispiel folgendes Integral:

$$s = \int \sqrt{1 + x^2} \cdot dx$$

Wir substituieren nun: $u = 1 + x^2 \quad \Rightarrow \quad u' = \frac{du}{dx} = 2 \cdot x \quad \Rightarrow \quad dx = \frac{du}{2 \cdot x}$

Wenn wir einsetzen erhalten wir: $s = \int \sqrt{1 + x^2} \cdot dx = \int \sqrt{u} \cdot \frac{du}{2 \cdot x}$

Das resultierende Integral hängt also von u und leider auch von x ab, so dass eine Bestimmung des Integrals mit dieser Substitution nicht möglich ist. Ziel der Substitution muss also sein, ein Integral zu erhalten, welches ausschließlich von **u** abhängt. Da dies, wie im vorliegenden Fall, nicht so einfach ist, haben die Mathematiker für die verschiedensten Integraltypen Substitutionen gefunden und veröffentlicht. Diese wollen wir im Folgenden beschreiben:

Fall 1:

In der zu integrierenden Funktion tritt die Variable x in folgender Form auf: $(a \cdot x + b)$

Substitution: $u = a \cdot x + b \quad \Rightarrow \quad \dfrac{du}{dx} = a \quad \Rightarrow \quad dx = \dfrac{du}{a}$

Beispiele:

(1) $\int (a \cdot x + b)^n \cdot dx$

$u = a \cdot x + b \quad \Rightarrow \quad \dfrac{du}{dx} = a \quad \Rightarrow \quad dx = \dfrac{du}{a}$

$\int (a \cdot x + b)^n \cdot dx = \int u^n \cdot \dfrac{du}{a} = \dfrac{1}{a} \cdot \int u^n \cdot du = \dfrac{1}{a} \cdot \dfrac{u^{n+1}}{n+1} = \dfrac{1}{a} \cdot \dfrac{(a \cdot x + b)^{n+1}}{n+1}$

(2) $\int e^{(a \cdot x + b)} \cdot dx$

$u = a \cdot x + b \quad \Rightarrow \quad \dfrac{du}{dx} = a \quad \Rightarrow \quad dx = \dfrac{du}{a}$

$\int e^{(a \cdot x + b)} \cdot dx = \int e^u \cdot \dfrac{du}{a} = \dfrac{1}{a} \cdot \int e^u \cdot du = \dfrac{1}{a} \cdot e^u = \dfrac{1}{a} \cdot e^{(a \cdot x + b)}$

Fall 2:

Der Integrand ist das Produkt einer Funktion und deren Ableitung: $\int f_{(x)} \cdot f'_{(x)} \cdot dx$

Substitution: $u = f_{(x)} \quad \Rightarrow \quad \dfrac{du}{dx} = f'_{(x)} \quad \Rightarrow \quad dx = \dfrac{du}{f'_{(x)}}$

Beispiele:

(1) $\int (a \cdot x^n) \cdot (n \cdot a \cdot x^{n-1}) \cdot dx$

$u = a \cdot x^n \quad \Rightarrow \quad \dfrac{du}{dx} = n \cdot a \cdot x^{n-1} \quad \Rightarrow \quad dx = \dfrac{du}{n \cdot a \cdot x^{n-1}}$

$\int (a \cdot x^n) \cdot (n \cdot a \cdot x^{n-1}) \cdot dx = \int u \cdot (n \cdot a \cdot x^{n-1}) \cdot \dfrac{du}{n \cdot a \cdot x^{n-1}} = \int u \cdot du = \dfrac{u^2}{2} = \dfrac{(a \cdot x^n)^2}{2} = \dfrac{a^2}{2} \cdot x^{2 \cdot n}$

Zur Probe kann man auch wie folgt rechnen:

$\int (a \cdot x^n) \cdot (n \cdot a \cdot x^{n-1}) \cdot dx = a^2 \cdot n \cdot \int x^n \cdot x^{n-1} \cdot dx = a^2 \cdot n \cdot \int x^{2 \cdot n - 1} \cdot dx = a^2 \cdot n \cdot \dfrac{x^{2 \cdot n}}{2 \cdot n} = \dfrac{a^2}{2} \cdot x^{2 \cdot n}$

(2) $\int \sin x \cdot \cos x \cdot dx$

$u = \sin x \quad \Rightarrow \quad \dfrac{du}{dx} = \cos x \quad \Rightarrow \quad dx = \dfrac{du}{\cos x}$

$\int \sin x \cdot \cos x \cdot dx = \int u \cdot \cos x \cdot \dfrac{du}{\cos x} = \int u \cdot du = \dfrac{u^2}{2} = \dfrac{\sin^2 x}{2}$

(3) $\int \ln x \cdot \dfrac{1}{x} \cdot dx$

$u = \ln x \quad \Rightarrow \quad \dfrac{du}{dx} = \dfrac{1}{x} \quad \Rightarrow \quad dx = x \cdot du$

$\int \ln x \cdot \dfrac{1}{x} \cdot dx = \int u \cdot \dfrac{1}{x} \cdot x \cdot du = \int u \cdot du = \dfrac{u^2}{2} = \dfrac{(\ln x)^2}{2}$

Fall 3:

Der Integrand ist der Quotient aus Ableitung einer Funktion und der Funktion selbst: $\int \dfrac{f'_{(x)}}{f_{(x)}} \cdot dx$

Substitution: $u = f_{(x)} \quad \Rightarrow \quad \dfrac{du}{dx} = f'_{(x)} \quad \Rightarrow \quad dx = \dfrac{du}{f'_{(x)}} \quad \Rightarrow \quad F = \int \dfrac{f'_{(x)}}{u} \cdot \dfrac{du}{f'_{(x)}} = \int \dfrac{du}{u} = \ln u = \ln(f_{(x)})$

Beispiele:

(1) $\int \dfrac{n \cdot x^{n-1}}{x^n} \cdot dx$

$u = x^n \quad \Rightarrow \quad \dfrac{du}{dx} = n \cdot x^{n-1} \quad \Rightarrow \quad dx = \dfrac{du}{n \cdot x^{n-1}}$

$\int \dfrac{n \cdot x^{n-1}}{x^n} \cdot dx = \int \dfrac{n \cdot x^{n-1}}{u} \cdot \dfrac{du}{n \cdot x^{n-1}} = \int \dfrac{1}{u} \cdot du = \ln u = \ln(x^n) = n \cdot \ln x$

Zur Probe kann man auch wie folgt rechnen:

$\int \dfrac{n \cdot x^{n-1}}{x^n} \cdot dx = n \cdot \int \dfrac{x^{n-1}}{x^n} \cdot dx = n \cdot \int \dfrac{1}{x} \cdot dx = n \cdot \ln x$

(2) $\int \dfrac{3 \cdot x^2 + 4}{x^3 + 4 \cdot x - 1} \cdot dx$

$u = x^3 + 4 \cdot x - 1 \quad \Rightarrow \quad \dfrac{du}{dx} = 3 \cdot x^2 + 4 \quad \Rightarrow \quad dx = \dfrac{du}{3 \cdot x^2 + 4}$

$\int \dfrac{3 \cdot x^2 + 4}{x^3 + 4 \cdot x - 1} \cdot dx = \int \dfrac{3 \cdot x^2 + 4}{u} \cdot \dfrac{du}{3 \cdot x^2 + 4} = \int \dfrac{1}{u} \cdot du = \ln u = \ln(x^3 + 4 \cdot x - 1)$

(3) $\int \dfrac{e^x}{e^x + a} \cdot dx$

$u = e^x + a \quad \Rightarrow \quad \dfrac{du}{dx} = e^x \quad \Rightarrow \quad dx = \dfrac{du}{e^x}$

$\int \dfrac{e^x}{e^x + a} \cdot dx = \int \dfrac{e^x}{u} \cdot \dfrac{du}{e^x} = \int \dfrac{1}{u} \cdot du = \ln u = \ln(e^x + a)$

Fall 4:

Der Integrand enthält eine Wurzel folgender Art:

$$\sqrt{a^2 - x^2} \quad \text{z.B.} \quad \int \sqrt{a^2 - x^2} \cdot dx \quad \text{oder} \quad \int \frac{1}{\sqrt{a^2 - x^2}} \cdot dx$$

Aus den Ableitungen der elementaren Funktionen wissen wir: (Band 1 /1/ Abschnitt 12.11)

$$f_{(x)} = \arcsin x \quad \Rightarrow \quad f'_{(x)} = \frac{1}{\sqrt{1 - x^2}}$$

Wenn wir nun Folgendes setzen:

$$u = \arcsin\left(\frac{x}{a}\right) \quad \Rightarrow \quad \frac{x}{a} = \sin u \quad \Rightarrow \quad x = a \cdot \sin u \quad \Rightarrow \quad x' = \frac{dx}{du} = a \cdot \cos u \quad \Rightarrow \quad dx = a \cdot \cos u \cdot du$$

Wir substituieren: $v = \dfrac{x}{a} \quad \Rightarrow \quad u = \arcsin v \quad \Rightarrow \quad u' = \dfrac{du}{dv} \cdot \dfrac{dv}{dx} = \dfrac{1}{\sqrt{1 - v^2}} \cdot \dfrac{1}{a} = \dfrac{1}{\sqrt{1 - \left(\dfrac{x}{a}\right)^2}} \cdot \dfrac{1}{a}$

Wir können nun $\dfrac{1}{a}$ unter die Wurzel ziehen:

$$u' = \frac{du}{dv} \cdot \frac{dv}{dx} = \frac{1}{\sqrt{\left[1 - \left(\dfrac{x}{a}\right)^2\right] \cdot a^2}} = \frac{1}{\sqrt{\left[1 - \dfrac{x^2}{a^2}\right] \cdot a^2}} = \frac{1}{\sqrt{a^2 - x^2}} \quad \Rightarrow \quad dx = \sqrt{a^2 - x^2} \cdot du$$

Wir können nun dx gleichsetzen:

$$\Rightarrow \quad \sqrt{a^2 - x^2} \cdot du = a \cdot \cos u \cdot du \quad \Rightarrow \quad \sqrt{a^2 - x^2} = a \cdot \cos u$$

Als Substitution verwenden wir: $x = a \cdot \sin u \quad \text{und} \quad dx = a \cdot \cos u \cdot du$

Beispiele

(1) $\int \sqrt{1 - x^2} \cdot dx$

Substitution: $x = \sin u \quad \text{und} \quad dx = \cos u \cdot du$

$$\Rightarrow \quad \int \sqrt{1 - x^2} \cdot dx = \int \sqrt{1 - \sin^2 u} \cdot \cos u \cdot du$$

Aus den Rechenregeln für die trigonometrischen Funktionen folgt: $\sin^2 a + \cos^2 a = 1$

$$\Rightarrow \quad \sin^2 a = 1 - \cos^2 a \quad \text{(Band 1, Abschnitt 5.3.2)}$$

Somit folgt:

$$1 - \sin^2 u = 1 - (1 - \cos^2 u) = \cos^2 u = 1 - x^2 \quad \text{und} \quad \sqrt{\cos^2 u} = \cos u = \sqrt{1 - x^2} \quad \text{und} \quad u = \arcsin x$$

Wir schreiben:

$$\int \sqrt{1 - x^2} \cdot dx = \int \sqrt{\cos^2 u} \cdot \cos u \cdot du = \int \cos u \cdot \cos u \cdot du = \int \cos^2 u \cdot du$$

In der Integraltafel 19 (308) finden wir folgenden Eintrag: $\int \cos^2(a \cdot x) \cdot dx = \dfrac{x}{2} + \dfrac{\sin(2 \cdot a \cdot x)}{4 \cdot a}$

Wenn wir dies einsetzen erhalten wir:

$$\int \sqrt{1-x^2} \cdot dx = \int \cos^2 u \cdot du = \frac{\sin(2 \cdot u)}{4} + \frac{u}{2}$$

Aus den Rechenregeln für trigonometrische Funktionen gilt : $\sin(2 \cdot a) = 2 \cdot \sin a \cdot \cos a$
(Band 1, Abschnitt 5.3.7)

$$\Rightarrow \int \sqrt{1-x^2} \cdot dx = \frac{2 \cdot \sin u \cdot \cos u}{4} + \frac{u}{2} = \frac{\sin u \cdot \cos u}{2} + \frac{u}{2}$$

Nun können wir u wieder ersetzen (Rücksubstitution) und erhalten die Stammfunktion:

Es gilt: $\sin u = x$ und $\cos u = \sqrt{1-x^2}$ und $u = \arcsin x$

$$\Rightarrow \quad \int \sqrt{1-x^2} \cdot dx = \frac{x \cdot \sqrt{1-x^2}}{2} + \frac{\arcsin x}{2}$$

(2) $\int \sqrt{4-x^2} \cdot dx$ $\Rightarrow \quad a = 2$

Substitution: $x = 2 \cdot \sin u$ und $dx = 2 \cdot \cos u \cdot du$

$$\Rightarrow \quad \int \sqrt{4-x^2} \cdot dx = \int \sqrt{4 - 4 \cdot \sin^2 u} \cdot 2 \cdot \cos u \cdot du$$

Aus den Rechenregeln für die trigonometrischen Funktionen folgt: $\sin^2 a + \cos^2 a = 1$
$\Rightarrow \quad \sin^2 a = 1 - \cos^2 a$ (Band 1, Abschnitt 5.3.2)

Somit folgt:
$4 - 4 \cdot \sin^2 u = 4 - (4 - 4 \cdot \cos^2 u) = 4 \cdot \cos^2 u = 4 - x^2$ und

$\sqrt{4 \cdot \cos^2 u} = 2 \cdot \cos u = \sqrt{4-x^2}$ und $u = \arcsin \dfrac{x}{2}$

Wir schreiben:
$$\int \sqrt{4-x^2} \cdot dx = \int \sqrt{4 \cdot \cos^2 u} \cdot 2 \cdot \cos u \cdot du = \int 2 \cdot \cos u \cdot 2 \cdot \cos u \cdot du = 4 \cdot \int \cos^2 u \cdot du$$

In der Integraltafel 19 (308) finden wir folgenden Eintrag: $\int \cos^2(a \cdot x) \cdot dx = \dfrac{x}{2} + \dfrac{\sin(2 \cdot a \cdot x)}{4 \cdot a}$

Wenn wir dies einsetzen erhalten wir:

$$\int \sqrt{4-x^2} \cdot dx = 4 \cdot \int \cos^2 u \cdot du = 4 \cdot \left(\frac{\sin(2 \cdot u)}{4} + \frac{u}{2} \right) = \sin(2 \cdot u) + 2 \cdot u$$

Aus den Rechenregeln für trigonometrische Funktionen gilt : $\sin(2 \cdot a) = 2 \cdot \sin a \cdot \cos a$
(Band 1, Abschnitt 5.3.7)

$$\Rightarrow \int \sqrt{4-x^2} \cdot dx = 2 \cdot \sin u \cdot \cos u + 2 \cdot u$$

Nun können wir u wieder ersetzen (Rücksubstitution) und erhalten die Stammfunktion:

Es gilt: $\sin u = \dfrac{x}{2}$ und $\cos u = \dfrac{\sqrt{4-x^2}}{2}$ und $u = \arcsin \dfrac{x}{2}$

$\Rightarrow \quad \int \sqrt{4-x^2} \cdot dx = 2 \cdot \dfrac{x}{2} \cdot \dfrac{\sqrt{4-x^2}}{2} + 2 \cdot \arcsin \dfrac{x}{2} = \dfrac{x \cdot \sqrt{4-x^2}}{2} + 2 \cdot \arcsin \dfrac{x}{2}$

(3) $\quad \int \sqrt{a^2 - x^2} \cdot dx$

Substitution: $x = a \cdot \sin u$ und $dx = a \cdot \cos u \cdot du$

$\Rightarrow \quad \int \sqrt{a^2 - x^2} \cdot dx = \int \sqrt{a^2 - a^2 \cdot \sin^2 u} \cdot a \cdot \cos u \cdot du$

Aus den Rechenregeln für die trigonometrischen Funktionen folgt: $\sin^2 a + \cos^2 a = 1$

$\Rightarrow \quad \sin^2 a = 1 - \cos^2 a \qquad$ (Band 1, Abschnitt 5.3.2)

Somit folgt:

$a^2 - a^2 \cdot \sin^2 u = a^2 - (a^2 - a^2 \cdot \cos^2 u) = a^2 \cdot \cos^2 u = a^2 - x^2 \qquad$ und

$\sqrt{a^2 \cdot \cos^2 u} = a \cdot \cos u = \sqrt{a^2 - x^2} \quad$ und $\quad u = \arcsin \dfrac{x}{a}$

Wir schreiben:

$\int \sqrt{a^2 - x^2} \cdot dx = \int \sqrt{a^2 \cdot \cos^2 u} \cdot a \cdot \cos u \cdot du = \int a \cdot \cos u \cdot a \cdot \cos u \cdot du = a^2 \cdot \int \cos^2 u \cdot du$

In der Integraltafel 19 (308) finden wir folgenden Eintrag: $\quad \int \cos^2 (a \cdot x) \cdot dx = \dfrac{x}{2} + \dfrac{\sin(2 \cdot a \cdot x)}{4 \cdot a}$

Wenn wir dies einsetzen erhalten wir:

$\int \sqrt{a^2 - x^2} \cdot dx = a^2 \cdot \int \cos^2 u \cdot du = a^2 \cdot \left(\dfrac{\sin(2 \cdot u)}{4} + \dfrac{u}{2} \right) = \dfrac{a^2}{4} \cdot (\sin(2 \cdot u) + 2 \cdot u)$

Mit den Rechenregeln für trigonometrische Funktionen gilt : $\sin(2 \cdot a) = 2 \cdot \sin a \cdot \cos a$
(Band 1, Abschnitt 5.3.7)

$\Rightarrow \int \sqrt{a^2 - x^2} \cdot dx = \dfrac{a^2}{4} \cdot (2 \cdot \sin u \cdot \cos u + 2 \cdot u) = \dfrac{a^2}{2} \cdot (\sin u \cdot \cos u + u)$

Nun können wir u wieder ersetzen (Rücksubstitution) und erhalten die Stammfunktion:

Es gilt: $\sin u = \dfrac{x}{a}$ und $\cos u = \dfrac{\sqrt{a^2 - x^2}}{a}$ und $u = \arcsin \dfrac{x}{a}$

$\Rightarrow \quad \int \sqrt{a^2 - x^2} \cdot dx = \dfrac{a^2}{2} \cdot \left(\dfrac{x}{a} \cdot \dfrac{\sqrt{a^2 - x^2}}{a} + \arcsin \dfrac{x}{a} \right) = \dfrac{1}{2} \cdot \left(x \cdot \sqrt{a^2 - x^2} + a^2 \cdot \arcsin \dfrac{x}{a} \right)$

Fall 5:

Der Integrand enthält eine Wurzel folgender Art:

$$\sqrt{x^2+a^2} \quad \text{z.B.} \quad \int\sqrt{x^2+a^2}\cdot dx \quad \text{oder} \quad \int\frac{1}{\sqrt{x^2+a^2}}\cdot dx$$

Aus den Ableitungen der elementaren Funktionen wissen wir: (Band 1 /1/ Abschnitt 12.11)

$$f_{(x)} = \text{ar sinh}\, x \quad \Rightarrow \quad f'_{(x)} = \frac{1}{\sqrt{x^2+1}}$$

Wenn wir nun Folgendes setzen:

$$u = \text{ar sinh}\left(\frac{x}{a}\right) \quad \Rightarrow \quad \frac{x}{a} = \sinh u \quad \Rightarrow \quad x = a\cdot\sinh u \quad \Rightarrow \quad \frac{dx}{du} = a\cdot\cosh u \quad \Rightarrow \quad dx = a\cdot\cosh u\cdot du$$

Wir substituieren: $v = \dfrac{x}{a} \quad \Rightarrow \quad u = \text{ar sinh}\, v \quad \Rightarrow \quad u' = \dfrac{du}{dv}\cdot\dfrac{dv}{dx} = \dfrac{1}{\sqrt{v^2+1}}\cdot\dfrac{1}{a} = \dfrac{1}{\sqrt{\left(\dfrac{x}{a}\right)^2+1}}\cdot\dfrac{1}{a}$

Wir können nun $\dfrac{1}{a}$ unter die Wurzel ziehen:

$$u' = \frac{du}{dv}\cdot\frac{dv}{dx} = \frac{1}{\sqrt{v^2+1}}\cdot\frac{1}{a} = \frac{1}{\sqrt{\left[\left(\dfrac{x}{a}\right)^2+1\right]\cdot a^2}} = \frac{1}{\sqrt{\left[\dfrac{x^2}{a^2}+1\right]\cdot a^2}} = \frac{1}{\sqrt{x^2+a^2}} \quad \Rightarrow \quad dx = \sqrt{x^2+a^2}\cdot du$$

Wir können nun dx gleichsetzen:

$$\sqrt{x^2+a^2}\cdot du = a\cdot\cosh u\cdot du \quad \Rightarrow \quad \sqrt{x^2+a^2} = a\cdot\cosh u$$

Als Substitution verwenden wir: $x = a\cdot\sinh u \quad$ und $\quad dx = a\cdot\cosh u\cdot du$

Beispiele:

(1) $\int\sqrt{x^2+1}\cdot dx$

Substitution: $x = \sinh u \quad$ und $\quad dx = \cosh u\cdot du$

$$\Rightarrow \quad \int\sqrt{x^2+1}\cdot dx = \int\sqrt{\sinh^2 u+1}\cdot\cosh u\cdot du$$

Wir erinnern uns an die Rechenregeln für die Hyperbelfunktionen: $\cosh^2 a - \sinh^2 a = 1$
(Band 1, Abschnitt 10.10)

Somit folgt:

$$\sinh^2 u+1 = \cosh^2 u = x^2+1 \quad \text{und} \quad \sqrt{\cosh^2 u} = \cosh u = \sqrt{x^2+1} \quad \text{und} \quad u = \text{ar sinh}\, x$$

Wir schreiben:

$$\int\sqrt{x^2+1}\cdot dx = \int\sqrt{\cosh^2 u}\cdot\cosh u\cdot du = \int\cosh u\cdot\cosh u\cdot du = \int\cosh^2 u\cdot du$$

In der Integraltafel 27 (455) finden wir folgenden Eintrag: $\int\cosh^2(a\cdot x)\cdot dx = \dfrac{\sinh(2\cdot a\cdot x)}{4\cdot a} + \dfrac{x}{2}$

Wenn wir dies einsetzen erhalten wir:

$$\int \sqrt{x^2+1} \cdot dx = \int \cosh^2 u \cdot du = \frac{\sinh(2 \cdot u)}{4} + \frac{u}{2}$$

Aus den Rechenregeln für Hyperbelfunktionen gilt : $\sinh(2 \cdot a) = 2 \cdot \sinh a \cdot \cosh a$
(Band 1, Abschnitt 10.10)

$$\Rightarrow \int \sqrt{x^2+1} \cdot dx = \frac{2 \cdot \sinh u \cdot \cosh u}{4} + \frac{u}{2} = \frac{\sinh u \cdot \cosh u}{2} + \frac{u}{2}$$

Nun können wir u wieder ersetzen (Rücksubstitution) und erhalten die Stammfunktion:

Es gilt : $\sinh u = x$ und $\cosh u = \sqrt{x^2+1}$ und $u = \operatorname{ar\,sinh} x$

$$\int \sqrt{x^2+1} \cdot dx = \frac{x \cdot \sqrt{x^2+1}}{2} + \frac{\operatorname{ar\,sinh} x}{2}$$

(2) $\int \sqrt{\dfrac{1}{x^2+a^2}} \cdot dx$

Substitution: $x = a \cdot \sinh u$ und $dx = a \cdot \cosh u \cdot du$

$$\Rightarrow \quad \int \sqrt{\frac{1}{x^2+a^2}} \cdot dx = \int \sqrt{\frac{1}{a^2 \cdot \sinh^2 u + a^2}} \cdot \cosh u \cdot du$$

Wir erinnern uns an die Rechenregeln für die Hyperbelfunktionen: $\cosh^2 a - \sinh^2 a = 1$
$\Rightarrow \quad \sinh^2 a = \cosh^2 a - 1$ (vgl. Band 1, Abschnitt 10.10)

Somit folgt:
$$a^2 \cdot \sinh^2 u + a^2 = a^2 \cdot \left(\cosh^2 u - 1\right) + a^2 = a^2 \cdot \cosh^2 u = x^2 + a^2$$

und $\quad \sqrt{\dfrac{1}{a^2 \cdot \cosh^2 u}} = \dfrac{1}{\sqrt{a^2 \cdot \cosh^2 u}} = \dfrac{1}{a \cdot \cosh u} = \sqrt{\dfrac{1}{x^2+a^2}}$ und $u = \operatorname{ar\,sinh} \dfrac{x}{a}$

Wir schreiben:
$$\int \sqrt{\frac{1}{x^2+a^2}} \cdot dx = \int \frac{1}{a \cdot \cosh u} \cdot a \cdot \cosh u \cdot du = \int du = u$$

Nun können wir u wieder ersetzen (Rücksubstitution) und erhalten die Stammfunktion:

$$u = \operatorname{ar\,sinh} \frac{x}{a} \quad \Rightarrow \quad \int \sqrt{\frac{1}{x^2+a^2}} \cdot dx = \operatorname{ar\,sinh} \frac{x}{a}$$

Fall 6:

Der Integrand enthält eine Wurzel folgender Art:

$\sqrt{x^2 - a^2}$ z.B. $\int \sqrt{x^2 - a^2} \cdot dx$ oder $\int \dfrac{1}{\sqrt{x^2 - a^2}} \cdot dx$

Aus den Ableitungen der elementaren Funktionen wissen wir: (Band 1 /1/ Abschnitt 12.11)

$f_{(x)} = \text{ar}\cosh x \quad \Rightarrow \quad f'_{(x)} = \dfrac{1}{\sqrt{x^2 - 1}}$

Wenn wir nun Folgendes setzen:

$u = \text{ar}\cosh\left(\dfrac{x}{a}\right) \quad \Rightarrow \quad \dfrac{x}{a} = \cosh u \;\Rightarrow\; x = a \cdot \cosh u \;\Rightarrow\; \dfrac{dx}{du} = a \cdot \sinh u \;\Rightarrow\; dx = a \cdot \sinh u \cdot du$

Wir substituieren: $v = \dfrac{x}{a} \quad \Rightarrow \quad u = \text{ar}\cosh v \quad \Rightarrow \quad u' = \dfrac{du}{dv} \cdot \dfrac{dv}{dx} = \dfrac{1}{\sqrt{v^2 - 1}} \cdot \dfrac{1}{a} = \dfrac{1}{\sqrt{\left(\dfrac{x}{a}\right)^2 - 1}} \cdot \dfrac{1}{a}$

Wir können nun $\dfrac{1}{a}$ unter die Wurzel ziehen:

$u' = \dfrac{du}{dv} \cdot \dfrac{dv}{dx} = \dfrac{1}{\sqrt{\left[\left(\dfrac{x}{a}\right)^2 - 1\right] \cdot a^2}} = \dfrac{1}{\sqrt{\left[\dfrac{x^2}{a^2} - 1\right] \cdot a^2}} = \dfrac{1}{\sqrt{x^2 - a^2}} \quad \Rightarrow \quad dx = \sqrt{x^2 - a^2} \cdot du$

Wir können nun dx gleichsetzen:

$\sqrt{x^2 - a^2} \cdot du = a \cdot \sinh u \cdot du \;\Rightarrow\; \sqrt{x^2 - a^2} = a \cdot \sinh u$

Als Substitution verwenden wir somit: $x = a \cdot \cosh u$ und $dx = a \cdot \sinh u \cdot du$

Beispiele:

(1) $\int \sqrt{x^2 - 1} \cdot dx$

Substitution: $x = \cosh u$ und $dx = \sinh u \cdot du$

$\Rightarrow \quad \int \sqrt{x^2 - 1} \cdot dx = \int \sqrt{\cosh^2 u - 1} \cdot \sinh u \cdot du$

Wir erinnern uns an die Rechenregeln für die Hyperbelfunktionen: $\cosh^2 a - \sinh^2 a = 1$

$\Rightarrow \quad \cosh^2 a = \sinh^2 a + 1$ (Band 1, Abschnitt 10.10)

Somit folgt:

$\cosh^2 u - 1 = \sinh^2 u = x^2 - 1$ und $\sqrt{\sinh^2 u} = \sinh u = \sqrt{x^2 - 1}$ und $u = \text{ar}\cosh x$

Wir schreiben:

$\int \sqrt{x^2 - 1} \cdot dx = \int \sqrt{\sinh^2 u} \cdot \sinh u \cdot du = \int \sinh u \cdot \sinh u \cdot du = \int \sinh^2 u \cdot du$

In der Integraltafel 26 (441) finden wir folgenden Eintrag: $\int \sinh^2(a \cdot x) \cdot dx = \dfrac{\sinh(2 \cdot a \cdot x)}{4 \cdot a} - \dfrac{x}{2}$

Wenn wir dies einsetzen erhalten wir:

$$\int \sqrt{x^2 - 1} \cdot dx = \int \sinh^2 u \cdot du = \frac{\sinh(2 \cdot u)}{4} - \frac{u}{2}$$

Aus den Rechenregeln für Hyperbelfunktionen gilt : $\sinh(2 \cdot a) = 2 \cdot \sinh a \cdot \cosh a$
(Band 1, Abschnitt 10.10)

$$\Rightarrow \int \sqrt{x^2 - 1} \cdot dx = \frac{2 \cdot \sinh u \cdot \cosh u}{4} - \frac{u}{2} = \frac{\sinh u \cdot \cosh u}{2} - \frac{u}{2}$$

Nun können wir u wieder ersetzen (Rücksubstitution) und erhalten die Stammfunktion:

Es gilt : $\cosh u = x$ und $\sinh u = \sqrt{x^2 - 1}$ und $u = \operatorname{ar}\cosh x$

$$\int \sqrt{x^2 - 1} \cdot dx = \frac{x \cdot \sqrt{x^2 - 1}}{2} - \frac{\operatorname{ar}\cosh x}{2}$$

(2) $\int \sqrt{x^2 - a^2} \cdot dx$

Substitution: $x = a \cdot \cosh u$ und $dx = a \cdot \sinh u \cdot du$

$$\Rightarrow \quad \int \sqrt{x^2 - a^2} \cdot dx = \int \sqrt{a^2 \cdot \cosh^2 u - a^2} \cdot a \cdot \sinh u \cdot du$$

Wir erinnern uns an die Rechenregeln für die Hyperbelfunktionen: $\cosh^2 a - \sinh^2 a = 1$
$\Rightarrow \quad \cosh^2 a = \sinh^2 a + 1$ (Band 1, Abschnitt 10.10)

Somit folgt:
$$a^2 \cdot \cosh^2 u - a^2 = a^2 \cdot \left(\sinh^2 u + 1\right) - a^2 = a^2 \cdot \sinh^2 u = x^2 - a^2$$

und $\sqrt{a^2 \cdot \sinh^2 u} = a \cdot \sinh u = \sqrt{x^2 - a^2}$ und $u = \operatorname{ar}\cosh \dfrac{x}{a}$

Wir schreiben:
$$\int \sqrt{x^2 - a^2} \cdot dx = \int \sqrt{a^2 \sinh^2 u} \cdot a \cdot \sinh u \cdot du = \int a \cdot \sinh u \cdot a \cdot \sinh u \cdot du = \int a^2 \cdot \sinh^2 u \cdot du$$

In der Integraltafel 26 (441) finden wir folgenden Eintrag: $\int \sinh^2(a \cdot x) \cdot dx = \dfrac{\sinh(2 \cdot a \cdot x)}{4 \cdot a} - \dfrac{x}{2}$

Wenn wir dies einsetzen erhalten wir:

$$\int \sqrt{x^2 - a^2} \cdot dx = a^2 \cdot \int \sinh^2 u \cdot du = a^2 \cdot \left[\frac{\sinh(2 \cdot u)}{4} - \frac{u}{2}\right]$$

Aus den Rechenregeln für Hyperbelfunktionen gilt: $\sinh(2 \cdot a) = 2 \cdot \sinh a \cdot \cosh a$
(Band 1, Abschnitt 10.10)

$$\Rightarrow \int \sqrt{x^2 - a^2} \cdot dx = a^2 \cdot \frac{2 \cdot \sinh u \cdot \cosh u}{4} - a^2 \cdot \frac{u}{2} = a \cdot \frac{2 \cdot \sinh u \cdot a \cdot \cosh u}{4} - a^2 \cdot \frac{u}{2}$$

Nun können wir u wieder ersetzen (Rücksubstitution) und erhalten die Stammfunktion:

$$\text{Es gilt}: a \cdot \cosh u = x \quad \text{und} \quad \sinh u = \frac{\sqrt{x^2 - a^2}}{a} \quad \text{und} \quad u = \operatorname{ar\,cosh}\frac{x}{a}$$

$$\int \sqrt{x^2 - a^2} \cdot dx = a \cdot \frac{2 \cdot \dfrac{\sqrt{x^2 - a^2}}{a} \cdot x}{4} - a^2 \cdot \frac{\operatorname{ar\,cosh}\left(\dfrac{x}{a}\right)}{2} = \frac{1}{2} \cdot \left(x \cdot \sqrt{x^2 - a^2} - a^2 \cdot \operatorname{ar\,cosh}\left(\frac{x}{a}\right) \right)$$

1.8.2   Die partielle Integration

In Band 1 /1/ haben wir die Produktregel der Differentialrechnung kennen gelernt. Diese wird für die Ableitung zweier Funktionen verwendet, die miteinander multipliziert werden.

$$\text{Aus} \quad f_{(x)} = y = u \cdot v \quad \Rightarrow \quad f'_{(x)} = y' = \frac{dy}{dx} = u \cdot v' + v \cdot u'$$

Man kann nun auch schreiben:

$$y' = \frac{dy}{dx} = \frac{d}{dx} \cdot \left(u_{(x)} \cdot v_{(x)} \right) = u \cdot v' + v \cdot u'$$

Wenn wir nun den rechten Teil der Gleichung nach $u \cdot v'$ auflösen, dann erhalten wir:

$$u \cdot v' = \frac{d}{dx} \cdot \left(u_{(x)} \cdot v_{(x)} \right) - v \cdot u'$$

Wir können nun auf beiden Seiten integrieren und erhalten:

$$\int u \cdot v' \cdot dx = \int \left(\frac{d}{dx} \cdot \left(u_{(x)} \cdot v_{(x)} \right) - v \cdot u' \right) \cdot dx$$

Mit der Summenregel folgt:

$$\int u \cdot v' \cdot dx = \int \frac{d}{dx} \cdot \left(u_{(x)} \cdot v_{(x)} \right) \cdot dx - \int v \cdot u' \cdot dx$$

Dabei gilt: $\dfrac{d}{dx} \cdot \left(u_{(x)} \cdot v_{(x)} \right) = u \cdot v$

Dies gilt deshalb, weil die Integration die Umkehrung der Differentiation ist:

So folgt: $\int u \cdot v' \cdot dx = u \cdot v - \int v \cdot u' \cdot dx$

Diese Beziehung nennt man auch „Formel der partiellen Integration". Durch die Aufteilung der ursprünglichen Funktion $f_{(x)}$ in das Produkt aus $u_{(x)}$ und der Ableitung $v'_{(x)}$ kann das rechte Integral einfacher zu berechnen sein als das Ursprüngliche Integral.

$$\underbrace{\int f_{(x)} \cdot dx}_{\substack{\text{Ursprüngliches} \\ \text{Integral}}} \quad = \quad \underbrace{\int u \cdot v' \cdot dx}_{\substack{\text{Aufgeteiltes} \\ \text{Integral}}} \quad = \quad \underbrace{u \cdot v - \int v \cdot u' \cdot dx}_{\substack{\text{Vereinfachte} \\ \text{Integration}}}$$

Beispiele:

(1) Gegeben ist die Funktion: $f_{(x)} = x \cdot \ln x$

a) Gesucht ist die Stammfunktion: $\int f_{(x)} \cdot dx = \int x \cdot \ln x \cdot dx$

b) Berechne das Integral im Intervall $4 \le x \le 8$.

a) Wir setzen

$u = \ln x$ und $v' = x$

$\Rightarrow$ $\int x \cdot \ln x \cdot dx = \int u \cdot v' \cdot dx = u \cdot v - \int v \cdot u' \cdot dx$

Es gilt: $v = \int x \cdot dx = \dfrac{x^2}{2}$ und $u' = d\dfrac{\ln x}{dx} = \dfrac{1}{x}$

Daraus folgt:

$\int x \cdot \ln x \cdot dx = u \cdot v - \int v \cdot u' \cdot dx = \ln x \cdot \dfrac{x^2}{2} - \int \dfrac{x^2}{2} \cdot \dfrac{1}{x} \cdot dx = \ln x \cdot \dfrac{x^2}{2} - \int \dfrac{1}{2} \cdot x \cdot dx = \ln x \cdot \dfrac{x^2}{2} - \dfrac{1}{2} \cdot \int x \cdot dx$

$\int x \cdot \ln x \cdot dx = \ln x \cdot \dfrac{x^2}{2} - \dfrac{1}{2} \cdot \dfrac{x^2}{2} = \dfrac{x^2}{2} \cdot \left(\ln x - \dfrac{1}{2} \right) + C$

b)

$\int\limits_{a=4}^{b=8} x \cdot \ln x \cdot dx = \left[\dfrac{x^2}{2} \cdot \left(\ln x - \dfrac{1}{2} \right) \right]_{a=4}^{b=8} = \dfrac{8^2}{2} \cdot \left(\ln 8 - \dfrac{1}{2} \right) - \dfrac{4^2}{2} \cdot \left(\ln 4 - \dfrac{1}{2} \right) = 32 \cdot \ln 8 - 16 - 8 \cdot \ln 4 + 4$

$\int\limits_{a=4}^{b=8} x \cdot \ln x \cdot dx = 32 \cdot \ln 8 - 8 \cdot \ln 4 - 12 = 32 \cdot 2{,}0794 - 8 \cdot 1{,}3863 - 12 = 43{,}4518$

(2) Gegeben ist die Funktion: $f_{(x)} = \ln x$

a) Gesucht ist die Stammfunktion: $\int f_{(x)} \cdot dx = \int \ln x \cdot dx$

b) Berechne das Integral im Intervall $10 \le x \le 20$.

a)   Wir setzen

$u = \ln x$ und $v' = 1$

$\Rightarrow$ $\int \ln x \cdot 1 \cdot dx = \int u \cdot v' \cdot dx = u \cdot v - \int v \cdot u' \cdot dx$

Es gilt: $v = \int 1 \cdot dx = x$ und $u' = d\dfrac{\ln x}{dx} = \dfrac{1}{x}$

Daraus folgt:

$\int x \cdot \ln x \cdot dx = u \cdot v - \int v \cdot u' \cdot dx = \ln x \cdot x - \int x \cdot \dfrac{1}{x} \cdot dx = \ln x \cdot x - \int dx = \ln x \cdot x - x = x \cdot \left(\ln x - 1 \right) + C$

b)

$$\int_{a=10}^{b=20} \ln x \cdot dx = [x \cdot (\ln x - 1)]_{a=10}^{b=20} = 20 \cdot (\ln 20 - 1) - 10 \cdot (\ln 10 - 1) = 20 \cdot \ln 20 - 20 - 10 \cdot \ln 10 + 10$$

$$= 20 \cdot \ln 20 - 10 \cdot \ln 10 - 10 = 26{,}8888$$

(3) Gegeben ist die Funktion: $f_{(x)} = \sin x \cdot \cos x$

Gesucht ist die Stammfunktion: $\int f_{(x)} \cdot dx = \int \sin x \cdot \cos x \cdot dx$

a) Setze $u = \sin x$ und $v' = \cos x$

b) Setze $u = \cos x$ und $v' = \sin x$

a)

$u = \sin x$ und $v' = \cos x$

$\Rightarrow \quad \int \sin x \cdot \cos x \cdot dx = \int u \cdot v' \cdot dx = u \cdot v - \int v \cdot u' \cdot dx$

Es gilt: $v = \int \cos x \cdot dx = \sin x$ und $u' = d\dfrac{\sin x}{dx} = \cos x$

Daraus folgt:

$\int \sin x \cdot \cos x \cdot dx = \sin x \cdot \sin x - \int \sin x \cdot \cos x \cdot dx = \sin^2 x - \int \sin x \cdot \cos x \cdot dx$

Wir können nun auf beiden Seiten $\int \sin x \cdot \cos x \cdot dx$ addieren und erhalten:

$2 \cdot \int \sin x \cdot \cos x \cdot dx = \sin^2 x \quad \Rightarrow \quad \int \sin x \cdot \cos x \cdot dx = \dfrac{\sin^2 x}{2} + C$

b)

$u = \cos x$ und $v' = \sin x$

$\Rightarrow \quad \int \sin x \cdot \cos x \cdot dx = \int u \cdot v' \cdot dx = u \cdot v - \int v \cdot u' \cdot dx$

Es gilt: $v = \int \sin x \cdot dx = -\cos x$ und $u' = d\dfrac{\cos x}{dx} = -\sin x$

Daraus folgt:

$\int \sin x \cdot \cos x \cdot dx = -\cos x \cdot \cos x - \int (-\cos x) \cdot (-\sin x) \cdot dx = -\cos^2 x - \int \sin x \cdot \cos x \cdot dx$

Wir können nun auf beiden Seiten $\int \sin x \cdot \cos x \cdot dx$ addieren und erhalten:

$2 \cdot \int \sin x \cdot \cos x \cdot dx = -\cos^2 x \quad \Rightarrow \quad \int \sin x \cdot \cos x \cdot dx = -\dfrac{\cos^2 x}{2} + C$

Die beiden Stammfunktionen unterscheiden sich lediglich durch eine Konstante.

(4) Gegeben ist die Funktion: $f_{(x)} = x \cdot e^x$

Gesucht ist die Stammfunktion: $\int f_{(x)} \cdot dx = \int x \cdot e^x \cdot dx$

Wir setzen:

$u = x$ und $v' = e^x$

$\Rightarrow \quad \int x \cdot e^x \cdot dx = \int u \cdot v' \cdot dx = u \cdot v - \int v \cdot u' \cdot dx$

Es gilt: $\quad v = \int e^x \cdot dx = e^x \quad$ und $\quad u' = d\dfrac{x}{dx} = 1$

Daraus folgt:

$\int x \cdot e^x \cdot dx = x \cdot e^x - \int e^x \cdot 1 \cdot dx = x \cdot e^x - e^x = e^x \cdot (x-1) + C$

Wird anders herum $u = e^x$ und $v' = x$ gesetzt, dann führt dies zu einem komplizierteren Integral. Kommt man also mit der einen Einsetzung nicht zurecht, dann kann man mit der Vertauschung von u und v' ggf. noch eine Lösung finden.

(5) Gegeben ist die Funktion: $f_{(x)} = x \cdot \sin x$

Gesucht ist die Stammfunktion: $\int f_{(x)} \cdot dx = \int x \cdot \sin x \cdot dx$

Wir setzen:

$u = x$ und $v' = \sin x$

$\Rightarrow \quad \int x \cdot e^x \cdot dx = \int u \cdot v' \cdot dx = u \cdot v - \int v \cdot u' \cdot dx$

Es gilt: $\quad\quad v = \int \sin x \cdot dx = -\cos x \quad$ und $\quad u' = d\dfrac{x}{dx} = 1$

Daraus folgt: $\quad \int x \cdot \sin x \cdot dx = -x \cdot \cos x - \int -\cos x \cdot 1 \cdot dx = -x \cdot \cos x - (-\sin x) = -x \cdot \cos x + \sin x + C$

(6) Gegeben ist die Funktion: $f_{(x)} = x^2 \cdot \cos x$

Gesucht ist die Stammfunktion: $\int f_{(x)} \cdot dx = \int x^2 \cdot \cos x \cdot dx$

Wir setzen:

$u = x^2$ und $v' = \cos x$

$\Rightarrow \quad \int x^2 \cdot \cos x \cdot dx = \int u \cdot v' \cdot dx = u \cdot v - \int v \cdot u' \cdot dx$

Es gilt: $\quad\quad v = \int \cos x \cdot dx = \sin x \quad$ und $\quad u' = d\dfrac{x^2}{dx} = 2 \cdot x$

Daraus folgt: $\quad \int x^2 \cdot \cos x \cdot dx = x^2 \cdot \sin x - \int \sin x \cdot 2 \cdot x \cdot dx = x^2 \cdot \sin x - 2 \cdot \int x \cdot \sin x \cdot dx$

Das in der Lösung auftauchende Integral $\int x \cdot \sin x \cdot dx$ ist kein Grundintegral. Aber wir haben in Beispiel (5) dieses Integral bereits gelöst.

Wir brauchen also nur das dort gefundene Ergebnis einzusetzen:

$$\int x^2 \cdot \cos x \cdot dx = x^2 \cdot \sin x - 2 \cdot \int x \cdot \sin x \cdot dx = x^2 \cdot \sin x - 2 \cdot (-x \cdot \cos x + \sin x)$$

$$\Rightarrow \quad \int x^2 \cdot \cos x \cdot dx = x^2 \cdot \sin x + 2 \cdot x \cdot \cos x - 2 \cdot \sin x + C$$

1.8.3   Integration durch Partialbruchzerlegung

1.8.3.1   Umwandlung unecht gebrochener rationaler Funktionen

In Band 1 /1/ haben wir uns bereits mit gebrochen rationalen Funktionen beschäftigt. Eine derartige Funktion kann wie folgt geschrieben werden:

$$y = \frac{g_{(x)}}{h_{(x)}} = \frac{a_0 x^0 + a_1 \cdot x^1 + a_2 \cdot x^2 + \ldots\ldots + a_{m-1} \cdot x^{m-1} + a_m \cdot x^m}{b_0 x^0 + b_1 \cdot x^1 + b_2 \cdot x^2 + \ldots\ldots + b_{n-1} \cdot x^{n-1} + b_n \cdot x^n}$$

Ist der Grad m des Zählerpolynoms kleiner als der Grad n des Nennerpolynoms, so spricht man von einer echt gebrochenen Funktion, andernfalls von einer unecht gebrochenen Funktion:

m < n   ⇒   Echt gebrochen-rationale Funktion
m ≥ n   ⇒   Unecht gebrochen-rationale Funktion

Ist eine Funktion unecht gebrochen, so kann man diese durch Polynomdivision in eine ganzrationale und eine echt gebrochen-rationale Funktion zerlegen.

Beispiel:
Gegeben ist die unecht-gebrochene rationale Funktion

$$y = \frac{4 \cdot x^3 - 12 \cdot x^2 + 18 \cdot x - 20}{x^2 - 4 \cdot x + 3}$$

Durch Polynomdivision erhalten wir:

$$(4 \cdot x^3 \quad -12 \cdot x^2 \quad +18 \cdot x \quad -20) \quad : \quad (x^2 \quad -4 \cdot x \quad +3) \quad = \quad 4 \cdot x + 4 + \frac{22 \cdot x - 32}{x^2 - 4 \cdot x + 3}$$

$$
\begin{array}{l}
-(4 \cdot x^3 \quad -16 \cdot x^2 \quad +12 \cdot x) \\
\qquad\qquad 4 \cdot x^2 \quad +6 \cdot x \quad -20 \\
\qquad -(4 \cdot x^2 \quad -16 \cdot x \quad +12) \\
\qquad\qquad\qquad\qquad 22 \cdot x \quad -32
\end{array}
$$

Der ganzrationale Anteil besteht aus: $4 \cdot x + 4$

Der echt gebrochen-rationale Anteil besteht aus: $\dfrac{22 \cdot x - 32}{x^2 - 4 \cdot x + 3}$

Dabei lässt sich der ganzrationale Anteil in der Regel problemlos integrieren. Bleibt also lediglich zu untersuchen, wie man den echt gebrochen-rationalen Anteil integrieren kann.

Partialbruchzerlegung

Mit Hilfe der Partialbruchzerlegung kann jede echt gebrochen-rationale Funktion in eine Summe von Partialbrüchen zerlegt werden. Diese können dann problemlos gliedweise integriert werden. Zunächst wollen wir dies anhand von einfachen Beispielen näher untersuchen.

1.8.3.2   Nennerpolynom mit einfacher Polstelle

Gegeben ist die echt gebrochen-rationale Funktion: $f_{(x)} = \dfrac{x}{x^2 - 1}$

Wir suchen nun die Nullstellen des Nennerpolynoms (Polstellen):

$x^2 - 1 = 0 \quad \Rightarrow \quad x^2 = 1 \quad \Rightarrow \quad x_{1,2} = \pm\sqrt{1} \quad \Rightarrow \quad x_1 = 1 \quad \text{und} \quad x_2 = -1$

Wir machen nun folgenden Ansatz*:

$f_{(x)} = \dfrac{x}{x^2 - 1} = \dfrac{a_1}{x - 1} + \dfrac{a_2}{x + 1}$

Man kann nachweisen, dass sich jede Funktion mit sogenannten einfachen Polstellen in dieser Weise schreiben lässt. Man muss jetzt nur noch die beiden Unbekannten a_1 und a_2 bestimmen.

Hierzu machen wir zunächst sämtliche Brüche gleichnamig.

$\dfrac{x}{x^2 - 1} = \dfrac{a_1 \cdot (x + 1)}{(x - 1) \cdot (x + 1)} + \dfrac{a_2 \cdot (x - 1)}{(x - 1) \cdot (x + 1)} = \dfrac{a_1 \cdot (x + 1) + a_2 \cdot (x - 1)}{(x - 1) \cdot (x + 1)}$

mit $(x - 1) \cdot (x + 1) = x^2 - 1$

$\Rightarrow \quad \dfrac{x}{x^2 - 1} = \dfrac{a_1 \cdot (x + 1) + a_2 \cdot (x - 1)}{x^2 - 1}$

Wir können nun auf beiden Seiten der Gleichung mit $x^2 - 1$ multiplizieren:

Nach Multiplikation mit $x^2 - 1$ $\quad \Rightarrow \quad x = a_1 \cdot (x + 1) + a_2 \cdot (x - 1)$

Nach Ausmultiplizieren $\quad \Rightarrow \quad x = a_1 \cdot x + a_1 + a_2 \cdot x - a_2$

Nach Ausklammern von x $\quad \Rightarrow \quad x = (a_1 + a_2) \cdot x + (a_1 - a_2)$

Die linke Seite kann man auch schreiben $\quad \underbrace{1}_{(a1+a2)} \cdot x + \underbrace{0}_{(a_1 - a_2)} = \underbrace{(a_1 + a_2)}_{(a_1 + a_2)} \cdot x + \underbrace{(a_1 - a_2)}_{(a_1 - a_2)}$

Durch Koeffizientenvergleich folgt:

Die Gleichung ist nur dann erfüllt, wenn gilt: [1] $a_1 + a_2 = 1$ und [2] $a_1 - a_2 = 0$

Aus der Gleichung [2] folgt: $a_1 = a_2$

Eingesetzt in [1] folgt: $a_1 + a_1 = 2 \cdot a_1 = 1 \quad \Rightarrow \quad a_1 = a_2 = \dfrac{1}{2}$

Wir erhalten also die Partialbrüche der Gleichung wie folgt:

$f_{(x)} = \dfrac{x}{x^2 - 1} = \dfrac{a_1}{x - 1} + \dfrac{a_2}{x + 1} = \dfrac{\frac{1}{2}}{x - 1} + \dfrac{\frac{1}{2}}{x + 1} = \dfrac{1}{2} \cdot \dfrac{1}{x - 1} + \dfrac{1}{2} \cdot \dfrac{1}{x + 1}$

* Der Ansatz dient dazu, die Stammfunktion zu ermitteln. Für die verschiedenen Grade von Funktionen werden unterschiedliche Ansätze verwendet. Diese sind in Abschnitt 1.8.3.7 beschrieben.

Wir können nun die Stammfunktion wie folgt ermitteln:

$$\int f_{(x)} \cdot dx = \int \left(\frac{1}{2} \cdot \frac{1}{x-1} + \frac{1}{2} \cdot \frac{1}{x+1} \right) \cdot dx = \frac{1}{2} \cdot \left(\int \frac{1}{x-1} \cdot dx + \int \frac{1}{x+1} \cdot dx \right)$$

Wir müssen nun lediglich die beiden Integrale lösen:

Fall 1:

$$\int \frac{1}{x-1} \cdot dx \mid \text{ Wir substituieren } u = x-1 \text{ und bilden die Ableitung von u: } u' = \frac{du}{dx} = 1 \quad \Rightarrow \quad dx = du$$

$$\Rightarrow \quad \int \frac{1}{x-1} \cdot dx = \int \frac{1}{u} \cdot du = \ln(u) + C$$

Rücksubstituiert folgt:

$$\int \frac{1}{x-1} \cdot dx = \ln(x-1) + C$$

Fall 2:

$$\int \frac{1}{x+1} \cdot dx \mid \text{ Wir substituieren } u = x+1 \text{ und bilden die Ableitung von u: } u' = \frac{du}{dx} = 1 \quad \Rightarrow \quad dx = du$$

$$\Rightarrow \quad \int \frac{1}{x+1} \cdot dx = \int \frac{1}{u} \cdot du = \ln(u) + C$$

Rücksubstituiert folgt:

$$\int \frac{1}{x+1} \cdot dx = \ln(x+1) + C$$

Insgesamt können wir also schreiben:

$$\int f_{(x)} \cdot dx = \frac{1}{2} \cdot \left(\int \frac{1}{x-1} \cdot dx + \int \frac{1}{x+1} \cdot dx \right) = \frac{1}{2} \cdot \left(\ln(x-1) + \ln(x+1) \right) + C$$

1.8.3.3   Nennerpolynom mit zweifacher Polstelle

Gegeben ist die echt gebrochen-rationale Funktion: $f_{(x)} = \dfrac{2 \cdot x - 1}{(1-x)^2}$

Wir suchen nun die Nullstellen des Nennerpolynoms (Polstellen):

$$(1-x)^2 = 0 \quad \Rightarrow \quad x^2 - 2 \cdot x + 1 = 0 \quad \Rightarrow \quad x_{1,2} = -\frac{-2}{2} \pm \sqrt{1-1} \quad \Rightarrow \quad x_1 = x_2 = 1$$

Wir machen nun folgenden Ansatz:

$$f_{(x)} = \frac{2 \cdot x - 1}{(1-x)^2} = \frac{a_1}{(x-1)} + \frac{a_2}{(x-1)^2}$$

Man kann nachweisen, dass sich jede Funktion mit sogenannten zweifachen Polstellen in dieser Weise schreiben lässt. Man muss jetzt nur noch die beiden Unbekannten a_1 und a_2 bestimmen.

Hierzu machen wir zunächst sämtliche Brüche gleichnamig.

$$\frac{2 \cdot x - 1}{(1-x)^2} = \frac{a_1}{x-1} + \frac{a_2}{(x-1)^2} = \frac{a_1}{x-1} \cdot \frac{x-1}{x-1} + \frac{a_2}{(x-1)^2}$$

$$\frac{2 \cdot x - 1}{(1-x)^2} = \frac{a_1 \cdot (x-1)}{(x-1)^2} + \frac{a_2}{(x-1)^2}$$

Wir können nun auf beiden Seiten der Gleichung mit $(1-x)^2$ multiplizieren:

$$2 \cdot x - 1 = a_1 \cdot (x-1) + a_2 = a_1 \cdot x - a_1 + a_2$$

$$\underbrace{2}_{a_1} \cdot x \underbrace{-1}_{-a_1+a_2} = \underbrace{a_1}_{a_1} \cdot x \underbrace{-a_1+a_2}_{-a_1+a_2}$$

Durch Koeffizientenvergleich folgt:

Die Gleichung ist nur dann erfüllt, wenn gilt: [1] $a_1 = 2$ und [2] $-a_1 + a_2 = -1$

Setzt man a_1 in Gleichung [2] ein folgt: $-2 + a_2 = -1$ $\Rightarrow$ $a_2 = -1 + 2 = 1$

Wir erhalten also die Partialbrüche der Gleichung wie folgt:

$$f_{(x)} = \frac{2 \cdot x - 1}{(1-x)^2} = \frac{2}{x-1} + \frac{1}{(x-1)^2}$$

Wir können nun die Stammfunktion wie folgt ermitteln:

$$\int f_{(x)} \cdot dx = \int \frac{2 \cdot x - 1}{(1-x)^2} \cdot dx = \left(\int \frac{2}{x-1} \cdot dx + \int \frac{1}{(x-1)^2} \cdot dx \right)$$

Wir müssen nun lediglich die beiden Integrale lösen:

Fall 1: $\int \frac{2}{x-1} \cdot dx = 2 \cdot \int \frac{1}{x-1} \cdot dx$

Wir substituieren $u = x - 1$ und bilden die Ableitung von u: $u' = \frac{du}{dx} = 1$ $\Rightarrow$ $dx = du$

$\Rightarrow$ $2 \cdot \int \frac{1}{x-1} \cdot dx = 2 \cdot \int \frac{1}{u} \cdot du = 2 \cdot \ln(u) + C$

Rücksubstituiert folgt:

$$\int \frac{2}{x-1} \cdot dx = 2 \cdot \ln(x-1) + C$$

Fall 2: $\int \dfrac{1}{(x-1)^2} \cdot dx$

Wir substituieren $u = x-1$ und bilden die Ableitung von u: $u' = \dfrac{du}{dx} = 1$ $\Rightarrow$ $dx = du$

$\Rightarrow$ $\int \dfrac{1}{u^2} \cdot du = \int u^{-2} \cdot du = \dfrac{u^{-2+1}}{-2+1} = \dfrac{u^{-1}}{-1} = -\dfrac{1}{u} + C$

Rücksubstituiert folgt:

$\int \dfrac{1}{(x-1)^2} \cdot dx = -\dfrac{1}{x-1} + C$

Insgesamt können wir also schreiben:

$\int f_{(x)} \cdot dx = \int \dfrac{2 \cdot x - 1}{(1-x)^2} \cdot dx = 2 \cdot \ln(x-1) - \dfrac{1}{x-1} + C$

1.8.3.4   Nennerpolynom mit dreifacher und einfacher Polstelle

(Beispiel aus Papula /2/)

Gegeben ist die echt gebrochen-rationale Funktion: $f_{(x)} = \dfrac{x^2 - 5 \cdot x + 8}{x^4 - 6^2 + 8 \cdot x - 3}$

Wir suchen nun die Nullstellen des Nennerpolynoms (Polstellen):

Für $x_1 = 1$ gilt: $x^4 - 6^2 + 8 \cdot x - 3 = 1 - 6 + 8 - 3 = 0$

Wir können also den Nenner des Polynoms wie folgt schreiben:

$$
\begin{array}{l}
\left(x^4 \quad +0\cdot x^3 \quad\quad -6\cdot x^2 \quad\quad +8\cdot x \quad -3\right) \;:\; (x-1) \;=\; x^3 + x^2 - 5\cdot x + 3 \\[2pt]
-\left(x^4 \quad -1\cdot x^3\right) \\[2pt]
\hphantom{aaaaa} x^3 \quad\quad -6\cdot x^2 \\[2pt]
\hphantom{aaaa} -\left(x^3 \quad -1\cdot x^2\right) \\[2pt]
\hphantom{aaaaaaaaa} -5\cdot x^2 \quad +8\cdot x \\[2pt]
\hphantom{aaaaaaaa} -\left(-5\cdot x^2 \quad +5\cdot x\right) \\[2pt]
\hphantom{aaaaaaaaaaaaaa} +3\cdot x \quad -3 \\[2pt]
\hphantom{aaaaaaaaaaaaa} -\left(+3\cdot x \quad -3\right)
\end{array}
$$

Das Restpolynom hat ebenfalls eine Nullstelle bei $x_2 = 1$:

Wir können das Restpolynom also wie folgt schreiben:

$$
\begin{array}{l}
\left(x^3 \quad +x^2 \quad\quad -5\cdot x \quad +3\right) \;:\; (x-1) \;=\; x^2 + 2\cdot x - 3 \\[2pt]
-\left(x^3 \quad -x^2\right) \\[2pt]
\hphantom{aaaaa} 2\cdot x^2 \quad\quad -5\cdot x \\[2pt]
\hphantom{aaaa} -\left(2\cdot x^2 \quad -2\cdot x\right) \\[2pt]
\hphantom{aaaaaaaaa} -3\cdot x \quad +3 \\[2pt]
\hphantom{aaaaaaaa} -\left(-3\cdot x \quad +3\right)
\end{array}
$$

Für das weitere Restpolynom erhalten wir folgende Nullstellen:

$$x^2 + 2 \cdot x - 3 = 0 \quad \Rightarrow \quad x_{3,4} = -\frac{2}{2} \pm \sqrt{1+3} = -1 \pm 2 \quad \Rightarrow \quad x_3 = -1 + 2 = 1 \quad \text{und} \quad x_3 = -1 - 2 = -3$$

Wir können das Nennerpolynom also wie folgt schreiben:

$$x^4 - 6^2 + 8 \cdot x - 3 = (x-1) \cdot (x-1) \cdot (x-1) \cdot (x+3) = (x-1)^3 \cdot (x+3)$$

Für $(x-1)$ haben wir also eine dreifache Polstelle und für $(x+3)$ eine einfache Polstelle.

Wir machen nun folgenden Ansatz:

$$f_{(x)} = \frac{x^2 - 5 \cdot x + 8}{x^4 - 6^2 + 8 \cdot x - 3} = \frac{a_1}{(x-1)} + \frac{a_2}{(x-1)^2} + \frac{a_3}{(x-1)^3} + \frac{b_1}{(x+3)}$$

Man kann nachweisen, dass sich jede Funktion mit dreifacher und einfacher Polstelle so schreiben lässt. Man muss jetzt nur noch die Unbekannten a_1, a_2, a_3 und und b_1 bestimmen.
Hierzu machen wir zunächst sämtliche Brüche gleichnamig.

$$f_{(x)} = \frac{x^2 - 5 \cdot x + 8}{x^4 - 6^2 + 8 \cdot x - 3} = \frac{a_1}{(x-1)} + \frac{a_2}{(x-1)^2} + \frac{a_3}{(x-1)^3} + \frac{b_1}{(x+3)}$$

$$\Rightarrow \quad \frac{x^2 - 5 \cdot x + 8}{x^4 - 6^2 + 8 \cdot x - 3} = \frac{a_1 \cdot (x-1)^2 \cdot (x+3) + a_2 \cdot (x-1) \cdot (x+3) + a_3 \cdot (x+3) + b_1 \cdot (x-1)^3}{(x-1)^3 \cdot (x+3)}$$

Auf beiden Seiten steht dasselbe im Nenner, so dass man beide Seiten damit multiplizieren kann:

$$\Rightarrow \quad x^2 - 5 \cdot x + 8 = a_1 \cdot (x-1)^2 \cdot (x+3) + a_2 \cdot (x-1) \cdot (x+3) + a_3 \cdot (x+3) + b_1 \cdot (x-1)^3$$

Wir dürfen nun für x beliebige Werte einsetzen. Man wählt die x-Werte zweckmäßigerweise so, dass der Rechenaufwand minimal wird. Wir setzen zunächst für x = 1 ein:

$$
\begin{array}{rclcccc}
1 - 5 + 8 & = & a_1 \cdot (1-1)^2 \cdot (1+3) & + a_2 \cdot (1-1) \cdot (1+3) & + a_3 \cdot (1+3) & + b_1 \cdot (1-1)^3 \\
4 & = & 0 & + 0 & + a_3 \cdot 4 & + 0 \\
4 & = & a_3 \cdot 4 & \Rightarrow \quad a_3 = 1 & &
\end{array}
$$

Wir setzen für x = −3 ein:

$$
\begin{array}{rclcccc}
3^2 - 5 \cdot (-3) + 8 & = & a_1 \cdot (-3-1)^2 \cdot (-3+3) & + a_2 \cdot (-3-1) \cdot (-3+3) & + a_3 \cdot (-3+3) & + b_1 \cdot (-3-1)^3 \\
32 & = & 0 & + 0 & + 0 & + b_1 \cdot (-4)^3 \\
32 & = & -64 \cdot b_1 & \Rightarrow \quad b_1 = -\dfrac{1}{2} & &
\end{array}
$$

Wir setzen nun Folgendes ein: $x = 0$; $a_3 = 1$ und $b_1 = -\dfrac{1}{2}$

$$8 \quad = \quad a_1 \cdot (0-1)^2 \cdot (0+3) \quad + a_2 \cdot (0-1) \cdot (0+3) \quad + a_3 \cdot (0+3) \quad + b_1 \cdot (0-1)^3$$

$$8 \quad = \quad a_1 \cdot 1 \cdot 3 \quad + a_2 \cdot (-1) \cdot 3 \quad + 1 \cdot 3 \quad + \left(-\frac{1}{2}\right) \cdot (-1)$$

$$8 \quad = \quad 3 \cdot a_1 \quad -3 \cdot a_2 \quad +3 \quad +\frac{1}{2}$$

$$8-3-\frac{1}{2} \quad = \quad 3 \cdot a_1 \quad -3 \cdot a_2$$

$$\frac{9}{2} \quad = \quad 3 \cdot a_1 \quad -3 \cdot a_2 \quad \Big| :3$$

$$\frac{3}{2} \quad = \quad a_1 \quad -a_2$$

Wir setzen nun ein: $x = -1; \quad a_3 = 1 \quad$ und $\quad b_1 = -\frac{1}{2}$

$$(-1)^2 - 5 \cdot (-1) + 8 \quad = \quad a_1 \cdot (-1-1)^2 \cdot (-1+3) \quad + a_2 \cdot (-1-1) \cdot (-1+3) \quad + a_3 \cdot (-1+3) \quad + b_1 \cdot (-1-1)^3$$

$$1+5+8 \quad = \quad a_1 \cdot 4 \cdot 2 \quad + a_2 \cdot (-2) \cdot 2 \quad + 1 \cdot 2 \quad + \left(-\frac{1}{2}\right) \cdot (-8)$$

$$14 \quad = \quad 8 \cdot a_1 \quad -4 \cdot a_2 \quad +2 \quad +4$$

$$14-2-4 \quad = \quad 8 \cdot a_1 \quad -4 \cdot a_2$$

$$8 \quad = \quad 8 \cdot a_1 \quad -4 \cdot a_2 \quad \Big| :4$$

$$2 \quad = \quad 2 \cdot a_1 \quad -a_2$$

Wir erhalten für a_1 und a_2 also zwei Gleichungen mit zwei Unbekannten:

$$1{,}5 \quad = \quad a_1 \quad -a_2$$
$$2 \quad = \quad 2 \cdot a_1 \quad -a_2$$

Wir multiplizieren die untere Gleichung mit −1 und addieren:

$$1{,}5 \quad = \quad a_1 \quad -a_2$$
$$-2 \quad = \quad -2 \cdot a_1 \quad +a_2$$
$$-0{,}5 \quad = \quad -a_1$$

$\Rightarrow \quad a_1 = 0{,}5 \quad$ und $\quad a_2 = -1$

Somit können wir unsere ursprüngliche Gleichung wie folgt schreiben:

$$f_{(x)} = \frac{x^2 - 5 \cdot x + 8}{x^4 - 6^2 + 8 \cdot x - 3} = \frac{0{,}5}{(x-1)} + \frac{-1}{(x-1)^2} + \frac{1}{(x-1)^3} + \frac{-0{,}5}{(x+3)}$$

Nach der Zerlegung des Nennerpolynoms in Partialbrüche kann nun die Gleichung gliedweise integriert werden.

$$\int f_{(x)} \cdot dx = \int \frac{x^2 - 5 \cdot x + 8}{x^4 - 6^2 + 8 \cdot x - 3} \cdot dx = \int \frac{0{,}5}{(x-1)} \cdot dx + \int \frac{-1}{(x-1)^2} \cdot dx + \int \frac{1}{(x-1)^3} \cdot dx + \int \frac{-0{,}5}{(x+3)} \cdot dx$$

$$\int \frac{0,5}{x-1} \cdot dx = 0,5 \cdot \int \frac{1}{x-1} \cdot dx = 0,5 \cdot \ln(x-1) \quad \text{(vergleiche Beispiel "einfache Polstellen)}$$

$$\int \frac{-1}{(x-1)^2} \cdot dx = -1 \cdot \int \frac{1}{(x-1)^2} \cdot dx = -1 \cdot \left(-\frac{1}{x-1}\right) = \frac{1}{x-1} \quad \text{(vergleiche Beispiel "zweifache Polstellen)}$$

$$\int \frac{1}{(x-1)^3} \cdot dx \quad \text{Wir substituieren } u = x-1 \text{ und bilden die Ableitung von u: } u' = \frac{du}{dx} = 1 \Rightarrow dx = du$$

$$\Rightarrow \int \frac{1}{u^3} \cdot du = \int u^{-3} \cdot du = \frac{u^{-3+1}}{-3+1} = \frac{u^{-2}}{-2} = -\frac{1}{2} \cdot \frac{1}{u^2} \quad \text{Rücksubstituiert folgt:} \quad \int \frac{1}{(x-1)^3} \cdot dx = -\frac{1}{2} \cdot \frac{1}{(x-1)^2}$$

$$\int \frac{-0,5}{(x+3)} \cdot dx = -0,5 \cdot \int \frac{1}{(x+3)} \cdot dx \quad \text{Substitution } u = x+3 \text{ Ableitung von u: } u' = \frac{du}{dx} = 1 \Rightarrow dx = du$$

$$-0,5 \cdot \int \frac{1}{u} \cdot du = -0,5 \cdot \ln(u) \quad \text{Rücksubstituiert folgt:} \quad \int \frac{-0,5}{(x+3)} \cdot dx = -0,5 \cdot \ln|x+3|$$

Als Lösung erhalten wir:

$$\int f_{(x)} \cdot dx = \int \frac{x^2 - 5 \cdot x + 8}{x^4 - 6^2 + 8 \cdot x - 3} \cdot dx = 0,5 \cdot \ln|x-1| + \frac{1}{x-1} - \frac{1}{2} \cdot \frac{1}{(x-1)^2} - 0,5 \cdot \ln|x+3| + C$$

$$\text{Mit der Regel:} \quad \ln\frac{a}{b} = \ln(a) - \ln(b) \quad \Rightarrow \quad \int f_{(x)} \cdot dx = 0,5 \cdot \ln\left|\frac{x-1}{x+3}\right| + \frac{1}{x-1} - \frac{1}{2} \cdot \frac{1}{(x-1)^2} + C$$

1.8.3.5 Erläuterung der Partialbruchzerlegung

Wir wollen die Partialbruchzerlegung anhand von Nennerpolynomen 4. Grades näher erläutern.

Ein Polynom 4. Grades mit 4 Nullstellen kann allgemein wie folgt geschrieben werden.

$$f_{(x)} = (x - x_1) \cdot (x - x_2) \cdot (x - x_3) \cdot (x - x_4)$$

Wobei die Werte von x_1 bis x_4 die Nullstellen des Polynoms sind.

Natürlich gibt es auch Polynome 4. Grades die keine Nullstellen besitzen, z.B. das folgende:

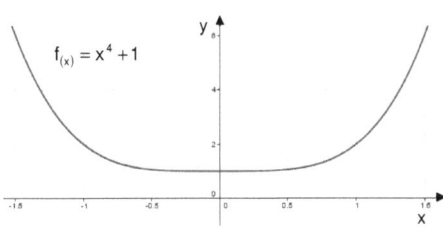

Bild 10: Polynom 4. Grades ohne Nullstelle

An- $f_{(x)} = (x - 0) \cdot (x - 0) \cdot (x - 0) \cdot (x - 0) + 1 = x^4 + k$
stelle der 1 können wir jede beliebige Zahl $k > 0$ einsetzen, ohne dass eine Nullstelle auftauchen würde. Durch die Addition von $k > 0$ wird das Polynom um k nach oben verschoben. Ein derartiges Polynom lässt sich nicht in Partialbrüche zerlegen. Man kann auch sagen, dass alle Werte x_1 bis x_4 gleich 0 werden und eine Zahl $k > 0$ addiert wird:

$$f_{(x)} = (x - 0) \cdot (x - 0) \cdot (x - 0) \cdot (x - 0) + k = x^4 + k$$

Daraus folgt: Wenn gilt: $x_1 = x_2 = x_3 = x_4 = 0$ und $k > 0 \Rightarrow$ keine Nullstelle

Was passiert nun wenn k = −1 addiert wird:

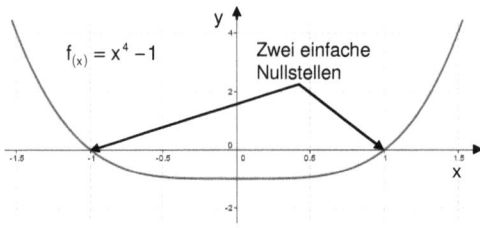

Bild 11: Polynom 4. Grades mit 2 Nullstellen

Wir sehen, dass nun das Polynom um 1 nach unten verschoben ist und zwei Nullstellen auftreten. Dasselbe würde passieren, wenn eine beliebige Zahl k < 0 addiert wird.

Das Polynom hat offensichtlich die Nullstellen $x_1 = -1$ und $x_2 = 1$

Wenn wir dieses Polynom in seine Partialbrüche zerlegen, dann folgt:

$f_{(x)} = x^4 - 1$ Nullstelle bei $x = 1$

$$
\begin{aligned}
\left(x^4 \quad +0 \cdot x^3 \quad +0 \cdot x^2 \quad +0 \cdot x \quad +1\right) \; : \; \left(x-1\right) \;&=\; x^3 + x^2 + x + 1 \\
-\left(x^4 \quad -x^3\right)& \\
x^3& \\
-\left(x^3 \quad -x^2\right)& \\
x^2& \\
-\left(x^2 \quad -x\right)& \\
x& \\
-\left(x \quad -1\right)&
\end{aligned}
$$

Das Restpolynom hat offensichtlich eine Nullstelle bei −1:

$x^3 + x^2 + x + 1 = 0 \Rightarrow$ Nullstelle bei $x = -1$

$$
\begin{aligned}
\left(x^3 \quad +0 \cdot x^2 \quad +0 \cdot x \quad +1\right) \; : \; \left(x+1\right) \;&=\; x^2 - x + 1 \\
-\left(x^3 \quad +x^2\right)& \\
-x^2& \\
-\left(-x^2 \quad -x\right)& \\
x& \\
-\left(x \quad +1\right)&
\end{aligned}
$$

Weiteren Nullstellen des Restpolynoms existieren nicht.

Man kann nun unser Polynom wie folgt schreiben: $f_{(x)} = x^4 - 1 = (x-1) \cdot (x+1) \cdot \left(x^2 - x + 1\right)$

Es gilt also: $x_1 = -1$ und $x_2 = 1$

Es handelt sich hier um zwei einfache Nullstellen. Die Werte für x_3 und x_4 existieren hier nicht.

Da unser zu untersuchendes Polynom im Nenner steht, wird eine Nullstelle im Nenner zu einer Polstelle der Gesamtfunktion. Wir wollen im Folgenden die Bedeutung der Begriffe „einfache Polstelle, zweifache Polstelle, dreifache Polstelle und vierfache Polstelle" bei Polynomen 4. Grades im Nenner näher beschreiben:

Im Folgenden gehen wir davon aus, dass das Polynom sich in folgender Form schreiben lässt:

$f_{(x)} = (x - x_1) \cdot (x - x_2) \cdot (x - x_3) \cdot (x - x_4)$

Es sollen also alle Werte für x_1, x_2, x_3 und x_4 existieren. Man kann folgende Fälle unterscheiden:
- Nennerpolynom mit vierfacher Polstelle
- Nennerpolynom mit einer dreifachen und einer einfachen Polstelle
- Nennerpolynom mit zwei zweifachen Polstellen
- Nennerpolynom mit vier einfachen Polstellen

Nennerpolynom mit vierfacher Polstelle

Wir betrachten zunächst die folgende Funktion: $f_{(x)} = (x - 0) \cdot (x - 0) \cdot (x - 0) \cdot (x - 0) = x^4$

Es gibt hier nur eine Nullstelle und zwar das Minimum der Funktion:
Im Nenner haben wir es mit einer vierfachen Polstelle für $x = 0$ zu tun.

Wenn gilt: $x_1 = x_2 = x_3 = x_4 = 0$ $\Rightarrow$ vierfache Polstelle

Jetzt untersuchen wir einmal den Fall:
$f_{(x)} = (x - 1) \cdot (x - 1) \cdot (x - 1) \cdot (x - 1)$

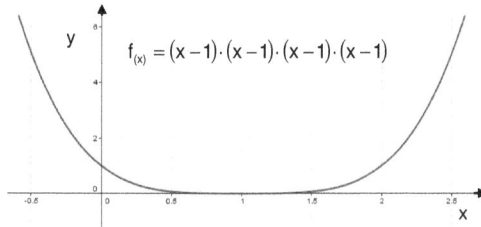

Bild 12: Polynom 4. Grades vierfacher Nullstelle

Wir sehen, dass das Polynom
$f_{(x)} = (x - 0) \cdot (x - 0) \cdot (x - 0) \cdot (x - 0) = x^4$

hierdurch um 1 nach rechts verschoben wird.

Betrachten wir das Polynom:
$f_{(x)} = (x - a) \cdot (x - a) \cdot (x - a) \cdot (x - a)$

Wenn gilt: a > 0, so kann man davon ausgehen, dass das Polynom gegenüber $y = x^4$ um a nach rechts verschoben erscheint.
Genauso kann man bei a < 0 davon ausgehen, dass das Polynom um a nach links verschoben wird.

Allgemein kann man sagen:
Gegeben ist das Nennerpolynom: $f_{(x)} = (x - x_1) \cdot (x - x_2) \cdot (x - x_3) \cdot (x - x_4)$
Wenn gilt: $x_1 = x_2 = x_3 = x_4 = g$ $\Rightarrow$ vierfache Polstelle bei $x = g$

Nennerpolynom mit einer dreifachen und einer einfachen Polstelle

Hierzu untersuchen wir den Fall: $f_{(x)} = (x-1) \cdot (x-1) \cdot (x-1) \cdot (x-2)$

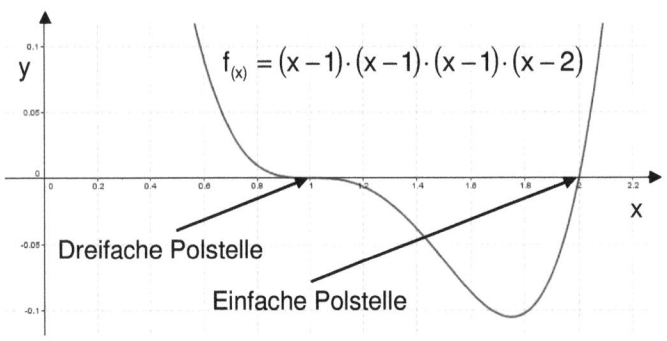

Wir erkennen im Graphen eine dreifache Polstelle mit waagerechter Tangente. Es handelt sich hier um einen Sattelpunkt bei x = 1.

Die zweite einfache Polstelle liegt bei x = 2.

Bild 13: Polynom 4. Grades dreifacher und einfacher Nullstelle

Allgemein kann man folgendes sagen:

Gegeben ist das Nennerpolynom: $f_{(x)} = (x-x_1) \cdot (x-x_2) \cdot (x-x_3) \cdot (x-x_4)$

Wenn gilt: $x_1 = x_2 = x_3 = g$ $\Rightarrow$ dreifache fache Polstelle bei g (Sattelpunkt bei y = 0)

und: $x_4 = h$ $\Rightarrow$ einfache Polstelle bei x = h

Nennerpolynom mit zwei zweifachen Polstellen

Hierzu untersuchen wir den Fall: $f_{(x)} = (x-1) \cdot (x-1) \cdot (x-2) \cdot (x-2)$

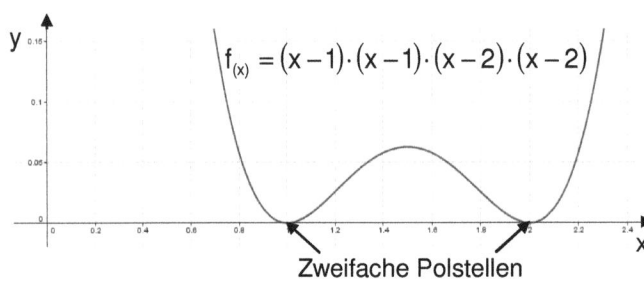

Wir erkennen im Graphen zwei zweifache Polstellen mit jeweils waagerechter Tangente. Es handelt sich hier um zwei Minima bei y = 0.

Bild 14: Polynom 4. Grades zwei zweifachen Nullstellen

Allgemein kann man Folgendes sagen:

Gegeben ist das Nennerpolynom: $f_{(x)} = (x-x_1) \cdot (x-x_2) \cdot (x-x_3) \cdot (x-x_4)$

Wenn gilt: $x_1 = x_2 = g$ $\Rightarrow$ zweifache Polstelle bei g (Extremum bei y = 0)

und: $x_3 = x_4 = h$ $\Rightarrow$ zweifache Polstelle bei h (Extremum bei y = 0)

Nennerpolynom mit vier einfachen Polstellen

Hierzu untersuchen wir den Fall: $f_{(x)} = (x-1)\cdot(x-2)\cdot(x-3)\cdot(x-4)$

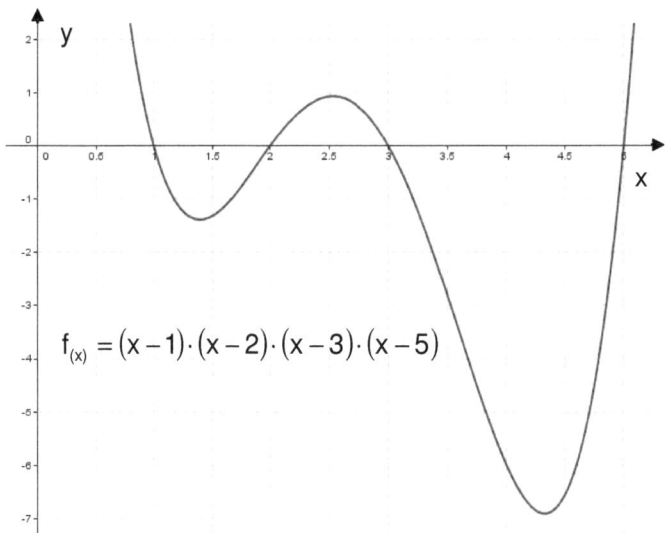

Wir erkennen im Graphen vier einfache Polstellen.

$$f_{(x)} = (x-1)\cdot(x-2)\cdot(x-3)\cdot(x-5)$$

Bild 15: Polynom 4. Grades vier einfachen Nullstellen

Allgemein kann man folgendes sagen:

Gegeben ist das Nennerpolynom: $f_{(x)} = (x-x_1)\cdot(x-x_2)\cdot(x-x_3)\cdot(x-x_4)$

Wenn gilt: $x_1 = g$; $x_2 = h$; $x_3 = i$; $x_4 = j$ und $g \neq h$; $g \neq i$; $g \neq j$; $h \neq i$; $h \neq j$; $i \neq j$

$\Rightarrow$ vier einfache Polstellen bei g, h, i und j

1.8.3.6   Ableitung und Durchführung der Integration mit Partialbruchzerlegung

Wir gehen davon aus, dass sich das Zählerpolynom 4. Grades in folgender Weise zerlegen lässt:

$$f_{(x)} = (x-x_1)\cdot(x-x_2)\cdot(x-x_3)\cdot(x-x_4)$$

Dabei sollen folgende Fälle vorkommen:
* Nennerpolynom mit vierfacher Polstelle
* Nennerpolynom mit einer dreifachen und einer einfachen Polstelle
* Nennerpolynom mit zwei zweifachen Polstellen
* Nennerpolynom mit vier einfachen Polstellen

1.8.3.6.1   Nennerpolynom mit vierfacher Polstelle

Es gilt: $x_1 = x_2 = x_3 = x_4 = g$ $\Rightarrow$ vierfache Polstelle

Nennerpolynom: $f_{(x)} = (x-g)\cdot(x-g)\cdot(x-g)\cdot(x-g)$

Wir können nun das Nennerpolynom ausmultiplizieren: (binomische Formeln)

$$(x-g)\cdot(x-g)\cdot(x-g)\cdot(x-g) = (x-g)^4 = x^4 - 4\cdot x^3 \cdot g + 6\cdot x^2 \cdot g^2 - 4\cdot x \cdot g^3 + g^4$$

Die Funktion können wir jetzt wie folgt schreiben:

$$f_{(x)} = \frac{\text{Zählerpolynom}}{\text{Nennerpolynom}}$$

$$\Rightarrow \quad \frac{\text{Zählerpolynom}}{x^4 - 4 \cdot x^3 \cdot g + 6 \cdot x^2 \cdot g^2 - 4 \cdot x \cdot g^3 + g^4} = \frac{\text{Zählerpolynom}}{(x-g)^4} = \frac{\text{Zählerpolynom}}{(x-g) \cdot (x-g) \cdot (x-g) \cdot (x-g)}$$

Die rechte Seite der Gleichung lässt sich nun auch wie folgt schreiben (Ansatz):

$$\frac{\text{Zählerpolynom}}{x^4 - 4 \cdot x^3 \cdot g + 6 \cdot x^2 \cdot g^2 - 4 \cdot x \cdot g^3 + g^4} = \frac{a_1}{(x-g)} + \frac{a_2}{(x-g)^2} + \frac{a_3}{(x-g)^3} + \frac{a_4}{(x-g)^4}$$

Wenn wir nun auf der rechten Seite gleichnamig machen folgt:

$$\frac{\text{Zählerpolynom}}{x^4 - 4 \cdot x^3 \cdot g + 6 \cdot x^2 \cdot g^2 - 4 \cdot x \cdot g^3 + g^4} = \frac{a_1 \cdot (x-g)^3 + a_2 \cdot (x-g)^2 + a_3 \cdot (x-g) + a_4}{(x-g)^4}$$

Da die Nenner links und rechts gleich sind, können wir auf beiden Seiten damit multiplizieren:

$$\text{Zählerpolynom} = a_1 \cdot (x-g)^3 + a_2 \cdot (x-g)^2 + a_3 \cdot (x-g) + a_4$$

Wenn wir nun für x nacheinander 4 verschiedene Werte einsetzen, so erhalten wir zur Bestimmung von a_1 bis a_4 vier Gleichungen mit vier Unbekannten. Bei geschickter Wahl der Werte x lässt sich der Rechenaufwand hierzu stark reduzieren.

Beispiel „Nennerpolynom mit vierfacher Polstelle" für g = 2:
Gegeben ist folgende Gleichung:

$$f_{(x)} = \frac{x^2 - 3 \cdot x + 4}{x^4 - 4 \cdot x^3 \cdot 2 + 6 \cdot x^2 \cdot 4 - 4 \cdot x \cdot 8 + 16} = \frac{x^2 - 3 \cdot x + 4}{x^4 - 8 \cdot x^3 + 24 \cdot x^2 - 32 \cdot x + 16}$$

Gesucht ist die Stammfunktion. Wir machen folgenden Ansatz:

$$\frac{x^2 - 3 \cdot x + 4}{x^4 - 8 \cdot x^3 + 24 \cdot x^2 - 32 \cdot x + 16} = \frac{a_1}{(x-2)} + \frac{a_2}{(x-2)^2} + \frac{a_3}{(x-2)^3} + \frac{a_4}{(x-2)^4}$$

$$= \frac{a_1 \cdot (x-2)^3 + a_2 \cdot (x-2)^2 + a_3 \cdot (x-2) + a_4}{(x-2)^4}$$

Wir können auf beiden Seiten mit dem Nenner multiplizieren:

$$x^2 - 3 \cdot x + 4 = a_1 \cdot (x-2)^3 + a_2 \cdot (x-2)^2 + a_3 \cdot (x-2) + a_4$$

Jetzt müssen wir noch 4 Werte für x einsetzen:

1. Fall: x = 2

$$4 - 3 \cdot 2 + 4 = a_1 \cdot (2-2)^3 + a_2 \cdot (2-2)^2 + a_3 \cdot (2-2) + a_4 = a_4 \quad \Rightarrow \quad a_4 = 2$$

2. Fall: wir setzen x = 0 und $a_4 = 2$ ein.

$4 = a_1 \cdot (-2)^3 + a_2 \cdot (-2)^2 + a_3 \cdot (-2) + 2 = -8 \cdot a_1 + 4 \cdot a_2 - 2 \cdot a_3 + 2$

$\Rightarrow \quad 8 \cdot a_1 - 4 \cdot a_2 + 2 \cdot a_3 - 2 = -4$

$\Rightarrow \quad 8 \cdot a_1 - 4 \cdot a_2 + 2 \cdot a_3 = -2$

$\Rightarrow \quad 4 \cdot a_1 - 2 \cdot a_2 + a_3 = -1$

3. Fall: wir setzen x = 3 und $a_4 = 2$ ein.

$9 - 9 + 4 = a_1 + a_2 + a_3 + 2$

$\Rightarrow \quad a_1 + a_2 + a_3 = 2$

4. Fall: wir setzen x = 1 und $a_4 = 2$ ein

$1 - 3 + 4 = -a_1 + a_2 - a_3 + 2$

$a_1 - a_2 + a_3 - 2 = -2$

$a_1 - a_2 + a_3 = 0$

Wir haben nun folgende drei Gleichungen mit 3 Unbekannten:

$4 \cdot a_1 \quad -2 \cdot a_2 \quad +a_3 \quad = \quad -1 \quad (1)$

$a_1 \quad +a_2 \quad +a_3 \quad = \quad 2 \quad (2)$

$a_1 \quad -a_2 \quad +a_3 \quad = \quad 0 \quad (3)$

Wir bilden die Differenz von Gleichung (2) und (3):

$4 \cdot a_1 \quad -2 \cdot a_2 \quad +a_3 \quad = \quad -1 \quad (1)$

$0 \quad +2 \cdot a_2 \quad +0 \quad = \quad 2 \quad (2)$

$\Rightarrow \quad a_2 = 1$

Dies setzen wir in Gleichung (3) ein:

$4 \cdot a_1 \quad -2 \cdot a_2 \quad +a_3 \quad = \quad -1 \quad (1)$

$a_1 \quad -1 \quad +a_3 \quad = \quad 0 \quad (3)$

$\Rightarrow \quad a_3 = -a_1 + 1$

In Gleichung (1) eingesetzt folgt:

$4 \cdot a_1 \quad -2 \quad -a_1 + 1 \quad = \quad -1 \quad (1)$

$\Rightarrow \quad 3 \cdot a_1 = -1 + 2 - 1$

$\Rightarrow \quad a_1 = 0$

Es gilt also: $\quad a_1 = 0 \; ; \; a_2 = 1 \; ; \; a_3 = 1 \; ; \; a_4 = 2$

Wir können nun einsetzen:

$$\frac{x^2 - 3 \cdot x + 4}{x^4 - 8 \cdot x^3 + 24 \cdot x^2 - 32 \cdot x + 16} = \frac{0}{(x-2)} + \frac{1}{(x-2)^2} + \frac{1}{(x-2)^3} + \frac{2}{(x-2)^4}$$

Jetzt führen wir die gliedweise Integration durch:

$$\int \frac{x^2 - 3 \cdot x + 4}{x^4 - 8 \cdot x^3 + 24 \cdot x^2 - 32 \cdot x + 16} \cdot dx = \int \frac{1}{(x-2)^2} \cdot dx + \int \frac{1}{(x-2)^3} \cdot dx + 2 \cdot \int \frac{1}{(x-2)^4} \cdot dx$$

1. Integral: $\int \dfrac{1}{(x-2)^2} \cdot dx$ Substituiert $u = x - 2$; $u' = \dfrac{du}{dx} = 1$ $\Rightarrow$ $du = dx$

$\Rightarrow$ $\int \dfrac{1}{u^2} \cdot du = \int u^{-2} \cdot du = \dfrac{u^{-2+1}}{-2+1} = -\dfrac{u^{-1}}{1} = -\dfrac{1}{u}$ (Grundintegral)

Rücksubstitution: $\int \dfrac{1}{(x-2)} \cdot dx = -\dfrac{1}{(x-2)}$

2. Integral: $\int \dfrac{1}{(x-2)^3} \cdot dx$ Substituiert $u = x - 2$; $u' = \dfrac{du}{dx} = 1$ $\Rightarrow$ $du = dx$

$\Rightarrow$ $\int \dfrac{1}{u^3} \cdot du = \int u^{-3} \cdot du = \dfrac{u^{-3+1}}{-3+1} = -\dfrac{u^{-2}}{2} = -\dfrac{1}{2} \cdot \dfrac{1}{u^2}$ (Grundintegral)

Rücksubstitution: $\int \dfrac{1}{(x-2)} \cdot dx = -\dfrac{1}{2} \cdot \dfrac{1}{(x-2)^2}$

3. Integral: $\int \dfrac{1}{(x-2)^4} \cdot dx$ Substituiert $u = x - 2$; $u' = \dfrac{du}{dx} = 1$ $\Rightarrow$ $du = dx$

$\Rightarrow$ $\int \dfrac{1}{u^4} \cdot du = \int u^{-4} \cdot du = \dfrac{u^{-4+1}}{-4+1} = -\dfrac{u^{-3}}{3} = -\dfrac{1}{3} \cdot \dfrac{1}{u^3}$ (Grundintegral)

Rücksubstitution: $\int \dfrac{1}{(x-2)} \cdot dx = -\dfrac{1}{3} \cdot \dfrac{1}{(x-2)^3}$

Somit können wir schreiben:

$$\int \dfrac{x^2 - 3 \cdot x + 4}{x^4 - 8 \cdot x^3 + 24 \cdot x^2 - 32 \cdot x + 16} \cdot dx = -\dfrac{1}{(x-2)} - \dfrac{1}{2} \cdot \dfrac{1}{(x-2)^2} - \dfrac{2}{3} \cdot \dfrac{1}{(x-2)^3} + C$$

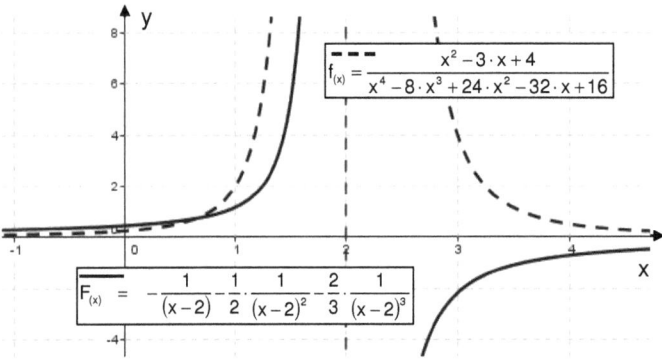

Bild 16: Integral: Nennerpolynom mit vierfacher Nullstelle

1.8.3.6.2   Nennerpolynom mit einer dreifachen und einer einfachen Polstelle

Es gilt: $x_1 = x_2 = x_3 = g \; \Rightarrow$ dreifache Polstelle bei g (Sattelpunkt bei $y = 0$)

und: $\quad x_4 = h \qquad\qquad \Rightarrow$ einfache Polstelle bei $x = h$

Nennerpolynom: $f_{(x)} = (x - g) \cdot (x - g) \cdot (x - g) \cdot (x - h)$

Wir können nun das Nennerpolynom ausmultiplizieren:

$$(x-g) \cdot (x-g) \cdot (x-g) \cdot (x-h) = (x-g)^3 \cdot (x-h) = \left(x^3 - 3 \cdot x^2 \cdot g + 3 \cdot x \cdot g^2 - g^3\right) \cdot (x-h)$$
$$= x^4 - 3 \cdot g \cdot x^3 + 3 \cdot g^2 \cdot x^2 - g^3 \cdot x - h \cdot x^3 + 3 \cdot g \cdot h \cdot x^2 - 3 \cdot g^2 \cdot h \cdot x + g^3 \cdot h$$
$$= x^4 - (3 \cdot g + h) \cdot x^3 + \left(3 \cdot g^2 + 3 \cdot g \cdot h\right) \cdot x^2 - \left(g^3 + 3 \cdot g^2 \cdot h\right) \cdot x + g^3 \cdot h$$

Die Funktion können wir jetzt wie folgt schreiben:

$$f_{(x)} = \frac{\text{Zählerpolynom}}{\text{Nennerpolynom}}$$

$$\Rightarrow \frac{\text{Zählerpolynom}}{x^4 - (3 \cdot g + h) \cdot x^3 + \left(3 \cdot g^2 + 3 \cdot g \cdot h\right) \cdot x^2 - \left(g^3 + 3 \cdot g^2 \cdot h\right) \cdot x + g^3 \cdot h} = \frac{\text{Zählerpolynom}}{(x-g)^3 \cdot (x-h)}$$
$$= \frac{\text{Zählerpolynom}}{(x-g) \cdot (x-g) \cdot (x-g) \cdot (x-h)}$$

Die rechte Seite der Gleichung lässt sich nun auch wie folgt schreiben (Ansatz):

$$\frac{\text{Zählerpolynom}}{(x-g) \cdot (x-g) \cdot (x-g) \cdot (x-h)} = \frac{a_1}{(x-g)} + \frac{a_2}{(x-g)^2} + \frac{a_3}{(x-g)^3} + \frac{b_1}{(x-h)}$$

Wenn wir nun auf der rechten Seite gleichnamig machen folgt:

$$\frac{\text{Zählerpolynom}}{(x-g) \cdot (x-g) \cdot (x-g) \cdot (x-h)} = \frac{a_1 \cdot (x-g)^2 \cdot (x-h) + a_2 \cdot (x-g) \cdot (x-h) + a_3 \cdot (x-h) + b_1 \cdot (x-g)^3}{(x-g)^3 \cdot (x-h)}$$

Da die Nenner links und rechts gleich sind, können wir auf beiden Seiten damit multiplizieren:

Zählerpolynom $= a_1 \cdot (x-g)^2 \cdot (x-h) + a_2 \cdot (x-g) \cdot (x-h) + a_3 \cdot (x-h) + b_1 \cdot (x-g)^3$

Wenn wir nun für x nacheinander 4 verschiedene Werte einsetzen, so erhalten wir zur Bestimmung von a_1 bis a_3 und b_1 vier Gleichungen mit vier Unbekannten. Bei geschickter Wahl der Werte x lässt sich der Rechenaufwand hierzu stark reduzieren.

Beispiel „Nennerpolynom mit dreifacher und einfacher Polstelle" für $g = 1$ und $h = 2$:
Gegeben ist folgende Gleichung:

$$f_{(x)} = \frac{x^2 - 3 \cdot x + 4}{x^4 - (3 \cdot g + h) \cdot x^3 + \left(3 \cdot g^2 + 3 \cdot g \cdot h\right) \cdot x^2 - \left(g^3 + 3 \cdot g^2 \cdot h\right) \cdot x + g^3 \cdot h} = \frac{x^2 - 3 \cdot x + 4}{x^4 - 5 \cdot x^3 + 9 \cdot x^2 - 7 \cdot x + 2}$$

Gesucht ist die Stammfunktion. Wir machen folgenden Ansatz:

$$\frac{x^2 - 3 \cdot x + 4}{x^4 - 5 \cdot x^3 + 9 \cdot x^2 - 7 \cdot x + 2} = \frac{a_1}{(x-1)} + \frac{a_2}{(x-1)^2} + \frac{a_3}{(x-1)^3} + \frac{b_1}{(x-2)}$$

$$= \frac{a_1 \cdot (x-1)^2 \cdot (x-2) + a_2 \cdot (x-1) \cdot (x-2) + a_3 \cdot (x-2) + b_1 \cdot (x-1)^3}{(x-1)^3 \cdot (x-2)}$$

Wir können auf beiden Seiten mit dem Nenner multiplizieren:

$$x^2 - 3 \cdot x + 4 = a_1 \cdot (x-1)^2 \cdot (x-2) + a_2 \cdot (x-1) \cdot (x-2) + a_3 \cdot (x-2) + b_1 \cdot (x-1)^3$$

Jetzt müssen wir noch 4 Werte für x einsetzen:

1. Fall: x = 1

$$1 - 3 + 4 = a_1 \cdot (1-1)^2 \cdot (1-2) + a_2 \cdot (1-1) \cdot (1-2) + a_3 \cdot (1-2) + b_1 \cdot (1-1)^3$$
$$2 = -a_3 \quad \Rightarrow \quad a_3 = -2$$

2. Fall: wir setzen x = 2 und $a_3 = -2$ ein.

$$4 - 3 \cdot 2 + 4 = a_1 \cdot (2-1)^2 \cdot (2-2) + a_2 \cdot (2-1) \cdot (2-2) + (-2) \cdot (2-2) + b_1 \cdot (2-1)^3$$
$$b_1 = 2$$

3. Fall: wir setzen x = 0 und $a_3 = -2$ ein.

$$4 = a_1 \cdot (-1)^2 \cdot (-2) + a_2 \cdot (-1) \cdot (-2) + (-2) \cdot (-2) + b_1 \cdot (-1)^3$$
$$4 = -2 \cdot a_1 + 2 \cdot a_2 + 4 - b_1$$
$$-2 \cdot a_1 + 2 \cdot a_2 - b_1 = 0$$
$$a_1 - a_2 + \frac{1}{2} \cdot b_1 = 0$$

4. Fall: wir setzen x = 3 und $a_3 = -2$ und $b_1 = 2$ ein

$$9 - 3 \cdot 3 + 4 = a_1 \cdot (3-1)^2 \cdot (3-2) + a_2 \cdot (3-1) \cdot (3-2) + (-2) \cdot (3-2) + 2 \cdot (3-1)^3$$
$$4 = 4 \cdot a_1 + 2 \cdot a_2 - 2 + 16$$
$$4 \cdot a_1 + 2 \cdot a_2 = 4 + 2 - 16 = -10$$
$$2 \cdot a_1 + a_2 = -5$$

Wir haben nun folgende 2 Gleichungen mit 2 Unbekannten:

$$a_1 \quad - a_2 \quad = \quad -1 \quad (1)$$
$$2 \cdot a_1 \quad + a_2 \quad = \quad -5 \quad (2)$$

Wir addieren Gleichung (1) und (2):

$$a_1 \quad - a_2 \quad = \quad -1 \quad (1)$$
$$3 \cdot a_1 \quad + 0 \quad = \quad -6 \quad (2)$$
$$a_1 = -2 \quad \Rightarrow \quad a_2 = -2 + 1 = -1$$

Es gilt also:

$$a_1 = -2 \; ; \; a_2 = -1 \; ; \; a_3 = -2 \; ; \; b_1 = 2$$

Wir können nun einsetzen:

$$\frac{x^2 - 3 \cdot x + 4}{x^4 - 5 \cdot x^3 + 9 \cdot x^2 - 7 \cdot x + 2} = \frac{a_1}{(x-1)} + \frac{a_2}{(x-1)^2} + \frac{a_3}{(x-1)^3} + \frac{b_1}{(x-2)}$$

$$\frac{x^2 - 3 \cdot x + 4}{x^4 - 5 \cdot x^3 + 9 \cdot x^2 - 7 \cdot x + 2} = -2 \cdot \frac{1}{(x-1)} - \frac{1}{(x-1)^2} - 2 \cdot \frac{1}{(x-1)^3} + 2 \cdot \frac{1}{(x-2)}$$

Jetzt führen wir die gliedweise Integration durch:

$$\int \frac{x^2 - 3 \cdot x + 4}{x^4 - 5 \cdot x^3 + 9 \cdot x^2 - 7 \cdot x + 2} \cdot dx = -2 \cdot \int \frac{1}{(x-1)} \cdot dx - \int \frac{1}{(x-1)^2} \cdot dx - 2 \cdot \int \frac{1}{(x-1)^3} \cdot dx + 2 \cdot \int \frac{1}{(x-2)} \cdot dx$$

$$\int \frac{x^2 - 3 \cdot x + 4}{x^4 - 5 \cdot x^3 + 9 \cdot x^2 - 7 \cdot x + 2} \cdot dx = -2 \cdot \ln|x - 1| + \frac{1}{(x-1)} + \frac{1}{(x-1)^2} + 2 \cdot \ln|x - 2| + C$$

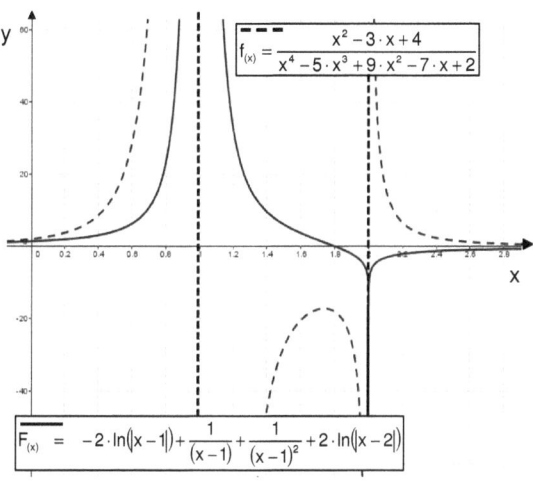

$$f_{(x)} = \frac{x^2 - 3 \cdot x + 4}{x^4 - 5 \cdot x^3 + 9 \cdot x^2 - 7 \cdot x + 2}$$

$$F_{(x)} = -2 \cdot \ln(|x - 1|) + \frac{1}{(x-1)} + \frac{1}{(x-1)^2} + 2 \cdot \ln(|x - 2|)$$

Bild 17: Integral: Nennerpolynom mit 3- und 1-facher Nullstelle

1.8.3.6.3   Nennerpolynom mit zwei zweifachen Polstellen

Wenn gilt: $x_1 = x_2 = g$ $\Rightarrow$ zweifache Polstelle bei g (Extremum bei y = 0)

und: $x_3 = x_4 = h$ $\Rightarrow$ zweifache Polstelle bei h (Extremum bei y = 0)

Nennerpolynom: $f_{(x)} = (x - g) \cdot (x - g) \cdot (x - h) \cdot (x - h)$

Wir können nun das Nennerpolynom ausmultiplizieren: (vgl. Band 1 /1/, Abschnitt 2.2.4)

$$(x-g) \cdot (x-g) \cdot (x-h) \cdot (x-h) = (x-g)^2 \cdot (x-h)^2 = (x^2 - 2 \cdot g \cdot x + g^2) \cdot (x^2 - 2 \cdot h \cdot x + h^2)$$

$$= x^4 - 2 \cdot g \cdot x^3 + g^2 \cdot x^2 - 2 \cdot h \cdot x^3 + 4 \cdot g \cdot h \cdot x^2 - 2 \cdot g^2 \cdot h \cdot x + h^2 \cdot x^2 - 2 \cdot g \cdot h^2 \cdot x + g^2 \cdot h^2$$

$$= x^4 - (2 \cdot g + 2 \cdot h) \cdot x^3 + (g^2 + 4 \cdot g \cdot h + h^2) \cdot x^2 - (2 \cdot g^2 \cdot h + 2 \cdot g \cdot h^2) \cdot x + g^2 \cdot h^2$$

Die Funktion können wir jetzt wie folgt schreiben:

$$f_{(x)} = \frac{\text{Zählerpolynom}}{\text{Nennerpolynom}}$$

$$\Rightarrow \quad \frac{\text{Zählerpolynom}}{x^4 - (2 \cdot g + 2 \cdot h) \cdot x^3 + (g^2 + 4 \cdot g \cdot h + h^2) \cdot x^2 - (2 \cdot g^2 \cdot h + 2 \cdot g \cdot h^2) \cdot x + g^2 \cdot h^2} = \frac{\text{Zählerpolynom}}{(x-g)^2 \cdot (x-h)^2}$$

$$= \frac{\text{Zählerpolynom}}{(x-g) \cdot (x-g) \cdot (x-h) \cdot (x-h)}$$

Die rechte Seite der Gleichung lässt sich nun auch wie folgt schreiben (Ansatz):

$$\frac{\text{Zählerpolynom}}{(x-g) \cdot (x-g) \cdot (x-g) \cdot (x-h)} = \frac{a_1}{(x-g)} + \frac{a_2}{(x-g)^2} + \frac{b_1}{(x-h)} + \frac{b_2}{(x-h)^2}$$

Wenn wir nun auf der rechten Seite gleichnamig machen folgt:

$$\frac{\text{Zählerpolynom}}{(x-g) \cdot (x-g) \cdot (x-h) \cdot (x-h)} = \frac{a_1 \cdot (x-g) \cdot (x-h)^2 + a_2 \cdot (x-h)^2 + b_1 \cdot (x-g)^2 \cdot (x-h) + b_2 \cdot (x-g)^2}{(x-g)^2 \cdot (x-h)^2}$$

Da die Nenner links und rechts gleich sind, können wir auf beiden Seiten damit multiplizieren:

Zählerpolynom $= a_1 \cdot (x-g) \cdot (x-h)^2 + a_2 \cdot (x-h)^2 + b_1 \cdot (x-g)^2 \cdot (x-h) + b_2 \cdot (x-g)^2$

Wenn wir nun für x nacheinander 4 verschiedene Werte einsetzen, so erhalten wir zur Bestimmung von a_1 ; a_2 und b_1 ; b_2 vier Gleichungen mit vier Unbekannten. Bei geschickter Wahl der Werte x lässt sich der Rechenaufwand hierzu stark reduzieren.

Beispiel „**Nennerpolynom mit zwei zweifachen Polstellen**" für g = 1 und h = 2:

Gegeben ist folgende Gleichung:

$$f_{(x)} = \frac{x^2 - 3 \cdot x + 4}{x^4 - (2 + 2 \cdot 2) \cdot x^3 + (1 + 4 \cdot 2 + 4) \cdot x^2 - (2 \cdot 2 + 2 \cdot 4) \cdot x + 1 \cdot 4} = \frac{x^2 - 3 \cdot x + 4}{x^4 - 6 \cdot x^3 + 13 \cdot x^2 - 12 \cdot x + 4}$$

Gesucht ist die Stammfunktion. Wir machen folgenden Ansatz:

$$\frac{x^2 - 3 \cdot x + 4}{x^4 - 6 \cdot x^3 + 13 \cdot x^2 - 12 \cdot x + 4} = \frac{a_1}{(x-1)} + \frac{a_2}{(x-1)^2} + \frac{b_1}{(x-2)} + \frac{b_2}{(x-2)^2}$$

$$= \frac{a_1 \cdot (x-1) \cdot (x-2)^2 + a_2 \cdot (x-2)^2 + b_1 \cdot (x-1)^2 \cdot (x-2) + b_2 \cdot (x-1)^2}{(x-1)^2 \cdot (x-2)^2}$$

Wir können auf beiden Seiten mit dem Nenner multiplizieren:

$$x^2 - 3 \cdot x + 4 = a_1 \cdot (x-1) \cdot (x-2)^2 + a_2 \cdot (x-2)^2 + b_1 \cdot (x-1)^2 \cdot (x-2) + b_2 \cdot (x-1)^2$$

Jetzt müssen wir noch 4 Werte für x einsetzen:

1. Fall: x = 1

$$1 - 3 + 4 = a_1 \cdot (1-1) \cdot (1-2)^2 + a_2 \cdot (1-2)^2 + b_1 \cdot (1-1)^2 \cdot (1-2) + b_2 \cdot (1-1)^2$$
$$a_2 = 2$$

2. Fall: wir setzen x = 2 und $a_2 = 2$ ein.

$$2^2 - 3 \cdot 2 + 4 = a_1 \cdot (2-1) \cdot (2-2)^2 + a_2 \cdot (2-2)^2 + b_1 \cdot (2-1)^2 \cdot (2-2) + b_2 \cdot (2-1)^2$$
$$b_2 = 2$$

3. Fall: wir setzen x = 0 und $a_2 = 2$ und $b_2 = 2$ ein.

$$4 = a_1 \cdot (-1) \cdot (-2)^2 + 2 \cdot (-2)^2 + b_1 \cdot (-1)^2 \cdot (-2) + 2 \cdot (-1)^2$$
$$4 = -4 \cdot a_1 + 8 - 2 \cdot b_1 + 2$$
$$-4 \cdot a_1 - 2 \cdot b_1 = -6$$
$$2 \cdot a_1 + b_1 = 3$$

4. Fall: wir setzen x = 3 und $a_2 = 2$ und $b_2 = 2$ ein.

$$3^2 - 3 \cdot 3 + 4 = a_1 \cdot (3-1) \cdot (3-2)^2 + 2 \cdot (3-2)^2 + b_1 \cdot (3-1)^2 \cdot (3-2) + 2 \cdot (3-1)^2$$
$$4 = 2 \cdot a_1 + 2 + 4 \cdot b_1 + 8$$
$$2 \cdot a_1 + 4 \cdot b_1 = -6$$

Wir haben nun folgende 2 Gleichungen mit 2 Unbekannten:

$$2 \cdot a_1 + b_1 = 3 \quad (1)$$
$$2 \cdot a_1 + 4 \cdot b_1 = -6 \quad (2)$$

Wir multiplizieren Gleichung (2) mit –1 addieren die Gleichungen (1) und (2):

$$
\begin{aligned}
2 \cdot a_1 + b_1 &= 3 \quad (1) \\
-2 \cdot a_1 - 4 \cdot b_1 &= 6 \quad (2) \\
0 - 3 \cdot b_1 &= 9 \\
\Rightarrow \quad b_1 &= -3 \\
\Rightarrow \quad 2 \cdot a_1 - 3 &= 3 \\
\Rightarrow \quad a_1 &= 3
\end{aligned}
$$

Es gilt also: $a_1 = 3$; $a_2 = 2$; $b_1 = -3$; $b_2 = 2$

Wir können nun einsetzen:

$$\frac{x^2 - 3 \cdot x + 4}{x^4 - 6 \cdot x^3 + 13 \cdot x^2 - 12 \cdot x + 4} = \frac{a_1}{(x-1)} + \frac{a_2}{(x-1)^2} + \frac{b_1}{(x-2)} + \frac{b_2}{(x-2)^2}$$

$$\frac{x^2 - 3 \cdot x + 4}{x^4 - 6 \cdot x^3 + 13 \cdot x^2 - 12 \cdot x + 4} = 3 \cdot \frac{1}{(x-1)} + 2 \cdot \frac{1}{(x-1)^2} - 3 \cdot \frac{1}{(x-2)} + 2 \cdot \frac{1}{(x-2)^2}$$

Jetzt führen wir die gliedweise Integration durch:

$$\int \frac{x^2 - 3 \cdot x + 4}{x^4 - 6 \cdot x^3 + 13 \cdot x^2 - 12 \cdot x + 4} \cdot dx = 3 \cdot \int \frac{1}{(x-1)} \cdot dx + 2 \cdot \int \frac{1}{(x-1)^2} \cdot dx - 3 \cdot \int \frac{1}{(x-2)} \cdot dx + 2 \cdot \int \frac{1}{(x-2)^2} \cdot dx$$

$$= 3 \cdot \ln|x-1| - 2 \cdot \frac{1}{(x-1)} - 3 \cdot \ln|x-2| - 2 \cdot \frac{1}{(x-2)}$$

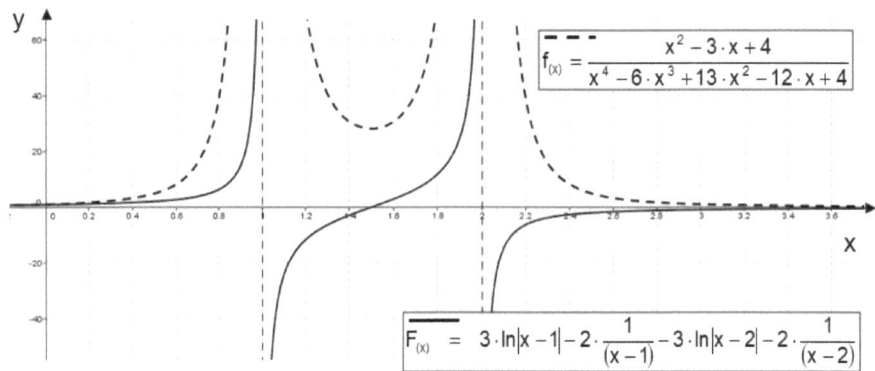

Bild 18: Integral: Nennerpolynom mit 2 zweifachen Nullstellen

1.8.3.6.4   Nennerpolynom mit vier einfachen Polstellen

Wenn gilt: $x_1 = g$; $x_2 = h$; $x_3 = i$; $x_4 = j$ und $g \neq h$; $g \neq i$; $g \neq j$; $h \neq i$; $h \neq j$; $i \neq j$
   $\Rightarrow$ vier einfache Polstellen bei g, h, i und j
Nennerpolynom: $f_{(x)} = (x - x_1) \cdot (x - x_2) \cdot (x - x_3) \cdot (x - x_4)$

Wir können nun das Nennerpolynom ausmultiplizieren:

$(x-g) \cdot (x-h) \cdot (x-i) \cdot (x-j) = (x^2 - g \cdot x - h \cdot x + g \cdot h) \cdot (x^2 - i \cdot x - j \cdot x + i \cdot j)$

$= x^4 - g \cdot x^3 - h \cdot x^3 + g \cdot h \cdot x^2 - i \cdot x^3 + g \cdot i \cdot x^2 + h \cdot i \cdot x^2 - g \cdot h \cdot i \cdot x - j \cdot x^3 +$

$+ g \cdot j \cdot x^2 + h \cdot j \cdot x^2 - g \cdot h \cdot j \cdot x + i \cdot j \cdot x^2 - g \cdot i \cdot j \cdot x - h \cdot i \cdot j \cdot x + g \cdot h \cdot i \cdot j$

$= x^4 - (g+h+i+j) \cdot x^3 + (g \cdot h + g \cdot i + g \cdot j + h \cdot i + h \cdot j + i \cdot j) \cdot x^2 - (g \cdot h \cdot i + g \cdot h \cdot j + g \cdot i \cdot j + h \cdot i \cdot j) \cdot x + g \cdot h \cdot i \cdot j$

Die Funktion können wir jetzt wie folgt schreiben:

$$f_{(x)} = \frac{\text{Zählerpolynom}}{\text{Nennerpolynom}}$$

$$\Rightarrow \frac{\text{Zählerpolynom}}{x^4 - (g+h+i+j)\cdot x^3 + (g\cdot h + g\cdot i + g\cdot j + h\cdot i + h\cdot j + i\cdot j)\cdot x^2 - (g\cdot h\cdot i + g\cdot h\cdot j + g\cdot i\cdot j + h\cdot i\cdot j)\cdot x + g\cdot h\cdot i\cdot j}$$

$$= \frac{\text{Zählerpolynom}}{(x-g)\cdot(x-h)\cdot(x-i)\cdot(x-j)}$$

Die rechte Seite der Gleichung lässt sich nun auch wie folgt schreiben (Ansatz):

$$\frac{\text{Zählerpolynom}}{(x-g)\cdot(x-g)\cdot(x-g)\cdot(x-h)} = \frac{a}{(x-g)} + \frac{b}{(x-h)} + \frac{c}{(x-i)} + \frac{d}{(x-j)}$$

Wenn wir nun auf der rechten Seite gleichnamig machen folgt:

$$\frac{\text{Zählerpolynom}}{(x-g)\cdot(x-h)\cdot(x-i)\cdot(x-j)}$$
$$= \frac{a\cdot(x-h)\cdot(x-i)\cdot(x-j) + b\cdot(x-g)\cdot(x-i)\cdot(x-j) + c\cdot(x-g)\cdot(x-h)\cdot(x-j) + d\cdot(x-g)\cdot(x-h)\cdot(x-i)}{(x-g)\cdot(x-h)\cdot(x-i)\cdot(x-j)}$$

Da die Nenner links und rechts gleich sind, können wir auf beiden Seiten damit multiplizieren:

Zählerpolynom $= a\cdot(x-h)\cdot(x-i)\cdot(x-j) + b\cdot(x-g)\cdot(x-i)\cdot(x-j) + c\cdot(x-g)\cdot(x-h)\cdot(x-j) + d\cdot(x-g)\cdot(x-h)\cdot(x-i)$

Wenn wir nun für x nacheinander 4 verschiedene Werte einsetzen, so erhalten wir zur Bestimmung von a ; b ; c und d vier Gleichungen mit vier Unbekannten. Bei geschickter Wahl der Werte x lässt sich der Rechenaufwand hierzu stark reduzieren.

Beispiel „Nennerpolynom mit vier einfachen Polstellen" für g = 1 ; h = 2 ; i = 3 ; j = 4:
Gegeben ist folgende Gleichung:

$$f_{(x)} = \frac{x^2 - 3\cdot x + 4}{x^4 - (1+2+3+4)\cdot x^3 + (2+3+4+6+8+12)\cdot x^2 - (6+8+12+24)\cdot x + 24} = \frac{x^2 - 3\cdot x + 4}{x^4 - 10\cdot x^3 + 35\cdot x^2 - 50\cdot x + 24}$$

Gesucht ist die Stammfunktion. Wir machen folgenden Ansatz:

$$\frac{x^2 - 3\cdot x + 4}{x^4 - 10\cdot x^3 + 35\cdot x^2 - 50\cdot x + 24} = \frac{a}{(x-1)} + \frac{b}{(x-2)} + \frac{c}{(x-3)} + \frac{d}{(x-4)}$$

$$= \frac{a\cdot(x-2)\cdot(x-3)\cdot(x-4) + b\cdot(x-1)\cdot(x-3)\cdot(x-4) + c\cdot(x-1)\cdot(x-2)\cdot(x-4) + d\cdot(x-1)\cdot(x-2)\cdot(x-3)}{(x-1)\cdot(x-2)\cdot(x-3)\cdot(x-4)}$$

Wir können auf beiden Seiten mit dem Nenner multiplizieren:

$$x^2 - 3\cdot x + 4 = a\cdot(x-2)\cdot(x-3)\cdot(x-4) + b\cdot(x-1)\cdot(x-3)\cdot(x-4) + c\cdot(x-1)\cdot(x-2)\cdot(x-4) + d\cdot(x-1)\cdot(x-2)\cdot(x-3)$$

Jetzt müssen wir noch 4 Werte für x einsetzen:

1. Fall: x = 1

$$1 - 3 + 4 = a \cdot (1-2) \cdot (1-3) \cdot (1-4) = a \cdot (-1) \cdot (-2) \cdot (-3) = -6 \cdot a$$

$$\Rightarrow \quad a = -\frac{2}{6} = -\frac{1}{3}$$

2. Fall: wir setzen x = 2

$$2^2 - 3 \cdot 2 + 4 = b \cdot (2-1) \cdot (2-3) \cdot (2-4) = b \cdot (1) \cdot (-1) \cdot (-2)$$

$$2 = 2 \cdot b \quad \Rightarrow \quad b = 1$$

3. Fall: wir setzen x = 3

$$9 - 9 + 4 = c \cdot (3-1) \cdot (3-2) \cdot (3-4)$$

$$4 = c \cdot 2 \cdot 1 \cdot (-1) = -2 \cdot c \quad \Rightarrow \quad c = -2$$

4. Fall: wir setzen x = 4

$$16 - 12 + 4 = d \cdot (4-1) \cdot (4-2) \cdot (4-3) = d \cdot 3 \cdot 2 \cdot 1 = 6 \cdot d$$

$$8 = 6 \cdot d \quad \Rightarrow \quad d = \frac{4}{3}$$

Es gilt also: $a = -\dfrac{1}{3}$; $b = 1$; $c = -2$; $d = \dfrac{4}{3}$

Wir können nun einsetzen:

$$\frac{x^2 - 3 \cdot x + 4}{x^4 - 10 \cdot x^3 + 35 \cdot x^2 - 50 \cdot x + 24} = \frac{a}{(x-1)} + \frac{b}{(x-2)} + \frac{c}{(x-3)} + \frac{d}{(x-4)}$$

$$\frac{x^2 - 3 \cdot x + 4}{x^4 - 10 \cdot x^3 + 35 \cdot x^2 - 50 \cdot x + 24} = -\frac{1}{3} \cdot \frac{1}{(x-1)} + \frac{1}{(x-2)} - 2 \cdot \frac{1}{(x-3)} + \frac{4}{3} \cdot \frac{1}{(x-4)}$$

Jetzt führen wir die gliedweise Integration durch:

$$\int \frac{x^2 - 3 \cdot x + 4}{x^4 - 10 \cdot x^3 + 35 \cdot x^2 - 50 \cdot x + 24} \cdot dx = -\frac{1}{3} \cdot \int \frac{1}{(x-1)} \cdot dx + \int \frac{1}{(x-2)} \cdot dx - 2 \cdot \int \frac{1}{(x-3)} \cdot dx + \frac{4}{3} \cdot \int \frac{1}{(x-4)} \cdot dx$$

$$= -\frac{1}{3} \cdot \ln|x-1| + \ln|x-2| - 2 \cdot \ln|x-3| + \frac{4}{3} \cdot \ln|x-4|$$

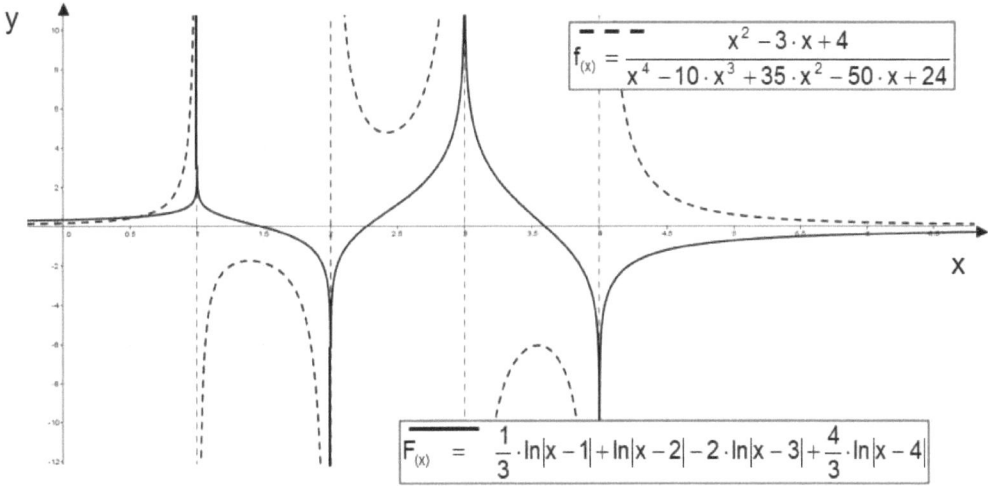

Bild 19: Integral: Nennerpolynom mit 4 einfachen Nullstellen

1.8.3.7   Zusammenfassung der Integration durch Partialbruchzerlegung

Wir wollen die Rechenschritte einmal anhand des Eingangsbeispiels beschreiben. Dort hatten wir folgende unecht gebrochen-rationale Funktion:

$$y = \frac{4 \cdot x^3 - 12 \cdot x^2 + 18 \cdot x - 20}{x^2 - 4 \cdot x + 3}$$

Schritt 1: Durch Polynomdivision erhalten wir eine Funktion mit ganzrationalem und echt gebrochen-rationalem Anteil

$$y = \underbrace{4 \cdot x + 4}_{\text{Ganzrationaler Anteil}} + \underbrace{\frac{22 \cdot x - 32}{x^2 - 4 \cdot x + 3}}_{\text{Gebrochen--rationaler Anteil}} = p_{(x)} + q_{(x)} \quad \text{mit} \quad p_{(x)} = 4 \cdot x + 4 \quad \text{und} \quad q_{(x)} = \frac{22 \cdot x - 32}{x^2 - 4 \cdot x + 3}$$

Wir können nun gliedweise Integrieren:

$$\int y \cdot dx = \int 4 \cdot x \cdot dx + \int 4 \cdot dx + \int \frac{22 \cdot x - 32}{x^2 - 4 \cdot x + 3} \cdot dx = 4 \cdot \int x \cdot dx + 4 \cdot \int dx + \int \frac{22 \cdot x - 32}{x^2 - 4 \cdot x + 3} \cdot dx = 2 \cdot x^2 + 4 \cdot x + \int \frac{22 \cdot x - 32}{x^2 - 4 \cdot x + 3} \cdot dx$$

Schritt 2: Wir zerlegen den Nenner der echt gebrochen-rationalen Funktion $q_{(x)}$ in ihre Partialbrüche. Die Nullstellen erhalten wir hier wie folgt: (p-q – Formel)

$$x^2 - 4 \cdot x + 3 = 0 \quad \Rightarrow \quad x_{1,2} = 2 \pm \sqrt{4 - 3} \quad \Rightarrow \quad x_1 = 2 + 1 = 3 \quad \text{und} \quad x_2 = 2 - 1 = 1 \quad \Rightarrow \quad x^2 - 4 \cdot x + 3 = (x - 3) \cdot (x - 1)$$

Anmerkung: bei einer Funktion 2. Grades können wir die p-q – Formel verwenden. Ist die Funktion höheren Grades, muss man die Nullstellen ermitteln und mit Hilfe der Polynomdivision das Polynom um einen Grad erniedrigen. In unserem Beispiel würde man eine erste Nullstelle durch

Probieren ermitteln, z.B. x = 1. Durch Polynomdivision erhalten wir:

$x^2 - 4 \cdot x + 3 = 0 \Rightarrow$ Nullstelle bei $x = 1$

$$\begin{array}{l}
\left(x^2 \quad -4 \cdot x \quad +3\right) \ : \ (x-1) \ = \ x-3 \\
-\left(x^2 \quad -x\right) \\
\quad\quad\quad -3 \cdot x \\
\quad\quad\quad -(-3 \cdot x \quad +3)
\end{array}$$

$\Rightarrow \quad x^2 - 4 \cdot x + 3 = (x-3) \cdot (x-1)$

Auch hier erhalten wir natürlich die beiden Nullstellen. Dies sind die zwei einfachen Polstellen der echt gebrochen-rationalen Funktion $q_{(x)}$: g = 1 ; h = 3

Schritt 3: Gesucht ist die Stammfunktion. Wir machen folgenden Ansatz:

$$\frac{22 \cdot x - 32}{x^2 - 4 \cdot x + 3} = \frac{a}{(x-1)} + \frac{b}{(x-3)} = \frac{a \cdot (x-3) + b \cdot (x-1)}{(x-1) \cdot (x-3)}$$

Wir können auf beiden Seiten mit dem Nenner multiplizieren:

$22 \cdot x - 32 = a \cdot (x-3) + b \cdot (x-1)$

Schritt 4: Jetzt müssen wir noch 2 Werte für x einsetzen:

1. Fall: x = 1

$22 - 32 = -10 = a \cdot (1-3) = a \cdot (-2)$

$\Rightarrow \quad a = 5$

2. Fall: wir setzen x = 3

$66 - 32 = 34 = b \cdot (3-1) = 2 \cdot b$

$\Rightarrow \quad b = 17$

Schritt 5: Jetzt führen wir die gliedweise Integration durch:

$$\int \frac{22 \cdot x - 32}{x^2 - 4 \cdot x + 3} \cdot dx = \int \frac{5}{(x-1)} \cdot dx + \int \frac{17}{(x-3)} \cdot dx$$

$$\int \frac{22 \cdot x - 32}{x^2 - 4 \cdot x + 3} \cdot dx = 5 \cdot \ln|x-1| + 17 \cdot \ln|x-3|$$

Schritt 6: Gesamtfunktion hinschreiben:

$$\int y \cdot dx = 2 \cdot x^2 + 4 \cdot x + \int \frac{22 \cdot x - 32}{x^2 - 4 \cdot x + 3} \cdot dx = 2 \cdot x^2 + 4 \cdot x + 5 \cdot \ln|x-1| + 17 \cdot \ln|x-3|$$

Anmerkung: Handelt es sich bei der Ursprungsfunktion um eine echt gebrochenrationale Funktion, dann entfallen Schritt 1 und Schritt 6.

Zur Integration durch Partialbruchzerlegung sind also folgende Schritte durchzuführen:

Schritt 1: Polynomdivision → Funktion mit ganzrationalem und echt gebrochen-rationalem Anteil

Schritt 2: Zerlegung des Nenners des echt gebrochen-rationalem Anteils in Partialbrüche

Schritt 3: Ansatz hinschreiben und auf beiden Seiten mit dem Nenner multiplizieren

Schritt 4: Werte für x einsetzen: (je einer pro Unbekannte)

Schritt 5: Gliedweise Integration durchführen

Schritt 6: Gesamtfunktion hinschreiben

In Folgenden wollen wir für die verschiedenen Grade von Funktionen die Ansätze aufschreiben:

1. Nennerpolynom 2. Grades

a) Zwei einfache Polstellen

$$\frac{\text{Zählerpolynom}}{x^2 - (g+h) \cdot x + g \cdot h} = \frac{a}{(x-g)} + \frac{b}{(x-h)} = \frac{a \cdot (x-h) + b \cdot (x-g)}{(x-g) \cdot (x-h)}$$

b) Eine zweifache Polstelle

$$\frac{\text{Zählerpolynom}}{x^2 - 2 \cdot g \cdot x + g} = \frac{\text{Zählerpolynom}}{(x-g)^2} = \frac{a_1}{(x-g)} + \frac{a_2}{(x-g)^2} = \frac{a_1 \cdot (x-g) + a_2}{(x-g) \cdot (x-g)}$$

2. Nennerpolynom 3. Grades

a) Drei einfache Polstellen

$$\frac{\text{Zählerpolynom}}{x^3 - (g+h+i) \cdot x^2 + (g \cdot h + g \cdot i + h \cdot i) \cdot x - g \cdot h \cdot i} = \frac{a}{(x-g)} + \frac{b}{(x-h)} + \frac{c}{(x-i)}$$

$$= \frac{a \cdot (x-h) \cdot (x-i) + b \cdot (x-g) \cdot (x-i) + c \cdot (x-g) \cdot (x-h)}{(x-g) \cdot (x-h) \cdot (x-i)}$$

b) Eine zweifache und eine einfache Polstelle

$$\frac{\text{Zählerpolynom}}{x^3 - (2 \cdot g + h) \cdot x^2 + (g^2 + 2 \cdot g \cdot h) \cdot x - g^2 \cdot h} = \frac{a_1}{(x-g)} + \frac{a_2}{(x-g)^2} + \frac{b_1}{(x-h)}$$

$$= \frac{a_1 \cdot (x-g) \cdot (x-h) + a_2 \cdot (x-h) + b_1 \cdot (x-g)^2}{(x-g)^2 \cdot (x-h)}$$

c) Eine dreifache Polstelle

$$\frac{\text{Zählerpolynom}}{x^3 - 3 \cdot g \cdot x^2 + 3 \cdot g^2 \cdot x - g^3} = \frac{a_1}{(x-g)} + \frac{a_2}{(x-g)^2} + \frac{a_3}{(x-g)^3}$$

$$= \frac{a_1 \cdot (x-g)^2 + a_2 \cdot (x-g) + a_3 \cdot (x-g)^3}{(x-g)^3}$$

3. Nennerpolynom 4. Grades

a) Vier einfache Polstellen

$$\frac{\text{Zählerpolynom}}{(x-g)\cdot(x-h)\cdot(x-i)\cdot(x-j)} = \frac{a}{(x-g)} + \frac{b}{(x-h)} + \frac{c}{(x-i)} + \frac{d}{(x-j)}$$

$$= \frac{a\cdot(x-h)\cdot(x-i)\cdot(x-j)+b\cdot(x-g)\cdot(x-i)\cdot(x-j)+c\cdot(x-g)\cdot(x-h)\cdot(x-j)+d\cdot(x-g)\cdot(x-h)\cdot(x-i)}{(x-g)\cdot(x-h)\cdot(x-i)\cdot(x-j)}$$

b) Zwei zweifache Polstellen

$$\frac{\text{Zählerpolynom}}{(x-g)\cdot(x-g)\cdot(x-h)\cdot(x-h)} = \frac{a_1}{(x-g)} + \frac{a_2}{(x-g)^2} + \frac{b_1}{(x-h)} + \frac{b_2}{(x-h)^2}$$

$$= \frac{a_1\cdot(x-g)\cdot(x-h)^2 + a_2\cdot(x-h)^2 + b_1\cdot(x-g)^2\cdot(x-h) + b_2\cdot(x-g)^2}{(x-g)^2\cdot(x-h)^2}$$

c) Eine dreifache und eine einfache Polstelle

$$\frac{\text{Zählerpolynom}}{(x-g)\cdot(x-g)\cdot(x-g)\cdot(x-h)} = \frac{a_1}{(x-g)} + \frac{a_2}{(x-g)^2} + \frac{a_3}{(x-g)^3} + \frac{b_1}{(x-h)}$$

$$= \frac{a_1\cdot(x-g)^2\cdot(x-h) + a_2\cdot(x-g)\cdot(x-h) + a_3\cdot(x-h) + b_1\cdot(x-g)^3}{(x-g)^3\cdot(x-h)}$$

d) Eine vierfache Polstelle

$$\frac{\text{Zählerpolynom}}{x^4 - 4\cdot x^3\cdot g + 6\cdot x^2\cdot g^2 - 4\cdot x\cdot g^3 + g^4} = \frac{a_1}{(x-g)} + \frac{a_2}{(x-g)^2} + \frac{a_3}{(x-g)^3} + \frac{a_4}{(x-g)^4}$$

$$= \frac{a_1\cdot(x-g)^3 + a_2\cdot(x-g)^2 + a_3\cdot(x-g) + a_4}{(x-g)^4}$$

Bei Funktionen n-ten Grades kann man schreiben:

a) n einfache Polstellen

$$\frac{\text{Zählerpolynom}}{(x-x_1)\cdot(x-x_2)\cdot(x-x_3)\cdot\ldots\cdot(x-x_n)} = \frac{a_1}{(x-x_1)} + \frac{a_2}{(x-x_2)} + \frac{a_3}{(x-x_3)} + \ldots + \frac{a_n}{(x-x_n)}$$

$$= \frac{a_1\cdot(x-x_2)\cdot(x-x_3)\cdot\ldots\cdot(x-x_n)+a_2\cdot(x-x_1)\cdot(x-x_3)\cdot\ldots\cdot(x-x_n)+a_n\cdot(x-x_1)\cdot\ldots\cdot(x-x_{n-1})}{(x-x_1)\cdot(x-x_2)\cdot(x-x_3)\cdot\ldots\cdot(x-x_n)}$$

Für mehrfache Polstellen gilt analoges.

1.9   Uneigentliche Integrale

1.9.1   Integral mit unendlichem Intervall

In Abschnitt 1.7 haben wir die bestimmten Integrale mit gegebener Unter- und Obergrenze kennen gelernt. Wenn nun mindestens eine dieser Grenzen gleich unendlich (Obergrenze) oder negativ unendlich (Untergrenze) ist, dann spricht man von einem uneigentlichen Integral mit unendlichem Intervall. Man kann also folgende Fälle von uneigentlichen Integralen unterscheiden:

Obergrenze = unendlich: $\qquad\qquad\qquad\qquad\qquad\qquad\qquad\qquad \int\limits_{a}^{\infty} f_{(x)} \cdot dx$

Untergrenze = minus unendlich: $\qquad\qquad\qquad\qquad\qquad\qquad\quad \int\limits_{-\infty}^{b} f_{(x)} \cdot dx$

Obergrenze = unendlich und Untergrenze = minus unendlich: $\quad \int\limits_{-\infty}^{\infty} f_{(x)} \cdot dx$

Wir wollen diese Problematik anhand von einfachen Beispielen kennenlernen:

(1) Gegeben sei das bestimmte Integral mit unendlicher Obergrenze: $\quad \int\limits_{a=1}^{\infty} f_{(x)} \cdot dx = \int\limits_{a=1}^{\infty} \frac{1}{x} \cdot dx$

Zunächst tun wir so, als wäre die Obergrenze endlich und schreiben: $\quad \int\limits_{a=1}^{b} \frac{1}{x} \cdot dx$

Dann bilden wir die Stammfunktion des unbestimmten Integrals: $\quad \int \frac{1}{x} \cdot dx = \ln(x) + C$

Wir setzen die Unter und Obergrenze ein: $\quad \int\limits_{a=1}^{b} \frac{1}{x} \cdot dx = \left[F_{(x)} \right]_{a=1}^{b} = F_{(b)} - F_{(a=1)} = \ln(b) - \ln(1)$

Nun untersuchen wir den Grenzwert dieser Lösung, wenn b gegen unendlich strebt:

$$\lim_{b \to \infty} \int\limits_{a=1}^{b} \frac{1}{x} \cdot dx = \lim_{b \to \infty} \left[\ln(b) \right] - \ln(1) = \lim_{b \to \infty} \left[\ln(b) \right] - 0 = \lim_{b \to \infty} \left[\ln(b) \right] = \infty$$

Da die ln-Funktion mit zunehmenden Werten von b über alle Grenzen wächst, ist das Ergebnis des Integrals ebenfalls unendlich. Man sagt auch, dass das Integral divergiert.

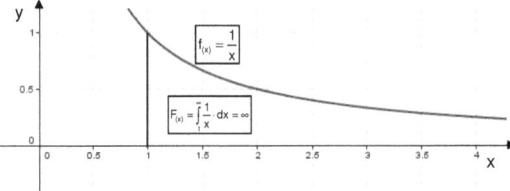

Bild 20: Uneigentliches Integral

(2) Gegeben sei das bestimmte Integral mit unendlicher Obergrenze:

$$\int\limits_{a=1}^{\infty} f_{(x)} \cdot dx = \int\limits_{a=1}^{\infty} \frac{1}{x^2} \cdot dx$$

Diesmal schreiben wir gleich:

$$\int\limits_{a=1}^{\infty} \frac{1}{x^2} \cdot dx = \lim_{b\to\infty} \int\limits_{a=1}^{b} \frac{1}{x^2} \cdot dx = \lim_{b\to\infty}\left[-\frac{1}{x}\right]_{a=1}^{b} = \lim_{b\to\infty}\left[-\frac{1}{b}+\frac{1}{1}\right] = -\lim_{b\to\infty}\frac{1}{b}+1 = 0+1 = 1$$

In diesem Fall konvergiert das Integral gegen den Wert 1.

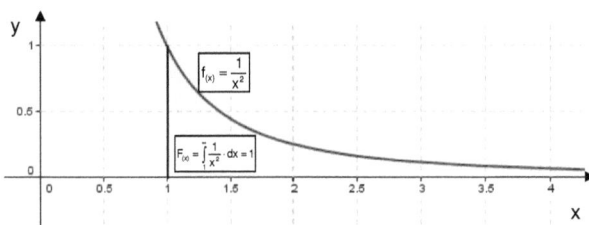

Bild 21: Uneigentliches Integral

(3) Gegeben sei das bestimmte Integral mit unendlicher Obergrenze: $\qquad\int\limits_{a=1}^{\infty} f_{(x)} \cdot dx = \int\limits_{a=1}^{\infty} \frac{1}{x^n} \cdot dx$

Es soll gelten: $n \geq 2$

$$\int\limits_{a=1}^{\infty} \frac{1}{x^n} \cdot dx = \lim_{b\to\infty}\int\limits_{a=1}^{b} \frac{1}{x^n} \cdot dx = \lim_{b\to\infty}\int\limits_{a=1}^{b} x^{-n} \cdot dx = \lim_{b\to\infty}\left[\frac{x^{-n+1}}{-n+1}\right]_{a=1}^{b} = \lim_{b\to\infty}\left[\frac{1}{-n+1}\cdot\frac{1}{b^{n-1}} - \frac{1}{-n+1}\cdot\frac{1}{1^{n-1}}\right]$$

$$= -\lim_{b\to\infty}\frac{1}{n-1}\cdot\frac{1}{b^{n-1}} + \frac{1}{n-1}\cdot\frac{1}{1} = 0 + \frac{1}{n-1} = \frac{1}{n-1}$$

(4) Gegeben sei das bestimmte Integral mit unendlicher Untergrenze: $\qquad\int\limits_{-\infty}^{b=0} f_{(x)} \cdot dx = \int\limits_{-\infty}^{b=0} \frac{1}{1+x^2} \cdot dx$

$$\int\limits_{-\infty}^{b=0} \frac{1}{1+x^2} \cdot dx = \lim_{a\to-\infty}\int\limits_{a}^{b=0} \frac{1}{1+x^2} \cdot dx = \lim_{a\to-\infty}\left[\arctan(x)\right]_{a}^{b=0} = \lim_{a\to-\infty}\left[\arctan(0)-\arctan(a)\right]$$

$$= \arctan(0) - \lim_{a\to-\infty}\arctan(a) = 0 - \arctan(-\infty) = 0 - \frac{-\pi}{2} = \frac{\pi}{2}$$

Wir können also für die beiden ersten Fälle folgende Regeln aufstellen:

Fall 1: Obergrenze = unendlich

$$\int\limits_{a}^{\infty} f_{(x)} \cdot dx = \lim_{b\to\infty}\int\limits_{a}^{b} f_{(x)} \cdot dx = \lim_{b\to\infty}\left[F_{(x)}\right]_{a}^{b} = \lim_{b\to\infty}\left[F_{(b)} - F_{(a)}\right] = \lim_{b\to\infty}F_{(b)} - F_{(a)}$$

Fall 2: Untergrenze = minus unendlich

$$\int\limits_{\infty}^{b} f_{(x)} \cdot dx = \lim_{a \to -\infty} \int\limits_{a}^{b} f_{(x)} \cdot dx = \lim_{a \to -\infty} \left[F_{(x)} \right]_{a}^{b} = \lim_{a \to -\infty} \left[F_{(b)} - F_{(a)} \right] = F_{(b)} - \lim_{a \to -\infty} F_{(a)}$$

Bleibt also nur noch Fall 3 zu untersuchen. Hierzu erinnern wir uns an die Intervallregel der Integration, wonach ein Integral in mehrere Teilintegrale zerlegt werden kann. Damit folgt:

Fall 3: Obergrenze = unendlich und Untergrenze = minus unendlich

$$\int\limits_{-\infty}^{\infty} f_{(x)} \cdot dx = \int\limits_{-\infty}^{c} f_{(x)} \cdot dx + \int\limits_{c}^{\infty} f_{(x)} \cdot dx = \lim_{a \to -\infty} \left[F_{(x)} \right]_{a}^{c} + \lim_{b \to \infty} \left[F_{(x)} \right]_{c}^{b} = \lim_{a \to -\infty} \left[F_{(c)} - F_{(a)} \right] + \lim_{b \to \infty} \left[F_{(b)} - F_{(c)} \right]$$

$$= F_{(c)} - \lim_{a \to -\infty} F_{(a)} + \lim_{b \to \infty} F_{(b)} - F_{(c)} = \lim_{b \to \infty} F_{(b)} - \lim_{a \to -\infty} F_{(a)}$$

Wir rechnen nun Beispiel (4) mit negativ unendlicher Untergrenze und unendlicher Obergrenze:

$$\int\limits_{-\infty}^{\infty} \frac{1}{1+x^2} \cdot dx = \lim_{b \to \infty} \arctan(b) - \lim_{a \to -\infty} \arctan(a) = \arctan(\infty) - \arctan(-\infty) = \frac{\pi}{2} - \frac{-\pi}{2} = \pi$$

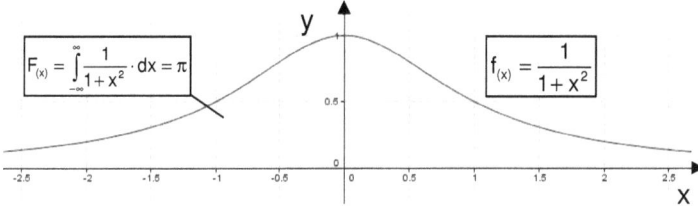

Bild 22: Uneigentliches Integral

1.9.2   Integrale mit Unendlichkeitsstelle (Polstelle)

Wir wollen diese Problematik zunächst anhand von einfachen Beispiels kennen lernen.

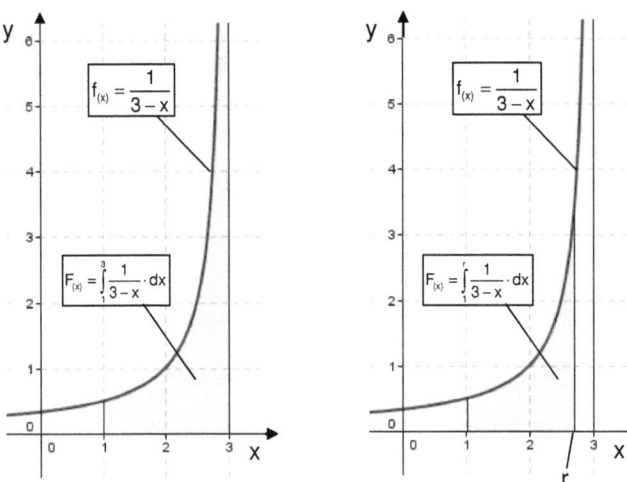

Bild 23: Integral mit Unendlichkeitsstelle

(1) Im Bild links sehen wir die folgende Funktion:

$$f_{(x)} = \frac{1}{3-x}$$

Wir wollen nun das Integral mit Untergrenze $x_u = 1$ und Obergrenze $x_o = 3$ berechnen. Hier stellt sich die Problematik, dass die Funktion an der Stelle $x = 3$ eine Unendlichkeitsstelle (Polstelle) hat. Um dieser Schwierigkeit aus dem Weg zu gehen, bilden wir zunächst das Integral mit der Obergrenze r:

$$\left[F_{(x)}\right]_1^r = \int_1^r \frac{1}{3-x} \cdot dx$$

Wir setzen: $u = 3 - x \ \Rightarrow \ u' = \dfrac{du}{dx} = -1 \ \Rightarrow \ dx = -du$

$$\Rightarrow \ \int \frac{1}{3-x} \cdot dx = -\int \frac{1}{u} \cdot du = -\int u^{-1} \cdot du = -\ln(u) = -\ln(3-x)$$

$$\Rightarrow \ \left[F_{(x)}\right]_1^r = \int_1^r \frac{1}{3-x} \cdot dx = -\left[\ln(3-x)\right]_1^r = -\left[\ln(3-r) - \ln(3-1)\right] = -\ln(3-r) + \ln(2)$$

Nun lassen wir den Wert von r gegen 3 gehen:

$$\int_1^{r \to 3} \frac{1}{3-x} \cdot dx = -\lim_{r \to 3}\left[\ln(3-x)\right]_1^r = -\lim_{r \to 3}\left[\ln(3-r) - \ln(3-1)\right] = -\lim_{r \to 3}\left[\ln(3-r)\right] + \ln(2) = -\ln(0) + \ln(2) = -(-\infty) + \ln(2) = \infty$$

Der Wert wächst also über alle Grenzen, man sagt auch er divergiert.

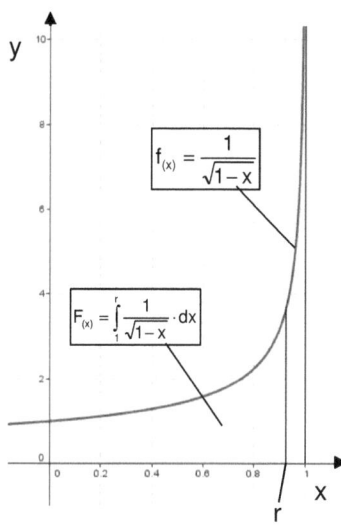

Bild 24: Integral mit
Unendlichkeitsstelle

(2) Im Bild links sehen wir die folgende Funktion:

$$f_{(x)} = \frac{1}{\sqrt{1-x}}$$

Wir wollen nun das Integral im Intervall $x_u = 0 \le x \le x_o = 1$ berechnen. Hier stellt sich die Problematik, dass die Funktion an der Stelle $x_o = 1$ eine Unendlichkeitsstelle (Polstelle) hat. Um dieser Schwierigkeit aus dem Weg zu gehen, bilden wir zunächst das Integral mit der Obergrenze r:

$$\left[F_{(x)}\right]_0^r = \int_0^r \frac{1}{\sqrt{1-x}} \cdot dx$$

Wir setzen: $u = 1-x \;\Rightarrow\; u' = \dfrac{du}{dx} = -1 \;\Rightarrow\; dx = -du$

$$\Rightarrow\; -\int \frac{1}{u^{\frac{1}{2}}} \cdot du = -\int u^{-\frac{1}{2}} \cdot du = -\frac{u^{-\frac{1}{2}+1}}{-\frac{1}{2}+1} = -\frac{u^{\frac{1}{2}}}{\frac{1}{2}} = -2\cdot\sqrt{1-x}$$

$$\Rightarrow\; \left[F_{(x)}\right]_0^r = \int_0^r \frac{1}{\sqrt{1-x}}\cdot dx = -\left[2\cdot\sqrt{1-x}\right]_0^r = -\left[2\cdot\sqrt{1-r} - 2\cdot\sqrt{1-0}\right]$$

Nun lassen wir den Wert von r gegen 1 gehen:

$$\int_0^{r\to1} \frac{1}{\sqrt{1-x}}\cdot dx = -\lim_{r\to1}\left[2\cdot\sqrt{1-x}\right]_0^{r\to1} = -\lim_{r\to1}\left[2\cdot\sqrt{1-r} - 2\cdot\sqrt{1-0}\right] = -\lim_{r\to1}\left[2\cdot\sqrt{1-r}\right] + 2\cdot\sqrt{1} = -2\cdot\sqrt{1-1} + 2\cdot\sqrt{1} = 2$$

Der Wert ist also endlich, man sagt auch er konvergiert.

In den beiden Beispielen war die jeweilige Obergrenze eine Polstelle. Es gibt aber auch Fälle, bei denen die Untergrenze des Integrals eine Polstelle ist. Hierzu folgendes Beispiel (3):

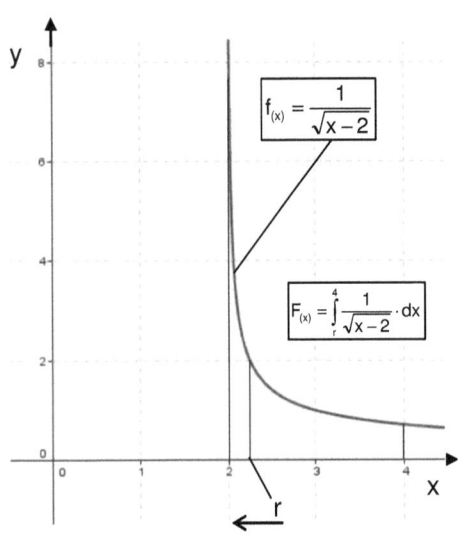

(3) Im Bild links sehen wir die folgende Funktion:

$$f_{(x)} = \frac{1}{\sqrt{x-2}}$$

Wir wollen nun das Integral im Intervall $x_u = 2 \leq x \leq x_0 = 4$ berechnen. Hier stellt sich die Problematik, dass die Funktion an der Stelle $x_u = 2$ eine Unendlichkeitsstelle (Polstelle) hat. Um dieser Schwierigkeit aus dem Weg zu gehen, bilden wir zunächst das Integral mit der Untergrenze r > 2:

Bild 25: Integral mit Unendlichkeitsstelle

$$[F_{(x)}]_r^4 = \int_r^4 \frac{1}{\sqrt{x-2}} \cdot dx$$

Wir setzen: $u = x - 2 \quad \Rightarrow \quad u' = \frac{du}{dx} = 1 \quad \Rightarrow \quad dx = du$

$$\Rightarrow \quad \int \frac{1}{u^{\frac{1}{2}}} \cdot du = \int u^{-\frac{1}{2}} \cdot du = \frac{u^{-\frac{1}{2}+1}}{-\frac{1}{2}+1} = \frac{u^{\frac{1}{2}}}{\frac{1}{2}} = 2 \cdot \sqrt{x-2}$$

$$\Rightarrow \quad [F_{(x)}]_r^4 = \int_r^4 \frac{1}{\sqrt{x-2}} \cdot dx = \left[2 \cdot \sqrt{x-2}\right]_r^4 = \left[2 \cdot \sqrt{4-2} - 2 \cdot \sqrt{r-2}\right]$$

Nun lassen wir den Wert von r (r>2) gegen 2 gehen:

$$\int_{r\to2}^4 \frac{1}{\sqrt{x-2}} \cdot dx = \lim_{r\to2}\left[2 \cdot \sqrt{x-2}\right]_r^4 = \lim_{r\to2}\left[2 \cdot \sqrt{4-2} - 2 \cdot \sqrt{r-2}\right] = 2 \cdot \sqrt{2} - \lim_{r\to2}\left[2 \cdot \sqrt{r-2}\right] = 2 \cdot \sqrt{2} + 2 \cdot \sqrt{0} = 2 \cdot \sqrt{2}$$

Auch der Wert dieses Integrals konvergiert.

Fazit: Hat ein bestimmtes Integral eine Polstelle an seiner Unter- oder Obergrenze so geht man wie folgt vor:

Fall 1: Obergrenze = Polstelle

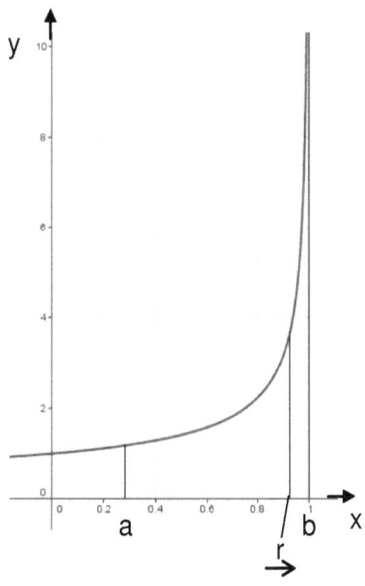

Schritt 1:

Man bildet das Integral im Intervall $a \leq x \leq r < b$.

$$\left[F_{(x)}\right]_a^r = \int_a^r f_{(x)} \cdot dx = \left[F_{(r)} - F_{(a)}\right]$$

Schritt 2:

Für das berechnete Integral bildet man den Grenzwert $r \to b$.

$$\lim_{r \to b}\left[F_{(x)}\right]_a^r = \lim_{r \to b}\int_a^r f_{(x)} \cdot dx = \lim_{r \to b}\left[F_{(r)} - F_{(a)}\right] = \lim_{r \to b}F_{(r)} - F_{(a)}$$

Bild 26: Integral mit Polstelle an OG

Fall 2: Untergrenze = Polstelle

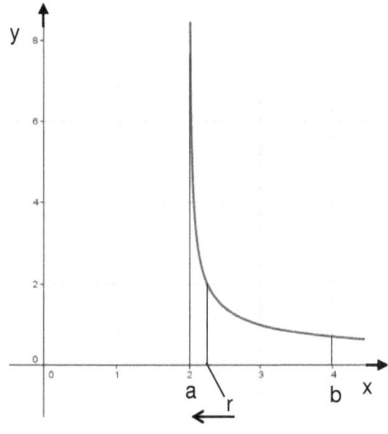

Schritt 1:

Man bildet das Integral im Intervall $r \leq x \leq b$ mit $r > a$.

$$\left[F_{(x)}\right]_r^b = \int_r^b f_{(x)} \cdot dx = \left[F_{(b)} - F_{(r)}\right]$$

Schritt 2:

Für das berechnete Integral bildet man den Grenzwert $r \to a$.

$$\lim_{r \to a}\left[F_{(x)}\right]_r^b = \lim_{r \to a}\int_r^b f_{(x)} \cdot dx = \lim_{r \to a}\left[F_{(b)} - F_{(r)}\right] = F_{(b)} - \lim_{r \to a}F_{(r)}$$

Bild 27: Integral mit Polstelle an UG

Bleibt nur noch zu untersuchen, was passiert, wenn die Polstelle innerhalb des Integrationsintervalls auftritt.

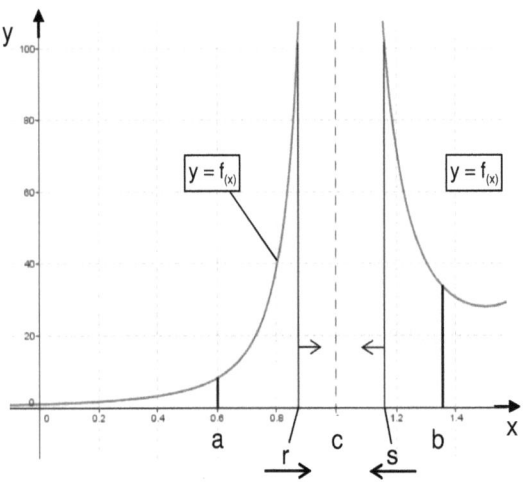

Bild 28: Polstelle innerhalb des Integrationsintervalls

Hierbei wird das Gesamtintervall [a; b] in zwei Teilintervalle [a; c] und [c; b] unterteilt. Das Teilintervall [a; c] wird dann so behandelt wie Fall 1:

Schritt 1:
Man bildet das Integral im Intervall $a \leq x \leq r$ mit $r < c$.

$$\left[F_{(x)}\right]_a^r = \int_a^r f_{(x)} \cdot dx = \left[F_{(r)} - F_{(a)}\right]$$

Schritt 2:
Für das berechnete Integral bildet man den Grenzwert $r \to c$.

$$\lim_{r \to c} \int_a^r f_{(x)} \cdot dx = \lim_{r \to c}\left[F_{(r)} - F_{(a)}\right] = \lim_{r \to c} F_{(r)} - F_{(a)}$$

Das zweite Teilintervall wird behandelt wie Fall 2:

Schritt 3:
Man bildet das Integral im Intervall $s \leq x \leq b$ mit $s > c$.

$$\left[F_{(x)}\right]_s^b = \int_s^b f_{(x)} \cdot dx = \left[F_{(b)} - F_{(s)}\right]$$

Schritt 4:
Für das berechnete Integral bildet man den Grenzwert $s \to c$.

$$\lim_{s \to c}\left[F_{(x)}\right]_s^b = \lim_{s \to c} \int_s^b f_{(x)} \cdot dx = \lim_{s \to c}\left[F_{(b)} - F_{(s)}\right] = F_{(b)} - \lim_{s \to c} F_{(s)}$$

Schritt 5:
Zum Schluss werden die beiden Integrale addiert:

$$\int_a^b f_{(x)} \cdot dx = \int_a^c f_{(x)} \cdot dx + \int_c^b f_{(x)} \cdot dx$$

1.10   Bogenlängen von ebenen Kurven

Bisher haben wir uns der Integralrechnung bedient, um die Fläche unterhalb oder oberhalb einer Funktionskurve zu berechnen. Im Folgenden werden wir zeigen, dass es auch möglich ist, die Länge einer Funktionslinie mit Hilfe der Integralrechnung exakt zu berechnen. Zu diesem Zweck wollen wir zunächst ein sehr einfaches Beispiel betrachten, nämlich die folgende Funktion:

$$y = f_{(x)} = 0{,}5 \cdot x$$

Wir wollen nun die Länge der Funktionslinie zwischen den Werten 2 und 6 bestimmen. In der folgenden Abbildung sehen wir den Graphen dieser Funktion.

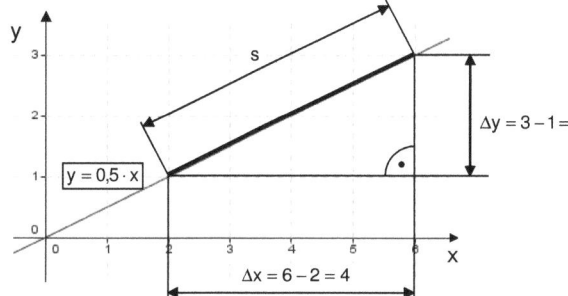

Bild 29: Funktion y = 0,5 x

Nach dem Satz von Pythagoras erhalten wir die Länge der Funktionslinie wie folgt:

$$s^2 = \Delta x^2 + \Delta y^2 \;\Rightarrow\; s = \sqrt{4^2 + 2^2} = \sqrt{20}$$

Man kann nun das Intervall zwischen 2 und 6 z.B. in 4 Teilintervalle mit jeweils $\Delta x_i = 1$ unterteilen.

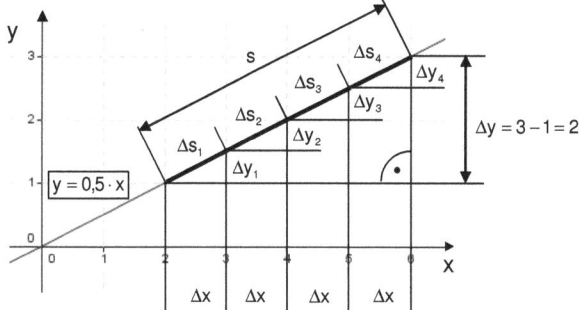

Bild 30: Intervall mit Teilintervallen

Wir sehen nun, dass der Satz des Pythagoras für jedes Teilintervall angewendet werden kann, es gilt:

$$\Delta s_i^2 = \Delta x^2 + \Delta y_i^2 \;\Rightarrow\; \Delta s_i = \sqrt{\Delta x^2 + \Delta y_i^2}$$

Wir formen nun den Ausdruck unter der Wurzel wie folgt um:

$$\Delta s_i = \sqrt{\left(1 + \frac{\Delta y_i^2}{\Delta x^2}\right) \cdot \Delta x^2} = \sqrt{1 + \left(\frac{\Delta y}{\Delta x}\right)^2} \cdot \Delta x$$

Jetzt können wir Δx gegen 0 gehen lassen und erhalten: $\displaystyle \int_2^6 ds = \int_2^6 \sqrt{1 + \left(\frac{dy}{dx}\right)^2} \cdot dx$

Wir sehen, dass unter der Wurzel das Quadrat der ersten Ableitung der Funktion steht. Wir probieren nun, ob das Ergebnis der Integration mit unserer vorherigen Berechnung übereinstimmt:

Wir bilden also die Ableitung der Funktion: $y = f_{(x)} = 0{,}5 \cdot x \;\Rightarrow\; y' = f'_{(x)} = 0{,}5$

Wir setzen nun ein und erhalten:

$$\int_{2}^{6}\sqrt{1+0{,}5^2}\cdot dx = \sqrt{1+0{,}5^2}\cdot\int_{2}^{6}dx = \sqrt{1+0{,}5^2}\cdot[x]_{2}^{6} = \sqrt{1+0{,}5^2}\cdot(6-2) = 4\cdot\sqrt{1+0{,}5^2}$$

Wir können nun die 4 unter die Klammer ziehen und erhalten:

$$4\cdot\sqrt{1+0{,}5^2} = \sqrt{16\cdot(1+0{,}5^2)} = \sqrt{20}$$

Wir können diese Überlegungen auch bei jeder gekrümmten Funktion anstellen. Wir erhalten in jedem Fall für die Bogenlänge einer ebenen Kurve folgende Lösung:

$$s = \int_{a}^{b}ds = \int_{a}^{b}\sqrt{1+\left(\frac{dy}{dx}\right)^2}\cdot dx = \int_{a}^{b}\sqrt{1+(y')^2}\cdot dx = \int_{a}^{b}\sqrt{1+\left(f'_{(x)}\right)^2}\cdot dx$$

Betrachten wir also die Funktion: $y = f_{(x)} = x^2$

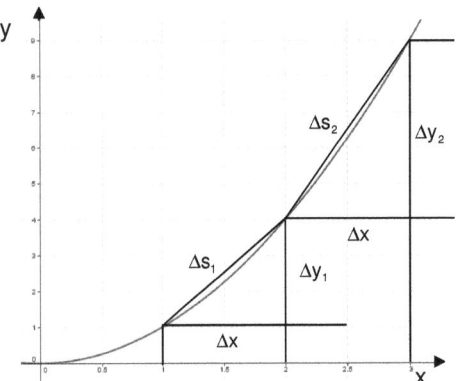

Wir wollen nun die Bogenlänge der Funktion zwischen den Grenzen 1 und 3 berechnen und bilden zunächst die Ableitung:

$$y = x^2 \quad \Rightarrow \quad y' = 2\cdot x$$

Dies setzen wir in die Formel zur Berechnung der Bogenlänge ein:

$$s = \int_{1}^{3}\sqrt{1+(2\cdot x)^2}\cdot dx = \int_{1}^{3}\sqrt{1+4\cdot x^2}\cdot dx$$

Bild 31: Bogenlänge der Funktion $y = x^2$

Wir rechnen nun wie folgt: $s = \int_{1}^{3}\sqrt{1+4\cdot x^2}\cdot dx = \int_{1}^{3}2\cdot\sqrt{\frac{1}{4}+x^2}\cdot dx = 2\cdot\int_{1}^{3}\sqrt{\frac{1}{4}+x^2}\cdot dx$

Dies ist ein Integral vom Typ $\int\sqrt{a^2+x^2}\cdot dx = \frac{1}{2}\cdot\left[x\cdot\sqrt{a^2+x^2}+a^2\cdot\operatorname{ar sinh}\left(\frac{x}{a}\right)\right]$

$$s = 2\cdot\int_{1}^{3}\sqrt{\frac{1}{4}+x^2}\cdot dx = 2\cdot\frac{1}{2}\cdot\left[x\cdot\sqrt{\frac{1}{4}+x^2}+\frac{1}{4}\cdot\operatorname{ar sinh}(2\cdot x)\right]_{1}^{3} = \left(3\cdot\sqrt{\frac{1}{4}+9}+\frac{1}{4}\cdot\operatorname{ar sinh}(6)\right)-\left(1\cdot\sqrt{\frac{1}{4}+1}+\frac{1}{4}\cdot\operatorname{ar sinh}(2)\right)$$

$$s = 8{,}2681$$

Wir überprüfen nun, indem wir die Hypotenusen Δs_1 und Δs_2 addieren:

$$\Delta s_1 + \Delta s_2 = \sqrt{\Delta x^2+\Delta y_1^2}+\sqrt{\Delta x^2+\Delta y_2^2} = \sqrt{1+3^2}+\sqrt{1+5^2} = \sqrt{10}+\sqrt{26} = 8{,}2613$$

1.11   Berechnung von Rotationskörpern

1.11.1   Volumenberechnung von Rotationskörpern

Ein Rotationskörper entsteht immer dann, wenn man eine ebene Funktion um eine in der Funktionsebene liegende Achse dreht. Liegt die Funktion in der x-y-Ebene eines kartesischen Koordinatensystems, so kann man diese entweder um die x-Achse oder die y-Achse rotieren lassen.

Rotation um die x-Achse:

Dies wollen wir anhand von zwei einfachen Beispiels demonstrieren:

(1) Gegeben sei die lineare Funktion $y = 0{,}5 \cdot x$.

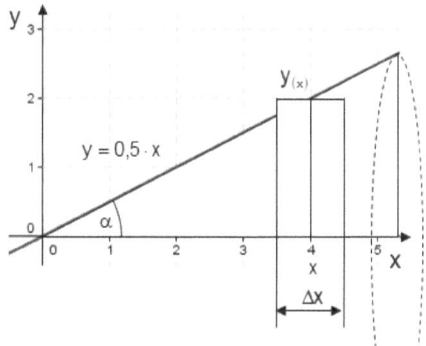

Wenn wir diese Funktion um die x-Achse drehen entsteht ein Kegel mit dem Spitzenwinkel $2 \cdot \alpha$.

Wir wollen nun das Volumen dieses Kegels bestimmen. Hierzu haben wir an einer Stelle x eine Senkrechte der Länge $y_{(x)}$ eingezeichnet. Außerdem haben wir an der Stelle x ein Rechteck mit der Länge $y_{(x)}$ und der Breite Δx eingezeichnet. Wenn wir diese Rechteckfläche um die x-Achse rotieren lassen, dann erhalten wir eine Scheibe, deren Volumen wie folgt berechnet werden kann:

Bild 32: Rotation Kreiskegel um x-Achse

$$V_S = y_{(x)}^2 \cdot \pi \cdot \Delta x \qquad \text{(Analog zur Volumenberechnung eines Kreiszylinders: } V = r^2 \cdot \pi \cdot h)$$

Wenn wir nun sehr viele von diesen Scheiben nebeneinanderlegen (theoretisch unendlich viele) und gleichzeitig das Δx gegen 0 streben lassen, so erhalten wir das Volumen des Kegels mit folgendem Integral:

$$V_{(x)} = \pi \cdot \int y_{(x)}^2 \cdot dx = \pi \cdot \int \left(\frac{1}{2} \cdot x \right)^2 \cdot dx = \frac{1}{4} \cdot \pi \cdot \int x^2 \cdot dx = \frac{1}{4} \cdot \pi \cdot \frac{x^3}{3} = \frac{1}{12} \cdot \pi \cdot x^3$$

Wenn wir nun z.B. das Volumen im Intervall $0 \le x \le 5$ berechnen wollen, so erhalten wir für dieses bestimmte Integral Folgendes:

$$V_{(x)} = \left[\frac{1}{12} \cdot \pi \cdot x^3 \right]_{x_u=0}^{x_o=5} = \frac{1}{12} \cdot \pi \cdot 5^3 - \frac{1}{12} \cdot \pi \cdot 0^3 = \frac{125}{12} \cdot \pi = 32{,}7249$$

Dieses Ergebnis lässt sich leicht überprüfen, indem wir das Kegelvolumen mit der bekannten Funktion berechnen:

$$V_{(x)} = r^2 \cdot \pi \cdot \frac{h}{3} = \left(\frac{5}{2} \right)^2 \cdot \pi \cdot \frac{5}{3} = 32{,}7249$$

(2) Als zweites Beispiel untersuchen wir die folgende Funktion: $y = \sqrt{x} = x^{\frac{1}{2}}$

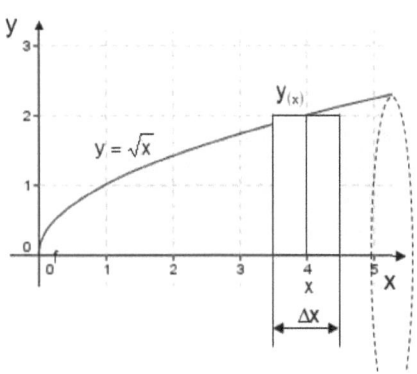

Im Prinzip haben wir es mit derselben Problematik zu tun wie bei dem einführenden Beispiel. Wir können deshalb das Integral zur Volumenberechnung sofort hinschreiben:

$$V_{(x)} = \pi \cdot \int y_{(x)}^2 \cdot dx = \pi \cdot \int \left(x^{\frac{1}{2}} \right)^2 \cdot dx = \pi \cdot \int x \cdot dx = \pi \cdot \frac{x^2}{2}$$

Setzen wir nun als Untergrenze $x_u = 0$ und als Obergrenze $x_o = 5$, so erhalten Folgendes:

$$V = \left[\pi \cdot \frac{x^2}{2} \right]_{x_u=0}^{x_o=5} = \frac{\pi}{2} \cdot 5^2 = 39,2699$$

Bild 33: Rotationskörper Paraboloid

Offensichtlich funktioniert diese Vorgehensweise für beliebige Funktionen $y = f_{(x)}$. Wir können also allgemein schreiben:

$$V_{(x)} = \int \pi \cdot y_{(x)}^2 \cdot dx = \pi \cdot \int y_{(x)}^2 \cdot dx$$

Wenn wir die Untergrenze und Obergrenze angeben erhalten wir folgendes bestimmtes Integral:

$$V_{(x)} = \int_{x_u}^{x_o} \pi \cdot y_{(x)}^2 \cdot dx = \pi \cdot \int_{x_u}^{x_o} y_{(x)}^2 \cdot dx$$

Rotation um die y-Achse:

Auch dies wollen wir anhand von zwei einfachen Beispiels demonstrieren:

(3) Gegeben sei die lineare Funktion $y = 2 \cdot x \Rightarrow x = y/2$.

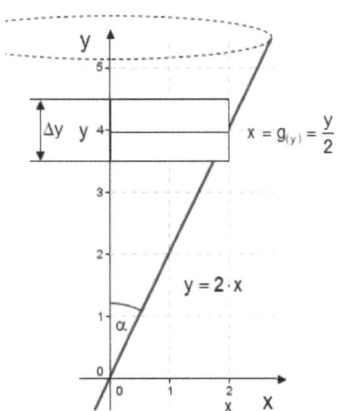

Wenn wir diese Funktion um die y-Achse drehen entsteht ein Kegel mit dem Spitzenwinkel $2 \cdot \alpha$.
Wir wollen nun das Volumen dieses Kegels bestimmen. Hierzu haben wir an einer Stelle y eine Waagerechte der Länge $x = g_{(y)} = y/2$ eingezeichnet. Außerdem haben wir an der Stelle y ein Rechteck mit der Länge $g_{(y)}$ und der Breite Δy eingezeichnet. Wenn wir diese Rechteckfläche um die y-Achse rotieren lassen, dann erhalten wir eine Scheibe, deren Volumen wie folgt berechnet werden kann: $\quad V_S = x^2 \cdot \pi \cdot \Delta y = g_{(y)}^2 \cdot \pi \cdot \Delta y$

(Analog zur Volumenberechnung eines Kreiszylinders: $V = r^2 \cdot \pi \cdot h$)

Bild 34: Rot. Kreiskegel um y-Achse

Wenn wir nun sehr viele von diesen Scheiben übereinanderlegen (theoretisch unendlich viele) und gleichzeitig das Δy gegen 0 streben lassen, so erhalten wir das Volumen des Kegels.

In diesem Fall muss man die Funktion nach x umstellen: $g_{(y)} = y/2$

Wir erhalten das Volumen des Kegels mit folgendem Integral:

$$V_{(y)} = \pi \cdot \int g^2_{(y)} \cdot dy = \pi \cdot \int \left(\frac{y}{2}\right)^2 \cdot dy = \frac{1}{4} \cdot \pi \cdot \frac{y^3}{3} = \frac{1}{12} \cdot \pi \cdot y^3$$

Wenn wir z.B. das Volumen im Intervall $0 \le x \le 5$ berechnen wollen so erhalten wir für dieses bestimmte Integral Folgendes:

$$V_{(y)} = \left[\frac{1}{12} \cdot \pi \cdot y^3\right]_{y_u=0}^{y_o=5} = \frac{1}{12} \cdot \pi \cdot 5^3 - \frac{1}{12} \cdot \pi \cdot 0^3 = \frac{125}{12} \cdot \pi = 32{,}7249$$

Wir erhalten natürlich dasselbe Ergebnis wie in Beispiel (1).

(4) Gegeben sei die Funktion $y = x^2 \quad \Rightarrow \quad x = \sqrt{y}$.

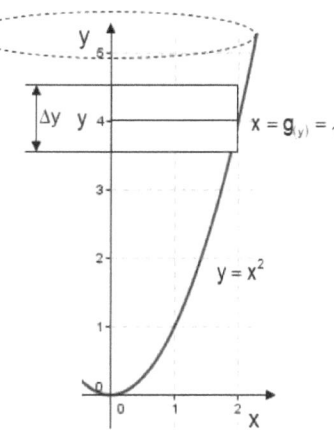

Wenn wir diese Funktion um die y-Achse drehen, entsteht ein Paraboloid. Wir wollen nun das Volumen dieses Paraboloids bestimmen. Hierzu haben wir an einer Stelle y eine Waagerechte der Länge $x = g_{(y)} = \sqrt{y}$ eingezeichnet. Außerdem haben wir an der Stelle y ein Rechteck mit der Länge $g_{(y)}$ und der Breite Δy eingezeichnet.

Wenn wir diese Rechteckfläche um die y-Achse rotieren lassen, dann erhalten wir eine Scheibe, deren Volumen wie folgt berechnet werden kann: $V_S = x^2 \cdot \pi \cdot \Delta y = g^2_{(y)} \cdot \pi \cdot \Delta y$

(Analog Volumenberechnung Kreiszylinder: $V = r^2 \cdot \pi \cdot h$)

Wenn wir nun sehr viele von diesen Scheiben übereinanderlegen (theoretisch unendlich viele) und gleichzeitig

Bild 35: Rot. Paraboloid um y-Achse

das Δy gegen 0 streben lassen, so erhalten wir das Volumen des Paraboloids.

In diesem Fall muss man die Funktion nach x umstellen: $g_{(y)} = \sqrt{y}$

Wir erhalten das Volumen des Paraboloids mit folgendem Integral:

$$V_{(y)} = \pi \cdot \int g^2_{(y)} \cdot dy = \pi \cdot \int \sqrt{y}^2 \cdot dy = \pi \cdot \int y \cdot dy = \pi \cdot \frac{y^2}{2}$$

Wenn wir z.B. das Volumen im Intervall $0 \le y \le 5$ berechnen wollen so erhalten wir für dieses bestimmte Integral Folgendes:

$$V_{(y)} = \left[\pi \cdot \frac{y^2}{2}\right]_{y_u=0}^{y_o=5} = \frac{1}{2} \cdot \pi \cdot 5^2 - \frac{1}{2} \cdot \pi \cdot 0^2 = \frac{25}{2} \cdot \pi = 39{,}2699$$

Wir erhalten natürlich dasselbe Ergebnis wie in Beispiel (2).

Man kann natürlich bei der Rotation um die y-Achse auch zunächst die Umkehrfunktion berechnen und diese dann um die x-Achse drehen

Offensichtlich funktioniert diese Vorgehensweise für beliebige Funktionen $y = f_{(x)}$. Man stellt zunächst die Funktion nach x um und bildet so die Funktion $g_{(y)} = x$. Anschließend kann man allgemein schreiben:

$$V_{(y)} = \int \pi \cdot g_{(y)}^2 \cdot dy = \pi \cdot \int g_{(y)}^2 \cdot dy$$

Wenn wir die Untergrenze und Obergrenze angeben erhalten wir folgendes bestimmtes Integral:

$$V_{(y)} = \int_{y_u}^{y_o} \pi \cdot g_{(y)}^2 \cdot dy = \pi \cdot \int_{y_u}^{y_o} g_{(y)}^2 \cdot dy$$

Weitere Beispiele:
(1) Gegeben sei die Funktion $y = \sin x$. Durch Rotation um die x-Achse soll das Volumen des Rotationskörpers in den Grenzen von 0 bis π berechnet werden.

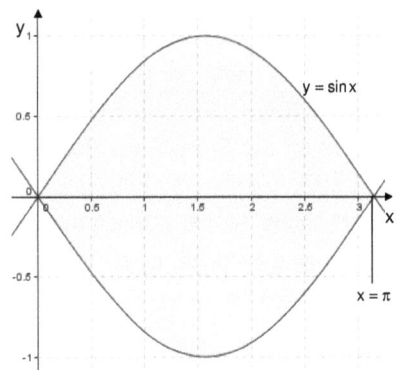

Bild 36: Funktion y=sin x

Wir können nun folgendes Volumenintegral schreiben:

$$V_{(x)} = \int_{x_u}^{x_o} \pi \cdot \sin^2 x \cdot dx = \pi \cdot \int_0^\pi \sin^2 x \cdot dx$$

In der Integraltafel 18 (277) finden wir Folgendes:

$$\int \sin^2 (a \cdot x) \cdot dx = \frac{x}{2} - \frac{\sin(2 \cdot a \cdot x)}{4 \cdot a}$$

In unserem Fall ist a = 1, so dass wir folgendes schreiben können:

$$V_{(x)} = \pi \cdot \int_0^\pi \sin^2 x \cdot dx = \pi \cdot \left[\frac{x}{2} - \frac{\sin(2 \cdot x)}{4} \right]_0^\pi = \pi \cdot \left[\left(\frac{\pi}{2} - \underbrace{\frac{\sin(2 \cdot \pi)}{4}}_{0} \right) - \left(\frac{0}{2} - \underbrace{\frac{\sin(2 \cdot 0)}{4}}_{0} \right) \right] = \pi \cdot \frac{\pi}{2} = \frac{\pi^2}{2}$$

(2) Gegeben sei die Funktion $y = 1/x$. Durch Rotation um die x-Achse soll das Volumen des Rotationskörpers in den Grenzen von 1 bis 2 berechnet werden.

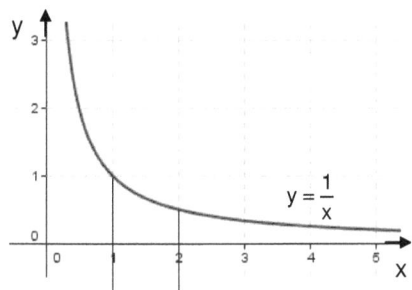

Wir schreiben nun folgendes Volumenintegral:

$$V_{(x)} = \int_{x_u}^{x_o} \pi \cdot \left(\frac{1}{x}\right)^2 \cdot dx = \pi \cdot \int_1^2 x^{-2} \cdot dx = \pi \cdot \left[\frac{x^{-1}}{-1}\right]_1^2$$

$$V_{(x)} = -\pi \cdot \left[\frac{1}{x}\right]_1^2 = -\pi \cdot \left(\frac{1}{2} - 1\right) = \frac{\pi}{2}$$

Bild 37: Funktion y=1 / x

(3) Berechnung des Volumens einer Kugel durch Rotation der positiven Kreisfunktion um die x-Achse. Gegeben ist die positive Kreisfunktion: $\quad y = +\sqrt{r^2 - x^2}$

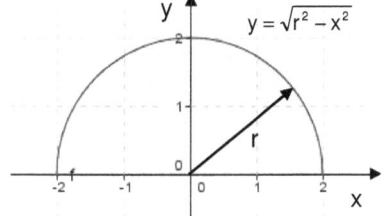

Für das Volumen bei Rotation um die x-Achse gilt:

$$V_x = \pi \cdot \int y^2 \cdot dx = \pi \cdot \int +\left(\sqrt{r^2 - x^2}\right)^2 \cdot dx = \pi \cdot \int (r^2 - x^2) \cdot dx$$

$$= \pi \cdot \left(\int r^2 \cdot dx - \int x^2 \cdot dx\right) = \pi \cdot \int \left(r^2 \int dx - \int x^2 \cdot dx\right) \cdot dx$$

$$= \pi \cdot \left(r^2 \cdot x - \frac{x^3}{3}\right)$$

Bild 38: Positive Kreisfunktion

Setzen wir nun als Untergrenze $x_u = -r$ und als Obergrenze $x_o = +r$, so erhalten folgendes:

$$V_x = \pi \cdot \left[r^2 \cdot x - \frac{x^3}{3}\right]_{-r}^{r} = \pi \cdot \left[r^2 \cdot r - \frac{r^3}{3} - \left(r^2 \cdot (-r) - \frac{(-r)^3}{3}\right)\right] = \pi \cdot \left[r^3 - \frac{r^3}{3} - \left((-r)^3 - \frac{(-r)^3}{3}\right)\right] = \pi \cdot \left[\frac{2}{3} \cdot r^3 - \left(-\frac{2}{3} \cdot r^3\right)\right]$$

$$= \pi \cdot \left[\frac{2}{3} \cdot r^3 + \frac{2}{3} \cdot r^3\right] = \frac{4}{3} \cdot r^3 \cdot \pi$$

Dies ist genau die Formel zur Berechnung des Kugelvolumens, wie wir sie in Band 1 /1/ kennen gelernt haben. Natürlich kann man, durch Einsetzung anderer Ober- und Untergrenzen, jeden beliebigen Kugelabschnitt berechnen.

(4) Berechnung des Volumens eines Kreisringtorus: Gegeben ist die positive Kreisfunktion addiert mit einer konstanten k: $y = +\sqrt{r^2 - x^2} + k$

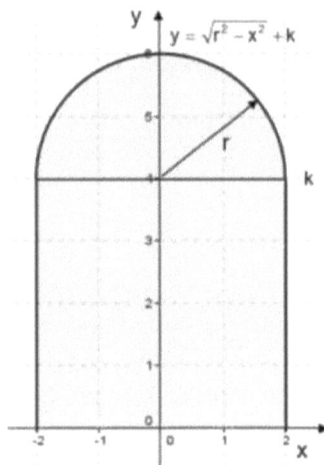

Äußeres Volumen V_{xa} bei Rotation um die x-Achse:

$$V_{xa} = \pi \cdot \int y^2 \cdot dx = \pi \cdot \int + \left(\sqrt{r^2 - x^2} + k\right)^2 \cdot dx$$

$$= \pi \cdot \int \left[(r^2 - x^2) + 2 \cdot \sqrt{r^2 - x^2} \cdot k + k^2\right] \cdot dx$$

$$= \pi \cdot \left[\int r^2 \cdot dx - \int x^2 \cdot dx + \int 2 \cdot k \cdot \sqrt{r^2 - x^2} \cdot dx + \int k^2 \cdot dx\right]$$

$$= \pi \cdot \left[r^2 \cdot \int dx - \int x^2 \cdot dx + 2 \cdot k \cdot \int \sqrt{r^2 - x^2} \cdot dx + k^2 \cdot \int dx\right]$$

In der Integraltafel 15 (209) finden wir folgenden Eintrag:

$$\int \sqrt{a^2 - x^2} \cdot dx = \frac{1}{2}\left[x \cdot \sqrt{a^2 - x^2} + a^2 \cdot \arcsin\left(\frac{x}{a}\right)\right]$$

Bild 39: Positive Kreisfunktion+k

Daraus folgt:

$$V_{xa} = \pi \cdot \left[r^2 \cdot x - \frac{x^3}{3} + 2 \cdot k \cdot \frac{1}{2} \cdot \left(x \cdot \sqrt{r^2 - x^2} + r^2 \cdot \arcsin\left(\frac{x}{r}\right)\right) + k^2 \cdot x\right]$$

$$= \pi \cdot \left[r^2 \cdot x - \frac{x^3}{3} + k \cdot x \cdot \sqrt{r^2 - x^2} + k \cdot r^2 \cdot \arcsin\left(\frac{x}{r}\right) + k^2 \cdot x\right]$$

$$= \pi \cdot \left[(r^2 + k^2) \cdot x - \frac{x^3}{3} + k \cdot x \cdot \sqrt{r^2 - x^2} + k \cdot r^2 \cdot \arcsin\left(\frac{x}{r}\right)\right]$$

Setzen wir nun als Untergrenze $x_u = -r$ und als Obergrenze $x_o = +r$, so erhalten folgendes:

$$V_{xa} = \pi \cdot \left\{\left[(r^2 + k^2) \cdot r - \frac{r^3}{3} + k \cdot r \cdot \sqrt{r^2 - r^2} + k \cdot r^2 \cdot \arcsin\left(\frac{r}{r}\right)\right] - \left[(r^2 + k^2) \cdot (-r) - \frac{(-r)^3}{3} + k \cdot (-r) \cdot \sqrt{r^2 - (-r)^2} + k \cdot r^2 \cdot \arcsin\left(\frac{(-r)}{r}\right)\right]\right\}$$

$$= \pi \cdot \left\{\left[r^3 + k^2 \cdot r - \frac{r^3}{3} + k \cdot r^2 \cdot \arcsin(1)\right] - \left[-r^3 - k^2 \cdot r + \frac{r^3}{3} + k \cdot r^2 \cdot \arcsin(-1)\right]\right\}$$

Da gilt: $\arcsin(-1) = -\arcsin(1)$ und $\arcsin(1) = \frac{\pi}{2}$

$$V_{xa} = \pi \cdot \left\{\left[r^3 + k^2 \cdot r - \frac{r^3}{3} + k \cdot r^2 \cdot \frac{\pi}{2}\right] - \left[-r^3 - k^2 \cdot r + \frac{r^3}{3} - k \cdot r^2 \cdot \frac{\pi}{2}\right]\right\}$$

$$= \pi \cdot \left\{r^3 + k^2 \cdot r - \frac{r^3}{3} + k \cdot r^2 \cdot \frac{\pi}{2} + r^3 + k^2 \cdot r - \frac{r^3}{3} + k \cdot r^2 \cdot \frac{\pi}{2}\right\}$$

$$= \pi \cdot \left\{2 \cdot r^3 + 2 \cdot k^2 \cdot r - 2 \cdot \frac{r^3}{3} + 2 \cdot k \cdot r^2 \cdot \frac{\pi}{2}\right\} = \pi \cdot \left\{\frac{4 \cdot r^3}{3} + 2 \cdot k^2 \cdot r + k \cdot r^2 \cdot \pi\right\}$$

Im nächsten Schritt wollen wir das Volumen der unteren Funktion V_{xu} der negativen Kreisfunktion berechnen. Auch hier wird die Konstante k addiert: $\quad y = -\sqrt{r^2 - x^2} + k$

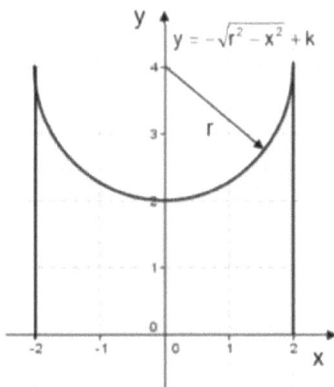

Bild 40: Negative Kreisfunktion+k

Inneres Volumen V_{xi} bei Rotation um die x-Achse:

$$V_{xi} = \pi \cdot \int y^2 \cdot dx = \pi \cdot \int \left(-\sqrt{r^2 - x^2} + k \right)^2 \cdot dx$$

$$= \pi \cdot \int \left[\left(r^2 - x^2 \right) - 2 \cdot \sqrt{r^2 - x^2} \cdot k + k^2 \right] \cdot dx$$

$$= \pi \cdot \left[\int r^2 \cdot dx - \int x^2 \cdot dx - \int 2 \cdot k \cdot \sqrt{r^2 - x^2} \cdot dx + \int k^2 \cdot dx \right]$$

$$= \pi \cdot \left[r^2 \cdot \int dx - \int x^2 \cdot dx - 2 \cdot k \cdot \int \sqrt{r^2 - x^2} \cdot dx + k^2 \cdot \int dx \right]$$

In der Integraltafel 15 (209) finden wir folgenden Eintrag:

$$\int \sqrt{a^2 - x^2} \cdot dx = \frac{1}{2} \left[x \cdot \sqrt{a^2 - x^2} + a^2 \cdot \arcsin \left(\frac{x}{a} \right) \right]$$

Daraus folgt:

$$V_{xi} = \pi \cdot \left[r^2 \cdot x - \frac{x^3}{3} - 2 \cdot k \cdot \frac{1}{2} \cdot \left(x \cdot \sqrt{r^2 - x^2} + r^2 \cdot \arcsin \left(\frac{x}{r} \right) \right) + k^2 \cdot x \right]$$

$$= \pi \cdot \left[r^2 \cdot x - \frac{x^3}{3} - k \cdot x \cdot \sqrt{r^2 - x^2} - k \cdot r^2 \cdot \arcsin \left(\frac{x}{r} \right) + k^2 \cdot x \right]$$

$$= \pi \cdot \left[\left(r^2 + k^2 \right) \cdot x - \frac{x^3}{3} - k \cdot x \cdot \sqrt{r^2 - x^2} - k \cdot r^2 \cdot \arcsin \left(\frac{x}{r} \right) \right]$$

Setzen wir nun als Untergrenze $x_u = -r$ und als Obergrenze $x_o = +r$, so erhalten wir Folgendes:

$$V_{xi} = \pi \cdot \left\{ \left[\left(r^2 + k^2 \right) \cdot r - \frac{r^3}{3} - k \cdot r \cdot \sqrt{r^2 - r^2} - k \cdot r^2 \cdot \arcsin \left(\frac{r}{r} \right) \right] - \left[\left(r^2 + k^2 \right) \cdot (-r) - \frac{(-r)^3}{3} - k \cdot (-r) \cdot \sqrt{r^2 - (-r)^2} - k \cdot r^2 \cdot \arcsin \left(\frac{(-r)}{r} \right) \right] \right\}$$

$$= \pi \cdot \left\{ \left[r^3 + k^2 \cdot r - \frac{r^3}{3} - k \cdot r^2 \cdot \arcsin(1) \right] - \left[-r^3 - k^2 \cdot r + \frac{r^3}{3} - k \cdot r^2 \cdot \arcsin(-1) \right] \right\}$$

Da gilt: $\arcsin(-1) = -\arcsin(1)\quad$ und $\quad \arcsin(1) = \frac{\pi}{2}$

$$V_{xi} = \pi \cdot \left\{ \left[r^3 + k^2 \cdot r - \frac{r^3}{3} - k \cdot r^2 \cdot \frac{\pi}{2} \right] - \left[-r^3 - k^2 \cdot r + \frac{r^3}{3} + k \cdot r^2 \cdot \frac{\pi}{2} \right] \right\}$$

$$= \pi \cdot \left\{ r^3 + k^2 \cdot r - \frac{r^3}{3} - k \cdot r^2 \cdot \frac{\pi}{2} + r^3 + k^2 \cdot r - \frac{r^3}{3} - k \cdot r^2 \cdot \frac{\pi}{2} \right\}$$

$$= \pi \cdot \left\{ 2 \cdot r^3 + 2 \cdot k^2 \cdot r - 2 \cdot \frac{r^3}{3} - 2 \cdot k \cdot r^2 \cdot \frac{\pi}{2} \right\} = \pi \cdot \left\{ \frac{4 \cdot r^3}{3} + 2 \cdot k^2 \cdot r - k \cdot r^2 \cdot \pi \right\}$$

Jetzt müssen wir nur noch die beiden Volumina voneinander subtrahieren:

$$V_x = V_{xa} - V_{xi} = \pi \cdot \left\{ \frac{4 \cdot r^3}{3} + 2 \cdot k^2 \cdot r + k \cdot r^2 \cdot \pi \right\} - \pi \cdot \left\{ \frac{4 \cdot r^3}{3} + 2 \cdot k^2 \cdot r - k \cdot r^2 \cdot \pi \right\}$$

$$= \pi \cdot \left\{ \frac{4 \cdot r^3}{3} - \frac{4 \cdot r^3}{3} + 2 \cdot k^2 \cdot r - 2 \cdot k^2 \cdot r + k \cdot r^2 \cdot \pi + k \cdot r^2 \cdot \pi \right\}$$

$$= \pi \cdot \left\{ k \cdot r^2 \cdot \pi + k \cdot r^2 \cdot \pi \right\} = 2 \cdot \pi^2 \cdot r^2 \cdot k$$

Dies ist genau die Formel zur Berechnung des Volumens eines Kreisringtorus, wie wir sie in Band 1 /1/ kennen gelernt haben.

$$V = 2 \cdot \pi^2 \cdot r^2 \cdot R \qquad \text{mit} \quad k = R$$

1.11.2   Berechnung der Mantelfläche von Rotationskörpern

Ein Rotationskörper hat natürlich auch eine Mantelfläche. Auch hierbei kann man die Funktion entweder um die x- oder y-Achse rotieren lassen.

Rotation um die x-Achse:

Dies wollen wir anhand von zwei einfachen Beispielen demonstrieren:

(1) Gegeben sei die lineare Funktion $y = 0,5 \cdot x$.

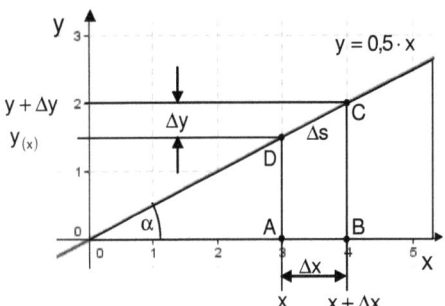

Bild 41: Rotation Kreiskegel um x-Achse

Wieder lassen wir diese Funktion um die x-Achse rotieren, so dass ein Kegel mit dem Spitzenwinkel $2 \cdot \alpha$ entsteht.

Wir wollen nun die Mantelfläche dieses Kegels bestimmen. Hierzu haben wir an einer Stelle x eine Senkrechte der Länge $y_{(x)}$ eingezeichnet. Außerdem haben wir an der Stelle $x + \Delta x$ eine Senkrechte der Länge $y + \Delta y$ eingezeichnet. Wenn wir die Fläche mit den Eckpunkten ABCD um die x-Achse rotieren lassen, dann erhalten wir einen dünnen Kegelstumpf, dessen Mantelfläche wie folgt berechnet werden kann:

$$M_{Kegelstumpf} = (y + \Delta y + y) \cdot \pi \cdot \Delta s = (2 \cdot y + \Delta y) \cdot \pi \cdot \Delta s$$

(Siehe Berechnung der Mantelfläche eines Kegelstumpfs: $M = (R + r) \cdot \pi \cdot s$ /1/ Abschn. 4.2.5.3)

Für Δs erhalten wir mit dem Satz des Pythagoras:

$$\Delta s^2 = \Delta x^2 + \Delta y^2 \;\Rightarrow\; \Delta s = \sqrt{\Delta x^2 + \Delta y^2} = \sqrt{\Delta x^2 \cdot \left(1 + \frac{\Delta y^2}{\Delta x^2}\right)} = \Delta x \cdot \sqrt{1 + \frac{\Delta y^2}{\Delta x^2}}$$

Wenn wir nun Δx und damit auch Δy und Δs gegen 0 streben lassen, so gilt:

$$\lim_{\Delta y \to 0}(2 \cdot y + \Delta y) = 2 \cdot y \quad \text{und} \quad ds = dx \cdot \sqrt{1 + \frac{dy^2}{dx^2}} = dx \cdot \sqrt{1 + (y')^2} \qquad \text{(vgl. Abschnitt 1.10)}$$

Damit erhalten wir für die Mantelfläche eines infinitesimal dünnen Kegelstumpfes:

$$dM_{(x)} = 2 \cdot \pi \cdot y \cdot ds = 2 \cdot \pi \cdot y \cdot \sqrt{1 + (y')^2} \cdot dx$$

Wenn wir nun diese unendlich vielen infinitesimalen Kegelstümpfe aufaddieren (integrieren), so erhalten wir die Mantelfläche des Kegels mit folgendem Integral:

$$M_x = 2 \cdot \pi \cdot \int y \cdot \sqrt{1 + (y')^2} \cdot dx = 2 \cdot \pi \cdot \int f_{(x)} \cdot \sqrt{1 + (f'_{(x)})^2} \cdot dx$$

Wenn wir nun z.B. die Mantelfläche im Intervall $0 \le x \le 5$ berechnen wollen, so erhalten wir für dieses bestimmte Integral Folgendes:

$$M_{(x)} = 2 \cdot \pi \cdot \int_{x_u}^{x_o} y \cdot \sqrt{1 + (y')^2} \cdot dx = 2 \cdot \pi \cdot \int_{x_u}^{x_o} 0{,}5 \cdot x \cdot \sqrt{1 + 0{,}5^2} \cdot dx = 2 \cdot \pi \cdot 0{,}5 \cdot \sqrt{1 + 0{,}5^2} \cdot \int_{x_u}^{x_o} x \cdot dx$$

$$= \pi \cdot \sqrt{1 + 0{,}5^2} \cdot \left[\frac{x^2}{2} \right]_0^5 = \pi \cdot \sqrt{1 + 0{,}5^2} \cdot \left[\frac{25}{2} - 0 \right] = 43{,}9051$$

Die Kontrollrechnung mit der bekannten Formel zur Berechnung der Mantelfläche eines Kegels ergibt: $M = R \cdot \pi \cdot s = R \cdot \pi \cdot \sqrt{R^2 + h^2} = 2{,}5 \cdot \pi \cdot \sqrt{2{,}5^2 + 5^2} = 43{,}9051$

(2) In diesem Beispiel untersuchen wir die folgende Funktion: $\quad y = \sqrt{x} = x^{\frac{1}{2}}$

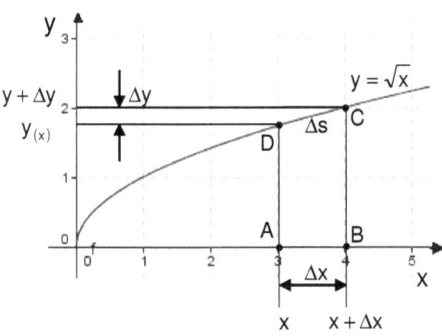

Bild 42: Rotationskörper Paraboloid

Auch hier haben wir es mit derselben Problematik zu tun wie bei dem einführenden Beispiel. Wir lassen die dünne Kegelfläche mit den Eckpunkten ABCD um die x-Achse rotieren und berechnen die Mantelfläche wie folgt:

$$M_{\text{Kegelstumpf}} = (y + \Delta y + y) \cdot \pi \cdot \Delta s = (2 \cdot y + \Delta y) \cdot \pi \cdot \Delta s$$

Mit dem Satz des Pythagoras erhalten wir:

$$\Delta s = \sqrt{\Delta x^2 + \Delta y^2} = \sqrt{\Delta x^2 \cdot \left(1 + \frac{\Delta y^2}{\Delta x^2}\right)} = \Delta x \cdot \sqrt{1 + \frac{\Delta y^2}{\Delta x^2}}$$

Wenn wir nun Δx und damit auch Δy und Δs gegen 0 streben lassen, so gilt :

$$\lim_{\Delta y \to 0}(2 \cdot y + \Delta y) = 2 \cdot y \quad \text{und} \quad ds = dx \cdot \sqrt{1 + \frac{dy^2}{dx^2}} = dx \cdot \sqrt{1 + (y')^2}$$

Damit erhalten wir für die Mantelfläche eines infinitesimal dünnen Kegelstumpfes:

$$dM_{(x)} = 2 \cdot \pi \cdot y \cdot ds = 2 \cdot \pi \cdot y \cdot \sqrt{1 + (y')^2} \cdot dx$$

Wieder addieren (integrieren) wir diese unendlich vielen infinitesimalen Kegelstümpfe und erhalten für die Mantelfläche der Funktion folgendes Integral:

$$M_x = 2 \cdot \pi \cdot \int y \cdot \sqrt{1 + (y')^2} \cdot dx = 2 \cdot \pi \cdot \int f_{(x)} \cdot \sqrt{1 + (f'_{(x)})^2} \cdot dx$$

Offensichtlich funktioniert diese Vorgehensweise für beliebige Funktionen $y = f_{(x)}$. Wir können also die o.g. Funktion als allgemein gültig betrachten.

Wir wollen nun die Oberfläche unseres Paraboloids im Intervall $0 \le x \le 5$ berechnen:

$$M_{(x)} = 2 \cdot \pi \cdot \int_{x_u}^{x_o} y \cdot \sqrt{1 + (y')^2} \cdot dx = 2 \cdot \pi \cdot \int_{x_u}^{x_o} x^{\frac{1}{2}} \cdot \sqrt{1 + \left(\frac{1}{2} \cdot x^{-\frac{1}{2}}\right)^2} \cdot dx = 2 \cdot \pi \cdot \int_{x_u}^{x_o} x^{\frac{1}{2}} \cdot \sqrt{1 + \left(\frac{1}{2}\right)^2 \cdot \left(x^{-\frac{1}{2}}\right)^2} \cdot dx$$

$$= 2 \cdot \pi \cdot \int_{x_u}^{x_o} x^{\frac{1}{2}} \cdot \sqrt{1 + \frac{1}{4} \cdot x^{-\frac{1}{2} \cdot 2}} \cdot dx = 2 \cdot \pi \cdot \int_{x_u}^{x_o} x^{\frac{1}{2}} \cdot \sqrt{1 + \frac{1}{4} \cdot x^{-1}} \cdot dx = 2 \cdot \pi \cdot \int_{x_u}^{x_o} x^{\frac{1}{2}} \cdot \sqrt{1 + \frac{1}{4 \cdot x}} \cdot dx$$

Wir können nun $y = x^{\frac{1}{2}}$ unter die Wurzel ziehen und erhalten:

$$M_{(x)} = 2 \cdot \pi \cdot \int_{x_u}^{x_o} \sqrt{x \cdot \left(1 + \frac{1}{4 \cdot x}\right)} \cdot dx = 2 \cdot \pi \cdot \int_{x_u}^{x_o} \sqrt{x + \frac{1}{4}} \cdot dx$$

In der Integraltafel 11 (148) finden wir folgenden Eintrag:

$$\int \sqrt{a \cdot x + b} \cdot dx = \frac{2}{3 \cdot a} \cdot \sqrt{(a \cdot x + b)^3}$$

In unserem Beispiel ist $a = 1$ und $b = \frac{1}{4}$, so dass folgt:

$$M_{(x)} = 2 \cdot \pi \cdot \int_{x_u}^{x_o} \sqrt{x + \frac{1}{4}} \cdot dx = 2 \cdot \pi \cdot \frac{2}{3} \cdot \sqrt{\left(x + \frac{1}{4}\right)^3}$$

Wir setzen nun Untergrenze $x_u = 0$ und Obergrenze $x_o = 5$ ein:

$$M_{(x_u=0; \, x_o=5)} = 2 \cdot \pi \cdot \int_0^5 \sqrt{x + \frac{1}{4}} \cdot dx = 2 \cdot \pi \cdot \frac{2}{3} \cdot \left[\sqrt{\left(x + \frac{1}{4}\right)^3}\right]_0^5 = \frac{4}{3} \cdot \pi \cdot \left[\sqrt{\left(5 + \frac{1}{4}\right)^3} - \sqrt{\left(0 + \frac{1}{4}\right)^3}\right] = \frac{4}{3} \cdot \pi \cdot \left[\sqrt{\left(\frac{21}{4}\right)^3} - \sqrt{\left(\frac{1}{4}\right)^3}\right]$$

$$= \frac{4}{3} \cdot \pi \cdot [12{,}02926 - 0{,}125] = 49{,}8645$$

Rotation um die y-Achse:

Auch dies wollen wir anhand unseres einfachen Beispiels demonstrieren:

(1) Gegeben sei die lineare Funktion $y = 2 \cdot x \;\Rightarrow\; x = y/2$.

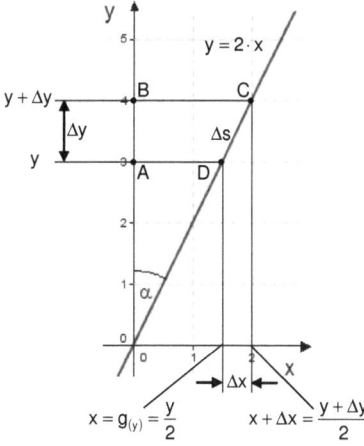

Bild 43: Rot. Kreiskegel um y-Achse

Wieder entsteht ein Kegel mit dem Spitzenwinkel $2 \cdot \alpha$, wenn wir diese Funktion um die y-Achse drehen.

Wir bestimmen nun die Mantelfläche dieses Kegels. Hierzu haben wir an der Stelle y eine Waagerechte der Länge $x = g_{(y)}$ eingezeichnet. Außerdem haben wir an der Stelle $y + \Delta y$ eine weitere Waagerechte der Länge $x + \Delta x = g_{(y + \Delta y)}$ eingezeichnet. Wenn wir nun die Fläche mit den Eckpunkten ABCD um die x-Achse rotieren lassen, dann erhalten wir einen dünnen Kegelstumpf, dessen Mantelfläche wie folgt berechnet werden kann:

$$M_{\text{Kegelstumpf}} = (x + \Delta x + x) \cdot \pi \cdot \Delta s = (2 \cdot x + \Delta x) \cdot \pi \cdot \Delta s$$

Mit dem Satz des Pythagoras gilt: $\quad \Delta s = \sqrt{\Delta y^2 + \Delta x^2} = \sqrt{1 + \dfrac{\Delta x^2}{\Delta y^2}}$

Wenn wir nun Δy und damit auch Δx und Δs gegen 0 streben lassen, so gilt:

$$\lim_{\Delta y \to 0} (2 \cdot x + \Delta x) = 2 \cdot x \quad \text{und} \quad ds = dy \cdot \sqrt{1 + \frac{dx^2}{dy^2}} = dy \cdot \sqrt{1 + (x')^2} \quad \text{(vgl. Abschnitt 1.10)}$$

Damit erhalten wir für die Mantelfläche eines infinitesimal dünnen Kegelstumpfes:

$$dM_{(x)} = 2 \cdot \pi \cdot x \cdot ds = 2 \cdot \pi \cdot x \cdot \sqrt{1 + (x')^2} \cdot dy$$

Wenn wir nun diese unendlich vielen infinitesimalen Kegelstümpfe aufaddieren (integrieren), so erhalten wir die Mantelfläche des Kegels mit folgendem Integral:

$$M_y = 2 \cdot \pi \cdot \int x \cdot \sqrt{1 + (x')^2} \cdot dy = 2 \cdot \pi \cdot \int g_{(y)} \cdot \sqrt{1 + (g'_{(y)})^2} \cdot dy$$

Wenn wir nun z.B. die Mantelfläche im Intervall $0 \le y \le 5$ berechnen wollen, so erhalten wir für dieses bestimmte Integral Folgendes:

$$M_y = 2 \cdot \pi \cdot \int_{y_u}^{y_o} x \cdot \sqrt{1 + (x')^2} \cdot dy = 2 \cdot \pi \cdot \int_{y_u}^{y_o} 0{,}5 \cdot y \cdot \sqrt{1 + 0{,}5^2} \cdot dy = 2 \cdot \pi \cdot 0{,}5 \cdot \sqrt{1 + 0{,}5^2} \cdot \int_{y_u}^{y_o} y \cdot dy$$

$$M_y = \pi \cdot \sqrt{1 + 0{,}5^2} \cdot \left[\frac{y^2}{2} \right]_0^5 = \frac{\pi}{2} \cdot \sqrt{1 + 0{,}5^2} \cdot [25 - 0] = 43{,}9051$$

Wir erhalten dasselbe Ergebnis wie bei der Umkehrfunktion, die um die x-Achse rotiert.

(2) Als zweites Beispiel untersuchen wir die folgende Funktion: $y = x^2$

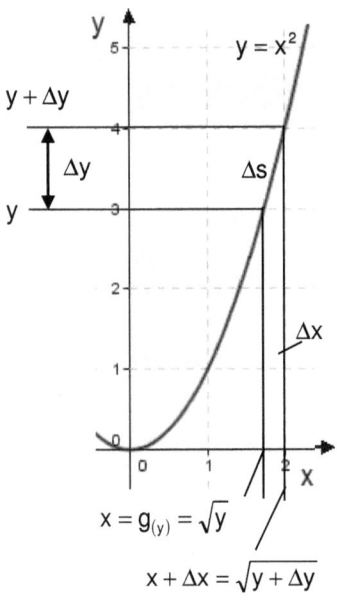

Bild 44: Rot. Paraboloid um y-Achse

Da wir die Zusammenhänge bereits hinreichend kennen, können wir sofort losrechnen:

Wir lösen die Funktion nach x auf:

$$y = x^2 \quad \Rightarrow \quad x = g_{(y)} = \sqrt{y}$$

Wir bilden die erste Ableitung von x:

$$x' = g'_{(y)} = \frac{1}{2} \cdot y^{-\frac{1}{2}} \quad \Rightarrow \quad (x')^2 = \frac{1}{4} \cdot \left(y^{-\frac{1}{2}} \right)^2 = \frac{1}{4} \cdot y^{-2\frac{1}{2}} = \frac{1}{4 \cdot y}$$

Wir schreiben nun das Integral wie folgt:

$$M_y = 2 \cdot \pi \cdot \int \sqrt{y} \cdot \sqrt{1 + \frac{1}{4 \cdot y}} \cdot dy = 2 \cdot \pi \cdot \int \sqrt{y \cdot \left(1 + \frac{1}{4 \cdot y}\right)} \cdot dy$$

$$= 2 \cdot \pi \cdot \int \sqrt{y + \frac{1}{4}} \cdot dy$$

In der Integraltafel 11 (148) finden wir folgenden Eintrag:

$$\int \sqrt{a \cdot x + b} \cdot dx = \frac{2}{3 \cdot a} \cdot \sqrt{(a \cdot x + b)^3}$$

$$M_{(x)} = 2 \cdot \pi \cdot \int_{x_u}^{x_o} \sqrt{y + \frac{1}{4}} \cdot dx = 2 \cdot \pi \cdot \frac{2}{3} \cdot \sqrt{\left(y + \frac{1}{4}\right)^3}$$

In unserem Beispiel ist $x = y$, $dx = dy$, $a = 1$ und $b = \frac{1}{4}$, so dass folgt:

Wir setzen nun Untergrenze $y_u = 0$ und Obergrenze $y_o = 5$ ein:

$$M_{(y_u=0; \, y_o=5)} = 2 \cdot \pi \cdot \int_0^5 \sqrt{y + \frac{1}{4}} \cdot dy = 2 \cdot \pi \cdot \frac{2}{3} \cdot \left[\sqrt{\left(y + \frac{1}{4}\right)^3} \right]_0^5$$

$$= \frac{4}{3} \cdot \pi \cdot \left[\sqrt{\left(5 + \frac{1}{4}\right)^3} - \sqrt{\left(0 + \frac{1}{4}\right)^3} \right] = \frac{4}{3} \cdot \pi \cdot \left[\sqrt{\left(\frac{21}{4}\right)^3} - \sqrt{\left(\frac{1}{4}\right)^3} \right]$$

$$= \frac{4}{3} \cdot \pi \cdot [12{,}02926 - 0{,}125] = 49{,}8645$$

Auch hier erhalten wir dasselbe Ergebnis wie bei der Umkehrfunktion, die um die x-Achse rotiert.

Weitere Beispiele:

(1) In diesem Beispiel wollen wir die Oberfläche einer Kugel berechnen, wobei die Oberfläche durch Rotation der positiven Kreisfunktion um die x-Achse erzeugt wird. Gegeben ist also folgende Funktion: $y = +\sqrt{r^2 - x^2}$

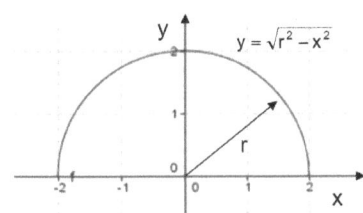

Bild 45: Positive Kreisfunktion

Für die Mantelfläche bei Rotation um die x-Achse gilt:

$$M_x = 2 \cdot \pi \cdot \int y \cdot \sqrt{1 + (y')^2} \cdot dx = 2 \cdot \pi \cdot \int f_{(x)} \cdot \sqrt{1 + (f'_{(x)})^2} \cdot dx$$

Wir bilden die 1. Ableitung der Funktion (Kettenregel):

$$u = r^2 - x^2 \quad \Rightarrow \quad u' = \frac{dy}{du} = -2 \cdot x$$

und

$$F_{(u)} = \sqrt{u} = u^{\frac{1}{2}} \quad \Rightarrow \quad F'_{(u)} = \frac{dy}{du} = \frac{1}{2} \cdot u^{-\frac{1}{2}}$$

$$\Rightarrow \quad y' = \frac{dy}{du} \cdot \frac{dy}{du} = -2 \cdot x \cdot \frac{1}{2} \cdot u^{-\frac{1}{2}} = -\frac{x}{\sqrt{r^2 - x^2}}$$

Dies setzen wir in unser Integral ein:

$$M_x = 2 \cdot \pi \cdot \int \sqrt{r^2 - x^2} \cdot \sqrt{1 + \left(-\frac{x}{\sqrt{r^2 - x^2}}\right)^2} \cdot dx = 2 \cdot \pi \cdot \int \sqrt{r^2 - x^2} \cdot \sqrt{1 + \frac{x^2}{r^2 - x^2}} \cdot dx$$

$$= 2 \cdot \pi \cdot \int \sqrt{r^2 - x^2} \cdot \sqrt{\frac{r^2 - x^2 + x^2}{r^2 - x^2}} \cdot dx = 2 \cdot \pi \cdot \int \sqrt{r^2 - x^2} \cdot \sqrt{\frac{r^2}{r^2 - x^2}} \cdot dx = 2 \cdot \pi \cdot \int \sqrt{r^2 - x^2} \cdot \frac{r}{\sqrt{r^2 - x^2}} \cdot dx$$

$$= 2 \cdot \pi \cdot r \cdot \int dx = 2 \cdot \pi \cdot r \cdot x$$

Wir berechnen nun die Oberfläche unserer Kugel im Intervall $-r \leq x \leq +r$:

$$M_x = 2 \cdot \pi \cdot r \cdot [x]_{-r}^{+r} = 2 \cdot \pi \cdot r \cdot [r - (-r)] = 2 \cdot \pi \cdot r \cdot 2 \cdot r = 4 \cdot \pi \cdot r^2$$

(2) Berechnung der oberen Oberfläche eines Kreisringtorus M_{xo}: Gegeben ist hier wieder die positive Kreisfunktion, diesmal mit einer Konstanten addiert: $y = +\sqrt{r^2 - x^2} + k$

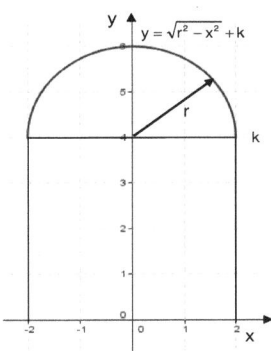

Bild 46: Positive Kreisfunktion+k

Wir bilden die 1. Ableitung der Funktion (s.o.):

$$\Rightarrow \quad y' = -\frac{x}{\sqrt{r^2 - x^2}}$$

Dies setzen wir in unser Integral ein:

$$M_{xo} = 2 \cdot \pi \cdot \int \left(\sqrt{r^2 - x^2} + k\right) \cdot \sqrt{1 + \left(-\frac{x}{\sqrt{r^2 - x^2}}\right)^2} \cdot dx$$

$$= 2 \cdot \pi \cdot \int \left(\sqrt{r^2 - x^2} + k\right) \cdot \frac{r}{\sqrt{r^2 - x^2}} \cdot dx \qquad \text{siehe Beispiel (1)}$$

$$= 2 \cdot \pi \cdot \int \frac{\sqrt{r^2 - x^2} \cdot r + k \cdot r}{\sqrt{r^2 - x^2}} \cdot dx$$

$$M_{xo} = 2 \cdot \pi \cdot \int \left(r + \frac{k \cdot r}{\sqrt{r^2 - x^2}} \right) \cdot dx = 2 \cdot \pi \cdot \left(\int r \cdot dx + \int \frac{k \cdot r}{\sqrt{r^2 - x^2}} \cdot dx \right) = 2 \cdot \pi \cdot r \left(\int dx + k \cdot \int \frac{1}{\sqrt{r^2 - x^2}} \cdot dx \right)$$

Wir lösen nun das Integral: $\int \frac{1}{\sqrt{r^2 - x^2}} \cdot dx$

In der Integraltafel 15 (216) finden wir folgenden Eintrag: $\int \frac{1}{\sqrt{a^2 - x^2}} \cdot dx = \arcsin\left(\frac{x}{a}\right)$

$$M_{xo} = 2 \cdot \pi \cdot r \cdot \left[x + k \cdot \arcsin\left(\frac{x}{r}\right) \right]$$

Wir berechnen die Oberfläche im Intervall $-r \le x \le +r$:

$$M_{xo} = 2 \cdot \pi \cdot r \cdot \left[x + k \cdot \arcsin\left(\frac{x}{r}\right) \right]_{-r}^{r} = 2 \cdot \pi \cdot r \cdot \left[r + k \cdot \arcsin\left(\frac{r}{r}\right) - \left(-r + k \cdot \arcsin\left(\frac{-r}{r}\right) \right) \right]$$

$$= 2 \cdot \pi \cdot r \cdot \left[r + k \cdot \arcsin(1) + r - k \cdot \arcsin(-1) \right]$$

Da gilt: $\arcsin(-1) = -\arcsin(1)$ und $\arcsin(1) = \frac{\pi}{2}$

$$M_{xo} = 2 \cdot \pi \cdot r \cdot \left(2 \cdot k \cdot \frac{\pi}{2} + 2 \cdot r \right) = 2 \cdot \pi \cdot r \cdot (k \cdot \pi + 2 \cdot r)$$

Im nächsten Schritt wollen wir die untere Mantelfläche M_{xu} der negativen Kreisfunktion berechnen. Auch hier wird die Konstante k addiert: $y = -\sqrt{r^2 - x^2} + k$

Wir bilden die 1. Ableitung der Funktion (s.o.):

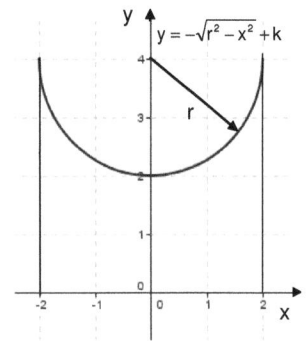

$\Rightarrow \quad y' = \frac{x}{\sqrt{r^2 - x^2}}$

Bild 47: Negative Kreisfunktion+k

Dies setzen wir in unser Integral ein:

$$M_{xu} = 2 \cdot \pi \cdot \int \left(-\sqrt{r^2 - x^2} + k \right) \cdot \sqrt{1 + \left(\frac{x}{\sqrt{r^2 - x^2}} \right)^2} \cdot dx$$

$$= 2 \cdot \pi \cdot \int \left(-\sqrt{r^2 - x^2} + k \right) \cdot \frac{r}{\sqrt{r^2 - x^2}} \cdot dx \qquad \text{siehe Beispiel (1)}$$

$$= 2 \cdot \pi \cdot \int \frac{-\sqrt{r^2 - x^2} \cdot r + k \cdot r}{\sqrt{r^2 - x^2}} \cdot dx$$

$$= 2 \cdot \pi \cdot \int \left(-r + \frac{k \cdot r}{\sqrt{r^2 - x^2}} \right) \cdot dx = 2 \cdot \pi \cdot r \left(k \cdot \int \frac{1}{\sqrt{r^2 - x^2}} \cdot dx - \int dx \right)$$

Wir berechnen die Oberfläche im Intervall $-r \le x \le +r$:

$$M_{xu} = 2 \cdot \pi \cdot r \cdot \left[k \cdot \arcsin\left(\frac{x}{r}\right) - x \right]_{-r}^{r} = 2 \cdot \pi \cdot r \cdot \left[k \cdot \arcsin\left(\frac{r}{r}\right) - r - \left(k \cdot \arcsin\left(\frac{-r}{r}\right) - (-r) \right) \right]$$

$$= 2 \cdot \pi \cdot r \cdot \left[k \cdot \arcsin(1) - r - (k \cdot \arcsin(-1) + r) \right] = 2 \cdot \pi \cdot r \cdot \left[k \cdot \arcsin(1) - r - k \cdot \arcsin(-1) - r \right]$$

Da gilt: $\arcsin(-1) = -\arcsin(1)$ und $\arcsin(1) = \dfrac{\pi}{2}$

$$M_{xu} = 2 \cdot \pi \cdot r \cdot \left[2 \cdot k \cdot \frac{\pi}{2} - 2 \cdot r \right] = 2 \cdot \pi \cdot r \cdot (k \cdot \pi - 2 \cdot r)$$

Jetzt müssen wir nur noch die beiden Teilflächen addieren:

$$M_x = M_{xo} + M_{xu} = 2 \cdot \pi \cdot r \cdot (k \cdot \pi + 2 \cdot r) + 2 \cdot \pi \cdot r \cdot (k \cdot \pi - 2 \cdot r) = 2 \cdot \pi \cdot r \cdot (k \cdot \pi + 2 \cdot r + k \cdot \pi - 2 \cdot r)$$
$$= 2 \cdot \pi \cdot r \cdot (2 \cdot k \cdot \pi) = 4 \cdot \pi^2 \cdot r \cdot k$$

Dies ist genau die Formel zur Berechnung der Oberfläche eines Kreisringtorus, wie wir sie in Band 1 /1/ kennen gelernt haben.

$$O = 4 \cdot \pi^2 \cdot r \cdot R \qquad \text{mit} \quad k = R$$

1.11.3   Zusammenfassung der Berechnung von Rotationskörpern

Bei der Berechnung von Rotationskörpern kann man folgendes unterscheiden:

- Volumenberechnung bei Rotation um die x-Achse
- Volumenberechnung bei Rotation um die y-Achse
- Berechnung der Mantelfläche bei Rotation um die x-Achse
- Berechnung der Mantelfläche bei Rotation um die y-Achse

Der Unterschied zwischen Rotation um x-Achse und y-Achse liegt darin, dass man bei der Rotation um die y-Achse die Funktion nach x umstellen muss. Man kann auch jeweils die Umkehrfunktion bilden und die Funktion um die jeweils andere Achse rotieren lassen.

In der folgenden Tabelle stellen wir die verschiedenen Fälle gegenüber:

Berechnung	Rotation um	Integral
Volumen	x-Achse	$V_{(x)} = \pi \cdot \int y_{(x)}^2 \cdot dx + C$
Volumen	y-Achse	$V_{(y)} = \pi \cdot \int g_{(y)}^2 \cdot dy + C \qquad \text{mit} \quad g_{(y)} = x$
Mantelfläche	x-Achse	$M_x = 2 \cdot \pi \cdot \int y \cdot \sqrt{1 + (y')^2} \cdot dx + C = 2 \cdot \pi \cdot \int f_{(x)} \cdot \sqrt{1 + (f'_{(x)})^2} \cdot dx + C$
Mantelfläche	y-Achse	$M_y = 2 \cdot \pi \cdot \int x \cdot \sqrt{1 + (x')^2} \cdot dy + C = 2 \cdot \pi \cdot \int g_{(y)} \cdot \sqrt{1 + (g'_{(y)})^2} \cdot dy + C \qquad \text{mit} \quad g_{(y)} = x$

1.12   Integraltafel

Diese Zusammenstellung enthält häufig auftretende Integrale ohne die Integrationskonstante C.

Nr.	Integraltyp	Seite
1	Integrale mit $a \cdot x + b$	95
2	Integrale mit $a \cdot x + b$ und $p \cdot x + q$ mit $\Delta = b \cdot p - a \cdot q$ und $\Delta \neq 0$	96
3	Integrale mit $(a + x) \cdot (b + x)$	97
4	Integrale mit $a \cdot x^2 + b \cdot x + c$ und mit $\Delta = 4 \cdot a \cdot c - b^2$ wobei gilt: $\Delta \neq 0$	97
5	Integrale mit $a^2 + x^2$ $\quad$ $(a > 0)$	99
6	Integrale mit $a^2 - x^2$ $\quad$ $(a > 0)$	101
7	Integrale mit $a^3 + x^3$ $\quad$ $(a > 0)$	103
8	Integrale mit $a^3 - x^3$ $\quad$ $(a > 0)$	104
9	Integrale mit $a^4 + x^4$ $\quad$ $(a > 0)$	105
10	Integrale mit $a^4 - x^4$ $\quad$ $(a > 0)$	105
11	Integrale mit $\sqrt{a \cdot x + b}$ $\quad$ $(a \neq 0)$	105
12	Integrale mit $\sqrt{a \cdot x + b}$ und $p \cdot x + q$ mit $\Delta = b \cdot p - a \cdot q$ und $\Delta \neq 0$	107
13	Integrale mit $\sqrt{a \cdot x + b}$ und $\sqrt{p \cdot x + q}$ mit $\Delta = b \cdot p - a \cdot q$ und $\Delta \neq 0$	108
14	Integrale mit $\sqrt{a^2 + x^2}$ $\quad$ $(a > 0)$	108
15	Integrale mit $\sqrt{a^2 - x^2}$ $\quad$ $(a > 0$ und $|x| < a)$	110
16	Integrale mit $\sqrt{x^2 - a^2}$ $\quad$ $(a > 0$ und $|x| > a)$	112
17	Integrale mit $\sqrt{a \cdot x^2 + b \cdot x + c}$ mit $\Delta = 4 \cdot a \cdot c - b^2$ und $(a \neq 0$ und $\Delta \neq 0)$	113
18	Integrale mit $\sin(a \cdot x)$ $\quad$ $(a \neq 0)$	115
19	Integrale mit $\cos(a \cdot x)$ $\quad$ $(a \neq 0)$	117
20	Integrale mit $\sin(a \cdot x)$ und $\cos(a \cdot x)$ $\quad$ $a \neq 0$	119
21	Integrale mit $\tan(a \cdot x)$ $\quad$ $(a \neq 0)$	121
22	Integrale mit $\cot(a \cdot x)$ $\quad$ $(a \neq 0)$	122
23	Integrale mit Arkusfunktionen	122
24	Integrale mit $e^{a \cdot x}$ $\quad$ $(a \neq 0)$	123
25	Integrale mit $\ln x$ $\quad$ $(x > 0)$	125
26	Integrale mit $\sinh(a \cdot x)$ $\quad$ $(a \neq 0)$	126
27	Integrale mit $\cosh(a \cdot x)$ $\quad$ $(a \neq 0)$	127
28	Integrale mit $\sinh(a \cdot x)$ und $\cosh(a \cdot x)$ $\quad$ $(a \neq 0)$	128
29	Integrale mit $\tanh(a \cdot x)$ $\quad$ $(a \neq 0)$	128
30	Integrale mit $\coth(a \cdot x)$ $\quad$ $(a \neq 0)$	129
31	Integrale mit Areafunktion	129

1	**Integrale mit** $a \cdot x + b$
1	$\int (a \cdot x + b)^n \cdot dx = \dfrac{(a \cdot x + b)^{n+1}}{(n+1) \cdot a} \quad (n \neq -1)$
2	$\int \dfrac{1}{a \cdot x + b} \cdot dx = \dfrac{1}{a} \cdot \ln\lvert a \cdot x + b \rvert$
3	$\int x \cdot (a \cdot x + b)^n \cdot dx = \dfrac{(a \cdot x + b)^{n+2}}{(n+2) \cdot a^2} - \dfrac{b \cdot (a \cdot x + b)^{n+1}}{(n+1) \cdot a^2} \quad (n \neq -1 \text{ und } n \neq -2)$
4	$\int \dfrac{x}{a \cdot x + b} \cdot dx = \dfrac{x}{a} - \dfrac{b}{a^2} \cdot \ln\lvert a \cdot x + b \rvert$
5	$\int \dfrac{x}{(a \cdot x + b)^2} \cdot dx = \dfrac{b}{a^2 \cdot (a \cdot x + b)} - \dfrac{1}{a^2} \cdot \ln\lvert a \cdot x + b \rvert$
6	$\int x^2 \cdot (a \cdot x + b)^n \cdot dx = \dfrac{(a \cdot x + b)^{n+3}}{(n+3) \cdot a^3} - \dfrac{2 \cdot b \cdot (a \cdot x + b)^{n+2}}{(n+2) \cdot a^3} + \dfrac{b^2 \cdot (a \cdot x + b)^{n+1}}{(n+1) \cdot a^3} \quad (n \neq -1 , n \neq -2 \text{ und } n \neq -3)$
7	$\int \dfrac{x^2}{a \cdot x + b} \cdot dx = \dfrac{(a \cdot x + b)^2}{2 \cdot a^3} - \dfrac{2 \cdot b \cdot (a \cdot x + b)}{a^3} - \dfrac{b^2}{a^3} \cdot \ln\lvert a \cdot x + b \rvert$
8	$\int \dfrac{x^2}{(a \cdot x + b)^2} \cdot dx = \dfrac{a \cdot x + b}{a^3} - \dfrac{b^2}{a^3 \cdot (a \cdot x + b)} - \dfrac{2 \cdot b}{a^3} \cdot \ln\lvert a \cdot x + b \rvert$
9	$\int \dfrac{x^2}{(a \cdot x + b)^3} \cdot dx = \dfrac{2 \cdot b}{a^3 \cdot (a \cdot x + b)} - \dfrac{b^2}{2 \cdot a^3 \cdot (a \cdot x + b)^2} + \dfrac{1}{a^3} \cdot \ln\lvert a \cdot x + b \rvert$
10	$\int x^3 \cdot (a \cdot x + b)^n \cdot dx = \dfrac{(a \cdot x + b)^{n+4}}{(n+4) \cdot a^4} - \dfrac{3 \cdot b \cdot (a \cdot x + b)^{n+3}}{(n+3) \cdot a^4} + \dfrac{3 \cdot b^2 \cdot (a \cdot x + b)^{n+2}}{(n+2) \cdot a^4} - \dfrac{b^3 \cdot (a \cdot x + b)^{n+1}}{(n+1) \cdot a^4}$ $(n \neq -1 , n \neq -2 , n \neq -3 \text{ und } n \neq -4)$
11	$\int \dfrac{x^3}{(a \cdot x + b)} \cdot dx = \dfrac{(a \cdot x + b)^3}{3 \cdot a^4} - \dfrac{3 \cdot b \cdot (a \cdot x + b)^2}{2 \cdot a^4} + \dfrac{3 \cdot b^2 \cdot (a \cdot x + b)}{a^4} - \dfrac{b^3}{a^4} \cdot \ln\lvert a \cdot x + b \rvert$
12	$\int \dfrac{x^3}{(a \cdot x + b)^2} \cdot dx = \dfrac{(a \cdot x + b)^2}{2 \cdot a^4} - \dfrac{3 \cdot b \cdot (a \cdot x + b)}{a^4} + \dfrac{b^3}{a^4 \cdot (a \cdot x + b)^1} + \dfrac{3 \cdot b^2}{a^4} \cdot \ln\lvert a \cdot x + b \rvert$
13	$\int \dfrac{x^3}{(a \cdot x + b)^3} \cdot dx = \dfrac{a \cdot x + b}{a^4} - \dfrac{3 \cdot b^2}{a^4 \cdot (a \cdot x + b)} + \dfrac{b^3}{2 \cdot a^4 \cdot (a \cdot x + b)^2} - \dfrac{3 \cdot b}{a^4} \cdot \ln\lvert a \cdot x + b \rvert$
14	$\int \dfrac{x^3}{(a \cdot x + b)^4} \cdot dx = \dfrac{3 \cdot b}{a^4 \cdot (a \cdot x + b)} - \dfrac{3 \cdot b^2}{2 \cdot a^4 \cdot (a \cdot x + b)^2} + \dfrac{b^3}{3 \cdot a^4 \cdot (a \cdot x + b)^3} + \dfrac{1}{a^4} \cdot \ln\lvert a \cdot x + b \rvert$
15	$\int \dfrac{1}{x \cdot (a \cdot x + b)} \cdot dx = -\dfrac{1}{b} \cdot \ln\left\lvert \dfrac{a \cdot x + b}{x} \right\rvert$
16	$\int \dfrac{1}{x \cdot (a \cdot x + b)^2} \cdot dx = \dfrac{1}{b \cdot (a \cdot x + b)} - \dfrac{1}{b^2} \cdot \ln\left\lvert \dfrac{a \cdot x + b}{x} \right\rvert$

1	Integrale mit $a \cdot x + b$
17	$\int \dfrac{1}{x \cdot (a \cdot x + b)^3} \cdot dx = \dfrac{a^2 \cdot x^2}{2 \cdot b^3 \cdot (a \cdot x + b)^2} - \dfrac{2 \cdot a \cdot x}{b^3 \cdot (a \cdot x + b)} - \dfrac{1}{b^3} \cdot \ln\left|\dfrac{a \cdot x + b}{x}\right|$
18	$\int \dfrac{1}{x^2 \cdot (a \cdot x + b)} \cdot dx = -\dfrac{1}{b \cdot x} + \dfrac{a}{b^2} \cdot \ln\left|\dfrac{a \cdot x + b}{x}\right|$
19	$\int \dfrac{1}{x^2 \cdot (a \cdot x + b)^2} \cdot dx = -\dfrac{a}{b^2 \cdot (a \cdot x + b)} - \dfrac{1}{b^2 \cdot x} + \dfrac{2 \cdot a}{b^3} \cdot \ln\left|\dfrac{a \cdot x + b}{x}\right|$
20	$\int \dfrac{1}{x^3 \cdot (a \cdot x + b)} \cdot dx = -\dfrac{(a \cdot x + b)^2}{2 \cdot b^3 \cdot x^2} + \dfrac{2 \cdot a \cdot (a \cdot x + b)}{b^3 \cdot x} - \dfrac{a^2}{b^3} \cdot \ln\left|\dfrac{a \cdot x + b}{x}\right|$
21	$\int \dfrac{1}{x^3 \cdot (a \cdot x + b)^2} \cdot dx = -\dfrac{(a \cdot x + b)^2}{2 \cdot b^4 \cdot x^2} + \dfrac{3 \cdot a \cdot (a \cdot x + b)}{b^4 \cdot x} - \dfrac{a^3 \cdot x}{b^4 \cdot (a \cdot x + b)} - \dfrac{3 \cdot a^2}{b^4} \cdot \ln\left|\dfrac{a \cdot x + b}{x}\right|$

2	Integrale mit $a \cdot x + b$ und $p \cdot x + q$ mit $\Delta = b \cdot p - a \cdot q$ und $\Delta \neq 0$
22	$\int \dfrac{a \cdot x + b}{p \cdot x + q} \cdot dx = \dfrac{a \cdot x}{p} + \dfrac{\Delta}{p^2} \cdot \ln\left|p \cdot x + q\right|$
23	$\int \dfrac{1}{(a \cdot x + b) \cdot (p \cdot x + q)} \cdot dx = \dfrac{1}{\Delta} \cdot \ln\left|\dfrac{p \cdot x + q}{a \cdot x + b}\right|$
24	$\int \dfrac{x}{(a \cdot x + b) \cdot (p \cdot x + q)} \cdot dx = \dfrac{1}{\Delta} \cdot \left[\dfrac{b}{a} \cdot \ln\left|a \cdot x + b\right| - \dfrac{q}{p} \cdot \ln\left|p \cdot x + q\right|\right]$
25	$\int \dfrac{1}{(a \cdot x + b)^2 \cdot (p \cdot x + q)} \cdot dx = \dfrac{1}{\Delta} \cdot \left[\dfrac{1}{a \cdot x + b} + \dfrac{p}{\Delta} \cdot \ln\left|\dfrac{p \cdot x + q}{a \cdot x + b}\right|\right]$
26	$\int \dfrac{x}{(a \cdot x + b)^2 \cdot (p \cdot x + q)} \cdot dx = \dfrac{1}{\Delta} \cdot \left[-\dfrac{b}{a \cdot (a \cdot x + b)} + \dfrac{q}{\Delta} \cdot \ln\left|\dfrac{a \cdot x + b}{p \cdot x + q}\right|\right]$
27	$\int \dfrac{x^2}{(a \cdot x + b)^2 \cdot (p \cdot x + q)} \cdot dx = \dfrac{b^2}{a^2 \cdot \Delta \cdot (a \cdot x + b)} + \dfrac{1}{\Delta^2} \cdot \left[\dfrac{q^2}{p} \cdot \ln\left|p \cdot x + q\right| + \dfrac{b \cdot (b \cdot p - 2 \cdot a \cdot q)}{a^2} \cdot \ln\left|a \cdot x + b\right|\right]$
28	$\int \dfrac{(a \cdot x + b)^m}{p \cdot x + q} \cdot dx = \dfrac{(a \cdot x + b)^m}{m \cdot p} + \dfrac{\Delta}{p} \cdot \int \dfrac{(a \cdot x + b)^{m-1}}{p \cdot x + q} \cdot dx \quad (m \neq 0)$
29	$\int \dfrac{(a \cdot x + b)^m}{(p \cdot x + q)^n} \cdot dx = -\dfrac{1}{(n-1) \cdot p} \cdot \left[\dfrac{(a \cdot x + b)^m}{(p \cdot x + q)^{n-1}} - m \cdot a \cdot \int \dfrac{(a \cdot x + b)^{m-1}}{(p \cdot x + q)^{n-1}} \cdot dx\right] \quad (m \neq 0)$
30	$\int \dfrac{1}{(a \cdot x + b)^m \cdot (p \cdot x + q)^n} \cdot dx =$ $= -\dfrac{1}{(n-1) \cdot \Delta} \cdot \left[\dfrac{1}{(a \cdot x + b)^{m-1} \cdot (p \cdot x + q)^{n-1}} + (m+n-2) \cdot a \cdot \int \dfrac{1}{(a \cdot x + b)^m \cdot (p \cdot x + q)^{n-1}} \cdot dx\right] \quad (n \neq 1)$

3	**Integrale mit** $(a+x)\cdot(b+x)$
31	$\displaystyle\int\frac{x}{(a+x)\cdot(b+x)^2}\cdot dx=\frac{b}{(a-b)\cdot(b+x)}-\frac{a}{(a-b)^2}\cdot\ln\left|\frac{a+x}{b+x}\right|\quad(a\neq b)$
32	$\displaystyle\int\frac{x^2}{(a+x)\cdot(b+x)^2}\cdot dx=\frac{b^2}{(b-a)\cdot(b+x)}+\frac{a^2}{(b-a)^2}\cdot\ln|a+x|+\frac{b^2-2\cdot a\cdot b}{(b-a)^2}\cdot\ln|b+x|\quad(a\neq b)$
33	$\displaystyle\int\frac{1}{(a-x)^2\cdot(b+x)^2}\cdot dx=\frac{-1}{(a-b)^2}\cdot\left(\frac{1}{a+x}+\frac{1}{b+x}\right)+\frac{2}{(a-b)^3}\cdot\ln\left|\frac{a+x}{b+x}\right|\quad(a\neq b)$
34	$\displaystyle\int\frac{x}{(a+x)^2\cdot(b+x)^2}\cdot dx=\frac{1}{(a-b)^2}\cdot\left(\frac{a}{a+x}+\frac{b}{b+x}\right)+\frac{a+b}{(a-b)^3}\cdot\ln\left|\frac{a+x}{b+x}\right|\quad(a\neq b)$
35	$\displaystyle\int\frac{x^2}{(a+x)^2\cdot(b+x)^2}\cdot dx=\frac{-1}{(a-b)^2}\cdot\left(\frac{a^2}{a+x}+\frac{b^2}{b+x}\right)+\frac{2\cdot a\cdot b}{(a-b)^3}\cdot\ln\left|\frac{a+x}{b+x}\right|\quad(a\neq b)$

4	**Integrale mit** $a\cdot x^2+b\cdot x+c$ **und mit** $\Delta=4\cdot a\cdot c-b^2$ **wobei gilt:** $\Delta\neq0$
36a	$\displaystyle\int\frac{1}{a\cdot x^2+b\cdot x+c}\cdot dx=\frac{2}{\sqrt{\Delta}}\cdot\arctan\left(\frac{2\cdot a\cdot x+b}{\sqrt{\Delta}}\right)\quad(\text{für }\Delta>0)$
36b	$\displaystyle\int\frac{1}{a\cdot x^2+b\cdot x+c}\cdot dx=\frac{1}{\sqrt{|\Delta|}}\cdot\ln\left|\frac{2\cdot a\cdot x+b-\sqrt{|\Delta|}}{2\cdot a\cdot x+b+\sqrt{|\Delta|}}\right|\quad(\text{für }\Delta<0)$
37	$\displaystyle\int\frac{1}{\left(a\cdot x^2+b\cdot x+c\right)^2}\cdot dx=\frac{2\cdot a\cdot x+b}{\Delta\cdot\left(a\cdot x^2+b\cdot x+c\right)}+\frac{2\cdot a}{\Delta}\cdot\underbrace{\int\frac{1}{a\cdot x^2+b\cdot x+c}\cdot dx}_{\text{Integral 36}}$
38	$\displaystyle\int\frac{1}{\left(a\cdot x^2+b\cdot x+c\right)^3}\cdot dx=$ $\displaystyle=\frac{2\cdot a\cdot x+b}{\Delta}\cdot\left(\frac{1}{2\cdot\left(a\cdot x^2+b\cdot x+c\right)^2}+\frac{3\cdot a}{\Delta\cdot\left(a\cdot x^2+b\cdot x+c\right)}\right)+\frac{6\cdot a^2}{\Delta^2}\cdot\underbrace{\int\frac{1}{a\cdot x^2+b\cdot x+c}\cdot dx}_{\text{Integral 36}}$
39	$\displaystyle\int\frac{1}{\left(a\cdot x^2+b\cdot x+c\right)^n}\cdot dx=\frac{2\cdot a\cdot x+b}{(n-1)\cdot\Delta\cdot\left(a\cdot x^2+b\cdot x+c\right)^{n-1}}+\frac{2\cdot a\cdot(2\cdot n-3)}{(n-1)\cdot\Delta}\cdot\int\frac{1}{\left(a\cdot x^2+b\cdot x+c\right)^{n-1}}\cdot dx$
40	$\displaystyle\int\frac{x}{a\cdot x^2+b\cdot x+c}\cdot dx=\frac{1}{2\cdot a}\cdot\ln\left|a\cdot x^2+b\cdot x+c\right|-\frac{b}{2\cdot a}\cdot\underbrace{\int\frac{1}{a\cdot x^2+b\cdot x+c}\cdot dx}_{\text{Integral 36}}$
41	$\displaystyle\int\frac{x}{\left(a\cdot x^2+b\cdot x+c\right)^2}\cdot dx=-\frac{b\cdot x+2\cdot c}{\Delta\cdot\left(a\cdot x^2+b\cdot x+c\right)}-\frac{b}{\Delta}\cdot\underbrace{\int\frac{1}{a\cdot x^2+b\cdot x+c}\cdot dx}_{\text{Integral 36}}$
42	$\displaystyle\int\frac{x}{\left(a\cdot x^2+b\cdot x+c\right)^n}\cdot dx=-\frac{b\cdot x+2\cdot c}{(n-1)\cdot\Delta\cdot\left(a\cdot x^2+b\cdot x+c\right)^{n-1}}-\frac{(2\cdot n-3)\cdot b}{(n-1)\cdot\Delta}\cdot\underbrace{\int\frac{1}{\left(a\cdot x^2+b\cdot x+c\right)^{n-1}}\cdot dx}_{\text{Integral 39}}\quad(n\neq1)$

4	**Integrale mit** $a \cdot x^2 + b \cdot x + c$ **und mit** $\Delta = 4 \cdot a \cdot c - b^2$ **wobei gilt:** $\Delta \neq 0$
43	$\displaystyle \int \frac{x^2}{a \cdot x^2 + b \cdot x + c} \cdot dx = \frac{x}{a} - \frac{b}{2 \cdot a^2} \cdot \ln\left|a \cdot x^2 + b \cdot x + c\right| + \frac{b^2 - 2 \cdot a \cdot c}{2 \cdot a^2} \cdot \underbrace{\int \frac{1}{a \cdot x^2 + b \cdot x + c} \cdot dx}_{\text{Integral 36}}$
44	$\displaystyle \int \frac{x^2}{\left(a \cdot x^2 + b \cdot x + c\right)^2} \cdot dx = \frac{\left(b^2 - 2 \cdot a \cdot c\right) \cdot x + b \cdot c}{a \cdot \Delta \cdot \left(a \cdot x^2 + b \cdot x + c\right)} + \frac{2 \cdot c}{\Delta} \cdot \underbrace{\int \frac{1}{a \cdot x^2 + b \cdot x + c} \cdot dx}_{\text{Integral 36}}$
45	$\displaystyle \int \frac{x^2}{\left(a \cdot x^2 + b \cdot x + c\right)^n} \cdot dx =$ $\displaystyle = \frac{-x}{(2 \cdot n - 3) \cdot a \cdot \left(a \cdot x^2 + b \cdot x + c\right)^{n-1}} + \frac{c}{(2 \cdot n - 3) \cdot a} \cdot \underbrace{\int \frac{1}{\left(a \cdot x^2 + b \cdot x + c\right)^n} \cdot dx}_{\text{Integral 39}} - \frac{(n-2) \cdot b}{(2 \cdot n - 3) \cdot a} \cdot \underbrace{\int \frac{x}{\left(a \cdot x^2 + b \cdot x + c\right)^n} \cdot dx}_{\text{Integral 42}}$
46	$\displaystyle \int \frac{x^m}{\left(a \cdot x^2 + b \cdot x + c\right)^n} \cdot dx = -\frac{x^{m-1}}{(2 \cdot n - m - 1) \cdot a \cdot \left(a \cdot x^2 + b \cdot x + c\right)^{n-1}} +$ $\displaystyle + \frac{(m-1) \cdot c}{(2 \cdot n - m - 1) \cdot a} \cdot \int \frac{x^{m-2}}{\left(a \cdot x^2 + b \cdot x + c\right)^n} \cdot dx + \frac{(m-n) \cdot b}{(2 \cdot n - m - 1) \cdot a} \cdot \int \frac{x^{m-1}}{\left(a \cdot x^2 + b \cdot x + c\right)^n} \cdot dx \qquad (m \neq 2 \cdot n - 1)$ für $m = 2 \cdot n - 1$: siehe Integral 47
47	$\displaystyle \int \frac{x^{2 \cdot n - 1}}{\left(a \cdot x^2 + b \cdot x + c\right)^n} \cdot dx = \frac{1}{a} \cdot \int \frac{x^{2 \cdot n - 3}}{\left(a \cdot x^2 + b \cdot x + c\right)^{n-1}} \cdot dx - \frac{c}{a} \cdot \int \frac{x^{2 \cdot n - 3}}{\left(a \cdot x^2 + b \cdot x + c\right)^n} \cdot dx - \frac{b}{a} \cdot \int \frac{x^{2 \cdot n - 2}}{\left(a \cdot x^2 + b \cdot x + c\right)^n} \cdot dx$
48	$\displaystyle \int \frac{1}{x \cdot \left(a \cdot x^2 + b \cdot x + c\right)} \cdot dx = -\frac{1}{2 \cdot c} \cdot \ln\left|\frac{a \cdot x^2 + b \cdot x + c}{x^2}\right| - \frac{b}{2 \cdot c} \cdot \underbrace{\int \frac{1}{a \cdot x^2 + b \cdot x + c} \cdot dx}_{\text{Integral 36}}$
49	$\displaystyle \int \frac{1}{x \cdot \left(a \cdot x^2 + b \cdot x + c\right)^n} \cdot dx =$ $\displaystyle = \frac{1}{2 \cdot (n-1) \cdot c \cdot \left(a \cdot x^2 + b \cdot x + c\right)^{n-1}} - \frac{b}{2 \cdot c} \cdot \underbrace{\int \frac{1}{\left(a \cdot x^2 + b \cdot x + c\right)^n} \cdot dx}_{\text{Integral 39}} + \frac{1}{c} \cdot \int \frac{1}{x \cdot \left(a \cdot x^2 + b \cdot x + c\right)^{n-1}} \cdot dx$
50	$\displaystyle \int \frac{1}{x^m \cdot \left(a \cdot x^2 + b \cdot x + c\right)^n} \cdot dx = -\frac{1}{(m-1) \cdot c \cdot x^{m-1} \cdot \left(a \cdot x^2 + b \cdot x + c\right)^{n-1}} -$ $\displaystyle - \frac{(m + 2 \cdot n - 3) \cdot a}{(m-1) \cdot c} \cdot \int \frac{1}{x^{m-2} \cdot \left(a \cdot x^2 + b \cdot x + c\right)^n} \cdot dx - \frac{(m + n - 2) \cdot b}{(m-1) \cdot c} \cdot \int \frac{1}{x^{m-1} \cdot \left(a \cdot x^2 + b \cdot x + c\right)^n} \cdot dx \quad (m \neq 1)$ Für $m = 1$ siehe Integral 49
51	$\displaystyle \int \frac{1}{(p \cdot x + q) \cdot \left(a \cdot x^2 + b \cdot x + c\right)} \cdot dx =$ $\displaystyle = \frac{1}{2 \cdot \left(a \cdot q^2 - b \cdot p \cdot q + c \cdot p^2\right)} \cdot \left[p \cdot \ln\left|\frac{(p \cdot x + q)^2}{a \cdot x^2 + b \cdot x + c}\right| + (2 \cdot a \cdot q - b \cdot p) \cdot \underbrace{\int \frac{1}{a \cdot x^2 + b \cdot x + c} \cdot dx}_{\text{Integral 36}}\right]$

4	Integrale mit $a \cdot x^2 + b \cdot x + c$ und mit $\Delta = 4 \cdot a \cdot c - b^2$ wobei gilt: $\Delta \neq 0$
52	$\int \dfrac{p \cdot x + q}{a \cdot x^2 + b \cdot x + c} \cdot dx = \dfrac{p}{2 \cdot a} \cdot \ln\left|a \cdot x^2 + b \cdot x + c\right| + \dfrac{2 \cdot a \cdot q - b \cdot p}{2 \cdot a} \cdot \underbrace{\int \dfrac{1}{a \cdot x^2 + b \cdot x + c} \cdot dx}_{\text{Integral 36}}$
53	$\int \dfrac{p \cdot x + q}{\left(a \cdot x^2 + b \cdot x + c\right)^n} \cdot dx =$ $\dfrac{(2 \cdot a \cdot q - b \cdot p) \cdot x + b \cdot q - 2 \cdot c \cdot p}{(n-1) \cdot \Delta \cdot \left(a \cdot x^2 + b \cdot x + c\right)^{n-1}} + \dfrac{(2 \cdot n - 3) \cdot (2 \cdot a \cdot q - b \cdot p)}{(n-1) \cdot \Delta} \cdot \underbrace{\int \dfrac{1}{\left(a \cdot x^2 + b \cdot x + c\right)^{n-1}} \cdot dx}_{\text{Integral 39}} \quad (n \neq 1)$

5	Integrale mit $a^2 + x^2$ $\quad$ (a > 0)
54	$\int \dfrac{1}{a^2 + x^2} \cdot dx = \dfrac{1}{a} \cdot \arctan\left(\dfrac{x}{a}\right)$
55	$\int \dfrac{1}{\left(a^2 + x^2\right)^2} \cdot dx = \dfrac{x}{2 \cdot a^2 \cdot \left(a^2 + x^2\right)} + \dfrac{1}{2 \cdot a^3} \cdot \arctan\left(\dfrac{x}{a}\right)$
56	$\int \dfrac{1}{\left(a^2 + x^2\right)^3} \cdot dx = \dfrac{x}{4 \cdot a^2 \cdot \left(a^2 + x^2\right)^2} + \dfrac{3 \cdot x}{8 \cdot a^4 \cdot \left(a^2 + x^2\right)} + \dfrac{3}{8 \cdot a^5} \cdot \arctan\left(\dfrac{x}{a}\right)$
57	$\int \dfrac{1}{\left(a^2 + x^2\right)^n} \cdot dx = \dfrac{x}{2 \cdot (n-1) \cdot a^2 \cdot \left(a^2 + x^2\right)^{n-1}} + \dfrac{2 \cdot n - 3}{2 \cdot (n-1) \cdot a^2} \cdot \int \dfrac{1}{\left(a^2 + x^2\right)^{n-1}} \cdot dx \quad (n \neq 1)$
58	$\int \dfrac{x}{a^2 + x^2} \cdot dx = \dfrac{1}{2} \cdot \ln\left(a^2 + x^2\right)$
59	$\int \dfrac{x}{\left(a^2 + x^2\right)^2} \cdot dx = -\dfrac{1}{2 \cdot \left(a^2 + x^2\right)}$
60	$\int \dfrac{x}{\left(a^2 + x^2\right)^3} \cdot dx = -\dfrac{1}{4 \cdot \left(a^2 + x^2\right)^2}$
61	$\int \dfrac{x}{\left(a^2 + x^2\right)^n} \cdot dx = -\dfrac{1}{2 \cdot (n-1) \cdot \left(a^2 + x^2\right)^{n-1}} \quad (n \neq 1)$
62	$\int \dfrac{x^2}{a^2 + x^2} \cdot dx = x - a \cdot \arctan\left(\dfrac{x}{a}\right)$
63	$\int \dfrac{x^2}{\left(a^2 + x^2\right)^2} \cdot dx = -\dfrac{x}{2 \cdot \left(a^2 + x^2\right)} + \dfrac{1}{2 \cdot a} \cdot \arctan\left(\dfrac{x}{a}\right)$
64	$\int \dfrac{x^2}{\left(a^2 + x^2\right)^3} \cdot dx = -\dfrac{x}{4 \cdot \left(a^2 + x^2\right)^2} + \dfrac{x}{8 \cdot a^2 \cdot \left(a^2 + x^2\right)} + \dfrac{1}{8 \cdot a^3} \cdot \arctan\left(\dfrac{x}{a}\right)$

5	Integrale mit $a^2 + x^2$ $\quad (a > 0)$
65	$\displaystyle\int \frac{x^2}{(a^2+x^2)^n} \cdot dx = -\frac{x}{2 \cdot (n-1) \cdot (a^2+x^2)^{n-1}} + \frac{1}{2 \cdot (n-1)} \cdot \underbrace{\int \frac{1}{(a^2+x^2)^{n-1}} \cdot dx}_{\text{Integral 57}}$
66	$\displaystyle\int \frac{x^3}{a^2+x^2} \cdot dx = \frac{x^2}{2} - \frac{a^2}{2} \cdot \ln(a^2+x^2)$
67	$\displaystyle\int \frac{x^3}{(a^2+x^2)^2} \cdot dx = \frac{a^2}{2 \cdot (a^2+x^2)} + \frac{1}{2} \cdot \ln(a^2+x^2)$
68	$\displaystyle\int \frac{x^3}{(a^2+x^2)^3} \cdot dx = -\frac{1}{2 \cdot (a^2+x^2)} + \frac{a^2}{4 \cdot (a^2+x^2)^2}$
69	$\displaystyle\int \frac{x^3}{(a^2+x^2)^n} \cdot dx = -\frac{1}{2 \cdot (n-2) \cdot (a^2+x^2)^{n-2}} + \frac{a^2}{2 \cdot (n-1) \cdot (a^2+x^2)^{n-1}} \quad (n > 2)$
70	$\displaystyle\int \frac{1}{x \cdot (a^2+x^2)} \cdot dx = -\frac{1}{2 \cdot a^2} \cdot \ln\left(\frac{a^2+x^2}{x^2}\right)$
71	$\displaystyle\int \frac{1}{x \cdot (a^2+x^2)^2} \cdot dx = \frac{1}{2 \cdot a^2 \cdot (a^2+x^2)} - \frac{1}{2 \cdot a^4} \cdot \ln\left(\frac{a^2+x^2}{x^2}\right)$
72	$\displaystyle\int \frac{1}{x \cdot (a^2+x^2)^3} \cdot dx = \frac{1}{4 \cdot a^2 \cdot (a^2+x^2)^2} + \frac{1}{2 \cdot a^4 \cdot (a^2+x^2)} - \frac{1}{2 \cdot a^6} \cdot \ln\left(\frac{a^2+x^2}{x^2}\right)$
73	$\displaystyle\int \frac{1}{x^2 \cdot (a^2+x^2)} \cdot dx = -\frac{1}{a^2 \cdot x} - \frac{1}{a^3} \cdot \arctan\left(\frac{x}{a}\right)$
74	$\displaystyle\int \frac{1}{x^2 \cdot (a^2+x^2)^2} \cdot dx = -\frac{1}{a^4 \cdot x} - \frac{x}{2 \cdot a^4 \cdot (a^2+x^2)} - \frac{3}{2 \cdot a^5} \cdot \arctan\left(\frac{x}{a}\right)$
75	$\displaystyle\int \frac{1}{x^2 \cdot (a^2+x^2)^3} \cdot dx = -\frac{1}{a^6 \cdot x} - \frac{x}{4 \cdot a^4 \cdot (a^2+x^2)^2} - \frac{7 \cdot x}{8 \cdot a^6 \cdot (a^2+x^2)} - \frac{15}{8 \cdot a^7} \cdot \arctan\left(\frac{x}{a}\right)$
76	$\displaystyle\int \frac{1}{x^3 \cdot (a^2+x^2)} \cdot dx = -\frac{1}{2 \cdot a^2 \cdot x^2} + \frac{1}{2 \cdot a^4} \cdot \ln\left(\frac{a^2+x^2}{x^2}\right)$
77	$\displaystyle\int \frac{1}{x^3 \cdot (a^2+x^2)^2} \cdot dx = -\frac{1}{2 \cdot a^4 \cdot x^2} - \frac{1}{2 \cdot a^4 \cdot (a^2+x^2)} + \frac{1}{a^6} \cdot \ln\left(\frac{a^2+x^2}{x^2}\right)$
78	$\displaystyle\int \frac{1}{x^3 \cdot (a^2+x^2)^3} \cdot dx = -\frac{1}{2 \cdot a^6 \cdot x^2} - \frac{1}{a^6 \cdot (a^2+x^2)} - \frac{1}{4 \cdot a^4 \cdot (a^2+x^2)^2} + \frac{3}{2 \cdot a^8} \cdot \ln\left(\frac{a^2+x^2}{x^2}\right)$
79	$\displaystyle\int \frac{1}{x^m \cdot (a^2+x^2)^n} \cdot dx = \frac{1}{a^2} \cdot \int \frac{1}{x^m \cdot (a^2+x^2)^{n-1}} \cdot dx - \frac{1}{a^2} \cdot \int \frac{1}{x^{m-2} \cdot (a^2+x^2)^n} \cdot dx$
80	$\displaystyle\int \frac{1}{(p \cdot x + q) \cdot (a^2+x^2)} \cdot dx = \frac{1}{a^2 \cdot p^2 + q^2} \cdot \left\{\frac{p}{2} \cdot \ln\left[\frac{(p \cdot x + q)^2}{a^2+x^2}\right] + \frac{q}{a} \cdot \arctan\left(\frac{x}{a}\right)\right\}$

5	**Integrale mit** $a^2 + x^2$ $\quad$ (a > 0)
81	$\displaystyle\int \frac{x}{(p\cdot x+q)\cdot\left(a^2+x^2\right)}\cdot dx = \frac{1}{2\cdot\left(a^2\cdot p^2+q^2\right)}\cdot\left\{q\cdot\ln\left[\frac{a^2+x^2}{(p\cdot x+q)^2}\right]+2\cdot a\cdot p\cdot\arctan\left(\frac{x}{a}\right)\right\}$

6	**Integrale mit** $a^2 - x^2$ $\quad$ (a > 0)
82	$\displaystyle\int \frac{1}{a^2-x^2}\cdot dx = \frac{1}{2\cdot a}\cdot\ln\left|\frac{a+x}{a-x}\right|$
83	$\displaystyle\int \frac{1}{\left(a^2-x^2\right)^2}\cdot dx = \frac{x}{2\cdot a^2\cdot\left(a^2-x^2\right)}+\frac{1}{4\cdot a^3}\cdot\ln\left|\frac{a+x}{a-x}\right|$
84	$\displaystyle\int \frac{1}{\left(a^2-x^2\right)^3}\cdot dx = \frac{x}{4\cdot a^2\cdot\left(a^2-x^2\right)^2}+\frac{3\cdot x}{8\cdot a^4\cdot\left(a^2-x^2\right)}+\frac{3}{16\cdot a^5}\cdot\ln\left|\frac{a+x}{a-x}\right|$
85	$\displaystyle\int \frac{1}{\left(a^2-x^2\right)^n}\cdot dx = \frac{x}{2\cdot(n-1)\cdot a^2\cdot\left(a^2-x^2\right)^{n-1}}+\frac{2\cdot n-3}{2\cdot(n-1)\cdot a^2}\cdot\int\frac{1}{\left(a^2-x^2\right)^{n-1}}\cdot dx \quad (n\neq 1)$
86	$\displaystyle\int \frac{x}{a^2-x^2}\cdot dx = -\frac{1}{2}\cdot\ln\left|a^2-x^2\right|$
87	$\displaystyle\int \frac{x}{\left(a^2-x^2\right)^2}\cdot dx = \frac{1}{2\cdot\left(a^2-x^2\right)}$
88	$\displaystyle\int \frac{x}{\left(a^2-x^2\right)^3}\cdot dx = \frac{1}{4\cdot\left(a^2-x^2\right)^2}$
89	$\displaystyle\int \frac{x}{\left(a^2-x^2\right)^n}\cdot dx = \frac{1}{2\cdot(n-1)\cdot\left(a^2-x^2\right)^{n-1}} \quad (n\neq 1)$
90	$\displaystyle\int \frac{x^2}{a^2-x^2}\cdot dx = -x+\frac{a}{2}\cdot\ln\left|\frac{a+x}{a-x}\right|$
91	$\displaystyle\int \frac{x^2}{\left(a^2-x^2\right)^2}\cdot dx = \frac{x}{2\cdot\left(a^2-x^2\right)}-\frac{1}{4\cdot a}\cdot\ln\left|\frac{a+x}{a-x}\right|$
92	$\displaystyle\int \frac{x^2}{\left(a^2-x^2\right)^3}\cdot dx = \frac{x}{4\cdot\left(a^2-x^2\right)^2}-\frac{x}{8\cdot a^2\cdot\left(a^2-x^2\right)}-\frac{1}{16\cdot a^3}\cdot\ln\left|\frac{a+x}{a-x}\right|$
93	$\displaystyle\int \frac{x^2}{\left(a^2-x^2\right)^n}\cdot dx = \frac{x}{2\cdot(n-1)\cdot\left(a^2-x^2\right)^{n-1}}-\frac{1}{2\cdot(n-1)}\cdot\underbrace{\int\frac{1}{\left(a^2-x^2\right)^{n-1}}\cdot dx}_{\text{Integral 89}} \quad (n\neq 1)$
94	$\displaystyle\int \frac{x^3}{a^2-x^2}\cdot dx = -\frac{x^2}{2}-\frac{a^2}{2}\cdot\ln\left|a^2-x^2\right|$
95	$\displaystyle\int \frac{x^3}{\left(a^2-x^2\right)^2}\cdot dx = \frac{a^2}{2\cdot\left(a^2-x^2\right)}+\frac{1}{2}\cdot\ln\left|a^2-x^2\right|$

6	**Integrale mit** $a^2 - x^2$ $(a > 0)$
96	$\int \dfrac{x^3}{\left(a^2 - x^2\right)^3} \cdot dx = -\dfrac{1}{2 \cdot \left(a^2 - x^2\right)} + \dfrac{a^2}{4 \cdot \left(a^2 - x^2\right)^2}$
97	$\int \dfrac{x^3}{\left(a^2 - x^2\right)^n} \cdot dx = -\dfrac{1}{2 \cdot (n-2) \cdot \left(a^2 - x^2\right)^{n-2}} + \dfrac{a^2}{2 \cdot (n-1) \cdot \left(a^2 - x^2\right)^{n-1}}$ $(n > 2)$
98	$\int \dfrac{1}{x \cdot \left(a^2 - x^2\right)} \cdot dx = -\dfrac{1}{2 \cdot a^2} \cdot \ln\left|\dfrac{a^2 - x^2}{x^2}\right|$
99	$\int \dfrac{1}{x \cdot \left(a^2 - x^2\right)^2} \cdot dx = \dfrac{1}{2 \cdot a^2 \cdot \left(a^2 - x^2\right)} - \dfrac{1}{2 \cdot a^4} \cdot \ln\left|\dfrac{a^2 - x^2}{x^2}\right|$
100	$\int \dfrac{1}{x \cdot \left(a^2 - x^2\right)^3} \cdot dx = \dfrac{1}{4 \cdot a^2 \cdot \left(a^2 - x^2\right)^2} + \dfrac{1}{2 \cdot a^4 \cdot \left(a^2 - x^2\right)} - \dfrac{1}{2 \cdot a^6} \cdot \ln\left|\dfrac{a^2 - x^2}{x^2}\right|$
101	$\int \dfrac{1}{x^2 \cdot \left(a^2 - x^2\right)} \cdot dx = -\dfrac{1}{a^2 \cdot x} + \dfrac{1}{2 \cdot a^3} \cdot \ln\left|\dfrac{a + x}{a - x}\right|$
102	$\int \dfrac{1}{x^2 \cdot \left(a^2 - x^2\right)^2} \cdot dx = -\dfrac{1}{a^4 \cdot x} + \dfrac{x}{2 \cdot a^4 \cdot \left(a^2 - x^2\right)} + \dfrac{3}{4 \cdot a^5} \cdot \ln\left|\dfrac{a + x}{a - x}\right|$
103	$\int \dfrac{1}{x^2 \cdot \left(a^2 - x^2\right)^3} \cdot dx = -\dfrac{1}{a^6 \cdot x} + \dfrac{x}{4 \cdot a^4 \cdot \left(a^2 - x^2\right)^2} + \dfrac{7 \cdot x}{8 \cdot a^6 \cdot \left(a^2 - x^2\right)} + \dfrac{15}{16 \cdot a^7} \cdot \ln\left|\dfrac{a + x}{a - x}\right|$
104	$\int \dfrac{1}{x^3 \cdot \left(a^2 - x^2\right)} \cdot dx = -\dfrac{1}{2 \cdot a^2 \cdot x^2} - \dfrac{1}{2 \cdot a^4} \cdot \ln\left(\dfrac{a^2 + x^2}{x^2}\right)$
105	$\int \dfrac{1}{x^3 \cdot \left(a^2 - x^2\right)^2} \cdot dx = -\dfrac{1}{2 \cdot a^4 \cdot x^2} + \dfrac{1}{2 \cdot a^4 \cdot \left(a^2 - x^2\right)} - \dfrac{1}{a^6} \cdot \ln\left(\dfrac{a^2 + x^2}{x^2}\right)$
106	$\int \dfrac{1}{x^3 \cdot \left(a^2 - x^2\right)^3} \cdot dx = -\dfrac{1}{2 \cdot a^6 \cdot x^2} + \dfrac{1}{a^6 \cdot \left(a^2 - x^2\right)} + \dfrac{1}{4 \cdot a^4 \cdot \left(a^2 - x^2\right)^2} - \dfrac{3}{2 \cdot a^8} \cdot \ln\left(\dfrac{a^2 + x^2}{x^2}\right)$
107	$\int \dfrac{1}{x^m \cdot \left(a^2 - x^2\right)^n} \cdot dx = \dfrac{1}{a^2} \cdot \int \dfrac{1}{x^m \cdot \left(a^2 - x^2\right)^{n-1}} \cdot dx + \dfrac{1}{a^2} \cdot \int \dfrac{1}{x^{m-2} \cdot \left(a^2 - x^2\right)^n} \cdot dx$
108	$\int \dfrac{1}{(p \cdot x + q) \cdot \left(a^2 - x^2\right)} \cdot dx = \dfrac{1}{a^2 \cdot p^2 - q^2} \cdot \left[\dfrac{p}{2} \cdot \ln\left|\dfrac{(p \cdot x + q)^2}{a^2 - x^2}\right| - \dfrac{q}{2 \cdot a} \cdot \ln\left|\dfrac{a + x}{a - x}\right|\right]$
109	$\int \dfrac{x}{(p \cdot x + q) \cdot \left(a^2 - x^2\right)} \cdot dx = \dfrac{1}{2 \cdot \left(a^2 \cdot p^2 - q^2\right)} \cdot \left[q \cdot \ln\left|\dfrac{a^2 - x^2}{(p \cdot x + q)^2}\right| + a \cdot p \cdot \ln\left|\dfrac{a + x}{a - x}\right|\right]$

7	**Integrale mit** $a^3 + x^3$ $(a > 0)$
110	$\int \dfrac{1}{a^3+x^3}\cdot dx = \dfrac{1}{6\cdot a^2}\cdot \ln\left\|\dfrac{(a+x)^2}{a^2-a\cdot x+x^2}\right\| + \dfrac{1}{a^2\cdot\sqrt{3}}\cdot \arctan\left(\dfrac{2\cdot x-a}{a\cdot\sqrt{3}}\right)$
111	$\int \dfrac{1}{\left(a^3+x^3\right)^2}\cdot dx = \dfrac{x}{3\cdot a^3\cdot\left(a^3+x^3\right)} + \dfrac{1}{9\cdot a^5}\cdot \ln\left\|\dfrac{(a+x)^2}{a^2-a\cdot x+x^2}\right\| + \dfrac{2}{3\cdot a^5\cdot\sqrt{3}}\cdot \arctan\left(\dfrac{2\cdot x-a}{a\cdot\sqrt{3}}\right)$
112	$\int \dfrac{x}{a^3+x^3}\cdot dx = \dfrac{1}{6\cdot a}\cdot \ln\left\|\dfrac{a^2-a\cdot x+x^2}{(a+x)^2}\right\| + \dfrac{1}{a^2\cdot\sqrt{3}}\cdot \arctan\left(\dfrac{2\cdot x-a}{a\cdot\sqrt{3}}\right)$
113	$\int \dfrac{x}{\left(a^3+x^3\right)^2}\cdot dx = \dfrac{x^2}{3\cdot a^3\cdot\left(a^3+x^3\right)} + \dfrac{1}{18\cdot a^4}\cdot \ln\left\|\dfrac{a^2-a\cdot x+x^2}{(a+x)^2}\right\| + \dfrac{1}{3\cdot a^4\cdot\sqrt{3}}\cdot \arctan\left(\dfrac{2\cdot x-a}{a\cdot\sqrt{3}}\right)$
114	$\int \dfrac{x^2}{a^3+x^3}\cdot dx = \dfrac{1}{3}\cdot \ln\left\|a^3+x^3\right\|$
115	$\int \dfrac{x^2}{\left(a^3+x^3\right)^2}\cdot dx = -\dfrac{1}{3\cdot\left(a^3+x^3\right)}$
116	$\int \dfrac{x^3}{a^3+x^3}\cdot dx = x - a^3\cdot\left[\dfrac{1}{6\cdot a^2}\cdot \ln\left\|\dfrac{(a+x)^2}{a^2-a\cdot x+x^2}\right\| + \dfrac{1}{a^2\cdot\sqrt{3}}\cdot \arctan\left(\dfrac{2\cdot x-a}{a\cdot\sqrt{3}}\right)\right]$
117	$\int \dfrac{x^3}{\left(a^3+x^3\right)^2}\cdot dx = -\dfrac{x}{3\cdot\left(a^3+x^3\right)} + \dfrac{1}{3}\cdot\left[\dfrac{1}{6\cdot a^2}\cdot \ln\left\|\dfrac{(a+x)^2}{a^2-a\cdot x+x^2}\right\| + \dfrac{1}{a^2\cdot\sqrt{3}}\cdot \arctan\left(\dfrac{2\cdot x-a}{a\cdot\sqrt{3}}\right)\right]$
118	$\int \dfrac{1}{x\cdot\left(a^3+x^3\right)}\cdot dx = \dfrac{1}{3\cdot a^3}\cdot \ln\left\|\dfrac{x^3}{a^3+x^3}\right\|$
119	$\int \dfrac{1}{x\cdot\left(a^3+x^3\right)^2}\cdot dx = \dfrac{1}{3\cdot a^3\cdot\left(a^3+x^3\right)} + \dfrac{1}{3\cdot a^6}\cdot \ln\left\|\dfrac{x^3}{a^3+x^3}\right\|$
120	$\int \dfrac{1}{x^2\cdot\left(a^3+x^3\right)}\cdot dx = -\dfrac{1}{a^3\cdot x} - \dfrac{1}{a^3}\cdot \underbrace{\int \dfrac{x}{a^3+x^3}\cdot dx}_{\text{Integral 112}}$
121	$\int \dfrac{1}{x^2\cdot\left(a^3+x^3\right)^2}\cdot dx = -\dfrac{1}{a^6\cdot x} - \dfrac{x^2}{3\cdot a^6\cdot\left(a^3+x^3\right)} - \dfrac{4}{3\cdot a^6}\cdot \underbrace{\int \dfrac{x}{a^3+x^3}\cdot dx}_{\text{Integral 112}}$
122	$\int \dfrac{1}{x^3\cdot\left(a^3+x^3\right)}\cdot dx = -\dfrac{1}{2\cdot a^3\cdot x^2} - \dfrac{1}{a^3}\cdot \underbrace{\int \dfrac{1}{a^3+x^3}\cdot dx}_{\text{Integral 110}}$
123	$\int \dfrac{1}{x^3\cdot\left(a^3+x^3\right)^2}\cdot dx = -\dfrac{1}{2\cdot a^6\cdot x^2} - \dfrac{x}{3\cdot a^6\cdot\left(a^3+x^3\right)} - \dfrac{5}{3\cdot a^6}\cdot \underbrace{\int \dfrac{1}{a^3+x^3}\cdot dx}_{\text{Integral 110}}$

8	Integrale mit $a^3 - x^3$ $(a > 0)$
124	$\displaystyle\int \frac{1}{a^3 - x^3} \cdot dx = -\frac{1}{6 \cdot a^2} \cdot \ln\left|\frac{(a-x)^2}{a^2 + a \cdot x + x^2}\right| + \frac{1}{a^2 \cdot \sqrt{3}} \cdot \arctan\left(\frac{2 \cdot x + a}{a \cdot \sqrt{3}}\right)$
125	$\displaystyle\int \frac{1}{\left(a^3 - x^3\right)^2} \cdot dx = \frac{x}{3 \cdot a^3 \cdot \left(a^3 - x^3\right)} - \frac{1}{9 \cdot a^5} \cdot \ln\left|\frac{(a-x)^2}{a^2 + a \cdot x + x^2}\right| + \frac{2}{3 \cdot a^5 \cdot \sqrt{3}} \cdot \arctan\left(\frac{2 \cdot x + a}{a \cdot \sqrt{3}}\right)$
126	$\displaystyle\int \frac{x}{a^3 - x^3} \cdot dx = \frac{1}{6 \cdot a} \cdot \ln\left|\frac{a^2 + a \cdot x + x^2}{(a-x)^2}\right| - \frac{1}{a^2 \cdot \sqrt{3}} \cdot \arctan\left(\frac{2 \cdot x + a}{a \cdot \sqrt{3}}\right)$
127	$\displaystyle\int \frac{x}{\left(a^3 - x^3\right)^2} \cdot dx = \frac{x^2}{3 \cdot a^3 \cdot \left(a^3 - x^3\right)} + \frac{1}{18 \cdot a^4} \cdot \ln\left|\frac{a^2 + a \cdot x + x^2}{(a-x)^2}\right| - \frac{1}{3 \cdot a^4 \cdot \sqrt{3}} \cdot \arctan\left(\frac{2 \cdot x + a}{a \cdot \sqrt{3}}\right)$
128	$\displaystyle\int \frac{x^2}{a^3 - x^3} \cdot dx = -\frac{1}{3} \cdot \ln\left|a^3 - x^3\right|$
129	$\displaystyle\int \frac{x^2}{\left(a^3 - x^3\right)^2} \cdot dx = \frac{1}{3 \cdot \left(a^3 - x^3\right)}$
130	$\displaystyle\int \frac{x^3}{a^3 - x^3} \cdot dx = -x + a^3 \cdot \left[-\frac{1}{6 \cdot a^2} \cdot \ln\left|\frac{(a-x)^2}{a^2 + a \cdot x + x^2}\right| + \frac{1}{a^2 \cdot \sqrt{3}} \cdot \arctan\left(\frac{2 \cdot x + a}{a \cdot \sqrt{3}}\right)\right]$
131	$\displaystyle\int \frac{x^3}{\left(a^3 - x^3\right)^2} \cdot dx = \frac{x}{3 \cdot \left(a^3 - x^3\right)} - \frac{1}{3} \cdot \left[-\frac{1}{6 \cdot a^2} \cdot \ln\left|\frac{(a-x)^2}{a^2 + a \cdot x + x^2}\right| + \frac{1}{a^2 \cdot \sqrt{3}} \cdot \arctan\left(\frac{2 \cdot x + a}{a \cdot \sqrt{3}}\right)\right]$
132	$\displaystyle\int \frac{1}{x \cdot \left(a^3 - x^3\right)} \cdot dx = \frac{1}{3 \cdot a^3} \cdot \ln\left|\frac{x^3}{a^3 - x^3}\right|$
133	$\displaystyle\int \frac{1}{x \cdot \left(a^3 - x^3\right)^2} \cdot dx = \frac{1}{3 \cdot a^3 \cdot \left(a^3 - x^3\right)} + \frac{1}{3 \cdot a^6} \cdot \ln\left|\frac{x^3}{a^3 - x^3}\right|$
134	$\displaystyle\int \frac{1}{x^2 \cdot \left(a^3 - x^3\right)} \cdot dx = -\frac{1}{a^3 \cdot x} + \frac{1}{a^3} \cdot \underbrace{\int \frac{x}{a^3 - x^3} \cdot dx}_{\text{Integral 126}}$
135	$\displaystyle\int \frac{1}{x^2 \cdot \left(a^3 - x^3\right)^2} \cdot dx = -\frac{1}{a^6 \cdot x} + \frac{x^2}{3 \cdot a^6 \cdot \left(a^3 - x^3\right)} + \frac{4}{3 \cdot a^6} \cdot \underbrace{\int \frac{x}{a^3 - x^3} \cdot dx}_{\text{Integral 126}}$
136	$\displaystyle\int \frac{1}{x^3 \cdot \left(a^3 - x^3\right)} \cdot dx = -\frac{1}{2 \cdot a^3 \cdot x^2} + \frac{1}{a^3} \cdot \underbrace{\int \frac{1}{a^3 - x^3} \cdot dx}_{\text{Integral 124}}$
137	$\displaystyle\int \frac{1}{x^3 \cdot \left(a^3 - x^3\right)^2} \cdot dx = -\frac{1}{2 \cdot a^6 \cdot x^2} + \frac{x}{3 \cdot a^6 \cdot \left(a^3 - x^3\right)} + \frac{5}{3 \cdot a^6} \cdot \underbrace{\int \frac{1}{a^3 - x^3} \cdot dx}_{\text{Integral 124}}$

9	**Integrale mit** $a^4 + x^4$ $(a > 0)$
138	$\int \dfrac{1}{a^4 + x^4} \cdot dx = \dfrac{1}{4 \cdot \sqrt{2} \cdot a^3} \cdot \ln\left|\dfrac{x^2 + a \cdot \sqrt{2} \cdot x + a^2}{x^2 - a \cdot \sqrt{2} \cdot x + a^2}\right| - \dfrac{1}{2 \cdot \sqrt{2} \cdot a^3} \cdot \arctan\left(\dfrac{a \cdot \sqrt{2} \cdot x}{x^2 - a^2}\right)$
139	$\int \dfrac{x}{a^4 + x^4} \cdot dx = \dfrac{1}{2 \cdot a^2} \cdot \arctan\left(\dfrac{x^2}{a^2}\right)$
140	$\int \dfrac{x^2}{a^4 + x^4} \cdot dx = -\dfrac{1}{4 \cdot \sqrt{2} \cdot a} \cdot \ln\left|\dfrac{x^2 + a \cdot \sqrt{2} \cdot x + a^2}{x^2 - a \cdot \sqrt{2} \cdot x + a^2}\right| - \dfrac{1}{2 \cdot \sqrt{2} \cdot a} \cdot \arctan\left(\dfrac{a \cdot \sqrt{2} \cdot x}{a^2 - x^2}\right)$
141	$\int \dfrac{x^3}{a^4 + x^4} \cdot dx = \dfrac{1}{4} \cdot \ln\left(a^4 + x^4\right)$
142	$\int \dfrac{1}{x \cdot \left(a^4 + x^4\right)} \cdot dx = \dfrac{1}{4 \cdot a^4} \cdot \ln\left(\dfrac{x^4}{a^4 + x^4}\right)$

10	**Integrale mit** $a^4 - x^4$ $(a > 0)$
143	$\int \dfrac{1}{a^4 - x^4} \cdot dx = \dfrac{1}{4 \cdot a^3} \cdot \ln\left|\dfrac{a + x}{a - x}\right| + \dfrac{1}{2 \cdot a^3} \cdot \arctan\left(\dfrac{x}{a}\right)$
144	$\int \dfrac{x}{a^4 - x^4} \cdot dx = \dfrac{1}{4 \cdot a^2} \cdot \ln\left|\dfrac{a^2 + x^2}{a^2 - x^2}\right|$
145	$\int \dfrac{x^2}{a^4 - x^4} \cdot dx = \dfrac{1}{4 \cdot a} \cdot \ln\left|\dfrac{a + x}{a - x}\right| - \dfrac{1}{2 \cdot a} \cdot \arctan\left(\dfrac{x}{a}\right)$
146	$\int \dfrac{x^3}{a^4 - x^4} \cdot dx = -\dfrac{1}{4} \cdot \ln\left(a^4 - x^4\right)$
147	$\int \dfrac{1}{x \cdot \left(a^4 - x^4\right)} \cdot dx = -\dfrac{1}{4 \cdot a^4} \cdot \ln\left|\dfrac{a^4 - x^4}{x^4}\right|$

11	**Integrale mit** $\sqrt{a \cdot x + b}$ $(a \neq 0)$
148	$\int \sqrt{a \cdot x + b} \cdot dx = \dfrac{2}{3 \cdot a} \cdot \sqrt{(a \cdot x + b)^3}$
149	$\int x \cdot \sqrt{a \cdot x + b} \cdot dx = \dfrac{2 \cdot (3 \cdot a \cdot x - 2 \cdot b)}{15 \cdot a^2} \cdot \sqrt{(a \cdot x + b)^3}$
150	$\int x^2 \cdot \sqrt{a \cdot x + b} \cdot dx = \dfrac{2 \cdot \left(15 \cdot a^2 \cdot x^2 - 12 \cdot a \cdot b \cdot x + 8 \cdot b^2\right)}{105 \cdot a^3} \cdot \sqrt{(a \cdot x + b)^3}$
151	$\int x^n \cdot \sqrt{a \cdot x + b} \cdot dx = \dfrac{2 \cdot x^n}{(2 \cdot n + 3) \cdot a} \cdot \sqrt{(a \cdot x + b)^3} - \dfrac{2 \cdot n \cdot b}{(2 \cdot n + 3) \cdot a} \cdot \int x^{n-1} \cdot \sqrt{a \cdot x + b} \cdot dx$

11	**Integrale mit** $\sqrt{a \cdot x + b}$ $(a \neq 0)$
152	$\displaystyle\int \frac{1}{\sqrt{a \cdot x + b}} \cdot dx = \frac{2}{a} \cdot \sqrt{a \cdot x + b}$
153	$\displaystyle\int \frac{x}{\sqrt{a \cdot x + b}} \cdot dx = \frac{2 \cdot (a \cdot x - 2 \cdot b)}{3 \cdot a^2} \cdot \sqrt{a \cdot x + b}$
154	$\displaystyle\int \frac{x^2}{\sqrt{a \cdot x + b}} \cdot dx = \frac{2 \cdot \left(3 \cdot a^2 \cdot x^2 - 4 \cdot a \cdot b \cdot x + 8 \cdot b^2\right)}{15 \cdot a^3} \cdot \sqrt{a \cdot x + b}$
155	$\displaystyle\int \frac{x^n}{\sqrt{a \cdot x + b}} \cdot dx = \frac{2 \cdot x^n \cdot \sqrt{a \cdot x + b}}{(2 \cdot n + 1) \cdot a} - \frac{2 \cdot n \cdot b}{(2 \cdot n + 1) \cdot a} \cdot \int \frac{x^{n-1}}{\sqrt{a \cdot x + b}} \cdot dx$
156	$\displaystyle\int \frac{1}{x \cdot \sqrt{a \cdot x + b}} \cdot dx = \begin{cases} \dfrac{1}{\sqrt{b}} \cdot \ln\left\lvert \dfrac{\sqrt{a \cdot x + b} - \sqrt{b}}{\sqrt{a \cdot x + b} + \sqrt{b}} \right\rvert & \text{für } b > 0 \\[4mm] \dfrac{2}{\sqrt{\lvert b \rvert}} \cdot \arctan \sqrt{\dfrac{a \cdot x + b}{\lvert b \rvert}} & \text{für } b < 0 \end{cases}$
157	$\displaystyle\int \frac{1}{x^2 \cdot \sqrt{a \cdot x + b}} \cdot dx = -\frac{\sqrt{a \cdot x + b}}{b \cdot x} - \frac{a}{2 \cdot b} \cdot \underbrace{\int \frac{1}{x \cdot \sqrt{a \cdot x + b}} \cdot dx}_{\text{Integral 156}}$
158	$\displaystyle\int \frac{1}{x^n \cdot \sqrt{a \cdot x + b}} \cdot dx = -\frac{\sqrt{a \cdot x + b}}{(n-1) \cdot b \cdot x^{n-1}} - \frac{(2 \cdot n - 3) \cdot a}{(2 \cdot n - 2) \cdot b} \cdot \int \frac{1}{x^{n-1} \cdot \sqrt{a \cdot x + b}} \cdot dx \quad n \neq 1$
159	$\displaystyle\int \frac{\sqrt{a \cdot x + b}}{x} \cdot dx = 2 \cdot \sqrt{a \cdot x + b} + b \cdot \underbrace{\int \frac{1}{x \cdot \sqrt{a \cdot x + b}} \cdot dx}_{\text{Integral 156}}$
160	$\displaystyle\int \frac{\sqrt{a \cdot x + b}}{x^2} \cdot dx = -\frac{\sqrt{a \cdot x + b}}{x} + \frac{a}{2} \cdot \underbrace{\int \frac{1}{x \cdot \sqrt{a \cdot x + b}} \cdot dx}_{\text{Integral 156}}$
161	$\displaystyle\int \frac{\sqrt{a \cdot x + b}}{x^n} \cdot dx = -\frac{\sqrt{(a \cdot x + b)^3}}{(n-1) \cdot b \cdot x^{n-1}} - \frac{(2 \cdot n - 5) \cdot a}{(2 \cdot n - 2) \cdot b} \cdot \int \frac{\sqrt{a \cdot x + b}}{x^{n-1}} \cdot dx \quad (n \neq 1)$
162	$\displaystyle\int \sqrt{(a \cdot x + b)^3} \cdot dx = \frac{2}{5 \cdot a} \cdot \sqrt{(a \cdot x + b)^5}$
163	$\displaystyle\int \sqrt{(a \cdot x + b)^n} \cdot dx = \frac{2}{(n+2) \cdot a} \cdot \sqrt{(a \cdot x + b)^{n+2}} \quad n \neq -2$
164	$\displaystyle\int x \cdot \sqrt{(a \cdot x + b)^3} \cdot dx = \frac{2}{35 \cdot a^2} \cdot \left(5 \cdot \sqrt{(a \cdot x + b)^7} - 7 \cdot b \cdot \sqrt{(a \cdot x + b)^5} \right)$
165	$\displaystyle\int x^2 \cdot \sqrt{(a \cdot x + b)^3} \cdot dx = \frac{2}{a^3} \cdot \left(\frac{\sqrt{(a \cdot x + b)^9}}{9} - \frac{2 \cdot b \cdot \sqrt{(a \cdot x + b)^7}}{7} + \frac{b^2 \cdot \sqrt{(a \cdot x + b)^5}}{5} \right)$

11	**Integrale mit** $\sqrt{a \cdot x + b}$ $(a \neq 0)$
166	$\int x \cdot \sqrt{(a \cdot x + b)^n} \cdot dx = \dfrac{2}{(n+4) \cdot a^2} \cdot \sqrt{(a \cdot x + b)^{n+4}} - \dfrac{2 \cdot b}{(n+2) \cdot a^2} \cdot \sqrt{(a \cdot x + b)^{n+2}}$ $(n \neq -2 \text{ und } n \neq -4)$
167	$\int \sqrt{\dfrac{(a \cdot x + b)^3}{x}} \cdot dx = \dfrac{2}{3} \cdot \sqrt{(a \cdot x + b)^3} + 2 \cdot b \cdot \sqrt{a \cdot x + b} + b^2 \cdot \underbrace{\int \dfrac{1}{x \cdot \sqrt{(a \cdot x + b)}} \cdot dx}_{\text{Integral } 156}$
168	$\int \dfrac{x}{\sqrt{(a \cdot x + b)^3}} \cdot dx = \dfrac{2}{a^2} \cdot \left(\sqrt{a \cdot x + b} + \dfrac{b}{\sqrt{a \cdot x + b}} \right)$
169	$\int \dfrac{x^2}{\sqrt{(a \cdot x + b)^3}} \cdot dx = \dfrac{2}{a^3} \cdot \left(\dfrac{\sqrt{(a \cdot x + b)^3}}{3} - 2 \cdot b \cdot \sqrt{a \cdot x + b} - \dfrac{b^2}{\sqrt{a \cdot x + b}} \right)$
170	$\int \dfrac{1}{x \cdot \sqrt{(a \cdot x + b)^3}} \cdot dx = \dfrac{2}{b \cdot \sqrt{a \cdot x + b}} + \dfrac{1}{b} \cdot \underbrace{\int \dfrac{1}{x \cdot \sqrt{(a \cdot x + b)}} \cdot dx}_{\text{Integral } 156}$
171	$\int \dfrac{1}{x^2 \cdot \sqrt{(a \cdot x + b)^3}} \cdot dx = -\dfrac{1}{b \cdot x \cdot \sqrt{a \cdot x + b}} - \dfrac{3 \cdot a}{b^2 \cdot \sqrt{a \cdot x + b}} - \dfrac{3 \cdot a}{2 \cdot b^2} \cdot \underbrace{\int \dfrac{1}{x \cdot \sqrt{(a \cdot x + b)}} \cdot dx}_{\text{Integral } 156}$

12	**Integrale mit** $\sqrt{a \cdot x + b}$ **und** $p \cdot x + q$ **mit** $\Delta = b \cdot p - a \cdot q$ **und** $\Delta \neq 0$
172	$\int \dfrac{\sqrt{a \cdot x + b}}{p \cdot x + q} \cdot dx = \dfrac{2 \cdot \sqrt{a \cdot x + b}}{p} + \dfrac{\sqrt{\Delta}}{p \cdot \sqrt{p}} \cdot \ln \left| \dfrac{\sqrt{p \cdot (a \cdot x + b)} - \sqrt{\Delta}}{\sqrt{p \cdot (a \cdot x + b)} + \sqrt{\Delta}} \right|$ für $\Delta > 0$ und $p > 0$
173	$\int \dfrac{\sqrt{a \cdot x + b}}{p \cdot x + q} \cdot dx = \dfrac{2 \cdot \sqrt{a \cdot x + b}}{p} - \dfrac{2 \cdot \sqrt{|\Delta|}}{p \cdot \sqrt{p}} \cdot \arctan \sqrt{\dfrac{p \cdot (a \cdot x + b)}{|\Delta|}}$ für $\Delta < 0$ und $p > 0$
174	$\int \dfrac{p \cdot x + q}{\sqrt{a \cdot x + b}} \cdot dx = \dfrac{2 \cdot (a \cdot p \cdot x + 3 \cdot a \cdot q - 2 \cdot b \cdot p) \cdot \sqrt{a \cdot x + b}}{3 \cdot a^2}$
175	$\int \dfrac{1}{(p \cdot x + q) \cdot \sqrt{a \cdot x + b}} \cdot dx = \dfrac{1}{\sqrt{p \cdot \Delta}} \cdot \ln \left| \dfrac{\sqrt{p \cdot (a \cdot x + b)} - \sqrt{\Delta}}{\sqrt{p \cdot (a \cdot x + b)} + \sqrt{\Delta}} \right|$ für $\Delta > 0$ und $p > 0$
176	$\int \dfrac{1}{(p \cdot x + q) \cdot \sqrt{a \cdot x + b}} \cdot dx = \dfrac{2}{\sqrt{p \cdot |\Delta|}} \cdot \arctan \sqrt{\dfrac{p \cdot (a \cdot x + b)}{|\Delta|}}$ für $\Delta < 0$ und $p > 0$
177	$\int \dfrac{1}{(p \cdot x + q)^n \cdot \sqrt{a \cdot x + b}} \cdot dx = -\dfrac{\sqrt{a \cdot x + b}}{(n-1) \cdot \Delta \cdot (p \cdot x + q)^{n-1}} - \dfrac{(2 \cdot n - 3) \cdot a}{(2 \cdot n - 2) \cdot \Delta} \cdot \int \dfrac{1}{(p \cdot x + q)^{n-1} \cdot \sqrt{a \cdot x + b}} \cdot dx$ $n \neq 1$
178	$\int \dfrac{\sqrt{a \cdot x + b}}{(p \cdot x + q)^n} \cdot dx = -\dfrac{\sqrt{a \cdot x + b}}{(n-1) \cdot p \cdot (p \cdot x + q)^{n-1}} - \dfrac{a}{(2 \cdot n - 2) \cdot p} \cdot \underbrace{\int \dfrac{1}{(p \cdot x + q)^{n-1} \cdot \sqrt{a \cdot x + b}} \cdot dx}_{\text{Integral } 177}$ $n \neq 1$

13	**Integrale mit** $\sqrt{a \cdot x + b}$ **und** $\sqrt{p \cdot x + q}$ **mit** $\Delta = b \cdot p - a \cdot q$ **und** $\Delta \neq 0$
179	$\displaystyle \int \frac{1}{\sqrt{(a \cdot x + b) \cdot (p \cdot x + q)}} \cdot dx = \frac{2}{\sqrt{a \cdot p}} \cdot \ln \left| \sqrt{a \cdot (p \cdot x + q)} + \sqrt{p \cdot (a \cdot x + b)} \right|$ für $a \cdot p > 0$
180	$\displaystyle \int \frac{1}{\sqrt{(a \cdot x + b) \cdot (p \cdot x + q)}} \cdot dx = -\frac{2}{\sqrt{|a \cdot p|}} \cdot \arctan \sqrt{-\frac{p \cdot (a \cdot x + b)}{a \cdot (p \cdot x + q)}}$ für $a \cdot p < 0$
181	$\displaystyle \int \sqrt{(a \cdot x + b) \cdot (p \cdot x + q)} \cdot dx =$ $\displaystyle = \frac{[2 \cdot a \cdot (p \cdot x + q) + \Delta] \cdot \sqrt{(a \cdot x + b) \cdot (p \cdot x + q)}}{4 \cdot a \cdot p} - \frac{\Delta^2}{8 \cdot a \cdot p} \cdot \underbrace{\int \frac{1}{\sqrt{(a \cdot x + b) \cdot (p \cdot x + q)}} \cdot dx}_{\text{Integrale 179 und 180}}$
182	$\displaystyle \int \sqrt{\frac{p \cdot x + q}{a \cdot x + b}} \cdot dx = \frac{\sqrt{(a \cdot x + b) \cdot (p \cdot x + q)}}{a} - \frac{\Delta}{2 \cdot a} \cdot \underbrace{\int \frac{1}{\sqrt{(a \cdot x + b) \cdot (p \cdot x + q)}} \cdot dx}_{\text{Integrale 179 und 180}}$
183	$\displaystyle \int \frac{x}{\sqrt{(a \cdot x + b) \cdot (p \cdot x + q)}} \cdot dx = \frac{\sqrt{(a \cdot x + b) \cdot (p \cdot x + q)}}{a \cdot p} - \frac{a \cdot q + b \cdot p}{2 \cdot a \cdot p} \cdot \underbrace{\int \frac{1}{\sqrt{(a \cdot x + b) \cdot (p \cdot x + q)}} \cdot dx}_{\text{Integrale 179 und 180}}$

14	**Integrale mit** $\sqrt{a^2 + x^2}$ $(a > 0)$
184	$\displaystyle \int \sqrt{a^2 + x^2} \cdot dx = \frac{1}{2} \cdot \left[x \cdot \sqrt{a^2 + x^2} + a^2 \cdot \ln \left(x + \sqrt{a^2 + x^2} \right) \right] = \frac{1}{2} \cdot \left[x \cdot \sqrt{a^2 + x^2} + a^2 \cdot \operatorname{ar sinh} \left(\frac{x}{a} \right) \right]$
185	$\displaystyle \int x \cdot \sqrt{a^2 + x^2} \cdot dx = \frac{1}{3} \cdot \sqrt{(a^2 + x^2)^3}$
186	$\displaystyle \int x^2 \cdot \sqrt{a^2 + x^2} \cdot dx = \frac{1}{4} \cdot x \cdot \sqrt{(a^2 + x^2)^3} - \frac{a^2}{8} \cdot \left[x \cdot \sqrt{a^2 + x^2} + a^2 \cdot \ln \left(x + \sqrt{a^2 + x^2} \right) \right] =$ $\displaystyle = \frac{1}{4} \cdot x \cdot \sqrt{(a^2 + x^2)^3} - \frac{a^2}{8} \cdot \left[x \cdot \sqrt{a^2 + x^2} + a^2 \cdot \operatorname{ar sinh} \left(\frac{x}{a} \right) \right]$
187	$\displaystyle \int x^3 \cdot \sqrt{a^2 + x^2} \cdot dx = \frac{1}{5} \cdot \sqrt{(a^2 + x^2)^5} - \frac{a^2}{3} \cdot \sqrt{(a^2 + x^2)^3}$
188	$\displaystyle \int \frac{\sqrt{a^2 + x^2}}{x} \cdot dx = \sqrt{a^2 + x^2} - a \cdot \ln \left| \frac{a + \sqrt{a^2 + x^2}}{x} \right|$
189	$\displaystyle \int \frac{\sqrt{a^2 + x^2}}{x^2} \cdot dx = -\frac{\sqrt{a^2 + x^2}}{x} + \ln \left(x + \sqrt{a^2 + x^2} \right) = -\frac{\sqrt{a^2 + x^2}}{x} + \operatorname{ar sinh} \left(\frac{x}{a} \right)$
190	$\displaystyle \int \frac{\sqrt{a^2 + x^2}}{x^3} \cdot dx = -\frac{\sqrt{a^2 + x^2}}{2 \cdot x^2} - \frac{1}{2 \cdot a} \cdot \ln \left| \frac{a + \sqrt{a^2 + x^2}}{x} \right|$
191	$\displaystyle \int \frac{1}{\sqrt{a^2 + x^2}} \cdot dx = \ln \left(x + \sqrt{a^2 + x^2} \right) = \operatorname{ar sinh} \left(\frac{x}{a} \right)$

14	**Integrale mit** $\sqrt{a^2+x^2}$ $\quad (a>0)$
192	$\int \dfrac{x}{\sqrt{a^2+x^2}} \cdot dx = \sqrt{a^2+x^2}$
193	$\int \dfrac{x^2}{\sqrt{a^2+x^2}} \cdot dx = \dfrac{1}{2}\cdot x \cdot \sqrt{a^2+x^2} - \dfrac{a^2}{2}\cdot \ln\!\left(x+\sqrt{a^2+x^2}\right) = \dfrac{1}{2}\cdot x \cdot \sqrt{a^2+x^2} - \dfrac{a^2}{2}\cdot \operatorname{ar\,sinh}\!\left(\dfrac{x}{a}\right)$
194	$\int \dfrac{x^3}{\sqrt{a^2+x^2}} \cdot dx = \dfrac{1}{3}\cdot \sqrt{\left(a^2+x^2\right)^3} - a^2 \cdot \sqrt{a^2+x^2}$
195	$\int \dfrac{1}{x\cdot\sqrt{a^2+x^2}} \cdot dx = -\dfrac{1}{a}\cdot \ln\left|\dfrac{a+\sqrt{a^2+x^2}}{x}\right|$
196	$\int \dfrac{1}{x^2\cdot\sqrt{a^2+x^2}} \cdot dx = -\dfrac{\sqrt{a^2+x^2}}{a^2\cdot x}$
197	$\int \dfrac{1}{x^3\cdot\sqrt{a^2+x^2}} \cdot dx = -\dfrac{\sqrt{a^2+x^2}}{2\cdot a^2\cdot x^2} + \dfrac{1}{2\cdot a^3}\cdot \ln\left|\dfrac{a+\sqrt{a^2+x^2}}{x}\right|$
198	$\begin{aligned}\int \sqrt{\left(a^2+x^2\right)^3}\cdot dx \ &= \dfrac{1}{4}\cdot\left[x\cdot\sqrt{\left(a^2+x^2\right)^3} + \dfrac{3}{2}\cdot a^2\cdot x\cdot\sqrt{a^2+x^2} + \dfrac{3}{2}\cdot a^4\cdot\ln\!\left(x+\sqrt{a^2+x^2}\right)\right] = \\ &= \dfrac{1}{4}\cdot\left[x\cdot\sqrt{\left(a^2+x^2\right)^3} + \dfrac{3}{2}\cdot a^2\cdot x\cdot\sqrt{a^2+x^2} + \dfrac{3}{2}\cdot a^4\cdot\operatorname{ar\,sinh}\!\left(\dfrac{x}{a}\right)\right]\end{aligned}$
199	$\int x\cdot\sqrt{\left(a^2+x^2\right)^3}\cdot dx = \dfrac{1}{5}\cdot\sqrt{\left(a^2+x^2\right)^5}$
200	$\begin{aligned}&\int \sqrt{x^2\cdot\left(a^2+x^2\right)^3}\cdot dx = \\ &= \dfrac{1}{6}\cdot x\cdot\sqrt{\left(a^2+x^2\right)^5} - \dfrac{a^2}{24}\cdot x\cdot\sqrt{\left(a^2+x^2\right)^3} - \dfrac{a^4}{16}\cdot x\cdot\sqrt{a^2+x^2} - \dfrac{a^6}{16}\cdot\ln\!\left(x+\sqrt{a^2+x^2}\right) = \\ &= \dfrac{1}{6}\cdot x\cdot\sqrt{\left(a^2+x^2\right)^5} - \dfrac{a^2}{24}\cdot x\cdot\sqrt{\left(a^2+x^2\right)^3} - \dfrac{a^4}{16}\cdot x\cdot\sqrt{a^2+x^2} - \dfrac{a^6}{16}\cdot\operatorname{ar\,sinh}\!\left(\dfrac{x}{a}\right)\end{aligned}$
201	$\int \dfrac{\sqrt{\left(a^2+x^2\right)^3}}{x} \cdot dx = \dfrac{1}{3}\cdot\sqrt{\left(a^2+x^2\right)^3} + a^2\cdot\sqrt{a^2+x^2} - a^3\cdot\ln\left|\dfrac{a+\sqrt{a^2+x^2}}{x}\right|$
202	$\begin{aligned}\int \dfrac{\sqrt{\left(a^2+x^2\right)^3}}{x^2} \cdot dx \ &= -\dfrac{\sqrt{\left(a^2+x^2\right)^3}}{x} + \dfrac{3}{2}\cdot x\cdot\sqrt{a^2+x^2} + \dfrac{3}{2}\cdot a^2\cdot\ln\!\left(x+\sqrt{a^2+x^2}\right) = \\ &= -\dfrac{\sqrt{\left(a^2+x^2\right)^3}}{x} + \dfrac{3}{2}\cdot x\cdot\sqrt{a^2+x^2} + \dfrac{3}{2}\cdot a^2\cdot\operatorname{ar\,sinh}\!\left(\dfrac{x}{a}\right)\end{aligned}$
203	$\int \dfrac{1}{\sqrt{\left(a^2+x^2\right)^3}} \cdot dx = \dfrac{x}{a^2\cdot\sqrt{a^2+x^2}}$
204	$\int \dfrac{x}{\sqrt{\left(a^2+x^2\right)^3}} \cdot dx = -\dfrac{1}{\sqrt{a^2+x^2}}$

14	**Integrale mit** $\sqrt{a^2 + x^2}$ $(a > 0)$
205	$\displaystyle\int \frac{x^2}{\sqrt{(a^2+x^2)^3}} \cdot dx = -\frac{x}{\sqrt{a^2+x^2}} + \ln\left(x + \sqrt{a^2+x^2}\right) = -\frac{x}{\sqrt{a^2+x^2}} + \operatorname{ar\,sinh}\left(\frac{x}{a}\right)$
206	$\displaystyle\int \frac{1}{x \cdot \sqrt{(a^2+x^2)^3}} \cdot dx = \frac{1}{a^2 \cdot \sqrt{a^2+x^2}} - \frac{1}{a^3} \cdot \ln\left|\frac{a+\sqrt{a^2+x^2}}{x}\right|$
207	$\displaystyle\int \frac{1}{x^2 \cdot \sqrt{(a^2+x^2)^3}} \cdot dx = -\frac{a^2+2\cdot x^2}{a^4 \cdot x \cdot \sqrt{a^2+x^2}}$
208	$\displaystyle\int \frac{1}{(p\cdot x+q) \cdot \sqrt{a^2+x^2}} \cdot dx = -\frac{1}{\sqrt{a^2\cdot p^2+q^2}} \cdot \ln\left|\frac{\sqrt{a^2\cdot p^2+q^2}\cdot\sqrt{a^2+x^2} - q\cdot x + a^2\cdot p}{p\cdot x+q}\right|$

15	**Integrale mit** $\sqrt{a^2 - x^2}$ $(a > 0 \quad \text{und} \quad |x| < a)$
209	$\displaystyle\int \sqrt{a^2-x^2} \cdot dx = \frac{1}{2} \cdot \left[x \cdot \sqrt{a^2-x^2} + a^2 \cdot \arcsin\left(\frac{x}{a}\right)\right]$
210	$\displaystyle\int x \cdot \sqrt{a^2-x^2} \cdot dx = -\frac{1}{3} \cdot \sqrt{(a^2-x^2)^3}$
211	$\displaystyle\int x^2 \cdot \sqrt{a^2-x^2} \cdot dx = -\frac{1}{4} \cdot x \cdot \sqrt{(a^2-x^2)^3} + \frac{a^2}{8} \cdot \left[x \cdot \sqrt{a^2-x^2} + a^2 \cdot \arcsin\left(\frac{x}{a}\right)\right]$
212	$\displaystyle\int x^3 \cdot \sqrt{a^2-x^2} \cdot dx = \frac{1}{5} \cdot \sqrt{(a^2-x^2)^5} - \frac{a^2}{3} \cdot \sqrt{(a^2-x^2)^3}$
213	$\displaystyle\int \frac{\sqrt{a^2-x^2}}{x} \cdot dx = \sqrt{a^2-x^2} - a \cdot \ln\left|\frac{a+\sqrt{a^2-x^2}}{x}\right|$
214	$\displaystyle\int \frac{\sqrt{a^2-x^2}}{x^2} \cdot dx = -\frac{\sqrt{a^2-x^2}}{x} - \arcsin\left(\frac{x}{a}\right)$
215	$\displaystyle\int \frac{\sqrt{a^2-x^2}}{x^3} \cdot dx = -\frac{\sqrt{a^2-x^2}}{2\cdot x^2} + \frac{1}{2\cdot a} \cdot \ln\left|\frac{a+\sqrt{a^2-x^2}}{x}\right|$
216	$\displaystyle\int \frac{1}{\sqrt{a^2-x^2}} \cdot dx = \arcsin\left(\frac{x}{a}\right)$
217	$\displaystyle\int \frac{x}{\sqrt{a^2-x^2}} \cdot dx = -\sqrt{a^2-x^2}$
218	$\displaystyle\int \frac{x^2}{\sqrt{a^2-x^2}} \cdot dx = -\frac{1}{2} \cdot x \cdot \sqrt{a^2-x^2} - \frac{a^2}{2} \cdot \arcsin\left(\frac{x}{a}\right)$
219	$\displaystyle\int \frac{x^3}{\sqrt{a^2-x^2}} \cdot dx = \frac{1}{3} \cdot \sqrt{(a^2-x^2)^3} - a^2 \cdot \sqrt{a^2-x^2}$

15	**Integrale mit** $\sqrt{a^2-x^2}$ $(a>0$ und $|x|<a)$
220	$\displaystyle\int \frac{1}{x\cdot\sqrt{a^2-x^2}}\cdot dx = -\frac{1}{a}\cdot\ln\left|\frac{a+\sqrt{a^2-x^2}}{x}\right|$
221	$\displaystyle\int \frac{1}{x^2\cdot\sqrt{a^2-x^2}}\cdot dx = -\frac{\sqrt{a^2-x^2}}{a^2\cdot x}$
222	$\displaystyle\int \frac{1}{x^3\cdot\sqrt{a^2-x^2}}\cdot dx = -\frac{\sqrt{a^2-x^2}}{2\cdot a^2\cdot x^2} - \frac{1}{2\cdot a^3}\cdot\ln\left|\frac{a+\sqrt{a^2-x^2}}{x}\right|$
223	$\displaystyle\int \sqrt{(a^2-x^2)^3}\cdot dx = \frac{1}{4}\cdot\left[x\cdot\sqrt{(a^2-x^2)^3} + \frac{3}{2}\cdot a^2\cdot x\cdot\sqrt{a^2-x^2} + \frac{3}{2}\cdot a^4\cdot\arcsin\left(\frac{x}{a}\right)\right]$
224	$\displaystyle\int x\cdot\sqrt{(a^2-x^2)^3}\cdot dx = -\frac{1}{5}\cdot\sqrt{(a^2-x^2)^5}$
225	$\displaystyle\int x^2\cdot\sqrt{(a^2-x^2)^3}\cdot dx = -\frac{1}{6}\cdot x\cdot\sqrt{(a^2-x^2)^5} + \frac{a^2}{24}\cdot x\cdot\sqrt{(a^2-x^2)^3} + \frac{a^4}{16}\cdot x\cdot\sqrt{a^2-x^2} + \frac{a^6}{16}\cdot\arcsin\left(\frac{x}{a}\right)$
226	$\displaystyle\int \frac{\sqrt{(a^2-x^2)^3}}{x}\cdot dx = \frac{1}{3}\cdot\sqrt{(a^2-x^2)^3} + a^2\cdot\sqrt{a^2-x^2} - a^3\cdot\ln\left|\frac{a+\sqrt{a^2-x^2}}{x}\right|$
227	$\displaystyle\int \frac{\sqrt{(a^2-x^2)^3}}{x^2}\cdot dx = -\frac{\sqrt{(a^2-x^2)^3}}{x} - \frac{3}{2}\cdot x\cdot\sqrt{a^2-x^2} - \frac{3}{2}\cdot a^2\cdot\arcsin\left(\frac{x}{a}\right)$
228	$\displaystyle\int \frac{1}{\sqrt{(a^2-x^2)^3}}\cdot dx = \frac{x}{a^2\cdot\sqrt{a^2-x^2}}$
229	$\displaystyle\int \frac{x}{\sqrt{(a^2-x^2)^3}}\cdot dx = \frac{1}{\sqrt{a^2-x^2}}$
230	$\displaystyle\int \frac{x^2}{\sqrt{(a^2-x^2)^3}}\cdot dx = \frac{x}{\sqrt{a^2-x^2}} - \arcsin\left(\frac{x}{a}\right)$
231	$\displaystyle\int \frac{1}{x\cdot\sqrt{(a^2-x^2)^3}}\cdot dx = \frac{1}{a^2\cdot\sqrt{a^2-x^2}} - \frac{1}{a^3}\cdot\ln\left|\frac{a+\sqrt{a^2-x^2}}{x}\right|$
232	$\displaystyle\int \frac{1}{x^2\cdot\sqrt{(a^2-x^2)^3}}\cdot dx = -\frac{a^2-2\cdot x^2}{a^4\cdot x\cdot\sqrt{a^2-x^2}}$

16	**Integrale mit** $\sqrt{x^2-a^2}$ $\qquad$ $(a>0$ und $|x|>a)$
233	$\int \sqrt{x^2-a^2} \cdot dx = \dfrac{1}{2} \cdot \left[x \cdot \sqrt{x^2-a^2} - a^2 \cdot \ln\left|x + \sqrt{x^2-a^2}\right| \right]$
234	$\int x \cdot \sqrt{x^2-a^2} \cdot dx = \dfrac{1}{3} \cdot \sqrt{\left(x^2-a^2\right)^3}$
235	$\int x^2 \cdot \sqrt{x^2-a^2} \cdot dx = \dfrac{1}{4} \cdot x \cdot \sqrt{\left(x^2-a^2\right)^3} + \dfrac{a^2}{8} \cdot \left[x \cdot \sqrt{x^2-a^2} - a^2 \cdot \ln\left|x + \sqrt{x^2-a^2}\right| \right]$
236	$\int x^3 \cdot \sqrt{x^2-a^2} \cdot dx = \dfrac{1}{5} \cdot \sqrt{\left(x^2-a^2\right)^5} + \dfrac{a^2}{3} \cdot \sqrt{\left(x^2-a^2\right)^3}$
237	$\int \dfrac{\sqrt{x^2-a^2}}{x} \cdot dx = \sqrt{x^2-a^2} - a \cdot \arccos\left|\dfrac{a}{x}\right|$
238	$\int \dfrac{\sqrt{x^2-a^2}}{x^2} \cdot dx = -\dfrac{\sqrt{x^2-a^2}}{x} + \ln\left|x + \sqrt{x^2-a^2}\right|$
239	$\int \dfrac{\sqrt{x^2-a^2}}{x^3} \cdot dx = -\dfrac{\sqrt{x^2-a^2}}{2 \cdot x^2} + \dfrac{1}{2 \cdot a} \cdot \arccos\left|\dfrac{a}{x}\right|$
240	$\int \dfrac{1}{\sqrt{x^2-a^2}} \cdot dx = \ln\left|x + \sqrt{x^2-a^2}\right| = \operatorname{ar\,cosh}\left(\dfrac{x}{a}\right)$
241	$\int \dfrac{x}{\sqrt{x^2-a^2}} \cdot dx = \sqrt{x^2-a^2}$
242	$\int \dfrac{x^2}{\sqrt{x^2-a^2}} \cdot dx = \dfrac{1}{2} \cdot x \cdot \sqrt{x^2-a^2} + \dfrac{a^2}{2} \cdot \ln\left|x + \sqrt{x^2-a^2}\right|$
243	$\int \dfrac{x^3}{\sqrt{x^2-a^2}} \cdot dx = \dfrac{1}{3} \cdot \sqrt{\left(x^2-a^2\right)^3} + a^2 \cdot \sqrt{x^2-a^2}$
244	$\int \dfrac{1}{x \cdot \sqrt{x^2-a^2}} \cdot dx = \dfrac{1}{a} \cdot \arccos\left|\dfrac{a}{x}\right|$
245	$\int \dfrac{1}{x^2 \cdot \sqrt{x^2-a^2}} \cdot dx = \dfrac{\sqrt{x^2-a^2}}{a^2 \cdot x}$
246	$\int \dfrac{1}{x^3 \cdot \sqrt{x^2-a^2}} \cdot dx = \dfrac{\sqrt{x^2-a^2}}{2 \cdot a^2 \cdot x^2} + \dfrac{1}{2 \cdot a^3} \cdot \arccos\left|\dfrac{a}{x}\right|$
247	$\int \sqrt{\left(x^2-a^2\right)^3} \cdot dx = \dfrac{1}{4} \cdot \left[x \cdot \sqrt{\left(x^2-a^2\right)^3} - \dfrac{3}{2} \cdot a^2 \cdot x \cdot \sqrt{x^2-a^2} + \dfrac{3}{2} \cdot a^4 \cdot \ln\left|x + \sqrt{x^2-a^2}\right| \right]$
248	$\int x \cdot \sqrt{\left(x^2-a^2\right)^3} \cdot dx = \dfrac{1}{5} \cdot \sqrt{\left(x^2-a^2\right)^5}$

16	**Integrale mit** $\sqrt{x^2-a^2}$ $\quad (a>0$ und $|x|>a)$
249	$\int x^2 \cdot \sqrt{(x^2-a^2)^3} \cdot dx = \frac{1}{6} \cdot x \cdot \sqrt{(x^2-a^2)^5} + \frac{a^2}{24} \cdot x \cdot \sqrt{(x^2-a^2)^3} - \frac{a^4}{16} \cdot x \cdot \sqrt{x^2-a^2} + \frac{a^6}{16} \cdot \ln\left|x+\sqrt{x^2-a^2}\right|$
250	$\int \frac{\sqrt{(x^2-a^2)^3}}{x} \cdot dx = \frac{1}{3} \cdot \sqrt{(x^2-a^2)^3} - a^2 \cdot \sqrt{x^2-a^2} + a^3 \cdot \arccos\left|\frac{a}{x}\right|$
251	$\int \frac{\sqrt{(x^2-a^2)^3}}{x^2} \cdot dx = -\frac{\sqrt{(x^2-a^2)^3}}{x} + \frac{3}{2} \cdot x \cdot \sqrt{x^2-a^2} - \frac{3}{2} \cdot a^2 \cdot \ln\left|x+\sqrt{x^2-a^2}\right|$
252	$\int \frac{1}{\sqrt{(x^2-a^2)^3}} \cdot dx = -\frac{x}{a^2 \cdot \sqrt{x^2-a^2}}$
253	$\int \frac{x}{\sqrt{(x^2-a^2)^3}} \cdot dx = -\frac{1}{\sqrt{x^2-a^2}}$
254	$\int \frac{x^2}{\sqrt{(x^2-a^2)^3}} \cdot dx = -\frac{x}{\sqrt{x^2-a^2}} + \ln\left|x+\sqrt{x^2-a^2}\right|$
255	$\int \frac{1}{x \cdot \sqrt{(x^2-a^2)^3}} \cdot dx = -\frac{1}{a^2 \cdot \sqrt{x^2-a^2}} - \frac{1}{a^3} \cdot \arccos\left|\frac{a}{x}\right|$
256	$\int \frac{1}{x^2 \cdot \sqrt{(x^2-a^2)^3}} \cdot dx = \frac{a^2-2 \cdot x^2}{a^4 \cdot x \cdot \sqrt{x^2-a^2}}$

17	**Integrale mit** $\sqrt{a \cdot x^2+b \cdot x+c}$ **mit** $\Delta = 4 \cdot a \cdot c - b^2$ **und** $(a \neq 0$ und $\Delta \neq 0)$
257	$\int \frac{1}{\sqrt{a \cdot x^2+b \cdot x+c}} \cdot dx = \frac{1}{\sqrt{a}} \cdot \ln\left|2 \cdot \sqrt{a} \cdot \sqrt{a \cdot x^2+b \cdot x+c} + 2 \cdot a \cdot x+b\right|$ für $a>0$
258	$\int \frac{1}{\sqrt{a \cdot x^2+b \cdot x+c}} \cdot dx = \frac{1}{\sqrt{a}} \cdot \text{ar sinh}\left(\frac{2 \cdot a \cdot x+b}{\sqrt{\Delta}}\right)$ für $a>0$ und $\Delta>0$
259	$\int \frac{1}{\sqrt{a \cdot x^2+b \cdot x+c}} \cdot dx = -\frac{1}{\sqrt{|a|}} \cdot \arcsin\left(\frac{2 \cdot a \cdot x+b}{\sqrt{\Delta}}\right)$ für $a<0$ und $\Delta<0$
260	$\int \frac{1}{x \cdot \sqrt{a \cdot x^2+b \cdot x+c}} \cdot dx = -\frac{1}{\sqrt{c}} \cdot \ln\left|\frac{2 \cdot \sqrt{c} \cdot \sqrt{a \cdot x^2+b \cdot x+c} + b \cdot x+2 \cdot c}{x}\right|$ für $c>0$
261	$\int \frac{1}{x \cdot \sqrt{a \cdot x^2+b \cdot x+c}} \cdot dx = -\frac{1}{\sqrt{c}} \cdot \text{ar sinh}\left(\frac{b \cdot x+2 \cdot c}{\sqrt{\Delta} \cdot x}\right)$ für $c>0$ und $\Delta>0$
262	$\int \frac{1}{x \cdot \sqrt{a \cdot x^2+b \cdot x+c}} \cdot dx = \frac{1}{\sqrt{|c|}} \cdot \arcsin\left(\frac{b \cdot x+2 \cdot c}{\sqrt{|\Delta|} \cdot x}\right)$ für $c<0$ und $\Delta<0$

17	**Integrale mit** $\sqrt{a \cdot x^2 + b \cdot x + c}$ **mit** $\Delta = 4 \cdot a \cdot c - b^2$ **und** $(a \neq 0 \text{ und } \Delta \neq 0)$
263	$\displaystyle\int \sqrt{a \cdot x^2 + b \cdot x + c} \cdot dx = \frac{2 \cdot a \cdot x + b}{4 \cdot a} \cdot \sqrt{a \cdot x^2 + b \cdot x + c} + \frac{\Delta}{8 \cdot a} \cdot \underbrace{\int \frac{1}{\sqrt{a \cdot x^2 + b \cdot x + c}} \cdot dx}_{\text{Integrale 257, 258 und 259}}$
264	$\displaystyle\int x \cdot \sqrt{a \cdot x^2 + b \cdot x + c} \cdot dx$ $= \frac{1}{3 \cdot a} \cdot \sqrt{\left(a \cdot x^2 + b \cdot x + c\right)^3} - \frac{b \cdot (2 \cdot a \cdot x + b)}{8 \cdot a^2} \cdot \sqrt{a \cdot x^2 + b \cdot x + c} - \frac{b \cdot \Delta}{16 \cdot a^2} \cdot \underbrace{\int \frac{1}{\sqrt{a \cdot x^2 + b \cdot x + c}} \cdot dx}_{\text{Integrale 257, 258 und 259}}$
265	$\displaystyle\int x^2 \cdot \sqrt{a \cdot x^2 + b \cdot x + c} \cdot dx$ $= \frac{1}{24 \cdot a^2} \cdot (6 \cdot a \cdot x - 5 \cdot b) \cdot \sqrt{\left(a \cdot x^2 + b \cdot x + c\right)^3} + \frac{5 \cdot b^2 - 4 \cdot a \cdot c}{16 \cdot a^2} \cdot \underbrace{\int \sqrt{a \cdot x^2 + b \cdot x + c} \cdot dx}_{\text{Integral 263}}$
266	$\displaystyle\int \frac{\sqrt{a \cdot x^2 + b \cdot x + c}}{x} \cdot dx = \sqrt{a \cdot x^2 + b \cdot x + c} + \frac{b}{2} \cdot \underbrace{\int \frac{1}{\sqrt{a \cdot x^2 + b \cdot x + c}} \cdot dx}_{\text{Integrale 257, 258 und 259}} + c \cdot \underbrace{\int \frac{1}{x \cdot \sqrt{a \cdot x^2 + b \cdot x + c}} \cdot dx}_{\text{Integrale 260, 261 und 262}}$
267	$\displaystyle\int \frac{\sqrt{a \cdot x^2 + b \cdot x + c}}{x^2} \cdot dx = -\frac{\sqrt{a \cdot x^2 + b \cdot x + c}}{x} + a \cdot \underbrace{\int \frac{1}{\sqrt{a \cdot x^2 + b \cdot x + c}} \cdot dx}_{\text{Integrale 257, 258 und 259}} + \frac{b}{2} \cdot \underbrace{\int \frac{1}{x \cdot \sqrt{a \cdot x^2 + b \cdot x + c}} \cdot dx}_{\text{Integrale 260, 261 und 262}}$
268	$\displaystyle\int \frac{x}{\sqrt{a \cdot x^2 + b \cdot x + c}} \cdot dx = \frac{\sqrt{a \cdot x^2 + b \cdot x + c}}{a} - \frac{b}{2 \cdot a} \cdot \underbrace{\int \frac{1}{\sqrt{a \cdot x^2 + b \cdot x + c}} \cdot dx}_{\text{Integrale 257, 258 und 259}}$
269	$\displaystyle\int \frac{x^2}{\sqrt{a \cdot x^2 + b \cdot x + c}} \cdot dx = \frac{2 \cdot a \cdot x - 3 \cdot b}{4 \cdot a^2} \cdot \sqrt{a \cdot x^2 + b \cdot x + c} + \frac{3 \cdot b^2 - 4 \cdot a \cdot c}{8 \cdot a^2} \cdot \underbrace{\int \frac{1}{\sqrt{a \cdot x^2 + b \cdot x + c}} \cdot dx}_{\text{Integrale 257, 258 und 259}}$
270	$\displaystyle\int \frac{1}{x^2 \cdot \sqrt{a \cdot x^2 + b \cdot x + c}} \cdot dx = -\frac{\sqrt{a \cdot x^2 + b \cdot x + c}}{c \cdot x} - \frac{b}{2 \cdot c} \cdot \underbrace{\int \frac{1}{x \cdot \sqrt{a \cdot x^2 + b \cdot x + c}} \cdot dx}_{\text{Integrale 260, 261 und 262}}$
271	$\displaystyle\int \sqrt{\left(a \cdot x^2 + b \cdot x + c\right)^3} \cdot dx = \frac{2 \cdot a \cdot x + b}{8 \cdot a} \cdot \sqrt{\left(a \cdot x^2 + b \cdot x + c\right)^3} + \frac{3 \cdot \Delta}{16 \cdot a} \cdot \underbrace{\int \sqrt{a \cdot x^2 + b \cdot x + c} \cdot dx}_{\text{Integral 263}}$
272	$\displaystyle\int x \cdot \sqrt{\left(a \cdot x^2 + b \cdot x + c\right)^3} \cdot dx = \frac{1}{5 \cdot a} \cdot \sqrt{\left(a \cdot x^2 + b \cdot x + c\right)^5} - \frac{b}{2 \cdot a} \cdot \underbrace{\int \sqrt{\left(a \cdot x^2 + b \cdot x + c\right)^3} \cdot dx}_{\text{Integral 271}}$
273	$\displaystyle\int \frac{1}{\sqrt{\left(a \cdot x^2 + b \cdot x + c\right)^3}} \cdot dx = \frac{4 \cdot a \cdot x + 2 \cdot b}{\Delta \cdot \sqrt{a \cdot x^2 + b \cdot x + c}}$
274	$\displaystyle\int \frac{x}{\sqrt{\left(a \cdot x^2 + b \cdot x + c\right)^3}} \cdot dx = -\frac{2 \cdot b \cdot x + 4 \cdot c}{\Delta \cdot \sqrt{a \cdot x^2 + b \cdot x + c}}$

17	**Integrale mit** $\sqrt{a \cdot x^2 + b \cdot x + c}$ **mit** $\Delta = 4 \cdot a \cdot c - b^2$ **und** $(a \neq 0$ und $\Delta \neq 0)$
275	$\displaystyle \int \frac{1}{x \cdot \sqrt{(a \cdot x^2 + b \cdot x + c)^3}} \cdot dx = \frac{1}{c \cdot \sqrt{a \cdot x^2 + b \cdot x + c}} + \frac{1}{c} \cdot \underbrace{\int \frac{1}{x \cdot \sqrt{a \cdot x^2 + b \cdot x + c}} \cdot dx}_{\text{Integral } 260, 261, 262} - \frac{b}{2 \cdot c} \cdot \underbrace{\int \frac{1}{\sqrt{(a \cdot x^2 + b \cdot x + c)^3}} \cdot dx}_{\text{Integral } 273}$

18	**Integrale mit** $\sin(a \cdot x)$ $(a \neq 0)$
276	$\displaystyle \int \sin(a \cdot x) \cdot dx = -\frac{\cos(a \cdot x)}{a}$
277	$\displaystyle \int \sin^2(a \cdot x) \cdot dx = \frac{x}{2} - \frac{\sin(2 \cdot a \cdot x)}{4 \cdot a}$
278	$\displaystyle \int \sin^3(a \cdot x) \cdot dx = -\frac{\cos(a \cdot x)}{a} + \frac{\cos^3(a \cdot x)}{3 \cdot a}$
279	$\displaystyle \int \sin^4(a \cdot x) \cdot dx = \frac{3}{8} \cdot x - \frac{\sin(2 \cdot a \cdot x)}{4 \cdot a} + \frac{\sin(4 \cdot a \cdot x)}{32 \cdot a}$
280	$\displaystyle \int \sin^n(a \cdot x) \cdot dx = -\frac{\sin^{n-1}(a \cdot x) \cdot \cos(a \cdot x)}{n \cdot a} + \frac{n-1}{n} \cdot \int \sin^{n-2}(a \cdot x) \cdot dx$ $(n > 0)$
281	$\displaystyle \int x \cdot \sin(a \cdot x) \cdot dx = \frac{\sin(a \cdot x)}{a^2} - \frac{x \cdot \cos(a \cdot x)}{a}$
282	$\displaystyle \int x^2 \cdot \sin(a \cdot x) \cdot dx = \frac{2 \cdot x \cdot \sin(a \cdot x)}{a^2} - \frac{(a^2 \cdot x^2 - 2) \cdot \cos(a \cdot x)}{a^3}$
283	$\displaystyle \int x^3 \cdot \sin(a \cdot x) \cdot dx = \frac{1}{a^2} \cdot \left(3 \cdot x^2 - \frac{6}{a^2}\right) \cdot \sin(a \cdot x) - \frac{1}{a^3} \cdot (a^2 \cdot x^3 - 6 \cdot x) \cdot \cos(a \cdot x)$
284	$\displaystyle \int x^n \cdot \sin(a \cdot x) \cdot dx = -\frac{x^n \cdot \cos(a \cdot x)}{a} + \frac{n \cdot x^{n-1} \cdot \sin(a \cdot x)}{a^2} - \frac{n \cdot (n-1)}{a^2} \cdot \int x^{n-2} \cdot \sin(a \cdot x) \cdot dx$ $(n \geq 2)$ $\displaystyle \qquad\qquad\qquad\quad = -\frac{x^n \cdot \cos(a \cdot x)}{a} + \frac{n}{a} \cdot \int x^{n-1} \cdot \cos(a \cdot x) \cdot dx$ $(n > 0)$
285	$\displaystyle \int \frac{\sin(a \cdot x)}{x} \cdot dx = a \cdot x - \frac{(a \cdot x)^3}{3 \cdot 3!} + \frac{(a \cdot x)^5}{5 \cdot 5!} - \frac{(a \cdot x)^7}{7 \cdot 7!} + \ldots$
286	$\displaystyle \int \frac{\sin(a \cdot x)}{x^2} \cdot dx = -\frac{\sin(a \cdot x)}{x} + a \cdot \underbrace{\int \frac{\cos(a \cdot x)}{x} \cdot dx}_{\text{Integral } 316}$
287	$\displaystyle \int \frac{\sin(a \cdot x)}{x^n} \cdot dx = -\frac{\sin(a \cdot x)}{(n-1) \cdot x^{n-1}} + \frac{a}{n-1} \cdot \underbrace{\int \frac{\cos(a \cdot x)}{x^{n-1}} \cdot dx}_{\text{Integral } 318}$ $(n \neq 1)$
288	$\displaystyle \int \frac{1}{\sin(a \cdot x)} \cdot dx = \frac{1}{a} \cdot \ln\left|\tan\left(\frac{a \cdot x}{2}\right)\right|$
289	$\displaystyle \int \frac{1}{\sin^2(a \cdot x)} \cdot dx = -\frac{\cot(a \cdot x)}{a}$

18	Integrale mit $\sin(a \cdot x)$ $(a \neq 0)$
290	$\int \dfrac{1}{\sin^3(a \cdot x)} \cdot dx = -\dfrac{\cos(a \cdot x)}{2 \cdot a \cdot \sin^2(a \cdot x)} + \dfrac{1}{2 \cdot a} \cdot \ln\left|\tan\dfrac{a \cdot x}{2}\right|$
291	$\int \dfrac{1}{\sin^n(a \cdot x)} \cdot dx = -\dfrac{\cos(a \cdot x)}{a \cdot (n-1) \cdot \sin^{n-1}(a \cdot x)} + \dfrac{n-2}{n-1} \cdot \int \dfrac{1}{\sin^{n-2}(a \cdot x)} \cdot dx \quad (n > 1)$
292	$\int x \cdot \sin^2(a \cdot x) \cdot dx = \dfrac{x^2}{4} - \dfrac{x \cdot \sin(2 \cdot a \cdot x)}{4 \cdot a} - \dfrac{\cos(2 \cdot a \cdot x)}{8 \cdot a^2}$
293	$\int \dfrac{x}{\sin^2(a \cdot x)} \cdot dx = -\dfrac{x \cdot \cot(a \cdot x)}{a} + \dfrac{\ln|\sin(a \cdot x)|}{a^2}$
294	$\int \dfrac{x}{\sin^n(a \cdot x)} \cdot dx = -\dfrac{x \cdot \cos(a \cdot x)}{(n-1) \cdot a \cdot \sin^{n-1}(a \cdot x)} - \dfrac{1}{(n-1) \cdot (n-2) \cdot a^2 \cdot \sin^{n-2}(a \cdot x)} + \dfrac{n-2}{n-1} \cdot \int \dfrac{x}{\sin^{n-2}(a \cdot x)} \cdot dx \quad (n > 2)$
295	$\int \dfrac{1}{1 + \sin(a \cdot x)} \cdot dx = -\dfrac{1}{a} \cdot \tan\left(\dfrac{\pi}{4} - \dfrac{a \cdot x}{2}\right)$
296	$\int \dfrac{1}{1 - \sin(a \cdot x)} \cdot dx = \dfrac{1}{a} \cdot \tan\left(\dfrac{\pi}{4} + \dfrac{a \cdot x}{2}\right)$
297	$\int \dfrac{x}{1 + \sin(a \cdot x)} \cdot dx = -\dfrac{x}{a} \cdot \tan\left(\dfrac{\pi}{4} - \dfrac{a \cdot x}{2}\right) + \dfrac{2}{a^2} \cdot \ln\left|\cos\left(\dfrac{\pi}{4} - \dfrac{a \cdot x}{2}\right)\right|$
298	$\int \dfrac{x}{1 - \sin(a \cdot x)} \cdot dx = \dfrac{x}{a} \cdot \cot\left(\dfrac{\pi}{4} - \dfrac{a \cdot x}{2}\right) + \dfrac{2}{a^2} \cdot \ln\left|\sin\left(\dfrac{\pi}{4} - \dfrac{a \cdot x}{2}\right)\right|$
299	$\int \dfrac{\sin(a \cdot x)}{1 + \sin(a \cdot x)} \cdot dx = x + \dfrac{1}{a} \cdot \tan\left(\dfrac{\pi}{4} - \dfrac{a \cdot x}{2}\right)$
300	$\int \dfrac{\sin(a \cdot x)}{1 - \sin(a \cdot x)} \cdot dx = -x + \dfrac{1}{a} \cdot \tan\left(\dfrac{\pi}{4} + \dfrac{a \cdot x}{2}\right)$
301	$\int \dfrac{1}{p + q \cdot \sin(a \cdot x)} \cdot dx = \dfrac{2}{a \cdot \sqrt{p^2 - q^2}} \cdot \arctan\left(\dfrac{p \cdot \tan\left(\dfrac{a \cdot x}{2}\right) + q}{\sqrt{p^2 - q^2}}\right)$ (für $p^2 > q^2$)
302	$\int \dfrac{1}{p + q \cdot \sin(a \cdot x)} \cdot dx = \dfrac{1}{a \cdot \sqrt{q^2 - p^2}} \cdot \ln\dfrac{\left|p \cdot \tan\left(\dfrac{a \cdot x}{2}\right) + q - \sqrt{q^2 - p^2}\right|}{\left|p \cdot \tan\left(\dfrac{a \cdot x}{2}\right) + q + \sqrt{q^2 - p^2}\right|}$ (für $p^2 < q^2$)
303	$\int \dfrac{\sin(a \cdot x)}{p + q \cdot \sin(a \cdot x)} \cdot dx = \dfrac{x}{q} - \dfrac{p}{q} \cdot \underbrace{\int \dfrac{1}{p + q \cdot \sin(a \cdot x)} \cdot dx}_{\text{Integrale 301, 302}}$
304	$\int \dfrac{1}{\sin(a \cdot x) \cdot [p + q \cdot \sin(a \cdot x)]} \cdot dx = \dfrac{1}{a \cdot p} \cdot \ln\left|\tan\left(\dfrac{a \cdot x}{2}\right)\right| - \dfrac{q}{p} \cdot \underbrace{\int \dfrac{1}{p + q \cdot \sin(a \cdot x)} \cdot dx}_{\text{Integrale 301, 302}}$

18	**Integrale mit** $\sin(a \cdot x)$ $\quad (a \neq 0)$
305	$\int \sin(a \cdot x) \cdot \sin(b \cdot x) \cdot dx = \dfrac{\sin(a \cdot x - b \cdot x)}{2 \cdot (a - b)} - \dfrac{\sin(a \cdot x + b \cdot x)}{2 \cdot (a + b)}$ $\quad$ (für $|a| \neq |b|$)
306	$\int \sin(a \cdot x) \cdot \sin(a \cdot x + b) \cdot dx = -\dfrac{\sin(2 \cdot a \cdot x + b)}{4 \cdot a} + \dfrac{\cos(b) \cdot x}{2}$

19	**Integrale mit** $\cos(a \cdot x)$ $\quad (a \neq 0)$
307	$\int \cos(a \cdot x) \cdot dx = \dfrac{\sin(a \cdot x)}{a}$
308	$\int \cos^2(a \cdot x) \cdot dx = \dfrac{x}{2} + \dfrac{\sin(2 \cdot a \cdot x)}{4 \cdot a}$
309	$\int \cos^3(a \cdot x) \cdot dx = \dfrac{\sin(a \cdot x)}{a} - \dfrac{\sin^3(a \cdot x)}{3 \cdot a}$
310	$\int \cos^4(a \cdot x) \cdot dx = \dfrac{3}{8} \cdot x + \dfrac{\sin(2 \cdot a \cdot x)}{4 \cdot a} + \dfrac{\sin(4 \cdot a \cdot x)}{32 \cdot a}$
311	$\int \cos^n(a \cdot x) \cdot dx = \dfrac{\cos^{n-1}(a \cdot x) \cdot \sin(a \cdot x)}{n \cdot a} + \dfrac{n-1}{n} \cdot \int \cos^{n-2}(a \cdot x) \cdot dx \quad (n > 0)$
312	$\int x \cdot \cos(a \cdot x) \cdot dx = \dfrac{\cos(a \cdot x)}{a^2} + \dfrac{x \cdot \sin(a \cdot x)}{a}$
313	$\int x^2 \cdot \cos(a \cdot x) \cdot dx = \dfrac{2 \cdot x \cdot \cos(a \cdot x)}{a^2} + \dfrac{(a^2 \cdot x^2 - 2) \cdot \sin(a \cdot x)}{a^3}$
314	$\int x^3 \cdot \cos(a \cdot x) \cdot dx = \dfrac{1}{a^2} \cdot \left(3 \cdot x^2 - \dfrac{6}{a^2}\right) \cdot \cos(a \cdot x) + \dfrac{1}{a^3} \cdot (a^2 \cdot x^3 - 6 \cdot x) \cdot \sin(a \cdot x)$
315	$\int x^n \cdot \cos(a \cdot x) \cdot dx = \dfrac{x^n \cdot \sin(a \cdot x)}{a} + \dfrac{n \cdot x^{n-1} \cdot \cos(a \cdot x)}{a^2} - \dfrac{n \cdot (n-1)}{a^2} \cdot \int x^{n-2} \cdot \cos(a \cdot x) \cdot dx \quad (n \geq 2)$ $ = \dfrac{x^n \cdot \sin(a \cdot x)}{a} - \dfrac{n}{a} \cdot \int x^{n-1} \cdot \sin(a \cdot x) \cdot dx \quad\quad\quad (n > 0)$
316	$\int \dfrac{\cos(a \cdot x)}{x} \cdot dx = \ln|a \cdot x| - \dfrac{(a \cdot x)^2}{2 \cdot 2!} + \dfrac{(a \cdot x)^4}{4 \cdot 4!} - \dfrac{(a \cdot x)^6}{6 \cdot 6!} + \ldots$
317	$\int \dfrac{\cos(a \cdot x)}{x^2} \cdot dx = -\dfrac{\cos(a \cdot x)}{x} - a \cdot \underbrace{\int \dfrac{\sin(a \cdot x)}{x} \cdot dx}_{\text{Integral 285}}$
318	$\int \dfrac{\cos(a \cdot x)}{x^n} \cdot dx = -\dfrac{\cos(a \cdot x)}{(n-1) \cdot x^{n-1}} - \dfrac{a}{n-1} \cdot \underbrace{\int \dfrac{\sin(a \cdot x)}{x^{n-1}} \cdot dx}_{\text{Integral 287}} \quad (n \neq 1)$
319	$\int \dfrac{1}{\cos(a \cdot x)} \cdot dx = \dfrac{1}{a} \cdot \ln\left|\tan\left(\dfrac{\pi}{4} + \dfrac{a \cdot x}{2}\right)\right|$

19	**Integrale mit** $\cos(a \cdot x)$ $(a \neq 0)$
320	$\int \dfrac{1}{\cos^2(a \cdot x)} \cdot dx = \dfrac{\tan(a \cdot x)}{a}$
321	$\int \dfrac{1}{\cos^3(a \cdot x)} \cdot dx = -\dfrac{\sin(a \cdot x)}{2 \cdot a \cdot \cos^2(a \cdot x)} + \dfrac{1}{2 \cdot a} \cdot \ln\left|\tan\left(\dfrac{\pi}{4} + \dfrac{a \cdot x}{2}\right)\right|$
322	$\int \dfrac{1}{\cos^n(a \cdot x)} \cdot dx = \dfrac{\sin(a \cdot x)}{a \cdot (n-1) \cdot \cos^{n-1}(a \cdot x)} + \dfrac{n-2}{n-1} \cdot \int \dfrac{1}{\cos^{n-2}(a \cdot x)} \cdot dx \quad (n > 1)$
323	$\int x \cdot \cos^2(a \cdot x) \cdot dx = \dfrac{x^2}{4} + \dfrac{x \cdot \sin(2 \cdot a \cdot x)}{4 \cdot a} + \dfrac{\cos(2 \cdot a \cdot x)}{8 \cdot a^2}$
324	$\int \dfrac{x}{\cos^2(a \cdot x)} \cdot dx = \dfrac{x \cdot \tan(a \cdot x)}{a} + \dfrac{\ln|\cos(a \cdot x)|}{a^2}$
325	$\int \dfrac{x}{\cos^n(a \cdot x)} \cdot dx = \dfrac{x \cdot \sin(a \cdot x)}{(n-1) \cdot a \cdot \cos^{n-1}(a \cdot x)} - \dfrac{1}{(n-1) \cdot (n-2) \cdot a^2 \cdot \cos^{n-2}(a \cdot x)} + \dfrac{n-2}{n-1} \cdot \int \dfrac{x}{\cos^{n-2}(a \cdot x)} \cdot dx \quad (n > 2)$
326	$\int \dfrac{1}{1 + \cos(a \cdot x)} \cdot dx = \dfrac{1}{a} \cdot \tan\left(\dfrac{a \cdot x}{2}\right)$
327	$\int \dfrac{1}{1 - \cos(a \cdot x)} \cdot dx = -\dfrac{1}{a} \cdot \cot\left(\dfrac{a \cdot x}{2}\right)$
328	$\int \dfrac{x}{1 + \cos(a \cdot x)} \cdot dx = \dfrac{x}{a} \cdot \tan\left(\dfrac{a \cdot x}{2}\right) + \dfrac{2}{a^2} \cdot \ln\left|\cos\left(\dfrac{a \cdot x}{2}\right)\right|$
329	$\int \dfrac{x}{1 - \cos(a \cdot x)} \cdot dx = -\dfrac{x}{a} \cdot \cot\left(\dfrac{a \cdot x}{2}\right) + \dfrac{2}{a^2} \cdot \ln\left|\sin\left(\dfrac{a \cdot x}{2}\right)\right|$
330	$\int \dfrac{\cos(a \cdot x)}{1 + \cos(a \cdot x)} \cdot dx = x - \dfrac{1}{a} \cdot \tan\left(\dfrac{a \cdot x}{2}\right)$
331	$\int \dfrac{\cos(a \cdot x)}{1 - \cos(a \cdot x)} \cdot dx = -x - \dfrac{1}{a} \cdot \cot\left(\dfrac{a \cdot x}{2}\right)$
332	$\int \dfrac{1}{p + q \cdot \cos(a \cdot x)} \cdot dx = \dfrac{2}{a \cdot \sqrt{p^2 - q^2}} \cdot \arctan\left(\dfrac{(p - q) \cdot \tan\left(\dfrac{a \cdot x}{2}\right)}{\sqrt{p^2 - q^2}}\right) \quad (\text{für } p^2 > q^2)$
333	$\int \dfrac{1}{p + q \cdot \cos(a \cdot x)} \cdot dx = \dfrac{1}{a \cdot \sqrt{q^2 - p^2}} \cdot \ln\left|\dfrac{(q - p) \cdot \tan\left(\dfrac{a \cdot x}{2}\right) + \sqrt{q^2 - p^2}}{(q - p) \cdot \tan\left(\dfrac{a \cdot x}{2}\right) - \sqrt{q^2 - p^2}}\right| \quad (\text{für } p^2 < q^2)$
334	$\int \dfrac{\cos(a \cdot x)}{p + q \cdot \cos(a \cdot x)} \cdot dx = \dfrac{x}{q} - \dfrac{p}{q} \cdot \underbrace{\int \dfrac{1}{p + q \cdot \cos(a \cdot x)} \cdot dx}_{\text{Integrale } 332, 333}$

19	**Integrale mit** $\cos(a \cdot x)$ $\quad (a \neq 0)$
335	$\displaystyle \int \frac{1}{\cos(a \cdot x) \cdot [p + q \cdot \cos(a \cdot x)]} \cdot dx = \frac{1}{a \cdot p} \cdot \ln\left|\tan\left(\frac{\pi}{4} + \frac{a \cdot x}{2}\right)\right| - \frac{q}{p} \cdot \underbrace{\int \frac{1}{p + q \cdot \cos(a \cdot x)} \cdot dx}_{\text{Integrale } 332, 333}$
336	$\displaystyle \int \cos(a \cdot x) \cdot \cos(b \cdot x) \cdot dx = \frac{\sin(a \cdot x - b \cdot x)}{2 \cdot (a - b)} + \frac{\sin(a \cdot x + b \cdot x)}{2 \cdot (a + b)} \quad \left(\text{für } |a| \neq |b|\right)$
337	$\displaystyle \int \cos(a \cdot x) \cdot \cos(a \cdot x + b) \cdot dx = \frac{\sin(2 \cdot a \cdot x + b)}{4 \cdot a} + \frac{\cos(b) \cdot x}{2}$

20	**Integrale mit** $\sin(a \cdot x)$ **und** $\cos(a \cdot x)$ $\quad a \neq 0$
338	$\displaystyle \int \sin(a \cdot x) \cdot \cos(a \cdot x) \cdot dx = \frac{\sin^2(a \cdot x)}{2 \cdot a}$
339	$\displaystyle \int \sin^2(a \cdot x) \cdot \cos^2(a \cdot x) \cdot dx = \frac{x}{8} - \frac{\sin(4 \cdot a \cdot x)}{32 \cdot a}$
340	$\displaystyle \int \sin^n(a \cdot x) \cdot \cos(a \cdot x) \cdot dx = \frac{\sin^{n+1}(a \cdot x)}{(n+1) \cdot a} \quad (n \neq -1)$
341	$\displaystyle \int \sin(a \cdot x) \cdot \cos^n(a \cdot x) \cdot dx = -\frac{\cos^{n+1}(a \cdot x)}{(n+1) \cdot a} \quad (n \neq -1)$
342	$\displaystyle \int \sin^m(a \cdot x) \cdot \cos^n(a \cdot x) \cdot dx = -\frac{\sin^{m-1}(a \cdot x) \cdot \cos^{n+1}(a \cdot x)}{(m+n) \cdot a} + \frac{m-1}{m+n} \cdot \int \sin^{m-2}(a \cdot x) \cdot \cos^n(a \cdot x) \cdot dx$ $\displaystyle \qquad\qquad = \frac{\sin^{m+1}(a \cdot x) \cdot \cos^{n-1}(a \cdot x)}{(m+n) \cdot a} + \frac{n-1}{m+n} \cdot \int \sin^m(a \cdot x) \cdot \cos^{n-2}(a \cdot x) \cdot dx$ $(m > 0) \quad \text{und} \quad (n > 0)$
343	$\displaystyle \int \frac{1}{\sin(a \cdot x) \cdot \cos(a \cdot x)} \cdot dx = \frac{1}{a} \cdot \ln|\tan(a \cdot x)|$
344	$\displaystyle \int \frac{1}{\sin^2(a \cdot x) \cdot \cos(a \cdot x)} \cdot dx = \frac{1}{a} \cdot \left[\ln\left|\tan\left(\frac{\pi}{4} + \frac{a \cdot x}{2}\right)\right| - \frac{1}{\sin(a \cdot x)}\right]$
345	$\displaystyle \int \frac{1}{\sin(a \cdot x) \cdot \cos^2(a \cdot x)} \cdot dx = \frac{1}{a} \cdot \left[\ln\left|\tan\left(\frac{a \cdot x}{2}\right)\right| + \frac{1}{\cos(a \cdot x)}\right]$
346	$\displaystyle \int \frac{1}{\sin^n(a \cdot x) \cdot \cos(a \cdot x)} \cdot dx = -\frac{1}{(n-1) \cdot a \cdot \sin^{n-1}(a \cdot x)} + \int \frac{1}{\sin^{n-2}(a \cdot x) \cdot \cos(a \cdot x)} \cdot dx \quad (n \neq 1)$
347	$\displaystyle \int \frac{1}{\sin(a \cdot x) \cdot \cos^n(a \cdot x)} \cdot dx = -\frac{1}{(n-1) \cdot a \cdot \cos^{n-1}(a \cdot x)} + \int \frac{1}{\cos^{n-2}(a \cdot x) \cdot \sin(a \cdot x)} \cdot dx \quad (n \neq 1)$

20	**Integrale mit** $\sin(a \cdot x)$ **und** $\cos(a \cdot x)$ $a \neq 0$
348	$\displaystyle\int \frac{1}{\sin^m(a \cdot x) \cdot \cos^n(a \cdot x)} \cdot dx \;=\; -\frac{1}{(m-1) \cdot a \cdot \sin^{m-1}(a \cdot x) \cdot \cos^{n-1}(a \cdot x)} + \frac{m+n-2}{m-1} \cdot \int \frac{1}{\sin^{m-2}(a \cdot x) \cdot \cos^n(a \cdot x)} \cdot dx$ $\displaystyle = \frac{1}{(n-1) \cdot a \cdot \sin^{m-1}(a \cdot x) \cdot \cos^{n-1}(a \cdot x)} + \frac{m+n-2}{n-1} \cdot \int \frac{1}{\sin^m(a \cdot x) \cdot \cos^{n-2}(a \cdot x)} \cdot dx$ $(n \neq 1)$ und $(m \neq 1)$
349	$\displaystyle\int \frac{\sin(a \cdot x)}{\cos(a \cdot x)} \cdot dx = -\frac{1}{a} \cdot \ln\left|\cos(a \cdot x)\right|$
350	$\displaystyle\int \frac{\sin^2(a \cdot x)}{\cos(a \cdot x)} \cdot dx = -\frac{1}{a} \cdot \sin(a \cdot x) + \frac{1}{a} \cdot \ln\left|\tan\left(\frac{\pi}{4} + \frac{a \cdot x}{2}\right)\right|$
351	$\displaystyle\int \frac{\sin(a \cdot x)}{\cos^2(a \cdot x)} \cdot dx = \frac{1}{a \cdot \cos(a \cdot x)}$
352	$\displaystyle\int \frac{\sin^2(a \cdot x)}{\cos^2(a \cdot x)} \cdot dx = \frac{\tan(a \cdot x)}{a} - x$
353	$\displaystyle\int \frac{\sin^n(a \cdot x)}{\cos(a \cdot x)} \cdot dx = -\frac{\sin^{n-1}(a \cdot x)}{(n-1) \cdot a} + \int \frac{\sin^{n-2}(a \cdot x)}{\cos(a \cdot x)} \cdot dx \quad (n \neq 1)$
354	$\displaystyle\int \frac{\sin(a \cdot x)}{\cos^n(a \cdot x)} \cdot dx = \frac{1}{(n-1) \cdot a \cdot \cos^{n-1}(a \cdot x)} \quad (n \neq 1)$
355	$\displaystyle\int \frac{\sin^m(a \cdot x)}{\cos^n(a \cdot x)} \cdot dx \;=\; \frac{\sin^{m-1}(a \cdot x)}{(n-1) \cdot a \cdot \cos^{n-1}(a \cdot x)} - \frac{m-1}{n-1} \cdot \int \frac{\sin^{m-2}(a \cdot x)}{\cos^{n-2}(a \cdot x)} \cdot dx \quad (n \neq 1)$ $\displaystyle = \frac{\sin^{m+1}(a \cdot x)}{(n-1) \cdot a \cdot \cos^{n-1}(a \cdot x)} - \frac{m-n+2}{n-1} \cdot \int \frac{\sin^m(a \cdot x)}{\cos^{n-2}(a \cdot x)} \cdot dx \quad (n \neq 1)$ $\displaystyle = -\frac{\sin^{m-1}(a \cdot x)}{(m-n) \cdot a \cdot \cos^{n-1}(a \cdot x)} + \frac{m-1}{m-n} \cdot \int \frac{\sin^{m-2}(a \cdot x)}{\cos^n(a \cdot x)} \cdot dx \quad (m \neq n)$
356	$\displaystyle\int \frac{\cos(a \cdot x)}{\sin(a \cdot x)} \cdot dx = \frac{1}{a} \cdot \ln\left|\sin(a \cdot x)\right|$
357	$\displaystyle\int \frac{\cos(a \cdot x)}{\sin^2(a \cdot x)} \cdot dx = -\frac{1}{a \cdot \sin(a \cdot x)}$
358	$\displaystyle\int \frac{\cos(a \cdot x)}{\sin^3(a \cdot x)} \cdot dx = -\frac{1}{2 \cdot a \cdot \sin^2(a \cdot x)}$
359	$\displaystyle\int \frac{\cos(a \cdot x)}{\sin^n(a \cdot x)} \cdot dx = -\frac{1}{(n-1) \cdot a \cdot \sin^{n-1}(a \cdot x)} \quad (n \neq 1)$
360	$\displaystyle\int \frac{\cos^2(a \cdot x)}{\sin(a \cdot x)} \cdot dx = \frac{1}{a} \cdot \left[\cos(a \cdot x) \cdot \ln\left|\tan\left(\frac{a \cdot x}{2}\right)\right|\right]$

20	**Integrale mit** $\sin(a\cdot x)$ **und** $\cos(a\cdot x)$ $a \neq 0$
361	$\int \dfrac{\cos^n(a\cdot x)}{\sin(a\cdot x)}\cdot dx = \dfrac{\cos^{n-1}(a\cdot x)}{(n-1)\cdot a} + \int \dfrac{\cos^{n-2}(a\cdot x)}{\sin(a\cdot x)}\cdot dx \qquad (n \neq 1)$
362	$\int \dfrac{\cos^m(a\cdot x)}{\sin^n(a\cdot x)}\cdot dx \;= -\dfrac{\cos^{m-1}(a\cdot x)}{(n-1)\cdot a\cdot \sin^{n-1}(a\cdot x)} - \dfrac{m-1}{n-1}\int \dfrac{\cos^{m-2}(a\cdot x)}{\sin^{n-2}(a\cdot x)}\cdot dx \qquad (n \neq 1)$ $= -\dfrac{\cos^{m+1}(a\cdot x)}{(n-1)\cdot a\cdot \sin^{n-1}(a\cdot x)} - \dfrac{m-n+2}{n-1}\int \dfrac{\cos^m(a\cdot x)}{\sin^{n-2}(a\cdot x)}\cdot dx \qquad (n \neq 1)$ $= \dfrac{\cos^{m-1}(a\cdot x)}{(m-n)\cdot a\cdot \sin^{n-1}(a\cdot x)} + \dfrac{m-1}{m-n}\int \dfrac{\cos^{m-2}(a\cdot x)}{\sin^n(a\cdot x)}\cdot dx \qquad (m \neq n)$
363	$\int \dfrac{1}{\sin(a\cdot x)\pm\cos(a\cdot x)}\cdot dx = \dfrac{1}{a\cdot\sqrt{2}}\cdot \ln\left|\tan\left(\dfrac{a\cdot x}{2}\pm\dfrac{\pi}{8}\right)\right|$
364	$\int \dfrac{\sin(a\cdot x)}{\sin(a\cdot x)\pm\cos(a\cdot x)}\cdot dx = \dfrac{x}{2}\mp\dfrac{1}{2\cdot a}\cdot \ln\left|\sin(a\cdot x)\pm\cos(a\cdot x)\right|$
365	$\int \dfrac{\cos(a\cdot x)}{\sin(a\cdot x)\pm\cos(a\cdot x)}\cdot dx = \pm\dfrac{x}{2}+\dfrac{1}{2\cdot a}\cdot \ln\left|\sin(a\cdot x)\pm\cos(a\cdot x)\right|$
366	$\int \dfrac{1}{\sin(a\cdot x)\cdot[1\pm\cos(a\cdot x)]}\cdot dx = \pm\dfrac{1}{2\cdot a\cdot[1\pm\cos(a\cdot x)]}+\dfrac{1}{2\cdot a}\ln\left|\tan\left(\dfrac{a\cdot x}{2}\right)\right|$
367	$\int \dfrac{1}{\cos(a\cdot x)\cdot[1\pm\sin(a\cdot x)]}\cdot dx = \mp\dfrac{1}{2\cdot a\cdot[1\pm\sin(a\cdot x)]}+\dfrac{1}{2\cdot a}\ln\left|\tan\left(\dfrac{\pi}{4}+\dfrac{a\cdot x}{2}\right)\right|$
368	$\int \dfrac{\sin(a\cdot x)}{\cos(a\cdot x)\cdot[1\pm\cos(a\cdot x)]}\cdot dx = \dfrac{1}{a}\cdot \ln\left|\dfrac{1\pm\cos(a\cdot x)}{\cos(a\cdot x)}\right|$
369	$\int \dfrac{\cos(a\cdot x)}{\sin(a\cdot x)\cdot[1\pm\sin(a\cdot x)]}\cdot dx = -\dfrac{1}{a}\cdot \ln\left|\dfrac{1\pm\sin(a\cdot x)}{\sin(a\cdot x)}\right|$
370	$\int \dfrac{\sin(a\cdot x)}{\cos(a\cdot x)\cdot[1\pm\sin(a\cdot x)]}\cdot dx = \dfrac{1}{2\cdot a\cdot[1\pm\sin(a\cdot x)]}\pm\dfrac{1}{2\cdot a}\ln\left|\tan\left(\dfrac{\pi}{4}+\dfrac{a\cdot x}{2}\right)\right|$
371	$\int \dfrac{\cos(a\cdot x)}{\sin(a\cdot x)\cdot[1\pm\cos(a\cdot x)]}\cdot dx = -\dfrac{1}{2\cdot a\cdot[1\pm\cos(a\cdot x)]}\pm\dfrac{1}{2\cdot a}\ln\left|\tan\left(\dfrac{a\cdot x}{2}\right)\right|$
372	$\int \sin(a\cdot x)\cdot\cos(b\cdot x)\cdot dx = -\dfrac{\cos[(a+b)\cdot x]}{2\cdot(a+b)}-\dfrac{\cos[(a-b)\cdot x]}{2\cdot(a-b)} \qquad (a^2 \neq b^2)$

21	**Integrale mit** $\tan(a\cdot x)$ $(a \neq 0)$
373	$\int \tan(a\cdot x)\cdot dx = -\dfrac{1}{a}\cdot \ln\left|\cos(a\cdot x)\right|$
374	$\int \tan^2(a\cdot x)\cdot dx = \dfrac{\tan(a\cdot x)}{a} - x$

21	**Integrale mit** $\tan(a \cdot x)$ $(a \neq 0)$
375	$\int \tan^3(a \cdot x) \cdot dx = \dfrac{\tan^2(a \cdot x)}{2 \cdot a} + \dfrac{1}{a} \cdot \ln|\cos(a \cdot x)|$
376	$\int \tan^n(a \cdot x) \cdot dx = \dfrac{\tan^{n-1}(a \cdot x)}{(n-1) \cdot a} - \int \tan^{n-2}(a \cdot x) \cdot dx$ $(n \neq 1)$
377	$\int \dfrac{1}{\tan(a \cdot x)} \cdot dx = \dfrac{1}{a} \cdot \ln|\sin(a \cdot x)|$
378	$\int \dfrac{\tan^n(a \cdot x)}{\cos^2(a \cdot x)} \cdot dx = \dfrac{\tan^{n+1}(a \cdot x)}{(n+1) \cdot a}$ $(n \neq -1)$
379	$\int \dfrac{1}{p + q \cdot \tan(a \cdot x)} \cdot dx = \dfrac{a \cdot p \cdot x + q \cdot \ln|q \cdot \sin(a \cdot x) + p \cdot \cos(a \cdot x)|}{a \cdot (p^2 + q^2)} \cdot$

22	**Integrale mit** $\cot(a \cdot x)$ $(a \neq 0)$
380	$\int \cot(a \cdot x) \cdot dx = \dfrac{1}{a} \cdot \ln|\sin(a \cdot x)|$
381	$\int \cot^2(a \cdot x) \cdot dx = -\dfrac{\cot(a \cdot x)}{a} - x$
382	$\int \cot^3(a \cdot x) \cdot dx = -\dfrac{\cot^2(a \cdot x)}{2 \cdot a} - \dfrac{1}{a} \cdot \ln|\sin(a \cdot x)|$
383	$\int \cot^n(a \cdot x) \cdot dx = -\dfrac{\cot^{n-1}(a \cdot x)}{(n-1) \cdot a} - \int \cot^{n-2}(a \cdot x) \cdot dx$ $(n \neq 1)$
384	$\int \dfrac{1}{\cot(a \cdot x)} \cdot dx = -\dfrac{1}{a} \cdot \ln|\cos(a \cdot x)|$
385	$\int \dfrac{\cot^n(a \cdot x)}{\sin^2(a \cdot x)} \cdot dx = -\dfrac{\cot^{n+1}(a \cdot x)}{(n+1) \cdot a}$ $(n \neq -1)$
386	$\int \dfrac{1}{p + q \cdot \cot(a \cdot x)} \cdot dx = \dfrac{a \cdot p \cdot x - q \cdot \ln|p \cdot \sin(a \cdot x) + q \cdot \cos(a \cdot x)|}{a \cdot (p^2 + q^2)} \cdot$

23	**Integrale mit Arkusfunktionen**
387	$\int \arcsin\left(\dfrac{x}{a}\right) \cdot dx = x \cdot \arcsin\left(\dfrac{x}{a}\right) + \sqrt{a^2 - x^2}$
388	$\int x \cdot \arcsin\left(\dfrac{x}{a}\right) \cdot dx = \dfrac{2 \cdot x^2 - a^2}{4} \cdot \arcsin\left(\dfrac{x}{a}\right) + \dfrac{x}{4} \cdot \sqrt{a^2 - x^2}$
389	$\int x^2 \cdot \arcsin\left(\dfrac{x}{a}\right) \cdot dx = \dfrac{x^3}{3} \cdot \arcsin\left(\dfrac{x}{a}\right) + \dfrac{x^2 + 2 \cdot a^2}{9} \cdot \sqrt{a^2 - x^2}$

23	Integrale mit Arkusfunktionen
390	$\int \arccos\left(\dfrac{x}{a}\right) \cdot dx = x \cdot \arccos\left(\dfrac{x}{a}\right) - \sqrt{a^2 - x^2}$
391	$\int x \cdot \arccos\left(\dfrac{x}{a}\right) \cdot dx = \left(\dfrac{2 \cdot x^2 - a^2}{4}\right) \cdot \arccos\left(\dfrac{x}{a}\right) - \dfrac{x}{4} \cdot \sqrt{a^2 - x^2}$
392	$\int x^2 \cdot \arccos\left(\dfrac{x}{a}\right) \cdot dx = \dfrac{x^3}{3} \cdot \arccos\left(\dfrac{x}{a}\right) - \dfrac{x^2 + 2 \cdot a^2}{9} \cdot \sqrt{a^2 - x^2}$
393	$\int \arctan\left(\dfrac{x}{a}\right) \cdot dx = x \cdot \arctan\left(\dfrac{x}{a}\right) - \dfrac{a}{2} \cdot \ln\left(a^2 + x^2\right)$
394	$\int x \cdot \arctan\left(\dfrac{x}{a}\right) \cdot dx = \dfrac{a^2 + x^2}{2} \cdot \arctan\left(\dfrac{x}{a}\right) - \dfrac{a \cdot x}{2}$
395	$\int x^2 \cdot \arctan\left(\dfrac{x}{a}\right) \cdot dx = \dfrac{x^3}{3} \cdot \arctan\left(\dfrac{x}{a}\right) - \dfrac{a \cdot x^2}{6} + \dfrac{a^3}{6} \cdot \ln\left(a^2 + x^2\right)$
396	$\int \operatorname{arc\,cot}\left(\dfrac{x}{a}\right) \cdot dx = x \cdot \operatorname{arc\,cot}\left(\dfrac{x}{a}\right) + \dfrac{a}{2} \cdot \ln\left(a^2 + x^2\right)$
397	$\int x \cdot \operatorname{arc\,cot}\left(\dfrac{x}{a}\right) \cdot dx = \dfrac{a^2 + x^2}{2} \cdot \operatorname{arc\,cot}\left(\dfrac{x}{a}\right) + \dfrac{a \cdot x}{2}$
398	$\int x^2 \cdot \operatorname{arc\,cot}\left(\dfrac{x}{a}\right) \cdot dx = \dfrac{x^3}{3} \cdot \operatorname{arc\,cot}\left(\dfrac{x}{a}\right) + \dfrac{a \cdot x^2}{6} - \dfrac{a^3}{6} \cdot \ln\left(a^2 + x^2\right)$

24	Integrale mit $e^{a \cdot x}$ $\quad (a \neq 0)$
399	$\int e^{a \cdot x} \cdot dx = \dfrac{1}{a} \cdot e^{a \cdot x}$
400	$\int x \cdot e^{a \cdot x} \cdot dx = \dfrac{a \cdot x - 1}{a^2} \cdot e^{a \cdot x}$
401	$\int x^2 \cdot e^{a \cdot x} \cdot dx = \dfrac{a^2 \cdot x^2 - 2 \cdot a \cdot x + 2}{a^3} \cdot e^{a \cdot x}$
402	$\int x^n \cdot e^{a \cdot x} \cdot dx = \dfrac{x^n \cdot e^{a \cdot x}}{a} - \dfrac{n}{a} \cdot \int x^{n-1} \cdot e^{a \cdot x} \cdot dx$
403	$\int \dfrac{e^{a \cdot x}}{x} \cdot dx = \ln|x| + \dfrac{a \cdot x}{1 \cdot 1!} + \dfrac{(a \cdot x)^2}{2 \cdot 2!} + \dfrac{(a \cdot x)^3}{3 \cdot 3!} + \ldots \quad$ (konvergiert für $|x| > 0$)
404	$\int \dfrac{e^{a \cdot x}}{x^n} \cdot dx = -\dfrac{e^{a \cdot x}}{(n-1) \cdot x^{n-1}} + \dfrac{a}{n-1} \cdot \int \dfrac{e^{a \cdot x}}{x^{n-1}} \cdot dx \quad (n \neq 1)$
405	$\int \dfrac{1}{1 + e^{a \cdot x}} \cdot dx = \dfrac{1}{a} \cdot \ln \dfrac{e^{a \cdot x}}{1 + e^{a \cdot x}}$

24	**Integrale mit** $e^{a \cdot x}$ $(a \neq 0)$
406	$\int \dfrac{1}{p+q \cdot e^{a \cdot x}} \cdot dx = \dfrac{x}{p} - \dfrac{1}{a \cdot p} \cdot \ln \left| p + q \cdot e^{a \cdot x} \right|$
407	$\int \dfrac{e^{a \cdot x}}{p+q \cdot e^{a \cdot x}} \cdot dx = \dfrac{1}{a \cdot q} \cdot \ln \left| p + q \cdot e^{a \cdot x} \right|$
408	$\int \dfrac{1}{p \cdot e^{a \cdot x} + q \cdot e^{-a \cdot x}} \cdot dx = \begin{cases} \dfrac{1}{a \cdot \sqrt{p \cdot q}} \cdot \arctan\left(\sqrt{\dfrac{p}{q}} \cdot e^{a \cdot x} \right) & \text{für } (p \cdot q > 0) \\[4mm] \dfrac{1}{2 \cdot a \cdot \sqrt{|p \cdot q|}} \cdot \ln \left| \dfrac{q + \sqrt{|p \cdot q|} \cdot e^{a \cdot x}}{q - \sqrt{|p \cdot q|} \cdot e^{a \cdot x}} \right| & \text{für } (p \cdot q < 0) \end{cases}$
409	$\int e^{a \cdot x} \cdot \ln x \cdot dx = \dfrac{e^{a \cdot x} \cdot \ln|x|}{a} - \dfrac{1}{a} \cdot \underbrace{\int \dfrac{e^{a \cdot x}}{x} \cdot dx}_{\text{Integral 403}}$
410	$\int e^{a \cdot x} \cdot \sin(b \cdot x) \cdot dx = \dfrac{e^{a \cdot x}}{a^2 + b^2} \cdot [a \cdot \sin(b \cdot x) - b \cdot \cos(b \cdot x)]$
411	$\int e^{a \cdot x} \cdot \sin^n(b \cdot x) \cdot dx = \dfrac{e^{a \cdot x} \cdot \sin^{n-1}(b \cdot x)}{a^2 + n^2 \cdot b^2} \cdot [a \cdot \sin(b \cdot x) - n \cdot b \cdot \cos(b \cdot x)] + \dfrac{n \cdot (n-1) \cdot b^2}{a^2 + n^2 \cdot b^2} \cdot \int e^{a \cdot x} \cdot \sin^{n-2}(b \cdot x) \cdot dx$
412	$\int e^{a \cdot x} \cdot \cos(b \cdot x) \cdot dx = \dfrac{e^{a \cdot x}}{a^2 + b^2} \cdot [a \cdot \cos(b \cdot x) + b \cdot \sin(b \cdot x)]$
413	$\int e^{a \cdot x} \cdot \cos^n(b \cdot x) \cdot dx = \dfrac{e^{a \cdot x} \cdot \cos^{n-1}(b \cdot x)}{a^2 + n^2 \cdot b^2} \cdot [a \cdot \cos(b \cdot x) + n \cdot b \cdot \sin(b \cdot x)] + \dfrac{n \cdot (n-1) \cdot b^2}{a^2 + n^2 \cdot b^2} \cdot \int e^{a \cdot x} \cdot \cos^{n-2}(b \cdot x) \cdot dx$
414	$\int e^{a \cdot x} \cdot \sinh(a \cdot x) \cdot dx = \dfrac{e^{2 \cdot a \cdot x}}{4 \cdot a} - \dfrac{x}{2}$
415	$\int e^{a \cdot x} \cdot \sinh(b \cdot x) \cdot dx = \dfrac{e^{a \cdot x}}{a^2 - b^2} \cdot [a \cdot \sinh(b \cdot x) - b \cdot \cosh(b \cdot x)]$ (für $|a| \neq |b|$)
416	$\int e^{a \cdot x} \cdot \cosh(a \cdot x) \cdot dx = \dfrac{e^{2 \cdot a \cdot x}}{4 \cdot a} + \dfrac{x}{2}$
417	$\int e^{a \cdot x} \cdot \cosh(b \cdot x) \cdot dx = \dfrac{e^{a \cdot x}}{a^2 - b^2} \cdot [a \cdot \cosh(b \cdot x) - b \cdot \sinh(b \cdot x)]$ (für $|a| \neq |b|$)
418	$\int x \cdot e^{a \cdot x} \cdot \sin(b \cdot x) \cdot dx = \dfrac{x \cdot e^{a \cdot x}}{a^2 + b^2} \cdot [a \cdot \sin(b \cdot x) - b \cdot \cos(b \cdot x)] - \dfrac{e^{a \cdot x}}{(a^2 + b^2)^2} \cdot [(a^2 - b^2) \cdot \sin(b \cdot x) - 2 \cdot a \cdot b \cdot \cos(b \cdot x)]$
419	$\int x \cdot e^{a \cdot x} \cdot \cos(b \cdot x) \cdot dx = \dfrac{x \cdot e^{a \cdot x}}{a^2 + b^2} \cdot [a \cdot \cos(b \cdot x) + b \cdot \sin(b \cdot x)] - \dfrac{e^{a \cdot x}}{(a^2 + b^2)^2} \cdot [(a^2 - b^2) \cdot \cos(b \cdot x) + 2 \cdot a \cdot b \cdot \sin(b \cdot x)]$

25	**Integrale mit** $\ln x$ $\quad (x > 0)$
420	$\int \ln x \cdot dx = x \cdot \ln x - x$
421	$\int (\ln x)^2 \cdot dx = x \cdot (\ln x)^2 - 2 \cdot x \cdot \ln x + 2 \cdot x$
422	$\int (\ln x)^3 \cdot dx = x \cdot (\ln x)^3 - 3 \cdot x \cdot (\ln x)^2 + 6 \cdot x \cdot \ln x - 6 \cdot x$
423	$\int (\ln x)^n \cdot dx = x \cdot (\ln x)^n - n \cdot \int (\ln x)^{n-1} \cdot dx \quad (n \neq -1)$
424	$\int \dfrac{1}{\ln x} \cdot dx = \ln|\ln x| + \dfrac{\ln x}{1 \cdot 1!} + \dfrac{(\ln x)^2}{2 \cdot 2!} + \dfrac{(\ln x)^3}{3 \cdot 3!} + \ldots \quad (x \neq 1)$
425	$\int \dfrac{1}{(\ln x)^n} \cdot dx = -\dfrac{x}{(n-1) \cdot (\ln x)^{n-1}} + \dfrac{1}{n-1} \cdot \int \dfrac{1}{(\ln x)^{n-1}} \cdot dx \quad (x \neq 1)$
426	$\int x \cdot \ln x \cdot dx = \dfrac{x^2}{2} \cdot \left(\ln x - \dfrac{1}{2} \right)$
427	$\int x^2 \cdot \ln x \cdot dx = \dfrac{x^3}{3} \cdot \left(\ln x - \dfrac{1}{3} \right)$
428	$\int x^n \cdot \ln x \cdot dx = \dfrac{x^{n+1}}{n+1} \cdot \left(\ln x - \dfrac{1}{n+1} \right) \quad (n \neq -1)$
429	$\int \dfrac{\ln x}{x} \cdot dx = \dfrac{(\ln x)^2}{2}$
430	$\int \dfrac{\ln x}{x^n} \cdot dx = -\dfrac{\ln x}{(n-1) \cdot x^{n-1}} - \dfrac{1}{(n-1)^2 \cdot x^{n-1}} \quad (n \neq 1)$
431	$\int \dfrac{(\ln x)^n}{x} \cdot dx = \dfrac{(\ln x)^{n+1}}{(n+1)} \quad (n \neq -1)$
432	$\int \dfrac{(\ln x)^n}{x^m} \cdot dx = -\dfrac{(\ln x)^n}{(m-1) \cdot x^{m-1}} + \dfrac{n}{m-1} \cdot \int \dfrac{(\ln x)^{n-1}}{x^m} \cdot dx \quad (m \neq 1)$
433	$\int \dfrac{1}{x \cdot \ln x} \cdot dx = \ln|\ln x| \quad (x \neq 1)$
434	$\int \dfrac{1}{x \cdot (\ln x)^n} \cdot dx = -\dfrac{1}{(n-1) \cdot (\ln x)^{n-1}} \quad (n \neq 1)$
435	$\int \dfrac{x^n}{\ln x} \cdot dx = \ln|\ln x| + \dfrac{n+1}{1 \cdot 1!} \cdot \ln x + \dfrac{(n+1)^2}{2 \cdot 2!} \cdot (\ln x)^2 + \dfrac{(n+1)^3}{3 \cdot 3!} \cdot (\ln x)^3 + \ldots \quad (x \neq 1)$
436	$\int x^m \cdot (\ln x)^n \cdot dx = \dfrac{x^{m+1} \cdot (\ln x)^n}{m+1} - \dfrac{n}{m+1} \cdot \int x^m \cdot (\ln x)^{n-1} \cdot dx \quad (m \neq -1)$
437	$\int \dfrac{x^m}{(\ln x)^n} \cdot dx = -\dfrac{x^{m+1}}{(n-1) \cdot (\ln x)^{n-1}} + \dfrac{m+1}{n-1} \cdot \int \dfrac{x^m}{(\ln x)^{n-1}} \cdot dx \quad (n \neq 1)$

25	**Integrale mit** $\ln x$ $(x > 0)$
438	$\int \ln(x^2 + a^2) \cdot dx = x \cdot \ln(x^2 + a^2) - 2 \cdot x + 2 \cdot a \cdot \arctan\left(\dfrac{x}{a}\right)$
439	$\int \ln(x^2 - a^2) \cdot dx = x \cdot \ln(x^2 - a^2) - 2 \cdot x + a \cdot \ln\left(\dfrac{x+a}{x-a}\right)$ $\quad (x^2 > a^2)$

26	**Integrale mit** $\sinh(a \cdot x)$ $\quad (a \neq 0)$
440	$\int \sinh(a \cdot x) \cdot dx = \dfrac{\cosh(a \cdot x)}{a}$
441	$\int \sinh^2(a \cdot x) \cdot dx = \dfrac{\sinh(2 \cdot a \cdot x)}{4 \cdot a} - \dfrac{x}{2}$
442	$\int \sinh^n(a \cdot x) \cdot dx = \dfrac{\sinh^{n-1}(a \cdot x) \cdot \cosh(a \cdot x)}{n \cdot a} - \dfrac{n-1}{n} \cdot \int \sinh^{n-2}(a \cdot x) \cdot dx \quad (n \neq 0)$
443	$\int x \cdot \sinh(a \cdot x) \cdot dx = \dfrac{x \cdot \cosh(a \cdot x)}{a} - \dfrac{\sinh(a \cdot x)}{a^2}$
444	$\int x^n \cdot \sinh(a \cdot x) \cdot dx = \dfrac{x^n \cdot \cosh(a \cdot x)}{a} - \dfrac{n \cdot x^{n-1} \cdot \sinh(a \cdot x)}{a^2} + \dfrac{n \cdot (n-1)}{a^2} \cdot \int x^{n-2} \cdot \sinh(a \cdot x) \cdot dx \quad (n \geq 2)$
445	$\int \dfrac{\sinh(a \cdot x)}{x} \cdot dx = \dfrac{a \cdot x}{1 \cdot 1!} + \dfrac{(a \cdot x)^3}{3 \cdot 3!} + \dfrac{(a \cdot x)^5}{5 \cdot 5!} + \ldots$
446	$\int \dfrac{\sinh(a \cdot x)}{x^n} \cdot dx = -\dfrac{\sinh(a \cdot x)}{(n-1) \cdot x^{n-1}} + \dfrac{a}{n-1} \cdot \underbrace{\int \dfrac{\cosh(a \cdot x)}{x^{n-1}} \cdot dx}_{\text{Integral } 460} \quad (n \neq 1)$
447	$\int \dfrac{1}{\sinh(a \cdot x)} \cdot dx = \dfrac{1}{a} \cdot \ln\left|\tanh\left(\dfrac{a \cdot x}{2}\right)\right|$
448	$\int \dfrac{1}{\sinh^n(a \cdot x)} \cdot dx = -\dfrac{\cosh(a \cdot x)}{(n-1) \cdot a \cdot \sinh^{n-1}(a \cdot x)} - \dfrac{n-2}{n-1} \cdot \int \dfrac{1}{\sinh^{n-2}(a \cdot x)} \cdot dx \quad (n \neq 1)$
449	$\int \dfrac{1}{p + q \cdot \sinh(a \cdot x)} \cdot dx = \dfrac{1}{a \cdot \sqrt{p^2 + q^2}} \cdot \ln\left|\dfrac{q \cdot e^{a \cdot x} + p - \sqrt{p^2 + q^2}}{q \cdot e^{a \cdot x} + p + \sqrt{p^2 + q^2}}\right|$
450	$\int \dfrac{\sinh(a \cdot x)}{p + q \cdot \sinh(a \cdot x)} \cdot dx = \dfrac{x}{q} - \dfrac{p}{q} \cdot \underbrace{\int \dfrac{1}{p + q \cdot \sinh(a \cdot x)} \cdot dx}_{\text{Integral } 449}$
451	$\int \sinh(a \cdot x) \cdot \sinh(b \cdot x) \cdot dx = \dfrac{\sinh[(a+b) \cdot x]}{2 \cdot (a+b)} - \dfrac{\sinh[(a-b) \cdot x]}{2 \cdot (a-b)} \quad (\text{für } |a| \neq |b|)$
452	$\int \sinh(a \cdot x) \cdot \sin(b \cdot x) \cdot dx = \dfrac{a \cdot \cosh(a \cdot x) \cdot \sin(b \cdot x) - b \cdot \sinh(a \cdot x) \cdot \cos(b \cdot x)}{a^2 + b^2}$
453	$\int \sinh(a \cdot x) \cdot \cos(b \cdot x) \cdot dx = \dfrac{a \cdot \cosh(a \cdot x) \cdot \cos(b \cdot x) + b \cdot \sinh(a \cdot x) \cdot \sin(b \cdot x)}{a^2 + b^2}$

27	**Integrale mit** $\cosh(a \cdot x)$ $(a \neq 0)$
454	$\int \cosh(a \cdot x) \cdot dx = \dfrac{\sinh(a \cdot x)}{a}$
455	$\int \cosh^2(a \cdot x) \cdot dx = \dfrac{\sinh(2 \cdot a \cdot x)}{4 \cdot a} + \dfrac{x}{2}$
456	$\int \cosh^n(a \cdot x) \cdot dx = \dfrac{\cosh^{n-1}(a \cdot x) \cdot \sinh(a \cdot x)}{n \cdot a} + \dfrac{n-1}{n} \cdot \int \cosh^{n-2}(a \cdot x) \cdot dx$ $(n \neq 0)$
457	$\int x \cdot \cosh(a \cdot x) \cdot dx = \dfrac{x \cdot \sinh(a \cdot x)}{a} - \dfrac{\cosh(a \cdot x)}{a^2}$
458	$\int x^n \cdot \cosh(a \cdot x) \cdot dx = \dfrac{x^n \cdot \sinh(a \cdot x)}{a} - \dfrac{n \cdot x^{n-1} \cdot \cosh(a \cdot x)}{a^2} + \dfrac{n \cdot (n-1)}{a^2} \cdot \int x^{n-2} \cdot \cosh(a \cdot x) \cdot dx$ $(n \geq 2)$
459	$\int \dfrac{\cosh(a \cdot x)}{x} \cdot dx = \dfrac{\ln|a \cdot x|}{1 \cdot 1!} + \dfrac{(a \cdot x)^2}{2 \cdot 2!} + \dfrac{(a \cdot x)^4}{4 \cdot 4!} + \ldots$
460	$\int \dfrac{\cosh(a \cdot x)}{x^n} \cdot dx = -\dfrac{\cosh(a \cdot x)}{(n-1) \cdot x^{n-1}} + \dfrac{a}{n-1} \cdot \underbrace{\int \dfrac{\sinh(a \cdot x)}{x^{n-1}} \cdot dx}_{\text{Integral } 446}$ $(n \neq 1)$
461	$\int \dfrac{1}{\cosh(a \cdot x)} \cdot dx = \dfrac{2}{a} \cdot \arctan\left(e^{a \cdot x}\right)$
462	$\int \dfrac{1}{\cosh^n(a \cdot x)} \cdot dx = \dfrac{\sinh(a \cdot x)}{(n-1) \cdot a \cdot \cosh^{n-1}(a \cdot x)} + \dfrac{n-2}{n-1} \cdot \int \dfrac{1}{\cosh^{n-2}(a \cdot x)} \cdot dx$ $(n \neq 1)$
463	$\int \dfrac{1}{p + q \cdot \cosh(a \cdot x)} \cdot dx = \begin{cases} \dfrac{1}{a \cdot \sqrt{p^2 - q^2}} \cdot \ln\left|\dfrac{q \cdot e^{a \cdot x} + p - \sqrt{p^2 - q^2}}{q \cdot e^{a \cdot x} + p + \sqrt{p^2 - q^2}}\right| & \text{für } q > 0 \text{ und } p^2 > q^2 \\[3mm] -\dfrac{2}{a \cdot (p + q \cdot e^{a \cdot x})} & \text{für } p^2 = q^2 \\[3mm] \dfrac{2}{a \cdot \sqrt{q^2 - p^2}} \cdot \arctan\left(\dfrac{p + q \cdot e^{a \cdot x}}{\sqrt{q^2 - p^2}}\right) & \text{für } p^2 < q^2 \end{cases}$
464	$\int \dfrac{\cosh(a \cdot x)}{p + q \cdot \cosh(a \cdot x)} \cdot dx = \dfrac{x}{q} - \dfrac{p}{q} \cdot \underbrace{\int \dfrac{1}{p + q \cdot \cosh(a \cdot x)} \cdot dx}_{\text{Integral } 463}$
465	$\int \cosh(a \cdot x) \cdot \cosh(b \cdot x) \cdot dx = \dfrac{\sinh[(a+b) \cdot x]}{2 \cdot (a+b)} + \dfrac{\sinh[(a-b) \cdot x]}{2 \cdot (a-b)}$ $\text{für } (|a| \neq |b|)$
466	$\int \cosh(a \cdot x) \cdot \sin(b \cdot x) \cdot dx = \dfrac{a \cdot \sinh(a \cdot x) \cdot \sin(b \cdot x) - b \cdot \cosh(a \cdot x) \cdot \cos(b \cdot x)}{a^2 + b^2}$
467	$\int \cosh(a \cdot x) \cdot \cos(b \cdot x) \cdot dx = \dfrac{a \cdot \sinh(a \cdot x) \cdot \cos(b \cdot x) + b \cdot \cosh(a \cdot x) \cdot \sin(b \cdot x)}{a^2 + b^2}$

28	**Integrale mit** $\sinh(a \cdot x)$ und $\cosh(a \cdot x)$ $(a \neq 0)$
468	$\int \sinh(a \cdot x) \cdot \cosh(a \cdot x) \cdot dx = \dfrac{\sinh^2(a \cdot x)}{2 \cdot a}$
469	$\int \sinh(a \cdot x) \cdot \cosh(b \cdot x) \cdot dx = \dfrac{\cosh(a \cdot x + b \cdot x)}{2 \cdot (a+b)} + \dfrac{\cosh(a \cdot x - b \cdot x)}{2 \cdot (a-b)}$ (für $|a| \neq |b|$)
470	$\int \sinh^n(a \cdot x) \cdot \cosh(a \cdot x) \cdot dx = \dfrac{\sinh^{n+1}(a \cdot x)}{(n+1) \cdot a}$ $(n \neq -1)$
471	$\int \sinh(a \cdot x) \cdot \cosh^n(a \cdot x) \cdot dx = \dfrac{\cosh^{n+1}(a \cdot x)}{(n+1) \cdot a}$ $(n \neq -1)$
472	$\int \sinh^2(a \cdot x) \cdot \cosh^2(a \cdot x) \cdot dx = \dfrac{\sinh(4 \cdot a \cdot x)}{32 \cdot a} - \dfrac{x}{8}$
473	$\int \dfrac{\sinh(a \cdot x)}{\cosh(a \cdot x)} \cdot dx = \dfrac{1}{a} \cdot \ln[\cosh(a \cdot x)]$
474	$\int \dfrac{\sinh^2(a \cdot x)}{\cosh(a \cdot x)} \cdot dx = \dfrac{\sinh(a \cdot x)}{a} - \dfrac{1}{a} \cdot \arctan[\sinh(a \cdot x)]$
475	$\int \dfrac{\cosh(a \cdot x)}{\sinh(a \cdot x)} \cdot dx = \dfrac{1}{a} \cdot \ln|\sinh(a \cdot x)|$
476	$\int \dfrac{\cosh^2(a \cdot x)}{\sinh(a \cdot x)} \cdot dx = \dfrac{\cosh(a \cdot x)}{a} + \dfrac{1}{a} \cdot \ln\left|\tanh\left(\dfrac{a \cdot x}{2}\right)\right|$
477	$\int \dfrac{1}{\sinh(a \cdot x) \cdot \cosh(a \cdot x)} \cdot dx = \dfrac{1}{a} \cdot \ln|\tanh(a \cdot x)|$

29	**Integrale mit** $\tanh(a \cdot x)$ $(a \neq 0)$
478	$\int \tanh(a \cdot x) \cdot dx = \dfrac{1}{a} \cdot \ln[\cosh(a \cdot x)]$
479	$\int \tanh^2(a \cdot x) \cdot dx = x - \dfrac{\tanh(a \cdot x)}{a}$
480	$\int \tanh^n(a \cdot x) \cdot dx = -\dfrac{\tanh^{n-1}(a \cdot x)}{(n-1) \cdot a} + \int \tanh^{n-2}(a \cdot x) \cdot dx$ $(n \neq 1)$
481	$\int \dfrac{1}{\tanh(a \cdot x)} \cdot dx = \dfrac{1}{a} \cdot \ln|\sinh(a \cdot x)|$
482	$\int x \cdot \tanh^2(a \cdot x) \cdot dx = \dfrac{x^2}{2} - \dfrac{x \cdot \tanh(a \cdot x)}{a} + \dfrac{1}{a^2} \cdot \ln[\cosh(a \cdot x)]$

30	**Integrale mit** $\coth(a \cdot x)$ $(a \neq 0)$
483	$\int \coth(a \cdot x) \cdot dx = \dfrac{1}{a} \cdot \ln\left|\sinh(a \cdot x)\right|$
484	$\int \coth^2(a \cdot x) \cdot dx = x - \dfrac{\coth(a \cdot x)}{a}$
485	$\int \coth^n(a \cdot x) \cdot dx = -\dfrac{\coth^{n-1}(a \cdot x)}{(n-1) \cdot a} + \int \coth^{n-2}(a \cdot x) \cdot dx \quad (n \neq 1)$
486	$\int \dfrac{1}{\coth(a \cdot x)} \cdot dx = \dfrac{1}{a} \cdot \ln[\cosh(a \cdot x)]$
487	$\int x \cdot \coth^2(a \cdot x) \cdot dx = \dfrac{x^2}{2} - \dfrac{x \cdot \coth(a \cdot x)}{a} + \dfrac{1}{a^2} \cdot \ln\left|\sinh(a \cdot x)\right|$

31	**Integrale mit Areafunktion**
488	$\int \operatorname{ar\,sinh}\left(\dfrac{x}{a}\right) \cdot dx = x \cdot \operatorname{ar\,sinh}\left(\dfrac{x}{a}\right) - \sqrt{x^2 + a^2}$
489	$\int x \cdot \operatorname{ar\,sinh}\left(\dfrac{x}{a}\right) \cdot dx = \dfrac{2 \cdot x^2 + a^2}{4} \cdot \operatorname{ar\,sinh}\left(\dfrac{x}{a}\right) - \dfrac{x}{4} \cdot \sqrt{x^2 + a^2}$
490	$\int \operatorname{ar\,cosh}\left(\dfrac{x}{a}\right) \cdot dx = x \cdot \operatorname{ar\,cosh}\left(\dfrac{x}{a}\right) - \sqrt{x^2 - a^2}$
491	$\int x \cdot \operatorname{ar\,cosh}\left(\dfrac{x}{a}\right) \cdot dx = \dfrac{2 \cdot x^2 - a^2}{4} \cdot \operatorname{ar\,cosh}\left(\dfrac{x}{a}\right) - \dfrac{x}{4} \cdot \sqrt{x^2 - a^2}$
492	$\int \operatorname{ar\,tanh}\left(\dfrac{x}{a}\right) \cdot dx = x \cdot \operatorname{ar\,tanh}\left(\dfrac{x}{a}\right) + \dfrac{a}{2} \cdot \ln\left|a^2 - x^2\right|$
493	$\int x \cdot \operatorname{ar\,tanh}\left(\dfrac{x}{a}\right) \cdot dx = \dfrac{a \cdot x}{2} + \dfrac{x^2 - a^2}{2} \cdot \operatorname{ar\,tanh}\left(\dfrac{x}{a}\right)$
494	$\int \operatorname{ar\,coth}\left(\dfrac{x}{a}\right) \cdot dx = x \cdot \operatorname{ar\,coth}\left(\dfrac{x}{a}\right) + \dfrac{a}{2} \cdot \ln\left|x^2 - a^2\right|$
495	$\int x \cdot \operatorname{ar\,coth}\left(\dfrac{x}{a}\right) \cdot dx = \dfrac{a \cdot x}{2} + \dfrac{x^2 - a^2}{2} \cdot \operatorname{ar\,coth}\left(\dfrac{x}{a}\right)$

2 Funktionen von mehreren unabhängigen Veränderlichen

2.1 Definition einer Funktion von mehreren Veränderlichen

Bisher haben wir Funktionen als eine Beziehung zwischen zwei Mengen kennen gelernt, wobei jedem Element der einen Menge genau ein Element der anderen Menge zugeordnet ist. Die Elemente der ersten Menge, der sog. Definitionsmenge, wurden dabei wie folgt benannt:

Funktionsargument, Argument, unabhängige Variable, x-Wert

Die Bezeichnung der Elemente der zweiten Menge, der sog. Zielmenge, lautete:

Funktionswert, abhängige Variable, y-Wert

Damit ergab sich die symbolische Schreibweise einer Funktion: $y = f_{(x)}$

Zur Darstellung derartiger Funktionen mit einer Veränderlichen haben wir Wertetabellen und den Funktionsgraph kennen gelernt. Eine Funktion konnten wir damit wie folgt beschreiben:

$y = 0{,}1 \cdot x^2 + 0{,}5 \cdot x - 1$

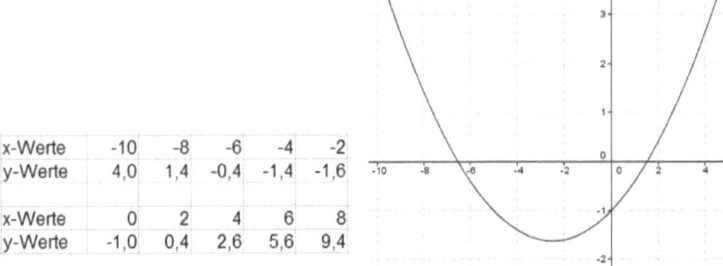

x-Werte	-10	-8	-6	-4	-2
y-Werte	4,0	1,4	-0,4	-1,4	-1,6

x-Werte	0	2	4	6	8
y-Werte	-1,0	0,4	2,6	5,6	9,4

Bild 48: Funktionsdarstellung als Wertetabelle und als Graph

Es gibt aber auch Funktionen die von mehr als einer veränderlichen Variablen abhängen. Hierzu zunächst einige einfache Beispiele:

(1) Umfang eines Rechtecks

Ein Rechteck ist durch folgende Grundelemente gekennzeichnet:

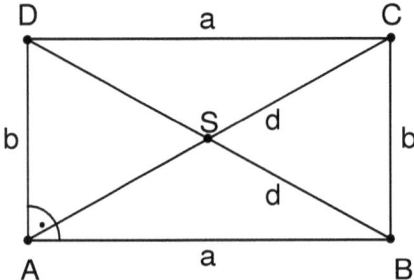

Bild 49: Grundelemente des Rechtecks

Der Umfang eines Rechtecks wird wie folgt berechnet:U

$U_{(a;\,b)} = 2 \cdot (a + b)$

Wir können nun $U_{(a;\,b)}$ als Funktion der beiden veränderlichen Variablen a und b auffassen.

(gesprochen: U von a und b)

(2) Fläche eines Dreiecks

Die Elemente eines allgemeinen Dreiecks zeigt folgendes Bild:

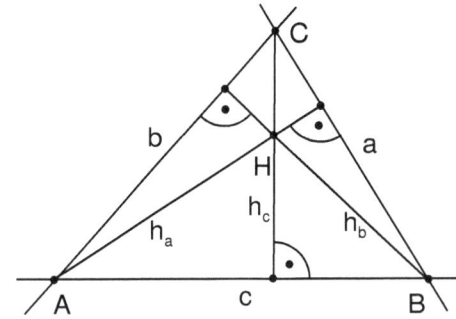

Die Fläche des Dreiecks berechnet sich wie folgt:

$$A_{(c;\,h_c)} = \frac{c \cdot h_c}{2}$$

$A_{(c;\,h_c)}$ ist die Funktion der beiden veränderlichen Variablen c und h_c.

Bild 50: Allgemeines Dreieck

(3) Volumen eines Quaders

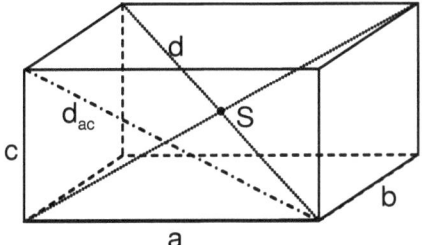

Die Funktion zur Berechnung des Quadervolumens lautet wie folgt: b

$$V_{(a;\,b;\,c)} = a \cdot b \cdot c$$

Hier haben wir es mit den drei veränderlichen Variablen a, b und c zu tun.

Bild 51: Quader

(4) Gesamtumsatz aus verschiedenen Produkten

Der Hersteller eines Produktes fertigt diese in 5 verschiedenen Varianten. Er kann diese Produktvarianten zu folgenden Preisen an seine Kunden verkaufen:

Variante 1 zu P_1 (Preis 1), Variante 2 zu P_2, ... und Variante 5 zu P_5

In einem bestimmten Zeitraum werden folgende Verkäufe getätigt:

Variante 1 mit Stückzahl n_1, Variante 2 mit n_2, ... und Variante 5 mit n_5

Der Gesamtumsatz hängt also von den verkauften Stück wie folgt ab:

$$U_{(n_1;\,n_2;\,n_3;\,n_4;\,n_5)} = n_1 \cdot P_1 + n_2 \cdot P_2 + n_3 \cdot P_3 + n_4 \cdot P_4 + n_5 \cdot P_5$$

Es handelt sich hierbei um eine Funktion mit fünf veränderlichen Variablen.

An den Beispielen konnten wir erkennen, dass es eine beliebige Anzahl von veränderlichen Variablen geben kann. Eine derartige Funktion schreibt man auch wie folgt:

$y = f_{(x_1; x_2; \dots; x_n)}$ (gesprochen: y gleich Funktion von x_1 bis x_n)

Wir können eine derartige Funktion wie folgt definieren:

Bei einer Funktion **f** mit n unabhängigen Variablen wird jedem n-Tupel der Werte x_1 bis x_n genau ein Wert y zugeordnet.

Ein n-Tupel ist eine Zusammenfassung von n mathematischen Objekten in einer Liste.

Hierbei bedeuten:

$(x_1 ; \ x_2 ; \dots ; x_n)$:   unabhängige Variablen

y :   abhängige Variable oder Funktionswert

f :   Funktionssymbol

Darüber hinaus gibt es noch folgende Begriffe:
D: Definitionsbereich der Funktion; alle Werte die von x_1 bis x_n angenommen werden können.
W: Wertebereich der Funktion **f**; alle Werte die von der Funktion **f** angenommen werden können.

2.2   Funktionen mit zwei unabhängigen Variablen

Gemäß unserer obigen Definition können wir in diesem Fall Folgendes schreiben:

Bei einer Funktion **f** mit 2 unabhängigen Variablen wird jedem 2-Tupel der Werte x_1 und x_2 genau ein Wert y zugeordnet.

Bei zwei unabhängigen Variablen wird jedoch häufig folgende andere Benennung der Variablen bevorzugt:
Bei einer Funktion **f** mit 2 unabhängigen Variablen wird jedem 2-Tupel der Werte x und y genau ein Wert z zugeordnet.

Hierbei bedeuten:

$(x \text{ und } y)$:   unabhängige Variablen

z :   abhängige Variable oder Funktionswert

f :   Funktionssymbol

In diesem Sonderfall werden also folgende Ersetzungen durchgeführt:

$$
\begin{aligned}
x_1 &\rightarrow x \\
x_2 &\rightarrow y \\
y &\rightarrow z \\
f_{(x_1; x_2)} &\rightarrow f_{(x;y)} \quad \Rightarrow \quad f_{(x;y)} = z_{(x;y)}
\end{aligned}
$$

Eine Funktion mit zwei unabhängigen Variablen schreibt man also wie folgt: $f_{(x;\,y)} = z_{(x;\,y)}$

Warum handelt es sich bei dieser Art von Funktionen um einen Sonderfall?

Beim Verständnis von Funktionen handelt es sich häufig um die Möglichkeiten der Darstellung. Dabei ist eine Funktion mit zwei unabhängigen Variablen gerade noch in Form einer Tabelle und als Grafik darstellbar.

Bei mehr als zwei unabhängigen Variablen benötigt man mehrere Tabellen und eine anschauliche grafische Darstellung ist nicht mehr möglich. Im Folgenden wollen wir die Möglichkeiten der Darstellungen beispielhaft zeigen:

Bei einer unabhängigen Variablen haben wir folgende Darstellungen kennen gelernt:

Funktion: $y = 0,5 \cdot x + 2$

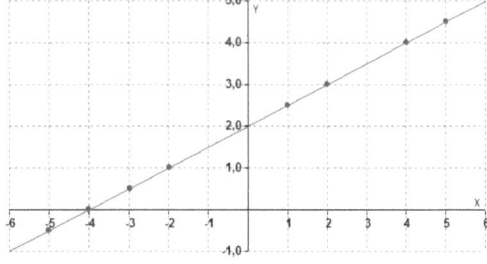

Tabelle

x-Werte	1	2	4	5	-2	-3	-4	-5
y-Werte	2,5	3	4	4,5	1	0,5	0	-0,5

Bild 52: Grafische Darstellung der Funktion

Bei zwei unabhängigen Variablen erhalten wir z.B. folgende Darstellungen:

Funktion $z = -1 \cdot x - 0,75 \cdot y + 3$

Tabelle

y\x	0	1	2	3	4
0	3,00	2,25	1,50	0,75	0,00
1	2,00	1,25	0,50	-0,25	-1,00
2	1,00	0,25	-0,50	-1,25	-2,00
3	0,00	-0,75	-1,50	-2,25	-3,00
4	-1,00	-1,75	-2,50	-3,25	-4,00

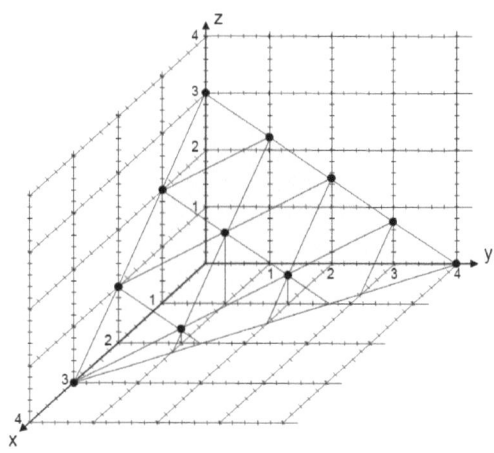

Bild 53: Grafische Darstellung der Funktion

2.2.1   Darstellung von Funktionen mit zwei Veränderlichen

2.2.1.1   Funktion, grafische Darstellung und Wertetabelle

Wir wollen zunächst mit sehr einfachen Beispielen beginnen.

(1) Funktion: $z = 2$

Hierbei fragt man sich, ob dies überhaupt eine Funktion mit zwei unabhängigen Variablen ist? Man kann diese Funktion jedoch auch wie folgt schreiben: $z = 0 \cdot x + 0 \cdot y + 2$

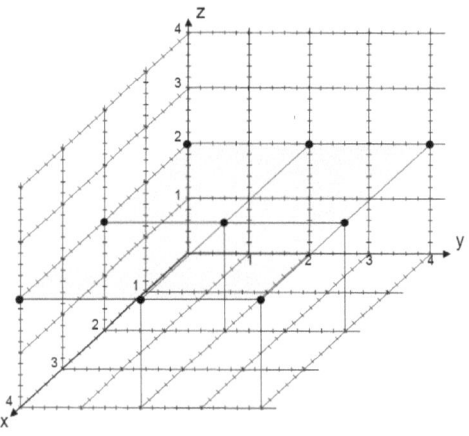

Man kann dies also als eine Funktion auffassen, deren Koeffizienten von x und y jeweils 0 sind.

Wie man sieht, handelt es sich um eine waagerechte Fläche parallel zur Grundfläche, die durch x und y aufgespannt wird.

Analog dazu handelt es sich bei der Funktion $z = 0$ um genau diese Grundfläche.

Bild 54: Grafische Darstellung der Funktion

(2) Funktion: $z = 0{,}5 \cdot y + 1$

Auch hier kann man die Funktion wie folgt schreiben: $z = 0 \cdot x + 0{,}5 \cdot y + 1$

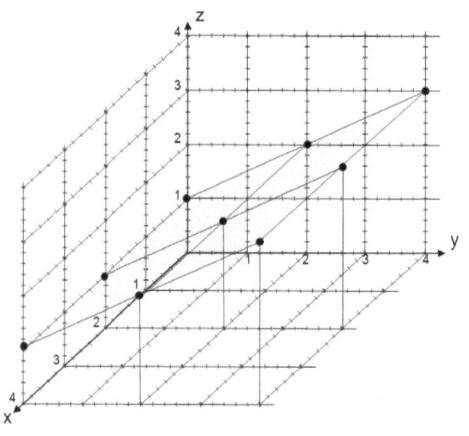

Hierbei handelt es sich um eine schräge Ebene, die bei z = 1 die z-x-Ebene schneidet.

Die Ebene hat eine Steigung von 0,5 und schneidet die z-y-Ebene entlang der Funktion $z = 0{,}5 \cdot y + 1$.

Bild 55: Grafische Darstellung der Funktion

(3) Funktion: $z = -1{,}0 \cdot x + 0{,}5 \cdot y + 3$

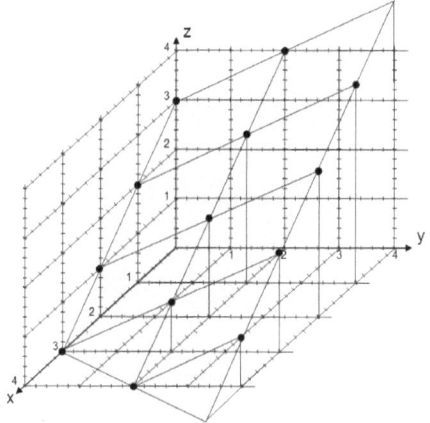

Mit dieser Funktion wird eine schräg im Raum stehende Ebene erzeugt.

x \ y	0	1	2	3	4
0	3,00	3,50	4,00	4,50	5,00
1	2,00	2,50	3,00	3,50	4,00
2	1,00	1,50	2,00	2,50	3,00
3	0,00	0,50	1,00	1,50	2,00
4	-1,00	-0,50	0,00	0,50	1,00

Bild 56: Grafische Darstellung der Funktion

Neben den linearen Funktionen, die immer ebene Flächen erzeugen, gibt es auch nichtlineare Funktionen, welche gekrümmte Flächen hervorrufen:

(4) Funktion: $z = 0{,}2 \cdot x^2 + 0{,}2 \cdot y + 0{,}5$

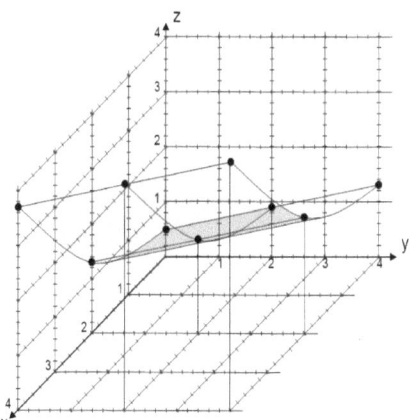

Mit dieser Funktion wird eine schräg im Raum stehende Mulde erzeugt.

x \ y	0	1	2	3	4
0	0,50	0,70	0,90	1,10	1,30
1	0,70	0,90	1,10	1,30	1,50
2	1,30	1,50	1,70	1,90	2,10
3	2,30	2,50	2,70	2,90	3,10
4	3,70	3,90	4,10	4,30	4,50

Bild 57: Grafische Darstellung der Funktion

(5) Funktion: $z = 0,2 \cdot x^2 + 0,1 \cdot y^2 + 0,5$

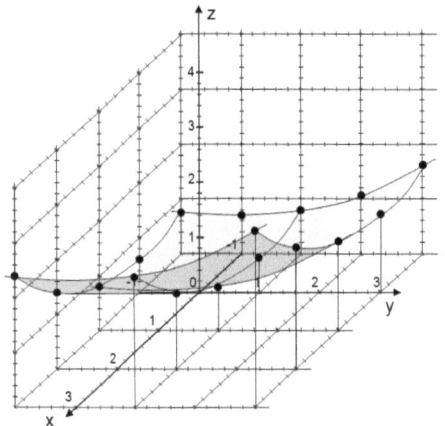

Mit dieser Funktion wird eine zweifach gekrümmte Fläche im Raum erzeugt.

y\x	-1	0	1	2	3
-1	0,80	0,70	0,80	1,10	1,60
0	0,60	0,50	0,60	0,90	1,40
1	0,80	0,70	0,80	1,10	1,60
2	1,40	1,30	1,40	1,70	2,20
3	2,40	2,30	2,40	2,70	3,20

Bild 58: Grafische Darstellung der Funktion

(6) Funktion $z = x^2 + y^2$

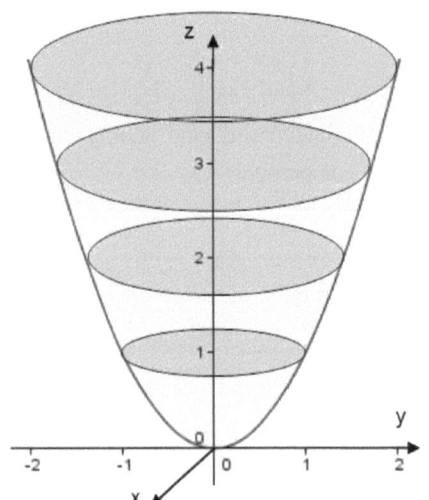

Mit dieser Funktion wird die Mantelfläche eines Rotationsparaboloids im Raum erzeugt. Dies ist ein Körper, der durch Rotation der Normalparabel um die z-Achse entsteht.

y\x	-2	-1	0	1	2
-2	8,00	5,00	4,00	5,00	8,00
-1	5,00	2,00	1,00	2,00	5,00
0	4,00	1,00	0,00	1,00	4,00
1	5,00	2,00	1,00	2,00	5,00
2	8,00	5,00	4,00	5,00	8,00

Bild 59: Grafische Darstellung der Funktion

2.2.1.2   Schnittkurven und Höhenlinien

Bei dieser Art von Darstellung werden Schnittebenen eingeführt, die parallel zu den drei Koordi-
natenebenen verlaufen. Die Schnittkurve ist dabei die Schnittlinie zwischen der Schnittebene und
der Funktion. Handelt es sich dabei um eine Ebene parallel zur x-y-Ebene, dann nennt man die
daraus resultierenden Kurven auch Höhenlinien. Das folgende Bild zeigt beispielhaft den Zusammenhang anhand der Funktion: $z = -1 \cdot x - 0{,}75 \cdot y + 3$

x \ y	0	1	2	3	4
0	3,00	2,25	1,50	0,75	0,00
1	2,00	1,25	0,50	-0,25	-1,00
2	1,00	0,25	-0,50	-1,25	-2,00
3	0,00	-0,75	-1,50	-2,25	-3,00
4	-1,00	-1,75	-2,50	-3,25	-4,00

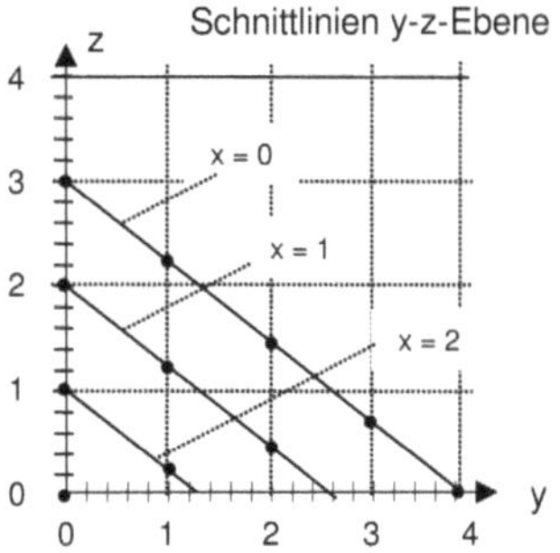

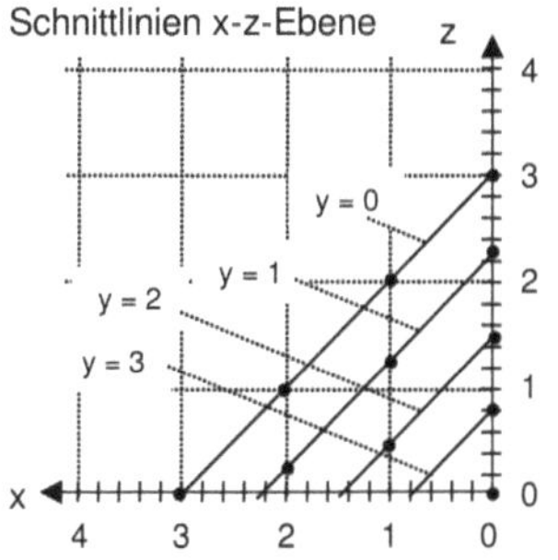

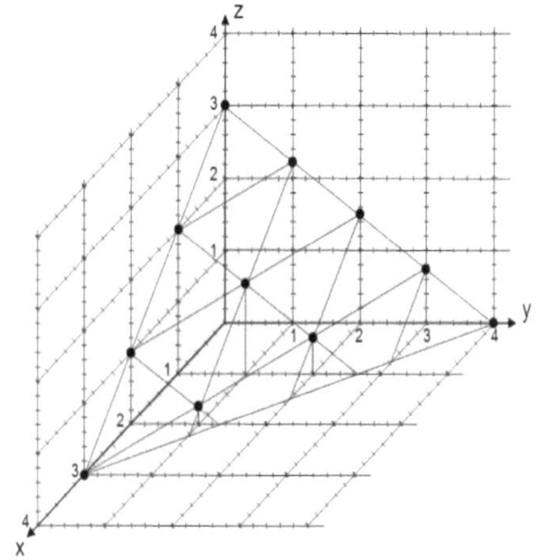

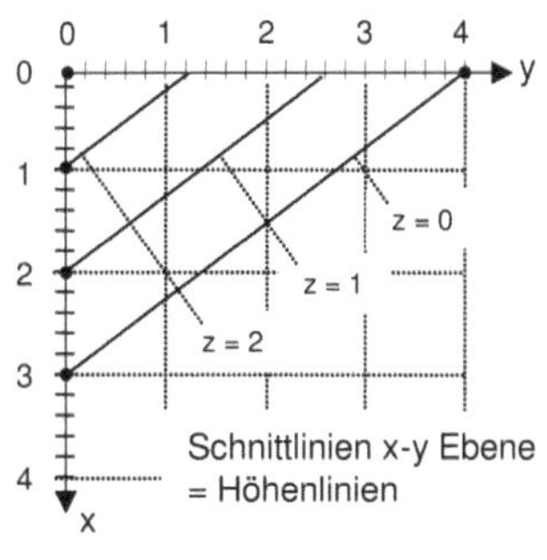

Bild 60: Schnittlinien und Höhenlinien einer schrägen Ebene

Handelt es sich bei der Funktion um gekrümmte Flächen, dann sind auch die Schnittkurven und Höhenlinien gekrümmt. Das folgende Bild zeigt die Schnittkurven und Höhenlinien des bereits bekannten Rotationsparaboloids: $z = x^2 + y^2$

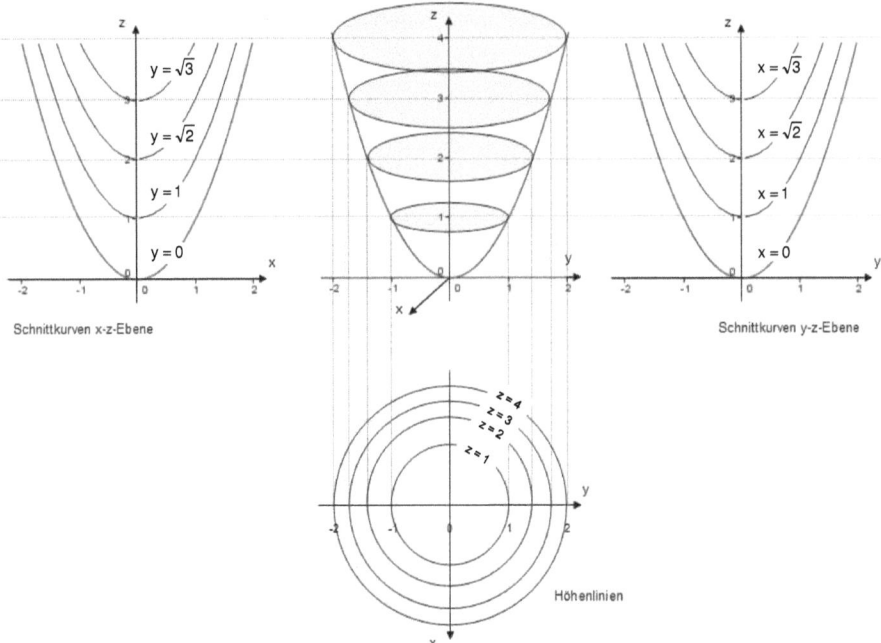

Bild 61: Schnittkurven und Höhenlinien eines Rotationsparaboloids

Die Schnittkurven der x-z-Ebene werden erzeugt, indem man in der Gleichung y = c = const. setzt. Man erhält die Gleichung:

$$z = x^2 + c^2$$

$$\Downarrow$$

für $c = 0$ $\Rightarrow z = x^2$
für $c = 1$ $\Rightarrow z = x^2 + 1$
für $c = \sqrt{2}$ $\Rightarrow z = x^2 + 2$
für $c = \sqrt{3}$ $\Rightarrow z = x^2 + 3$
für $c = 2$ $\Rightarrow z = x^2 + 4$

Analog erhält man die Schnittkurven der y-z-Ebene, indem man in der Gleichung x = c = const. setzt. Man erhält die Gleichung: $z = c^2 + y^2$

Die Höhenlinien sind die Schnittkurven der x-y-Ebene. Man erhält sie, wenn man z = c = const. setzt. Man erhält die Gleichung: $x^2 + y^2 = c = $ const.

Wenn wir für $c = r^2$ setzen, dann erhalten wir die Mittelpunktsgleichung eines Kreises und damit folgende Wertetabelle:

c	1	2	3	4
$r = \sqrt{c}$	1	1,4142	1,7320	2

2.2.2   Partielle Differentiation einer Funktion mit zwei Veränderlichen

Bei Funktionen mit einer Veränderlichen haben wir den Differentialquotienten als Grenzwert des Differenzenquotienten (Band 1 /1/) kennen gelernt. Nehmen wir als Beispiel die Funktion: $y = x^2$

Für den Differentialquotienten folgt:

$$\frac{dy}{dx} = \lim_{\Delta x \to 0} \left(\frac{2 \cdot x \cdot \Delta x}{\Delta x} + \frac{\Delta x^2}{\Delta x} \right) = \lim_{\Delta x \to 0} (2 \cdot x + \Delta x) = 2 \cdot x$$

Wenn wir für $x_0 = 2,5$ einsetzen, erhalten wir die Steigung der Tangente im Punkt P zu $a_1 = 5$.

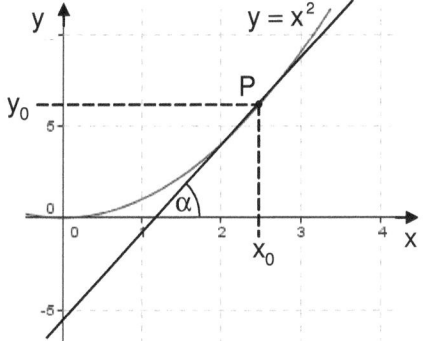

Wir können nun die Gleichung der Tangenten im Punkt P wie folgt bestimmen:

$y = a_0 + 5 \cdot x$

wir setzen nun $x_0 = 2,5$ und $y_0 = 2,5^2 = 6,25$:

$\Rightarrow \quad 6,25 = a_0 + 5 \cdot 2,5 = a_0 + 12,5$

$\Rightarrow \quad a_0 = 6,25 - 12,5 = 6,25$

Somit erhalten wir die Gleichung der Tangente zu:
$y = -6,25 + 5 \cdot x$

Bild 62: Ableitung $y = x^2$ bei $x_0 = 2,5$

Betrachten wir nun eine Funktion mit zwei Veränderlichen, dann geht das bisher zweidimensionale Problem (Fläche) in ein dreidimensionales Problem (Raum) über. Dabei kann man die Funktion $z = f_{(x; y)}$ als eine Fläche im Raum auffassen. Das folgende Bild zeigt prinzipiell diesen Zusammenhang.

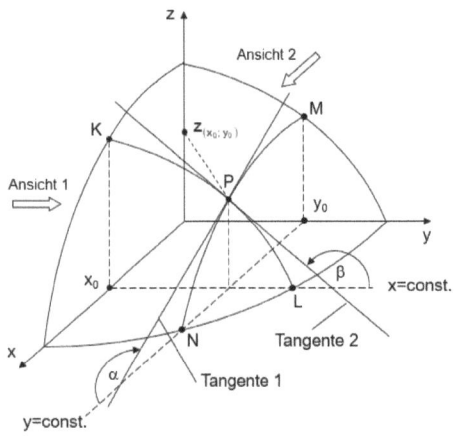

Bild 63: Funktion $z = f_{(x;\,y)}$ im Raum

Im Bild erkennt man die zweifach gekrümmte Fläche der Funktion $z = f_{(x;\,y)}$.

Betrachten wir den Punkt P, so sehen wir dass dieser Punkt auf der Fläche liegt und folgende Koordinaten aufweist: $x_0;\ y_0;\ z_{(x_0;\,y_0)}$

Wenn wir nun durch diesen Punkt eine senkrechte Schnittfläche parallel zur x-Achse legen, dann erhalten wir eine Fläche durch die Punkte y_0, M, P und N. Für alle Punkte dieser Fläche gilt: $y = y_0 = $ const.

Diese Fläche verläuft also parallel zur x-z-Koordinatenebene und die Punkte M, P und N liegen auf der Schnittkurve zwischen der Funktionsfläche $z = f_{(x;\,y)}$ und der senkrechten Schnittfläche. Wenn wir uns nun die Funktion von links außerhalb betrachten (Ansicht 1), dann sehen wir die Schnittkurve in der x-z-Ebene.

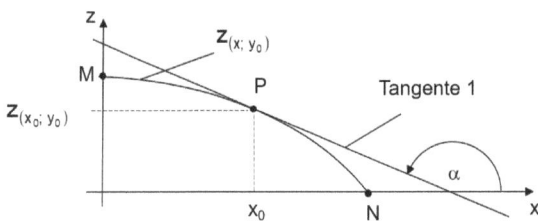

Bild 64: Ansicht 1

Wir erhalten also eine Funktion, die nur noch von der Variablen x abhängt. Diese können wir wie gewohnt ableiten:

$$\frac{\partial z}{\partial x} = \lim_{\Delta x \to 0}\left(\frac{z_{(x_0 + \Delta x;\ y_0)} - z_{(x_0;\,y_0)}}{\Delta x} \right)$$

x Wir sehen, dass wir bei dieser sogenannten partiellen Ableitung das Zeichen ∂ anstelle des d verwenden.

Analog dazu können wir durch P auch eine senkrechte Schnittfläche parallel zur y-Achse durch die Punkte x_0, K, P und L legen. Diese verläuft parallel zur y-z-Koordinatenebene und die Punkte K, P und L liegen auf der Schnittkurve zwischen der Funktionsfläche $z = f_{(x;\,y)}$ und der senkrechten Schnittfläche. Wenn wir uns nun die Funktion von hinten betrachten (Ansicht 2), dann sehen wir die Schnittkurve in der y-z-Ebene.

Diesmal erhalten wir eine Funktion , die

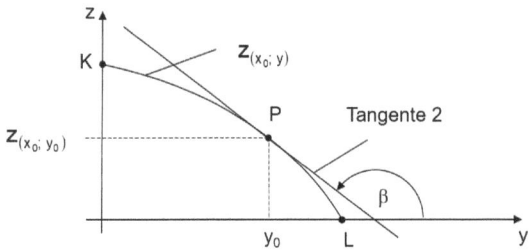

Bild 65: Ansicht 2

nur noch von der Variablen y abhängt. Diese können wir wie gewohnt ableiten:

$$\frac{\partial z}{\partial y} = \lim_{\Delta y \to 0} \left(\frac{z_{(x_0;\ y_0+\Delta y)} - z_{(x_0;\ y_0)}}{\Delta y} \right)$$

Die beiden Ableitungen (Ansicht 1 und Ansicht 2) bezeichnet man wie folgt:

Partielle Ableitung 1. Ordnung nach x: $z'_{x(x;\ y)} = f'_{x(x;\ y)} = \frac{\partial z}{\partial x} = \lim_{\Delta x \to 0} \left(\frac{z_{(x_0+\Delta x;\ y_0)} - z_{(x_0;\ y_0)}}{\Delta x} \right)$

und

Partielle Ableitung 1. Ordnung nach y: $z'_{y(x;\ y)} = f'_{y(x;\ y)} = \frac{\partial z}{\partial y} = \lim_{\Delta y \to 0} \left(\frac{z_{(x_0;\ y_0+\Delta y)} - z_{(x_0;\ y_0)}}{\Delta y} \right)$

Eine Anwendung zur partiellen Ableitung finden wir in Band 3 /7/ Abschnitt 3.6.5 Regressions-rechnung.

2.2.3   Beispiele zur partiellen Differentiation mit zwei Veränderlichen

(1) Gegeben sei die Funktion: $z = f_{(x;\ y)} = x^3 + y^2$

Bilde die partiellen Differentiationen 1. Ordnung.

Bei der partiellen Ableitung nach x gilt: $y = y_0 = \text{const.}$

Bei der Ableitung ist also y^2 wie eine konstante Zahl zu behandeln. Wir können z.B. setzen $y^2 = k$. Damit können wir unsere abzuleitende Funktion wie folgt schreiben:

$z = f_{(x;\ k)} = x^3 + k$ mit $k = \text{const.}$

Wie wir wissen, können wir die Summanden einer derartigen Funktion einzeln ableiten:

$\left(x^3 \right)' = 3 \cdot x^2$ und $k' = 0$ (die Ableitung einer Konstanten ist immer $= 0$)

Die partielle Ableitung 1. Ordnung nach x erhalten wir wie folgt: $z'_x = f'_{x(x;\ y)} = \frac{\partial z}{\partial x} = 3 \cdot x^2$

Analog gilt bei der partiellen Ableitung nach y: $x = x_0 = \text{const.}$

Diesmal ist also x^3 wie eine konstante Zahl zu behandeln. Wir setzen also $x^3 = m = \text{const.}$ Damit können wir unsere abzuleitende Funktion wie folgt schreiben:

$z = f_{(m;\ y)} = m + y^2$ mit $m = \text{const.}$

Als partielle Ableitung 1. Ordnung nach y erhalten wir Folgendes: $z'_y = f'_{y(x;\ y)} = \frac{\partial z}{\partial y} = 2 \cdot y$

(2) Gegeben ist die Funktion: $z = f_{(x;y)} = 2 \cdot x^3 \cdot y^5 + 3 \cdot x^2 - 4 \cdot y$

Bilde die partiellen Differentiationen 1. Ordnung.

<u>Partielle Ableitung 1. Ordnung nach x:</u>

Hierbei ist y als konstante Zahl anzusetzen: $y = y_0 = $ const.

Also sind auch y^5 und 4 y konstante Zahlen. Setzen wir z.B. Folgendes:

$y^5 = k = $ const.   und $4 \cdot y = m = $ const.

Jetzt mit kann man die abzuleitende Gleichung wie folgt schreiben:

$z_x = f_{(x;y_0)} = 2 \cdot x^3 \cdot k + 3 \cdot x^2 - m$

Die Ableitung lautet somit:

$z'_x = f'_{(x;y_0)} = \dfrac{\partial f}{\partial x} = 2 \cdot 3 \cdot x^2 \cdot k + 3 \cdot 2 \cdot x - 0 = 6 \cdot x^2 \cdot k + 6 \cdot x = 6 \cdot x^2 \cdot y^5 + 6 \cdot x$

<u>Partielle Ableitung 1. Ordnung nach y:</u>

Hierbei ist x als konstante Zahl anzusetzen: $x = x_0 = $ const.

Also sind auch x^3 und $3 x^2$ konstante Zahlen. Setzen wir z.B. Folgendes:

$x^3 = g = $ const.   und $3 \cdot x^2 = h = $ const.

Hiermit kann man die abzuleitende Gleichung wie folgt schreiben:

$z_y = f_{(x_0;y)} = 2 \cdot g \cdot y^5 + h - 4 \cdot y$

Die Ableitung lautet somit:

$z'_y = f'_{(x_0;y)} = \dfrac{\partial f}{\partial y} = 2 \cdot g \cdot 5 \cdot y^4 + 0 - 4 = 10 \cdot x^3 \cdot y^4 - 4$

(3) Gegeben ist die Funktion: $z = f_{(x;y)} = (3 \cdot x - 5 \cdot y^3)^2 + \ln(3 \cdot x^2 \cdot y^3)$

Bilde die partiellen Differentiationen 1. Ordnung.

1. Lösungsweg

Wir lösen die Klammer auf und wenden die Regeln für den Logarithmus eines Produktes an:

$z = f_{(x;y)} = 9 \cdot x^2 - 30 \cdot x \cdot y^3 + 25 \cdot y^6 + \ln(3) + 2 \cdot \ln(x) + 3 \cdot \ln(y)$

<u>Partielle Ableitung 1. Ordnung nach x:</u>

$z'_x = f'_{(x;y_0)} = \dfrac{\partial f}{\partial x} = 18 \cdot x - 30 \cdot y^3 + 2 \cdot \dfrac{1}{x}$

Da gilt $y = y_0 = $ const. , werden y^6 und ln(y) als Konstante angesehen, die bei der Ableitung nach x zu Null werden. Für die Zahl ln(3) gilt natürlich dasselbe.

Partielle Ableitung 1. Ordnung nach y:

$$z'_y = f'_{(x_0; y)} = \frac{\partial f}{\partial y} = -90 \cdot x \cdot y^2 + 150 \cdot y^5 + 3 \cdot \frac{1}{y}$$

Da gilt $x = x_0 = $ const., werden x^2 und $\ln(x)$ als Konstante angesehen, die bei der Ableitung nach y zu Null werden.

2. Lösungsweg mit Kettenregel

Man kann für die Klammer auch Folgendes setzen: $u_{(x; y)} = \left(3 \cdot x - 5 \cdot y^3\right)$

Damit erhalten wir die Gleichung: $z = f_{(x; y)} = u^2 + \ln(3) + 2 \cdot \ln(x) + 3 \cdot \ln(y)$

Partielle Ableitung 1. Ordnung nach x:

Wenn wir $u_{(x; y)}$ nach x ableiten wollen, dann können wir die Kettenregel anwenden:

Es gilt: $k = u^2 = \left(3 \cdot x - 5 \cdot y^3\right)^2$

Mit der Kettenregel können wir nun schreiben:

$$\frac{\partial k}{\partial x} = \frac{\partial k}{\partial u} \cdot \frac{\partial u}{\partial x} = 2 \cdot u \cdot 3 = 6 \cdot \left(3 \cdot x - 5 \cdot y^3\right) = 18 \cdot x - 30 \cdot y^3$$

Somit erhalten wir wieder:

$$z'_x = f'_{(x; y_0)} = \frac{\partial f}{\partial x} = 18 \cdot x - 30 \cdot y^3 + 2 \cdot \frac{1}{x}$$

Partielle Ableitung 1. Ordnung nach y:

Wenn wir k nach y ableiten, erhalten wir analog:

$$\frac{\partial k}{\partial y} = \frac{\partial k}{\partial u} \cdot \frac{\partial u}{\partial y} = 2 \cdot u \cdot (-5) \cdot 3 \cdot y^2 = 2 \cdot \left(3 \cdot x - 5 \cdot y^3\right) \cdot (-15) \cdot y^2 = 2 \cdot 3 \cdot (-15) \cdot x \cdot y^2 + 2 \cdot (-5) \cdot y^3 \cdot (-15) \cdot y^2$$

$$\Rightarrow \frac{\partial k}{\partial y} = -90 \cdot x \cdot y^2 + 150 \cdot y^5$$

Auch hier erhalten wir:

$$z'_y = f'_{(x_0; y)} = -90 \cdot x \cdot y^2 + 150 \cdot y^5 + 3 \cdot \frac{1}{y}$$

(4) Gegeben ist die Funktion: $z = f_{(x; y)} = \sin\left(x - y^2\right)$

Bilde die partiellen Differentiationen 1. Ordnung.

Wir führen zunächst eine Hilfsvariable ein: $u = x - y^2$

Hiermit können wir die Funktion wie folgt schreiben: $z = f_{(x; y)} = \sin(u)$

Wir wenden jeweils die Kettenregel an:

Partielle Ableitung 1. Ordnung nach x: Partielle Ableitung 1. Ordnung nach y:

$$\frac{\partial z}{\partial x} = \frac{\partial z}{\partial u} \cdot \frac{\partial u}{\partial x} = \cos(u) \cdot 1 = \cos\left(x - y^2\right) \qquad \frac{\partial z}{\partial y} = \frac{\partial z}{\partial u} \cdot \frac{\partial u}{\partial y} = \cos(u) \cdot (-2 \cdot y) = -2 \cdot y \cdot \sin\left(x - y^2\right)$$

2.2.4   Partielle Differentiation höherer Ordnung

In Band 1 /1/ Abschnitt 12.9.2.5 haben wir die zweite Ableitung einer Funktion eingeführt und diese als Veränderung der Steigung interpretiert. Hierzu nochmal ein Beispiel:

Gegeben sei die Funktion $\quad y = f_{(x)} = 0{,}5 \cdot x^3 - 6 \cdot x^2 + 3 \cdot x - 30$

Wir berechnen die 1. und 2. Ableitung wie folgt:

$$y' = f'_{(x)} = 1{,}5 \cdot x^2 - 12 \cdot x + 3 \qquad \text{und} \qquad y'' = f''_{(x)} = 3 \cdot x - 12$$

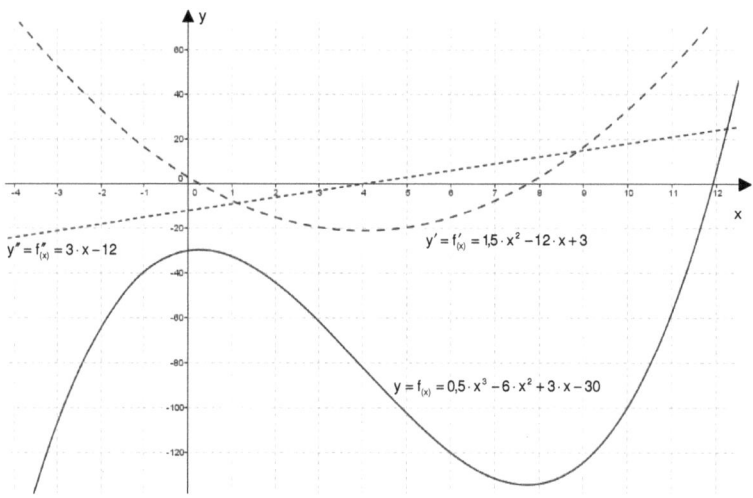

Bild 66: Graph der Funktion

Zur Ermittlung der Extrema setzen wir die erste Ableitung = 0 und erhalten:

$0 = x^2 - 8 \cdot x + 2$

$\Rightarrow \quad x_{1,2} = 4 \pm \sqrt{16 - 2}$

$\Rightarrow \quad x_1 = 7{,}742 \quad$ und $\quad x_2 = 0{,}258$

$\Rightarrow \quad y_1 = -134{,}38 \quad$ und $\quad y_2 = -29{,}238$

Zur Ermittlung des Wendepunkts setzen wir die 2. Ableitung = 0:

$0 = 3 \cdot x - 12$

$\Rightarrow \quad x_3 = \dfrac{12}{3} = 4$

Steigung im Wendepunkt

$\Rightarrow \quad y_3' = 1{,}5 \cdot 4^2 - 12 \cdot 4 + 3 = -21$

Funktionswert im Wendepunkt

$\Rightarrow \quad y_3 = 0{,}5 \cdot 4^3 - 6 \cdot 4^2 + 3 \cdot 4 - 30 = -82$

Wir sehen, dass folgendes gilt:

$y' = 0 \quad$ und $\quad y'' < 0 \quad \Rightarrow \quad y = \text{Maximum}$

$y' = 0 \quad$ und $\quad y'' > 0 \quad \Rightarrow \quad y = \text{Minimum}$

$y'' = 0 \qquad\qquad\qquad \Rightarrow \quad \text{Wendepunkt}$

Auch bei Funktionen mit mehreren Abhängigen kann man die Ableitungen höherer Ordnung bilden. Wir wollen dies anhand eines einfachen Beispiels zeigen:

$z = f_{(x; y)}$ $\qquad\qquad = 2 \cdot x^3 \cdot y^4 + 3 \cdot x^4 - 4 \cdot y^3$

$z_x = f_x = \dfrac{\partial f}{\partial x}$ $\qquad\qquad = 6 \cdot x^2 \cdot y^4 + 12 \cdot x^3$ $\qquad$ (1. partielle Ableitung nach x)

$z_{xx} = f_{xx} = \dfrac{\partial}{\partial x} \cdot \left(\dfrac{\partial f}{\partial x} \right) = \dfrac{\partial^2 f}{\partial x^2}$ $\quad = 12 \cdot x \cdot y^4 + 36 \cdot x^2$ $\qquad$ (2. partielle Ableitung nach x)

$z_{xxx} = f_{xxx} = \dfrac{\partial}{\partial x} \cdot \left(\dfrac{\partial^2 f}{\partial x^2} \right) = \dfrac{\partial^3 f}{\partial x^3}$ $\quad = 12 \cdot y^4 + 72 \cdot x$ $\qquad$ (3. partielle Ableitung nach x)

Wir haben die Funktion 3 mal partiell nach x abgeleitet. Im folgenden Schritt wollen wir z_{xx} partiell nach y ableiten:

$z_{xxy} = f_{xxy} = \dfrac{\partial}{\partial y} \cdot \left(\dfrac{\partial^2 f}{\partial x^2} \right) = \dfrac{\partial^3 f}{\partial x^2 \cdot \partial y}$ $\quad = 48 \cdot x \cdot y^3$ $\quad$ (2 part. Ableitung nach x und eine nach y)

Man kann auch die 1. partielle Ableitung z_x nach y ableiten:

$z_{xy} = f_{xy} = \dfrac{\partial}{\partial y} \cdot \left(\dfrac{\partial f}{\partial x} \right) = \dfrac{\partial^2 f}{\partial x \cdot \partial y}$ $\quad = 24 \cdot x^2 \cdot y^3$ $\quad$ (eine part. Ableitung nach x und eine nach y)

Wenn wir f_{xy} wieder nach x ableiten erhalten wir:

$z_{xyx} = f_{xyx} = \dfrac{\partial}{\partial x} \cdot \left(\dfrac{\partial^2 f}{\partial x \cdot \partial y} \right) = \dfrac{\partial^3 f}{\partial x^2 \cdot \partial y}$ $\quad = 48 \cdot x \cdot y^3$ $\quad$ (part. Ableitung nach x, y und wieder nach x)

Wir sehen, dass hier gilt: $\qquad z_{xxy} = f_{xxy} = z_{xyx} = f_{xyx}$

Wir können natürlich auch f_{xy} noch einmal nach y ableiten und erhalten:

$z_{xyy} = f_{xyy} = \dfrac{\partial}{\partial y} \cdot \left(\dfrac{\partial^2 f}{\partial x \cdot \partial y} \right) = \dfrac{\partial^3 f}{\partial x \cdot \partial y^2}$ $\quad = 72 \cdot x^2 \cdot y2$ (part. Ableitung nach x, y und wieder nach y)

Ich glaube, wir haben das Prozedere jetzt verstanden, so dass wir die restlichen Ableitungen hinschreiben können:

$z_y = f_y = \dfrac{\partial f}{\partial y}$ $\qquad\qquad = 8 \cdot x^3 \cdot y^3 - 12 \cdot y^2$ $\quad$ (1. partielle Ableitung nach y)

$z_{yy} = f_{yy} = \dfrac{\partial}{\partial y} \cdot \left(\dfrac{\partial f}{\partial y} \right) = \dfrac{\partial^2 f}{\partial y^2}$ $\quad = 24 \cdot x^3 \cdot y^2 - 24 \cdot y$ $\quad$ (2. partielle Ableitung nach y)

$z_{yyy} = f_{yyy} = \dfrac{\partial}{\partial y} \cdot \left(\dfrac{\partial^2 f}{\partial y^2} \right) = \dfrac{\partial^3 f}{\partial y^3}$ $\quad = 48 \cdot x^3 \cdot y - 24$ $\quad$ (3. partielle Ableitung nach y)

$z_{yx} = f_{yx} = \dfrac{\partial}{\partial x} \cdot \left(\dfrac{\partial f}{\partial y} \right) = \dfrac{\partial^2 f}{\partial x \cdot \partial y}$ $\quad = 24 \cdot x^2 \cdot y^3$ $\quad$ (1. part. Ableitung nach y und eine nach x)

$z_{yxx} = f_{yxx} = \dfrac{\partial}{\partial x} \cdot \left(\dfrac{\partial^2 f}{\partial x \cdot \partial y} \right) = \dfrac{\partial^3 f}{\partial x^2 \cdot \partial y}$ $\quad = 48 \cdot x \cdot y^3$ $\quad$ (part. Ableit. nach y, x und wieder nach x)

$z_{yxy} = f_{yxy} = \dfrac{\partial}{\partial y} \cdot \left(\dfrac{\partial^2 f}{\partial x \cdot \partial y} \right) = \dfrac{\partial^3 f}{\partial x \cdot \partial y^2}$ $\quad = 72 \cdot x^2 \cdot y^2$ $\quad$ (part. Ableit. nach y, x und wieder nach y)

$z_{yyx} = f_{yyx} = \dfrac{\partial}{\partial x} \cdot \left(\dfrac{\partial^2 f}{\partial y^2} \right) = \dfrac{\partial^3 f}{\partial x \cdot \partial y^2}$ $\quad = 72 \cdot x^2 \cdot y^2$ $\quad$ (2 part. Ableit. nach y und eine nach x)

Wir erhalten also Folgendes:

2 partielle Ableitungen 1. Ordnung

4 partielle Ableitungen 2. Ordnung

8 partielle Ableitungen 3. Ordnung

Man kann das Ganze in folgendem Schema /6/ darstellen:

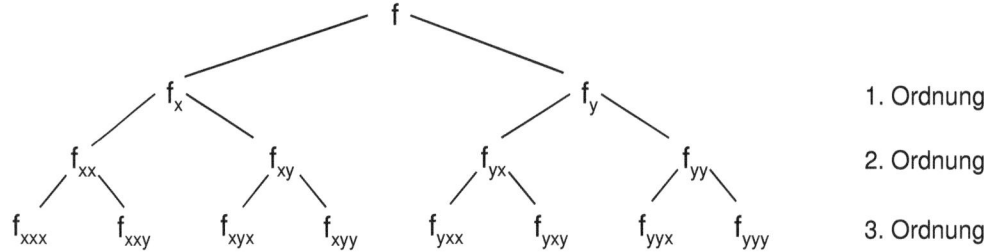

Bild 67: Ableitungen erster, zweiter und dritter Ordnung (nach Papula)

Wie wir gesehen haben, stimmen folgende Ableitungen unseres Beispielx überein:

$$f_{xy} = f_{yx}$$
$$f_{xxy} = f_{xyx} = f_{yxx}$$
$$f_{xyy} = f_{yxy} = f_{yyx}$$

Wurde bei den partiellen Ableitungen immer nach einer der Variablen abgeleitet (x oder y), so spricht man von reinen partiellen Ableitungen. Wurde nach verschiedenen Variablen abgeleitet (x und y), dann spricht man von gemischten partiellen Ableitungen.

reine partielle Ableitungen 2. Ordnung: f_{xx} f_{yy}

reine partielle Ableitungen 3. Ordnung: f_{xxx} f_{yyy}

gemischte partielle Ableitung 2. Ordnung: f_{xy}

gemischte partielle Ableitungen 3. Ordnung: f_{xxy} f_{xyy}

Satz von Schwarz

Man kann beweisen, dass bei stetigen Funktionen die Reihenfolge der einzelnen Differentiations-schritte vertauscht werden darf. Es gilt also allgemein:

$$f_{xy} = f_{yx}$$
$$f_{xxy} = f_{xyx} = f_{yxx}$$
$$f_{xyy} = f_{yxy} = f_{yyx}$$

Dies gilt natürlich immer nur dann, wenn die Ableitungen auch existieren.

2.2.5   Beispiele zur partiellen Differentiation höherer Ordnung

(1) Gegeben ist die Funktion: $z = f_{(x;\,y)} = x^3 + y^4$

Bilde die partiellen Ableitungen der 1., 2. und 3. Ordnung.

$f_x = 3 \cdot x^2 \quad f_y = 4 \cdot y^3$

$f_{xx} = 6 \cdot x \quad f_{yy} = 12 \cdot y^2$

$f_{xxx} = 6 \qquad f_{yyy} = 24 \cdot y$

Alle gemischten partiellen Ableitungen haben den Wert 0.

(2) Gegeben ist die Funktion: $z = f_{(x;\,y)} = 2 \cdot x^3 \cdot y^5 + 3 \cdot x^2 \cdot y^2 - 4 \cdot y^2$

Bilde die partiellen Ableitungen der 1., 2. und 3. Ordnung.

$f_x = 6 \cdot x^2 \cdot y^5 + 6 \cdot x \cdot y^2 \quad f_y = 10 \cdot x^3 \cdot y^4 + 6 \cdot x^2 \cdot y - 8 \cdot y$

$f_{xx} = 12 \cdot x \cdot y^5 + 6 \cdot y^2 \qquad f_{yy} = 40 \cdot x^3 \cdot y^3 + 6 \cdot x^2 - 8$

$f_{xxx} = 12 \cdot y^5 \qquad f_{yyy} = 120 \cdot x^3 \cdot y^2$

$f_{xy} = f_{yx} = 30 \cdot x^2 \cdot y^4 + 12 \cdot x \cdot y$

$f_{xxy} = f_{xyx} = f_{yxx} = 60 \cdot x \cdot y^4 + 12 \cdot y$

$f_{yyx} = f_{yxy} = f_{xyy} = 120 \cdot x^2 \cdot y^3 + 12 \cdot x$

(3) Gegeben ist die Funktion: $z = f_{(x;\,y)} = \dfrac{x^3}{2 + y}$

Bilde die partiellen Ableitungen der 1., 2. und 3. Ordnung.

Wir setzen zunächst

$$u = 2 + y \qquad \Rightarrow \qquad z = f = \frac{x^3}{u}$$

Hiermit können wir bei Bedarf die Kettenregel anwenden:

$f_x = \dfrac{3 \cdot x^2}{2 + y}$
$\qquad f_y = \dfrac{\partial f}{\partial u} \cdot \dfrac{\partial u}{\partial y} = x^3 \cdot (-1) \cdot u^{-2} \cdot 1 = -\dfrac{x^3}{u^2} = -\dfrac{x^3}{(2 + y)^2}$

$f_{xx} = \dfrac{6 \cdot x}{2 + y}$
$\qquad f_{yy} = \dfrac{\partial f_y}{\partial u} \cdot \dfrac{\partial u}{\partial y} = (-x^3) \cdot (-2) \cdot u^{-3} \cdot 1 = 2 \cdot x^3 \cdot \dfrac{1}{u^3} = \dfrac{2 \cdot x^3}{(2 + y)^3}$

$f_{xxx} = \dfrac{6}{2 + y}$
$\qquad f_{yyy} = \dfrac{\partial f_{yy}}{\partial u} \cdot \dfrac{\partial u}{\partial y} = 2 \cdot x^3 \cdot (-3) \cdot u^{-4} \cdot 1 = -6 \cdot x^3 \cdot \dfrac{1}{u^4} = -\dfrac{6 \cdot x^3}{(2 + y)^4}$

$f_{xy} = f_{yx} = -\dfrac{3 \cdot x^2}{u^2} = -\dfrac{3 \cdot x^2}{(2 + y)^2}$

$f_{xxy} = \dfrac{\partial f_{xx}}{\partial u} \cdot \dfrac{\partial u}{\partial y} = 6 \cdot x \cdot (-1) \cdot u^{-2} \cdot 1 = -\dfrac{6 \cdot x}{u^2} = -\dfrac{6 \cdot x}{(2 + y)^2}$ oder auch: $f_{yxx} = \dfrac{\partial f_{yx}}{\partial x} = -\dfrac{6 \cdot x}{(2 + y)^2}$

$f_{xyy} = \dfrac{\partial f_{xy}}{\partial u} \cdot \dfrac{\partial u}{\partial y} = -3 \cdot x^2 \cdot (-2) \cdot u^{-3} \cdot 1 = 6 \cdot x^2 \cdot \dfrac{1}{u^3} = \dfrac{6 \cdot x^2}{(2 + y)^3}$ oder auch: $f_{yyx} = \dfrac{\partial f_{yy}}{\partial x} = \dfrac{6 \cdot x^2}{(2 + y)^3}$

(4) Gegeben ist die Funktion: $z = f_{(x;\,y)} = \ln(x + y^2)$

Bilde die partiellen Ableitungen der 1. und 2. Ordnung.

Wir setzen zunächst $v = x + y^2 \quad \Rightarrow \quad z = f = \ln(v)$

Hiermit können wir die Kettenregel anwenden:

$$f_x = \frac{\partial f}{\partial v} \cdot \frac{\partial v}{\partial x} = \frac{1}{v} \cdot 1 = \frac{1}{x + y^2}$$

$$f_{xx} = \frac{\partial f_x}{\partial v} \cdot \frac{\partial v}{\partial x} = (-1) \cdot v^{-2} \cdot 1 = -\frac{1}{(x + y^2)^2}$$

$$f_y = \frac{\partial f}{\partial v} \cdot \frac{\partial v}{\partial y} = \frac{1}{v} \cdot 2 \cdot y = \frac{2 \cdot y}{x + y^2}$$

Wir setzen nun $u = 2 \cdot y \quad \Rightarrow \quad f_y = \frac{u}{x + y^2} = \frac{u}{v}$

Zur Ermittlung von f_{yy} wenden wir die Quotientenregel an:

$$f_{yy} = \frac{\partial f_y}{\partial y} = \frac{v \cdot u' - u \cdot v'}{v^2} = \frac{(x + y^2) \cdot 2 - 2 \cdot y \cdot 2 \cdot y}{(x + y^2)^2} = \frac{(x + y^2) \cdot 2 - 4 \cdot y^2}{(x + y^2)^2} = \frac{2 \cdot x + 2 \cdot y^2 - 4 \cdot y^2}{(x + y^2)^2} = \frac{2 \cdot (x - y^2)}{(x + y^2)^2}$$

$$f_{xy} = f_{yx} = \frac{\partial f_x}{\partial v} \cdot \frac{\partial v}{\partial y} = (-1) \cdot v^{-2} \cdot 2 \cdot y = -\frac{2 \cdot y}{(x + y^2)^2}$$

(5) Gegeben ist die Funktion: $z = f_{(x;\,y)} = \frac{x - y}{x + y}$
    (Beispiel aus /6/)

Bilde die partiellen Ableitungen der 1., 2. und 3. Ordnung.

Wir setzen zunächst:

$v = x - y$ und $w = x + y \quad \Rightarrow \quad z = f = \frac{v}{w} \qquad$ Es gilt die Quotientenregel $\quad z' = \frac{w \cdot v' - v \cdot w'}{w^2}$

Damit folgt:

$$w'_x = \frac{\partial w}{\partial x} = 1 \quad \text{und} \quad v'_x = \frac{\partial v}{\partial x} = 1 \quad \Rightarrow \quad f_x = \frac{(x + y) - (x - y)}{(x + y)^2} = \frac{2 \cdot y}{(x + y)^2} = \frac{2 \cdot y}{(x + y)^2}$$

$$w'_y = \frac{\partial w}{\partial y} = 1 \quad \text{und} \quad v'_y = \frac{\partial v}{\partial y} = -1 \quad \Rightarrow \quad f_y = \frac{(x + y) \cdot (-1) - (x - y)}{(x + y)^2} = \frac{-x - y - x + y}{(x + y)^2} = -\frac{2 \cdot x}{(x + y)^2}$$

Wir setzen nun: $u = x + y \quad \Rightarrow \quad f_x = \frac{2 \cdot y}{u^2} \quad$ und $\quad f_y = -\frac{2 \cdot x}{u^2} \qquad$ Mit der Kettenregel folgt:

$$f_{xx} = \frac{\partial f_x}{\partial u} \cdot \frac{\partial u}{\partial x} = 2 \cdot y \cdot (-2) \cdot \frac{1}{u^3} \cdot 1 = -\frac{4 \cdot y}{(x + y)^3}$$

$$f_{yy} = \frac{\partial f_y}{\partial u} \cdot \frac{\partial u}{\partial y} = (-2) \cdot x \cdot (-2) \cdot \frac{1}{u^3} \cdot 1 = \frac{4 \cdot x}{(x + y)^3}$$

Zur Berechnung von f_{xxx} wird gesetzt: $u = -4 \cdot y$ und $v = (x+y)^3$ $\Rightarrow$ $f_{xx} = \dfrac{u}{v}$ (Quotientenregel)

$$f_{xxx} = \frac{v \cdot u'_x - u \cdot v'_x}{v^2} = \frac{(x+y)^3 \cdot 0 - (-4 \cdot y) \cdot (3 \cdot x^2 + 6 \cdot x \cdot y + 3 \cdot y^2)}{(x+y)^6}$$

$$= \frac{12 \cdot y \cdot (x^2 + 2 \cdot x \cdot y + y^2)}{(x+y)^2 \cdot (x+y)^4} = \frac{12 \cdot y \cdot (x+y)^2}{(x+y)^2 \cdot (x+y)^4} = \frac{12 \cdot y}{(x+y)^4}$$

Zur Berechnung von f_{yyy} wird gesetzt: $u = 4 \cdot x$ und $v = (x+y)^3$ $\Rightarrow$ $f_{yy} = \dfrac{u}{v}$ (Quotientenregel)

$$f_{yyy} = \frac{v \cdot u'_y - u \cdot v'_y}{v^2} = \frac{(x+y)^3 \cdot 0 - 4 \cdot x \cdot (3 \cdot x^2 + 6 \cdot x \cdot y + 3 \cdot y^2)}{(x+y)^6}$$

$$= \frac{-12 \cdot x \cdot (x^2 + 2 \cdot x \cdot y + y^2)}{(x+y)^2 \cdot (x+y)^4} = \frac{-12 \cdot x \cdot (x+y)^2}{(x+y)^2 \cdot (x+y)^4} = -\frac{12 \cdot x}{(x+y)^4}$$

Zur Berechnung von f_{xy} setzen wir $u = 2 \cdot y$ und $v = (x+y)^2$ $\Rightarrow$ $f_x = \dfrac{u}{v}$ (Quotientenregel)

$$f_{xy} = \frac{v \cdot u'_y - u \cdot v'_y}{v^2} = \frac{(x+y)^2 \cdot 2 - 2 \cdot y \cdot (2 \cdot x + 2 \cdot y)}{(x+y)^4} = \frac{(x+y)^2 \cdot 2 - 2 \cdot (x^2 + 2 \cdot x \cdot y + y^2 + y^2 - x^2)}{(x+y)^4}$$

$$= \frac{2 \cdot (x^2 + 2 \cdot x \cdot y + y^2) - 2 \cdot (x^2 + 2 \cdot x \cdot y + 2 \cdot y^2 - x^2)}{(x+y)^4} = \frac{2 \cdot x^2 + 4 \cdot x \cdot y + 2 \cdot y^2 - (2 \cdot x^2 + 4 \cdot x \cdot y + 4 \cdot y^2 - 2 \cdot x^2)}{(x+y)^4} =$$

$$= \frac{2 \cdot x^2 - 2 \cdot y^2}{(x+y) \cdot (x+y)^3} = \frac{2 \cdot (x^2 - y^2)}{(x+y) \cdot (x+y)^3} = \frac{2 \cdot (x+y) \cdot (x-y)}{(x+y) \cdot (x+y)^3} = \frac{2 \cdot (x-y)}{(x+y)^3}$$

oder

Zur Berechnung von f_{yx} setzen wir $u = -2 \cdot x$ und $v = (x+y)^2$ $\Rightarrow$ $f_y = \dfrac{u}{v}$ (Quotientenregel)

$$f_{yx} = \frac{v \cdot u'_x - u \cdot v'_x}{v^2} = \frac{(x+y)^2 \cdot (-2) - (-2 \cdot x) \cdot (2 \cdot x + 2 \cdot y)}{(x+y)^4} = \frac{-(x+y)^2 \cdot 2 + 2 \cdot (x^2 + x^2 + 2 \cdot x \cdot y + y^2 - y^2)}{(x+y)^4}$$

$$= \frac{-2 \cdot (x^2 + 2 \cdot x \cdot y + y^2) + 2 \cdot (x^2 + x^2 + 2 \cdot x \cdot y + y^2 - y^2)}{(x+y)^4} = \frac{-2 \cdot x^2 - 4 \cdot x \cdot y - 2 \cdot y^2 + 4 \cdot x^2 + 4 \cdot x \cdot y}{(x+y)^4}$$

$$= \frac{2 \cdot x^2 - 2 \cdot y^2}{(x+y) \cdot (x+y)^3} = -\frac{2 \cdot (x^2 - y^2)}{(x+y) \cdot (x+y)^3} = \frac{2 \cdot (x+y) \cdot (x-y)}{(x+y) \cdot (x+y)^3} = \frac{2 \cdot (x-y)}{(x+y)^3}$$

Zur Berechnung haben wir die quadratische Ergänzung und die 3. binomische Formel verwendet.

Zur Berechnung von f_{xxy} setzen wir $u = -4 \cdot y$ und $v = (x+y)^3$ $\Rightarrow$ $f_{xx} = \dfrac{u}{v}$ (Quotientenregel)

$$f_{xxy} = \frac{v \cdot u_{xxy} - u \cdot v_{xxy}}{v^2} = \frac{(x+y)^3 \cdot (-4) - (-4 \cdot y) \cdot (3 \cdot x^2 + 6 \cdot x \cdot y + 3 \cdot y^2)}{(x+y)^6}$$

$$= \frac{-4 \cdot (x+y)^3 + 4 \cdot y \cdot 3 \cdot (x^2 + 2 \cdot x \cdot y + y^2)}{(x+y)^6} = \frac{-4 \cdot (x+y)^3 + 4 \cdot y \cdot 3 \cdot (x+y)^2}{(x+y)^2 \cdot (x+y)^4}$$

$$= \frac{(x+y)^2 \cdot [12 \cdot y - 4 \cdot (x+y)]}{(x+y)^2 \cdot (x+y)^4} = \frac{12 \cdot y - 4 \cdot x - 4 \cdot y}{(x+y)^4} = \frac{8 \cdot y - 4 \cdot x}{(x+y)^4}$$

Zur Berechnung von f_{yyx} setzen wir $u = 4 \cdot x$ und $v = (x+y)^3$ $\Rightarrow$ $f_{yy} = \dfrac{u}{v}$ (Quotientenregel)

$$f_{yyx} = \frac{v \cdot u'_x - u \cdot v'_x}{v^2} = \frac{(x+y)^3 \cdot 4 - 4 \cdot x \cdot (3 \cdot x^2 + 6 \cdot x \cdot y + 3 \cdot y^2)}{(x+y)^6}$$

$$= \frac{4 \cdot (x+y)^3 - 4 \cdot x \cdot 3 \cdot (x^2 + 2 \cdot x \cdot y + y^2)}{(x+y)^6} = \frac{4 \cdot (x+y)^3 - 12 \cdot x \cdot (x+y)^2}{(x+y)^2 \cdot (x+y)^4}$$

$$= \frac{(x+y)^2 \cdot [4 \cdot (x+y) - 12 \cdot x]}{(x+y)^2 \cdot (x+y)^4} = \frac{4 \cdot x + 4 \cdot y - 12 \cdot x}{(x+y)^4} = \frac{4 \cdot y - 8 \cdot x}{(x+y)^4}$$

2.2.6 Die Tangentialebene

Die partiellen Ableitungen 1. Ordnung in x- und in y-Richtung (Abschnitt 2.2.2) sind identisch mit den Steigungen der beiden Tangenten im Punkt $P(x_0; y_0; z_0)$. Diese spannen somit eine ebene

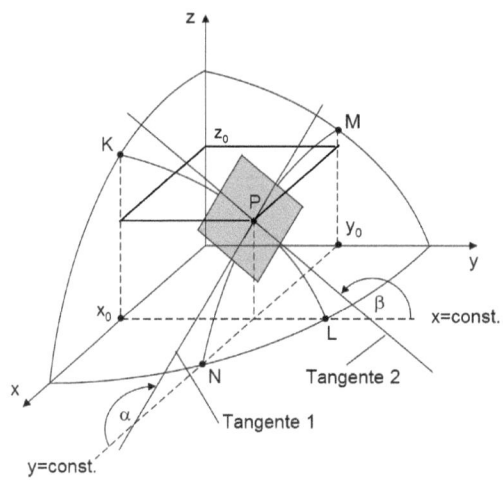

Fläche auf, welche die gekrümmte Funktion $z = f_{(x;y)}$ im Punkt P berührt und deshalb Tangentialebene genannt wird. Diese enthält sämtliche Tangenten an die gekrümmte Funktion im Punkt P. In der unmittelbaren Umgebung von P (Berührungspunkt) haben gekrümmte Funktion und Tangentialebene keine weiteren gemeinsamen Punkte.

Die Tangentialebene ist somit eine lineare Funktion mit 2 unabhängigen Variablen (Abschnitt 2.2.1). Danach besitzt eine derartige Funktion die Form:

Bild 68: Tangentialebene im Punkt P

$$z_T = f_{T(x;y)} = a \cdot x + b \cdot y + c$$

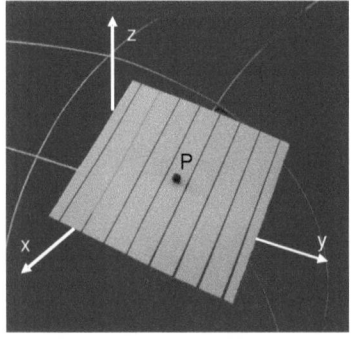

Bild 69: Modell Tangentialebene

Das nebenstehende Bild zeigt eine modellhafte Darstellung einer Tangentialebene.

Zur Bestimmung der Funktionsgleichung der Tangentialebene müssen die beiden Koeffizienten a und b und die Konstante c berechnet werden. Man kann sagen, dass die Steigungen der Tangenten der gekrümmten Funktion im Punkt P identisch sind mit entsprechenden Steigungen der Tangentialebene.

Die Steigungen der Tangentialebene in x- und y-Richtung erhält man, indem die partiellen Ableitungen 1. Ordnung der Funktion z_T nach x und y gebildet werden:

$$z_{Tx} = \frac{\partial z_T}{\partial x} = a \qquad \text{und} \qquad z_{Ty} = \frac{\partial z_T}{\partial y} = b$$

Hiermit gilt also:

$$z_x = f_{x(x_0; y_0)} = a \qquad \text{und} \qquad z_y = f_{y(x_0; y_0)} = b$$

Die Koeffizienten der Tangentialebene sind also identisch mit den ersten Ableitungen der gekrümmten Funktion nach x und y.

Zur Bestimmung der Konstanten c schreiben wir einfach die Funktionsgleichung der Tangentialebene für die bekannten Werte von x_0 und y_0 einmal auf:

$$z_0 = f_{x(x_0; y_0)} \cdot a + f_{y(x_0; y_0)} \cdot b + c$$

Für z_0 gilt aber auch: $\qquad\qquad\qquad z_0 = a \cdot x_0 + b \cdot y_0 + c \quad \Rightarrow \quad c = z_0 - a \cdot x_0 - b \cdot y_0$

Wir setzen a und b ein und erhalten: $\quad c = z_0 - f_x(x_0; y_0) \cdot x_0 - f_y(x_0; y_0) \cdot y_0$

Wir können nun a, b und c in die Funktionsgleichung der Tangentialebene einsetzen:

$$z_T = f_{T(x; y)} = f_{x(x_0; y_0)} \cdot x + f_{y(x_0; y_0)} \cdot y + z_0 - f_{x(x_0; y_0)} \cdot x_0 - f_{y(x_0; y_0)} \cdot y_0$$

Wir klammern $f_{x(x_0; y_0)}$ und $f_{y(x_0; y_0)}$ aus und erhalten:

$$z_T = f_x(x_0; y_0) \cdot (x - x_0) + f_y(x_0; y_0) \cdot (y - y_0) + z_0$$

Dies ist die gesuchte Funktionsgleichung der Tangentialebene.

Beispiele:

(1) Gegeben ist die Funktion: $\quad z = f_{(x; y)} = x^2 - y^2$

Gesucht ist die Funktionsgleichung der Tangentialebene im Flächenpunkt P(2; 4; -12)

Wir bilden die partiellen Ableitungen der 1. und 2. Ordnung.
$$f_x = 2 \cdot x \quad \Rightarrow \quad f_x(2; 4) = 2 \cdot 2 = 4$$
$$f_y = -2 \cdot y \quad \Rightarrow \quad f_y(2; 4) = -2 \cdot 4 = -8$$

Daraus folgt für die Gleichung der Tangentialebene:

$$z_T = 4 \cdot (x - 2) + (-8) \cdot (y - 4) - 12 = 4 \cdot x - 8 - 8 \cdot y + 32 - 12 = 4 \cdot x - 8 \cdot y + 12$$

(2) Gegeben ist die Funktion: $z = f_{(x;\,y)} = \dfrac{x^3}{3+y}$

Gesucht ist die Funktionsgleichung der Tangentialebene im Flächenpunkt P(3; 6; 3)

Wir setzen zunächst $u = 3 + y \quad \Rightarrow \quad z = f = \dfrac{x^3}{u}$

Hiermit können wir bei Bedarf die Kettenregel anwenden:

$f_x = \dfrac{3 \cdot x^2}{3+y}$ und $f_y = \dfrac{\partial f}{\partial u} \cdot \dfrac{\partial u}{\partial y} = x^3 \cdot (-1) \cdot u^{-2} \cdot 1 = -\dfrac{x^3}{u^2} = -\dfrac{x^3}{(3+y)^2}$

$f_x(3;\,6) = \dfrac{3 \cdot 9}{3+6} = 3$ und $f_y(3;\,6) = -\dfrac{3^3}{(3+6)^2} = \dfrac{27}{81} = \dfrac{1}{3}$

Daraus folgt für die Gleichung der Tangentialebene:

$z_T = 3 \cdot (x-3) + \dfrac{1}{3} \cdot (y-6) + 3 = 3 \cdot x - 9 + \dfrac{1}{3} \cdot y - 2 + 3 = 3 \cdot x + \dfrac{1}{3} \cdot y - 8$

(3) Gegeben ist die Funktion: $z = f_{(x;\,y)} = \ln\!\left(x^2 + y^3\right)$

Gesucht ist die Funktionsgleichung der Tangentialebene im Flächenpunkt P(4; 2; 3)

Wir setzen zunächst $u = x^2 + y^3 \quad \Rightarrow \quad z = f = \ln(u)$

Wir wenden die Kettenregel an:

$f_x = \dfrac{\partial f}{\partial u} \cdot \dfrac{\partial u}{\partial x} = \dfrac{1}{u} \cdot 2 \cdot x = \dfrac{2 \cdot x}{x^2 + y^3}$ und $f_y = \dfrac{\partial f}{\partial u} \cdot \dfrac{\partial u}{\partial y} = \dfrac{1}{u} \cdot 3 \cdot y^2 = \dfrac{3 \cdot y^2}{x^2 + y^3}$

$f_x(4;\,2) = \dfrac{2 \cdot 4}{16+8} = \dfrac{8}{24} = \dfrac{1}{3}$ und $f_y(4;\,2) = \dfrac{3 \cdot 4}{16+8} = \dfrac{12}{24} = \dfrac{1}{2}$

Daraus folgt für die Gleichung der Tangentialebene:

$z_T = \dfrac{1}{3} \cdot (x-4) + \dfrac{1}{2} \cdot (y-2) + 3 = \dfrac{1}{3} \cdot x - \dfrac{4}{3} + \dfrac{1}{2} \cdot y - 1 + 3 = \dfrac{1}{3} \cdot x + \dfrac{1}{2} \cdot y + \dfrac{5}{3}$

2.2.7   Das vollständige oder totale Differential

Um das vollständige oder totale Differential besser zu verstehen, wollen wir zunächst auf das „einfache" Differential aus Band 1 /1/ zurückblicken. Dort haben wir eine einfache Regel für den Differentialquotienten von Potenzfunktionen kennen gelernt.

Für $y = x^n \quad \Rightarrow \quad$ 1. Ableitung $y' = \dfrac{dy}{dx} = n \cdot x^{n-1}$

Für die Funktion: $y = x^3 + 1 \quad \Rightarrow \quad y' = 3 \cdot x^2$

Dabei steht y´ für die Steigung der Funktion im Punkt x. Den Graph der Funktion zeigt das nebenstehende Bild. Wenn wir im Punkt P(1; 2) die Steigung berechnen wollen, dann müssen wir x = 1 in die Ableitung einsetzen und erhalten:

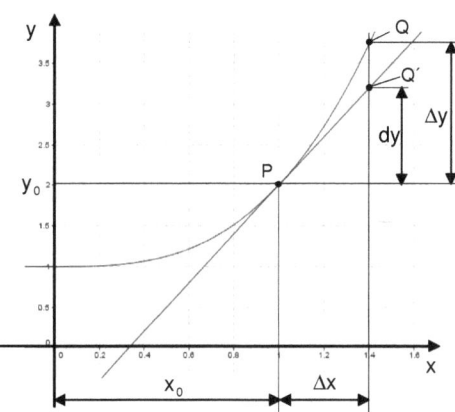

Bild 70: Funktion $y = x^3 + 1$ mit Tangente in P

$$y'_{(x=1)} = 3$$

Wir setzen nun y = 2 in die Geradengleichung für die Tangente ein und erhalten:

$$y_T = 3 \cdot x + a_0 \;\Rightarrow\; 2 = 3 \cdot 1 + a_0 \;\Rightarrow\; a_0 = -1$$
$$y_T = 3 \cdot x - 1$$

Wir behaupten nun, dass die Tangente die Ursprungsfunktion in der Nähe des Punktes P gut annähert. Je kleiner also das Δx wird desto mehr wird sich dy an Δy annähern. In der folgenden Tabelle haben wir den Zusammenhang anhand von einigen Werten Δx dargestellt:

Δx	dy	Δy	Δy-dy
0,40	1,20	1,74	0,54
0,30	0,90	1,20	0,30
0,20	0,60	0,73	0,13
0,10	0,30	0,33	0,03
0,05	0,15	0,16	0,01

Wenn wir uns also vom Punkt P entlang der Tangente auf den Punkt Q´ zubewegen, erhalten wir dy - Werte die folgender Funktion genügen:

$$dy = y_{T(x_0 + \Delta x)} - y_0 = (x_0 + \Delta x) \cdot 3 - 1 - y_0$$

Diese Funktion ist eine lineare Annäherung der ursprünglichen gekrümmten Funktion in der Nähe des Punktes P. Sie entspricht dem vollständigen oder totalen Differential bei Funktionen mit mehr als einer unabhängigen Variable.

Für Δx = 0,1 folgt z.B.: $dy = (1 + 0,1) \cdot 3 - 1 - 2 = 3,3 - 3 = 0,30$

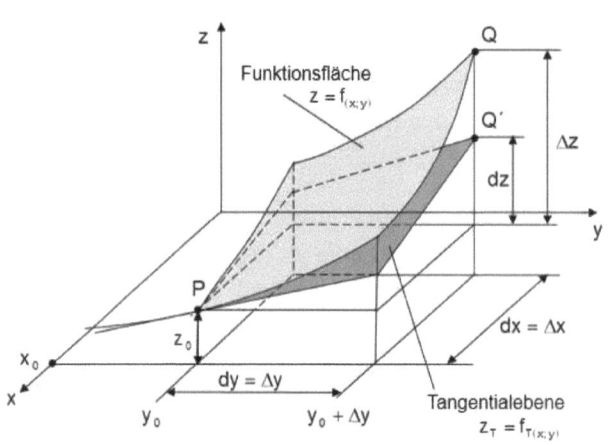

Bild 71: Totales Differential einer Funktion (Abb. nach /6/)

Nun wollen wir auf das vollständige oder totale Differential bei Funktionen mit 2 unabhängigen Variablen zurückkommen. Im nebenstehenden Bild haben wir eine derartige Funktion dargestellt. Wir sehen hier die gekrümmte Funktion $z = f_{(x;y)}$ (hellgrau) mit dem Punkt $P(x_0; y_0; z_0)$.

In diesem Punkt berührt die Funktion der Tangentialebene $z_T = f_{T(x;y)}$ (dunkelgrau) genau die Funktionsfläche.

Bewegung auf der Tangentialebene

Bewegen wir uns auf der Tangentialebene um $dy = \Delta y$ nach rechts in y-Richtung und anschließend um $dx = \Delta x$ in negative x-Richtung, dann gelangen wir zum Punkt Q´. In diesem Fall erhalten wir eine Vergrößerung von z_0 um dz. Wir können also Folgendes schreiben:

$x - x_0 = dx$, $y - y_0 = dy$ und $z_{T(x_0+dx;\, y_0+dy)} - z_0 = dz$

Dies können wir nun in die Formel für die Tangentialebene einsetzen:

$z_T = f_{x(x_0;\, y_0)} \cdot (x - x_0;) + f_{y(x_0;\, y_0)} \cdot (y - y_0) + z_0$

$\Rightarrow z_T - z_0 = f_{x(x_0;\, y_0)} \cdot (x - x_0;) + f_{y(x_0;\, y_0)} \cdot (y - y_0)$ | einsetzen: $x - x_0 = dx$ und $y - y_0 = dy$

$\Rightarrow dz = f_{x(x_0;\, y_0)} \cdot dx + f_{y(x_0;\, y_0)} \cdot dy$

Diese Funktion ist eine Annäherung der Tangentialebene an die ursprüngliche gekrümmte Funktion in der Nähe des Punktes P und wird **vollständiges oder totales Differential** genannt.

Bewegung auf gekrümmter Funktionsfläche

Bewegen wir uns jedoch auf der Funktionsfläche um $dy = \Delta y$ nach rechts in y-Richtung und anschließend um $dx = \Delta x$ in negative x-Richtung, dann gelangen wir zum Punkt Q. Den Funktionswert z können wir hier wie folgt berechnen:

$z_Q = f_{(x_0+\Delta x;\, y_0+\Delta y)}$

$\Rightarrow \Delta z = z_Q - z_0 = f_{(x_0+\Delta x;\, y_0+\Delta y)} - f_{(x_0;\, y_0)}$

Für kleine Werte von dx und dy gilt dann näherungsweise: $\Delta z \approx dz$

Es kann also die gekrümmte Funktionsfläche durch die Tangentialebene angenähert werden.

Beispiele:

(1) Gegeben ist folgende Funktionsgleichung: $z = f_{(x;y)} = x^2 - y^2$

a) Bilde die partiellen Ableitungen der Funktion:

$$f_x = \frac{\partial z}{\partial x} = 2 \cdot x \qquad \text{und} \qquad f_y = \frac{\partial z}{\partial y} = -2 \cdot y$$

b) Bestimme die Gleichung der Tangentialebene im Punkt P(2; 1; 3).

Es gilt: $f_{x(2;\,1)} = 4 \qquad f_{y(2;\,1)} = -2$

Daraus folgt:

$$z_T = f_{x(x_0;\,y_0)} \cdot (x - x_0) + f_{y(x_0;\,y_0)} \cdot (y - y_0) + z_0$$
$$z_T = 4 \cdot (x - 2) - 2 \cdot (y - 1) + 3 = 4 \cdot x - 8 - 2 \cdot y + 2 + 3 = 4 \cdot x - 2 \cdot y - 3$$

c) Bestimme das vollständige Differential der Funktion

$$dz = \frac{\partial z}{\partial x} \cdot dx + \frac{\partial z}{\partial y} \cdot dy = 2 \cdot x \cdot dx - 2 \cdot y \cdot dy$$

d) Bestimme die ungefähre Änderung von z mit dem vollständigen Differential für:

$x = 2$ und $y = 1$

mit den Änderungen: $dx = 0,1$ und $dy = 0,05$

$$dz = 2 \cdot x \cdot dx - 2 \cdot y \cdot dy = 2 \cdot 2 \cdot 0,1 - 2 \cdot 1 \cdot 0,05 = 0,4 - 0,1 = 0,3$$

e) Bestimme die genaue Änderung der Funktion und vergleiche den Wert mit dem Näherungswert des vollständigen Differentials.

$$f_{(x=2;\,y=1)} = 2^2 - 1^2 = 4 - 1 = 3$$
$$f_{(x=2,1;\,y=1,05)} = 2,1^2 - 1,05^2 = 4,41 - 1,1025 = 3,3075$$
$$\Rightarrow dz_{Org} = 3,3075 - 3 = 0,3075$$

Bezogen auf den wahren Wert machen wir folgenden Fehler bei Verwendung der Näherung:

$$\frac{dz_{Org} - dz}{dz_{Org}} = \frac{0,3075 - 0,3}{0,3075} = \frac{0,0075}{0,3075} = 0,0244 = 2,44\%$$

(2) Gegeben sind die folgenden Gleichungen:

Wurfweite des schrägen Wurfes: $s_m = \dfrac{v_0^2 \cdot \sin(2 \cdot \alpha)}{g}$

Wurfhöhe des schrägen Wurfes: $h_m = \dfrac{v_0^2 \cdot \sin^2 \alpha}{2 \cdot g}$

Diese Gleichungen hängen von folgenden unabhängigen Variablen ab:

Anfangsgeschwindigkeit : v_0 in $\dfrac{m}{s}$

Wurfwinkel : α

Gegeben ist die konstante Erdbeschleunigung von $g = 9{,}81 \dfrac{m}{s^2}$

a) Bestimme Wurfweite und Wurfhöhe für

Anfangsgeschwindigkeit $v_0 = 30 \dfrac{m}{s}$

Wurfwinkel $\alpha = 40°$

$$s_m = \frac{900 \dfrac{m^2}{s^2} \cdot \sin(2 \cdot 40°)}{9{,}81 \dfrac{m}{s^2}} = \frac{900 \cdot 0{,}98481}{9{,}81} m = 90{,}349 \ m$$

$$h_m = \frac{900 \dfrac{m^2}{s^2} \cdot \sin^2(40°)}{2 \cdot 9{,}81 \dfrac{m}{s^2}} = \frac{900 \cdot 0{,}4131}{2 \cdot 9{,}81} m = 18{,}953 \ m$$

b) Skizziere die Wurfparabel

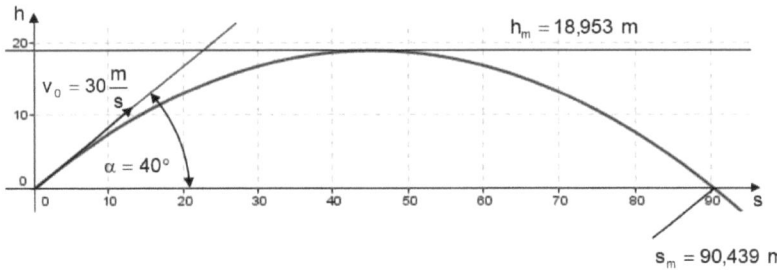

Bild 72: Wurfparabel des schrägen Wurfes

c) Bilde die partiellen Ableitungen der beiden Funktionen:

Partielle Ableitungen von s_m:

$$\frac{\partial s_m}{\partial v_0} = \frac{2 \cdot v_0 \cdot \sin(2 \cdot \alpha)}{g}$$

Wir setzen $u = 2 \cdot \alpha$ und wenden die Kettenregel an: $\sin(2 \cdot \alpha) = \sin(u)$

$$\frac{\partial s_m}{\partial \alpha} = \frac{\partial s_m}{\partial u} \cdot \frac{\partial u}{\partial \alpha} = \frac{v_0^2}{g} \cdot \cos(u) \cdot 2 = \frac{2 \cdot v_0^2 \cdot \cos(2 \cdot \alpha)}{g}$$

Partielle Ableitungen von h_m:

$$\frac{\partial h_m}{\partial v_0} = \frac{2 \cdot v_0 \cdot \sin^2 \alpha}{2 \cdot g} = \frac{v_0 \cdot \sin^2 \alpha}{g}$$

Wir setzen $\sin^2 \alpha = \sin \alpha \cdot \sin \alpha = u \cdot v$ und wenden die Produktregel an: $y' = u \cdot v' + v \cdot u'$

$$\frac{\partial h_m}{\partial \alpha} = \frac{v_0^2}{2 \cdot g} \cdot (\sin \alpha \cdot \cos \alpha + \sin \alpha \cdot \cos \alpha) = \frac{v_0^2}{2 \cdot g} \cdot 2 \cdot \sin \alpha \cdot \cos \alpha = \frac{v_0^2 \cdot \sin \alpha \cdot \cos \alpha}{g}$$

d) Bilde die vollständigen Differentiale der beiden Funktionen:

Vollständiges Differential von s_m:

$$ds_m = \frac{\partial s_m}{\partial v_0} \cdot dv_0 + \frac{\partial s_m}{\partial \alpha} \cdot d\alpha = \frac{2 \cdot v_0 \cdot \sin(2 \cdot \alpha)}{g} \cdot dv_0 + \frac{2 \cdot v_0^2 \cdot \cos(2 \cdot \alpha)}{g} \cdot d\alpha$$

Vollständiges Differential von h_m:

$$dh_m = \frac{\partial h_m}{\partial v_0} \cdot dv_0 + \frac{\partial h_m}{\partial \alpha} \cdot d\alpha = \frac{v_0 \cdot \sin^2 \alpha}{g} \cdot dv_0 + \frac{v_0^2 \cdot \sin \alpha \cdot \cos \alpha}{g} \cdot d\alpha$$

e) Bestimme die ungefähren Änderungen von Wurfweite und Wurfhöhe mit den vollständigen Differentialen für:

$$\text{Anfangsgeschwindigkeit} \quad v_0 = 30 \frac{m}{s}$$
$$\text{Wurfwinkel} \quad\quad\quad\quad \alpha = 40° = 0{,}6981$$

mit den Änderungen: $dv_0 = -1 \frac{m}{s}$ und $d\alpha = -1° = -0{,}017453$

$$ds_m = \frac{2 \cdot 30 \frac{m}{s} \cdot \sin(2 \cdot 0{,}698132)}{9{,}81 \frac{m}{s^2}} \cdot (-1) \frac{m}{s} + \frac{2 \cdot 900 \frac{m^2}{s^2} \cdot \cos(2 \cdot 0{,}698132)}{9{,}81 \frac{m}{s^2}} \cdot (-0{,}017453)$$

$$\Rightarrow ds_m = -6{,}023289 \ m - 0{,}556098 \ m = -6{,}5794 \ m$$

$$dh_m = \frac{30 \frac{m}{s} \cdot \sin^2(0{,}698132)}{9{,}81 \frac{m}{s^2}} \cdot (-1) \frac{m}{s} + \frac{900 \frac{m^2}{s^2} \cdot \sin(0{,}698132) \cdot \cos(0{,}698132)}{9{,}81 \frac{m}{s^2}} \cdot (-0{,}017453)$$

$$\Rightarrow ds_m = -1{,}263535 \ m - 0{,}788447 \ m = -2{,}0520 \ m$$

f) Bestimme die genauen Änderungen von Wurfweite und Wurfhöhe mit den Ursprungsgleichungen und vergleiche die Werte mit den Näherungswerten des vollständigen Differentials.

Anfangsgeschwindigkeit $v_{02} = 29\frac{m}{s}$

Wurfwinkel $\alpha_2 = 39° = 0{,}680678$

$$s_m = \frac{841\frac{m^2}{s^2} \cdot \sin(2 \cdot 0{,}680678)}{9{,}81\frac{m}{s^2}} = \frac{841 \cdot 0{,}97815}{9{,}81}m = 83{,}8555 \ m$$

$$h_m = \frac{841\frac{m^2}{s^2} \cdot \sin^2(0{,}680678)}{2 \cdot 9{,}81\frac{m}{s^2}} = \frac{841 \cdot 0{,}3960}{2 \cdot 9{,}81}m = 16{,}9762 \ m$$

$ds_{m(Org)} = 83{,}8555 \ m - 90{,}3493 \ m = -6{,}4938 \ m$

$dh_{m(Org)} = 16{,}9762 \ m - 18{,}9530 \ m = -1{,}9768 \ m$

Bezogen auf den wahren Wert machen wir folgende Fehler bei Verwendung der Näherung:

$$\frac{ds_{m(Org)} - ds_m}{ds_{m(Org)}} = \frac{-6{,}4938 - (-6{,}5794)}{-6{,}4938} = \frac{0{,}0856}{6{,}4938} = -0{,}0132 = -1{,}32\%$$

$$\frac{dh_{m(Org)} - dh_m}{dh_{m(Org)}} = \frac{-1{,}9768 - (-2{,}0520)}{-1{,}9768} = \frac{0{,}0752}{1{,}9768} = -0{,}0380 = -3{,}80\%$$

(3) Gegeben ist folgende Funktionsgleichung: $z = f_{(x;y)} = x^2 + 3 \cdot x \cdot y^2$

a) Bilde die partiellen Ableitungen der Funktion:

$f_x = \dfrac{\partial z}{\partial x} = 2 \cdot x + 3 \cdot y^2$ und $f_y = \dfrac{\partial z}{\partial y} = 6 \cdot x \cdot y$

b) Bestimme die Gleichung der Tangentialebene im Punkt P(3; 2; 45).

Es gilt: $f_{x(3;\ 2)} = 18$ $f_{y(3;\ 2)} = 36$

Daraus folgt:

$z_T = f_{x(x_0;\ y_0)} \cdot (x - x_0) + f_{y(x_0;\ y_0)} \cdot (y - y_0) + z_0$

$z_T = 18 \cdot (x - 3) + 36 \cdot (y - 2) + 45 = 18 \cdot x - 54 + 36 \cdot y - 72 + 45 = 18 \cdot x + 36 \cdot y - 81$

c) Bestimme das vollständige Differential der Funktion

$dz = \dfrac{\partial z}{\partial x} \cdot dx + \dfrac{\partial z}{\partial y} \cdot dy = (2 \cdot x + 3 \cdot y^2) \cdot dx + 6 \cdot x \cdot y \cdot dy$

d) Bestimme die ungefähren Änderungen von z mit dem vollständigen Differential für:

$x = 3$ und $y = 2$

mit den Änderungen: $dx = 0{,}2$ und $dy = 0{,}1$

$dz = (2 \cdot x + 3 \cdot y^2) \cdot dx + 6 \cdot x \cdot y \cdot dy = (2 \cdot 3 + 3 \cdot 4) \cdot 0{,}2 + 6 \cdot 3 \cdot 2 \cdot 0{,}1 = 3{,}6 + 3{,}6 = 7{,}2$

e) Bestimme die genaue Änderung der Funktion und vergleiche den Wert mit dem Näherungswert des vollständigen Differentials.

$$f_{(x=3;\,y=2)} = 3^2 + 3 \cdot 3 \cdot 2^2 = 9 + 36 = 45$$

$$f_{(x=3,2;\,y=2,1)} = 3,2^2 + 3 \cdot 3,2 \cdot 2,1^2 = 10,24 + 42,336 = 52,576$$

$$\Rightarrow dz_{Org} = 52,576 - 45 = 7,576$$

Bezogen auf den wahren Wert machen wir folgenden Fehler bei Verwendung der Näherung:

$$\frac{dz_{Org} - dz}{dz_{Org}} = \frac{7,576 - 7,2}{7,576} = \frac{0,376}{7,576} = 0,0496 = 4,96\%$$

2.2.8 Extremwerte einer Funktion mit zwei unabhängigen Variablen

Extremwerte haben wir in Band 1 /1/ bei Funktionen mit einer Veränderlichen kennen gelernt.

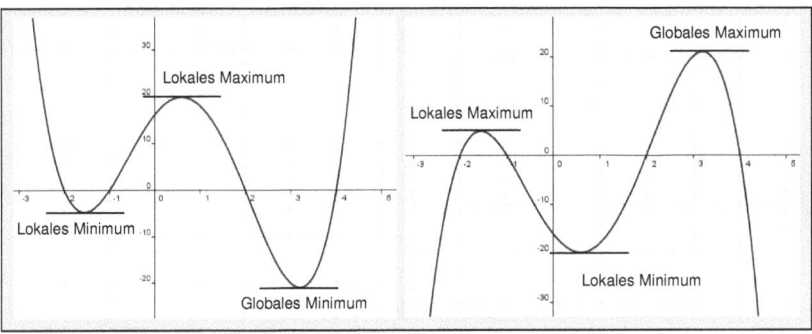

Bild 73: Lokale und globale Minima und Maxima

Wir haben erkannt, dass in einem Extremum die Steigung der Funktion, also die erste Ableitung, zu Null werden muss. Als weitere Bedingung für Minima und Maxima gilt Folgendes:

Ein **Minimum** liegt dann vor, wenn in einer hinreichend kleinen Umgebung um den Punkt herum keine kleineren Funktionswerte existieren.

Ein **Maximum** liegt dann vor, wenn in einer hinreichend kleinen Umgebung um den Punkt herum keine größeren Funktionswerte existieren.

Zusätzlich gibt es noch die Unterscheidung zwischen lokalen und globalen Extremwerten.

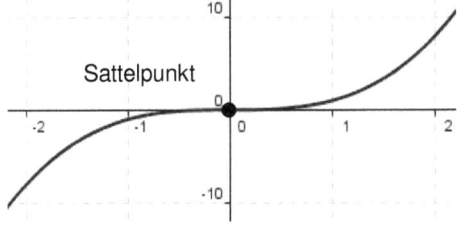

Bild 74: Sattelpunkt

Außerdem haben wir erkannt, dass es Punkte gibt, deren Steigung zwar null ist, aber dennoch keine Extremwerte sind. Diese haben wir Sattelpunkte genannt.

Im Bild links sind alle Punkte links vom Sattelpunkt kleiner und alle Punkte rechts vom Sattelpunkt größer als der Sattelpunkt selbst.

Als Bedingungen für ein Extremum oder einen Sattelpunkt haben wir Folgendes kennen gelernt:

$y' = 0$ und $y'' < 0$ $\Rightarrow$ Maximum

$y' = 0$ und $y'' > 0$ $\Rightarrow$ Minimum

$y' = 0$ und $y'' = 0$ $\Rightarrow$ Sattelpunkt

Betrachten wir Funktionen mit zwei unabhängigen Variablen, so ergibt sich ein ähnliches Bild:

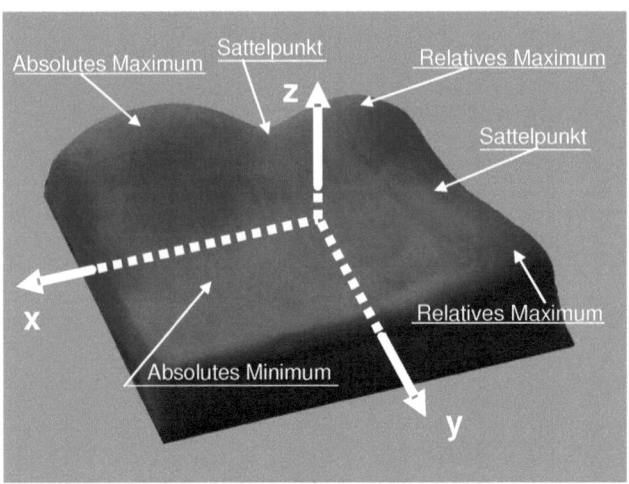

Bild 75: Extrema und Sattelpunkte (2 unabhängige Variable)

Angenommen der Bildausschnitt sei der Definitionsbereich D der gegebenen Funktion, dann befindet sich das absolute Maximum oben links. Es ist der höchste Punkt der im Definitionsbereich existiert. Auf der rechten Seite oben befindet sich ein relatives Maximum, also ein Punkt der in seiner unmittelbaren Umgebung ebenfalls die höchste Lage einnimmt, aber nicht so hoch ist wie das absolute Maximum. Zwischen diesen beiden Punkten befindet sich ein Übergang mit einem niedrigsten Punkt, der hier als „Sattelpunkt" bezeichnet wird (oben Mitte). Dieser Punkt hat die Eigenschaft, dass bei jeder Bewegung in positive oder negative x-Richtung die Werte ansteigen. Gleichzeitig hat dieser Sattelpunkt die Eigenschaft, dass bei jeder Bewegung in positive oder negative y-Richtung die Werte abfallen. Unten rechts befindet sich eine weiteres relatives Maximum und dazwischen wieder ein Sattelpunkt. Unten links sehen wir das absolute Minimum im Definitionsbereich D. Dies ist der niedrigste Punkt der im Definitionsbereich existiert. Natürlich können bei einer anderen Funktion auch mehrere Minima auftreten.

Alle bisher geschilderten Punkte haben eines gemeinsam:

Wenn wir die partiellen Ableitungen in x- und y-Richtung bilden, dann sind beide gleich Null. Man kann auch sagen, dass die den Punkten zugeordneten Tangentialebenen keinerlei Steigung aufweisen und demnach parallel zur x-y-Ebene verlaufen. Es gilt Folgendes:

$$f_{x(x_0;\,y_0)} = 0 \quad \text{und} \quad f_{y(x_0;\,y_0)} = 0 \quad \Rightarrow \quad z_T = z_0$$

Im Folgenden wollen wir diese Zusammenhänge mathematisch formulieren.

Maximum (auch Hochpunkt)

Ein Maximum einer Funktion mit zwei unabhängigen Veränderlichen liegt dann vor, wenn in der unmittelbaren Umgebung des Punktes P keine weiteren Punkte existieren, die größer sind als der Punkt P. Es gilt folgende Definition:

Eine Funktion $z = f_{(x;y)}$ besitzt an der Stelle P(x_0; y_0) ein Maximum, wenn in der unmittelbaren Umgebung von P folgendes gilt: $f_{(x_0;y_0)} > f_{(x;y)}$

Minimum (auch Tiefpunkt)

Ein Minimum einer Funktion mit zwei unabhängigen Veränderlichen liegt dann vor, wenn in der unmittelbaren Umgebung des Punktes P keine weiteren Punkte existieren die kleiner sind als der Punkt P. Es gilt folgende Definition:

Eine Funktion $z = f_{(x;y)}$ besitzt an der Stelle P(x_0; y_0) ein Maximum, wenn in der unmittelbaren Umgebung von P Folgendes gilt: $f_{(x_0;y_0)} < f_{(x;y)}$

Notwendige Bedingung für Maximum oder Minimum (Extremum)

Als Notwendige Bedingung für Extremum im Punkt P(x_0; y_0) gilt, dass die zugehörige Tangential-ebene keine Steigung aufweist und somit parallel zur x-y-Ebene verläuft. Es gilt:

$$f_{x(x_0;y_0)} = 0 \quad \text{und} \quad f_{y(x_0;y_0)} = 0 \quad \Rightarrow \quad z_T = z_0$$

Die Bedingung ist jedoch nicht hinreichend, denn auch alle Sattelpunkte weisen diese Eigen-schaft auf. Um nun ein Maximum zu identifizieren, muss nachgewiesen werden, dass in jeder be-liebigen Richtung um P(x_0; y_0) herum kein größerer Wert auftritt. Zur Identifikation eines Mini-mums muss demnach gezeigt werden, dass in jeder beliebigen Richtung um P(x_0; y_0) herum kein kleinerer Wert auftritt.

Für diesen Nachweis bildet man die partiellen Ableitungen der zweiten Ordnung.

$$z_{xx} = f_{xx} = \frac{\partial}{\partial x} \cdot \left(\frac{\partial f}{\partial x} \right) = \frac{\partial^2 f}{\partial x^2}$$

$$z_{yy} = f_{yy} = \frac{\partial}{\partial y} \cdot \left(\frac{\partial f}{\partial y} \right) = \frac{\partial^2 f}{\partial y^2}$$

$$z_{xy} = f_{xy} = z_{yx} = \frac{\partial}{\partial y} \cdot \left(\frac{\partial f}{\partial x} \right) = \frac{\partial^2 f}{\partial x \cdot \partial y}$$

Als hinreichende Bedingungen für einen Extremwert gilt nun Folgendes:

1. Partielle Ableitungen der 1. Ordnung $= 0$ also $f_x = 0$ und $f_y = 0$

2. Partielle Ableitungen der 2. Ordnung erfüllen folgende Ungleichung: $f_{xx} \cdot f_{yy} - f_{xy}^2 > 0$

Zur Bestimmung, ob es sich bei dem Extremum um ein Minimum oder Maximum handelt, kann man folgendes postulieren:

Für $f_{xx} < 0 \Rightarrow$ Maximum   und   für $f_{xx} > 0 \Rightarrow$ Minimum

Sattelpunkt

Als hinreichende Bedingung für einen Sattelpunkt gilt demnach:

1. Partielle Ableitungen der 1. Ordnung $= 0$ also $f_x = 0$ und $f_y = 0$

2. Partielle Ableitungen der 2. Ordnung erfüllen folgende Ungleichung: $f_{xx} \cdot f_{yy} - f_{xy}^2 < 0$

Keine Aussage bezüglich Extremum oder Sattelpunkt

Wenn folgendes gilt:

1. Partielle Ableitungen der 1. Ordnung $= 0$ also $f_x = 0$ und $f_y = 0$

2. Partielle Ableitungen der 2. Ordnung erfüllen folgende Ungleichung: $f_{xx} \cdot f_{yy} - f_{xy}^2 = 0$

In diesem Fall ist nicht entscheidbar, ob ein Extremum oder ein Sattelpunkt vorliegt. Es können weitere Überlegungen zu einer entsprechenden Entscheidung beitragen.

Beispiele:

(1) Gegeben ist die Funktion $z = f_{(x;y)} = x^3 - 3 \cdot x - y^2 + 3 \cdot y$

Untersuche die Funktion hinsichtlich Extrema und Sattelpunkten:

Wir bilden die partiellen Ableitungen der 1. Ordnung:

$f_x = 3 \cdot x^2 - 3$ und $f_y = -2 \cdot y + 3$

für $f_{x0} = 0$ $\Rightarrow$ $0 = 3 \cdot x_0^2 - 3$ $\Rightarrow$ $3 \cdot x_0^2 = 3$ $\Rightarrow$ $x_0 = \pm 1$

für $f_{y0} = 0$ $\Rightarrow$ $0 = -2 \cdot y_0 + 3$ $\Rightarrow$ $2 \cdot y_0 = 3$ $\Rightarrow$ $y_0 = \dfrac{3}{2}$

$$f_{\left(1;\frac{3}{2}\right)} = 1^3 - 3 \cdot 1 - \left(\frac{3}{2}\right)^2 + 3 \cdot \frac{3}{2} = 1 - 3 - \frac{9}{4} + \frac{9}{2} = \frac{4 - 12 - 9 + 18}{4} = \frac{1}{4}$$

$$f_{\left(-1;\frac{3}{2}\right)} = (-1)^3 - 3 \cdot (-1) - \left(\frac{3}{2}\right)^2 + 3 \cdot \frac{3}{2} = -1 + 3 - \frac{9}{4} + \frac{9}{2} = \frac{-4 + 12 - 9 + 18}{4} = \frac{17}{4}$$

Wir vermuten einen Extremwert oder einen Sattelpunkt in $P\left(1; \dfrac{3}{2}; \dfrac{1}{4}\right)$

Wir bilden die partiellen Ableitungen der 2. Ordnung:

$f_{xx} = 6 \cdot x = 6 \cdot 1$, $f_{yy} = -2$ und $f_{xy} = f_{yx} = 0$

$\Rightarrow$ $f_{xx} \cdot f_{yy} - f_{xy}^2 = (6 \cdot 1) \cdot (-2) - 0 = -12 < 0$ $\Rightarrow$ $P\left(1; \dfrac{3}{2}; \dfrac{1}{4}\right)$ ist ein Sattelpunkt

Wir vermuten einen weiteren Extremwert oder einen Sattelpunkt in $P\left(-1; \dfrac{3}{2}; \dfrac{17}{4}\right)$

$f_{xx} = 6 \cdot (-1)$, $f_{yy} = -2$ und $f_{xy} = f_{yx} = 0$

$\Rightarrow$ $f_{xx} \cdot f_{yy} - f_{xy}^2 = (-6) \cdot (-2) - 0 = 12 > 0$ $\Rightarrow$ $P\left(-1; \dfrac{3}{2}; \dfrac{17}{4}\right)$ ist ein Extremum

Da gilt: $f_{xx} = -6 < 0$ $\Rightarrow$ $P\left(-1; \dfrac{3}{2}; \dfrac{17}{4}\right)$ ist ein Maximum

(2) Gegeben ist die Funktion $z = f_{(x;y)} = x^3 - y^2 + 3 \cdot y$

Untersuche die Funktion hinsichtlich Extrema und Sattelpunkten:

Wir bilden die partiellen Ableitungen der 1. Ordnung:

$f_x = 3 \cdot x^2$ und $f_y = -2 \cdot y + 3$

für $f_{x0} = 0$ $\Rightarrow$ $0 = 3 \cdot x_0^2$ $\Rightarrow$ $x_0 = 0$

für $f_{y0} = 0$ $\Rightarrow$ $0 = -2 \cdot y_0 + 3$ $\Rightarrow$ $2 \cdot y_0 = 3$ $\Rightarrow$ $y_0 = \dfrac{3}{2}$

$f_{\left(0;\frac{3}{2}\right)} = 0^3 - \left(\dfrac{3}{2}\right)^2 + 3 \cdot \dfrac{3}{2} = -\dfrac{9}{4} + \dfrac{9}{2} = \dfrac{-9+18}{4} = \dfrac{9}{4}$

Wir vermuten einen Extremwert oder einen Sattelpunkt in $P\left(0; \dfrac{3}{2}; \dfrac{9}{4}\right)$

Wir bilden die partiellen Ableitungen der 2. Ordnung:

$f_{xx} = 6 \cdot x = 6 \cdot 0$, $f_{yy} = -2$ und $f_{xy} = f_{yx} = 0$

$\Rightarrow$ $f_{xx} \cdot f_{yy} - f_{xy}^2 = 0 \cdot (-2) = 0$ $\Rightarrow$ nicht entscheidbar .

In diesem Fall ist nicht entscheidbar, ob ein Extremum oder ein Sattelpunkt vorliegt. Wir wollen nun weitere Untersuchungen anstellen, um über den gefundenen Punkt eine entsprechende Aussage tätigen zu können.

Numerische Berechnung von Funktionswerten in der Nähe des Punktes P.

y / x	-0,00300	-0,00200	-0,00100	0,00000	0,00100	0,00200	0,00300
1,49600	2,249983973	2,249983992	2,249983999	2,249984000	2,249984001	2,249984008	2,249984027
1,49700	2,249990973	2,249990992	2,249990999	2,249991000	2,249991001	2,249991008	2,249991027
1,49800	2,249995973	2,249995992	2,249995999	2,249996000	2,249996001	2,249996008	2,249996027
1,49900	2,249998973	2,249998992	2,249998999	2,249999000	2,249999001	2,249999008	2,249999027
1,50000	2,249999973	2,249999992	2,249999999	2,250000000	2,250000001	2,250000008	2,250000027
1,50100	2,249998973	2,249998992	2,249998999	2,249999000	2,249999001	2,249999008	2,249999027
1,50200	2,249995973	2,249995992	2,249995999	2,249996000	2,249996001	2,249996008	2,249996027
1,50300	2,249990973	2,249990992	2,249990999	2,249991000	2,249991001	2,249991008	2,249991027
1,50400	2,249983973	2,249983992	2,249983999	2,249984000	2,249984001	2,249984008	2,249984027

Bild 76: Berechnung von Funktionswerten nahe P(0; 1,5 ; 2,25)

Wir haben die Funktionswerte in der Nähe des Punktes P mit Hilfe eines Tabellenkalkulationspro-
gramm ausrechnen lassen. Wir sehen, dass für y = 1,5 die Funktionswerte mit steigenden x-Werten von links nach rechts ständig ansteigen. Da wir im Punkt P eine waagerechte Tangentialebene haben, können wir folgern, dass es sich bei Punkt P um einen Sattelpunkt handelt.

(3) Gegeben ist die Funktion $z = f_{(x;y)} = x^3 - y^3 + 3 \cdot x \cdot y$

Untersuche die Funktion hinsichtlich Extrema und Sattelpunkten:
Wir bilden die partiellen Ableitungen der 1. Ordnung:

$$f_x = 3 \cdot x^2 + 3 \cdot y \quad \text{und} \quad f_y = -3 \cdot y^2 + 3 \cdot x$$

$$\text{für} \quad f_x = 0 \quad \Rightarrow \quad 0 = 3 \cdot x_0^2 + 3 \cdot y_0 \quad \Rightarrow \quad 0 = x_0^2 + y_0$$
$$\text{für} \quad f_y = 0 \quad \Rightarrow \quad 0 = -3 \cdot y_0^2 + 3 \cdot x_0 \quad \Rightarrow \quad 0 = -y_0^2 + x_0$$

Dies ist ein Gleichungssystem mit 2 Gleichungen und 2 Unbekannten.

$$0 = x_0^2 + y_0 \quad \Rightarrow \quad y_0 = -x_0^2$$
Wir setzen dies in die zweite Gleichung ein:
$$0 = x_0 - x_0^4 \quad \Rightarrow \quad x_0 \cdot \left(1 - x_0^3\right) = 0$$
$$\Rightarrow x_{0_1} = 0 \quad \text{und} \quad x_{0_2} = 1$$
Wir setzen in eine der zwei Gleichungen ein:
$$\Rightarrow y_{0_1} = 0 \quad \text{und} \quad y_{0_2} = -1$$

Wir berechnen jetzt die zugehörigen Funktionswerte:

$$f_{\left(x_{0_1}; y_{0_1}\right)} = 0^3 - 0^3 + 3 \cdot 0 \cdot 0 = 0$$

$$f_{\left(x_{0_2}; y_{0_2}\right)} = 1^3 - \left(-1\right)^3 + 3 \cdot 1 \cdot \left(-1\right) = 1 + 1 - 3 = -1$$

Wir vermuten einen Extremwert oder einen Sattelpunkt in $P(0;\ 0;\ 0)$

Wir bilden die partiellen Ableitungen der 2. Ordnung:

$$f_{xx} = 6 \cdot x = 0 \quad , \quad f_{yy} = -6 \cdot y = 0 \quad \text{und} \quad f_{xy} = f_{yx} = 3$$

$$\Rightarrow \quad f_{xx} \cdot f_{yy} - f_{xy}^2 = 0 \cdot 0 - 9 = -9 < 0 \quad \Rightarrow \quad P(0;\ 0;\ 0) \text{ ist ein Sattelpunkt}$$

Wir vermuten einen Extremwert oder einen Sattelpunkt in $P(1;\ -1;\ -1)$

Wir bilden die partiellen Ableitungen der 2. Ordnung:

$$f_{xx} = 6 \cdot x = 6 \quad , \quad f_{yy} = -6 \cdot y = 6 \quad \text{und} \quad f_{xy} = f_{yx} = 3$$

$$\Rightarrow \quad f_{xx} \cdot f_{yy} - f_{xy}^2 = 6 \cdot 6 - 9 = 27 > 0 \quad \Rightarrow \quad P(1;\ -1;\ -1) \text{ ist ein Extremum}$$

weil gilt: $f_{xx} > 0 \quad \Rightarrow \quad P(1;\ -1;\ -1)$ ist ein Minimum

2.2.9 Die Differentiation nach einer gegebenen Richtung

Zunächst ein Beispiel. Gegeben ist die Funktion: $z = f_{(x;\,y)} = \frac{1}{8} \cdot x^2 + y^2$

Wir wollen die Funktionsgleichung der Tangentialebene im Flächenpunkt P(4; 2; 6) bestimmen.

Wir bilden die partiellen Ableitungen der 1. Ordnung.

$$f_x = \frac{2}{8} \cdot x \;\Rightarrow\; f_x(4;\,2) = \frac{2}{8} \cdot 4 = 1 \qquad \text{und} \qquad f_y = 2 \cdot y \;\Rightarrow\; f_y(4;\,2) = 2 \cdot 2 = 4$$

Daraus folgt für die Gleichung der Tangentialebene:

$$z_T = 1 \cdot (x - 4) + 4 \cdot (y - 2) + 6 = x - 4 + 4 \cdot y - 8 + 6 = x + 4 \cdot y - 6$$

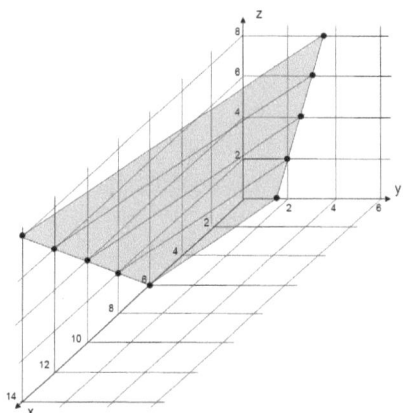

In x-Richtung haben wir eine Steigung von +1 und in y-Richtung eine von +4. Das nebenstehende Bild zeigt die Lage der Tangentialebene im Koordinatensystem.

Wenn wir nun senkrecht von oben auf die Tangentialebene blicken, dann erhalten wir das folgende Bild.

Bild 77: Tangentialebene

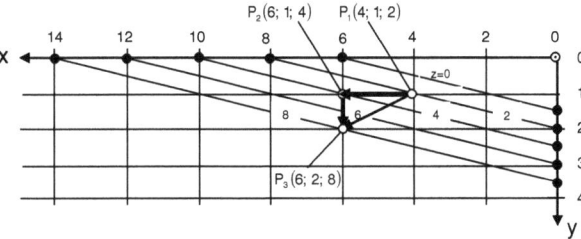

Bild 78: Blick von oben auf die Tangentialebene

Wir sehen die nach links gerichtete x-Achse und die nach unten gerichtete y-Achse. Da wir genau senkrecht von oben auf das Koordinatensystem blicken, zeigt die z-Achse genau auf uns zu. Wir haben dies durch einen Punkt ⊙ bei x = 0 und y = 0 gekennzeichnet.

Die oberste schräge Höhenlinie durch die Punkte P(6; 0; 0) und P(0; 1,5; 0) hat für z den Wert 0. Die darunterliegenden Höhenlinien haben für z die Werte 2, 4, 6 und 8. Wenn wir nun von einem beliebigen Punkt starten – im Beispiel $P_1(4, 1, 2)$ – und uns 2 Einheiten in x-Richtung bewegen ($\Delta x = 2$), dann erreichen wir im Punkt $P_2(6, 1, 4)$ einen um 2 größeren z-Wert ($\Delta z_x = 2$). Wenn wir uns von diesem neuen Ausgangspunkt eine Einheit in y-Richtung bewegen ($\Delta y = 1$), dann erreichen wir im Punkt $P_3(6, 2, 8)$ einen um 4 größeren z-Wert ($\Delta z_y = 4$). Wir hätten natürlich genauso gut auch direkt von P_1 zu P_3 gehen können und hätten damit eine Zunahme des z-Wertes von 2 auf 8 erzielt, also einen um 6 Einheiten größeren z-Wert erreicht ($\Delta z = \Delta z_x + \Delta z_y = 2 + 4 = 6$).

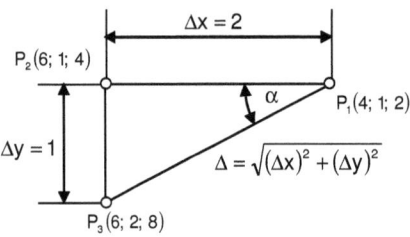

Bild 79: Steigung in Δx und Δy-Richtung

Im nebenstehenden Bild haben wir diesen Zusammenhang vergrößert dargestellt. Gemäß dem Satz von Pythagoras legen wir auf der direkten Strecke folgenden Weg in kombinierter x- und y-Richtung zurück.

$$\Delta = \sqrt{(\Delta x)^2 + (\Delta y)^2} = \sqrt{2^2 + 1^2} = \sqrt{5} = 2,2361$$

Auf diesem Weg erreichen wir eine Zunahme von $\Delta z = 6$. Wir sehen also, dass wir auf einem bestimmten geraden Weg (hier Δ) eine gewisse Höhenzunahme Δz erzielen. Die Steigung ist dabei wie folgt definiert:

$$\frac{\text{Höhenzunahme}}{\text{Gerader Weg}} = \frac{\Delta z}{\Delta} = \frac{6}{2,2361} = 2,6833$$

Man kann nun auf die Idee kommen, den Anstieg in zwei Teilanstiege zu zerlegen, nämlich in einen parallel zur x-Achse (2 Einheiten) und einen zweiten parallel zur y-Achse.

$$\Delta z = \Delta z_x + \Delta z_y = 2 + 4 = 6$$

$$\Rightarrow \frac{\Delta z}{\Delta} = \frac{\Delta z_x + \Delta z_y}{\Delta} = \frac{\Delta z_x}{\Delta} + \frac{\Delta z_y}{\Delta}$$

Die Gleichung der Tangentialebene lautet allgemein:

$$z_T = f_x \cdot (x - x_0) + f_y \cdot (y - y_0) + z_0 = f_x \cdot x - f_x \cdot x_0 + f_y \cdot y - f_y \cdot y_0 + z_0$$

Wir wollen nun Δz_x berechnen, wobei Folgendes einzusetzen ist:

$$\begin{aligned}\Delta z_x &= z_{Tx+\Delta x} - z_{Tx} = f_x \cdot (x + \Delta x) - f_x \cdot x_0 + f_y \cdot y - f_y \cdot y_0 + z_0 - (f_x \cdot x - f_x \cdot x_0 + f_y \cdot y - f_y \cdot y_0 + z_0)\\ &= f_x \cdot x + f_x \cdot \Delta x - f_x \cdot x_0 + f_y \cdot y - f_y \cdot y_0 + z_0 - f_x \cdot x + f_x \cdot x_0 - f_y \cdot y + f_y \cdot y_0 - z_0\\ &= f_x \cdot \Delta x\end{aligned}$$

Anlog berechnet sich Δz_y zu:

$$\begin{aligned}\Delta z_y &= z_{Ty+\Delta y} - z_{Ty} = f_x \cdot x - f_x \cdot x_0 + f_y \cdot (y + \Delta y) - f_y \cdot y_0 + z_0 - (f_x \cdot x - f_x \cdot x_0 + f_y \cdot y - f_y \cdot y_0 + z_0)\\ &= f_x \cdot x - f_x \cdot x_0 + f_y \cdot y + f_y \cdot \Delta y - f_y \cdot y_0 + z_0 - f_x \cdot x + f_x \cdot x_0 - f_y \cdot y + f_y \cdot y_0 - z_0\\ &= f_y \cdot \Delta y\end{aligned}$$

Man kann also jetzt die Steigung in die Richtungen Δx und Δy wie folgt berechnen:

$$\frac{\Delta z}{\Delta} = \frac{\Delta z_x + \Delta z_y}{\Delta} = f_x \cdot \frac{\Delta x}{\Delta} + f_y \cdot \frac{\Delta y}{\Delta} \qquad \text{mit} \qquad \Delta = \sqrt{(\Delta x)^2 + (\Delta y)^2}$$

Mit dieser Gleichung lassen sich alle Richtungssteigungen jeder Tangentialebene berechnen.

Wir wollen nun unsere Beispieldaten ausprobieren und setzen diese in die gefundene Formel ein:

$$\frac{\Delta z}{\Delta} = f_x \cdot \frac{\Delta x}{\Delta} + f_y \cdot \frac{\Delta y}{\Delta} \qquad \text{mit} \qquad \Delta = \sqrt{(\Delta x)^2 + (\Delta y)^2}$$

$$\frac{\Delta z}{\Delta} = 1 \cdot \frac{2}{\sqrt{5}} + 4 \cdot \frac{1}{\sqrt{5}} = \frac{6}{\sqrt{5}} = 2{,}6833$$

Dies ist die Steigung der Funktion im Punkt P(4; 2; 6) in die Richtung $\Delta x = 2$ und $\Delta y = 1$.

Im vorigen Bild haben wir auch den Winkel α eingetragen. Dieser ist der Winkel den Δ (die Ableitungsrichtung) mit der positiven x-Achse bildet. Es gilt nun Folgendes:

$$\cos(\alpha) = \frac{\Delta x}{\Delta} \qquad \text{und} \qquad \sin(\alpha) = \frac{\Delta y}{\Delta}$$

Wenn wir dies einsetzen erhalten wir:

$$\frac{\Delta z}{\Delta} = f_x \cdot \cos(\alpha) + f_y \cdot \sin(\alpha)$$

Zur Überprüfung unseres Beispiels rechnen wir den Winkel α aus und setzen entsprechend ein.

$$\sin(\alpha) = \frac{\Delta y}{\Delta} = \frac{1}{\sqrt{5}} \quad \Rightarrow \quad \alpha = \arcsin\left(\frac{1}{\sqrt{5}}\right) = 0{,}46365$$

Wenn wir dies einsetzen erhalten wir:

$$\frac{\Delta z}{\Delta} = f_x \cdot \cos(0{,}46365) + f_y \cdot \sin(0{,}46365) = 2{,}6833$$

Wir wollen nun feststellen, bei welchem Winkel α eine maximale oder auch minimale Steigung vorliegt. Wenn wir den Winkel α variieren, also als eine Variable auffassen, dann müssen wir lediglich die gefundene Funktion nach α ableiten und diese Ableitung zu Null setzen:

$$\frac{d\frac{\Delta z}{\Delta}}{d\alpha} = -\sin(\alpha_M) + 4 \cdot \cos(\alpha_M) = 0 \quad \Rightarrow \quad 4 \cdot \cos(\alpha_M) = \sin(\alpha_M) \quad \Rightarrow \quad 4 = \frac{\sin(\alpha_M)}{\cos(\alpha_M)} = \tan(\alpha_M)$$

$$\alpha_M = \arctan(4) = 1{,}3258 = 75{,}964°$$

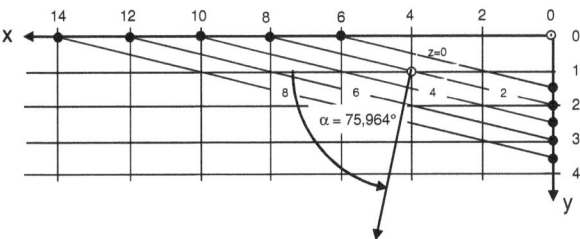

Wenn wir diese Richtung in unser Bild eintragen, dann sehen wir, dass die maximale Steigung orthogonal (rechtwinklig) zu den Höhenlinien verläuft.

Bild 80: Winkel α für maximale Steigung

Um festzustellen ob es sich um ein Maximum oder Minimum handelt, bilden wir die 2. Ableitung der Funktion:

$$\frac{d^2\frac{\Delta z}{\Delta}}{d^2\alpha} = -\cos(\alpha_M) - 4 \cdot \sin(\alpha_M) < 0 \quad \text{für } \alpha_M = 1{,}3258 = 75{,}964°$$

Wir sehen, dass die zweite Ableitung an dieser Stelle < 0 ist und es sich somit um ein Maximum der Steigung handelt. Wenn wir nun den Wert dieser Steigung berechnen wollen, dann müssen den Winkel in die o.g. Gleichung einsetzen:

$$\left(\frac{\Delta z}{\Delta}\right)_{max} = 1 \cdot \cos(1{,}3258) + 4 \cdot \sin(1{,}3258) = 0{,}2426 + 4 \cdot 0{,}9701 = 4{,}1231$$

Daraus ergibt sich:

$$\frac{\Delta x}{\Delta} = 0{,}2426 \quad \text{und} \quad \frac{\Delta y}{\Delta} = 0{,}9701$$

Wir hätten natürlich auch auf das Bilden der 2. Ableitung verzichten und direkt die Steigung ausrechnen können. Da diese positiv ist, muss es sich zwangsläufig um das Maximum der Steigung handeln. Da es sich bei der Tangentialebene um eine schräge Ebenen handelt, muss sich die größte minimale Steigung genau in entgegengesetzter Richtung von Winkel α_M befinden. Für den Richtungswinkel, der in die Richtung der minimalen (negativen) Richtung zeigt, gilt also:

$$\alpha_N = 1{,}3258 + \pi = 4{,}4674 = 75{,}964° + 180° = 255{,}964°$$

Den Richtungswinkel für die Höhenlinien bekommen wir natürlich, wenn wir zum Winkel α_M genau 90° addieren.

$$\alpha_H = 1{,}3258 + \frac{\pi}{2} = 2{,}8966 = 75{,}964° + 90° = 165{,}964°$$

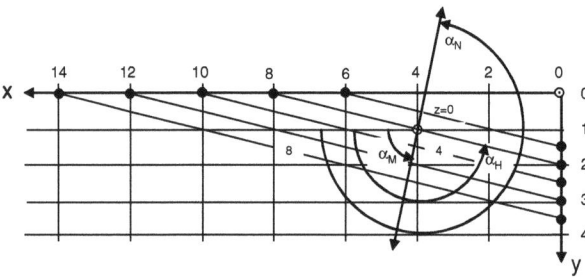

Bild 81: Richtungswinkel α_M , α_N und α_H

Fassen wir also zusammen:

Die Differentiation nach einer gegebenen Richtung (Richtungsableitung)

Will man die Steigung in Punkt $P(x_0; y_0; z_0)$ einer Funktion mit zwei unabhängigen Variablen in eine bestimmte Richtung ermitteln, dann geht man wie folgt vor:

1. Wir bilden die partiellen Ableitungen der 1. Ordnung

$$f_{x(x_0; y_0)} \quad \text{und} \quad f_{y(x_0; y_0)}$$

2. Hiermit berechnen wir die Steigung

   a) in die Richtungen Δx und Δy wie folgt:

$$\frac{\Delta z}{\Delta} = \frac{\Delta z_x + \Delta z_y}{\Delta} = f_x \cdot \frac{\Delta x}{\Delta} + f_y \cdot \frac{\Delta y}{\Delta} \qquad \text{mit} \qquad \Delta = \sqrt{(\Delta x)^2 + (\Delta y)^2}$$

   b) mit dem Winkel α, den Δ (die Ableitungsrichtung) mit der positiven x-Achse bildet:

$$\frac{\Delta z}{\Delta} = f_x \cdot \cos(\alpha) + f_y \cdot \sin(\alpha)$$

Berechnung der maximalen oder minimalen Steigung einer Tangentialebene

Wir bilden die 1. Ableitung der Steigungsgleichung und setzen diese zu Null:

$$\frac{d\frac{\Delta z}{\Delta}}{d\alpha} = -f_x \cdot \sin(\alpha_M) + f_y \cdot \cos(\alpha_M) = 0 \quad \Rightarrow \quad f_y \cdot \cos(\alpha_M) = f_x \cdot \sin(\alpha_M) \quad \Rightarrow \quad \frac{f_y}{f_x} = \frac{\sin(\alpha_M)}{\cos(\alpha_M)} = \tan(\alpha_M)$$

$$\alpha_M = \arctan\left(\frac{f_y}{f_x}\right)$$

Wir können nun die maximale oder minimale Steigung berechnen:

$$\frac{\Delta z}{\Delta} = f_x \cdot \cos(\alpha_M) + f_y \cdot \sin(\alpha_M)$$

Es gilt: $\dfrac{\Delta z}{\Delta} < 0 \quad \Rightarrow \quad$ Minimum und $\quad \dfrac{\Delta z}{\Delta} > 0 \quad \Rightarrow \quad$ Maximum

Hinweis: In der Literatur wird statt Δx, Δy, Δz und Δ auch dx, dy, dz und d geschrieben.

Beispiele:

(1) Gegeben ist die Funktion: $z = f_{(x; y)} = x^2 - y^2$

a) Bestimme die Richtungsableitung im Punkt $P(1; 1; 0)$ in die Richtungen $\Delta x = 1$ und $\Delta y = 2$.

1. Wir bilden die partiellen Ableitungen der 1. Ordnung.

$$f_x = 2 \cdot x \quad \Rightarrow \quad f_x(1; 1) = 2 \cdot 1 = 2 \qquad \text{und} \qquad f_y = -2 \cdot y \quad \Rightarrow \quad f_y(1; 1) = -2 \cdot 1 = -2$$

2. Hiermit berechnen wir die Steigung wie folgt:

$$\frac{\Delta z}{\Delta} = \frac{\Delta z_x + \Delta z_y}{\Delta} = f_x \cdot \frac{\Delta x}{\Delta} + f_y \cdot \frac{\Delta y}{\Delta}$$

mit

$$\Delta = \sqrt{1^2 + 2^2} = \sqrt{5} \quad \Rightarrow \quad \frac{\Delta z}{\Delta} = 2 \cdot \frac{1}{\sqrt{5}} + (-2) \cdot \frac{2}{\sqrt{5}} = -\frac{2}{\sqrt{5}} = -0{,}89443$$

b) Bestimme die Extrema der Steigungen im Punkt P(1; 1; 0).

Wir bilden die 1. Ableitung der Steigungsgleichung und setzen diese zu Null:

$$\frac{d\frac{\Delta z}{\Delta}}{d\alpha} = -f_x \cdot \sin(\alpha) + f_y \cdot \cos(\alpha) = 0 \quad \Rightarrow \quad f_y \cdot \cos(\alpha) = f_x \cdot \sin(\alpha) \quad \Rightarrow \quad \frac{f_y}{f_x} = \frac{\sin(\alpha)}{\cos(\alpha)} = \tan(\alpha)$$

$$\alpha_M = \arctan g\left(\frac{f_y}{f_x}\right) = \arctan g\left(\frac{-2}{2}\right) = \arctan g(-1) = -0{,}7854 = -45°$$

Wenn wir dies einsetzen erhalten wir:

$$\frac{\Delta z}{\Delta} = f_x \cdot \cos(\alpha) + f_y \cdot \sin(\alpha) = 2 \cdot \cos(-0{,}7854) - 2 \cdot \sin(-0{,}7854) = 1{,}4142 - (-1{,}4142) = 2{,}8284$$

Der Steigungswinkel der minimalen Steigung ergibt sich wie folgt:

$$\alpha_N = \alpha_M + \pi = 0{,}7854 + \pi = 2{,}3562 = -45° + 180° = 135°$$

Die minimale Steigung ergibt sich zu − 2,8284.

(2) Gegeben ist die Funktion: $z = f_{(x;\,y)} = -\dfrac{1}{2} \cdot x^2 - y^2$

a) Bestimme die Richtungsableitung im Punkt P(2; 1; −3) in die Richtungen $\Delta x = 1$ und $\Delta y = 2$.

1. Wir bilden die partiellen Ableitungen der 1. Ordnung.

$$f_x = -x \quad \Rightarrow \quad f_x(2;\,1) = -2 \qquad \text{und} \qquad f_y = -2 \cdot y \quad \Rightarrow \quad f_y(2;\,1) = -2 \cdot 1 = -2$$

2. Hiermit berechnen wir die Steigung wie folgt:

$$\frac{\Delta z}{\Delta} = \frac{\Delta z_x + \Delta z_y}{\Delta} = f_x \cdot \frac{\Delta x}{\Delta} + f_y \cdot \frac{\Delta y}{\Delta}$$

mit

$$\Delta = \sqrt{(\Delta x)^2 + (\Delta y)^2} = \sqrt{1^2 + 2^2} = \sqrt{5} \quad \Rightarrow \quad \frac{\Delta z}{\Delta} = -2 \cdot \frac{1}{\sqrt{5}} + (-2) \cdot \frac{2}{\sqrt{5}} = -\frac{6}{\sqrt{5}} = -2{,}6833$$

b) Bestimme die Extrema der Steigungen im Punkt P(2; 1; –3).

Wir bilden die 1. Ableitung der Steigungsgleichung und setzen diese zu Null:

$$\frac{d\frac{\Delta z}{\Delta}}{d\alpha} = -f_x \cdot \sin(\alpha) + f_y \cdot \cos(\alpha) = 0 \quad \Rightarrow \quad f_y \cdot \cos(\alpha) = f_x \cdot \sin(\alpha) \quad \Rightarrow \quad \frac{f_y}{f_x} = \frac{\sin(\alpha)}{\cos(\alpha)} = \tan(\alpha)$$

$$\alpha_M = \arctan\left(\frac{f_y}{f_x}\right) = \arctan\left(\frac{-2}{-2}\right) = \arctan(1) = 0{,}7854 = 45°$$

Wenn wir dies einsetzen erhalten wir:

$$\frac{\Delta z}{\Delta} = f_x \cdot \cos(\alpha) + f_y \cdot \sin(\alpha) = -2 \cdot \cos(0{,}7853) - 2 \cdot \sin(0{,}7853) = -2 \cdot (0{,}7071 + 0{,}7771) = -2{,}8284$$

Der Steigungswinkel der maximalen Steigung ergibt sich wie folgt:

$$\alpha_N = \alpha_M + \pi = 0{,}7854 + \pi = 2{,}3562 = -45° + 180° = 135°$$

Die maximale Steigung ergibt sich zu 2,8284.

2.2.10 Die implizite Differentiation

Um die implizite Differentiation zu beschreiben, müssen wir uns zunächst mit dem Begriff der impliziten Funktion beschäftigen. Bisher haben wir Funktionen der folgenden Form kennen gelernt:

$$y = f_{(x)}$$

Diese nennt man explizite Darstellung einer Funktion, wobei die abhängige Variable y alleine auf der linken Seite steht. Man hat also die Funktionsgleichung nach y aufgelöst. Einige Beispiele:

1. $y = a_0 + a_1 \cdot x + a_2 \cdot x^2$

2. $y = \sin(x)$

3. $y = b \cdot \sqrt{1 - \frac{x^2}{a^2}}$

Im Gegensatz dazu hat die implizite Darstellung einer Funktion folgende Form:

$$F_{(x;\,y)} = 0$$

Hier befinden sich sowohl y als auch x auf der linken Seite und auf der rechten Seite lediglich 0. Hierzu einige Beispiele:

1. $a_0 + a_1 \cdot x + a_2 \cdot x^2 - y = 0$

2. $\frac{\sin(x)}{y} - 1 = 0$

3. $\frac{x^2}{a^2} + \frac{y^2}{b^2} - 1 = 0$

4. $\left(x^2 + y^3\right)^2 - 3 \cdot x \cdot \left(x^2 + y^2\right) - y^2 + 5 = 0$

In manchen Fällen kann man implizite Funktionen durch Auflösen nach y in explizite Funktionen umwandeln (Fall 1, 2 und 3). In anderen Fällen ist dies nicht möglich (Fall 4) oder der Aufwand für die Umstellung ist sehr aufwändig. Um nun solche Funktionen ebenfalls ableiten zu können, gibt es das Verfahren der impliziten Differentiation.

Wir wollen dies einmal am Beispiel der bekannten Funktion für eine Mittelpunktellipse zeigen. Die implizite Funktion lautet hier:

$$\frac{x^2}{a^2} + \frac{y^2}{b^2} - 1 = 0$$

Wenn wir dies nach y umstellen erhalten wir:

$$\frac{y^2}{b^2} = 1 - \frac{x^2}{a^2} \quad \Rightarrow \quad y^2 = b^2 \cdot \left(1 - \frac{x^2}{a^2}\right) \quad \Rightarrow \quad y = \pm b \cdot \sqrt{1 - \frac{x^2}{a^2}}$$

Wir erhalten 2 Funktionen, eine obere für positive y-Werte und eine untere für negative y-Werte. Im Folgenden wollen wir die obere Funktion einmal ableiten und die Steigung für einen bestimmten Punkt bestimmen. Anschließend wollen wir die implizite Funktion direkt ableiten und die Ergebnisse vergleichen. Natürlich sollten beide Verfahren zu demselben Ergebnis gelangen.

Im folgenden Beispiel setzen wir a = 5 und b = 3 und erhalten folgende explizite Funktion:

$$y = b \cdot \sqrt{1 - \frac{x^2}{a^2}} = 3 \cdot \sqrt{1 - \frac{x^2}{25}}$$

Wir setzen nun $u = 1 - \dfrac{x^2}{a^2}$ und erhalten $y = b \cdot u^{\frac{1}{2}}$

Mit der Kettenregel erhalten wir:

$$y' = \frac{dy}{du} \cdot \frac{du}{dx} = -2 \cdot \frac{x}{a^2} \cdot b \cdot \frac{1}{2} \cdot u^{-\frac{1}{2}} = -\frac{b \cdot x}{a^2 \cdot \sqrt{1 - \frac{x^2}{a^2}}} = -\frac{b \cdot x}{\sqrt{a^4 \cdot \left(1 - \frac{x^2}{a^2}\right)}} = -\frac{b \cdot x}{\sqrt{a^2 \cdot (a^2 - x^2)}} = -\frac{3 \cdot x}{\sqrt{25 \cdot (25 - x^2)}}$$

Wir wollen nun die Steigung für $x_0 = 3$ bestimmen. Der y-Wert berechnet sich wie folgt:

$$y_{(x=3)} = 3 \cdot \sqrt{1 - \frac{9}{25}} = 2{,}4$$

Für die Steigung erhalten wir:

$$y' = -\frac{3 \cdot x}{\sqrt{25 \cdot (25 - x^2)}} = -\frac{3 \cdot 3}{\sqrt{25 \cdot (25 - 9)}} = -0{,}45$$

Wir ermitteln nun die Gleichung der Tangente:

$$y_T = a_0 - 0{,}45 \cdot x \qquad \text{Für x = 3 und y = 2,4 ist diese Gleichung erfüllt:}$$
$$2{,}4 = a_0 - 0{,}45 \cdot 3 \quad \Rightarrow \quad a_0 = 2{,}4 + 1{,}35 = 3{,}75$$

$$\Rightarrow \quad y_T = 3{,}75 - 0{,}45 \cdot x$$

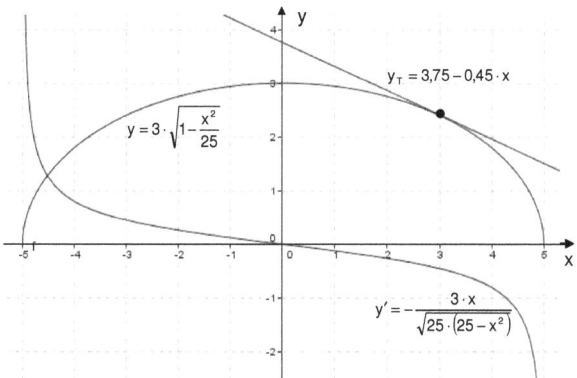

Bild 82: Graf der Ellipse mit Ableitung

Wir wollen nun die implizite Funktion direkt ableiten. Hierzu verwenden wir das totale Differential. Gegeben ist die implizite Form der Ellipsengleichung:

$$\frac{x^2}{a^2} + \frac{y^2}{b^2} - 1 = 0$$

Wir fassen nun die diese Gleichung als eine Funktion $z = F_{(x;y)}$ auf, bei der z zu Null wird. Wir erhalten also eine Funktion z mit zwei Veränderlichen, x und y:

$$F_{(x;y)} = \frac{x^2}{a^2} + \frac{y^2}{b^2} - 1$$

Wir bilden nun die partiellen Ableitungen dieser Funktion:

$$F_x = 2 \cdot \frac{x}{a^2} \quad \text{und} \quad F_y = 2 \cdot \frac{y}{b^2}$$

Das totale oder vollständige Differential haben wir wie folgt kennen gelernt:

$$dz = F_x \cdot dx + F_y \cdot dy$$

Wird nun z = 0, so wird auch dz = 0, somit folgt: $\quad 0 = F_x \cdot dx + F_y \cdot dy$

Wir können nun durch dx dividieren und erhalten: $\quad 0 = F_x + F_y \cdot \frac{dy}{dx} \quad \Rightarrow \quad \frac{dy}{dx} = -\frac{F_x}{F_y} = y'$

Wenn wir F_x und F_y einsetzen erhalten wir:

$$y' = \frac{dy}{dx} = -\frac{2 \cdot x}{a^2} \cdot \frac{b^2}{2 \cdot y} = -\frac{b^2 \cdot x}{a^2 \cdot y}$$

Die beiden Variablen x und y sind in der Ableitung nicht unabhängig voneinander, sondern über die Funktion $F_{(x;y)} = 0$ miteinander verknüpft.

Setzen wir nun wieder a = 5 und b = 3, so erhalten wir:

$$y' = \frac{dy}{dx} = -\frac{b^2 \cdot x}{a^2 \cdot y} = -\frac{9 \cdot x}{25 \cdot y}$$

Setzen wir jetzt für x = 3 und y = 2,4 ein, dann erhalten wir:

$$y' = \frac{dy}{dx} = -\frac{b^2 \cdot x}{a^2 \cdot y} = -\frac{9 \cdot 3}{25 \cdot 2,4} = -0,45$$

Dies ist exakt dasselbe Ergebnis, welches wir für die explizite Funktion erhalten haben.

Im Fall der impliziten Funktion wird der Wert von y = 2,4 wie folgt ermittelt:

Wir setzen x = 3 in die implizite Funktion ein und erhalten:

$$F_{(x;y)} = \frac{x^2}{a^2} + \frac{y^2}{b^2} - 1 = \frac{9}{25} + \frac{y^2}{9} - 1 = 0$$

Dies lösen wir nach y auf:

$$\frac{9}{25} + \frac{y^2}{9} - 1 = 0 \quad \Rightarrow \quad \frac{y^2}{9} = 1 - \frac{9}{25} \quad \Rightarrow \quad y^2 = 9 - \frac{81}{25} = 5,76 \quad \Rightarrow \quad y = \sqrt{5,76} = \pm 2,4$$

Im Fall der oberen Funktion für positive y-Werte erhalten wir also: y = 2,4

Genauso gut hätte man natürlich auch y = 2,4 einsetzen können und damit x erhalten.

Lässt sich – wie hier – die implizite Funktion nach y auflösen, so können wir y in die Ableitung einsetzen und auch so die Gleichheit überprüfen:

$$y' = \frac{dy}{dx} = -\frac{b^2 \cdot x}{a^2 \cdot b \cdot \sqrt{1 - \frac{x^2}{a^2}}} = -\frac{b \cdot x}{a^2 \cdot \sqrt{1 - \frac{x^2}{a^2}}}$$

Auch hier ergibt sich eine exakte Übereinstimmung.

Fassen wir also zusammen:

Implizite Differentiation

Bei einer impliziten Funktion kann man die Ableitung wie folgt ermitteln:

1. Man bildet die partiellen Ableitungen der Funktion $F_{(x;y)} = 0$

F_x und F_y

2. Gesuchte implizite Ableitung:

$$\frac{dy}{dx} = -\frac{F_x}{F_y} = y'$$

Beispiele:

(1) Gegeben ist die implizite Funktion:

$F_{(x;\,y)} = 2 \cdot y^2 + 4 \cdot x^3 - 20 \cdot x + 4 \cdot y - 14 = 0$

a) Bestimme die Steigung der Kurventangente für einen beliebigen Kurvenpunkt

b) Bestimme die Steigung im Kurvenpunkt P(1; 3)

a) Wir bilden die partiellen Ableitungen der Funktion:

$F_x = 12 \cdot x^2 - 20$ und $F_y = 4 \cdot y + 4$

$\Rightarrow y' = -\dfrac{12 \cdot x^2 - 20}{4 \cdot y + 4}$

b) Steigung im Kurvenpunkt P(1; 3)

$\Rightarrow y'_{(1;\,3)} = -\dfrac{12 - 20}{12 + 4} = \dfrac{8}{16} = \dfrac{1}{2}$

(2) Gegeben ist die implizierte Funktion:

$F_{(x;\,y)} = x^2 + y^3 - 3 \cdot x^3 - 3 \cdot x \cdot y - y^2 + 20 = 0$

a) Bestimme die Steigung der Kurventangente für einen beliebigen Kurvenpunkt

b) Bestimme die Steigung im Kurvenpunkt P(2; 0)

a) Wir bilden die partiellen Ableitungen der Funktion:

$F_x = 2 \cdot x - 9 \cdot x^2 - 3 \cdot y$
$F_y = 3 \cdot y^2 - 3 \cdot x - 2 \cdot y$

$y' = -\dfrac{F_x}{F_y} = -\dfrac{2 \cdot x - 9 \cdot x^2 - 3 \cdot y}{3 \cdot y^2 - 3 \cdot x - 2 \cdot y}$

b) Steigung im Kurvenpunkt P(2; 0)

$\Rightarrow y'_{(2;\,0)} = -\dfrac{4 - 36}{-6} = -\dfrac{32}{6} = -5,\overline{3}$

2.2.11   Extremwerte mit Nebenbedingungen

Bei dieser Berechnung ist eine Funktion $z = f_{(x;y)}$ gegeben. Gesucht wird ein Extremum (Minimum oder Maximum) entlang eines bestimmten Weges, wobei die Richtung dieses Weges durch eine sogenannte Nebenbedingung vorgegeben wird. Diese ist eine implizite Funktion $\varphi_{(x;y)} = 0$. Wir wollen diesen Zusammenhang anhand des folgenden Bildes näher erläutern:

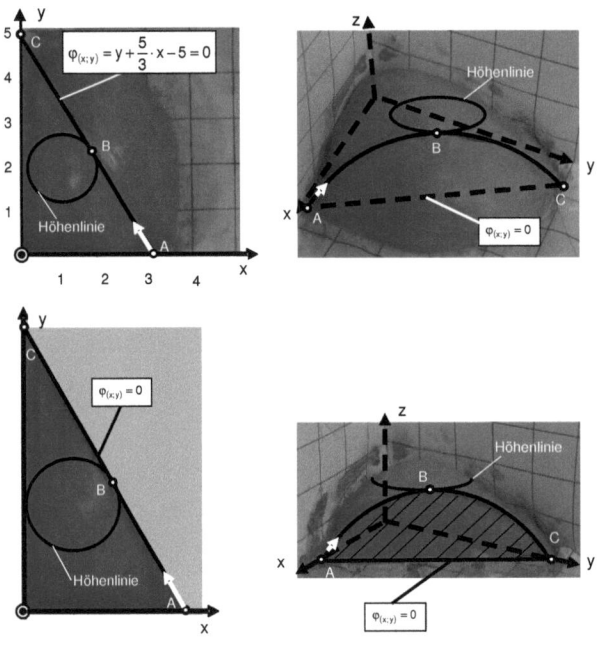

Oben links sehen wir die Draufsicht auf die Funktion $z = f_{(x;y)}$.

Eingezeichnet ist auch die Funktion der Nebenbedingung:

$$y = -\frac{5}{3}x + 5$$

$\Rightarrow$ implizite Funktion :

$$\varphi_{(x;y)} = y + \frac{5}{3} \cdot x - 5 = 0$$

Wir wollen uns nun von Punkt A(3; 0) ausgehend auf direktem Weg zum Punkt C(0; 5) bewegen. Dabei verbleiben wir nicht in der x-y-Ebene, sondern wir folgen der Flächenfunktion $z = f_{(x;y)}$. Wir gehen also zunächst aufwärts bis zum Punkt B. Dort haben wir die maximale Höhe unseres Weges erreicht (waagerechte Tangente). Im Punkt B haben wir auch die zu-

Bild 83: Extremwert mit linearer Nebenbedingung

gehörige Höhenlinie eingezeichnet. Danach geht es wieder abwärts bis wir den Punkt C erreicht haben. Das Ziel unserer Berechnungen ist es, den höchsten (oder tiefsten) Punkt unseres Weges eindeutig zu bestimmen. In den unteren beiden Darstellungen im Bild haben wir den Bereich jenseits der Strecke $\overline{AC}$ weggeschnitten. Wenn wir von oben auf die Fläche schauen (Bilder links), dann sehen wir, dass die Projektion der Höhenlinie auf die x-y-Ebene unsere Funktion der Nebenbedingung gerade berührt. Projektion der Höhenlinie und Funktion der Nebenbedingung haben eine gemeinsame Tangente. Alle Punkte auf der Höhenlinie haben denselben Wert, es gilt:

Für die Höhenlinie: $z = f_{(x;y)} = \text{const.} = k$

Da nun die Funktionen $f_{(x;y)} = k$ und $\varphi_{(x;y)} = 0$ an der Stelle B eine gemeinsame Tangente haben, müssen die beiden Funktion an der Stelle B exakt dieselbe Steigung besitzen. Wir wollen nun die Koordinaten des Punktes B mit x_0 und y_0 angeben.

Damit können wir die Bedingung für eine gemeinsame Tangente im Punkt $B(x_0; y_0)$ wie folgt formulieren: $\varphi_{(x;y)} = 0$ und $f_{(x;y)} = k$

Außerdem müssen beide implizite Funktionen an der Stelle $B(x_0; y_0)$ dieselbe Steigung haben. Daraus folgt, dass die Ableitungen der beiden impliziten Funktionen = 0 sein müssen.

Wir erinnern uns nun an die implizite Differentiation aus dem vorherigen Abschnitt:

1. Man bildet die partiellen Ableitungen der Funktion $F_{(x;y)} = 0$

F_x und F_y

2. Gesuchte implizite Ableitung:

$$\frac{dy}{dx} = -\frac{F_x}{F_y} = y'$$

Wir können nun die Ableitungen der beiden o.g. Funktionen wie folgt bilden:

$$\varphi_{(x;y)} = 0 \quad \Rightarrow \quad \varphi'_{(x0;y0)} = -\frac{\varphi_{x(x_0;y_0)}}{\varphi_{y(x_0;y_0)}} = 0$$

und

$$f_{(x;y)} = k \quad \Rightarrow \quad f'_{(x0;y0)} = -\frac{f_{x(x_0;y_0)}}{f_{y(x_0;y_0)}} = 0$$

Wir können nun gleichsetzen:

$$\frac{\varphi_{x(x_0;y_0)}}{\varphi_{y(x_0;y_0)}} = \frac{f_{x(x_0;y_0)}}{f_{y(x_0;y_0)}} \quad \Rightarrow \quad \frac{f_x}{\varphi_x} = \frac{f_y}{\varphi_y}$$

Diese beiden Ausdrücke setzen wir nun gleich einem beliebigen Wert $-\lambda$ (Lambda) und können daraus zwei Gleichungen ableiten: (λ ist der Lagrange´sche Multiplikator)

$$\frac{f_x}{\varphi_x} = \frac{f_y}{\varphi_y} = -\lambda \quad (\lambda \text{ kann beliebige Werte annehmen})$$

$\Rightarrow$ Gleichung 1: $\dfrac{f_x}{\varphi_x} + \lambda = 0 \Rightarrow f_x + \lambda \cdot \varphi_x = 0$

$\Rightarrow$ Gleichung 2: $\dfrac{f_y}{\varphi_y} + \lambda = 0 \Rightarrow f_y + \lambda \cdot \varphi_y = 0$

Diese beiden Gleichungen werden auch „Lagrange Gleichungen" genannt. In Verbindung mit unserer Nebenbedingung erhalten wir also folgende 3 Gleichungen mit 3 Unbekannten:

$$L_x = f_x + \lambda \cdot \varphi_x = 0$$
$$L_y = f_y + \lambda \cdot \varphi_y = 0$$
$$L_\varphi = \varphi_{(x;y)} = 0$$

Diese 3 Gleichungen kann man sich als Ableitungen einer sogenannten Hilfsfunktion denken.

Hilfsfunktion: $L_{(x;y;\lambda)} = f_{(x;y)} + \lambda \cdot \varphi_{(x;y)} = k$

$L_x = f_x + \lambda \cdot \varphi_x = 0$
$L_y = f_y + \lambda \cdot \varphi_y = 0$
$L_\varphi = \varphi_{(x;y)} = 0$

Da das k bei den Ableitungen jeweils herausfällt, kann man es auch gleich weglassen.

Fazit:

Wir können das Auffinden von Extremwerten mit Nebenbedingungen wie folgt beschreiben:

1. Aus der Funktionsgleichung $z = f_{(x;y)}$ und der Gleichung der Nebenbedingung $\varphi_{(x;y)} = 0$ wird folgende Hilfsfunktion gebildet:

Hilfsfunktion: $L_{(x;y;\lambda)} = f_{(x;y)} + \lambda \cdot \varphi_{(x;y)}$

2. Es werden die drei partiellen Ableitungen 1. Ordnung der Hilfsfunktion gebildet und zu Null gesetzt:

$L_x = f_x + \lambda \cdot \varphi_x = 0$
$L_y = f_y + \lambda \cdot \varphi_y = 0$
$L_\varphi = \varphi_{(x;y)} = 0$

Man erhält ein Gleichungssystem von 3 Gleichungen mit 3 Unbekannten, aus denen sich die Koordinaten (x_0 und y_0) der gesuchten Extremwerte bestimmen lassen.

Beispiele:
(1) Gegeben ist die implizite Funktion: $F_{(x;y)} = -0{,}1 \cdot x^2 - 0{,}1 \cdot y^2 + 4$

Die Funktion der Nebenbedingung lautet:

$y = -\dfrac{5}{3}x + 5$ $\Rightarrow$ implizite Funktion $\varphi_{(x;y)} = y + \dfrac{5}{3} \cdot x - 5 = 0$

Gesucht ist das Extremum (Minimum oder Maximum) entlang des durch die Nebenbedingung vorgegeben Weges.

Wir bilden die Hilfsfunktion:

Hilfsfunktion: $L_{(x;y;\lambda)} = f_{(x;y)} + \lambda \cdot \varphi_{(x;y)}$

$\Rightarrow$ $L_{(x;y;\lambda)} = -0{,}1 \cdot x^2 - 0{,}1 \cdot y^2 + 4 + \lambda \cdot y + \lambda \cdot \dfrac{5}{3} \cdot x - \lambda \cdot 5 = 0$

Wir berechnen die 2 partiellen Ableitungen 1. Ordnung der Hilfsfunktion und setzen diese zu 0. Die dritte Gleichung ist die Nebenbedingung.

$$L_x = f_x + \lambda \cdot \varphi_x = -0{,}2 \cdot x + \lambda \cdot \frac{5}{3} = 0 \quad (1)$$
$$L_y = f_y + \lambda \cdot \varphi_y = -0{,}2 \cdot y + \lambda = 0 \quad (2)$$
$$L_\varphi = \varphi_{(x;y)} = y + \frac{5}{3} \cdot x - 5 = 0 \quad (3)$$

Gesucht sind nun die Werte x_0, y_0, und λ, die diese Bedingungen erfüllen.

Gleichung 3 stellen wir nach y um und setzen in Gleichung 2 ein:

$$y = -\frac{5}{3} \cdot x + 5$$

$$\Rightarrow \quad -0{,}2 \cdot \left(-\frac{5}{3} \cdot x + 5 \right) + \lambda = 0$$

Nun können wir Gleichung 1 nach λ auflösen und einsetzen:

$$-0{,}2 \cdot x + \lambda \cdot \frac{5}{3} = 0 \quad \Rightarrow \quad \lambda = \frac{0{,}2 \cdot 3}{5} \cdot x = 0{,}12 \cdot x$$

$$\Rightarrow \quad -0{,}2 \cdot \left(-\frac{5}{3} \cdot x + 5 \right) + 0{,}12 \cdot x = 0$$

$$\Rightarrow \quad \frac{1}{3} \cdot x - 1 + 0{,}12 \cdot x = 0$$

$$\Rightarrow \quad \left(\frac{1}{3} + 0{,}12 \right) \cdot x = 1$$

$$x_0 = \frac{1}{0{,}453} = 2{,}20588$$

Mit Gleichung 3 folgt: $y_0 = 1{,}32353$

Setzen wir x_0 und y_0 in die Ursprungsfunktion ein, erhalten wir: $z = 3{,}33824$

Wir können nun eine numerische Probe machen, indem wir Werte von x und y in der Nähe von x_0 und y_0 berechnen:

x	2,20586	2,20587	2,20588	2,20589	2,20590
y	1,32357	1,32355	1,32353	1,32352	1,32350
z	3,33823529393	3,33823529406	3,33823529412	3,33823529410	3,33823529400

Wir sehen, dass bei unserem gefundenen x_0–y_0 Werten die z–Werte ein Maximum annehmen.

(2) Gegeben ist die implizierte Funktion: $F_{(x;y)} = -0,1 \cdot x^2 - 0,1 \cdot y^2 + 4$

Die Funktion der Nebenbedingung lautet:

implizite Funktion $\varphi_{(x;y)} = (x-3)^2 + (y-3)^2 - 4 = 0$

Gesucht ist das Extremum (Minimum oder Maximum) entlang des durch die Nebenbedingung vorgegeben Weges.

Wir bilden die Hilfsfunktion:

Hilfsfunktion: $L_{(x;y;\lambda)} = f_{(x;y)} + \lambda \cdot \varphi_{(x;y)}$

$\Rightarrow \qquad L_{(x;y;\lambda)} = -0,1 \cdot x^2 - 0,1 \cdot y^2 + 4 + \lambda \cdot (x-3)^2 + \lambda \cdot (y-3)^2 - \lambda \cdot 4 = 0$

$\Rightarrow \quad -0,1 \cdot x^2 - 0,1 \cdot y^2 + 4 + \lambda \cdot x^2 - \lambda \cdot 6 \cdot x + \lambda \cdot 9 + \lambda \cdot y^2 - \lambda \cdot 6 \cdot y + \lambda \cdot 9 - \lambda \cdot 4 = 0$

$\Rightarrow \quad -0,1 \cdot x^2 - 0,1 \cdot y^2 + 4 + \lambda \cdot x^2 - \lambda \cdot 6 \cdot x + \lambda \cdot 14 + \lambda \cdot y^2 - \lambda \cdot 6 \cdot y = 0$

Wir berechnen die 2 partiellen Ableitungen 1. Ordnung der Hilfsfunktion und setzen diese zu 0. Die dritte Gleichung ist die Nebenbedingung.

$L_x = f_x + \lambda \cdot \varphi_x = -0,2 \cdot x + 2 \cdot \lambda \cdot x - 6 \cdot \lambda = 0$ (1)

$L_y = f_y + \lambda \cdot \varphi_y = -0,2 \cdot y + 2 \cdot \lambda \cdot y - 6 \cdot \lambda = 0$ (2)

$L_\varphi = \varphi_{(x;y)} = (x-3)^2 + (y-3)^2 - 4 = 0$ (3)

Gesucht sind nun die Werte x_0, y_0, und λ, die diese Bedingungen erfüllen.

Es gilt: (Gleichung 3)

$y = 3 \pm \sqrt{4 - (x-3)^2}$

Nun können wir Gleichung 2 nach λ auflösen und einsetzen:

$-0,2 \cdot y + 2 \cdot \lambda \cdot y - \lambda \cdot 6 = 0$

$2 \cdot \lambda \cdot y - \lambda \cdot 6 = 0,2 \cdot y$

$\lambda \cdot (2 \cdot y - 6) = 0,2 \cdot y$

$\lambda = \dfrac{0,2 \cdot y}{2 \cdot y - 6}$

$\lambda = \dfrac{0,2 \cdot \left(3 \pm \sqrt{4 - (x-3)^2}\right)}{2 \cdot \left(3 \pm \sqrt{4 - (x-3)^2}\right) - 6}$

Wir lösen auch Gleichung 1 nach λ auf und setzen gleich:

$\lambda \cdot (2 \cdot x - 6) = 0,2 \cdot x$

$\dfrac{0,2 \cdot x}{2 \cdot x - 6} = \dfrac{0,2 \cdot \left(3 \pm \sqrt{4 - (x-3)^2}\right)}{2 \cdot \left(3 \pm \sqrt{4 - (x-3)^2}\right) - 6}$

$$\Rightarrow \quad (2 \cdot x - 6) \cdot 0{,}2 \cdot \left(3 \pm \sqrt{4 - (x-3)^2}\right) = 0{,}2 \cdot x \cdot \left[2 \cdot \left(3 \pm \sqrt{4 - (x-3)^2}\right) - 6\right]$$

$$\Rightarrow \quad (0{,}4 \cdot x - 1{,}2) \cdot \left(3 \pm \sqrt{4 - (x-3)^2}\right) = 0{,}4 \cdot x \cdot \left(3 \pm \sqrt{4 - (x-3)^2}\right) - 1{,}2 \cdot x$$

$$\Rightarrow \quad 1{,}2 \cdot x + 0{,}4 \cdot x \cdot \left(\pm \sqrt{4 - (x-3)^2}\right) - 3{,}6 - 1{,}2 \cdot \left(\pm \sqrt{4 - (x-3)^2}\right) = 1{,}2 \cdot x + 0{,}4 \cdot x \cdot \left(\pm \sqrt{4 - (x-3)^2}\right) - 1{,}2 \cdot x$$

$$\Rightarrow \quad 1{,}2 \cdot x - 3{,}6 - 1{,}2 \cdot \left(\pm \sqrt{4 - (x-3)^2}\right) = 0$$

$$\Rightarrow \quad \pm \sqrt{4 - (x-3)^2} = \frac{1{,}2 \cdot x - 3{,}6}{1{,}2} = x - 3$$

Nun können wir auf beiden Seiten quadrieren:

$$\Rightarrow \quad \pm \left(4 - (x-3)^2\right) = (x-3)^2$$

Wir verwenden zunächst den positiven Teil:

$$\Rightarrow \quad 4 - (x-3)^2 = (x-3)^2$$

$$\Rightarrow \quad 4 = 2 \cdot (x-3)^2$$

$$\Rightarrow \quad 2 = (x-3)^2 = x^2 - 6 \cdot x + 9$$

$$\Rightarrow \quad x^2 - 6 \cdot x + 7 = 0$$

$$\Rightarrow \quad x_{1,2} = 3 \pm \sqrt{9 - 7} = 3 \pm \sqrt{2}$$

Mit dem negativen Teil ergibt sich folgendes:

$$\Rightarrow \quad -4 + (x-3)^2 = (x-3)^2$$

$$\Rightarrow \quad -4 = 0$$

Dies ist offensichtlich keine Lösung des Problems.

Für y ergibt sich nun mit dem positiven Wert x_1:

$$y = 3 \pm \sqrt{4 - (x-3)^2}$$

$$\Rightarrow \quad y_{1,2} = 3 \pm \sqrt{4 - \left(3 + \sqrt{2} - 3\right)^2} = 3 \pm \sqrt{4 - 2} = 3 \pm \sqrt{2}$$

Mit dem negativen Wert x_2 ergibt sich folgendes für y:

$$y = 3 \pm \sqrt{4 - \left(3 - \sqrt{2} - 3\right)^2} = 3 \pm \sqrt{2}$$

Wir erhalten also zwei Lösungen:

1. Lösung: $x_1 = 3 + \sqrt{2}$ und $y_1 = 3 + \sqrt{2}$

2. Lösung: $x_1 = 3 - \sqrt{2}$ und $y_1 = 3 - \sqrt{2}$

Die zugehörigen z–Werte berechnen sich wie folgt:

$F_{(x;y)} = -0,1 \cdot x^2 - 0,1 \cdot y^2 + 4$

$\Rightarrow \quad F_{(x1;y1)} = z_{(x1;y1)} = -0,1 \cdot \left(3 + \sqrt{2}\right)^2 - 0,1 \cdot \left(3 + \sqrt{2}\right)^2 + 4 = -0,2 \cdot \left(9 + 6 \cdot \sqrt{2} + 2\right) + 4 = 0,1029$

$\Rightarrow \quad F_{(x2;y2)} = z_{(x2;y2)} = -0,1 \cdot \left(3 - \sqrt{2}\right)^2 - 0,1 \cdot \left(3 - \sqrt{2}\right)^2 + 4 = -0,2 \cdot \left(9 - 6 \cdot \sqrt{2} + 2\right) + 4 = 3,4971$

Wir machen nun die numerische Probe für $x_1 = 3 + \sqrt{9 - 7} = 3 + 1,4142 = 4,4142$:

x	4,41419	4,41420	4,41421	4,41422	4,41423
y	4,41423	4,41422	4,41421	4,41420	4,41419
z	0,10294372532	0,10294372519	0,10294372515	0,10294372519	0,10294372532

Wir sehen, dass bei unseren gefundenen x_0–y_0 Werten die z–Werte ein Minimum annehmen.

Wir machen nun die numerische Probe für $x_1 = 3 - \sqrt{9 - 7} = 3 - 1,4142 = 1,5858$:

x	1,58577	1,58578	1,58579	1,58580	1,58581
y	1,58581	1,58580	1,58579	1,58578	1,58577
z	3,49705627468	3,49705627481	3,49705627485	3,49705627481	3,49705627468

Wir sehen, dass bei unseren gefundenen x_0–y_0 Werten die z–Werte ein Maximum annehmen.

Das folgende Bild zeigt prinzipiell die Zusammenhänge von Beispiel 2.

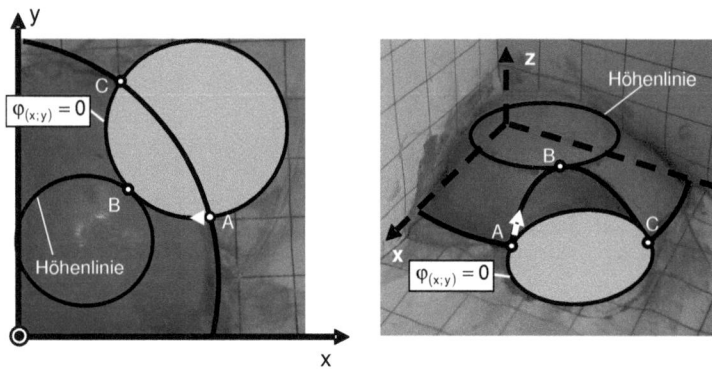

Bild 84: Extremwert mit Kreisgleichung als Nebenbedingung

2.3   Differentiation: Funktionen mit mehr als zwei Veränderlichen

Eine Funktionen mit mehr als zwei Veränderlichen wird im Allgemeinen wie folgt geschrieben:

$$F_{(x_1; x_2; x_3;...; x_n)} = y_{(x_1; x_2; x_3;...; x_n)}$$

Diese Funktionen können nicht mehr grafisch und in einfacher Tabellenform dargestellt werden. Jedoch bleiben die Rechenregeln gleich denen der Funktionen mit zwei Veränderlichen. Suchen wir z.B. das Minimum einer Funktion, die von drei unabhängigen Variablen abhängt, so müssen wir drei Partielle Ableitungen nach x_1, x_2 und x_3 berechnen und anschließend zu Null setzen.

Partielle Ableitung 1. Ordnung nach x_1: $f'_{x1(x_1; x_2;x_3)} = \dfrac{\partial y}{\partial x_1}$

und

Partielle Ableitung 1. Ordnung nach x_2: $f'_{x2(x_1; x_2;x_3)} = \dfrac{\partial y}{\partial x_2}$

und

Partielle Ableitung 1. Ordnung nach x_3: $f'_{x3(x_1; x_2;x_3)} = \dfrac{\partial y}{\partial x_3}$

Bei jeder dieser Ableitungen wird lediglich die gerade abgeleitete Variable als variabel betrachtet und die übrigen Variablen als konstant angesehen.

Dies gilt ebenfalls für das totale Differential, welches hier wie folgt geschrieben wird:

$$\text{Funktion}: \ y = f_{(x_1; x_2; x_3;....x_n)}$$

$$\Rightarrow \ dy = \frac{\partial y}{\partial x_1} + \frac{\partial y}{\partial x_2} + \frac{\partial y}{\partial x_3} + ... + \frac{\partial y}{\partial x_n}$$

2.4 Mehrfachintegrale

2.4.1 Zweifachintegrale

2.4.1.1 Beispiele für Zweifachintegrale

In Band 1 /1/ und im 1. Kapitel dieses Buches haben wir uns mit der Integration von Funktionen mit nur einer abhängigen Variablen beschäftigt. In diesem Abschnitt wollen wir uns mit Mehrfachintegralen, insbesondere mit Zweifachintegralen beschäftigen.

(1) Wir beginnen mit dem sehr einfachen Beispiel der Volumenberechnung eines Quaders.

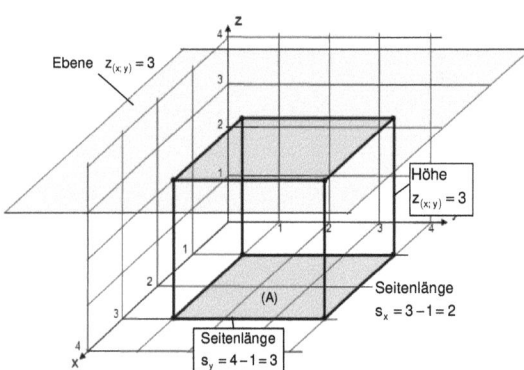

Bild 85: Quadervolumen mit Zweifachintegral

In nebenstehenden Bild erkennt man einen Quader, der in der x-y-Ebene (Grundfläche A) steht.

Er hat die Seitenlängen

$$s_x = 3 - 1 = 2 \quad \text{und} \quad s_y = 4 - 1 = 3$$

und die Höhe $z_{(x;y)} = 3$

Damit berechnen wir das Volumen:

$$V_Q = s_x \cdot s_y \cdot z_{(x;y)} = 2 \cdot 3 \cdot 3 = 18$$

Wir teilen nun die Seite s_y in viele kleine Δy (hier $\Delta y = 0,2$) und die Seite s_x in viele kleine Δx (hier $\Delta x = 0,2$).

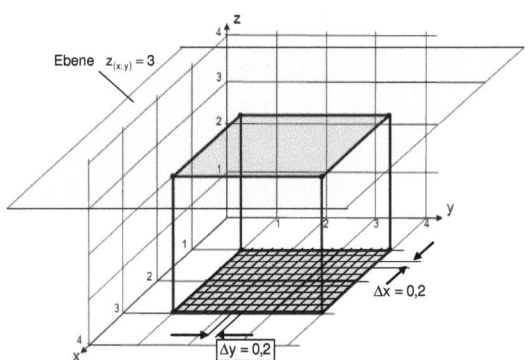

Bild 86: Unterteilung der Seiten in Δx und Δy

Jetzt können wir diese kleinen Quadrate jeweils mit z = 3 multiplizieren und aufaddieren. Es gilt:

$$V_Q = \sum \sum \Delta x \cdot \Delta y \cdot z_{(x;y)}$$

Wenn wir nun die Δx und Δy gegen infinitesimal kleine dx und dy streben lassen, dann erhalten wir das Zweifachintegral:

$$V_Q = \int\limits_{y=1}^{y=3} \int\limits_{x=1}^{x=4} z_{(x;y)} \cdot dy \cdot dx$$

Wir lösen zunächst das innere Integral mit dy:

$$\int\limits_{x=1}^{x=4} z_{(x;y)} \cdot dy = 3 \cdot [y]_1^4 = 3 \cdot [4 - 1] = 9$$

Diese setzen wir in das äußere Integral ein:

$$V_Q = \int\limits_{y=1}^{y=3} 9 \cdot dx = 9 \cdot [x]_1^3 = 9 \cdot [3 - 1] = 18$$

Wie erwartet kommt das richtige Ergebnis heraus.

(2) Im nächsten Beispiel wollen wir wieder die Grundfläche (A) des Quaders in der x-y-Ebene verwenden. Die obere Begrenzung soll allerdings folgende Funktion sein: $z_{(x;y)} = 1 + \dfrac{x}{4} + \dfrac{y}{4}$

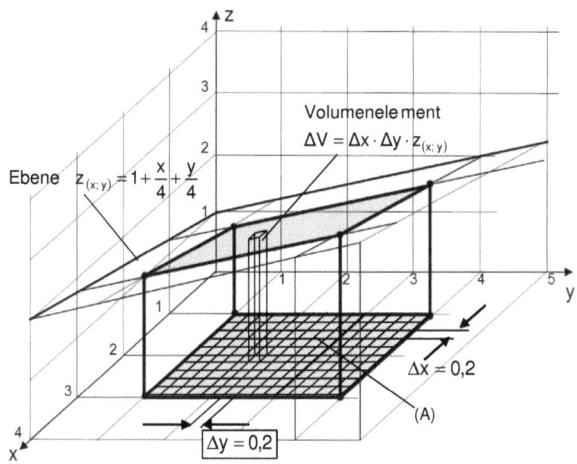

Wieder können wir das Volumen auch konventionell berechnen. Das Volumen des Sockels ergibt sich zu:

$$V_{Sock} = s_x \cdot s_y \cdot z_{(x=1;y=1)} = 2 \cdot 3 \cdot 1{,}5 = 9$$

Anschließend berechnen wir das Volumen der Schräge:

$$V_{Sch} = s_x \cdot s_y \cdot \frac{z_{(x=3;y=4)} - z_{(x=1;y=1)}}{2}$$

$$= 2 \cdot 3 \cdot \frac{2{,}75 - 1{,}5}{2} = 3{,}75$$

Daraus ergibt sich das Volumen zu:

$$V_{ges} = 9 + 3{,}75 = 12{,}75$$

Bild 87: Quadervolumen mit schräger Ebene

Wieder unterteilen wir die Grundfläche in kleine Abschnitte Δx und Δy. Zusätzlich haben wir ein Volumenelement ΔV eingezeichnet. Wenn wir nun reihenweise alle Volumenelemente aufaddieren, dann erhalten wir das gesuchte Gesamtvolumen. Wieder lassen wir die Δx und Δy gegen infinitesimal kleine dx und dy streben, so dass für ein Volumenelement folgendes gilt:

$$dV = z_{(x;y)} \cdot dx \cdot dy$$

Wenn wir nun alle dV aufaddieren (integrieren) erhalten wir folgendes Zweifachintegral:

$$V_{ges} = \int_{x=1}^{x=3} \int_{y=1}^{y=4} z_{(x;y)} \cdot dy \cdot dx = \int_{x=1}^{x=3} \int_{y=1}^{y=4} \left(1 + \frac{x}{4} + \frac{y}{4}\right) \cdot dy \cdot dx$$

Diesmal dürfen wir z nicht vor das Integral ziehen, denn dieses hängt ja von x und y ab. Wir lösen jetzt zunächst das innere Integral, wobei wir y als konstanten Wert betrachten:

$$\int_{y=1}^{y=4} \left(1 + \frac{x}{4} + \frac{y}{4}\right) \cdot dy = \int_{y=1}^{y=4} \left(dy + \frac{x}{4} \cdot dy + \frac{y}{4} \cdot dy\right) = \left[y + \frac{x}{4} \cdot y + \frac{y^2}{2 \cdot 4}\right]_{y=1}^{y=4} = 4 + \frac{x}{4} \cdot 4 + \frac{16}{8} - 1 - \frac{x}{4} \cdot 1 - \frac{1}{8} = \frac{39}{8} + \frac{3}{4} \cdot x$$

Nach Einsetzen berechnen wir das äußere Integral wie folgt:

$$V_{ges} = \int_{x=1}^{x=3} \int_{y=1}^{y=4} z_{(x;y)} \cdot dy \cdot dx = \int_{x=1}^{x=3} \left(\frac{39}{8} + \frac{3}{4} \cdot x\right) \cdot dx = \left[\frac{39}{8} \cdot x + \frac{3}{4} \cdot \frac{x^2}{2}\right]_{x=1}^{x=3} = \frac{39}{8} \cdot 3 + \frac{3}{4} \cdot \frac{3^2}{2} - \frac{39}{8} \cdot 1 - \frac{3}{4} \cdot \frac{1^2}{2}$$

$$= \frac{78}{8} + \frac{27}{8} - \frac{3}{8} = 12{,}75$$

Wir erhalten also unser vorhergesagtes Ergebnis.

In diesem Fall (konstante Integralgrenzen) kann man auch die Berechnung der Integrale vertauschen. Man kann also schreiben:

$$V_{ges} = \int\limits_{y=1}^{y=4} \int\limits_{x=1}^{x=3} z_{(x;\,y)} \cdot dx \cdot dy = \int\limits_{y=1}^{y=4} \int\limits_{x=1}^{x=3} \left(1 + \frac{x}{4} + \frac{y}{4}\right) \cdot dx \cdot dy$$

Wir lösen zunächst das innere Integral:

$$\int\limits_{x=1}^{x=3}\left(1 + \frac{x}{4} + \frac{y}{4}\right)\cdot dx = \int\limits_{x=1}^{x=3}\left(dx + \frac{x \cdot dx}{4} + \frac{y}{4}\cdot dx\right) = \left[x + \frac{x^2}{2 \cdot 4} + \frac{x}{4}\cdot y\right]_{x=1}^{x=3} = 3 + \frac{9}{8} + \frac{3}{4}\cdot y - 1 - \frac{1}{8} - \frac{1}{4}\cdot y = 3 + \frac{1}{2}\cdot y$$

Dies setzen wir wieder in das äußere Integral ein:

$$V_{ges} = \int\limits_{y=1}^{y=4}\int\limits_{x=1}^{y=3} z_{(x;\,y)}\cdot dx \cdot dy = \int\limits_{y=1}^{y=4}\left(3 + \frac{1}{2}\cdot y\right)\cdot dy = \left[3\cdot y + \frac{1}{2}\cdot\frac{y^2}{2}\right]_{y=1}^{y=4} = 3\cdot 4 + \frac{1}{2}\cdot\frac{4^2}{2} - 3\cdot 1 - \frac{1}{2}\cdot\frac{1^2}{2}$$

$$= 12 + 4 - 3 - \frac{1}{4} = 12{,}75$$

Auch hier erhalten wir das vorhergesagte Ergebnis.

Bisher hingen die Grenzen unserer Integrale nicht von x oder y ab. Jedoch ist es denkbar, dass die Grundfläche (A) in der x- y-Ebene von einer Funktion $y = f_{(x)}$ gebildet wird. Betrachten wir hierzu folgendes Beispiel:

(3) Diesmal nehmen wir als Grundfläche ein Dreieck, das durch folgende Funktion bestimmt wird: $y = f_{(x)} = -\frac{4}{3}\cdot x + 4$

Die obere Begrenzung ist wieder die bekannte schräge Ebene: $z_{(x;\,y)} = 1 + \frac{x}{4} + \frac{y}{4}$

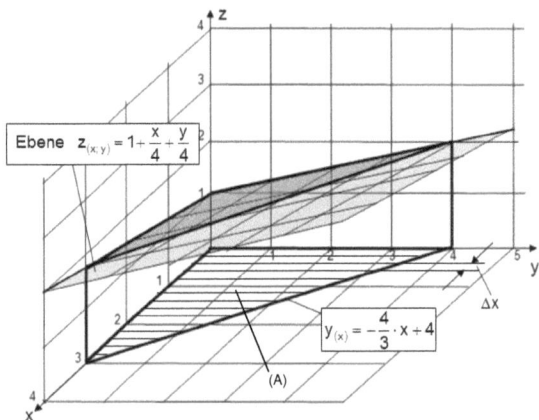

Bild 88: Dreiecksvolumen mit schräger Ebene

Wir unterteilen nun die Dreiecksebene in viele kleine Streifen Δx. Jeden dieser Streifen kann man wieder in viele Δy unterteilen. Wieder können wir die Δx und Δy gegen infinitesimal kleine dx und dy streben lassen. Wenn wir nun das Volumen eines Streifens der Breite dx berechnen wollen, erhalten wir als inneres Integral folgendes:

$$V_S = \int\limits_{y=0}^{y_{(x)}} z_{(x;\,y)}\cdot dy \qquad \text{(S = Scheibe)}$$

Nun müssen wir nur noch alle Streifen aufaddieren und erhalten so das äußere Integral:

$$V_{ges} = \int\limits_{x=0}^{x=3} \left(\int\limits_{y=0}^{y(x)} z_{(x;\,y)} \cdot dy \right) \cdot dx = \int\limits_{x=0}^{x=3} \int\limits_{y=0}^{y(x)} \left(1 + \frac{x}{4} + \frac{y}{4} \right) \cdot dy \cdot dx$$

Wir lösen nun zuerst das innere Integral:

$$\int\limits_{y=0}^{y(x)} \left(1 + \frac{x}{4} + \frac{y}{4} \right) \cdot dy = \int\limits_{y=0}^{y(x)} \left(dy + \frac{x}{4} \cdot dy + \frac{1}{4} \cdot y \cdot dy \right) = \left[y + \frac{x}{4} \cdot y + \frac{y^2}{8} \right]_{y=0}^{y(x)} = y_{(x)} + \frac{x}{4} \cdot y_{(x)} + \frac{1}{8} \cdot y^2_{(x)}$$

$$= \left(-\frac{4}{3} \cdot x + 4 \right) + \frac{x}{4} \cdot \left(-\frac{4}{3} \cdot x + 4 \right) + \frac{1}{8} \cdot \left(-\frac{4}{3} \cdot x + 4 \right)^2$$

$$= -\frac{4}{3} \cdot x + 4 - \frac{1}{3} \cdot x^2 + x + \frac{1}{8} \cdot \left(\frac{16}{9} \cdot x^2 - \frac{2 \cdot 4 \cdot 4}{3} \cdot x + 16 \right)$$

$$= -\frac{4}{3} \cdot x + 4 - \frac{1}{3} \cdot x^2 + x + \frac{2}{9} \cdot x^2 - \frac{4}{3} \cdot x + 2 = \frac{2}{9} \cdot x^2 - \frac{3}{9} \cdot x^2 + x - \frac{8}{3} \cdot x + 6$$

$$= -\frac{1}{9} \cdot x^2 - \frac{5}{3} \cdot x + 6$$

Jetzt berechnen wir das äußere Integral:

$$V_{ges} = \int\limits_{x=0}^{x=3} \left(-\frac{1}{9} \cdot x^2 - \frac{5}{3} \cdot x + 6 \right) \cdot dx = \left[-\frac{1}{9} \cdot \frac{x^3}{3} - \frac{5}{3} \cdot \frac{x^2}{2} + 6 \cdot x \right]_{x=0}^{x=3} = -\frac{3^3}{27} - \frac{5}{6} \cdot 3^2 + 6 \cdot 3 = 9,5$$

Man kann natürlich auch zuerst das Volumen eines Streifens dy berechnen. Wir erhalten folgendes innere Integral:

$$V_S = \int\limits_{x=0}^{x(y)} z_{(x;\,y)} \cdot dx$$

Jetzt schreiben wir das äußere Integral wie folgt:

$$V_{ges} = \int\limits_{y=0}^{y=4} \left(\int\limits_{x=0}^{x(y)} z_{(x;\,y)} \cdot dx \right) \cdot dy = \int\limits_{y=0}^{y=4} \int\limits_{x=0}^{x(y)} \left(1 + \frac{x}{4} + \frac{y}{4} \right) \cdot dx \cdot dy$$

Um nun die Obergrenze des inneren Integrals bestimmen zu können, müssen wir die Funktion y nach x umstellen:

$$y_{(x)} = -\frac{4}{3} \cdot x + 4 \quad \Rightarrow \quad y_{(x)} - 4 = -\frac{4}{3} \cdot x \quad \Rightarrow \quad x_{(y)} = (y - 4) \cdot \left(-\frac{3}{4} \right) = -\frac{3}{4} \cdot y + 3$$

Jetzt können wir das innere Integral wie folgt lösen:

$$\int\limits_{x=0}^{x_{(y)}} z_{(x;\,y)} \cdot dx = \int\limits_{x=0}^{x_{(y)}} \left(1 + \frac{1}{4} \cdot x + \frac{y}{4}\right) \cdot dx = \left[x + \frac{1}{4} \cdot \frac{x^2}{2} + \frac{y}{4} \cdot x\right]_{x=0}^{x_{(y)}} = \left[x_{(y)} + \frac{1}{8} \cdot x_{(y)}^2 + \frac{y}{4} \cdot x_{(y)}\right]$$

$$= \left(-\frac{3}{4} \cdot y + 3\right) + \frac{1}{8} \cdot \left(-\frac{3}{4} \cdot y + 3\right)^2 + \frac{y}{4} \cdot \left(-\frac{3}{4} \cdot y + 3\right)$$

$$= -\frac{3}{4} \cdot y + 3 + \frac{1}{8} \cdot \left(\frac{9}{16} \cdot y^2 - \frac{2 \cdot 3 \cdot 3}{4} \cdot y + 9\right) - \frac{3}{16} \cdot y^2 + \frac{3}{4} \cdot y$$

$$= 3 + \frac{9}{128} \cdot y^2 - \frac{9}{16} \cdot y + \frac{9}{8} - \frac{3}{16} \cdot y^2 = \frac{9-24}{128} \cdot y^2 - \frac{9}{16} \cdot y + \frac{33}{8} = -\frac{15}{128} \cdot y^2 - \frac{9}{16} \cdot y + \frac{33}{8}$$

Jetzt berechnen wir das äußere Integral:

$$V_{ges} = \int\limits_{y=0}^{4} \left(-\frac{15}{128} \cdot y^2 - \frac{9}{16} \cdot y + \frac{33}{8}\right) \cdot dy = \left[-\frac{15}{128} \cdot \frac{y^3}{3} - \frac{9}{16} \cdot \frac{y^2}{2} + \frac{33}{8} \cdot y\right]_{y=0}^{4}$$

$$= -\frac{15}{128} \cdot \frac{4^3}{3} - \frac{9}{16} \cdot \frac{4^2}{2} + \frac{33}{8} \cdot 4 = -\frac{5}{2} - \frac{9}{2} + \frac{33}{2} = 9,5$$

In den folgenden Beispielen wollen wir die Grundfläche (A) in der x – y-Ebene mit jeweils nichtlinearen Funktionen bilden. Als $z_{(x;\,y)}$ benutzen wir weiterhin die Funktion der schrägen Ebene.

(4) Die Grundfläche (A) in der x-y-Ebene soll durch folgende Funktion begrenzt sein:

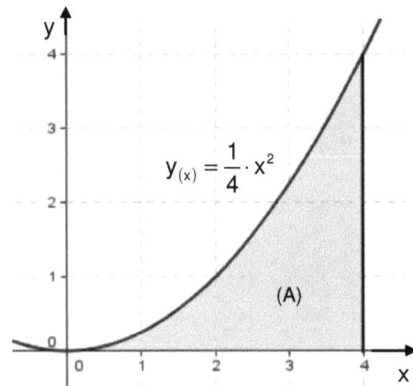

$$y_{(x)} = \frac{1}{4} \cdot x^2$$

Die Funktion z lautet wie folgt:

$$z_{(x;\,y)} = 1 + \frac{x}{4} + \frac{y}{4}$$

Bild 89: Nichtlineare Begrenzungsfläche

Wir zeichnen nun das Problem in der x – y – z – Darstellung:

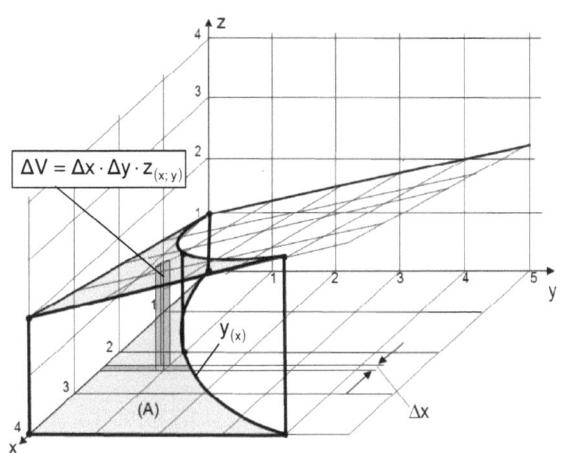

Bild 90: Volumen mit nichtlinearer Fläche (A)

Wieder können wir das Volumen eines Streifens der Breite dx berechnen und erhalten als inneres Integral folgendes:

$$V_S = \int_{y=0}^{y_{(x)}} z_{(x;y)} \cdot dy$$

$$\int_{y=0}^{y_{(x)}} \left(1 + \frac{x}{4} + \frac{y}{4}\right) \cdot dy = \int_{y=0}^{y_{(x)}} \left(dy + \frac{x}{4} \cdot dy + \frac{1}{4} \cdot y \cdot dy\right) = \left[y + \frac{x}{4} \cdot y + \frac{y^2}{8}\right]_{y=0}^{y_{(x)}} = y_{(x)} + \frac{x}{4} \cdot y_{(x)} + \frac{1}{8} \cdot y_{(x)}^2$$

$$= \left(\frac{1}{4} \cdot x^2\right) + \frac{x}{4} \cdot \left(\frac{1}{4} \cdot x^2\right) + \frac{1}{8} \cdot \left(\frac{1}{4} \cdot x^2\right)^2$$

$$= \frac{1}{4} \cdot x^2 + \frac{1}{16} \cdot x^3 + \frac{1}{128} \cdot x^4$$

Nun müssen wir nur noch alle Streifen aufaddieren und erhalten das äußere Integral:

$$V_{ges} = \int_{x=0}^{x=4} \left(\frac{1}{4} \cdot x^2 + \frac{1}{16} \cdot x^3 + \frac{1}{128} \cdot x^4\right) \cdot dx = \left[\frac{1}{4} \cdot \frac{x^3}{3} + \frac{1}{16} \cdot \frac{x^4}{4} + \frac{1}{128} \cdot \frac{x^5}{5}\right]_0^4 = \frac{1}{4} \cdot \frac{4^3}{3} + \frac{1}{16} \cdot \frac{4^4}{4} + \frac{1}{128} \cdot \frac{4^5}{5}$$

$$= \frac{16}{3} + 4 + \frac{8}{5} = \frac{80 + 60 + 24}{15} = \frac{164}{15} = 10,9\overline{3}$$

Nun ist dieses Ergebnis sicher nur schwer zu verifizieren. Wenn jedoch das Ergebnis unter Verwendung der dy Streifen identisch ist, dann ist die Rechnung wahrscheinlich richtig. Wir lösen die Gleichung $y_{(x)}$ nach x auf:

$$y_{(x)} = \frac{1}{4} \cdot x^2 \quad \Rightarrow \quad x_{(y)} = (4 \cdot y)^{\frac{1}{2}} = 2 \cdot y^{\frac{1}{2}}$$

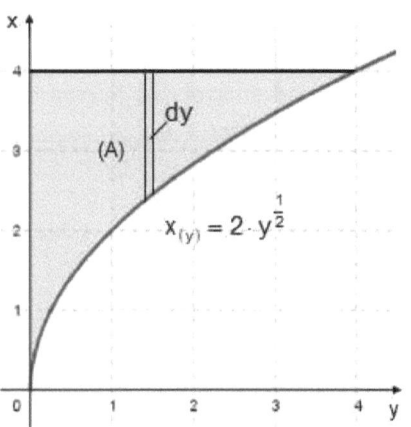

Dies ist die Funktion für die Begrenzung der Grundfläche (A) in der y-x-Ebene.

Bild 91: Nichtlineare Begrenzungsfläche

Wir lösen das innere Integral:

$$\int_{x_{(y)}}^{4} z_{(x;\,y)} \cdot dx = \int_{x_{(y)}}^{4}\left(1 + \frac{1}{4}\cdot x + \frac{y}{4}\right)\cdot dx = \left[x + \frac{1}{4}\cdot\frac{x^2}{2} + \frac{y}{4}\cdot x\right]_{x_{(y)}}^{4} = 4 + \frac{16}{8} + \frac{y}{4}\cdot 4 - x_{(y)} - \frac{1}{8}\cdot x_{(y)}^2 - \frac{y}{4}\cdot x_{(y)}$$

$$\int_{x_{(y)}}^{4} z_{(x;\,y)} \cdot dx = 4 + 2 + y - \left(2\cdot y^{\frac{1}{2}}\right) - \frac{1}{8}\cdot\left(2\cdot y^{\frac{1}{2}}\right)^2 - \frac{y}{4}\left(2\cdot y^{\frac{1}{2}}\right)$$

$$= 6 + y - 2\cdot y^{\frac{1}{2}} - \frac{4}{8}\cdot y - \frac{1}{2}\cdot y^{\frac{3}{2}} = 6 + \frac{1}{2}\cdot y - 2\cdot y^{\frac{1}{2}} - \frac{1}{2}\cdot y^{\frac{3}{2}}$$

Dies setzen wir in das äußere Integral ein und lösen dieses:

$$V_{ges} = \int_{y=0}^{y=4}\left(6 + \frac{1}{2}\cdot y - 2\cdot y^{\frac{1}{2}} - \frac{1}{2}\cdot y^{\frac{3}{2}}\right)\cdot dy = \left[6\cdot y + \frac{1}{2}\cdot\frac{y^2}{2} - 2\cdot\frac{y^{\frac{3}{2}}\cdot 2}{3} - \frac{1}{2}\cdot\frac{y^{\frac{5}{2}}\cdot 2}{5}\right]_{y=0}^{y=4}$$

$$= 6\cdot 4 + \frac{1}{2}\cdot\frac{4^2}{2} - 2\cdot\frac{4^{\frac{3}{2}}\cdot 2}{3} - \frac{1}{2}\cdot\frac{4^{\frac{5}{2}}\cdot 2}{5} = 24 + 4 - \frac{32}{3} - \frac{32}{5} = \frac{420 - 160 - 96}{15} = \frac{164}{15} = 10,9\overline{3}$$

Beim inneren Integral haben wir gesehen, dass man bei der Wahl der Integrationsgrenzen aufpassen muss. Wir konnten nicht einfach das Integral in den Grenzen $x_{(y)} = 0$ bis $x_{(y)}$ wählen, denn dann hätten wir über die Restfläche integriert.

(5) Die Grundfläche (A) in der x-y-Ebene soll durch folgende Funktion begrenzt sein:

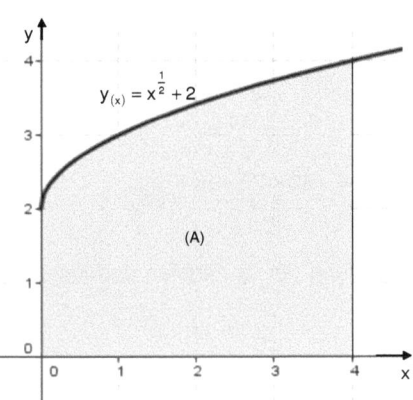

$$y_{(x)} = x^{\frac{1}{2}} + 2$$

Die Funktion z lautet wie folgt:

$$z_{(x;y)} = 1 + \frac{x}{4} + \frac{y}{4}$$

Bild 92: Nichtlineare Begrenzungsfläche

Wir zeichnen nun das Problem in der x – y – z – Darstellung:

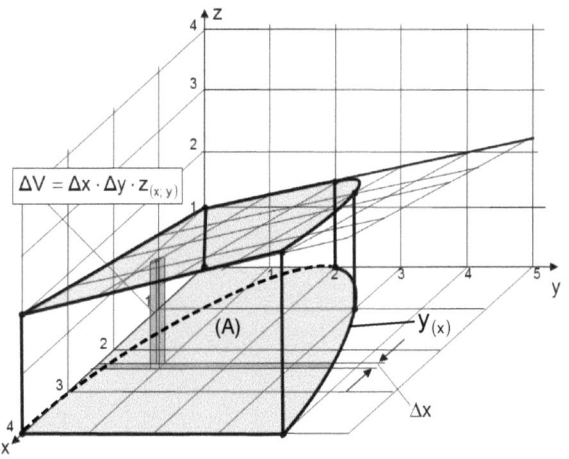

Wieder berechnen wir das Volumen eines Streifens der Breite dx und erhalten das innere Integral:

$$V_S = \int\limits_{y=0}^{y_{(x)}} z_{(x;y)} \cdot dy$$

Bild 93: Volumen mit nichtlinearer Fläche (A)

$$\int\limits_{y=0}^{y_{(x)}} \left(1 + \frac{x}{4} + \frac{y}{4}\right) \cdot dy = \int\limits_{y=0}^{y_{(x)}} \left(dy + \frac{x}{4} \cdot dy + \frac{1}{4} \cdot y \cdot dy\right) = \left[y + \frac{x}{4} \cdot y + \frac{y^2}{8}\right]_0^{y_{(x)}} = y_{(x)} + \frac{x}{4} \cdot y_{(x)} + \frac{1}{8} \cdot y_{(x)}^2$$

$$= \left(x^{\frac{1}{2}} + 2\right) + \frac{x}{4} \cdot \left(x^{\frac{1}{2}} + 2\right) + \frac{1}{8} \cdot \left(x^{\frac{1}{2}} + 2\right)^2 = x^{\frac{1}{2}} + 2 + \frac{1}{4} \cdot x^{\frac{3}{2}} + \frac{1}{2} \cdot x + \frac{1}{8} \cdot \left(x + 4 \cdot x^{\frac{1}{2}} + 4\right)$$

$$= x^{\frac{1}{2}} + 2 + \frac{1}{4} \cdot x^{\frac{3}{2}} + \frac{1}{2} \cdot x + \frac{1}{8} \cdot x + \frac{1}{2} \cdot x^{\frac{1}{2}} + \frac{1}{2} = \frac{5}{2} + \frac{3}{2} \cdot x^{\frac{1}{2}} + \frac{5}{8} \cdot x + \frac{1}{4} \cdot x^{\frac{3}{2}}$$

Nun setzen wir dies in das äußere Integral ein:

$$V_{ges} = \int_{x=0}^{x=4} \left(\frac{5}{2} + \frac{3}{2} \cdot x^{\frac{1}{2}} + \frac{5}{8} \cdot x + \frac{1}{4} \cdot x^{\frac{3}{2}} \right) \cdot dx = \left[\frac{5}{2} \cdot x + \frac{3}{2} \cdot \frac{x^{\frac{3}{2}} \cdot 2}{3} + \frac{5}{8} \cdot \frac{x^2}{2} + \frac{1}{4} \cdot \frac{x^{\frac{5}{2}} \cdot 2}{5} \right]_0^4$$

$$= \frac{5}{2} \cdot 4 + \frac{3}{2} \cdot \frac{4^{\frac{3}{2}} \cdot 2}{3} + \frac{5}{8} \cdot \frac{4^2}{2} + \frac{1}{4} \cdot \frac{4^{\frac{5}{2}} \cdot 2}{5} = 10 + 8 + 5 + \frac{16}{5} = \frac{50 + 40 + 25 + 16}{5} = 26,2$$

Zur Verifizierung berechnen wir das Volumen unter Verwendung der dy Streifen und lösen zunächst die Gleichung $y_{(x)}$ nach x auf:

$$y_{(x)} = x^{\frac{1}{2}} + 2 \quad \Rightarrow \quad y_{(x)} - 2 = x^{\frac{1}{2}} \quad \Rightarrow \quad x_{(y)} = (y-2)^2 = y^2 - 4 \cdot y + 4$$

Jetzt müssen wir aufpassen! Für die Werte y = 0 bis y = 2 ist die Funktion nicht verwendbar. Dies ist nämlich der untere Teil der Parabel (gestrichelt gezeichnet). In diesem Bereich ist x=4 =const. Wir können nun zwei innere Integrale bilden, eines mit Grenzen x = 0 bis 4 und ein zweites mit den Grenzen $x_{(y)}$ und 4.

Zunächst bilden wir das erste innere Integral wie folgt:

$$\int_{x=0}^{x=4} \left(1 + \frac{x}{4} + \frac{y}{4} \right) \cdot dx = \int_{x=0}^{x=4} \left(dx + \frac{x \cdot dx}{4} + \frac{y}{4} \cdot dx \right) = \left[x + \frac{x^2}{2 \cdot 4} + \frac{x}{4} \cdot y \right]_{x=0}^{x=4} = 4 + \frac{16}{8} + \frac{4}{4} \cdot y = 6 + y$$

Die setzen wir in das erste äußere Integral ein:

$$V_1 = \int_{y=0}^{x=2} (6 + y) \cdot dy = \left[6 \cdot y + \frac{y^2}{2} \right]_0^2 = 6 \cdot 2 + 2 = 14$$

Das zweite innere Integral lautet:

$$\int_{x_{(y)}}^{x=4} \left(1 + \frac{x}{4} + \frac{y}{4} \right) \cdot dx = \int_{x_{(y)}}^{x=4} \left(dx + \frac{x \cdot dx}{4} + \frac{y}{4} \cdot dx \right) = \left[x + \frac{x^2}{2 \cdot 4} + \frac{1}{4} \cdot y \cdot x \right]_{x_{(y)}}^{x=4} = 4 + \frac{16}{8} + \frac{4}{4} \cdot y - x_{(y)} - \frac{1}{8} \cdot x_{(y)}^2 - \frac{1}{4} \cdot y \cdot x_{(y)}$$

$$= 6 + y - (y^2 - 4 \cdot y + 4) - \frac{1}{8} \cdot (y^2 - 4 \cdot y + 4)^2 - \frac{1}{4} \cdot y \cdot (y^2 - 4 \cdot y + 4)$$

$$= 6 + y - y^2 + 4 \cdot y - 4 - \frac{1}{8} \cdot (y^4 - 4 \cdot y^3 + 4 \cdot y^2 - 4 \cdot y^3 + 16 \cdot y^2 - 16 \cdot y + 4 \cdot y^2 - 16 \cdot y + 16) - \frac{1}{4} \cdot y \cdot (y^2 - 4 \cdot y + 4)$$

$$= 2 - y^2 + 5 \cdot y - \frac{1}{8} \cdot (y^4 - 8 \cdot y^3 + 24 \cdot y^2 - 32 \cdot y + 16) - \frac{1}{4} \cdot y^3 + y^2 - y$$

$$= 2 - y^2 + 5 \cdot y - \frac{1}{8} \cdot y^4 + y^3 - 3 \cdot y^2 + 4 \cdot y - 2 - \frac{1}{4} \cdot y^3 + y^2 - y = 8 \cdot y - 3 \cdot y^2 + \frac{3}{4} \cdot y^3 - \frac{1}{8} \cdot y^4$$

Dies setzen wir in das zweite äußere Integral ein:

$$V_2 = \int_{y=2}^{y=4} \left(8 \cdot y - 3 \cdot y^2 + \frac{3}{4} \cdot y^3 - \frac{1}{8} \cdot y^4 \right) \cdot dy = \left[8 \cdot \frac{y^2}{2} - 3 \cdot \frac{y^3}{3} + \frac{3}{4} \cdot \frac{y^4}{4} - \frac{1}{8} \cdot \frac{y^5}{5} \right]_2^4$$

$$= \left[4 \cdot y^2 - y^3 + \frac{3}{16} \cdot y^4 - \frac{1}{40} \cdot y^5 \right]_2^4 = 4 \cdot 4^2 - 4^3 + \frac{3}{16} \cdot 4^4 - \frac{4^5}{40} - \left(4 \cdot 2^2 - 2^3 + \frac{3}{16} \cdot 2^4 - \frac{2^5}{40} \right)$$

$$= 64 - 64 + 48 - \frac{128}{5} - \left(16 - 8 + 3 - \frac{4}{5} \right) = 37 - \frac{124}{5} = 12{,}2$$

Nun addieren wir die beiden Volumina und erhalten:

$$V_{ges} = V_1 + V_2 = 14 + 12{,}2 = 26{,}2$$

Wir erhalten die erwartete Übereinstimmung.

Was geschieht nun, wenn die untere Grenzfunktion nicht gleich Null ist, sondern eine zweite Funktion die ebenfalls von x abhängt. Dies können wir sehr schön durch Zusammenführung der bisherigen Beispiele **(4)** und **(5)** demonstrieren.

(6) Diesmal wird die Grundfläche (A) durch folgende 2 nichtlineare Funktionen begrenzt:

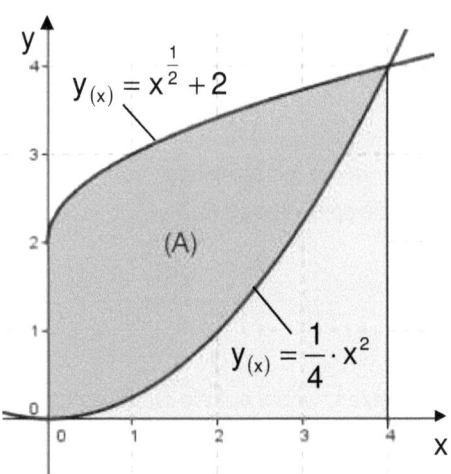

Bild 94: 2 nichtlineare Begrenzungsflächen

Obere Begrenzungsfunktion: $y_{O(x)} = x^{\frac{1}{2}} + 2$

Untere Begrenzungsfunktion: $y_{U(x)} = \frac{1}{4} \cdot x^2$

Die Funktion z lautet wieder: $z_{(x;y)} = 1 + \frac{x}{4} + \frac{y}{4}$

Die Berechnung des Volumens ist jetzt natürlich ein Kinderspiel. Wir nehmen einfach das Ergebnis von Beispiel (5) und subtrahieren das Ergebnis von Beispiel (4).

$$V_{ges} = V_{(5)} + V_{(4)} = 26{,}2 - 10{,}9\overline{3} = 15{,}2\overline{6}$$

Man kann also das Problem in zwei Teilprobleme zerlegen und jedes Teilproblem für sich lösen. Das Gesamtergebnis erhält man als Differenz der beiden Teilprobleme.

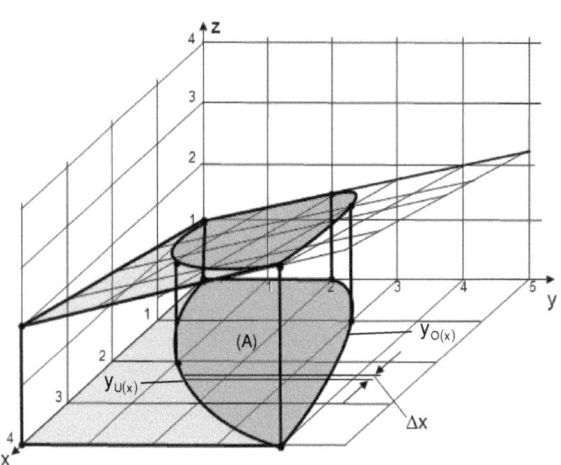

Man kann natürlich auch die Aufgabe in einem Zug lösen. Dann erhalten wir für das innere Integral:

$$V_S = \int_{y_{U(x)}}^{y_{O(x)}} z_{(x;\,y)} \cdot dy$$

Bild 95: Volumen mit nichtlinearer Fläche (A)

$$\int_{y_{U(x)}}^{y_{O(x)}}\left(1+\frac{x}{4}+\frac{y}{4}\right)\cdot dy = \int_{y_{U(x)}}^{y_{O(x)}}\left(dy+\frac{x}{4}\cdot dy+\frac{1}{4}\cdot y\cdot dy\right) = \left[y+\frac{x}{4}\cdot y+\frac{y^2}{8}\right]_{y_{U(x)}}^{y_{O(x)}}$$

$$= y_{O(x)}+\frac{x}{4}\cdot y_{O(x)}+\frac{1}{8}\cdot y_{O(x)}^2 - y_{U(x)}-\frac{x}{4}\cdot y_{U(x)}-\frac{1}{8}\cdot y_{U(x)}^2$$

$$= \left(x^{\frac{1}{2}}+2\right)+\frac{x}{4}\cdot\left(x^{\frac{1}{2}}+2\right)+\frac{1}{8}\cdot\left(x^{\frac{1}{2}}+2\right)^2 -\left[\left(\frac{1}{4}\cdot x^2\right)+\frac{x}{4}\cdot\left(\frac{1}{4}\cdot x^2\right)+\frac{1}{8}\cdot\left(\frac{1}{4}\cdot x^2\right)^2\right]$$

Das Ergebnis dieser Berechnungen können wir natürlich sofort hinschreiben, handelt es sich doch um die beiden Ergebnisse der inneren Integrale aus Beispiel (4) und (5).

$$\int_{y_{U(x)}}^{y_{O(x)}}\left(1+\frac{x}{4}+\frac{y}{4}\right)\cdot dy = \frac{5}{2}+\frac{3}{2}\cdot x^{\frac{1}{2}}+\frac{5}{8}\cdot x+\frac{1}{4}\cdot x^{\frac{3}{2}}-\left(\frac{1}{4}\cdot x^2+\frac{1}{16}\cdot x^3+\frac{1}{128}\cdot x^4\right)$$

Dieses können wir wiederum in das äußere Integral einsetzen, wobei auf die Untergrenzen und Obergrenzen zu achten ist.

Man muss jetzt ein erstes äußeres Integral von 0 bis 2 von x = f$_{U(y)}$ bilden und dann ein zweites äußeres Integral von 2 bis 4 mit x$_{O(y)}$ als Untergrenze und x$_{U(y)}$ als Obergrenze bilden.

Wir wollen hier abbrechen, denn die Lösung des Problems in einem Schritt erscheint an dieser Stelle zu komplex. Man kann also besser und übersichtlicher das Problem in zwei Teilprobleme zerlegen und diese einzeln lösen.

Wir sind bisher von einer recht einfachen Funktion $z = f_{(x;\,y)}$ ausgegangen. Die muss jedoch keinesfalls immer zutreffen, sondern z kann natürlich auch eine beliebige nichtlineare Funktion sein.

(7) Die Grundfläche (A) in der x-y-Ebene soll durch folgende Funktion begrenzt sein:

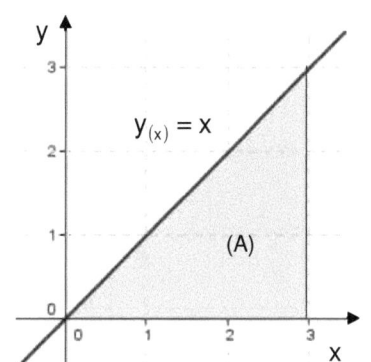

$$y_{(x)} = x \quad (0 \le x \le 3)$$

Die Funktion $z_{(x;\,y)}$ lautet wie folgt: $z_{(x;\,y)} = \dfrac{1}{10} \cdot x \cdot y^2$

Bild 96: Grundflächenbegrenzung

Wir zeichnen nun das Problem in der x – y – z – Ansicht:

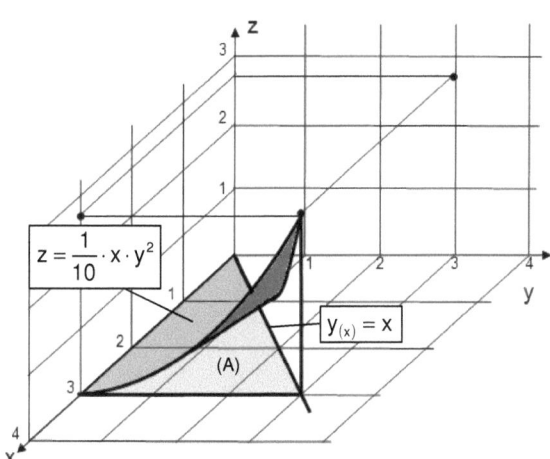

Bild 97: Volumen mit nichtlinearer Funktion $z_{(x;\,y)}$

Wir bilden das innere Integral:

$$V_S = \int\limits_{y=0}^{y_{(x)}} z_{(x;\,y)} \cdot dy = \int\limits_{y=0}^{x} \frac{1}{10} \cdot x \cdot y^2 \cdot dy$$

$$= \frac{1}{10} \cdot x \cdot \int\limits_{y=0}^{x} y^2 \cdot dy = \frac{1}{10} \cdot x \cdot \left[\frac{y^3}{3}\right]_0^x$$

$$= \frac{1}{10} \cdot x \cdot \left(\frac{x^3}{3}\right) = \frac{1}{30} \cdot x^4$$

Eingesetzt ins äußere Integral:

$$V_{ges} = \int\limits_{x=0}^{x=3} \left(\frac{1}{30} \cdot x^4\right) \cdot dx$$

$$= \left[\frac{1}{30} \cdot \frac{x^5}{5}\right]_0^3 = \frac{1}{150} \cdot 3^5 = 1{,}62$$

Jetzt wollen wir einmal eine Funktion untersuchen, bei der $y_{(x)}$ nichtlinear ist.

(8) Die Grundfläche (A) in der x-y-Ebene wird durch folgende Funktion begrenzt: $y_{(x)} = x^{\frac{1}{2}} + 1$

Wie im vorherigen Beispiel lautet die Funktion für z: $z_{(x;y)} = \frac{1}{10} \cdot x \cdot y^2$

Die Grenzen für x und y sollten jeweils von 0 bis 3 gehen.

Inneres Integral:

$$V_S = \int_{y=0}^{y_{(x)}} z_{(x;y)} \cdot dy = \int_{y=0}^{y_{(x)}} \frac{1}{10} \cdot x \cdot y^2 \cdot dy = \frac{1}{10} \cdot x \cdot \int_{y=0}^{y_{(x)}} y^2 \cdot dy = \frac{1}{10} \cdot x \cdot \left[\frac{y^3}{3} \right]_0^{x^{\frac{1}{2}}+1} = \frac{1}{10} \cdot x \cdot \left(\frac{\left(x^{\frac{1}{2}}+1 \right)^3}{3} \right)$$

$$= \frac{1}{30} \cdot x \cdot \left(x^{\frac{1}{2}} + 1 \right)^3 = \frac{1}{30} \cdot x \cdot \left(x^{\frac{3}{2}} + 3 \cdot x + 3 \cdot x^{\frac{1}{2}} + 1 \right) = \frac{1}{30} \cdot \left(x^{\frac{5}{2}} + 3 \cdot x^2 + 3 \cdot x^{\frac{3}{2}} + x \right)$$

Äußeres Integral:

$$V_{ges} = \int_{x=0}^{x=3} \left[\frac{1}{30} \cdot \left(x^{\frac{5}{2}} + 3 \cdot x^2 + 3 \cdot x^{\frac{3}{2}} + x \right) \right] \cdot dx = \frac{1}{30} \cdot \int_{x=0}^{x=3} \left(x^{\frac{5}{2}} + 3 \cdot x^2 + 3 \cdot x^{\frac{3}{2}} + x \right) \cdot dx$$

$$= \frac{1}{30} \cdot \left[\frac{x^{\frac{7}{2}} \cdot 2}{7} + 3 \cdot \frac{x^3}{3} + 3 \cdot \frac{x^{\frac{5}{2}} \cdot 2}{5} + \frac{x^2}{2} \right]_0^3 = \frac{1}{30} \cdot \left(\frac{3^{\frac{7}{2}} \cdot 2}{7} + 3 \cdot \frac{3^3}{3} + 3 \cdot \frac{3^{\frac{5}{2}} \cdot 2}{5} + \frac{3^2}{2} \right) = 2.118923$$

2.4.1.2 Allgemeine Beschreibung von Zweifachintegralen

Zunächst ist anzumerken, dass die Zweifachintegrale auch Doppelintegrale genannt werden. Jetzt sind wir soweit, dass wir die zweifache Integration allgemein beschreiben können.

Zur Zweifachintegration gehören folgende Schritte:

(1) Zunächst wird in der x–y–Ebene eine Grundfläche (A) definiert, welche von Funktionen in dieser Ebene begrenzt ist. In den Beispielen haben wir folgende Grundflächen kennen gelernt (Bild).

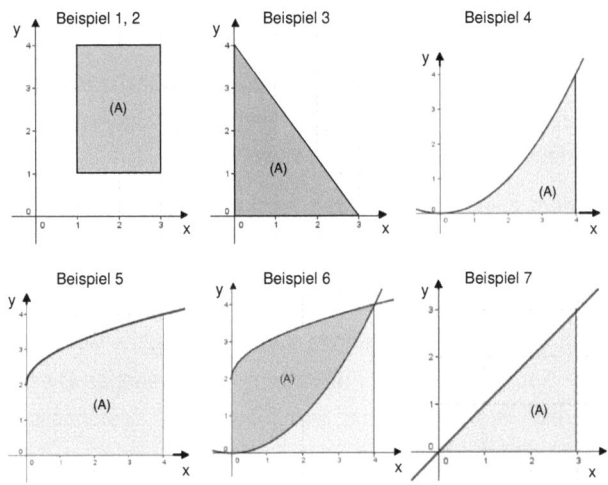

Bild 98: In den Beispielen verwendete Grundflächen (A)

(2) Oberhalb der Grundfläche gibt es eine Funktion $z_{(x;\,y)}$ welche innerhalb des Bereichs stetig und definiert ist.

(3) Die Grundfläche wird in viele kleine Rechtecke Δx und Δy zerlegt, wobei die beiden Seitenlängen dieser Rechtecke gegen infinitesimale (unendlich kleine) dx und dy streben. Letztendlich gibt es für jedes Rechteck nur einen einzigen Wert $z_{(x;\,y)}$.

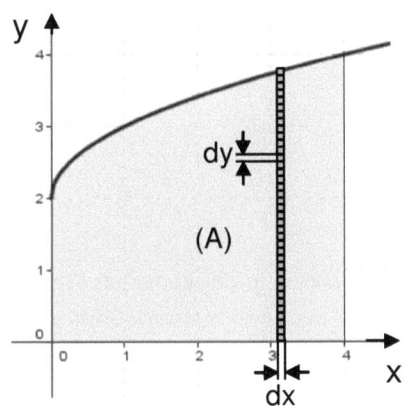

Bild 99: Streifen mit unendlich vielen dy

(4) Man kann nun die Grundfläche in unendlich viele Streifen der Breite dx aufteilen. Jeder dieser Steifen enthält eine unendliche Anzahl von dy und jedem Quadrat $dx \cdot dy$ kann ein eindeutiger Wert $z_{(x;\,y)}$ zugewiesen werden.

Wenn man nun ein Quadrat $dx \cdot dy$ mit dem zugehörigen z–Wert multipliziert, dann erhält man ein infinitesimales (unendlich kleines) stabförmiges Volumen der Größe $dV = dx \cdot dy \cdot z_{(x;\,y)}$.

Man kann nun alle diese unendlich kleinen Stäbe integrieren (addieren), indem man das sogenannte innere Integral von 0 bis $y_{(x)}$ bildet, es lautet:

$$V_S = \int_{y=0}^{y_{(x)}} z_{(x;\,y)} \cdot dy \qquad (\text{S steht für Scheibe})$$

Dieses Integral stellt eine infinitesimal dünne Scheibe mit der Dicke dx, der Länge $y_{(x)}$ und der oberen Begrenzung $z_{(x;y)}$ dar.

(5) Nachdem wir das innere Integral gelöst haben, also das Volumen aller Scheiben gefunden haben, können wir alle Scheiben integrieren (aufsummieren) und erhalten das Gesamtvolumen, indem wir das äußere Integral bilden:

$$V_{ges} = \int\limits_{x=0}^{x_{OG}} V_S \cdot dx = \int\limits_{x=0}^{x_{OG}} \left(\int\limits_{y=0}^{y_{(x)}} z_{(x;y)} \cdot dy \right) \cdot dx$$

Wenn man das Ergebnis verifizieren will, kann man in Schritt **(4)** auch die Grundfläche in unendlich viele Streifen der Breite dy aufteilen. Jeder dieser Steifen enthält eine unendliche Anzahl von dx und jedem Quadrat $dy \cdot dx$ kann ein eindeutiger Wert $z_{(x;y)}$ zugewiesen werden.

Wenn man nun ein Quadrat $dx \cdot dy$ mit dem zugehörigen z–Wert multipliziert, dann erhält man ein infinitesimales (unendlich kleines) stabförmiges Volumen der Größe $dV = dy \cdot dx \cdot z_{(x;y)}$.

Man kann nun alle diese unendlich kleinen Stäbe integrieren (addieren). Hierzu muss man zunächst die Funktion $y_{(x)}$ nach $x_{(y)}$ umstellen. Weiterhin muss man in diesem Fall (siehe Beispiel 5) jedoch aufpassen, denn für die Werte y = 0 bis y = 2 ist die Funktion nicht verwendbar. Dies ist der untere Teil der Parabel. In diesem Bereich ist x = 4 = const. Somit muss man zwei innere Integrale bilden, eines mit Grenzen x = 0 bis 4 und ein zweites mit den Grenzen $x_{(y)}$ und 4.

$$V_{S1} = \int\limits_{x=0}^{x=4} z_{(x;y)} \cdot dx \quad \text{und} \quad V_{S2} = \int\limits_{x_{(y)}}^{x=4} z_{(x;y)} \cdot dx$$

Dazu brauchen wir natürlich auch zwei äußere Integrale:

$$V_1 = \int\limits_{y=0}^{x=2} V_{S1} \cdot dy = \int\limits_{y=0}^{x=2} \int\limits_{x=0}^{x=4} z_{(x;y)} \cdot dx \cdot dy \quad \text{und} \quad V_2 = \int\limits_{y=2}^{y=4} V_{S2} \cdot dy = \int\limits_{y=2}^{y=4} \int\limits_{x_{(y)}}^{x=4} z_{(x;y)} \cdot dx \cdot dy$$

Im Anschluss werden die beiden Volumina addiert.

Die größte Problematik bei Zweifachintegralen besteht offensichtlich in der korrekten Wahl der Unter- und Obergrenze der beteiligten Integrale. Hierzu muss man sich ausschließlich auf die Konstellation der Grundfläche (A) konzentrieren. Es ist notwendig sich ein genaues Bild von dieser Grundfläche zu machen.

Für diese Betrachtung gibt es leider keine allgemeingültigen Regeln. Wir müssen uns also auf unsere Intuition verlassen. Im folgenden Beispiel zeigen wir eine etwas kompliziertere Grundfläche und deren Integralgrenzen:

Beispiel mit komplizierter Grundfläche:

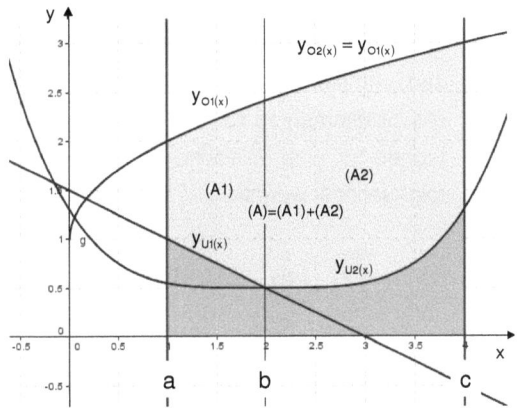

Wenn wir die nebenstehende Grundfläche betrachten, dann erkennen wir 5 Begrenzungsfunktionen:

$y_{O1(x)} = y_{O2(x)}$; $x = a$; $y_{U1(x)}$; $y_{U2(x)}$ und $x = c$

Will man die Grundfläche in unendlich viele Streifen der Breite dx aufteilen, so erhält man folgende innere Integrale für die Teilfläche (A1):

$$V_{S1O} = \int_{y=0}^{y_{O1(x)}} z_{(x;y)} \cdot dy \quad und \quad V_{S1U} = \int_{y=0}^{y_{U1(x)}} z_{(x;y)} \cdot dy$$

Bild 100: Komplizierte Grundfläche (A)

Wenn wir diese Integrale jeweils in die äußeren Integrale einsetzen erhalten wir Folgendes:

$$V_{A1O} = \int_{x=a}^{x=b} V_{S1O} \cdot dx = \int_{x=a}^{x=b} \int_{y=0}^{y_{O1(x)}} z_{(x;y)} \cdot dy \cdot dx \quad und \quad V_{A1U} = \int_{x=a}^{x=b} V_{S1U} \cdot dx = \int_{x=a}^{x=b} \int_{y=0}^{y_{U1(x)}} z_{(x;y)} \cdot dy \cdot dx$$

Die Differenz der beiden Teilvolumina ergibt das Volumen über (A1): $\quad V_{A1} = V_{A1O} - V_{A1U}$

Für die Teilfläche (A2) verfahren wir in derselben Weise und bilden folgende inneren Integrale:

$$V_{S2O} = \int_{y=0}^{y_{O2(x)}} z_{(x;y)} \cdot dy \quad und \quad V_{S2U} = \int_{y=0}^{y_{U2(x)}} z_{(x;y)} \cdot dy$$

Dies setzen wir wieder in die äußeren Integrale und ein:

$$V_{A2O} = \int_{x=b}^{x=c} V_{S2O} \cdot dx = \int_{x=b}^{x=c} \int_{y=0}^{y_{O2(x)}} z_{(x;y)} \cdot dy \cdot dx \quad und \quad V_{A2U} = \int_{x=b}^{x=c} V_{S2U} \cdot dx = \int_{x=b}^{x=c} \int_{y=0}^{y_{U2(x)}} z_{(x;y)} \cdot dy \cdot dx$$

Für das Volumen über (A2) erhalten wir: $\quad V_{A2} = V_{A2O} - V_{A2U}$

Das Gesamtvolumen (A) ergibt sich nun aus: $\ V_A = V_{A21} + V_{A2}$

Etwas komplizierter gestaltet sich die Berechnung, wenn wir zunächst die Grundfläche in unendlich viele Streifen der Breite dy aufteilen. Als erstes muss man hierzu folgende Funktionen $x = f_{(y)}$ bilden: $\ x_{Oi(y)}$ und $\ x_{Ui(y)}$ mit $i = (1...4)$

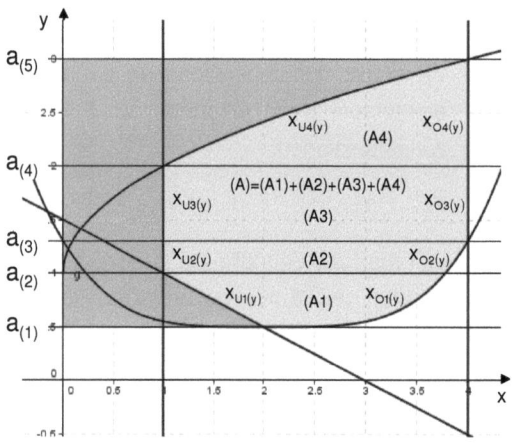

Bild 101: y-Streifen

Für jede dieser insgesamt 8 Funktionen (siehe Bild) müssen wir nun das innere und das äußere Integral aufstellen und lösen um die Volumina über den Flächen (Ai) bestimmen zu können. Die inneren Integrale für eine Teilfläche Ai können wie folgt gebildet werden:

$$V_{SiO} = \int_{x=0}^{x_{Oi(x)}} z_{(x;\,y)} \cdot dx \quad \text{und} \quad V_{SiU} = \int_{x=0}^{x_{Ui(x)}} z_{(x;\,y)} \cdot dx$$

Diese insgesamt 8 Integrale setzen wir jeweils in die äußeren Integrale ein:

$$V_{AiO} = \int_{y=a_{(i)}}^{y=a_{(i+1)}} V_{SiO} \cdot dy = \int_{y=a_{(i)}}^{y=a_{(i+1)}} \int_{x=0}^{x_{Oi(x)}} z_{(x;\,y)} \cdot dx \cdot dy \quad \text{und} \quad V_{AiU} = \int_{y=a_{(i)}}^{y=a_{(i+1)}} V_{SiU} \cdot dy = \int_{y=a_{(i)}}^{y=a_{(i+1)}} \int_{x=0}^{x_{Ui(x)}} z_{(x;\,y)} \cdot dx \cdot dy \quad (i=1...4)$$

Wir können nun die Teilvolumina V_{Ai} berechnen, indem wir jeweils vom oberen Teilvolumen V_{AiO} das untere Teilvolumen V_{AiU} subtrahieren.

$$V_{Ai} = V_{AiO} - V_{AiU}$$

Das Gesamtvolumen erhalten wir als Summe aller Teilvolumina: $\quad V_{A} = \sum_{i=1}^{4} V_{Ai}$

Beispiel mit oberer und unterer Funktion $z_{(x;\,y)}$:

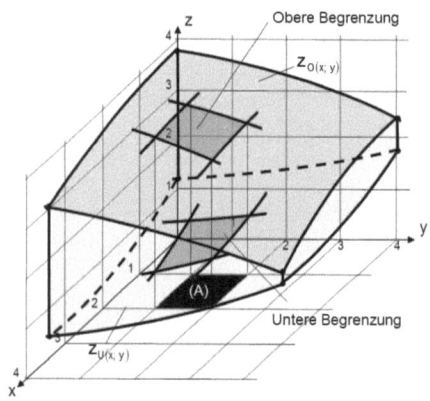

Bild 102: Obere und untere Begrenzung

Wie wir gesehen haben, kann sich die Grundfläche aus mehreren Funktionen $y = f_{(x)}$ zusammensetzen. Zusätzlich kann es aber auch vorkommen, dass die untere Begrenzung eine zweite Funktion ist. Wir haben es also mit folgenden zwei Begrenzungsfunktionen zu tun:

$$z_{O(x;y)} \quad \text{und} \quad z_{U(x;y)}$$

Man kann nun schrittweise vorgehen und zunächst das oberere Volumen V_{AO} über der Grundfläche (A) berechnen und anschließend das untere V_{AU}. Die Differenz der beiden Volumina ist das gesuchte Volumen:

$$V_{A} = V_{AO} - V_{AU}$$

In den bisherigen Fällen wurde ein schrittweises Vorgehen durch Zerlegung des Gesamtproblems in Teilprobleme beschrieben. Man kann natürlich die Aufgaben genauso gut lösen, indem man direkt die entsprechenden Unter- und Obergrenzen in die Integrale einsetzt. Für einen Ungeübten ist jedoch die schrittweise Lösung sicherlich zu empfehlen, zumal der Rechen- und Schreibaufwand nur geringfügig größer ist.

2.4.1.3 Weitere Beispiele für Zweifachintegrale

(1) Gegeben ist folgende Grundflächenbegrenzung: $y_{(x)} = x$ $(0 \le x \le 3)$

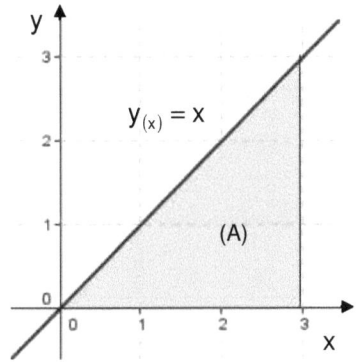

Bild 103: Grundflächenbegrenzung

Die Funktion $z_{(x;y)}$ lautet wie folgt: $z_{(x;y)} = x \cdot e^y$

Wir bilden das innere Integral:

$$V_S = \int_{y=0}^{y_{(x)}} z_{(x;y)} \cdot dy = \int_{y=0}^{x} x \cdot e^y \cdot dy$$

$$= x \cdot \int_{y=0}^{x} e^y \cdot dy = x \cdot \left[e^y \right]_0^x = x \cdot e^x - x \cdot e^0 = x \cdot e^x - x$$

Dies setzen wir ins äußere Integral ein:

$$V_{ges} = \int_{x=0}^{x=3} \left(x \cdot e^x - x \right) \cdot dx = \int_{x=0}^{x=3} x \cdot e^x \cdot dx - \int_{x=0}^{x=3} x \cdot dx$$

Zur Lösung des ersten Integrals wenden wir die partielle Integration an (vgl. Abschnitt 1.8.2). Dort haben wir in Beispiel (4) folgendes gerechnet:

Gesucht ist die Stammfunktion: $\int f_{(x)} \cdot dx = \int x \cdot e^x \cdot dx$

Wir setzen:

$u = x$ und $v' = e^x$

$\Rightarrow$ $\int x \cdot e^x \cdot dx = \int u \cdot v' \cdot dx = u \cdot v - \int v \cdot u' \cdot dx$

Es gilt: $v = \int e^x \cdot dx = e^x$ und $u' = d\dfrac{x}{dx} = 1$

Daraus folgt: $\int x \cdot e^x \cdot dx = x \cdot e^x - \int e^x \cdot 1 \cdot dx = x \cdot e^x - e^x = e^x \cdot (x-1) + C$

Somit können wir das Gesamtvolumen wie folgt berechnen:

$$V_{ges} = \left[x \cdot e^x - e^x \right]_0^3 - \left[\frac{x^2}{2} \right]_0^3 = \left(3 \cdot e^3 - e^3 - (0-1) \right) - \left(\frac{3^2}{2} - 0 \right) = 2 \cdot e^3 + 1 - \frac{9}{2} = 36{,}6711$$

(2) Gegeben ist folgende Grundflächenbegrenzung: $y_{1(x)} = \sqrt{x}$ und $y_{2(x)} = x$ $(0 \le x \le 1)$

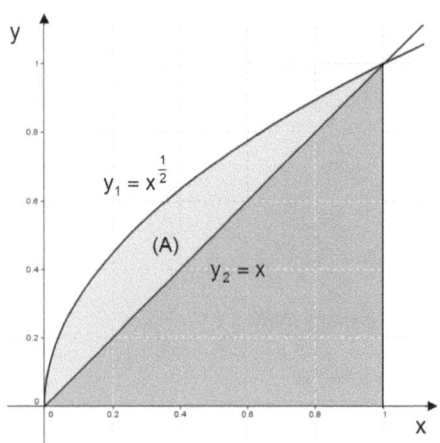

Die Funktion $z_{(x;y)}$ lautet: $z_{(x;y)} = x \cdot y$

Wieder können wir das Problem in zwei Teilprobleme zerlegen. Wir bilden zunächst das innere Integral für y_1:

$$V_{S1} = \int_{y=0}^{y_{1(x)}} z_{(x;y)} \cdot dy = \int_{y=0}^{x^{\frac{1}{2}}} x \cdot y \cdot dy = x \cdot \int_{y=0}^{x^{\frac{1}{2}}} y \cdot dy$$

$$= x \cdot \left[\frac{y^2}{2} \right]_0^{x^{\frac{1}{2}}} = x \cdot \left(\frac{\left(x^{\frac{1}{2}} \right)^2}{2} - 0 \right) = \frac{x^2}{2}$$

Bild 104: Grundflächenbegrenzung

Eingesetzt in das 1. äußere Integral folgt: $V_1 = \int_0^1 \frac{x^2}{2} \cdot dx = \left[\frac{x^3}{6} \right]_0^1 = \frac{1}{6}$

Für y_2 lautet das innere Integral:

$$V_{S2} = \int_{y=0}^{y_{2(x)}} z_{(x;y)} \cdot dy = \int_{y=0}^{x} x \cdot y \cdot dy = x \cdot \int_{y=0}^{x} y \cdot dy = x \cdot \left[\frac{y^2}{2} \right]_0^x = x \cdot \left(\frac{x^2}{2} - 0 \right) = \frac{x^3}{2}$$

Eingesetzt in das 2. äußere Integral: $V_2 = \int_0^1 \frac{x^3}{2} \cdot dx = \left[\frac{x^4}{8} \right]_0^1 = \frac{1}{8}$

Jetzt bilden wir die Differenz der beiden Volumina: $V_{ges} = V_1 - V_2 = \frac{1}{6} - \frac{1}{8} = \frac{4-3}{24} = \frac{1}{24}$

Wir hätten natürlich auch gleich y_1 als Ober- und y_2 als Untergrenze einsetzen können:

Inneres Integral:

$$V_S = \int_{y_{2(x)}}^{y_{1(x)}} z_{(x;y)} \cdot dy = \int_x^{x^{\frac{1}{2}}} x \cdot y \cdot dy = x \cdot \int_x^{x^{\frac{1}{2}}} y \cdot dy = x \cdot \left[\frac{y^2}{2} \right]_x^{x^{\frac{1}{2}}} = x \cdot \left(\frac{\left(x^{\frac{1}{2}} \right)^2}{2} - \frac{x^2}{2} \right) = \frac{x^2}{2} - \frac{x^3}{2} = \frac{1}{2} \cdot \left(x^2 - x^3 \right)$$

Äußeres Integral:

$$V_{ges} = \int_0^1 \frac{1}{2} \cdot \left(x^2 - x^3 \right) \cdot dx = \frac{1}{2} \cdot \left[\frac{x^3}{3} - \frac{x^4}{4} \right]_0^1 = \frac{1}{2} \cdot \left(\frac{1^3}{3} - \frac{1^4}{4} \right) = \frac{1}{2} \cdot \left(\frac{1}{3} - \frac{1}{4} \right) = \frac{1}{2} \cdot \frac{4-3}{12} = \frac{1}{24}$$

2.4.2 Dreifachintegrale

2.4.2.1 Einführung in Dreifachintegrale

Bei den Zweifachintegralen haben wir eine Funktion $z_{(x;\,y)}$ kennen gelernt, die über einer Grundfläche (A) in der x–y–Ebene angeordnet ist. Die Grundfläche ist dabei von Funktionen $y_{(x)}$ oder $x_{(y)}$ begrenzt. In diesem Fall sind x und y unabhängige Variablen (Veränderliche oder Argument) und z ist die abhängige Variable (Veränderliche oder Funktionswert).

Bei Dreifachintegralen haben wir es mit 3 unabhängigen Variablen zu tun, nämlich mit x, y und z. Als abhängige Variable wollen wir den Wert w einführen. Es gibt also die Funktion $w_{(x;\,y;\,z)}$, wobei die Funktionen von x, y und z einen Körper mit einem Volumen bilden.

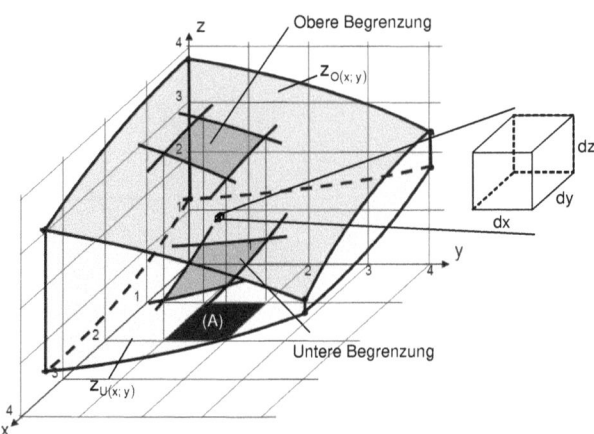

In unserem Körper befinden sich eine unendliche Anzahl von infinitesimalen (unendlich kleinen) Volumenelementen mit jeweils einem Volumen von:

$$dV = dx \cdot dy \cdot dz$$

Dabei nimmt jedes Element eine durch seine Koordinaten bestimmt Position im Raum ein.

Wenn nun jedem Element ein Wert w (z.B. Dichte) zugeordnet werden kann, der von x, y und z abhängt, so kann man schreiben:

$$dw = w_{(x;\,y;\,z)} \cdot dz \cdot dy \cdot dx$$

Bild 105: Volumenelement $dV = dx \cdot dy \cdot dz$

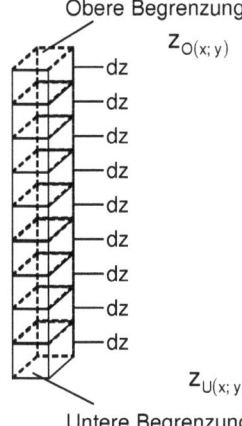

Bild 106: Integral dz

Wenn wir nun die dV übereinanderstapeln, so erhalten wir das nebenstehende Bild. Obere und untere Grenze sind jeweils $z_{O(x;\,y)}$ und $z_{U(x;\,y)}$. Somit können wir das innerste Integral wie folgt schreiben:

$$W_1 = \int_{z_{U(x;y)}}^{z_{O(x;y)}} w_{(x;\,y;\,z)} \cdot dz$$

Es handelt sich hierbei um eine infinitesimal dicke Säule mit oberer Begrenzung durch die Funktion $z_{O(x;\,y)}$ und unterer Begrenzung durch die Funktion $z_{U(x;\,y)}$. Der Begriff „Säule" wird hier wegen der besseren Anschauung verwendet. In Wirklichkeit handelt es sich um eine senkrechte Strecke der Länge: $l_{zi} = z_{O(xi,yi)} - z_{U(xi,yi)}$

Jedes Säulenelement wird hierbei mit dem Wert $w_{(x; y; z)}$ multipliziert. Den Wert einer Säule bezeichnen wir mit **W_1**.

Wenn wir nun mehrere dieser Säulenwerte in y-Richtung nebeneinanderstellen, dann erhalten wir das folgende Bild.

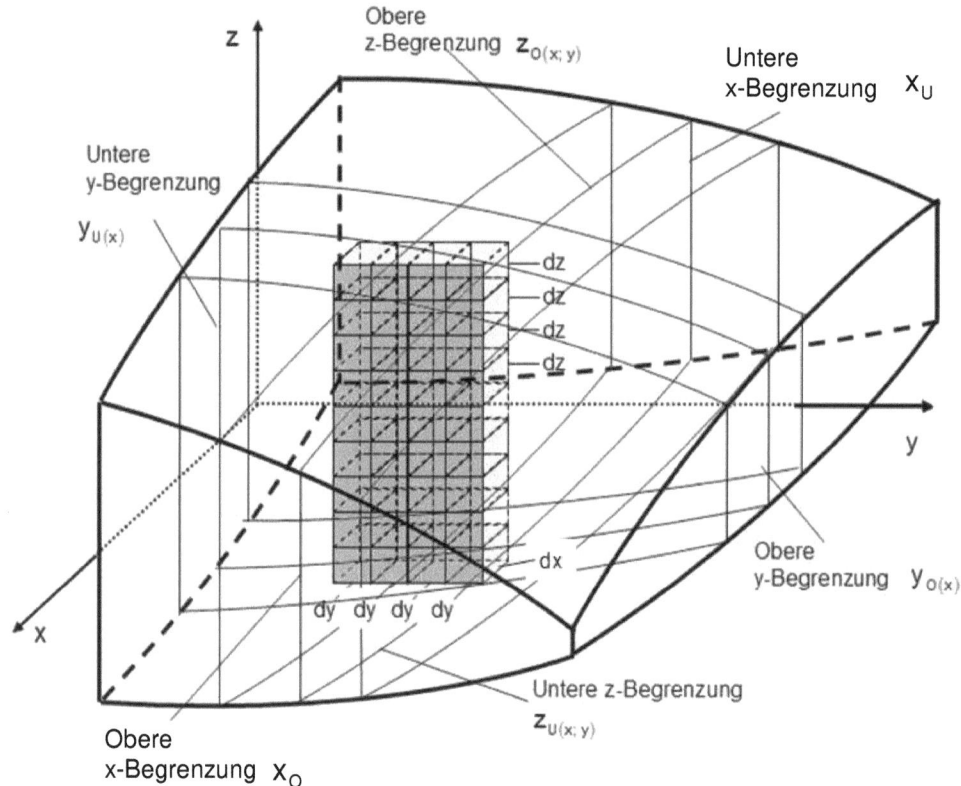

Bild 107: Säulen in y-Richtung

Wir können natürlich nur so viele Säulenwerte nebeneinander platzieren, bis wir links an die Begrenzung durch die Funktion $y_{U(x)}$ und rechts an die Begrenzung von $y_{O(x)}$ stoßen.

Bei diesem Gebilde handelt es sich um eine infinitesimal dünne Scheibe der Dicke dx, deren Elemente mit den jeweiligen Werten $w_{(x; y; z)}$ multipliziert sind. Wenn wir nun alle Säulenwerte dieser Scheibe aufaddieren erhalten wir ein zweites Integral:

$$W_2 = \int_{y_{U(x)}}^{y_{O(x)}} W_1 \cdot dy = \int_{y_{U(x)}}^{y_{O(x)}} \int_{z_{U(x; y)}}^{z_{O(x; y)}} w_{(x; y; z)} \cdot dz \cdot dy$$

Im folgenden Schritt wollen wir sämtliche Scheiben in x-Richtung nebeneinander reihen, wobei die untere Begrenzung durch x_U und die obere Begrenzung durch x_O gegeben ist (Bild).

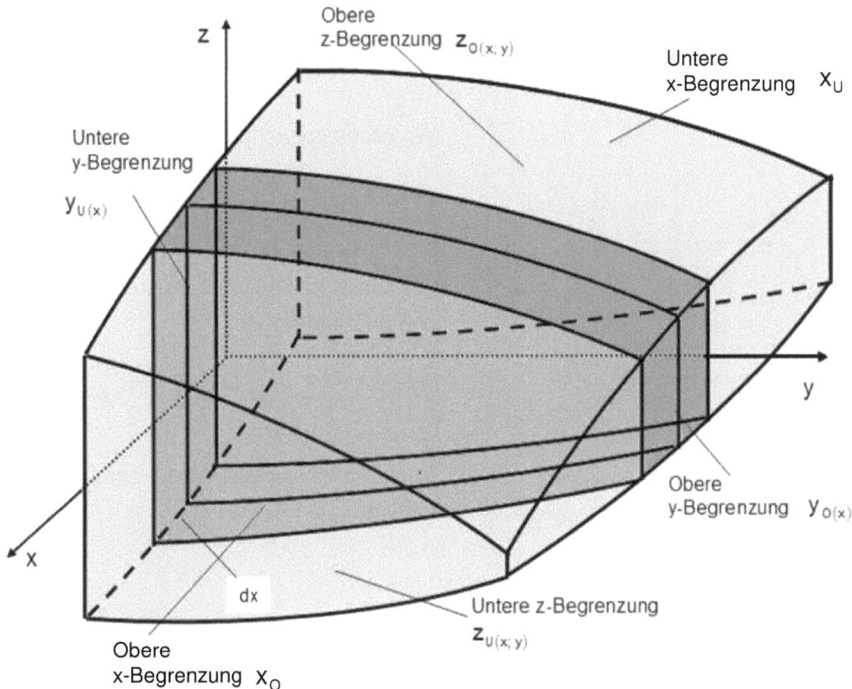

Bild 108: Scheiben in x-Richtung

Wir können nun das äußere Integral wie folgt schreiben:

$$W_3 = \int_{x_U}^{x_O} W_2 \cdot dx = \int_{x_U}^{x_O} \int_{y_{U(x)}}^{y_{O(x)}} W_1 \cdot dy \cdot dx = \int_{x_U}^{x_O} \int_{y_{U(x)}}^{y_{O(x)}} \int_{z_{U(x;y)}}^{z_{O(x;y)}} w_{(x,y,z)} \cdot dz \cdot dy \cdot dx$$

W_3 ist damit der Wert des Gesamtobjektes.

2.4.2.2 Zerlegung von Dreifachintegralen in Produkte

Lässt sich die Wertefunktion w wie folgt schreiben:

$$w_{(x;y;z)} = f_{(x)} \cdot g_{(y)} \cdot h_{(z)}$$

In diesem speziellen Fall kann das Dreifachintegral wie folgt geschrieben werden:

$$W_3 = \int_{x_U}^{x_O} \int_{y_{U(x)}}^{y_{O(x)}} \int_{z_{U(x;y)}}^{z_{O(x;y)}} w_{(x;y;z)} \cdot dz \cdot dy \cdot dx = \int_{x_U}^{x_O} f_{(x)} \cdot dx \cdot \int_{y_{U(x)}}^{y_{O(x)}} g_{(y)} \cdot dy \cdot \int_{z_{U(x;y)}}^{z_{O(x;y)}} h_{(z)} \cdot dz$$

2.4.2.3   Beispiele für Dreifachintegrale

(1) Als erstes Beispiel wollen wir einen Quader betrachten der in der x – y Ebene steht und durch folgende Funktionen begrenzt wird:

$x_O = 3$, $x_U = 1$, $y_O = 4$, $y_U = 1$, $z_O = 3$ und $z_U = 0$ (vgl. 2.5.1.1 Beispiel 1)

Gegeben ist die Funktion: $w_{(x;y;z)} = x \cdot y \cdot z$

Berechne den Wert des Gesamtobjektes.

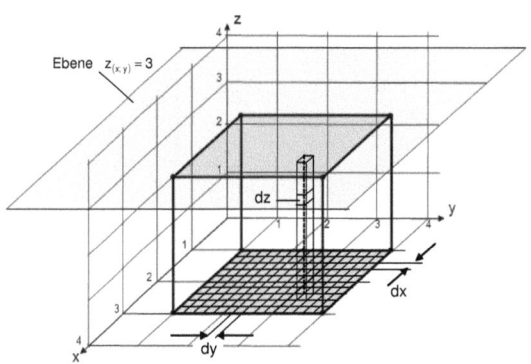

Bild 109: Quader mit Unterteilung dx, dy und dz

Wir bilden zunächst das innerste Integral:

$$W_1 = \int_{z_{U(x;y)}}^{z_{O(x;y)}} w_{(x;y;z)} \cdot dz = \int_0^3 x \cdot y \cdot z \cdot dz$$

Wir können x und y als konstant auffassen und erhalten somit:

$$W_1 = \left[\frac{x \cdot y \cdot z^2}{2} \right]_0^3 = \frac{x \cdot y \cdot 3^2}{2} = \frac{9}{2} \cdot x \cdot y$$

Damit haben wir den Wert einer Säule berechnet.

Jetzt setzen wir das Ergebnis in das mittlere Integral W_2 ein:

$$W_2 = \int_{y_{U(x)}}^{y_{O(x)}} W_1 \cdot dy = \int_1^4 \frac{9}{2} \cdot x \cdot y \cdot dy = \frac{9}{2} \cdot x \cdot \int_1^4 y \cdot dy = \frac{9}{2} \cdot x \cdot \left[\frac{y^2}{2} \right]_1^4 = \frac{9}{2} \cdot x \cdot \left(\frac{16}{2} - \frac{1}{2} \right) = \frac{9}{2} \cdot \frac{15}{2} \cdot x$$

Damit ergibt sich der Wert des Gesamtobjektes:

$$W_3 = \int_{x_U}^{x_O} W_2 \cdot dx = \int_1^3 \frac{9}{2} \cdot \frac{15}{2} \cdot x \cdot dx = \frac{9}{2} \cdot \frac{15}{2} \cdot \left[\frac{x^2}{2} \right]_1^3 = \frac{9}{2} \cdot \frac{15}{2} \cdot \left(\frac{9}{2} - \frac{1}{2} \right) = \frac{9}{2} \cdot \frac{15}{2} \cdot \frac{8}{2} = 135$$

Mit der Zerlegung in Produkte hätten wir auch wie folgt rechnen können:

$$W_3 = \int_{x_U}^{x_O} x \cdot dx \cdot \int_{y_U}^{y_O} y \cdot dy \cdot \int_{z_U}^{z_O} z \cdot dz = \int_1^3 x \cdot dx \cdot \int_1^4 y \cdot dy \cdot \int_0^3 z \cdot dz = \left[\frac{x^2}{2} \right]_1^3 \cdot \left[\frac{y^2}{2} \right]_1^4 \cdot \left[\frac{z^2}{2} \right]_0^3$$

$$= \left[\frac{3^2}{2} - \frac{1^2}{2} \right] \cdot \left[\frac{4^2}{2} - \frac{1^2}{2} \right] \cdot \left[\frac{3^2}{2} - \frac{0^2}{2} \right] = \left(\frac{9}{2} - \frac{1}{2} \right) \cdot \left(\frac{16}{2} - \frac{1}{2} \right) \cdot \left(\frac{9}{2} \right) = \frac{8}{2} \cdot \frac{15}{2} \cdot \frac{9}{2} = 135$$

(2) Berechne folgendes Dreifachintegral mit konstanten Grenzen:

$x_O = 1$, $x_U = 0$, $y_O = 2$, $y_U = 0$, $z_O = 3$ und $z_U = 0$

Gegeben ist die Wertefunktion: $w_{(x;y;z)} = \sin(x + y + z)$

Inneres Integral:

$$W_1 = \int_{z_U}^{z_O} w_{(x;y;z)} \cdot dz = \int_0^3 \sin(x + y + z) \cdot dz$$

Wir fassen $(x + y)$ als Konstante auf und substituieren (vgl. Abschnitt 1.8.1:

$$u = (x + y) + z \quad \Rightarrow \quad u' = \frac{du}{dz} = 1 \quad \Rightarrow \quad dz = du$$

Eingesetzt ergibt sich:

$$W_1 = \int_{z_U}^{z_O} w_{(x;y;z)} \cdot dz = \int_0^3 \sin(u) \cdot du = \left[-\cos(u)\right]_0^3 = \left[-\cos(x + y + z)\right]_0^3 = -\cos(x + y + 3) + \cos(x + y)$$

$$= \cos(x + y) - \cos(x + y + 3)$$

Dies setzen wir in das mittlere Integral ein und erhalten:

$$W_2 = \int_{y_U}^{y_O} W_1 \cdot dy = \int_0^2 \left[\cos(x + y) - \cos(x + y + 3)\right] \cdot dy = \int_0^2 \cos(x + y) \cdot dy - \int_0^2 \cos(x + y + 3) \cdot dy$$

Diesmal können wir x als Konstante auffassen und substituieren für das erste Integral:

$$u = x + y \quad \Rightarrow \quad u' = \frac{du}{dy} = 1 \quad \Rightarrow \quad dy = du$$

Für das erste Integral erhalten wir also:

$$\int_0^2 \cos(x + y) \cdot dy = \int_0^2 \cos(u) \cdot du = \left[\sin(u)\right]_0^2 = \left[\sin(x + y)\right]_0^2 = \sin(x + 2) - \sin(x)$$

Für das zweite Integral substituieren wir:

$$u = x + y + 3 \quad \Rightarrow \quad u' = \frac{du}{dy} = 1 \quad \Rightarrow \quad dy = du$$

Damit können wir schreiben:

$$\int_0^2 \cos(x + y + 3) \cdot dy = \int_0^2 \cos(u) \cdot du = \left[\sin(u)\right]_0^2 = \left[\sin(x + y + 3)\right]_0^2 = \sin(x + 2 + 3) - \sin(x + 3)$$

Damit erhalten wir für W_2:

$$W_2 = \sin(x + 2) - \sin(x) - \sin(x + 5) + \sin(x + 3)$$

In das äußere Integral eingesetzt erhalten wir:

$$W_3 = \int_{x_U}^{x_O} W_2 \cdot dx = \int_0^1 [\sin(x+2) - \sin(x) - \sin(x+5) + \sin(x+3)] \cdot dx$$

$$= \int_0^1 \sin(x+2) \cdot dx - \int_0^1 \sin(x) \cdot dx - \int_0^1 \sin(x+5) \cdot dx + \int_0^1 \sin(x+3) \cdot dx$$

Wieder können wir wie oben substituieren und erhalten:

$$W_3 = [-\cos(x+2)]_0^1 - [-\cos(x)]_0^1 - [-\cos(x+5)]_0^1 + [-\cos(x+3)]_0^1$$

$$= [-\cos(3) + \cos(2)] - [-\cos(1) + \cos(0)] - [-\cos(6) + \cos(5)] + [-\cos(4) + \cos(3)]$$

$$= -\cos(3) + \cos(2) + \cos(1) - \cos(0) + \cos(6) - \cos(5) - \cos(4) + \cos(3)$$

$$= \cos(6) - \cos(5) - \cos(4) + \cos(2) + \cos(1) - \cos(0) = 0{,}45431$$

(3) Häufig wird in Beispielen in diesem Zusammenhang als Wertefunktion die Dichte ρ (Rho) genannt. In dieser Aufgabe soll die Masse einer Luftsäule bestimmt werden. Hierzu stellen wir zunächst einige Überlegungen zur Funktion der Luftdichte an:

Folgende Werte sind gegeben:

Luftdichte in Meereshöhe: $\rho_0 = 1{,}2041 \text{ kg/m}^3$

Luftdruck in Meereshöhe: $p_{(z=0)} = 1013 \text{ mbar}$

Erdbeschleunigung: $g = 9{,}81 \text{ m/s}^2$

Für die Dichte in einer bestimmtem Höhe z setzen wir folgende Näherungsformel voraus:

$$\rho_{(z)} = \rho_{(z=0)} \cdot e^{k \cdot z} = \rho_{(z=0)} \cdot e^{-\frac{p_{(z=0)} \cdot g}{p_{(z=0)}} z}$$

Den Vorfaktor von z kann man wie folgt berechnen:

$$k = -\frac{1{,}2041 \text{ kg} \cdot 9{,}81 \text{ m}}{\text{m}^3 \cdot 1013 \text{ mbar} \cdot \text{s}^2} \cdot \frac{1 \text{ mbar} \cdot \text{m} \cdot \text{s}^2}{100 \text{ kg}} = -0{,}0001166 \frac{1}{\text{m}}$$

Dreifachintegral mit konstanten Grenzen:

$x_O = x$, $x_U = 0m$, $y_O = y$, $y_U = 0m$, $z_O = z$ und $z_U = 0m$

Inneres Integral:

$$W_1 = \int_{z_U}^{z_O} \rho_{(z)} \cdot dz = \int_0^z \rho_{(0)} \cdot e^{k \cdot z} \cdot dz = \rho_{(0)} \cdot \int_0^z e^{k \cdot z} \cdot dz$$

Wir substituieren:

$$u = k \cdot z \quad \Rightarrow \quad u' = \frac{du}{dz} = k \quad \Rightarrow \quad dz = \frac{1}{k} \cdot du$$

Dies setzen wir ein:

$$W_1 = \rho_{(0)} \cdot \int_0^z e^u \cdot \frac{1}{k} \cdot du = \frac{\rho_{(0)}}{k} \cdot \int_0^z e^u \cdot du = \frac{\rho_{(0)}}{k} \cdot \left[e^u \right]_0^z = \frac{\rho_{(0)}}{k} \cdot \left[e^{k \cdot z} \right]_0^z = \frac{\rho_{(0)}}{k} \cdot \left[e^{k \cdot z} - e^{k \cdot 0} \right]$$

$$W_1 = \frac{\rho_{(0)}}{k} \cdot \left[e^{k \cdot z} - 1 \right]$$

Eingesetzt ins mittlere Integral:

$$W_2 = \int_{y_U}^{y_O} W_1 \cdot dy = \int_0^y \frac{\rho_{(0)}}{k} \cdot \left[e^{k \cdot z} - 1 \right] \cdot dy = \frac{\rho_{(0)}}{k} \cdot \left[e^{k \cdot z} - 1 \right] \cdot \int_0^y dy = \frac{\rho_{(0)}}{k} \cdot \left[e^{k \cdot z} - 1 \right] \cdot y$$

Eingesetzt ins äußere Integral:

$$W_3 = \int_{x_U}^{x_O} W_2 \cdot dx = \int_0^x \frac{\rho_{(0)}}{k} \cdot \left[e^{k \cdot z} - 1 \right] \cdot y \cdot dx = \frac{\rho_{(0)}}{k} \cdot \left[e^{k \cdot z} - 1 \right] \cdot y \cdot \int_0^x dx = \frac{\rho_{(0)}}{k} \cdot \left[e^{k \cdot z} - 1 \right] \cdot x \cdot y$$

Wenn wir z.B, die Masse einer Luftsäule von z = 1000 m und der Fläche von einem Quadratmeter berechnen wollen, so erhalten wir:

$$m_{(x=1;\, y=1;\, z=1000)} = \frac{\rho_{(0)}}{k} \cdot \left[e^{k \cdot z} - 1 \right] \cdot x \cdot y = \frac{1{,}2041 \, kg \cdot m}{m^3 \cdot (-0{,}0001166)} \cdot \left[e^{(-0{,}0001166)\frac{1}{m} \cdot 1000\, m} - 1 \right] \cdot 1\, m \cdot 1\, m = 1136{,}55\, kg$$

3   Differentialgleichungen (DGL)

Zunächst wollen wir versuchen den Begriff „Differentialgleichung" verständlich zu machen. Dabei wollen wir uns auf sogenannte gewöhnliche Differentialgleichungen beschränken, bei denen es lediglich eine Veränderliche (z.B. x) gibt. Differentialgleichungen mit mehreren Veränderlichen nennt man auch partielle Differentialgleichungen und werden hier nicht behandelt.

Zunächst wollen wir uns den Begriff einer Gleichung erneut vor Augen führen. Betrachten wir also folgende einfache Gleichungen:

$$10 \cdot x + 2 = 102 \quad \Rightarrow \quad 10 \cdot x = 100 \quad \Rightarrow \quad x = \frac{100}{10} = 10$$

und

$$x^2 - 10 \cdot x + 9 = 0 \quad \Rightarrow \quad x_{1,2} = \frac{10}{2} \pm \sqrt{25 - 9} = 5 \pm \sqrt{16} \quad \Rightarrow \quad x_1 = 9 \text{ und } x_2 = 1$$

Im ersten Fall erhalten wir eine Zahl als Lösung und im zweiten Fall zwei Zahlen.

Bei Differentialgleichungen erhalten wir im Gegensatz dazu eine Funktion als Lösung des Problems. Eine Differentialgleichung kann man in der impliziten Schreibweise (vgl. Abschnitt 2.3.8) wie folgt schreiben:

$$F_{(x;\,y;\,y';\,y'';\,\ldots)} = 0$$

Wir erkennen, dass eine Differentialgleichung zusätzlich zu den unabhängigen Variablen x und y auch noch Ableitungen von y enthält. Dabei wird Folgendes unterschieden:

$F_{(x;\,y;\,y')} = 0$ Differentialgleichung 1. Ordnung

$F_{(x;\,y;\,y';\,y'')} = 0$ Differentialgleichung 2. Ordnung

$F_{(x;\,y;\,y';\,y'';\,y''')} = 0$ Differentialgleichung 3. Ordnung

$F_{(x;\,y;\,y';\,\ldots,\,y^{(n)})} = 0$ Differentialgleichung n. Ordnung

3.1   Differentialgleichungen erster Ordnung

3.1.1   Einführende Beispiele

Eine derartige Gleichung kann in ihrer impliziten Form wie folgt geschrieben werden:

$$F_{(x,\,y,\,y')} = 0$$

In der expliziten Schreibweise sieht das dann wie folgt aus:

$$y' = \frac{dy}{dx} = f_{(x;\,y)}$$

Im Folgenden wollen wir einige Differentialgleichungen erster Ordnung in ihrer impliziten und expliziten Schreibweise gegenüberstellen:

	Explizite Schreibweise	Implizite Schreibweise
1	$y' = \dfrac{dy}{dx} = 6 \cdot x$	$y' - 6 \cdot x = \dfrac{dy}{dx} - 6 \cdot x = 0$
2	$y' = \dfrac{dy}{dx} = \dfrac{x}{y}$	$y' - \dfrac{x}{y} = \dfrac{dy}{dx} - \dfrac{x}{y} = 0$
3	$y' = \dfrac{dy}{dx} = y^2 \cdot x$	$y' - y^2 \cdot x = \dfrac{dy}{dx} - y^2 \cdot x = 0$
4	$y' = \dfrac{dy}{dx} = 2 \cdot y + x$	$y' - 2 \cdot y - x = \dfrac{dy}{dx} - 2 \cdot y - x = 0$
5	$y' = \dfrac{dy}{dx} = \dfrac{2 \cdot x + 4 \cdot y}{x}$	$y' - \dfrac{2 \cdot x + 4 \cdot y}{x} = \dfrac{dy}{dx} - \dfrac{2 \cdot x + 4 \cdot y}{x} = 0$

Wir wollen nun die gezeigten Differentialgleichungen lösen:

(1) Gegebene Differentialgleichung

$$y' = \frac{dy}{dx} = 6 \cdot x \quad \Rightarrow \quad y' \cdot dx = dy = 6 \cdot x \cdot dx$$

Wir können nun auf beiden Seiten der Gleichung integrieren:

$$\int dy = y + C_1 = \int 6 \cdot x \cdot dx = 6 \cdot \int x \cdot dx = 6 \cdot \frac{x^2}{2} + C_2 \quad \Rightarrow \quad y = 3 \cdot x^2 + C_2 - C_1$$

Wir können nun setzen: $C = C_2 - C_1$

Somit erhalten wir als Lösung: $y = 3 \cdot x^2 + C$

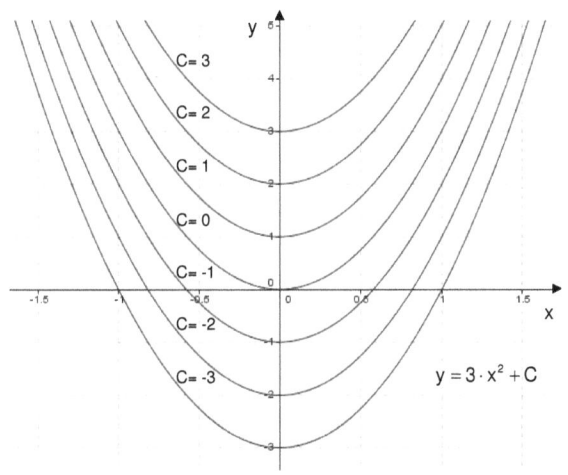

Wenn wir dies in ein x–y–Koordinatensystem eintragen, erhalten wir nebenstehendes Bild.

Durch die Größe von C wird also die Lage des Scheitelpunkts und damit die Lage der Parabel bestimmt.

Ist nun die Größe von C bekannt, dann erhält man eine eindeutige Lösung für das Problem.

Bild 110: Lösungen der Differentialgleichung $y' = 6 \cdot x$

(2) Gegebene Differentialgleichung

$$y' = \frac{dy}{dx} = \frac{x}{y} \quad \Rightarrow \quad y \cdot dy = x \cdot dx$$

Wir integrieren auf beiden Seiten der Gleichung:

$$\int y \cdot dy = \int x \cdot dx \quad \Rightarrow \quad \frac{y^2}{2} + C_1 = \frac{x^2}{2} + C_2 \quad \Rightarrow \quad y^2 + 2 \cdot C_1 = x^2 + 2 \cdot C_2 \quad \Rightarrow \quad x^2 - y^2 = 2 \cdot (C_1 - C_2)$$

Wir setzen nun: $C = 2 \cdot (C_1 - C_2)$

Die Lösung lautet: $x^2 - y^2 = C$

Tragen wir dies in ein x–y–Koordinatensystem ein, so erhalten wir das folgende Bild:

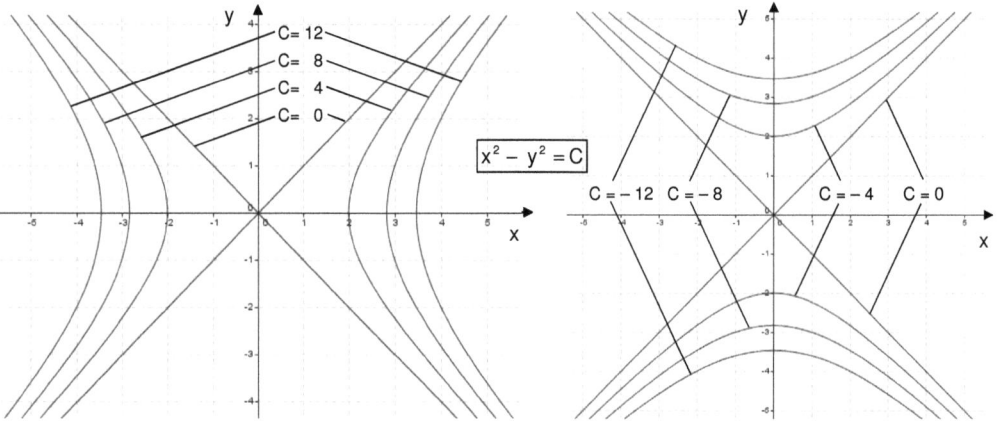

Bild 111: Lösungen der Differentialgleichung $y' = x/y$

Es handelt sich um eine Schar gleichseitiger Hyperbeln, deren Lage und Ausrichtung durch den Wert der Größe C bestimmt wird.

(3) Gegebene Differentialgleichung

$$y' = \frac{dy}{dx} = y^2 \cdot x \quad \Rightarrow \quad \frac{1}{y^2} \cdot dy = y^{-2} \cdot dy = x \cdot dx$$

Wir integrieren auf beiden Seiten der Gleichung:

$$\int y^{-2} \cdot dy = \int x \cdot dx \quad \Rightarrow \quad \frac{y^{-1}}{-1} + C_1 = \frac{x^2}{2} + C_2 \quad \Rightarrow \quad -\frac{1}{y} = \frac{x^2}{2} + C_2 - C_1 \quad \Rightarrow \quad -\frac{2}{y} = x^2 + 2 \cdot (C_2 - C_1)$$

Wir setzen nun: $C = 2 \cdot (C_2 - C_1)$

Die Lösung lautet: $-\frac{2}{y} = x^2 + C \quad \Rightarrow \quad -2 = y \cdot (x^2 + C) \quad \Rightarrow \quad y = \frac{-2}{x^2 + C}$

Im x–y–Koordinatensystem sieht das dann wie folgt aus:

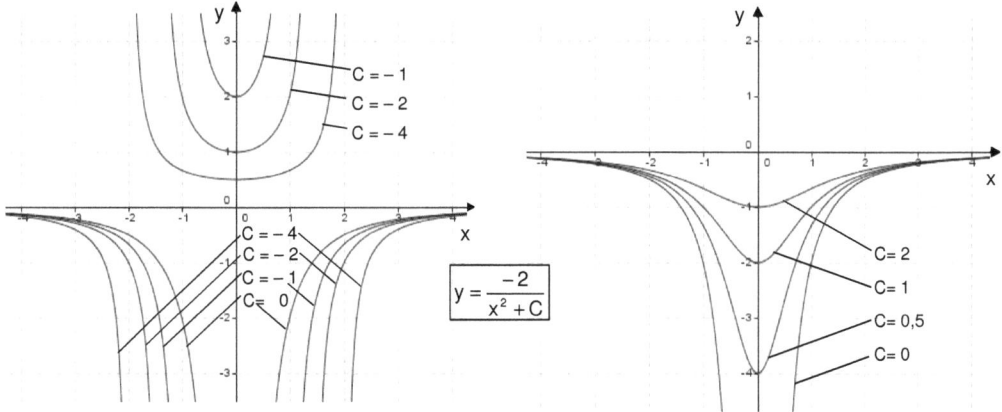

Bild 112: Lösungen der Differentialgleichung $y' = y^2 \cdot x$

(4) Gegebene Differentialgleichung

$$y' = \frac{dy}{dx} = x + 2 \cdot y$$

Eine derartige Differentialgleichung lässt sich leider nicht so wie bisher lösen. Wir können dies jedoch durch folgende geeignete Substitution der rechten Seite erreichen:

$$u = x + 2 \cdot y$$

In diesem Fall sind u und y als Funktionen von x zu betrachten. Wenn man also die Funktion u nach x ableitet, dann müssen wir sowohl x als auch $2 \cdot y$ ableiten:

$$u' = \frac{du}{dx} = 1 + 2 \cdot y' \quad \Rightarrow \quad y' = \frac{u' - 1}{2}$$

Dies setzen wir und unsere ursprüngliche Differentialgleichung ein:

$$\frac{u' - 1}{2} = u \quad \Rightarrow \quad u' - 1 = 2 \cdot u \quad \Rightarrow \quad u' = 2 \cdot u + 1 \quad \Rightarrow \quad \frac{du}{dx} = 2 \cdot u + 1 \quad \Rightarrow \quad \frac{du}{2 \cdot u + 1} = dx$$

In der Integraltafel 1 (2) finden wir folgenden Eintrag: $\quad \int \frac{1}{a \cdot x + b} \cdot dx = \frac{1}{a} \cdot \ln|a \cdot x + b|$

Übertragen auf unser Problem erhalten wir:

$$\int \frac{1}{2 \cdot u + 1} \cdot du = \int dx \quad \Rightarrow \quad \frac{1}{2} \cdot \ln|2 \cdot u + 1| + C_1 = x + C_2 \quad \Rightarrow \quad \ln|2 \cdot u + 1| = 2 \cdot x + 2 \cdot (C_2 - C_1)$$

Wir setzen nun: $\ln|C_3| = 2 \cdot (C_2 - C_1)$

Daraus folgt: $\quad \ln|2 \cdot u + 1| = 2 \cdot x + \ln|C_3| \quad \Rightarrow \quad \ln|2 \cdot u + 1| - \ln|C_3| = 2 \cdot x \quad \Rightarrow \quad \ln\left|\frac{2 \cdot u + 1}{C_3}\right| = 2 \cdot x$

Wir können nun auf beiden Seiten die e-Funktion anwenden:

$$e^{\ln\left|\frac{2\cdot u+1}{C_3}\right|}=e^{2\cdot x} \quad \Rightarrow \quad \frac{2\cdot u+1}{C_3}=e^{2\cdot x}$$

Wir rücksubstituieren nun für u und erhalten:

$$\frac{2\cdot(x+2\cdot y)+1}{C_3}=e^{2\cdot x} \quad \Rightarrow \quad x+2\cdot y=\frac{C_3\cdot e^{2\cdot x}-1}{2} \quad \Rightarrow \quad y=\frac{C_3\cdot e^{2\cdot x}-1}{4}-\frac{x}{2}=\frac{C_3\cdot e^{2\cdot x}}{4}-\frac{x}{2}-\frac{1}{4}$$

Wir setzen nun $\quad C=\dfrac{C_3}{4}\quad$ und erhalten folgende Lösung: $\quad y=C\cdot e^{2\cdot x}-\dfrac{x}{2}-\dfrac{1}{4}$

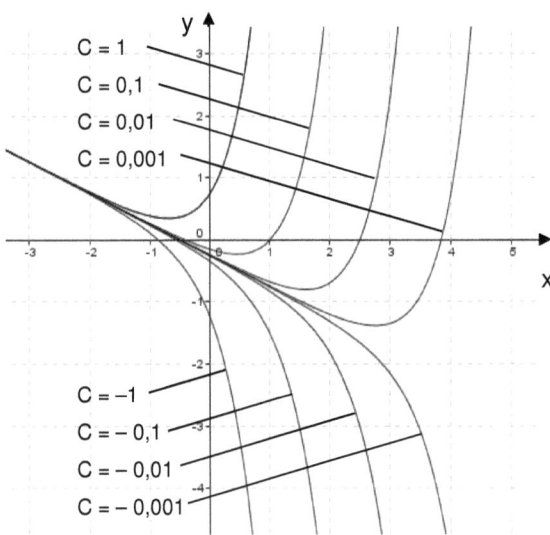

Bild 113: Lösungen der Differentialgleichung $y'=x+2\cdot y$

(5) Gegebene Differentialgleichung

$$y'=\frac{dy}{dx}=\frac{2\cdot x+4\cdot y}{x}=2+4\cdot\frac{y}{x}$$

Auch diese Differentialgleichung lässt sich nicht so einfach lösen. Wir können dies jedoch durch folgende geeignete Substitution erreichen:

$$u=\frac{y}{x} \quad \Rightarrow \quad y=x\cdot u$$

In diesem Fall sind x und u Funktionen von x. Wir können also die bekannte Produktregel der Differentialrechnung anwenden (vgl. Band 1 /1/, Abschnitt 12.5): $\quad y=u\cdot v \quad \Rightarrow \quad y'=u\cdot v'+v\cdot u'$

Für unsere Differentialgleichung erhalten wir: $y' = x \cdot u' + u \cdot x' = x \cdot u' + u \cdot 1 = u + x \cdot u'$

Wenn wir y´ und u in die Differentialgleichung einsetzen erhalten wir:

$$y' = 2 + 4 \cdot \frac{y}{x} \quad \Rightarrow \quad u + x \cdot u' = 2 + 4 \cdot u \quad \Rightarrow \quad x \cdot u' = 4 \cdot u - u + 2 = 3 \cdot u + 2$$

Wir können jetzt auch schreiben: $x \cdot \dfrac{du}{dx} = 3 \cdot u + 2 \quad \Rightarrow \quad \dfrac{du}{3 \cdot u + 2} = \dfrac{1}{x} \cdot dx$

Wir integrieren auf beiden Seiten und erhalten: $\displaystyle\int \frac{1}{3 \cdot u + 2} \cdot du = \int \frac{1}{x} \cdot dx$

In der Integraltafel 1 (2) finden wir folgenden Eintrag: $\displaystyle\int \frac{1}{a \cdot x + b} \cdot dx = \frac{1}{a} \cdot \ln|a \cdot x + b|$

In unserem Problem erhalten wir für die linke Seite: $\displaystyle\int \frac{1}{3 \cdot u + 2} \cdot du = \frac{1}{3} \cdot \ln|3 \cdot u + 2| + C_1$

Für die rechte Seite erhalten wir: $\displaystyle\int \frac{1}{x} \cdot dx = \ln|x| + C_2$

Somit erhalten wir für unsere Differentialgleichung:

$$\frac{1}{3} \cdot \ln|3 \cdot u + 2| + C_1 = \ln|x| + C_2 \quad \Rightarrow \quad \frac{1}{3} \cdot \ln|3 \cdot u + 2| = \ln|x| + (C_2 - C_1)$$

Wir setzen nun die Konstante auf der rechten Seite wie folgt: $(C_2 - C_1) = \ln|C_3|$

Jetzt können wir schreiben: $\dfrac{1}{3} \cdot \ln|3 \cdot u + 2| = \ln|C_3 \cdot x| \quad \Rightarrow \quad \ln\left|(3 \cdot u + 2)^{\frac{1}{3}}\right| = \ln|C_3 \cdot x|$

Wir wenden auf beiden Seiten die e-Funktion an:

$$e^{\ln\left|(3 \cdot u + 2)^{\frac{1}{3}}\right|} = e^{\ln|C_3 \cdot x|} \quad \Rightarrow \quad (3 \cdot u + 2)^{\frac{1}{3}} = C_3 \cdot x$$

Somit können wir schreiben: $3 \cdot u + 2 = (C_3 \cdot x)^3 \quad \Rightarrow \quad 3 \cdot u + 2 = C_3^3 \cdot x^3 \quad \Rightarrow \quad 3 \cdot u = C_3^3 \cdot x^3 - 2$

Wenn wir nun u rücksubstituieren, so erhalten wir: $3 \cdot \dfrac{y}{x} = C_3^3 \cdot x^3 - 2 \quad \Rightarrow \quad y = \dfrac{C_3^3}{3} \cdot x^4 - \dfrac{2 \cdot x}{3}$

Wieder eine neue Konstante, diesmal die letzte: $C = \dfrac{C_3^3}{3}$

Als allgemeine Lösung unserer Differentialgleichung erhalten wir: $y = C \cdot x^4 - \dfrac{2}{3} \cdot x$

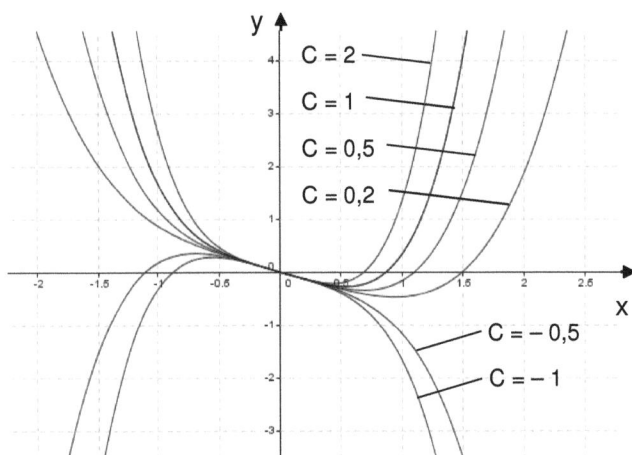

Bild 114: Lösungen der Differentialgleichung $y = C \cdot x^4 - 2/3 \cdot x$

3.1.2   Allgemeine Beschreibung der bisherigen Differentialgleichungen

3.1.2.1   Lösung von Differentialgleichungen durch direkte Quadratur

In Beispiel **(1)** hat die Differentialgleichung die Form: $y' = f_{(x)}$

In solchen Fällen kann man direkt wie folgt umstellen und integrieren:

$$dy = f_{(x)} \cdot dx \quad \Rightarrow \quad \int dy = y = \int f_{(x)} \cdot dx + C$$

3.1.2.2   Lösung von Differentialgleichungen durch Trennung der Veränderlichen

In Beispiel **(2)** und **(3)** haben die Differentialgleichungen die Form: $y' = f_{(x;\,y)}$

Wenn es gelingt die Differentialgleichung wie folgt umzustellen

$$y' = \frac{dy}{dx} = \frac{f_{1(x)}}{f_{2(y)}} \quad \Rightarrow \quad f_{2(y)} \cdot dy = f_{1(x)} \cdot dx$$

dann kann man auf beiden Seiten integrieren:

$$\int f_{2(y)} \cdot dy + C_1 = \int f_{1(x)} \cdot dx + C_2 \quad \Rightarrow \quad \int f_{2(y)} \cdot dy = \int f_{1(x)} \cdot dx + (C_2 - C_1)$$

$$\text{mit}\;\; C = C_2 - C_1 \quad \Rightarrow \quad \int f_{2(y)} \cdot dy = \int f_{1(x)} \cdot dx + C$$

Wie man sieht, kann man die beiden Integrationskonstanten C_1 und C_2 zu einer Konstanten C zusammenfassen.

3.1.2.3   Lösung von Differentialgleichungen durch Substitution

In manchen Fällen lässt sich eine Differentialgleichung 1. Ordnung durch geeignete Transformation der Veränderlichen (Substitution) auf eine Form gemäß Abschnitt 3.1.2.2 bringen. Danach kann diese durch Trennung der Veränderlichen und Rücksubstitution gelöst werden.

3.1.2.3.1   Differentialgleichung vom Typ y´ = f(ax + by + c)

Eine Differentialgleichung vom Typ

$$y' = \frac{dy}{dx} = f_{(a \cdot x + b \cdot y + c)}$$

lässt sich durch folgende *lineare Substitution* lösen:

$$u = a \cdot x + b \cdot y + c$$

In diesem Fall sind u und y als Funktionen von x zu betrachten. Wenn man also die Funktion u nach x ableitet, dann müssen wir sowohl $a \cdot x$ als auch $b \cdot y$ ableiten:

Unsere ursprüngliche Differentialgleichung schreiben wir jetzt wie folgt: $y' = \frac{dy}{dx} = f_{(u)}$

Der Lösungsweg:

Wir leiten die Gleichung u nach x ab und stellen das Ergebnis wie folgt um:

$$u' = \frac{du}{dx} = a + b \cdot y' \quad \Rightarrow \quad y' = \frac{u' - a}{b}$$

Dieses setzen wir in die Differentialgleichung ein:

$$y' = \frac{u' - a}{b} = f_{(u)} \quad \Rightarrow \quad u' - a = b \cdot f_{(u)} \quad \Rightarrow \quad u' = a + b \cdot f_{(u)}$$

Die neue Differentialgleichung u´ kann durch Trennung der Veränderlichen (vgl. Abschnitt 3.1.2.2) gelöst werden. Dies gelingt deshalb, weil die rechte Seite der Differentialgleichung u´ ausschließlich von u abhängt. Die Lösung ist also folgende Funktion: $u = f_{(x)}$

Dieses Ergebnis setzen wir wieder in unsere Substitution ein (sog. Rücksubstitution) und lösen anschließend die Gleichung nach y auf.

Lineare Substitution

Das Prinzip von Substitution und Rücksubstitution haben wir bereits in Abschnitt 1.8.1 kennen gelernt. Hier versteht man unter einer „linearen Substitution", dass in der Substitution selbst alle Veränderlichen (Variablen) nur in der ersten Potenz (also linear) auftreten. Am besten verdeutlichen wir dies an einigen Beispielen:

Lineare Substitutionen $u = a \cdot x + b$ $u = a \cdot x + b \cdot y + c$ $v = a \cdot x + b \cdot y + c \cdot z + d$

Nichtlineare Substitutionen $u = a \cdot x^2 + b$ $u = a \cdot x + b \cdot y^2 + c$ $v = a \cdot x + b \cdot y + c \cdot z^2 + d$

Allgemeine Lösung von Aufgabe (4).

Gegebene Differentialgleichung

$$y' = \frac{dy}{dx} = a \cdot x + b \cdot y + c$$

Wir wählen folgende geeignete Substitution der rechten Seite:

$$u = a \cdot x + b \cdot y + c$$

In diesem Fall sind u und y als Funktionen von x zu betrachten. Wenn man also die Funktion u nach x ableitet, dann müssen wir sowohl $a \cdot x$ als auch $b \cdot y$ ableiten:

$$u' = \frac{du}{dx} = a + b \cdot y' \quad \Rightarrow \quad y' = \frac{u' - a}{b}$$

Dies setzen wir in unsere ursprüngliche Differentialgleichung ein:

$$\frac{u' - a}{b} = u \quad \Rightarrow \quad u' - a = b \cdot u \quad \Rightarrow \quad u' = b \cdot u + a \quad \Rightarrow \quad \frac{du}{dx} = b \cdot u + a \quad \Rightarrow \quad \frac{du}{b \cdot u + a} = dx$$

In der Integraltafel 1 (2) finden wir folgenden Eintrag:

$$\int \frac{1}{a \cdot x + b} \cdot dx = \frac{1}{a} \cdot \ln|a \cdot x + b|$$

Übertragen auf unser Problem erhalten wir:

$$\int \frac{1}{b \cdot u + a} \cdot du = \int dx \quad \Rightarrow \quad \frac{1}{b} \cdot \ln|b \cdot u + a| + C_1 = x + C_2 \quad \Rightarrow \quad \ln|b \cdot u + a| = b \cdot x + b \cdot (C_2 - C_1)$$

Wir setzen nun: $\ln|C_3| = b \cdot (C_2 - C_1)$

$$\ln|b \cdot u + a| = b \cdot x + \ln|C_3| \quad \Rightarrow \quad \ln|b \cdot u + a| - \ln|C_3| = b \cdot x \quad \Rightarrow \quad \ln\left|\frac{b \cdot u + a}{C_3}\right| = b \cdot x$$

Wir können nun auf beiden Seiten die e-Funktion anwenden:

$$e^{\ln\left|\frac{b \cdot u + a}{C_3}\right|} = e^{b \cdot x} \quad \Rightarrow \quad \frac{b \cdot u + a}{C_3} = e^{b \cdot x}$$

Wir können nun wieder für u einsetzen und erhalten:

$$\frac{b \cdot (a \cdot x + b \cdot y + c) + a}{C_3} = e^{b \cdot x} \quad \Rightarrow \quad a \cdot x + b \cdot y + c = \frac{C_3 \cdot e^{b \cdot x} - a}{b} \quad \Rightarrow \quad b \cdot y = \frac{C_3 \cdot e^{b \cdot x} - a}{b} - a \cdot x - c$$

$$\Rightarrow \quad y = \frac{C_3 \cdot e^{b \cdot x} - a}{b^2} - \frac{a}{b} \cdot x - \frac{c}{b} \quad \Rightarrow \quad y = \frac{C_3 \cdot e^{b \cdot x}}{b^2} - \frac{a}{b} \cdot x - \frac{a}{b^2} - \frac{c}{b}$$

Wir setzen nun: $C = \frac{C_3}{b^2}$

Als Lösung erhalten wir: $y = C \cdot e^{b \cdot x} - \frac{a}{b} \cdot x - \frac{a}{b^2} - \frac{c}{b}$

3.1.2.3.2   Differentialgleichung vom Typ y´ = f (y / x)

Eine Differentialgleichung vom Typ

$$y' = \frac{dy}{dx} = f\left(\frac{y}{x}\right)$$

lässt sich durch folgende Substitution lösen:

$$u = \frac{y}{x} \quad \Rightarrow \quad y = x \cdot u$$

In diesem Fall sind x und u als Funktionen von x zu betrachten. Wenn man also die Funktion y nach x ableitet, dann müssen wir sowohl nach x als auch nach u ableiten. Da jedoch die Funktionen x und u miteinander multipliziert werden, gilt die Produktregel:

$$y' = x \cdot u' + u \cdot x' = x \cdot u' + u \cdot 1 = u + x \cdot u'$$

Wir setzen nun y´ und u in die Differentialgleichung ein und erhalten:

$$u + x \cdot u' = f(u) \quad \Rightarrow \quad x \cdot u' = f(u) - u \quad \Rightarrow \quad u' = \frac{du}{dx} = \frac{f(u) - u}{x}$$

Diese Differentialgleichung u´ kann durch Trennung der Veränderlichen (vgl. Abschnitt 3.1.2.2) und Rücksubstitution gelöst werden.

Allgemeine Lösung von Aufgabe (5)

$$y' = \frac{dy}{dx} = \frac{a \cdot x + b \cdot y}{x} = a + b \cdot \frac{y}{x}$$

Wir wählen die folgende Substitution: $u = \dfrac{y}{x} \quad \Rightarrow \quad y = x \cdot u$

Wir wenden die Produktregel an: $y' = x \cdot u' + u \cdot x' = x \cdot u' + u \cdot 1 = u + x \cdot u'$

Wenn wir y´ und u in die Differentialgleichung einsetzen erhalten wir:

$$y' = a + b \cdot \frac{y}{x} \quad \Rightarrow \quad u + x \cdot u' = a + b \cdot u \quad \Rightarrow \quad x \cdot u' = b \cdot u - u + a = (b-1) \cdot u + a$$

Wir können jetzt auch schreiben: $x \cdot \dfrac{du}{dx} = (b-1) \cdot u + a \quad \Rightarrow \quad \dfrac{du}{(b-1) \cdot u + a} = \dfrac{1}{x} \cdot dx$

Wir integrieren auf beiden Seiten: $\displaystyle\int \frac{1}{(b-1) \cdot u + a} \cdot du = \int \frac{1}{x} \cdot dx$

In der Integraltafel 1 (2) finden wir folgenden Eintrag: $\displaystyle\int \frac{1}{a \cdot x + b} \cdot dx = \frac{1}{a} \cdot \ln|a \cdot x + b|$

In unserem Problem erhalten wir für die linke Seite: $\displaystyle\int \frac{1}{(b-1) \cdot u + a} \cdot du = \frac{1}{(b-1)} \cdot \ln|(b-1) \cdot u + a| + C_1$

Für die rechte Seite erhalten wir: $\displaystyle\int \frac{1}{x} \cdot dx = \ln|x| + C_2$

Somit erhalten wir für unsere Differentialgleichung:

$$\frac{1}{(b-1)} \cdot \ln|(b-1) \cdot u + a| + C_1 = \ln|x| + C_2 \quad \Rightarrow \quad \frac{1}{(b-1)} \cdot \ln|(b-1) \cdot u + a| = \ln|x| + (C_2 - C_1)$$

Wir setzen nun die Konstante auf der rechten Seite wie folgt: $(C_2 - C_1) = \ln|C_3|$

Jetzt können wir schreiben: $\ln\left|[(b-1) \cdot u + a]^{\frac{1}{(b-1)}}\right| = \ln|C_3 \cdot x|$

Wir wenden auf beiden Seiten die e-Funktion an:

$$e^{\ln\left|[(b-1) \cdot u + a]^{\frac{1}{(b-1)}}\right|} = e^{\ln|C_3 \cdot x|} \quad \Rightarrow \quad [(b-1) \cdot u + a]^{\frac{1}{(b-1)}} = C_3 \cdot x \quad \Rightarrow \quad (b-1) \cdot u + a = C_3^{(b-1)} \cdot x^{(b-1)}$$

Wenn wir nun u rücksubstituieren, so erhalten wir:

$$(b-1) \cdot \frac{y}{x} = C_3^{(b-1)} \cdot x^{(b-1)} - a \quad \Rightarrow \quad y = \frac{C_3^{(b-1)}}{(b-1)} \cdot x^{(b-1)} \cdot x - \frac{a \cdot x}{(b-1)} \quad \Rightarrow \quad y = \frac{C_3^{(b-1)}}{(b-1)} \cdot x^b - \frac{a}{(b-1)} \cdot x$$

Wir setzen: $C = \frac{C_3^{(b-1)}}{(b-1)}$

Als allgemeine Lösung erhalten wir: $y = C \cdot x^b - \frac{a}{(b-1)} \cdot x$

3.1.3   Richtungsfeld und Isokline von Differentialgleichungen

Aus den bisherigen Betrachtungen wissen wir, dass die Lösungen einer Differentialgleichung immer eine Schar von Funktionen sind, welche von der Konstanten C abhängen. Im Folgenden wollen wir zunächst an Beispielen das Prinzip von Richtungsfeldern und Isoklinen zeigen.

3.1.3.1   Beispiele für Richtungsfelder und Isokline

(1) Als erstes einführendes Beispiel haben wir folgende Differentialgleichung gelöst:

$$y' = \frac{dy}{dx} = 6 \cdot x \quad \Rightarrow \quad y' \cdot dx = dy = 6 \cdot x \cdot dx$$

Nach Integration auf beiden Seiten erhielten wir:

$$\int dy = y + C_1 = \int 6 \cdot x \cdot dx = 6 \cdot \int x \cdot dx = 6 \cdot \frac{x^2}{2} + C_2 \quad \Rightarrow \quad y = 3 \cdot x^2 + C_2 - C_1$$

Mit $C = C_2 - C_1$ erhalten wir folgende Lösung: $y = 3 \cdot x^2 + C$

Wenn wir dies in ein x–y–Koordinatensystem eintragen, erhalten wir folgendes Bild:

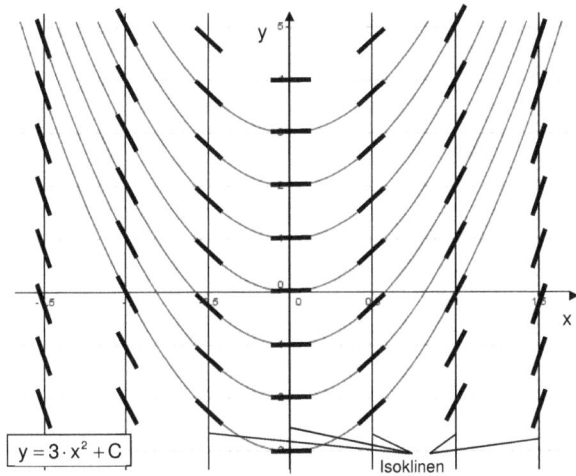

$y = 3 \cdot x^2 + C$

Isoklinen

Bild 115: Richtungsfeld der Differentialgleichung $y' = 6 \cdot x$

Wenn wir nun an jedem Punkt der vorliegenden Funktion eine kurze Tangente einzeichnen, dann erhalten wir das Richtungsfeld der Differentialgleichung.

Da dies für jeden Punkt natürlich nicht möglich ist, greift man sich einige Punkte heraus und zeichnet für diese repräsentativ die Tangente ein.

Im nebenstehenden Bild haben wir für folgende x und y Punkte die Tangenten eingetragen:

Um die verschiedenen Steigungen zu erhalten, setzen wir die x-Werte ein und erhalten die folgende Tabelle:

x-Werte	$-2{,}5$	-2	$-1{,}5$	-1	0	1	$1{,}5$	2	$2{,}5$
Steigung y'	-15	-12	-9	-6	0	6	9	12	15

Da in diesem speziellen Fall die Steigung ausschließlich von x abhängt sind alle senkrecht übereinanderliegenden Steigungen gleich groß. Wenn wir diese Punkte gleicher Steigung verbinden, so erhalten wir die sogenannten Isoklinen. Der Begriff kommt aus dem griechischen und bedeuten so viel wie ísos = gleich und klínein = neigen.

(2) Als zweites einführendes Beispiel haben wir folgende Differentialgleichung gelöst:

$$y' = \frac{dy}{dx} = \frac{x}{y} \quad \Rightarrow \quad y \cdot dy = x \cdot dx$$

Wir integrieren auf beiden Seiten der Gleichung:

$$\int y \cdot dy = \int x \cdot dx \quad \Rightarrow \quad \frac{y^2}{2} + C_1 = \frac{x^2}{2} + C_2 \quad \Rightarrow \quad y^2 + 2 \cdot C_1 = x^2 + 2 \cdot C_2 \quad \Rightarrow \quad x^2 - y^2 = 2 \cdot (C_1 - C_2)$$

Wir setzen nun: $C = 2 \cdot (C_1 - C_2)$

Die Lösung lautet: $x^2 - y^2 = C$

Im Folgenden wollen wir das Richtungsfeld dieser Differentialgleichung konstruieren und erstellen folgende Tabelle:

y \ x.	-3,00	-2,00	-1,00	0,00	1,00	2,00	3,00
-3	1,00	0,67	0,33	0,00	-0,33	-0,67	-1,00
-2	1,50	1,00	0,50	0,00	-0,50	-1,00	-1,50
-1	3,00	2,00	1,00	0,00	-1,00	-2,00	-3,00
0	∞	∞	∞	∞	∞	∞	∞
1	-3,00	-2,00	-1,00	0,00	1,00	2,00	3,00
2	-1,50	-1,00	-0,50	0,00	0,50	1,00	1,50
3	-1,00	-0,67	-0,33	0,00	0,33	0,67	1,00

Danach tragen wir die Steigungswerte als Tangenten in das folgende Diagramm ein:

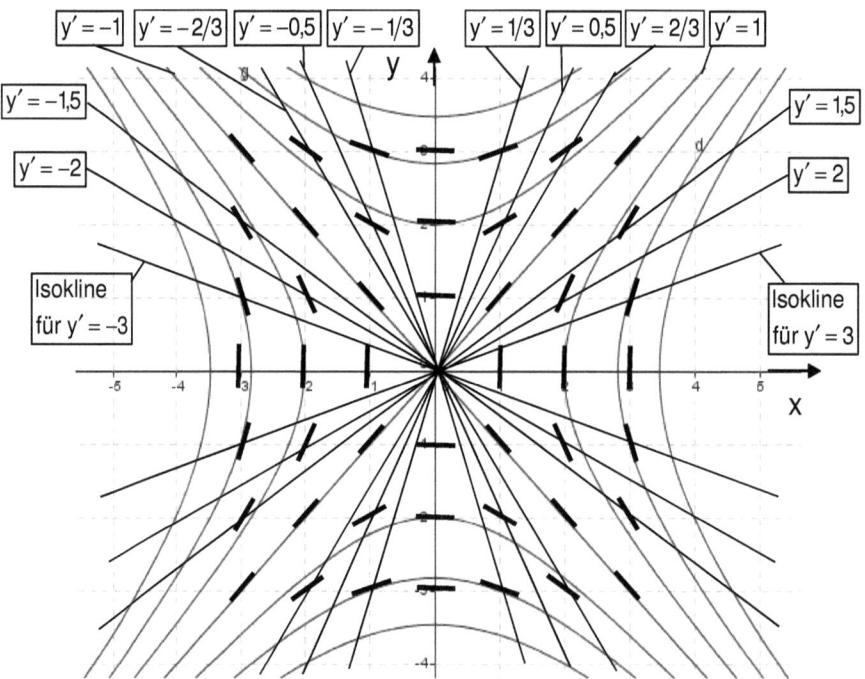

Bild 116: Richtungsfeld mit Isoklinen für die Differentialgleichung $y' = x/y$

Im Bild sind auch die Isoklinen eingezeichnet. Diese lassen sich wie folgt ermitteln:

Wir setzen den Steigungswert der Isokline in die Differentialgleichung ein und stellen die Gleichung nach y um. Am Beispiel der Steigung $y' = 0,5$ wird dies im Folgenden gezeigt:

$$y' = 0,5 = \frac{x}{y} \quad \Rightarrow \quad y = \frac{x}{0,5} = 2 \cdot x$$

(3) In Beispiel (4) der einführenden Beispiele ist folgende Differentialgleichung gegeben:

$$y' = \frac{dy}{dx} = x + 2 \cdot y$$

Die Lösung lautet: $y = C \cdot e^{2 \cdot x} - \dfrac{x}{2} - \dfrac{1}{4}$

Wir erstellen nun die Tabelle mit den Steigungen in Abhängigkeit von x und y.

x. y.	-3,00	-2,00	-1,00	0,00	1,00	2,00	3,00	4,00	5,00
3	3,00	4,00	5,00						
2	1,00	2,00	3,00	4,00	5,00				
1	-1,00	0,00	1,00	2,00	3,00	4,00	5,00		
0	-3,00	-2,00	-1,00	0,00	1,00	2,00	3,00	4,00	5,00
-1	-5,00	-4,00	-3,00	-2,00	-1,00	0,00	1,00	2,00	3,00
-2			-5,00	-4,00	-3,00	-2,00	-1,00	0,00	1,00
-3					-5,00	-4,00	-3,00	-2,00	-1,00

Nun tragen wir die zugehörigen Tangentenabschnitte in unser Diagramm ein:

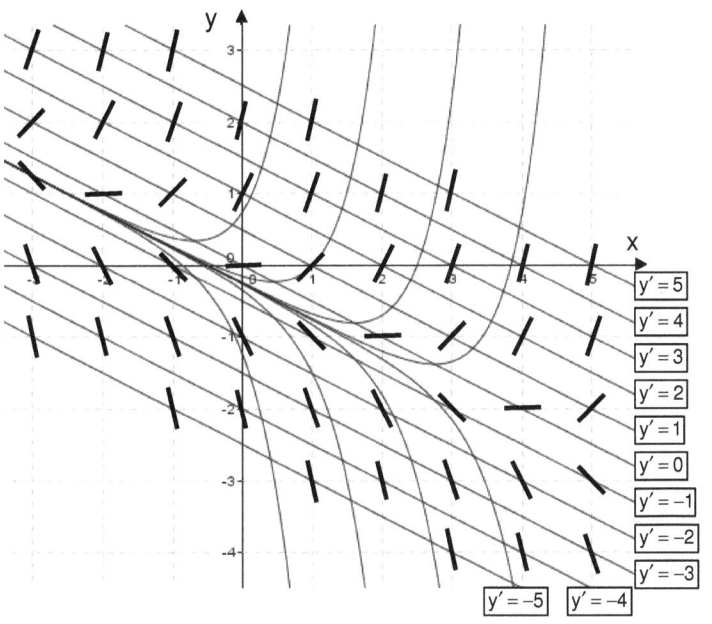

Zur Bestimmung der Iso-
klinen stellen wir die Differentialgleichung nach y
um und setzen die ge-
wünschten   Steigungen
ein:

$$y' = \frac{dy}{dx} = x + 2 \cdot y$$
$$\Rightarrow \quad y' - x = 2 \cdot y$$
$$\Rightarrow \quad y = \frac{y'}{2} - \frac{1}{2} \cdot x$$

Für die Steigung y´ = 2 erhalten wir z.B. folgende
Gleichung für die Isokline:

$$y = \frac{2}{2} - \frac{1}{2} \cdot x = 1 - 0,5 \cdot x$$

Bild 117: Richtungsfeld mit Isoklinen für DGL $y' = x + 2 \cdot y$

(4) Im einführenden Beispiel (5) war folgende Differentialgleichung gegeben:

$$y' = \frac{dy}{dx} = \frac{2 \cdot x + 4 \cdot y}{x} = 2 + 4 \cdot \frac{y}{x}$$

Als Lösung erhielten wir Folgendes: $y = C \cdot x^4 - \frac{2}{3} \cdot x$

Wir erstellen nun das Richtungsfeld, indem wir die Steigungen berechnen und die zugehörigen Tangentenabschnitte in unser Diagramm einzeichnen:

y \ x	-2,00	-1,50	-1,00	1,00	1,50	2,00
4	-6,00	-8,67	-14,00	18,00	12,67	10,00
3	-4,00	-6,00	-10,00	14,00	10,00	8,00
2	-2,00	-3,33	-6,00	10,00	7,33	6,00
1	0,00	-0,67	-2,00	6,00	4,67	4,00
0	2,00	2,00	2,00	2,00	2,00	2,00
-1	4,00	4,67	6,00	-2,00	-0,67	0,00
-2	6,00	7,33	10,00	-6,00	-3,33	-2,00
-3	8,00	10,00	14,00	-10,00	-6,00	-4,00

Wir wollen nun einige Isoklinen bestimmen. Hierzu stellen wir die Gleichung nach y um und setzen die gewünschten Steigungen ein:

$$y' = 2 + 4 \cdot \frac{y}{x} \quad \Rightarrow \quad y' - 2 = 4 \cdot \frac{y}{x} \quad \Rightarrow \quad y = \frac{x}{4} \cdot (y' - 2)$$

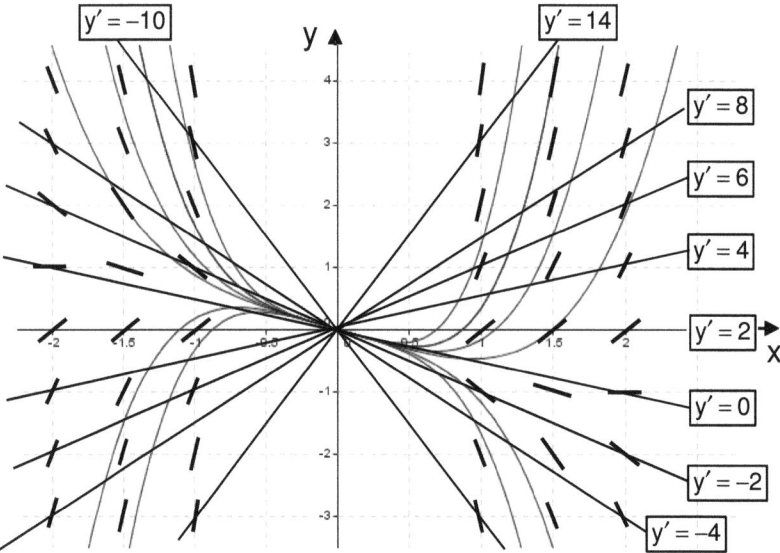

Bild 118: Richtungsfeld mit Isoklinen für Differentialgleichung $y' = 2 + 4 \cdot y/x$

3.1.3.2   Prinzip und Nutzen der Richtungsfelder und Isoklinen

Wenn wir ein Richtungsfeld konstruieren, dann handelt es sich im Prinzip um die zeichnerische Lösung der Differentialgleichung. Dabei wird den Punkten im Diagramm ein Richtungspfeil (Vektor) zugeordnet, indem man für jeden Punkt (x; y) die zugehörige Steigung berechnet und die entsprechende Tangente als kurze Linie einzeichnet.

Um ein Richtungsfeld zu bestimmen sind in der Regel folgende Schritte erforderlich:

1. Liegt die Differentialgleichung in der impliziten Form vor, dann muss man sie in die Explizite Form umstellen, so dass diese in folgender Form vorliegt: $y' = f_{(x\,;\,y)}$

2. Auswahl der Punkte für die Steigungen berechnet und als kurze Tangente eingezeichnet werden sollen. Berechnung der Steigungen in Abhängigkeit von x und y. Dies kann ggf. in Form einer Tabelle geschehen.

3. Eintrag der Steigungen in das Diagramm.

Beispiel: Gegeben sei folgende Differentialgleichung: $y' - x^2 - y^2 = 0$

1. Schritt: Umstellung nach y´ $y' - x^2 - y^2 = 0 \quad \Rightarrow \quad y' = x^2 + y^2$

2. Schritt: Auswahl der Punkte und Erstellung der Tabelle

x: y:	-1,5	-1,0	-0,5	0,0	0,5	1,0	1,5
1,5	4,50	3,25	2,50	2,25	2,50	3,25	4,50
1,0	3,25	2,00	1,25	1,00	1,25	2,00	3,25
0,5	2,50	1,25	0,50	0,25	0,50	1,25	2,50
0,0	2,25	1,00	0,25	0,00	0,25	1,00	2,25
-0,5	2,50	1,25	0,50	0,25	0,50	1,25	2,50
-1,0	3,25	2,00	1,25	1,00	1,25	2,00	3,25
-1,5	4,50	3,25	2,50	2,25	2,50	3,25	4,50

3. Eintrag der Steigungen in das Diagramm.

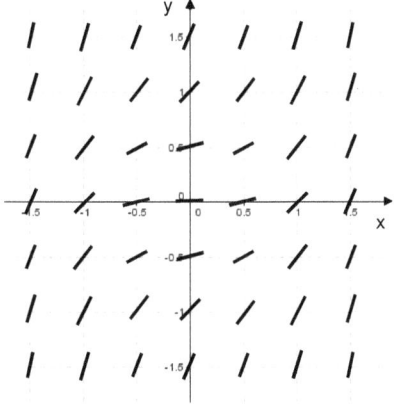

Bild 119: Richtungsfeld

Man kann jetzt aufgrund des Richtungsfeldes die ungefähren Verläufe der Lösungsgleichungen abschätzen. Außerdem kann man damit sehr gut die Lösung einer Differentialgleichung überprüfen, indem man das Richtungsfeld in den Lösungsgrafen der Differentialgleichung einsetzt.

Wie schon beschrieben, ist eine Isokline eine Funktionslinie welche die Punkte gleicher Steigung verbindet. Auch diese Funktionslinien lassen sich ohne Lösung der Differentialgleichung berechnen und geben Aufschluss über den näherungsweisen Verlauf der Lösungsgleichungen. Zur Bestimmung der Isoklinen stellen wir die Gleichung nach y um und setzen die gewünschten Steigungen ein. Das folgende Bild zeigt nochmal die Isoklinen für das Beispiel (4).

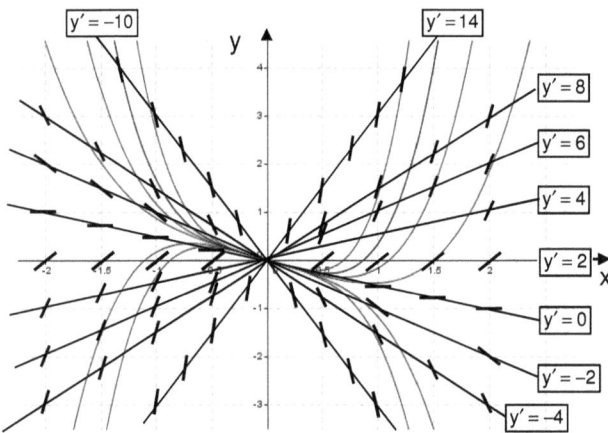

Bild 120: Isoklinen für Differentialgleichung $y' = 2 + 4 \cdot y/x$

3.1.4 Exakte Differentialgleichungen

Wenn eine Differentialgleichung 1. Ordnung folgende explizite Form hat

$$y' = \frac{dy}{dx} = -\frac{f_{(x;\,y)}}{g_{(x;\,y)}}$$

so kann man diese wie folgt umformen:

$$\frac{dy}{dx} = -\frac{f_{(x;\,y)}}{g_{(x;\,y)}} \quad \Rightarrow \quad f_{(x;\,y)} \cdot dx = -g_{(x;\,y)} \cdot dy \quad \Rightarrow \quad f_{(x;\,y)} \cdot dx + g_{(x;\,y)} \cdot dy = 0$$

Eine derartige Differentialgleichung heißt exakt oder vollständig, wenn die partielle Ableitung der Funktion $f_{(x;\,y)}$ nach dy identisch ist mit der partiellen Ableitung der Funktion $g_{(x;\,y)}$ nach dx. Es muss also gelten:

$$\frac{\partial f_{(x;\,y)}}{\partial y} = \frac{\partial g_{(x;\,y)}}{\partial x}$$

Um nun den weiteren Zusammenhang besser verstehen zu können, wollen wir uns an die partielle Differentiation von Funktionen mit zwei Veränderlichen zurückerinnern. In Abschnitt 2.3.5 haben wir das totale oder auch vollständige Differential wie folgt kennen gelernt:

Gegebene Funktion: $\qquad z = f_{(x;\,y)}$

Totales Differential der Funktion: $\qquad dz = \dfrac{\partial z}{\partial x} \cdot dx + \dfrac{\partial z}{\partial y} \cdot dy$

Wenn wir jetzt unsere exakte Differentialgleichung als totales Integral einer noch unbekannten Funktion $z_{(x;\,y)}$ auffassen, so können wir schreiben:

$$dz = \frac{\partial z}{\partial x} \cdot dx + \frac{\partial z}{\partial y} \cdot dy = f_{(x;\,y)} \cdot dx + g_{(x;\,y)} \cdot dy = 0$$

Die sogenannten Faktorfunktionen $f_{(x;\,y)}$ und $g_{(x;\,y)}$ einer exakten Differentialgleichung sind also die partiellen Ableitungen 1. Ordnung von $z_{(x;\,y)}$. Wir können also schreiben:

$$\frac{\partial z}{\partial x} = f_{(x;\,y)} \quad \text{und} \quad \frac{\partial z}{\partial y} = g_{(x;\,y)}$$

Die allgemeine Lösung der Differentialgleichung kann nun wie folgt geschrieben werden:

$z_{(x;\,y)} = C = const.$ $\qquad$ (z wird häufig auch Potential genannt)

Aus den genannten partiellen Ableitungen lässt sich nun die Funktion $z_{(x;\,y)}$ wie folgt bestimmen:

Wir Integrieren die erste Gleichung bezüglich der Variablen x.

$$\frac{\partial z}{\partial x} = f_{(x;\,y)} \quad \Rightarrow \quad z = \int \frac{\partial z}{\partial x} \cdot dx = \int f_{(x;\,y)} \cdot dx + C_{(y)}$$

Hierbei ist zu beachten, dass die Integrationskonstante noch von y abhängen kann.

Wenn wir nun die Funktion z partiell nach y ableiten, dann erhalten wir die Funktion $g_{(x;\,y)}$.

$$g_{(x;\,y)} = \frac{\partial z}{\partial y} = \frac{\partial}{\partial y} \cdot z = \frac{\partial}{\partial y} \cdot \left[\int f_{(x;\,y)} \cdot dx + C_{(y)} \right] = \frac{\partial}{\partial y} \cdot \int f_{(x;\,y)} \cdot dx + \frac{\partial}{\partial y} \cdot C_{(y)} = \int \frac{\partial f_{(x;\,y)}}{\partial y} \cdot dx + C'_{(y)}$$

Diese Gleichung lösen wir nun nach C´ auf: $\qquad C'_{(y)} = g_{(x;\,y)} - \int \dfrac{\partial f_{(x;\,y)}}{\partial y} \cdot dx$

Wenn wir diese Funktion nach der Variablen y integrieren, dann erhalten wir die Funktion $C_{(y)}$.

$$C_{(y)} = \int C'_{(y)} \cdot dy = \int \left[g_{(x;\,y)} - \int \frac{\partial f_{(x;\,y)}}{\partial y} \cdot dx \right] \cdot dy$$

Daraus kann man dann die Funktion $z_{(x;\,y)}$ und die Lösung der exakten Differentialgleichung berechnen.

Einführende Beispiele:

(1) Gegeben ist folgende Differentialgleichung:

$$y' = \frac{dy}{dx} = -\frac{y}{x} \quad \Rightarrow \quad y \cdot dx + x \cdot dy = 0$$

Die Faktorfunktionen lauten:

$$f_{(x;\,y)} = y \quad \text{und} \quad g_{(x;\,y)} = x$$

Wir überprüfen nun, ob es sich um eine exakte Differentialgleichung handelt:

$$\frac{\partial f_{(x;y)}}{\partial y} = \frac{\partial y}{\partial y} = 1 \quad \text{und} \quad \frac{\partial g_{(x;y)}}{\partial x} = \frac{\partial x}{\partial x} = 1$$

Offensichtlich handelt es sich um eine exakte Differentialgleichung.

Wir können nun schreiben:

$$\frac{\partial z}{\partial x} = f_{(x;\,y)} = y \quad \text{und} \quad \frac{\partial z}{\partial y} = g_{(x;\,y)} = x$$

Wir Integrieren die erste Gleichung bezüglich der Variablen x.

$$\frac{\partial z}{\partial x} = f_{(x;\,y)} \quad \Rightarrow \quad z = \int \frac{\partial z}{\partial x} \cdot dx = \int y \cdot dx + C_{(y)} = x \cdot y + C_{1(y)}$$

Wir Integrieren die zweite Gleichung bezüglich der Variablen y.

$$\frac{\partial z}{\partial y} = g_{(x;\,y)} \quad \Rightarrow \quad z = \int \frac{\partial z}{\partial y} \cdot dy = \int x \cdot dy + C_{(y)} = x \cdot y + C_{2(x)}$$

Durch Vergleich können wir nun schreiben: $z = x \cdot y + C_3$

Da z definitionsgemäß konstant ist, können wir jetzt schreiben:

$$x \cdot y = z - C_3 \quad \Rightarrow \quad x \cdot y = C \quad \Rightarrow \quad y = \frac{C}{x}$$

Man kann zur Probe diese Aufgabe auch auf herkömmliche Weise durch Trennung der Veränderlichen lösen:

$$y' = \frac{dy}{dx} = -\frac{y}{x} \quad \Rightarrow \quad x \cdot dy = -y \cdot dx \quad \text{Auf beiden Seiten integriert folgt:} \quad \int x \cdot dy = \int -y \cdot dx$$

$$\Rightarrow \quad x \cdot \int dy = -y \cdot \int dx \quad \Rightarrow \quad x \cdot y + C_1 = -y \cdot x + C_2 \quad \Rightarrow \quad 2 \cdot x \cdot y = C_2 - C_1 \quad \Rightarrow \quad x \cdot y = \frac{C_2 - C_1}{2}$$

Wir setzen nun $C = \dfrac{C_2 - C_1}{2}$ und erhalten: $x \cdot y = C \quad \Rightarrow \quad y = \dfrac{C}{x}$

(2) Gegeben ist folgende Differentialgleichung:

$$y' = \frac{dy}{dx} = \frac{4 \cdot x + y}{y - x} \quad \Rightarrow \quad (y - x) \cdot dy = (4 \cdot x + y) \cdot dx \quad \Rightarrow \quad (4 \cdot x + y) \cdot dx - (y - x) \cdot dy = 0$$

$$\Rightarrow \quad (4 \cdot x + y) \cdot dx + (x - y) \cdot dy = 0$$

Die Faktorfunktionen lauten also: $f_{(x;y)} = 4 \cdot x + y$ und $g_{(x;y)} = x - y$

Wir überprüfen nun, ob es sich um eine exakte Differentialgleichung handelt:

$$\frac{\partial f_{(x;y)}}{\partial y} = \frac{\partial}{\partial y} \cdot (4 \cdot x + y) = 1 \qquad \text{und} \qquad \frac{\partial g_{(x;y)}}{\partial x} = \frac{\partial}{\partial x} \cdot (x - y) = 1$$

Die Bedingung für eine exakte Differentialgleichung ist also erfüllt.

Wir schreiben nun die partiellen Ableitungen der noch unbekannten Funktion $z_{(x, y)}$ wie folgt:

$$\frac{\partial z}{\partial x} = f_{(x;y)} = 4 \cdot x + y \qquad \text{und} \qquad \frac{\partial z}{\partial y} = g_{(x;y)} = x - y$$

Die Integration der ersten Gleichung bezüglich x liefert Folgendes:

$$z = \int \frac{\partial z}{\partial x} \cdot dx = \int (4 \cdot x + y) \cdot dx = 4 \cdot \int x \cdot dx + y \cdot \int dx = 4 \cdot \frac{x^2}{2} + x \cdot y + C_{(y)} = 2 \cdot x^2 + x \cdot y + C_{(y)}$$

Wenn wir diese Funktion partiell nach y ableiten, dann erhalten wir Folgendes:

$$\frac{\partial z}{\partial y} = \frac{\partial}{\partial y} \cdot \left(2 \cdot x^2 + x \cdot y + C_{(y)}\right) = \frac{\partial}{\partial y} \cdot 2 \cdot x^2 + \frac{\partial}{\partial y} \cdot x \cdot y + \frac{\partial}{\partial y} \cdot C_{(y)} = 0 + x + C'_{(y)} = x + C'_{(y)}$$

Nun wissen wir, dass $\frac{\partial z}{\partial y} = g_{(x;y)} = x - y$ ist (s.o.). Somit können wir schreiben: $C'_{(y)} = -y$

Wir integrieren nun diese Funktion nach der Variablen y:

$$C_{(y)} = \int C'_{(y)} \cdot dy = \int -y \cdot dy = -\int y \cdot dy = -\frac{y^2}{2} + C_2$$

Für die Funktion $z_{(x;y)}$ folgt somit:

$$z_{(x;y)} = 2 \cdot x^2 + x \cdot y + C_{(y)} = 2 \cdot x^2 + x \cdot y - \frac{y^2}{2} + C_2$$

Hiermit können wir die allgemeine Lösung der Differentialgleichung wie folgt schreiben:

$$z_{(x, y)} = 2 \cdot x^2 + x \cdot y - \frac{y^2}{2} + C_2 = C_3 = \text{const.} \quad \Rightarrow \quad z_{(x, y)} = 2 \cdot x^2 + x \cdot y - \frac{y^2}{2} = C_3 - C_2 = C$$

Wenn wir dies nach y auflösen erhalten wir:

$$2 \cdot x^2 + x \cdot y - \frac{y^2}{2} = C \quad \Rightarrow \quad \frac{y^2}{2} - x \cdot y - 2 \cdot x^2 + C = 0 \quad \Rightarrow \quad y^2 - (2 \cdot x) \cdot y - \left(4 \cdot x^2 + 2 \cdot C\right) = 0$$

$$\Rightarrow \quad y = x \pm \sqrt{x^2 + 4 \cdot x^2 - 2 \cdot C} = x \pm \sqrt{5 \cdot x^2 - 2 \cdot C} \quad \text{(p-q-Formel)}$$

(3) Gegeben ist folgende Differentialgleichung:

$$y' = \frac{dy}{dx} = -\frac{2 \cdot x \cdot y + y^2}{x^2 + 2 \cdot x \cdot y} \quad \Rightarrow \quad (2 \cdot x \cdot y + y^2) \cdot dx = -(x^2 + 2 \cdot x \cdot y) \cdot dy$$

$$\Rightarrow \quad (2 \cdot x \cdot y + y^2) \cdot dx + (x^2 + 2 \cdot x \cdot y) \cdot dy = 0$$

Wir erhalten folgende Faktorfunktionen: $\quad f_{(x;\,y)} = 2 \cdot x \cdot y + y^2 \quad$ und $\quad g_{(x;\,y)} = x^2 + 2 \cdot x \cdot y$

Überprüfung auf exakte Differentialgleichung:

$$\frac{\partial f_{(x;\,y)}}{\partial y} = \frac{\partial}{\partial y} \cdot (2 \cdot x \cdot y + y^2) = 2 \cdot x + 2 \cdot y \qquad \text{und} \qquad \frac{\partial g_{(x;\,y)}}{\partial x} = \frac{\partial}{\partial x} \cdot (x^2 + 2 \cdot x \cdot y) = 2 \cdot x + 2 \cdot y$$

$\Rightarrow$ Bedingung für eine exakte Differentialgleichung ist erfüllt.

Wir schreiben die partiellen Ableitungen der unbekannten Funktion $z_{(x;\,y)}$ wie folgt:

$$\frac{\partial z}{\partial x} = f_{(x;\,y)} = 2 \cdot x \cdot y + y^2 \qquad \text{und} \qquad \frac{\partial z}{\partial y} = g_{(x;\,y)} = x^2 + 2 \cdot x \cdot y$$

Wir integrieren die erste Gleichung bezüglich x: $\quad \dfrac{\partial z}{\partial x} = f_{(x;\,y)} \quad \Rightarrow \quad z = \int \dfrac{\partial z}{\partial x} \cdot dx = x^2 \cdot y + x \cdot y^2 + C_{1(y)}$

Wir integrieren die zweite Gleichung bezüglich y: $\quad \dfrac{\partial z}{\partial y} = g_{(x;\,y)} \quad \Rightarrow \quad z = \int \dfrac{\partial z}{\partial y} \cdot dy = x^2 \cdot y + x \cdot y^2 + C_{2(x)}$

Durch Vergleich können wir nun schreiben: $\qquad z = x^2 \cdot y + x \cdot y^2 + C_3$

Da z definitionsgemäß konstant ist, können wir jetzt schreiben:

$$x^2 \cdot y + x \cdot y^2 = z - C_3 \quad \Rightarrow \quad x^2 \cdot y + x \cdot y^2 = C \quad \Rightarrow \quad y^2 + x \cdot y - \frac{C}{x} = 0 \quad \Rightarrow \quad y = -\frac{x}{2} \pm \sqrt{\frac{x^2}{4} + \frac{C}{x}}$$

(4) Differentialgleichung:

$$y' = \frac{dy}{dx} = -\frac{4 \cdot x + 3}{4 \cdot y - 2} \quad \Rightarrow \quad (4 \cdot x + 3) \cdot dx = -(4 \cdot y - 2) \cdot dy$$

$$\Rightarrow \quad (4 \cdot x + 3) \cdot dx + (4 \cdot y - 2) \cdot dy = 0$$

Faktorfunktionen: $\quad f_{(x;\,y)} = 4 \cdot x + 3 \quad$ und $\quad g_{(x;\,y)} = 4 \cdot y - 2$

Überprüfung auf exakte Differentialgleichung:

$$\frac{\partial f_{(x;\,y)}}{\partial y} = \frac{\partial}{\partial y} \cdot (4 \cdot x + 3) = 0 \qquad \text{und} \qquad \frac{\partial g_{(x;\,y)}}{\partial x} = \frac{\partial}{\partial x} \cdot (4 \cdot y - 2) = 0$$

$\Rightarrow$ Bedingung für eine exakte Differentialgleichung ist erfüllt.

Partielle Ableitungen der unbekannten Funktion $z_{(x;\,y)}$ wie folgt:

$$\frac{\partial z}{\partial x} = f_{(x;\,y)} = 4 \cdot x + 3 \qquad \text{und} \qquad \frac{\partial z}{\partial y} = g_{(x;\,y)} = 4 \cdot y - 2$$

Wir integrieren die erste Gleichung bezüglich x:

$$z = \int \frac{\partial z}{\partial x} \cdot dx = \int (4 \cdot x + 3) \cdot dx = 4 \cdot \int x \cdot dx + 3 \cdot \int dx = 4 \cdot \frac{x^2}{2} + 3 \cdot x + C_{(y)} = 2 \cdot x^2 + 3 \cdot x + C_{(y)}$$

Diese Funktion leiten wir partiell nach y ab:

$$\frac{\partial z}{\partial y} = \frac{\partial}{\partial y} \cdot \left(2 \cdot x^2 + 3 \cdot x + C_{(y)}\right) = 2 \cdot \frac{\partial}{\partial y} \cdot x^2 + 3 \cdot \frac{\partial}{\partial y} \cdot x + \frac{\partial}{\partial y} \cdot C_{(y)} = 0 + 0 + C'_{(y)} = C'_{(y)}$$

Es ist Folgendes bekannt (s.o.): $\frac{\partial z}{\partial y} = g_{(x;\,y)} = 4 \cdot y - 2$

Wir können somit schreiben: $C'_{(y)} = 4 \cdot y - 2$

Wir können nun die Funktion $C_{(y)}$ wie folgt bestimmen:

$$C_{(y)} = \int C'_{(y)} \cdot dy = \int (4 \cdot y - 2) \cdot dy = 4 \cdot \int y \cdot dy - 2 \cdot \int dy = 4 \cdot \frac{y^2}{2} - 2 \cdot y + C_2 = 2 \cdot y^2 - 2 \cdot y + C_2$$

Dieses können wir in die Funktion von z = const. einsetzen:

$$z = 2 \cdot x^2 + 3 \cdot x + C_{(y)} = 2 \cdot x^2 + 3 \cdot x + 2 \cdot y^2 - 2 \cdot y + C_2 \quad \text{mit} \quad z = C_3 \quad \text{und} \quad C_3 - C_2 = C$$

$$\Rightarrow \quad 2 \cdot x^2 + 3 \cdot x + 2 \cdot y^2 - 2 \cdot y = C$$

Aufgelöst nach y folgt:

$$2 \cdot y^2 - 2 \cdot y + 2 \cdot x^2 + 3 \cdot x - C = 0 \quad \Rightarrow \quad y^2 - y + x^2 + \frac{3}{2} \cdot x - \frac{C}{2} = 0 \quad \Rightarrow \quad y = \frac{1}{2} \pm \sqrt{\frac{1}{4} - x^2 - \frac{3}{2} \cdot x + \frac{C}{2}}$$

Zur Probe kann man diese Differentialgleichung auch durch Trennung der Veränderlichen lösen:

$$y' = \frac{dy}{dx} = -\frac{4 \cdot x + 3}{4 \cdot y - 2} \quad \Rightarrow \quad (4 \cdot x + 3) \cdot dx = -(4 \cdot y - 2) \cdot dy \quad \Rightarrow \quad \int (4 \cdot x + 3) \cdot dx = -\int (4 \cdot y - 2) \cdot dy$$

$$\Rightarrow \quad 4 \cdot \int x \cdot dx + 3 \cdot \int dx = -4 \cdot \int y \cdot dy + 2 \cdot \int dy \quad \Rightarrow \quad 4 \cdot \frac{x^2}{2} + 3 \cdot x + C_1 = -4 \cdot \frac{y^2}{2} + 2 \cdot y + C_2$$

$$\Rightarrow \quad 2 \cdot x^2 + 3 \cdot x + 2 \cdot y^2 - 2 \cdot y = C_2 - C_1 = C$$

Zusammenfassend kann man das Lösen einer exakten Differentialgleichung in folgenden Schritten beschreiben:

1. Überprüfung ob es sich um eine exakte Differentialgleichung handelt.
2. Integration der ersten Gleichung $f_{(x;\,y)}$ nach der Variablen x.
3. Partielle Ableitung des Ergebnisses aus 2. nach y.
4. Berechnung von C´ und Integration von C´ nach der Variablen y.
5. Man erhält die Funktion $z_{(x;\,y)}$ = const. (Potenzial) als Lösung der Differentialgleichung

3.1.5   Integration mit einem integrierenden Faktor

Wenn die Bedingung für eine exakte Differentialgleichung nicht erfüllt ist, dann kann man versuchen die Differentialgleichung mit einer geeigneten Funktion $p_{(x;\,y)}$ zu multiplizieren um eine exakte Differentialgleichung zu erhalten. In den verschiedenen Quellen werden für den sogenannten integrierenden Faktor u.a. auch folgende Bezeichnungen verwendet:

$$M_{(x;\,y)} \quad ; \quad \mu_{(x;\,y)} \quad ; \quad \lambda_{(x;\,y)}$$

Unsere ursprüngliche Differentialgleichung sieht wie folgt aus:

$$\frac{dy}{dx} = -\frac{f_{(x;y)}}{g_{(x;y)}} \quad \Rightarrow \quad f_{(x;y)} \cdot dx = -g_{(x;y)} \cdot dy \quad \Rightarrow \quad f_{(x;y)} \cdot dx + g_{(x;y)} \cdot dy = 0$$

Wenn wir nun bei der Überprüfung auf Exaktheit Folgendes feststellen

$$\frac{\partial f_{(x;y)}}{\partial y} \neq \frac{\partial g_{(x;y)}}{\partial x}$$

dann handelt es sich nicht um eine exakte Differentialgleichung.

Man kann nun versuchen durch Multiplikation mit dem integrierenden Faktor $p_{(x;y)}$ eine Differentialgleichung zu erhalten die exakt und damit differenzierbar ist:

$$p_{(x;y)} \cdot \left(f_{(x;y)} \cdot dx + g_{(x;y)} \cdot dy \right) = 0 \quad \Rightarrow \quad \underbrace{f_{(x;y)} \cdot p_{(x;y)}}_{f^{*}(x;y)} \cdot dx \quad + \underbrace{g_{(x;y)} \cdot p_{(x;y)}}_{g^{*}(x;y)} \cdot dy = 0$$

Wenn dies eine exakte Differentialgleichung ist, dann muss gelten:

$$\frac{\partial}{\partial y} \cdot \left[f_{(x;y)} \cdot p_{(x;y)} \right] = \frac{\partial}{\partial x} \cdot \left[g_{(x;y)} \cdot p_{(x;y)} \right]$$

Aus dieser Bedingung kann man dann häufig $p_{(x;y)}$ bestimmen. Insbesondere gelingt dies dann, wenn $p_{(x;y)}$ nur von x oder nur von y abhängt.

Beispiele:

(1) Gegeben ist folgende Differentialgleichung:

$$y' = \frac{dy}{dx} = \frac{x \cdot y^2 + y}{x} \quad \Rightarrow \quad \left(x \cdot y^2 + y \right) \cdot dx = x \cdot dy \quad \Rightarrow \quad \left(x \cdot y^2 + y \right) \cdot dx - x \cdot dy = 0$$

Die Faktorfunktionen lauten:

$$f_{(x;y)} = x \cdot y^2 + y \quad \text{und} \quad g_{(x;y)} = -x$$

Wir überprüfen nun, ob es sich um eine exakte Differentialgleichung handelt:

$$\frac{\partial f_{(x;y)}}{\partial y} = 2 \cdot x \cdot y + 1 \quad \text{und} \quad \frac{\partial g_{(x;y)}}{\partial x} = -1$$

Offensichtlich handelt es sich nicht um eine exakte Differentialgleichung.

Wir multiplizieren nun die Gleichung mit dem noch unbekannten „integrierenden Faktor":

$$\underbrace{p_{(x;y)} \cdot \left(x \cdot y^2 + y \right) \cdot dx}_{f^{*}(x;y)} \quad \underbrace{-p_{(x;y)} \cdot x \cdot dy = 0}_{g^{*}(x;y)}$$

Im nächsten Schritt bilden wir die partiellen Ableitungen von f* und g*. Da es sich jeweils um zwei Funktionen handelt, die miteinander multipliziert werden, müssen wir die Produktregel anwenden:

$$\frac{\partial f^*_{(x;y)}}{\partial y} = \frac{\partial p_{(x;y)}}{\partial y} \cdot \left(x \cdot y^2 + y\right) + p_{(x;y)} \cdot (2 \cdot x \cdot y + 1) \quad \text{und} \quad \frac{\partial g^*_{(x;y)}}{\partial x} = \frac{\partial p_{(x;y)}}{\partial x} \cdot (-x) + p_{(x;y)} \cdot (-1)$$

Man kann nun die Exaktheit überprüfen, indem man die beiden Terme gleichsetzt:

$$\frac{\partial f^*_{(x;y)}}{\partial y} = \frac{\partial g^*_{(x;y)}}{\partial x} \quad \text{wir schreiben auch} \quad f^*_y = g^*_x$$

Dies ist eine sogenannte partielle Differentialgleichung. Wir können also schreiben:

$$\frac{\partial p}{\partial y} \cdot \left(x \cdot y^2 + y\right) + p \cdot (2 \cdot x \cdot y + 1) = \frac{\partial p}{\partial x} \cdot (-x) + p \cdot (-1)$$

$$\Rightarrow \quad \frac{\partial p}{\partial y} \cdot \left(x \cdot y^2 + y\right) + p \cdot (2 \cdot x \cdot y + 1) = -\frac{\partial p}{\partial x} \cdot x - p$$

Das allgemeine Lösen von partiellen Gleichungen ist sehr schwierig. Da wir hier jedoch keine allgemeine Lösung der Differentialgleichung benötigen, sondern nur eine einzige, können wir an dieser Stelle die Annahme machen, dass unser integrierender Faktor nur von y abhängt. Es soll also gelten: $p_{(x;y)} = p_{(y)}$

Wir erhalten dann die folgenden einfacheren Ausdrücke durch Bildung der partiellen Ableitungen:

$$f^*_y = \frac{\partial p_{(y)}}{\partial y} \cdot \left(x \cdot y^2 + y\right) + p_{(y)} \cdot (2 \cdot x \cdot y + 1) \quad \text{und} \quad g^*_x = \frac{\partial p_{(y)}}{\partial x} \cdot (-x) + p_{(y)} \cdot (-1) = 0 \cdot (-x) - p_{(y)} = -p_{(y)}$$

Wir setzen nun wieder gleich und erhalten:

$$f^*_y = g^*_x \quad \Rightarrow \quad \frac{\partial p_{(y)}}{\partial y} \cdot \left(x \cdot y^2 + y\right) + p_{(y)} \cdot (2 \cdot x \cdot y + 1) = -p_{(y)}$$

Wir bringen nun $p_{(y)}$ auf die rechte Seite:

$$\frac{\partial p_{(y)}}{\partial y} \cdot \left(x \cdot y^2 + y\right) = -p_{(y)} - p_{(y)} \cdot (2 \cdot x \cdot y + 1) \quad \Rightarrow \quad \frac{\partial p_{(y)}}{\partial y} \cdot \left(x \cdot y^2 + y\right) = -p_{(y)} \cdot [1 + (2 \cdot x \cdot y + 1)] = -p_{(y)} \cdot (2 \cdot x \cdot y + 2)$$

Wenn wir nun durch $\left(x \cdot y^2 + y\right)$ dividieren, dann erhalten wir:

$$\frac{\partial p_{(y)}}{\partial y} = -p_{(y)} \cdot \frac{2 \cdot x \cdot y + 2}{x \cdot y^2 + y}$$

Wir können nun im Zähler 2 und im Nenner y ausklammern und erhalten Folgendes:

$$\frac{\partial p_{(y)}}{\partial y} = -p_{(y)} \cdot \frac{2 \cdot (x \cdot y + 1)}{y \cdot (x \cdot y + 1)} = -p_{(y)} \cdot \frac{2}{y}$$

Das Ergebnis ist also eine gewöhnliche Differentialgleichung, die wir durch Trennung der Veränderlichen lösen können:

$$p'_{(y)} = \frac{dp}{dy} = -p \cdot \frac{2}{y} \quad \Rightarrow \quad \frac{dp}{p} = -\frac{2}{y} \cdot dy \quad \Rightarrow \quad \int \frac{dp}{p} = \int -\frac{2}{y} \cdot dy \quad \Rightarrow \quad \ln|p| + C_1 = -2 \cdot \ln|y| + C_2$$

$$\Rightarrow \quad \ln|p| = -2 \cdot \ln|y| + C_2 - C_1$$

Wir können nun $C_3 = C_2 - C_1$ setzen und auf beiden Seiten die e-Funktion anwenden:

$$e^{\ln|p|} = e^{-2 \cdot \ln|y| + C_3} \quad \Rightarrow \quad p = y^{-2} \cdot e^{C_3}$$

Wir setzen nun: $C_3 = 0$ und damit $e^{C_3} = 1$ und erhalten $p = \dfrac{1}{y^2}$

Damit haben wir den gesuchten integrierenden Faktor gefunden und können nun darangehen unsere ursprüngliche Differentialgleichung zu lösen. Diese lautete:

$$\left(x \cdot y^2 + y \right) \cdot dx - x \cdot dy = 0$$

Wir multiplizieren nun die Gleichung mit dem integrierenden Faktor und erhalten:

$$\frac{x \cdot y^2 + y}{y^2} \cdot dx - \frac{x}{y^2} \cdot dy = 0 \quad \Rightarrow \quad \underbrace{\left(x + \frac{1}{y} \right)}_{f^{\cdot}} \cdot dx + \underbrace{\left(-\frac{x}{y^2} \right)}_{g^{\cdot}} dy = 0$$

Wir überprüfen nun diese Gleichung auf Exaktheit:

$$f_y^{\cdot} = \frac{\partial}{\partial y} \cdot \left(x + \frac{1}{y} \right) = \frac{\partial}{\partial y} \cdot x + \frac{\partial}{\partial y} \cdot y^{-1} = 0 - y^{-2} = -y^{-2} \qquad g_x^{\cdot} = -\frac{\partial}{\partial x} \cdot \frac{x}{y^2} = -\frac{\partial x}{\partial x} \cdot \frac{1}{y^2} = -\frac{1}{y^2}$$

Wir stellen fest, dass die Gleichung das Kriterium für Exaktheit erfüllt.

Wir schreiben wie gewohnt die partiellen Ableitungen der unbekannten Funktion $z_{(x;\,y)}$ wie folgt:

$$\frac{\partial z}{\partial x} = f^{\cdot}_{(x;\,y)} = x + \frac{1}{y} \qquad \text{und} \qquad \frac{\partial z}{\partial y} = g^{\cdot}_{(x;\,y)} = -\frac{x}{y^2}$$

Wir integrieren die erste Gleichung bezüglich x:

$$z = \int \frac{\partial z}{\partial x} \cdot dx = \int \left(x + \frac{1}{y} \right) \cdot dx = \int x \cdot dx + \frac{1}{y} \cdot \int dx = \frac{x^2}{2} + \frac{x}{y} + C_{(y)}$$

Diese Funktion leiten wir partiell nach y ab:

$$\frac{\partial z}{\partial y} = \frac{\partial}{\partial y} \cdot \left(\frac{x^2}{2} + \frac{x}{y} + C_{(y)} \right) = \frac{\partial}{\partial y} \cdot \frac{x^2}{2} + \frac{\partial}{\partial y} \cdot \frac{x}{y} + \frac{\partial}{\partial y} \cdot C_{(y)} = 0 + x \cdot \frac{\partial}{\partial y} \cdot y^{-1} + C'_{(y)} = -x \cdot y^{-2} + C'_{(y)} = -\frac{x}{y^2} + C'_{(y)}$$

Es ist Folgendes bekannt (s.o.): $\dfrac{\partial z}{\partial y} = g^{\cdot}_{(x;\,y)} = -\dfrac{x}{y^2}$

Somit folgt für $C_{(y)}$: $C'_{(y)} = 0$ und damit $C_{(y)} = C_1 = const.$

Da nun aber auch gilt: $z = C_2 = const.$

$$z = C_2 = \frac{x^2}{2} + \frac{x}{y} + C_1 \quad \Rightarrow \quad \frac{x^2}{2} + \frac{x}{y} = C_2 - C_1 \quad \Rightarrow \quad \frac{x^2}{2} + \frac{x}{y} = C$$

Wir lösen die Gleichung nach y auf:

$$\frac{x^2}{2} + \frac{x}{y} - C = 0 \quad \Rightarrow \quad x^2 + 2 \cdot x \cdot \frac{1}{y} - 2 \cdot C = 0 \quad \Rightarrow \quad 2 \cdot x \cdot \frac{1}{y} = 2 \cdot C - x^2 \quad \Rightarrow \quad y = \frac{2 \cdot x}{2 \cdot C - x^2}$$

Wenn wir für C einige Werte einsetzen erhalten wir folgendes:

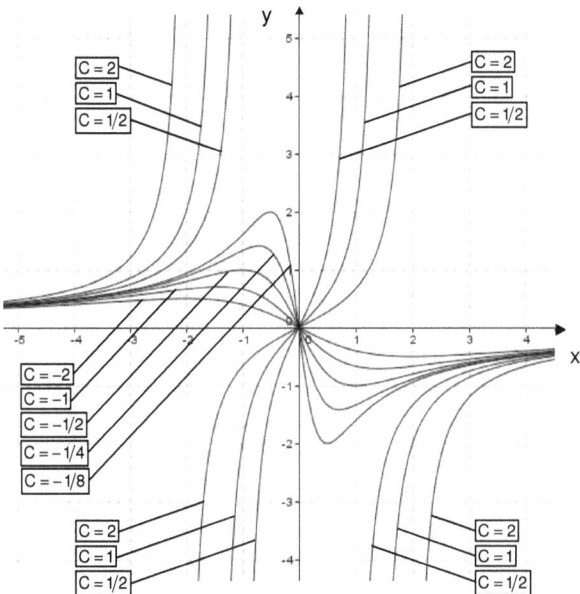

Bild 121: Differentialgleichung mit integrierendem Faktor

(2) Gegeben ist folgende Differentialgleichung:

$$y' = \frac{dy}{dx} = -\frac{x + \frac{y^2}{x}}{2 \cdot y} \quad \Rightarrow \quad \left(x + \frac{y^2}{x}\right) \cdot dx = -2 \cdot y \cdot dy \quad \Rightarrow \quad \left(x + \frac{y^2}{x}\right) \cdot dx + 2 \cdot y \cdot dy = 0$$

Die Faktorfunktionen lauten:

$$f_{(x;y)} = x + \frac{y^2}{x} \quad \text{und} \quad g_{(x;y)} = 2 \cdot y$$

Wir überprüfen nun, ob es sich um eine exakte Differentialgleichung handelt:

$$\frac{\partial f_{(x;y)}}{\partial y} = \frac{2 \cdot y}{x} \quad \text{und} \quad \frac{\partial g_{(x;y)}}{\partial x} = 0$$

Offensichtlich handelt es sich nicht um eine exakte Differentialgleichung.

Wir multiplizieren nun die Gleichung mit dem noch unbekannten „integrierenden Faktor" $p_{(x,y)}$.

$$\underbrace{p_{(x;y)} \cdot \left(x + \frac{y^2}{x}\right) \cdot dx}_{f^*_{(x;y)}} \quad \underbrace{+ p_{(x;y)} \cdot 2 \cdot y \cdot dy = 0}_{g^*_{(x;y)}}$$

Im nächsten Schritt bilden wir die partiellen Ableitungen

von f* und g*. Da es sich jeweils um zwei Funktionen handelt, die miteinander multipliziert werden, müssen wir die Produktregel anwenden.

$$\frac{\partial f^{*}_{(x;y)}}{\partial y} = \frac{\partial p_{(x;y)}}{\partial y} \cdot \left(x + \frac{y^2}{x}\right) + p_{(x;y)} \cdot \left(\frac{2 \cdot y}{x}\right) \quad \text{und} \quad \frac{\partial g^{*}_{(x;y)}}{\partial x} = \frac{\partial p_{(x;y)}}{\partial x} \cdot 2 \cdot y + p_{(x;y)} \cdot 0$$

Man kann nun die Exaktheit überprüfen, indem man die beiden Terme gleichsetzt:

$$\frac{\partial f^{*}_{(x;y)}}{\partial y} = \frac{\partial g^{*}_{(x;y)}}{\partial x} \quad \text{wir schreiben auch} \quad f^{*}_y = g^{*}_x$$

Dies ist eine sogenannte partielle Differentialgleichung. Wir können also schreiben:

$$\frac{\partial p}{\partial y} \cdot \left(x + \frac{y^2}{x}\right) + p \cdot \left(\frac{2 \cdot y}{x}\right) = \frac{\partial p}{\partial x} \cdot 2 \cdot y$$

Das allgemeine Lösen von partiellen Gleichungen ist sehr schwierig. Da wir hier jedoch keine allgemeine Lösung der Differentialgleichung benötigen, sondern nur eine einzige, können wir an dieser Stelle die Annahme machen, dass unser integrierender Faktor nur von x abhängt. Es soll also gelten: $p_{(x;y)} = p_{(x)}$

Wir erhalten dann die folgenden einfacheren Ausdrücke:

$$f^{*}_y = \frac{\partial p_{(x)}}{\partial y} \cdot \left(x + \frac{y^2}{x}\right) + p_{(x)} \cdot \left(\frac{2 \cdot y}{x}\right) = 0 + p_{(x)} \cdot \left(\frac{2 \cdot y}{x}\right) \quad \text{und} \quad g^{*}_x = p'_{(x)} \cdot 2 \cdot y$$

Wir setzen nun wieder gleich und erhalten:

$$f^{*}_y = g^{*}_x \quad \Rightarrow \quad p_{(x)} \cdot \left(\frac{2 \cdot y}{x}\right) = p'_{(x)} \cdot 2 \cdot y \quad \Rightarrow \quad p'_{(x)} = p_{(x)} \cdot \frac{2 \cdot y}{x} \cdot \frac{1}{2 \cdot y} = \frac{1}{x} \cdot p_{(x)}$$

Wir erhalten eine gewöhnliche Differentialgleichung, die wir durch Trennung der Veränderlichen lösen können:

$$p'_{(x)} = \frac{dp}{dx} = \frac{1}{x} \cdot p \quad \Rightarrow \quad \frac{1}{p} \cdot dp = \frac{1}{x} \cdot dx \quad \Rightarrow \quad \int \frac{dp}{p} = \int \frac{dx}{x} \quad \Rightarrow \quad \ln|p| + C_1 = \ln|x| + C_2$$

Wir setzen $C_1 = C_2$, so dass folgt: $p = x$

Damit haben wir den gesuchten integrierenden Faktor gefunden und können nun darangehen unsere ursprüngliche Differentialgleichung zu lösen. Diese lautete:

$$\left(x + \frac{y^2}{x}\right) \cdot dx + 2 \cdot y \cdot dy = 0$$

Wir multiplizieren nun die Gleichung mit dem integrierenden Faktor und erhalten:

$$\left(x + \frac{y^2}{x}\right) \cdot x \cdot dx + 2 \cdot x \cdot y \cdot dy = 0 \quad \Rightarrow \quad \underbrace{\left(x^2 + \frac{y^2 \cdot x}{x}\right)}_{f^{*}} \cdot dx + \underbrace{(2 \cdot x \cdot y)}_{g^{*}} \cdot dy = 0 \quad \Rightarrow \quad \underbrace{(x^2 + y^2)}_{f^{*}} \cdot dx + \underbrace{(2 \cdot x \cdot y)}_{g^{*}} \cdot dy = 0$$

Wir überprüfen nun diese Gleichung auf Exaktheit:

$$f^{*}_y = \frac{\partial}{\partial y} \cdot (x^2 + y^2) = \frac{\partial}{\partial y} \cdot x^2 + \frac{\partial}{\partial y} \cdot y^2 = 0 + 2 \cdot y = 2 \cdot y \qquad g^{*}_x = \frac{\partial}{\partial x} \cdot 2 \cdot x \cdot y = \frac{\partial x}{\partial x} \cdot 2 \cdot y = 2 \cdot y$$

Die Gleichung erfüllt das Kriterium für Exaktheit.

Wir schreiben wie gewohnt die partiellen Ableitungen der unbekannten Funktion $z_{(x;\,y)}$ wie folgt:

$$\frac{\partial z}{\partial x} = f^{\bullet}{}_{(x;\,y)} = x^2 + y^2 \qquad \text{und} \qquad \frac{\partial z}{\partial y} = g^{\bullet}{}_{(x;\,y)} = 2 \cdot x \cdot y$$

Wir integrieren die erste Gleichung bezüglich x:

$$z = \int \frac{\partial z}{\partial x} \cdot dx = \int \left(x^2 + y^2 \right) \cdot dx = \int x^2 \cdot dx + y^2 \cdot \int dx = \frac{x^3}{3} + x \cdot y^2 + C_{(y)}$$

Diese Funktion leiten wir partiell nach y ab:

$$\frac{\partial z}{\partial y} = \frac{\partial}{\partial y} \cdot \left(\frac{x^3}{3} + x \cdot y^2 + C_{(y)} \right) = \frac{\partial}{\partial y} \cdot \frac{x^3}{3} + \frac{\partial}{\partial y} \cdot x \cdot y^2 + \frac{\partial}{\partial y} \cdot C_{(y)} = 0 + 2 \cdot x \cdot y + C'_{(y)} = 2 \cdot x \cdot y + C'_{(y)}$$

Es ist Folgendes bekannt (s.o.): $\quad \dfrac{\partial z}{\partial y} = g^{\bullet}{}_{(x;\,y)} = 2 \cdot x \cdot y$

Somit folgt für $C_{(y)}$: $\quad C'_{(y)} = 0 \quad$ und damit $\quad C_{(y)} = C_1 = \text{const.}$

Da nun aber auch gilt: $\quad z = C_2 = \text{const.}$

$$z = C_2 = \frac{x^3}{3} + x \cdot y^2 + C_1 \quad \Rightarrow \quad \frac{x^3}{3} + x \cdot y^2 = C_2 - C_1 = C$$

Wir lösen die Gleichung nach y auf:

$$\frac{x^3}{3} + x \cdot y^2 - C = 0 \quad \Rightarrow \quad \frac{x^2}{3} + y^2 - \frac{C}{x} = 0 \quad \Rightarrow \quad y^2 = -\frac{x^2}{3} + \frac{C}{x} \quad \Rightarrow \quad y = \pm \sqrt{\frac{-x^2}{3} + \frac{C}{x}}$$

Wenn wir für C einige Werte einsetzen erhalten wir folgendes Bild:

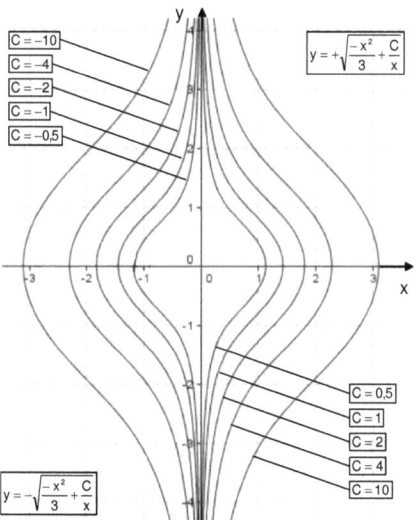

Bild 122: Differentialgleichung mit integrierendem Faktor

3.1.6   Lineare Differentialgleichungen 1. Ordnung

Eine lineare Differentialgleichung 1. Ordnung ist wie folgt definiert:

$y' + f_{(x)} \cdot y = g_{(x)}$ (inhomogene lineare Differentialgleichung 1. Ordnung)

Die Funktion $g_{(x)}$ wird Störfunktion oder Störglied genannt. Wenn die Störfunktion = 0 ist, dann erhalten wir eine sogenannte homogene Differentialgleichung.

$y' + f_{(x)} \cdot y = 0$ (homogene lineare Differentialgleichung 1. Ordnung)

3.1.6.1   Lösung einer homogenen linearen Differentialgleichung

Eine homogene lineare Differentialgleichung können wir nach y´ umstellen und diese durch Trennung der Veränderlichen lösen:

$$y' + f_{(x)} \cdot y = 0 \quad \Rightarrow \quad y' = -f_{(x)} \cdot y \quad \Rightarrow \quad \frac{dy}{dx} = -f_{(x)} \cdot y \quad \Rightarrow \quad \frac{dy}{y} = -f_{(x)} \cdot dx$$

Wir können nun auf beiden Seiten integrieren:

$$\int \frac{dy}{y} = \int -f_{(x)} \cdot dx \quad \Rightarrow \quad \ln|y| + \ln|C_1| = -\int f_{(x)} \cdot dx \quad \Rightarrow \quad \ln|y \cdot C_1| = -\int f_{(x)} \cdot dx$$

Mit der e-Funktion erhalten wir:

$$e^{\ln|y \cdot C_1|} = e^{-\int f_{(x)} \cdot dx} \quad \Rightarrow \quad e^{\ln|y \cdot C_1|} = e^{-\int f_{(x)} \cdot dx} \quad \Rightarrow \quad y \cdot C_1 = e^{-\int f_{(x)} \cdot dx}$$

Da C_1 zu den reellen Zahlen gehört $(C_1 \in \mathbb{R})$ kann man auch setzen: $C = \dfrac{1}{C_1}$

Damit können wir die Lösung einer homogenen linearen Differentialgleichung wie folgt schreiben:

$$y \cdot C_1 = \frac{y}{C} = e^{-\int f_{(x)} \cdot dx} \quad \Rightarrow \quad y = C \cdot e^{-\int f_{(x)} \cdot dx}$$

Beispiele:

(1) Gegeben ist folgende homogene lineare Differentialgleichung:

$$y' - \frac{1}{x} \cdot y = 0 \quad \Rightarrow \quad y' = \frac{1}{x} \cdot y \quad \Rightarrow \quad \frac{dy}{dx} = \frac{1}{x} \cdot y \quad \Rightarrow \quad \frac{dy}{y} = \frac{dx}{x}$$

Wir integrieren auf beiden Seiten:

$$\int \frac{dy}{y} = \int \frac{dx}{x} \quad \Rightarrow \quad \ln|y| + \ln|C_1| = \ln|x| + \ln|C_2| \quad \Rightarrow \quad \ln|y \cdot C_1| = \ln|x \cdot C_2| \quad \Rightarrow \quad e^{\ln|y \cdot C_1|} = e^{\ln|x \cdot C_2|}$$

$$\Rightarrow \quad y \cdot C_1 = x \cdot C_2 \quad \Rightarrow \quad y = \frac{C_2}{C_1} \cdot x = C \cdot x$$

(2) Gegeben ist folgende homogene linearen Differentialgleichung:

$$y' - \frac{1}{x^3} \cdot y = 0 \quad \Rightarrow \quad y' = \frac{1}{x^3} \cdot y \quad \Rightarrow \quad \frac{dy}{dx} = \frac{1}{x^3} \cdot y \quad \Rightarrow \quad \frac{dy}{y} = \frac{dx}{x^3}$$

Integration auf beiden Seiten:

$$\int \frac{dy}{y} = \int \frac{dx}{x^3} = \int x^{-3} \cdot dx \quad \Rightarrow \quad \ln|y| + \ln|C_1| = \frac{x^{-2}}{-2} + \ln|C_2| \quad \Rightarrow \quad \ln|y \cdot C_1| = -\frac{x^{-2}}{2} + \ln|C_2|$$

$$\Rightarrow \quad e^{\ln|y \cdot C_1|} = e^{-\frac{x^{-2}}{2} + \ln|C_2|} \quad \Rightarrow \quad y \cdot C_1 = e^{-\frac{x^{-2}}{2}} \cdot e^{C_2} = e^{-\frac{x^{-2}}{2}} \cdot C_3 \quad \Rightarrow \quad y = e^{-\frac{x^{-2}}{2}} \cdot \frac{C_3}{C_1}$$

$$\Rightarrow \quad y = e^{-\frac{x^{-2}}{2}} \cdot C$$

(3) Gegeben ist folgende homogene lineare Differentialgleichung:

$$y' - 4 \cdot x \cdot y = 0 \quad \Rightarrow \quad y' = 4 \cdot x \cdot y \quad \Rightarrow \quad \frac{dy}{dx} = 4 \cdot x \cdot y \quad \Rightarrow \quad \frac{dy}{y} = 4 \cdot x \cdot dx$$

Zusätzlich ist Folgendes gegeben: $y_{(0)} = 10$

Bestimmung der allgemeinen Lösung der homogenen linearen Differentialgleichung durch Integration auf beiden Seiten:

$$\int \frac{dy}{y} = \int 4 \cdot x \cdot dx \quad \Rightarrow \quad \ln|y| = 2 \cdot x^2 + \ln|C| \quad \Rightarrow \quad \ln|y| - \ln|C| = 2 \cdot x^2 \quad \Rightarrow \quad \ln\left|\frac{y}{C}\right| = 2 \cdot x^2$$

$$\Rightarrow \quad e^{\ln\left|\frac{y}{C}\right|} = e^{2 \cdot x^2} \quad \Rightarrow \quad \frac{y}{C} = e^{2 \cdot x^2} \quad \Rightarrow \quad y = C \cdot e^{2 \cdot x^2}$$

Die spezielle Lösung lautet:

$$y_{(x=0)} = 10 \quad \Rightarrow \quad C \cdot e^0 = 10 \quad \Rightarrow \quad C = 10$$

Die Lösung für den Anfangswert $y_{(0)} = 10$ lautet also: $y = 10 \cdot e^{2 \cdot x^2}$

3.1.6.2   Lösung einer inhomogenen linearen Differentialgleichung

Bei diesen Differentialgleichungen gibt es zwei bekannte Lösungsmethoden:

1. Methode durch Variation der Konstanten

2. Methode durch Aufsuchen einer partikulären oder auch speziellen Lösung

3.1.6.2.1   Methode durch Variation der Konstanten

Eine inhomogene lineare Differentialgleichung 1. Ordnung ist wie folgt definiert: $y' + f_{(x)} \cdot y = g_{(x)}$
Wir bezeichnen die Lösung dieser Differentialgleichung mit y_2.

Die zugehörige homogene Differentialgleichung lautet: $y' + f_{(x)} \cdot y = 0$
Die Lösung dieser Differentialgleichung bezeichnen wir mit y_1.

Man kann diese Differentialgleichung lösen indem man zunächst die homogene Differentialgleichung löst. Anschließend löst man die inhomogene Differentialgleichung und kombiniert die beiden Ergebnisse. Es gilt Folgendes für die allgemeine Lösung von y: $y_{(x)} = y_{1(x)} + y_{2(x)}$

Schritt 1: Lösung der homogenen Differentialgleichung $y' + f_{(x)} \cdot y = 0$
Diese Lösung kennen wir bereits aus 3.1.6.1, so dass wir die Lösung sofort hinschreiben können:

$$y_1 = C \cdot e^{-\int f_{(x)} \cdot dx}$$

Wir haben dieses Ergebnis durch Trennung der Variablen erreicht.

Schritt 2: Lösung der inhomogenen Differentialgleichung $y' + f_{(x)} \cdot y = g_{(x)}$

Für die Lösung dieser Differentialgleichung wählen wir folgenden Lösungsansatz:

$$y_2 = C_{(x)} \cdot e^{-\int f_{(x)} \cdot dx}$$

Wir ersetzen also die Integrationskonstante C durch eine unbekannte Funktion $C_{(x)}$. Dies nennt man auch „Variation der Konstanten C".

Wenn wir daraus die erste Ableitung bilden, erhalten wir mit der Produktregel:

$$y_2' = C'_{(x)} \cdot e^{-\int f_{(x)} \cdot dx} + C_{(x)} \cdot \frac{d}{dx} e^{-\int f_{(x)} \cdot dx}$$

Für die Ableitung des 2. Terms erinnern wir uns an die Kettenregel und setzen:

$$u = -\int f_{(x)} \cdot dx \quad \Rightarrow \quad y = e^u \quad \Rightarrow \quad y = \frac{dy}{dx} = \frac{dy}{du} \cdot \frac{du}{dx}$$

Es gilt: $\dfrac{dy}{du} = e^u$ (Ableitung der e-Funktion)

und: $\dfrac{du}{dx} = -\int f_{(x)} \cdot \dfrac{dx}{dx} = -f_{(x)}$

Als Lösung erhalten wir also: $\quad y_2' = C_{(x)}' \cdot e^{-\int f_{(x)} \cdot dx} + C_{(x)} \cdot \left[-f_{(x)} \right] \cdot e^{-\int f_{(x)} \cdot dx}$

Dieses Ergebnis können wir nun in die inhomogene Differentialgleichung einsetzen und erhalten:

$$C_{(x)}' \cdot e^{-\int f_{(x)} \cdot dx} + C_{(x)} \cdot \left[-f_{(x)} \right] \cdot e^{-\int f_{(x)} \cdot dx} + f_{(x)} \cdot y_2 = g_{(x)}$$

Für y_2 hatten wir bereits Folgendes gefunden: $\quad y_2 = C_{(x)} \cdot e^{-\int f_{(x)} \cdot dx}$

Wenn wir dies einsetzen erhalten wir: $\quad C_{(x)}' \cdot e^{-\int f_{(x)} \cdot dx} = g_{(x)}$

Diesen Ausdruck stellen wir nach $C_{(x)}'$ um: $\quad C_{(x)}' = \dfrac{g_{(x)}}{e^{-\int f_{(x)} \cdot dx}} = g_{(x)} \cdot e^{\int f_{(x)} \cdot dx}$

Wir integrieren auf beiden Seiten und erhalten: $\quad \int C_{(x)}' \cdot dx = C_{(x)} = \int \left[g_{(x)} \cdot e^{\int f_{(x)} \cdot dx} \right] \cdot dx$

$C_{(x)}$ können wir nun in die Gleichung für y_2 einsetzen und erhalten:

$$y_2 = \int \left[g_{(x)} \cdot e^{\int f_{(x)} \cdot dx} \right] \cdot dx \cdot e^{-\int f_{(x)} \cdot dx}$$

Dies ist die allgemeine Lösung der inhomogenen Differentialgleichung.

Beispiele:

(1) Gegeben ist folgende inhomogene linearen Differentialgleichung 1. Ordnung

$y' - 8 \cdot y = e^{6 \cdot x}$ mit dem Anfangswert $y_{(0)} = 4$

Schritt 1: Lösung der homogenen Differentialgleichung $\quad y' - 8 \cdot y = 0$

$$y_1 = C \cdot e^{-\int (-8) dx} = C \cdot e^{8 \int dx} = C \cdot e^{8 \cdot x}$$

Schritt 2: Lösung der inhomogenen Differentialgleichung: $\quad y' - 8 \cdot y = e^{6 \cdot x}$

$$y_2 = \int \left[g_{(x)} \cdot e^{\int f_{(x)} \cdot dx} \right] \cdot dx \cdot e^{-\int f_{(x)} \cdot dx} = \int \left[e^{6 \cdot x} \cdot e^{\int (-8) dx} \right] \cdot dx \cdot e^{-\int (-8) dx}$$

$$y_2 = \int \left[e^{6 \cdot x} \cdot e^{(-8) \int dx} \right] \cdot dx \cdot e^{8 \int dx} = \int \left[e^{6 \cdot x} \cdot e^{-8 \cdot x} \right] \cdot dx \cdot e^{8 \cdot x}$$

$$y_2 = \int \left[e^{-2 \cdot x} \right] \cdot dx \cdot e^{8 \cdot x}$$

In der Integraltafel 24 (399) finden wir folgenden Eintrag: $\quad \int e^{a \cdot x} \cdot dx = \dfrac{1}{a} \cdot e^{a \cdot x}$

Damit können wir Folgendes schreiben: $\quad y_2 = \dfrac{1}{-2} \cdot e^{-2 \cdot x} \cdot e^{8 \cdot x} = -\dfrac{1}{2} \cdot e^{6 \cdot x}$

Wir erhalten als Lösung der Differentialgleichung:

$$y_{(x)} = y_1 + y_2 = C \cdot e^{8 \cdot x} - \dfrac{1}{2} \cdot e^{6 \cdot x}$$

Wir setzen nun den Anfangswert ein: $\quad 4 = C \cdot e^0 - \dfrac{1}{2} \cdot e^0 \quad \Rightarrow \quad C = 4 + \dfrac{1}{2} = 4{,}5$

(2) Gegeben ist folgende inhomogene linearen Differentialgleichung 1. Ordnung

$y' - 2 \cdot y = x \cdot e^{3 \cdot x}$ mit dem Anfangswert $y_{(1)} = 2$

Schritt 1: Lösung der homogenen Differentialgleichung $y' - 2 \cdot y = 0$

$y_1 = C \cdot e^{-\int (-2) dx} = C \cdot e^{2 \int dx} = C \cdot e^{2 \cdot x}$

Schritt 2: Lösung der inhomogenen Differentialgleichung: $y' - 2 \cdot y = x \cdot e^{3 \cdot x}$

$y_2 = \int \left[g_{(x)} \cdot e^{\int f_{(x)} \cdot dx} \right] \cdot dx \cdot e^{-\int f_{(x)} \cdot dx} = \int \left[x \cdot e^{3 \cdot x} \cdot e^{\int (-2) dx} \right] \cdot dx \cdot e^{-\int (-2) dx}$

$= \int \left[x \cdot e^{3 \cdot x} \cdot e^{(-2) \int dx} \right] \cdot dx \cdot e^{2 \int dx} = \int \left[x \cdot e^{3 \cdot x} \cdot e^{-2 \cdot x} \right] \cdot dx \cdot e^{2 \cdot x}$

$= \int \left[x \cdot e^{x} \right] \cdot dx \cdot e^{2 \cdot x}$

In der Integraltafel 24 (400) finden wir folgenden Eintrag: $\int x \cdot e^{a \cdot x} \cdot dx = \dfrac{a \cdot x - 1}{a^2} \cdot e^{a \cdot x}$

Damit können wir Folgendes schreiben: $y_2 = (x - 1) \cdot e^{x} \cdot e^{2 \cdot x} = (x - 1) \cdot e^{3 \cdot x}$

Wir erhalten als Lösung der Differentialgleichung: $y_{(x)} = y_1 + y_2 = C \cdot e^{2 \cdot x} + (x - 1) \cdot e^{3 \cdot x}$

Wir setzen nun den Anfangswert ein: $2 = C \cdot e^{2} + (1 - 1) \cdot e^{3} \quad \Rightarrow \quad C = \dfrac{2}{e^2}$

(3) Gegeben ist folgende inhomogene linearen Differentialgleichung 1. Ordnung

$y' + \dfrac{1}{x} \cdot y = \sin x$

Schritt 1: Lösung der homogenen Differentialgleichung $y' + \dfrac{1}{x} \cdot y = 0$

$y_1 = C \cdot e^{-\int \frac{1}{x} dx} = C \cdot e^{-\ln|x|} = C \cdot \dfrac{1}{e^{\ln|x|}} = C \cdot \dfrac{1}{x}$

Schritt 2: Lösung der inhomogenen Differentialgleichung: $y' + \dfrac{1}{x} \cdot y = \sin x$

$y_2 = \int \left[g_{(x)} \cdot e^{\int f_{(x)} \cdot dx} \right] \cdot dx \cdot e^{-\int f_{(x)} \cdot dx} = \int \left[\sin x \cdot e^{\int \frac{1}{x} dx} \right] \cdot dx \cdot e^{-\int \frac{1}{x} dx}$

$y_2 = \int \left[\sin x \cdot e^{\ln|x|} \right] \cdot dx \cdot e^{-\ln|x|} = \int \left[\sin x \cdot x \right] \cdot dx \cdot \dfrac{1}{x}$

In der Integraltafel 18 (281) finden wir folgenden Eintrag: $\int x \cdot \sin(a \cdot x) \cdot dx = \dfrac{\sin(a \cdot x)}{a^2} - \dfrac{x \cdot \cos(a \cdot x)}{a}$

Mit a = 1 können wir Folgendes schreiben: $y_2 = (\sin x - x \cdot \cos x) \cdot \dfrac{1}{x} \quad \Rightarrow \quad y_2 = \dfrac{\sin x}{x} - \cos x$

Lösung der Differentialgleichung: $y_{(x)} = y_1 + y_2 = C \cdot \dfrac{1}{x} + \dfrac{\sin x}{x} - \cos x = \dfrac{C + \sin x - x \cdot \cos x}{x}$.

3.1.6.2.2   Methode durch Aufsuchen einer partikulären oder speziellen Lösung

Bei dieser Methode geht man wie folgt vor:

Schritt 1: Lösung der homogenen Differentialgleichung $y' + f_{(x)} \cdot y = 0$

Die Lösung kennen wir bereits aus 3.1.6.1, so dass wir diese sofort hinschreiben können:

$y_1 = C \cdot e^{-\int f_{(x)} \, dx}$ Wir haben dieses Ergebnis durch Trennung der Variablen erreicht.

Schritt 2: Aufsuchen einer partikulären Lösung für $g_{(x)}$.

Die partikuläre Lösung hängt formal von $g_{(x)}$ ab, so dass wir diese nicht allgemein lösen können.

Schritt 3: Partikuläre Lösung und deren Ableitung in die Differentialgleichung einsetzen.

Schritt 4: Bestimmung der Konstanten durch Koeffizientenvergleich.

Wir wollen dies anhand eines Beispiels zeigen:

(1) Inhomogene Differentialgleichung: $y' + 4 \cdot y = 4 \cdot x - 7$

Schritt 1: Lösung der homogenen Differentialgleichung $y' + 4 \cdot y = 0$

Diese Lösung kennen wir bereits aus 3.1.6.1, so dass wir sofort hinschreiben können:

$y_h = C \cdot e^{-\int 4 \cdot dx} = C \cdot e^{-4 \cdot x}$

Schritt 2: Aufsuchen einer partikulären Lösung für $g_{(x)}$.

Da $g_{(x)}$ eine lineare Funktion ist, gehen wir davon aus, dass auch die partikuläre Lösung eine lineare Funktion ist. Wir machen folgenden Ansatz: (vgl. Tabelle der Lösungsansätze weiter unten)

$y_p = a \cdot x + b$

Da auch die erste Ableitung in der Differentialgleichung vorkommt, bilden wir diese auch für die partikuläre Lösung: $y'_p = a$

Schritt 3: Partikuläre Lösung und deren Ableitung in die Differentialgleichung einsetzen:

$y' + 4 \cdot y = \underbrace{a}_{y'_p} + 4 \cdot \underbrace{(a \cdot x + b)}_{y_p} = 4 \cdot x - 7 \quad \Rightarrow \quad a + 4 \cdot a \cdot x + 4 \cdot b = 4 \cdot x - 7$

Schritt 4: Bestimmung der Konstanten durch Koeffizientenvergleich:

Da es ausreicht nur eine partikuläre Lösung zu finden, bestimmen wir a und b durch Koeffizientenvergleich:

Zunächst betrachten wir die Koeffizienten von x: $4 \cdot a = 4 \quad \Rightarrow \quad a = 1$

Jetzt betrachten wir die Koeffizienten von x^0: $a + 4 \cdot b = -7$

Wir setzen a ein und erhalten: $1 + 4 \cdot b = -7 \quad \Rightarrow \quad b = -\dfrac{8}{4} = -2$

Damit haben wir eine partikuläre Lösung gefunden: $y_p = x - 2$

Die Gesamtlösung ist nun die Summe aus homogener und partikulärer Lösung: $y = e^{-4x} + x - 2$

(2) Inhomogene Differentialgleichung: $\qquad\qquad y' + 4 \cdot y = 2 \cdot x^2 - 7 \cdot x + 4$

Schritt 1: Lösung der homogenen Differentialgleichung $\quad y' + 4 \cdot y = 0$

Diese Lösung kennen wir bereits aus 3.1.6.1, so dass wir sofort hinschreiben können:

$$y_h = C \cdot e^{-\int 4 dx} = C \cdot e^{-4x}$$

Schritt 2: Aufsuchen einer partikulären Lösung für $g_{(x)}$.

Da $g_{(x)}$ eine quadratische Funktion ist, gehen wir davon aus, dass auch die partikuläre Lösung eine quadratische Funktion ist. Wir machen folgenden Ansatz:

$$y_p = a \cdot x^2 + b \cdot x + c$$

Da auch die erste Ableitung in der Differentialgleichung vorkommt, bilden wir diese auch für die partikuläre Lösung:

$$y_p' = 2 \cdot a \cdot x + b$$

Schritt 3: Partikulären Ansatz und deren Ableitung in die Differentialgleichung einsetzen:

$$y' + 4 \cdot y = \underbrace{2 \cdot a \cdot x + b}_{y_p'} + 4 \cdot \underbrace{(a \cdot x^2 + b \cdot x + c)}_{y_p} = 2 \cdot x^2 - 7 \cdot x + 4$$

$$\Rightarrow \quad 2 \cdot a \cdot x + b + 4 \cdot a \cdot x^2 + 4 \cdot b \cdot x + 4 \cdot c = 2 \cdot x^2 - 7 \cdot x + 4$$

Schritt 4: Bestimmung der Konstanten durch Koeffizientenvergleich:

Da es ausreicht nur eine partikuläre Lösung zu finden, bestimmen wir a, b und c durch Koeffizientenvergleich:

Koeffizienten von x^2: $\quad 4 \cdot a = 2 \quad \Rightarrow \quad a = \dfrac{1}{2}$

Koeffizienten von x^1: $\quad 2 \cdot a + 4 \cdot b = -7 \quad \text{mit} \quad a = \dfrac{1}{2} \quad \Rightarrow \quad b = -\dfrac{8}{4} = -2$

Koeffizienten von x^0: $\quad b + 4 \cdot c = 4 \quad \text{mit} \quad b = -2 \quad \Rightarrow \quad -2 + 4 \cdot c = 4 \quad \Rightarrow \quad c = \dfrac{3}{2}$

Damit haben wir eine partikuläre Lösung gefunden: $\quad y_p = \dfrac{1}{2} \cdot x^2 - 2 \cdot x + \dfrac{2}{3}$

Die Gesamtlösung ist nun die Summe aus homogener und partikulärer Lösung:

$$y = C \cdot e^{-4x} + \dfrac{1}{2} \cdot x^2 - 2 \cdot x + \dfrac{2}{3}$$

(3) Inhomogene Differentialgleichung: $\qquad y' + 4 \cdot x \cdot y = 8 \cdot x^2 - 8 \cdot x + 2$

Schritt 1: Lösung der homogenen Differentialgleichung $\quad y' + 4 \cdot x \cdot y = 0$

Diese Lösung kennen wir bereits aus 3.1.6.1, so dass wir sofort hinschreiben können:

$$y_h = C \cdot e^{-\int 4 \cdot x \cdot dx} = C \cdot e^{-4 \cdot \frac{x^2}{2}} = C \cdot e^{-2 \cdot x^2}$$

Schritt 2: Aufsuchen einer partikulären Lösung für $g_{(x)}$.

Da $g_{(x)}$ eine quadratische Funktion ist, gehen wir davon aus, dass auch die partikuläre Lösung eine quadratische Funktion ist. Wir machen folgenden Ansatz:

$$y_p = a \cdot x^2 + b \cdot x + c$$

Da auch die erste Ableitung in der Differentialgleichung vorkommt, bilden wir diese auch für die partikuläre Lösung:

$$y_p' = 2 \cdot a \cdot x + b$$

Schritt 3: Partikulären Ansatz und deren Ableitung in die Differentialgleichung einsetzen:

$$y' + 4 \cdot x \cdot y = \underbrace{2 \cdot a \cdot x + b}_{y_p'} + 4 \cdot x \cdot \underbrace{\left(a \cdot x^2 + b \cdot x + c\right)}_{y_p} = 8 \cdot x^2 - 8 \cdot x + 2$$

$$\Rightarrow \quad 2 \cdot a \cdot x + b + 4 \cdot a \cdot x^3 + 4 \cdot b \cdot x^2 + 4 \cdot c \cdot x = 8 \cdot x^2 - 8 \cdot x + 2$$

Schritt 4: Bestimmung der Konstanten durch Koeffizientenvergleich:

Da es ausreicht nur eine partikuläre Lösung zu finden, bestimmen wir a, b und c durch Koeffizientenvergleich:

Koeffizienten von x^3: $\quad 4 \cdot a = 0 \quad \Rightarrow \quad a = 0$

Koeffizienten von x^2: $\quad 4 \cdot b = 8 \quad \Rightarrow \quad b = 2$

Koeffizienten von x^1: $\quad 2 \cdot a + 4 \cdot c = -8 \quad$ mit $a = 0 \quad \Rightarrow \quad c = -\dfrac{8}{4} = -2$

Koeffizienten von x^0: $\quad b = 2$

Damit haben wir eine partikuläre Lösung gefunden: $\quad y_p = 2 \cdot x - 2$

Die Gesamtlösung ist nun die Summe aus homogener und partikulärer Lösung:

$$y = C \cdot e^{-2 \cdot x^2} + 2 \cdot x - 2$$

Im Folgenden werden die Lösungsansätze für partikuläre Lösungen aufgeführt:

$g_{(x)} = a_0 \cdot x^0$	Konstante	$y_p = b_0 \cdot x^0$
$g_{(x)} = a_0 \cdot x^0 + a_1 \cdot x^1$	Lineare Funktion	$y_p = b_0 \cdot x^0 + b_1 \cdot x^1$
$g_{(x)} = a_0 \cdot x^0 + a_1 \cdot x^1 + a_2 \cdot x^2$	Quadratische Funktion	$y_p = b_0 \cdot x^0 + b_1 \cdot x^1 + b_2 \cdot x^2$
$g_{(x)} = a_0 \cdot x^0 + a_1 \cdot x^1 + ... + a_n \cdot x^n$	Polynom n - ten Grades	$y_p = b_0 \cdot x^0 + b_1 \cdot x^1 + ... + b_n \cdot x^n$
$g_{(x)} = a \cdot \cos(k \cdot x)$ oder $g_{(x)} = a \cdot \sin(k \cdot x)$ oder $g_{(x)} = a_1 \cdot \sin(k \cdot x) + a_2 \cdot \cos(k \cdot x)$	Sinusfunktion oder Kosinusfunktion	$y_p = b \cdot \sin(k \cdot x + \varphi)$ oder $y_p = b_1 \cdot \sin(k \cdot x) + b_2 \cdot \cos(k \cdot x)$
$g_{(x)} = a \cdot e^{k \cdot x}$	e – Funktion	$y_p = b \cdot e^{k \cdot x}$ oder $y_p = b \cdot x \cdot e^{k \cdot x}$

3.1.6.3   Lineare DGL 1. Ordnung mit konstanten Koeffizienten

Diese Differentialgleichungen stellen einen Sonderfall dar, bei denen die Funktion $f_{(x)} =$ const. ist.

$$y' + a \cdot y = 0$$

Natürlich kennen wir die Lösung der homogenen Differentialgleichung schon:

$$y_h = C \cdot e^{-\int a \cdot dx} = C \cdot e^{-a \cdot x}$$

3.2   Lineare DGL 2. Ordnung mit konstanten Koeffizienten

Eine lineare Differentialgleichung 2. Ordnung ist wie folgt definiert:

$$y'' + a \cdot y' + b \cdot y = g_{(x)} \quad \text{(inhomogene lineare Differentialgleichung 2. Ordnung)}$$

Die Funktion $g_{(x)}$ wird Störfunktion oder Störglied genannt. Wenn die Störfunktion = 0 ist, dann erhalten wir eine sogenannte homogene Differentialgleichung.

$$y'' + a \cdot y' + b \cdot y = 0 \quad \text{(homogene lineare Differentialgleichung 2. Ordnung)}$$

3.2.1   Lösung einer homogenen linearen DGL 2. Ordnung

Für eine homogene lineare DGL 2. Ordnung der Form $\quad y'' + a \cdot y' + b \cdot y = 0$

gibt es folgenden Lösungsansatz: $\quad y = e^{\lambda x} \Rightarrow y' = \lambda \cdot e^{\lambda x} \Rightarrow y'' = \lambda^2 \cdot e^{\lambda x}$

Wenn wir dies in die Differentialgleichung einsetzen erhalten wir Folgendes:

$$y'' + a \cdot y' + b \cdot y = \lambda^2 \cdot e^{\lambda x} + a \cdot \lambda \cdot e^{\lambda x} + b \cdot e^{\lambda x} = 0$$

Wir können $e^{\lambda \cdot x}$ ausklammern und erhalten: $e^{\lambda \cdot x} \cdot \left(\lambda^2 + a \cdot \lambda + b\right) = 0$

Da gilt $\quad e^{\lambda \cdot x} > 0 \quad \Rightarrow \quad \lambda^2 + a \cdot \lambda + b = 0$

Diese quadratische Gleichung wird charakteristische Gleichung der homogenen Differentialgleichung genannt. Wir können λ bestimmen indem wir die p-q-Formel anwenden:

$$\lambda^2 + a \cdot \lambda + b = 0 \quad \Rightarrow \quad \lambda_{1,2} = -\frac{a}{2} \pm \sqrt{\frac{a^2}{4} - b} = -\frac{a}{2} \pm \frac{1}{2} \cdot \sqrt{a^2 - 4 \cdot b}$$

Der Ausdruck unter der Wurzel (die Diskriminante) entscheidet dabei über die Art der Lösung:

Fall 1: $a^2 - 4 \cdot b > 0$

Wir erhalten folgende zwei Lösungen für die charakteristische Gleichung:

$$\lambda_1 = -\frac{a}{2} + \frac{1}{2} \cdot \sqrt{a^2 - 4 \cdot b} \quad \text{und} \quad \lambda_2 = -\frac{a}{2} - \frac{1}{2} \cdot \sqrt{a^2 - 4 \cdot b}$$

Diese beiden Werte können wir nun in unseren Lösungsansatz einsetzen und erhalten zwei Lösungsfunktionen für unsere Differentialgleichung:

$$y_1 = e^{\lambda_1 \cdot x} \quad \text{und} \quad y_2 = e^{\lambda_2 \cdot x}$$

Diese bilden die sogenannte Fundamentalbasis der homogenen Differentialgleichung. Sie sind unabhängig voneinander und können wie folgt als Gesamtlösung geschrieben werden:

Fundamentalbasis einer homogenen linearen DGL 2. Ordnung (Fall 1)

$$y_{(x)} = C_1 \cdot y_1 + C_2 \cdot y_2 = C_1 \cdot e^{\lambda_1 \cdot x} + C_2 \cdot e^{\lambda_2 \cdot x}$$

Fall 2: $a^2 - 4 \cdot b = 0$

Wir erhalten genau eine Lösunge für die charakteristische Gleichung:

$$\lambda_1 = \lambda_2 = -\frac{a}{2} \qquad \text{(Doppellösung)}$$

Diesen Wert können wir nun in unseren Lösungsansatz einsetzen und erhalten eine Lösungsfunktion für unsere Differentialgleichung:

$$y_1 = y_2 = e^{-\frac{a}{2}x}$$

Durch Variation der Konstanten und weiteren Berechnungen lässt sich daraus die allgemeine Lösung der Differentialgleichung wie folgt bestimmen:

$$y_1 = e^{-\frac{a}{2}x} \quad \text{und} \quad y_2 = x \cdot e^{-\frac{a}{2}x} \quad \text{Daraus folgt:}$$

Fundamentalbasis einer homogenen linearen DGL 2. Ordnung (Fall 2)

$$y_{(x)} = C_1 \cdot y_1 + C_2 \cdot y_2 = C_1 \cdot e^{-\frac{a}{2}x} + C_2 \cdot x \cdot e^{-\frac{a}{2}x} = \left(C_1 + C_2 \cdot x\right) \cdot e^{-\frac{a}{2}x}$$

Fall 3: $a^2 - 4 \cdot b < 0$

Wir erhalten zwei konjugiert komplexe Lösungen für die charakteristische Gleichung:

$$\lambda_1 = -\frac{a}{2} + \sqrt{\frac{a^2}{4} - b} = \alpha + \sqrt{-\omega^2} \quad \text{mit} \quad \alpha = -\frac{a}{2} \quad \text{und} \quad \omega^2 = \left|\frac{a^2}{4} - b\right|$$

und

$$\lambda_2 = -\frac{a}{2} - \sqrt{\frac{a^2}{4} - b} = \alpha - \sqrt{-\omega^2} \quad \text{mit} \quad \alpha = -\frac{a}{2} \quad \text{und} \quad \omega^2 = \left|\frac{a^2}{4} - b\right|$$

mit $\quad \sqrt{-\omega^2} = \sqrt{-1 \cdot \omega^2} = \sqrt{-1} \cdot \omega = i \cdot \omega \quad$ erhalten wir: $\quad \lambda_1 = \alpha + i \cdot \omega \quad$ und $\quad \lambda_2 = \alpha - i \cdot \omega$

Diese beiden Werte können wir nun in unseren Lösungsansatz einsetzen und erhalten zwei Lösungsfunktionen für unsere Differentialgleichung:

$$y_1 = e^{\lambda_1 \cdot x} \quad \text{und} \quad y_2 = e^{\lambda_2 \cdot x}$$

Diese beiden Lösungen sind unabhängig voneinander und können wie folgt als Gesamtlösung geschrieben werden:

$$y_{(x)} = C_1 \cdot e^{\alpha x} \cdot \sin(\omega \cdot x) + C_2 \cdot e^{\alpha x} \cdot \cos(\omega \cdot x)$$

Wir können nun $e^{\alpha x}$ ausklammern und erhalten:

Fundamentalbasis einer homogenen linearen DGL 2. Ordnung (Fall 3)

$$y_{(x)} = e^{\alpha x} \cdot [C_1 \cdot \sin(\omega \cdot x) + C_2 \cdot \cos(\omega \cdot x)]$$

Beispiele:

(1) Gegeben: $\quad y'' + 4 \cdot y' - 5 \cdot y = 0$

Charakteristische Gleichung:

$$\lambda^2 + 4 \cdot \lambda - 5 = 0 \quad \Rightarrow \quad \lambda_{1,2} = -\frac{4}{2} \pm \sqrt{\left(\frac{4}{2}\right)^2 + 5} \quad \Rightarrow \quad \lambda_{1,2} = -2 \pm \sqrt{4+5} = -2 \pm \sqrt{9} = -2 \pm 3$$

$$\Rightarrow \quad \lambda_1 = -2 + 3 = 1 \quad \text{und} \quad \lambda_2 = -2 - 3 = -5$$

Fall 1: Die Fundamentalbasis der Differentialgleichung lautet:

$$y_1 = e^{1 \cdot x} \quad \text{und} \quad y_2 = e^{-5 \cdot x}$$

Die allgemeine Lösung lautet somit:

$$y_{(x)} = C_1 \cdot y_1 + C_2 \cdot y_2 = C_1 \cdot e^{1 \cdot x} + C_2 \cdot e^{-5 \cdot x}$$

(2) Gegeben: $y'' + 8 \cdot y' + 7 \cdot y = 0$

Charakteristische Gleichung:

$$\lambda^2 + 8 \cdot \lambda + 7 = 0 \quad \Rightarrow \quad \lambda_{1,2} = -\frac{8}{2} \pm \sqrt{\left(\frac{8}{2}\right)^2 - 7} \quad \Rightarrow \quad \lambda_{1,2} = -4 \pm \sqrt{16 - 7} = -4 \pm 3$$

$$\Rightarrow \quad \lambda_1 = -4 + 3 = -1 \quad \text{und} \quad \lambda_2 = -4 - 3 = -7$$

Fall 1: Die Fundamentalbasis der Differentialgleichung lautet:

$y_1 = e^{-1 \cdot x}$ und $y_2 = e^{-7 \cdot x}$

Die allgemeine Lösung lautet somit:

$y_{(x)} = C_1 \cdot y_1 + C_2 \cdot y_2 = C_1 \cdot e^{-1 \cdot x} + C_2 \cdot e^{-7 \cdot x}$

(3) Gegeben: $y'' + 4 \cdot y' + 4 \cdot y = 0$

Charakteristische Gleichung:

$$\lambda^2 + 4 \cdot \lambda + 4 = 0 \quad \Rightarrow \quad \lambda_{1,2} = -\frac{4}{2} \pm \sqrt{\left(\frac{4}{2}\right)^2 - 4} \quad \Rightarrow \quad \lambda_{1,2} = -2 \pm \sqrt{4 - 4}$$

$$\Rightarrow \quad \lambda_1 = \lambda_2 = -2$$

Fall 2: Die Fundamentalbasis der Differentialgleichung lautet:

$y_1 = e^{-2x}$ und $y_2 = x \cdot e^{-2 \cdot x}$

Die allgemeine Lösung lautet somit:

$y_{(x)} = C_1 \cdot y_1 + C_2 \cdot y_2 = C_1 \cdot e^{-2 \cdot x} + C_2 \cdot x \cdot e^{-2 \cdot x} = (C_1 + C_2 \cdot x) \cdot e^{-2 \cdot x}$

(4) Gegeben: $y'' + 12 \cdot y' + 36 \cdot y = 0$

Charakteristische Gleichung:

$$\lambda^2 + 12 \cdot \lambda + 36 = 0 \quad \Rightarrow \quad \lambda_{1,2} = -\frac{12}{2} \pm \sqrt{\left(\frac{12}{2}\right)^2 - 36} \quad \Rightarrow \quad \lambda_{1,2} = -6 \pm \sqrt{36 - 36}$$

$$\Rightarrow \quad \lambda_1 = \lambda_2 = -6$$

Fall 2: Die Fundamentalbasis der Differentialgleichung lautet:

$y_1 = e^{-6x}$ und $y_2 = x \cdot e^{-6 \cdot x}$

Die allgemeine Lösung lautet somit:

$y_{(x)} = C_1 \cdot y_1 + C_2 \cdot y_2 = C_1 \cdot e^{-6 \cdot x} + C_2 \cdot x \cdot \cdot e^{-6 \cdot x} = (C_1 + C_2 \cdot x) \cdot e^{-6 \cdot x}$

(5) Gegeben: $y'' + 4 \cdot y' + 8 \cdot y = 0$

Charakteristische Gleichung:

$$\lambda^2 + 4 \cdot \lambda + 8 = 0 \quad \Rightarrow \quad \lambda_{1,2} = -\frac{4}{2} \pm \sqrt{\left(\frac{4}{2}\right)^2 - 8} \quad \Rightarrow \quad \lambda_{1,2} = -2 \pm \sqrt{4 - 8} = -2 \pm \sqrt{-4}$$

$$\Rightarrow \quad \alpha = -2 \quad \text{und} \quad \omega^2 = 4 \quad \Rightarrow \quad \omega = 2$$
$$\Rightarrow \quad \lambda_1 = \alpha + i \cdot \omega = -2 + i \cdot 2 \quad \text{und} \quad \lambda_2 = -2 - i \cdot \omega = -2 - i \cdot 2$$

Fall 3: Die Fundamentalbasis der Differentialgleichung lautet:

$$y_1 = e^{\lambda_1 \cdot x} = e^{(-2+i \cdot 2)x} \quad \text{und} \quad y_2 = e^{\lambda_2 \cdot x} = e^{(-2-i \cdot 2)x}$$

Die allgemeine Lösung lautet somit:

$$y_{(x)} = C_1 \cdot y_1 + C_2 \cdot y_2 = C_1 \cdot e^{\alpha \cdot x} \cdot \sin(\omega \cdot x) + C_2 \cdot e^{\alpha \cdot x} \cdot \cos(\omega \cdot x)$$

$$\Rightarrow \quad y_{(x)} = C_1 \cdot e^{-2x} \cdot \sin(2 \cdot x) + C_2 \cdot e^{-2x} \cdot \cos(2 \cdot x) = e^{-2x} \cdot \left[C_1 \cdot \sin(2 \cdot x) + C_2 \cdot \cos(2 \cdot x) \right]$$

(6) Gegeben: $y'' + 6 \cdot y' + 11 \cdot y = 0$

Charakteristische Gleichung:

$$\lambda^2 + 6 \cdot \lambda + 11 = 0 \quad \Rightarrow \quad \lambda_{1,2} = -\frac{6}{2} \pm \sqrt{\left(\frac{6}{2}\right)^2 - 11} \quad \Rightarrow \quad \lambda_{1,2} = -3 \pm \sqrt{9 - 11} = -3 \pm \sqrt{-2}$$

$$\Rightarrow \quad \alpha = -3 \quad \text{und} \quad \omega^2 = 2 \quad \Rightarrow \quad \omega = \sqrt{2}$$
$$\Rightarrow \quad \lambda_1 = \alpha + i \cdot \omega = -3 + i \cdot \sqrt{2} \quad \text{und} \quad \lambda_2 = \alpha - i \cdot \omega = -3 - i \cdot \sqrt{2}$$

Fall 3: Die Fundamentalbasis der Differentialgleichung lautet:

$$y_1 = e^{\lambda_1 \cdot x} = e^{(-3+i\sqrt{2})x} \quad \text{und} \quad y_2 = e^{\lambda_2 \cdot x} = e^{(-3-i\sqrt{2})x}$$

Die allgemeine Lösung lautet somit:

$$y_{(x)} = C_1 \cdot y_1 + C_2 \cdot y_2 = C_1 \cdot e^{\alpha \cdot x} \cdot \sin(\omega \cdot x) + C_2 \cdot e^{\alpha \cdot x} \cdot \cos(\omega \cdot x)$$

$$\Rightarrow \quad y_{(x)} = C_1 \cdot e^{-3x} \cdot \sin(\sqrt{2} \cdot x) + C_2 \cdot e^{-3x} \cdot \cos(\sqrt{2} \cdot x) = e^{-3x} \cdot \left[C_1 \cdot \sin(\sqrt{2} \cdot x) + C_2 \cdot \cos(\sqrt{2} \cdot x) \right]$$

3.2.2   Lösung einer inhomogenen linearen DGL 2. Ordnung

Schon bei der Lösung einer inhomogenen linearen DGL 1. Ordnung (Abschnitt 3.1.6.2.2) haben wir gezeigt, wie man durch das Aufsuchen einer beliebigen partikulären Lösung und anschließender Addition zur homogenen Lösung das Gesamtproblem lösen kann. Auch bei den inhomogenen linearen DGL 2. Ordnung mit konstanten Koeffizienten kann diese Methode erfolgreich angewendet werden. Man geht also in folgenden Schritten vor:

Gegebene inhomogene Differentialgleichung: $y'' + a \cdot y' + b \cdot y = g_{(x)}$

Schritt 1: Lösung der homogenen Differentialgleichung: $y'' + a \cdot y' + b \cdot y = 0$
(siehe Abschnitt. 3.2.1)

Schritt 2: Aufsuchen einer partikulären Lösung für $g_{(x)}$.

Diese partikuläre Lösung hängt von der Form von $g_{(x)}$ ab, so dass wir dieses Verfahren nicht allgemein lösen können. Man kann aber sagen, dass die partikuläre Lösung vom Typ her der Funktion $g_{(x)}$ gleicht.

Schritt 3: Einsetzen der partikulären Lösung in die ursprüngliche Differentialgleichung.

Schritt 4: Bestimmung der Konstanten durch Koeffizientenvergleich:

Die Gesamtlösung ist nun die Summe aus homogener und partikulärer Lösung.

Beispiele:
(1) Gegeben ist folgende inhomogene Differentialgleichung: $y'' - 6 \cdot y' - 16 \cdot y = 4 \cdot x^2 - 13 \cdot x - 8$

Schritt 1: Lösung der homogenen Differentialgleichung: $y'' - 6 \cdot y' - 16 \cdot y = 0$
Charakteristische Gleichung:

$$\lambda^2 - 6 \cdot \lambda - 16 = 0 \quad \Rightarrow \quad \lambda_{1,2} = \frac{6}{2} \pm \sqrt{\left(\frac{6}{2}\right)^2 + 16} \quad \Rightarrow \quad \lambda_{1,2} = 3 \pm \sqrt{9 + 16} = 3 \pm \sqrt{25} = 3 \pm 5$$

$$\Rightarrow \quad \lambda_1 = 3 + 5 = 8 \quad \text{und} \quad \lambda_2 = 3 - 5 = -2$$

Fall 1: Die Fundamentalbasis der Differentialgleichung lautet:
$$y_1 = e^{8 \cdot x} \quad \text{und} \quad y_2 = e^{-2 \cdot x}$$

Die allgemeine Lösung der homogenen Differentialgleichung lautet somit:

$$y_{\text{Homogen}} = C_1 \cdot y_1 + C_2 \cdot y_2 = C_1 \cdot e^{8 \cdot x} + C_2 \cdot e^{-2 \cdot x}$$

Schritt 2: Aufsuchen einer partikulären Lösung für: $g_{(x)} = 4 \cdot x^2 - 13 \cdot x - 8$

Da $g_{(x)}$ ein Polynom 2. Grades ist, setzen wir als partikuläre Lösung y_p ebenfalls ein Polynom 2. Grades:
$$y_p = a \cdot x^2 + b \cdot x + c$$

Da in der Differentialgleichung auch die erste und zweite Ableitung von y vorkommen, müssen wir auch von der partikulären Lösung diese Ableitungen bilden:
$$y_p' = 2 \cdot a \cdot x + b \quad \text{und} \quad y_p'' = 2 \cdot a$$

Schritt 3: Wir setzen die partikuläre Lösung in die ursprüngliche Differentialgleichung ein:
$$2 \cdot a - 6 \cdot (2 \cdot a \cdot x + b) - 16 \cdot \left(a \cdot x^2 + b \cdot x + c\right) = 4 \cdot x^2 - 13 \cdot x - 8$$

Nun multiplizieren wir die linke Seite aus:

$2 \cdot a - 12 \cdot a \cdot x - 6 \cdot b - 16 \cdot a \cdot x^2 - 16 \cdot b \cdot x - 16 \cdot c = 4 \cdot x^2 - 13 \cdot x - 8$

Schritt 4: Bestimmung der Konstanten a, b und c durch Koeffizientenvergleich:

Koeffizienten von x^2: $-16 \cdot a = 4 \quad \Rightarrow \quad a = -\dfrac{1}{4}$

Koeffizienten von x^1: $-12 \cdot a - 16 \cdot b = -13$

$\qquad\qquad\qquad$ da gilt: $\Rightarrow \quad a = -\dfrac{1}{4} \quad \Rightarrow \quad -12 \cdot \left(-\dfrac{1}{4}\right) - 16 \cdot b = -13$

$\qquad\qquad\qquad \Rightarrow \quad 3 - 16 \cdot b = -13 \quad \Rightarrow \quad -16 \cdot b = -16 \Rightarrow \quad b = 1$

Koeffizienten von x^0: $2 \cdot a - 6 \cdot b - 16 \cdot c = -8$

$\qquad\qquad\qquad$ mit $\quad a = -\dfrac{1}{4} \quad$ und $\quad b = 1 \quad \Rightarrow \quad 2 \cdot \left(-\dfrac{1}{4}\right) - 6 \cdot 1 - 16 \cdot c = -8$

$\qquad\qquad\qquad \Rightarrow \quad -\dfrac{1}{2} - 6 - 16 \cdot c = -8 \quad \Rightarrow \quad -\dfrac{13}{2} - 16 \cdot c = -\dfrac{16}{2}$

$\qquad\qquad\qquad \Rightarrow \quad -16 \cdot c = \dfrac{13}{2} - \dfrac{16}{2} \quad \Rightarrow \quad c = -\dfrac{3}{32}$

Damit haben wir eine partikuläre Lösung gefunden: $\quad y_p = -\dfrac{1}{4} \cdot x^2 + 1 \cdot x - \dfrac{3}{32}$

Die Gesamtlösung ist nun die Summe aus homogener und partikulärer Lösung:

$y_{Gesamt} = y_{Homogen} + y_p = C_1 \cdot e^{8 \cdot x} + C_2 \cdot e^{-2 \cdot x} - \dfrac{1}{4} \cdot x^2 + x - \dfrac{3}{32}$

(2) Gegeben ist folgende inhomogene Differentialgleichung: $\quad y'' - 6 \cdot y' - 16 \cdot y = 16 \cdot x - 2$

Schritt 1: Lösung der homogenen Differentialgleichung: $\qquad y'' - 6 \cdot y' - 16 \cdot y = 0$

Allgemeine Lösung der homogenen Differentialgleichung (siehe (1)):

$y_{Homogen} = C_1 \cdot y_1 + C_2 \cdot y_2 = C_1 \cdot e^{8 \cdot x} + C_2 \cdot e^{-2 \cdot x}$

Schritt 2: Aufsuchen einer partikulären Lösung für: $\quad g_{(x)} = 16 \cdot x - 2$

Da $g_{(x)}$ ein Polynom 1. Grades ist, setzen wir als partikuläre Lösung y_p ebenfalls ein Polynom 1. Grades:

$y_p = b \cdot x + c$

Da in der Differentialgleichung auch die erste und zweite Ableitung von y vorkommen, müssen wir auch von der partikulären Lösung diese Ableitungen bilden:

$y_p' = b \quad$ und $\quad y_p'' = 0$

Schritt 3: Wir setzen die partikuläre Lösung in die ursprüngliche Differentialgleichung ein.

$0 - 6 \cdot b - 16 \cdot (b \cdot x + c) = 16 \cdot x - 2$

Nun multiplizieren wir die linke Seite aus:

$-6 \cdot b - 16 \cdot b \cdot x - 16 \cdot c = 16 \cdot x - 2$

Schritt 4: Bestimmung der Konstanten b und c durch Koeffizientenvergleich:

Koeffizienten von x^2:   (keine vorhanden)

Koeffizienten von x^1: $-16 \cdot b = 16 \quad \Rightarrow \quad b = -1$

Koeffizienten von x^0: $-6 \cdot b - 16 \cdot c = -2$

$\qquad\qquad\qquad$ mit $\quad b = -1 \quad \Rightarrow \quad -6 \cdot (-1) - 16 \cdot c = -2$

$\qquad\qquad\qquad \Rightarrow \quad 6 - 16 \cdot c = -2 \quad \Rightarrow \quad -16 \cdot c = -8 \quad \Rightarrow \quad c = \dfrac{1}{2}$

Damit haben wir eine partikuläre Lösung gefunden: $y_p = -1 \cdot x + \dfrac{1}{2}$

Die Gesamtlösung ist nun die Summe aus homogener und partikulärer Lösung:

$$y_{Gesamt} = y_{Homogen} + y_p = C_1 \cdot e^{8 \cdot x} + C_2 \cdot e^{-2 \cdot x} - x + \dfrac{1}{2}$$

(3) Gegeben ist folgende inhomogene Differentialgleichung: $y'' - 6 \cdot y' - 16 \cdot y = 5 \cdot e^{4 \cdot x}$

Schritt 1: Lösung der homogenen Differentialgleichung: $y'' - 6 \cdot y' - 16 \cdot y = 0$

Allgemeine Lösung der homogenen Differentialgleichung (siehe (1)):

$$y_{Homogen} = C_1 \cdot y_1 + C_2 \cdot y_2 = C_1 \cdot e^{8 \cdot x} + C_2 \cdot e^{-2 \cdot x}$$

Schritt 2: Aufsuchen einer partikulären Lösung für: $g_{(x)} = 5 \cdot e^{4 \cdot x}$

Als partikuläre Lösung wählen wir:

$y_p = a \cdot e^{4 \cdot x}$

Da in der Differentialgleichung auch die erste und zweite Ableitung von y vorkommen, müssen wir auch von der partikulären Lösung diese Ableitungen bilden:

$y_p' = 4 \cdot a \cdot e^{4 \cdot x} \quad$ und $\quad y_p'' = 16 \cdot a \cdot e^{4 \cdot x}$

Schritte 3 und 4: Wir setzen die partikuläre Lösung in die ursprüngliche Differentialgleichung ein und bestimmen die Konstante a:

$$16 \cdot a \cdot e^{4 \cdot x} - 6 \cdot 4 \cdot a \cdot e^{4 \cdot x} - 16 \cdot a \cdot e^{4 \cdot x} = 5 \cdot e^{4 \cdot x} \quad | : e^{4 \cdot x}$$

$$16 \cdot a - 24 \cdot a - 16 \cdot a = 5 \quad \Rightarrow \quad a = -\frac{5}{24}$$

Damit haben wir eine partikuläre Lösung gefunden: $y_p = -\dfrac{5}{24} \cdot e^{4 \cdot x}$

Die Gesamtlösung ist nun die Summe aus homogener und partikulärer Lösung:

$$y_{Gesamt} = y_{Homogen} + y_p = C_1 \cdot e^{8 \cdot x} + C_2 \cdot e^{-2 \cdot x} - \frac{5}{24} \cdot e^{4 \cdot x}$$

(4) Gegeben ist folgende inhomogene Differentialgleichung: $y'' - 6 \cdot y' - 16 \cdot y = 5 \cdot e^x$

Schritt 1: Lösung der homogenen Differentialgleichung: $\quad y'' - 6 \cdot y' - 16 \cdot y = 0$

Allgemeine Lösung der homogenen Differentialgleichung (siehe (1)):

$$y_{Homogen} = C_1 \cdot y_1 + C_2 \cdot y_2 = C_1 \cdot e^{8 \cdot x} + C_2 \cdot e^{-2 \cdot x}$$

Schritt 2: Aufsuchen einer partikulären Lösung für: $\quad g_{(x)} = 5 \cdot e^x$

Als partikuläre Lösung wählen wir:

$$y_p = a \cdot e^x$$

Da in der Differentialgleichung auch die erste und zweite Ableitung von y vorkommen, müssen wir auch von der partikulären Lösung diese Ableitungen bilden:

$$y_p' = a \cdot e^x \quad \text{und} \quad y_p'' = a \cdot e^x$$

Schritte 3 und 4: Wir setzen die partikuläre Lösung in die ursprüngliche Differentialgleichung ein und bestimmen die Konstante a:

$$a \cdot e^x - 6 \cdot a \cdot e^x - 16 \cdot a \cdot e^x = 5 \cdot e^x \quad | : e^x$$

$$a - 6 \cdot a - 16 \cdot a = 5 \quad \Rightarrow \quad a = -\frac{5}{21}$$

Damit haben wir eine partikuläre Lösung gefunden: $y_p = -\dfrac{5}{21} \cdot e^x$

Die Gesamtlösung ist nun die Summe aus homogener und partikulärer Lösung:

$$y_{Gesamt} = y_{Homogen} + y_p = C_1 \cdot e^{8 \cdot x} + C_2 \cdot e^{-2 \cdot x} - \frac{5}{21} \cdot e^x$$

Es kann auch passieren, dass die Summe auf der linken Seite zu 0 wird, wie das folgende Beispiel zeigt:

(5) Gegeben ist folgende inhomogene Differentialgleichung: $y'' - 6 \cdot y' + 5 \cdot y = 5 \cdot e^x$

Schritt 1: Lösung der homogenen Differentialgleichung: $\qquad y'' - 6 \cdot y' + 5 \cdot y = 0$
Charakteristische Gleichung:

$$\lambda^2 - 6 \cdot \lambda + 5 = 0 \quad \Rightarrow \quad \lambda_{1,2} = \frac{6}{2} \pm \sqrt{\left(\frac{6}{2}\right)^2 - 5} \quad \Rightarrow \quad \lambda_{1,2} = 3 \pm \sqrt{9 - 5} = 3 \pm \sqrt{4} = 3 \pm 2$$

$$\Rightarrow \quad \lambda_1 = 3 + 2 = 5 \quad \text{und} \quad \lambda_2 = 3 - 2 = 1$$

Fall 1: Die Fundamentalbasis der Differentialgleichung lautet:
$$y_1 = e^{5 \cdot x} \quad \text{und} \quad y_2 = e^x$$

Die allgemeine Lösung der homogenen Differentialgleichung lautet somit:

$$y_{Homogen} = C_1 \cdot y_1 + C_2 \cdot y_2 = C_1 \cdot e^{5 \cdot x} + C_2 \cdot e^x$$

Schritt 2: Aufsuchen einer partikulären Lösung für: $\quad g_{(x)} = 5 \cdot e^x$

Als partikuläre Lösung wählen wir:

$$y_p = a \cdot e^x$$

Da in der Differentialgleichung auch die erste und zweite Ableitung von y vorkommen, müssen wir auch von der partikulären Lösung diese Ableitungen bilden:
$$y_p' = a \cdot e^x \quad \text{und} \quad y_p'' = a \cdot e^x$$

Schritte 3 und 4: Wir setzen die partikuläre Lösung in die ursprüngliche Differentialgleichung ein und bestimmen die Konstante a:

$$a \cdot e^x - 6 \cdot a \cdot e^x + 5 \cdot a \cdot e^x = 5 \cdot e^x \quad | : e^x$$
$$a - 6 \cdot a + 5 \cdot a = 5 \quad \Rightarrow \quad 0 = 5 \quad \text{(dies kann nicht stimmen)}$$

Mit diesem Ansatz kommen wir also nicht weiter. Als nächstes versuchen wir es mit folgendem Ansatz:

Schritt 2: Aufsuchen einer partikulären Lösung für: $\quad g_{(x)} = 5 \cdot e^x$

Als partikuläre Lösung wählen wir:

$$y_p = a \cdot x \cdot e^x$$

Da in der Differentialgleichung auch die erste und zweite Ableitung von y vorkommen, müssen wir auch von der partikulären Lösung diese Ableitungen bilden:

$$y_p = a \cdot x \cdot e^x \quad \Rightarrow \quad y_p = u \cdot v \quad \text{mit} \quad u = a \cdot x \quad \text{und} \quad v = e^x$$

Mit der Produktregel gilt : $\quad y_p' = u \cdot v' + v \cdot u' = a \cdot x \cdot e^x + a \cdot e^x$

Ebenso gilt : $\qquad\qquad y_p'' = a \cdot x \cdot e^x + a \cdot e^x + a \cdot e^x = a \cdot x \cdot e^x + 2 \cdot a \cdot e^x$

Schritte 3 und 4: Wir setzen die partikuläre Lösung in die ursprüngliche Differentialgleichung ein und bestimmen die Konstante a:

$a \cdot x \cdot e^x + 2 \cdot a \cdot e^x - 6 \cdot \left(a \cdot x \cdot e^x + a \cdot e^x\right) + 5 \cdot \left(a \cdot x \cdot e^x\right) = 5 \cdot e^x \quad | : e^x$ und ausmultiplizieren

$a \cdot x + 2 \cdot a - 6 \cdot a \cdot x - 6 \cdot a + 5 \cdot a \cdot x = 5$

$2 \cdot a - 6 \cdot a = 5 \quad \Rightarrow \quad -4 \cdot a = 5 \quad \Rightarrow \quad a = -\dfrac{5}{4}$

Damit haben wir eine partikuläre Lösung gefunden: $y_p = -\dfrac{5}{4} \cdot x \cdot e^x$

Die Gesamtlösung ist nun die Summe aus homogener und partikulärer Lösung:

$y_{Gesamt} = y_{Homogen} + y_p = C_1 \cdot e^{5 \cdot x} + C_2 \cdot e^x - \dfrac{5}{4} \cdot x \cdot e^x$

(6) Gegeben ist folgende inhomogene Differentialgleichung: $y'' - 6 \cdot y' + 5 \cdot y = x \cdot e^x$

Schritt 1: Lösung der homogenen Differentialgleichung: $y'' - 6 \cdot y' - 16 \cdot y = 0$

Die allgemeine Lösung der homogenen Differentialgleichung lautet: (siehe (5))

$y_{Homogen} = C_1 \cdot y_1 + C_2 \cdot y_2 = C_1 \cdot e^{5 \cdot x} + C_2 \cdot e^x$

Schritt 2: Aufsuchen einer partikulären Lösung für: $g_{(x)} = x \cdot e^x$

Als partikuläre Lösung wählen wir:

$y_p = x \cdot e^x \cdot (b \cdot x + c) = e^x \cdot \left(b \cdot x^2 + c \cdot x\right)$

Wir bilden die erste und zweite Ableitung von der partikulären Lösung. Hierzu wenden wir die Produktregel an:

$y_p = e^x \cdot \left(b \cdot x^2 + c \cdot x\right) = u \cdot v \quad \text{mit} \quad u = e^x \quad \text{und} \quad v = b \cdot x^2 + c \cdot x$

$y_p' = u \cdot v' + v \cdot u' = e^x \cdot (2 \cdot b \cdot x + c) + \left(b \cdot x^2 + c \cdot x\right) \cdot e^x = e^x \cdot \left(b \cdot x^2 + c \cdot x + 2 \cdot b \cdot x + c\right)$

Auch für die zweite Ableitung können wir die Produktregel anwenden:

$y_p' = e^x \cdot \left(b \cdot x^2 + c \cdot x + 2 \cdot b \cdot x + c\right) = u \cdot v \quad \text{mit} \quad u = e^x \quad \text{und} \quad v = b \cdot x^2 + c \cdot x + 2 \cdot b \cdot x + c$

$y_p'' = u \cdot v' + v \cdot u' = e^x \cdot (2 \cdot b \cdot x + c + 2 \cdot b) + \left(b \cdot x^2 + c \cdot x + 2 \cdot b \cdot x + c\right) \cdot e^x$

$\Rightarrow \quad y_p'' = e^x \cdot \left(b \cdot x^2 + c \cdot x + 4 \cdot b \cdot x + 2 \cdot b + 2 \cdot c\right)$

Schritt 3: Wir setzen die partikuläre Lösung in die ursprüngliche Differentialgleichung ein

$$e^x \cdot \left(b \cdot x^2 + c \cdot x + 4 \cdot b \cdot x + 2 \cdot b + 2 \cdot c\right) - 6 \cdot e^x \cdot \left(b \cdot x^2 + c \cdot x + 2 \cdot b \cdot x + c\right) + 5 \cdot e^x \cdot \left(b \cdot x^2 + c \cdot x\right) = x \cdot e^x$$

Wir dividieren durch e^x und multiplizieren aus:

$$\left(b \cdot x^2 + c \cdot x + 4 \cdot b \cdot x + 2 \cdot b + 2 \cdot c\right) - 6 \cdot \left(b \cdot x^2 + c \cdot x + 2 \cdot b \cdot x + c\right) + 5 \cdot \left(b \cdot x^2 + c \cdot x\right) = x$$

$$b \cdot x^2 + c \cdot x + 4 \cdot b \cdot x + 2 \cdot b + 2 \cdot c - 6 \cdot b \cdot x^2 - 6 \cdot c \cdot x - 12 \cdot b \cdot x - 6 \cdot c + 5 \cdot b \cdot x^2 + 5 \cdot c \cdot x = x$$

$$4 \cdot b \cdot x - 12 \cdot b \cdot x + 2 \cdot b + 2 \cdot c - 6 \cdot c = x$$

$$-8 \cdot b \cdot x + 2 \cdot b - 4 \cdot c = x$$

Schritt 4: Bestimmung der Konstanten b und c durch Koeffizientenvergleich:

Koeffizienten von x^1: $\quad -8 \cdot b = 1 \quad \Rightarrow \quad b = -\dfrac{1}{8}$

Koeffizienten von x^0: $\quad 2 \cdot b - 4 \cdot c = 0 \quad \Rightarrow \quad c = \dfrac{b}{2} = -\dfrac{1}{16}$

Damit haben wir eine partikuläre Lösung gefunden: $y_p = e^x \cdot \left(-\dfrac{1}{8} \cdot x^2 - \dfrac{1}{16} \cdot x\right)$

Die Gesamtlösung ist nun die Summe aus homogener und partikulärer Lösung:

$$y_{Gesamt} = y_{Homogen} + y_p = C_1 \cdot e^{5 \cdot x} + C_2 \cdot e^x + \left(-\dfrac{1}{8} \cdot x^2 - \dfrac{1}{16} \cdot x\right) \cdot e^x$$

(7) Gegeben ist folgende inhomogene Differentialgleichung: $y'' - 6 \cdot y' + 5 \cdot y = 4 \cdot \sin(3 \cdot x)$

Schritt 1: Lösung der homogenen Differentialgleichung: $\qquad y'' - 6 \cdot y' - 16 \cdot y = 0$

Die allgemeine Lösung der homogenen Differentialgleichung lautet: (siehe (5))

$$y_{Homogen} = C_1 \cdot y_1 + C_2 \cdot y_2 = C_1 \cdot e^{5 \cdot x} + C_2 \cdot e^x$$

Schritt 2: Aufsuchen einer partikulären Lösung für: $\quad g_{(x)} = 4 \cdot \sin(3 \cdot x)$

Als partikuläre Lösung wählen wir:

$$y_p = a \cdot \sin(3 \cdot x) + b \cdot \cos(3 \cdot x)$$

Wir bilden die erste und zweite Ableitung von der partikulären Lösung (Kettenregel):

$$y_p' = 3 \cdot a \cdot \cos(3 \cdot x) - 3 \cdot b \cdot \sin(3 \cdot x)$$
$$y_p'' = -9 \cdot a \cdot \sin(3 \cdot x) - 9 \cdot b \cdot \cos(3 \cdot x)$$

Schritt 3: Wir setzen die partikuläre Lösung in die ursprüngliche Differentialgleichung ein

$-9 \cdot a \cdot \sin(3 \cdot x) - 9 \cdot b \cdot \cos(3 \cdot x) - 6 \cdot [3 \cdot a \cdot \cos(3 \cdot x) - 3 \cdot b \cdot \sin(3 \cdot x)] + 5 \cdot [a \cdot \sin(3 \cdot x) + b \cdot \cos(3 \cdot x)] = 4 \cdot \sin(3 \cdot x)$

$-9 \cdot a \cdot \sin(3 \cdot x) - 9 \cdot b \cdot \cos(3 \cdot x) - 18 \cdot a \cdot \cos(3 \cdot x) + 18 \cdot b \cdot \sin(3 \cdot x) + 5 \cdot a \cdot \sin(3 \cdot x) + 5 \cdot b \cdot \cos(3 \cdot x) = 4 \cdot \sin(3 \cdot x)$

$-4 \cdot a \cdot \sin(3 \cdot x) + 18 \cdot b \cdot \sin(3 \cdot x) - 4 \cdot b \cdot \cos(3 \cdot x) - 18 \cdot a \cdot \cos(3 \cdot x) = 4 \cdot \sin(3 \cdot x) + 0 \cdot \cos(3 \cdot x)$

Schritt 4: Bestimmung der Konstanten a und b durch Koeffizientenvergleich:

Koeffizienten von $\sin(3 \cdot x)$: $-4 \cdot a + 18 \cdot b = 4$

Koeffizienten von $\cos(3 \cdot x)$: $-4 \cdot b - 18 \cdot a = 0$

Wir erhalten also zwei Gleichungen mit zwei unbekannten, die wir wie folgt lösen:

$-4 \cdot b - 18 \cdot a = 0 \quad \Rightarrow \quad a = \dfrac{-4}{18} \cdot b = \dfrac{-2}{9} \cdot b$

eingesetzt folgt:

$-4 \cdot \dfrac{-2}{9} \cdot b + 18 \cdot b = 4 \quad \Rightarrow \quad \dfrac{8}{9} \cdot b + \dfrac{162}{9} \cdot b = 4 \quad \Rightarrow \quad \dfrac{170}{9} \cdot b = 4 \quad \Rightarrow \quad b = \dfrac{4 \cdot 9}{170} = \dfrac{18}{85}$

für a ergibt sich:

$a = \dfrac{-2}{9} \cdot \dfrac{18}{85} = \dfrac{-4}{85}$

Damit haben wir eine partikuläre Lösung gefunden: $y_p = \dfrac{-4}{85} \cdot \sin(3 \cdot x) + \dfrac{18}{85} \cdot \cos(3 \cdot x)$

Die Gesamtlösung ist nun die Summe aus homogener und partikulärer Lösung:

$y_{Gesamt} = y_{Homogen} + y_p = C_1 \cdot e^{5 \cdot x} + C_2 \cdot e^x - \dfrac{4}{85} \cdot \sin(3 \cdot x) + \dfrac{18}{85} \cdot \cos(3 \cdot x)$

(8) Gegeben ist folgende inhomogene Differentialgleichung: $y'' - 6 \cdot y' - 7 \cdot y = 3 \cdot e^x + 6 \cdot x - 20$

Schritt 1: Lösung der homogenen Differentialgleichung: $y'' - 6 \cdot y' - 7 \cdot y = 0$

Charakteristische Gleichung:

$\lambda^2 - 6 \cdot \lambda - 7 = 0 \quad \Rightarrow \quad \lambda_{1,2} = \dfrac{6}{2} \pm \sqrt{\left(\dfrac{6}{2}\right)^2 + 7} \quad \Rightarrow \quad \lambda_{1,2} = 3 \pm \sqrt{9 + 7} = 3 \pm \sqrt{16} = 3 \pm 4$

$\Rightarrow \quad \lambda_1 = 3 + 4 = 7 \quad \text{und} \quad \lambda_2 = 3 - 4 = -1$

Fall 1: Die Fundamentalbasis der Differentialgleichung lautet:

$y_1 = e^{7 \cdot x} \quad \text{und} \quad y_2 = e^{-x}$

Die allgemeine Lösung der homogenen Differentialgleichung lautet somit:

$$y_{Homogen} = C_1 \cdot y_1 + C_2 \cdot y_2 = C_1 \cdot e^{7 \cdot x} + C_2 \cdot e^{-x}$$

Schritt 2: Aufsuchen einer partikulären Lösung für: $g_{(x)} = 3 \cdot e^x + 6 \cdot x - 20$

Hier wählen wir als partikuläre Lösung:

$$y_p = a \cdot e^x + b \cdot x + c$$

Wir bilden die erste und zweite Ableitung von der partikulären Lösung.

$$y_p' = a \cdot e^x + b \quad \text{und} \quad y_p'' = a \cdot e^x$$

Schritt 3: Wir setzen die partikuläre Lösung in die ursprüngliche Differentialgleichung ein:

$$a \cdot e^x - 6 \cdot \left(a \cdot e^x + b\right) - 7 \cdot \left(a \cdot e^x + b \cdot x + c\right) = 3 \cdot e^x + 6 \cdot x - 20$$

Wir multiplizieren aus:

$$a \cdot e^x - 6 \cdot a \cdot e^x - 6 \cdot b - 7 \cdot a \cdot e^x - 7 \cdot b \cdot x - 7 \cdot c = 3 \cdot e^x + 6 \cdot x - 20$$

Schritt 4: Bestimmung der Konstanten a, b und c durch Koeffizientenvergleich:

Koeffizienten von e^x: $a - 6 \cdot a - 7 \cdot a = 3 \quad \Rightarrow \quad -12 \cdot a = 3 \quad \Rightarrow \quad a = -\dfrac{1}{4}$

Koeffizienten von x^1: $-7 \cdot b = 6 \quad \Rightarrow \quad b = -\dfrac{6}{7}$

Koeffizienten von x^0: $-6 \cdot b - 7 \cdot c = -20$

$$\text{mit} \quad b = -\frac{6}{7} \quad \Rightarrow \quad \frac{36}{7} - 7 \cdot c = -20 \quad \Rightarrow \quad -7 \cdot c = -\frac{140}{7} - \frac{36}{7}$$

$$\Rightarrow \quad -7 \cdot c = -\frac{176}{7} \quad \Rightarrow \quad c = \frac{176}{49}$$

Damit haben wir eine partikuläre Lösung gefunden: $y_p = -\dfrac{1}{4} \cdot e^x - \dfrac{6}{7} \cdot x + \dfrac{176}{49}$

Die Gesamtlösung ist nun die Summe aus homogener und partikulärer Lösung:

$$y_{Gesamt} = y_{Homogen} + y_p = C_1 \cdot e^{7 \cdot x} + C_2 \cdot e^{-x} - \frac{1}{4} \cdot e^x - \frac{6}{7} \cdot x + \frac{176}{49}$$

3.2.3   Lösungsansätze für partikuläre Lösungen einer DGL 2. Ordnung

In den vorherigen Beispielen haben wir jeweils eine partikuläre Lösung verwendet. Im Folgenden zeigen wir bei welcher Störfunktion $g_{(x)}$ welche partikuläre Lösung verwendet werden kann. Grundsätzlich wissen wir, dass die partikuläre Lösung vom Typ her der Störfunktion gleicht.

Störfunktion: Polynom	Lösungsansatz: Polynom (1. Ansatz)
$g_{(x)} = c_0$	$y_p = a_0$
$g_{(x)} = c_1 \cdot x + c_0$	$y_p = a_1 \cdot x + a_0$
$g_{(x)} = c_2 \cdot x^2 + c_1 \cdot x + c_0$	$y_p = a_2 \cdot x^2 + a_1 \cdot x + a_0$
$g_{(x)} = c_n \cdot x^n + ... + c_2 \cdot x^2 + c_1 \cdot x + c_0$	$y_p = a_n \cdot x^n + ... + a_2 \cdot x^2 + a_1 \cdot x + c_0$

Sollte in manchen Fällen der 1. Lösungsansatz nicht zum Erfolg führen, so kann man es mit einem Polynom versuchen, bei dem der 1. Ansatz mit x multipliziert wird: 2. Lösungsansatz: $y_{p2} = x \cdot y_p$
Sollte auch der 2. Lösungsansatz nicht zum Erfolg führen, so kann man es mit einem Polynom versuchen, bei dem der 1. Ansatz mit x^2 multipliziert wird: 3. Lösungsansatz: $y_{p3} = x^2 \cdot y_p$

Störfunktion: Exponentialfunktion	Lösungsansatz: Exponentialfunktion (1. Ansatz)
$g_{(x)} = c \cdot e^{b \cdot x}$	$y_p = a \cdot e^{b \cdot x}$

Sollte in manchen Fällen der 1. Lösungsansatz nicht zum Erfolg führen, so kann man es mit einer Exponentialfunktion versuchen, bei der der 1. Ansatz mit x multipliziert wird: 2. Lösungsansatz: $y_{p2} = x \cdot y_p = x \cdot a \cdot y_p$
Sollte auch der 2. Lösungsansatz nicht zum Erfolg führen, so kann man es mit einer Exponentialfunktion versuchen, bei der der 1. Ansatz mit x^2 multipliziert wird: 3. Lösungsansatz: $y_{p3} = x^2 \cdot y_p = x^2 \cdot a \cdot y_p$

Störfunktion: Sinus- o. Kosinusfunktion	Lösungsansatz: Sinusfunktion (1. Ansatz)
$g_{(x)} = c_1 \cdot \sin(c_2 \cdot x)$ oder $g_{(x)} = c_1 \cdot \cos(c_2 \cdot x)$ oder $g_{(x)} = \sin(c_2 \cdot x) + \cos(c_2 \cdot x)$	$y_p = a_1 \cdot \sin(c_2 \cdot x) + a_2 \cdot \cos(c_2 \cdot x)$ oder $y_p = a \cdot \sin(c_2 \cdot x + b)$

Sollte in manchen Fällen der 1. Lösungsansatz nicht zum Erfolg führen, so kann man es mit einer Sinus- oder Kosinusfunktion versuchen, bei der der 1. Ansatz mit x multipliziert wird: 2. Lösungsansatz: $y_{p2} = x \cdot y_p$

Störfunktion: Zusammengesetzt	Lösungsansatz: Zusammengesetzt (1.Ansatz)
Mit $$P_{n(x)} = p_n \cdot x^n + ... + p_2 \cdot x^2 + p_1 \cdot x + p_0$$ erhalten wir folgende Störfunktion: $$g_{(x)} = k \cdot e^{b \cdot x} \cdot P_{n(x)}$$	Mit $$Q_{n(x)} = q_n \cdot x^n + ... + q_2 \cdot x^2 + q_1 \cdot x + q_0$$ und $$R_{n(x)} = r_n \cdot x^n + ... + r_2 \cdot x^2 + r_1 \cdot x + r_0$$ erhalten wir folgenden Lösungsansatz: $$y_p = e^{b \cdot x} \cdot \left[Q_{n(x)} + R_{n(x)} \right]$$
$$g_{(x)} = P_{n(x)} \cdot c_1 \sin(c_2 \cdot x)$$	$$y_p = Q_{n(x)} \cdot \sin(c_2 \cdot x) + R_{n(x)} \cdot \cos(c_2 \cdot x)$$
$$g_{(x)} = k \cdot e^{b \cdot x} \cdot c_1 \cdot \sin(c_2 \cdot x)$$ oder $$g_{(x)} = k \cdot e^{b \cdot x} \cdot c_1 \cdot \cos(c_2 \cdot x)$$	$$y_p = e^{b \cdot x} \cdot \left[\sin(c_2 \cdot x) + \cos(c_2 \cdot x) \right]$$
$$g_{(x)} = k \cdot e^{b \cdot x} \cdot P_{n(x)} \cdot c_1 \cdot \sin(c_2 \cdot x)$$ oder $$g_{(x)} = k \cdot e^{b \cdot x} \cdot P_{n(x)} \cdot c_1 \cdot \cos(c_2 \cdot x)$$	$$y_p = e^{b \cdot x} \cdot \left[Q_{n(x)} \cdot \sin(c_2 \cdot x) + R_{n(x)} \cdot \cos(c_2 \cdot x) \right]$$

Sollte in manchen Fällen der 1. Lösungsansatz nicht zum Erfolg führen, so kann man den 1. Ansatz mit x multiplizieren und erhält den

2. Lösungsansatz: $y_{p2} = x \cdot y_p$

4   Numerische Integration

In vielen Fällen sind Differentialgleichungen nicht elementar lösbar oder aber der Rechenaufwand zur Lösung ist zu groß. Ist dies der Fall, dann kann man auf numerische Integrationsverfahren ausweichen, die eine näherungsweise Berechnung erlauben.

4.1   Einführendes Beispiel

Schon bei der Behandlung der Richtungsfelder und Isoklinen haben wir festgestellt, dass sich die Steigung einer Differentialgleichung bei gegebenen Werten von x und y relativ leicht berechnen lässt. Wenn man nun vom einem gegebenen Punkt $P_{(x0;\ y0)}$ ausgeht und von dort eine Linie mit der berechneten Steigung $y'_{(x_0;y_0)}$ eine bestimmte kleine Strecke in x-Richtung geht, dann erhält man einen Punkt $P_{(x1;\ y1)}$ der relativ nah an der tatsächlichen Funktion liegt. Für diesen Punkt kann man wieder die Steigung berechnen und das ganze wiederholen. Wir wollen dieses Prozedere anhand folgender einfachen Funktion anschaulich darstellen:

Funktion: $\qquad\qquad\qquad y = x^2 \ \Rightarrow\ y' = 2 \cdot x$

Anfangswerte: $\qquad\qquad x_0 = 1 \quad$ und $\quad y_0 = 1 \ \Rightarrow\ y'_{(x_0;\ y_0)} = 2$

Die Gleichung der Tangente lautet nun in der Punkt-Steigungsform:

$$\frac{y - y_0}{x - x_0} = 2 \quad \Rightarrow \quad y = 2 \cdot (x - 1) + 1 = 2 \cdot x - 1$$

Wir wählen nun den zweiten Punkt an der Stelle $x_1 = 1{,}2$: $\quad y_1 = 2 \cdot 1{,}2 - 1 = 1{,}4 \ \Rightarrow\ y'_1 = 2{,}4$

Daraus folgt die neue Tangentengleichung:

$$\frac{y - y_1}{x - x_1} = 2{,}4 \quad \Rightarrow \quad y = 2{,}4 \cdot (x - 1{,}2) + 1{,}4 = 2{,}4 \cdot x - 1{,}48$$

Wir wählen nun den dritten Punkt an der Stelle $x_2 = 1{,}4$: $\quad y_2 = 2{,}4 \cdot 1{,}4 - 1{,}48 = 1{,}88 \ \Rightarrow\ y'_2 = 2{,}8$

Neue Tangentengleichung: $\qquad\qquad\qquad\qquad\qquad y = 2{,}8 \cdot (x - 1{,}4) + 1{,}88 = 2{,}8 \cdot x - 2{,}04$

Wir wählen nun den vierten Punkt an der Stelle $x_3 = 1{,}6$: $\quad y_3 = 2{,}8 \cdot 1{,}6 - 2{,}04 = 2{,}44 \ \Rightarrow\ y'_3 = 3{,}2$

Neue Tangentengleichung: $\qquad\qquad\qquad\qquad\qquad y = 3{,}2 \cdot (x - 1{,}6) + 2{,}44 = 3{,}2 \cdot x - 2{,}68$

Wir wählen nun den fünften Punkt an der Stelle $x_4 = 1{,}8$: $\quad y_4 = 3{,}2 \cdot 1{,}8 - 2{,}68 = 3{,}08 \ \Rightarrow\ y'_4 = 3{,}6$

Wenn wir die berechneten Werte in ein Diagramm eintragen erhalten wir folgendes Bild:

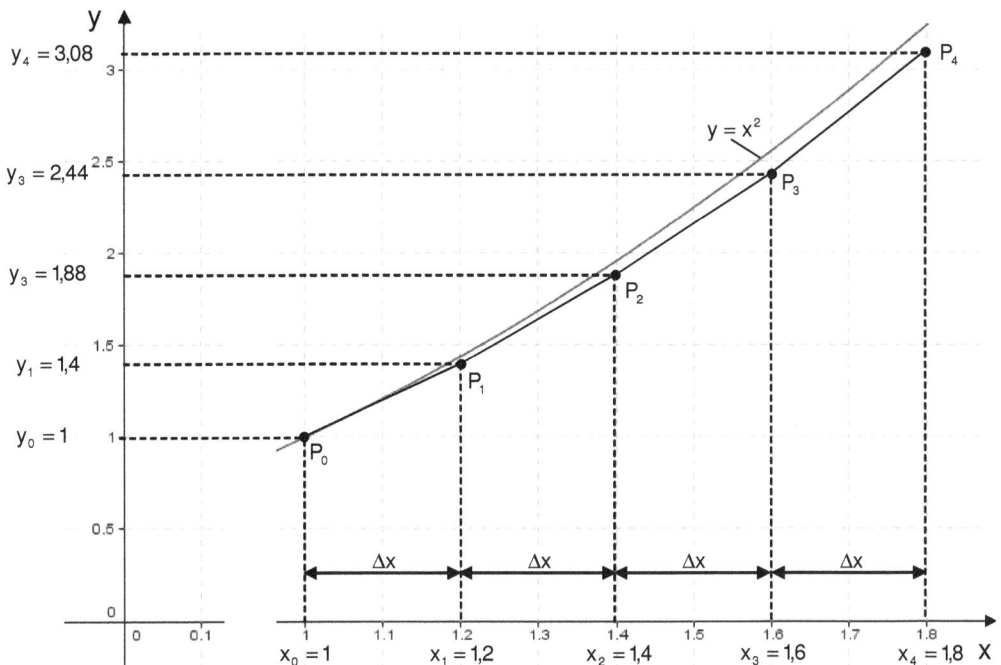

Bild 123: Annäherung an eine Funktion durch das Streckenzugverfahren nach Euler

Die Größe Δx ist die sogenannte Schrittweite, welche in unserem Beispiel 0,2 beträgt. Wie man sieht, kann man mit dem hier verwendeten Streckenzugverfahren (Euler-Verfahren) jede beliebige Funktion annähern, soweit man die Steigungen an den Stellen P_i berechnen kann. Dies gilt natürlich auch für Differentialgleichungen.

Wenn wir für unser Beispiel die wahren Werte der Funktion berechnen und den Näherungswerten gegenüberstellen erhalten wir die Fehler des Näherungsverfahrens:

n	x_n	y_n	y'_n	x_n^2	$y_n - x_n^2$
0	1,00	1,00	2,00	1,00	0,00
1	1,20	1,40	2,40	1,44	-0,04
2	1,40	1,88	2,80	1,96	-0,08
3	1,60	2,44	3,20	2,56	-0,12
4	1,80	3,08	3,60	3,24	-0,16
5	2,00	3,80	4,00	4,00	-0,20
6	2,20	4,60	4,40	4,84	-0,24
7	2,40	5,48	4,80	5,76	-0,28
8	2,60	6,44	5,20	6,76	-0,32
9	2,80	7,48	5,60	7,84	-0,36
10	3,00	8,60	6,00	9,00	-0,40

In der Tabelle kann man erkennen, dass der Fehler mit zunehmender Schrittzahl zunimmt, wobei der Fehler hier wie folgt berechnet wird:

$$\text{Fehler} = y_n - x_n^2$$

Im nächsten Schritt wollen wir untersuchen, ob sich der Fehler durch Verkleinerung der Schrittweite verringern lässt. Als neue Schrittweite wählen wir: $\Delta x = 0{,}1$

n	x_n	y_n	y'_n	x_n^2	$y_n - x_n^2$
0	1,00	1,00	2,00	1,00	0,00
1	1,10	1,20	2,20	1,21	-0,01
2	1,20	1,42	2,40	1,44	-0,02
3	1,30	1,66	2,60	1,69	-0,03
4	1,40	1,92	2,80	1,96	-0,04
5	1,50	2,20	3,00	2,25	-0,05
6	1,60	2,50	3,20	2,56	-0,06
7	1,70	2,82	3,40	2,89	-0,07
8	1,80	3,16	3,60	3,24	-0,08
9	1,90	3,52	3,80	3,61	-0,09
10	2,00	3,90	4,00	4,00	-0,10
11	2,10	4,30	4,20	4,41	-0,11
12	2,20	4,72	4,40	4,84	-0,12
13	2,30	5,16	4,60	5,29	-0,13
14	2,40	5,62	4,80	5,76	-0,14
15	2,50	6,10	5,00	6,25	-0,15
16	2,60	6,60	5,20	6,76	-0,16
17	2,70	7,12	5,40	7,29	-0,17
18	2,80	7,66	5,60	7,84	-0,18
19	2,90	8,22	5,80	8,41	-0,19
20	3,00	8,80	6,00	9,00	-0,20

In der neuen Berechnung erkennen wir, dass sich die Fehler halbiert haben. Man kann also – wie erwartet – den Fehler durch die Verkleinerung der Schrittweite proportional verringern.

4.2   Numerische Integration einer Differentialgleichung

Auch für dieses Beispiel wollen wir das Streckenzugverfahren von Euler anwenden. Es sei folgende Differentialgleichung gegeben:

$y' - y = e^x$ mit dem Anfangswert $y_{(0)} = 1$

Wir wollen diese Differentialgleichung zunächst durch Variation der Konstanten lösen. Mit dieser Lösung können wir unsere Näherungswerte mit den wahren Werten der Funktion vergleichen.

Schritt 1: Lösung der homogenen Differentialgleichung $y' - y = 0$

$$y_1 = C \cdot e^{-\int (-1) \cdot dx} = C \cdot e^{\int dx} = C \cdot e^x$$

Schritt 2: Lösung der inhomogenen Differentialgleichung: $y' - y = e^x$

$$y_2 = \int \left[g_{(x)} \cdot e^{\int f_{(x)} \cdot dx} \right] \cdot dx \cdot e^{-\int f_{(x)} \cdot dx} = \int \left[e^x \cdot e^{\int (-1) \cdot dx} \right] \cdot dx \cdot e^{-\int (-1) \cdot dx}$$

$$= \int \left[e^x \cdot e^{(-1) \int dx} \right] \cdot dx \cdot e^{\int dx} = \int \left[e^x \cdot e^{-x} \right] \cdot dx \cdot e^x$$

$$= \int \left[e^0 \right] \cdot dx \cdot e^x = x \cdot e^x$$

Wir erhalten als Lösung der Differentialgleichung: $y_{(x)} = y_1 + y_2 = C \cdot e^x + x \cdot e^x$

Wir setzen nun den Anfangswert ein: $1 = C \cdot e^0 + 0 \cdot e^0$ $\Rightarrow$ $C = 1$ $\Rightarrow$ $y = e^x + x \cdot e^x$

Nun berechnen wir die Näherungslösung und setzen unsere Schrittweite zunächst auf $\Delta x = 0{,}1$.

Anfangswerte: $x_0 = 0$ und $y_0 = 1$ $\Rightarrow$ $y'_{(x_0\,;\,y_0)} = e^0 + 1 = 1 + 1 = 2$

Die Gleichung der Tangente lautet nun in der Punkt-Steigungsform:

$$\frac{y - y_0}{x - x_0} = 2 \quad \Rightarrow \quad y = 2 \cdot (x - 0) + 1 = 2 \cdot x + 1$$

Wir wählen nun den zweiten Punkt an der Stelle $x_1 = 0{,}1$: $y_1 = 2 \cdot 0{,}1 + 1 = 1{,}2$ $\Rightarrow$ $y'_1 = 2{,}305171$
Daraus folgt die neue Tangentengleichung:

$$\frac{y - y_1}{x - x_1} = 2{,}305171 \quad \Rightarrow \quad y = 2{,}305171 \cdot (x - 0{,}1) + 1{,}2 = 2{,}305171 \cdot x - 0{,}2305171 + 1{,}2$$

$$= 2{,}305171 \cdot x + 0{,}969483$$

Wir wählen nun den zweiten Punkt an der Stelle $x_2 = 0{,}2$:

$$y_2 = 2{,}305171 \cdot 0{,}2 + 0{,}969483 = 1{,}430517 \quad \Rightarrow \quad y'_2 = 2{,}65192$$

Daraus folgt die neue Tangentengleichung ...

Wir brechen an dieser Stelle ab, um für die weitere Berechnung einen Algorithmus zu zeigen, der uns die Arbeit erheblich vereinfachen soll.

n	x_n	y_n	$y'_n = e^x + y$
0	0	1	$y'_0 = e^{x_0} + y_0 = 2$
1	$x_1 = x_0 + 1 \cdot \Delta x = 0{,}1$	$y_1 = y_0 + \Delta x \cdot y'_0 = 1{,}2$	$y'_1 = e^{x_1} + y_1 = 2{,}305171$
2	$x_2 = x_0 + 2 \cdot \Delta x = 0{,}2$	$y_2 = y_1 + \Delta x \cdot y'_1 = 1{,}430517$	$y'_2 = e^{x_2} + y_2 = 2{,}651920$
3	$x_3 = x_0 + 3 \cdot \Delta x = 0{,}3$	$y_3 = y_2 + \Delta x \cdot y'_2 = 1{,}695709$	$y'_3 = e^{x_3} + y_3 = 3{,}045568$
4	$x_4 = x_0 + 4 \cdot \Delta x = 0{,}4$	$y_4 = y_3 + \Delta x \cdot y'_3 = 2{,}000266$	

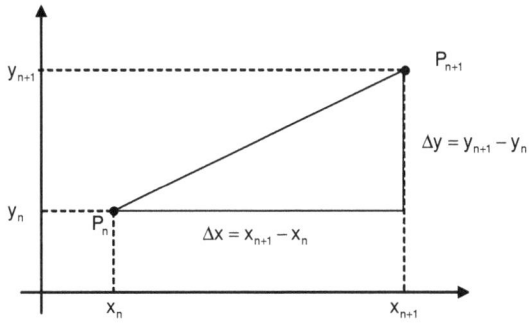

Im nebenstehenden Bild ist das Prinzip des Algorithmus zu erkennen. Es gilt:

$$\frac{\Delta y}{\Delta x} = \frac{y_{n+1} - y_n}{\Delta x} = y'_n$$

$$\Rightarrow \quad y_{n+1} - y_n = \Delta x \cdot y'_n$$

$$\Rightarrow \quad y_{n+1} = y_n + \Delta x \cdot y'_n$$

Wir können also aus den Werten von y_n, Δx und y'_n

Bild 124: Streckenzugverfahren von Euler   den Wert von y_{n+1} berechnen.

Ein derartiger Algorithmus lässt sich im Rahmen einer Tabellenkalkulation abbilden.

	A	B	C	D	E	F	G
1	$\Delta x =$	0,1					
2	n	x_n	y_n	y'_n	$y_{(x)} = e^x + x \cdot e^x$	$y_n - y_{(x)}$	$(y_n - y_{(x)})/y_{(x)}$
3	0	0,00	1,000000	2,000000	1,000000	0,000000	0,000000%
4	1	0,10	1,200000	2,305171	1,215688	-0,015688	-1,290463%
5	2	0,20	1,430517	2,651920	1,465683	-0,035166	-2,399305%
6	3	0,30	1,695709	3,045568	1,754816	-0,059107	-3,368294%
7	4	0,40	2,000266	3,492091	2,088555	-0,088289	-4,227264%

Bild 125: Streckenzugverfahren von Euler in einer Tabellenkalkulation $\Delta x = 0,1$; $x_0 = 0$; $y_0 = 1$

Im Folgenden dokumentieren wir die Feldbelegung, damit man diese nachvollziehen kann:

	A	B	C	D	E	F
1	$\Delta x =$	Wert von Δx (hier 0,1)				
2	n	x_n	y_n	y'_n	$y_{(x)}=e^x+x \, e^x$	$y_n - y_{(x)}$
3	0	Anfangswert von x (hier 0)	Anfangswert von y (hier 1)	=EXP(B3)+C3	=EXP(B3)*(1+B3)	=C3-E3
4	=A3+1	=$B$3+A4*$B$1	=D3*(B4-B3)+C3	=EXP(B4)+C4	=EXP(B4)*(1+B4)	=C4-E4
5	=A4+1	=$B$3+A5*$B$1	=D4*(B5-B4)+C4	=EXP(B5)+C5	=EXP(B5)*(1+B5)	=C5-E5
6	=A5+1	=$B$3+A6*$B$1	=D5*(B6-B5)+C5	=EXP(B6)+C6	=EXP(B6)*(1+B6)	=C6-E6
7	=A6+1	=$B$3+A7*$B$1	=D6*(B7-B6)+C6	=EXP(B7)+C7	=EXP(B7)*(1+B7)	=C7-E7
8	...	...	...	...	...	...

In Spalte E werden die wahren Werte der Differentialgleichung und in Spalte F der absolute Fehler ausgegeben. Im Bild oben sehen wir in Spalte G noch den relativen Fehler in %.

Wir können nun die Tabellen auf beliebig viele Zeilen vergrößern und das Δx verkleinern. In der folgenden Tabelle haben wir z.B. eine Schrittweite von 0,05 gewählt:

$\Delta x =$	0,05					
n	x_n	y_n	y'_n	$y_{(x)} = e^x + x \cdot e^x$	$y_n - y_{(x)}$	$(y_n - y_{(x)})/y_{(x)}$
0	0,00	1,000000	2,000000	1,000000	0,000000	0,000000%
1	0,05	1,100000	2,151271	1,103835	-0,003835	-0,347394%
2	0,10	1,207564	2,312734	1,215688	-0,008124	-0,668301%
3	0,15	1,323200	2,485035	1,336109	-0,012909	-0,966171%
4	0,20	1,447452	2,668855	1,465683	-0,018231	-1,243878%
5	0,25	1,580895	2,864920	1,605032	-0,024137	-1,503835%
6	0,30	1,724141	3,074000	1,754816	-0,030676	-1,748086%
7	0,35	1,877841	3,296908	1,915741	-0,037900	-1,978371%
8	0,40	2,042686	3,534511	2,088555	-0,045868	-2,196181%

Bild 126: Streckenzugverfahren von Euler in einer Tabellenkalkulation $\Delta x = 0,05$; $x_0 = 0$; $y_0 = 1$

Wir wollen nun untersuchen, wie sich die Halbierung der Schrittweite auf die Genauigkeit auswirkt. Hierzu betrachten wir die Fehler für $x_n = 0,4$, welche wir wie folgt gegenüberstellen:

$$\frac{\text{Fehler für } x_n = 0,4 \ \text{bei } \Delta \ = \ 0,05}{\text{Fehler für } x_n = 0,4 \ \text{bei } \Delta \ = \ 0,10} = \frac{-0,045868}{-0,088289} = 0,5195$$

Hier wird der Fehler durch Halbierung der Schrittweite also nahezu halbiert. Wenn wir die Schrittweite nun auf 0,025 nochmal halbieren erhalten wir folgende Tabelle:

$\Delta x =$	0,025					
n	x_n	y_n	y_n'	$y_{(x)} = e^x + x \cdot e^x$	$y_n - y_{(x)}$	$(y_n - y_{(x)})/y_{(x)}$
0	0,00	1,000000	2,000000	1,000000	0,000000	0,000000%
1	0,03	1,050000	2,075315	1,050948	-0,000948	-0,090204%
2	0,05	1,101883	2,153154	1,103835	-0,001952	-0,176818%
3	0,08	1,155712	2,233596	1,158725	-0,003014	-0,260090%
4	0,10	1,211552	2,316723	1,215688	-0,004136	-0,340251%
5	0,13	1,269470	2,402618	1,274792	-0,005322	-0,417505%
6	0,15	1,329535	2,491369	1,336109	-0,006574	-0,492043%
7	0,18	1,391819	2,583066	1,399714	-0,007895	-0,564039%
8	0,20	1,456396	2,677799	1,465683	-0,009287	-0,633649%
9	0,23	1,523341	2,775664	1,534095	-0,010754	-0,701022%
10	0,25	1,592733	2,876758	1,605032	-0,012299	-0,766290%
11	0,28	1,664652	2,981182	1,678577	-0,013925	-0,829577%
12	0,30	1,739181	3,089040	1,754816	-0,015635	-0,890997%
13	0,33	1,816407	3,200438	1,833841	-0,017434	-0,950657%
14	0,35	1,896418	3,315486	1,915741	-0,019323	-1,008652%
15	0,38	1,979305	3,434297	2,000613	-0,021308	-1,065075%
16	0,40	2,065163	3,556987	2,088555	-0,023392	-1,120009%

Bild 127: Streckenzugverfahren von Euler in einer Tabellenkalkulation $\Delta x = 0,025$; $x_0 = 0$; $y_0 = 1$

Wir untersuchen nun den Fehler für $x_n = 0,4$ im Verhältnis zur Schrittweise von 0,05.

$$\frac{\text{Fehler für } x_n = 0,4 \ \text{bei } \Delta \ = \ 0,025}{\text{Fehler für } x_n = 0,4 \ \text{bei } \Delta \ = \ 0,050} = \frac{-0,023392}{-0,045868} = 0,50998$$

Auch hier liegt die Reduzierung des Fehlers in der Größenordnung von 0,5.

4.3   Das Halbschrittverfahren

Im vorherigen Abschnitt haben wir uns mit dem Streckenzugverfahren von Euler beschäftigt. Nun kann man sich fragen, ob dieses Verfahren durch eine veränderte Verfahrensstrategie verbessert werden kann. Im Folgenden wollen wir das sogenannte Halbschrittverfahren zeigen, welches ähnlich funktioniert wie das Streckenzugverfahren von Euler jedoch eine bessere Annäherung an die gesuchte Funktion liefert.

Anhand des folgenden Bildes kann man die Vorgehensweise beim Halbschrittverfahrens gut nachvollziehen:

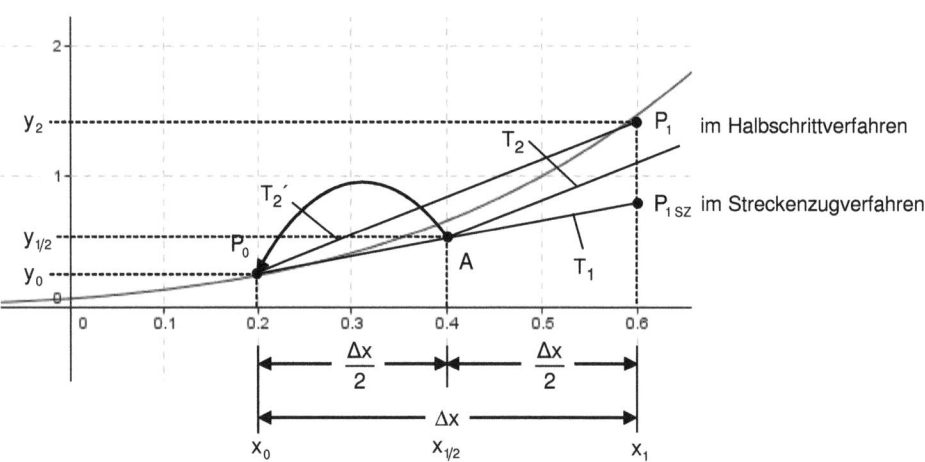

Bild 128: Vorgehensweise beim Halbschrittverfahren

Differentialgleichung: $y' = f_{(x;y)}$
Anfangswerte: x_0 und y_0
Schrittweite: Δx

Schritt 1:
Wir berechnen die Steigung der Tangente T_1 an der Stelle x_0 und y_0 mit $y'_{P_0} = f_{(x_0;y_0)}$

Mit dieser Steigung gehen wir mit halber Schrittweite $\dfrac{\Delta x}{2}$ zum Punkt A und berechnen die folgenden Koordinaten:

$x_{1/2} = x_0 + \dfrac{\Delta x}{2}$ und $y_{1/2} = y_0 + \dfrac{\Delta x}{2} \cdot y'_0$

Schritt 2:
Nun berechnen wir die Steigung der Differentialgleichung (Tangente T_2) an der Stelle des Punktes A:

$y'_A = f_{(x_{1/2};y_{1/2})}$

Mit dieser neu berechneten Steigung begeben wir uns wieder zu P_0 und berechnen von dort mit Δx und der neuen Steigung y'_A die Koordinaten des Punktes P_1. (Tangente T2´)

$x_1 = x_0 + \Delta x$ und $y_2 = y_0 + \Delta x \cdot y'_A$

Hätten wir das Streckenzugverfahren verwendet, so wären wir bei Punkt $P_{1\,SZ}$ gelandet. Wir können also erkennen, dass das Halbschrittverfahren eine weitaus bessere Annäherung liefert.
Wir wollen nun das Beispiel aus Abschnitt 4.2 mit dem Halbschrittverfahren rechnen:

Gegebene Differentialgleichung: $y' - y = e^x$ mit dem Anfangswert $y_{(0)} = 1$

Lösung der Differentialgleichung: $y = e^x + x \cdot e^x$

Nun berechnen wir die Näherungslösung und setzen unsere Schrittweite zunächst auf $\Delta x = 0{,}1$.

Anfangswerte: $x_0 = 0$ und $y_0 = 1$ $\Rightarrow$ $y'_{(x_0 ; y_0)} = e^0 + 1 = 1 + 1 = 2$

Wir tragen unsere Rechenschritte gleich in folgendes Berechnungsschema ein:

n	x_n	y_n	$y'_n = e^x + y$
0	$x_0 = 0$	$y_0 = 1$	$y'_0 = e^{x_0} + y_0 = 2$
1/2	$x_{1/2} = x_0 + \dfrac{\Delta x}{2} = 0{,}05$	$y_{1/2} = y_0 + \dfrac{\Delta x}{2} \cdot y'_0 = 1{,}1$	$y'_{1/2} = e^{x_{1/2}} + y_{1/2} = 2{,}151271$
1	$x_1 = x_0 + 1 \cdot \Delta x = 0{,}1$	$y_1 = y_0 + \Delta x \cdot y'_{1/2} = 1{,}215127$	$y'_1 = e^{x_1} + y_1 = 2{,}320298$
3/2	$x_{3/2} = x_1 + \dfrac{3}{2} \cdot \Delta x = 0{,}15$	$y_{3/2} = y_1 + \dfrac{\Delta x}{2} \cdot y'_1 = 1{,}336109$	$y'_{3/2} = e^{x_{3/2}} + y_{3/2} = 2{,}492976$
2	$x_2 = x_1 + 2 \cdot \Delta x = 0{,}2$	$y_2 = y_1 + \Delta x \cdot y'_{3/2} = 1{,}464425$	$y'_2 = e^{x_2} + y_2 = 2{,}685827$
5/2	$x_{5/2} = x_0 + \dfrac{5}{2} \cdot \Delta x = 0{,}25$	$y_{5/2} = y_2 + \dfrac{\Delta x}{2} \cdot y'_2 = 1{,}599725$	$y'_{5/2} = e^{x_{5/2}} + y_{5/2} = 2{,}883750$
3	$x_3 = x_1 + 3 \cdot \Delta x = 0{,}3$	$y_3 = y_2 + \Delta x \cdot y'_{3/2} = 1{,}743912$	

Auch dieses Verfahren lässt sich mit einer Tabellenkalkulation abbilden:

	A	B	C	D	E	F	G
1	$\Delta x =$	0,100					
2	n	x_n	y_n	y'_n	$y_{(x)} = e^x + x \cdot e^x$	$y_n - y_{(x)}$	$(y_n - y_{(x)})/y_{(x)}$
3	0	0,000	1,000000	2,000000	1,000000	0,000000	0,000000%
4	0,5	0,050	1,100000	2,151271	1,103835	-0,003835	-0,347394%
5	1	0,100	1,215127	2,320298	1,215688	-0,000561	-0,046139%
6	1,5	0,150	1,331142	2,492976	1,336109	-0,004967	-0,371779%
7	2	0,200	1,464425	2,685827	1,465683	-0,001259	-0,085869%
8	2,5	0,250	1,599725	2,883750	1,605032	-0,005307	-0,330648%
9	3	0,300	1,743912	3,093771	1,754816	-0,010904	-0,621386%
10	3,5	0,350	1,909102	3,328169	1,915741	-0,006639	-0,346567%
11	4	0,400	2,076729	3,568554	2,088555	-0,011825	-0,566199%

Bild 129: Halbschrittverfahren in einer Tabellenkalkulation $\Delta x = 0{,}1$; $x_0 = 0$; $y_0 = 1$

Wir erhalten folgende Feldbelegung:

	A	B	C	D	E	F
1	$\Delta x =$	Wert von Δx (hier 0,1)				
2	n	x_n	y_n	y'_n	$y_{(x)}=e^x+x\,e^x$	$y_n - y_{(x)}$
3	0	Anfangswert von x (hier 0)	Anfangswert von y (hier 1)	=EXP(B3)+C3	=EXP(B3)*(1+B3)	=C3-E3
4	=A3+1/2	=$B$3+A4*$B$1	=D3*(B4-B3)+C3	=EXP(B4)+C4	=EXP(B4)*(1+B4)	=C4-E4
5	=A4+1/2	=$B$3+A5*$B$1	=D4*(B5-B3)+C3	=EXP(B5)+C5	=EXP(B5)*(1+B5)	=C5-E5
6	=A5+1/2	=$B$3+A6*$B$1	=D5*(B6-B5)+C5	=EXP(B6)+C6	=EXP(B6)*(1+B6)	=C6-E6
7	=A6+1/2	=$B$3+A7*$B$1	=D6*(B7-B5)+C5	=EXP(B7)+C7	=EXP(B7)*(1+B7)	=C7-E7
8	...	...	...	...	...	...

In Spalte E werden die wahren Werte der Differentialgleichung und in Spalte F der absolute Fehler ausgegeben. Im Bild oben sehen wir in Spalte G noch den relativen Fehler in %.

Wir können nun die Tabellen auf beliebig viele Zeilen vergrößern und das Δx verkleinern. In der folgenden Tabelle haben wir z.B. eine Schrittweite von 0,05 gewählt:

	A	B	C	D	E	F	G
1	$\Delta x =$	0,050					
2	n	x_n	y_n	y'_n	$y_{(x)} = e^x + x \cdot e^x$	$y_n - y_{(x)}$	$(y_n - y_{(x)})/y_{(x)}$
3	0	0,000	1,000000	2,000000	1,000000	0,000000	0,000000%
4	0,5	0,025	1,050000	2,075315	1,050948	-0,000948	-0,090204%
5	1	0,050	1,103766	2,155037	1,103835	-0,000069	-0,006241%
6	1,5	0,075	1,157642	2,235526	1,158725	-0,001084	-0,093532%
7	2	0,100	1,215542	2,320713	1,215688	-0,000146	-0,012007%
8	2,5	0,125	1,273677	2,406826	1,274792	-0,001115	-0,087440%
9	3	0,150	1,333848	2,495682	1,336109	-0,002261	-0,169253%
10	3,5	0,175	1,398461	2,589708	1,399714	-0,001253	-0,089509%
11	4	0,200	1,463333	2,684736	1,465683	-0,002350	-0,160332%
12	4,5	0,225	1,530452	2,782774	1,534095	-0,003644	-0,237506%
13	5	0,250	1,602472	2,886497	1,605032	-0,002560	-0,159479%
14	5,5	0,275	1,674777	2,991307	1,678577	-0,003800	-0,226381%
15	6	0,300	1,749550	3,099418	1,754816	-0,005257	-0,299583%
16	6,5	0,325	1,829748	3,213778	1,833841	-0,004093	-0,223197%
17	7	0,350	1,910248	3,329316	1,915741	-0,005493	-0,286728%
18	7,5	0,375	1,993481	3,448473	2,000613	-0,007132	-0,356495%
19	8	0,400	2,082672	3,574497	2,088555	-0,005883	-0,281665%

Bild 130: Halbschrittverfahren in einer Tabellenkalkulation $\Delta x = 0,05$; $x_0 = 0$; $y_0 = 1$

Wie wir sehen, wird auch hier der Fehler durch Halbierung der Schrittweite ungefähr halbiert.

Im Folgenden wollen wir einmal das Streckenzugverfahren von Euler und das Halbschrittverfahren bezüglich des Rechenaufwands, der Rechengenauigkeit und der Effektivität gegenüberstellen. Als Schrittweite wählen wir hierzu $\Delta x = 0,1$ und unser Beispiel:

Rechenaufwand:
Beim Streckenzugverfahren haben wir nach 4 Rechenschritten folgenden Wert erhalten:
$x_4 = 0,4$ und $y_4 = 2,000266$

Beim Halbschrittverfahren haben wir nach 8 Rechenschritten folgenden Wert erhalten:
$x_4 = 0,4$ und $y_4 = 2,076729$

Man kann also sagen, dass sich beim Halbschrittverfahren der Rechenaufwand gegenüber dem Streckenzugverfahren verdoppelt.

Genauigkeit:
Beim Streckenzugverfahren haben wir nach 4 Rechenschritten folgenden Fehler erhalten:
$y_4 - y_{(x)} = -0,088289$
Beim Halbschrittverfahren haben wir nach 8 Rechenschritten folgenden Fehler erhalten:
$y_4 - y_{(x)} = -0,011825$

Wenn wir die beiden Fehlergrößen ins Verhältnis setzen erhalten wir:

$$\frac{\text{Fehler für } x_n = 0,4 \text{ bei Streckenzugverfahren}}{\text{Fehler für } x_n = 0,4 \text{ bei Halbschrittverfahren}} = \frac{-0,088289}{-0,011825} = 7,466$$

Man kann also sagen, dass beim Halbschrittverfahren der Fehler um den Faktor 7,5 gegenüber dem Streckenzugverfahren verringert wird.

Effektivität:
Betrachtet man die Kriterien Rechenaufwand und Genauigkeit zusammen, so kann man sagen, dass beim Halbschrittverfahren die Effektivität um den Faktor von $\approx 3,7$ verbessert wird.

4.4 Das Runge-Kutta-Verfahren

Eine weitere Verbesserung in der Effektivität kann durch den Einsatz des Runge-Kutta-Verfahrens erreicht werden. Dieses funktioniert ähnlich wie das Halbschrittverfahren.

Im folgenden Bild kann man die Vorgehensweise beim Runge-Kutta-Verfahrens gut nachvollziehen. Im Bild wurden die Daten des Fallbeispiels aus Abschnitt 4.2 verwendet:

Gegebene Differentialgleichung:

$y' = e^x + y$ mit den Anfangswerten $x_0 = 0$ und $y_0 = 1$ und $\Delta x = 0,8$

Lösung der Differentialgleichung: $y = e^x + x \cdot e^x$

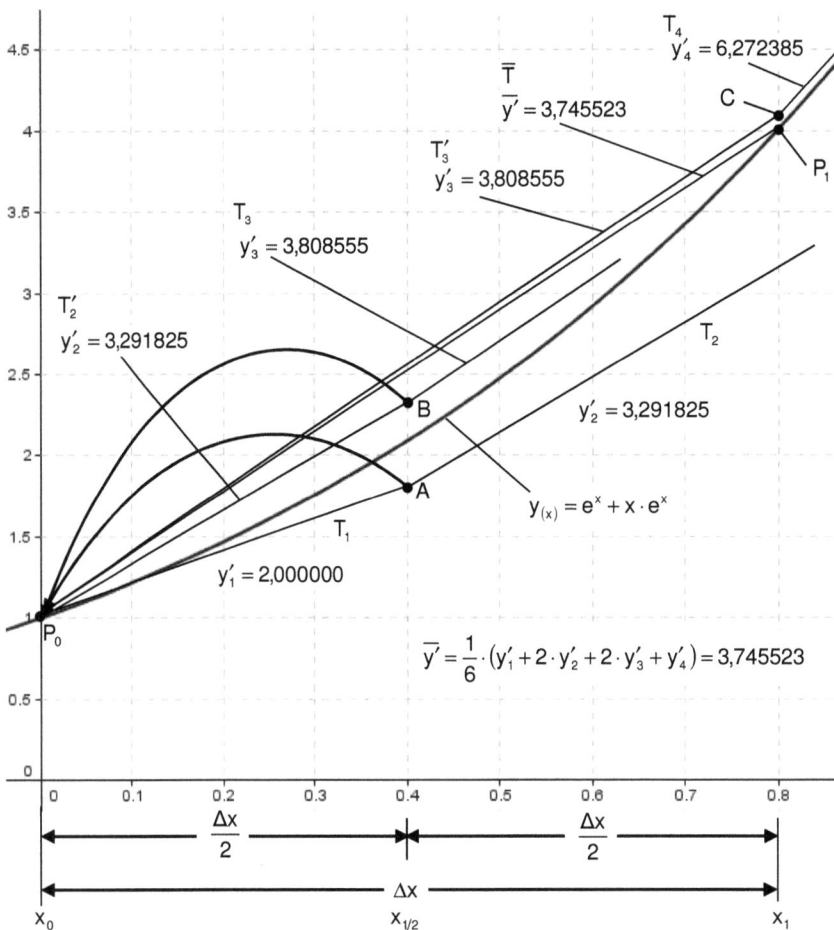

Bild 131: Vorgehensweise beim Runge-Kutta-Verfahren

Schritt 1:

Wir berechnen die Steigung der Tangente T_1 an der Stelle x_0 und y_0 mit $y'_{P_0} = y'_1 = 2,0$

Mit dieser Steigung gehen wir mit halber Schrittweite $\dfrac{\Delta x}{2}$ zum Punkt A und berechnen die folgenden Koordinaten:

$$x_A = x_0 + \frac{\Delta x}{2} = 0 + \frac{0,8}{2} = 0,4 \quad \text{und} \quad y_A = y_0 + \frac{\Delta x}{2} \cdot y'_1 = 1 + \frac{0,8}{2} \cdot 2 = 1,8$$

Schritt 2:

Nun berechnen wir die Steigung der Tangente T_2 an der Stelle des Punktes A:

$$y_2' = e^{x_A} + y_A = e^{0,4} + 1,8 = 3,291825$$

Mit dieser neu berechneten Steigung begeben wir uns wieder zu P_0 und berechnen von dort mit Δx und der neuen Steigung y_2' die Koordinaten des Punktes B. (Tangente T_2')

$$x_B = x_0 + \frac{\Delta x}{2} = 0 + \frac{0,8}{2} = 0,4 \quad \text{und} \quad y_B = y_0 + \frac{\Delta x}{2} \cdot y_2' = 1 + \frac{0,8}{2} \cdot 3,291825 = 2,316730$$

Schritt 3:

Wir berechnen die Steigung der Tangente T_3 an der Stelle des Punktes B:

$$y_3' = e^{x_B} + y_B = e^{0,4} + 2,316730 = 3,808555$$

Mit dieser neu berechneten Steigung begeben wir uns wieder zu P_0 und berechnen von dort mit Δx und der neuen Steigung y_3' die Koordinaten des Punktes C. (Tangente T_3')

$$x_C = x_0 + \Delta x = 0 + 0,8 = 0,8 \quad \text{und} \quad y_C = y_0 + \Delta x \cdot y_3' = 1 + 0,8 \cdot 3,808555 = 4,046844$$

Schritt 4:

Wir berechnen die Steigung der Tangente T_4 an der Stelle des Punktes C:

$$y_4' = e^{x_C} + y_C = e^{0,8} + 4,046844 = 6,272385$$

Schritt 5:

Aus den vier bisher berechneten Steigungen bilden wir wie folgt einen Mittelwert:

$$\overline{y}' = \frac{1}{6} \cdot (y_1' + 2 \cdot y_2' + 2 \cdot y_3' + y_4') = \frac{1}{6} \cdot (2 + 2 \cdot 3,29183 + 2 \cdot 3,808555 + 6,272385) = 3,745523$$

Mit dieser mittleren Steigung begeben wir uns wieder zu P_0 und berechnen von dort mit Δx und der neuen Steigung $\overline{y}'$ die Koordinaten des Punktes P_1. (Tangente $\overline{T}$)

$$x_{P_1} = x_0 + \Delta x = 0 + 0,8 = 0,8 \quad \text{und} \quad y_{P_1} = y_0 + \Delta x \cdot \overline{y}' = 1 + 0,8 \cdot 3,745523 = 3,996419$$

Mit diesen neuen Startwerten wird das Verfahren wiederholt.

Wenn wir nun den wahren Wert der Funktion mit dem Näherungswert vergleichen, erhalten wir Folgendes:

Näherungswert	Wahrer Wert	Fehler
3,996419	4,005974	-0,009555

Wir haben es also trotz unserer großen Schrittweite (0,8) mit einem relativ kleinen Fehler zu tun.

Wie schon bei den ersten beiden Verfahren, wollen wir auch hier einen Algorithmus für das Runge-Kutta-Verfahren ableiten.

Wieder verwenden wir die bekannten Daten aus Abschnitt 4.2.

Gegebene Differentialgleichung:

$y' = e^x + y$　mit den Anfangswerten　$x_0 = 0$　und　$y_0 = 1$　und　$\Delta x = 0{,}05$

Lösung der Differentialgleichung:　$y = e^x + x \cdot e^x$

n	x_n	y_n	$y_n' = e^x + y$
0	$x_{01} = x_0 = 0$	$y_{01} = y_0 = 1$	$y_{01}' = e^{x_{01}} + y_{01} = 2$
	$x_{02} = x_0 + \dfrac{\Delta x}{2} = 0{,}025$	$y_{02} = y_{01} + \dfrac{\Delta x}{2} \cdot y_{01}' = 1{,}050000$	$y_{02}' = e^{x_{02}} + y_{02} = 2{,}075315$
	$x_{03} = x_0 + \dfrac{\Delta x}{2} = 0{,}025$	$y_{03} = y_{01} + \dfrac{\Delta x}{2} \cdot y_{02}' = 1{,}051883$	$y_{03}' = e^{x_{03}} + y_{03} = 2{,}077198$
	$x_{04} = x_0 + \Delta x = 0{,}050$	$y_{04} = y_{01} + \Delta x \cdot y_{03}' = 1{,}103860$	$y_{04}' = e^{x_{04}} + y_{04} = 2{,}155131$
			$\overline{y_0'} = \dfrac{1}{6} \cdot (y_{01}' + 2 \cdot y_{02}' + 2 \cdot y_{03}' + y_{04}')$ $= 2{,}076693$
1	$x_{11} = n \cdot \Delta x = 0{,}05$	$y_{11} = y_{01} + \Delta x \cdot \overline{y_0'} = 1{,}103835$	$y_{11}' = e^{x_{11}} + y_{11} = 2{,}155106$
	$x_{12} = x_{11} + \dfrac{\Delta x}{2} = 0{,}075$	$y_{12} = y_{11} + \dfrac{\Delta x}{2} \cdot y_{11}' = 1{,}157712$	$y_{12}' = e^{x_{12}} + y_{12} = 2{,}235596$
	$x_{13} = x_{11} + \dfrac{\Delta x}{2} = 0{,}075$	$y_{13} = y_{12} + \dfrac{\Delta x}{2} \cdot y_{12}' = 1{,}159725$	$y_{13}' = e^{x_{13}} + y_{13} = 2{,}237609$
	$x_{14} = x_{11} + \Delta x = 0{,}100$	$y_{14} = y_{13} + \dfrac{\Delta x}{2} \cdot y_{13}' = 1{,}215715$	$y_{14}' = e^{x_{14}} + y_{14} = 2{,}320886$
			$\overline{y_1'} = \dfrac{1}{6} \cdot (y_{11}' + 2 \cdot y_{12}' + 2 \cdot y_{13}' + y_{14}')$ $= 2{,}237067$
	...	...	...

Im folgenden Bild sehen wir die zugehörige Tabellenkalkulation:

	A	B	C	D	E	F	G
1	$\Delta x =$	0,050					
2	n	x_n	y_n	y'_n	$y_{(x)} = e^x + x \cdot e^x$	$y_n - y_{(x)}$	$(y_n - y_{(x)})/y_{(x)}$
3		0,000	1,0000000000	2,0000000000	1,0000000000	0,0000000000	0,00000000%
4	0	0,025	1,0500000000	2,0753151205			
5		0,025	1,0518828780	2,0771979985			
6		0,050	1,1038598999	2,1551309963			
7				2,0766928724			
8		0,050	1,1038346436	2,1551057400	1,1038346512	-0,0000000076	-0,00000069%
9	1	0,075	1,1577122871	2,2355964380			
10		0,075	1,1597245546	2,2376087055			
11		0,100	1,2157150789	2,3208859970			
12				2,2370670040			
13		0,100	1,2156879938	2,3208589119	1,2156880099	-0,0000000161	-0,00000132%
14	2	0,125	1,2737094666	2,4068579197			
15		0,125	1,2758594418	2,4090078949			
16		0,150	1,3361383886	2,4979726313			
17				2,4084271954			
18		0,150	1,3361093536	2,4979435963	1,3361093791	-0,0000000255	-0,00000191%
19	3	0,175	1,3985579435	2,5898041601			
20		0,175	1,4008544576	2,5921006742			
21		0,200	1,4657143873	2,6871171455			
22				2,5914784017			
23		0,200	1,4656832737	2,6870860318	1,4656833098	-0,0000000361	-0,00000246%
24	4	0,225	1,5328604245	2,7851831407			
25		0,225	1,5353128522	2,7876355684			
26		0,250	1,6050650521	2,8890904688			
27				2,7869689865			
28		0,250	1,6050317230	2,8890571397	1,6050317709	-0,0000000479	-0,00000298%
29	5	0,275	1,6772581515	2,9937888264			
30		0,275	1,6798764437	2,9964071185			
31		0,300	1,7548520789	3,1047108865			

Bild 132: Runge-Kutta-Verfahren in einer Tabellenkalkulation $\Delta x = 0{,}05$; $x_0 = 0$; $y_0 = 1$

Die grau hinterlegten Felder sind die jeweiligen Näherungswerte. In den Spalten E, F und G wird Folgendes ausgegeben:

Spalte E: wahrer Wert der Funktion

Spalte F: absoluter Fehler

Spalte G: relativer Fehler in %

Die Feldbelegung sieht wie folgt aus:

	A	B	C	D	E	F
1	$\Delta x =$	Wert von Δx (hier 0,05)				
2	n	x_n	y_n	y'_n	$y_{(x)}=e^x+x\,e^x$	$y_n - y_{(x)}$
3		Anfangswert von x (hier 0)	Anfangswert von y (hier 1)	=EXP(B3)+C3	=EXP(B3)*(1+B3)	=C3-E3
4	0	=B3+$B$1/2	=D3*(B4-B3)+C3	=EXP(B4)+C4		
5		=B3+$B$1/2	=D4*(B5-B3)+C3	=EXP(B5)+C5		
6		=B3+$B$1	=D5*(B6-B3)+C3	=EXP(B6)+C6		
7				=(D3+2*D4+2*D5+D6)/6		
8	1	=B6	=D7*(B8-B3)+C3	=EXP(B8)+C8	=EXP(B8)*(1+B8)	=C8-E8
9		=B8+$B$1/2	=D8*(B9-B8)+C8	=EXP(B9)+C9		
10		=B8+$B$1/2	=D9*(B10-B8)+C8	=EXP(B10)+C10		
11		=B8+$B$1	=D10*(B11-B8)+C8	=EXP(B11)+C11		
12				=(D8+2*D9+2*D10+D11)/6		
13	...	...	...	...	...	...

In Spalte E werden die wahren Werte der Differentialgleichung ausgegeben und in Spalte F der Fehler. In Spalte G kann noch der relative Fehler berechnet werden.

Ist die Funktion $y_{(x)}$ nicht bekannt, werden nur die Spalten A bis D berechnet.

Im Folgenden wollen wir das Halbschrittverfahren und das Runge-Kutta-Verfahren bezüglich des Rechenaufwands, der Rechengenauigkeit und der Effektivität gegenüberstellen. Als Schrittweite wählen wir hierzu $\Delta x = 0,05$ und unser Beispiel:

Rechenaufwand:
Beim Halbschrittverfahren haben wir nach 16 Rechenschritten den folgenden Wert erhalten:
$x_4 = 0,4$ und $y_4 = 2,082672$

Beim Runge-Kutta-Verfahren haben wir nach 40 Rechenschritten den folgenden Wert erhalten:
$x_4 = 0,4$ und $y_4 = 2,0885544855$
Dabei habe ich die Berechnung der mittleren Steigung auch als Rechenschritt gewertet.

Man kann also sagen, dass sich beim Runge-Kutta-Verfahren der Rechenaufwand gegenüber dem Halbschrittverfahren um den Faktor 2,5 vergrößert.

Genauigkeit:

Beim Halbschrittverfahren haben wir nach 16 Rechenschritten folgenden Fehler erhalten:

$y_4 - y_{(x)} = -0,005883$

Beim Runge-Kutta-Verfahren haben wir nach 40 Rechenschritten folgenden Fehler erhalten:

$y_4 - y_{(x)} = -0,00000000912$

Wenn wir die beiden Fehlergrößen ins Verhältnis setzen erhalten wir:

$$\frac{\text{Fehler für } x_n = 0,4 \text{ bei Halbschrittverfahren}}{\text{Fehler für } x_n = 0,4 \text{ bei Runge-Kutta Verfahren}} = \frac{-0,005883}{-0,0000000912} \approx 64500$$

Man kann also sagen, dass beim Runge-Kutta-Verfahren der Fehler um den Faktor 64500 verringert wird.

Effektivität:

Betrachtet man die Kriterien Rechenaufwand und Genauigkeit zusammen, so kann man sagen, dass beim Halbschrittverfahren die Effektivität um den Faktor von ≈ 26000 verbessert wird.

Diese Annahmen gelten natürlich nur für das gegebene Beispiel mit den entsprechenden Randbedingungen. Trotzdem kann man zu dem Schluss kommen, dass das Runge-Kutta-Verfahren eine sehr erhebliche Verbesserung gegenüber dem Halbschrittverfahren darstellt.

Rechengenauigkeit bei Veränderung der Schrittweite:

Wenn wir die Schrittweite verdoppeln, dann erhalten wir beim Runge-Kutta-Verfahren einen um den ca. Faktor 15 vergrößerten Fehler. Umgekehrt gilt natürlich, dass bei Halbierung der Schrittweite, der Fehler um den ca. Faktor von 15 reduziert wird.

ACHTUNG: Dies gilt nur für das aktuelle Beispiel.

4.5   Das Nyström-Verfahren

Das Nyström-Verfahren ist eine Erweiterung des Runge-Kutta-Verfahrens für Differentialgleichungen 2. Ordnung und wird auch Runge-Kutta-Nyström-Verfahren genannt. Gegeben sind dabei folgende Größen:

Die Differentialgleichung 2. Ordnung: $y'' = f(x; y; y')$

Die Anfangswerte: x_0 und $y_{(x_0)} = y_0$ und $y'_{(x_0)} = y'_0$

Die Schrittweite: Δx

Ähnlich wie beim Runge-Kutta-Verfahren geht man dabei in folgenden Schritten vor:

Schritt 1:

Wir berechnen für die Stelle $x_{01} = x_0$ und $y_{01} = y_0$ folgende Werte:

2. Ableitung an der Stelle x_{01}: $y_{01}'' = f_{(x_{01};\, y_{01};\, y_{01}')}$

Hilfsgröße k_1 an der Stelle x_{01}: $k_1 = \Delta x \cdot y_{01}'$

Hilfsgröße m_1 an der Stelle x_{01}: $m_1 = \Delta x \cdot y_{01}''$

Schritt 2:

Wir gehen nun einen halben Schritt vor und berechnen Folgendes:

Den Wert x_{02} : $x_{02} = x_{01} + \dfrac{\Delta x}{2}$

Den Wert y_{02} an der Stelle x_{02} : $y_{02} = y_{01} + \dfrac{k_1}{2}$

Steigung der Tangente y'_{02} an der Stelle x_{02} : $y_{02}' = y_{01}' + \dfrac{m_1}{2}$

2. Ableitung an der Stelle x_{02}: $y_{02}'' = f_{(x_{02};\, y_{02};\, y_{02}')}$

Hilfsgröße k_2 an der Stelle x_{02}: $k_2 = \Delta x \cdot y_{02}'$

Hilfsgröße m_2 an der Stelle x_{02}: $m_2 = \Delta x \cdot y_{02}''$

Schritt 3:

Wir gehen wieder an die Stelle $x_{02} = x_{03}$ und berechnen Folgendes:

Den Wert y_{02} an der Stelle x_{03} : $y_{03} = y_{01} + \dfrac{k_2}{2}$

Steigung der Tangente y'_{03} an der Stelle x_{03} : $y_{03}' = y_{01}' + \dfrac{m_2}{2}$

2. Ableitung an der Stelle x_{03}: $y_{03}'' = f_{(x_{03};\, y_{03};\, y_{03}')}$

Hilfsgröße k_3 an der Stelle x_{03}: $k_3 = \Delta x \cdot y_{03}'$

Hilfsgröße m_3 an der Stelle x_{03}: $m_3 = \Delta x \cdot y_{03}''$

Schritt 4:

Diesmal gehen wir von x_0 aus einen ganzen Schritt vor an die Stelle x_{04} und berechnen:

Den Wert x_{04} : $x_{04} = x_{01} + \Delta x$

Den Wert y_{04} an der Stelle x_{04} : $y_{04} = y_{01} + k_3$

Steigung der Tangente y'_{04} an der Stelle x_{04} : $y_{04}' = y_{01}' + m_3$

2. Ableitung an der Stelle x_{04}: $y_{04}'' = f_{(x_{04};\, y_{04};\, y_{04}')}$

Hilfsgröße k_4 an der Stelle x_{04}: $k_4 = \Delta x \cdot y_{04}'$

Hilfsgröße m_4 an der Stelle x_{04}: $m_4 = \Delta x \cdot y_{04}''$

Schritt 5:

Aus den bisher berechneten Hilfsgrößen bilden wir die Mittelwerte K_0 und M_0 und berechnen damit die neuen Werte für x_1, y_1, y'_1 und y''_1:

Mittlere Zunahme von y:

$$K_0 = \frac{1}{6} \cdot (k_1 + 2 \cdot k_2 + 2 \cdot k_3 + k_4)$$

Mittlere Zunahme von y´:

$$M_0 = \frac{1}{6} \cdot (m_1 + 2 \cdot m_2 + 2 \cdot m_3 + m_4)$$

Berechnung von $x_1 = x_{11} = x_{04}$:

$$x_1 = x_{11} = x_{01} + \Delta x$$

Den Wert y_{11} an der Stelle x_{11}:

$$y_{11} = y_{01} + K_0$$

Steigung der Tangente y'_{11} an der Stelle x_{11}:

$$y'_{11} = y'_{01} + M_0$$

Mit diesen neuen Startwerten wird das Verfahren wiederholt. Auch hier kann man ein entsprechendes Berechnungsschema aufbauen:

n	i	x_{ni}	y_{ni}	y'_{ni}	y''_{ni}	$k_{ni} = \Delta x \cdot y'_{ni}$	$m_{ni} = \Delta x \cdot y''_{ni}$
0	1	$x_{01} = x_0$	$y_{01} = y_0$	$y'_{01} = y'_0$	$y''_{01} = f_{(x_{01}, y_{01}, y'_{01})}$	$k_{01} = \Delta x \cdot y'_{01}$	$m_{01} = \Delta x \cdot y''_{01}$
	2	$x_{02} = x_{01} + \frac{\Delta x}{2}$	$y_{02} = y_{01} + \frac{k_{01}}{2}$	$y'_{02} = y'_{01} + \frac{m_{01}}{2}$	$y''_{02} = f_{(x_{02}, y_{02}, y'_{02})}$	$k_{02} = \Delta x \cdot y'_{02}$	$m_{02} = \Delta x \cdot y''_{02}$
	3	$x_{03} = x_{01} + \frac{\Delta x}{2}$	$y_{03} = y_{01} + \frac{k_{02}}{2}$	$y'_{03} = y'_{01} + \frac{m_{02}}{2}$	$y''_{03} = f_{(x_{03}, y_{03}, y'_{03})}$	$k_{03} = \Delta x \cdot y'_{03}$	$m_{03} = \Delta x \cdot y''_{03}$
	4	$x_{04} = x_{01} + \Delta x$	$y_{04} = y_{01} + k_{03}$	$y'_{04} = y'_{01} + m_{03}$	$y''_{04} = f_{(x_{04}, y_{04}, y'_{04})}$	$k_{04} = \Delta x \cdot y'_{04}$	$m_{04} = \Delta x \cdot y''_{04}$
		$K_0 = \frac{1}{6} \cdot (k_{01} + 2 \cdot k_{02} + 2 \cdot k_{03} + k_{04})$			$M_0 = \frac{1}{6} \cdot (m_{01} + 2 \cdot m_{02} + 2 \cdot m_{03} + m_{04})$		
1	1	$x_{11} = x_{01} + \Delta x$	$y_{11} = y_{01} + K_0$	$y'_{11} = y'_{01} + M_0$	$y''_{11} = f_{(x_{11}, y_{11}, y'_{11})}$	$k_{11} = \Delta x \cdot y'_{11}$	$m_{11} = \Delta x \cdot y''_{11}$
	2	$x_{12} = x_{11} + \frac{\Delta x}{2}$	$y_{12} = y_{11} + \frac{k_{11}}{2}$	$y'_{12} = y'_{11} + \frac{m_{11}}{2}$	$y''_{12} = f_{(x_{12}, y_{12}, y'_{12})}$	$k_{12} = \Delta x \cdot y'_{12}$	$m_{12} = \Delta x \cdot y''_{12}$
	3	$x_{03} = x_{11} + \frac{\Delta x}{2}$	$y_{13} = y_{11} + \frac{k_{12}}{2}$	$y'_{13} = y'_{11} + \frac{m_{12}}{2}$	$y''_{13} = f_{(x_{13}, y_{13}, y'_{13})}$	$k_{13} = \Delta x \cdot y'_{13}$	$m_{13} = \Delta x \cdot y''_{13}$
	4	$x_{04} = x_{11} + \Delta x$	$y_{14} = y_{11} + k_{13}$	$y'_{14} = y'_{11} + m_{13}$	$y''_{14} = f_{(x_{14}, y_{14}, y'_{14})}$	$k_{14} = \Delta x \cdot y'_{14}$	$m_{14} = \Delta x \cdot y''_{14}$
		$K_1 = \frac{1}{6} \cdot (k_{11} + 2 \cdot k_{12} + 2 \cdot k_{13} + k_{14})$			$M_1 = \frac{1}{6} \cdot (m_{11} + 2 \cdot m_{12} + 2 \cdot m_{13} + m_{14})$		
2	1	$x_{21} = x_{11} + \Delta x$	$y_{21} = y_{11} + K_1$	$y'_{21} = y'_{11} + M_1$	$\ldots$		
	2	$\ldots$	$\ldots$	$\ldots$			
	3						
	4						

Beispiele

(1) Differentialgleichung 2. Ordnung: $y'' = -x \cdot y'$

Die Anfangswerte: x_0 und $y_{(x_0)} = y_0$ und $y'_{(x_0)} = y'_0$

Die Schrittweite: $\Delta x = 0,2$

Zugehörige Tabellenkalkulation:

	A	B	C	D	E	F	G	H	I	J
1				$\Delta x =$	0,200	Diff. Gleichung:	$y'' = -x \cdot y'$			
2	n	i	x_{ni}	y_{ni}	y'_{ni}	y''_n	$k_i = y'_i \cdot \Delta x$	$m_i = \Delta x \cdot (-x \cdot y'_i)$	Exakte Lösung	Fehler
3		1	0,000	0,0000000000	1,0000000000	0,0000000000	0,2000000000	0,0000000000	0,00000000	0,00000000
4	0	2	0,100	0,1000000000	1,0000000000	-0,1000000000	0,2000000000	-0,0200000000		
5		3	0,100	0,1000000000	0,9900000000	-0,0990000000	0,1980000000	-0,0198000000		
6		4	0,200	0,1980000000	0,9802000000	-0,1960400000	0,1960400000	-0,0392080000		
7					$\underline{K}_? =$ und $\underline{M}_? =$		0,1986733333	-0,0198013333		
8		1	0,200	0,1986733333	0,9801986667	-0,1960397333	0,1960397333	-0,0392079467	0,19867463	-0,00000130
9	1	2	0,300	0,2966932000	0,9605946933	-0,2881784080	0,1921189387	-0,0576356816		
10		3	0,300	0,2947328027	0,9513808259	-0,2854142478	0,1902761652	-0,0570828496		
11		4	0,400	0,3889494985	0,9231158171	-0,3692463268	0,1846231634	-0,0738492654		
12					$\underline{K}_? =$ und $\underline{M}_? =$		0,1909088507	-0,0570823791		
13		1	0,400	0,3895821841	0,9231162876	-0,3692465150	0,1846232575	-0,0738493030	0,38958453	-0,00000235
14	2	2	0,500	0,4818938128	0,8861916361	-0,4430958181	0,1772383272	-0,0886191636		
15		3	0,500	0,4782013477	0,8788067058	-0,4394033529	0,1757613412	-0,0878806706		
16		4	0,600	0,5653435252	0,8352356170	-0,5011413702	0,1670471234	-0,1002282740		
17					$\underline{K}_? =$ und $\underline{M}_? =$		0,1762782863	-0,0878462076		
18		1	0,600	0,5658604704	0,8352700800	-0,5011620480	0,1670540160	-0,1002324096	0,56586352	-0,00000305
19	3	2	0,700	0,6493874784	0,7851538752	-0,5496077127	0,1570307750	-0,1099215425		
20		3	0,700	0,6443758579	0,7803093088	-0,5462165161	0,1560618618	-0,1092433032		
21		4	0,800	0,7219223321	0,7260267768	-0,5808214214	0,1452053554	-0,1161642843		
22					$\underline{K}_? =$ und $\underline{M}_? =$		0,1564074408	-0,1091210642		
23		1	0,800	0,7222679112	0,7261490158	-0,5809192126	0,1452298032	-0,1161838425	0,72227141	-0,00000349
24	4	2	0,900	0,7948828128	0,6680570945	-0,6012513851	0,1336114189	-0,1202502770		
25		3	0,900	0,7890736206	0,6660238773	-0,5994214896	0,1332047755	-0,1198842979		
26		4	1,000	0,8554726866	0,6062647179	-0,6062647179	0,1212529436	-0,1212529436		
27					$\underline{K}_? =$ und $\underline{M}_? =$		0,1333525226	-0,1196176560		
28		1	1,000	0,8556204338	0,6065313598	-0,6065313598	0,1213062720	-0,1213062720	0,85562439	-0,00000396
29	5	2	1,100	0,9162735697	0,5458782238	-0,6004660462	0,1091756448	-0,1200932092		
30		3	1,100	0,9102082561	0,5464847552	-0,6011332307	0,1092969510	-0,1202266461		
31		4	1,200	0,9649173848	0,4863047137	-0,5835656564	0,0972609427	-0,1167131313		
32					$\underline{K}_? =$ und $\underline{M}_? =$		0,1092520677	-0,1197765190		
33		1	1,200	0,9648725015	0,4867548408	-0,5841058090	0,0973509682	-0,1168211618	0,96487725	-0,00000475
34	6	2	1,300	1,0135479856	0,4283442599	-0,5568475379	0,0856688520	-0,1113695076		
35		3	1,300	1,0077069275	0,4310700870	-0,5603911131	0,0862140174	-0,1120782226		
36		4	1,400	1,0510865189	0,3746766182	-0,5245472655	0,0749353236	-0,1049094531		
37					$\underline{K}_? =$ und $\underline{M}_? =$		0,0860086718	-0,1114376792		
38		1	1,400	1,0508811732	0,3753171616	-0,5254440262	0,0750634323	-0,1050888052	1,05088721	-0,00000604

Bild 133: Nyström-Verfahren in einer Tabellenkalkulation $\Delta x = 0,2$; $x_0 = 0$; $y_0 = 1$

Die grau hinterlegten Felder sind die jeweiligen Näherungswerte. In den Spalten I und J wird Folgendes ausgegeben:

Spalte I: wahrer Wert der Funktion

Spalte J: absoluter Fehler

Beim Nyström-Verfahren erhalten wir ebenfalls eine hohe Genauigkeit und Effektivität.

Die Feldbelegung sieht wie folgt aus:

	A	B	C	D	E	F	G	H
1				$\Delta x =$	Wert von Δx (hier 0,2)	Differential-Gleichung:	$y'' = -x \cdot y'$	
2	n	i	x_{ni}	y_{ni}	y'_{ni}	y''_{ni}	$k_i = \Delta x \cdot y'_{ni}$	$m_i = \Delta x \cdot (-x_{ni} \cdot y'_{ni})$
3		1	Anfangswert von x (hier 0)	Anfangswert von y (hier 1)	Anfangswert von y' (hier 1)	=-C3*E3	=$E$1*E3	=$E$1*(-C3*E3)
4	0	2	=C3+$E$1/2	=D3+G3/2	=E3+H3/2	=-C4*E4	=$E$1*E4	=$E$1*(-C4*E4)
5		3	=C3+$E$1/2	=D3+G4/2	=E3+H4/2	=-C5*E5	=$E$1*E5	=$E$1*(-C5*E5)
6		4	=C3+$E$1	=D3+G5	=E3+H5	=-C6*E6	=$E$1*E6	=$E$1*(-C6*E6)
7						Kn= und Mn =	=1/6*(G3+2*G4+2*G5+G6)	=1/6*(H3+2*H4+2*H5+H6)
8		1	=C3+$E$1	=D3+G7	=E3+H7	=-C8*E8	=$E$1*E8	=$E$1*(-C8*E8)
9	1	2	=C4+$E$1	=D8+G8/2	=E8+H8/2	=-C9*E9	=$E$1*E9	=$E$1*(-C9*E9)
10		3	=C5+$E$1	=D8+G9/2	=E8+H9/2	=-C10*E10	=$E$1*E10	=$E$1*(-C10*E10)
11		4	=C6+$E$1	=D8+G10	=E8+H10	=-C11*E11	=$E$1*E11	=$E$1*(-C11*E11)
12						Kn= und Mn =	=1/6*(G8+2*G9+2*G10+G11)	=1/6*(H8+2*H9+2*H10+H11)
13		1	=C8+$E$1	=D8+G12	=E8+H12	=-C13*E13	=$E$1*E13	=$E$1*(-C13*E13)
14	2	..	...	...	...	...	...	...
15		..	...	...	...	...	...	...
16	...	..	...	...	...	...	...	...

(2) Differentialgleichung 2. Ordnung: $\quad y'' = y' + k \cdot y$

Die Anfangswerte: $\qquad x_0 = 0 \quad$ und $\quad y_{(x_0)} = y_0 = 4 \quad$ und $\quad y'_{(x_0)} = y'_0 = 0$

Die Schrittweite: $\qquad \Delta x = 0,01$

Der Faktor: $\qquad k = 2$

Exakte Lösung: $\qquad y = e^{k \cdot x} + k \cdot e^{-x}$

Zugehörige Tabellenkalkulation:

	A	B	C	D	E	F	G	H		I	J
1		k =	2	Δx =	0,050	Diff. Gleichung:	$y'' = y' + k \cdot y$			Exakte Lösung:	$y = e^{k \cdot x} + k \cdot e^{-x}$
2	n	i	x_{ni}	y_{ni}	y'_{ni}	y''_n	$k_i = y'_i \cdot \Delta x$	$m_i = \Delta x \cdot (y'_i + 2 \cdot y_i)$		Exakte Lösung	Fehler
3		1	0,000	3,0000000000	0,0000000000	6,0000000000	0,0000000000	0,3000000000		3,0000000000	0,0000000000
4	0	2	0,025	3,0000000000	0,1500000000	6,1500000000	0,0075000000	0,3075000000			
5		3	0,025	3,0037500000	0,1537500000	6,1612500000	0,0076875000	0,3080625000			
6		4	0,050	3,0076875000	0,3080625000	6,3234375000	0,0154031250	0,3161718750			
7						$K_n =$ und $M_n =$	0,0076296875	0,3078828125			
8		1	0,050	3,0076296875	0,3078828125	6,3231421875	0,0153941406	0,3161571094		3,0076297671	-0,0000000796
9	1	2	0,075	3,0153267578	0,4659613672	6,4966148828	0,0232980684	0,3248307441			
10		3	0,075	3,0192787217	0,4702981846	6,5088556279	0,0235149092	0,3254427814			
11		4	0,100	3,0311445967	0,6333255939	6,6956147874	0,0316662797	0,3347807394			
12						$K_n =$ und $M_n =$	0,0234477292	0,3252474833			
13		1	0,100	3,0310774167	0,6331302958	6,6952851293	0,0316565148	0,3347642565		3,0310775942	-0,0000001775
14	2	2	0,125	3,0469056741	0,8005124240	6,8943237723	0,0400256212	0,3447161886			
15		3	0,125	3,0510902274	0,8054883901	6,9076688448	0,0402744195	0,3453834422			
16		4	0,150	3,0713518363	0,9785137380	7,1212174106	0,0489256869	0,3560608705			
17						$K_n =$ und $M_n =$	0,0401970472	0,3451707315			
18		1	0,150	3,0712744639	0,9783010273	7,1208499551	0,0489150514	0,3560424978		3,0712747604	-0,0000002965
19	3	2	0,175	3,0957319896	1,1563222761	7,3477862554	0,0578161138	0,3673893128			
20		3	0,175	3,1001825208	1,1619956836	7,3623607253	0,0580997842	0,3681180363			
21		4	0,200	3,1293742481	1,3464190635	7,6051675598	0,0673209532	0,3802583780			
22						$K_n =$ und $M_n =$	0,0580113001	0,3678859290			
23		1	0,200	3,1292857640	1,3461869562	7,6047584843	0,0673093478	0,3802379242		3,1292862038	-0,0000004398
24	4	2	0,225	3,1629404379	1,5363059183	7,8621867942	0,0768152959	0,3931093397			
25		3	0,225	3,1676934120	1,5427416281	7,8781284500	0,0771370813	0,3939064225			
26		4	0,250	3,2064228453	1,7400933787	8,1529390694	0,0870046689	0,4076469535			
27						$K_n =$ und $M_n =$	0,0770364619	0,3936527337			
28		1	0,250	3,2063222259	1,7398396899	8,1524841417	0,0869919845	0,4076224071		3,2063228368	-0,0000006110
29	5	2	0,275	3,2498182181	1,9436517934	8,4432882297	0,0971825897	0,4221644115			
30		3	0,275	3,2549135207	1,9509218956	8,4607489371	0,0975460948	0,4230374469			
31		4	0,300	3,3038683207	2,1628771368	8,7706137781	0,1081438568	0,4385306889			
32						$K_n =$ und $M_n =$	0,0974322017	0,4227597688			
33		1	0,300	3,3037544276	2,1625994587	8,7701083139	0,1081299729	0,4385054157		3,3037552418	-0,0000008142
34	6	2	0,325	3,3578194141	2,3818521665	9,0974909946	0,1190926083	0,4548745497			
35		3	0,325	3,3633007318	2,3900367336	9,1166381971	0,1195018367	0,4558319099			
36		4	0,350	3,4232562643	2,6184313685	9,4649438971	0,1309215684	0,4732471949			
37						$K_n =$ und $M_n =$	0,1193734052	0,4555275883			
38		1	0,350	3,4231278328	2,6181270470	9,4643827126	0,1309063523	0,4732191356		3,4231288869	-0,0000010541

Bild 134: Nyström-Verfahren in einer Tabellenkalkulation $\Delta x = 0,05$, $x_0 = 0$, $y_0 = 3$

Hier sieht die Feldbelegung wie folgt aus:

	A	B	C	D	E	F	G	H	I
1		k=	3	$\Delta x =$	0,01	DGL	$y'' = y' + k \cdot y$		Exakte Lösung
2	n	i	x_{ni}	y_{ni}	y'_{ni}	y''_{ni}	$k_i = \Delta x \cdot y'_{ni}$	$m_i = \Delta x \cdot (-x_{ni} \cdot y'_{ni})$	Exakte Lösung
3		1	$X_0 = 0$	=I3	$y'_0=0$	=E3+ $C$1*D3	=$E$1*E3	=$C$1* (E3+$C$1*D3)	=EXP($C$1*C3)+ $C$1*EXP(-C3)
4		2	=C3+$E$1/2	=D3+G3/2	=E3+H3/2	=E4+ $C$1*D4	=$E$1*E4	=$C$1* (E4+$C$1*D4)	
5	0	3	=C3+$E$1/2	=D3+G4/2	=E3+H4/2	=E5+ $C$1*D5	=$E$1*E5	=$C$1* (E5+$C$1*D5)	
6		4	=C3+$E$1	=D3+G5	=E3+H5	=E6+ $C$1*D6	=$E$1*E6	=$C$1* (E6+$C$1*D6)	
7					Kn= und Mn =		=1/6*(G3+2*G4+ 2*G5+G6)	=1/6*(H3+2*H4+ 2*H5+H6)	
8		1	=C3+$E$1	=D3+G7	=E3+H7	=E8+ $C$1*D8	=$E$1*E8	=$C$1* (E8+$C$1*D8)	=EXP($C$1*C8)+ $C$1*EXP(-C8)
9		2	=C4+$E$1	=D8+G8/2	=E8+H8/2	=E9+ $C$1*D9	=$E$1*E9	=$C$1* (E9+$C$1*D9)	
10	1	3	=C5+$E$1	=D8+G9/2	=E8+H9/2	=E10+ $C$1*D10	=$E$1*E10	=$C$1* (E10+$C$1*D10)	
11		4	=C6+$E$1	=D8+G10	=E8+H10	=E11+ $C$1*D11	=$E$1*E11	=$C$1* (E11+$C$1*D11)	
12					Kn= und Mn =		=1/6*(G8+2*G9+ 2*G10+G11)	=1/6*(H8+2*H9+ 2*H10+H11)	
13		1	=C8+$E$1	=D8+G12	=E8+H12	=E13+ $C$1*D13	=$E$1*E13	=$C$1* (E13+$C$1*D13)	=EXP($C$1*C13)+ $C$1*EXP(-C13)
14	2	..	...	...	...	...	...	...	
15		..	...	...	...	...	...	...	
16	..	..	...	...	...	...	...	...	

Rechengenauigkeit bei Veränderung der Schrittweite:

Wenn wir die Schrittweite verdoppeln, dann erhalten wir beim Nyström-Verfahren einen um den ca. Faktor 13,5 vergrößerten Fehler. Dies gilt sowohl für die Werte von y als auch für die Werte von y'. Umgekehrt gilt natürlich, dass bei Halbierung der Schrittweite, der Fehler um den ca. Faktor von 13,5 reduziert wird.

ACHTUNG: Dies gilt nur für das aktuelle Beispiel.

4.6   Programmtechnische Umsetzung der Näherungsverfahren

Wie wir gesehen haben, lassen sich die beschriebenen Näherungsverfahren gut mit Hilfe einer Tabellenkalkulation berechnen. Es ist jedoch auch möglich die Verfahren durch ein entsprechendes EDV-Programm abzubilden.

4.6.1   Programmtechnische Umsetzung Runge-Kutta-Verfahren

Ich habe für unser Beispiel aus Abschnitt 4.4 einen Algorithmus in Pascal-Script geschrieben der wie folgt aussieht:

```
// Runge-Kutta-Verfahren     DGL = e^x + y
var
  DeltaX: Extended;   // DeltaX - Schrittweite
  AWertX: Extended;   // AWertX - Anfangswert Xo
  AWertY: Extended;   // AWertY - Anfangswert Yo
  ADU   : Integer;    // ADU - Anzahl Durchläufe

Type EFeld=array[1..4] of extended;
var Steigung, YTemp: EFeld;
var n, i: Integer;
var Xn, Yn, XTemp, M_Steigung: extended;
var Protokoll : tstringlist;

Function MittlereSteigung: extended;
begin
  for i:=1 to 4 do
    begin
      case i of
        1: begin
             XTemp:=Xn;
             YTemp[i]:=Yn;
             Steigung[i]:=exp(XTemp)+YTemp[i];  // Differentialgleichung
           end;
        2: begin
             XTemp:=Xn+0.5*DeltaX;
             YTemp[i]:=Steigung[i-1]*(XTemp-Xn)+YTemp[1];
             Steigung[i]:=exp(XTemp)+YTemp[i];  // Differentialgleichung
           end;
        3: begin
             XTemp:=Xn+0.5*DeltaX;
             YTemp[i]:=Steigung[i-1]*(XTemp-Xn)+YTemp[1];
             Steigung[i]:=exp(XTemp)+YTemp[i];  // Differentialgleichung
           end;
        4: begin
             XTemp:=Xn+DeltaX;
             YTemp[i]:=Steigung[i-1]*(XTemp-Xn)+YTemp[1];
             Steigung[i]:=exp(XTemp)+YTemp[i];  // Differentialgleichung
           end;
      end; // case
    end;
  result:=(Steigung[1]+2*Steigung[2]+2*Steigung[3]+Steigung[4])/6;
end;
```

```
begin
  // Festlegung der Randbedingungen
  DeltaX:=0.05;     // Schrittweite
  AWertX:=0;        // Anfangswert Xo
  AWertY:=1;        // Anfangswert Yo
  ADU    :=10;      // Anzahl Durchläufe

  Protokoll:=tstringlist.create;
  Protokoll.add('   n           Xn               Yn          Steigung(n-1)');

  Xn:=AWertX;
  Yn:=AWertY;
  Protokoll.add(format('%4D %16.12F %16.12F',[n,Xn,Yn]));

  for n:=1 to ADU do
    begin
      M_Steigung:=MittlereSteigung;
      Xn:=Xn+DeltaX;
      Yn:=M_Steigung*DeltaX+YTemp[1]
      Protokoll.add(format('%4D %16.12F %16.12F %16.12F',[n,Xn,Yn,M_Steigung]));
    end;
  Protokoll.savetofile('C:\Protokolldateien\Protokoll_Runge_Kutta.csv');
end.
```

Die Ergebnisse wurden in eine Protokolldatei geschrieben:

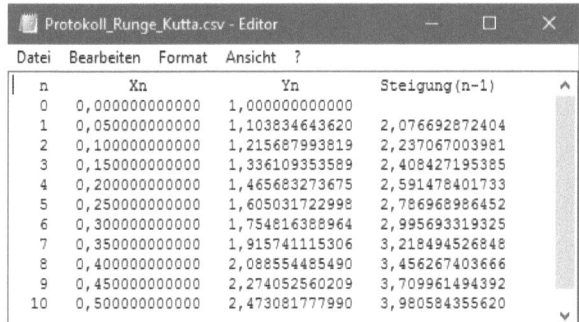

Bild 135: Protokolldatei für Runge-Kutta-Beispiel

Wir sehen, dass die Ergebnisse exakt mit denen der Tabellenkalkulation übereinstimmen.

4.6.2   Programmtechnische Umsetzung Nyström-Verfahren

Auch für unser Beispiel aus Abschnitt 4.5 (Beispiel 1) habe ich einen Algorithmus geschrieben der wie folgt aussieht:

```
// Nyström-VerfahrenDGL = y'' =  -x * y'
var
  DeltaX: Extended;     // DeltaX - Schrittweite
  AWertX: Extended;     // AWertX - Anfangswert Xo
  AWertY: Extended;     // AWertY - Anfangswert Yo
  AWertYS: Extended;    // AWertYS - Anfangswert Y´o
  ADU: Integer;         // ADU - Anzahl Durchläufe

Type EFeld=array[1..4] of extended;
var YTemp, YSTemp, Y2STemp, K, M: EFeld;

var n, i: Integer;
var Xn, Yn, YnS, Yn2S, XTemp, K_Wert, M_Wert: extended;
var Protokoll : tstringlist;

Procedure K_M_Wert(var aK_Wert, aM_Wert: extended);
begin
  for i:=1 to 4 do
    begin
      case i of
        1: begin
             XTemp:=Xn;
             YTemp  [i]:=Yn;
             YSTemp [i]:=YnS;                   // 1. Ableitung
             Y2STemp[i]:=-XTemp*YSTemp[i];   // Differentialgleichung
             K[i]:=DeltaX*YSTemp[1];
             M[i]:=DeltaX*Y2STemp[i];
           end;
        2: begin
             XTemp:=Xn+0.5*DeltaX;
             YTemp  [i]:=YTemp[1]+K[i-1]/2;;
             YSTemp [i]:=YSTemp[1]+M[i-1]/2; // 1. Ableitung
             Y2STemp[i]:=-XTemp*YSTemp[i];   // Differentialgleichung
             K[i]:=Deltax*YSTemp[i];
             M[i]:=DeltaX*Y2STemp[i];
           end;
        3: begin
             XTemp:=Xn+0.5*DeltaX;
             YTemp  [i]:=YTemp[1]+K[i-1]/2;;
             YSTemp [i]:=YSTemp[1]+M[i-1]/2; // 1. Ableitung
             Y2STemp[i]:=-XTemp*YSTemp[i];   // Differentialgleichung
             K[i]:=Deltax*YSTemp[i];
             M[i]:=DeltaX*Y2STemp[i];
           end;
        4: begin
             XTemp:=Xn+DeltaX;
             YTemp  [i]:=YTemp[1]+K[i-1];;
             YSTemp [i]:=YSTemp[1]+M[i-1];   // 1. Ableitung
             Y2STemp[i]:=-XTemp*YSTemp[i];   // Differentialgleichung
             K[i]:=Deltax*YSTemp[i];
             M[i]:=DeltaX*Y2STemp[i];
           end;
      end; // case
    end;
  aK_Wert:=(K[1]+2*K[2]+2*K[3]+K[4])/6;
  aM_Wert:=(M[1]+2*M[2]+2*M[3]+M[4])/6;
end;
```

```
begin
  // Festlegung der Randbedingungen
  DeltaX :=0.2; // Schrittweite
  AWertX :=0;   // AWertX - Anfangswert Xo
  AWertY :=0;   // AWertY - Anfangswert Yo
  AWertYS:=1;   // AWertYS - Anfangswert Y'o
  ADU:=10;      // ADU - Anzahl Durchläufe

  Protokoll:=tstringlist.create;
  Protokoll.add  // Überschrift Protokolldatei
  ('  n          Xn                 Yn                 YnS                Yn2S
  K_Wert(n-1)      M_Wert(n-1)');

  Xn:=AWertX;
  Yn:=AWertY;
  YnS:=AWertYS;
  Protokoll.add(format('%4D %16.12F %16.12F',[n,Xn,Yn]));

  for n:=1 to ADU do
    begin
      K_M_Wert(K_Wert, M_Wert);
      Xn:=Xn+DeltaX;
      Yn:=Yn+K_Wert;
      YnS:=YnS+M_Wert;
      Yn2S:=-Xn*YnS;
      Protokoll.add
      (format('%4D %16.12F %16.12F %16.12F %16.12F %16.12F %16.12F',
      [n,Xn,Yn,YnS,Yn2S,K_Wert,M_Wert]));
    end;
  Protokoll.savetofile('C:\Protokolldateien\Protokoll_Nyström.csv');
end.
```

Auch hier wurden die Ergebnisse in eine Protokolldatei geschrieben:

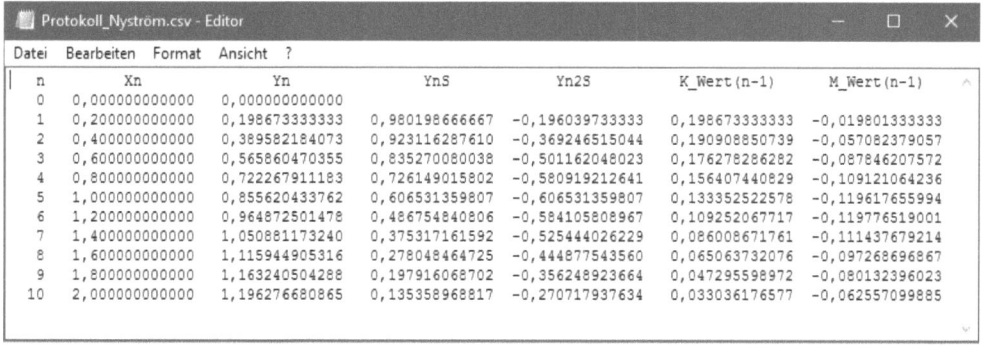

Bild 136: Protokolldatei für Nyström-Beispiel

Wieder stimmen die Ergebnisse exakt mit denen der Tabellenkalkulation überein.

4.7   Verbesserung der Anpassung durch Fehlerabschätzung

Wir haben die Zunahme der Genauigkeit bei Halbierung der Schrittweite wie folgt festgestellt:

Runge-Kutta-Verfahren: 15   Fach

Nyström-Verfahren: 13,5 Fach

4.7.1   Fehlerabschätzung und Korrektur beim Runge-Kutta-Verfahren

Wir wollen nun am Beispiel des Runge-Kutta-Verfahrens aus Abschnitt 4.4 zeigen, wie man diese Genauigkeitszunahme zur Abschätzung des tatsächlichen Fehlers nutzen kann.

Differentialgleichung: $y' = e^x + y$ mit den Anfangswerten $x_0 = 0$ und $y_0 = 1$ und $\Delta x_1 = 0,2$

Exakte Lösung: $y = e^x + x \cdot e^x$

Nach einen Schritt von $\Delta x_1 = 0,2$ in x-Richtung erhalten wir folgenden Werte:

$x_{11} = 0,2$ und $y_{11} = 1,46567527386848$

Halbieren wir die Schrittweite, dann erhalten wir nach zwei Schritten mit $\Delta x_2 = 0,1$ folgendes:

$x_{22} = 0,2$ und $y_{22} = 1,46568275835309$

Wir können nun wie folgt rechnen:

(1) $F_{1S} = y_{11} - y_{exakt}$ Fehler bei einem Schritt mit $\Delta x_1 = 0,2$

(2) $F_{2S} = y_{22} - y_{exakt}$ Fehler bei zwei Schritten mit $\Delta x_2 = 0,1$

(3) $\dfrac{F_{2S}}{F_{1S}} = \dfrac{1}{15}$ $\Rightarrow$ $F_{1S} = 15 \cdot F_{2S}$ Fehlerquotient

Wir erhalten also 3 Gleichungen mit 3 unbekannten, die wir wie folgt nach F_{2S} auflösen:

(1) $y_{11} - F_{1S} = y_{22} - F_{2S}$ $\Rightarrow$ $F_{1S} - F_{2S} = y_{11} - y_{22}$ Gleichsetzung der ersten beiden Gleichungen

(3) $F_{1S} = 15 \cdot F_{2S}$ einsetzen in Gleichung (1)
    $\Rightarrow$ $15 \cdot F_{2S} - F_{2S} = y_{11} - y_{22}$ $\Rightarrow$ $F_{2S} \cdot 14 = y_{11} - y_{22}$

    $\Rightarrow$ $F_{2S} = \dfrac{y_{11} - y_{22}}{14}$

Für unser Beispiel erhalten wir folgende Fehlerabschätzung:

$F_{2S} = \dfrac{y_{11} - y_{22}}{14} = \dfrac{1,46567527386848 - 1,46568275835309}{14} = -0,000000534606043$

Aus Gleichung (2) folgt:

$y_{exakt\,1} \approx y_{22} - F_{2S} = 1,46568275835309 + 0,000000534606043 = 1,46568329295913$

Da wir die wahre Funktion kennen können wir den Restfehler ausrechnen:

$F_{Rest} = \left(y_{22} - F_{2S}\right) - y_{exakt\,0} = 1,46568329295913 - 1,4656833097922 = -1,6833 \cdot 10^{-8}$

Wir untersuchen nun unser Ergebnis bezüglich Rechenaufwand, Genauigkeit und Effektivität:

Rechenaufwand:

Beim Runge-Kutta-Verfahren ohne Fehlerkorrektur haben wir für zwei Schritte mit $\Delta x_2 = 0{,}1$ insgesamt 10 Rechenoperationen durchzuführen.

Beim Runge-Kutta-Verfahren mit Fehlerkorrektur haben wir für einen Schritt mit $\Delta x_1 = 0{,}2$ und zwei Schritte $\Delta x_2 = 0{,}1$ insgesamt 15 Rechenoperationen durchzuführen.

Man kann also sagen, dass sich beim Runge-Kutta-Verfahren mit Fehlerkorrektur der Rechenaufwand um den Faktor von 1,5 vergrößert.

Genauigkeit:

Beim Runge-Kutta-Verfahren ohne Fehlerkorrektur haben wir nach zwei Schritten mit $\Delta x_2 = 0{,}1$ an der Stelle $x = 0{,}2$ folgenden Fehler erhalten:

$y_2 - y_{(x=0,2)} = -5{,}5144E\text{-}7$

Beim Runge-Kutta-Verfahren mit Fehlerkorrektur haben wir für einen Schritt an der Stelle $x = 0{,}2$ folgenden Fehler erhalten:

$y_1 - y_{(x=0,2)} = -1{,}6833E\text{-}8$

Wenn wir die beiden Fehlergrößen ins Verhältnis setzen erhalten wir:

$$\frac{\text{Fehler für } x_n = 0{,}2 \ \text{ bei Runge - Kutta ohne Fehlerkorrektur}}{\text{Fehler für } x_n = 0{,}2 \ \text{ bei Runge - Kutta mit Fehlerkorrektur}} = \frac{-5{,}5144E - 7}{-1{,}6833E - 8} \approx 33$$

Man kann also sagen, dass sich bei dem Runge-Kutta-Verfahren mit Fehlerkorrektur der Fehler um den Faktor 33 verringert. Dies gilt nicht allgemein, sondern nur für das konkrete Beispiel.

Effektivität:

Betrachtet man die Kriterien Rechenaufwand und Genauigkeit zusammen, so kann man sagen, dass beim Verfahren mit Fehlerkorrektur die Effektivität um den Faktor von ≈ 22 verbessert wird.

Diese Annahmen gelten natürlich nur für das gegebene Beispiel mit den entsprechenden Randbedingungen. Trotzdem kann man zu dem Schluss kommen, dass das Verfahren mit Fehlerkorrektur eine erhebliche Verbesserung gegenüber dem Verfahren ohne Fehlerkorrektur darstellt.

4.7.2   Fehlerabschätzung und Korrektur beim Nyström-Verfahren

Wir wollen nun am Beispiels (2) des Nyström-Verfahrens aus Abschnitt 4.5 die Genauigkeitszunahme durch Fehlerkorrektur zeigen.

Differentialgleichung 2. Ordnung: $y'' = y' + 3 \cdot y$

Die Anfangswerte: $x_0 = 0$ und $y_{(x_0)} = y_0 = 3$ und $y'_{(x_0)} = y'_0 = 0$

Die Schrittweite: $\Delta x_1 = 0{,}2$

Exakte Lösung: $y = e^{3 \cdot x} + 2 \cdot e^{-x}$

Nach einem Schritt von $\Delta x_1 = 0{,}2$ in x-Richtung erhalten wir folgende Werte:

$x_{11} = 0{,}2$ und $y_{11} = 3{,}1292000000$ und $y'_{11} = 1{,}3460000000$

Halbieren wir die Schrittweite, dann erhalten wir nach zwei Schritten mit $\Delta x_2 = 0{,}1$ Folgendes:

$x_{22} = 0{,}2$ und $y_{22} = 3{,}1292797628$ und $y'_{22} = 1{,}3461741172$

Wir können nun wie folgt rechnen:

(1) $F_{1S} = y_{11} - y_{exakt}$ Fehler bei einem Schritt mit $\Delta x_1 = 0{,}2$
(2) $F_{2S} = y_{22} - y_{exakt}$ Fehler bei zwei Schritten mit $\Delta x_2 = 0{,}1$

(3) $\dfrac{F_{2S}}{F_{1S}} = \dfrac{1}{13{,}5}$ $\Rightarrow$ $F_{1S} = 13{,}5 \cdot F_{2S}$ Fehlerquotient

Wir erhalten also 3 Gleichungen mit 3 Unbekannten, die wir wie folgt nach F_{2S} auflösen:

$F_{2S} = \dfrac{y_{11} - y_{22}}{12{,}5}$ (Berechnung analog zu Runge-Kutta-Verfahren, vgl. Abschnitt 4.6.1)

Analog erhalten wir natürlich die Abschätzung für den Fehler der 1. Ableitung:

$F'_{2S} = \dfrac{y'_{11} - y'_{22}}{12{,}5}$

Für unser Beispiel erhalten wir folgende Fehlerabschätzungen:

$F_{2S} = \dfrac{y_{11} - y_{22}}{12{,}5} = \dfrac{3{,}1292000000 - 3{,}1292797628}{12{,}5} = -0{,}0000063810$

$F'_{2S} = \dfrac{y'_{11} - y'_{22}}{12{,}5} = \dfrac{1{,}3460000000 - 1{,}3461741172}{12{,}5} = -0{,}0000139294$

Aus Gleichung (2) folgt:

$y_{exakt\,1} \approx y_{22} - F_{2S} = 3{,}1292797628 + 0{,}0000063810 = 3{,}1292861438$

Analg gilt:

$y'_{exakt\,1} \approx y'_{22} - F'_{2S} = 1{,}3461741172 + 0{,}0000139294 = 1{,}3461880466$

Da wir die wahre Funktion kennen können wir den Restfehler ausrechnen:

$F_{Rest} = (y_{22} - F_{2S}) - y_{exakt\,0} = 3{,}1292797628 + 0{,}0000063810 - 3{,}129286038 = -5{,}99597 \cdot 10^{-8}$

$F'_{Rest} = (y'_{22} - F'_{2S}) - y'_{exakt\,0} = 1{,}3461741172 + 0{,}0000139294 - 1{,}3461878891 = 1{,}57436 \cdot 10^{-7}$

Wir untersuchen nun unser Ergebnis bezüglich Rechenaufwand, Genauigkeit und Effektivität:

Rechenaufwand:

Beim Nyström-Verfahren ohne Fehlerkorrektur haben wir für zwei Schritte mit $\Delta x_2 = 0,1$ insgesamt 10 Rechenoperationen durchzuführen.

Beim Nyström-Verfahren mit Fehlerkorrektur haben wir für einen Schritt mit $\Delta x_1 = 0,2$ und zwei Schritte $\Delta x_2 = 0,1$ insgesamt 15 Rechenoperationen durchzuführen.

Man kann also sagen, dass sich beim Nyström-Verfahren mit Fehlerkorrektur der Rechenaufwand um den Faktor von 1,5 vergrößert.

Genauigkeit:

Beim Nyström-Verfahren ohne Fehlerkorrektur haben wir nach zwei Schritten mit $\Delta x_2 = 0,1$ an der Stelle $x = 0,2$ folgende Fehler erhalten:

$y_2 - y_{(x=0,2)} = -6,4410\text{E-}6$

$y'_2 - y_{(x=0,2)} = -1,377\text{E-}5$

Beim Nyström-Verfahren mit Fehlerkorrektur haben wir für einen Schritt an der Stelle $x = 0,2$ folgende Fehler erhalten:

$y_1 - y_{(x=0,2)} = -5,9960\text{E-}8$

$y'_1 - y'_{(x=0,2)} = -1,5744\text{E-}8$

Wenn wir die beiden Fehlergrößen jeweils ins Verhältnis setzen erhalten wir:

$$\frac{y-\text{Fehler für } x_n = 0,2 \text{ bei Nyström ohne Fehlerkorrektur}}{y-\text{Fehler für } x_n = 0,2 \text{ bei Nyström mit Fehlerkorrektur}} = \frac{-6,4410\text{E}-6}{-5,9960\text{E}-8} \approx 109$$

und

$$\frac{y'-\text{Fehler für } x_n = 0,2 \text{ bei Nyström ohne Fehlerkorrektur}}{y'-\text{Fehler für } x_n = 0,2 \text{ bei Nyström mit Fehlerkorrektur}} = \left| \frac{-1,3772\text{E}-5}{1,5744\text{E}-6} \right| \approx 9$$

Man kann also sagen, dass sich beim Nyström-Verfahren mit Fehlerkorrektur der Fehler um den Faktor ≈ 109 verringert. Dies gilt nicht allgemein, sondern nur für das konkrete Beispiel.

Effektivität:

Betrachtet man die Kriterien Rechenaufwand und Genauigkeit zusammen, so kann man sagen, dass beim Verfahren mit Fehlerkorrektur die Effektivität um den ca. Faktor von 100/1,5 = 66 verbessert wird.

Diese Annahmen gelten natürlich nur für das gegebene Beispiel mit den entsprechenden Randbedingungen. Trotzdem kann man zu dem Schluss kommen, dass das Verfahren mit Fehlerkorrektur eine erhebliche Verbesserung gegenüber dem Verfahren ohne Fehlerkorrektur darstellt.

5   Einführung in die Lineare Algebra

5.1   Vektoren

5.1.1   Grundlagen

Wir haben uns bereits in Band 1 /1/ Abschnitt 7 mit Vektoren im zwei- und dreidimensionalen Raum beschäftigt. Ein dreidimensionaler Vektor wurde dort in Komponentendarstellung wie folgt geschrieben:

$$\vec{a} = \begin{pmatrix} a_x \\ a_y \\ a_z \end{pmatrix}$$

Im Folgenden wollen wir den Begriff des Vektors um sogenannte n-dimensionale Vektoren erweitern, wobei zwischen Spalten- und Zeilenvektoren unterschieden wird:

n-dimensionaler Spaltenvektor
Ein n-dimensionaler Vektor ist eine Zusammenfassung oder auch Anordnung von n reellen Zahlen – den Vektorkoordinaten – zu einer Einheit. Sind diese Zahlen in Form einer Spalte (senkrecht) angeordnet, dann spricht man von einem Spaltenvektor:

$$\mathbf{a} = \begin{pmatrix} a_1 \\ a_2 \\ \vdots \\ a_{n-1} \\ a_n \end{pmatrix} \qquad \text{n-dimensionaler Spaltenvektor} \\ \text{mit den Koordinaten } a_i$$

n-dimensionaler Zeilenvektor
Sind diese Zahlen in Form einer Zeile (waagerecht) angeordnet, dann spricht man von einem Zeilenvektor:

$$\mathbf{a} = \begin{pmatrix} a_1 & a_2 & \dots & a_{n-1} & a_n \end{pmatrix}$$

Im Rahmen der linearen Algebra werden Vektoren durch kleine lateinische Buchstaben **fettgedruckt** und ohne Pfeil dargestellt.

5.1.2   Rechenoperationen von Vektoren

Wie schon in Abschnitt 7.5.4 dargelegt, gelten auch hier die folgenden Rechenoperationen:

Addition von Vektoren

$$\mathbf{a} + \mathbf{b} = \begin{pmatrix} a_1 \\ a_2 \\ \vdots \\ a_{n-1} \\ a_n \end{pmatrix} + \begin{pmatrix} b_1 \\ b_2 \\ \vdots \\ b_{n-1} \\ b_n \end{pmatrix} = \begin{pmatrix} a_1 + b_1 \\ a_2 + b_2 \\ \vdots \\ a_{n-1} + b_{n-1} \\ a_n + b_n \end{pmatrix}$$

Sind zwei Vektoren **a** und **b** gegeben, so erhält man ihre Summe **a** + **b** , indem man die Komponenten der Vektoren addiert:

Subtraktion von Vektoren

$$\mathbf{a} - \mathbf{b} = \begin{pmatrix} a_1 \\ a_2 \\ \vdots \\ a_{n-1} \\ a_n \end{pmatrix} - \begin{pmatrix} b_1 \\ b_2 \\ \vdots \\ b_{n-1} \\ b_n \end{pmatrix} = \begin{pmatrix} a_1 - b_1 \\ a_2 - b_2 \\ \vdots \\ a_{n-1} - b_{n-1} \\ a_n - b_n \end{pmatrix}$$

Wollen wir einen Vektor **b** von einem Vektor **a** subtrahieren, so bilden wir die Differenzen der Komponenten der Vektoren:

Multiplikation Skalar mit Vektor

$$f \cdot \mathbf{a} = f \cdot \begin{pmatrix} a_1 \\ a_2 \\ \vdots \\ a_{n-1} \\ a_n \end{pmatrix} = \begin{pmatrix} f \cdot a_1 \\ f \cdot a_2 \\ \vdots \\ f \cdot a_{n-1} \\ f \cdot a_n \end{pmatrix}$$

Ein Vektor **a** wird mit einer reellen Zahl f (einem Skalar) multipliziert, indem jede Komponente des Vortors mit der Zahl multipliziert wird.

Das Skalarprodukt von zwei Vektoren

$$\mathbf{a} \cdot \mathbf{b} = \begin{pmatrix} a_1 \\ a_2 \\ \vdots \\ a_{n-1} \\ a_n \end{pmatrix} \cdot \begin{pmatrix} b_1 \\ b_2 \\ \vdots \\ b_{n-1} \\ b_n \end{pmatrix} = a_1 \cdot b_1 + a_2 \cdot b_2 + \ldots + a_{n-1} \cdot b_{n-1} + a_n \cdot b_n$$

Wenn wir zwei Vektoren **a** und **b** miteinander multiplizieren, dann erhalten wir das sogenannte Skalarprodukt. Das Ergebnis dieser Rechenoperation ist eine reelle Zahl.

Betrag eines Vektors

$$|\mathbf{a}| = \sqrt{\mathbf{a} \cdot \mathbf{a}} = \sqrt{\begin{pmatrix} a_1 \\ a_2 \\ \vdots \\ a_{n-1} \\ a_n \end{pmatrix} \cdot \begin{pmatrix} a_1 \\ a_2 \\ \vdots \\ a_{n-1} \\ a_n \end{pmatrix}} = \sqrt{a_1^2 + a_2^2 + \ldots + a_{n-1}^2 + a_n^2} = a$$

Den Betrag eines Vektors **a** bildet man wie folgt (vgl. Band 1 /1/, Abschnitt 7.5.3):

Das Ergebnis dieser Rechenoperation ist eine reelle Zahl.

5.1.3   Nullvektor, Einheitsvektoren und Komponentendarstellung

Nullvektor: Hat ein Vektor den Betrag 0, dann nennt man ihn Nullvektor.

$$\mathbf{a} = \begin{pmatrix} 0 \\ 0 \\ 0 \\ 0 \end{pmatrix} \quad \text{Nullvektor}$$

Die Richtung des Nullvektors ist unbestimmt. Somit ist ein Nullvektor ein Raumpunkt.

Einheitsvektoren: Bei diesen Vektoren hat eine Vektorkoordinate den Wert 1 und alle übrigen Koordinaten den Werte 0. Damit ist der Betrag eines Einheitsvektors immer 1. Einheitsvektoren werden mit dem Buchstaben **e** bezeichnet.

$$\mathbf{e}_1 = \begin{pmatrix} 1 \\ 0 \\ 0 \\ .. \\ 0 \end{pmatrix} \quad ; \quad \mathbf{e}_2 = \begin{pmatrix} 0 \\ 1 \\ 0 \\ .. \\ 0 \end{pmatrix} \quad ; \mathbf{e}_3 = \begin{pmatrix} 0 \\ 0 \\ 1 \\ .. \\ 0 \end{pmatrix} \quad ; \quad ... \quad ; \quad \mathbf{e}_n = \begin{pmatrix} 0 \\ 0 \\ 0 \\ .. \\ 1 \end{pmatrix} \quad ;$$

Das Skalarprodukt zweier unterschiedlicher Einheitsvektoren hat als Ergebnis 0:

$$\mathbf{e}_1 \cdot \mathbf{e}_2 = \begin{pmatrix} 1 \\ 0 \\ : \\ 0 \\ 0 \end{pmatrix} \begin{pmatrix} 0 \\ 1 \\ : \\ 0 \\ 0 \end{pmatrix} = 1 \cdot 0 + 0 \cdot 1 + ... + 0 \cdot 0 = 0 \quad \text{oder} \quad \mathbf{e}_2 \cdot \mathbf{e}_4 = \begin{pmatrix} 0 \\ 1 \\ 0 \\ 0 \\ 0 \end{pmatrix} \cdot \begin{pmatrix} 0 \\ 0 \\ 0 \\ 1 \\ 0 \end{pmatrix} = 0 \cdot 0 + 1 \cdot 0 + 0 \cdot 0 + 0 \cdot 1 + 0 \cdot 0 = 0$$

Das Skalarprodukt zweier identischer Einheitsvektoren hat als Ergebnis 1:

$$\mathbf{e}_1 \cdot \mathbf{e}_1 = \begin{pmatrix} 1 \\ 0 \\ : \\ 0 \\ 0 \end{pmatrix} \begin{pmatrix} 1 \\ 0 \\ : \\ 0 \\ 0 \end{pmatrix} = 1 \cdot 1 + 0 \cdot 0 + ... + 0 \cdot 0 = 1 \quad \text{oder} \quad \mathbf{e}_3 \cdot \mathbf{e}_3 = \begin{pmatrix} 0 \\ 0 \\ 1 \\ 0 \\ 0 \end{pmatrix} \cdot \begin{pmatrix} 0 \\ 0 \\ 1 \\ 0 \\ 0 \end{pmatrix} = 0 \cdot 0 + 0 \cdot 0 + 1 \cdot 1 + 0 \cdot 0 + 0 \cdot 0 = 1$$

Man kann auch schreiben:

$$\mathbf{e}_i \cdot \mathbf{e}_j = \begin{cases} 0 \\ 1 \end{cases} \quad \text{für} \quad \begin{matrix} i \neq j \\ i = j \end{matrix}$$

Gesprochen: für $i \neq j$ ist das Skalarprodukt der Einheitsvektoren = 0 und für $i = j$ ist das Skalarprodukt der Einheitsvektoren = 1

Ist das Skalarprodukt zweier Vektoren gleich 0, so sind diese **orthogonal**, sie stehen also senkrecht aufeinander.

Komponentendarstellung von Vektoren:

Analog zu Band 1 /1/ Abschnitt 7.5.1 kann man einen Vektor **a** auch als Produkt seiner Koordinaten mit den zugehörigen Einheitsvektoren schreiben:

$$\mathbf{a} = \begin{pmatrix} a_1 \\ a_2 \\ \vdots \\ a_{n-1} \\ a_n \end{pmatrix} = a_1 \cdot \mathbf{e_1} + a_2 \cdot \mathbf{e_2} + \dots + a_{n-1} \cdot \mathbf{e_{n-1}} + a_n \cdot \mathbf{e_n}$$

5.1.4   Das Vektorprodukt zweier Vektoren (Kreuzprodukt)

Durch das Vektorprodukt – auch Kreuzprodukt – zweier Vektoren **a** und **b** wird ein dritter Vektor **c** erzeugt, der auf den beiden Ursprungsvektoren senkrecht steht. Der Betrag des Ergebnisvektors ist der Flächeninhalt des durch die Vektoren **a** und **b** aufgespannten Parallelogramms.

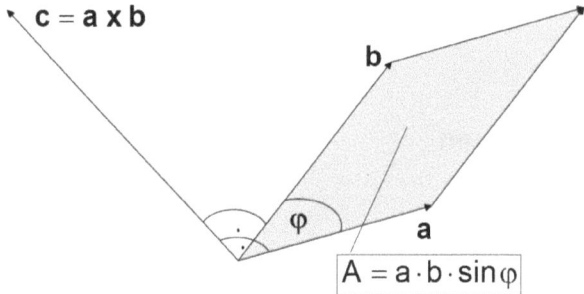

$$c = a \times b$$

$$A = a \cdot b \cdot \sin\varphi$$

Bild 137: Prinzip eines Vektorproduktes

Ein Vektorprodukt wird wie folgt berechnet:

$$\mathbf{c} = \mathbf{a} \times \mathbf{b} = \begin{pmatrix} a_1 \\ a_2 \\ a_3 \end{pmatrix} \times \begin{pmatrix} b_1 \\ b_2 \\ b_3 \end{pmatrix} = \begin{pmatrix} a_2 \cdot b_3 - a_3 \cdot b_2 \\ a_3 \cdot b_1 - a_1 \cdot b_3 \\ a_1 \cdot b_2 - a_2 \cdot b_1 \end{pmatrix}$$

Mit Hilfe des folgenden Rechenschemas lässt das Vektorprodukt leicht berechnen:

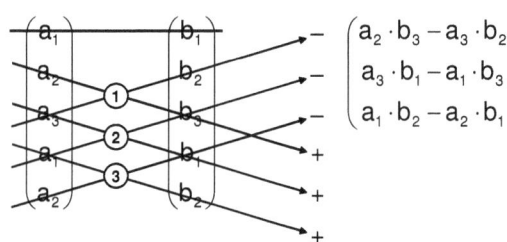

$$\begin{pmatrix} a_2 \cdot b_3 - a_3 \cdot b_2 \\ a_3 \cdot b_1 - a_1 \cdot b_3 \\ a_1 \cdot b_2 - a_2 \cdot b_1 \end{pmatrix}$$

Wir schreiben die 1. und 2. Zeile erneut unter die Vektoren. Anschließend streichen wir die oberste Zeile durch. Dann zeichnen wir die folgenden zwei Pfeile:

$$\left. \begin{array}{ccc} a_2 & \rightarrow & b_3 \quad + \\ a_3 & \rightarrow & b_2 \quad - \end{array} \right\} \quad \Rightarrow \quad a_2 \cdot b_3 - a_3 \cdot b_2$$

Damit erhalten wir die 1. Zeile des Lö-

Bild 138: Rechenschema Vektorprodukt

sungsvektors. Analog verfahren wir mit den übrigen Zeilen.

$$\left.\begin{array}{l} a_3 \rightarrow b_1 \ + \\ a_1 \rightarrow b_3 \ - \end{array}\right\} \Rightarrow a_3 \cdot b_1 - a_1 \cdot b_3 \qquad \text{und} \qquad \left.\begin{array}{l} a_1 \rightarrow b_2 \ + \\ a_2 \rightarrow b_1 \ - \end{array}\right\} \Rightarrow a_1 \cdot b_2 - a_2 \cdot b_1$$

Man kann nun die Probe machen, indem man das Skalarprodukt vom Ergebnisvektor mit einem der beiden Vektoren berechnet. Da die Vektoren senkrecht aufeinander stehen müssen diese Skalarprodukte gleich Null sein:

$$\mathbf{c} \cdot \mathbf{a} = \begin{pmatrix} a_2 \cdot b_3 - a_3 \cdot b_2 \\ a_3 \cdot b_1 - a_1 \cdot b_3 \\ a_1 \cdot b_2 - a_2 \cdot b_1 \end{pmatrix} \cdot \begin{pmatrix} a_1 \\ a_2 \\ a_3 \end{pmatrix} = a_1 \cdot (a_2 \cdot b_3 - a_3 \cdot b_2) + a_2 \cdot (a_3 \cdot b_1 - a_1 \cdot b_3) + a_3 \cdot (a_1 \cdot b_2 - a_2 \cdot b_1)$$

$$\mathbf{c} \cdot \mathbf{a} = a_1 \cdot a_2 \cdot b_3 - a_1 \cdot a_3 \cdot b_2 + a_2 \cdot a_3 \cdot b_1 - a_2 \cdot a_1 \cdot b_3 + a_3 \cdot a_1 \cdot b_2 - a_3 \cdot a_2 \cdot b_1 = 0$$

Den Betrag des Ergebnisvektors erhalten wir wie folgt: $|\mathbf{c}| = \sqrt{c_1^2 + c_2^2 + c_3^2}$

Dies ist der Flächeninhalt des durch die Vektoren **a** und **b** aufgespannten Parallelogramms, welchen wir auch wie folgt berechnen können: $|\mathbf{c}| = |\mathbf{a}| \cdot |\mathbf{b}| \cdot \sin\varphi$

5.1.5   Beispielrechnungen mit Vektoren

(1) Gegeben sind folgende Vektoren:

$$\mathbf{a} = \begin{pmatrix} 3 \\ 7 \\ 5 \\ 1 \end{pmatrix} \quad \text{und} \quad \mathbf{b} = \begin{pmatrix} -1 \\ 8 \\ 6 \\ -3 \end{pmatrix}$$

a) Bilde jeweils
- die Summe $\mathbf{a} + \mathbf{b}$
- die Differenz $\mathbf{a} - \mathbf{b}$
- das Skalarprodukt $\mathbf{a} \cdot \mathbf{b}$

$$\mathbf{a} + \mathbf{b} = \begin{pmatrix} 3-1 \\ 7+8 \\ 5+6 \\ 1-3 \end{pmatrix} = \begin{pmatrix} 2 \\ 15 \\ 11 \\ -2 \end{pmatrix} \qquad \mathbf{a} - \mathbf{b} = \begin{pmatrix} 3-(-1) \\ 7-8 \\ 5-6 \\ 1-(-3) \end{pmatrix} = \begin{pmatrix} 4 \\ -1 \\ -1 \\ 4 \end{pmatrix}$$

$$\mathbf{a} \cdot \mathbf{b} = 3 \cdot (-1) + 7 \cdot 8 + 5 \cdot 6 + 1 \cdot (-3) = -3 + 56 + 30 - 3 = 80$$

b) Berechne die Beträge von **a** und **b**:

$$|\mathbf{a}| = \sqrt{3^2 + 7^2 + 5^2 + 1^2} = \sqrt{9 + 49 + 25 + 1} = \sqrt{84}$$

$$|\mathbf{b}| = \sqrt{(-1)^2 + 8^2 + 6^2 + (-3)^2} = \sqrt{1 + 64 + 36 + 9} = \sqrt{110}$$

c) Berechne $3 \cdot \mathbf{a} - 2 \cdot \mathbf{b}$

$$3 \cdot \begin{pmatrix} 3 \\ 7 \\ 5 \\ 1 \end{pmatrix} - 2 \cdot \begin{pmatrix} -1 \\ 8 \\ 6 \\ -3 \end{pmatrix} = \begin{pmatrix} 9 \\ 21 \\ 15 \\ 3 \end{pmatrix} - \begin{pmatrix} -2 \\ 16 \\ 12 \\ -6 \end{pmatrix} = \begin{pmatrix} 9-(-2) \\ 21-16 \\ 15-12 \\ 3-(-6) \end{pmatrix} = \begin{pmatrix} 11 \\ 5 \\ 3 \\ 9 \end{pmatrix}$$

(2) Gegeben seien folgende Vektoren:

$$\mathbf{a} = \begin{pmatrix} 3 \\ 2 \\ -5 \\ 2 \end{pmatrix} \quad \text{und} \quad \mathbf{b} = \begin{pmatrix} -4 \\ 9 \\ 4 \\ 7 \end{pmatrix}$$

Berechne das Skalarprodukt und interpretiere das Ergebnis:

$$\mathbf{a} \cdot \mathbf{b} = 3 \cdot (-4) + 2 \cdot 9 + (-5) \cdot 4 + 2 \cdot 7 = -12 + 18 - 20 + 14 = 0$$

Da das Ergebnis 0 ist, sind die beiden Vektoren orthogonal.

(3) Gegeben seien folgende Vektoren:

$$\mathbf{a} = \begin{pmatrix} 3 \\ 2 \\ -5 \end{pmatrix} \quad \text{und} \quad \mathbf{b} = \begin{pmatrix} -4 \\ 9 \\ 4 \end{pmatrix}$$

a) Berechne das Vektorprodukt und den Betrag des Ergebnisvektors.

$$\mathbf{c} = \mathbf{a} \times \mathbf{b} = \begin{pmatrix} 3 \\ 2 \\ -5 \end{pmatrix} \times \begin{pmatrix} -4 \\ 9 \\ 4 \end{pmatrix} = \begin{pmatrix} 2 \cdot 4 & -(-5) \cdot 9 \\ (-5) \cdot (-4) & -3 \cdot 4 \\ 3 \cdot 9 & -2 \cdot (-4) \end{pmatrix} = \begin{pmatrix} 8 & + 45 \\ 20 & - 12 \\ 27 & + 8 \end{pmatrix} = \begin{pmatrix} 53 \\ 8 \\ 35 \end{pmatrix}$$

$$|\mathbf{c}| = \sqrt{53^2 + 8^2 + 35^2} = \sqrt{4098} = 64{,}0156$$

Probe: Das Skalarprodukt von **c** und **a** muss Null ergeben

$$\mathbf{c} \cdot \mathbf{a} = \begin{pmatrix} 53 \\ 8 \\ 35 \end{pmatrix} \cdot \begin{pmatrix} 3 \\ 2 \\ -5 \end{pmatrix} = 53 \cdot 3 + 8 \cdot 2 + 35 \cdot (-5) = 159 + 16 - 175 = 0$$

b) Berechne den Winkel φ zwischen den Vektoren **a** und **b**:

$$|\mathbf{c}| = |\mathbf{a}| \cdot |\mathbf{b}| \cdot \sin\varphi \quad \Rightarrow \quad \sin\varphi = \frac{|\mathbf{c}|}{|\mathbf{a}| \cdot |\mathbf{b}|}$$

$$\Rightarrow \quad \varphi = \arcsin\frac{|\mathbf{c}|}{|\mathbf{a}| \cdot |\mathbf{b}|} = \arcsin\frac{64{,}0156}{\sqrt{3^2 + 2^2 + (-5)^2} \cdot \sqrt{(-4)^2 + 9^2 + 4^2}}$$

$$\Rightarrow \quad \varphi = \arcsin\frac{64{,}0156}{\sqrt{9+4+25} \cdot \sqrt{16+81+16}} = \arcsin\frac{64{,}0156}{6{,}1644 \cdot 10{,}6301} = \arcsin\frac{64{,}0156}{65{,}5286} = 1{,}3555 = 77{,}66°$$

5.2   Matrizen

5.2.1   Grundlagen

Schon in Band 1 /1/ Abschnitt 9.2.4, bei der Behandlung des Gauß-Algorithmus, haben wir die Matrixschreibweise kennen gelernt. Das folgende Gleichungssystem mit 2 Gleichungen und 2 Unbekannten haben wir in Matrixschreibweise wie folgt aufgeschrieben:

$$\left.\begin{matrix} a_{11} & a_{12} \\ a_{21} & a_{22} \end{matrix}\right| \begin{matrix} b_1 \\ b_2 \end{matrix}$$
Der Ausdruck links neben dem senkrechten Strich nennt man eine 2 x 2 Matrix (gesprochen 2 mal 2 Matrix).

Genauso verhält es sich bei der Behandlung von 3 Gleichungen mit 3 Unbekannten.

$$\left.\begin{matrix} a_{11} & a_{12} & a_{13} \\ a_{21} & a_{22} & a_{23} \\ a_{31} & a_{32} & a_{33} \end{matrix}\right| \begin{matrix} b_1 \\ b_2 \\ b_3 \end{matrix}$$

Häufig werden Matrizen in Klammern geschrieben, also:

$$A = \begin{pmatrix} a_{11} & a_{12} & a_{13} \\ a_{21} & a_{22} & a_{23} \\ a_{31} & a_{32} & a_{33} \end{pmatrix}$$

Neben den bisher gezeigten quadratischen Matrizen gibt es auch solche mit unterschiedlicher Zeilen und Spaltenanzahl. Im folgenden Beispiel zeigen wir eine 3 Zeilen x 2 Spalten und eine 2 Zeilen x 3 Spalten Matrix.

$$A = \begin{pmatrix} a_{11} & a_{12} \\ a_{21} & a_{22} \\ a_{31} & a_{32} \end{pmatrix} \qquad A = \begin{pmatrix} a_{11} & a_{12} & a_{13} \\ a_{21} & a_{22} & a_{23} \end{pmatrix}$$

Aufbau einer Matrix

$$A = \begin{pmatrix} a_{11} & a_{12} & .. & a_{1k} & .. & a_{1n} \\ a_{21} & a_{22} & .. & a_{2k} & .. & a_{2n} \\ .. & .. & .. & .. & .. & .. \\ a_{i1} & a_{i2} & .. & a_{ik} & .. & a_{in} \\ .. & .. & .. & .. & .. & .. \\ a_{m1} & a_{m2} & .. & a_{mk} & .. & a_{mn} \end{pmatrix} \leftarrow \text{Zeile i}$$

$$\uparrow$$
Spalte k

Matrizen werden mit Großbuchstaben fettgedruckt bezeichnet. Die Werte a_{ik} nennt man Matrixelemente oder auch Koeffizientenwerte. Die Indizes der Matrixelemente werden mit i (Zeile) und k (Spalte) bezeichnet. Die Anzahl der Zeilen einer Matrix wird mit m und die Anzahl der Spalten mit n benannt. Eine allgemeine m x n Matrix kann also wie nebenstehend geschrieben werden:

A   : Bezeichnung der Matrix

a_{ik} : Matrixelement in der i-ten Zeile und der k-ten Spalte (auch Koeffizientenwert)

i   : Zeilenindex   (i = 1, 2, 3, 4, ... , m − 1, m)

k   : Spaltenindex   (k = 1, 2, 3, 4, ... , n − 1, n)

m   : Anzahl der Zeilen

n   : Anzahl der Spalten

Nach /6/ lautet die Definition einer reellen Matrix wie folgt:

Unter einer reellen Matrix **A** vom Typ (m, n) versteht man ein aus m x n reellen Zahlen bestehendes Schema mit m waagerecht angeordneten Zeilen und n senkrecht angeordneten Spalten.

Neben reellen Matrizen gibt es im Übrigen auch die komplexen Matrizen. Da diese hier nicht behandelt werden, wollen wir im Folgenden nur von Matrix bzw. Matrizen sprechen.

Eine Matrix ist also zunächst nur eine rechteckige Anordnung von Zahlen. Im Folgenden zeigen wir einige Beispiele:

$$\mathbf{A} = \begin{pmatrix} 67 & 3 & -23,5 \\ 2 & -84,5 & 45 \end{pmatrix}$$ 2 x 3 Matrix auch $\mathbf{A}_{(2, 3)}$

$$\mathbf{A} = \begin{pmatrix} 4 & 0 & 5 \\ 3 & 1 & 7 \\ -4 & 6 & 0 \end{pmatrix}$$ 3 x 3 Matrix auch $\mathbf{A}_{(3, 3)}$ (quadratische Matrix)

$$\mathbf{A} = \begin{pmatrix} 7 & 12 \\ 0 & 4 \\ -3 & 8 \end{pmatrix}$$ 3 x 2 Matrix auch $\mathbf{A}_{(3, 2)}$

Ist die Anzahl der Zeilen gleich der Anzahl der Spalten, so spricht man auch von einer quadratischen Matrix.

Spalten und Zeilenvektoren einer Matrix

Betrachten wir noch einmal unsere allgemeine Matrix.

$$\mathbf{A} = \begin{pmatrix} a_{11} & a_{12} & .. & a_{1k} & .. & a_{1n} \\ a_{21} & a_{22} & .. & a_{2k} & .. & a_{2n} \\ .. & .. & .. & .. & .. & .. \\ a_{i1} & a_{i2} & .. & a_{ik} & .. & a_{in} \\ .. & .. & .. & .. & .. & .. \\ a_{m1} & a_{m2} & .. & a_{mk} & .. & a_{mn} \end{pmatrix} \leftarrow \text{Zeile i}$$

$$\uparrow$$
$$\text{Spalte k}$$

Wenn wir die Spalten der Matrix als Spaltenvektor auffassen, dann sehen diese wie folgt aus:

$$\mathbf{a}_1 = \begin{pmatrix} a_{11} \\ a_{21} \\ \vdots \\ a_{i1} \\ \vdots \\ a_{m1} \end{pmatrix} \quad \mathbf{a}_2 = \begin{pmatrix} a_{12} \\ a_{22} \\ \vdots \\ a_{i2} \\ \vdots \\ a_{m2} \end{pmatrix} \quad \cdots \quad \mathbf{a}_k = \begin{pmatrix} a_{1k} \\ a_{2k} \\ \vdots \\ a_{ik} \\ \vdots \\ a_{mk} \end{pmatrix} \quad \cdots \quad \mathbf{a}_n = \begin{pmatrix} a_{1n} \\ a_{2n} \\ \vdots \\ a_{in} \\ \vdots \\ a_{mn} \end{pmatrix}$$

Man kann dann die Matrix mit ihren Spaltenvektoren auch wie folgt schreiben:

$$\mathbf{A} = \begin{pmatrix} \mathbf{a}_1 & \mathbf{a}_2 & \cdots & \mathbf{a}_k & \cdots & \mathbf{a}_n \end{pmatrix}$$

Genauso kann man die Zeilen der Matrix als Zeilenvektoren auffassen:

$$\begin{aligned} \mathbf{a}^1 &= \begin{pmatrix} a_{11} & a_{12} & \cdots & a_{1k} & \cdots & a_{1n} \end{pmatrix} \\ \mathbf{a}^2 &= \begin{pmatrix} a_{21} & a_{22} & \cdots & a_{2k} & \cdots & a_{2k} \end{pmatrix} \\ &\ \ \vdots \\ \mathbf{a}^i &= \begin{pmatrix} a_{i1} & a_{i2} & \cdots & a_{ik} & \cdots & a_{in} \end{pmatrix} \\ &\ \ \vdots \\ \mathbf{a}^m &= \begin{pmatrix} a_{m1} & a_{m2} & \cdots & a_{mk} & \cdots & a_{mn} \end{pmatrix} \end{aligned}$$

$$\mathbf{A} = \begin{pmatrix} \mathbf{a}^1 \\ \mathbf{a}^2 \\ \vdots \\ \mathbf{a}^i \\ \vdots \\ \mathbf{a}^m \end{pmatrix}$$

Somit kann man die Matrix mit ihren Zeilenvektoren auch wie nebenstehend schreiben:

Wie man sieht werden die Zeilenvektoren hier oben rechts indiziert.

5.2.2   Rechenoperationen von Matrizen

Addition von Matrizen

Sind zwei Matrizen **A** und **B** vom selben Typ, dann können sie addiert werden. Dabei wird jedes Element der ersten Matrix mit dem entsprechenden Element der zweiten Matrix addiert.

$$\mathbf{A} + \mathbf{B} = \begin{pmatrix} a_{11} & a_{12} & .. & a_{1n} \\ a_{21} & a_{22} & .. & a_{2n} \\ .. & .. & .. & .. \\ a_{m1} & a_{m2} & .. & a_{mn} \end{pmatrix} + \begin{pmatrix} b_{11} & b_{12} & .. & b_{1n} \\ b_{21} & b_{22} & .. & b_{2n} \\ .. & .. & .. & .. \\ b_{m1} & b_{m2} & .. & b_{mn} \end{pmatrix} = \begin{pmatrix} a_{11}+b_{11} & a_{12}+b_{12} & .. & a_{1n}+b_{1n} \\ a_{21}+b_{21} & a_{22}+b_{22} & .. & a_{2n}+b_{2n} \\ .. & .. & .. & .. \\ a_{m1}+b_{m1} & a_{m2}+b_{m2} & .. & a_{mn}+b_{mn} \end{pmatrix}$$

Auch hier gilt, bei den Grundrechenarten, das Vertauschungsgesetz oder Kommutativgesetz:

A + **B** = **B** + **A**   (vgl. Band 1 /1/, Abschnitt 2.2.1.1)

Auch das Verbindungsgesetz oder Assoziativgesetz gilt wie bei den Grundrechenarten:

A + (**B** + **C**) = (**A** + **B**) + **C**

Subtraktion von Matrizen

Sind die Matrizen **A** und **B** vom selben Typ, dann kann Matrix B von Matrix A subtrahiert werden. Jedes Element der Matrix **B** wird von dem entsprechenden Element der Matrix **A** subtrahiert.

$$\mathbf{A}-\mathbf{B}=\begin{pmatrix} a_{11} & a_{12} & .. & a_{1n} \\ a_{21} & a_{22} & .. & a_{2n} \\ .. & .. & .. & .. \\ a_{m1} & a_{m2} & .. & a_{mn} \end{pmatrix} - \begin{pmatrix} b_{11} & b_{12} & .. & b_{1n} \\ b_{21} & b_{22} & .. & b_{2n} \\ .. & .. & .. & .. \\ b_{m1} & b_{m2} & .. & b_{mn} \end{pmatrix} = \begin{pmatrix} a_{11}-b_{11} & a_{12}-b_{12} & .. & a_{1n}-b_{1n} \\ a_{21}-b_{21} & a_{22}-b_{22} & .. & a_{2n}-b_{2n} \\ .. & & .. & .. \\ a_{m1}-b_{m1} & a_{m2}-b_{m2} & .. & a_{mn}-b_{mn} \end{pmatrix} = -(\mathbf{B}-\mathbf{A})$$

Multiplikation Skalar mit Matrix

Eine Matrix **A** wird mit einer reellen Zahl f (einem Skalar) multipliziert, indem jede Komponente der Matrix mit der Zahl multipliziert wird.

$$f \cdot \mathbf{A} = f \cdot \begin{pmatrix} a_{11} & a_{12} & .. & a_{1n} \\ a_{21} & a_{22} & .. & a_{2n} \\ .. & .. & .. & .. \\ a_{m1} & a_{m2} & .. & a_{mn} \end{pmatrix} = \begin{pmatrix} f \cdot a_{11} & f \cdot a_{12} & .. & f \cdot a_{1n} \\ f \cdot a_{21} & f \cdot a_{22} & .. & f \cdot a_{2n} \\ .. & & .. & .. \\ f \cdot a_{m1} & f \cdot a_{m2} & .. & f \cdot a_{mn} \end{pmatrix}$$

Daraus folgt, dass ein gemeinsamer Faktor aller Matrixelemente vor die Matrix geschrieben werden kann (Ausklammern). Natürlich können auch zwei oder mehr Skalare mit einer Matrix multipliziert werden, wobei die Reihenfolge der Skalare beliebig sein kann:

$$f \cdot g \cdot \mathbf{A} = f \cdot g \cdot \begin{pmatrix} a_{11} & a_{12} & .. & a_{1n} \\ a_{21} & a_{22} & .. & a_{2n} \\ .. & .. & .. & .. \\ a_{m1} & a_{m2} & .. & a_{mn} \end{pmatrix} = \begin{pmatrix} f \cdot g \cdot a_{11} & f \cdot g \cdot a_{12} & .. & f \cdot g \cdot a_{1n} \\ f \cdot g \cdot a_{21} & f \cdot g \cdot a_{22} & .. & f \cdot g \cdot a_{2n} \\ .. & & .. & .. \\ f \cdot g \cdot a_{m1} & f \cdot g \cdot a_{m2} & .. & f \cdot g \cdot a_{mn} \end{pmatrix} = g \cdot f \cdot \mathbf{A} = \dots$$

Dies ist das Verbindungsgesetz oder Assoziativgesetz der Multiplikation.

Es kann auch die Summe von zwei Skalaren wie folgt mit einer Matrix multipliziert werden:

$$(f+g) \cdot \mathbf{A} = (f+g) \cdot \begin{pmatrix} a_{11} & a_{12} & .. & a_{1n} \\ a_{21} & a_{22} & .. & a_{2n} \\ .. & .. & .. & .. \\ a_{m1} & a_{m2} & .. & a_{mn} \end{pmatrix} = \begin{pmatrix} (f+g) \cdot a_{11} & (f+g) \cdot a_{12} & .. & (f+g) \cdot a_{1n} \\ (f+g) \cdot a_{21} & (f+g) \cdot a_{22} & .. & (f+g) \cdot a_{2n} \\ .. & & .. & .. \\ (f+g) \cdot a_{m1} & (f+g) \cdot a_{m2} & .. & (f+g) \cdot a_{mn} \end{pmatrix}$$

$$= f \cdot \mathbf{A} + g \cdot \mathbf{A} = f \cdot \begin{pmatrix} a_{11} & a_{12} & .. & a_{1n} \\ a_{21} & a_{22} & .. & a_{2n} \\ .. & .. & .. & .. \\ a_{m1} & a_{m2} & .. & a_{mn} \end{pmatrix} + g \cdot \begin{pmatrix} a_{11} & a_{12} & .. & a_{1n} \\ a_{21} & a_{22} & .. & a_{2n} \\ .. & .. & .. & .. \\ a_{m1} & a_{m2} & .. & a_{mn} \end{pmatrix} =$$

$$= \begin{pmatrix} f \cdot a_{11} & f \cdot a_{12} & .. & f \cdot a_{1n} \\ f \cdot a_{21} & f \cdot a_{22} & .. & f \cdot a_{2n} \\ .. & .. & .. & .. \\ f \cdot a_{m1} & f \cdot a_{m2} & .. & f \cdot a_{mn} \end{pmatrix} + \begin{pmatrix} g \cdot a_{11} & g \cdot a_{12} & .. & g \cdot a_{1n} \\ g \cdot a_{21} & g \cdot a_{22} & .. & g \cdot a_{2n} \\ .. & .. & .. & .. \\ g \cdot a_{m1} & g \cdot a_{m2} & .. & g \cdot a_{mn} \end{pmatrix}$$

Dies ist das Verteilungsgesetz oder Distributivgesetz der Multiplikation.

Wird ein Skalar mit der Summe von zwei Matrizen multipliziert erhalten wir Folgendes:

$$f \cdot (\mathbf{A} + \mathbf{B}) = f \cdot \begin{pmatrix} a_{11} & a_{12} & .. & a_{1n} \\ a_{21} & a_{22} & .. & a_{2n} \\ .. & .. & .. & .. \\ a_{m1} & a_{m2} & .. & a_{mn} \end{pmatrix} + f \cdot \begin{pmatrix} b_{11} & b_{12} & .. & b_{1n} \\ b_{21} & b_{22} & .. & b_{2n} \\ .. & .. & .. & .. \\ b_{m1} & b_{m2} & .. & b_{mn} \end{pmatrix} = \begin{pmatrix} f \cdot (a_{11}+b_{11}) & f \cdot (a_{12}+b_{12}) & .. & f \cdot (a_{1n}+b_{1n}) \\ f \cdot (a_{21}+b_{21}) & f \cdot (a_{22}+b_{22}) & .. & f \cdot (a_{2n}+b_{2n}) \\ .. & .. & .. & .. \\ f \cdot (a_{m1}+b_{m1}) & f \cdot (a_{m2}+b_{m2}) & .. & f \cdot (a_{mn}+b_{mn}) \end{pmatrix}$$

Auch dies ist das Verteilungsgesetz oder Distributivgesetz der Multiplikation.

Multiplikation von Matrizen

Diese Operation ist nur möglich, wenn die erste Matrix n Spalten und die zweite n Zeile hat. Das folgende Rechenschema (Falk-Schema) zeigt die Multiplikation von **A** und **B**:

$$\mathbf{A}_{(m,n)} \cdot \mathbf{B}_{(n,p)} = \mathbf{C}_{(m,p)}$$

$$\begin{pmatrix} b_{11} & b_{12} & .. & b_{1p} \\ b_{21} & b_{22} & .. & b_{2p} \\ .. & .. & .. & .. \\ b_{n1} & b_{n2} & .. & b_{np} \end{pmatrix}$$

$$\begin{pmatrix} a_{11} & a_{12} & .. & a_{1n} \\ a_{21} & a_{22} & .. & a_{2n} \\ .. & .. & .. & .. \\ a_{m1} & a_{m2} & .. & a_{mn} \end{pmatrix} \begin{pmatrix} c_{11} & c_{12} & .. & c_{1p} \\ c_{21} & c_{22} & .. & c_{2p} \\ .. & .. & .. & .. \\ c_{m1} & c_{m2} & .. & c_{mp} \end{pmatrix}$$

mit

$$c_{11} = a_{11} \cdot b_{11} + a_{12} \cdot b_{21} + .. + a_{1n} \cdot b_{n1}$$
$$c_{21} = a_{21} \cdot b_{11} + a_{22} \cdot b_{21} + .. + a_{2n} \cdot b_{n1}$$
..
$$c_{m1} = a_{m1} \cdot b_{11} + a_{m2} \cdot b_{21} + .. + a_{mn} \cdot b_{n1}$$

und

$$c_{12} = a_{11} \cdot b_{12} + a_{12} \cdot b_{22} + .. + a_{1n} \cdot b_{n2}$$
$$c_{22} = a_{21} \cdot b_{12} + a_{22} \cdot b_{22} + .. + a_{2n} \cdot b_{n2}$$
..
$$c_{m2} = a_{m1} \cdot b_{12} + a_{m2} \cdot b_{22} + .. + a_{mn} \cdot b_{n2}$$

und

$$c_{1p} = a_{11} \cdot b_{1p} + a_{12} \cdot b_{2p} + .. + a_{1n} \cdot b_{np}$$
$$c_{2p} = a_{21} \cdot b_{1p} + a_{22} \cdot b_{2p} + .. + a_{2n} \cdot b_{np}$$
..
$$c_{mp} = a_{m1} \cdot b_{1p} + a_{m2} \cdot b_{2p} + .. + a_{mn} \cdot b_{np}$$

Man kann auch folgendes sagen:

c_{11}: der 1. Zeilenvektor von A wird mit dem 1. Spaltenvektor von B multipliziert

c_{21}: der 2. Zeilenvektor von A wird mit dem 1. Spaltenvektor von B multipliziert

$\vdots$

c_{m1}: der m. Zeilenvektor von A wird mit dem 1. Spaltenvektor von B multipliziert

---

c_{12}: der 1. Zeilenvektor von A wird mit dem 2. Spaltenvektor von B multipliziert

c_{22}: der 2. Zeilenvektor von A wird mit dem 2. Spaltenvektor von B multipliziert

$\vdots$

c_{m2}: der m. Zeilenvektor von A wird mit dem 2. Spaltenvektor von B multipliziert

---

c_{1p}: der 1. Zeilenvektor von A wird mit dem p. Spaltenvektor von B multipliziert

c_{2p}: der 2. Zeilenvektor von A wird mit dem p. Spaltenvektor von B multipliziert

$\vdots$

c_{mp}: der m. Zeilenvektor von A wird mit dem p. Spaltenvektor von B multipliziert

Bei der Multiplikation gelten folgende Rechenregeln:

Verbindungsgesetz oder Assoziativgesetz: $\quad \mathbf{A} \cdot (\mathbf{B} \cdot \mathbf{C}) = (\mathbf{A} \cdot \mathbf{B}) \cdot \mathbf{C}$

Multiplikation mit einem Skalar λ: $\quad \lambda \cdot (\mathbf{A} \cdot \mathbf{B}) = (\lambda \cdot \mathbf{A}) \cdot \mathbf{B} = \mathbf{A} \cdot (\lambda \cdot \mathbf{B})$

Verteilungs- oder Distributivgesetz: $\quad \mathbf{A} \cdot (\mathbf{B} + \mathbf{C}) = (\mathbf{A} \cdot \mathbf{B}) + \mathbf{A} \cdot \mathbf{C}$

$$(\mathbf{A} + \mathbf{B}) \cdot \mathbf{C} = \mathbf{A} \cdot \mathbf{C} + \mathbf{B} \cdot \mathbf{C}$$

Das Vertauschungsgesetz oder Kommutativgesetz gilt hier nicht, denn wenn wir die Matrizen vertauschen, dann stimmen Zeilen- und Spaltenindizes nicht mehr überein.

Hierzu ein einfaches Beispiel:

$\mathbf{A} \cdot \mathbf{B}$ $\qquad\qquad\qquad\qquad\qquad\qquad$ $\mathbf{B} \cdot \mathbf{A}$

$$\begin{pmatrix} a_{11} & a_{12} & a_{13} \\ a_{21} & a_{22} & a_{23} \\ a_{31} & a_{32} & a_{33} \end{pmatrix} \begin{pmatrix} b_{11} & b_{12} & b_{13} \\ b_{21} & b_{22} & b_{23} \\ b_{31} & b_{32} & b_{33} \end{pmatrix} \begin{pmatrix} c_{11} & c_{12} & c_{13} \\ c_{21} & c_{22} & c_{23} \\ c_{31} & c_{32} & c_{33} \end{pmatrix}$$

$$\begin{pmatrix} b_{11} & b_{12} & b_{13} \\ b_{21} & b_{22} & b_{23} \\ b_{31} & b_{32} & b_{33} \end{pmatrix} \begin{pmatrix} a_{11} & a_{12} & a_{13} \\ a_{21} & a_{22} & a_{23} \\ a_{31} & a_{32} & a_{33} \end{pmatrix} \begin{pmatrix} c_{11} & c_{12} & c_{13} \\ c_{21} & c_{22} & c_{23} \\ c_{31} & c_{32} & c_{33} \end{pmatrix}$$

$c_{11} = a_{11} \cdot b_{11} + a_{12} \cdot b_{21} + a_{13} \cdot b_{31}$ $\qquad$ $c_{11} = a_{11} \cdot b_{11} + a_{21} \cdot b_{12} + a_{31} + b_{13}$

Da durch die Vertauschung der Matrizen auch die Indizes vertauscht werden, stimmen auch bei quadratischen Matrizen die Produkte $\mathbf{A} \cdot \mathbf{B}$ und $\mathbf{B} \cdot \mathbf{A}$ nicht überein.

$\Rightarrow \quad \mathbf{A} \cdot \mathbf{B} \neq \mathbf{B} \cdot \mathbf{A}$

5.2.3 Das Transponieren einer Matrix

Hierzu ein einfaches Beispiel. Gegeben sei die folgende Matrix:

$$\mathbf{A}_{3,2} = \begin{pmatrix} 7 & 12 \\ 0 & 4 \\ -3 & 8 \end{pmatrix}$$ Es handelt sich hier um eine Matrix mit 3 Zeilen und 2 Spalten. Wir transponieren nun diese Matrix indem wir die Zeilen und Spalten einfach vertauschen.

Aus dem Zeilenvektor $\mathbf{a}^1 = (7 \quad 12)$ entsteht dann der transponierte Spaltenvektor $\mathbf{a}^{1T} = \begin{pmatrix} 7 \\ 12 \end{pmatrix}$.

Die transponierte Matrix sieht wie folgt aus:

$$\mathbf{A}_{2,3}^T = \begin{pmatrix} 7 & 0 & -3 \\ 12 & 4 & 8 \end{pmatrix}$$

Allgemein gilt: eine Matrix wird transponiert, indem man die Zeilen und Spalten miteinander vertauscht. Beim Transponieren werden die Zeilen- und Spaltenindizes vertauscht.

$$\mathbf{A}_{3,2} = \begin{pmatrix} a_{11} & a_{12} \\ a_{21} & a_{22} \\ a_{31} & a_{32} \end{pmatrix} \quad \Rightarrow \quad \mathbf{A}_{2,3}^T = \begin{pmatrix} a_{11} & a_{21} & a_{31} \\ a_{12} & a_{22} & a_{32} \end{pmatrix} = \begin{pmatrix} a_{11}^T & a_{12}^T & a_{13}^T \\ a_{21}^T & a_{22}^T & a_{23}^T \end{pmatrix}$$

Allgemein kann man auch sagen: $a_{ik} = a_{ki}^T$

5.2.4 Spezielle Matrizen

Nullmatrix: Alle Matrixelemente haben den Wert 0.

$$A = \begin{pmatrix} 0 & 0 \\ 0 & 0 \\ 0 & 0 \end{pmatrix}$$ 3 x 2 Nullmatrix

Spaltenmatrix: Matrix mit nur einer Spalte (Spaltenvektor).

$$\mathbf{A}_{(m,1)} = \begin{pmatrix} a_1 \\ a_2 \\ \vdots \\ a_{m-1} \\ a_m \end{pmatrix}$$

Zeilenmatrix: Matrix mit nur einer Zeile (Zeilenvektor).

$$\mathbf{A}_{(1,n)} = \begin{pmatrix} a_1 & a_2 & \dots & a_{n-1} & a_n \end{pmatrix}$$

5.2.5 Spezielle quadratische Matrizen

Eine quadratische Matrix ist eine Matrix mit gleicher Zeilen- und Spaltenanzahl:

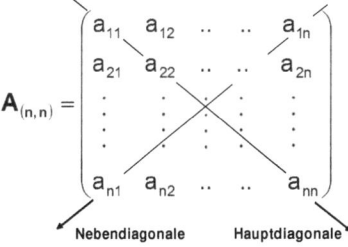

Einheitsmatrix:

$$\begin{pmatrix} 1 & 0 & 0 & 0 \\ 0 & 1 & 0 & 0 \\ 0 & 0 & 1 & 0 \\ 0 & 0 & 0 & 1 \end{pmatrix}$$

Bei einer Einheitsmatrix sind alle Elemente der Hauptdiagonalen = 1 und alle übrigen Elemente = 0.

$$\begin{pmatrix} a_{11}=1 & a_{12}=0 & \ldots\ldots & a_{1n}=0 \\ a_{21}=0 & a_{22}=1 & \ldots\ldots & a_{2n}=0 \\ \ldots & \ldots & \ldots\ldots & \ldots \\ a_{n1}=0 & a_{n2}=0 & \ldots\ldots & a_{nn}=1 \end{pmatrix}$$

Es gilt:

$a_{ik}=0$ für $i \neq k$ und $a_{ik}=1$ für $i=k$

Multiplikation einer Matrix mit einer Einheitsmatrix:

$A \cdot E = A$

$$\begin{pmatrix} 1 & 0 & 0 \\ 0 & 1 & 0 \\ 0 & 0 & 1 \end{pmatrix}$$

Man sieht also, dass die Multiplikation einer Matrix **A** mit der zugehörigen Einheitsmatrix **E** die Matrix **A** ergibt.

$$\begin{pmatrix} a_{11} & a_{12} & a_{13} \\ a_{21} & a_{22} & a_{23} \\ a_{31} & a_{32} & a_{33} \end{pmatrix} \begin{pmatrix} a_{11} \cdot 1 & a_{12} \cdot 1 & a_{13} \cdot 1 \\ a_{21} \cdot 1 & a_{22} \cdot 1 & a_{23} \cdot 1 \\ a_{31} \cdot 1 & a_{32} \cdot 1 & a_{33} \cdot 1 \end{pmatrix}$$

$c_{11} = a_{11} \cdot 1 + a_{12} \cdot 0 + a_{13} \cdot 0 = a_{11}$

Diagonalmatrix:

$$\begin{pmatrix} 3 & 0 & 0 & 0 \\ 0 & -2 & 0 & 0 \\ 0 & 0 & 0 & 0 \\ 0 & 0 & 0 & 7 \end{pmatrix}$$

Bei einer Diagonalmatrix sind alle Elemente, die nicht auf der Hauptdiagonalen liegen = 0. Die Elemente der Hauptdiagonalen können beliebige Werte annehmen.

$$\begin{pmatrix} a_{11} & a_{12} = 0 & \cdots\cdots & a_{1n} = 0 \\ a_{21} = 0 & a_{22} & \cdots\cdots & a_{2n} = 0 \\ \cdots & \cdots & \cdots\cdots & \cdots \\ a_{n1} = 0 & a_{n2} = 0 & \cdots\cdots & a_{nn} \end{pmatrix}$$

Es gilt:

$a_{ik} = 0$ für $i \neq k$

Untere Dreiecksmatrix:

$$\begin{pmatrix} 0 & 0 & 0 & 0 \\ 8 & -2 & 0 & 0 \\ 2 & 0 & -5 & 0 \\ 6 & 12 & 4 & -7 \end{pmatrix}$$

Bei einer unteren Dreiecksmatrix sind alle Elemente oberhalb der Hauptdiagonalen = 0, alle übrigen Elemente können beliebige Werte annehmen.

$$\begin{pmatrix} a_{11} & a_{12} = 0 & \cdots\cdots & a_{1n} = 0 \\ a_{21} & a_{22} & \cdots\cdots & a_{2n} = 0 \\ \cdots & \cdots & \cdots\cdots & \cdots \\ a_{n1} & a_{n2} & \cdots\cdots & a_{nn} \end{pmatrix}$$

Es gilt:

$a_{ik} = 0$ für $i < k$

Obere Dreiecksmatrix:

$$\begin{pmatrix} 12 & -4 & 0 & 3 \\ 0 & -2 & -9 & 8 \\ 0 & 0 & 0 & 0 \\ 0 & 0 & 0 & -7 \end{pmatrix}$$

Bei einer oberen Dreiecksmatrix sind alle Elemente unterhalb der Hauptdiagonalen = 0, alle übrigen Elemente können beliebige Werte annehmen.

$$\begin{pmatrix} a_{11} & a_{12} & \cdots\cdots & a_{1n} \\ a_{21} = 0 & a_{22} & \cdots\cdots & a_{2n} \\ \cdots & \cdots & \cdots\cdots & \cdots \\ a_{n1} = 0 & a_{n2} = 0 & \cdots\cdots & a_{nn} \end{pmatrix}$$

Es gilt:

$a_{ik} = 0$ für $i > k$

Symmetrische Matrix:

$$\begin{pmatrix} 12 & -4 & 0 & 3 \\ -4 & -2 & -9 & 8 \\ 0 & -9 & 0 & 0 \\ 3 & 8 & 0 & 7 \end{pmatrix}$$

Bei einer symmetrischen Matrix sind alle Elemente spiegelsymmetrisch zur Hauptdiagonalen angeordnet.

Es gilt: $a_{ik} = a_{ki}$ für alle i und k

$$\begin{pmatrix} a_{11} & a_{12} = a_{21} & \cdots\cdots & a_{1n} = a_{n1} \\ a_{21} = a_{12} & a_{22} & \cdots\cdots & a_{2n} = a_{n2} \\ \cdots & \cdots & \cdots\cdots & \cdots \\ a_{n1} = a_{1n} & a_{n2} = a_{2n} & \cdots\cdots & a_{nn} \end{pmatrix}$$

Wenn man eine symmetrische Matrix transponiert, dann erhält man die ursprüngliche Matrix:

$A = A^{T}$ für eine symmetrische Matrix

Antisymmetrische Matrix:

$$\begin{pmatrix} 0 & -4 & 0 & 3 \\ 4 & 0 & -9 & 8 \\ 0 & 9 & 0 & 0 \\ -3 & -8 & 0 & 0 \end{pmatrix}$$

Bei einer antisymmetrischen Matrix haben alle spiegelsymmetrisch zur Hauptdiagonalen angeordneten Elemente entgegengesetzte Vorzeichen. Alle Elemente der Hauptdiagonalen haben den Wert 0.

$$\begin{pmatrix} a_{11}=0 & a_{12}=-a_{21} & \cdots & a_{1n}=-a_{n1} \\ a_{21}=-a_{12} & a_{22}=0 & \cdots & a_{2n}=-a_{n2} \\ \cdots & \cdots & \cdots & \cdots \\ a_{n1}=-a_{1n} & a_{n2}=-a_{2n} & \cdots & a_{nn}=0 \end{pmatrix}$$

Es gilt:

$a_{ik}=-a_{ki}$ für alle i und k

Damit gilt automatisch:

$a_{ii}=-a_{ii} \quad |+a_{ii} \quad \Rightarrow \quad 2 \cdot a_{ii}=0 \quad \Rightarrow \quad a_{ii}=0$

Eine antisymmetrische Matrix wird auch schiefsymmetrische Matrix genannt.

5.2.6 Matrix aus symmetrischer und antisymmetrischer Matrix

Jede quadratische Matrix kann als Summe aus einer symmetrischen und antisymmetrischen Matrix geschrieben werden. Hierzu ein einfaches Beispiel:

$$\mathbf{A} = \begin{pmatrix} 3 & 2 & -2 & 1 \\ -5 & -2 & 1 & -2 \\ 4 & -1 & 2 & 1 \\ 2 & 2 & 0 & 4 \end{pmatrix} \qquad \mathbf{A}^T = \begin{pmatrix} 3 & -5 & 4 & 2 \\ 2 & -2 & -1 & 2 \\ -2 & 1 & 2 & 0 \\ 1 & -2 & 1 & 4 \end{pmatrix}$$

$$= \frac{1}{2} \cdot (\mathbf{A}+\mathbf{A}) + \underbrace{\frac{1}{2} \cdot (\mathbf{A}^T-\mathbf{A}^T)}_{=0} = \frac{1}{2} \cdot \mathbf{A} + \frac{1}{2} \cdot \mathbf{A} + \frac{1}{2} \cdot \mathbf{A}^T - \frac{1}{2} \cdot \mathbf{A}^T = \frac{1}{2} \cdot \mathbf{A} + \frac{1}{2} \cdot \mathbf{A}^T + \frac{1}{2} \cdot \mathbf{A} - \frac{1}{2} \cdot \mathbf{A}^T$$

$$\mathbf{A} = \frac{1}{2} \cdot (\mathbf{A}+\mathbf{A}^T) + \frac{1}{2} \cdot (\mathbf{A}-\mathbf{A}^T) = \frac{1}{2} \cdot \begin{pmatrix} 3+3 & 2-5 & -2+4 & 1+2 \\ -5+2 & -2-2 & 1-1 & -2+2 \\ 4-2 & -1+1 & 2+2 & 1+0 \\ 2+1 & 2-2 & 0+1 & 4+4 \end{pmatrix} + \frac{1}{2} \begin{pmatrix} 3-3 & 2+5 & -2-4 & 1-2 \\ -5-2 & -2+2 & 1+1 & -2-2 \\ 4+2 & -1-1 & 2-2 & 1-0 \\ 2-1 & 2+2 & 0-1 & 4-4 \end{pmatrix}$$

$$= \frac{1}{2} \cdot \begin{pmatrix} 6 & -3 & 2 & 3 \\ -3 & -4 & 0 & 0 \\ 2 & 0 & 4 & 1 \\ 3 & 0 & 1 & 8 \end{pmatrix} + \frac{1}{2} \begin{pmatrix} 0 & 7 & -6 & -1 \\ -7 & 0 & 2 & -4 \\ 6 & -2 & 0 & 1 \\ 1 & 4 & -1 & 0 \end{pmatrix} = \begin{pmatrix} 3 & -3/2 & 1 & 3/2 \\ -3/2 & -2 & 0 & 0 \\ 1 & 0 & 2 & 1/2 \\ 3/2 & 0 & 1/2 & 4 \end{pmatrix} + \begin{pmatrix} 0 & 7/2 & -3 & -1/2 \\ -7/2 & 0 & 1 & -2 \\ 3 & -1 & 0 & 1/2 \\ 1/2 & 2 & -1/2 & 0 \end{pmatrix}$$

Zur Probe kann man die Summe der beiden Matrizen bilden und erhält wieder die Ursprungsmatrix. Allgemein kann man dies wie folgt zeigen:

$$\mathbf{A} = \begin{pmatrix} a_{11} & a_{12} & .. & a_{1n} \\ a_{21} & a_{22} & .. & a_{2n} \\ .. & .. & .. & .. \\ a_{n1} & a_{n2} & .. & a_{nn} \end{pmatrix} \qquad \mathbf{A}^T = \begin{pmatrix} a_{11} & a_{21} & .. & a_{n1} \\ a_{12} & a_{22} & .. & a_{n2} \\ .. & .. & .. & .. \\ a_{1n} & a_{2n} & .. & a_{nn} \end{pmatrix}$$

$$A = \frac{1}{2} \cdot \left(A + A^T\right) + \frac{1}{2} \cdot \left(A - A^T\right) = \frac{1}{2} \cdot \begin{pmatrix} a_{11} + a_{11} & a_{12} + a_{21} & .. & a_{1n} + a_{n1} \\ a_{21} + a_{12} & a_{22} + a_{22} & .. & a_{2n} + a_{n2} \\ .. & .. & .. & .. \\ a_{n1} + a_{1n} & a_{n2} + a_{2n} & .. & a_{nn} + a_{nn} \end{pmatrix} + \frac{1}{2} \cdot \begin{pmatrix} a_{11} - a_{11} & a_{12} - a_{21} & .. & a_{1n} - a_{n1} \\ a_{21} - a_{12} & a_{22} - a_{22} & .. & a_{2n} - a_{n2} \\ .. & .. & .. & .. \\ a_{n1} - a_{1n} & a_{n2} - a_{2n} & .. & a_{nn} - a_{nn} \end{pmatrix}$$

$$= \frac{1}{2} \cdot \begin{pmatrix} 2 \cdot a_{11} & a_{12} + a_{21} & .. & a_{1n} + a_{n1} \\ a_{21} + a_{12} & 2 \cdot a_{22} & .. & a_{2n} + a_{n2} \\ .. & .. & .. & .. \\ a_{n1} + a_{1n} & a_{n2} + a_{2n} & .. & 2 \cdot a_{nn} \end{pmatrix} + \frac{1}{2} \cdot \begin{pmatrix} 0 & a_{12} - a_{21} & .. & a_{1n} - a_{n1} \\ a_{21} - a_{12} & 0 & .. & a_{2n} - a_{n2} \\ .. & .. & .. & .. \\ a_{n1} - a_{1n} & a_{n2} - a_{2n} & .. & 0 \end{pmatrix}$$

Wir können nun 1/2 ausklammern und erhalten:

$$A = \frac{1}{2} \cdot \left[\begin{pmatrix} 2 \cdot a_{11} & a_{12} + a_{21} & .. & a_{1n} + a_{n1} \\ a_{21} + a_{12} & 2 \cdot a_{22} & .. & a_{2n} + a_{n2} \\ .. & .. & .. & .. \\ a_{n1} + a_{1n} & a_{n2} + a_{2n} & .. & 2 \cdot a_{nn} \end{pmatrix} + \begin{pmatrix} 0 & a_{12} - a_{21} & .. & a_{1n} - a_{n1} \\ a_{21} - a_{12} & 0 & .. & a_{2n} - a_{n2} \\ .. & .. & .. & .. \\ a_{n1} - a_{1n} & a_{n2} - a_{2n} & .. & 0 \end{pmatrix} \right]$$

$$= \frac{1}{2} \cdot \begin{pmatrix} 2 \cdot a_{11} + 0 & a_{12} + a_{21} + a_{12} - a_{21} & .. & a_{1n} + a_{n1} + a_{1n} - a_{n1} \\ a_{21} + a_{12} + a_{21} - a_{12} & 2 \cdot a_{22} + 0 & .. & a_{2n} + a_{n2} + a_{2n} - a_{n2} \\ .. & .. & .. & .. \\ a_{n1} + a_{1n} + a_{n1} - a_{1n} & a_{n2} + a_{2n} + a_{n2} - a_{2n} & .. & 2 \cdot a_{nn} + 0 \end{pmatrix} = \frac{1}{2} \cdot \begin{pmatrix} 2 \cdot a_{11} & 2 \cdot a_{12} & .. & 2 \cdot a_{1n} \\ 2 \cdot a_{21} & 2 \cdot a_{22} & .. & 2 \cdot a_{2n} \\ .. & .. & .. & .. \\ 2 \cdot a_{n1} + & 2 \cdot a_{n2} & .. & 2 \cdot a_{nn} \end{pmatrix}$$

$$= \begin{pmatrix} a_{11} & a_{12} & .. & a_{1n} \\ a_{21} & a_{22} & .. & a_{2n} \\ .. & .. & .. & .. \\ a_{n1} + & a_{n2} & .. & a_{nn} \end{pmatrix}$$

Wir erhalten also wieder die Ursprungsmatrix.

5.2.7   Gleichheit von Matrizen

Zwei Matrizen sind dann gleich, wenn sie in allen Elementen übereinstimmen. Dies setzt natürlich auch voraus, dass sie vom selben Typ sind.

$$A = \begin{pmatrix} 12 & -4 & 0 & 3 \\ 0 & -2 & -9 & 8 \\ 4 & 0 & 0 & 0 \\ 0 & 9 & 15 & -7 \end{pmatrix} = \begin{pmatrix} 12 & -4 & 0 & 3 \\ 0 & -2 & -9 & 8 \\ 4 & 0 & 0 & 0 \\ 0 & 9 & 15 & -7 \end{pmatrix} = B \qquad \text{oder} \qquad A_{3,2} = \begin{pmatrix} 7 & 12 \\ 0 & 4 \\ -3 & 8 \end{pmatrix} = \begin{pmatrix} 7 & 12 \\ 0 & 4 \\ -3 & 8 \end{pmatrix} = B_{3,2}$$

Es gilt: Zwei Matrizen **A** und **B** vom gleichen Typ (m, n) sind gleich, wenn gilt:

$a_{ik} = b_{ik}$ für alle i und k

i = 1, 2, ... , m   und   k = 1, 2, ... , n

5.2.8   Die Spur einer n x n Matrix

Die Spur einer Matrix wird berechnet, indem man die Elemente der Hauptdiagonalen addiert.

$$\text{Spur}(\mathbf{A_{nn}}) = \text{Spur}\begin{pmatrix} a_{11} & a_{12} & \cdots\cdots & a_{1n} \\ a_{21} & a_{22} & \cdots\cdots & a_{2n} \\ \cdots & \cdots & \cdots\cdots & \cdots \\ a_{n1} & a_{n2} & \cdots\cdots & a_{nn} \end{pmatrix} = a_{11} + a_{22} + \ldots + a_{nn} = \sum_{i=1}^{n} a_{ii}$$

5.2.9   Beispielrechnungen mit Matrizen

(1) Gegeben sind folgende Matrizen:

$$\mathbf{A} = \begin{pmatrix} 1 & 3 & -6 \\ 0 & 2 & 11 \\ 5 & 4 & 8 \end{pmatrix} \quad \text{und} \quad \mathbf{B} = \begin{pmatrix} 2 & 8 & 4 \\ -5 & 6 & -7 \\ 2 & 3 & -12 \end{pmatrix}$$

a) Bilde die Summe der beiden Matrizen:

$$\mathbf{A} + \mathbf{B} = \begin{pmatrix} 1 & 3 & -6 \\ 0 & 2 & 11 \\ 5 & 4 & 8 \end{pmatrix} + \begin{pmatrix} 2 & 8 & 4 \\ -5 & 6 & -7 \\ 2 & 3 & -12 \end{pmatrix} = \begin{pmatrix} 1+2 & 3+8 & (-6)+4 \\ 0-5 & 2+6 & 11-7 \\ 5+2 & 4+3 & 8-12 \end{pmatrix} = \begin{pmatrix} 3 & 11 & -2 \\ -5 & 8 & 4 \\ 7 & 7 & -4 \end{pmatrix}$$

b) Bilde die Differenz **A** – **B** der beiden Matrizen:

$$\mathbf{A} - \mathbf{B} = \begin{pmatrix} 1 & 3 & -6 \\ 0 & 2 & 11 \\ 5 & 4 & 8 \end{pmatrix} - \begin{pmatrix} 2 & 8 & 4 \\ -5 & 6 & -7 \\ 2 & 3 & -12 \end{pmatrix} = \begin{pmatrix} 1-2 & 3-8 & (-6)-4 \\ 0-(-5) & 2-6 & 11-(-7) \\ 5-2 & 4-3 & 8-(-12) \end{pmatrix} = \begin{pmatrix} -1 & -5 & -10 \\ 5 & -4 & 18 \\ 3 & 1 & 20 \end{pmatrix}$$

c) Bilde die Differenz **B** – **A** der beiden Matrizen:

$$\mathbf{B} - \mathbf{A} = \begin{pmatrix} 2 & 8 & 4 \\ -5 & 6 & -7 \\ 2 & 3 & -12 \end{pmatrix} - \begin{pmatrix} 1 & 3 & -6 \\ 0 & 2 & 11 \\ 5 & 4 & 8 \end{pmatrix} = \begin{pmatrix} 2-1 & 8-3 & 4-(-6) \\ (-5)-0 & 6-2 & (-7)-11 \\ 2-5 & 3-4 & (-12)-8 \end{pmatrix} = \begin{pmatrix} 1 & 5 & 10 \\ -5 & 4 & -18 \\ -3 & -1 & -20 \end{pmatrix}$$

Hier zeigt sich: $\mathbf{A} - \mathbf{B} = -(\mathbf{B} - \mathbf{A})$

d) Multipliziere Matrix **A** mit dem Skalar 5 und Matrix **B** mit dem Skalar (-3).

$$5 \cdot \mathbf{A} = 5 \cdot \begin{pmatrix} 1 & 3 & -6 \\ 0 & 2 & 11 \\ 5 & 4 & 8 \end{pmatrix} = \begin{pmatrix} 5\cdot 1 & 5\cdot 3 & 5\cdot(-6) \\ 5\cdot 0 & 5\cdot 2 & 5\cdot 11 \\ 5\cdot 5 & 5\cdot 4 & 5\cdot 8 \end{pmatrix} = \begin{pmatrix} 5 & 15 & -30 \\ 0 & 10 & 55 \\ 25 & 20 & 40 \end{pmatrix}$$

$$(-3) \cdot \mathbf{B} = (-3) \cdot \begin{pmatrix} 2 & 8 & 4 \\ -5 & 6 & -7 \\ 2 & 3 & -12 \end{pmatrix} = \begin{pmatrix} (-3)\cdot 2 & (-3)\cdot 8 & (-3)\cdot 4 \\ (-3)\cdot(-5) & (-3)\cdot 6 & (-3)\cdot(-7) \\ (-3)\cdot 2 & (-3)\cdot 3 & (-3)\cdot(-12) \end{pmatrix} = \begin{pmatrix} -6 & -24 & -12 \\ 15 & -18 & 21 \\ -6 & -9 & 36 \end{pmatrix}$$

e) Bilde das Produkt der Matrizen **A** · **B** und das Produkt **B** · **A** :

$$\mathbf{B}\begin{pmatrix} 2 & 8 & 4 \\ -5 & 6 & -7 \\ 2 & 3 & -12 \end{pmatrix} \qquad\qquad \mathbf{A}\begin{pmatrix} 1 & 3 & -6 \\ 0 & 2 & 11 \\ 5 & 4 & 8 \end{pmatrix}$$

$$\mathbf{A}=\begin{pmatrix} 1 & 3 & -6 \\ 0 & 2 & 11 \\ 5 & 4 & 8 \end{pmatrix}\begin{pmatrix} -25 & 8 & 55 \\ 12 & 45 & -146 \\ 6 & 88 & -104 \end{pmatrix} \quad \mathbf{B}\begin{pmatrix} 2 & 8 & 4 \\ -5 & 6 & -7 \\ 2 & 3 & -12 \end{pmatrix}\begin{pmatrix} 22 & 38 & 108 \\ -40 & -31 & 40 \\ -58 & -36 & -75 \end{pmatrix}$$

$$\mathbf{A}\cdot\mathbf{B} \qquad\qquad\qquad\qquad \mathbf{B}\cdot\mathbf{A}$$

Wie man sieht gilt hier: **A** · **B** ≠ **B** · **A**

(2) Gegeben sind folgende Matrizen:

$$\mathbf{A}=\begin{pmatrix} 35 & 21 & -42 \\ 0 & -14 & 28 \end{pmatrix} \quad\text{und}\quad \mathbf{B}=\begin{pmatrix} 4 & 8 \\ -10 & 6 \\ 12 & 18 \end{pmatrix}$$

a) Suche den gemeinsamen Faktor und ziehe ihn vor die Matrix.

Der gemeinsame Faktor der Matrix **A** ist 7 und der von Matrix **B** ist 2.

$$\mathbf{A}=\begin{pmatrix} 35 & 21 & -42 \\ 0 & -14 & 28 \end{pmatrix}=7\cdot\begin{pmatrix} 5 & 3 & -6 \\ 0 & -2 & 4 \end{pmatrix} \quad\text{und}\quad \mathbf{B}=\begin{pmatrix} 4 & 8 \\ -10 & 6 \\ 12 & 18 \end{pmatrix}=2\cdot\begin{pmatrix} 2 & 4 \\ -5 & 3 \\ 6 & 9 \end{pmatrix}$$

b) Bilde das Produkt der Matrizen **A** · **B**

$$\mathbf{B}\begin{pmatrix} 4 & 8 \\ -10 & 6 \\ 12 & 18 \end{pmatrix}$$

$$\mathbf{A}\begin{pmatrix} 35 & 21 & -42 \\ 0 & -14 & 28 \end{pmatrix}\begin{pmatrix} -574 & -350 \\ 476 & 420 \end{pmatrix}$$

$$\mathbf{A}\cdot\mathbf{B}$$

(3) Bilde das Produkt der Matrizen **A** · **B** :   Lösung:

$$\mathbf{A}=\begin{pmatrix} 7 & 3 & -6 \\ 0 & -2 & 5 \end{pmatrix} \quad\text{und}\quad \mathbf{B}=\begin{pmatrix} 2 & 4 & 1 & 3 \\ -5 & 3 & 0 & 2 \\ 6 & 9 & 8 & 4 \end{pmatrix}$$

$$\mathbf{B}\begin{pmatrix} 2 & 4 & 1 & 3 \\ -5 & 3 & 0 & 2 \\ 6 & 9 & 8 & 4 \end{pmatrix}$$

$$\mathbf{A}\begin{pmatrix} 7 & 3 & -6 \\ 0 & -2 & 5 \end{pmatrix}\begin{pmatrix} -37 & -17 & -41 & 3 \\ 40 & 39 & 40 & 16 \end{pmatrix}$$

$$\mathbf{A}\cdot\mathbf{B}$$

(4) Bilde das Produkt der Matrizen $\mathbf{A} \cdot \mathbf{B}$:   Lösung:

$$\mathbf{A} = \begin{pmatrix} 1 & 3 & -6 & 4 \\ 0 & -2 & 5 & 2 \end{pmatrix} \quad \text{und} \quad \mathbf{B} = \begin{pmatrix} 2 \\ -5 \\ 4 \\ 3 \end{pmatrix}$$

$$\mathbf{B} \begin{pmatrix} 2 \\ -5 \\ 4 \\ 3 \end{pmatrix}$$

$$\mathbf{A} \begin{pmatrix} 1 & 3 & -6 & 4 \\ 0 & -2 & 5 & 2 \end{pmatrix} \begin{pmatrix} -25 \\ 36 \end{pmatrix}$$

$$\mathbf{A} \cdot \mathbf{B}$$

(5) Bilde jeweils die transponierte Matrix:

$$\mathbf{A} = \begin{pmatrix} 4 & 2 & -6 & 4 \\ 0 & -2 & 3 & 1 \end{pmatrix} \quad , \quad \mathbf{B} = \begin{pmatrix} 3 & 5 \\ -5 & 8 \\ 7 & 0 \\ 11 & 2 \end{pmatrix} \quad \text{und} \quad \mathbf{C} = \begin{pmatrix} 6 & 5 & -3 \\ 2 & 9 & -2 \\ 1 & 4 & 12 \\ 7 & 8 & 9 \end{pmatrix}$$

$$\mathbf{A}^\mathsf{T} = \begin{pmatrix} 4 & 0 \\ 2 & -2 \\ -6 & 3 \\ 4 & 1 \end{pmatrix} \quad , \quad \mathbf{B}^\mathsf{T} = \begin{pmatrix} 3 & -5 & 7 & 11 \\ 5 & 8 & 0 & 2 \end{pmatrix} \quad \text{und} \quad \mathbf{C}^\mathsf{T} = \begin{pmatrix} 6 & 2 & 1 & 7 \\ 5 & 9 & 4 & 8 \\ -3 & -2 & 12 & 9 \end{pmatrix}$$

(6) Zerlege die folgenden Matrizen jeweils in die Summe aus einer symmetrischen und einer anti-symmetrischen Matrix.

$$\mathbf{A} = \begin{pmatrix} 4 & 8 \\ 12 & -2 \end{pmatrix} \quad , \quad \mathbf{B} = \begin{pmatrix} 6 & 12 & 8 \\ -6 & -4 & 2 \\ 14 & 0 & -16 \end{pmatrix} \quad \text{und} \quad \mathbf{C} = \begin{pmatrix} 6 & 12 & -4 & 10 \\ 2 & 4 & -2 & 12 \\ 14 & 4 & 16 & 2 \\ -6 & -8 & 10 & 4 \end{pmatrix}$$

$$\mathbf{A} = \frac{1}{2} \cdot (\mathbf{A} + \mathbf{A}^\mathsf{T}) + \frac{1}{2} \cdot (\mathbf{A} - \mathbf{A}^\mathsf{T}) = \frac{1}{2} \cdot \begin{pmatrix} 2 \cdot 4 & 8+12 \\ 12+8 & 2 \cdot (-2) \end{pmatrix} + \frac{1}{2} \cdot \begin{pmatrix} 0 & 8-12 \\ 12-8 & 0 \end{pmatrix} = \begin{pmatrix} 4 & 10 \\ 10 & -2 \end{pmatrix} + \begin{pmatrix} 0 & -2 \\ 2 & 0 \end{pmatrix}$$

$$\mathbf{B} = \frac{1}{2} \cdot \begin{pmatrix} 2 \cdot 6 & 12-6 & 8+14 \\ -6+12 & 2 \cdot (-4) & 2+0 \\ 14+8 & 0+2 & 2 \cdot (-16) \end{pmatrix} + \frac{1}{2} \cdot \begin{pmatrix} 0 & 12+6 & 8-14 \\ -6-12 & 0 & 2-0 \\ 14-8 & 0-2 & 0 \end{pmatrix} = \begin{pmatrix} 6 & 3 & 11 \\ 3 & -4 & 1 \\ 11 & 1 & -16 \end{pmatrix} + \begin{pmatrix} 0 & 9 & -3 \\ -9 & 0 & 1 \\ 3 & -1 & 0 \end{pmatrix}$$

$$\mathbf{C} = \frac{1}{2} \cdot \begin{pmatrix} 2 \cdot 6 & 12+2 & -4+14 & 10-6 \\ 2+12 & 2 \cdot 4 & -2+4 & 12-8 \\ 14-4 & 4-2 & 2 \cdot 16 & 2+10 \\ -6+10 & -8+12 & 10+2 & 2 \cdot 4 \end{pmatrix} + \frac{1}{2} \cdot \begin{pmatrix} 0 & 12-2 & -4-14 & 10+6 \\ 2-12 & 0 & -2-4 & 12+8 \\ 14+4 & 4+2 & 0 & 2-10 \\ -6-10 & -8-12 & 10-2 & 0 \end{pmatrix}$$

$$= \begin{pmatrix} 6 & 7 & 5 & 2 \\ 7 & 4 & 1 & 2 \\ 5 & 1 & 16 & 6 \\ 2 & 2 & 6 & 4 \end{pmatrix} + \begin{pmatrix} 0 & 5 & -9 & 8 \\ -5 & 0 & -3 & 10 \\ 9 & 3 & 0 & -4 \\ -8 & -10 & 4 & 0 \end{pmatrix}$$

5.3   Determinanten

5.3.1   Allgemeines

Nach Wikipedia ist eine Determinante eine Funktion, mit der man einer quadratischen Matrix eine reelle Zahl (ein Skalar) zuordnen kann. Mit Hilfe von Determinanten kann man feststellen, ob ein lineares Gleichungssystem lösbar ist oder nicht. Man kann Folgendes sagen:

Ein lineares Gleichungssystem mit n-Gleichungen und n-Unbekannten (n x n Matrix) ist dann lösbar, wenn die zugehörige Determinante ungleich Null ist.

Wir wollen diese Behauptung am Beispiel von 2 Gleichungen mit 2 Unbekannten überprüfen.

$$a_{11} \cdot x_1 + a_{12} \cdot x_2 = b_1$$
$$a_{21} \cdot x_1 + a_{22} \cdot x_2 = b_2$$

oder in Matrixschreibweise :
$$\begin{pmatrix} a_{11} & a_{12} \\ a_{21} & a_{22} \end{pmatrix} \cdot \begin{pmatrix} x_1 \\ x_2 \end{pmatrix} = \begin{pmatrix} b_1 \\ b_2 \end{pmatrix}$$

Wir haben dieses Problem mit dem Gauß-Algorithmus bereits gelöst (vgl. Band 1 /1/, Abschnitt 9.2.4) und erhielten dort:

$$x_1 = \frac{b_1 \cdot a_{22} - b_2 \cdot a_{12}}{a_{11} \cdot a_{22} - a_{12} \cdot a_{21}} \quad \text{und} \quad x_2 = \frac{b_2 \cdot a_{11} - b_1 \cdot a_{21}}{a_{11} \cdot a_{22} - a_{12} \cdot a_{21}}$$

Die Gleichungen sind nur dann lösbar, wenn der Nenner ungleich Null ist, hierfür gilt also:

$$a_{11} \cdot a_{22} - a_{12} \cdot a_{21} \neq 0$$

Gerade so ist der Wert der Determinante der Ursprungsmatrix definiert:

Matrix : $\mathbf{A} = \begin{pmatrix} a_{11} & a_{12} \\ a_{21} & a_{22} \end{pmatrix}$ Deter min ante der Matrix **A** : $D = \begin{vmatrix} a_{11} & a_{12} \\ a_{21} & a_{22} \end{vmatrix} = a_{11} \cdot a_{22} - a_{12} \cdot a_{21}$

Es gilt: Ein lineares Gleichungssystem mit 2 Gleichungen und 2 Unbekannten ist dann eindeutig lösbar, wenn die Determinante der Koeffizienten ungleich Null ist.

Wir sehen hier auch die Schreibweise einer Determinante mit einem Großbuchstaben und zwei senkrechten Strichen. Weitere Schreibweisen sind wie folgt:

Deter min ante der Matrix **A** : $D = \det \mathbf{A} = |\mathbf{A}| = |a_{ik}| = \begin{vmatrix} a_{11} & a_{12} \\ a_{21} & a_{22} \end{vmatrix} = a_{11} \cdot a_{22} - a_{12} \cdot a_{21}$

Diese Aussagen gelten auch für Gleichungssysteme höherer Ordnung.

5.3.2   Zweireihige Determinanten (Determinanten 2. Ordnung)

5.3.2.1   Berechnung und Rechenregeln zweireihiger Determinanten

Die Regel zur Berechnung einer 2-reihigen Determinante (Determinante 2. Ordnung) kann wie folgt dargestellt werden:

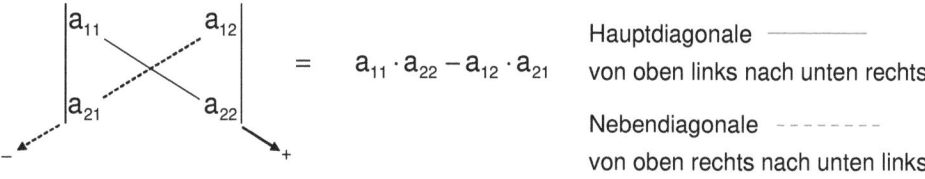

$$= \quad a_{11} \cdot a_{22} - a_{12} \cdot a_{21}$$

Hauptdiagonale ——————
von oben links nach unten rechts

Nebendiagonale - - - - - - -
von oben rechts nach unten links.

Rechenregeln für zweireihige Determinanten

R1: Vertauschung zweier Zeilen

$$D = \begin{vmatrix} a_{11} & a_{12} \\ a_{21} & a_{22} \end{vmatrix} = a_{11} \cdot a_{22} - a_{12} \cdot a_{21} \quad \Rightarrow \quad -D = \begin{vmatrix} a_{21} & a_{22} \\ a_{11} & a_{12} \end{vmatrix} = a_{12} \cdot a_{21} - a_{11} \cdot a_{22}$$

Wie man sieht, ändert sich dadurch das Vorzeichen der Determinanten.

R2: Vertauschung zweier Spalten

$$D = \begin{vmatrix} a_{11} & a_{12} \\ a_{21} & a_{22} \end{vmatrix} = a_{11} \cdot a_{22} - a_{12} \cdot a_{21} \quad \Rightarrow \quad -D = \begin{vmatrix} a_{12} & a_{11} \\ a_{22} & a_{21} \end{vmatrix} = a_{12} \cdot a_{21} - a_{11} \cdot a_{22}$$

Auch durch diese Aktion wird das Vorzeichen der Determinanten umgekehrt.

R3: Vertauschung von Zeilen und Spalten

$$D = \begin{vmatrix} a_{11} & a_{12} \\ a_{21} & a_{22} \end{vmatrix} = a_{11} \cdot a_{22} - a_{12} \cdot a_{21} \quad \Rightarrow \quad D = \begin{vmatrix} a_{22} & a_{21} \\ a_{12} & a_{11} \end{vmatrix} = a_{22} \cdot a_{11} - a_{21} \cdot a_{12}$$

Werden die Zeilen und Spalten vertauscht, dann bleibt der Wert der Determinanten erhalten. Man spricht hier auch von einer transponierten Determinante und schreibt: $D = D^T$

R4: Multiplikation einer Zeile mit einer reellen Zahl λ (Skalar)

$$D = \begin{vmatrix} a_{11} & a_{12} \\ a_{21} & a_{22} \end{vmatrix} = a_{11} \cdot a_{22} - a_{12} \cdot a_{21} \quad \Rightarrow \quad \lambda \cdot D = \begin{vmatrix} \lambda \cdot a_{11} & \lambda \cdot a_{12} \\ a_{21} & a_{22} \end{vmatrix} = \lambda \cdot a_{11} \cdot a_{22} - \lambda \cdot a_{12} \cdot a_{21} = \lambda \cdot (a_{11} \cdot a_{22} - a_{12} \cdot a_{21})$$

$$\Rightarrow \quad \lambda \cdot D = \begin{vmatrix} a_{11} & a_{12} \\ \lambda \cdot a_{21} & \lambda \cdot a_{22} \end{vmatrix} = \lambda \cdot a_{11} \cdot a_{22} - \lambda \cdot a_{12} \cdot a_{21} = \lambda \cdot (a_{11} \cdot a_{22} - a_{12} \cdot a_{21})$$

Wie man sieht, wird hierdurch die Determinante mit dem Faktor λ multipliziert.

R5: Vorziehen eines gemeinsamen Faktors λ einer Zeile vor die Determinante

Besitzt eine Zeile der Determinante einen gemeinsamen Faktor, so kann dieser vor die Tabelle gezogen werden.

$$\begin{vmatrix} \lambda \cdot a_{11} & \lambda \cdot a_{12} \\ a_{21} & a_{22} \end{vmatrix} = \lambda \cdot \begin{vmatrix} a_{11} & a_{12} \\ a_{21} & a_{22} \end{vmatrix} \qquad \begin{vmatrix} a_{11} & a_{12} \\ \lambda \cdot a_{21} & \lambda \cdot a_{22} \end{vmatrix} = \lambda \cdot \begin{vmatrix} a_{11} & a_{12} \\ a_{21} & a_{22} \end{vmatrix}$$

R6: Multiplikation einer Spalte mit einer reellen Zahl λ (Skalar)

$$D = \begin{vmatrix} a_{11} & a_{12} \\ a_{21} & a_{22} \end{vmatrix} = a_{11} \cdot a_{22} - a_{12} \cdot a_{21} \;\Rightarrow\; \lambda \cdot D = \begin{vmatrix} \lambda \cdot a_{11} & a_{12} \\ \lambda \cdot a_{21} & a_{22} \end{vmatrix} = \lambda \cdot a_{11} \cdot a_{22} - \lambda \cdot a_{12} \cdot a_{21} = \lambda \cdot (a_{11} \cdot a_{22} - a_{12} \cdot a_{21})$$

$$\Rightarrow \quad \lambda \cdot D = \begin{vmatrix} a_{11} & \lambda \cdot a_{12} \\ a_{21} & \lambda \cdot a_{22} \end{vmatrix} = \lambda \cdot a_{11} \cdot a_{22} - \lambda \cdot a_{12} \cdot a_{21} = \lambda \cdot (a_{11} \cdot a_{22} - a_{12} \cdot a_{21})$$

Auch hierdurch wird die Determinante mit dem Faktor λ multipliziert.

R7: Vorziehen eines gemeinsamen Faktors λ einer Spalte vor die Determinante

Besitzt eine Spalte der Determinante einen gemeinsamen Faktor, so kann dieser vor die Tabelle gezogen werden.

$$\begin{vmatrix} \lambda \cdot a_{11} & a_{12} \\ \lambda \cdot a_{21} & a_{22} \end{vmatrix} = \lambda \cdot \begin{vmatrix} a_{11} & a_{12} \\ a_{21} & a_{22} \end{vmatrix} \qquad \begin{vmatrix} a_{11} & \lambda \cdot a_{12} \\ a_{21} & \lambda \cdot a_{22} \end{vmatrix} = \lambda \cdot \begin{vmatrix} a_{11} & a_{12} \\ a_{21} & a_{22} \end{vmatrix}$$

R8: Nullwert einer Determinante

1. Alle Elemente einer Zeile sind Null.

$$D = \begin{vmatrix} 0 & 0 \\ a_{21} & a_{22} \end{vmatrix} = 0 \cdot a_{22} - 0 \cdot a_{21} = 0 \quad \text{oder} \quad D = \begin{vmatrix} a_{11} & a_{12} \\ 0 & 0 \end{vmatrix} = a_{11} \cdot 0 - a_{12} \cdot 0 = 0$$

2. Alle Elemente einer Spalte sind Null.

$$D = \begin{vmatrix} 0 & a_{12} \\ 0 & a_{22} \end{vmatrix} = 0 \cdot a_{22} - a_{12} \cdot 0 = 0 \quad \text{oder} \quad D = \begin{vmatrix} a_{11} & 0 \\ a_{21} & 0 \end{vmatrix} = a_{11} \cdot 0 - 0 \cdot a_{21} = 0$$

3. Die Werte der Zeilen sind gleich.

$D = 0$ wenn gilt: $a_{11} = a_{12}$ und $a_{21} = a_{22} \;\Rightarrow\; a_{11} \cdot a_{21} - a_{11} \cdot a_{21} = 0$

4. Die Werte der Spalten sind gleich.

$D = 0$ wenn gilt: $a_{11} = a_{21}$ und $a_{12} = a_{22} \;\Rightarrow\; a_{11} \cdot a_{22} - a_{22} \cdot a_{11} = 0$

5. Die Werte der ersten Zeile sind ein Vielfaches der Werte der zweiten Zeile.

$D = 0$ wenn gilt: $a_{11} = \lambda \cdot a_{21}$ und $a_{12} = \lambda \cdot a_{22} \;\Rightarrow\; \lambda \cdot a_{21} \cdot a_{22} - \lambda \cdot a_{22} \cdot a_{21} = 0$

Analog gilt: Die Werte der zweiten Zeile sind ein Vielfaches der Werte der ersten Zeile.

6. Die Werte der ersten Spalte sind ein Vielfaches der Werte der zweiten Spalte.

$D = 0$ wenn gilt: $a_{11} = \lambda \cdot a_{12}$ und $a_{21} = \lambda \cdot a_{22} \Rightarrow \lambda \cdot a_{12} \cdot a_{22} - a_{12} \cdot \lambda \cdot a_{22} = 0$

Analog gilt: Die Werte der zweiten Spalte sind ein Vielfaches der Werte der ersten Spalte.

R9: Addition eines Vielfachen λ der zweiten Zeile zur ersten Zeile

$$D = \begin{vmatrix} a_{11} + \lambda \cdot a_{21} & a_{12} + \lambda \cdot a_{22} \\ a_{21} & a_{22} \end{vmatrix} = (a_{11} + \lambda \cdot a_{21}) \cdot a_{22} - (a_{12} + \lambda \cdot a_{22}) \cdot a_{21}$$

$$= a_{11} \cdot a_{22} + \lambda \cdot a_{21} \cdot a_{22} - a_{12} \cdot a_{21} - \lambda \cdot a_{22} \cdot a_{21} = a_{11} \cdot a_{22} - a_{12} \cdot a_{21}$$

Wie man sieht ändert sich dadurch der Wert der Determinanten nicht. Das gleiche Ergebnis erhält man, wenn man ein Vielfaches der ersten Zeile zur zweiten Zeile addiert.

R10: Addition eines Vielfachen λ der zweiten Spalte zur ersten Spalte

$$D = \begin{vmatrix} a_{11} + \lambda \cdot a_{12} & a_{12} \\ a_{21} + \lambda \cdot a_{22} & a_{22} \end{vmatrix} = (a_{11} + \lambda \cdot a_{12}) \cdot a_{22} - a_{12} \cdot (a_{21} + \lambda \cdot a_{22})$$

$$= a_{11} \cdot a_{22} + \lambda \cdot a_{12} \cdot a_{22} - a_{12} \cdot a_{21} - a_{12} \cdot \lambda \cdot a_{22} = a_{11} \cdot a_{22} - a_{12} \cdot a_{21}$$

Auch hier ändert sich dadurch der Wert der Determinanten nicht. Das gleiche Ergebnis erhält man, wenn man ein Vielfaches der ersten Spalte zur zweiten Spalte addiert.

R11: Determinante des Produkts zweier Matrizen (2 x 2)

Gegeben seien folgende zwei Matrizen:

$$\mathbf{A} = \begin{pmatrix} a_{11} & a_{12} \\ a_{21} & a_{22} \end{pmatrix} \quad \text{und} \quad \mathbf{B} = \begin{pmatrix} b_{11} & b_{12} \\ b_{21} & b_{22} \end{pmatrix}$$

Wenn wir diese Matrizen miteinander multiplizieren erhalten wir mit dem Falk-Schema:

	B	b_{11}	b_{12}
		b_{21}	b_{22}
	a_{11} a_{12}	$a_{11} \cdot b_{11} + a_{12} \cdot b_{21}$	$a_{11} \cdot b_{12} + a_{12} \cdot b_{22}$
A	a_{21} a_{22}	$a_{21} \cdot b_{11} + a_{22} \cdot b_{21}$	$a_{21} \cdot b_{12} + a_{22} \cdot b_{22}$

$$\mathbf{A} \cdot \mathbf{B}$$

$$\det(\mathbf{A}\cdot\mathbf{B}) = \left(a_{11}\cdot b_{11}+a_{12}\cdot b_{21}\right)\cdot\left(a_{21}\cdot b_{12}+a_{22}\cdot b_{22}\right)-\left(a_{11}\cdot b_{12}+a_{12}\cdot b_{22}\right)\cdot\left(a_{21}\cdot b_{11}+a_{22}\cdot b_{21}\right)$$

$$= a_{11}\cdot b_{11}\cdot a_{21}\cdot b_{12}+a_{11}\cdot b_{11}\cdot a_{22}\cdot b_{22}+a_{12}\cdot b_{21}\cdot a_{21}\cdot b_{12}+a_{12}\cdot b_{21}\cdot a_{22}\cdot b_{22}-$$

$$-a_{11}\cdot b_{12}\cdot a_{21}\cdot b_{11}-a_{11}\cdot b_{12}\cdot a_{22}\cdot b_{21}-a_{12}\cdot b_{22}\cdot a_{21}\cdot b_{11}-a_{12}\cdot b_{22}\cdot a_{22}\cdot b_{21}$$

$$= a_{11}\cdot b_{11}\cdot a_{22}\cdot b_{22}+a_{12}\cdot b_{21}\cdot a_{21}\cdot b_{12}-a_{11}\cdot b_{12}\cdot a_{22}\cdot b_{21}-a_{12}\cdot b_{22}\cdot a_{21}\cdot b_{11}$$

$$= a_{11}\cdot a_{22}\cdot\left(b_{11}\cdot b_{22}-b_{12}\cdot b_{21}\right)+a_{12}\cdot a_{21}\cdot\left(b_{21}\cdot b_{12}-b_{22}\cdot b_{11}\right)$$

$$= a_{11}\cdot a_{22}\cdot\left(b_{11}\cdot b_{22}-b_{12}\cdot b_{21}\right)-a_{12}\cdot a_{21}\cdot\left(b_{11}\cdot b_{22}-b_{12}\cdot b_{21}\right)$$

$$\det(\mathbf{A}\cdot\mathbf{B}) = \left(a_{11}\cdot a_{22}-a_{12}\cdot a_{21}\right)\cdot\left(b_{11}\cdot b_{22}-b_{12}\cdot b_{21}\right) = \det\mathbf{A}\cdot\det\mathbf{B}$$

Die Determinante der Multiplikation zweier Matrizen ist gleich dem Produkt der Determinanten der beiden Matrizen.

R12: Determinante einer zweireihigen Einheitsmatrix

$$\mathbf{A}=\begin{pmatrix}1 & 0\\ 0 & 1\end{pmatrix} \quad\Rightarrow\quad \det\mathbf{A}=\begin{vmatrix}1 & 0\\ 0 & 1\end{vmatrix}=1\cdot 1-0\cdot 0=1$$

Die Determinante einer zweireihigen Einheitsmatrix ist gleich 1.

R13: Determinante einer zweireihigen Diagonalmatrix

$$\mathbf{A}=\begin{pmatrix}a_{11} & 0\\ 0 & a_{22}\end{pmatrix} \quad\Rightarrow\quad \det\mathbf{A}=\begin{vmatrix}a_{11} & 0\\ 0 & a_{22}\end{vmatrix}=a_{11}\cdot a_{22}-0\cdot 0=a_{11}\cdot a_{22}$$

Die Determinante einer zweireihigen Diagonalmatrix ist gleich dem Produkt der Hauptdiagonalelemente.

R14: Determinante einer zweireihigen unteren Dreiecksmatrix

$$\mathbf{A}=\begin{pmatrix}a_{11} & 0\\ a_{21} & a_{22}\end{pmatrix} \quad\Rightarrow\quad \det\mathbf{A}=\begin{vmatrix}a_{11} & 0\\ a_{21} & a_{22}\end{vmatrix}=a_{11}\cdot a_{22}-0\cdot a_{21}=a_{11}\cdot a_{22}$$

Die Determinante einer zweireihigen unteren Dreiecksmatrix ist gleich dem Produkt der Hauptdiagonalelemente.

R15: Determinante einer zweireihigen oberen Dreiecksmatrix

$$\mathbf{A}=\begin{pmatrix}a_{11} & a_{12}\\ 0 & a_{22}\end{pmatrix} \quad\Rightarrow\quad \det\mathbf{A}=\begin{vmatrix}a_{11} & a_{12}\\ 0 & a_{22}\end{vmatrix}=a_{11}\cdot a_{22}-a_{12}\cdot 0=a_{11}\cdot a_{22}$$

Die Determinante einer zweireihigen oberen Dreiecksmatrix ist gleich dem Produkt der Hauptdiagonalelemente.

5.3.2.2   Beispiele für zweireihige Determinanten

(1) Berechne die Determinanten der folgenden Matrizen:

$$A = \begin{pmatrix} 3 & 7 \\ -4 & 5 \end{pmatrix} \qquad B = \begin{pmatrix} 4 & -2 \\ 9 & 7 \end{pmatrix} \qquad C = \begin{pmatrix} 11 & 0 \\ 2 & 8 \end{pmatrix} \qquad D = \begin{pmatrix} 0 & -11 \\ 3 & -5 \end{pmatrix}$$

$$\det A = \begin{vmatrix} 3 & 7 \\ -4 & 5 \end{vmatrix} = 3 \cdot 5 - 7 \cdot (-4) = 43 \qquad \det B = \begin{vmatrix} 4 & -2 \\ 9 & 7 \end{vmatrix} = 4 \cdot 7 - (-2) \cdot 9 = 46$$

$$\det C = \begin{vmatrix} 11 & 0 \\ 2 & 8 \end{vmatrix} = 11 \cdot 8 - 0 \cdot 2 = 88 \qquad \det D = \begin{vmatrix} 0 & -11 \\ 3 & -5 \end{vmatrix} = 0 \cdot (-5) - (-11) \cdot 3 = 33$$

(2) Vertausche die Zeilen und Spalten der Determinanten aus Aufgabe (1).

$$\det A^T = \begin{vmatrix} 3 & -4 \\ 7 & 5 \end{vmatrix} = 3 \cdot 5 - (-4) \cdot 7 = 43 \qquad \det B^T = \begin{vmatrix} 4 & 9 \\ -2 & 7 \end{vmatrix} = 4 \cdot 7 - 9 \cdot (-2) = 46$$

$$\det C^T = \begin{vmatrix} 11 & 2 \\ 0 & 8 \end{vmatrix} = 11 \cdot 8 - 2 \cdot 0 = 88 \qquad \det D^T = \begin{vmatrix} 0 & 3 \\ -11 & -5 \end{vmatrix} = 0 \cdot (-5) - 3 \cdot (-11) = 33$$

Durch das Vertauschen von Zeilen und Spalten ändert sich der Wert der Determinanten nicht.

(3) Vertausche die beiden Zeilen der Determinanten aus Aufgabe (1).

$$\begin{vmatrix} -4 & 5 \\ 3 & 7 \end{vmatrix} = (-4) \cdot 7 - 5 \cdot 3 = -43 = -\det A \qquad \begin{vmatrix} 9 & 7 \\ 4 & -2 \end{vmatrix} = 9 \cdot (-2) - 7 \cdot 4 = -46 = -\det B$$

$$\begin{vmatrix} 2 & 8 \\ 11 & 0 \end{vmatrix} = 2 \cdot 0 - 8 \cdot 11 = -88 = -\det C \qquad \begin{vmatrix} 3 & -5 \\ 0 & -11 \end{vmatrix} = 3 \cdot (-11) - (-5) \cdot 0 = -33 = -\det D$$

Durch das Vertauschen der Zeilen ändert sich das Vorzeichen der Determinanten.

(4) Vertausche die beiden Spalten der Determinanten aus Aufgabe (1).

$$\begin{vmatrix} 7 & 3 \\ 5 & -4 \end{vmatrix} = 7 \cdot (-4) - 3 \cdot 5 = -43 = -\det A \qquad \begin{vmatrix} -2 & 4 \\ 7 & 9 \end{vmatrix} = (-2) \cdot 9 - 4 \cdot 7 = -46 = -\det B$$

$$\begin{vmatrix} 0 & 11 \\ 8 & 2 \end{vmatrix} = 0 \cdot 2 - 11 \cdot 8 = -88 = -\det C \qquad \begin{vmatrix} -11 & 0 \\ -5 & 3 \end{vmatrix} = (-11) \cdot 3 - 0 \cdot (-5) = -33 = -\det D$$

Durch das Vertauschen der Spalten ändert sich das Vorzeichen der Determinanten.

(5) Multipliziere die Determinanten aus Aufgabe (1) mit dem Faktor 2.

Determinante A → mit oberer Zeile   Determinante B → mit unterer Zeile

Determinante C → mit linker Spalte   Determinante D → mit rechter Spalte

$\det \mathbf{A} = \begin{vmatrix} 3 & 7 \\ -4 & 5 \end{vmatrix} = 3 \cdot 5 - 7 \cdot (-4) = 43 \qquad \Rightarrow \quad 2 \cdot \det \mathbf{A} = \begin{vmatrix} 2 \cdot 3 & 2 \cdot 7 \\ -4 & 5 \end{vmatrix} = 2 \cdot 3 \cdot 5 - 2 \cdot 7 \cdot (-4) = 86$

$\det \mathbf{B} = \begin{vmatrix} 4 & -2 \\ 9 & 7 \end{vmatrix} = 4 \cdot 7 - (-2) \cdot 9 = 46 \qquad \Rightarrow \quad 2 \cdot \det \mathbf{B} = \begin{vmatrix} 4 & -2 \\ 2 \cdot 9 & 2 \cdot 7 \end{vmatrix} = 4 \cdot 2 \cdot 7 - (-2) \cdot 2 \cdot 9 = 92$

$\det \mathbf{C} = \begin{vmatrix} 11 & 0 \\ 2 & 8 \end{vmatrix} = 11 \cdot 8 - 0 \cdot 2 = 88 \qquad \Rightarrow \quad 2 \cdot \det \mathbf{C} = \begin{vmatrix} 2 \cdot 11 & 0 \\ 2 \cdot 2 & 8 \end{vmatrix} = 2 \cdot 11 \cdot 8 - 0 \cdot 2 \cdot 2 = 176$

$\det \mathbf{D} = \begin{vmatrix} 0 & -11 \\ 3 & -5 \end{vmatrix} = 0 \cdot (-5) - (-11) \cdot 3 = 33 \quad \Rightarrow \quad 2 \cdot \det \mathbf{D} = \begin{vmatrix} 0 & 2 \cdot (-11) \\ 3 & 2 \cdot (-5) \end{vmatrix} = 0 \cdot 2 \cdot (-5) - 2 \cdot (-11) \cdot 3 = 66$

(6) Gegeben sind folgende Determinanten :

$\det \mathbf{A} = \begin{vmatrix} 9 & 21 \\ -2 & 8 \end{vmatrix} \quad \det \mathbf{B} = \begin{vmatrix} 7 & -2 \\ 5 & 8 \end{vmatrix} \quad \det \mathbf{C} = \begin{vmatrix} 18 & 1 \\ 6 & 7 \end{vmatrix} \quad \det \mathbf{D} = \begin{vmatrix} 2 & -15 \\ 3 & -5 \end{vmatrix}$

Ziehe den jeweiligen Faktor vor die Determinante.

$\det \mathbf{A} = \begin{vmatrix} 3 \cdot 3 & 3 \cdot 7 \\ -2 & 8 \end{vmatrix} = 3 \cdot \begin{vmatrix} 3 & 7 \\ -2 & 8 \end{vmatrix} \quad \det \mathbf{B} = \begin{vmatrix} 7 & (-2) \cdot 1 \\ 5 & (-2) \cdot (-4) \end{vmatrix} = (-2) \cdot \begin{vmatrix} 7 & 1 \\ 5 & -4 \end{vmatrix}$

$\det \mathbf{C} = \begin{vmatrix} 6 \cdot 3 & 1 \\ 6 \cdot 1 & 7 \end{vmatrix} = 6 \cdot \begin{vmatrix} 3 & 1 \\ 1 & 7 \end{vmatrix} \qquad \det \mathbf{D} = \begin{vmatrix} 2 & (-5) \cdot 3 \\ 3 & (-5) \cdot 1 \end{vmatrix} = (-5) \cdot \begin{vmatrix} 2 & 3 \\ 3 & 1 \end{vmatrix}$

(7) Begründe, warum die folgenden Determinanten jeweils den Wert 0 haben.

$\det \mathbf{A} = \begin{vmatrix} 0 & 0 \\ -2 & 8 \end{vmatrix} \quad \det \mathbf{B} = \begin{vmatrix} 7 & 0 \\ 5 & 0 \end{vmatrix} \quad \det \mathbf{C} = \begin{vmatrix} 18 & 18 \\ 6 & 6 \end{vmatrix} \quad \det \mathbf{D} = \begin{vmatrix} 3 & -15 \\ 3 & -15 \end{vmatrix} \quad \det \mathbf{E} = \begin{vmatrix} 18 & 36 \\ 3 & 6 \end{vmatrix} \quad \det \mathbf{F} = \begin{vmatrix} 6 & 18 \\ 3 & 9 \end{vmatrix}$

A: Werte der ersten Zeile = 0

B: Werte der zweiten Spalte = 0

C: Die Werte der Spalten sind gleich

D: Die Werte der Zeilen sind gleich

E: Zeile 1 ist ein Vielfaches von Zeile 2   (Faktor 2)

F: Spalte 2 ist ein Vielfaches von Spalte 1   (Faktor 3)

(8) Gegeben sind folgende 2 Matrizen:

$\mathbf{A} = \begin{pmatrix} 3 & 4 \\ 2 & 7 \end{pmatrix} \qquad \mathbf{B} = \begin{pmatrix} 4 & 2 \\ 9 & 7 \end{pmatrix}$

Bestimme die Determinante der Multiplikation der beiden Matrizen:

Es gilt: $\det(\mathbf{A} \cdot \mathbf{B}) = \det \mathbf{A} \cdot \det \mathbf{B}$

$\det \mathbf{A} = \begin{vmatrix} 3 & 4 \\ 2 & 7 \end{vmatrix} = 3 \cdot 7 - 4 \cdot 2 = 13 \quad \text{und} \quad \det \mathbf{B} = \begin{vmatrix} 4 & 2 \\ 9 & 7 \end{vmatrix} = 4 \cdot 7 - 2 \cdot 9 = 10 \quad \Rightarrow \quad \det \mathbf{A} \cdot \det \mathbf{B} = 130$

(9) Berechne die Determinanten der folgenden Matrizen.

a) Determinante einer zweireihigen Diagonalmatrix

$$\mathbf{A} = \begin{pmatrix} 7 & 0 \\ 0 & -4 \end{pmatrix} \quad \Rightarrow \quad \det \mathbf{A} = \begin{vmatrix} 7 & 0 \\ 0 & -4 \end{vmatrix} = 7 \cdot (-4) = -28$$

b) Determinante einer zweireihigen unteren Dreiecksmatrix

$$\mathbf{A} = \begin{pmatrix} 12 & 0 \\ 34 & 3 \end{pmatrix} \quad \Rightarrow \quad \det \mathbf{A} = \begin{vmatrix} 12 & 0 \\ 34 & 3 \end{vmatrix} = 12 \cdot 3 = 36$$

Die Determinante einer zweireihigen unteren Dreiecksmatrix ist gleich dem Produkt der Hauptdiagonalelemente.

c) Determinante einer zweireihigen oberen Dreiecksmatrix

$$\mathbf{A} = \begin{pmatrix} -3 & 12 \\ 0 & 9 \end{pmatrix} \quad \Rightarrow \quad \det \mathbf{A} = \begin{vmatrix} -3 & 12 \\ 0 & 9 \end{vmatrix} = (-3) \cdot 9 = -27$$

Die Determinante einer zweireihigen oberen Dreiecksmatrix ist gleich dem Produkt der Hauptdiagonalelemente.

5.3.3   Dreireihige Determinanten (Determinanten 3. Ordnung)

5.3.3.1   Berechnung und Rechenregeln dreireihiger Determinanten

In Band 1 /1/ Abschnitt 9.3 haben wir bereits den Gauß-Algorithmus für 3 Gleichungen mit 3 Unbekannten kennen gelernt. Wir haben dort festgestellt, dass der Gauß-Algorithmus immer zum Ziel führt, wenn die Aufgabe lösbar ist. Um nun diese Lösbarkeit festzustellen kann man den Wert der zugehörigen dreireihigen Determinante bilden. Ist dieser ungleich Null, dann ist das Gleichungssystem lösbar.

Matrix : $\mathbf{A} = \begin{pmatrix} a_{11} & a_{12} & a_{13} \\ a_{21} & a_{22} & a_{23} \\ a_{31} & a_{32} & a_{33} \end{pmatrix}$ Determinante der Matrix $\mathbf{A}$: $D = \begin{vmatrix} a_{11} & a_{12} & a_{13} \\ a_{21} & a_{22} & a_{23} \\ a_{31} & a_{32} & a_{33} \end{vmatrix}$

$$\det \mathbf{A} = \begin{vmatrix} a_{11} & a_{12} & a_{13} \\ a_{21} & a_{22} & a_{23} \\ a_{31} & a_{32} & a_{33} \end{vmatrix} \begin{matrix} a_{11} & a_{12} \\ a_{21} & a_{22} \\ a_{31} & a_{32} \end{matrix}$$

Zur Berechnung einer dreireihigen Determinante kann man das nebenstehende Rechenschema verwenden: (Regel von Sarrus)

$$\det \mathbf{A} = a_{11} \cdot a_{22} \cdot a_{33} + a_{12} \cdot a_{23} \cdot a_{31} + a_{13} \cdot a_{21} \cdot a_{32} - a_{12} \cdot a_{21} \cdot a_{33} - a_{11} \cdot a_{23} \cdot a_{32} - a_{13} \cdot a_{22} \cdot a_{31}$$

Hier gilt folgende Vorgehensweise:

1. Man schreibt die ersten beiden Spalten noch einmal rechts neben die Determinante.

2. Man bildet die Summe der drei Diagonalen, die von oben links nach unten rechts verlaufen.

3. Von dieser Summe subtrahiert man die Summe der drei Diagonalen, die von oben rechts nach unten links verlaufen.

Rechenregeln für dreireihige Determinanten:

$$D = \begin{vmatrix} a_{11} & a_{12} & a_{13} \\ a_{21} & a_{22} & a_{23} \\ a_{31} & a_{32} & a_{33} \end{vmatrix}$$

$$D = a_{11} \cdot a_{22} \cdot a_{33} + a_{12} \cdot a_{23} \cdot a_{31} + a_{13} \cdot a_{21} \cdot a_{32} - a_{12} \cdot a_{21} \cdot a_{33} - a_{11} \cdot a_{23} \cdot a_{32} - a_{13} \cdot a_{22} \cdot a_{31}$$

R1: Vertauschung zweier Zeilen (Zeile 1 und 2)

$$-D = \begin{vmatrix} a_{21} & a_{22} & a_{23} \\ a_{11} & a_{12} & a_{13} \\ a_{31} & a_{32} & a_{33} \end{vmatrix} \begin{matrix} a_{21} & a_{22} \\ a_{11} & a_{12} \\ a_{31} & a_{32} \end{matrix}$$

$$-D = a_{21} \cdot a_{12} \cdot a_{33} + a_{22} \cdot a_{13} \cdot a_{31} + a_{23} \cdot a_{11} \cdot a_{32} - a_{22} \cdot a_{11} \cdot a_{33} - a_{21} \cdot a_{13} \cdot a_{32} - a_{23} \cdot a_{12} \cdot a_{31}$$

Wir erhalten eine Vorzeichenumkehr. Dies gilt auch für die Vertauschung der Zeilen 1-3 und 2-3.

R2: Vertauschung zweier Spalten (Spalte 1 und 2)

$$-D = \begin{vmatrix} a_{12} & a_{11} & a_{13} \\ a_{22} & a_{21} & a_{23} \\ a_{32} & a_{31} & a_{33} \end{vmatrix} \begin{matrix} a_{12} & a_{11} \\ a_{22} & a_{21} \\ a_{32} & a_{31} \end{matrix}$$

$$-D = a_{12} \cdot a_{21} \cdot a_{33} + a_{11} \cdot a_{23} \cdot a_{32} + a_{13} \cdot a_{22} \cdot a_{31} - a_{11} \cdot a_{22} \cdot a_{33} - a_{12} \cdot a_{23} \cdot a_{31} - a_{13} \cdot a_{21} \cdot a_{32}$$

Wir erhalten eine Vorzeichenumkehr. Dies gilt auch für die Vertauschung der Spalten 1-3 und 2-3.

R3.1: Vertauschung von zwei Zeilen und zwei Spalten (z.B. Zeilen 1-2 und Spalten 1-2)

$$D = \begin{vmatrix} a_{22} & a_{21} & a_{23} \\ a_{12} & a_{11} & a_{13} \\ a_{32} & a_{31} & a_{33} \end{vmatrix} \begin{matrix} a_{22} & a_{21} \\ a_{12} & a_{11} \\ a_{32} & a_{31} \end{matrix}$$

$$D = a_{22} \cdot a_{11} \cdot a_{33} + a_{21} \cdot a_{13} \cdot a_{32} + a_{23} \cdot a_{12} \cdot a_{31} - a_{21} \cdot a_{12} \cdot a_{33} - a_{22} \cdot a_{13} \cdot a_{31} - a_{23} \cdot a_{11} \cdot a_{32}$$

Bei Vertauschung von zwei Zeilen und zwei Spalten bleibt der Wert der Determinanten erhalten.

R3.2: Vertauschung aller Zeilen und Spalten (Stürzen der Determinante)

$$D = \begin{vmatrix} a_{11} & a_{21} & a_{31} \\ a_{12} & a_{22} & a_{32} \\ a_{13} & a_{23} & a_{33} \end{vmatrix} \begin{matrix} a_{11} & a_{21} \\ a_{12} & a_{22} \\ a_{13} & a_{23} \end{matrix}$$

$$D = a_{11} \cdot a_{22} \cdot a_{33} + a_{21} \cdot a_{32} \cdot a_{13} + a_{31} \cdot a_{12} \cdot a_{23} - a_{21} \cdot a_{12} \cdot a_{33} - a_{11} \cdot a_{32} \cdot a_{23} - a_{31} \cdot a_{22} \cdot a_{13}$$

Bei Vertauschung aller Zeilen und Spalten bleibt der Wert der Determinanten erhalten.

R4: Multiplikation einer Zeile mit einer reellen Zahl λ (Skalar)

$$\lambda \cdot D = \begin{vmatrix} \lambda \cdot a_{11} & \lambda \cdot a_{12} & \lambda \cdot a_{13} \\ a_{21} & a_{22} & a_{23} \\ a_{31} & a_{32} & a_{33} \end{vmatrix} \begin{matrix} \lambda \cdot a_{11} & \lambda \cdot a_{12} \\ a_{21} & a_{22} \\ a_{31} & a_{32} \end{matrix}$$

$$D = \lambda \cdot a_{11} \cdot a_{22} \cdot a_{33} + \lambda \cdot a_{12} \cdot a_{23} \cdot a_{31} + \lambda \cdot a_{13} \cdot a_{21} \cdot a_{32} - \lambda \cdot a_{12} \cdot a_{21} \cdot a_{33} - \lambda \cdot a_{11} \cdot a_{23} \cdot a_{32} - \lambda \cdot a_{13} \cdot a_{22} \cdot a_{31}$$
$$= \lambda \cdot [a_{11} \cdot a_{22} \cdot a_{33} + a_{12} \cdot a_{23} \cdot a_{31} + a_{13} \cdot a_{21} \cdot a_{32} - a_{12} \cdot a_{21} \cdot a_{33} - a_{11} \cdot a_{23} \cdot a_{32} - a_{13} \cdot a_{22} \cdot a_{31}]$$

Dasselbe gilt auch, wenn man die zweite oder die dritte Zeile mit λ multipliziert.

R5: Vorziehen eines gemeinsamen Faktors λ einer Zeile vor die Determinante

Besitzt eine Zeile der Determinante einen gemeinsamen Faktor, so kann dieser vor die Tabelle gezogen werden.

$$\begin{vmatrix} \lambda \cdot a_{11} & \lambda \cdot a_{12} & \lambda \cdot a_{13} \\ a_{21} & a_{22} & a_{23} \\ a_{31} & a_{32} & a_{33} \end{vmatrix} = \begin{vmatrix} a_{11} & a_{12} & a_{13} \\ \lambda \cdot a_{21} & \lambda \cdot a_{22} & \lambda \cdot a_{23} \\ a_{31} & a_{32} & a_{33} \end{vmatrix} = \begin{vmatrix} a_{11} & a_{12} & a_{13} \\ a_{21} & a_{22} & a_{23} \\ \lambda \cdot a_{31} & \lambda \cdot a_{32} & \lambda \cdot a_{33} \end{vmatrix} = \lambda \cdot \begin{vmatrix} a_{11} & a_{12} & a_{13} \\ a_{21} & a_{22} & a_{23} \\ a_{31} & a_{32} & a_{33} \end{vmatrix}$$

R6: Multiplikation einer Spalte mit einer reellen Zahl λ (Skalar)

$$\lambda \cdot D = \begin{vmatrix} \lambda \cdot a_{11} & a_{12} & a_{13} \\ \lambda \cdot a_{21} & a_{22} & a_{23} \\ \lambda \cdot a_{31} & a_{32} & a_{33} \end{vmatrix} \begin{matrix} \lambda \cdot a_{11} & a_{12} \\ \lambda \cdot a_{21} & a_{22} \\ \lambda \cdot a_{31} & a_{32} \end{matrix}$$

$$D = \lambda \cdot a_{11} \cdot a_{22} \cdot a_{33} + a_{12} \cdot a_{23} \cdot \lambda \cdot a_{31} + a_{13} \cdot \lambda \cdot a_{21} \cdot a_{32} - a_{12} \cdot \lambda \cdot a_{21} \cdot a_{33} - \lambda \cdot a_{11} \cdot a_{23} \cdot a_{32} - a_{13} \cdot a_{22} \cdot \lambda \cdot a_{31}$$
$$= \lambda \cdot [a_{11} \cdot a_{22} \cdot a_{33} + a_{12} \cdot a_{23} \cdot a_{31} + a_{13} \cdot a_{21} \cdot a_{32} - a_{12} \cdot a_{21} \cdot a_{33} - a_{11} \cdot a_{23} \cdot a_{32} - a_{13} \cdot a_{22} \cdot a_{31}]$$

Dasselbe gilt auch, wenn man die zweite oder die dritte Spalte mit λ multipliziert.

R7: Vorziehen eines gemeinsamen Faktors λ einer Spalte vor die Determinante

Besitzt eine Spalte der Determinante einen gemeinsamen Faktor, so kann dieser vor die Tabelle gezogen werden.

$$\begin{vmatrix} \lambda \cdot a_{11} & a_{12} & a_{13} \\ \lambda \cdot a_{21} & a_{22} & a_{23} \\ \lambda \cdot a_{31} & a_{32} & a_{33} \end{vmatrix} = \begin{vmatrix} a_{11} & \lambda \cdot a_{12} & a_{13} \\ a_{21} & \lambda \cdot a_{22} & a_{23} \\ a_{31} & \lambda \cdot a_{32} & a_{33} \end{vmatrix} = \begin{vmatrix} a_{11} & a_{12} & \lambda \cdot a_{13} \\ a_{21} & a_{22} & \lambda \cdot a_{23} \\ a_{31} & a_{32} & \lambda \cdot a_{33} \end{vmatrix} = \lambda \cdot \begin{vmatrix} a_{11} & a_{12} & a_{13} \\ a_{21} & a_{22} & a_{23} \\ a_{31} & a_{32} & a_{33} \end{vmatrix}$$

R8: Nullwert einer Determinante

1. Alle Elemente einer Zeile sind Null.

$$D = \begin{vmatrix} 0 & 0 & 0 \\ a_{21} & a_{22} & a_{23} \\ a_{31} & a_{32} & a_{33} \end{vmatrix} \begin{matrix} 0 & 0 \\ a_{21} & a_{22} \\ a_{31} & a_{32} \end{matrix}$$

$$D = 0 \cdot a_{22} \cdot a_{33} + 0 \cdot a_{23} \cdot a_{31} + 0 \cdot a_{21} \cdot a_{32} - 0 \cdot a_{21} \cdot a_{33} - 0 \cdot a_{23} \cdot a_{32} - 0 \cdot a_{22} \cdot a_{31} = 0$$

2. Alle Elemente einer Spalte sind Null.

$$D = \begin{vmatrix} 0 & a_{12} & a_{13} \\ 0 & a_{22} & a_{23} \\ 0 & a_{32} & a_{33} \end{vmatrix} \begin{matrix} 0 & a_{12} \\ 0 & a_{22} \\ 0 & a_{32} \end{matrix}$$

$$D = 0 \cdot a_{22} \cdot a_{33} + a_{12} \cdot a_{23} \cdot 0 + a_{13} \cdot 0 \cdot a_{32} - a_{12} \cdot 0 \cdot a_{33} - 0 \cdot a_{23} \cdot a_{32} - a_{13} \cdot a_{22} \cdot 0 = 0$$

3. Die Werte zweier Zeilen sind gleich.

$$D = \begin{vmatrix} a_{11} & a_{12} & a_{13} \\ a_{11} & a_{12} & a_{13} \\ a_{31} & a_{32} & a_{33} \end{vmatrix} \begin{matrix} a_{11} & a_{12} \\ a_{11} & a_{12} \\ a_{31} & a_{32} \end{matrix}$$

$$D = a_{11} \cdot a_{12} \cdot a_{33} + a_{12} \cdot a_{13} \cdot a_{31} + a_{13} \cdot a_{11} \cdot a_{32} - a_{12} \cdot a_{11} \cdot a_{33} - a_{11} \cdot a_{13} \cdot a_{32} - a_{13} \cdot a_{12} \cdot a_{31} = 0$$

$D = 0$ wenn gilt:

$a_{11} = a_{21}$ $a_{12} = a_{22}$ $a_{13} = a_{23}$ oder $a_{11} = a_{31}$ $a_{12} = a_{32}$ $a_{13} = a_{33}$ oder $a_{21} = a_{31}$ $a_{22} = a_{32}$ $a_{23} = a_{33}$

4. Die Werte zweier Spalten sind gleich.

$$D = \begin{vmatrix} a_{11} & a_{11} & a_{13} \\ a_{21} & a_{21} & a_{23} \\ a_{31} & a_{31} & a_{33} \end{vmatrix} \begin{matrix} a_{11} & a_{11} \\ a_{21} & a_{21} \\ a_{31} & a_{31} \end{matrix}$$

$$D = a_{11} \cdot a_{21} \cdot a_{33} + a_{11} \cdot a_{23} \cdot a_{31} + a_{13} \cdot a_{21} \cdot a_{31} - a_{11} \cdot a_{21} \cdot a_{33} - a_{11} \cdot a_{23} \cdot a_{31} - a_{13} \cdot a_{21} \cdot a_{31} = 0$$

5. Die Werte einer Zeile sind ein Vielfaches der Werte einer anderen Zeile.

$$D = \begin{vmatrix} \lambda \cdot a_{21} & \lambda \cdot a_{22} & \lambda \cdot a_{23} \\ a_{21} & a_{22} & a_{23} \\ a_{31} & a_{32} & a_{33} \end{vmatrix} \begin{matrix} \lambda \cdot a_{21} & \lambda \cdot a_{22} \\ a_{21} & a_{22} \\ a_{31} & a_{32} \end{matrix}$$

$$D = \lambda \cdot a_{21} \cdot a_{22} \cdot a_{33} + \lambda \cdot a_{22} \cdot a_{23} \cdot a_{31} + \lambda \cdot a_{23} \cdot a_{21} \cdot a_{32} - \lambda \cdot a_{22} \cdot a_{21} \cdot a_{33} - \lambda \cdot a_{21} \cdot a_{23} \cdot a_{32} - \lambda \cdot a_{23} \cdot a_{22} \cdot a_{31}$$
$$= \lambda \cdot (a_{21} \cdot a_{22} \cdot a_{33} + a_{22} \cdot a_{23} \cdot a_{31} + a_{23} \cdot a_{21} \cdot a_{32} - a_{22} \cdot a_{21} \cdot a_{33} - a_{21} \cdot a_{23} \cdot a_{32} - a_{23} \cdot a_{22} \cdot a_{31}) = 0$$

6. Die Werte einer Spalte sind ein Vielfaches der Werte einer anderen Spalte.

$$D = \begin{vmatrix} \lambda \cdot a_{12} & a_{12} & a_{13} \\ \lambda \cdot a_{22} & a_{22} & a_{23} \\ \lambda \cdot a_{32} & a_{32} & a_{33} \end{vmatrix} \begin{matrix} \lambda \cdot a_{12} & a_{12} \\ \lambda \cdot a_{22} & a_{22} \\ \lambda \cdot a_{32} & a_{32} \end{matrix}$$

$$D = \lambda \cdot a_{12} \cdot a_{22} \cdot a_{33} + a_{12} \cdot a_{23} \cdot \lambda \cdot a_{32} + a_{13} \cdot \lambda \cdot a_{22} \cdot a_{32} - a_{12} \cdot \lambda \cdot a_{22} \cdot a_{33} - \lambda \cdot a_{12} \cdot a_{23} \cdot a_{32} - a_{13} \cdot a_{22} \cdot \lambda \cdot a_{32}$$

$$= \lambda \cdot (a_{12} \cdot a_{22} \cdot a_{33} + a_{12} \cdot a_{23} \cdot a_{32} + a_{13} \cdot a_{22} \cdot a_{32} - a_{12} \cdot a_{22} \cdot a_{33} - a_{12} \cdot a_{23} \cdot a_{32} - a_{13} \cdot a_{22} \cdot a_{32}) = 0$$

7. Werden die Elemente der Zeile 2 und 3 einer 3 x 3 Determinante wie folgt berechnet

$$a_{21} = p_1 \cdot a_{11} + q_1 \quad a_{22} = p_1 \cdot a_{12} + q_1 \quad a_{23} = p_1 \cdot a_{13} + q_1$$

und $\qquad\qquad\qquad$ mit $(p_1 \, ; \, q_1 \, ; \, p_2 \, ; \, q_2 \, \in \mathbb{R})$

$$a_{31} = p_2 \cdot a_{11} + q_2 \quad a_{32} = p_2 \cdot a_{12} + q_2 \quad a_{33} = p_2 \cdot a_{13} + q_2$$

dann ist der Wert der Determinanten = 0. In diesem Fall sind die Zeilen der Determinanten linear voneinander abhängig.

Beispiel 1: Wir berechnen folgende Determinante nach der Regel von Sarrus:

$(p_1 = 2 \, ; \, q_1 = 4 \, ; \, p_2 = 3 \, ; \, q_2 = 7)$

$$D = \begin{vmatrix} 9 & 5 & 3 \\ 22 & 14 & 10 \\ 34 & 22 & 16 \end{vmatrix} = \begin{vmatrix} 9 & 5 & 3 \\ 9 \cdot 2 + 4 & 5 \cdot 2 + 4 & 3 \cdot 2 + 4 \\ 9 \cdot 3 + 7 & 5 \cdot 3 + 7 & 3 \cdot 3 + 7 \end{vmatrix} \qquad \text{Sarrus} \begin{vmatrix} 9 & 5 & 3 \\ 22 & 14 & 10 \\ 34 & 22 & 16 \end{vmatrix} \begin{matrix} 9 & 5 \\ 22 & 14 \\ 34 & 22 \end{matrix}$$

$$D = 9 \cdot 14 \cdot 16 + 5 \cdot 10 \cdot 34 + 3 \cdot 22 \cdot 22 - 5 \cdot 22 \cdot 16 - 9 \cdot 10 \cdot 22 - 3 \cdot 14 \cdot 34 = 0$$

Beispiel 2: Wir berechnen folgende Determinante nach der Regel von Sarrus:

$(p_1 = 1 \, ; \, q_1 = 3 \, ; \, p_2 = -2 \, ; \, q_2 = 17)$

$$D = \begin{vmatrix} 9 & 5 & 3 \\ 12 & 8 & 6 \\ -1 & 7 & 11 \end{vmatrix} = \begin{vmatrix} 9 & 5 & 3 \\ 9 \cdot 1 + 3 & 5 \cdot 1 + 3 & 3 \cdot 1 + 3 \\ -2 \cdot 9 + 17 & -2 \cdot 5 + 17 & -2 \cdot 3 + 17 \end{vmatrix} \qquad \text{Sarrus} \begin{vmatrix} 9 & 5 & 3 \\ 12 & 8 & 6 \\ -1 & 7 & 11 \end{vmatrix} \begin{matrix} 9 & 5 \\ 12 & 8 \\ -1 & 7 \end{matrix}$$

$$D = 9 \cdot 8 \cdot 11 + 5 \cdot 6 \cdot (-1) + 3 \cdot 12 \cdot 7 - 5 \cdot 12 \cdot 11 - 9 \cdot 6 \cdot 7 - 3 \cdot 8 \cdot (-1) = 0$$

Natürlich können die Zeilen beliebig vertauscht werden. Außerdem gilt diese Regel auch für die Spalten der Determinanten, weil man die Determinante stürzen kann (R3.2).

R9: Addition eines Vielfachen λ einer Zeile zu einer anderen Zeile

$$D = \begin{vmatrix} a_{11} + \lambda \cdot a_{21} & a_{12} + \lambda \cdot a_{22} & a_{13} + \lambda \cdot a_{23} \\ a_{21} & a_{22} & a_{23} \\ a_{31} & a_{32} & a_{33} \end{vmatrix} \begin{matrix} a_{11} + \lambda \cdot a_{21} & a_{12} + \lambda \cdot a_{22} \\ a_{21} & a_{22} \\ a_{31} & a_{32} \end{matrix}$$

$$D = (a_{11} + \lambda \cdot a_{21}) \cdot a_{22} \cdot a_{33} + (a_{12} + \lambda \cdot a_{22}) \cdot a_{23} \cdot a_{31} + (a_{13} + \lambda \cdot a_{23}) \cdot a_{21} \cdot a_{32} -$$
$$- (a_{12} + \lambda \cdot a_{22}) \cdot a_{21} \cdot a_{33} - (a_{11} + \lambda \cdot a_{21}) \cdot a_{23} \cdot a_{32} - (a_{13} + \lambda \cdot a_{23}) \cdot a_{22} \cdot a_{31}$$
$$D = a_{11} \cdot a_{22} \cdot a_{33} + \lambda \cdot a_{21} \cdot a_{22} \cdot a_{33} + a_{12} \cdot a_{23} \cdot a_{31} + \lambda \cdot a_{22} \cdot a_{23} \cdot a_{31} + a_{13} \cdot a_{21} \cdot a_{32} + \lambda \cdot a_{23} \cdot a_{21} \cdot a_{32} -$$
$$- a_{12} \cdot a_{21} \cdot a_{33} - \lambda \cdot a_{22} \cdot a_{21} \cdot a_{33} - a_{11} \cdot a_{23} \cdot a_{32} - \lambda \cdot a_{21} \cdot a_{23} \cdot a_{32} - a_{13} \cdot a_{22} \cdot a_{31} - \lambda \cdot a_{23} \cdot a_{22} \cdot a_{31}$$
$$D = a_{11} \cdot a_{22} \cdot a_{33} + a_{12} \cdot a_{23} \cdot a_{31} + a_{13} \cdot a_{21} \cdot a_{32} - a_{12} \cdot a_{21} \cdot a_{33} - a_{11} \cdot a_{23} \cdot a_{32} - a_{13} \cdot a_{22} \cdot a_{31}$$

Wie man sieht ändert sich dadurch der Wert der Determinanten nicht.

R10: Addition eines Vielfachen λ einer Spalte zu einer anderen Spalte

$$D = \begin{vmatrix} a_{11} + \lambda \cdot a_{12} & a_{12} & a_{13} \\ a_{21} + \lambda \cdot a_{22} & a_{22} & a_{23} \\ a_{31} + \lambda \cdot a_{32} & a_{32} & a_{33} \end{vmatrix} \begin{matrix} a_{11} + \lambda \cdot a_{12} & a_{12} \\ a_{21} + \lambda \cdot a_{22} & a_{22} \\ a_{31} + \lambda \cdot a_{32} & a_{32} \end{matrix}$$

$$D = (a_{11} + \lambda \cdot a_{12}) \cdot a_{22} \cdot a_{33} + a_{12} \cdot a_{23} \cdot (a_{31} + \lambda \cdot a_{32}) + a_{13} \cdot (a_{21} + \lambda \cdot a_{22}) \cdot a_{32} -$$
$$- a_{12} \cdot (a_{21} + \lambda \cdot a_{22}) \cdot a_{33} - (a_{11} + \lambda \cdot a_{12}) \cdot a_{23} \cdot a_{32} - a_{13} \cdot a_{22} \cdot (a_{31} + \lambda \cdot a_{32})$$
$$D = a_{11} \cdot a_{22} \cdot a_{33} + \lambda \cdot a_{12} \cdot a_{22} \cdot a_{33} + a_{12} \cdot a_{23} \cdot a_{31} + a_{12} \cdot a_{23} \cdot \lambda \cdot a_{32} + a_{13} \cdot a_{21} \cdot a_{32} + a_{13} \cdot \lambda \cdot a_{22} \cdot a_{32} -$$
$$- a_{12} \cdot a_{21} \cdot a_{33} - a_{12} \cdot \lambda \cdot a_{22} \cdot a_{33} - a_{11} \cdot a_{23} \cdot a_{32} - \lambda \cdot a_{12} \cdot a_{23} \cdot a_{32} - a_{13} \cdot a_{22} \cdot a_{31} - a_{13} \cdot a_{22} \cdot \lambda \cdot a_{32}$$
$$D = a_{11} \cdot a_{22} \cdot a_{33} + a_{12} \cdot a_{23} \cdot a_{31} + a_{13} \cdot a_{21} \cdot a_{32} - a_{12} \cdot a_{21} \cdot a_{33} - a_{11} \cdot a_{23} \cdot a_{32} - a_{13} \cdot a_{22} \cdot a_{31}$$

Wie man sieht ändert sich dadurch der Wert der Determinanten nicht.

R11: Determinante der Multiplikation zweier Matrizen (3 x 3)

Auch hier gilt:

$$\mathbf{A} = \begin{pmatrix} a_{11} & a_{12} & a_{13} \\ a_{21} & a_{22} & a_{23} \\ a_{31} & a_{32} & a_{33} \end{pmatrix} \quad \text{und} \quad \mathbf{B} = \begin{pmatrix} b_{11} & b_{12} & b_{13} \\ b_{21} & b_{22} & b_{23} \\ b_{31} & b_{32} & b_{33} \end{pmatrix}$$

Wenn wir diese Matrizen miteinander multiplizieren erhalten wir mit dem Falk-Schema:

			b_{11} b_{21} b_{31}	b_{12} b_{22} b_{32}	b_{13} b_{23} b_{33}
	B				
A	a_{11} a_{12} a_{13}		$a_{11} \cdot b_{11} + a_{12} \cdot b_{21} + a_{13} \cdot b_{31}$	$a_{11} \cdot b_{12} + a_{12} \cdot b_{22} + a_{13} \cdot b_{32}$	$a_{11} \cdot b_{13} + a_{12} \cdot b_{23} + a_{13} \cdot b_{33}$
	a_{21} a_{22} a_{23}		$a_{21} \cdot b_{11} + a_{22} \cdot b_{21} + a_{23} \cdot b_{31}$	$a_{21} \cdot b_{12} + a_{22} \cdot b_{22} + a_{23} \cdot b_{32}$	$a_{21} \cdot b_{13} + a_{22} \cdot b_{23} + a_{23} \cdot b_{33}$
	a_{31} a_{32} a_{33}		$a_{31} \cdot b_{11} + a_{32} \cdot b_{21} + a_{33} \cdot b_{31}$	$a_{31} \cdot b_{12} + a_{32} \cdot b_{22} + a_{33} \cdot b_{32}$	$a_{31} \cdot b_{13} + a_{32} \cdot b_{23} + a_{33} \cdot b_{33}$

$$\mathbf{A} \cdot \mathbf{B}$$

Wenn wir diese zugehörige Determinante ausrechnen, dann erhalten wir: $\det(\mathbf{A} \cdot \mathbf{B}) = \det \mathbf{A} \cdot \det \mathbf{B}$

Die Determinante des Produkts zweier Matrizen ist gleich dem Produkt der Determinanten der beiden Matrizen.

R12: Determinante einer dreireihigen Einheitsmatrix

$$\mathbf{A} = \begin{pmatrix} 1 & 0 & 0 \\ 0 & 1 & 0 \\ 0 & 0 & 1 \end{pmatrix} \quad \Rightarrow \quad \det \mathbf{A} = \begin{vmatrix} 1 & 0 & 0 \\ 0 & 1 & 0 \\ 0 & 0 & 1 \end{vmatrix} \begin{matrix} 1 & 0 \\ 0 & 1 \\ 0 & 0 \end{matrix}$$

$\det \mathbf{A} = 1 \cdot 1 \cdot 1 + 0 \cdot 0 \cdot 0 + 0 \cdot 0 \cdot 0 - 0 \cdot 0 \cdot 1 - 1 \cdot 0 \cdot 0 - 0 \cdot 1 \cdot 0 = 1$

Die Determinante einer dreireihigen Einheitsmatrix ist gleich 1.

R13: Determinante einer dreireihigen Diagonalmatrix

$$\mathbf{A} = \begin{pmatrix} a_{11} & 0 & 0 \\ 0 & a_{22} & 0 \\ 0 & 0 & a_{33} \end{pmatrix} \quad \Rightarrow \quad \begin{vmatrix} a_{11} & 0 & 0 \\ 0 & a_{22} & 0 \\ 0 & 0 & a_{33} \end{vmatrix} \begin{matrix} a_{11} & 0 \\ 0 & a_{22} \\ 0 & 0 \end{matrix}$$

$\det \mathbf{A} = a_{11} \cdot a_{22} \cdot a_{33} + 0 \cdot 0 \cdot 0 + 0 \cdot 0 \cdot 0 - 0 \cdot 0 \cdot a_{33} - a_{11} \cdot 0 \cdot 0 - 0 \cdot a_{22} \cdot 0 = a_{11} \cdot a_{22} \cdot a_{33}$

Die Determinante einer dreireihigen Diagonalmatrix ist gleich dem Produkt der Hauptdiagonalelemente.

R14: Determinante einer dreireihigen unteren Dreiecksmatrix

$$\mathbf{A} = \begin{pmatrix} a_{11} & 0 & 0 \\ a_{21} & a_{22} & 0 \\ a_{31} & a_{32} & a_{33} \end{pmatrix} \quad \Rightarrow \quad \begin{vmatrix} a_{11} & 0 & 0 \\ a_{21} & a_{22} & 0 \\ a_{31} & a_{32} & a_{33} \end{vmatrix} \begin{matrix} a_{11} & 0 \\ a_{21} & a_{22} \\ a_{31} & a_{32} \end{matrix}$$

$\det \mathbf{A} = a_{11} \cdot a_{22} \cdot a_{33} + 0 \cdot 0 \cdot a_{31} + 0 \cdot a_{21} \cdot a_{32} - 0 \cdot a_{21} \cdot a_{33} - a_{11} \cdot 0 \cdot a_{32} - 0 \cdot a_{22} \cdot a_{31} = a_{11} \cdot a_{22} \cdot a_{33}$

Die Determinante einer dreireihigen unteren Dreiecksmatrix ist gleich dem Produkt der Hauptdiagonalelemente.

R15: Determinante einer dreireihigen oberen Dreiecksmatrix

$$\mathbf{A} = \begin{pmatrix} a_{11} & a_{12} & a_{13} \\ 0 & a_{22} & a_{23} \\ 0 & 0 & a_{33} \end{pmatrix} \quad \Rightarrow \quad \begin{vmatrix} a_{11} & a_{12} & a_{13} \\ 0 & a_{22} & a_{23} \\ 0 & 0 & a_{33} \end{vmatrix} \begin{matrix} a_{11} & a_{12} \\ 0 & a_{22} \\ 0 & 0 \end{matrix}$$

$\det \mathbf{A} = a_{11} \cdot a_{22} \cdot a_{33} + a_{12} \cdot a_{23} \cdot 0 + a_{13} \cdot 0 \cdot 0 - a_{12} \cdot 0 \cdot a_{33} - a_{11} \cdot a_{23} \cdot 0 - a_{13} \cdot a_{22} \cdot 0 = a_{11} \cdot a_{22} \cdot a_{33}$

Die Determinante einer dreireihigen oberen Dreiecksmatrix ist gleich dem Produkt der Hauptdiagonalelemente.

5.3.3.2 Beispiele für dreireihige Determinanten

(1) Berechne die Determinanten der folgenden Matrizen:

$$A = \begin{pmatrix} 3 & 7 & 6 \\ -4 & 5 & -2 \\ 0 & -3 & 2 \end{pmatrix} \quad B = \begin{pmatrix} 4 & -2 & -4 \\ 9 & 7 & 9 \\ 3 & 5 & 2 \end{pmatrix} \quad C = \begin{pmatrix} 11 & 0 & 3 \\ 2 & 8 & 4 \\ 3 & 5 & 6 \end{pmatrix} \quad D = \begin{pmatrix} 0 & -11 & -3 \\ 3 & -5 & 8 \\ 2 & 6 & 4 \end{pmatrix}$$

$$\begin{vmatrix} 3 & 7 & 6 \\ -4 & 5 & -2 \\ 0 & -3 & 2 \end{vmatrix} \begin{matrix} 3 & 7 \\ -4 & 5 \\ 0 & -3 \end{matrix} \qquad \det A = 30 - 0 + 72 + 56 - 18 - 0 = 140$$

$$\begin{vmatrix} 4 & -2 & -4 \\ 9 & 7 & 9 \\ 3 & 5 & 2 \end{vmatrix} \begin{matrix} 4 & -2 \\ 9 & 7 \\ 3 & 5 \end{matrix} \qquad \det B = 56 - 54 - 180 + 36 - 180 + 84 = -238$$

$$\begin{vmatrix} 11 & 0 & 3 \\ 2 & 8 & 4 \\ 3 & 5 & 6 \end{vmatrix} \begin{matrix} 11 & 0 \\ 2 & 8 \\ 3 & 5 \end{matrix} \qquad \det C = 528 + 0 + 30 - 0 - 220 - 72 = 266$$

$$\begin{vmatrix} 0 & -11 & -3 \\ 3 & -5 & 8 \\ 2 & 6 & 4 \end{vmatrix} \begin{matrix} 0 & -11 \\ 3 & -5 \\ 2 & 6 \end{matrix} \qquad \det D = -0 - 176 - 54 + 132 - 0 - 30 = -128$$

(2) Vertausche die Zeilen 1-2 und die Spalten 1-2 der Determinanten aus Aufgabe (1).

$$\begin{vmatrix} 5 & -4 & -2 \\ 7 & 3 & 6 \\ -3 & 0 & 2 \end{vmatrix} \begin{matrix} 5 & -4 \\ 7 & 3 \\ -3 & 0 \end{matrix} \qquad \det A = 30 + 72 - 0 + 56 - 0 - 18 = 140$$

$$\begin{vmatrix} 7 & 9 & 9 \\ -2 & 4 & -4 \\ 5 & 3 & 2 \end{vmatrix} \begin{matrix} 7 & 9 \\ -2 & 4 \\ 5 & 3 \end{matrix} \qquad \det B = 56 - 180 - 54 + 36 + 84 - 180 = -238$$

$$\begin{vmatrix} 8 & 2 & 4 \\ 0 & 11 & 3 \\ 5 & 3 & 6 \end{vmatrix} \begin{matrix} 8 & 2 \\ 0 & 11 \\ 5 & 3 \end{matrix} \qquad \det C = 528 + 30 + 0 - 0 - 72 - 220 = 266$$

$$\begin{vmatrix} -5 & 3 & 8 \\ -11 & 0 & -3 \\ 6 & 2 & 4 \end{vmatrix} \begin{matrix} -5 & 3 \\ -11 & 0 \\ 6 & 2 \end{matrix} \qquad \det D = -0 - 54 - 176 + 132 - 30 - 0 = -128$$

Durch Vertauschen von zwei Zeilen und Spalten ändert sich der Wert der Determinanten nicht.

(3) Vertausche alle Zeilen und Spalten der Determinanten aus Aufgabe (1).

(Stürzen der Determinante)

$$
\begin{vmatrix} 3 & -4 & 0 \\ 7 & 5 & -3 \\ 6 & -2 & 2 \end{vmatrix}
\begin{matrix} 3 & -4 \\ 7 & 5 \\ 6 & -2 \end{matrix}
\qquad \det \mathbf{A} = 30 + 72 - 0 + 56 - 18 - 0 = 140
$$

$$
\begin{vmatrix} 4 & 9 & 3 \\ -2 & 7 & 5 \\ -4 & 9 & 2 \end{vmatrix}
\begin{matrix} 4 & 9 \\ -2 & 7 \\ -4 & 9 \end{matrix}
\qquad \det \mathbf{B} = 56 - 180 - 54 + 36 - 180 + 84 = -238
$$

$$
\begin{vmatrix} 11 & 2 & 3 \\ 0 & 8 & 5 \\ 3 & 4 & 6 \end{vmatrix}
\begin{matrix} 11 & 2 \\ 0 & 8 \\ 3 & 4 \end{matrix}
\qquad \det \mathbf{C} = 528 + 30 + 0 - 0 - 220 - 72 = 266
$$

$$
\begin{vmatrix} 0 & 3 & 2 \\ -11 & -5 & 6 \\ -3 & 8 & 4 \end{vmatrix}
\begin{matrix} 0 & 3 \\ -11 & -5 \\ -3 & 8 \end{matrix}
\qquad \det \mathbf{D} = -0 - 54 - 176 + 132 - 0 - 30 = -128
$$

Durch Stürzen der Determinante ändert sich der Wert der Determinanten nicht.

(4) Vertausche die ersten beiden Zeilen der Determinanten aus Aufgabe (1).

$$
\begin{vmatrix} -4 & 5 & -2 \\ 3 & 7 & 6 \\ 0 & -3 & 2 \end{vmatrix}
\begin{matrix} -4 & 5 \\ 3 & 7 \\ 0 & -3 \end{matrix}
\qquad -\det \mathbf{A} = -56 + 0 + 18 - 30 - 72 + 0 = -140
$$

$$
\begin{vmatrix} 9 & 7 & 9 \\ 4 & -2 & -4 \\ 3 & 5 & 2 \end{vmatrix}
\begin{matrix} 9 & 7 \\ 4 & -2 \\ 3 & 5 \end{matrix}
\qquad -\det \mathbf{B} = -36 - 84 + 180 - 56 + 180 + 54 = 238
$$

$$
\begin{vmatrix} 2 & 8 & 4 \\ 11 & 0 & 3 \\ 3 & 5 & 6 \end{vmatrix}
\begin{matrix} 2 & 8 \\ 11 & 0 \\ 3 & 5 \end{matrix}
\qquad -\det \mathbf{C} = 0 + 72 + 220 - 528 - 30 - 0 = -266
$$

$$
\begin{vmatrix} 3 & -5 & 8 \\ 0 & -11 & -3 \\ 2 & 6 & 4 \end{vmatrix}
\begin{matrix} 3 & -5 \\ 0 & -11 \\ 2 & 6 \end{matrix}
\qquad -\det \mathbf{D} = -132 + 30 + 0 + 0 + 54 + 176 = 128
$$

Durch das Vertauschen zweier Zeilen ändert sich das Vorzeichen der Determinanten.

(5) Vertausche die erste und die dritte Spalte der Determinanten aus Aufgabe (1).

$$\begin{vmatrix} 6 & 7 & 3 \\ -2 & 5 & -4 \\ 2 & -3 & 0 \end{vmatrix}\begin{matrix} 6 & 7 \\ -2 & 5 \\ 2 & -3 \end{matrix} \qquad -\det \mathbf{A} = 0 - 56 + 18 + 0 - 72 - 30 = -140$$

$$\begin{vmatrix} -4 & -2 & 4 \\ 9 & 7 & 9 \\ 2 & 5 & 3 \end{vmatrix}\begin{matrix} -4 & -2 \\ 9 & 7 \\ 2 & 5 \end{matrix} \qquad -\det \mathbf{B} = -84 - 36 + 180 + 54 + 180 - 56 = 238$$

$$\begin{vmatrix} 3 & 0 & 11 \\ 4 & 8 & 2 \\ 6 & 5 & 3 \end{vmatrix}\begin{matrix} 3 & 0 \\ 4 & 8 \\ 6 & 5 \end{matrix} \qquad -\det \mathbf{C} = 72 + 0 + 220 - 0 - 30 - 528 = -266$$

$$\begin{vmatrix} -3 & -11 & 0 \\ 8 & -5 & 3 \\ 4 & 6 & 2 \end{vmatrix}\begin{matrix} -3 & -11 \\ 8 & -5 \\ 4 & 6 \end{matrix} \qquad -\det \mathbf{D} = 30 - 132 + 0 + 176 + 54 + 0 = 128$$

Durch das Vertauschen zweier Spalten ändert sich das Vorzeichen der Determinanten.

(6) Multipliziere die Determinanten aus Aufgabe (1) mit dem Faktor 2.

Determinante A → mit 1. Zeile   Determinante B → mit 2. Zeile

Determinante C → mit 2. Spalte   Determinante D → mit 3. Spalte

$$\begin{vmatrix} 2\cdot3 & 2\cdot7 & 2\cdot6 \\ -4 & 5 & -2 \\ 0 & -3 & 2 \end{vmatrix}\begin{matrix} 2\cdot3 & 2\cdot7 \\ -4 & 5 \\ 0 & -3 \end{matrix} \qquad 2\cdot\det \mathbf{A} = 2\cdot30 - 2\cdot0 + 2\cdot72 + 2\cdot56 - 2\cdot18 - 2\cdot0 = 280$$

$$\begin{vmatrix} 4 & -2 & -4 \\ 2\cdot9 & 2\cdot7 & 2\cdot9 \\ 3 & 5 & 2 \end{vmatrix}\begin{matrix} 4 & -2 \\ 2\cdot9 & 2\cdot7 \\ 3 & 5 \end{matrix} \qquad 2\cdot\det \mathbf{B} = 2\cdot56 - 2\cdot54 - 2\cdot180 + 2\cdot36 - 2\cdot180 + 2\cdot84 = -476$$

$$\begin{vmatrix} 11 & 2\cdot0 & 3 \\ 2 & 2\cdot8 & 4 \\ 3 & 2\cdot5 & 6 \end{vmatrix}\begin{matrix} 11 & 2\cdot0 \\ 2 & 2\cdot8 \\ 3 & 2\cdot5 \end{matrix} \qquad 2\cdot\det \mathbf{C} = 2\cdot528 + 2\cdot0 + 2\cdot30 - 2\cdot0 - 2\cdot220 - 2\cdot72 = 532$$

$$\begin{vmatrix} 0 & -11 & 2\cdot(-3) \\ 3 & -5 & 2\cdot8 \\ 2 & 6 & 2\cdot4 \end{vmatrix}\begin{matrix} 0 & -11 \\ 3 & -5 \\ 2 & 6 \end{matrix} \qquad 2\cdot\det \mathbf{D} = -2\cdot0 - 2\cdot176 - 2\cdot54 + 2\cdot132 - 2\cdot0 - 2\cdot30 = -256$$

(7) Gegeben sind folgende Determinanten :

$$\det \mathbf{A} = \begin{vmatrix} 9 & 2 & 5 \\ -4 & 5 & 3 \\ 6 & 18 & 9 \end{vmatrix} \qquad \det \mathbf{B} = \begin{vmatrix} 0 & -3 & 20 \\ 6 & 7 & 32 \\ 3 & 5 & -8 \end{vmatrix}$$

$$\det \mathbf{C} = \begin{vmatrix} 3 & -3 & 6 \\ 4 & 14 & 4 \\ 1 & 5 & 7 \end{vmatrix} \qquad \det \mathbf{D} = \begin{vmatrix} 0 & -35 & -3 \\ 3 & 25 & 8 \\ -8 & 30 & 4 \end{vmatrix}$$

Ziehe den jeweiligen Faktor vor die Determinante.

$$\det \mathbf{A} = \begin{vmatrix} 9 & 2 & 5 \\ -4 & 5 & 3 \\ 6 & 18 & 9 \end{vmatrix} = \begin{vmatrix} 9 & 2 & 5 \\ -4 & 5 & 3 \\ 3\cdot 2 & 3\cdot 6 & 3\cdot 3 \end{vmatrix} = 3\cdot \begin{vmatrix} 9 & 2 & 5 \\ -4 & 5 & 3 \\ 2 & 6 & 3 \end{vmatrix} = 3\cdot(-161) = -483$$

$$\det \mathbf{B} = \begin{vmatrix} 0 & -3 & 20 \\ 6 & 7 & 32 \\ 3 & 5 & -8 \end{vmatrix} = \begin{vmatrix} 0 & -3 & 4\cdot 5 \\ 6 & 7 & 4\cdot 8 \\ 3 & 5 & 4\cdot(-2) \end{vmatrix} = 4\cdot \begin{vmatrix} 0 & -3 & 5 \\ 6 & 7 & 8 \\ 3 & 5 & -2 \end{vmatrix} = 4\cdot(-63) = -252$$

$$\det \mathbf{C} = \begin{vmatrix} 3 & -3 & 6 \\ 4 & 14 & 4 \\ 1 & 5 & 7 \end{vmatrix} = \begin{vmatrix} 3 & -3 & 6 \\ 2\cdot 2 & 2\cdot 7 & 2\cdot 2 \\ 1 & 5 & 7 \end{vmatrix} = 2\cdot \begin{vmatrix} 3 & -3 & 6 \\ 2 & 7 & 2 \\ 1 & 5 & 7 \end{vmatrix} = 2\cdot 171 = 342$$

$$\det \mathbf{D} = \begin{vmatrix} 0 & -35 & -3 \\ 3 & 25 & 8 \\ -8 & 30 & 4 \end{vmatrix} = \begin{vmatrix} 0 & 5\cdot(-7) & -3 \\ 3 & 5\cdot 5 & 8 \\ -8 & 5\cdot 6 & 4 \end{vmatrix} = 5\cdot \begin{vmatrix} 0 & -7 & -3 \\ 3 & 5 & 8 \\ -8 & 6 & 4 \end{vmatrix} = 5\cdot 358 = 1790$$

(8) Begründe, warum die folgenden Determinanten jeweils den Wert 0 haben.

$$\det \mathbf{A} = \begin{vmatrix} 8 & 3 & 7 \\ 12 & 3 & 4 \\ 0 & 0 & 0 \end{vmatrix} \quad \det \mathbf{B} = \begin{vmatrix} 4 & -3 & 0 \\ 6 & 7 & 0 \\ 9 & 5 & 0 \end{vmatrix} \quad \det \mathbf{C} = \begin{vmatrix} 3 & 23 & 3 \\ 4 & 14 & 4 \\ 1 & 6 & 1 \end{vmatrix} \quad \det \mathbf{D} = \begin{vmatrix} 11 & 35 & -7 \\ 8 & 5 & 9 \\ 8 & 5 & 9 \end{vmatrix}$$

$$\det \mathbf{E} = \begin{vmatrix} 1 & -3 & 2 \\ 6 & 7 & 21 \\ 3 & -9 & 6 \end{vmatrix} \quad \det \mathbf{F} = \begin{vmatrix} 12 & -3 & 3 \\ 16 & 17 & 4 \\ 8 & 3 & 2 \end{vmatrix} \quad \det \mathbf{G} = \begin{vmatrix} 3 & -1 & 9 \\ -1 & -3 & 2 \\ -4 & -6 & -1 \end{vmatrix} \quad \det \mathbf{H} = \begin{vmatrix} -1 & 3 & 9 \\ 14 & 8 & -1 \\ -3 & -1 & 2 \end{vmatrix}$$

A: Werte der 3. Zeile = 0

B: Werte der 3. Spalte = 0

C: Die Werte der 1. und 3. Spalte sind gleich

D: Die Werte der 2. und 3. Zeile sind gleich

E: Zeile 3 ist ein Vielfaches von Zeile 1   (Faktor 3)

F: Spalte 1 ist ein Vielfaches von Spalte 3   (Faktor 4)

G: Die 1. Zeile berechnet sich wie folgt: $a_{1j} = 2 \cdot a_{2j} + 5$

Die 3. Zeile berechnet sich wie folgt: $a_{3j} = 1 \cdot a_{2j} - 3$

Die Zeilenvektoren sind deshalb linear voneinander abhängig.

H: Die 1. Zeile berechnet sich wie folgt: $a_{1j} = 2 \cdot a_{3j} + 5$

Die 2. Zeile berechnet sich wie folgt: $a_{3j} = -3 \cdot a_{3j} + 5$

Die Zeilenvektoren sind deshalb linear voneinander abhängig.

(9) Gegeben sind folgende 3 Matrizen:

$$A = \begin{pmatrix} 8 & 3 & 7 \\ 5 & 3 & 4 \\ 2 & 1 & 4 \end{pmatrix} \qquad B = \begin{pmatrix} 7 & 4 & 9 \\ 4 & 4 & 5 \\ -3 & 3 & -2 \end{pmatrix} \qquad C = \begin{pmatrix} 4 & 5 & 3 \\ 2 & 2 & 4 \\ -3 & 3 & -2 \end{pmatrix}$$

Berechne die Determinanten folgender Matrizenprodukte: **A·B**, **A·C** und **B·C**

$$\det (\mathbf{A} \cdot \mathbf{B}) = (\det \mathbf{A}) \cdot (\det \mathbf{B}) = \underbrace{\begin{vmatrix} 8 & 3 & 7 \\ 5 & 3 & 4 \\ 2 & 1 & 4 \end{vmatrix}}_{21} \cdot \underbrace{\begin{vmatrix} 7 & 4 & 9 \\ 4 & 4 & 5 \\ -3 & 3 & -2 \end{vmatrix}}_{27} = \underbrace{\begin{vmatrix} 47 & 65 & 73 \\ 35 & 44 & 52 \\ 6 & 24 & 5 \end{vmatrix}}_{567} = 21 \cdot 27 = 567$$

$$\det (\mathbf{A} \cdot \mathbf{C}) = (\det \mathbf{A}) \cdot (\det \mathbf{C}) = \underbrace{\begin{vmatrix} 8 & 3 & 7 \\ 5 & 3 & 4 \\ 2 & 1 & 4 \end{vmatrix}}_{21} \cdot \underbrace{\begin{vmatrix} 4 & 5 & 3 \\ 2 & 2 & 4 \\ -3 & 3 & -2 \end{vmatrix}}_{-68} = \underbrace{\begin{vmatrix} 17 & 67 & 22 \\ 14 & 43 & 19 \\ -2 & 24 & 2 \end{vmatrix}}_{-1428} = 21 \cdot (-68) = -1428$$

$$\det (\mathbf{B} \cdot \mathbf{C}) = (\det \mathbf{B}) \cdot (\det \mathbf{C}) = \underbrace{\begin{vmatrix} 7 & 4 & 9 \\ 4 & 4 & 5 \\ -3 & 3 & -2 \end{vmatrix}}_{27} \cdot \underbrace{\begin{vmatrix} 4 & 5 & 3 \\ 2 & 2 & 4 \\ -3 & 3 & -2 \end{vmatrix}}_{-68} = \underbrace{\begin{vmatrix} 9 & 70 & 19 \\ 9 & 43 & 18 \\ 0 & -15 & 7 \end{vmatrix}}_{-1836} = 27 \cdot (-68) = -1836$$

(10) Berechne die Determinanten der folgenden Matrizen.

a) Determinante einer dreireihigen Diagonalmatrix

$$A = \begin{pmatrix} 3 & 0 & 0 \\ 0 & 5 & 0 \\ 0 & 0 & 2 \end{pmatrix} \qquad \det \mathbf{A} = \begin{vmatrix} 3 & 0 & 0 \\ 0 & 5 & 0 \\ 0 & 0 & 2 \end{vmatrix} = 3 \cdot 5 \cdot 2 = 30$$

b) Determinante einer dreireihigen unteren Dreiecksmatrix

$$A = \begin{pmatrix} 12 & 0 & 0 \\ 3 & -5 & 0 \\ -4 & 2 & 4 \end{pmatrix} \qquad \det \mathbf{A} = \begin{vmatrix} 12 & 0 & 0 \\ 3 & -5 & 0 \\ -4 & 2 & 4 \end{vmatrix} = 12 \cdot -5 \cdot 4 = -240$$

Die Determinante einer dreireihigen unteren Dreiecksmatrix ist gleich dem Produkt der Hauptdiagonalelemente.

c) Determinante einer dreireihigen oberen Dreiecksmatrix

$$A = \begin{pmatrix} 4 & -6 & 3 \\ 0 & 9 & -7 \\ 0 & 0 & 2 \end{pmatrix} \qquad \det A = \begin{vmatrix} 4 & -6 & 3 \\ 0 & 9 & -7 \\ 0 & 0 & 2 \end{vmatrix} = 4 \cdot 9 \cdot 2 = 72$$

Die Determinante einer dreireihigen oberen Dreiecksmatrix ist gleich dem Produkt der Hauptdiagonalelemente.

(11) Berechnung einer Geraden durch zwei vorgegebene Punkte $P_1 = (x_1; y_1)$ und $P_2 = (x_2; y_2)$ mit Hilfe einer Determinantengleichung.

Eine Geradengleichung lässt sich als Determinante wie folgt schreiben:

$$\begin{vmatrix} x_1 & x_2 & x \\ y_1 & y_2 & y \\ 1 & 1 & 1 \end{vmatrix} = 0 \quad \Rightarrow \quad x_1 \cdot y_2 \cdot 1 + x_2 \cdot y \cdot 1 + x \cdot y_1 \cdot 1 - x_2 \cdot y_1 \cdot 1 - x_1 \cdot y \cdot 1 - x \cdot y_2 \cdot 1 = 0$$

$$\Rightarrow \quad x_1 \cdot y_2 + x_2 \cdot y + x \cdot y_1 - x_2 \cdot y_1 - x_1 \cdot y - x \cdot y_2 = 0$$

$$\Rightarrow \quad x \cdot y_1 - x \cdot y_2 + x_2 \cdot y - x_1 \cdot y + x_1 \cdot y_2 - x_2 \cdot y_1 = 0$$

$$\Rightarrow \quad \underbrace{(y_1 - y_2)}_{a} \cdot x + \underbrace{(x_2 - x_1)}_{b} \cdot y + \underbrace{(x_1 \cdot y_2 - x_2 \cdot y_1)}_{c} = 0$$

$$\Rightarrow \quad a \cdot x + b \cdot y + c = 0$$

Geradengleichung mit $a = (y_1 - y_2)$ und $b = (x_2 - x_1)$ und $c = (x_1 \cdot y_2 - x_2 \cdot y_1)$

Beispiele:

Folgende Werte sind gegeben: $x_1 = 3$; $y_1 = 2$ und $x_2 = 5$; $y_2 = 4$

Wir erhalten folgende Determinante:

$$\begin{vmatrix} 3 & 5 & x \\ 2 & 4 & y \\ 1 & 1 & 1 \end{vmatrix} = 0 \quad \Rightarrow \quad 3 \cdot 4 + 5 \cdot y + x \cdot 2 - 5 \cdot 2 - 3 \cdot y - x \cdot 4 = 0$$

$$\Rightarrow \quad 12 + 5 \cdot y + 2 \cdot x - 10 - 3 \cdot y - 4 \cdot x = 0$$
$$\Rightarrow \quad -2 \cdot x + 2 \cdot y + 2 = 0 \quad \Rightarrow \quad 2 \cdot y = 2 \cdot x - 2 \quad \Rightarrow \quad y = x - 1$$

Folgende Werte sind gegeben: $x_1 = -4$; $y_1 = 3$ und $x_2 = 6$; $y_2 = -8$

Wir erhalten folgende Determinante:

$$\begin{vmatrix} -4 & 6 & x \\ 3 & -8 & y \\ 1 & 1 & 1 \end{vmatrix} = 0 \quad \Rightarrow \quad (-4) \cdot (-8) + 6 \cdot y + x \cdot 3 - 6 \cdot 3 - (-4) \cdot y - x \cdot (-8) = 0$$

$$\Rightarrow \quad 32 + 6 \cdot y + 3 \cdot x - 18 + 4 \cdot y + 8 \cdot x = 0$$
$$\Rightarrow \quad 11 \cdot x + 10 \cdot y + 14 = 0 \quad \Rightarrow \quad 10 \cdot y = -11 \cdot x - 14 \quad \Rightarrow \quad y = -1{,}1 \cdot x - 1{,}4$$

5.3.3.3   Berechnung dreireihiger Determinanten mit Unterdeterminanten (Laplace´scher Entwicklungssatz)

Für die Berechnung dreireihiger Determinanten haben wir in Abschnitt 5.4.3.1 das Rechenschema nach Sarrus kennen gelernt. Eigentlich gibt es keine Veranlassung ein weiteres Rechenverfahren einzuführen. Leider ist es aber so, dass bei Determinanten mit mehr als 3 Zeilen und Spalten das Verfahren nach Sarrus nicht mehr funktioniert. In diesem Fall muss man also ein anderes Berechnungsverfahren anwenden, dass wir hier zunächst am einfachen Beispiel dreireihiger Determinanten zeigen wollen.

Was ist eine Unterdeterminante?

Betrachten wir zunächst die folgende dreireihige Determinante:

$$D = \begin{vmatrix} 7 & 4 & -2 \\ 2 & 5 & 3 \\ 8 & 6 & 2 \end{vmatrix}$$

Wenn wir eine Unterdeterminante zu dieser Determinanten erhalten wollen, dann streichen wir einfach eine beliebige Zeile und eine beliebige Spalte unserer Ursprungsdeterminante. Die dann stehen gebliebenen Zahlen bilden eine zweireihige Unterdeterminante.

$$D = \begin{vmatrix} 7 & 4 & -2 \\ 2 & 5 & 3 \\ 8 & 6 & 2 \end{vmatrix} \Rightarrow D_{11} = \begin{vmatrix} 5 & 3 \\ 6 & 2 \end{vmatrix}$$

Hier, haben wir die erste Zeile und die erste Spalte unserer Ursprungsdeterminante gestrichen. Übrig bleibt die Unterdeterminante D_{11}. Der Index ($_{11}$) ergibt sich aus den Indizes der gestrichenen Zeile (1. Zeile) und Spalte (1. Spalte).

Da wir jede beliebige Zeile oder Spalte streichen können erhalten wir folgende Möglichkeiten Unterdeterminanten zu bilden:

$$D = \begin{vmatrix} a_{11} & a_{12} & a_{13} \\ a_{21} & a_{22} & a_{23} \\ a_{31} & a_{32} & a_{33} \end{vmatrix} \Rightarrow D_{11} = \begin{vmatrix} a_{22} & a_{23} \\ a_{32} & a_{33} \end{vmatrix} \quad D = \begin{vmatrix} a_{11} & a_{12} & a_{13} \\ a_{21} & a_{22} & a_{23} \\ a_{31} & a_{32} & a_{33} \end{vmatrix} \Rightarrow D_{12} = \begin{vmatrix} a_{21} & a_{23} \\ a_{31} & a_{33} \end{vmatrix} \quad D = \begin{vmatrix} a_{11} & a_{12} & a_{13} \\ a_{21} & a_{22} & a_{23} \\ a_{31} & a_{32} & a_{33} \end{vmatrix} \Rightarrow D_{13} = \begin{vmatrix} a_{21} & a_{22} \\ a_{31} & a_{32} \end{vmatrix}$$

$$D = \begin{vmatrix} a_{11} & a_{12} & a_{13} \\ a_{21} & a_{22} & a_{23} \\ a_{31} & a_{32} & a_{33} \end{vmatrix} \Rightarrow D_{21} = \begin{vmatrix} a_{12} & a_{13} \\ a_{32} & a_{33} \end{vmatrix} \quad D = \begin{vmatrix} a_{11} & a_{12} & a_{13} \\ a_{21} & a_{22} & a_{23} \\ a_{31} & a_{32} & a_{33} \end{vmatrix} \Rightarrow D_{22} = \begin{vmatrix} a_{11} & a_{13} \\ a_{31} & a_{33} \end{vmatrix} \quad D = \begin{vmatrix} a_{11} & a_{12} & a_{13} \\ a_{21} & a_{22} & a_{23} \\ a_{31} & a_{32} & a_{33} \end{vmatrix} \Rightarrow D_{23} = \begin{vmatrix} a_{11} & a_{12} \\ a_{31} & a_{32} \end{vmatrix}$$

$$D = \begin{vmatrix} a_{11} & a_{12} & a_{13} \\ a_{21} & a_{22} & a_{23} \\ a_{31} & a_{32} & a_{33} \end{vmatrix} \Rightarrow D_{31} = \begin{vmatrix} a_{12} & a_{13} \\ a_{22} & a_{23} \end{vmatrix} \quad D = \begin{vmatrix} a_{11} & a_{12} & a_{13} \\ a_{21} & a_{22} & a_{23} \\ a_{31} & a_{32} & a_{33} \end{vmatrix} \Rightarrow D_{32} = \begin{vmatrix} a_{11} & a_{13} \\ a_{21} & a_{23} \end{vmatrix} \quad D = \begin{vmatrix} a_{11} & a_{12} & a_{13} \\ a_{21} & a_{22} & a_{23} \\ a_{31} & a_{32} & a_{33} \end{vmatrix} \Rightarrow D_{33} = \begin{vmatrix} a_{11} & a_{12} \\ a_{21} & a_{22} \end{vmatrix}$$

Jede dieser Unterdeterminanten kann mit einem Vorzeichenfaktor versehen werden, der sich aus der jeweiligen Indexkombination berechnet. In diesem Fall ist der Vorzeichenfaktor lediglich die Zahl 1 oder (-1). Im Folgenden zeigen wir, wie der Vorzeichenfaktor von den verschiedenen Indexkombinationen abhängt:

Indexkombination	Summe Indizes	Gerade	Vorzeichenfaktor
1,1	$1 + 1 = 2$	JA	1
1,2	$1 + 2 = 3$	NEIN	(-1)
1,3	$1 + 3 = 4$	JA	1
2,1	$2 + 1 = 3$	NEIN	(-1)
2,2	$2 + 2 = 4$	JA	1
2,3	$2 + 3 = 5$	NEIN	(-1)
3,1	$3 + 1 = 4$	JA	1
3,2	$3 + 2 = 5$	NEIN	(-1)
3,3	$3 + 3 = 6$	JA	1

Der Vorzeichenfaktor ist also immer 1, wenn die Summe der Indizes gerade ist und er ist (-1), wenn die Summe der Indizes ungerade ist. Wie kann man nun einen derartigen Vorzeichenfaktor als Formel schreiben? In diesem Zusammenhang erinnern wir uns an die Potenzrechnung. Dort hatten wir die Potenz zu einer negativen Basis kennen gelernt. Es gilt z.B.:

$$(-1)^1 = -1 \qquad (-1)^2 = (-1)\cdot(-1) = 1 \qquad (-1)^3 = (-1)\cdot(-1)\cdot(-1) = -1 \ldots\ldots$$
also

$$(-1)^n = \begin{cases} -1 & \text{, für } n\text{ - gerade} \\ 1 & \text{, für } n\text{ - ungerade} \end{cases}$$

Damit können wir den Vorzeichenfaktor wie folgt berechnen: $(-1)^{i+k}$

Mit i und k als Indizes der Determinantenelemente.

Wir können nun eine Unterdeterminante mit ihrem Vorzeichenfaktor wie folgt schreiben:

$$A_{ik} = (-1)^{i+k} \cdot D_{ik}$$

Der Ausdruck A_{ik} wird in der Mathematik als **algebraisches Komplement** des Elements a_{ik} bezeichnet. Auch die Bezeichnung **Adjunkte** ist gebräuchlich.

$\overset{i}{\underset{k}{}}$	1	2	3
1	+	−	+
2	−	+	−
3	+	−	+

Die Vorzeichen der Vorzeichenfaktoren kann man auch auch in nebenstehender Form tabellarisch darstellen (Schachbrettregel):

Im Folgenden wollen wir zeigen, wie man mit Hilfe der zweireihigen Unterdeterminanten eine dreireihige Determinante berechnen kann. Hierzu bilden wir z.B. folgende Unterdeterminanten und die zugehörigen algebraischen Komplemente:

$$D_{11} = \begin{vmatrix} a_{22} & a_{23} \\ a_{32} & a_{33} \end{vmatrix} = a_{22} \cdot a_{33} - a_{23} \cdot a_{32} \ \Rightarrow \ A_{11} = (-1)^2 \cdot D_{11} = D_{11} = \begin{vmatrix} a_{22} & a_{23} \\ a_{32} & a_{33} \end{vmatrix} = a_{22} \cdot a_{33} - a_{23} \cdot a_{32}$$

$$D_{12} = \begin{vmatrix} a_{21} & a_{23} \\ a_{31} & a_{33} \end{vmatrix} = a_{21} \cdot a_{33} - a_{23} \cdot a_{31} \ \Rightarrow \ A_{12} = (-1)^3 \cdot D_{12} = -D_{12} = -\begin{vmatrix} a_{21} & a_{23} \\ a_{31} & a_{33} \end{vmatrix} = -(a_{21} \cdot a_{33} - a_{23} \cdot a_{31})$$

$$D_{13} = \begin{vmatrix} a_{21} & a_{22} \\ a_{31} & a_{32} \end{vmatrix} = a_{21} \cdot a_{32} - a_{22} \cdot a_{31} \ \Rightarrow \ A_{13} = (-1)^4 \cdot D_{13} = D_{13} = \begin{vmatrix} a_{21} & a_{22} \\ a_{31} & a_{32} \end{vmatrix} = a_{21} \cdot a_{32} - a_{22} \cdot a_{31}$$

Wenn wir nun die algebraischen Komplemente mit zugehörigen Determinantenelementen multiplizieren und diese Produkte addieren, dann erhalten wir Folgendes:

$a_{11} \cdot A_{11} + a_{12} \cdot A_{12} + a_{13} \cdot A_{13}$
$= a_{11} \cdot (a_{22} \cdot a_{33} - a_{23} \cdot a_{32}) - a_{12} \cdot (a_{21} \cdot a_{33} - a_{23} \cdot a_{31}) + a_{13} \cdot (a_{21} \cdot a_{32} - a_{22} \cdot a_{31})$
$= a_{11} \cdot a_{22} \cdot a_{33} - a_{11} \cdot a_{23} \cdot a_{32} - a_{12} \cdot a_{21} \cdot a_{33} + a_{12} \cdot a_{23} \cdot a_{31} + a_{13} \cdot a_{21} \cdot a_{32} - a_{13} \cdot a_{22} \cdot a_{31}$
$= a_{11} \cdot a_{22} \cdot a_{33} + a_{12} \cdot a_{23} \cdot a_{31} + a_{13} \cdot a_{21} \cdot a_{32} - a_{12} \cdot a_{21} \cdot a_{33} - a_{11} \cdot a_{23} \cdot a_{32} - a_{13} \cdot a_{22} \cdot a_{31} = D$

Wir erhalten also exakt die Gleichung zur Berechnung der Determinanten.
Man kann auch schreiben:

$$D = a_{11} \cdot A_{11} + a_{12} \cdot A_{12} + a_{13} \cdot A_{13} = \sum_{k=1}^{3} a_{1k} \cdot A_{1k}$$

Dies ist Entwicklung der dreireihigen Determinante nach den Elementen der 1. Zeile. Analog kann man auch nach den Elementen der zweiten und dritten Zeile entwickeln. Wir können also eine dreireihige Determinante nach den Elementen der 1. , 2. und 3. Zeile entwickeln und erhalten immer den korrekten Wert der Determinante.

Jetzt fragt man sich natürlich, ob man eine dreireihige Determinante auch nach den Elementen der 1. , 2. oder 3. Spalte entwickeln kann, um so den korrekten Wert zu erhalten.
Wir probieren dies aus und entwickeln die Determinante nach den Elementen der ersten Spalte:

$$A_{11} = (-1)^2 \cdot \begin{vmatrix} a_{22} & a_{23} \\ a_{32} & a_{33} \end{vmatrix} = a_{22} \cdot a_{33} - a_{23} \cdot a_{32}$$

$$A_{21} = (-1)^3 \cdot \begin{vmatrix} a_{12} & a_{13} \\ a_{32} & a_{33} \end{vmatrix} = -(a_{12} \cdot a_{33} - a_{13} \cdot a_{32})$$

$$A_{31} = (-1)^4 \cdot \begin{vmatrix} a_{12} & a_{13} \\ a_{22} & a_{23} \end{vmatrix} = a_{12} \cdot a_{23} - a_{13} \cdot a_{22}$$

Daraus folgt:
$D = a_{11} \cdot A_{11} + a_{21} \cdot A_{21} + a_{31} \cdot A_{31} = a_{11} \cdot (a_{22} \cdot a_{33} - a_{23} \cdot a_{32}) - a_{21} \cdot (a_{12} \cdot a_{33} - a_{13} \cdot a_{32}) + a_{31} \cdot (a_{12} \cdot a_{23} - a_{13} \cdot a_{22})$
$\quad = a_{11} \cdot a_{22} \cdot a_{33} - a_{11} \cdot a_{23} \cdot a_{32} - a_{21} \cdot a_{12} \cdot a_{33} + a_{21} \cdot a_{13} \cdot a_{32} + a_{31} \cdot a_{12} \cdot a_{23} - a_{31} \cdot a_{13} \cdot a_{22}$
$\quad = a_{11} \cdot a_{22} \cdot a_{33} + a_{12} \cdot a_{23} \cdot a_{31} + a_{13} \cdot a_{21} \cdot a_{32} - a_{12} \cdot a_{21} \cdot a_{33} - a_{11} \cdot a_{23} \cdot a_{32} - a_{13} \cdot a_{22} \cdot a_{31}$

Auch hier erhalten wir exakt die Gleichung zur Berechnung der Determinanten.

Wir können somit eine dreireihige Determinante nach den Elementen der 1. , 2. und 3. Spalte entwickeln und erhalten immer den korrekten Wert.

Zusammengefasst kann man dies so formulieren (Laplace´scher Entwicklungssatz):

Eine dreireihige Determinante kann man nach jeder ihrer drei Zeilen oder Spalten entwickeln:

Entwicklung nach der 1. Zeile $\qquad D = a_{11} \cdot A_{11} + a_{12} \cdot A_{12} + a_{13} \cdot A_{13} = \sum\limits_{k=1}^{3} a_{1k} \cdot A_{1k}$

Entwicklung nach der 2. Zeile $\qquad D = a_{21} \cdot A_{21} + a_{22} \cdot A_{22} + a_{23} \cdot A_{23} = \sum\limits_{k=1}^{3} a_{2k} \cdot A_{2k}$

Entwicklung nach der 3. Zeile $\qquad D = a_{31} \cdot A_{31} + a_{32} \cdot A_{32} + a_{33} \cdot A_{33} = \sum\limits_{k=1}^{3} a_{3k} \cdot A_{3k}$

Entwicklung nach der 1. Spalte $\qquad D = a_{11} \cdot A_{11} + a_{21} \cdot A_{21} + a_{31} \cdot A_{31} = \sum\limits_{i=1}^{3} a_{i1} \cdot A_{i1}$

Entwicklung nach der 2. Spalte $\qquad D = a_{12} \cdot A_{12} + a_{22} \cdot A_{22} + a_{32} \cdot A_{32} = \sum\limits_{i=1}^{3} a_{i2} \cdot A_{i2}$

Entwicklung nach der 3. Spalte $\qquad D = a_{13} \cdot A_{13} + a_{23} \cdot A_{23} + a_{33} \cdot A_{33} = \sum\limits_{i=1}^{3} a_{i3} \cdot A_{i3}$

Oder etwas kompakter:

Entwicklung nach der i-ten Zeile $\qquad D = \sum\limits_{k=1}^{3} a_{ik} \cdot A_{ik}$

Entwicklung nach der k-ten Spalte $\qquad D = \sum\limits_{i=1}^{3} a_{ik} \cdot A_{ik}$

mit $\quad A_{ik} = (-1)^{i+k} \cdot D_{ik} \quad$ dem algebraischen Komplement von a_{ik} in D

5.3.4 Vierreihige Determinanten (Determinanten 4. Ordnung)

5.3.4.1 Berechnung und Rechenregeln vierreihiger Determinanten

Wir haben im vorherigen Abschnitt gesehen, dass man eine dreireihige Determinante nach jeder ihrer drei Zeilen oder Spalten entwickeln und damit auf die Berechnung von drei zweireihigen Unterdeterminanten zurückführen kann. Diese Vorgehensweise bringt bei dreireihigen Determinanten keinen Vorteil, denn die Determinante nach der Regel von Sarrus zu berechnen ist sicherlich weniger aufwändig. Bei Determinanten 4. und höherer Ordnung kann jedoch nur die Methode nach dem Laplace´schen Entwicklungssatz angewendet werden. Eine Determinante 4. Ordnung hat folgenden Aufbau:

$$D = \begin{vmatrix} a_{11} & a_{12} & a_{13} & a_{14} \\ a_{21} & a_{22} & a_{23} & a_{24} \\ a_{31} & a_{32} & a_{33} & a_{34} \\ a_{41} & a_{42} & a_{43} & a_{44} \end{vmatrix}$$

Wir entwickeln nun diese Determinante nach den Elementen der 1. Zeile auf 4 dreireihige Unterdeterminanten.

$$A_{11} = (-1)^2 \cdot \begin{vmatrix} a_{22} & a_{23} & a_{24} \\ a_{32} & a_{33} & a_{34} \\ a_{42} & a_{43} & a_{44} \end{vmatrix} \quad A_{12} = (-1)^3 \cdot \begin{vmatrix} a_{21} & a_{23} & a_{24} \\ a_{31} & a_{33} & a_{34} \\ a_{41} & a_{43} & a_{44} \end{vmatrix}$$

$$A_{13} = (-1)^4 \cdot \begin{vmatrix} a_{21} & a_{22} & a_{24} \\ a_{31} & a_{32} & a_{34} \\ a_{41} & a_{42} & a_{44} \end{vmatrix} \quad A_{14} = (-1)^5 \cdot \begin{vmatrix} a_{21} & a_{22} & a_{23} \\ a_{31} & a_{32} & a_{33} \\ a_{41} & a_{42} & a_{43} \end{vmatrix}$$

Wir können nun den Wert der Determinante wie folgt berechnen:

$$D = a_{11} \cdot A_{11} + a_{12} \cdot A_{12} + a_{13} \cdot A_{13} + a_{14} \cdot A_{14}$$

Es ist bewiesen, dass sich auch Determinanten 4. und höherer Ordnung nach beliebigen Zeilen
oder Spalten entwickeln lassen. Um den Rechenaufwand zu reduzieren wird man dann eine Zeile
oder Spalte wählen, die die meisten Nullen enthält.

Rechenregeln für vierreihige Determinanten
Die Rechenregeln für vierreihige Determinanten sind identisch mit denen der zwei- und dreireihigen Determinanten. Ebenso sind diese identisch mit den Rechenregeln aller Determinanten höherer Ordnung (n-ter Ordnung). Wir können diese Rechenregeln also wie folgt zusammenfassen:

Rechenregeln für n-reihige Determinanten:

<u>R1:</u> Vertauschung zweier Zeilen
Wir erhalten eine Vorzeichenumkehr.

<u>R2:</u> Vertauschung zweier Spalten
Wir erhalten eine Vorzeichenumkehr.

<u>R3.1:</u> Vertauschung von zwei Zeilen und zwei Spalten
Bei Vertauschung von zwei Zeilen und zwei Spalten bleibt der Wert der Determinanten erhalten.
<u>R3.2:</u> Vertauschung aller Zeilen und Spalten (Stürzen der Determinante)
Bei Vertauschung aller Zeilen und Spalten bleibt der Wert der Determinanten erhalten.

<u>R4:</u> Multiplikation einer Zeile mit einer reellen Zahl λ (Skalar)
Hierdurch wird die Determinante mit dem Faktor λ multipliziert.

<u>R5:</u> Vorziehen eines gemeinsamen Faktors λ einer Zeile vor die Determinante
Besitzt eine Zeile der Determinante einen gemeinsamen Faktor, so kann dieser vor die Tabelle
gezogen werden.

R6: Multiplikation einer Spalte mit einer reellen Zahl λ (Skalar)

Hierdurch wird die Determinante mit dem Faktor λ multipliziert.

R7: Vorziehen eines gemeinsamen Faktors λ einer Spalte vor die Determinante

Besitzt eine Spalte der Determinante einen gemeinsamen Faktor, so kann dieser vor die Tabelle gezogen werden.

R8: Nullwert einer Determinante

1. Alle Elemente einer Zeile sind Null.

2. Alle Elemente einer Spalte sind Null.

3. Die Werte zweier Zeilen sind gleich.

4. Die Werte zweier Spalten sind gleich.

5. Die Werte der einer Zeile sind ein Vielfaches der Werte einer anderen Zeile.

6. Die Werte der einer Spalte sind ein Vielfaches der Werte einer anderen Spalte.

7. Besitzen 2 beliebige Zeilen einer Determinante eine lineare Abhängigkeit zu anderen Zeilen der Determinanten, so ist der Wert der Determinanten = 0.

8. Besitzen 2 beliebige Spalten einer Determinante eine lineare Abhängigkeit zu anderen Spalten der Determinanten, so ist der Wert der Determinanten = 0.

R9: Addition eines Vielfachen λ einer beliebigen Zeile zu einer anderen Zeile

Dadurch ändert sich der Wert der Determinanten nicht.

R10: Addition eines Vielfachen λ einer beliebigen Spalte zu einer anderen Spalte

Dadurch ändert sich der Wert der Determinanten nicht.

R11: Determinante des Produkts zweier Matrizen

Die Determinante des Produkts zweier Matrizen ist gleich dem Produkt der Determinanten der beiden Matrizen: $\det(\mathbf{A} \cdot \mathbf{B}) = \det \mathbf{A} \cdot \det \mathbf{B}$

R12: Determinante einer n-reihigen Einheitsmatrix

Die Determinante ist gleich 1.

R13: Determinante einer n-reihigen Diagonalmatrix

Die Determinante ist gleich dem Produkt der Hauptdiagonalelemente.

R14: Determinante einer n-reihigen unteren Dreiecksmatrix

Die Determinante ist gleich dem Produkt der Hauptdiagonalelemente.

R15: Determinante einer n-reihigen oberen Dreiecksmatrix

Die Determinante ist gleich dem Produkt der Hauptdiagonalelemente.

5.3.4.2   Beispiele für vierreihige Determinanten

(1) Berechne die Determinanten der folgenden Matrizen:

$$A = \begin{pmatrix} 0 & 8 & 0 & 5 \\ 3 & 4 & 2 & 1 \\ 7 & 5 & -3 & 2 \\ 7 & 3 & -5 & 1 \end{pmatrix} \quad B = \begin{pmatrix} 4 & -2 & -4 & 1 \\ 9 & 7 & 9 & 6 \\ 3 & 5 & 2 & 5 \\ 3 & 0 & 8 & 2 \end{pmatrix} \quad C = \begin{pmatrix} 11 & -4 & 3 & 9 \\ 2 & 8 & 4 & 1 \\ 3 & 5 & 6 & 2 \\ 1 & 2 & 5 & 4 \end{pmatrix} \quad D = \begin{pmatrix} 0 & -11 & -3 & 7 \\ 3 & -5 & 8 & 1 \\ 2 & 6 & 4 & 6 \\ 0 & 9 & -8 & 9 \end{pmatrix}$$

A) Entwicklung nach Zeile 1.

det $A = a_{11} \cdot A_{11} + a_{12} \cdot A_{12} + a_{13} \cdot A_{13} + a_{14} \cdot A_{14}$

Da gilt: $a_{11} = 0$ und $a_{13} = 0$

$$\Rightarrow \text{det } A = a_{12} \cdot A_{12} + a_{14} \cdot A_{14} = -8 \cdot \underbrace{\begin{vmatrix} 3 & 2 & 1 \\ 7 & -3 & 2 \\ 7 & -5 & 1 \end{vmatrix}}_{21} - 5 \cdot \underbrace{\begin{vmatrix} 3 & 4 & 2 \\ 7 & 5 & -3 \\ 7 & 3 & -5 \end{vmatrix}}_{-20} = -68$$

B) Entwicklung nach Zeile 4.

det $B = a_{41} \cdot A_{41} + a_{42} \cdot A_{42} + a_{43} \cdot A_{43} + a_{44} \cdot A_{44}$

Da gilt: $a_{42} = 0$

$$\text{det } B = a_{41} \cdot A_{41} + a_{43} \cdot A_{43} + a_{44} \cdot A_{44} = -3 \cdot \underbrace{\begin{vmatrix} -2 & -4 & 1 \\ 7 & 9 & 6 \\ 5 & 2 & 5 \end{vmatrix}}_{-77} - 8 \cdot \underbrace{\begin{vmatrix} 4 & -2 & 1 \\ 9 & 7 & 6 \\ 3 & 5 & 5 \end{vmatrix}}_{+98} + 2 \cdot \underbrace{\begin{vmatrix} 4 & -2 & -4 \\ 9 & 7 & 9 \\ 3 & 5 & 2 \end{vmatrix}}_{-238} = -1029$$

C) Entwicklung nach Zeile 1.

det $C = a_{11} \cdot A_{11} + a_{12} \cdot A_{12} + a_{13} \cdot A_{13} + a_{14} \cdot A_{14}$

$$\Rightarrow \text{det } C = 11 \cdot \underbrace{\begin{vmatrix} 8 & 4 & 1 \\ 5 & 6 & 2 \\ 2 & 5 & 4 \end{vmatrix}}_{61} + 4 \cdot \underbrace{\begin{vmatrix} 2 & 4 & 1 \\ 3 & 6 & 2 \\ 1 & 5 & 4 \end{vmatrix}}_{-3} + 3 \cdot \underbrace{\begin{vmatrix} 2 & 8 & 1 \\ 3 & 5 & 2 \\ 1 & 2 & 4 \end{vmatrix}}_{-47} - 9 \cdot \underbrace{\begin{vmatrix} 2 & 8 & 4 \\ 3 & 5 & 6 \\ 1 & 2 & 5 \end{vmatrix}}_{-42} = 896$$

D) Entwicklung nach Spalte 1.

det $D = a_{11} \cdot A_{11} + a_{21} \cdot A_{21} + a_{31} \cdot A_{31} + a_{41} \cdot A_{41}$

Da gilt: $a_{11} = 0$ und $a_{41} = 0$

$$\Rightarrow \text{det } D = -3 \cdot \underbrace{\begin{vmatrix} -11 & -3 & 7 \\ 6 & 4 & 6 \\ 9 & -8 & 9 \end{vmatrix}}_{-1512} + 2 \cdot \underbrace{\begin{vmatrix} -11 & -3 & 7 \\ -5 & 8 & 1 \\ 9 & -8 & 9 \end{vmatrix}}_{-1266} = 2004$$

(2) Vertausche die Zeilen 2 und 4 und die Spalten 1 und 3 der Determinante **A** aus Aufgabe 1.

Entwicklung nach Zeile 1:

$$\text{det } A = \begin{vmatrix} 0 & 8 & 0 & 5 \\ -5 & 3 & 7 & 1 \\ -3 & 5 & 7 & 2 \\ 2 & 4 & 3 & 1 \end{vmatrix}$$

$$\text{det } A = 0 \cdot \begin{vmatrix} 3 & 7 & 1 \\ 5 & 7 & 2 \\ 4 & 3 & 1 \end{vmatrix} - 8 \cdot \underbrace{\begin{vmatrix} -5 & 7 & 1 \\ -3 & 7 & 2 \\ 2 & 3 & 1 \end{vmatrix}}_{21} + 0 \cdot \begin{vmatrix} -5 & 3 & 1 \\ -3 & 5 & 2 \\ 2 & 4 & 1 \end{vmatrix} - 5 \cdot \underbrace{\begin{vmatrix} -5 & 3 & 7 \\ -3 & 5 & 7 \\ 2 & 4 & 3 \end{vmatrix}}_{-20} = -68$$

Durch Vertauschen von zwei Zeilen und Spalten ändert sich der Wert der Determinanten nicht.

(3) Vertausche alle Zeilen und Spalten der Determinante **B** aus Aufgabe 1.

Entwicklung nach Spalte 4

$$\det \mathbf{B} = \begin{vmatrix} 4 & 9 & 3 & 3 \\ -2 & 7 & 5 & 0 \\ -4 & 9 & 2 & 8 \\ 1 & 6 & 5 & 2 \end{vmatrix}$$

$$\det \mathbf{B} = -3 \cdot \underbrace{\begin{vmatrix} -2 & 7 & 5 \\ -4 & 9 & 2 \\ 1 & 6 & 5 \end{vmatrix}}_{-77} + 0 \cdot \begin{vmatrix} 4 & 9 & 3 \\ -4 & 9 & 2 \\ 1 & 6 & 5 \end{vmatrix} - 8 \cdot \underbrace{\begin{vmatrix} 4 & 9 & 3 \\ -2 & 7 & 5 \\ 1 & 6 & 5 \end{vmatrix}}_{98} + 2 \cdot \underbrace{\begin{vmatrix} 4 & 9 & 3 \\ -2 & 7 & 5 \\ -4 & 9 & 2 \end{vmatrix}}_{-238} = -1029$$

Durch Stürzen der Determinante ändert sich der Wert der Determinanten nicht.

(4) Vertausche die Zeilen 1 und 3 der Determinante **C** aus Aufgabe 1.

Entwicklung nach Zeile 1:

$$-\det \mathbf{C} = \begin{vmatrix} 3 & 5 & 6 & 2 \\ 2 & 8 & 4 & 1 \\ 11 & -4 & 3 & 9 \\ 1 & 2 & 5 & 4 \end{vmatrix}$$

$$-\det \mathbf{C} = 3 \cdot \underbrace{\begin{vmatrix} 8 & 4 & 1 \\ -4 & 3 & 9 \\ 2 & 5 & 4 \end{vmatrix}}_{-154} - 5 \cdot \underbrace{\begin{vmatrix} 2 & 4 & 1 \\ 11 & 3 & 9 \\ 1 & 5 & 4 \end{vmatrix}}_{-154} + 6 \cdot \underbrace{\begin{vmatrix} 2 & 8 & 1 \\ 11 & -4 & 9 \\ 1 & 2 & 4 \end{vmatrix}}_{-322} - 2 \cdot \underbrace{\begin{vmatrix} 2 & 8 & 4 \\ 11 & -4 & 3 \\ 1 & 2 & 5 \end{vmatrix}}_{-364} = -896$$

Durch Vertauschen zweier Zeilen ändert sich das Vorzeichen der Determinante.

(5) Vertausche die Spalten 2 und 4 der Determinanten **D** aus Aufgabe 1.

Entwicklung nach Spalte 1:

$$-\det \mathbf{D} = \begin{vmatrix} 0 & 7 & -3 & -11 \\ 3 & 1 & 8 & -5 \\ 2 & 6 & 4 & 6 \\ 0 & 9 & -8 & 9 \end{vmatrix}$$

$$-\det \mathbf{D} = -3 \cdot \underbrace{\begin{vmatrix} 7 & -3 & -11 \\ 6 & 4 & 6 \\ 9 & -8 & 9 \end{vmatrix}}_{1512} + 2 \cdot \underbrace{\begin{vmatrix} 7 & -3 & -11 \\ 1 & 8 & -5 \\ 9 & -8 & 9 \end{vmatrix}}_{1266} = -2004$$

Durch Vertauschen zweier Spalten ändert sich das Vorzeichen der Determinante.

(6) Multipliziere die Determinante **A** aus Aufgabe 1 mit dem Faktor 6.

$$6 \cdot \det \mathbf{A} = 6 \cdot \begin{vmatrix} 0 & 8 & 0 & 5 \\ 3 & 4 & 2 & 1 \\ 7 & 5 & -3 & 2 \\ 7 & 3 & -5 & 1 \end{vmatrix} = \begin{vmatrix} 0 & 8 & 0 & 5 \\ 6\cdot3 & 6\cdot4 & 6\cdot2 & 6\cdot1 \\ 7 & 5 & -3 & 2 \\ 7 & 3 & -5 & 1 \end{vmatrix} = \begin{vmatrix} 0 & 8 & 0 & 5 \\ 18 & 24 & 12 & 6 \\ 7 & 5 & -3 & 2 \\ 7 & 3 & -5 & 1 \end{vmatrix}$$

Entwicklung nach Zeile 1:

$$6 \cdot \det \mathbf{A} = -8 \cdot \underbrace{\begin{vmatrix} 18 & 12 & 6 \\ 7 & -3 & 2 \\ 7 & -5 & 1 \end{vmatrix}}_{126} - 5 \cdot \underbrace{\begin{vmatrix} 18 & 24 & 12 \\ 7 & 5 & -3 \\ 7 & 3 & -5 \end{vmatrix}}_{-120} = -408 = 6 \cdot (-68)$$

(7) Gegeben ist folgende Determinante:

$$\det \mathbf{D} = \begin{vmatrix} 3 & 3 & 3 & -1 \\ -5 & -2 & -3 & -5 \\ -10 & 20 & -15 & 20 \\ -2 & 3 & 2 & -1 \end{vmatrix}$$

Ziehe den Faktor vor die Determinante.

Entwicklung nach Zeile 1:

$$\det \mathbf{D} = 5 \cdot \begin{vmatrix} 3 & 3 & 3 & -1 \\ -5 & -2 & -3 & -5 \\ -2 & 4 & -3 & 4 \\ -2 & 3 & 2 & -1 \end{vmatrix} = 5 \cdot \left(3 \cdot \underbrace{\begin{vmatrix} -2 & -3 & -5 \\ 4 & -3 & 4 \\ 3 & 2 & -1 \end{vmatrix}}_{-123} - 3 \cdot \underbrace{\begin{vmatrix} -5 & -3 & -5 \\ -2 & -3 & 4 \\ -2 & 2 & -1 \end{vmatrix}}_{105} + 3 \cdot \underbrace{\begin{vmatrix} -5 & -2 & -5 \\ -2 & 4 & 4 \\ -2 & 3 & -1 \end{vmatrix}}_{90} - (-1) \cdot \underbrace{\begin{vmatrix} -5 & -2 & -3 \\ -2 & 4 & -3 \\ -2 & 3 & 2 \end{vmatrix}}_{-111} \right)$$

$$\det \mathbf{D} = 5 \cdot (-369 - 315 + 270 - 111) = 5 \cdot (-525) = -2625$$

(8) Begründe, warum die folgenden Determinanten jeweils den Wert 0 haben. **(R8 1 - 6)**

$$\det \mathbf{A} = \begin{vmatrix} 8 & 3 & 7 & 5 \\ 12 & 3 & 4 & 8 \\ 0 & 0 & 0 & 0 \\ 3 & 7 & 11 & 2 \end{vmatrix} \qquad \det \mathbf{B} = \begin{vmatrix} 4 & -3 & 1 & 0 \\ 3 & -1 & -3 & 0 \\ 1 & 3 & -5 & 0 \\ -2 & 7 & -5 & 0 \end{vmatrix} \qquad \det \mathbf{C} = \begin{vmatrix} -5 & 2 & -5 & 4 \\ 4 & 5 & 4 & 7 \\ 9 & -6 & 9 & 2 \\ -1 & -12 & -1 & 3 \end{vmatrix}$$

$$\det \mathbf{D} = \begin{vmatrix} 11 & 35 & -7 & 12 \\ 9 & 7 & 13 & 5 \\ 8 & 5 & 9 & -4 \\ 9 & 7 & 13 & 5 \end{vmatrix} \qquad \det \mathbf{E} = \begin{vmatrix} -5 & 0 & -2 & 11 \\ 1 & -4 & 3 & -8 \\ -5 & -3 & 1 & -5 \\ 4 & -16 & 12 & -32 \end{vmatrix} \qquad \det \mathbf{F} = \begin{vmatrix} 12 & -3 & 3 & 7 \\ 16 & 17 & 4 & 9 \\ 8 & 3 & 2 & 5 \\ 4 & 11 & 1 & 3 \end{vmatrix}$$

A: Werte der 3. Zeile = 0
B: Werte der 4. Spalte = 0
C: Die Werte der 1. und 3. Spalte sind gleich
D: Die Werte der 2. und 4. Zeile sind gleich
E: Zeile 4 ist ein Vielfaches von Zeile 2 (Faktor 4)
F: Spalte 1 ist ein Vielfaches von Spalte 3 (Faktor 4)

(9) Begründe, warum die folgenden Determinanten jeweils den Wert 0 haben. **(R8** 7 u. 8)

$$\det \mathbf{A} = \begin{vmatrix} 3 & 10 & 5 & 14 \\ -4 & 3 & -2 & 7 \\ -9 & 3 & -7 & 4 \\ -5 & 9 & -1 & 17 \end{vmatrix} \qquad \det \mathbf{B} = \begin{vmatrix} 1 & 7 & 10 & 11 \\ 26 & 14 & 8 & 6 \\ -7 & -1 & 2 & 3 \\ 4 & 3 & 7 & 12 \end{vmatrix}$$

$$\det \mathbf{C} = \begin{vmatrix} 2 & -4 & 11 & 26 \\ -1 & -3 & 2 & 7 \\ -9 & 3 & -7 & 4 \\ -7 & 5 & -5 & 6 \end{vmatrix} \qquad \det \mathbf{D} = \begin{vmatrix} 3 & 16 & -3 & 4 \\ 4 & 15 & -2 & 3 \\ 8 & 3 & 2 & 7 \\ 9 & -4 & 3 & 12 \end{vmatrix}$$

A: Die 1. Zeile berechnet sich wie folgt: $a_{1m} = 1 \cdot a_{2m} + 7$ (m = 1, 2, 3, 4)

Die 4. Zeile berechnet sich wie folgt: $a_{4m} = 2 \cdot a_{2m} + 3$ (m = 1, 2, 3, 4)

Damit sind die Zeilen linear voneinander abhängig.

B: Die 1. Zeile berechnet sich wie folgt: $a_{1m} = 1 \cdot a_{3m} + 8$ (m = 1, 2, 3, 4)

Die 2. Zeile berechnet sich wie folgt: $a_{2m} = -2 \cdot a_{3m} + 12$ (m = 1, 2, 3, 4)

Damit sind die Zeilen linear voneinander abhängig.

C: Die 1. Zeile berechnet sich wie folgt: $a_{1m} = 3 \cdot a_{2m} + 5$ (m = 1, 2, 3, 4)

Die 4. Zeile berechnet sich wie folgt: $a_{4m} = 1 \cdot a_{3m} + 2$ (m = 1, 2, 3, 4)

Damit sind die Zeilen linear voneinander abhängig.

D: Die 1. Spalte berechnet sich wie folgt: $a_{m1} = 1 \cdot a_{m3} + 6$ (m = 1, 2, 3, 4)

Die 2. Spalte berechnet sich wie folgt: $a_{m2} = -2 \cdot a_{m3} - a_{m4} + 14$ (m = 1, 2, 3, 4)

Damit sind die Spalten linear voneinander abhängig.

(10) Folgenden Determinanten haben jeweils den Wert 0. **(R8** 7 u. 8)

a) Wir berechnen folgende Determinante:

$$D = \begin{vmatrix} 9 & 5 & 3 & -2 \\ 22 & 14 & 10 & 0 \\ 34 & 22 & 16 & 1 \\ -5 & 3 & -3 & 2 \end{vmatrix} = \begin{vmatrix} 9 & 5 & 3 & -2 \\ 2 \cdot 9 + 4 & 2 \cdot 5 + 4 & 2 \cdot 3 + 4 & 2 \cdot (-2) + 4 \\ 3 \cdot 9 + 7 & 3 \cdot 5 + 7 & 3 \cdot 3 + 7 & 3 \cdot (-2) + 7 \\ -5 & 3 & -3 & 2 \end{vmatrix} \begin{matrix} \\ a_{2m} = 2 \cdot a_{1m} + 4 \\ a_{3m} = 3 \cdot a_{1m} + 7 \\ {} \end{matrix}$$

Wir entwickeln die Determinante nach der 1. Zeile:

$$D = 9 \cdot \underbrace{\begin{vmatrix} 14 & 10 & 0 \\ 22 & 16 & 1 \\ 3 & -3 & 2 \end{vmatrix}}_{80} - 5 \cdot \underbrace{\begin{vmatrix} 22 & 10 & 0 \\ 34 & 16 & 1 \\ -5 & -3 & 2 \end{vmatrix}}_{40} + 3 \cdot \underbrace{\begin{vmatrix} 22 & 14 & 0 \\ 34 & 22 & 1 \\ -5 & 3 & 2 \end{vmatrix}}_{-120} - (-2) \cdot \underbrace{\begin{vmatrix} 22 & 14 & 10 \\ 34 & 22 & 16 \\ -5 & 3 & -3 \end{vmatrix}}_{-80} = 0$$

Natürlich können die Zeilen beliebig vertauscht werden. Außerdem gilt dies auch für die Spalten der Determinanten, weil man die Determinante stürzen kann (R3.2).

b) Wir berechnen folgende Determinante:

$$D = \begin{vmatrix} 9 & 5 & 3 & 4 \\ 12 & 8 & 6 & 7 \\ 17 & 1 & 73 & 13 \\ 3 & -1 & 17 & 2 \end{vmatrix} = \begin{vmatrix} 9 & 5 & 3 & 4 \\ 9+3 & 5+3 & 3+3 & 4+3 \\ 4\cdot3+5 & 4\cdot(-1)+5 & 4\cdot17+5 & 4\cdot2+5 \\ 3 & -1 & 17 & 2 \end{vmatrix} \quad \begin{matrix} a_{2m} = 1\cdot a_{1m}+3 \\ a_{3m} = 4\cdot a_{4m}+5 \end{matrix}$$

Wir entwickeln die Determinante nach der 1. Zeile:

$$D = 9 \cdot \underbrace{\begin{vmatrix} 8 & 6 & 7 \\ 1 & 73 & 13 \\ -1 & 17 & 2 \end{vmatrix}}_{-60} - 5 \cdot \underbrace{\begin{vmatrix} 12 & 6 & 7 \\ 17 & 73 & 13 \\ 3 & 17 & 2 \end{vmatrix}}_{-380} + 3 \cdot \underbrace{\begin{vmatrix} 12 & 8 & 7 \\ 17 & 1 & 13 \\ 3 & -1 & 2 \end{vmatrix}}_{80} - 4 \cdot \underbrace{\begin{vmatrix} 12 & 8 & 6 \\ 17 & 1 & 73 \\ 3 & -1 & 17 \end{vmatrix}}_{400} = 0$$

c) Wir berechnen folgende Determinante.

$$D = \begin{vmatrix} 9 & 6 & 3 & -2 \\ 14 & 9 & 7 & 2 \\ 16 & 13 & 10 & 5 \\ -19 & -8 & 0 & 15 \end{vmatrix} = \begin{vmatrix} 9 & 6 & 3 & -2 \\ 14 & 9 & 7 & 2 \\ 9+7 & 6+7 & 3+7 & -2+7 \\ -2\cdot9-14+13 & -2\cdot6-9+13 & -2\cdot3-7+13 & 2\cdot2-2+13 \end{vmatrix} \quad \begin{matrix} a_{3m} = a_{1m}+7 \\ a_{4m} = -2\cdot a_{1m}-a_{2m}+13 \end{matrix}$$

Wir entwickeln die Determinante nach der 1. Zeile:

$$D = 9 \cdot \underbrace{\begin{vmatrix} 9 & 7 & 2 \\ 13 & 10 & 5 \\ -8 & 0 & 15 \end{vmatrix}}_{-135} - 6 \cdot \underbrace{\begin{vmatrix} 14 & 7 & 2 \\ 16 & 10 & 5 \\ -19 & 0 & 15 \end{vmatrix}}_{135} + 3 \cdot \underbrace{\begin{vmatrix} 14 & 9 & 2 \\ 16 & 13 & 5 \\ -19 & -8 & 15 \end{vmatrix}}_{513} - (-2) \cdot \underbrace{\begin{vmatrix} 14 & 9 & 7 \\ 16 & 13 & 10 \\ -19 & -8 & 0 \end{vmatrix}}_{243} = 0$$

(10) Berechne die Determinanten der folgenden Matrizen

a) Determinante einer vierreihigen Diagonalmatrix

$$A = \begin{pmatrix} 7 & 0 & 0 & 0 \\ 0 & 4 & 0 & 0 \\ 0 & 0 & -3 & 0 \\ 0 & 0 & 0 & 1 \end{pmatrix} \quad \det A = 7 \cdot 4 \cdot (-3) \cdot 1 = -84$$

b) Determinante einer vierreihigen unteren Dreiecksmatrix

$$A = \begin{pmatrix} 2 & 0 & 0 & 0 \\ 12 & -5 & 0 & 0 \\ 3 & 7 & -3 & 0 \\ 6 & 11 & 8 & 1 \end{pmatrix} \quad \det A = 2 \cdot (-5) \cdot (-3) \cdot 1 = 30 \quad = \text{Produkt der Hauptdiagonalelemente.}$$

c) Determinante einer vierreihigen oberen Dreiecksmatrix

$$A = \begin{pmatrix} 2 & -2 & 9 & 11 \\ 0 & 4 & 3 & 7 \\ 0 & 0 & 3 & 5 \\ 0 & 0 & 0 & 8 \end{pmatrix} \quad \det A = 2 \cdot 4 \cdot 3 \cdot 8 = 192 \quad = \text{Produkt der Hauptdiagonalelemente.}$$

5.3.5   n–reihige Determinanten (Determinanten n-ter Ordnung)

5.3.5.1   Berechnung und Rechenregeln n–reihiger Determinanten

Die Berechnung einer n–reihigen Determinante wird in derselben Weise durchgeführt wie bei einer vierreihigen Determinante.

$$D = \begin{vmatrix} a_{11} & a_{12} & a_{13} & a_{14} & .... & a_{1n} \\ a_{21} & a_{22} & a_{23} & a_{24} & .... & a_{2n} \\ a_{31} & a_{32} & a_{33} & a_{34} & .... & a_{3n} \\ a_{41} & a_{42} & a_{43} & a_{44} & .... & a_{4n} \\ .. & .. & .. & .. & .... & .. \\ a_{n1} & a_{n2} & a_{n3} & a_{n4} & .... & a_{nn} \end{vmatrix} \quad \text{(n–reihige Determinante)}$$

Wir entwickeln die n-reihige Determinante z.B. nach der ersten Zeile und erhalten Folgendes:
Entwicklung nach Zeile 1:

$$D = (-1)^{1+1} a_{11} \begin{vmatrix} a_{22} & a_{23} & .. & a_{2n} \\ a_{32} & a_{33} & .. & a_{3n} \\ . & . & .. & . \\ a_{n2} & a_{n3} & .. & a_{nn} \end{vmatrix} + (-1)^{1+2} a_{12} \begin{vmatrix} a_{21} & a_{23} & .. & a_{2n} \\ a_{32} & a_{33} & .. & a_{3n} \\ . & . & .. & . \\ a_{n2} & a_{n3} & .. & a_{nn} \end{vmatrix} + .. + (-1)^{1+n} a_{1n} \begin{vmatrix} a_{21} & a_{22} & .. & a_{2(n-1)} \\ a_{31} & a_{32} & .. & a_{3(n-1)} \\ . & . & .. & . \\ a_{n1} & a_{n2} & .. & a_{n(n-1)} \end{vmatrix}$$

Wir erhalten also n Unterdeterminanten der Ordnung n – 1 mit den entsprechenden Vorfaktoren.
Man kann auch schreiben:

$$D = a_{11} \cdot A_{11} + a_{12} \cdot A_{12} + \ ... \ + a_{1n} \cdot A_{1n} = \sum_{k=1}^{n} a_{1k} \cdot A_{1k} \quad \text{mit} \quad A_{1k} = (-1)^{1+k} \cdot D_{1k}$$

Man kann die Determinante natürlich auch nach jeder beliebigen anderen Zeile entwickeln, z.B.
nach Zeile 3:

$$D = (-1)^{3+1} a_{31} \begin{vmatrix} a_{12} & a_{13} & .. & a_{1n} \\ a_{22} & a_{23} & .. & a_{2n} \\ a_{42} & a_{43} & .. & a_{4n} \\ . & . & .. & . \\ a_{n2} & a_{n3} & .. & a_{nn} \end{vmatrix} + (-1)^{3+2} a_{32} \begin{vmatrix} a_{11} & a_{13} & .. & a_{1n} \\ a_{21} & a_{23} & .. & a_{2n} \\ a_{41} & a_{43} & .. & a_{4n} \\ . & . & .. & . \\ a_{n1} & a_{n3} & .. & a_{nn} \end{vmatrix} + .. + (-1)^{3+n} a_{3n} \begin{vmatrix} a_{11} & a_{12} & .. & a_{1(n-1)} \\ a_{21} & a_{22} & .. & a_{2(n-1)} \\ a_{41} & a_{42} & .. & a_{4(n-1)} \\ . & . & .. & . \\ a_{n1} & a_{n2} & .. & a_{n(n-1)} \end{vmatrix}$$

$$D = a_{31} A_{31} + a_{32} \cdot A_{32} + \ ... \ + a_{3n} \cdot A_{3n} = \sum_{k=1}^{n} a_{3k} \cdot A_{3k} \quad \text{mit} \quad A_{3k} = (-1)^{3+k} \cdot D_{3k}$$

Wie wir wissen, können wir die Determinante auch nach jeder beliebigen Spalte entwickeln, z.B.
nach Spalte 2:

$$D = \left(-1\right)^{1+2} a_{12} \begin{vmatrix} a_{21} & a_{23} & .. & a_{2n} \\ a_{31} & a_{33} & .. & a_{3n} \\ a_{41} & a_{43} & .. & a_{4n} \\ . & . & .. & . \\ a_{n1} & a_{n3} & .. & a_{nn} \end{vmatrix} + \left(-1\right)^{2+2} a_{22} \begin{vmatrix} a_{11} & a_{13} & .. & a_{1n} \\ a_{31} & a_{33} & .. & a_{3n} \\ a_{41} & a_{43} & .. & a_{4n} \\ . & . & .. & . \\ a_{n1} & a_{n3} & .. & a_{nn} \end{vmatrix} + .. + \left(-1\right)^{n+2} a_{n2} \begin{vmatrix} a_{11} & a_{13} & .. & a_{1n} \\ a_{21} & a_{23} & .. & a_{2n} \\ a_{31} & a_{33} & .. & a_{3n} \\ . & . & .. & . \\ a_{(n-1)1} & a_{(n-1)3} & .. & a_{(n-1)n} \end{vmatrix}$$

$$D = a_{12} A_{12} + a_{22} \cdot A_{22} + \ldots + a_{n2} \cdot A_{n2} = \sum_{m=1}^{n} a_{m2} \cdot A_{m2} \quad \text{mit} \quad A_{m2} = \left(-1\right)^{m+2} \cdot D_{m2}$$

Wir erhalten also in jedem Fall n Unterdeterminanten der Ordnung (n –1) mit den entsprechenden Vorfaktoren. Wir haben diese in Abschnitt 5.3.3.3 bereits als **algebraische Komplemente** oder auch **Adjunkte** kennen gelernt.

Wenn wir nun die n Unterdeterminanten nach einer Zeile oder Spalte entwickeln, dann erhalten wir wiederum für jede Unterdeterminante (n – 1) Unterdeterminanten der Ordnung (n – 2). Man kann dieses Verfahren solange wiederholen, bis die n–reihige Ursprungsdeterminante auf dreireihige Determinanten zurückgeführt wird, welche man dann nach der Regel von Sarrus berechnen kann.

Rechenregeln für n–reihige Determinanten
Wie wir bereits festgestellt haben, sind die Rechenregeln für n–reihige Determinanten identisch mit denen für vierreihige Determinanten (vgl. Abschnitt 5.3.4.1).

5.3.5.2   Rechenaufwand beim Lösen n–reihiger Determinanten

Betrachten wir zunächst einmal eine 6–reihige Determinante.

1. Schritt: Berechnung von 6 Unterdeterminanten der 5. Ordnung

2. Schritt: Berechnung von $6 \cdot 5 = 30$ Unterdeterminanten der 4. Ordnung

3. Schritt: Berechnung von $6 \cdot 5 \cdot 4 = 120$ Unterdeterminanten der 3. Ordnung (Regel von Sarrus)

Demnach erhalten wir bei einer n–reihigen Determinante folgenden Rechenaufwand:

$$\text{Anzahl zu lösender Determinanten 3. Ordnung} \; = \; 4 \cdot 5 \cdot 6 \ldots \cdot n = \prod_{i=4}^{n} i$$

Man sieht, dass die Berechnung von Determinanten höherer Ordnung mit einem erheblichen Rechenaufwand verbunden ist. Bei einer Determinanten 10. Ordnung sind z.B. 604800 Determinanten 3. Ordnung zu berechnen. In der Literatur /6/ wird der Vorschlag gemacht, die Determinanten so umzuformen, dass in einer Zeile oder Spalte möglichst viele Nullen enthalten sind. Nach dieser Zeile oder Spalte wird dann die Determinante entwickelt. Aber auch dies führt bei größeren Determinanten zu einem hohen Rechenaufwand.

Im Zuge der Verwendung von PC und Internet ist es sicher ratsamer einen Determinantenrechner aufzurufen. Einen derartigen Rechner finden wir unter:

http://www.arndt-bruenner.de/mathe/scripts/determinanten.htm

Mit diesem Rechner werden in wenigen Millisekunden selbst größte Determinanten berechnet.

5.3.5.3   Der Laplace´sche Entwicklungssatz für n–reihige Determinanten.

Wie wir gesehen haben, können wir eine Determinante n-ter Ordnung nach einer beliebigen Zeile oder Spalte entwickeln. Allgemein kann man also Folgendes schreiben:

Entwicklung der Determinanten nach einer beliebigen Zeile i:

$$D = a_{i1}A_{i1} + a_{i2} \cdot A_{i2} + ... + a_{in} \cdot A_{in} = \sum_{k=1}^{n} a_{ik} \cdot A_{ik} \quad \text{mit} \quad A_{ik} = (-1)^{i+k} \cdot D_{ik} \quad \text{und} \quad (i \in 1, 2, 3, 4..., n)$$

Entwicklung der Determinanten nach einer beliebigen Spalte k:

$$D = a_{1k}A_{1k} + a_{2k} \cdot A_{2k} + ... + a_{nk} \cdot A_{nk} = \sum_{i=1}^{n} a_{ik} \cdot A_{ik} \quad \text{mit} \quad A_{ik} = (-1)^{i+k} \cdot D_{ik} \quad \text{und} \quad (k \in 1, 2, 3,..., n)$$

Dies ist der **Laplace´sche Entwicklungssatz** für n–reihige Determinanten.

5.4   Eigenschaften von Matrizen

Nachdem wir uns ausführlich mit dem Begriff der Determinanten beschäftigt haben, können wir diese Regeln im Zusammenhang mit Matrizen nutzen und einige erweiterte Eigenschaften von Matrizen beschreiben.

5.4.1   Reguläre und singuläre Matrizen

Reguläre Matrizen: Eine n–reihige quadratische Matrix ist dann regulär, wenn ihre zugehörige Determinante *ungleich* Null ist.

Singuläre Matrizen: Eine n–reihige quadratische Matrix ist dann singulär, wenn ihre zugehörige Determinante *gleich* Null ist.

Beispiel: Gegeben sind folgende Matrizen.

$$A = \begin{pmatrix} -5 & -3 & -3 & -1 \\ 0 & -1 & 2 & 1 \\ -2 & -2 & -1 & 1 \\ 0 & -5 & 1 & 3 \end{pmatrix} \quad B = \begin{pmatrix} -1 & 3 & 3 & -5 \\ 3 & 1 & -2 & 2 \\ 3 & 7 & 7 & -1 \\ 9 & 7 & 4 & 8 \end{pmatrix} \quad C = \begin{pmatrix} 3 & -5 & 1 & -1 \\ -2 & 7 & 4 & -3 \\ 4 & 5 & 11 & 2 \\ 1 & -2 & 5 & 8 \end{pmatrix} \quad D = \begin{pmatrix} -1 & -4 & 4 & 2 \\ -2 & 2 & -5 & 1 \\ 6 & 3 & 11 & 9 \\ 7 & 9 & 0 & -2 \end{pmatrix}$$

Welche der Matrizen sind regulär und welche sind singulär?

Entwicklung nach der 1. Spalte:

$$\det A = \begin{vmatrix} -5 & -3 & -3 & -1 \\ 0 & -1 & 2 & 1 \\ -2 & -2 & -1 & 1 \\ 0 & -5 & 1 & 3 \end{vmatrix} = (-5) \cdot \underbrace{\begin{vmatrix} -1 & 2 & 1 \\ -2 & -1 & 1 \\ -5 & 1 & 3 \end{vmatrix}}_{-1} + (-2) \cdot \underbrace{\begin{vmatrix} -3 & -3 & -1 \\ -1 & 2 & 1 \\ -5 & 1 & 3 \end{vmatrix}}_{-18} = (-5) \cdot (-1) + (-2) \cdot (-18) = 41$$

⇒   Matrix ist regulär

Entwicklung nach der 1. Zeile:

$$\det B = \begin{vmatrix} -1 & 3 & 3 & -5 \\ 3 & 1 & -2 & 2 \\ 3 & 7 & 7 & -1 \\ 9 & 7 & 4 & 8 \end{vmatrix} = (-1) \cdot \underbrace{\begin{vmatrix} 1 & -2 & 2 \\ 7 & 7 & -1 \\ 7 & 4 & 8 \end{vmatrix}}_{144} - 3 \cdot \underbrace{\begin{vmatrix} 3 & -2 & 2 \\ 3 & 7 & -1 \\ 9 & 4 & 8 \end{vmatrix}}_{144} + 3 \cdot \underbrace{\begin{vmatrix} 3 & 1 & 2 \\ 3 & 7 & -1 \\ 9 & 7 & 8 \end{vmatrix}}_{72} - (-5) \cdot \underbrace{\begin{vmatrix} 3 & 1 & -2 \\ 3 & 7 & 7 \\ 9 & 7 & 4 \end{vmatrix}}_{72}$$

$$\det B = -144 - 432 + 216 + 360 = 0 \qquad ⇒ \quad \text{Matrix ist singulär}$$

Entwicklung nach der 1. Zeile:

$$\det C = \begin{vmatrix} 3 & -5 & 1 & -1 \\ -2 & 7 & 4 & -3 \\ 4 & 5 & 11 & 2 \\ 1 & -2 & 5 & 8 \end{vmatrix} = 3 \cdot \underbrace{\begin{vmatrix} 7 & 4 & -3 \\ 5 & 11 & 2 \\ -2 & 5 & 8 \end{vmatrix}}_{229} - (-5) \cdot \underbrace{\begin{vmatrix} -2 & 4 & -3 \\ 4 & 11 & 2 \\ 1 & 5 & 8 \end{vmatrix}}_{-303} + 1 \cdot \underbrace{\begin{vmatrix} -2 & 7 & -3 \\ 4 & 5 & 2 \\ 1 & -2 & 8 \end{vmatrix}}_{-259} - (-1) \cdot \underbrace{\begin{vmatrix} -2 & 7 & 4 \\ 4 & 5 & 11 \\ 1 & -2 & 5 \end{vmatrix}}_{-209}$$

$$\det C = 687 - 1515 - 259 - 209 = -1296 \qquad ⇒ \quad \text{Matrix ist regulär}$$

Entwicklung nach der 4. Zeile:

$$
\det \mathbf{D} = \begin{vmatrix} -1 & -4 & 4 & 2 \\ -2 & 2 & -5 & 1 \\ 6 & 3 & 11 & 9 \\ 7 & 9 & 0 & -2 \end{vmatrix} = -7 \cdot \underbrace{\begin{vmatrix} -4 & 4 & 2 \\ 2 & -5 & 1 \\ 3 & 11 & 9 \end{vmatrix}}_{238} + 9 \cdot \underbrace{\begin{vmatrix} -1 & 4 & 2 \\ -2 & -5 & 1 \\ 6 & 11 & 9 \end{vmatrix}}_{168} + (-2) \cdot \underbrace{\begin{vmatrix} -1 & -4 & 4 \\ -2 & 2 & -5 \\ 6 & 3 & 11 \end{vmatrix}}_{-77}
$$

$\det \mathbf{D} = -1666 + 1512 + 154 = 0 \qquad \Rightarrow \qquad$ Matrix ist singulär

5.4.2 Inverse quadratische Matrizen

5.4.2.1 Allgemeines

Um das Prinzip der inversen quadratischen Matrizen besser verstehen zu können, wollen wir zunächst ein einfaches Beispiel betrachten. Gegeben seien folgende 2 Matrizen der 3. Ordnung:

$$
\mathbf{A} = \begin{pmatrix} 3 & 5 & 1 \\ 2 & 4 & 5 \\ -2 & -4 & -4 \end{pmatrix} \qquad \mathbf{B} = \begin{pmatrix} 2 & 8 & 10,5 \\ -1 & -5 & -6,5 \\ 0 & 1 & 1 \end{pmatrix}
$$

Wenn wir nun die Determinanten der beiden Matrizen bilden erhalten wir Folgendes:

$$
\det \mathbf{A} = \begin{vmatrix} 3 & 5 & 1 \\ 2 & 4 & 5 \\ -2 & -4 & -4 \end{vmatrix} = 2 \quad \text{und} \quad \det \mathbf{B} = \begin{vmatrix} 2 & 8 & 10,5 \\ -1 & -5 & -6,5 \\ 0 & 1 & 1 \end{vmatrix} = 0,5
$$

Wir stellen also fest, dass der Wert von det **A** genau gleich dem Kehrwert von det **B** ist. Wir können also schreiben:

$$
\det \mathbf{A} = \frac{1}{\det \mathbf{B}} = \frac{1}{0,5} \quad \text{oder auch} \quad \det \mathbf{A} \cdot \det \mathbf{B} = 1
$$

Das kann natürlich alles nur Zufall sein, deshalb untersuchen wir also weiter. Als nächstes multiplizieren wir die beiden Matrizen:

$\mathbf{A} \cdot \mathbf{B} = \mathbf{E}$

$$
\begin{pmatrix} & 2 & & 8 & & 10,5 & \\ & -1 & & -5 & & -6,5 & \\ & 0 & & 1 & & 1 & \end{pmatrix}
$$

$$
\begin{pmatrix} 3 & 5 & 1 \\ 2 & 4 & 5 \\ -2 & -4 & -4 \end{pmatrix} \begin{pmatrix} 3 \cdot 2 - 5 \cdot 1 + 1 \cdot 0 & 3 \cdot 8 - 5 \cdot 5 + 1 \cdot 1 & 3 \cdot 10,5 - 5 \cdot 6,5 + 1 \cdot 1 \\ 2 \cdot 2 - 4 \cdot 1 + 5 \cdot 0 & 2 \cdot 8 - 4 \cdot 5 + 5 \cdot 1 & 2 \cdot 10,5 - 4 \cdot 6,5 + 5 \cdot 1 \\ -2 \cdot 2 + 4 \cdot 1 - 4 \cdot 0 & -2 \cdot 8 + 4 \cdot 5 - 4 \cdot 1 & -2 \cdot 10,5 + 4 \cdot 6,5 - 4 \cdot 1 \end{pmatrix} = \begin{pmatrix} 1 & 0 & 0 \\ 0 & 1 & 0 \\ 0 & 0 & 1 \end{pmatrix}
$$

Das Ergebnis der Multiplikation ist also die Einheitsmatrix. Dies sieht nicht sehr nach Zufall aus. Tatsächlich haben wir es im o.g. Beispiel mit einer inversen quadratischen Matrix zu tun.

Man schreibt auch:

$A = B^{-1}$ **B** ist die zu **A** inverse Matrix   und $B = A^{-1}$ **A** ist die zu **B** inverse Matrix

Bei der Schreibweise gibt es eine Analogie zur Algebra, speziell der Bruchrechnung. Dort haben wir den Kehrwert eines Bruches wie folgt kennen gelernt:

$a = \dfrac{1}{b} = b^{-1}$ $\Rightarrow$ b ist der Kehrwert von a

natürlich gilt auch

Man sagt auch, dass b die zu a inverse Zahl ist und umgekehrt.

$b = \dfrac{1}{a} = a^{-1}$ $\Rightarrow$ a ist der Kehrwert von b

Definition inverser quadratischer Matrizen

Gibt es zu einer quadratischen Matrix **A** eine ebenfalls quadratische Matrix **B** mit folgender Eigenschaft:

$$A \cdot B = E = \begin{pmatrix} 1 & 0 & 0 \\ 0 & 1 & 0 \\ 0 & 0 & 1 \end{pmatrix} \qquad E = \text{Einheitsmatrix}$$

so ist **B** die **inverse Matrix** von **A**. Als synonyme Begriffe werden auch folgende Aussagen verwendet:

- **B** ist die Kehrmatrix von **A**
- **B** ist die Umkehrmatrix von **A**
- **B** ist die Inverse von **A**

Die Berechnung der inversen Matrix wird auch als Inversion oder Invertierung der Matrix bezeichnet. Da die Invertierung relativ rechenaufwändig ist, kann man auf entsprechende Werkzeuge im Internet zurückgreifen. Einen derartigen Rechner finden wir unter:

http://www.arndt-bruenner.de/mathe/scripts/inversematrix.htm

Umkehrbarkeit von Matrizen

Hierzu wollen wir zunächst auf eines unserer Rechenbeispiele zurückgreifen. In Abschnitt 5.3.3.2 haben wir in Beispiel (8) folgende Determinante verwendet:

$$H = \begin{pmatrix} -1 & 3 & 9 \\ 14 & 8 & -1 \\ -3 & -1 & 2 \end{pmatrix} \quad \text{und} \quad \det H = \begin{vmatrix} -1 & 3 & 9 \\ 14 & 8 & -1 \\ -3 & -1 & 2 \end{vmatrix} = 0$$

Wenn wir versuchen, diese Matrix mit dem „Inverter" zu invertieren, dann erhalten wir folgende Fehlermeldung: Die Zeilenvektoren sind linear abhängig. Diese Matrix ist daher nicht invertierbar.

Allgemein kann gesagt werden, dass eine Matrix nicht invertierbar ist, wenn deren Determinante gleich Null ist, d.h. wenn die Determinante singulär ist. Im Umkehrschluss kann man sagen und auch beweisen, dass eine Matrix immer dann invertierbar ist, wenn deren Determinante ungleich Null ist, d.h. wenn die Determinante regulär ist.

5.4.2.2 Berechnung von inversen Matrizen

5.4.2.2.1 Berechnung unter Verwendung des algebraischen Komplements (Adjunkte)

In Abschnitt 5.3.4.1 haben wir die Entwicklung einer n-reihigen Determinante nach einer beliebigen Zeile oder Spalte kennen gelernt. In diesem Zusammenhang haben wir Unterdeterminanten und deren algebraische Komplemente (Adjunkte) verwendet. Die algebraischen Komplemente kann man nun auch zur Berechnung der Inversen einer Matrix verwenden. Hierzu muss man zu jedem Element der Ursprungsmatrix das algebraische Komplement berechnen.

Wir wollen dies anhand unseres Eingangsbeispiels einmal ausprobieren. Dort hatten wir folgende Matrix:

$$\mathbf{A} = \begin{pmatrix} 3 & 5 & 1 \\ 2 & 4 & 5 \\ -2 & -4 & -4 \end{pmatrix} \Rightarrow \begin{matrix} a_{11} = 3 & a_{12} = 5 & a_{13} = 1 \\ a_{21} = 2 & a_{22} = 4 & a_{23} = 5 \\ a_{31} = -2 & a_{32} = -4 & a_{33} = -4 \end{matrix}$$

Wir bilden nun das algebraische Komplement des Elements a_{11} :

$$A_{11} = (-1)^{1+1} \cdot D_{11} = (+1) \cdot \begin{vmatrix} a_{22} & a_{23} \\ a_{32} & a_{33} \end{vmatrix} = (+1) \cdot \begin{vmatrix} 4 & 5 \\ -4 & -4 \end{vmatrix} = 4$$

Auf dieselbe Weise können wir alle übrigen algebraischen Komplemente der Matrix berechnen.

$$\begin{matrix} A_{11} = 4 & A_{12} = -2 & A_{13} = 0 \\ A_{21} = 16 & A_{22} = -10 & A_{23} = 2 \\ A_{31} = 21 & A_{32} = -13 & A_{33} = 2 \end{matrix}$$

Wir können nun die inverse Matrix wie folgt direkt berechnen:

$$\mathbf{A}^{-1} = \frac{1}{\det \mathbf{A}} \cdot \begin{pmatrix} A_{11} & A_{21} & A_{31} \\ A_{12} & A_{22} & A_{32} \\ A_{13} & A_{23} & A_{33} \end{pmatrix} = \frac{1}{2} \cdot \begin{pmatrix} 4 & 16 & 21 \\ -2 & -10 & -13 \\ 0 & 2 & 2 \end{pmatrix} = \begin{pmatrix} 2 & 8 & 10,5 \\ -1 & -5 & -6,5 \\ 0 & 1 & 1 \end{pmatrix}$$

ACHTUNG: Bei der Belegung der inversen Matrix müssen die Indizes der algebraischen Komplemente wie beim Transponieren einer Matrix vertauscht werden. Es gilt:

A_{11} auf Position 11 A_{21} auf Position 12 A_{31} auf Position 13

A_{12} auf Position 21 A_{22} auf Position 22 A_{32} auf Position 23

A_{13} auf Position 31 A_{23} auf Position 32 A_{33} auf Position 33

Man kann beweisen, dass dies für beliebige quadratische Matrizen n-ter Ordnung gültig ist, sofern diese regulär sind $(\det \mathbf{A} \neq 0)$. Es gilt allgemein:

$$\mathbf{A}^{-1} = \frac{1}{\det \mathbf{A}} \cdot \begin{pmatrix} A_{11} & A_{21} & .. & .. & A_{n1} \\ A_{12} & A_{22} & .. & .. & A_{n2} \\ .. & .. & .. & .. & .. \\ .. & .. & .. & .. & .. \\ A_{1n} & A_{2n} & .. & .. & A_{nn} \end{pmatrix} \quad \text{mit} \quad A_{ik} = (-1)^{i+k} \cdot D_{ik}$$

5.4.2.2.2   Gauß – Jordan – Algorithmus

Dieses Verfahren beruht auf den vom Gauß-Algorithmus her bekannten Zeilenumformungen. Wir wollen dies anhand unseres Einführungsbeispiels zeigen:

$$\mathbf{A} = \begin{pmatrix} 3 & 5 & 1 \\ 2 & 4 & 5 \\ -2 & -4 & -4 \end{pmatrix} \qquad \mathbf{E} = \begin{pmatrix} 1 & 0 & 0 \\ 0 & 1 & 0 \\ 0 & 0 & 1 \end{pmatrix}$$

Wir haben unserer Ursprungsmatrix die Einheitsmatrix zur Seite gestellt. Wir wollen nun identische Operationen an beiden Matrizen durchführen und so die linke Matrix in eine Einheitsmatrix verwandeln. Gleichzeitig wird die Matrix auf der rechten Seite analog behandelt.

Schritt 1: Vertauschen der 1. und 3. Zeile:

$$\begin{pmatrix} -2 & -4 & -4 \\ 2 & 4 & 5 \\ 3 & 5 & 1 \end{pmatrix} \quad \begin{pmatrix} 0 & 0 & 1 \\ 0 & 1 & 0 \\ 1 & 0 & 0 \end{pmatrix}$$

Schritt 2: Addieren der 1. Zeile zur 2. Zeile:

$$\begin{pmatrix} -2 & -4 & -4 \\ 0 & 0 & 1 \\ 3 & 5 & 1 \end{pmatrix} \quad \begin{pmatrix} 0 & 0 & 1 \\ 0 & 1 & 1 \\ 1 & 0 & 0 \end{pmatrix}$$

Schritt 3: Multiplizieren der 1. Zeile mit 3 und der 3. Zeile mit 2:

$$\begin{pmatrix} -6 & -12 & -12 \\ 0 & 0 & 1 \\ 6 & 10 & 2 \end{pmatrix} \quad \begin{pmatrix} 0 & 0 & 3 \\ 0 & 1 & 1 \\ 2 & 0 & 0 \end{pmatrix}$$

Schritt 4: Addieren der 1. Zeile zur 3. Zeile:

$$\begin{pmatrix} -6 & -12 & -12 \\ 0 & 0 & 1 \\ 0 & -2 & -10 \end{pmatrix} \quad \begin{pmatrix} 0 & 0 & 3 \\ 0 & 1 & 1 \\ 2 & 0 & 3 \end{pmatrix}$$

Schritt 5: Vertauschen der 2. und 3. Zeile.

$$\begin{pmatrix} -6 & -12 & -12 \\ 0 & -2 & -10 \\ 0 & 0 & 1 \end{pmatrix} \begin{pmatrix} 0 & 0 & 3 \\ 2 & 0 & 3 \\ 0 & 1 & 1 \end{pmatrix}$$

Schritt 6: Multiplizieren der 2. Zeile mit −1/2 und der 1. Zeile mit −1/6.

$$\begin{pmatrix} 1 & 2 & 2 \\ 0 & 1 & 5 \\ 0 & 0 & 1 \end{pmatrix} \begin{pmatrix} 0 & 0 & -1/2 \\ -1 & 0 & -3/2 \\ 0 & 1 & 1 \end{pmatrix}$$

Schritt 7: Subtrahieren des Doppelten der 2. Zeile von der 1. Zeile.

$$\begin{pmatrix} 1 & 0 & -8 \\ 0 & 1 & 5 \\ 0 & 0 & 1 \end{pmatrix} \begin{pmatrix} 2 & 0 & 5/2 \\ -1 & 0 & -3/2 \\ 0 & 1 & 1 \end{pmatrix}$$

Schritt 8: Addieren des Achtfachen der 3. Zeile zur 1. Zeile.

$$\begin{pmatrix} 1 & 0 & 0 \\ 0 & 1 & 5 \\ 0 & 0 & 1 \end{pmatrix} \begin{pmatrix} 2 & 8 & 21/2 \\ -1 & 0 & -3/2 \\ 0 & 1 & 1 \end{pmatrix}$$

Schritt 9: Subtrahieren des Fünffachen der 3. Zeile von der 2. Zeile.

$$\mathbf{E} = \begin{pmatrix} 1 & 0 & 0 \\ 0 & 1 & 0 \\ 0 & 0 & 1 \end{pmatrix} \quad \mathbf{A}^{-1} = \begin{pmatrix} 2 & 8 & 21/2 \\ -1 & -5 & -13/2 \\ 0 & 1 & 1 \end{pmatrix}$$

Beim Gauß – Jordan – Algorithmus werden also folgende Operationen durchgeführt.
- Vertauschen von Zeilen
- Multiplikation einer Zeile mit einem Faktor
- Addition von Zeilen
- Subtraktion von Zeilen

Durch die gezielte Anwendung der Operationen wird die Matrix zunächst auf die Form einer oberen Dreiecksmatrix gebracht. Anschließend wird diese durch weitere Umformungen auf die Form einer Einheitsmatrix gebracht.

5.4.2.2.3   Gauß – Algorithmus

Wir haben den Gauß-Algorithmus bereits in Band 1 /1/ kennengelernt. An unserem o.g. Beispiel wollen wir zeigen, dass dieser Algorithmus ebenfalls zum Ziel führt.

$$\mathbf{A} = \begin{pmatrix} 3 & 5 & 1 \\ 2 & 4 & 5 \\ -2 & -4 & -4 \end{pmatrix} \quad \mathbf{E} = \begin{pmatrix} 1 & 0 & 0 \\ 0 & 1 & 0 \\ 0 & 0 & 1 \end{pmatrix}$$

Wir multiplizieren die 2. Zeile mit – 3/2 und die 3. Zeile mit 3/2

$$\begin{pmatrix} 3 & 5 & 1 \\ 2 & 4 & 5 \\ -2 & -4 & -4 \end{pmatrix} \quad \begin{pmatrix} 1 & 0 & 0 \\ 0 & 1 & 0 \\ 0 & 0 & 1 \end{pmatrix} \begin{matrix} \\ \cdot(-3/2) \\ \cdot(3/2) \end{matrix}$$

$$\begin{pmatrix} 3 & 5 & 1 \\ -3 & -6 & -15/2 \\ -3 & -6 & -6 \end{pmatrix} \quad \begin{pmatrix} 1 & 0 & 0 \\ 0 & -3/2 & 0 \\ 0 & 0 & 3/2 \end{pmatrix}$$

Wir addieren die Zeilen 1 und 2 und die Zeilen 1 und 3

$$\begin{pmatrix} 3 & 5 & 1 \\ 0 & -1 & -13/2 \\ 0 & -1 & -5 \end{pmatrix} \quad \begin{pmatrix} 1 & 0 & 0 \\ 1 & -3/2 & 0 \\ 1 & 0 & 3/2 \end{pmatrix} \begin{matrix} \\ \\ \cdot(-1) \end{matrix}$$

Wir multiplizieren die 3. Zeile mit – 1

$$\begin{pmatrix} 3 & 5 & 1 \\ 0 & -1 & -13/2 \\ 0 & 1 & 5 \end{pmatrix} \quad \begin{pmatrix} 1 & 0 & 0 \\ 1 & -3/2 & 0 \\ -1 & 0 & -3/2 \end{pmatrix}$$

Wir addieren die Zeilen 2 und 3

$$\begin{pmatrix} \mathbf{3} & 5 & 1 \\ 0 & \mathbf{-1} & -13/2 \\ 0 & 0 & \mathbf{-3/2} \end{pmatrix} \quad \begin{pmatrix} 1 & 0 & 0 \\ 1 & -3/2 & 0 \\ 0 & -3/2 & -3/2 \end{pmatrix}$$

Jetzt müssen wir die diagonalen Glieder (fett) auf 1 normieren. Hierzu multiplizieren wir die 1. Zeile mit 1/3, die 2. Zeile mit – 1 und die dritte Zeile mit – 2/3.

$$\begin{pmatrix} 1 & \mathbf{5/3} & 1/3 \\ 0 & 1 & 13/2 \\ 0 & 0 & 1 \end{pmatrix} \quad \begin{pmatrix} 1/3 & 0 & 0 \\ -1 & 3/2 & 0 \\ 0 & 1 & 1 \end{pmatrix}$$

Wir multiplizieren die 2. Zeile mit – 5/3 und addieren das Ergebnis zur 1. Zeile

$$
\begin{pmatrix} 1 & 0 & -63/6 \\ 0 & 1 & 13/2 \\ 0 & 0 & 1 \end{pmatrix}
\begin{pmatrix} 2 & -5/2 & 0 \\ -1 & 3/2 & 0 \\ 0 & 1 & 1 \end{pmatrix}
$$

Wir multiplizieren die 3. Zeile mit 63/6 und addieren das Ergebnis zur 1. Zeile

$$
\begin{pmatrix} 1 & 0 & 0 \\ 0 & 1 & 13/2 \\ 0 & 0 & 1 \end{pmatrix}
\begin{pmatrix} 2 & 48/6 & 63/6 \\ -1 & 3/2 & 0 \\ 0 & 1 & 1 \end{pmatrix}
$$

Wir multiplizieren die 3. Zeile mit – 13/2 und addieren das Ergebnis zur 2. Zeile

$$
\begin{pmatrix} 1 & 0 & 0 \\ 0 & 1 & 0 \\ 0 & 0 & 1 \end{pmatrix}
\begin{pmatrix} 2 & 8 & 21/2 \\ -1 & -5 & -13/2 \\ 0 & 1 & 1 \end{pmatrix}
$$

In Band 1 /1/ haben wir anstelle der Einheitsmatrix die Zeilenergebnisse auf der rechten Seite mitgeführt. Dort lautete die Aufgabenstellung wie folgt:

$$
\begin{aligned}
a_{11} \cdot x_1 \quad a_{12} \cdot x_2 \quad a_{13} \cdot x_3 &= b_1 \\
a_{21} \cdot x_1 \quad a_{22} \cdot x_2 \quad a_{23} \cdot x_3 &= b_2 \\
a_{31} \cdot x_1 \quad a_{32} \cdot x_2 \quad a_{33} \cdot x_3 &= b_3
\end{aligned}
$$

Wobei jeweils die Werte von x_1, x_2 und x_3 gesucht sind.

In Matrixschreibweise können wir nun die erweiterte Koeffizientenmatrix wie folgt schreiben:

$$
\text{Matrix:} \quad \mathbf{A}|\mathbf{b} =
\begin{pmatrix} a_{11} & a_{12} & a_{13} & b_1 \\ a_{21} & a_{22} & a_{23} & b_2 \\ a_{31} & a_{32} & a_{33} & b_3 \end{pmatrix}
$$

Wir haben dann die Matrixumformungen wie oben durchgeführt bis wir die Matrix in Form einer oberen Dreiecksmatrix vorliegen hatten. Für $b_1 = 1$, $b_2 = 2$ und $b_3 = 3$ hätten wir Folgendes erhalten:

$$
\begin{pmatrix} 3 & 5 & 1 & 1 \\ 0 & -1 & -13/2 & -2 \\ 0 & 0 & -3/2 & -15/2 \end{pmatrix}
\Rightarrow
\begin{aligned}
3 \cdot x_1 + 5 \cdot x_2 + 1 \cdot x_3 &= 1 \\
-1 \cdot x_2 - 13/2 \cdot x_3 &= -2 \\
-3/2 \cdot x_3 &= -15/2
\end{aligned}
$$

Danach haben wir auf eine weitere Matrixumformung verzichtet und haben die Ergebnisse sukzessiv von unten nach oben eingesetzt und damit die Werte berechnet:

$$x_3 = \frac{15 \cdot 2}{2 \cdot 3} = 5$$

$$-x_2 - 13/2 \cdot 5 = -2 \quad \Rightarrow \quad x_2 = 2 - \frac{65}{2} = -\frac{61}{2} = -30{,}5$$

$$3 \cdot x_1 - 5 \cdot 30{,}5 + 5 = 1 \quad \Rightarrow \quad x_1 = \frac{1 + 5 \cdot 30{,}5 - 5}{3} = 49{,}5$$

Wenn wir nun die Umformungen fortsetzen erhalten wir Folgendes:

$$\begin{pmatrix} 3 & 5 & 1 \\ 0 & -1 & -13/2 \\ 0 & 0 & -3/2 \end{pmatrix} \begin{pmatrix} 1 & 0 & 0 \\ 1 & -3/2 & 0 \\ 0 & -3/2 & -3/2 \end{pmatrix} \begin{pmatrix} 1 \\ -2 \\ -\dfrac{15}{2} \end{pmatrix}$$

Wir multiplizieren die 1. Zeile mit 1/3, die 2. Zeile mit − 1 und die dritte Zeile mit − 2/3

$$\begin{pmatrix} 1 & 5/3 & 1/3 \\ 0 & 1 & 13/2 \\ 0 & 0 & 1 \end{pmatrix} \begin{pmatrix} 1/3 & 0 & 0 \\ -1 & 3/2 & 0 \\ 0 & 1 & 1 \end{pmatrix} \begin{pmatrix} 1/3 \\ 2 \\ 5 \end{pmatrix}$$

Wir multiplizieren die 2. Zeile mit − 5/3 und addieren das Ergebnis zur 1. Zeile

$$\begin{pmatrix} 1 & 0 & -63/6 \\ 0 & 1 & 13/2 \\ 0 & 0 & 1 \end{pmatrix} \begin{pmatrix} 2 & -5/2 & 0 \\ -1 & 3/2 & 0 \\ 0 & 1 & 1 \end{pmatrix} \begin{pmatrix} -3 \\ 2 \\ 5 \end{pmatrix}$$

Wir multiplizieren die 3. Zeile mit 63/6 und addieren das Ergebnis zur 1. Zeile

$$\begin{pmatrix} 1 & 0 & 0 \\ 0 & 1 & 13/2 \\ 0 & 0 & 1 \end{pmatrix} \begin{pmatrix} 2 & 48/6 & 63/6 \\ -1 & 3/2 & 0 \\ 0 & 1 & 1 \end{pmatrix} \begin{pmatrix} 99/2 \\ 2 \\ 5 \end{pmatrix}$$

Wir multiplizieren die 3. Zeile mit − 13/2 und addieren das Ergebnis zur 2. Zeile

$$\begin{pmatrix} 1 & 0 & 0 \\ 0 & 1 & 0 \\ 0 & 0 & 1 \end{pmatrix} \begin{pmatrix} 2 & 8 & 21/2 \\ -1 & -5 & -13/2 \\ 0 & 1 & 1 \end{pmatrix} \begin{pmatrix} 99/2 = 49{,}5 \\ -61/2 = 30{,}5 \\ 5 \end{pmatrix}$$

Wir sehen also, dass wir durch die weitere Umformung ebenfalls das richtige Ergebnis erhalten. Wir fragen uns nun, wie die inverse Matrix mit dem Ergebnis zusammenhängt. In diesem Zusammenhang möchte ich an die Multiplikation von Matrizen erinnern (vgl. Abschnitt 5.2.2).

Im Folgenden multiplizieren wir die inverse Matrix $\mathbf{A}^{-1}$ mit dem gegebenen Spaltenvektor $\mathbf{b}$:

$$\mathbf{b} = \begin{pmatrix} b_1 \\ b_2 \\ b_3 \end{pmatrix} = \begin{pmatrix} 1 \\ 2 \\ 3 \end{pmatrix}$$

$$\begin{pmatrix} 1 \\ 2 \\ 3 \end{pmatrix}$$

$$\mathbf{A}^{-1} \cdot \mathbf{b} = \begin{pmatrix} 2 & 8 & 21/2 \\ -1 & -5 & -13/2 \\ 0 & 1 & 1 \end{pmatrix} \cdot \begin{pmatrix} 2\cdot 1 + 8\cdot 2 + 21/2\cdot 3 \\ (-1)\cdot 1 + (-5)\cdot 2 + (-13/2)\cdot 3 \\ 0\cdot 1 + 1\cdot 2 + 1\cdot 3 \end{pmatrix} = \begin{pmatrix} 49,5 \\ -30,5 \\ 5 \end{pmatrix}$$

Man kann nachweisen, dass dieser Zusammenhang für alle lösbaren Gleichungssysteme gilt. Will man also ein lineares Gleichungssystem lösen, dann geht man wie folgt vor:

Schritt 1: Wir bilden die Matrix des Gleichungssystems und invertieren diese zu $\mathbf{A}^{-1}$.

Für diesen Schritt kann man folgende Verfahren wählen:

- Berechnung unter Verwendung des algebraischen Komplements (Adjunkte)
- Gauß – Jordan – Algorithmus
- Gauß – Algorithmus

Schritt 2: Wir multiplizieren die inverse Matrix $\mathbf{A}^{-1}$ mit dem Vektor $\mathbf{b}$, der auf der rechten Seite des Gleichungssystems steht.

5.4.2.2.4 Cramer Regel

Allgemein kann man für 3 x 3 Matrizen auch Folgendes schreiben:

$$\begin{pmatrix} x_1 \\ x_2 \\ x_3 \end{pmatrix} = \mathbf{A}^{-1} \cdot \mathbf{b} = \frac{1}{\det \mathbf{A}} \cdot \begin{pmatrix} A_{11} & A_{21} & A_{31} \\ A_{12} & A_{22} & A_{32} \\ A_{13} & A_{23} & A_{33} \end{pmatrix} \begin{pmatrix} b_1 \\ b_2 \\ b_3 \end{pmatrix} \qquad (A_{ij} = \text{algebraische Komplemente der Matrix})$$

Wir multiplizieren den Vektor $\mathbf{b}$ in die Matrix hinein:

$$\begin{pmatrix} x_1 \\ x_2 \\ x_3 \end{pmatrix} = \mathbf{A}^{-1} \cdot \mathbf{b} = \frac{1}{\det \mathbf{A}} \cdot \begin{pmatrix} b_1 \cdot A_{11} & b_2 \cdot A_{21} & b_3 \cdot A_{31} \\ b_1 \cdot A_{12} & b_2 \cdot A_{22} & b_3 \cdot A_{32} \\ b_1 \cdot A_{13} & b_2 \cdot A_{23} & b_3 \cdot A_{33} \end{pmatrix}$$

In Komponentenschreibweise erhalten wir:

$$x_1 = \frac{b_1 \cdot A_{11} + b_2 \cdot A_{21} + b_3 \cdot A_{31}}{\det \mathbf{A}} \qquad x_2 = \frac{b_1 \cdot A_{12} + b_2 \cdot A_{22} + b_3 \cdot A_{32}}{\det \mathbf{A}} \qquad x_3 = \frac{b_1 \cdot A_{13} + b_2 \cdot A_{23} + b_3 \cdot A_{33}}{\det \mathbf{A}}$$

Wir setzen die Werte aus unserem Beispiel ein (vgl. Abschnitt 5.4.2.2.3).

$$x_1 = \frac{1\cdot 4 + 2\cdot 16 + 3\cdot 21}{2} = 49,5 \qquad x_2 = \frac{1\cdot(-2) + 2\cdot(-10) + 3\cdot(-13)}{2} = -30,5 \qquad x_3 = \frac{1\cdot 0 + 2\cdot 2 + 3\cdot 2}{2} = 5$$

Wie man sieht, kann man mit Hilfe der algebraischen Komplemente den Lösungsvektor des linearen Gleichungssystems direkt bestimmen (Cramer Regel).

Beispiel Cramer Regel:

Gegeben ist das folgende Gleichungssystem:

$$\begin{aligned} 5 \cdot x_1 &+ 1 \cdot x_2 &+ 4 \cdot x_3 &= 3 \\ 1 \cdot x_1 &- 3 \cdot x_2 &- 2 \cdot x_3 &= 5 \\ -1 \cdot x_1 &+ 1 \cdot x_2 &+ 1 \cdot x_3 &= 0 \end{aligned}$$

In Matrixschreibweise folgt:

$$\left. \begin{matrix} 5 & 1 & 4 \\ 1 & -3 & -2 \\ -1 & 1 & 1 \end{matrix} \; \right| \begin{matrix} 3 \\ 5 \\ 0 \end{matrix} \qquad \text{äquivalent} \qquad \left. \begin{matrix} a_{11} & a_{12} & a_{13} \\ a_{21} & a_{22} & a_{23} \\ a_{31} & a_{32} & a_{33} \end{matrix} \; \right| \begin{matrix} b_1 \\ b_2 \\ b_3 \end{matrix}$$

Nach der Cramer Regel gilt:

$$\begin{pmatrix} x_1 \\ x_2 \\ x_3 \end{pmatrix} = \mathbf{A}^{-1} \cdot \mathbf{b} = \frac{1}{\det \mathbf{A}} \cdot \begin{pmatrix} b_1 \cdot A_{11} & b_2 \cdot A_{21} & b_3 \cdot A_{31} \\ b_1 \cdot A_{12} & b_2 \cdot A_{22} & b_3 \cdot A_{32} \\ b_1 \cdot A_{13} & b_2 \cdot A_{23} & b_3 \cdot A_{33} \end{pmatrix}$$

Im Folgenden müssen wir die einzelnen Bestandteile der Gleichung berechnen. Fangen wir zunächst mit der det **A** an.

$$\begin{aligned} \det \mathbf{A} &= a_{11} \cdot a_{22} \cdot a_{33} + a_{12} \cdot a_{23} \cdot a_{31} + a_{13} \cdot a_{21} \cdot a_{32} - a_{12} \cdot a_{21} \cdot a_{33} - a_{11} \cdot a_{23} \cdot a_{32} - a_{13} \cdot a_{22} \cdot a_{31} \\ &= 5 \cdot (-3) \cdot 1 + 1 \cdot (-2) \cdot (-1) + 4 \cdot 1 \cdot 1 - 1 \cdot 1 \cdot 1 - 5 \cdot (-2) \cdot 1 - 4 \cdot (-3) \cdot (-1) \\ &= -15 + 2 + 4 - 1 + 10 - 12 \\ &= -12 \end{aligned}$$

Im nächsten Schritt berechnen wir die 9 algebraischen Komplemente der Matrix.

$$A_{11} = + \begin{vmatrix} a_{22} & a_{23} \\ a_{32} & a_{33} \end{vmatrix} = + \begin{vmatrix} -3 & -2 \\ 1 & 1 \end{vmatrix} = -1 \quad A_{21} = - \begin{vmatrix} a_{12} & a_{13} \\ a_{32} & a_{33} \end{vmatrix} = - \begin{vmatrix} 1 & 4 \\ 1 & 1 \end{vmatrix} = 3 \quad A_{31} = + \begin{vmatrix} a_{12} & a_{13} \\ a_{22} & a_{23} \end{vmatrix} = + \begin{vmatrix} 1 & 4 \\ -3 & -2 \end{vmatrix} = 10$$

$$A_{12} = - \begin{vmatrix} a_{21} & a_{23} \\ a_{31} & a_{33} \end{vmatrix} = - \begin{vmatrix} 1 & -2 \\ -1 & 1 \end{vmatrix} = 1 \quad A_{22} = + \begin{vmatrix} a_{11} & a_{13} \\ a_{31} & a_{33} \end{vmatrix} = + \begin{vmatrix} 5 & 4 \\ -1 & 1 \end{vmatrix} = 9 \quad A_{32} = - \begin{vmatrix} a_{11} & a_{13} \\ a_{21} & a_{23} \end{vmatrix} = - \begin{vmatrix} 5 & 4 \\ 1 & -2 \end{vmatrix} = 14$$

$$A_{13} = + \begin{vmatrix} a_{21} & a_{22} \\ a_{31} & a_{32} \end{vmatrix} = + \begin{vmatrix} 1 & -3 \\ -1 & 1 \end{vmatrix} = -2 \quad A_{23} = - \begin{vmatrix} a_{11} & a_{12} \\ a_{31} & a_{32} \end{vmatrix} = - \begin{vmatrix} 5 & 1 \\ -1 & 1 \end{vmatrix} = -6 \quad A_{33} = + \begin{vmatrix} a_{11} & a_{12} \\ a_{21} & a_{22} \end{vmatrix} = + \begin{vmatrix} 5 & 1 \\ 1 & -3 \end{vmatrix} = -16$$

Damit erhalten wir die inverse Matrix:

$$\mathbf{A}^{-1} = \frac{1}{\det \mathbf{A}} \cdot \begin{pmatrix} A_{11} & A_{21} & A_{31} \\ A_{12} & A_{22} & A_{32} \\ A_{13} & A_{23} & A_{33} \end{pmatrix} = \frac{1}{-12} \cdot \begin{pmatrix} -1 & 3 & 10 \\ 1 & 9 & 14 \\ -2 & -6 & -16 \end{pmatrix} = \begin{pmatrix} 1/12 & -3/12 & -10/12 \\ -1/12 & -9/12 & -14/12 \\ 2/12 & 6/12 & 16/12 \end{pmatrix} = \begin{pmatrix} 1/12 & -1/4 & -5/6 \\ -1/12 & -3/4 & -7/6 \\ 1/6 & 1/2 & 4/3 \end{pmatrix}$$

Den Lösungsvektor erhalten wir wie folgt:

$$\mathbf{A}^{-1} \cdot \mathbf{b} = \begin{pmatrix} 1/12 & -1/4 & -5/6 \\ -1/12 & -3/4 & -7/6 \\ 1/6 & 1/2 & 4/3 \end{pmatrix} \begin{pmatrix} 3 \\ 5 \\ 0 \end{pmatrix} = \begin{pmatrix} 1/4 - 5/4 + 0 \\ -1/4 - 15/4 + 0 \\ 1/2 + 5/2 + 0 \end{pmatrix} = \begin{pmatrix} -1 \\ -4 \\ 3 \end{pmatrix}$$

5.4.2.3   Lösung von Gleichungssystemen n-ter Ordnung

Im vorherigen Abschnitt haben wir die Lösung von (3 x 3) Gleichungssystemen anhand eines numerischen Beispiels gezeigt.

Schritt 1: Berechnung der inversen Matrix $\mathbf{A}^{-1}$.

Schritt 2: Multiplikation der inversen Matrix $\mathbf{A}^{-1}$ mit dem Vektor $\mathbf{b}$.

Dabei haben wir für Schritt 1 folgende 3 Verfahren kennen gelernt:
- Berechnung unter Verwendung des algebraischen Komplements (Adjunkte)
- Gauß – Jordan – Algorithmus
- Gauß – Algorithmus

Außerdem haben wir gezeigt, dass auch eine direkte Berechnung des Lösungsvektors mit Hilfe der Cramer Regel möglich ist. In diesem Abschnitt wollen wir darstellen, wie mit Hilfe der o.g. Methoden Gleichungssysteme beliebiger Ordnung gelöst werden können.

(in allen Fällen muss gelten $\det \mathbf{A} \neq 0$)

Berechnung unter Verwendung des algebraischen Komplements (Adjunkte)

Gegeben sei eine n-n Matrix $\mathbf{A}$ und der Vektor $\mathbf{b}$.

$$\mathbf{A} = \begin{pmatrix} a_{11} & a_{12} & ... & a_{1n} \\ a_{21} & a_{22} & ... & a_{2n} \\ .. & .. & ... & .. \\ a_{n1} & a_{n2} & ... & a_{nn} \end{pmatrix} \qquad \mathbf{b} = \begin{pmatrix} b_1 \\ b_2 \\ .. \\ b_n \end{pmatrix}$$

Wir bilden nun das algebraische Komplement des Elements a_{11} :

$$A_{11} = (-1)^{1+1} \cdot \begin{pmatrix} a_{22} & a_{23} & ... & a_{2n} \\ a_{32} & a_{33} & ... & a_{3n} \\ .. & .. & ... & .. \\ a_{n2} & a_{n3} & ... & a_{nn} \end{pmatrix} = (-1)^{1+1} \cdot D_{11} \qquad D_{11} = \text{Unterdeterminante zu } a_{11}$$

Wir berechnen nun alle weiteren algebraischen Komplemente der Matrix:

$$\begin{array}{cccc} A_{11} = (-1)^{1+1} \cdot D_{11} & A_{12} = (-1)^{1+2} \cdot D_{12} & ... & A_{1n} = (-1)^{1+n} \cdot D_{1n} \\ A_{21} = (-1)^{2+1} \cdot D_{21} & A_{22} = (-1)^{2+2} \cdot D_{22} & ... & A_{2n} = (-1)^{2+n} \cdot D_{2n} \\ .. & .. & ... & .. \\ A_{n1} = (-1)^{n+1} \cdot D_{n1} & A_{n2} = (-1)^{n+2} \cdot D_{n2} & ... & A_{nn} = (-1)^{n+n} \cdot D_{nn} \end{array}$$

Damit können wir die inverse Matrix $\mathbf{A}^{-1}$ berechnen und diese mit dem Vektor $\mathbf{b}$ multiplizieren. Damit erhalten wir die Lösungen des Gleichungssystems.

$$\begin{pmatrix} x_1 \\ x_2 \\ .. \\ x_n \end{pmatrix} = \mathbf{A}^{-1} \cdot \mathbf{b} = \frac{1}{\det \mathbf{A}} \cdot \begin{pmatrix} A_{11} & A_{21} & ... & A_{n1} \\ A_{12} & A_{22} & ... & A_{n2} \\ .. & .. & ... & .. \\ A_{1n} & A_{2n} & ... & A_{nn} \end{pmatrix} \cdot \begin{pmatrix} b_1 \\ b_2 \\ .. \\ b_n \end{pmatrix}$$

Gauß – Jordan – Algorithmus

Gegeben sei eine n-n Matrix **A** und der Vektor **b**.

$$A = \begin{pmatrix} a_{11} & a_{12} & \ldots & a_{1n} \\ a_{21} & a_{22} & \ldots & a_{2n} \\ .. & .. & \ldots & .. \\ a_{n1} & a_{n2} & \ldots & a_{nn} \end{pmatrix} \qquad b = \begin{pmatrix} b_1 \\ b_2 \\ .. \\ b_n \end{pmatrix}$$

Man stellt der Matrix **A** eine n-reihige Einheitsmatrix zur Seite.

$$A|E = \begin{pmatrix} a_{11} & a_{12} & \ldots & a_{1n} \\ a_{21} & a_{22} & \ldots & a_{2n} \\ .. & .. & \ldots & .. \\ a_{n1} & a_{n2} & \ldots & a_{nn} \end{pmatrix} \begin{pmatrix} 1 & 0 & \ldots & 0 \\ 0 & 1 & \ldots & 0 \\ .. & .. & \ldots & .. \\ 0 & 0 & \ldots & 1 \end{pmatrix}$$

Diese Matrizen werden nun mit Hilfe von folgenden elementaren Zeilenumformungen umgeformt:

- Vertauschen von Zeilen
- Multiplikation einer Zeile mit einem Faktor
- Addition von Zeilen
- Subtraktion von Zeilen

Nach der Umformung nimmt die Einheitsmatrix den Platz der Matrix **A** ein und die gesuchte inverse Matrix $C = A^{-1}$ befindet auf dem ursprünglichen Platz der Einheitsmatrix.

$$E|A^{-1} = \begin{pmatrix} 1 & 0 & \ldots & 0 \\ 0 & 1 & \ldots & 0 \\ .. & .. & \ldots & .. \\ 0 & 0 & \ldots & 1 \end{pmatrix} \begin{pmatrix} c_{11} & c_{12} & \ldots & c_{1n} \\ c_{21} & c_{22} & \ldots & c_{2n} \\ .. & .. & \ldots & .. \\ c_{n1} & c_{n2} & \ldots & c_{nn} \end{pmatrix}$$

Zur Berechnung des Lösungsvektors **x** muss nun die inverse Matrix $C = A^{-1}$ mit dem Vektor **b** multipliziert werden.

$$x = A^{-1} \cdot b = \begin{pmatrix} c_{11} & c_{12} & \ldots & c_{1n} \\ c_{21} & c_{22} & \ldots & c_{2n} \\ .. & .. & \ldots & .. \\ c_{n1} & c_{n2} & \ldots & c_{nn} \end{pmatrix} \begin{pmatrix} b_1 \\ b_2 \\ ... \\ b_n \end{pmatrix} = \begin{pmatrix} x_1 \\ x_2 \\ ... \\ x_n \end{pmatrix}$$

Gauß – Algorithmus

Gegeben sei eine n-n Matrix **A** und der Vektor **b**.

$$A = \begin{pmatrix} a_{11} & a_{12} & \ldots & a_{1n} \\ a_{21} & a_{22} & \ldots & a_{2n} \\ .. & .. & \ldots & .. \\ a_{n1} & a_{n2} & \ldots & a_{nn} \end{pmatrix} \qquad b = \begin{pmatrix} b_1 \\ b_2 \\ .. \\ b_n \end{pmatrix}$$

Methode 1:

Man stellt der Matrix **A** eine n-reihige Einheitsmatrix zur Seite.

$$
\mathbf{A}|\mathbf{E} = \begin{pmatrix} a_{11} & a_{12} & \dots & a_{1n} \\ a_{21} & a_{22} & \dots & a_{2n} \\ .. & .. & \dots & .. \\ a_{n1} & a_{n2} & \dots & a_{nn} \end{pmatrix} \begin{pmatrix} 1 & 0 & \dots & 0 \\ 0 & 1 & \dots & 0 \\ .. & .. & \dots & .. \\ 0 & 0 & \dots & 1 \end{pmatrix}
$$

Diese Matrizen werden nun mit Hilfe des Gauß-Algorithmus wie folgt umgeformt:

$$
\mathbf{E}|\mathbf{A}^{-1} = \begin{pmatrix} 1 & 0 & \dots & 0 \\ 0 & 1 & \dots & 0 \\ .. & .. & \dots & .. \\ 0 & 0 & \dots & 1 \end{pmatrix} \begin{pmatrix} c_{11} & c_{12} & \dots & c_{1n} \\ c_{21} & c_{22} & \dots & c_{2n} \\ .. & .. & \dots & .. \\ c_{n1} & c_{n2} & \dots & c_{nn} \end{pmatrix}
$$

Zur Berechnung des Lösungsvektors **x** muss nun die inverse Matrix **C = A**$^{-1}$ mit dem Vektor **b** multipliziert werden.

$$
\mathbf{x} = \mathbf{A}^{-1} \cdot \mathbf{b} = \begin{pmatrix} c_{11} & c_{12} & \dots & c_{1n} \\ c_{21} & c_{22} & \dots & c_{2n} \\ .. & .. & \dots & .. \\ c_{n1} & c_{n2} & \dots & c_{nn} \end{pmatrix} \cdot \begin{pmatrix} b_1 \\ b_2 \\ \dots \\ b_n \end{pmatrix} = \begin{pmatrix} x_1 \\ x_2 \\ \dots \\ x_n \end{pmatrix}
$$

Methode 2:

Man stellt der Matrix **A** den Vektor **b** zur Seite.

$$
\mathbf{A}|\mathbf{b} = \begin{pmatrix} a_{11} & a_{12} & \dots & a_{1n} \\ a_{21} & a_{22} & \dots & a_{2n} \\ .. & .. & \dots & .. \\ a_{n1} & a_{n2} & \dots & a_{nn} \end{pmatrix} \begin{pmatrix} b_1 \\ b_2 \\ .. \\ b_n \end{pmatrix}
$$

Diese Matrizen werden nun mit Hilfe des Gauß-Algorithmus wie folgt umgeformt:

$$
\mathbf{E}|\mathbf{x} = \begin{pmatrix} 1 & 0 & \dots & 0 \\ 0 & 1 & \dots & 0 \\ .. & .. & \dots & .. \\ 0 & 0 & \dots & 1 \end{pmatrix} \begin{pmatrix} x_1 \\ x_2 \\ \dots \\ x_n \end{pmatrix}
$$

Cramer Regel

Gegeben sei eine n-n Matrix **A** und der Vektor **b**.

$$\mathbf{A} = \begin{pmatrix} a_{11} & a_{12} & \dots & a_{1n} \\ a_{21} & a_{22} & \dots & a_{2n} \\ .. & .. & \dots & .. \\ a_{n1} & a_{n2} & \dots & a_{nn} \end{pmatrix} \qquad \mathbf{b} = \begin{pmatrix} b_1 \\ b_2 \\ .. \\ b_n \end{pmatrix}$$

Wir berechnen nun die Werte x_1 bis x_n mit Hilfe der algebraischen Komplemente(Adjunkte):

$$x_1 = \frac{b_1 \cdot A_{11} + b_2 \cdot A_{21} + \dots + b_n \cdot A_{n1}}{\det \mathbf{A}}$$

$$x_2 = \frac{b_1 \cdot A_{12} + b_2 \cdot A_{22} + \dots + b_n \cdot A_{n2}}{\det \mathbf{A}}$$

...   ...

...   ...

$$x_n = \frac{b_1 \cdot A_{1n} + b_2 \cdot A_{2n} + \dots + b_3 \cdot A_{nn}}{\det \mathbf{A}}$$

5.4.3   Rang einer Matrix

Wie wir gesehen haben, können wir eine Matrix immer dann invertieren, wenn die zugehörige Determinante ungleich Null ist. Man spricht dann auch von regulären Matrizen. In diesen Fällen ist das entsprechende lineare Gleichungssystem lösbar. Wichtig für die Lösbarkeit ist, dass die Zeilenvektoren der Matrix linear voneinander unabhängig sind. Zunächst betrachten wir ein einfaches Beispiel. Gegeben sei folgende Matrix:

$$\mathbf{A} = \begin{pmatrix} 2 & 5 & 6 \\ 1 & 1 & 0 \\ 0 & 1 & 2 \end{pmatrix} \cdot (-2) \qquad .$$

Wir formen diese nun mit Hilfe des Gauß-Algorithmus um. Zunächst multiplizieren wir die 2. Zeile mit -2 und addieren das Ergebnis zur 1. Zeile und schreiben dieses in die 2. Zeile.

$$\begin{pmatrix} 2 & 5 & 6 \\ -2 & -2 & 0 \\ 0 & 1 & 2 \end{pmatrix} \Rightarrow \begin{pmatrix} 2 & 5 & 6 \\ 0 & 3 & 6 \\ 0 & 1 & 2 \end{pmatrix} \cdot (-3)$$

Wir multiplizieren die 3.Zeile mit -3 und addieren das Ergebnis zur 2. Zeile und schreiben dieses in die 3. Zeile.

$$\begin{pmatrix} 2 & 5 & 6 \\ 0 & 3 & 6 \\ 0 & -3 & -6 \end{pmatrix} \Rightarrow \begin{pmatrix} 2 & 5 & 6 \\ 0 & 3 & 6 \\ 0 & 0 & 0 \end{pmatrix} \Rightarrow \text{Rang}(\mathbf{A}) = 2$$

Wie wir sehen, erhalten wir in der 3. Zeile komplett nur Nullen, während in der 1. und zweiten Zeile von Null verschiedene Werte vorkommen. Das bedeutet, in unserer Matrix existieren lediglich 2 linear voneinander unabhängige Zeilenvektoren. Dies ist gleichbedeutend mit dem Rang der Matrix.

Jetzt können wir den **Rang einer Matrix** wie folgt definieren:

Der Rang eine Matrix ist die Anzahl der linear unabhängigen Zeilenvektoren.

Dies gilt auch für die Spaltenvektoren, also:

Der Rang eine Matrix ist die Anzahl der linear unabhängigen Spaltenvektoren.

In der Praxis wird die Matrix (z.B. mit dem Gauß-Algorithmus) so umgestellt, dass eine oder mehrere Null-Zeilenvektoren entstehen. Die Anzahl der nicht Null-Zeilenvektoren ist dann der Rang der Matrix. Man kann natürlich auch die Matrix zunächst transponieren (Zeilen und Spalten vertauschen) und dann wiederum den Rang der transponierten Matrix durch Zeilenoperationen ermitteln. Es kommt dabei derselbe Rang heraus. Man kann auch sagen:

$$\text{Rang}(\mathbf{A}) = \text{Rang}\,(\mathbf{A}^T)$$

Rang einer m – n Matrix

Beispiel: Gegeben sei folgende Matrix:

$$\mathbf{B} = \begin{pmatrix} 1 & 2 & -1 \\ 3 & 7 & 0 \\ -5 & -8 & 11 \\ 0 & 7 & 21 \end{pmatrix} \begin{matrix} \\ \cdot(-1/3) \\ \cdot 1/5 \\ \\ \end{matrix} \Rightarrow \begin{pmatrix} 1 & 2 & -1 \\ -1 & -7/3 & 0 \\ -1 & -8/5 & 11/5 \\ 0 & 7 & 21 \end{pmatrix} \Rightarrow \begin{matrix} \\ Z1+Z2 \\ Z1+Z3 \\ \\ \end{matrix} \begin{pmatrix} 1 & 2 & -1 \\ 0 & -1/3 & -1 \\ 0 & 2/5 & 6/5 \\ 0 & 7 & 21 \end{pmatrix} \begin{matrix} \\ \cdot 6 \\ \cdot(-5) \\ \cdot(-2/7) \end{matrix}$$

$$\Rightarrow \begin{pmatrix} 1 & 2 & -1 \\ 0 & -2 & -6 \\ 0 & -2 & -6 \\ 0 & -2 & -6 \end{pmatrix} \Rightarrow \begin{matrix} \\ \\ Z2+Z3 \\ Z2+Z4 \end{matrix} \begin{pmatrix} 1 & 2 & -1 \\ 0 & -2 & -6 \\ 0 & 0 & 0 \\ 0 & 0 & 0 \end{pmatrix} \Rightarrow \text{Rang}(\mathbf{B}) = 2$$

Zwei der vier Zeilenvektoren sind keine Null-Zeilenvektoren, deshalb gilt: Rang($\mathbf{B}$) = 2.

Wir können dasselbe auch mit der transponierten Matrix C = $\mathbf{B}^T$ berechnen:

$$\mathbf{C} = \begin{pmatrix} 1 & 3 & -5 & 0 \\ 2 & 7 & -8 & 7 \\ -1 & 0 & 11 & 21 \end{pmatrix} \begin{matrix} \\ \cdot(-1/2) \\ \\ \end{matrix} \Rightarrow \begin{pmatrix} 1 & 3 & -5 & 0 \\ -1 & -7/2 & 4 & -7/2 \\ -1 & 0 & 11 & 21 \end{pmatrix}$$

$$\Rightarrow \begin{matrix} \\ Z1+Z2 \\ Z1+Z3 \end{matrix} \begin{pmatrix} 1 & 3 & -5 & 0 \\ 0 & -1/2 & -1 & -7/2 \\ 0 & 3 & 6 & 21 \end{pmatrix} \begin{matrix} \\ \\ \cdot 1/6 \end{matrix} \Rightarrow \begin{pmatrix} 1 & 3 & -5 & 0 \\ 0 & -1/2 & -1 & -7/2 \\ 0 & 1/2 & 1 & 7/2 \end{pmatrix} \Rightarrow \begin{matrix} \\ \\ Z2+Z3 \end{matrix} \begin{pmatrix} 1 & 3 & -5 & 0 \\ 0 & -1/2 & -1 & -7/2 \\ 0 & 0 & 0 & 0 \end{pmatrix}$$

Zwei der drei Zeilenvektoren sind keine Null-Zeilenvektoren, deshalb gilt: Rang($\mathbf{C}$) = 2.

5.4.4 Lösbarkeit von linearen Gleichungssystemen

Schon in Band 1 /1/ (Abschnitt 9.3) haben wir den Gauß-Algorithmus für die Lösung eines Gleichungssystems mit 3 Gleichungen und 3 Unbekannten kennen gelernt.

$$
\begin{aligned}
a_{11} \cdot x_1 \quad a_{12} \cdot x_2 \quad a_{13} \cdot x_3 &= b_1 \\
a_{21} \cdot x_1 \quad a_{22} \cdot x_2 \quad a_{23} \cdot x_3 &= b_2 \\
a_{31} \cdot x_1 \quad a_{32} \cdot x_2 \quad a_{33} \cdot x_3 &= b_3
\end{aligned}
$$

Dies nennt man auch ein lineares Gleichungssystem.

Mit der Kenntnis über Vektoren und Matrizen können wir dies jetzt auch als Multiplikation einer Matrix mit einem Vektor wie folgt schreiben:

$$
\mathbf{A} \cdot \mathbf{x} = \mathbf{b} \quad \Rightarrow \quad \begin{pmatrix} a_{11} & a_{12} & a_{13} \\ a_{21} & a_{22} & a_{23} \\ a_{31} & a_{32} & a_{33} \end{pmatrix} \cdot \begin{pmatrix} x_1 \\ x_2 \\ x_3 \end{pmatrix} = \begin{pmatrix} b_1 \\ b_2 \\ b_3 \end{pmatrix} \quad \text{mit} \quad \mathbf{x} = \begin{pmatrix} x_1 \\ x_2 \\ x_3 \end{pmatrix} \quad \text{und} \quad \mathbf{b} = \begin{pmatrix} b_1 \\ b_2 \\ b_3 \end{pmatrix}
$$

Mit dem Falk-Schema kommen wir wieder zu unserem ursprünglichen Gleichungssystem:

$$\mathbf{A} \cdot \mathbf{x} = \mathbf{b}$$

$$
\begin{pmatrix} x_1 \\ x_2 \\ x_3 \end{pmatrix}
$$

$$
\begin{pmatrix} a_{11} & a_{12} & a_{13} \\ a_{21} & a_{22} & a_{23} \\ a_{31} & a_{32} & a_{33} \end{pmatrix} \begin{pmatrix} b_1 \\ b_2 \\ b_3 \end{pmatrix} = \begin{pmatrix} a_{11} \cdot x_1 & a_{12} \cdot x_2 & a_{13} \cdot x_3 \\ a_{21} \cdot x_1 & a_{22} \cdot x_2 & a_{23} \cdot x_3 \\ a_{31} \cdot x_1 & a_{32} \cdot x_2 & a_{33} \cdot x_3 \end{pmatrix}
$$

Man kann denselben Sachzusammenhang auch als erweiterte Matrix wie folgt schreiben:

$$
(\mathbf{A}|\mathbf{b}) = \left(\begin{array}{ccc|c} a_{11} & a_{12} & a_{13} & b_1 \\ a_{21} & a_{22} & a_{23} & b_2 \\ a_{31} & a_{32} & a_{33} & b_3 \end{array} \right)
$$

Wir können nun diese erweiterte Matrix durch Anwendung des Gauß-Algorithmus auf folgende Form bringen:

$$
\underbrace{\underbrace{\left(\begin{array}{ccc|c} f_{11} & f_{12} & f_{13} & g_1 \\ 0 & f_{22} & f_{23} & g_2 \\ 0 & 0 & f_{33} & g_3 \end{array} \right)}_{\mathbf{A}^*}}_{(\mathbf{A}^*|\mathbf{g})}
$$

Wir erhalten also eine Matrix $\mathbf{A}^*$ und eine erweiterte Matrix $(\mathbf{A}^*|\mathbf{g})$.

$$
\mathbf{A}^* = \begin{pmatrix} f_{11} & f_{12} & f_{13} \\ 0 & f_{22} & f_{23} \\ 0 & 0 & f_{33} \end{pmatrix} \quad \text{und} \quad (\mathbf{A}^*|\mathbf{g}) = \left(\begin{array}{ccc|c} f_{11} & f_{12} & f_{13} & g_1 \\ 0 & f_{22} & f_{23} & g_2 \\ 0 & 0 & f_{33} & g_3 \end{array} \right)
$$

Wir können nun diese Matrizen bezüglich ihres Rangs (Anzahl linear unabhängiger Zeilenvektoren) untersuchen, wobei 3 Fälle unterschieden werden:

Fall 1:   Rang($\mathbf{A}^*$) = 3   und   Rang($\mathbf{A}^*|\mathbf{g}$) = 3

In diesem Fall sind alle Zeilenvektoren der beiden Matrizen keine Null-Zeilenvektoren. Insbesondere gilt: $f_{33} \neq 0$ und $g_3 \neq 0$

Man kann jetzt folgendes formulieren:
Ist der Rang der Matrix $\mathbf{A}^*$ und der Rang der erweiterten Matrix $(\mathbf{A}^*|\mathbf{g})$ gleich der Anzahl **n** der Unbekannten des linearen Gleichungssystems, dann gibt es genau eine eindeutige Lösung.

Für n = 3 lässt sich der Lösungsvektor dann mit $\mathbf{x} = \begin{pmatrix} x_1 \\ x_2 \\ x_3 \end{pmatrix}$ eindeutig berechnen.

Fall 2:   Rang($\mathbf{A}^*$) = 2   und   Rang($\mathbf{A}^*|\mathbf{g}$) = 3

In diesem Fall ist der unterste Zeilenvektor der Matrix $\mathbf{A}^*$ ein Null-Zeilenvektor.
Es gilt also: $f_{33} = 0$ und $g_3 \neq 0$

$$\left(\mathbf{A}^*|\mathbf{g}\right) = \left(\begin{array}{ccc|c} f_{11} & f_{12} & f_{13} & g_1 \\ 0 & f_{22} & f_{23} & g_2 \\ 0 & 0 & 0 & g_3 \end{array}\right)$$ Es gilt: Rang($\mathbf{A}^*$) < Rang($\mathbf{A}^*|\mathbf{g}$) $\Rightarrow$ keine Lösung

Man kann jetzt folgendes formulieren:
Ist der Rang der Matrix $\mathbf{A}^*$ kleiner als der Rang der erweiterten Matrix $(\mathbf{A}^*|\mathbf{g})$, dann gibt es keine Lösung für das linearen Gleichungssystem. Diese Aussage gilt unabhängig von der Anzahl **n** der Unbekannten.

Fall 3:   Rang($\mathbf{A}^*$) = 2   und   Rang($\mathbf{A}^*|\mathbf{g}$) = 2

In diesem Fall ist der unterste Zeilenvektor der Matrix $(\mathbf{A}^*|\mathbf{g})$ ein Null-Zeilenvektor.
Es gilt also: $f_{33} = 0$ und $g_3 = 0$

$$\left(\mathbf{A}^*|\mathbf{g}\right) = \left(\begin{array}{ccc|c} f_{11} & f_{12} & f_{13} & g_1 \\ 0 & f_{22} & f_{23} & g_2 \\ 0 & 0 & 0 & 0 \end{array}\right)$$ Es gilt: Rang($\mathbf{A}^*$) = Rang($\mathbf{A}^*|\mathbf{g}$) < n = 3

Man kann jetzt Folgendes formulieren:
Ist der Rang der Matrix $\mathbf{A}^*$ gleich dem Rang der erweiterten Matrix $(\mathbf{A}^*|\mathbf{g})$ und ist dieser kleiner als die Anzahl **n** der Unbekannten, dann gibt es unendlich viele Lösungen für das lineare Gleichungssystem. In diesem Fall kann man für x_3 jeden beliebigen Wert einsetzen. Die Werte x_1 und x_2 sind dann eine Funktion von x_3.

Die drei og. Fälle gelten im übertragenem Sinne für eine beliebige Anzahl **n** von Unbekannten.

Fall 1:   Rang(**A***) = Rang(**A***|**g**) = **n**   ⇒ es gibt genau eine eindeutige Lösung

Fall 2:   Rang(**A***) < Rang(**A***|**g**) = 3   ⇒ es gibt keine Lösung

Fall 3:   Rang(**A***) = Rang(**A***|**g**) < **n**   ⇒ es gibt unendlich viele Lösungen

5.4.5   Eigenwerte und Eigenvektoren einer 2 x 2 - Matrix

5.4.5.1   Grundlagen

In Band 1 /1/ (Abschnitt 7) haben wir die Rechenoperationen mit Vektoren kennengelernt. Unter anderem haben wir die Multiplikation eines Vektors mit einem Skalar gezeigt. Ist der Skalar größer 0, dann zeigt der Ergebnisvektor in dieselbe Richtung wie der Ursprungsvektor. Ist der Skalar kleiner 0, dann zeigt der Ergebnisvektor in die entgegengesetzte Richtung. Außerdem ändert der Vektor durch diese Operation seine Länge proportional zum Absolutwert des Skalars.

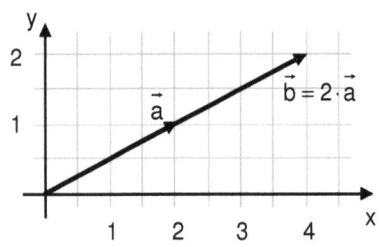

Der Vektor $\vec{a}$ im nebenstehenden Bild wurde mit dem Skalar 2 multipliziert. In der Komponentendarstellung sieht das so aus:

$$\vec{a} = \begin{pmatrix} 2 \\ 1 \end{pmatrix} \quad \text{und} \quad \vec{b} = 2 \cdot \vec{a} = \begin{pmatrix} 4 \\ 2 \end{pmatrix}$$

Die Längen der beiden Vektoren werden wie folgt berechnet:

Bild 139: Multiplikation Skalar - Vektor $|\vec{a}| = \sqrt{2^2 + 1^2} = 2{,}23607$ und $|\vec{b}| = \sqrt{4^2 + 2^2} = 4{,}47214$

Im Folgenden wollen wir den Vektor **v** mit einer Matrix multiplizieren und sehen was dabei herauskommt. Wir wählen z.B. folgende Rechnung: (Matrixschreibweise Vektor **v** **fettgedruckt**)

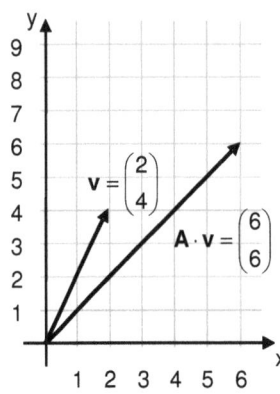

$$\mathbf{A} \cdot \mathbf{v} = \begin{pmatrix} 3 & 0 \\ -9 & 6 \end{pmatrix} \cdot \begin{pmatrix} 2 \\ 4 \end{pmatrix} = \begin{pmatrix} 6 \\ 6 \end{pmatrix}$$

Wie wir sehen, wird in diesem Fall der Vektor sowohl in seiner Länge als auch in seiner Richtung verändert.

Wir können nun Versuchen, zu der Matrix einen Vektor zu finden, bei dem nur die Länge, aber nicht die Richtung verändert wird.

Bild 140: Multiplikation Matrix - Vektor

Wir versuchen es mal mit dem folgernden Vektor **x**:

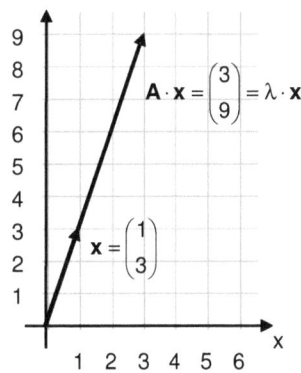

$$A \cdot x = \begin{pmatrix} 3 & 0 \\ -9 & 6 \end{pmatrix} \cdot \begin{pmatrix} 1 \\ 3 \end{pmatrix} = \begin{pmatrix} 3 \\ 9 \end{pmatrix} = \lambda \cdot x$$

Wie wir sehen, haben wir in diesem speziellen Fall einen Ergebnisvektor, der in dieselbe Richtung zeigt wie Vektor **x** aber eine andere Länge aufweist. Man kann sagen, dass der Vektor **x** mit einem Faktor (Skalar) multipliziert wurde. In diesem speziellen Fall nennt man den Vektor **x** *Eigenvektor der Matrix* **A** und den Faktor λ den Eigenwert.

In unserem Beispiel gilt:

Bild 141: Matrix mit Eigenvektor

$$\lambda = \frac{\sqrt{81+9}}{\sqrt{9+1}} = \frac{\sqrt{90}}{\sqrt{10}} = 3$$

Fassen wir also zusammen:

Gibt es zu einer Matrix **A** einen Vektor **x** mit folgenden Eigenschaften: $A \cdot x = \lambda \cdot x$

Wobei λ eine reelle Zahl ist: $\lambda \in \mathbf{R}$

Wir bezeichnen die Zusammenhänge wie folgt:

$A \cdot x = \lambda \cdot x$ Gleichung für einen Eigenwert

x   Eigenvektor der Matrix **A**

λ   Eigenwert der Matrix **A**

Im Folgenden wollen wir den Eigenvektor bestimmen. Hierzu bringen wir alle Terme mit **x** auf die linke Seite:

$$A \cdot x = \lambda \cdot x \quad \Rightarrow \quad A \cdot x - \lambda \cdot x = 0 \quad \Rightarrow \quad \underbrace{(A - \lambda)}_{\text{nicht definiert}} \cdot x = 0$$

Auf der linken Seite sehen wir den Ausdruck $(A - \lambda)$. Wir versuchen also von einer Matrix ein Skalar (eine Zahl) abzuziehen. Diese Rechenoperation ist nicht definiert, d.h. es gibt diese Operation gar nicht. Man kann sich allerdings eines kleinen Rechentricks bedienen, indem man beide Seiten der Gleichung mit der Einheitsmatrix E multipliziert:

$$E \cdot A \cdot x = E \cdot \lambda \cdot x$$

Wir haben in Abschnitt 5.2.4 bereits erfahren, dass das Ergebnis der Multiplikation einer Matrix **A** mit ihrer Einheitsmatrix **E** die Matrix **A** ergibt: $E \cdot A = A$

Man kann also auch schreiben:

$$A \cdot x = E \cdot \lambda \cdot x \quad \Rightarrow \quad A \cdot x - E \cdot \lambda \cdot x = 0 \quad \Rightarrow \quad (A - E \cdot \lambda) \cdot x = 0$$

Da nun $\mathbf{E} \cdot \lambda$ eine Matrix ist, steht in der Klammer ein gültiger Ausdruck.

Den Klammerausdruck kann man allgemein wie folgt ausrechnen:

$$(\mathbf{A} - \mathbf{E} \cdot \lambda) = \begin{pmatrix} a_{11} & a_{12} \\ a_{21} & a_{22} \end{pmatrix} - \begin{pmatrix} 1 & 0 \\ 0 & 1 \end{pmatrix} \cdot \lambda = \begin{pmatrix} a_{11} & a_{12} \\ a_{21} & a_{22} \end{pmatrix} - \begin{pmatrix} \lambda & 0 \\ 0 & \lambda \end{pmatrix} = \begin{pmatrix} a_{11} - \lambda & a_{12} \\ a_{21} & a_{22} - \lambda \end{pmatrix}$$

Man kann somit schreiben:

$$(\mathbf{A} - \mathbf{E} \cdot \lambda) \cdot \mathbf{x} = \begin{pmatrix} a_{11} - \lambda & a_{12} \\ a_{21} & a_{22} - \lambda \end{pmatrix} \cdot \begin{pmatrix} x_1 \\ x_2 \end{pmatrix} = 0$$

Natürlich geht diese Gleichung immer dann auf, wenn gilt: $x_1 = 0$ und $x_2 = 0$

Da wir jedoch einen von Null verschiedenen Einheitsvektor $\mathbf{x} \neq 0$ suchen, muss die Koeffizienten-determinante des linearen Gleichungssystems verschwinden. Es muss also gelten:

$$\det(\mathbf{A} - \mathbf{E} \cdot \lambda) = \begin{vmatrix} a_{11} - \lambda & a_{12} \\ a_{21} & a_{22} - \lambda \end{vmatrix} = 0$$

Wir können also schreiben:

$$\det(\mathbf{A} - \mathbf{E} \cdot \lambda) = \begin{vmatrix} a_{11} - \lambda & a_{12} \\ a_{21} & a_{22} - \lambda \end{vmatrix} = 0 \quad \Rightarrow \quad (a_{11} - \lambda) \cdot (a_{22} - \lambda) - a_{12} \cdot a_{21} = 0$$

Ausmultipliziert folgt: $a_{11} \cdot a_{22} - a_{11} \cdot \lambda - a_{22} \cdot \lambda + \lambda^2 - a_{12} \cdot a_{21} = 0$

$$\Rightarrow \quad \lambda^2 - (a_{11} + a_{22}) \cdot \lambda + (a_{11} \cdot a_{22} - a_{12} \cdot a_{21}) = 0 \quad \text{(Nullstelle der charakteristischen Gleichung)}$$

In Abschnitt 5.2.8 haben wir die Spur einer Matrix als Summe der Elemente der Hauptdiagonalen kennen gelernt. Bei einer 2 x 2 Matrix handelt es sich um folgenden Ausdruck: $a_{11} + a_{22}$

Außerdem berechnet sich die Determinante von $\mathbf{A}$ wie folgt:

$$\det(\mathbf{A}) = \begin{vmatrix} a_{11} & a_{12} \\ a_{21} & a_{22} \end{vmatrix} = a_{11} \cdot a_{22} - a_{12} \cdot a_{21}$$

Wir können unsere Gleichung jetzt wie folgt schreiben und auflösen:

$$\lambda^2 - \text{Spur}(\mathbf{A}) \cdot \lambda + \det(\mathbf{A}) = 0$$

Mit der p-q-Formel folgt:

$$\lambda_{1,2} = \frac{\text{Spur}(\mathbf{A})}{2} \pm \sqrt{\left(\frac{\text{Spur}(\mathbf{A})}{2}\right)^2 - \det(\mathbf{A})}$$

Dabei sind λ_1 und λ_2 die *Eigenwerte* der Matrix $\mathbf{A}$.

Wir können die Gleichung mit λ^2... auch als die Nullstelle eines Polynoms 2. Grades auffassen, welches wir wie folgt schreiben können:

$$p_{(\lambda)} = \lambda^2 - (a_{11} + a_{22}) \cdot \lambda + (a_{11} \cdot a_{22} - a_{12} \cdot a_{21})$$

$$\Rightarrow \qquad p_{(\lambda)} = \lambda^2 - \text{Spur}(\mathbf{A}) \cdot \lambda + \det(\mathbf{A}) \qquad \text{(Charakteristische Gleichung)}$$

Dieses Polynom wird charakteristische Gleichung genannt. Diese haben wir bereits in Abschnitt 3.2.1 kennen gelernt, wo wir uns mit der Lösung von Differentialgleichungen beschäftigt haben.

Zusammenhang zwischen Spur und Determinante von A und den Eigenwerten λ_1 und λ_2.
Wir können eine Gleichung 2. Grades auch als Produkt von Linearfaktoren schreiben (vgl. Band 1 /1/, Abschnitt 10.2.2.8).

$$\begin{aligned}
p_{(\lambda)} &= \lambda^2 - (a_{11} + a_{22}) \cdot \lambda + (a_{11} \cdot a_{22} - a_{12} \cdot a_{21}) \\
&= \lambda^2 - \text{Spur}(\mathbf{A}) \cdot \lambda + \det(\mathbf{A}) \\
&= (\lambda - \lambda_1) \cdot (\lambda - \lambda_2) = \lambda^2 - \lambda_2 \cdot \lambda - \lambda_1 \cdot \lambda + \lambda_1 \cdot \lambda_2 \\
&= \lambda^2 - (\lambda_1 + \lambda_2) \cdot \lambda + \lambda_1 \cdot \lambda_2
\end{aligned}$$

Durch Koeffizientenvergleich erhalten wir den Zusammenhang zwischen Spur und Determinante von **A** und den Eigenwerten λ_1 und λ_2 wie folgt:

$$\text{Spur}(\mathbf{A}) = \lambda_1 + \lambda_2 \qquad \text{und} \qquad \det(\mathbf{A}) = \lambda_1 \cdot \lambda_2$$

Berechnung der Eigenvektoren der Determinante A
Zu Beginn unserer Betrachtungen haben wir folgende Zusammenhänge ermittelt:

$\mathbf{A} \cdot \mathbf{x} = \lambda \cdot \mathbf{x}$ Gleichung für einen Eigenwert
$\mathbf{x}$ Eigenvektor der Matrix **A**
λ Eigenwert der Matrix **A**

Wir hatten daraus Folgendes berechnet: $(\mathbf{A} - \mathbf{E} \cdot \lambda) \cdot \mathbf{x} = 0$

Da wir nun die Eigenwerte λ_1 und λ_2 berechnen können, müssen wir die Ergebnisse lediglich in die o.g. Gleichung einsetzen. Für λ_1 erhalten wir:

$$(\mathbf{A} - \mathbf{E} \cdot \lambda_1) \cdot \mathbf{x} = 0 \quad \Rightarrow \quad \left[\begin{pmatrix} a_{11} & a_{12} \\ a_{21} & a_{22} \end{pmatrix} - \begin{pmatrix} 1 & 0 \\ 0 & 1 \end{pmatrix} \cdot \lambda_1 \right] \cdot \begin{pmatrix} x_1 \\ x_2 \end{pmatrix} = \begin{pmatrix} 0 \\ 0 \end{pmatrix}$$

$$\Rightarrow \quad \left[\begin{pmatrix} a_{11} & a_{12} \\ a_{21} & a_{22} \end{pmatrix} - \begin{pmatrix} \lambda_1 & 0 \\ 0 & \lambda_1 \end{pmatrix} \right] \cdot \begin{pmatrix} x_1 \\ x_2 \end{pmatrix} = \begin{pmatrix} a_{11} - \lambda_1 & a_{12} \\ a_{21} & a_{22} - \lambda_1 \end{pmatrix} \cdot \begin{pmatrix} x_1 \\ x_2 \end{pmatrix} = \begin{pmatrix} 0 \\ 0 \end{pmatrix}$$

Wir erhalten für λ_1 also 2 Gleichungen mit 2 Unbekannten:

$(a_{11} - \lambda_1) \cdot x_1 + a_{12} \cdot x_2 = 0$ Daraus lässt sich der erste Eigenvektor der Matrix **A** berechnen.
$a_{21} \cdot x_1 + (a_{22} - \lambda_1) \cdot x_2 = 0$

Analog erhalten wir für λ_2 die folgenden 2 Gleichungen mit 2 Unbekannten:

$(a_{11} - \lambda_2) \cdot x_1 + a_{12} \cdot x_2 = 0$ Daraus lässt sich der zweite Eigenvektor der Matrix **A** berechnen.
$a_{21} \cdot x_1 + (a_{22} - \lambda_2) \cdot x_2 = 0$

Da die Ermittlung von Eigenwerten und Eigenvektoren relativ rechenaufwändig ist, kann man auf entsprechendes Werkzeug im Internet zugreifen.

http://www.arndt-bruenner.de/mathe/scripts/eigenwert2.htm

5.4.5.2   Rechenbeispiele

(1) Kommen wir auf unser einleitendes Beispiel zurück. Gegeben ist dort folgende Matrix:

$$\mathbf{A} = \begin{pmatrix} 3 & 0 \\ -9 & 6 \end{pmatrix}$$ Wir haben Folgendes behauptet:

$$\mathbf{x} = \begin{pmatrix} 1 \\ 3 \end{pmatrix} \rightarrow \text{ Eigenvektor von } \mathbf{A} \quad \text{und} \quad \lambda = 3 \rightarrow \text{ Eigenwert von } \mathbf{A}$$

Wir wollen nun die Eigenwerte und Eigenvektoren von **A** berechnen. Für die Eigenwerte gilt:

$\lambda^2 - \text{Spur}(\mathbf{A}) \cdot \lambda + \det(\mathbf{A}) = 0$
$\lambda^2 - (3 + 6) \cdot \lambda + (3 \cdot 6 - 0 \cdot (-9)) = 0$
$\lambda^2 - 9 \cdot \lambda + 18 = 0$

$$\Rightarrow \lambda_{1,2} = \frac{9}{2} \pm \sqrt{\left(\frac{9}{2}\right)^2 - 18} = 4{,}5 \pm \sqrt{20{,}25 - 18} = 4{,}5 \pm 1{,}5$$

$$\Rightarrow \lambda_1 = 6 \quad \text{und} \quad \lambda_2 = 3 \quad \text{(Eigenwerte der Matrix } \mathbf{A}\text{)}$$

Mit $\lambda_1 = 6$ haben wir einen der erwarteten Eigenwerte der Matrix **A** gefunden. Wir berechnen nun die zugehörigen Eigenvektoren indem wir λ jeweils einsetzen:

$(3 - \lambda_1) \cdot x_{11} + 0 \cdot x_{12} = 0$
$-9 \cdot x_{11} + (6 - \lambda_1) \cdot x_{12} = 0$

$(3 - 6) \cdot x_{11} + 0 \cdot x_{12} = 0 \quad \Rightarrow \quad -3 \cdot x_{11} + 0 \cdot x_{12} = 0$
$-9 \cdot x_{11} + (6 - 6) \cdot x_{12} = 0 \quad \Rightarrow \quad -9 \cdot x_{11} + 0 \cdot x_{12} = 0$

Für $x_{11} = 0$ ist die Gleichung immer erfüllt. In diesem Fall kann x_{12} beliebig gewählt werden.

Wir erhalten also einen der ersten Eigenvektoren wie folgt: $\mathbf{x}_1 = \begin{pmatrix} 0 \\ x_{12} \end{pmatrix}$

Wir können x_{12} frei wählen, z.B.: $x_{12} = 4$

Wir erhalten also einen der ersten Eigenvektoren wie folgt: $\mathbf{x}_1 = \begin{pmatrix} x_{11} \\ x_{12} \end{pmatrix} = \begin{pmatrix} 0 \\ 4 \end{pmatrix}$

Anmerkung: Da es offensichtlich unendlich viele Eigenvektoren einer Matrix gibt, die alle in dieselbe Richtung zeigen, spricht man hier von der Eigenvektorrichtung.

Setzen wir $\lambda_2 = 3$ ein, so folgt:

$$(3 - \lambda_2) \cdot x_{21} + 0 \cdot x_{22} = 0$$
$$-9 \cdot x_{21} + (6 - \lambda_2) \cdot x_{22} = 0$$

$$(3 - 3) \cdot x_{21} + 0 \cdot x_{22} = 0 \qquad \Rightarrow \quad 0 \cdot x_{21} + 0 \cdot x_{22} = 0$$
$$-9 \cdot x_{21} + (6 - 3) \cdot x_{22} = 0 \qquad \Rightarrow \quad -9 \cdot x_{21} + 3 \cdot x_{22} = 0$$

Wir stellen nun die unterste Gleichung nach x_{21} um und erhalten:

$$9 \cdot x_{21} = 3 \cdot x_{22} \quad \Rightarrow \quad x_{21} = \frac{1}{3} \cdot x_{22}$$

x_{21} ist also eine Funktion von x_{22}. Wir können somit für x_{22} einen beliebigen Wert einsetzen und daraus x_{21} berechnen. Wir erhalten die zweite Eigenvektorrichtung mit folgender Eigenschaft:

$$\mathbf{x}_2 = \begin{pmatrix} x_{21} \\ x_{22} \end{pmatrix} = \begin{pmatrix} \frac{1}{3} \cdot x_{22} \\ x_{22} \end{pmatrix}$$

Wir können x_{22} frei wählen, z.B.: $x_{22} = 3$

Wir erhalten also einen der zweiten Eigenvektoren wie folgt: $\mathbf{x}_2 = \begin{pmatrix} x_{21} \\ x_{22} \end{pmatrix} = \begin{pmatrix} 1 \\ 3 \end{pmatrix}$

(2) Gegeben ist die folgende Matrix: $\mathbf{A} = \begin{pmatrix} 5 & 8 \\ 1 & 3 \end{pmatrix}$

Eigenwerte von $\mathbf{A}$ berechnen:

$$\lambda^2 - \text{Spur}(\mathbf{A}) \cdot \lambda + \det(\mathbf{A}) = 0$$
$$\lambda^2 - (5 + 3) \cdot \lambda + (5 \cdot 3 - 8 \cdot 1) = 0$$
$$\lambda^2 - 8 \cdot \lambda + 7 = 0$$

$$\Rightarrow \lambda_{1,2} = \frac{8}{2} \pm \sqrt{\left(\frac{8}{2}\right)^2 - 7} = 4 \pm \sqrt{16 - 7} = 4 \pm \sqrt{9} = 4 \pm 3$$
$$\Rightarrow \lambda_1 = 7 \quad \text{und} \quad \lambda_2 = 1 \qquad \text{(Eigenwerte der Matrix } \mathbf{A}\text{)}$$

Wir berechnen den ersten Eigenvektor indem wir λ_1 einsetzen:

$$(5 - \lambda_1) \cdot x_{11} + 8 \cdot x_{12} = 0$$
$$1 \cdot x_{11} + (3 - \lambda_1) \cdot x_{12} = 0$$

$$(5 - 7) \cdot x_{11} + 8 \cdot x_{12} = 0 \quad \Rightarrow \quad -2 \cdot x_{11} + 8 \cdot x_{12} = 0 \quad \Rightarrow \quad x_{11} - 4 \cdot x_{12} = 0$$
$$x_{11} + (3 - 7) \cdot x_{12} = 0 \quad \Rightarrow \quad x_{11} - 4 \cdot x_{12} = 0 \qquad \Rightarrow \quad x_{11} - 4 \cdot x_{12} = 0$$

Wir erhalten wir zwei identische Gleichungen. Lösen wir nach x_{11} auf folgt: $x_{11} = 4 \cdot x_{12}$

x_{11} ist eine Funktion von x_{12}. Wir können für x_{12} einen beliebigen Wert einsetzen und dann x_{11} berechnen. Wir erhalten die erste Eigenvektorrichtung mit folgender Eigenschaft:

$$\mathbf{x_1} = \begin{pmatrix} x_{11} \\ x_{12} \end{pmatrix} = \begin{pmatrix} 4 \cdot x_{12} \\ x_{12} \end{pmatrix}$$

Setzen wir einen Wert für x_{12} ein (z.B. 2), erhalten wir einen der Eigenvektoren:

$$\mathbf{x_1} = \begin{pmatrix} 4 \cdot x_{12} \\ x_{12} \end{pmatrix} = \begin{pmatrix} 4 \cdot 2 \\ 2 \end{pmatrix} = \begin{pmatrix} 8 \\ 2 \end{pmatrix}$$

Für den zweiten Eigenvektor gilt Folgendes:

$$(5 - \lambda_2) \cdot x_{21} + 8 \cdot x_{22} = 0$$
$$1 \cdot x_{21} + (3 - \lambda_2) \cdot x_{22} = 0$$

$$(5 - 1) \cdot x_{21} + 8 \cdot x_{22} = 0 \quad \Rightarrow \quad 4 \cdot x_{21} + 8 \cdot x_{22} = 0 \quad \Rightarrow \quad x_{21} + 2 \cdot x_{22} = 0$$
$$x_{21} + (3 - 1) \cdot x_{22} = 0 \quad \Rightarrow \quad x_{21} + 2 \cdot x_{22} = 0 \quad \Rightarrow \quad x_{21} + 2 \cdot x_{22} = 0$$

Wie wir sehen, erhalten wir wieder zwei identische Gleichungen. Wenn wir die nach x_{21} umstellen, erhalten wir Folgendes: $x_{21} = -2 \cdot x_{22}$

Wieder ist x_{21} eine Funktion von x_{22}. Wir können für x_{22} einen beliebigen Wert einsetzen und daraus x_{21} berechnen. Wir erhalten eine zweite Eigenvektorrichtung mit folgender Eigenschaft:

$$\mathbf{x_2} = \begin{pmatrix} x_{21} \\ x_{22} \end{pmatrix} = \begin{pmatrix} -2 \cdot x_{22} \\ x_{22} \end{pmatrix}$$

Wenn wir einen Wert für x_{22} einsetzen (z.B. 4), erhalten wir einen der Eigenvektoren:

$$\mathbf{x_2} = \begin{pmatrix} -2 \cdot x_{22} \\ x_{22} \end{pmatrix} = \begin{pmatrix} -2 \cdot 4 \\ 4 \end{pmatrix} = \begin{pmatrix} -8 \\ 4 \end{pmatrix}$$

(3) Gegeben ist folgende Matrix: $\mathbf{A} = \begin{pmatrix} 2 & 8 \\ 4 & 6 \end{pmatrix}$

Berechne Eigenwerte und Eigenvektoren von $\mathbf{A}$: Es gilt:

$$\lambda^2 - \text{Spur}(\mathbf{A}) \cdot \lambda + \det(\mathbf{A}) = 0$$
$$\lambda^2 - (2 + 6) \cdot \lambda + (2 \cdot 6 - 8 \cdot 4) = 0$$
$$\lambda^2 - 8 \cdot \lambda - 20 = 0$$

$$\Rightarrow \lambda_{1,2} = \frac{8}{2} \pm \sqrt{\left(\frac{8}{2}\right)^2 + 20} = 4 \pm \sqrt{16 + 20} = 4 \pm \sqrt{36} = 4 \pm 6$$

$$\Rightarrow \lambda_1 = 10 \quad \text{und} \quad \lambda_2 = -2 \quad \text{(Eigenwerte der Matrix } \mathbf{A}\text{)}$$

Zur Berechnung der ersten Eigenvektorrichtung wird λ_1 eingesetzt:

$$(2-\lambda_1)\cdot x_{11} + 8\cdot x_{12} = 0$$
$$4\cdot x_{11} + (6-\lambda_1)\cdot x_{12} = 0$$

$$(2-10)\cdot x_{11} + 8\cdot x_{12} = 0 \quad\Rightarrow\quad -8\cdot x_{11} + 8\cdot x_{12} = 0 \quad\Rightarrow\quad x_{11} - x_{12} = 0$$
$$4\cdot x_{11} + (6-10)\cdot x_{12} = 0 \quad\Rightarrow\quad 4\cdot x_{11} - 4\cdot x_{12} = 0 \quad\Rightarrow\quad x_{11} - x_{12} = 0 \quad\Rightarrow\quad x_{11} = x_{12}$$

Wir erhalten die erste Eigenvektorrichtung mit folgender Eigenschaft:

$$\mathbf{x_1} = \begin{pmatrix} x_{11} \\ x_{12} \end{pmatrix} = \begin{pmatrix} x_{12} \\ x_{12} \end{pmatrix}$$

Zur Berechnung der zweiten Eigenvektorrichtung wird λ_2 eingesetzt:

$$(2-\lambda_2)\cdot x_{21} + 8\cdot x_{22} = 0$$
$$4\cdot x_{21} + (6-\lambda_2)\cdot x_{22} = 0$$

$$[2-(-2)]\cdot x_{21} + 8\cdot x_{22} = 0 \quad\Rightarrow\quad 4\cdot x_{21} + 8\cdot x_{22} = 0 \quad\Rightarrow\quad x_{21} + 2\cdot x_{22} = 0$$
$$4\cdot x_{21} + [6-(-2)]\cdot x_{22} = 0 \quad\Rightarrow\quad 4\cdot x_{21} + 8\cdot x_{22} = 0 \quad\Rightarrow\quad x_{21} + 2\cdot x_{22} = 0 \quad\Rightarrow\quad x_{21} = -2\cdot x_{22}$$

Wir erhalten die zweite Eigenvektorrichtung mit folgender Eigenschaft:

$$\mathbf{x_2} = \begin{pmatrix} x_{21} \\ x_{22} \end{pmatrix} = \begin{pmatrix} -2\cdot x_{22} \\ x_{22} \end{pmatrix}$$

(4) Gegeben ist folgende Matrix:
$$\mathbf{A} = \begin{pmatrix} 10 & 11 \\ 7 & 6 \end{pmatrix}$$

Eigenwerte und Eigenvektoren von **A** berechnen. Es gilt:

$$\lambda^2 - \text{Spur}(\mathbf{A})\cdot \lambda + \det(\mathbf{A}) = 0$$
$$\lambda^2 - (10+6)\cdot \lambda + (10\cdot 6 - 11\cdot 7) = 0$$
$$\lambda^2 - 16\cdot \lambda - 17 = 0$$

$$\Rightarrow \lambda_{1,2} = \frac{16}{2} \pm \sqrt{\left(\frac{16}{2}\right)^2 + 17} = 8 \pm \sqrt{64+17} = 8 \pm \sqrt{81} = 8 \pm 9$$

$$\Rightarrow \lambda_1 = 17 \quad \text{und} \quad \lambda_2 = -1 \quad \text{(Eigenwerte der Matrix } \mathbf{A}\text{)}$$

Zur Berechnung der ersten Eigenvektorrichtung wird λ_1 eingesetzt:

$$(10 - \lambda_1) \cdot x_{11} + 11 \cdot x_{12} = 0$$
$$7 \cdot x_{11} + (6 - \lambda_1) \cdot x_{12} = 0$$

$$(10 - 17) \cdot x_{11} + 11 \cdot x_{12} = 0 \quad \Rightarrow \quad -7 \cdot x_{11} + 11 \cdot x_{12} = 0 \quad \Rightarrow \quad x_{11} - \frac{11}{7} \cdot x_{12} = 0$$
$$7 \cdot x_{11} + (6 - 17) \cdot x_{12} = 0 \quad \Rightarrow \quad 7 \cdot x_{11} - 11 \cdot x_{12} = 0 \quad \Rightarrow \quad x_{11} - \frac{11}{7} \cdot x_{12} = 0$$
$$\Rightarrow \quad x_{11} = \frac{11}{7} \cdot x_{12}$$

Wir erhalten die erste Eigenvektorrichtung mit folgender Eigenschaft:

$$\mathbf{x_1} = \begin{pmatrix} x_{11} \\ x_{12} \end{pmatrix} = \begin{pmatrix} \frac{11}{7} \cdot x_{12} \\ x_{12} \end{pmatrix}$$

Zur Berechnung der zweiten Eigenvektorrichtung wird λ_2 eingesetzt:

$$(10 - \lambda_2) \cdot x_{21} + 11 \cdot x_{22} = 0$$
$$7 \cdot x_{21} + (6 - \lambda_2) \cdot x_{22} = 0$$

$$[10 - (-1)] \cdot x_{21} + 11 \cdot x_{22} = 0 \quad \Rightarrow \quad 11 \cdot x_{21} + 11 \cdot x_{22} = 0 \quad \Rightarrow \quad x_{21} + x_{22} = 0$$
$$7 \cdot x_{21} + [6 - (-1)] \cdot x_{22} = 0 \quad \Rightarrow \quad 7 \cdot x_{21} + 7 \cdot x_{22} = 0 \quad \Rightarrow \quad x_{21} + x_{22} = 0$$
$$\Rightarrow \quad x_{21} = x_{22}$$

Wir erhalten die zweite Eigenvektorrichtung mit folgender Eigenschaft:

$$\mathbf{x_2} = \begin{pmatrix} x_{21} \\ x_{22} \end{pmatrix} = \begin{pmatrix} x_{22} \\ x_{22} \end{pmatrix}$$

5.4.5.3 Normierung von Eigenvektoren

In den Beispielen haben wir gesehen, dass es als Lösung nicht nur einen Eigenvektor, sondern eine unendliche Anzahl von Eigenvektoren gibt. Wir haben in diesem Zusammenhang von der Eigenvektorrichtung gesprochen. Wir können nun stellvertretend für alle Eigenvektoren einen Eigenvektor mit der Länge 1 berechnen. Diesen nennen wir den normierten Eigenvektor. In Band 1 /1/ Abschnitt 7.4.3 haben wir den Einheitsvektor wie folgt kennen gelernt:

$$\left| \vec{e} \right| = 1$$

Wir können nun jeden beliebigen Vektor als Multiplikation des Betrags des Vektors mit dem Einheitsvektor auffassen. Man kann z.B. schreiben:

$$\vec{a} = \vec{e_a} \cdot \left| \vec{a} \right|$$

Hierbei ist $\vec{e_a}$ der Einheitsvektor, der in die Richtung des Vektors $\vec{a}$ zeigt.

Demnach können wir den normierten Eigenvektor jetzt wie folgt schreiben:

$$\tilde{x} = \frac{\vec{x}}{|\vec{x}|} \quad \text{für} \quad \vec{x} = \begin{pmatrix} x_1 \\ x_2 \end{pmatrix} \quad \Rightarrow \quad |\vec{x}| = \sqrt{x_1^2 + x_2^2}$$

$$\Rightarrow \tilde{x} = \frac{1}{\sqrt{x_1^2 + x_2^2}} \cdot \begin{pmatrix} x_1 \\ x_2 \end{pmatrix}$$

In den 4 Rechenbeispielen (Abschnitt 5.4.5.2) haben wir jeweils Eigenvektorrichtungen berechnet. Hierzu wollen wir im Folgenden die normierten Eigenvektoren bestimmen.

Zu Beispiel **(1)**: Erste Eigenvektorrichtung $\qquad \mathbf{x_1} = \begin{pmatrix} 0 \\ x_{12} \end{pmatrix}$

Wir erhalten den normierten Eigenvektor wie folgt:

$$\tilde{\mathbf{x}}_1 = \frac{1}{\sqrt{0 + x_{12}^2}} \cdot \begin{pmatrix} 0 \\ x_{12} \end{pmatrix} = \frac{1}{\sqrt{x_{12}^2}} \cdot \begin{pmatrix} 0 \\ x_{12} \end{pmatrix} = \frac{1}{x_{12}} \cdot \begin{pmatrix} 0 \\ x_{12} \end{pmatrix} = \begin{pmatrix} 0 \\ 1 \end{pmatrix}$$

Man kann natürlich auch irgendeinen Eigenvektor nehmen und daraus den normierten Eigenvektor berechnen, z.B.:

$$\mathbf{x_1} = \begin{pmatrix} 0 \\ 4 \end{pmatrix} \quad \Rightarrow \quad \tilde{\mathbf{x}}_1 = \frac{1}{\sqrt{0 + 16}} \cdot \begin{pmatrix} 0 \\ 4 \end{pmatrix} = \frac{1}{4} \cdot \begin{pmatrix} 0 \\ 4 \end{pmatrix} = \begin{pmatrix} 0 \\ 1 \end{pmatrix}$$

Zu Beispiel **(1)**: Zweite Eigenvektorrichtung $\qquad \mathbf{x_2} = \begin{pmatrix} x_{21} \\ x_{22} \end{pmatrix} = \begin{pmatrix} \frac{1}{3} \cdot x_{22} \\ x_{22} \end{pmatrix}$

Wir erhalten den normierten Eigenvektor wie folgt:

$$\tilde{\mathbf{x}}_2 = \frac{1}{\sqrt{\left(\frac{1}{3} \cdot x_{22}\right)^2 + x_{22}^2}} \cdot \begin{pmatrix} 1/3 \cdot x_{22} \\ x_{22} \end{pmatrix} = \frac{1}{\sqrt{\left(\frac{1}{3}\right)^2 \cdot x_{22}^2 + x_{22}^2}} \cdot \begin{pmatrix} 1/3 \cdot x_{22} \\ x_{22} \end{pmatrix} = \frac{1}{\sqrt{\left(\frac{1}{9} + 1\right) \cdot x_{22}^2}} \cdot \begin{pmatrix} 1/3 \cdot x_{22} \\ x_{22} \end{pmatrix}$$

$$\tilde{\mathbf{x}}_2 = \frac{1}{\sqrt{\frac{10}{9}} \cdot x_{22}} \cdot \begin{pmatrix} 1/3 \cdot x_{22} \\ x_{22} \end{pmatrix} = \frac{1}{\sqrt{\frac{10}{9}}} \cdot \begin{pmatrix} 1/3 \\ 1 \end{pmatrix} = \frac{1}{1/3 \cdot \sqrt{10}} \cdot \begin{pmatrix} 1/3 \\ 1 \end{pmatrix} = \frac{1}{\sqrt{10}} \cdot \begin{pmatrix} 1 \\ 3 \end{pmatrix}$$

Mit einem beliebigen Eigenvektor gilt Folgendes:

$$\mathbf{x_2} = \begin{pmatrix} 1 \\ 3 \end{pmatrix} \quad \Rightarrow \quad \tilde{\mathbf{x}}_2 = \frac{1}{\sqrt{1^2 + 3^2}} \cdot \begin{pmatrix} 1 \\ 3 \end{pmatrix} = \frac{1}{\sqrt{10}} \cdot \begin{pmatrix} 1 \\ 3 \end{pmatrix}$$

Zu Beispiel (2): Erste Eigenvektorrichtung $\mathbf{x}_1 = \begin{pmatrix} 4 \cdot x_{12} \\ x_{12} \end{pmatrix}$

Erster normierter Eigenvektor:

$$\tilde{\mathbf{x}}_1 = \frac{1}{\sqrt{(4 \cdot x_{12})^2 + x_{12}^2}} \cdot \begin{pmatrix} 4 \cdot x_{12} \\ x_{12} \end{pmatrix} = \frac{1}{\sqrt{4^2 \cdot x_{12}^2 + x_{12}^2}} \cdot \begin{pmatrix} 4 \cdot x_{12} \\ x_{12} \end{pmatrix} = \frac{1}{\sqrt{(16+1) \cdot x_{12}^2}} \cdot \begin{pmatrix} 4 \cdot x_{12} \\ x_{12} \end{pmatrix}$$

$$\tilde{\mathbf{x}}_1 = \frac{1}{\sqrt{17} \cdot x_{12}} \cdot \begin{pmatrix} 4 \cdot x_{12} \\ x_{12} \end{pmatrix} = \frac{1}{\sqrt{17}} \cdot \begin{pmatrix} 4 \\ 1 \end{pmatrix}$$

Irgendein Eigenvektor, z.B.:

$$\mathbf{x}_1 = \begin{pmatrix} 8 \\ 2 \end{pmatrix} \Rightarrow \tilde{\mathbf{x}}_1 = \frac{1}{\sqrt{8^2 + 2^2}} \cdot \begin{pmatrix} 8 \\ 2 \end{pmatrix} = \frac{1}{\sqrt{64+4}} \cdot \begin{pmatrix} 8 \\ 2 \end{pmatrix} = \frac{1}{\sqrt{4 \cdot (16+1)}} \cdot \begin{pmatrix} 8 \\ 2 \end{pmatrix} = \frac{1}{2 \cdot \sqrt{17}} \cdot \begin{pmatrix} 8 \\ 2 \end{pmatrix} = \frac{1}{\sqrt{17}} \cdot \begin{pmatrix} 4 \\ 1 \end{pmatrix}$$

Zu Beispiel (2): Zweite Eigenvektorrichtung $\mathbf{x}_2 = \begin{pmatrix} -2 \cdot x_{22} \\ x_{22} \end{pmatrix}$

Zweiter normierter Eigenvektor:

$$\tilde{\mathbf{x}}_2 = \frac{1}{\sqrt{(-2 \cdot x_{22})^2 + x_{22}^2}} \cdot \begin{pmatrix} -2 \cdot x_{22} \\ x_{22} \end{pmatrix} = \frac{1}{\sqrt{(-2)^2 \cdot x_{22}^2 + x_{22}^2}} \cdot \begin{pmatrix} -2 \cdot x_{22} \\ x_{22} \end{pmatrix} = \frac{1}{\sqrt{(4+1) \cdot x_{22}^2}} \cdot \begin{pmatrix} -2 \cdot x_{22} \\ x_{22} \end{pmatrix}$$

$$\tilde{\mathbf{x}}_2 = \frac{1}{\sqrt{5} \cdot x_{22}} \cdot \begin{pmatrix} -2 \cdot x_{22} \\ x_{22} \end{pmatrix} = \frac{1}{\sqrt{5}} \cdot \begin{pmatrix} -2 \\ 1 \end{pmatrix}$$

Irgendein Eigenvektor, z.B.:

$$\mathbf{x}_2 = \begin{pmatrix} -8 \\ 4 \end{pmatrix}$$

$$\Rightarrow \tilde{\mathbf{x}}_2 = \frac{1}{\sqrt{(-8)^2 + 4^2}} \cdot \begin{pmatrix} -8 \\ 4 \end{pmatrix} = \frac{1}{\sqrt{64+16}} \cdot \begin{pmatrix} -8 \\ 4 \end{pmatrix} = \frac{1}{\sqrt{16 \cdot (4+1)}} \cdot \begin{pmatrix} -8 \\ 4 \end{pmatrix} = \frac{1}{4 \cdot \sqrt{5}} \cdot \begin{pmatrix} -8 \\ 4 \end{pmatrix} = \frac{1}{\sqrt{5}} \cdot \begin{pmatrix} -2 \\ 1 \end{pmatrix}$$

Zu Beispiel (3): Erste Eigenvektorrichtung $\mathbf{x}_1 = \begin{pmatrix} x_{11} \\ x_{12} \end{pmatrix} = \begin{pmatrix} x_{12} \\ x_{12} \end{pmatrix}$

Erster normierter Eigenvektor:

$$\tilde{\mathbf{x}}_1 = \frac{1}{\sqrt{x_{12}^2 + x_{12}^2}} \cdot \begin{pmatrix} x_{12} \\ x_{12} \end{pmatrix} = \frac{1}{\sqrt{2 \cdot x_{12}^2}} \cdot \begin{pmatrix} x_{12} \\ x_{12} \end{pmatrix} = \frac{1}{\sqrt{2} \cdot x_{12}} \cdot \begin{pmatrix} x_{12} \\ x_{12} \end{pmatrix} = \frac{1}{\sqrt{2}} \cdot \begin{pmatrix} 1 \\ 1 \end{pmatrix}$$

Irgendein Eigenvektor, z.B.:

$$\mathbf{x}_1 = \begin{pmatrix} 1 \\ 1 \end{pmatrix} \Rightarrow \tilde{\mathbf{x}}_1 = \frac{1}{\sqrt{1^2 + 1^2}} \cdot \begin{pmatrix} 1 \\ 1 \end{pmatrix} = \frac{1}{\sqrt{2}} \cdot \begin{pmatrix} 1 \\ 1 \end{pmatrix}$$

Zu Beispiel **(3)**: Zweite Eigenvektorrichtung
$$\mathbf{x}_2 = \begin{pmatrix} -2 \cdot x_{22} \\ x_{22} \end{pmatrix}$$

Zweiter normierter Eigenvektor:

$$\tilde{\mathbf{x}}_2 = \frac{1}{\sqrt{(-2 \cdot x_{22})^2 + x_{22}^2}} \cdot \begin{pmatrix} -2 \cdot x_{22} \\ x_{22} \end{pmatrix} = \frac{1}{\sqrt{(-2)^2 \cdot x_{22}^2 + x_{22}^2}} \cdot \begin{pmatrix} -2 \cdot x_{22} \\ x_{22} \end{pmatrix} = \frac{1}{\sqrt{(4+1) \cdot x_{22}^2}} \cdot \begin{pmatrix} -2 \cdot x_{22} \\ x_{22} \end{pmatrix}$$

$$\tilde{\mathbf{x}}_2 = \frac{1}{\sqrt{5} \cdot x_{22}} \cdot \begin{pmatrix} -2 \cdot x_{22} \\ x_{22} \end{pmatrix} = \frac{1}{\sqrt{5}} \cdot \begin{pmatrix} -2 \\ 1 \end{pmatrix}$$

Irgendein Eigenvektor, z.B.:

$$\mathbf{x}_2 = \begin{pmatrix} -8 \\ 4 \end{pmatrix}$$

$$\Rightarrow \quad \tilde{\mathbf{x}}_2 = \frac{1}{\sqrt{(-8)^2 + 4^2}} \cdot \begin{pmatrix} -8 \\ 4 \end{pmatrix} = \frac{1}{\sqrt{64+16}} \cdot \begin{pmatrix} -8 \\ 4 \end{pmatrix} = \frac{1}{\sqrt{16 \cdot (4+1)}} \cdot \begin{pmatrix} -8 \\ 4 \end{pmatrix} = \frac{1}{4 \cdot \sqrt{5}} \cdot \begin{pmatrix} -8 \\ 4 \end{pmatrix} = \frac{1}{\sqrt{5}} \cdot \begin{pmatrix} -2 \\ 1 \end{pmatrix}$$

Zu Beispiel **(4)**: Erste Eigenvektorrichtung
$$\mathbf{x}_1 = \begin{pmatrix} 11/7 \cdot x_{12} \\ x_{12} \end{pmatrix}$$

Erster normierter Eigenvektor:

$$\tilde{\mathbf{x}}_1 = \frac{1}{\sqrt{\left(\frac{11}{7}\right)^2 x_{12}^2 + x_{12}^2}} \cdot \begin{pmatrix} 11/7 \cdot x_{12} \\ x_{12} \end{pmatrix} = \frac{1}{\sqrt{\frac{121}{49} \cdot x_{12}^2 + \frac{49}{49} \cdot x_{12}^2}} \cdot \begin{pmatrix} 11/7 \cdot x_{12} \\ x_{12} \end{pmatrix} = \frac{1}{\sqrt{\frac{170}{49}} \cdot x_{12}} \cdot \begin{pmatrix} 11/7 \cdot x_{12} \\ x_{12} \end{pmatrix}$$

$$\tilde{\mathbf{x}}_1 = \frac{1}{\sqrt{170} \cdot \frac{1}{7} \cdot x_{12}} \cdot \begin{pmatrix} 11/7 \cdot x_{12} \\ x_{12} \end{pmatrix} = \frac{1}{\sqrt{170}} \cdot \begin{pmatrix} 11 \\ 7 \end{pmatrix}$$

Irgendein Eigenvektor, z.B.:

$$\mathbf{x}_1 = \begin{pmatrix} 22 \\ 14 \end{pmatrix}$$

$$\Rightarrow \quad \tilde{\mathbf{x}}_1 = \frac{1}{\sqrt{22^2 + 14^2}} \cdot \begin{pmatrix} 22 \\ 14 \end{pmatrix} = \frac{1}{\sqrt{680}} \cdot \begin{pmatrix} 22 \\ 14 \end{pmatrix} = \frac{1}{\sqrt{4 \cdot 170}} \cdot \begin{pmatrix} 22 \\ 14 \end{pmatrix} = \frac{1}{2 \cdot \sqrt{170}} \cdot \begin{pmatrix} 22 \\ 14 \end{pmatrix} = \frac{1}{\sqrt{170}} \cdot \begin{pmatrix} 11 \\ 7 \end{pmatrix}$$

Zu Beispiel **(4)**: Zweite Eigenvektorrichtung
$$\mathbf{x}_2 = \begin{pmatrix} x_{22} \\ x_{22} \end{pmatrix}$$

Erster normierter Eigenvektor:

$$\tilde{\mathbf{x}}_2 = \frac{1}{\sqrt{x_{22}^2 + x_{22}^2}} \cdot \begin{pmatrix} x_{22} \\ x_{22} \end{pmatrix} = \frac{1}{\sqrt{2 \cdot x_{22}^2}} \cdot \begin{pmatrix} x_{22} \\ x_{22} \end{pmatrix} = \frac{1}{\sqrt{2} \cdot x_{22}} \cdot \begin{pmatrix} x_{22} \\ x_{22} \end{pmatrix} = \frac{1}{\sqrt{2}} \cdot \begin{pmatrix} 1 \\ 1 \end{pmatrix}$$

Irgendein Eigenvektor, z.B.:

$$\mathbf{x}_2 = \begin{pmatrix} 1 \\ 1 \end{pmatrix} \quad \Rightarrow \quad \tilde{\mathbf{x}}_2 = \frac{1}{\sqrt{1^2 + 1^2}} \cdot \begin{pmatrix} 1 \\ 1 \end{pmatrix} = \frac{1}{\sqrt{2}} \cdot \begin{pmatrix} 1 \\ 1 \end{pmatrix}$$

5.4.6   Eigenwerte und Eigenvektoren einer 3 x 3 – Matrix

5.4.6.1   Grundlagen

Im vorherigen Abschnitt haben wir uns mit Eigenwerten und Eigenvektoren einer 2 x 2 Matrix beschäftigt.

Aus der Formel für die Eigenvektoren $(\mathbf{A} - \mathbf{E} \cdot \lambda) \cdot \mathbf{x} = 0$

haben wir die Formel zur Berechnung der Eigenwerte abgeleitet: $\det(\mathbf{A} - \mathbf{E} \cdot \lambda) = 0$

Diese Formel ist allgemein gültig, also auch für alle 3 x 3 – Matrizen. Wir können also schreiben:

$$\det(\mathbf{A} - \mathbf{E} \cdot \lambda) = \det\left[\begin{pmatrix} a_{11} & a_{12} & a_{13} \\ a_{21} & a_{22} & a_{23} \\ a_{31} & a_{32} & a_{33} \end{pmatrix} - \begin{pmatrix} 1 & 0 & 0 \\ 0 & 1 & 0 \\ 0 & 0 & 1 \end{pmatrix} \cdot \lambda \right] = \det\left[\begin{pmatrix} a_{11} & a_{12} & a_{13} \\ a_{21} & a_{22} & a_{23} \\ a_{31} & a_{32} & a_{33} \end{pmatrix} - \begin{pmatrix} \lambda & 0 & 0 \\ 0 & \lambda & 0 \\ 0 & 0 & \lambda \end{pmatrix} \right]$$

$$= \begin{vmatrix} a_{11} - \lambda & a_{12} & a_{13} \\ a_{21} & a_{22} - \lambda & a_{23} \\ a_{31} & a_{32} & a_{33} - \lambda \end{vmatrix} = 0$$

Mit der Regel von Sarrus folgt:

$$\begin{vmatrix} a_{11} - \lambda & a_{12} & a_{13} \\ a_{21} & a_{22} - \lambda & a_{23} \\ a_{31} & a_{32} & a_{33} - \lambda \end{vmatrix} \begin{matrix} a_{11} - \lambda & a_{12} \\ a_{21} & a_{22} - \lambda \\ a_{31} & a_{32} \end{matrix}$$

$$\Rightarrow \det(\mathbf{A} - \mathbf{E} \cdot \lambda) = (a_{11} - \lambda) \cdot (a_{22} - \lambda) \cdot (a_{33} - \lambda) + a_{12} \cdot a_{23} \cdot a_{31} + a_{13} \cdot a_{21} \cdot a_{32}$$
$$- a_{12} \cdot a_{21} \cdot (a_{33} - \lambda) - (a_{11} - \lambda) \cdot a_{23} \cdot a_{32} - a_{13} \cdot (a_{22} - \lambda) \cdot a_{31} = 0$$

Ausmultipliziert folgt:

$$\det(\mathbf{A} - \mathbf{E} \cdot \lambda) = (a_{11} \cdot a_{22} - a_{11} \cdot \lambda - a_{22} \cdot \lambda + \lambda^2) \cdot (a_{33} - \lambda) + a_{12} \cdot a_{23} \cdot a_{31} + a_{13} \cdot a_{21} \cdot a_{32}$$
$$- a_{12} \cdot a_{21} \cdot a_{33} + a_{12} \cdot a_{21} \cdot \lambda - a_{11} \cdot a_{23} \cdot a_{32} + a_{23} \cdot a_{32} \cdot \lambda - a_{13} \cdot a_{22} \cdot a_{31} + a_{13} \cdot a_{31} \cdot \lambda = 0$$
$$\Rightarrow$$

$$a_{11} \cdot a_{22} \cdot a_{33} - a_{11} \cdot a_{22} \cdot \lambda - a_{11} \cdot a_{33} \cdot \lambda + a_{11} \cdot \lambda^2 - a_{22} \cdot a_{33} \cdot \lambda + a_{22} \cdot \lambda^2 + a_{33} \cdot \lambda^2 - \lambda^3$$
$$+ a_{12} \cdot a_{21} \cdot \lambda + a_{23} \cdot a_{32} \cdot \lambda + a_{13} \cdot a_{31} \cdot \lambda$$
$$+ a_{12} \cdot a_{23} \cdot a_{31} + a_{13} \cdot a_{21} \cdot a_{32} - a_{12} \cdot a_{21} \cdot a_{33} - a_{11} \cdot a_{23} \cdot a_{32} - a_{13} \cdot a_{22} \cdot a_{31} = 0$$
$$\Rightarrow$$

$$- \lambda^3 + a_{11} \cdot \lambda^2 + a_{22} \cdot \lambda^2 + a_{33} \cdot \lambda^2$$
$$- a_{11} \cdot a_{22} \cdot \lambda - a_{11} \cdot a_{33} \cdot \lambda - a_{22} \cdot a_{33} \cdot \lambda + a_{12} \cdot a_{21} \cdot \lambda + a_{23} \cdot a_{32} \cdot \lambda + a_{13} \cdot a_{31} \cdot \lambda$$
$$+ a_{11} \cdot a_{22} \cdot a_{33} + a_{12} \cdot a_{23} \cdot a_{31} + a_{13} \cdot a_{21} \cdot a_{32} - a_{12} \cdot a_{21} \cdot a_{33} - a_{11} \cdot a_{23} \cdot a_{32} - a_{13} \cdot a_{22} \cdot a_{31} = 0$$
$$\Rightarrow$$

$\Rightarrow$

$-\lambda^3 + (a_{11} + a_{22} + a_{33}) \cdot \lambda^2 +$

$+ (-a_{11} \cdot a_{22} - a_{11} \cdot a_{33} - a_{22} \cdot a_{33} + a_{12} \cdot a_{21} + a_{23} \cdot a_{32} + a_{13} \cdot a_{31}) \cdot \lambda$

$+ a_{11} \cdot a_{22} \cdot a_{33} + a_{12} \cdot a_{23} \cdot a_{31} + a_{13} \cdot a_{21} \cdot a_{32} - a_{12} \cdot a_{21} \cdot a_{33} - a_{11} \cdot a_{23} \cdot a_{32} - a_{13} \cdot a_{22} \cdot a_{31} = 0$

Multipliziert mit –1 folgt:

$\lambda^3 - (a_{11} + a_{22} + a_{33}) \cdot \lambda^2 + (a_{11} \cdot a_{22} + a_{11} \cdot a_{33} + a_{22} \cdot a_{33} - a_{12} \cdot a_{21} - a_{23} \cdot a_{32} - a_{13} \cdot a_{31}) \cdot \lambda$

$- (a_{11} \cdot a_{22} \cdot a_{33} + a_{12} \cdot a_{23} \cdot a_{31} + a_{13} \cdot a_{21} \cdot a_{32} - a_{12} \cdot a_{21} \cdot a_{33} - a_{11} \cdot a_{23} \cdot a_{32} - a_{13} \cdot a_{22} \cdot a_{31}) = 0$

Wieder gilt:

$\text{Spur}(\mathbf{A}) = a_{11} + a_{22} + a_{33}$

$\det(\mathbf{A}) = a_{11} \cdot a_{22} \cdot a_{33} + a_{12} \cdot a_{23} \cdot a_{31} + a_{13} \cdot a_{21} \cdot a_{32} - a_{12} \cdot a_{21} \cdot a_{33} - a_{11} \cdot a_{23} \cdot a_{32} - a_{13} \cdot a_{22} \cdot a_{31}$

Damit kann man schreiben:

$\lambda^3 - \text{Spur}(\mathbf{A}) \cdot \lambda^2 + (a_{11} \cdot a_{22} + a_{11} \cdot a_{33} + a_{22} \cdot a_{33} - a_{12} \cdot a_{21} - a_{23} \cdot a_{32} - a_{13} \cdot a_{31}) \cdot \lambda - \det(\mathbf{A}) = 0$

Dies kann man wieder als Nullstelle der charakteristischen Gleichung auffassen. Damit kann man die Eigenwerte der Matrix **A** berechnen, wobei folgende Fälle auftreten können:

Fall 1: Es gibt keine Lösung für die Gleichung und damit auch keinen Eigenwert.

Fall 2: Es gibt eine Lösung für die Gleichung und damit genau einen Eigenwert.

Fall 3: Es gibt drei Lösungen für die Gleichung und damit drei Eigenwerte

Bei Fall 3 kann man noch Folgendes unterscheiden:

Es gibt eine 3-fach Lösung: $\qquad\qquad\qquad\qquad\quad$ $\lambda_1 = \lambda_2 = \lambda_3$

Es gibt eine 2-fach Lösung und eine Einfachlösung: $\qquad$ $\lambda_1 = \lambda_2$ und $\lambda_3 \neq \lambda_1$

Es gibt 3 unterschiedliche Lösungen: $\qquad\qquad\quad$ $\lambda_1 \neq \lambda_2 , \; \lambda_1 \neq \lambda_3 \;$ und $\; \lambda_2 \neq \lambda_3$

Für jeden der gefundenen Eigenwerte λ_i kann nun ein Eigenvektor berechnet werden. Hierzu setzt man die gefundenen Eigenwerte in die ursprüngliche Gleichung ein:

$$(\mathbf{A} - \mathbf{E} \cdot \lambda) \cdot \mathbf{x} = \begin{pmatrix} a_{11} - \lambda & a_{12} & a_{13} \\ a_{21} & a_{22} - \lambda & a_{23} \\ a_{31} & a_{32} & a_{33} - \lambda \end{pmatrix} \cdot \begin{pmatrix} x_1 \\ x_2 \\ x_3 \end{pmatrix} = \begin{pmatrix} 0 \\ 0 \\ 0 \end{pmatrix}$$

Dies führt zu einem Gleichungssystem von 3 Gleichungen mit 3 Unbekannten.

$(a_{11} - \lambda) \cdot x_1 + a_{12} \cdot x_2 + a_{13} \cdot x_3 = 0$

$a_{21} \cdot x_1 + (a_{22} - \lambda) \cdot x_2 + a_{23} \cdot x_3 = 0$

$a_{31} \cdot x_1 + a_{32} \cdot x_2 + (a_{33} - \lambda) \cdot x_3 = 0 \qquad$ Damit wird der Eigenvektor der Matrix **A** berechnet.

Auch hier handelt es sich wieder um eine Eigenvektorrichtung. Den zugehörigen normierten Eigenvektor kann man dann wie in Abschnitt 5.4.5.3 berechnen.

5.4.6.2   Rechenbeispiele

(1) Gegeben ist folgende Matrix:

$$A = \begin{pmatrix} 1 & 0 & 0 \\ -1 & 7 & 0 \\ 0 & -3 & 0 \end{pmatrix}$$

Gesucht sind die Eigenwerte und Eigenvektoren.

$Spur(A) = 1 + 7 + 0 = 8$

$det(A) = 1 \cdot 7 \cdot 0 + 0 \cdot 0 \cdot 0 + 0 \cdot (-1) \cdot (-3) - 0 \cdot (-1) \cdot 0 - 1 \cdot 0 \cdot (-3) - 0 \cdot 7 \cdot 0 = 0$

und

$a_{11} \cdot a_{22} + a_{11} \cdot a_{33} + a_{22} \cdot a_{33} - a_{12} \cdot a_{21} - a_{23} \cdot a_{32} - a_{13} \cdot a_{31} =$

$1 \cdot 7 + 1 \cdot 0 + 7 \cdot 0 - 0 \cdot (-1) - 0 \cdot (-3) - 0 \cdot 0 = 7$

Wir erhalten folgende charakteristische Gleichung:

$\lambda^3 - 8 \cdot \lambda^2 + 7 \cdot \lambda - 0 = 0$

Wir können λ ausklamm ern:

$\lambda \cdot (\lambda^2 - 8 \cdot \lambda + 7) = 0$ (entweder $\lambda = 0$ oder $\lambda^2 - 8 \cdot \lambda + 7 = 0$)

Als erste Lösung erhalten wir: **$\lambda_1 = 0$**.

Wir setzen nun den Klammeraus druck zu 0:

$\lambda^2 - 8 \cdot \lambda + 7 = 0 \quad \Rightarrow \quad$ mit der p-q-Formel $\quad \Rightarrow \quad \lambda_{2,3} = 4 \pm \sqrt{16 - 7} = 4 \pm \sqrt{9} = 4 \pm 3$

Als zweite und dritte Lösung erhalten wir: **$\lambda_2 = 4 + 3 = 7$** und . **$\lambda_3 = 4 - 3 = 1$**

Wir suchen nun den **Eigenvektor für $\lambda_1 = 0$** und setzen λ_1 in die ursprüngliche Gleichung ein:

$$(A - E \cdot \lambda_1) \cdot x = \begin{pmatrix} a_{11} - \lambda_1 & a_{12} & a_{13} \\ a_{21} & a_{22} - \lambda_1 & a_{23} \\ a_{31} & a_{32} & a_{33} - \lambda_1 \end{pmatrix} \begin{pmatrix} x_1 \\ x_2 \\ x_3 \end{pmatrix} = \begin{pmatrix} 1 & 0 & 0 \\ -1 & 7 & 0 \\ 0 & -3 & 0 \end{pmatrix} \cdot \begin{pmatrix} x_1 \\ x_2 \\ x_3 \end{pmatrix} = \begin{pmatrix} 0 \\ 0 \\ 0 \end{pmatrix}$$

Daraus ergeben sich 3 Gleichungen mit 3 Unbekannten:

$$\begin{aligned} 1 \cdot x_1 &+ 0 \cdot x_2 &+ 0 \cdot x_3 &= 0 & & & x_1 & &= 0 \\ -1 \cdot x_1 &+ 7 \cdot x_2 &+ 0 \cdot x_3 &= 0 & &\Rightarrow & & x_2 &= 0 \\ 0 \cdot x_1 &- 3 \cdot x_2 &+ 0 \cdot x_3 &= 0 & & & 0 \cdot x_3 & &= 0 \end{aligned}$$

Der Wert von x_3 kann frei gewählt werden. Wir wählen für x_3 den Wert φ. Damit ergibt sich der zum Eigenwert $\lambda_1 = 0$ gehörende Eigenvektor wie folgt:

$$x_1 = \begin{pmatrix} 0 \\ 0 \\ \varphi \end{pmatrix} = \varphi \cdot \begin{pmatrix} 0 \\ 0 \\ 1 \end{pmatrix}$$

Den normierten Eigenvektor erhalten wir wie folgt:

$$\tilde{x}_1 = \frac{x_1}{|x_1|} = \frac{1}{\sqrt{0^2 + 0^2 + \varphi^2}} \cdot \varphi \cdot \begin{pmatrix} 0 \\ 0 \\ 1 \end{pmatrix} = \frac{1}{\sqrt{\varphi^2}} \cdot \varphi \cdot \begin{pmatrix} 0 \\ 0 \\ 1 \end{pmatrix} = \begin{pmatrix} 0 \\ 0 \\ 1 \end{pmatrix}$$

Eigenvektor für λ₂ = 7:

$$(\mathbf{A} - \mathbf{E} \cdot \lambda_2) \cdot \mathbf{x} = \begin{pmatrix} a_{11} - \lambda_2 & a_{12} & a_{13} \\ a_{21} & a_{22} - \lambda_2 & a_{23} \\ a_{31} & a_{32} & a_{33} - \lambda_2 \end{pmatrix} \cdot \begin{pmatrix} x_1 \\ x_2 \\ x_3 \end{pmatrix} = \begin{pmatrix} -6 & 0 & 0 \\ -1 & 0 & 0 \\ 0 & -3 & -7 \end{pmatrix} \cdot \begin{pmatrix} x_1 \\ x_2 \\ x_3 \end{pmatrix} = \begin{pmatrix} 0 \\ 0 \\ 0 \end{pmatrix}$$

Daraus ergeben sich 3 Gleichungen mit 3 Unbekannten:

$$-6 \cdot x_1 \quad +0 \cdot x_2 \quad +0 \cdot x_3 \quad = 0$$
$$-1 \cdot x_1 \quad +0 \cdot x_2 \quad +0 \cdot x_3 \quad = 0$$
$$0 \cdot x_1 \quad -3 \cdot x_2 \quad -7 \cdot x_3 \quad = 0$$

Aus der ersten Gleichung folgt: $x_1 = 0$

Aus der dritten Gleichung folgt: $x_2 = -\dfrac{7}{3} \cdot x_3$

Wir können nun x_2 oder x_3 frei wählen. Wir setzen $x_3 = \varphi$ $\quad \Rightarrow \quad$ $x_2 = -\dfrac{7}{3} \cdot \varphi$

Damit ergibt sich der zum Eigenwert $\lambda_2 = 7$ gehörende Eigenvektor wie folgt:

$$\mathbf{x_2} = \begin{pmatrix} 0 \\ -7/3 \cdot \varphi \\ \varphi \end{pmatrix} = \varphi \cdot \begin{pmatrix} 0 \\ -7/3 \\ 1 \end{pmatrix}$$ Den normierten Eigenvektor erhalten wir wie folgt:

$$\tilde{\mathbf{x}}_2 = \frac{\mathbf{x_1}}{|\mathbf{x_1}|} = \frac{1}{\sqrt{0^2 + \left(-\dfrac{7}{3}\right)^2 + 1^2}} \cdot \begin{pmatrix} 0 \\ -7/3 \\ 1 \end{pmatrix} = \frac{1}{\sqrt{\dfrac{58}{9}}} \cdot \begin{pmatrix} 0 \\ -7/3 \\ 1 \end{pmatrix} = \frac{3}{\sqrt{58}} \cdot \begin{pmatrix} 0 \\ -7/3 \\ 1 \end{pmatrix} = \frac{1}{\sqrt{58}} \cdot \begin{pmatrix} 0 \\ -7 \\ 3 \end{pmatrix}$$

Eigenvektor für λ₃ = 1:

$$(\mathbf{A} - \mathbf{E} \cdot \lambda_3) \cdot \mathbf{x} = \begin{pmatrix} a_{11} - \lambda_3 & a_{12} & a_{13} \\ a_{21} & a_{22} - \lambda_3 & a_{23} \\ a_{31} & a_{32} & a_{33} - \lambda_3 \end{pmatrix} \cdot \begin{pmatrix} x_1 \\ x_2 \\ x_3 \end{pmatrix} = \begin{pmatrix} 0 & 0 & 0 \\ -1 & 6 & 0 \\ 0 & -3 & -1 \end{pmatrix} \cdot \begin{pmatrix} x_1 \\ x_2 \\ x_3 \end{pmatrix} = \begin{pmatrix} 0 \\ 0 \\ 0 \end{pmatrix}$$

Daraus ergeben sich 3 Gleichungen mit 3 Unbekannten:

$$0 \cdot x_1 \quad +0 \cdot x_2 \quad +0 \cdot x_3 \quad = 0$$
$$-1 \cdot x_1 \quad +6 \cdot x_2 \quad +0 \cdot x_3 \quad = 0$$
$$0 \cdot x_1 \quad -3 \cdot x_2 \quad -1 \cdot x_3 \quad = 0$$

Da die erste Gleichung trivial ist, reduziert sich das Gleichungssystem auf zwei Gleichungen mit drei Unbekannten:

$$-1 \cdot x_1 \quad +6 \cdot x_2 \quad +0 \cdot x \quad = 0$$
$$0 \cdot x_1 \quad -3 \cdot x_2 \quad -1 \cdot x_3 \quad = 0$$

Bei einem derartigen System kann eine der Unbekannten frei gewählt werden.
Wir setzen $x_2 = \varphi$:

$$\Rightarrow \quad \begin{matrix} -1 \cdot x_1 & +6 \cdot \varphi & +0 \cdot x_3 & = 0 \\ 0 \cdot x_1 & -3 \cdot \varphi & -1 \cdot x_3 & = 0 \end{matrix} \quad \Rightarrow \quad \begin{matrix} x_1 = 6 \cdot \varphi \\ x_3 = -3 \cdot \varphi \end{matrix}$$

Damit ergibt sich der zum Eigenwert $\lambda_3 = 1$ gehörende Eigenvektor wie folgt:

$$x_3 = \begin{pmatrix} 6 \cdot \varphi \\ \varphi \\ -3 \cdot \varphi \end{pmatrix} = \varphi \cdot \begin{pmatrix} 6 \\ 1 \\ -3 \end{pmatrix}$$ Den normierten Eigenvektor erhalten wir wie folgt:

$$\tilde{x}_3 = \frac{x_1}{|x_1|} = \frac{1}{\sqrt{6^2 + 1^2 + (-3)^2}} \cdot \begin{pmatrix} 6 \\ 1 \\ -3 \end{pmatrix} = \frac{1}{\sqrt{36 + 1 + 9}} \cdot \begin{pmatrix} 6 \\ 1 \\ -3 \end{pmatrix} = \frac{1}{\sqrt{46}} \cdot \begin{pmatrix} 6 \\ 1 \\ -3 \end{pmatrix}$$

(2) Gegeben ist folgende Matrix:
$$A = \begin{pmatrix} 3 & 1 & 2 \\ 0 & 6 & -1 \\ 0 & 0 & 4 \end{pmatrix}$$

Gesucht sind die Eigenwerte und Eigenvektoren.

$\text{Spur}(A) = 3 + 6 + 4 = 13$

$\det(A) = 3 \cdot 6 \cdot 4 + 1 \cdot (-1) \cdot 0 + 2 \cdot 0 \cdot 0 - 1 \cdot 0 \cdot 4 - 3 \cdot (-1) \cdot 0 - 2 \cdot 6 \cdot 0 = 72$
und
$$a_{11} \cdot a_{22} + a_{11} \cdot a_{33} + a_{22} \cdot a_{33} - a_{12} \cdot a_{21} - a_{23} \cdot a_{32} - a_{13} \cdot a_{31} =$$
$$3 \cdot 6 + 3 \cdot 4 + 6 \cdot 4 - 1 \cdot 0 - (-1) \cdot 0 - 2 \cdot 0 = 54$$

Wir erhalten folgende charakteristische Gleichung:

$\lambda^3 - 13 \cdot \lambda^2 + 54 \cdot \lambda - 72 = 0$
Eine erste Lösung bekommen wir mit $\lambda_1 = 3$ (geraten)

Wir können nun die Gleichung durch diesen Linearfaktor dividieren:
$$(\lambda^3 - 13 \cdot \lambda^2 + 54 \cdot \lambda - 72) : (\lambda - 3) = \lambda^2 - 10 \cdot \lambda + 24$$
$$\underline{-(\lambda^3 - 3 \cdot \lambda^2)}$$
$$-10 \cdot \lambda^2 + 54 \cdot \lambda$$
$$\underline{-(-10 \cdot \lambda^2 + 30 \cdot \lambda)}$$
$$24 \cdot \lambda - 72$$
$$\underline{-(24 \cdot \lambda - 72)}$$

Die beiden weiteren Eigenwerte ergeben sich jetzt wie folgt (p-q-Formel):

$$\lambda_{2,3} = 5 \pm \sqrt{25 - 24} = 5 \pm \sqrt{1} = 5 \pm 1 \quad \Rightarrow \quad \lambda_2 = 6 \quad \text{und} \quad \lambda_3 = 4$$

Wir erhalten also folgende Eigenwerte: $\lambda_1 = 3$　　$\lambda_2 = 6$ und $\lambda_3 = 4$

Wir suchen nun den **Eigenvektor für $\lambda_1 = 3$** und setzen λ_1 in die ursprüngliche Gleichung ein:

$$(\mathbf{A} - \mathbf{E} \cdot \lambda_1) \cdot \mathbf{x} = \begin{pmatrix} a_{11} - \lambda_1 & a_{12} & a_{13} \\ a_{21} & a_{22} - \lambda_1 & a_{23} \\ a_{31} & a_{32} & a_{33} - \lambda_1 \end{pmatrix} \begin{pmatrix} x_1 \\ x_2 \\ x_3 \end{pmatrix} = \begin{pmatrix} 0 & 1 & 2 \\ 0 & 3 & -1 \\ 0 & 0 & 1 \end{pmatrix} \cdot \begin{pmatrix} x_1 \\ x_2 \\ x_3 \end{pmatrix} = \begin{pmatrix} 0 \\ 0 \\ 0 \end{pmatrix}$$

Daraus ergeben sich 3 Gleichungen mit 3 Unbekannten:

$0 \cdot x_1 \quad + 1 \cdot x_2 \quad + 2 \cdot x_3 \quad = 0$

$0 \cdot x_1 \quad + 3 \cdot x_2 \quad - 1 \cdot x_3 \quad = 0$

$0 \cdot x_1 \quad + 0 \cdot x_2 \quad + 1 \cdot x_3 \quad = 0$

Wir können in diesem Fall x_1 frei wählen und setzen: $x_1 = \varphi$

Aus der 3. Gleichung folgt: $x_3 = 0$

Dies setzen wir in die 2. Gleichung ein:

$3 \cdot x_2 = 0 \quad \Rightarrow \quad x_2 = 0$

Wir erhalten also unsere Eigenvektorrichtung zu:

$\mathbf{x}_1 = \begin{pmatrix} \varphi \\ 0 \\ 0 \end{pmatrix} = \varphi \cdot \begin{pmatrix} 1 \\ 0 \\ 0 \end{pmatrix}$ Den normierten Eigenvektor erhalten wir wie folgt:

$$\tilde{\mathbf{x}}_1 = \frac{\mathbf{x}_1}{|\mathbf{x}_1|} = \frac{1}{\sqrt{1^2 + 0^2 + 0^2}} \cdot \begin{pmatrix} 1 \\ 0 \\ 0 \end{pmatrix} = \begin{pmatrix} 1 \\ 0 \\ 0 \end{pmatrix}$$

Eigenvektor für $\lambda_2 = 6$:

$$(\mathbf{A} - \mathbf{E} \cdot \lambda_2) \cdot \mathbf{x} = \begin{pmatrix} a_{11} - \lambda_2 & a_{12} & a_{13} \\ a_{21} & a_{22} - \lambda_2 & a_{23} \\ a_{31} & a_{32} & a_{33} - \lambda_2 \end{pmatrix} \begin{pmatrix} x_1 \\ x_2 \\ x_3 \end{pmatrix} = \begin{pmatrix} -3 & 1 & 2 \\ 0 & 0 & -1 \\ 0 & 0 & -2 \end{pmatrix} \cdot \begin{pmatrix} x_1 \\ x_2 \\ x_3 \end{pmatrix} = \begin{pmatrix} 0 \\ 0 \\ 0 \end{pmatrix}$$

Daraus ergeben sich 3 Gleichungen mit 3 Unbekannten:

$-3 \cdot x_1 \quad + 1 \cdot x_2 \quad + 2 \cdot x_3 \quad = 0$

$0 \cdot x_1 \quad + 0 \cdot x_2 \quad - 1 \cdot x_3 \quad = 0$

$0 \cdot x_1 \quad + 0 \cdot x_2 \quad - 2 \cdot x_3 \quad = 0$

Aus der 3. Gleichung folgt: $x_3 = 0$

Man kann nun x_2 oder x_1 frei wählen. Wir setzen $x_2 = \varphi$

Daraus folgt: $x_1 = \frac{1}{3} \cdot \varphi$

Damit ergibt sich die zum Eigenwert $\lambda_2 = 6$ gehörende Eigenvektorrichtung wie folgt:

$$\mathbf{x}_2 = \begin{pmatrix} 1/3 \cdot \varphi \\ \varphi \\ 0 \end{pmatrix} = \varphi \cdot \begin{pmatrix} 1/3 \\ 1 \\ 0 \end{pmatrix} \quad \text{Den normierten Eigenvektor erhalten wir wie folgt:}$$

$$\tilde{\mathbf{x}}_2 = \frac{\mathbf{x}_2}{|\mathbf{x}_2|} = \frac{1}{\sqrt{\left(\dfrac{1}{3}\right)^2 + 1^2 + 0^2}} \cdot \begin{pmatrix} 1/3 \\ 1 \\ 0 \end{pmatrix} = \frac{1}{\sqrt{\dfrac{10}{9}}} \cdot \begin{pmatrix} 1/3 \\ 1 \\ 0 \end{pmatrix} = \frac{1}{\sqrt{10}} \cdot \begin{pmatrix} 1 \\ 3 \\ 0 \end{pmatrix}$$

Eigenvektor für $\lambda_3 = 4$:

$$(\mathbf{A} - \mathbf{E} \cdot \lambda_3) \cdot \mathbf{x} = \begin{pmatrix} a_{11} - \lambda_3 & a_{12} & a_{13} \\ a_{21} & a_{22} - \lambda_3 & a_{23} \\ a_{31} & a_{32} & a_{33} - \lambda_3 \end{pmatrix} \begin{pmatrix} x_1 \\ x_2 \\ x_3 \end{pmatrix} = \begin{pmatrix} -1 & 1 & 2 \\ 0 & 2 & -1 \\ 0 & 0 & 0 \end{pmatrix} \cdot \begin{pmatrix} x_1 \\ x_2 \\ x_3 \end{pmatrix} = \begin{pmatrix} 0 \\ 0 \\ 0 \end{pmatrix}$$

Daraus ergeben sich 3 Gleichungen mit 3 Unbekannten:

$$-1 \cdot x_1 \quad +1 \cdot x_2 \quad +2 \cdot x_3 \quad = 0$$
$$0 \cdot x_1 \quad +2 \cdot x_2 \quad -1 \cdot x_3 \quad = 0$$
$$0 \cdot x_1 \quad +0 \cdot x_2 \quad +0 \cdot x_3 \quad = 0$$

Man kann nun x_3 frei wählen. Wir setzen $x_3 = \varphi$

Daraus folgt: $\quad 2 \cdot x_2 - \varphi = 0 \quad \Rightarrow \quad x_2 = \dfrac{1}{2} \cdot \varphi \quad \Rightarrow \quad -x_1 + \dfrac{1}{2} \cdot \varphi + 2 \cdot \varphi = 0 \quad \Rightarrow \quad x_1 = \dfrac{5}{2} \cdot \varphi$

Damit ergibt sich die zum Eigenwert $\lambda_3 = 4$ gehörende Eigenvektorrichtung wie folgt:

$$\mathbf{x}_3 = \begin{pmatrix} 5/2 \cdot \varphi \\ 1/2 \cdot \varphi \\ \varphi \end{pmatrix} = \varphi \cdot \begin{pmatrix} 5/2 \\ 1/2 \\ 1 \end{pmatrix} \quad \text{Den normierten Eigenvektor erhalten wir wie folgt:}$$

$$\tilde{\mathbf{x}}_3 = \frac{\mathbf{x}_3}{|\mathbf{x}_3|} = \frac{1}{\sqrt{\left(\dfrac{5}{2}\right)^2 + \left(\dfrac{1}{2}\right)^2 + \left(\dfrac{2}{2}\right)^2}} \cdot \begin{pmatrix} 5/2 \\ 1/2 \\ 1 \end{pmatrix} = \frac{1}{\sqrt{\dfrac{25+1+4}{4}}} \cdot \begin{pmatrix} 5/2 \\ 1/2 \\ 1 \end{pmatrix} = \frac{1}{\dfrac{1}{2} \cdot \sqrt{30}} \cdot \begin{pmatrix} 5/2 \\ 1/2 \\ 1 \end{pmatrix} = \frac{1}{\sqrt{30}} \cdot \begin{pmatrix} 5 \\ 1 \\ 2 \end{pmatrix}$$

(3) Gegeben ist folgende Matrix:
$$\mathbf{A} = \begin{pmatrix} 1 & 2 & -1 \\ 0 & -1 & 0 \\ 0 & 1 & 3 \end{pmatrix}$$

Gesucht sind die Eigenwerte und Eigenvektoren.

$\text{Spur}(\mathbf{A}) = 1 - 1 + 3 = 3$

$\det(\mathbf{A}) = 1 \cdot (-1) \cdot 3 + 2 \cdot 0 \cdot 0 + (-1) \cdot 0 \cdot 1 - 2 \cdot 0 \cdot 3 - 1 \cdot 0 \cdot 1 - (-1) \cdot (-1) \cdot 0 = -3$
und

$a_{11} \cdot a_{22} + a_{11} \cdot a_{33} + a_{22} \cdot a_{33} - a_{12} \cdot a_{21} - a_{23} \cdot a_{32} - a_{13} \cdot a_{31} =$
$1 \cdot (-1) + 1 \cdot 3 + (-1) \cdot 3 - 2 \cdot 0 - 0 \cdot 1 - (-1) \cdot 0 = -1$

Wir erhalten folgende charakteristische Gleichung:

$\lambda^3 - 3 \cdot \lambda^2 - 1 \cdot \lambda + 3 = 0$
Eine erste Lösung bekommen wir mit $\lambda_1 = 1$ (geraten)

Wir können nun die Gleichung durch diesen Linearfaktor dividieren:
$$\begin{aligned}
(\lambda^3 - 3 \cdot \lambda^2 - 1 \cdot \lambda + 3) &: (\lambda - 1) = \lambda^2 - 2 \cdot \lambda - 3 \\
-(\lambda^3 - 1 \cdot \lambda^2) & \\
\quad -2 \cdot \lambda^2 - 1 \cdot \lambda & \\
\quad -(-2 \cdot \lambda^2 + 2 \cdot \lambda) & \\
\qquad\quad -3 \cdot \lambda + 3 & \\
\qquad\quad -(-3 \cdot \lambda + 3) &
\end{aligned}$$

Die beiden weiteren Eigenwerte ergeben sich jetzt wie folgt (p-q-Formel):

$\lambda_{2,3} = 1 \pm \sqrt{1+3} = 1 \pm \sqrt{4} = 1 \pm 2 \quad \Rightarrow \quad \lambda_2 = 3 \quad$ und $\quad \lambda_3 = -1$

Wir erhalten also folgende Eigenwerte: **$\lambda_1 = 1 \quad \lambda_2 = 3$** und **$\lambda_3 = -1$**

Wir suchen nun den **Eigenvektor für $\lambda_1 = 1$** und setzen λ_1 in die ursprüngliche Gleichung ein:

$$(\mathbf{A} - \mathbf{E} \cdot \lambda_1) \cdot \mathbf{x} = \begin{pmatrix} a_{11} - \lambda_1 & a_{12} & a_{13} \\ a_{21} & a_{22} - \lambda_1 & a_{23} \\ a_{31} & a_{32} & a_{33} - \lambda_1 \end{pmatrix} \begin{pmatrix} x_1 \\ x_2 \\ x_3 \end{pmatrix} = \begin{pmatrix} 0 & 2 & -1 \\ 0 & -2 & 0 \\ 0 & 1 & 2 \end{pmatrix} \cdot \begin{pmatrix} x_1 \\ x_2 \\ x_3 \end{pmatrix} = \begin{pmatrix} 0 \\ 0 \\ 0 \end{pmatrix}$$

Daraus ergeben sich 3 Gleichungen mit 3 Unbekannten:

$0 \cdot x_1 + 2 \cdot x_2 - 1 \cdot x_3 = 0$
$0 \cdot x_1 - 2 \cdot x_2 \quad 0 \cdot x_3 = 0$
$0 \cdot x_1 + 1 \cdot x_2 + 2 \cdot x_3 = 0$

Aus der 2. Gleichung folgt: $x_2 = 0$
Wir können in diesem Fall x_1 frei wählen und setzen: $x_1 = \varphi$

Aus der 3. Gleichung folgt: $x_3 = 0$

Wir erhalten also unsere Eigenvektorrichtung zu:

$$\mathbf{x}_1 = \begin{pmatrix} \varphi \\ 0 \\ 0 \end{pmatrix} = \varphi \cdot \begin{pmatrix} 1 \\ 0 \\ 0 \end{pmatrix} \quad \text{Den normierten Eigenvektor erhalten wir wie folgt:}$$

$$\tilde{\mathbf{x}}_1 = \frac{\mathbf{x}_1}{|\mathbf{x}_1|} = \frac{1}{\sqrt{1^2 + 0^2 + 0^2}} \cdot \begin{pmatrix} 1 \\ 0 \\ 0 \end{pmatrix} = \begin{pmatrix} 1 \\ 0 \\ 0 \end{pmatrix}$$

Eigenvektor für $\lambda_2 = 3$:

$$(\mathbf{A} - \mathbf{E} \cdot \lambda_2) \cdot \mathbf{x} = \begin{pmatrix} a_{11} - \lambda_2 & a_{12} & a_{13} \\ a_{21} & a_{22} - \lambda_2 & a_{23} \\ a_{31} & a_{32} & a_{33} - \lambda_2 \end{pmatrix} \begin{pmatrix} x_1 \\ x_2 \\ x_3 \end{pmatrix} = \begin{pmatrix} -2 & 2 & -1 \\ 0 & -4 & 0 \\ 0 & 1 & 0 \end{pmatrix} \cdot \begin{pmatrix} x_1 \\ x_2 \\ x_3 \end{pmatrix} = \begin{pmatrix} 0 \\ 0 \\ 0 \end{pmatrix}$$

Daraus ergeben sich 3 Gleichungen mit 3 Unbekannten:

$$\begin{aligned} -2 \cdot x_1 &+ 2 \cdot x_2 &- 1 \cdot x_3 &= 0 \\ 0 \cdot x_1 &- 4 \cdot x_2 &+ 0 \cdot x_3 &= 0 \\ 0 \cdot x_1 &+ 1 \cdot x_2 &+ 0 \cdot x_3 &= 0 \end{aligned}$$

Aus der 3. Gleichung folgt: $x_2 = 0$

Man kann nun x_1 oder x_3 frei wählen. Wir setzen $x_3 = \varphi$

Aus der 1. Gleichung folgt: $-2 \cdot x_1 - \varphi = 0 \quad \Rightarrow \quad x_1 = -\frac{1}{2} \cdot \varphi$

Damit ergibt sich die zum Eigenwert $\lambda_2 = 3$ gehörende Eigenvektorrichtung wie folgt:

$$\mathbf{x}_2 = \begin{pmatrix} -1/2 \cdot \varphi \\ 0 \\ \varphi \end{pmatrix} = \varphi \cdot \begin{pmatrix} -1/2 \\ 0 \\ 1 \end{pmatrix} \quad \text{Den normierten Eigenvektor erhalten wir wie folgt:}$$

$$\tilde{\mathbf{x}}_2 = \frac{\mathbf{x}_2}{|\mathbf{x}_2|} = \frac{1}{\sqrt{\left(-\frac{1}{2}\right)^2 + 0^2 + 1^2}} \cdot \begin{pmatrix} -1/2 \\ 0 \\ 1 \end{pmatrix} = \frac{1}{\sqrt{\frac{5}{4}}} \cdot \begin{pmatrix} -1/2 \\ 0 \\ 1 \end{pmatrix} = \frac{1}{\sqrt{5}} \cdot \begin{pmatrix} -1 \\ 0 \\ 2 \end{pmatrix}$$

Eigenvektor für $\lambda_3 = -1$:

$$(\mathbf{A} - \mathbf{E} \cdot \lambda_3) \cdot \mathbf{x} = \begin{pmatrix} a_{11} - \lambda_3 & a_{12} & a_{13} \\ a_{21} & a_{22} - \lambda_3 & a_{23} \\ a_{31} & a_{32} & a_{33} - \lambda_3 \end{pmatrix} \begin{pmatrix} x_1 \\ x_2 \\ x_3 \end{pmatrix} = \begin{pmatrix} 2 & 2 & -1 \\ 0 & 0 & 0 \\ 0 & 1 & 4 \end{pmatrix} \begin{pmatrix} x_1 \\ x_2 \\ x_3 \end{pmatrix} = \begin{pmatrix} 0 \\ 0 \\ 0 \end{pmatrix}$$

Daraus ergeben sich 3 Gleichungen mit 3 Unbekannten:

$$2 \cdot x_1 \quad +2 \cdot x_2 \quad -1 \cdot x_3 \quad = 0$$
$$0 \cdot x_1 \quad +0 \cdot x_2 \quad +0 \cdot x_3 \quad = 0$$
$$0 \cdot x_1 \quad +1 \cdot x_2 \quad +4 \cdot x_3 \quad = 0$$

Da die zweite Gleichung trivial ist, reduziert sich das Gleichungssystem auf zwei Gleichungen mit drei Unbekannten:

$$2 \cdot x_1 \quad +2 \cdot x_2 \quad -1 \cdot x_3 \quad = 0$$
$$0 \cdot x_1 \quad +1 \cdot x_2 \quad +4 \cdot x_3 \quad = 0$$

Bei einem derartigen System kann eine der Unbekannten frei gewählt werden.
Wir setzen also $x_2 = \varphi$

$$\Rightarrow \quad \begin{aligned} 2 \cdot x_1 \quad +2 \cdot \varphi \quad -1 \cdot x_3 \quad &= 0 \\ 1 \cdot \varphi \quad +4 \cdot x_3 \quad &= 0 \end{aligned}$$

Aus der unteren Gleichung folgt: $\quad x_3 = -\dfrac{1}{4}\varphi$

Eingesetzt in die obere Gleichung folgt:

$$2 \cdot x_1 + 2 \cdot \varphi + \frac{1}{4} \cdot \varphi = 0 \quad \Rightarrow \quad 2 \cdot x_1 + \frac{9}{4} \cdot \varphi = 0 \quad \Rightarrow \quad x_1 = -\frac{9}{8} \cdot \varphi$$

Damit ergibt sich der zum Eigenwert $\lambda_3 = -1$ gehörende Eigenvektor wie folgt:

$$\mathbf{x}_3 = \begin{pmatrix} -9/8 \cdot \varphi \\ \varphi \\ -1/4 \cdot \varphi \end{pmatrix} = -\frac{\varphi}{8} \cdot \begin{pmatrix} 9 \\ -8 \\ 2 \end{pmatrix}$$ Den normierten Eigenvektor erhalten wir wie folgt:

$$\tilde{\mathbf{x}}_3 = \frac{\mathbf{x}_3}{|\mathbf{x}_3|} = \frac{1}{\sqrt{9^2 + (-8)^2 + 2^2}} \cdot \begin{pmatrix} 9 \\ -8 \\ 2 \end{pmatrix} = \frac{1}{\sqrt{149}} \begin{pmatrix} 9 \\ -8 \\ 2 \end{pmatrix}$$

5.4.6.3 Berechnung der Eigenvektoren mit Hilfe des Vektorproduktes

In Abschnitt 5.1.3 haben wir Folgendes festgestellt:

Ist das Skalarprodukt zweier Vektoren gleich 0, so sind diese **orthogonale** Vektoren, sie stehen also senkrecht aufeinander.

In Abschnitt 5.1.4 haben wir das Vektor- oder auch Kreuzprodukt kennen gelernt, wobei folgende Aussage getätigt wurde:

Durch das Vektorprodukt zweier Vektoren **a** und **b** wird ein dritter Vektor **c** erzeugt, der auf den beiden Ursprungsvektoren senkrecht steht. Der Betrag des Ergebnisvektors ist der Flächeninhalt des durch die Vektoren **a** und **b** aufgespannten Parallelogramms.

In Abschnitt 5.4.5.1 und 5.4.6.1 haben wir folgenden Zusammenhang abgeleitet:

$$(\mathbf{A} - \mathbf{E} \cdot \lambda) \cdot \mathbf{x} = \begin{pmatrix} a_{11} - \lambda & a_{12} & a_{13} \\ a_{21} & a_{22} - \lambda & a_{23} \\ a_{31} & a_{32} & a_{33} - \lambda \end{pmatrix} \cdot \begin{pmatrix} x_1 \\ x_2 \\ x_3 \end{pmatrix} = \begin{pmatrix} 0 \\ 0 \\ 0 \end{pmatrix}$$

Dies führt zu einem Gleichungssystem von 3 Gleichungen mit 3 Unbekannten, mit denen die Werte x_1, x_2 und x_3 bestimmt werden können.

Bei der im Folgenden beschriebenen Methode macht man sich die Tatsache zunutze, dass das Skalarprodukt zweier orthogonaler Vektoren immer gleich Null ist.

Man nimmt also die erste Zeile der o.g. Matrix und fasst diese als Vektor auf. Der erste Zeilenvektor kann somit wie folgt geschrieben werden:

$$\mathbf{z}_1 = \begin{pmatrix} a_{11} - \lambda & a_{12} & a_{13} \end{pmatrix}$$

Wir schreiben nun diesen Vektor als Spaltenvektor:

$$\mathbf{z}_1 = \begin{pmatrix} a_{11} - \lambda \\ a_{12} \\ a_{13} \end{pmatrix}$$

Wenn wir nun das Skalarprodukt aus $\mathbf{z}_1$ und $\mathbf{x}$ berechnen, erhalten wir Folgendes:

$$\mathbf{z}_1 \cdot \mathbf{x} = \begin{pmatrix} a_{11} - \lambda \\ a_{12} \\ a_{13} \end{pmatrix} \cdot \begin{pmatrix} x_1 \\ x_2 \\ x_3 \end{pmatrix} = (a_{11} - \lambda) \cdot x_1 + a_{12} \cdot x_2 + a_{13} \cdot x_3 = 0$$

Da dieses Skalarprodukt = 0 ist, müssen die beiden Vektoren aufeinander senkrecht stehen.

Für die zweite Zeile gilt analog:

$$\mathbf{z}_2 \cdot \mathbf{x} = \begin{pmatrix} a_{21} \\ a_{22} - \lambda \\ a_{23} \end{pmatrix} \cdot \begin{pmatrix} x_1 \\ x_2 \\ x_3 \end{pmatrix} = a_{21} \cdot x_1 + (a_{22} - \lambda) \cdot x_2 + a_{23} \cdot x_3 = 0$$

Wir suchen nun einen Vektor, der auf diesen beiden Vektoren senkrecht steht und somit ein Eigenvektor ist. Hierzu bilden wir das Kreuzprodukt dieser Vektoren:

$$\mathbf{x}_1 = \mathbf{z}_1 \times \mathbf{z}_2 = \begin{pmatrix} a_{11} - \lambda \\ a_{12} \\ a_{13} \end{pmatrix} \times \begin{pmatrix} a_{21} \\ a_{22} - \lambda \\ a_{23} \end{pmatrix} = \begin{pmatrix} a_{12} \cdot a_{23} - a_{13} \cdot (a_{22} - \lambda) \\ a_{13} \cdot a_{21} - a_{23} \cdot (a_{11} - \lambda) \\ (a_{11} - \lambda) \cdot (a_{22} - \lambda) - a_{12} \cdot a_{21} \end{pmatrix}$$

Analog kann man natürlich auch folgende Vektorprodukte bilden:

$$\mathbf{x}_2 = \mathbf{z}_1 \times \mathbf{z}_3 = \begin{pmatrix} a_{11} - \lambda \\ a_{12} \\ a_{13} \end{pmatrix} \times \begin{pmatrix} a_{31} \\ a_{32} \\ a_{33} - \lambda \end{pmatrix} = \begin{pmatrix} a_{12} \cdot (a_{33} - \lambda) - a_{13} \cdot a_{32} \\ a_{13} \cdot a_{31} - (a_{11} - \lambda) \cdot (a_{33} - \lambda) \\ (a_{11} - \lambda) \cdot a_{32} - a_{12} \cdot a_{31} \end{pmatrix}$$

und

$$\mathbf{x}_3 = \mathbf{z}_2 \times \mathbf{z}_3 = \begin{pmatrix} a_{21} \\ a_{22} - \lambda \\ a_{23} \end{pmatrix} \times \begin{pmatrix} a_{31} \\ a_{32} \\ a_{33} - \lambda \end{pmatrix} = \begin{pmatrix} (a_{22} - \lambda) \cdot (a_{33} - \lambda) - a_{23} \cdot a_{32} \\ a_{23} \cdot a_{31} - a_{21} \cdot (a_{33} - \lambda) \\ a_{21} \cdot a_{32} - (a_{22} - \lambda) \cdot a_{31} \end{pmatrix}$$

Sollten die drei Vektoren ungleich dem Nullvektor sein, dann ist der gefundene Vektor ein Eigenvektor.

Wir wollen dies einmal für unsere bisherigen Beispiele ausprobieren.

Zu Beispiel (1) Gegeben ist folgende Matrix:

$$\mathbf{A} = \begin{pmatrix} 1 & 0 & 0 \\ -1 & 7 & 0 \\ 0 & -3 & 0 \end{pmatrix}$$

Eigenwerte: $\lambda_1 = 0$, $\lambda_2 = 7$ und $\lambda_3 = 1$

Eingesetzt für $\boldsymbol{\lambda_1 = 0}$ folgt einer der Eigenvektoren zum ersten Eigenwert:

$$\mathbf{x}_{11} = \begin{pmatrix} 1-0 \\ 0 \\ 0 \end{pmatrix} \times \begin{pmatrix} -1 \\ 7-0 \\ 0 \end{pmatrix} = \begin{pmatrix} 1 \\ 0 \\ 0 \end{pmatrix} \times \begin{pmatrix} -1 \\ 7 \\ 0 \end{pmatrix} = \begin{pmatrix} 0 \cdot 0 - 0 \cdot 7 \\ 0 \cdot (-1) - 1 \cdot 0 \\ 1 \cdot 7 - 0 \cdot (-1) \end{pmatrix} = \begin{pmatrix} 0 \\ 0 \\ 7 \end{pmatrix}$$

Daraus folgt der normierte Eigenvektor:

$$\tilde{\mathbf{x}}_{11} = \frac{1}{\sqrt{49}} \cdot \begin{pmatrix} 0 \\ 0 \\ 7 \end{pmatrix} = \frac{1}{7} \cdot \begin{pmatrix} 0 \\ 0 \\ 7 \end{pmatrix} = \begin{pmatrix} 0 \\ 0 \\ 1 \end{pmatrix}$$

$$\mathbf{x}_{12} = \begin{pmatrix} 1-0 \\ 0 \\ 0 \end{pmatrix} \times \begin{pmatrix} 0 \\ -3 \\ 0-0 \end{pmatrix} = \begin{pmatrix} 1 \\ 0 \\ 0 \end{pmatrix} \times \begin{pmatrix} 0 \\ -3 \\ 0 \end{pmatrix} = \begin{pmatrix} 0 \cdot 0 - 0 \cdot (-3) \\ 0 \cdot 0 - 1 \cdot 0 \\ 1 \cdot (-3) - 0 \cdot 0 \end{pmatrix} = \begin{pmatrix} 0 \\ 0 \\ -3 \end{pmatrix}$$

$$\mathbf{x}_{13} = \begin{pmatrix} -1 \\ 7-0 \\ 0 \end{pmatrix} \times \begin{pmatrix} 0 \\ -3 \\ 0-0 \end{pmatrix} = \begin{pmatrix} -1 \\ 7 \\ 0 \end{pmatrix} \times \begin{pmatrix} 0 \\ -3 \\ 0 \end{pmatrix} = \begin{pmatrix} 7 \cdot 0 - 0 \cdot (-3) \\ 0 \cdot 0 - (-1) \cdot 0 \\ (-1) \cdot (-3) - 7 \cdot 0 \end{pmatrix} = \begin{pmatrix} 0 \\ 0 \\ 3 \end{pmatrix}$$

Wir erhalten also in allen drei Fällen denselben normierten Einheitsvektor.

Eingesetzt für $\lambda_2 = 7$ folgt einer der Eigenvektoren zum zweiten Eigenwert:

$$\mathbf{x}_{21} = \begin{pmatrix} 1-7 \\ 0 \\ 0 \end{pmatrix} \times \begin{pmatrix} -1 \\ 7-7 \\ 0 \end{pmatrix} = \begin{pmatrix} -6 \\ 0 \\ 0 \end{pmatrix} \times \begin{pmatrix} -1 \\ 0 \\ 0 \end{pmatrix} = \begin{pmatrix} 0 \cdot 0 - 0 \cdot 0 \\ 0 \cdot (-1) - (-6) \cdot 0 \\ -6 \cdot 0 - 0 \cdot (-1) \end{pmatrix} = \begin{pmatrix} 0 \\ 0 \\ 0 \end{pmatrix}$$

Versuchen wir es mit der ersten und dritten Zeile:

$$\mathbf{x}_{22} = \begin{pmatrix} 1-7 \\ 0 \\ 0 \end{pmatrix} \times \begin{pmatrix} 0 \\ -3 \\ 0-7 \end{pmatrix} = \begin{pmatrix} -6 \\ 0 \\ 0 \end{pmatrix} \times \begin{pmatrix} 0 \\ -3 \\ -7 \end{pmatrix} = \begin{pmatrix} 0 \cdot (-7) - 0 \cdot (-3) \\ 0 \cdot 0 - (-6) \cdot (-7) \\ -6 \cdot (-3) - 0 \cdot 0 \end{pmatrix} = \begin{pmatrix} 0 \\ -42 \\ 18 \end{pmatrix}$$

Daraus folgt der normierte Eigenvektor:

$$\tilde{\mathbf{x}}_{22} = \frac{1}{\sqrt{42^2 + 18^2}} \cdot \begin{pmatrix} 0 \\ -42 \\ 18 \end{pmatrix} = \frac{1}{\sqrt{36 \cdot 58}} \cdot \begin{pmatrix} 0 \\ -42 \\ 18 \end{pmatrix} = \frac{1}{6 \cdot \sqrt{58}} \cdot \begin{pmatrix} 0 \\ -42 \\ 18 \end{pmatrix} = \frac{1}{\sqrt{58}} \cdot \begin{pmatrix} 0 \\ -7 \\ 3 \end{pmatrix}$$

Es fehlt noch die Kombination aus zweiter und dritter Zeile:

$$\mathbf{x}_{23} = \begin{pmatrix} -1 \\ 7-7 \\ 0 \end{pmatrix} \times \begin{pmatrix} 0 \\ -3 \\ 0-7 \end{pmatrix} = \begin{pmatrix} -1 \\ 0 \\ 0 \end{pmatrix} \times \begin{pmatrix} 0 \\ -3 \\ -7 \end{pmatrix} = \begin{pmatrix} 0 \cdot (-7) - 0 \cdot (-3) \\ 0 \cdot 0 - (-1) \cdot (-7) \\ (-1) \cdot (-3) - 0 \cdot 0 \end{pmatrix} = \begin{pmatrix} 0 \\ -7 \\ 3 \end{pmatrix}$$

Wir erhalten wieder dasselbe Ergebnis wie vorher.

Eingesetzt für $\lambda_3 = 1$ folgt einer der Eigenvektoren zum dritten Eigenwert:

$$\mathbf{x}_{31} = \begin{pmatrix} 1-1 \\ 0 \\ 0 \end{pmatrix} \times \begin{pmatrix} -1 \\ 7-1 \\ 0 \end{pmatrix} = \begin{pmatrix} 0 \\ 0 \\ 0 \end{pmatrix} \times \begin{pmatrix} -1 \\ 6 \\ 0 \end{pmatrix} = \begin{pmatrix} 0 \\ 0 \\ 0 \end{pmatrix}$$

Es hat also keinen Sinn, das Vektorprodukt mit Hilfe der ersten Zeile zu bilden, da der erste Vektor immer ein Nullvektor ist.

Versuchen wir es mit der zweiten und dritten Zeile:

$$\mathbf{x}_{33} = \begin{pmatrix} -1 \\ 7-1 \\ 0 \end{pmatrix} \times \begin{pmatrix} 0 \\ -3 \\ 0-1 \end{pmatrix} = \begin{pmatrix} -1 \\ 6 \\ 0 \end{pmatrix} \times \begin{pmatrix} 0 \\ -3 \\ -1 \end{pmatrix} = \begin{pmatrix} 6 \cdot (-1) - 0 \cdot (-3) \\ 0 \cdot 0 - (-1) \cdot (-1) \\ (-1) \cdot (-3) - 6 \cdot 0 \end{pmatrix} = \begin{pmatrix} -6 \\ -1 \\ 3 \end{pmatrix}$$

Wenn wir dies mit −1 multiplizieren erhalten wir dasselbe Ergebnis wie im Beispiel.

$$\mathbf{A} = \begin{pmatrix} 3 & 1 & 2 \\ 0 & 6 & -1 \\ 0 & 0 & 4 \end{pmatrix}$$

Zu Beispiel **(2)**: Gegeben ist folgende Matrix:

Eigenwerte: $\lambda_1 = 3$, $\lambda_2 = 6$ und $\lambda_3 = 4$

Eingesetzt für $\lambda_1 = 3$ folgt einer der Eigenvektoren zum ersten Eigenwert:

$$\mathbf{x}_{11} = \begin{pmatrix} 3-3 \\ 1 \\ 2 \end{pmatrix} \times \begin{pmatrix} 0 \\ 6-3 \\ -1 \end{pmatrix} = \begin{pmatrix} 0 \\ 1 \\ 2 \end{pmatrix} \times \begin{pmatrix} 0 \\ 3 \\ -1 \end{pmatrix} = \begin{pmatrix} 1\cdot(-1)-2\cdot3 \\ 2\cdot0-0\cdot(-1) \\ 0\cdot3-1\cdot0 \end{pmatrix} = \begin{pmatrix} -7 \\ 0 \\ 0 \end{pmatrix}$$

Wir multiplizieren diesen Eigenvektor mit -1 und erhalten den normierten Eigenvektor wie folgt:

$$\tilde{\mathbf{x}}_1 = \frac{1}{\sqrt{49}} \cdot \begin{pmatrix} 7 \\ 0 \\ 0 \end{pmatrix} = \frac{1}{7} \cdot \begin{pmatrix} 7 \\ 0 \\ 0 \end{pmatrix} = \begin{pmatrix} 1 \\ 0 \\ 0 \end{pmatrix}$$

Eingesetzt für $\lambda_2 = 6$ folgt einer der Eigenvektoren zum zweiten Eigenwert:

$$\mathbf{x}_{21} = \begin{pmatrix} 3-6 \\ 1 \\ 2 \end{pmatrix} \times \begin{pmatrix} 0 \\ 6-6 \\ -1 \end{pmatrix} = \begin{pmatrix} -3 \\ 1 \\ 2 \end{pmatrix} \times \begin{pmatrix} 0 \\ 0 \\ -1 \end{pmatrix} = \begin{pmatrix} 1\cdot(-1)-2\cdot0 \\ 2\cdot0-(-3)\cdot(-1) \\ (-3)\cdot0-1\cdot0 \end{pmatrix} = \begin{pmatrix} -1 \\ -3 \\ 0 \end{pmatrix}$$

Wir multiplizieren diesen Eigenvektor mit -1 und erhalten den normierten Eigenvektor wie folgt:

$$\tilde{\mathbf{x}}_2 = \frac{1}{\sqrt{10}} \cdot \begin{pmatrix} 1 \\ 3 \\ 0 \end{pmatrix}$$

Eingesetzt für $\lambda_3 = 4$ folgt einer der Eigenvektoren zum dritten Eigenwert:

$$\mathbf{x}_{31} = \begin{pmatrix} 3-4 \\ 1 \\ 2 \end{pmatrix} \times \begin{pmatrix} 0 \\ 6-4 \\ -1 \end{pmatrix} = \begin{pmatrix} -1 \\ 1 \\ 2 \end{pmatrix} \times \begin{pmatrix} 0 \\ 2 \\ -1 \end{pmatrix} = \begin{pmatrix} 1\cdot(-1)-2\cdot2 \\ 2\cdot0-(-1)\cdot(-1) \\ (-1)\cdot2-1\cdot0 \end{pmatrix} = \begin{pmatrix} -5 \\ -1 \\ -2 \end{pmatrix}$$

Wir multiplizieren diesen Eigenvektor mit -1 und erhalten den normierten Eigenvektor wie folgt:

$$\tilde{\mathbf{x}}_3 = \frac{1}{\sqrt{5^2 + 1^2 + 2^2}} \cdot \begin{pmatrix} 5 \\ 1 \\ 2 \end{pmatrix} = \frac{1}{\sqrt{30}} \cdot \begin{pmatrix} 5 \\ 1 \\ 2 \end{pmatrix} =$$

Zu Beispiel **(3)**: Gegeben ist folgende Matrix:
$$\mathbf{A} = \begin{pmatrix} 1 & 2 & -1 \\ 0 & -1 & 0 \\ 0 & 1 & 3 \end{pmatrix}$$

Eigenwerte: $\lambda_1 = 1$, $\lambda_2 = 3$ und $\lambda_3 = -1$

Eingesetzt für $\boldsymbol{\lambda_1 = 1}$ folgt einer der Eigenvektoren zum ersten Eigenwert:

$$\mathbf{x}_{11} = \begin{pmatrix} 1-1 \\ 2 \\ -1 \end{pmatrix} \times \begin{pmatrix} 0 \\ -1-1 \\ 0 \end{pmatrix} = \begin{pmatrix} 0 \\ 2 \\ -1 \end{pmatrix} \times \begin{pmatrix} 0 \\ -2 \\ 0 \end{pmatrix} = \begin{pmatrix} 2 \cdot 0 - (-1) \cdot (-2) \\ (-1) \cdot 0 - 0 \cdot 0 \\ 0 \cdot (-2) - 2 \cdot 0 \end{pmatrix} = \begin{pmatrix} -2 \\ 0 \\ 0 \end{pmatrix}$$

Wir multiplizieren diesen Eigenvektor mit −1 und erhalten den normierten Eigenvektor wie folgt:

$$\tilde{\mathbf{x}}_1 = \frac{1}{\sqrt{4}} \cdot \begin{pmatrix} 2 \\ 0 \\ 0 \end{pmatrix} = \frac{1}{2} \cdot \begin{pmatrix} 2 \\ 0 \\ 0 \end{pmatrix} = \begin{pmatrix} 1 \\ 0 \\ 0 \end{pmatrix}$$

Eingesetzt für $\boldsymbol{\lambda_2 = 3}$ folgt einer der Eigenvektoren zum zweiten Eigenwert:

$$\mathbf{x}_{21} = \begin{pmatrix} 1-3 \\ 2 \\ -1 \end{pmatrix} \times \begin{pmatrix} 0 \\ -1-3 \\ 0 \end{pmatrix} = \begin{pmatrix} -2 \\ 2 \\ -1 \end{pmatrix} \times \begin{pmatrix} 0 \\ -4 \\ 0 \end{pmatrix} = \begin{pmatrix} 2 \cdot 0 - (-1) \cdot (-4) \\ (-1) \cdot 0 - (-2) \cdot 0 \\ (-2) \cdot (-4) - 2 \cdot 0 \end{pmatrix} = \begin{pmatrix} -4 \\ 0 \\ 8 \end{pmatrix}$$

Wir dividieren diesen Eigenvektor durch 4 und erhalten den normierten Eigenvektor wie folgt:

$$\tilde{\mathbf{x}}_2 = \frac{1}{\sqrt{(-1)^2 + 2^2}} \begin{pmatrix} -1 \\ 0 \\ 2 \end{pmatrix} = \frac{1}{\sqrt{5}} \begin{pmatrix} -1 \\ 0 \\ 2 \end{pmatrix}$$

Eingesetzt für $\boldsymbol{\lambda_3 = -1}$ folgt einer der Eigenvektoren zum dritten Eigenwert:

$$\mathbf{x}_{31} = \begin{pmatrix} 1-(-1) \\ 2 \\ -1 \end{pmatrix} \times \begin{pmatrix} 0 \\ -1-(-1) \\ 0 \end{pmatrix} = \begin{pmatrix} 2 \\ 2 \\ -1 \end{pmatrix} \times \begin{pmatrix} 0 \\ 0 \\ 0 \end{pmatrix} = \begin{pmatrix} 0 \\ 0 \\ 0 \end{pmatrix} \quad \Rightarrow \quad \text{keine Lösung}$$

Es hat also keinen Sinn, wenn man das Vektorprodukt mit Hilfe der zweiten Zeile bildet, weil der zweite Vektor immer ein Nullvektor ist.

Versuchen wir es mit der ersten und dritten Zeile:

$$\mathbf{x}_{33} = \begin{pmatrix} 1-(-1) \\ 2 \\ -1 \end{pmatrix} \times \begin{pmatrix} 0 \\ 1 \\ 3-(-1) \end{pmatrix} = \begin{pmatrix} 2 \\ 2 \\ -1 \end{pmatrix} \times \begin{pmatrix} 0 \\ 1 \\ 4 \end{pmatrix} = \begin{pmatrix} 2 \cdot 4 - (-1) \cdot 1 \\ (-1) \cdot 0 - 2 \cdot 4 \\ 2 \cdot 1 - 2 \cdot 0 \end{pmatrix} = \begin{pmatrix} 9 \\ -8 \\ 2 \end{pmatrix} \quad \Rightarrow \quad \tilde{\mathbf{x}}_3 = \frac{1}{\sqrt{149}} \cdot \begin{pmatrix} 9 \\ -8 \\ 2 \end{pmatrix}$$

5.4.7 Eigenwerte und Eigenvektoren einer n x n Matrix

Im vorherigen Abschnitt haben wir uns mit Eigenwerten und Eigenvektoren einer 3 x 3 Matrix beschäftigt.

Aus der Formel für die Eigenvektoren $\qquad\qquad (\mathbf{A} - \mathbf{E} \cdot \lambda) \cdot \mathbf{x} = 0$

haben wir die Formel zur Berechnung der Eigenwerte abgeleitet: $\quad \det(\mathbf{A} - \mathbf{E} \cdot \lambda) = 0$

Diese Formel ist allgemein gültig, also auch für alle n x n – Matrizen. Wir können also schreiben:

$$\det(\mathbf{A} - \mathbf{E} \cdot \lambda) = \det\left[\begin{pmatrix} a_{11} & a_{12} & ... & a_{1n} \\ a_{21} & a_{22} & ... & a_{2n} \\ .. & .. & ... & .. \\ a_{n1} & a_{n2} & ... & a_{nn} \end{pmatrix} - \begin{pmatrix} 1 & 0 & ... & 0 \\ 0 & 1 & ... & 0 \\ .. & .. & ... & .. \\ 0 & 0 & ... & 1 \end{pmatrix} \cdot \lambda\right] = \det\left[\begin{pmatrix} a_{11} & a_{12} & ... & a_{1n} \\ a_{21} & a_{22} & ... & a_{2n} \\ .. & .. & ... & .. \\ a_{n1} & a_{n2} & ... & a_{nn} \end{pmatrix} - \begin{pmatrix} \lambda & 0 & ... & 0 \\ 0 & \lambda & ... & 0 \\ .. & .. & ... & .. \\ 0 & 0 & ... & \lambda \end{pmatrix}\right]$$

$$\det(\mathbf{A} - \mathbf{E} \cdot \lambda) = \det\begin{vmatrix} a_{11} - \lambda & a_{12} & ... & a_{1n} \\ a_{21} & a_{22} - \lambda & ... & a_{2n} \\ .. & .. & ... & .. \\ a_{n1} & a_{n2} & ... & a_{nn} - \lambda \end{vmatrix} = 0$$

Die Eigenwerte λ_1, λ_2, ... , λ_n sind die Lösungen der o.g. charakteristischen Gleichung.

Einen Eigenvektor zu einem der Eigenwerte λ_i erhält man als Lösungsvektor des homogenen linearen Gleichungssystems:

$$(\mathbf{A} - \mathbf{E} \cdot \lambda_i) \cdot \mathbf{x}_i = \begin{pmatrix} a_{11} - \lambda & a_{12} & ... & a_{1n} \\ a_{21} & a_{22} - \lambda & ... & a_{2n} \\ .. & .. & ... & .. \\ a_{n1} & a_{n2} & ... & a_{nn} - \lambda \end{pmatrix} \cdot \begin{pmatrix} x_1 \\ x_2 \\ ... \\ x_i \end{pmatrix} = \begin{pmatrix} 0 \\ 0 \\ ... \\ 0 \end{pmatrix}$$

Dies führt zu einem Gleichungssystem von n Gleichungen mit n Unbekannten.

$$\begin{aligned} (a_{11} - \lambda) \cdot x_1 &+ a_{12} \cdot x_2 &+ ... + & \; a_{1n} \cdot x_n & = 0 \\ a_{21} \cdot x_1 &+ (a_{22} - \lambda) \cdot x_2 &+ ... + & \; a_{2n} \cdot x_n & = 0 \\ ... & ... & ... \quad ... & ... \\ a_{n1} \cdot x_1 &+ a_{n2} \cdot x_2 &+ ... + & \; (a_{nn} - \lambda) \cdot x_n & = 0 \end{aligned}$$

Damit wird der Eigenvektor der Matrix **A** berechnet.

Auch hier handelt es sich wieder um eine Eigenvektorrichtung. Den zugehörigen normierten Eigenvektor kann man dann wie in Abschnitt 5.4.5.3 berechnen.

Weiterhin gilt:

Die Spur der Matrix **A** ist gleich der Summe der Eigenwerte: $\qquad \text{Spur}(\mathbf{A}) = \lambda_1 + \lambda_2 + ... + \lambda_n$

Die Determinante von **A** ist gleich dem Produkt der Eigenwerte: $\qquad \det(\mathbf{A}) = \lambda_1 \cdot \lambda_2 \cdot ... \cdot \lambda_n$

5.4.8   Weitere Beispiele zur Vektor- und Matrizenrechnung

(1) Gegeben sind folgende Vektoren:

$$\mathbf{a} = \begin{pmatrix} 6 \\ 1 \\ 3 \\ 5 \end{pmatrix} \qquad \mathbf{b} = \begin{pmatrix} -2 \\ 4 \\ 7 \\ -4 \end{pmatrix} \qquad \mathbf{c} = \begin{pmatrix} 8 \\ 3 \\ -4 \\ -3 \end{pmatrix} \qquad \mathbf{d} = \begin{pmatrix} 2 \\ -6 \\ 5 \\ -7 \end{pmatrix}$$

Berechne folgende Ausdrücke:

$$\mathbf{f}_1 = 3 \cdot \mathbf{a} - 4 \cdot \mathbf{b} + 2 \cdot \mathbf{c} - \mathbf{d} \qquad \mathbf{f}_2 = 2 \cdot \mathbf{a} + 6 \cdot \mathbf{b} - 4 \cdot \mathbf{c} - 3 \cdot \mathbf{d} \qquad \mathbf{f}_3 = -5 \cdot \mathbf{a} + 2 \cdot \mathbf{b} + 3 \cdot \mathbf{c} - 4 \cdot \mathbf{d}$$

$$\mathbf{f}_1 = \begin{pmatrix} 3 \cdot 6 & -4 \cdot (-2) & +2 \cdot 8 & -2 \\ 3 \cdot 1 & -4 \cdot 4 & +2 \cdot 3 & -(-6) \\ 3 \cdot 3 & -4 \cdot 7 & +2 \cdot (-4) & -5 \\ 3 \cdot 5 & -4 \cdot (-4) & +2 \cdot (-3) & -(-7) \end{pmatrix} = \begin{pmatrix} 18 & +8 & +16 & -2 \\ 3 & -16 & +6 & +6 \\ 9 & -28 & -8 & -5 \\ 15 & +16 & -6 & +7 \end{pmatrix} = \begin{pmatrix} 40 \\ -1 \\ -32 \\ 32 \end{pmatrix}$$

$$\mathbf{f}_2 = \begin{pmatrix} 2 \cdot 6 & +6 \cdot (-2) & -4 \cdot 8 & -3 \cdot 2 \\ 2 \cdot 1 & +6 \cdot 4 & -4 \cdot 3 & -3 \cdot (-6) \\ 2 \cdot 3 & +6 \cdot 7 & -4 \cdot (-4) & -3 \cdot 5 \\ 2 \cdot 5 & +6 \cdot (-4) & -4 \cdot (-3) & -3 \cdot (-7) \end{pmatrix} = \begin{pmatrix} 12 & -12 & -32 & -6 \\ 2 & +24 & -12 & +18 \\ 6 & +42 & +16 & -15 \\ 10 & -24 & +12 & +21 \end{pmatrix} = \begin{pmatrix} -38 \\ 32 \\ 49 \\ 19 \end{pmatrix}$$

$$\mathbf{f}_3 = \begin{pmatrix} -5 \cdot 6 & +2 \cdot (-2) & +3 \cdot 8 & -4 \cdot 2 \\ -5 \cdot 1 & +2 \cdot 4 & +3 \cdot 3 & -4 \cdot (-6) \\ -5 \cdot 3 & +2 \cdot 7 & +3 \cdot (-4) & -4 \cdot 5 \\ -5 \cdot 5 & +2 \cdot (-4) & +3 \cdot (-3) & -4 \cdot (-7) \end{pmatrix} = \begin{pmatrix} -30 & -4 & +24 & -8 \\ -5 & +8 & +9 & +24 \\ -15 & +14 & -12 & -20 \\ -25 & -8 & -9 & +28 \end{pmatrix} = \begin{pmatrix} -18 \\ 36 \\ -33 \\ -14 \end{pmatrix}$$

(2) Gegeben sind folgende Vektoren:

$$\mathbf{a} = \begin{pmatrix} 1 \\ 2 \\ -3 \\ 6 \\ 4 \end{pmatrix} \qquad \mathbf{b} = \begin{pmatrix} 3 \\ -4 \\ 1 \\ -3 \\ 8 \end{pmatrix} \qquad \mathbf{c} = \begin{pmatrix} 0 \\ -6 \\ 5 \\ -3 \\ 2 \end{pmatrix} \qquad \mathbf{d} = \begin{pmatrix} 3 \\ 0 \\ -5 \\ 8 \\ 2 \end{pmatrix}$$

Berechne folgende Skalarprodukte:

$$s_1 = 3 \cdot (\mathbf{a} \cdot \mathbf{c}) \qquad s_2 = (2 \cdot \mathbf{a} - \mathbf{b}) \cdot (4 \cdot \mathbf{c} - 2 \cdot \mathbf{d}) \qquad s_3 = (-2 \cdot \mathbf{a} + 3 \cdot \mathbf{b}) \cdot (3 \cdot \mathbf{c} - 2 \cdot \mathbf{d})$$

$$s_1 = 3 \cdot \begin{pmatrix} 1 \\ 2 \\ -3 \\ 6 \\ 4 \end{pmatrix} \cdot \begin{pmatrix} 0 \\ -6 \\ 5 \\ -3 \\ 2 \end{pmatrix} = 3 \cdot (1 \cdot 0 - 2 \cdot 6 - 3 \cdot 5 - 6 \cdot 3 + 4 \cdot 2) = 3 \cdot (-12 - 15 - 18 + 8) = -111$$

$$s_2 = \left[2 \cdot \begin{pmatrix} 1 \\ 2 \\ -3 \\ 6 \\ 4 \end{pmatrix} - \begin{pmatrix} 3 \\ -4 \\ 1 \\ -3 \\ 8 \end{pmatrix}\right] \cdot \left[4 \cdot \begin{pmatrix} 0 \\ -6 \\ 5 \\ -3 \\ 2 \end{pmatrix} - 2 \cdot \begin{pmatrix} 3 \\ 0 \\ -5 \\ 8 \\ 2 \end{pmatrix}\right] = \left[\begin{pmatrix} 2 \\ 4 \\ -6 \\ 12 \\ 8 \end{pmatrix} - \begin{pmatrix} 3 \\ -4 \\ 1 \\ -3 \\ 8 \end{pmatrix}\right] \cdot \left[\begin{pmatrix} 0 \\ -24 \\ 20 \\ -12 \\ 8 \end{pmatrix} - \begin{pmatrix} 6 \\ 0 \\ -10 \\ 16 \\ 4 \end{pmatrix}\right]$$

$$= \begin{pmatrix} -1 \\ 8 \\ -7 \\ 15 \\ 0 \end{pmatrix} \cdot \begin{pmatrix} -6 \\ -24 \\ 30 \\ -28 \\ 4 \end{pmatrix} = (-1) \cdot (-6) + 8 \cdot (-24) + (-7) \cdot 30 + 15 \cdot (-28) + 0 \cdot 4 = 6 - 192 - 210 - 420 = -816$$

$$s_3 = \left[-2 \cdot \begin{pmatrix} 1 \\ 2 \\ -3 \\ 6 \\ 4 \end{pmatrix} + 3 \cdot \begin{pmatrix} 3 \\ -4 \\ 1 \\ -3 \\ 8 \end{pmatrix}\right] \cdot \left[3 \cdot \begin{pmatrix} 0 \\ -6 \\ 5 \\ -3 \\ 2 \end{pmatrix} - 2 \cdot \begin{pmatrix} 3 \\ 0 \\ -5 \\ 8 \\ 2 \end{pmatrix}\right] = \left[\begin{pmatrix} -2 \\ -4 \\ 6 \\ -12 \\ -8 \end{pmatrix} + \begin{pmatrix} 9 \\ -12 \\ 3 \\ -9 \\ 24 \end{pmatrix}\right] \cdot \left[\begin{pmatrix} 0 \\ -18 \\ 15 \\ -9 \\ 6 \end{pmatrix} - \begin{pmatrix} 6 \\ 0 \\ -10 \\ 16 \\ 4 \end{pmatrix}\right]$$

$$= \begin{pmatrix} 7 \\ -16 \\ 9 \\ -21 \\ 16 \end{pmatrix} \cdot \begin{pmatrix} -6 \\ -18 \\ 25 \\ -25 \\ 2 \end{pmatrix} = 7 \cdot (-6) + (-16) \cdot (-18) + 9 \cdot 25 + (-21) \cdot (-25) + 16 \cdot 2 = -42 + 288 + 225 + 525 + 32 = 1028$$

(3) Berechne die Beträge der Vektoren aus Aufgabe (1) und (2).

$$|a_1| = \sqrt{6^2 + 1^2 + 3^2 + 5^2} = \sqrt{36 + 1 + 9 + 25} = \sqrt{71} = 8{,}42615$$

$$|b_1| = \sqrt{(-2)^2 + 4^2 + 7^2 + (-4)^2} = \sqrt{4 + 16 + 49 + 16} = \sqrt{85} = 9{,}21954$$

$$|c_1| = \sqrt{8^2 + 3^2 + (-4)^2 + (-3)^2} = \sqrt{64 + 9 + 16 + 9} = \sqrt{98} = 9{,}89949$$

$$|d_1| = \sqrt{2^2 + (-6)^2 + 5^2 + (-7)^2} = \sqrt{4 + 36 + 25 + 49} = \sqrt{114} = 10{,}67708$$

$$|a_2| = \sqrt{1^2 + 2^2 + (-3)^2 + 6^2 + 4^2} = \sqrt{1 + 4 + 9 + 36 + 16} = \sqrt{66} = 8{,}12404$$

$$|b_2| = \sqrt{3^2 + (-4)^2 + 1^2 + (-3)^2 + 8^2} = \sqrt{9 + 16 + 1 + 9 + 64} = \sqrt{99} = 9{,}94987$$

$$|c_2| = \sqrt{0^2 + (-6)^2 + 5^2 + (-3)^2 + 2^2} = \sqrt{0 + 36 + 25 + 9 + 4} = \sqrt{74} = 8{,}60232$$

$$|d_2| = \sqrt{3^2 + 0^2 + (-5)^2 + 8^2 + 2^2} = \sqrt{9 + 0 + 25 + 64 + 4} = \sqrt{102} = 10{,}09951$$

(4) Gegeben sind folgende Vektoren:

$$\mathbf{a} = \begin{pmatrix} 6 \\ 2 \\ 3 \end{pmatrix} \quad \mathbf{b} = \begin{pmatrix} -4 \\ 3 \\ 6 \end{pmatrix} \quad \mathbf{c} = \begin{pmatrix} 8 \\ 4 \\ 11 \end{pmatrix} \quad \mathbf{d} = \begin{pmatrix} 2 \\ 7 \\ -4 \end{pmatrix}$$

Berechne die Skalarprodukte **a·b** und **c·d** und interpretiere die Ergebnisse.

$$\mathbf{a} \cdot \mathbf{b} = \begin{pmatrix} 6 \\ 2 \\ 3 \end{pmatrix} \cdot \begin{pmatrix} -4 \\ 3 \\ 6 \end{pmatrix} = 6 \cdot (-4) + 2 \cdot 3 + 3 \cdot 6 = -24 + 6 + 18 = 0$$

$$\mathbf{c} \cdot \mathbf{d} = \begin{pmatrix} 8 \\ 4 \\ 11 \end{pmatrix} \cdot \begin{pmatrix} 2 \\ 7 \\ -4 \end{pmatrix} = 8 \cdot 2 + 4 \cdot 7 + 11 \cdot (-4) = 16 + 28 - 44 = 0$$

Da die Skalarprodukte 0 ergeben, stehen die jeweiligen Vektoren senkrecht aufeinander.

(4) Gegeben sind folgende Vektoren:

$$\mathbf{a} = \begin{pmatrix} 3 \\ 4 \\ 2 \end{pmatrix} \quad \mathbf{b} = \begin{pmatrix} -4 \\ 8 \\ 5 \end{pmatrix} \quad \mathbf{c} = \begin{pmatrix} 6 \\ 5 \\ -3 \end{pmatrix}$$

a) Berechne die Vektorprodukte $\mathbf{v_1} = \mathbf{a} \times \mathbf{b}$, $\mathbf{v_2} = \mathbf{a} \times \mathbf{c}$ und $\mathbf{v_3} = \mathbf{b} \times \mathbf{c}$ und mache die Probe.

$$\mathbf{v_1} = \mathbf{a} \times \mathbf{b} = \begin{pmatrix} 3 \\ 4 \\ 2 \end{pmatrix} \times \begin{pmatrix} -4 \\ 8 \\ 5 \end{pmatrix} = \begin{pmatrix} 4 \cdot 5 - 2 \cdot 8 \\ 2 \cdot (-4) - 3 \cdot 5 \\ 3 \cdot 8 - 4 \cdot (-4) \end{pmatrix} = \begin{pmatrix} 20 - 16 \\ -8 - 15 \\ 24 - (-16) \end{pmatrix} = \begin{pmatrix} 4 \\ -23 \\ 40 \end{pmatrix}$$

Probe 1:

$$\mathbf{v_1} \cdot \mathbf{a} = \begin{pmatrix} 4 \\ -23 \\ 40 \end{pmatrix} \cdot \begin{pmatrix} 3 \\ 4 \\ 2 \end{pmatrix} = 4 \cdot 3 + (-23) \cdot 4 + 40 \cdot 2 = 12 - 92 + 80 = 0 \quad \text{(Vektoren sind orthogonal)}$$

Probe 2:

$$\mathbf{v_1} \cdot \mathbf{b} = \begin{pmatrix} 4 \\ -23 \\ 40 \end{pmatrix} \cdot \begin{pmatrix} -4 \\ 8 \\ 5 \end{pmatrix} = 4 \cdot (-4) + (-23) \cdot 8 + 40 \cdot 5 = -16 - 184 + 200 = 0 \quad \text{(Vektoren sind orthogonal)}$$

$$\mathbf{v_2} = \mathbf{a} \times \mathbf{c} = \begin{pmatrix} 3 \\ 4 \\ 2 \end{pmatrix} \times \begin{pmatrix} 6 \\ 5 \\ -3 \end{pmatrix} = \begin{pmatrix} 4 \cdot (-3) - 2 \cdot 5 \\ 2 \cdot 6 - 3 \cdot (-3) \\ 3 \cdot 5 - 4 \cdot 6 \end{pmatrix} = \begin{pmatrix} -12 - 10 \\ 12 - (-9) \\ 15 - 24 \end{pmatrix} = \begin{pmatrix} -22 \\ 21 \\ -9 \end{pmatrix}$$

Probe:

$$\mathbf{v_2} \cdot \mathbf{c} = \begin{pmatrix} -22 \\ 21 \\ -9 \end{pmatrix} \cdot \begin{pmatrix} 6 \\ 5 \\ -3 \end{pmatrix} = (-22) \cdot 6 + 21 \cdot 5 + (-9) \cdot (-3) = -132 + 105 + 27 = 0 \quad \text{(Vektoren sind orthogonal)}$$

$$\mathbf{v}_3 = \mathbf{b} \times \mathbf{c} = \begin{pmatrix} -4 \\ 8 \\ 5 \end{pmatrix} \times \begin{pmatrix} 6 \\ 5 \\ -3 \end{pmatrix} = \begin{pmatrix} 8 \cdot (-3) - 5 \cdot 5 \\ 5 \cdot 6 - (-4) \cdot (-3) \\ (-4) \cdot 5 - 8 \cdot 6 \end{pmatrix} = \begin{pmatrix} -24 - 25 \\ 30 - 12 \\ -20 - 48 \end{pmatrix} = \begin{pmatrix} -49 \\ 18 \\ -68 \end{pmatrix}$$

Probe:

$$\mathbf{v}_3 \cdot \mathbf{c} = \begin{pmatrix} -49 \\ 18 \\ -68 \end{pmatrix} \cdot \begin{pmatrix} 6 \\ 5 \\ -3 \end{pmatrix} = (-49) \cdot 6 + 18 \cdot 5 + (-68) \cdot (-3) = -294 + 90 + 204 = 0 \quad \text{(Vektoren sind orthogonal)}$$

b) Berechne folgende Winkel zwischen den Vektoren: $\varphi_{1(a,\,b)}$, $\varphi_{2(a,\,c)}$ und $\varphi_{3(b,\,c)}$

$$|\mathbf{v}_1| = |\mathbf{a}| \cdot |\mathbf{b}| \cdot \sin\varphi_1 \quad \Rightarrow \quad \sin\varphi_1 = \frac{|\mathbf{v}_1|}{|\mathbf{a}| \cdot |\mathbf{b}|} \quad \Rightarrow \quad \varphi_1 = \arcsin\frac{|\mathbf{v}_1|}{|\mathbf{a}| \cdot |\mathbf{b}|}$$

Analog gilt: $\varphi_2 = \arcsin\dfrac{|\mathbf{v}_2|}{|\mathbf{a}| \cdot |\mathbf{c}|}$ und $\varphi_3 = \arcsin\dfrac{|\mathbf{v}_3|}{|\mathbf{b}| \cdot |\mathbf{c}|}$

$$\Rightarrow \quad \varphi_1 = \arcsin\frac{\sqrt{4^2 + (-23)^2 + 40^2}}{\sqrt{3^2 + 4^2 + 2^2} \cdot \sqrt{(-4)^2 + 8^2 + 5^2}} = \arcsin\frac{\sqrt{2145}}{\sqrt{29} \cdot \sqrt{105}} = \arcsin 0{,}83931 = 0{,}99601 = 57{,}067°$$

$$\Rightarrow \quad \varphi_2 = \arcsin\frac{\sqrt{(-22)^2 + 21^2 + (-9)^2}}{\sqrt{3^2 + 4^2 + 2^2} \cdot \sqrt{6^2 + 5^2 + (-3)^2}} = \arcsin\frac{\sqrt{1006}}{\sqrt{29} \cdot \sqrt{70}} = \arcsin 0{,}70396 = 0{,}78096 = 44{,}746°$$

$$\Rightarrow \quad \varphi_3 = \arcsin\frac{\sqrt{(-49)^2 + 18^2 + (-68)^2}}{\sqrt{(-4)^2 + 8^2 + 5^2} \cdot \sqrt{6^2 + 5^2 + (-3)^2}} = \arcsin\frac{\sqrt{7349}}{\sqrt{105} \cdot \sqrt{70}} = \arcsin 0{,}99993 = 1{,}55913 = 89{,}332°$$

(5) Gegeben sind folgende Matrizen:

$$\mathbf{A} = \begin{pmatrix} 5 & -3 \\ 4 & 2 \\ 7 & 9 \end{pmatrix} \quad \mathbf{B} = \begin{pmatrix} -2 & 6 \\ 8 & -11 \\ 9 & 1 \end{pmatrix} \quad \mathbf{C} = \begin{pmatrix} 9 & 7 \\ 2 & -9 \\ -3 & 4 \end{pmatrix}$$

Berechne folgende Ausdrücke:

$$\mathbf{M}_1 = 2 \cdot \mathbf{A} - 4 \cdot \mathbf{B} + 3 \cdot \mathbf{C} \qquad \mathbf{M}_2 = 3 \cdot \mathbf{A} + 2 \cdot \mathbf{B} - 4 \cdot \mathbf{C} \qquad \mathbf{M}_3 = -5 \cdot \mathbf{A} + 3 \cdot \mathbf{B} + 2 \cdot \mathbf{C} \qquad \mathbf{M}_4 = 2 \cdot \mathbf{A}^\mathsf{T} + 3 \cdot \mathbf{B}^\mathsf{T}$$

$$\mathbf{M}_1 = 2 \cdot \begin{pmatrix} 5 & -3 \\ 4 & 2 \\ 7 & 9 \end{pmatrix} - 4 \cdot \begin{pmatrix} -2 & 6 \\ 8 & -11 \\ 9 & 1 \end{pmatrix} + 3 \cdot \begin{pmatrix} 9 & 7 \\ 2 & -9 \\ -3 & 4 \end{pmatrix} = \begin{pmatrix} 10 & -6 \\ 8 & 4 \\ 14 & 18 \end{pmatrix} - \begin{pmatrix} -8 & 24 \\ 32 & -44 \\ 36 & 4 \end{pmatrix} + \begin{pmatrix} 27 & 21 \\ 6 & -27 \\ -9 & 12 \end{pmatrix}$$

$$= \begin{pmatrix} 10 - (-8) + 27 & -6 - 24 + 21 \\ 8 - 32 + 6 & 4 - (-44) + (-27) \\ 14 - 36 + (-9) & 18 - 4 + 12 \end{pmatrix} = \begin{pmatrix} 45 & -9 \\ -18 & 21 \\ -31 & 26 \end{pmatrix}$$

$$\mathbf{M}_2 = 3 \cdot \begin{pmatrix} 5 & -3 \\ 4 & 2 \\ 7 & 9 \end{pmatrix} + 2 \cdot \begin{pmatrix} -2 & 6 \\ 8 & -11 \\ 9 & 1 \end{pmatrix} - 4 \cdot \begin{pmatrix} 9 & 7 \\ 2 & -9 \\ -3 & 4 \end{pmatrix} = \begin{pmatrix} 15 & -9 \\ 12 & 6 \\ 21 & 27 \end{pmatrix} + \begin{pmatrix} -4 & 12 \\ 16 & -22 \\ 18 & 2 \end{pmatrix} - \begin{pmatrix} 36 & 28 \\ 8 & -36 \\ -12 & 16 \end{pmatrix}$$

$$= \begin{pmatrix} 15 + (-4) - 36 & -9 + 12 - 28 \\ 12 + 16 - 8 & 6 + (-22) - (-36) \\ 21 + 18 - (-12) & 27 + 2 - 16 \end{pmatrix} = \begin{pmatrix} -25 & -25 \\ 20 & 20 \\ 51 & 13 \end{pmatrix}$$

$$M_3 = -5 \cdot \begin{pmatrix} 5 & -3 \\ 4 & 2 \\ 7 & 9 \end{pmatrix} + 3 \cdot \begin{pmatrix} -2 & 6 \\ 8 & -11 \\ 9 & 1 \end{pmatrix} + 2 \cdot \begin{pmatrix} 9 & 7 \\ 2 & -9 \\ -3 & 4 \end{pmatrix} = -\begin{pmatrix} 25 & -15 \\ 20 & 10 \\ 35 & 45 \end{pmatrix} + \begin{pmatrix} -6 & 18 \\ 24 & -33 \\ 27 & 3 \end{pmatrix} + \begin{pmatrix} 18 & 14 \\ 4 & -18 \\ -6 & 8 \end{pmatrix}$$

$$= \begin{pmatrix} -25 + (-6) + 18 & 15 + 18 + 14 \\ -20 + 24 + 4 & -10 + (-33) + (-18) \\ -35 + 27 + (-6) & -45 + 3 + 8 \end{pmatrix} = \begin{pmatrix} -13 & 47 \\ 8 & -61 \\ -14 & -34 \end{pmatrix}$$

$$M_4 = 2 \cdot \begin{pmatrix} 5 & 4 & 7 \\ -3 & 2 & 9 \end{pmatrix} + 3 \cdot \begin{pmatrix} -2 & 8 & 9 \\ 6 & -11 & 1 \end{pmatrix} = \begin{pmatrix} 10 & 8 & 14 \\ -6 & 4 & 18 \end{pmatrix} + \begin{pmatrix} -6 & 24 & 27 \\ 18 & -33 & 3 \end{pmatrix} = \begin{pmatrix} 4 & 32 & 41 \\ 12 & -29 & 21 \end{pmatrix}$$

(5) Gegeben sind folgende Matrizen:

$$A = \begin{pmatrix} -4 & 6 & 7 \\ 3 & 10 & 5 \end{pmatrix} \quad B = \begin{pmatrix} 6 & -7 & 8 \\ 5 & 9 & 2 \end{pmatrix} \quad C = \begin{pmatrix} 7 & -3 \\ 3 & 3 \\ 8 & 6 \end{pmatrix} \quad D = \begin{pmatrix} -3 & 7 \\ 0 & -9 \\ 8 & 5 \end{pmatrix}$$

Berechne folgende Ausdrücke mit dem Falk-Schema

$$M_1 = A \cdot C \qquad M_2 = A \cdot D \qquad M_3 = B \cdot C \qquad M_4 = B \cdot D$$

$$\begin{array}{c} C \begin{pmatrix} 7 & -3 \\ 3 & 3 \\ 8 & 6 \end{pmatrix} \\ A \begin{pmatrix} -4 & 6 & 7 \\ 3 & 10 & 5 \end{pmatrix} \begin{pmatrix} 46 & 72 \\ 91 & 51 \end{pmatrix} = M_1 \\ A \cdot C \end{array} \qquad \begin{array}{c} D \begin{pmatrix} -3 & 7 \\ 0 & -9 \\ 8 & 5 \end{pmatrix} \\ A \begin{pmatrix} -4 & 6 & 7 \\ 3 & 10 & 5 \end{pmatrix} \begin{pmatrix} 68 & -47 \\ 31 & -44 \end{pmatrix} = M_2 \\ A \cdot D \end{array}$$

$$\begin{array}{c} C \begin{pmatrix} 7 & -3 \\ 3 & 3 \\ 8 & 6 \end{pmatrix} \\ B \begin{pmatrix} 6 & -7 & 8 \\ 5 & 9 & 2 \end{pmatrix} \begin{pmatrix} 85 & 9 \\ 78 & 24 \end{pmatrix} = M_3 \\ B \cdot C \end{array} \qquad \begin{array}{c} D \begin{pmatrix} -3 & 7 \\ 0 & -9 \\ 8 & 5 \end{pmatrix} \\ B \begin{pmatrix} 6 & -7 & 8 \\ 5 & 9 & 2 \end{pmatrix} \begin{pmatrix} 46 & 145 \\ 1 & -36 \end{pmatrix} = M_4 \\ B \cdot D \end{array}$$

(6) Bilde die jeweils transponierte Matrix:

$$A = \begin{pmatrix} -5 & 2 & 3 \\ 8 & 11 & 6 \\ 9 & 7 & 14 \end{pmatrix} \quad B = \begin{pmatrix} 6 & -3 & -9 \\ 2 & -8 & 5 \end{pmatrix} \quad C = \begin{pmatrix} 4 & -9 \\ 2 & 8 \\ 3 & 16 \end{pmatrix}$$

$$A^T = \begin{pmatrix} -5 & 8 & 9 \\ 2 & 11 & 7 \\ 3 & 6 & 14 \end{pmatrix} \quad B^T = \begin{pmatrix} 6 & 2 \\ -3 & -8 \\ -9 & 5 \end{pmatrix} \quad C^T = \begin{pmatrix} 4 & 2 & 3 \\ -9 & 8 & 16 \end{pmatrix}$$

(7) Zerlege die folgenden Matrizen jeweils in die Summe aus einer symmetrischen und einer antisymmetrischen Matrix.

$$A = \begin{pmatrix} -6 & 8 \\ 12 & -4 \end{pmatrix} \qquad B = \begin{pmatrix} 6 & -2 & -10 \\ 4 & -14 & 12 \\ 16 & 0 & 8 \end{pmatrix} \qquad C = \begin{pmatrix} 6 & -2 & 4 & 10 \\ 8 & -4 & 22 & 6 \\ 24 & 16 & 18 & 12 \\ 2 & 0 & 14 & 4 \end{pmatrix}$$

$$A = \frac{1}{2}\cdot(A + A^T) + \frac{1}{2}\cdot(A - A^T) = \frac{1}{2}\begin{pmatrix} 2\cdot(-6) & 8+12 \\ 12+8 & 2\cdot(-4) \end{pmatrix} + \frac{1}{2}\begin{pmatrix} 0 & 8-12 \\ 12-8 & 0 \end{pmatrix} = \begin{pmatrix} -6 & 10 \\ 10 & -4 \end{pmatrix} + \begin{pmatrix} 0 & -2 \\ 2 & 0 \end{pmatrix}$$

$$B = \frac{1}{2}\cdot\begin{pmatrix} 2\cdot 6 & -2+4 & -10+16 \\ 4-2 & 2\cdot(-14) & 12+0 \\ 16-10 & 0+12 & 2\cdot 8 \end{pmatrix} + \frac{1}{2}\cdot\begin{pmatrix} 0 & -2-4 & -10-16 \\ 4+2 & 0 & 12-0 \\ 16+10 & 0-12 & 0 \end{pmatrix} = \begin{pmatrix} 6 & 1 & 3 \\ 1 & -14 & 6 \\ 3 & 6 & 8 \end{pmatrix} + \begin{pmatrix} 0 & -3 & -13 \\ 3 & 0 & 6 \\ 13 & -6 & 0 \end{pmatrix}$$

$$C = \frac{1}{2}\cdot\begin{pmatrix} 2\cdot 6 & -2+8 & 4+24 & 10+2 \\ 8-2 & 2\cdot(-4) & 22+16 & 6+0 \\ 24+4 & 16+22 & 2\cdot 18 & 12+14 \\ 2+10 & 0+6 & 14+12 & 2\cdot 4 \end{pmatrix} + \frac{1}{2}\cdot\begin{pmatrix} 0 & -2-8 & 4-24 & 10-2 \\ 8+2 & 0 & 22-16 & 6-0 \\ 24-4 & 16-22 & 0 & 12-14 \\ 2-10 & 0-6 & 14-12 & 0 \end{pmatrix}$$

$$C = \begin{pmatrix} 6 & 3 & 14 & 6 \\ 3 & -4 & 19 & 3 \\ 14 & 19 & 18 & 13 \\ 6 & 3 & 13 & 4 \end{pmatrix} + \begin{pmatrix} 0 & -5 & -10 & 4 \\ 5 & 0 & 3 & 3 \\ 10 & -3 & 0 & -1 \\ -4 & -3 & 1 & 0 \end{pmatrix}$$

(8) Berechne die Determinanten für folgende Matrizen:

$$A = \begin{pmatrix} -6 & 8 \\ 12 & -4 \end{pmatrix} \qquad B = \begin{pmatrix} 6 & -2 \\ 4 & -14 \end{pmatrix} \qquad C = \begin{pmatrix} 6\cdot a & -2 \\ 8\cdot a & -4 \end{pmatrix}$$

$\det A = (-6)\cdot(-4) - 8\cdot 12 = -72$

$\det B = 6\cdot(-14) - (-2)\cdot 4 = -84 + 8 = -76$

$\det C = 6\cdot a\cdot(-4) - (-2)\cdot 8\cdot a = -24\cdot a + 16\cdot a = -8\cdot a$

(9) Berechne die Determinanten für folgende Matrizen:

$$A = \begin{pmatrix} -4 & 3 & 7 \\ 12 & -4 & 2 \\ 3 & 6 & 8 \end{pmatrix} \qquad B = \begin{pmatrix} -2 & 8 & 3 \\ 1 & 0 & 4 \\ 4 & 5 & 2 \end{pmatrix} \qquad C = \begin{pmatrix} 7 & -2 & 1 \\ 9 & -4 & 12 \\ 3 & 5 & 8 \end{pmatrix}$$

$\det A = (-4)\cdot(-4)\cdot 8 + 3\cdot 2\cdot 3 + 7\cdot 12\cdot 6 - 3\cdot 12\cdot 8 - (-4)\cdot 2\cdot 6 - 7\cdot(-4)\cdot 3$
$\quad = 128 + 18 + 504 - 288 + 48 + 84 = 494$

$\det B = (-2)\cdot 0\cdot 2 + 8\cdot 4\cdot 4 + 3\cdot 1\cdot 5 - 8\cdot 1\cdot 2 - (-2)\cdot 4\cdot 5 - 3\cdot 0\cdot 4 = 128 + 15 - 16 + 40 = 167$

$\det C = 7\cdot(-4)\cdot 8 + (-2)\cdot 12\cdot 3 + 1\cdot 9\cdot 5 - (-2)\cdot 9\cdot 8 - 7\cdot 12\cdot 5 - 1\cdot(-4)\cdot 3$
$\quad = -224 - 72 + 45 + 144 - 420 + 12 = -515$

(10) Berechne die Determinanten für folgende Matrizen:

$$A = \begin{pmatrix} 0 & 6 & 4 & 0 \\ 2 & 5 & 2 & 3 \\ 6 & 5 & -4 & 1 \\ 4 & 2 & -7 & 8 \end{pmatrix} \quad B = \begin{pmatrix} 5 & -2 & -4 & 1 \\ 8 & 7 & 6 & 4 \\ 4 & 5 & 2 & 9 \\ 2 & 3 & 0 & 2 \end{pmatrix} \quad C = \begin{pmatrix} 12 & -3 & 8 & 3 \\ 4 & 3 & 0 & 1 \\ 2 & 6 & 7 & 2 \\ 1 & 3 & 5 & 2 \end{pmatrix} \quad D = \begin{pmatrix} 2 & -2 & -3 & 4 \\ 3 & -3 & 7 & 5 \\ 2 & 0 & 5 & 2 \\ 0 & 9 & -9 & 3 \end{pmatrix}$$

A) Entwicklung nach Zeile 1.

$\det A = a_{11} \cdot A_{11} + a_{12} \cdot A_{12} + a_{13} \cdot A_{13} + a_{14} \cdot A_{14}$

Da gilt: $a_{11} = 0$ und $a_{14} = 0$

$$\Rightarrow \det A = a_{12} \cdot A_{12} + a_{13} \cdot A_{13} = -6 \cdot \underbrace{\begin{vmatrix} 2 & 2 & 3 \\ 6 & -4 & 1 \\ 4 & -7 & 8 \end{vmatrix}}_{-216} + 4 \cdot \underbrace{\begin{vmatrix} 2 & 5 & 3 \\ 6 & 5 & 1 \\ 4 & 2 & 8 \end{vmatrix}}_{-168} = 1296 - 672 = 624$$

B) Entwicklung nach Zeile 4.

$\det B = a_{41} \cdot A_{41} + a_{42} \cdot A_{42} + a_{43} \cdot A_{43} + a_{44} \cdot A_{44}$

Da gilt: $a_{43} = 0$

$$\det B = a_{41} \cdot A_{41} + a_{42} \cdot A_{42} + a_{44} \cdot A_{44} = -2 \cdot \underbrace{\begin{vmatrix} -2 & -4 & 1 \\ 7 & 6 & 4 \\ 5 & 2 & 9 \end{vmatrix}}_{64} + 3 \cdot \underbrace{\begin{vmatrix} 5 & -4 & 1 \\ 8 & 6 & 4 \\ 4 & 2 & 9 \end{vmatrix}}_{446} + 2 \cdot \underbrace{\begin{vmatrix} 5 & -2 & -4 \\ 8 & 7 & 6 \\ 4 & 5 & 2 \end{vmatrix}}_{-144} = 922$$

C) Entwicklung nach Spalte 3.

$\det D = a_{13} \cdot A_{13} + a_{23} \cdot A_{23} + a_{33} \cdot A_{33} + a_{43} \cdot A_{43}$

Da gilt: $a_{23} = 0$

$$\Rightarrow \det D = 8 \cdot \underbrace{\begin{vmatrix} 4 & 3 & 1 \\ 2 & 6 & 2 \\ 1 & 3 & 2 \end{vmatrix}}_{18} + 7 \cdot \underbrace{\begin{vmatrix} 12 & -3 & 3 \\ 4 & 3 & 1 \\ 1 & 3 & 2 \end{vmatrix}}_{84} - 5 \cdot \underbrace{\begin{vmatrix} 12 & -3 & 3 \\ 4 & 3 & 1 \\ 2 & 6 & 2 \end{vmatrix}}_{72} = 372$$

D) Entwicklung nach Spalte 1.

$\det D = a_{11} \cdot A_{11} + a_{21} \cdot A_{21} + a_{31} \cdot A_{31} + a_{41} \cdot A_{41}$

Da gilt: $a_{41} = 0$

$$\Rightarrow \det D = 2 \cdot \underbrace{\begin{vmatrix} -3 & 7 & 5 \\ 0 & 5 & 2 \\ 9 & -9 & 3 \end{vmatrix}}_{-198} - 3 \cdot \underbrace{\begin{vmatrix} -2 & -3 & 4 \\ 0 & 5 & 2 \\ 9 & -9 & 3 \end{vmatrix}}_{-300} + 2 \cdot \underbrace{\begin{vmatrix} -2 & -3 & 4 \\ -3 & 7 & 5 \\ 9 & -9 & 3 \end{vmatrix}}_{-438} = -372$$

(11) Gegeben ist folgendes Gleichungssystem:

$$125 \cdot x_1 + 5 \cdot x_2 + 10 \cdot x_3 = 50$$
$$5 \cdot x_1 + 3 \cdot x_2 + 5 \cdot x_3 = 12$$
$$25 \cdot x_1 + 2 \cdot x_2 + 1 \cdot x_3 = 3$$

Löse dieses Gleichungssystem durch Invertieren der Matrix nach dem Gauß-Algorithmus.

Matrixschreibweise:

$$\mathbf{A} = \begin{pmatrix} 125 & 5 & 10 \\ 5 & 3 & 5 \\ 25 & 2 & 1 \end{pmatrix} \quad \mathbf{E} = \begin{pmatrix} 1 & 0 & 0 \\ 0 & 1 & 0 \\ 0 & 0 & 1 \end{pmatrix}$$

Wir multiplizieren die 2. Zeile mit $-125/5$ und die 3. Zeile mit $-125/25$

$$\begin{pmatrix} 125 & 5 & 10 \\ 5 & 3 & 5 \\ 25 & 2 & 1 \end{pmatrix} \quad \begin{pmatrix} 1 & 0 & 0 \\ 0 & 1 & 0 \\ 0 & 0 & 1 \end{pmatrix} \begin{matrix} \\ \cdot(-125/5) \\ \cdot(-125/25) \end{matrix} \Rightarrow \begin{pmatrix} 125 & 5 & 10 \\ -125 & -75 & -125 \\ -125 & -10 & -5 \end{pmatrix} \quad \begin{pmatrix} 1 & 0 & 0 \\ 0 & -25 & 0 \\ 0 & 0 & -5 \end{pmatrix}$$

Wir addieren die Zeilen 1 und 2 und die Zeilen 1 und 3.

$$\begin{pmatrix} 125 & 5 & 10 \\ 0 & -70 & -115 \\ 0 & -5 & 5 \end{pmatrix} \quad \begin{pmatrix} 1 & 0 & 0 \\ 1 & -25 & 0 \\ 1 & 0 & -5 \end{pmatrix} \begin{matrix} \\ \\ \cdot(-70/5) \end{matrix}$$

Wir multiplizieren die 3. Zeile mit $-70/5$

$$\begin{pmatrix} 125 & 5 & 10 \\ 0 & -70 & -115 \\ 0 & 70 & -70 \end{pmatrix} \quad \begin{pmatrix} 1 & 0 & 0 \\ 1 & -25 & 0 \\ -14 & 0 & 70 \end{pmatrix}$$

Wir addieren die Zeilen 2 und 3.

$$\begin{pmatrix} 125 & 5 & 10 \\ 0 & -70 & -115 \\ 0 & 0 & -185 \end{pmatrix} \quad \begin{pmatrix} 1 & 0 & 0 \\ 1 & -25 & 0 \\ -13 & -25 & 70 \end{pmatrix}$$

Wir multiplizieren die 1. Zeile mit $1/125$, die 2. Zeile mit $-1/70$ und die dritte Zeile mit $-1/185$

$$\begin{pmatrix} 1 & 1/25 & 2/25 \\ 0 & 1 & 23/14 \\ 0 & 0 & 1 \end{pmatrix} \quad \begin{pmatrix} 1/125 & 0 & 0 \\ -1/70 & 5/14 & 0 \\ 13/185 & 5/37 & -14/37 \end{pmatrix}$$

Wir multiplizieren die 2. Zeile mit $-1/25$ und addieren das Ergebnis zur 1. Zeile

$$\begin{pmatrix} 1 & 0 & 1/70 \\ 0 & 1 & 23/14 \\ 0 & 0 & 1 \end{pmatrix} \quad \begin{pmatrix} 3/350 & -1/70 & 0 \\ -1/70 & 5/14 & 0 \\ 13/185 & 5/37 & -14/37 \end{pmatrix}$$

Wir multiplizieren die 3. Zeile mit – 1/70 und addieren das Ergebnis zur 1. Zeile

$$
\begin{pmatrix} 1 & 0 & 0 \\ 0 & 1 & 23/14 \\ 0 & 0 & 1 \end{pmatrix}
\begin{pmatrix} 7/925 & -3/185 & 1/185 \\ -1/70 & 5/14 & 0 \\ 13/185 & 5/37 & -14/37 \end{pmatrix}
$$

Wir multiplizieren die 3. Zeile mit – 23/14 und addieren das Ergebnis zur 2. Zeile

$$
\begin{pmatrix} 1 & 0 & 0 \\ 0 & 1 & 0 \\ 0 & 0 & 1 \end{pmatrix}
\begin{pmatrix} 7/925 & -3/185 & 1/185 \\ -24/185 & 5/37 & 23/37 \\ 13/185 & 5/37 & -14/37 \end{pmatrix}
$$

Die invertierte Matrix wird jetzt noch mit dem Ergebnisvektor multipliziert:

$$
\begin{pmatrix} 50 \\ 12 \\ 3 \end{pmatrix}
$$

$$
\begin{pmatrix} 7/925 & -3/185 & 1/185 \\ -24/185 & 5/37 & 23/37 \\ 13/185 & 5/37 & -14/37 \end{pmatrix}
\begin{pmatrix} 7\cdot 50/925 - 3\cdot 12/185 + 3/185 \\ -24\cdot 50/185 + 5\cdot 12/37 + 23\cdot 3/37 \\ 13\cdot 50/185 + 5\cdot 12/37 - 14\cdot 3/37 \end{pmatrix}
= \begin{pmatrix} (70-36+3)/185 \\ (-240+60+69)/37 \\ (130+60-42)/37 \end{pmatrix}
= \begin{pmatrix} 0{,}2 \\ -3 \\ 4 \end{pmatrix}
$$

(12) Löse Aufgabe (11) mit Hilfe der Cramer Regel.

$$
\begin{array}{llll}
125\cdot x_1 & +5\cdot x_2 & +10\cdot x_3 & = 50 \\
5\cdot x_1 & +3\cdot x_2 & +5\cdot x_3 & = 12 \\
25\cdot x_1 & +2\cdot x_2 & +1\cdot x_3 & = 3
\end{array}
\Rightarrow \text{Matrixschreibweise } \mathbf{A} = \begin{pmatrix} 125 & 5 & 10 \\ 5 & 3 & 5 \\ 25 & 2 & 1 \end{pmatrix} \quad \mathbf{b} = \begin{pmatrix} 50 \\ 12 \\ 3 \end{pmatrix}
$$

Allgemein kann man für 3 x 3 Matrizen Folgendes schreiben:

$$
\begin{pmatrix} x_1 \\ x_2 \\ x_3 \end{pmatrix} = \frac{1}{\det \mathbf{A}} \cdot \begin{pmatrix} b_1\cdot A_{11} & b_2\cdot A_{21} & b_3\cdot A_{31} \\ b_1\cdot A_{12} & b_2\cdot A_{22} & b_3\cdot A_{32} \\ b_1\cdot A_{13} & b_2\cdot A_{23} & b_3\cdot A_{33} \end{pmatrix}
\quad \text{Cramer Regel (vgl. Abschnitt 5.4.2.2.4)}
$$

In Komponentenschreibweise erhalten wir:

$$
x_1 = \frac{b_1\cdot A_{11} + b_2\cdot A_{21} + b_3\cdot A_{31}}{\det \mathbf{A}} \qquad x_2 = \frac{b_1\cdot A_{12} + b_2\cdot A_{22} + b_3\cdot A_{32}}{\det \mathbf{A}} \qquad x_3 = \frac{b_1\cdot A_{13} + b_2\cdot A_{23} + b_3\cdot A_{33}}{\det \mathbf{A}}
$$

Zunächst berechnen wir die Determinante:

$$
\det \mathbf{A} = \begin{vmatrix} 125 & 5 & 10 \\ 5 & 3 & 5 \\ 25 & 2 & 1 \end{vmatrix} = 125\cdot 3\cdot 1 + 5\cdot 5\cdot 25 + 10\cdot 5\cdot 2 - 5\cdot 5\cdot 1 - 125\cdot 5\cdot 2 - 10\cdot 3\cdot 25
$$

$$
\det \mathbf{A} = 375 + 625 + 100 - 25 - 1250 - 750 = -925
$$

Wir berechnen nun die algebraischen Komplemente

$A_{11} = 3 \cdot 1 - 5 \cdot 2 = -7$ $A_{21} = -(5 \cdot 1 - 10 \cdot 2) = 15$ $A_{31} = 5 \cdot 5 - 10 \cdot 3 = -5$

$A_{12} = -(5 \cdot 1 - 5 \cdot 25) = 120$ $A_{22} = 125 \cdot 1 - 10 \cdot 25 = -125$ $A_{32} = -(125 \cdot 5 - 10 \cdot 5) = -575$

$A_{13} = 5 \cdot 2 - 3 \cdot 25 = -65$ $A_{23} = -(125 \cdot 2 - 5 \cdot 25) = -125$ $A_{33} = 125 \cdot 3 - 5 \cdot 5 = 350$

Wir setzen die Werte ein:

$$x_1 = \frac{50 \cdot (-7) + 12 \cdot 15 + 3 \cdot (-5)}{-925} = 0,2$$

$$x_2 = \frac{50 \cdot 120 + 12 \cdot (-125) + 3 \cdot (-575)}{-925} = -3$$

$$x_3 = \frac{50 \cdot (-65) + 12 \cdot (-125) + 3 \cdot 350}{-925} = 4$$

Wie man sieht, kann man mit Hilfe der algebraischen Komplemente den Lösungsvektor des linearen Gleichungssystems direkt bestimmen (Cramer Regel).

(13) Bestimme den Rang der folgenden Matrix:

$$\mathbf{A} = \begin{pmatrix} 2 & -1 & -1 & 1 \\ 0 & -2 & 2 & 4 \\ 2 & -2 & 0 & 3 \end{pmatrix}$$

Wir verwenden den Gauß-Algorithmus.

$$\mathbf{A} = \begin{pmatrix} 2 & -1 & -1 & 1 \\ 0 & -2 & 2 & 4 \\ 2 & -2 & 0 & 3 \end{pmatrix} \cdot (-1) \Rightarrow \begin{pmatrix} 2 & -1 & -1 & 1 \\ 0 & -2 & 2 & 4 \\ -2 & 2 & 0 & -3 \end{pmatrix} \underset{Z1 + Z3}{\Rightarrow} \begin{pmatrix} 2 & -1 & -1 & 1 \\ 0 & -2 & 2 & 4 \\ 0 & 1 & -1 & -2 \end{pmatrix} \cdot 2$$

$$\Rightarrow \begin{pmatrix} 2 & -1 & -1 & 1 \\ 0 & -2 & 2 & 4 \\ 0 & 2 & -2 & -4 \end{pmatrix} \underset{Z2 + Z3}{\Rightarrow} \begin{pmatrix} 2 & -1 & -1 & 1 \\ 0 & -2 & 2 & 4 \\ 0 & 0 & 0 & 0 \end{pmatrix}$$

Der Rang der Matrix ist gleich der Anzahl der Zeilen, die nicht ausschließlich Nullen enthalten.

Rang(**A**) = 2

(14) Bestimme die Eigenwerte und Eigenvektoren zu folgenden Matrizen:

a)   b)

$$\mathbf{A} = \begin{pmatrix} -7 & -5 \\ 0 & 18 \end{pmatrix} \qquad \mathbf{B} = \begin{pmatrix} 6 & 130 \\ 6 & 10 \end{pmatrix}$$

a) Eigenwerte von **A** berechnen:

$$\lambda^2 - \text{Spur}(\mathbf{A}) \cdot \lambda + \det(\mathbf{A}) = 0$$

$$\lambda^2 - (-7 + 18) \cdot \lambda + (-7 \cdot 18 - (-5) \cdot 0) = 0$$

$$\lambda^2 - 11 \cdot \lambda - 126 = 0$$

$$\Rightarrow \lambda_{1,2} = \frac{11}{2} \pm \sqrt{\left(\frac{11}{2}\right)^2 + 126} = \frac{11}{2} \pm \sqrt{\frac{121 + 504}{4}} = \frac{11}{2} \pm \sqrt{\frac{625}{4}} = \frac{11}{2} \pm \frac{25}{2}$$

$$\Rightarrow \lambda_1 = 18 \quad \text{und} \quad \lambda_2 = -7 \quad \text{(Eigenwerte der Matrix } \mathbf{A})$$

Wir berechnen den ersten Eigenvektor indem wir λ_1 einsetzen:

$$(-7 - \lambda_1) \cdot x_{11} - 5 \cdot x_{12} = 0$$
$$0 \cdot x_{11} + (18 - \lambda_1) \cdot x_{12} = 0$$

$$(-7 - 18) \cdot x_{11} - 5 \cdot x_{12} = 0 \quad \Rightarrow \quad -25 \cdot x_{11} - 5 \cdot x_{12} = 0 \quad \Rightarrow \quad 5 \cdot x_{11} + x_{12} = 0$$
$$0 + (18 - 18) \cdot x_{12} = 0 \qquad \Rightarrow \quad 0 \cdot x_{12} = 0 \qquad \Rightarrow \quad x_{12} \text{ kann frei gewählt werden}$$

Wir wählen $x_{12} = 5 \quad \Rightarrow \quad 5 \cdot x_{11} + 5 = 0 \quad \Rightarrow \quad 5 \cdot x_{11} = -5 \quad \Rightarrow \quad x_{11} = -1$

Wir erhalten die erste Eigenvektorrichtung mit folgender Eigenschaft:

$$\mathbf{x}_1 = \begin{pmatrix} -1 \\ 5 \end{pmatrix} \quad \Rightarrow \quad \text{normierter Eigenvektor} \quad \tilde{\mathbf{x}}_1 = \frac{1}{\sqrt{1^2 + 5^2}} \cdot \begin{pmatrix} -1 \\ 5 \end{pmatrix} = \frac{1}{\sqrt{26}} \cdot \begin{pmatrix} -1 \\ 5 \end{pmatrix}$$

Wir berechnen den zweiten Eigenvektor indem wir λ_2 einsetzen:

$$(-7 - \lambda_2) \cdot x_{21} - 5 \cdot x_{22} = 0$$
$$0 \cdot x_{21} + (18 - \lambda_2) \cdot x_{22} = 0$$

$$(-7 - (-7)) \cdot x_{21} - 5 \cdot x_{22} = 0 \quad \Rightarrow \quad 0 \cdot x_{21} - 5 \cdot x_{22} = 0 \quad \Rightarrow \quad x_{22} = 0 \text{ und } x_{11} \text{ frei wählbar}$$
$$0 + (18 - (-7)) \cdot x_{22} = 0 \qquad \Rightarrow \quad 25 \cdot x_{22} = 0 \qquad \Rightarrow \quad x_{22} = 0$$

Wir wählen $x_{21} = 1$ und erhalten die zweite Eigenvektorrichtung mit folgender Eigenschaft:

$$\mathbf{x}_2 = \begin{pmatrix} 1 \\ 0 \end{pmatrix} \quad \Rightarrow \quad \text{normierter Eigenvektor} \quad \tilde{\mathbf{x}}_2 = \begin{pmatrix} 1 \\ 0 \end{pmatrix}$$

b) Eigenwerte von $\mathbf{B}$ berechnen:

$$\lambda^2 - \text{Spur}(\mathbf{B}) \cdot \lambda + \det(\mathbf{B}) = 0$$
$$\lambda^2 - (6 + 10) \cdot \lambda + (6 \cdot 10 - 130 \cdot 6) = 0$$
$$\lambda^2 - 16 \cdot \lambda - 720 = 0$$

$$\Rightarrow \lambda_{1,2} = \frac{16}{2} \pm \sqrt{\left(\frac{16}{2}\right)^2 + 720} = 8 \pm \sqrt{64 + 720} = 8 \pm \sqrt{784} = 8 \pm 28$$

$$\Rightarrow \lambda_1 = 36 \quad \text{und} \quad \lambda_2 = -20 \quad \text{(Eigenwerte der Matrix } \mathbf{B})$$

Wir berechnen den ersten Eigenvektor indem wir λ_1 einsetzen:

$(6-\lambda_1)\cdot x_{11}+130\cdot x_{12}=0$
$6\cdot x_{11}+(10-\lambda_1)\cdot x_{12}=0$

$(6-36)\cdot x_{11}+130\cdot x_{12}=0 \quad\Rightarrow\quad -30\cdot x_{11}+130\cdot x_{12}=0 \quad\Rightarrow\quad x_{11}=\dfrac{130\cdot x_{12}}{30}=\dfrac{13}{3}\cdot x_{12}$
$6\cdot x_{11}+(10-36)\cdot x_{12}=0 \quad\Rightarrow\quad 6\cdot x_{11}-26\cdot x_{12}=0$

x_{11} in die untere Gleichung einsetzen:

$6\cdot\dfrac{13}{3}\cdot x_{12}-26\cdot x_{12}=0 \quad\Rightarrow\quad 26\cdot x_{12}-26\cdot x_{12}=0 \quad\Rightarrow\quad x_{12}$ kann frei gewählt werden

Wir wählen $x_{12}=3 \quad\Rightarrow\quad x_{11}=13$

Wir erhalten die erste Eigenvektorrichtung mit folgender Eigenschaft:

$\mathbf{x}_1=\begin{pmatrix}13\\3\end{pmatrix} \quad\Rightarrow\quad$ normierter Eigenvektor $\quad \tilde{\mathbf{x}}_1=\dfrac{1}{\sqrt{13^2+3^2}}\cdot\begin{pmatrix}13\\3\end{pmatrix}=\dfrac{1}{\sqrt{178}}\cdot\begin{pmatrix}13\\3\end{pmatrix}$

Wir berechnen den zweiten Eigenvektor indem wir λ_2 einsetzen:

$(6-\lambda_2)\cdot x_{21}+130\cdot x_{22}=0$
$6\cdot x_{21}+(10-\lambda_1)\cdot x_{22}=0$

$(6-(-20))\cdot x_{21}+130\cdot x_{22}=0 \quad\Rightarrow\quad 26\cdot x_{21}+130\cdot x_{22}=0 \quad\Rightarrow\quad x_{21}=-\dfrac{130\cdot x_{12}}{26}=-5\cdot x_{12}$
$6\cdot x_{21}+(10-(-20))\cdot x_{22}=0 \quad\Rightarrow\quad 6\cdot x_{21}+30\cdot x_{22}=0$

x_{11} in die untere Gleichung einsetzen:

$-6\cdot 5\cdot x_{22}+30\cdot x_{22}=0 \quad\Rightarrow\quad 0\cdot x_{22}=0 \quad\Rightarrow\quad x_{22}$ kann frei gewählt werden

Wir wählen $x_{22}=1 \quad\Rightarrow\quad x_{21}=-5$

Wir erhalten die zweite Eigenvektorrichtung mit folgender Eigenschaft:

$\mathbf{x}_2=\begin{pmatrix}-5\\1\end{pmatrix} \quad\Rightarrow\quad$ normierter Eigenvektor $\quad \tilde{\mathbf{x}}_2=\dfrac{1}{\sqrt{5^2+1^2}}\cdot\begin{pmatrix}-5\\1\end{pmatrix}=\dfrac{1}{\sqrt{26}}\cdot\begin{pmatrix}-5\\1\end{pmatrix}$

(15) Bestimme die Eigenwerte und Eigenvektoren zu folgender Matrix:

$$\mathbf{A}=\begin{pmatrix}-1 & -2 & 0\\-2 & 2 & -3\\2 & 1 & -6\end{pmatrix}$$

Es gilt:

Spur$(\mathbf{A}) = -1 + 2 - 6 = -5$

$\det(\mathbf{A}) = (-1) \cdot 2 \cdot (-6) + (-2) \cdot (-3) \cdot 2 + 0 \cdot (-2) \cdot 1 - (-2) \cdot (-2) \cdot (-6) - (-1) \cdot (-3) \cdot 1 - 0 \cdot 2 \cdot 2$

$\qquad = 12 + 12 + 24 - 3 = 45$

und

$a_{11} \cdot a_{22} + a_{11} \cdot a_{33} + a_{22} \cdot a_{33} - a_{12} \cdot a_{21} - a_{23} \cdot a_{32} - a_{13} \cdot a_{31} =$

$(-1) \cdot 2 + (-1) \cdot (-6) + 2 \cdot (-6) - (-2) \cdot (-2) - (-3) \cdot 1 - 0 \cdot 2 = -9$

Wir erhalten folgende charakteristische Gleichung:

$\lambda^3 - (-5) \cdot \lambda^2 + (-9) \cdot \lambda - 45 = 0 \;\Rightarrow\; \lambda^3 + 5 \cdot \lambda^2 - 9 \cdot \lambda - 45 = 0$

Für $\lambda_1 = 3 \;\;\Rightarrow\;\; 27 + 45 - 27 - 45 = 0$ (Gleichung erfüllt)

Der erste Eigenwert lautet also: $\lambda_1 = 3$

Wir dividieren nun durch $(\lambda - 3)$

$\left(\lambda^3 + 5 \cdot \lambda^2 - 9 \cdot \lambda - 45\right) : (\lambda - 3) = \lambda^2 + 8 \cdot \lambda + 15$

$-\left(\lambda^3 - 3 \cdot \lambda^2\right)$

$\qquad 8 \cdot \lambda^2 - 9 \cdot \lambda$

$\quad -\left(8 \cdot \lambda^2 - 24 \cdot \lambda\right)$

$\qquad\qquad 15 \cdot \lambda - 45$

$\qquad\quad -\left(15 \cdot \lambda - 45\right)$

Die beiden weiteren Eigenwerte ergeben sich jetzt wie folgt (p-q-Formel):

$\lambda^2 + 8 \cdot \lambda + 15 = 0 \;\Rightarrow\; \lambda_{2,3} = -4 \pm \sqrt{16 - 15} \;\Rightarrow\; \lambda_2 = -3$ und $\lambda_3 = -5$

Wir erhalten also folgende Eigenwerte: $\lambda_1 = 3 \quad \lambda_2 = -3$ und $\lambda_3 = -5$

Wir suchen nun den **Eigenvektor für $\lambda_1 = 3$** und setzen λ_1 in die ursprüngliche Matrix ein:

$$(\mathbf{A} - \mathbf{E} \cdot \lambda_1) \cdot \mathbf{x} = \begin{pmatrix} a_{11} - \lambda_1 & a_{12} & a_{13} \\ a_{21} & a_{22} - \lambda_1 & a_{23} \\ a_{31} & a_{32} & a_{33} - \lambda_1 \end{pmatrix} \cdot \begin{pmatrix} x_1 \\ x_2 \\ x_3 \end{pmatrix} = \begin{pmatrix} -4 & -2 & 0 \\ -2 & -1 & -3 \\ 2 & 1 & -9 \end{pmatrix} \cdot \begin{pmatrix} x_1 \\ x_2 \\ x_3 \end{pmatrix} = \begin{pmatrix} 0 \\ 0 \\ 0 \end{pmatrix}$$

Daraus ergeben sich 3 Gleichungen mit 3 Unbekannten:

$-4 \cdot x_1 \;\; -2 \cdot x_2 \;\; +0 \cdot x_3 \;\; = 0 \qquad \Rightarrow\; x_2 = -2 \cdot x_1$

$-2 \cdot x_1 \;\; -1 \cdot x_2 \;\; -3 \cdot x_3 \;\; = 0 \qquad \Rightarrow\; -2 \cdot x_1 - (-2 \cdot x_1) - 3 \cdot x_3 = 0 \;\Rightarrow\; x_3 = 0$

$\;\;\; 2 \cdot x_1 \;\; +1 \cdot x_2 \;\; -9 \cdot x_3 \;\; = 0$

Wir können x_1 frei wählen: $x_1 = \varphi \;\;\Rightarrow\; x_2 = -2 \cdot \varphi$

Damit ergibt sich die zum Eigenwert $\lambda_1 = 3$ gehörende Eigenvektorrichtung wie folgt:

$$\mathbf{x}_1 = \begin{pmatrix} \varphi \\ -2 \cdot \varphi \\ 0 \end{pmatrix} = \varphi \cdot \begin{pmatrix} 1 \\ -2 \\ 0 \end{pmatrix}$$ Den normierten Eigenvektor erhalten wir wie folgt:

$$\tilde{\mathbf{x}}_1 = \frac{1}{\sqrt{1^2 + (-2)^2 + 0}} \cdot \begin{pmatrix} 1 \\ -2 \\ 0 \end{pmatrix} = \frac{1}{\sqrt{5}} \cdot \begin{pmatrix} 1 \\ -2 \\ 0 \end{pmatrix}$$

Wir suchen nun den **Eigenvektor für $\lambda_2 = -3$** und setzen λ_2 in die ursprüngliche Matrix ein:

$$(\mathbf{A} - \mathbf{E} \cdot \lambda_2) \cdot \mathbf{x} = \begin{pmatrix} a_{11} - \lambda_2 & a_{12} & a_{13} \\ a_{21} & a_{22} - \lambda_2 & a_{23} \\ a_{31} & a_{32} & a_{33} - \lambda_2 \end{pmatrix} \cdot \begin{pmatrix} x_1 \\ x_2 \\ x_3 \end{pmatrix} = \begin{pmatrix} 2 & -2 & 0 \\ -2 & 5 & -3 \\ 2 & 1 & -3 \end{pmatrix} \cdot \begin{pmatrix} x_1 \\ x_2 \\ x_3 \end{pmatrix} = \begin{pmatrix} 0 \\ 0 \\ 0 \end{pmatrix}$$

Daraus ergeben sich 3 Gleichungen mit 3 Unbekannten:

$$\begin{aligned}
2 \cdot x_1 & - 2 \cdot x_2 & + 0 \cdot x_3 & = 0 & \Rightarrow & \quad x_1 = x_2 \\
-2 \cdot x_1 & + 5 \cdot x_2 & - 3 \cdot x_3 & = 0 & \Rightarrow & \quad 3 \cdot x_1 - 3 \cdot x_3 = 0 \quad \Rightarrow \quad x_1 = x_3 \\
2 \cdot x_1 & + 1 \cdot x_2 & - 3 \cdot x_3 & = 0
\end{aligned}$$

Wir können x_1 frei wählen: $x_1 = \varphi \quad \Rightarrow \quad x_1 = x_2 = x_3 = \varphi$

Damit ergibt sich die zum Eigenwert $\lambda_2 = -3$ gehörende Eigenvektorrichtung wie folgt:

$$\mathbf{x}_1 = \begin{pmatrix} \varphi \\ \varphi \\ \varphi \end{pmatrix} = \varphi \cdot \begin{pmatrix} 1 \\ 1 \\ 1 \end{pmatrix}$$ Den normierten Eigenvektor erhalten wir wie folgt:

$$\tilde{\mathbf{x}}_1 = \frac{1}{\sqrt{1^2 + 1^2 + 1^2}} \cdot \begin{pmatrix} 1 \\ 1 \\ 1 \end{pmatrix} = \frac{1}{\sqrt{3}} \cdot \begin{pmatrix} 1 \\ 1 \\ 1 \end{pmatrix}$$

Wir suchen nun den **Eigenvektor für $\lambda_3 = -5$** und setzen λ_3 in die ursprüngliche Matrix ein:

$$(\mathbf{A} - \mathbf{E} \cdot \lambda_3) \cdot \mathbf{x} = \begin{pmatrix} a_{11} - \lambda_3 & a_{12} & a_{13} \\ a_{21} & a_{22} - \lambda_3 & a_{23} \\ a_{31} & a_{32} & a_{33} - \lambda_3 \end{pmatrix} \cdot \begin{pmatrix} x_1 \\ x_2 \\ x_3 \end{pmatrix} = \begin{pmatrix} 4 & -2 & 0 \\ -2 & 7 & -3 \\ 2 & 1 & -1 \end{pmatrix} \cdot \begin{pmatrix} x_1 \\ x_2 \\ x_3 \end{pmatrix} = \begin{pmatrix} 0 \\ 0 \\ 0 \end{pmatrix}$$

Daraus ergeben sich 3 Gleichungen mit 3 Unbekannten:

$$\begin{aligned}
4 \cdot x_1 & - 2 \cdot x_2 & + 0 \cdot x_3 & = 0 & \Rightarrow & \quad x_2 = 2 \cdot x_1 \\
-2 \cdot x_1 & + 7 \cdot x_2 & - 3 \cdot x_3 & = 0 & \Rightarrow & \quad -2 \cdot x_1 + 14 \cdot x_1 - 3 \cdot x_3 = 0 \quad \Rightarrow \quad x_3 = 4 \cdot x_1 \\
2 \cdot x_1 & + 1 \cdot x_2 & - 1 \cdot x_3 & = 0
\end{aligned}$$

Wir können x_1 frei wählen: $x_1 = \varphi \quad \Rightarrow \quad x_2 = 2 \cdot \varphi \quad$ und $\quad x_3 = 4 \cdot \varphi$

Damit ergibt sich die zum Eigenwert $\lambda_3 = -5$ gehörende Eigenvektorrichtung wie folgt:

$$\mathbf{x}_1 = \begin{pmatrix} \varphi \\ 2 \cdot \varphi \\ 4 \cdot \varphi \end{pmatrix} = \varphi \cdot \begin{pmatrix} 1 \\ 2 \\ 4 \end{pmatrix} \qquad \text{Den normierten Eigenvektor erhalten wir wie folgt:}$$

$$\tilde{\mathbf{x}}_1 = \frac{1}{\sqrt{1^2 + 2^2 + 4^2}} \cdot \begin{pmatrix} 1 \\ 2 \\ 4 \end{pmatrix} = \frac{1}{\sqrt{21}} \cdot \begin{pmatrix} 1 \\ 2 \\ 4 \end{pmatrix}$$

5.5   Beispiele für lineare Gleichungssysteme

Nachdem wir die Vektoren und Matrizen behandelt haben, stellen wir uns die Frage:

„wozu ist dies eigentlich nützlich?"

Nun wir haben ja bereits eine Anwendung beschrieben, nämlich den Gauß-Algorithmus zur Lösung von n Gleichungen mit n Unbekannten.

Was wir im folgenden kennen lernen wollen sind lineare Gleichungssysteme. Hierunter versteht man lineare Zusammenhänge zwischen mehreren Größen. Hierzu zwei praktische Beispiele:

5.5.1   Beispiel Kraftstoffgemisch

Wenn man mit einem Kraftfahrzeug mit Otto-Motor zur Tankstelle fährt, dann hat man die Wahl zwischen den Kraftstofftypen E5 und E10. Im Wesentlichen besteht dabei der Unterschied in Folgendem:

E5 – Kraftstoff: dieser besteht zu 95 % aus Benzin und zu 5 % aus Bioethanol.

E10 – Kraftstoff: dieser besteht zu 90 % aus Benzin und zu 10 % aus Bioethanol.

Ein Liter reines Benzin kostet 0,30 €. Ein Liter reines Bioethanol kostet 0,60 €. Damit ergeben sich folgende Einkaufspreise (EK):   (1 l = 1 dm³)

$$\text{E5:} \qquad 0{,}95 \cdot \frac{0{,}3\ \text{€}}{\text{dm}^3} + 0{,}05 \cdot \frac{0{,}6\ \text{€}}{\text{dm}^3} = 0{,}3150\ \frac{\text{€}}{\text{dm}^3}$$

$$\text{E10:} \qquad 0{,}90 \cdot \frac{0{,}3\ \text{€}}{\text{dm}^3} + 0{,}10 \cdot \frac{0{,}6\ \text{€}}{\text{dm}^3} = 0{,}3300\ \frac{\text{€}}{\text{dm}^3}$$

Dies sind die Preise, die von der Tankstelle bei Lieferung gezahlt werden. Für den Endverbraucher kommen noch 0,6545 €/dm³ Energiesteuer auf den Benzinanteil hinzu. Außerdem wird mit einem Deckungsfaktor von 1,1 und mit dem Mehrwertfaktor von 1,19 gerechnet, so dass sich die Verkaufspreise (VK) wie folgt ergeben:

Endpreis E5 : $\left(0{,}315\,\dfrac{€}{dm^3} + 0{,}95 \cdot 0{,}6545\,\dfrac{€}{dm^3}\right) \cdot 1{,}1 \cdot 1{,}19 = 1{,}22624\,\dfrac{€}{dm^3}$

Endpreis E10: $\left(0{,}330\,\dfrac{€}{dm^3} + 0{,}90 \cdot 0{,}6545\,\dfrac{€}{dm^3}\right) \cdot 1{,}1 \cdot 1{,}19 = 1{,}20304\,\dfrac{€}{dm^3}$

Da die Einkaufspreise (EK) für Benzin und Bioethanol zeitlichen Schwankungen unterlegen sind, müssen die Endpreise ständig an diese angepasst werden. Man kann das in einem sogenannten linearen Gleichungssystem zusammenfassen:

E5: $\quad y_1 = 0{,}95 \cdot x_1 + 0{,}05 \cdot x_2$
E10: $\quad y_2 = 0{,}90 \cdot x_1 + 0{,}10 \cdot x_2$

mit $\quad y_1$: Endpreis von E5 in Abhängigkeit von x_1 und x_2
und $\quad y_2$: Endpreis von E10 in Abhängigkeit von x_1 und x_2

Nun können wir diesen Zusammenhang auch in Matrixschreibweise wie folgt schreiben:

$$A = \begin{pmatrix} 0{,}95 & 0{,}05 \\ 0{,}90 & 0{,}10 \end{pmatrix}$$

Wir haben also alle Symbole weggelassen und nur die Zahlen als Matrix geschrieben. Wenn wir nun x_1 und x_2 als einen Spaltenvektor und y_1 und y_2 als Ergebnisvektor auffassen, dann können wir schreiben:

$$\begin{pmatrix} 0{,}95 & 0{,}05 \\ 0{,}90 & 0{,}10 \end{pmatrix} \cdot \begin{pmatrix} x_1 \\ x_2 \end{pmatrix} = \begin{pmatrix} y_1 \\ y_2 \end{pmatrix} \quad \text{mit} \quad x = \begin{pmatrix} x_1 \\ x_2 \end{pmatrix} \quad \text{und} \quad y = \begin{pmatrix} y_1 \\ y_2 \end{pmatrix} \quad \Rightarrow \quad A \cdot x = y$$

Schreiben wir dies in unser Falk-Schema so erhalten wir:

$$\begin{pmatrix} 0{,}95 & 0{,}05 \\ 0{,}90 & 0{,}10 \end{pmatrix}\ \ \begin{matrix} \begin{pmatrix} x_1 \\ x_2 \end{pmatrix} \\ \begin{pmatrix} y_1 \\ y_2 \end{pmatrix} \end{matrix} \quad \Rightarrow \quad \begin{pmatrix} 0{,}95 & 0{,}05 \\ 0{,}90 & 0{,}10 \end{pmatrix}\ \ \begin{matrix} \begin{pmatrix} x_1 \\ x_2 \end{pmatrix} \\ \begin{pmatrix} 0{,}95 \cdot x_1 + 0{,}05 \cdot x_2 \\ 0{,}90 \cdot x_1 + 0{,}10 \cdot x_2 \end{pmatrix} \end{matrix}$$

Somit können wir schreiben:

$$A \cdot x = \begin{pmatrix} 0{,}95 & 0{,}05 \\ 0{,}90 & 0{,}10 \end{pmatrix} \cdot \begin{pmatrix} x_1 \\ x_2 \end{pmatrix} = \begin{pmatrix} y_1 \\ y_2 \end{pmatrix} = \begin{pmatrix} 0{,}95 \cdot x_1 + 0{,}05 \cdot x_2 \\ 0{,}90 \cdot x_1 + 0{,}10 \cdot x_2 \end{pmatrix} = y$$

Die Marktpreise für Benzin und Bioethanol ändern sich im Laufe der Zeit. Wir haben nun die Möglichkeit uns eine Tabelle für verschiedene Marktpreise von x_1 und x_2 zu erstellen. Die folgenden Tabellen zeigen die Preisentwicklungen für Super E5 und Super E10.

Preise für Super E5							
				Benzin			
Preise	0,240	0,260	0,280	0,300	0,320	0,340	0,360
0,540	0,255	0,274	0,293	0,312	0,331	0,350	0,369
0,560	0,256	0,275	0,294	0,313	0,332	0,351	0,370
0,580	0,257	0,276	0,295	0,314	0,333	0,352	0,371
0,600	0,258	0,277	0,296	0,315	0,334	0,353	0,372
0,620	0,259	0,278	0,297	0,316	0,335	0,354	0,373
0,640	0,260	0,279	0,298	0,317	0,336	0,355	0,374
0,660	0,261	0,280	0,299	0,318	0,337	0,356	0,375

Preise für Super E10							
				Benzin			
Preise	0,240	0,260	0,280	0,300	0,320	0,340	0,360
0,540	0,270	0,288	0,306	0,324	0,342	0,360	0,378
0,560	0,272	0,290	0,308	0,326	0,344	0,362	0,380
0,580	0,274	0,292	0,310	0,328	0,346	0,364	0,382
0,600	0,276	0,294	0,312	0,330	0,348	0,366	0,384
0,620	0,278	0,296	0,314	0,332	0,350	0,368	0,386
0,640	0,280	0,298	0,316	0,334	0,352	0,370	0,388
0,660	0,282	0,300	0,318	0,336	0,354	0,372	0,390

(Bioethanol als Zeilenbeschriftung links)

Bild 142: EK-Preise für Super E5 und Super E10

Wenn nun die Marktpreise ihrerseits von anderen Einflussgrößen abhängen, dann erhalten wir z.B.:

Preise für Benzin und Bioethanol: 0,3

$x_1 = 0,3 \cdot u_1 + 0,5 \cdot u_2 = 0,3$
$x_2 = 0,7 \cdot u_1 + 0,8 \cdot u_2 = 0,6$ Für unseren speziellen Fall erhalten wir $u_1 = 0,545$ und $u_2 = 0,273$.

Wir können nun unser Problem einmal in Matrixschreibweise darstellen:

$$\mathbf{B} = \begin{pmatrix} 0,3 & 0,5 \\ 0,7 & 0,8 \end{pmatrix} \quad u = \begin{pmatrix} u_1 \\ u_2 \end{pmatrix} \quad x = \mathbf{B} \cdot u \quad x = \begin{pmatrix} x_1 \\ x_2 \end{pmatrix} = \begin{pmatrix} 0,3 & 0,5 \\ 0,7 & 0,8 \end{pmatrix} \cdot \begin{pmatrix} u_1 \\ u_2 \end{pmatrix} = \begin{pmatrix} 0,3 \cdot u_1 & 0,5 \cdot u_2 \\ 0,7 \cdot u_1 & 0,8 \cdot u_2 \end{pmatrix}$$

Setzen wir dies in die Gleichung für y ein erhalten wir Folgendes:

$$y = \mathbf{A} \cdot x = \mathbf{A} \cdot \mathbf{B} \cdot u = \begin{pmatrix} 0,95 & 0,05 \\ 0,90 & 0,10 \end{pmatrix} \cdot \begin{pmatrix} 0,3 & 0,5 \\ 0,7 & 0,8 \end{pmatrix} \cdot u$$

Die beiden Matrizen werden also multipliziert. Mit dem Falk-Schema erhalten wir:

$$\begin{array}{c}
\mathbf{B} \begin{pmatrix} 0,3 & \quad 0,5 \\ 0,7 & \quad 0,8 \end{pmatrix} \\
\begin{pmatrix} 0,95 & 0,05 \\ 0,90 & 0,10 \end{pmatrix} \begin{pmatrix} 0,95 \cdot 0,3 + 0,05 \cdot 0,7 & 0,95 \cdot 0,5 + 0,05 \cdot 0,8 \\ 0,90 \cdot 0,3 + 0,10 \cdot 0,7 & 0,90 \cdot 0,5 + 0,10 \cdot 0,8 \end{pmatrix} \\
\mathbf{A} \qquad\qquad\qquad \mathbf{A} \cdot \mathbf{B}
\end{array}$$

Wir setzen nun wie folgt ein:

$$\mathbf{A} \cdot \mathbf{B} = \mathbf{C} = \begin{pmatrix} 0,320 & 0,515 \\ 0,340 & 0,530 \end{pmatrix} \quad \Rightarrow \quad y = \mathbf{C} \cdot u = \begin{pmatrix} 0,320 & 0,515 \\ 0,340 & 0,530 \end{pmatrix} \cdot \begin{pmatrix} u_1 \\ u_2 \end{pmatrix} = \begin{pmatrix} 0,320 \cdot u_1 & 0,515 \cdot u_2 \\ 0,340 \cdot u_1 & 0,530 \cdot u_2 \end{pmatrix}$$

Mit Hilfe der Matrizenmultiplikation erhalten wir also ein einfaches Ergebnis dieser komplizierten Zusammenhänge. Jetzt können wir wieder Tabellen in Abhängigkeit von u_1 und u_2 erstellen:

Preise für Super E5

		u_1						
		0,515	0,525	0,535	0,545	0,555	0,565	0,575
u_2	0,243	0,290	0,293	0,296	0,300	0,303	0,306	0,309
	0,253	0,295	0,298	0,301	0,305	0,308	0,311	0,314
	0,263	0,300	0,303	0,307	0,310	0,313	0,316	0,319
	0,273	0,305	0,309	0,312	0,315	0,318	0,321	0,325
	0,283	0,311	0,314	0,317	0,320	0,323	0,327	0,330
	0,293	0,316	0,319	0,322	0,325	0,328	0,332	0,335
	0,303	0,321	0,324	0,327	0,330	0,334	0,337	0,340

Preise für Super E10

		u_1						
		0,515	0,525	0,535	0,545	0,555	0,565	0,575
u_2	0,243	0,304	0,307	0,311	0,314	0,317	0,321	0,324
	0,253	0,309	0,313	0,316	0,319	0,323	0,326	0,330
	0,263	0,314	0,318	0,321	0,325	0,328	0,331	0,335
	0,273	0,320	0,323	0,327	0,330	0,333	0,337	0,340
	0,283	0,325	0,328	0,332	0,335	0,339	0,342	0,345
	0,293	0,330	0,334	0,337	0,341	0,344	0,347	0,351
	0,303	0,336	0,339	0,342	0,346	0,349	0,353	0,356

Bild 143: EK-Preise für Super E5 und Super E10 in Abhängigkeit von u

5.5.2 Beispiel Produkttypen

Eine Firma stellt folgende drei Typen von Rasenmähern her:

P1 Rasenmäher mit Elektroantrieb

P2 Rasenmäher mit Verbrennungsantrieb

P3 Aufsitzmäher

Zeitraum	Zeit 100 Stunden	P1 100 Stück	P2 100 Stück	P3 100 Stück
Jan-Feb	156,400	25,000	18,000	1,400
März-April	191,800	32,000	22,000	1,700
Mai-Juni	238,400	41,000	27,000	2,200
Juli-August	226,000	40,000	25,000	2,000
Sept-Okt	177,000	30,000	20,000	1,500
Nov-Dez	122,800	19,000	15,000	0,800

Der Absatz dieser Geräte ist stark saisonalen Schwankungen unterworfen. Um diese aufzufangen werden in auftragsstarken Zeiten vermehrt Zeitarbeiter eingesetzt. Während eines Jahres wurden nebenstehende Daten erhoben:

Bild 144: Erhobene Daten in einem Jahr

Hier sind die verkauften Stückzahlen der Produkte P1, P2 und P3 den entsprechenden Stundenzeiten der eingesetzten Mitarbeiter gegenübergestellt.

Im Januar und Februar wurden also 25x100 Stück von Produkt P1, 18x100 von Produkt P2 und 1,4x100 Stück von Produkt P3 verkauft. Der dabei insgesamt angefallene Zeitaufwand betrug 156,40x100 Stunden. Analoges gilt für die restlichen Zeiträume. Nun möchte man wissen, welche Zeit- und damit Kostenanteile jeweils auf die drei Produkte entfallen. Man sucht also folgende Gleichung:

$$y = a_0 + a_1 \cdot x_1 + a_2 \cdot x_2 + a_3 \cdot x_3 \quad \text{mit}$$

y: Gesamtzeit

a_0: allgemeiner Zeitanteil

a_1: Zeitfaktor für Produkt P1

a_2: Zeitfaktor für Produkt P2

a_3: Zeitfaktor für Produkt P3

Wir können auch schreiben:

$$a_0 + a_1 \cdot x_1 + a_2 \cdot x_2 + a_3 \cdot x_3 - y = 0$$

Den Term auf der linken Seite nennt man Fehler, Abweichung oder auch Residuum.

Wir wollen jetzt etwas voraussetzen, dass wir hier nicht beweisen möchten.

Das Gaußsche Prinzip der kleinsten Fehlerquadrate

Die Gleichung ist erfüllt, wenn die Summe aller quadratischen Fehler ein Minimum ergeben.

Wir müssen also alle Fehler quadrieren aufaddieren und erhalten somit folgende Gleichung:

$$(a_0 + a_1 \cdot x_{11} + a_2 \cdot x_{21} + a_3 \cdot x_{31} - y_1)^2 +$$
$$(a_0 + a_1 \cdot x_{12} + a_2 \cdot x_{22} + a_3 \cdot x_{32} - y_2)^2 +$$
$$(a_0 + a_1 \cdot x_{13} + a_2 \cdot x_{23} + a_3 \cdot x_{33} - y_3)^2 +$$
$$(a_0 + a_1 \cdot x_{14} + a_2 \cdot x_{24} + a_3 \cdot x_{34} - y_4)^2 +$$
$$(a_0 + a_1 \cdot x_{15} + a_2 \cdot x_{25} + a_3 \cdot x_{35} - y_5)^2 +$$
$$(a_0 + a_1 \cdot x_{16} + a_2 \cdot x_{26} + a_3 \cdot x_{36} - y_6)^2 = \text{Minimum}$$

Mit dem Summenzeichen kann man dies auch kürzer wie folgt schreiben:

$$F_{(a_0, a_1, a_2, a_3)} = \sum_{i=1}^{6} (a_0 + a_1 \cdot x_{1i} + a_2 \cdot x_{2i} + a_3 \cdot x_{3i} - y_i)^2 = \text{Minimum}$$

Wir haben es also mit einer Funktion mit 4 unabhängigen Variablen a_0 ... a_3 zu tun. Wie wir das Minimum einer Funktion finden wissen wir bereits aus der Differentialrechnung. Wir müssen die erste Ableitung der Funktion bilden und diese zu Null setzen. Da wir es hier mit mehr als einer unabhängigen Variablen zu tun haben, müssen wir jedoch das Verfahren der partiellen Differenziation anwenden. Wir müssen also nach jeder der unabhängigen Variablen ableiten. Wir bilden somit nebenstehende Funktion:

$$K_i = a_0 + a_1 \cdot x_{1i} + a_2 \cdot x_{2i} + a_3 \cdot x_{3i} - y_i$$
$$\Rightarrow F_{(a_0, a_1, a_2, a_3)} = \sum_{i=1}^{6} K_i^2$$

Nun können wir die 4 partiellen Ableitungen wie folgt bilden:

$$\frac{\delta F}{\delta a_0} = \frac{\delta F}{\delta K} \cdot \frac{\delta K}{\delta a_0} = \sum_{i=1}^{6} 2 \cdot K_i \qquad \Big| \text{ mit } \quad \frac{\delta F}{\delta K} = \sum_{i=1}^{6} 2 \cdot K_i \quad \text{und} \quad \frac{\delta K}{\delta a_0} = 1$$

$$\frac{\delta F}{\delta a_1} = \frac{\delta F}{\delta K} \cdot \frac{\delta K}{\delta a_1} = \sum_{i=1}^{6} 2 \cdot K_i \cdot x_{1i} \qquad \Big| \text{ mit } \quad \frac{\delta F}{\delta K} = \sum_{i=1}^{6} 2 \cdot K_i \quad \text{und} \quad \frac{\delta K}{\delta a_1} = x_{1i}$$

$$\frac{\delta F}{\delta a_2} = \frac{\delta F}{\delta K} \cdot \frac{\delta K}{\delta a_2} = \sum_{i=1}^{6} 2 \cdot K_i \cdot x_{2i} \qquad \Big| \text{ mit } \quad \frac{\delta F}{\delta K} = \sum_{i=1}^{6} 2 \cdot K_i \quad \text{und} \quad \frac{\delta K}{\delta a_2} = x_{2i}$$

$$\frac{\delta F}{\delta a_3} = \frac{\delta F}{\delta K} \cdot \frac{\delta K}{\delta a_3} = \sum_{i=1}^{6} 2 \cdot K_i \cdot x_{3i} \qquad \Big| \text{ mit } \quad \frac{\delta F}{\delta K} = \sum_{i=1}^{6} 2 \cdot K_i \quad \text{und} \quad \frac{\delta K}{\delta a_3} = x_{3i}$$

$$\sum_{i=1}^{6} 2 \cdot K_i = 2 \cdot \sum_{i=1}^{6} (a_0 + a_1 \cdot x_{1i} + a_2 \cdot x_{2i} + a_3 \cdot x_{3i} - y_i) = 0$$

$$\sum_{i=1}^{6} (2 \cdot K_i \cdot x_{1i}) = 2 \cdot \sum_{i=1}^{6} (a_0 \cdot x_{1i} + a_1 \cdot x_{1i} \cdot x_{1i} + a_2 \cdot x_{2i} \cdot x_{1i} + a_3 \cdot x_{3i} \cdot x_{1i} - y_i \cdot x_{1i}) = 0$$

$$\sum_{i=1}^{6} (2 \cdot K_i \cdot x_{2i}) = 2 \cdot \sum_{i=1}^{6} (a_0 \cdot x_{2i} + a_1 \cdot x_{1i} \cdot x_{2i} + a_2 \cdot x_{2i} \cdot x_{2i} + a_3 \cdot x_{3i} \cdot x_{2i} - y_i \cdot x_{2i}) = 0$$

$$\sum_{i=1}^{6} (2 \cdot K_i \cdot x_{3i}) = 2 \cdot \sum_{i=1}^{6} (a_0 \cdot x_{3i} + a_1 \cdot x_{1i} \cdot x_{3i} + a_2 \cdot x_{2i} \cdot x_{3i} + a_3 \cdot x_{3i} \cdot x_{3i} - y_i \cdot x_{3i}) = 0$$

Wir setzen die 4 Gleichungen zu Null:

Wir dividieren jede Gleichung durch 2 und bringen die y-Terme auf die rechte Seite:

$$\sum_{i=1}^{6} (a_0 + a_1 \cdot x_{1i} + a_2 \cdot x_{2i} + a_3 \cdot x_{3i}) = \sum_{i=1}^{6} y_i$$

$$\sum_{i=1}^{6} (a_0 \cdot x_{1i} + a_1 \cdot x_{1i} \cdot x_{1i} + a_2 \cdot x_{2i} \cdot x_{1i} + a_3 \cdot x_{3i} \cdot x_{1i}) = \sum_{i=1}^{6} y_i \cdot x_{1i}$$

$$\sum_{i=1}^{6} (a_0 \cdot x_{2i} + a_1 \cdot x_{1i} \cdot x_{2i} + a_2 \cdot x_{2i} \cdot x_{2i} + a_3 \cdot x_{3i} \cdot x_{2i}) = \sum_{i=1}^{6} y_i \cdot x_{2i}$$

$$\sum_{i=1}^{6} (a_0 \cdot x_{3i} + a_1 \cdot x_{1i} \cdot x_{3i} + a_2 \cdot x_{2i} \cdot x_{3i} + a_3 \cdot x_{3i} \cdot x_{3i}) = \sum_{i=1}^{6} y_i \cdot x_{3i}$$

Wir können nun die Einzelsummen bilden. Hier bietet sich folgendes Rechenschema an:

i	1	x1	x2	x3	y	x1^2	x2^2	x3^2	x1*x2	x1*x3	x2*x3	x1*y	x2*y	x3*y
1,00	1,00	25,00	18,00	1,40	156,40	625,00	324,00	1,96	450,00	35,00	25,20	3910,00	2815,20	218,96
2,00	1,00	32,00	22,00	1,70	191,80	1024,00	484,00	2,89	704,00	54,40	37,40	6137,60	4219,60	326,06
3,00	1,00	41,00	27,00	2,20	238,40	1681,00	729,00	4,84	1107,00	90,20	59,40	9774,40	6436,80	524,48
4,00	1,00	40,00	25,00	2,00	226,00	1600,00	625,00	4,00	1000,00	80,00	50,00	9040,00	5650,00	452,00
5,00	1,00	30,00	20,00	1,50	177,00	900,00	400,00	2,25	600,00	45,00	30,00	5310,00	3540,00	265,50
6,00	1,00	19,00	15,00	0,80	122,80	361,00	225,00	0,64	285,00	15,20	12,00	2333,20	1842,00	98,24
Summe	6,00	187,00	127,00	9,60	1112,40	6191,00	2787,00	16,58	4146,00	319,80	214,00	36505,20	24503,60	1885,24

Wir tragen die Summenwerte wie folgt in die o.g. Gleichung ein:

$$\sum_{i=1}^{6} a_0 \quad + \sum_{i=1}^{6} a_1 \cdot x_{1i} \quad + \sum_{i=1}^{6} a_2 \cdot x_{2i} \quad + \sum_{i=1}^{6} a_3 \cdot x_{3i} \quad = \sum_{i=1}^{6} y_i$$
$$a_0 \cdot 6 \quad + a_1 \cdot 187 \quad + a_2 \cdot 127 \quad + a_3 \cdot 9,6 \quad = 1112,4$$

$$\sum_{i=1}^{6} a_0 \cdot x_{1i} \quad \sum_{i=1}^{6} a_1 \cdot x_{1i} \cdot x_{1i} \quad + \sum_{i=1}^{6} a_2 \cdot x_{2i} \cdot x_{1i} \quad + \sum_{i=1}^{6} a_3 \cdot x_{3i} \cdot x_{1i} \quad = \sum_{i=1}^{6} y_i \cdot x_{1i}$$
$$a_0 \cdot 187 \quad + a_1 \cdot 6191 \quad + a_2 \cdot 4146 \quad + a_3 \cdot 319,8 \quad = 36505,1$$

$$\sum_{i=1}^{6} a_0 \cdot x_{2i} \quad + \sum_{i=1}^{6} a_1 \cdot x_{1i} \cdot x_{2i} \quad + \sum_{i=1}^{6} a_2 \cdot x_{2i} \cdot x_{2i} \quad + \sum_{i=1}^{6} a_3 \cdot x_{3i} \cdot x_{2i} \quad = \sum_{i=1}^{6} y_i \cdot x_{2i}$$
$$a_0 \cdot 127 \quad + a_1 \cdot 4146 \quad + a_2 \cdot 2787 \quad a_3 \cdot 214 \quad = 24503,6$$

$$\sum_{i=1}^{6} a_0 \cdot x_{3i} \quad + \sum_{i=1}^{6} a_1 \cdot x_{1i} \cdot x_{3i} \quad + \sum_{i=1}^{6} a_2 \cdot x_{2i} \cdot x_{3i} \quad + \sum_{i=1}^{6} a_3 \cdot x_{3i} \cdot x_{3i} \quad = \sum_{i=1}^{6} y_i \cdot x_{3i}$$
$$a_0 \cdot 9,6 \quad + a_1 \cdot 319,8 \quad + a_2 \cdot 214 \quad + a_3 \cdot 16,58 \quad = 1885,24$$

Wir erhalten also 4 Gleichungen mit 4 Unbekannten, als Matrix geschrieben also Folgendes:

$$A = \begin{pmatrix} 6 & 187 & 127 & 9,6 & 1112,4 \\ 187 & 6191 & 4146 & 319,8 & 36505,1 \\ 127 & 4146 & 2787 & 214 & 24503,6 \\ 9,6 & 319,8 & 214 & 16,58 & 1885,24 \end{pmatrix}$$

Diese Matrix müssen wir nun invertieren, indem wir den bekannten Gaußschen Algorithmus anwenden.

Solch eine Berechnung lässt sich nur schwierig ohne einen Computer ausführen. Ich habe deshalb diese Berechnung mit Hilfe einer Tabellenkalkulation durchgeführt:

	A	B	C	D	E	F	G	H
1		a_0	a_1	a_2	a_3	y		
2	1	6,00000	187,00000	127,00000	9,60000	1112,40000		
3	2	187,00000	6191,00000	4146,00000	319,80000	36505,20000	-0,032086	=-6/187=WENN(B3<>0,-B2/B3;0)
4	3	127,00000	4146,00000	2787,00000	214,00000	24503,60000	-0,047244	=-6/127=WENN(B5<>0,-B2/B5;0)
5	4	9,60000	319,80000	214,00000	16,58000	1885,24000	-0,625000	=-6/9,6=WENN(B5<>0,-B2/B5;0)
6								
7	1	6,00000	187,00000	127,00000	9,60000	1112,40000		
8	2	-6,00000	-198,64171	-133,02674	-10,26096	-1171,28984		
9	3	-6,00000	-195,87402	-131,66929	-10,11024	-1157,65039		
10	4	-6,00000	-199,87500	-133,75000	-10,36250	-1178,27500		
11								
12	1	6,00000	187,00000	127,00000	9,60000	1112,40000		
13	2	0,00000	-11,64171	-6,02674	-0,66096	-58,88984		
14	3	0,00000	-8,87402	-4,66929	-0,51024	-45,25039	-1,311888	=-11,64171/8,87402=WENN(C14<>0,-C13/C14;0)
15	4	0,00000	-12,87500	-6,75000	-0,76250	-65,87500	-0,904211	=-11,64171/12,87500=WENN(C15<>0,-C13/C15;0)
16								
17	1	6,00000	187,00000	127,00000	9,60000	1112,40000		
18	2	0,00000	-11,64171	-6,02674	-0,66096	-58,88984		
19	3	0,00000	11,64171	6,12559	0,66937	59,36343		
20	4	0,00000	11,64171	6,10342	0,68946	59,56487		
21								
22	1	6,000000	187,000000	127,000000	9,600000	1112,400000		
23	2	0,000000	-11,641711	-6,026738	-0,660963	-58,889840		
24	3	0,000000	0,000000	0,098847	0,008410	0,473591		
25	4	0,000000	0,000000	0,076683	0,028498	0,675032	-1,289032	=-0,098847/0,076683=WENN(D25<>0,-D24/D25;0)
26								
27	1	6,000000	187,000000	127,000000	9,600000	1112,400000		
28	2	0,000000	-11,641711	-6,026738	-0,660963	-58,889840		
29	3	0,000000	0,000000	0,098847	0,008410	0,473591		
30	4	0,000000	0,000000	-0,098847	-0,036735	-0,870139		
31								
32	1	6,000000	187,000000	127,000000	9,600000	1112,400000		
33	2	0,000000	-11,641711	-6,026738	-0,660963	-58,889840		
34	3	0,000000	0,000000	0,098847	0,008410	0,473591		
35	4	0,000000	0,000000	0,000000	-0,028325	-0,396548		
36								
37		$a_3 =$	14,000000	=F35/E35				
38		$a_2 =$	3,600000	=(F34-E34*C37)/D34				
39		$a_1 =$	2,400000	=(F33-E33*C37-D33*C38)/C33				
40		$a_0 =$	12,000000	=(F32-E32*C37-D32*C38-C32*C39)/B32				

Bild 145: Gaußscher Algorithmus für 4 Gleichungen mit 4 Unbekannten (Tabellenkalkulation)

Wir erhalten als Ergebnis folgende Funktion:

$$y = 12 + 2,4 \cdot x_1 + 3,6 \cdot x_2 + 14 \cdot x_3$$

Wir überprüfen nun, ob diese Funktion korrekt arbeitet, indem wir die Ausgangswerte einsetzen:

$$y_1 = 12 + 2{,}4 \cdot x_{11} + 3{,}6 \cdot x_{21} + 14 \cdot x_{31} = 12 + 2{,}4 \cdot 25 + 3{,}6 \cdot 18 + 14 \cdot 1{,}4 = 156{,}4$$
$$y_2 = 12 + 2{,}4 \cdot x_{12} + 3{,}6 \cdot x_{22} + 14 \cdot x_{32} = 12 + 2{,}4 \cdot 32 + 3{,}6 \cdot 22 + 14 \cdot 1{,}7 = 191{,}8$$
$$y_3 = 12 + 2{,}4 \cdot x_{13} + 3{,}6 \cdot x_{23} + 14 \cdot x_{33} = 12 + 2{,}4 \cdot 41 + 3{,}6 \cdot 27 + 14 \cdot 2{,}2 = 238{,}4$$
$$y_4 = 12 + 2{,}4 \cdot x_{14} + 3{,}6 \cdot x_{24} + 14 \cdot x_{34} = 12 + 2{,}4 \cdot 40 + 3{,}6 \cdot 25 + 14 \cdot 2{.}0 = 226{,}0$$
$$y_5 = 12 + 2{,}4 \cdot x_{15} + 3{,}6 \cdot x_{25} + 14 \cdot x_{35} = 12 + 2{,}4 \cdot 30 + 3{,}6 \cdot 20 + 14 \cdot 1{,}5 = 177{,}0$$
$$y_6 = 12 + 2{,}4 \cdot x_{16} + 3{,}6 \cdot x_{26} + 14 \cdot x_{36} = 12 + 2{,}4 \cdot 19 + 3{,}6 \cdot 15 + 14 \cdot 0{,}8 = 122{,}8$$

Wenn wir davon ausgehen, dass je Stunde ein Satz von 25 € gezahlt wird, dann erhalten wir zusätzlich die Kosten je weiterem Produkt zu:

P1 : $2{,}4 \cdot 25$ € = 60 €
P2 : $3{,}6 \cdot 25$ € = 90 €
P3 : $14 \cdot 25$ € = 250 €

6   Potenzreihenentwicklungen

6.1   Unendliche Reihen

6.1.1   Einführung

Schon in Band 1 /1/ Abschnitt 8.2.2.2 haben wir uns kurz mit unendlichen geometrischen Reihen befasst. Dort haben wir folgende Formel für endliche geometrische Reihen kennen gelernt.

$$S_n = a \cdot \frac{q^n - 1}{q - 1} = a + a \cdot q + a \cdot q^2 + \ldots + a \cdot q^{n-1} = \sum_{k=1}^{n} a \cdot q^{k-1} = a \cdot \sum_{k=1}^{n} q^{k-1}$$

Mit: a: Anfangsglied   q: Quotient $a \cdot q^{n-1}$: Endglied

Ein Beispiel:

Wir betrachten folgende geometrische Reihe:

$$S_5 = 100 + 120 + 144 + 172,8 + 207,36 = 744,16$$

Es gilt:

Anfangsglied: a = 100

Quotient: $q = \dfrac{144}{120} = 1,2$

Man nimmt zwei aufeinanderfolgende Summanden und dividiert den zweiten durch den ersten der beiden Summanden.

Endglied: $a \cdot q^{n-1} = 100 \cdot 1,2^{5-1} = 207,36$

Wenn wir dies in die Formel für s_n einsetzen erhalten wir direkt:

$$S_n = a \cdot \frac{q^n - 1}{q - 1} = 100 \cdot \frac{1,2^5 - 1}{0,2} = 744,1$$

Den Beweis für die o.g. Formel finden wir in Band 1 /1/ Abschnitt 8.2.2.1.

Wenn für den absoluten Wert des Quotienten gilt $|q| < 1$ (Konvergenzkriterium)

dann strebt eine unendliche geometrische Reihe gegen einen Grenzwert.

Da gilt: $\lim\limits_{n \to \infty} q^n = 0$ $\Rightarrow$ $S_{n \to \infty} = a \cdot \dfrac{0 - 1}{q - 1}$

Wir betrachten folgendes Beispiel:

$$S_{n \to \infty} = 100 + 100 \cdot 0,6 + 100 \cdot 0,6^2 + \ldots = 100 + 60 + 36 + \ldots = 100 \cdot \frac{-1}{1 - 0,6} = 250$$

Wir können nun die sogenannten Partial- oder Teilsummen bilden:

$$S_1 = 100 \qquad\qquad\qquad\qquad\qquad\qquad = 100$$
$$S_2 = S_1 + 100 \cdot 0{,}6 \qquad\quad = 100 + 60 \qquad\qquad = 160$$
$$S_3 = S_2 + 100 \cdot 0{,}6^2 \qquad = 160 + 36 \qquad\qquad = 196$$
$$S_4 = S_3 + 100 \cdot 0{,}6^3 \qquad = 196 + 21{,}6 \qquad\quad = 217{,}6$$
$$S_5 = S_4 + 100 \cdot 0{,}6^4 \qquad = 217{,}6 + 12.96 \qquad = 230{,}56$$
$$S_6 = S_5 + 100 \cdot 0{,}6^5 \qquad = 230{,}56 + 7.776 \qquad = 238{,}336$$
$$S_7 = S_6 + 100 \cdot 0{,}6^6 \qquad = 238{,}336 + 4{,}6656 \qquad = 243{,}0016$$
$$S_8 = S_7 + 100 \cdot 0{,}6^7 \qquad = 243{,}0016 + 2{,}79936 \qquad = 245{,}80096$$
$$S_9 = S_8 + 100 \cdot 0{,}6^8 \qquad = 245{,}80096 + 1{,}679616 \qquad = 247{,}480576$$
$$S_{10} = S_9 + 100 \cdot 0{,}6^9 \quad = 247{,}480576 + 1{,}0077696 \quad = 248{,}4883456$$
$$S_{11} = S_{10} + 100 \cdot 0{,}6^{10} = 248{,}4883456 + 0{,}60466176 = 249{,}09300736$$

Wir sehen, dass die Folge der Partialsummen gegen den Grenzwert von 250 strebt.

Neben den oben betrachteten Reihen mit dem Quotienten q, gebildet aus zwei aufeinanderfolgenden Summanden der Reihe, gibt es noch andere Reihen mit verschiedenen Bildungsgesetzen. Im Folgenden wollen wir einige dieser Reihen beispielhaft vorstellen:

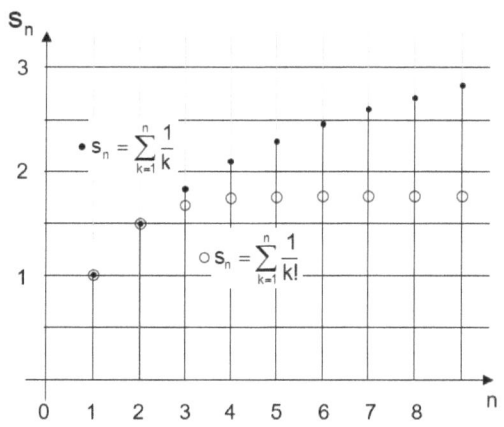

Harmonische Reihe:

$$S_n = 1 + \frac{1}{2} + \frac{1}{3} + \dots + \frac{1}{n} = \sum_{k=1}^{n} \frac{1}{k}$$

Wie man sieht, ist jeder weitere Summand kleiner als der vorhergehende.

Der Quotient aus jeweils zwei aufeinanderfolgenden Summanden strebt für $n \to \infty$ gegen 1.

$$\frac{1}{n+1} \bigg/ \frac{1}{n} = \frac{n}{n+1} \quad \Rightarrow \quad \lim_{n \to \infty} \frac{n}{n+1} = 1$$

In Abschnitt 6.1.2.2 werden wir nachweisen, dass eine derartige Reihe divergiert.

Bild 146: Harmonische Reihe / Reihe mit Fakultäten

<u>Reihe mit Fakultäten</u> $\quad S_n = \sum_{k=1}^{n} \frac{1}{k!} = \frac{1}{1} + \frac{1}{1 \cdot 2} + \frac{1}{1 \cdot 2 \cdot 3} + \dots + \frac{1}{n!} = 1 + \frac{1}{2} + \frac{1}{6} + \dots + \frac{1}{n!}$

Auch hier ist jeder weitere Summand kleiner als der vorhergehende. In Abschnitt 6.1.2.4 werden wir nachweisen, dass eine derartige Reihe konvergiert.

Welche Fragestellungen ergeben sich also bei der Untersuchung von unendlichen Reihen:

1. Ist die unendliche Reihe konvergent oder divergent?
2. Ist die unendliche Reihe konvergent, gegen welchen Grenzwert konvergiert diese?

Um die erste Frage zu beantworten bedient man sich sogenannter Konvergenzkriterien. Werden diese Kriterien erfüllt, dann strebt die unendliche Reihe gegen einen konstanten Wert.

Die zweite Frage lässt sich oft nur näherungsweise und mit großem Rechenaufwand beantworten. Unter Verwendung eines Computers kann jedoch eine beliebige Genauigkeit erzielt werden.

6.1.2   Konvergenzkriterien

6.1.2.1   Notwendiges Konvergenzkriterium

Damit eine Reihe überhaupt gegen einen konstanten Wert strebt, müssen die Summanden mit zunehmendem Index n immer kleiner werden. Es ist also notwendig, dass die jeweils folgende Zahl einer Reihe immer kleiner ist als die jeweils vorhergehende Zahl. Man kann auch sagen, dass die Folge der Summanden einer Reihe gegen Null streben muss (Nullfolge).

$$\lim_{n \to \infty} a_n = 0$$

Ist dieses Kriterium nicht erfüllt, dann handelt es sich mit Sicherheit um eine divergierende Reihe. Dieses Kriterium ist zwar notwendig aber leider nicht hinreichend für Konvergenz. Es gibt also Reihen, welche dieses Kriterium erfüllen und trotzdem nicht konvergieren. Eine dieser Reihen haben wir bereits kennen gelernt, nämlich die harmonische Reihe.

6.1.2.2   Das Quotientenkriterium

Eine Reihe ist konvergent, wenn sie das Quotientenkriterium erfüllt. Man berechnet die Quotienten aus zwei aufeinanderfolgenden Summanden und untersucht, ob diese mit zunehmendem n (n $\to$ ∞) eine Folge bilden, die kleiner als 1 ist. In mathematischer Schreibweise lautet das Quotientenkriterium wie folgt:

$$\lim_{n \to \infty} \left| \frac{a_{n+1}}{a_n} \right| \begin{cases} < 1 & \to \quad \text{Die Reihe konvergiert} \\ = 1 & \to \quad \text{Keine Aussage über Konvergenz möglich} \\ > 1 & \to \quad \text{Die Reihe divergiert} \end{cases}$$

Zur Anwendung des Kriteriums sind folgende Schritte durchzuführen:

1. Man bestimmt den Ausdruck $\left| \dfrac{a_{n+1}}{a_n} \right|$

2. Man untersucht, ob die Betragsstriche wegfallen können, indem man den Betrag auf Zähler und Nenner anwendet. Es gilt: $\left| \dfrac{a_{n+1}}{a_n} \right| = \dfrac{|a_{n+1}|}{|a_n|}$

Sind nun Zähler und Nenner ohnehin positiv, z.B. bei Fakultäten, so können diese entfallen.

3. Der Bruch wird vereinfacht, indem man Doppelbrüche auflöst und kürzt.

4. Berechnung des Grenzwerts für n $\to$ ∞ und Aussage zur Konvergenz der Reihe.

Beispiele

(1) Die gegebene Reihe ist auf Konvergenz zu untersuchen: $S = \sum\limits_{n=3}^{\infty} \dfrac{n-2}{n!}$

1. Wir bestimmen folgenden Ausdruck:

$$\left| \frac{a_{n+1}}{a_n} \right| = \left| \frac{\dfrac{n+1-2}{(n+1)!}}{\dfrac{n-2}{n!}} \right|$$

2. Die Betragsstriche können entfallen, weil Folgendes gilt:

$n+1-2 = n-1 > 0$ und $n-2 > 0$ Untergrenze für n ist 3

$(n+1)! > 0$ und $n! > 0$ Fakultäten sind immer positiv

3. Wir formen den Ausdruck wie folgt um:

$$\left| \frac{a_{n+1}}{a_n} \right| = \frac{\dfrac{n+1-2}{(n+1)!}}{\dfrac{n-2}{n!}} = \frac{n+1-2}{(n+1)!} \cdot \frac{n!}{n-2} = \frac{(n-1)\cdot n!}{(n+1)!\cdot(n-2)} = \frac{(n-1)\cdot n!}{n!\cdot(n+1)\cdot(n-2)} = \frac{n-1}{(n+1)\cdot(n-2)} = \frac{n-1}{n^2 - 2\cdot n + n - 2}$$

$$= \frac{n-1}{n^2 - n - 2} \qquad \text{Es gilt: } (n+1)! = n!\cdot(n+1)$$

4. Untersuchung des Grenzwertes und Aussage zur Konvergenz

$$\lim_{n\to\infty} \frac{n-1}{n^2 - n - 2} = \lim_{n\to\infty} \frac{\dfrac{n}{n}\cdot(n-1)}{n^2 \cdot \left(1 - \dfrac{1}{n} - \dfrac{2}{n^2}\right)} = \lim_{n\to\infty} \frac{n^2 \cdot \dfrac{1}{n} - 1}{n^2 \cdot \left(1 - \dfrac{1}{n} - \dfrac{2}{n^2}\right)} = \lim_{n\to\infty} \frac{n^2 \cdot \left(\dfrac{1}{n} - \dfrac{1}{n^2}\right)}{n^2 \cdot \left(1 - \dfrac{1}{n} - \dfrac{2}{n^2}\right)} = \lim_{n\to\infty} \frac{\dfrac{1}{n} - \dfrac{1}{n^2}}{1 - \dfrac{1}{n} - \dfrac{2}{n^2}}$$

$$\Rightarrow \lim_{n\to\infty} \frac{n-1}{n^2 - n - 2} = \frac{\lim\limits_{n\to\infty}\left(\dfrac{1}{n} - \dfrac{1}{n^2}\right)}{\lim\limits_{n\to\infty}\left(1 - \dfrac{1}{n} - \dfrac{2}{n^2}\right)} = \frac{0}{1} = 0$$

Der Wert des Quotientenkriteriums ist < 1, somit ist die Reihe konvergent.

(2) Die gegebene harmonische Reihe ist auf Konvergenz zu untersuchen:

$$S_n = 1 + \frac{1}{2} + \frac{1}{3} + \dots + \frac{1}{n} = \sum\limits_{n=1}^{\infty} \frac{1}{n}$$

1. Wir bestimmen folgenden Ausdruck:

$$\left| \frac{a_{n+1}}{a_n} \right| = \left| \frac{\dfrac{1}{n+1}}{\dfrac{1}{n}} \right|$$

2. Die Betragsstriche können entfallen, weil Folgendes gilt:

$n > 0$ und $n+1 > 0$ Untergrenze für n ist 1

3. Wir formen den Ausdruck wie folgt um:

$$\left|\frac{a_{n+1}}{a_n}\right| = \frac{\frac{1}{n+1}}{\frac{1}{n}} = \frac{1}{n+1} \cdot \frac{n}{1} = \frac{n}{n+1}$$

4. Untersuchung des Grenzwertes und Aussage zur Konvergenz

$$\lim_{n\to\infty} \frac{n}{n+1} = \lim_{n\to\infty} \frac{n}{n\cdot\left(1+\frac{1}{n}\right)} = \lim_{n\to\infty} \frac{1}{\left(1+\frac{1}{n}\right)} = \frac{1}{\lim_{n\to\infty}\left(1+\frac{1}{n}\right)} = \frac{1}{1} = 1$$

Der Wert des Quotientenkriteriums ist 1, somit kann keine Aussage zur Konvergenz gemacht werden. Es ist also ein anderes Konvergenzkriterium anzuwenden.

(3) Die folgende Reihe ist auf Konvergenz zu untersuchen:

$$S = \sum_{n=1}^{\infty} (-1)^n \cdot \binom{2\cdot n}{n} = -\binom{2}{1} + \binom{4}{2} - \binom{6}{3} + \binom{8}{4} - \binom{10}{5} + \dots \qquad \text{Es gilt: } \binom{n}{k} = \frac{n!}{k! \cdot (n-k)!}$$

$$= -2 + \frac{4\cdot 3}{1\cdot 2} - \frac{6\cdot 5\cdot 4}{1\cdot 2\cdot 3} + \frac{8\cdot 7\cdot 6\cdot 5}{1\cdot 2\cdot 3\cdot 4} - \frac{10\cdot 9\cdot 8\cdot 7\cdot 6}{1\cdot 2\cdot 3\cdot 4\cdot 5} + \dots$$

$$= -2 + \frac{12}{2} - \frac{120}{6} + \frac{1680}{24} - \frac{30240}{120} + \dots = -2 + 6 - 20 + 70 - 252 + \dots$$

1. Wir bestimmen folgenden Ausdruck:

$$\left|\frac{a_{n+1}}{a_n}\right| = \left|\frac{(-1)^{n+1}\cdot\binom{2\cdot(n+1)}{n+1}}{(-1)^n\cdot\binom{2\cdot n}{n}}\right|$$

2. Berücksichtigung der Betragsstriche:

$$\left|\frac{a_{n+1}}{a_n}\right| = \left|\frac{(-1)^{n+1}\cdot\binom{2\cdot(n+1)}{n+1}}{(-1)^n\cdot\binom{2\cdot n}{n}}\right| = \frac{\left|(-1)^{n+1}\right|\cdot\left|\binom{2\cdot(n+1)}{n+1}\right|}{\left|(-1)^n\right|\cdot\left|\binom{2\cdot n}{n}\right|}$$

Es gilt : $\binom{2\cdot(n+1)}{n+1} > 0$ und $\binom{2\cdot n}{n} > 0$ Binomialkoeffizienten sind immer > 0

und

$\left|(-1)^{n+1}\right| = \left|-1\right|^{n+1} = 1^{n+1} = 1$ und $\left|(-1)^n\right| = \left|-1\right|^n = 1^n = 1$

3. Wir formen den Ausdruck wie folgt um:

$$\left|\frac{a_{n+1}}{a_n}\right| = \frac{\binom{2\cdot(n+1)}{n+1}}{\binom{2\cdot n}{n}} = \frac{\binom{2\cdot n+2}{n+1}}{\binom{2\cdot n}{n}} \qquad \text{Es gilt: } \binom{g}{h} = \frac{g!}{h!\cdot(g-h)!} \text{ mit} \qquad \begin{array}{l} \text{im Zähler: } g = 2\cdot n+2 \text{ und } h = n+1 \\ \text{im Nenner: } g = 2\cdot n \text{ und } h = n \end{array}$$

$$= \frac{\dfrac{(2\cdot n+2)!}{(n+1)!\cdot(2\cdot n+2-(n+1))!}}{\dfrac{(2\cdot n)!}{n!\cdot(2\cdot n-n)!}} = \frac{\dfrac{(2\cdot n+2)!}{(n+1)!\cdot(n+1)!}}{\dfrac{(2\cdot n)!}{n!\cdot n!}} = \frac{(2\cdot n+2)!}{(n+1)!\cdot(n+1)!} \cdot \frac{n!\cdot n!}{(2\cdot n)!}$$

Allgemein gilt: $(g+1)! = g!\cdot(g+1)$ und $(g+2)! = g!\cdot(g+1)\cdot(g+2)$

$$\Rightarrow \left|\frac{a_{n+1}}{a_n}\right| = \frac{(2\cdot n)!\cdot(2\cdot n+1)\cdot(2\cdot n+2)}{n!\cdot(n+1)\cdot n!\cdot(n+1)} \cdot \frac{n!\cdot n!}{(2\cdot n)!} \qquad \text{(Kürzen)}$$

$$= \frac{(2\cdot n+1)\cdot(2\cdot n+2)}{(n+1)\cdot(n+1)} \qquad \text{nach Ausklammern von 2} \Rightarrow \left|\frac{a_{n+1}}{a_n}\right| = \frac{(2\cdot n+1)\cdot 2\cdot(n+1)}{(n+1)\cdot(n+1)} \qquad \text{(Kürzen)}$$

$$= \frac{(2\cdot n+1)\cdot 2}{(n+1)} = \frac{4\cdot n+2}{n+1}$$

4. Untersuchung des Grenzwertes und Aussage zur Konvergenz

$$\lim_{n\to\infty} \frac{4\cdot n+2}{n+1} = \lim_{n\to\infty} \frac{n\cdot\left(4+\dfrac{2}{n}\right)}{n\cdot\left(1+\dfrac{1}{n}\right)} = \lim_{n\to\infty} \frac{4+\dfrac{2}{n}}{1+\dfrac{1}{n}} = \frac{\lim_{n\to\infty}\left(4+\dfrac{2}{n}\right)}{\lim_{n\to\infty}\left(1+\dfrac{1}{n}\right)} = \frac{4}{1} = 4 > 1$$

Der Wert des Quotientenkriteriums ist 4, somit divergiert die Reihe.

(4) Die folgende Reihe ist auf Konvergenz zu untersuchen:

$$S = \sum_{n=0}^{\infty} \frac{(n!)^2}{(2\cdot n)!} = 1 + \frac{1}{1\cdot 2} + \frac{(2!)^2}{4!} + \frac{(3!)^2}{6!} + \frac{(4!)^2}{8!} + \dots = 1 + \frac{1}{2} + \frac{4}{24} + \frac{36}{720} + \frac{576}{40320} + \dots$$

1. Wir bestimmen folgenden Ausdruck:

$$\left|\frac{a_{n+1}}{a_n}\right| = \left|\frac{\dfrac{((n+1)!)^2}{(2\cdot(n+1))!}}{\dfrac{(n!)^2}{(2\cdot n)!}}\right|$$

2. Berücksichtigung der Betragsstriche:

Die Betragsstriche können entfallen, weil Folgendes gilt:

$n \geq 0$ und $n+1 > 0$ Untergrenze für n ist 0

3. Wir formen den Ausdruck wie folgt um:

$$\left|\frac{a_{n+1}}{a_n}\right| = \frac{\dfrac{((n+1)!)^2}{(2\cdot(n+1))!}}{\dfrac{(n!)^2}{(2\cdot n)!}} = \frac{((n+1)!)^2}{(2\cdot(n+1))!} \cdot \frac{(2\cdot n)!}{(n!)^2} = \frac{(n!\cdot(n+1))^2}{(2\cdot n+2)!} \cdot \frac{(2\cdot n)!}{(n!)^2} = \frac{(n!)^2 \cdot (n+1)^2}{(2\cdot n)!\cdot(2\cdot n+1)\cdot(2\cdot n+2)} \cdot \frac{(2\cdot n)!}{(n!)^2} \quad \text{(Kürzen)}$$

$$= \frac{(n+1)^2}{(2\cdot n+1)\cdot(2\cdot n+2)} = \frac{n^2 + 2\cdot n + 1}{4\cdot n^2 + 6\cdot n + 2} = \frac{n^2 \cdot \left(1 + \dfrac{2}{n} + \dfrac{1}{n^2}\right)}{n^2 \cdot \left(4 + \dfrac{6}{n} + \dfrac{2}{n^2}\right)} = \frac{1 + \dfrac{2}{n} + \dfrac{1}{n^2}}{4 + \dfrac{6}{n} + \dfrac{2}{n^2}}$$

4. Untersuchung des Grenzwertes und Aussage zur Konvergenz

$$\lim_{n\to\infty} \frac{1 + \dfrac{2}{n} + \dfrac{1}{n^2}}{4 + \dfrac{6}{n} + \dfrac{2}{n^2}} = \frac{\lim\limits_{n\to\infty}\left(1 + \dfrac{2}{n} + \dfrac{1}{n^2}\right)}{\lim\limits_{n\to\infty}\left(4 + \dfrac{6}{n} + \dfrac{2}{n^2}\right)} = \frac{1}{4}$$

Der Wert des Quotientenkriteriums ist 1 / 4, somit konvergiert die Reihe.

6.1.2.3   Das Wurzelkriterium

Eine gegebene unendliche Reihe $S = \sum\limits_{n=1}^{\infty} a_n$ ist Konvergent, wenn Folgendes gilt:

$$\lim_{n\to\infty} \sqrt[n]{|a_n|} \quad \begin{cases} <1 & \to \text{ Die Reihe konvergiert} \\ =1 & \to \text{ Keine Aussage über Konvergenz möglich} \\ >1 & \to \text{ Die Reihe divergiert} \end{cases}$$

Zur Anwendung des Kriteriums sind folgende Schritte durchzuführen:

1. Man bestimmt den Betrag von a_n unter Verwendung der Rechenregeln für Beträge.

2. Man zieht die n-te Wurzel aus a_n unter Verwendung der Potenzgesetze.

3. Man bildet den Grenzwert dieser Wurzel für $n \to \infty$ und macht eine Aussage zur Konvergenz der Reihe.

Das Wurzelkriterium kann angewendet werden, wenn der Summationsindex als Exponent verwendet wird.

Beispiele

(1) Die gegebene Reihe ist auf Konvergenz zu untersuchen: $S = \sum\limits_{n=1}^{\infty} 3^{-n} = \sum\limits_{n=1}^{\infty} \dfrac{1}{3^n} = \dfrac{1}{3} + \dfrac{1}{9} + \dfrac{1}{27} + ...$

1. Betrag von a_n : $\quad |a_n| = |3^{-n}| = 3^{-n} \quad$ weil gilt $n \geq 1$ und damit $3^{-n} > 0$

Wir können die Betragsstriche einfach weglassen.

2. Wir ziehen die n-te Wurzel aus a_n : $\quad \sqrt[n]{3^{-n}} = \sqrt[n]{\dfrac{1}{3^n}} = \dfrac{1}{\sqrt[n]{3^n}} = \dfrac{1}{3}$

3. Grenzwert dieser Wurzel für $n \to \infty$ und Aussage zur Konvergenz der Reihe.

$\lim\limits_{n \to \infty} \dfrac{1}{3} = \dfrac{1}{3} < 1 \quad \Rightarrow \quad$ Die Reihe konvergiert.

(2) Untersuche die folgende Reihe auf Konvergenz: $\quad S = \sum\limits_{n=1}^{\infty} \dfrac{5}{n^n} = \dfrac{5}{1} + \dfrac{5}{4} + \dfrac{5}{27} + ...$

1. Betrag von a_n : $\quad |a_n| = \left| \dfrac{5}{n^n} \right| = \dfrac{5}{n^n} \quad$ weil gilt $n \geq 1$ und $n^n > 0 \quad \Rightarrow \quad \dfrac{5}{n^n} > 0$

Wir können die Betragsstriche weglassen.

2. Wir ziehen die n-te Wurzel aus a_n : $\quad \sqrt[n]{\dfrac{5}{n^n}} = \dfrac{\sqrt[n]{5}}{\sqrt[n]{n^n}} = \dfrac{\sqrt[n]{5}}{n}$

3. Grenzwert dieser Wurzel für $n \to \infty$ und Aussage zur Konvergenz der Reihe.

$\dfrac{\sqrt[n]{5}}{n} = \dfrac{\lim\limits_{n \to \infty} \sqrt[n]{5}}{\lim\limits_{n \to \infty} n} = \dfrac{1}{\infty} = 0 < 1 \quad \Rightarrow \quad$ Die Reihe konvergiert.

(3) Untersuche die folgende Reihe auf Konvergenz:

$S = \sum\limits_{n=2}^{\infty} \dfrac{3}{(\ln n)^n} = \dfrac{3}{0,48045} + \dfrac{3}{1,32597} + \dfrac{3}{3,69336} + ...$

1. Betrag von a_n : $\quad |a_n| = \left| \dfrac{3}{(\ln n)^n} \right| = \dfrac{3}{(\ln n)^n} \quad$ weil gilt $n \geq 2$ und $(\ln n)^n > 0 \quad \Rightarrow \quad \dfrac{3}{(\ln n)^n} > 0$

Wir können die Betragsstriche weglassen.

2. Wir ziehen die n-te Wurzel aus a_n : $\quad \sqrt[n]{\dfrac{3}{(\ln n)^n}} = \dfrac{\sqrt[n]{3}}{\sqrt[n]{(\ln n)^n}} = \dfrac{\sqrt[n]{3}}{\ln n}$

3. Grenzwert dieser Wurzel für n → ∞ und Aussage zur Konvergenz der Reihe.

$$\lim_{n\to\infty}\frac{\sqrt[n]{3}}{\ln n}=\frac{\lim\limits_{n\to\infty}\sqrt[n]{3}}{\lim\limits_{n\to\infty}(\ln n)}=\frac{1}{\infty}=0<1 \quad \text{Die Reihe konvergiert.}$$

(4) Untersuche die folgende Reihe auf Konvergenz:

$$S=\sum_{n=1}^{\infty}\left(\frac{n+1}{10\cdot n}\right)^n=\left(\frac{2}{10}\right)^1+\left(\frac{3}{20}\right)^2+\left(\frac{4}{30}\right)^3+...=\frac{2}{10}+\frac{9}{400}+\frac{64}{27000}+...$$

1. Betrag von a_n : $\quad\left|a_n\right|=\left|\frac{n+1}{10\cdot n}\right|=\frac{n+1}{10\cdot n}\quad$ weil gilt $n\geq 1\;\Rightarrow\;\frac{n+1}{10\cdot n}>0$

Wir können die Betragsstriche weglassen.

2. Wir ziehen die n-te Wurzel aus a_n : $\quad\sqrt[n]{\left(\frac{n+1}{10\cdot n}\right)^n}=\frac{n+1}{10\cdot n}$

3. Grenzwert dieser Wurzel für n → ∞ und Aussage zur Konvergenz der Reihe.

$$\lim_{n\to\infty}\frac{n+1}{10\cdot n}=\lim_{n\to\infty}\frac{n\cdot\left(1+\frac{1}{n}\right)}{10\cdot n}=\lim_{n\to\infty}\frac{\left(1+\frac{1}{n}\right)}{10}=\frac{\lim\limits_{n\to\infty}\left(1+\frac{1}{n}\right)}{\lim\limits_{n\to\infty}10}=\frac{1}{10}<1\quad\text{Die Reihe konvergiert.}$$

(5) Untersuche die folgende Reihe auf Konvergenz: $\quad S=\sum_{n=1}^{\infty}\frac{2^n}{n^2}=\frac{2}{1}+\frac{4}{4}+\frac{8}{9}+\frac{16}{16}+\frac{32}{25}+...$

1. Betrag von a_n : $\quad\left|a_n\right|=\left|\frac{2^n}{n^2}\right|=\frac{2^n}{n^2}\quad$ weil gilt $n\geq 1\;\Rightarrow\;\frac{2^n}{n^2}>0$

Wir können die Betragsstriche weglassen.

2. Wir ziehen die n-te Wurzel aus a_n : $\quad\sqrt[n]{\frac{2^n}{n^2}}=\frac{\sqrt[n]{2^n}}{\sqrt[n]{n^2}}=\frac{2}{\sqrt[n]{n^2}}=\frac{2}{n^{\frac{2}{n}}}$

3. Grenzwert dieser Wurzel für n → ∞ und Aussage zur Konvergenz der Reihe.

$$\lim_{n\to\infty}\frac{2}{n^{\frac{2}{n}}}=\frac{\lim\limits_{n\to\infty}2}{\lim\limits_{n\to\infty}n^{\frac{2}{n}}}=\frac{2}{1}=2>1\quad\text{Die Reihe divergiert.}$$

(6) Untersuche die folgende Reihe auf Konvergenz: $\quad S=\sum_{n=1}^{\infty}\left(\frac{n}{3\cdot n+1}\right)^n=\frac{1}{4}+\frac{4}{49}+\frac{27}{1000}+...$

1. Betrag von a_n : $\quad\left|a_n\right|=\left|\left(\frac{n}{3\cdot n+1}\right)^n\right|=\left(\frac{n}{3\cdot n+1}\right)^n\quad$ weil gilt: $n>0\;\Rightarrow\;\left(\frac{n}{3\cdot n+1}\right)^n>0$

Wir können die Betragsstriche weglassen.

2. Wir ziehen die n-te Wurzel aus a_n :

$$\sqrt[n]{\left(\frac{n}{3 \cdot n+1}\right)^n} = \frac{n}{3 \cdot n+1} = \frac{n}{n \cdot \left(3+\frac{1}{n}\right)} = \frac{1}{3+\frac{1}{n}}$$

3. Grenzwert dieser Wurzel für $n \rightarrow \infty$ und Aussage zur Konvergenz der Reihe.

$$\lim_{n \rightarrow \infty} \frac{1}{3+\frac{1}{n}} = \frac{1}{3} < 1 \quad \text{Die Reihe konvergiert.}$$

6.1.2.4   Vergleichskriterien

Um das Konvergenz- oder Divergenzverhalten einer Reihe zu bestimmen, kann man diese Reihe mit einer anderen Reihe vergleichen, deren Verhalten hinsichtlich der Konvergenz oder Divergenz bekannt ist. In diesem Zusammenhang gibt es folgende zwei Methoden:

Majorantenkriterium

Gibt es zur untersuchenden Reihe eine bekannte Reihe, die hinsichtlich der Bedingung $n \rightarrow \infty$ konvergiert, und lässt sich nachweisen, dass die Summanden der Vergleichsreihe größer oder gleich der Summanden der zu untersuchenden Reihe sind, dann gilt für die zu untersuchende Reihe Konvergenz. Mathematisch formuliert bedeutet dies Folgendes:

Gegeben sei eine unendliche Reihe $\qquad\qquad S = \sum_{n=1}^{\infty} a_n$

Gibt es nun eine konvergente unendliche Vergleichsreihe $\quad V_{Major} = \sum_{n=1}^{\infty} b_n$

bei der für *fast alle** n Folgendes gilt: $\; a_n \leq b_n \quad$ (für alle $n \in \mathbb{N}$)

dann ist die gegebene Reihe S konvergent. In diesem Fall nennt man die Vergleichsreihe auch Majorante oder Oberreihe. (für alle $n \in \mathbb{N}$)

Minorantenkriterium

Gibt es zur untersuchenden Reihe eine bekannte Reihe, die hinsichtlich der Bedingung $n \rightarrow \infty$ divergiert, und lässt sich nachweisen, dass die Summanden der Vergleichsreihe kleiner oder gleich der Summanden der zu untersuchenden Reihe sind, dann gilt für die zu untersuchende Reihe Divergenz. Mathematisch formuliert bedeutet dies Folgendes:

Gegeben sei eine unendliche Reihe $\qquad\qquad S = \sum_{n=1}^{\infty} a_n$

Gibt es nun eine divergente unendliche Vergleichsreihe $\quad V_{Minor} = \sum_{n=1}^{\infty} b_n$

bei der für *fast alle** n Folgendes gilt: $\; a_n \geq b_n \quad$ (für alle $n \in \mathbb{N}$)

dann ist die gegebene Reihe S divergent. In diesem Fall nennt man die Vergleichsreihe auch Minorante oder Unterreihe.

*fast alle: Dies ist eine Abkürzung für: *alle bis auf unendlich viele*

Es kann also sein, dass eine begrenzte Anzahl k der Summanden von V_{Major} kleiner sind als diejenigen der Vergleichsreihe S, z.B.:

Für alle $n \le k$ $a_n > b_n$

Für alle $n > k$ und $n \to \infty$ $a_n \le b_n$

Umgekehrtes gilt natürlich für die Minorante.

Beispiele:

(1) Untersuche die folgende Reihe auf Konvergenz:

$$S = \sum_{n=1}^{\infty} a_n = \sum_{n=1}^{\infty} \frac{1}{n!} = \frac{1}{1} + \frac{1}{1 \cdot 2} + \frac{1}{1 \cdot 2 \cdot 3} + \ldots + \frac{1}{1 \cdot 2 \cdot 3 \cdot \ldots \cdot n} + \ldots = \frac{1}{1} + \frac{1}{2!} + \frac{1}{3!} + \ldots + \frac{1}{n!} + \ldots$$

Wir suchen eine konvergente Vergleichsreihe, deren Summanden fast alle größer sind als die der gegebenen Reihe. Wir wissen, dass die folgende Reihe konvergiert:

(Quotientenkriterium q = 1 / 2)

$$V = \sum_{n=1}^{\infty} b_n = \sum_{n=1}^{\infty} \frac{1}{2^{n-1}} = \frac{1}{2^0} + \frac{1}{2^1} + \frac{1}{2^2} + \frac{1}{2^3} + \ldots + \frac{1}{2^{n-1}} + \ldots = \frac{1}{1} + \frac{1}{2} + \frac{1}{4} + \frac{1}{8} + \ldots + \frac{1}{2^{n-1}} + \ldots$$

Wir wollen diese beiden Reihen gegenüberstellen:

$$S = \frac{1}{1} + \frac{1}{2} + \frac{1}{6} + \frac{1}{24} + \ldots + \frac{1}{n!} + \ldots$$

$$V = \frac{1}{1} + \frac{1}{2} + \frac{1}{4} + \frac{1}{8} + \ldots + \frac{1}{2^{n-1}} + \ldots$$

Wir müssen nun nachweisen, dass Folgendes gilt: $a_n \le b_n$ (für alle $n \in \mathbb{N}$)

Diese Bedingung ist sicherlich für die ersten 4 Summanden erfüllt, denn es gilt:

$\frac{1}{1} \le \frac{1}{1}$ und $\frac{1}{2} \le \frac{1}{2}$ und $\frac{1}{6} \le \frac{1}{4}$ und $\frac{1}{24} \le \frac{1}{8}$

Wir müssen nun lediglich beweisen, dass Folgendes gilt:

$$\Rightarrow a_n = \frac{1}{1 \cdot 2 \cdot 3 \cdot 4 \cdot \ldots \cdot n} = \underbrace{\frac{1}{1} \cdot \frac{1}{2} \cdot \frac{1}{3} \cdot \frac{1}{4} \cdot \ldots \cdot \frac{1}{n}}_{n-\text{Faktoren}} \le \underbrace{\frac{1}{1} \cdot \frac{1}{2} \cdot \frac{1}{2} \cdot \frac{1}{2} \cdot \ldots \cdot \frac{1}{2}}_{n-\text{Faktoren}} = b_n$$

$\Rightarrow$ Für alle n Faktoren von a_n gilt: $a_{n1} \le b_{n1}$ und $a_{n2} \le b_{n2}$ ... und $a_{nn} \le b_{nn}$

Die gegebene Reihe ist konvergent, weil die Reihe a_n unter dem Bruchstrich schneller wächst.

(2) Untersuche die folgende Reihe auf Konvergenz:

$$S = \sum_{n=1}^{\infty} a_n = \sum_{n=1}^{\infty} \frac{1}{\left(n^2+2\right)^2} = \frac{1}{3^2} + \frac{1}{6^2} + \frac{1}{11^2} + ... + \frac{1}{\left(n^2+2\right)^2} + ... = \frac{1}{9} + \frac{1}{36} + \frac{1}{121} + ... + \frac{1}{\left(n^2+2\right)^2} + ...$$

Mit Hilfe der binomischen Formel können wir schreiben:

$$S = \sum_{n=1}^{\infty} \frac{1}{\left(n^2+2\right)^2} = \sum_{n=1}^{\infty} \frac{1}{n^4 + 4 \cdot n^2 + 4}$$

Wir suchen eine konvergente Vergleichsreihe, deren Summanden fast alle größer sind als die der gegebenen Reihe. Man kann zeigen, dass folgende Reihe konvergiert:

$$V_1 = \sum_{n=1}^{\infty} b_n = \sum_{n=1}^{\infty} \frac{1}{n^4} = \frac{1}{1} + \frac{1}{16} + \frac{1}{81} + ... + \frac{1}{n^4} + ...$$

Hierzu benutzen wir eine 2. Vergleichsreihe V_2 und zeigen, dass diese eine Majorante von V_1 ist.

$$V_2 = \sum_{n=1}^{\infty} \frac{1}{n^2} = \frac{1}{1} + \frac{1}{4} + \frac{1}{9} + ... + \frac{1}{n^2} + ... = \frac{\pi^2}{6} \quad \text{(ohne Beweis)}$$

Wir müssen nun beweisen, dass Folgendes gilt:

$\frac{1}{n^4} \le \frac{1}{n^2}$ für $n > 0$ da gilt $n^4 > n^2$ für alle $n > 0$ ist die Bedingung erfüllt.

Wir haben somit zur ersten Vergleichsreihe eine Majorante gefunden, die konvergiert. Damit konvergiert auch die erste Vergleichsreihe.

Jetzt müssen wir nur noch zeigen, dass jeder Summand der konvergenten Vergleichsreihe V_1 größer oder gleich der zu untersuchenden Reihe ist. Wir stellen die Summanden gegenüber:

$$S = \frac{1}{9} + \frac{1}{36} + \frac{1}{121} + ... + \frac{1}{n^4 + 4 \cdot n^2 + 4}$$

$$V = \frac{1}{1} + \frac{1}{16} + \frac{1}{81} + ... + \frac{1}{n^4}$$

Wir müssen nun nachweisen, dass Folgendes gilt: $a_n \le b_n$ (für alle $n \in \mathbb{N}$)

Diese Bedingung ist sicherlich für die ersten 3 Summanden erfüllt, denn es gilt:

$\frac{1}{9} \le \frac{1}{1}$ und $\frac{1}{36} \le \frac{1}{16}$ und $\frac{1}{121} \le \frac{1}{81}$

Wir müssen nun lediglich beweisen, dass Folgendes gilt:

$$\Rightarrow a_n = \frac{1}{n^4 + 4 \cdot n^2 + 4} \le \frac{1}{n^4}$$

Da gilt $n^4 + 4 \cdot n^2 + 4 > n^4$ $\Rightarrow$ Bedingung erfüllt!

Die gegebene Reihe ist konvergent.

(3) Untersuche die folgende Reihe auf Divergenz:

$$S = \sum_{n=1}^{\infty} a_n = \sum_{n=1}^{\infty} \frac{1}{\sqrt{n}} = \frac{1}{1} + \frac{1}{\sqrt{2}} + \frac{1}{\sqrt{3}} + \frac{1}{\sqrt{4}} + \ldots + \frac{1}{\sqrt{n}} + \ldots$$

Wir suchen eine divergente Vergleichsreihe, deren Summanden fast alle kleiner sind als die der gegebenen Reihe. Wir haben gezeigt, dass folgende Reihe divergiert:

$$V = \sum_{n=1}^{\infty} b_n = \sum_{n=1}^{\infty} \frac{1}{n} = 1 + \frac{1}{2} + \frac{1}{3} + \ldots + \frac{1}{n} + \frac{1}{n+1} + \frac{1}{n+2} + \ldots \quad \text{(harmonische Reihe)}$$

Wir stellen nun diese beiden Reihen gegenüber:

$$S = \frac{1}{1} + \frac{1}{\sqrt{2}} + \frac{1}{\sqrt{3}} + \frac{1}{\sqrt{4}} + \ldots + \frac{1}{\sqrt{n}} + \ldots$$

$$V = \frac{1}{1} + \frac{1}{2} + \frac{1}{3} + \frac{1}{4} + \ldots + \frac{1}{n} + \ldots$$

Wir müssen nun nachweisen, dass Folgendes gilt: $a_n \geq b_n$ (für alle $n \in \mathbb{N}$)

Diese Bedingung ist sicherlich für die ersten 4 Summanden erfüllt, denn es gilt:

$$\frac{1}{1} \geq \frac{1}{1} \quad \text{und} \quad \frac{1}{\sqrt{2}} \geq \frac{1}{2} \quad \text{und} \quad \frac{1}{\sqrt{3}} \geq \frac{1}{3} \quad \text{und} \quad \frac{1}{\sqrt{4}} \geq \frac{1}{4}$$

Wir müssen nun lediglich beweisen, dass Folgendes gilt:

$$a_n = \frac{1}{\sqrt{n}} \geq \frac{1}{n} = b_n$$

Nehmen wir auf beiden Seiten den Kehrwert, so gilt: $\sqrt{n} \leq n \quad \Rightarrow \quad$ Bedingung erfüllt!

Die gegebene Reihe ist divergent.

6.1.2.5   Leibniz´sches Konvergenzkriterium für alternierende Reihen

Dieses Konvergenzkriterium wird speziell für alternierende Reihen angewendet. Dies sind Reihen, bei denen das Vorzeichen bei jedem Summanden wechselt. Dies wird in der Summe durch folgenden Vorzeichenfaktor von a_n erreicht:

Vorzeichenfaktor für a_n : $(-1)^{n+1}$

Es gilt: $n = 1 \Rightarrow (-1)^{n+1} = 1$; $n = 2 \Rightarrow (-1)^{n+1} = -1$; $n = 3 \Rightarrow (-1)^{n+1} = 1$; ...
also

$$(-1)^{n+1} = \begin{cases} +1 & \text{, für n - ungerade} \\ -1 & \text{, für n - gerade} \end{cases}$$

So etwas Ähnliches haben wir bereits in Abschnitt 5.3.3.3 im Zusammenhang mit den algebraischen Komplementen kennen gelernt.

Mit diesem Vorzeichenfaktor können wir eine alternierende Reihe wie folgt allgemein schreiben:

$$S = \sum_{n=1}^{\infty} (-1)^{n+1} \cdot a_n = a_1 - a_2 + a_3 - a_4 + - \ldots \qquad \text{mit } n \in \mathbb{N}^*$$

Da derartige Reihen häufig konvergieren, aber nicht absolut konvergieren, versagen oft andere Konvergenzkriterien. In diesem Zusammenhang wollen wir die folgenden zwei Begriffe zunächst einmal erklären:

Konvergente Reihen

Eine unendliche Reihe der Form $S = \sum_{n=1}^{\infty} a_n$ ist konvergent, wenn die Summe S für $n \to \infty$ gegen einen Grenzwert strebt. Man kann auch sagen, dass die Folge der Partialsummen gegen diesen Grenzwert strebt.

Absolut konvergente Reihen

Eine unendliche Reihe der Form $S = \sum_{n=1}^{\infty} a_n$ ist dann absolut konvergent, wenn die Reihe der Absolutbeträge von S für $n \to \infty$ gegen einen Grenzwert strebt. Es gilt also:

$$S = \sum_{n=1}^{\infty} |a_n| = \text{Grenzwert für} \quad n \to \infty$$

Es kann also der Fall eintreten, dass eine alternierende Reihe zwar konvergiert, aber nicht absolut konvergiert. Wie wir an einem Beispiel zeigen werden, gilt dies für die alternierende harmonische Reihe.

Definition des Leibniz-Konvergenzkriteriums

Eine alternierende Reihe der Form

$$S = \sum_{n=1}^{\infty} (-1)^{n+1} \cdot a_n = a_1 - a_2 + a_3 - a_4 + - \ldots \qquad \text{mit } n \in \mathbb{N}^*$$

ist konvergent, wenn die Summanden folgende zwei Bedingungen erfüllen:

1. $a_1 > a_2 > a_3 > a_4 > \quad \ldots \quad > a_n > \ldots$ für fast alle n

2. $\lim\limits_{n \to \infty} a_n = 0$ $\Bigg\}$ $\Rightarrow$ Konvergenz

Beispiele:

(1) Zeige, dass die alternierende harmonische Reihe konvergiert.

$$S_n = \sum_{k=1}^{n} (-1)^{k+1} \cdot \frac{1}{k} = 1 - \frac{1}{2} + \frac{1}{3} - \frac{1}{4} + - \ldots$$

1. Konvergenzkriterium $\quad 1 > \frac{1}{2} > \frac{1}{3} > \frac{1}{4} > \quad \ldots \quad > \frac{1}{n} > \frac{1}{n+1} > \quad \ldots \quad \Rightarrow \quad$ Kriterium erfüllt

2. Konvergenzkriterium $\quad \lim\limits_{n \to \infty} a_n = \lim\limits_{n \to \infty} \frac{1}{n} = 0 \quad \Rightarrow \quad$ Kriterium erfüllt

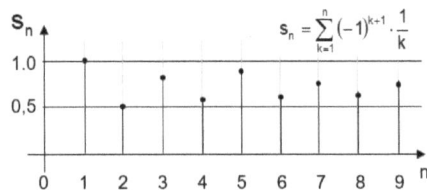

Die alternierende harmonische Reihe ist konvergent.

Bild 147: Alternierende harmonische Reihe

(2) Untersuche die folgende alternierende Reihe hinsichtlich Konvergenz.

$$S_n = \sum_{n=1}^{n}(-1)^{n+1} \cdot a_n = \sum_{n=1}^{n}(-1)^{n+1} \cdot \frac{1}{n!} = 1 - \frac{1}{2!} + \frac{1}{3!} - \frac{1}{4!} + - \dots$$

1. Konvergenzkriterium $1 > \dfrac{1}{2!} > \dfrac{1}{3!} > \dfrac{1}{4!} > \ \dots \ > \dfrac{1}{n!} > \dfrac{1}{(n+1)!} > \ \dots \ \Rightarrow$ Kriterium erfüllt

2. Konvergenzkriterium $\displaystyle\lim_{n\to\infty} a_n = \lim_{n\to\infty}\frac{1}{n!} = \lim_{n\to\infty}\frac{1}{1\cdot 2\cdot 3\cdot 4\cdot\dots\cdot n} = 0 \quad \Rightarrow$ Kriterium erfüllt

In Abschnitt 6.1.2.4 konnten wir zeigen, dass diese Reihe auch absolut konvergiert.

(3) Untersuche die folgende alternierende Reihe hinsichtlich Konvergenz.

$$S_n = \sum_{n=1}^{n}(-1)^{n+1} \cdot a_n = \sum_{n=1}^{n}(-1)^{n+1} \cdot \left(\sqrt[n]{3} - 1\right) = 2 - \left(\sqrt[2]{3} - 1\right) + \left(\sqrt[3]{3} - 1\right) + - \dots$$

1. Konvergenzkriterium

$$2 > \left(\sqrt[2]{3} - 1\right) > \left(\sqrt[3]{3} - 1\right) > \left(\sqrt[4]{3} - 1\right) > \dots \ > \left(\sqrt[n]{3} - 1\right) > \left(\sqrt[n+1]{3} - 1\right)$$

Für die ersten vier Glieder lässt sich die Bedingung leicht ausrechnen.

$$2 > 0{,}732051 > 0{,}442250 > 0{,}316074 > \dots \ > \left(\sqrt[n]{3} - 1\right) > \left(\sqrt[n+1]{3} - 1\right)$$

Wir müssen also nur noch Folgendes zeigen:

$$\sqrt[n]{3} - 1 > \sqrt[n+1]{3} - 1 \quad | \ +1$$

$$\sqrt[n]{3} > \sqrt[n+1]{3} \quad \Rightarrow \quad 3^{\frac{1}{n}} > 3^{\frac{1}{n+1}} \quad | \ \text{auf beiden Seiten mit n potenzieren}$$

$$3^{\frac{n}{n}} = 3 > 3^{\frac{n}{n+1}} = 3^{\frac{n}{n\left(1+\frac{1}{n}\right)}} = 3^{\frac{1}{1+\frac{1}{n}}} \quad \Rightarrow \quad \text{Kriterium erfüllt}$$

2. Konvergenzkriterium

$$\lim_{n\to\infty} a_n = \lim_{n\to\infty}\left(\sqrt[n]{3} - 1\right) = \lim_{n\to\infty}\left(3^{\frac{1}{n}} - 1\right) = 3^{0} - 1 = 0 \quad \Rightarrow \quad \text{Kriterium erfüllt}$$

Die alternierende Reihe ist konvergent.

(4) Untersuche die folgende alternierende Reihe hinsichtlich Konvergenz.

$$S_n = \sum_{n=1}^{n}(-1)^{n+1}\cdot a_n = \sum_{n=1}^{n}(-1)^{n+1}\cdot\frac{1}{3\cdot n} = \frac{1}{3}-\frac{1}{6}+\frac{1}{9}+-\dots$$

1. Konvergenzkriterium

$$\frac{1}{3} > \frac{1}{6} > \frac{1}{9} > \frac{1}{12} > \dots > \frac{1}{3\cdot n} > \frac{1}{3\cdot(n+1)}$$

Für die ersten vier Glieder lässt sich die Bedingung leicht ausrechnen.
Wir müssen also nur noch Folgendes zeigen:

$$\frac{1}{3\cdot n} > \frac{1}{3\cdot(n+1)} \quad \big| \cdot 3 \quad \Rightarrow \quad \frac{1}{n} > \frac{1}{n+1} \quad \Rightarrow \quad \text{Kriterium erfüllt}$$

2. Konvergenzkriterium

$$\lim_{n\to\infty} a_n = \lim_{n\to\infty}\frac{1}{3\cdot n} = 0 \quad \Rightarrow \quad \text{Kriterium erfüllt}$$

Die alternierende Reihe ist konvergent.

(5) Untersuche die folgende alternierende Reihe hinsichtlich Konvergenz.

$$S_n = \sum_{n=1}^{n}(-1)^{n+1}\cdot a_n = \sum_{n=1}^{n}(-1)^{n+1}\cdot\left(\frac{2}{3\cdot n}\right)^n = \frac{2}{3}-\frac{4}{36}+\frac{8}{729}+-\dots$$

1. Konvergenzkriterium

$$\frac{2}{3} > \frac{4}{36} > \frac{8}{729} > \frac{16}{20736} > \dots > \left(\frac{2}{3\cdot n}\right)^n > \left(\frac{2}{3\cdot(n+1)}\right)^n$$

Für die ersten vier Glieder lässt sich die Bedingung leicht ausrechnen.
Wir müssen also nur noch Folgendes zeigen:

$$\left(\frac{2}{3\cdot n}\right)^n > \left(\frac{2}{3\cdot(n+1)}\right)^{n+1} \quad \Big| \text{ auf beiden Seiten mit } \frac{1}{n} \text{ potenzieren}$$

$$\Rightarrow \quad \frac{2}{3\cdot n} > \left(\frac{2}{3\cdot(n+1)}\right)^{\frac{n+1}{n}} = \left(\frac{2}{3\cdot(n+1)}\right)^{1+\frac{1}{n}} = \left(\frac{2}{3\cdot(n+1)}\right)\cdot\left(\frac{2}{3\cdot(n+1)}\right)^{\frac{1}{n}}$$

$$\Rightarrow \quad \frac{2}{3\cdot n} > \left(\frac{2}{3\cdot(n+1)}\right)\cdot\left(\frac{2}{3\cdot(n+1)}\right)^{\frac{1}{n}} \quad \Big| \cdot \frac{3}{2}$$

$$\Rightarrow \quad \frac{1}{n} > \frac{1}{(n+1)}\cdot\left(\frac{2}{3\cdot(n+1)}\right)^{\frac{1}{n}} \quad \Rightarrow \quad \text{Kriterium erfüllt}$$

2. Konvergenzkriterium

$$\lim_{n\to\infty} a_n = \lim_{n\to\infty}\left(\frac{2}{3\cdot n}\right)^n = \lim_{n\to\infty}\frac{2^n}{3^n\cdot n^n} = 0 \quad \Rightarrow \quad \text{Kriterium erfüllt}$$

Die alternierende Reihe ist konvergent.

6.1.2.6   Cauchy-Konvergenzkriterium für Folgen und Reihen

Mit Hilfe des Cauchy-Kriteriums kann man nachweisen ob eine Folge oder Reihe divergiert oder konvergiert. Es lautet:

Für alle Werte $\varepsilon > 0$ existiert ein Zahl $N \geq 1$, so dass für alle $n \geq N$ und alle $k \geq 1$ Folgendes gilt: $\left| s_{n+k} - s_n \right| < \varepsilon$

Wir wollen dies am Beispiel einer geometrischen Folge einmal näher erläutern.

$$s_n = \sum_{n=0}^{k} \left(\frac{1}{2}\right)^n \quad \text{die Folge lautet:} \quad \frac{1}{1}, \ \frac{3}{2}, \ \frac{7}{4}, \ \frac{15}{8}, \ \frac{31}{16} \ , \ ...$$

Wobei das erste Glied für $n = 0$ gebildet wird.

Wenn wir dies nun grafisch darstellen erhalten wir die Folge der Partialsummen.

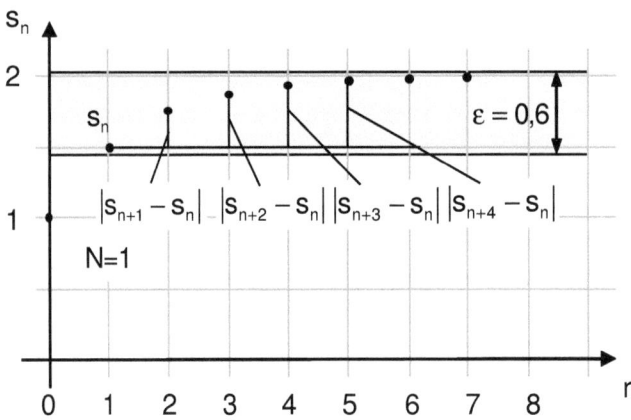

Bild 148: Summenfolge $0,5^n$ $(n = 0, 1, 2, ...)$

Wir haben hier das Epsilon wie folgt gewählt: $\varepsilon = 0,6$

Es existiert nun eine Zahl N (hier $N = 1$) für die gilt, dass alle folgenden Differenzen $\left| s_{n+k} - s_n \right|$ kleiner sind als das gewählte ε. In unserem Beispiel haben wir die Differenzen für folgende Werte von k eingetragen:

$N = 1$

$k = 1 \quad \left| s_{n+k} - s_n \right| = \left| s_{1+1} - s_1 \right| = 0,25$

$k = 2 \quad \left| s_{n+k} - s_n \right| = \left| s_{1+2} - s_1 \right| = 0,375$

$k = 3 \quad \left| s_{n+k} - s_n \right| = \left| s_{1+3} - s_1 \right| = 0,4375$

$k = 4 \quad \left| s_{n+k} - s_n \right| = \left| s_{1+4} - s_1 \right| = 0,46875$

Hätten wir gewählt $\varepsilon = 0,1$, dann wäre $N = 4$ und die Werte für n und k sähen wie folgt aus:

$N = 4$

$k = 1 \quad |s_{n+k} - s_n| = |s_{4+1} - s_4| = 0,03125$

$k = 2 \quad |s_{n+k} - s_n| = |s_{4+2} - s_4| = 0,046875$

$k = 3 \quad |s_{n+k} - s_n| = |s_{4+3} - s_4| = 0,0546875$

$k = 4 \quad |s_{n+k} - s_n| = |s_{4+4} - s_4| = 0,05859375$

Allgemein kann man Folgendes Schreiben:

$$|s_{n+k} - s_n| = \left|\sum_{j=0}^{n+k} s_j - \sum_{j=0}^{n} s_j\right| = \left|\sum_{j=0}^{n} s_j + \sum_{j=n+1}^{n+k} s_j - \sum_{j=0}^{n} s_j\right| = \left|\sum_{j=n+1}^{n+k} s_j\right| = |s_{n+1} + s_{n+2} + ... + s_{n+k}| < \varepsilon$$

Ist die Bedingung erfüllt (Cauchy-Kriterium), dann konvergiert die zugehörige unendliche Reihe.

$$S = \sum_{j=0}^{\infty} s_j$$

Beispiele:

(1) Wir wollen zeigen, dass die folgende Reihe gegen einen Grenzwert konvergiert:

$$S = \sum_{n=0}^{\infty} \frac{1}{n!} = \frac{1}{1} + \frac{1}{1\cdot 2} + \frac{1}{1\cdot 2\cdot 3} + ... = \frac{1}{1} + \frac{1}{2} + \frac{1}{6} + ...$$

Wir schreiben direkt die die Restsumme auf:

$$R = \left|\sum_{j=n+1}^{n+k}\left(\frac{1}{j!}\right)\right| = \left|\frac{1}{(n+1)!} + \frac{1}{(n+2)!} + ... + \frac{1}{(n+k)!}\right| < \varepsilon$$

Wenn wir zeigen, dass diese Behauptung stimmt, dann konvergiert die zugehörige Reihe. Zunächst gehen wir von positiven n-Werten aus, so dass die Betragsstriche entfallen können. Außerdem gilt Folgendes:

$(n+1)! = n! \cdot (n+1)$ und $(n+2)! = n! \cdot (n+1) \cdot (n+2)$ und $(n+k)! = n! \cdot (n+1) \cdot (n+2) \cdot ... \cdot (n+k)$

Wir können also $\dfrac{1}{n!}$ ausklammern.

$$R = \frac{1}{n!} \cdot \left(\frac{1}{n+1} + \frac{1}{(n+1)\cdot(n+2)} + \ ... \ + \frac{1}{(n+1)\cdot(n+2)\cdot \ ... \ \cdot(n+k)}\right)$$

Wir können nun folgende Betrachtung anstellen:

Da die Zahl n frei wählbar ist, können wir n wie folgt setzen: $n > 1 = 2$

$$R = \frac{1}{n!} \cdot \left(\underbrace{\left(\frac{1}{n+1}\right)}_{=1/3<0,5} + \underbrace{\left(\underbrace{\frac{1}{(n+1)}}_{=1/3<0,5} \cdot \underbrace{\frac{1}{(n+2)}}_{=1/4<0,5}\right)}_{<\ \frac{1}{2}\ \cdot\ \frac{1}{2}} + \ ... \ + \underbrace{\left(\underbrace{\frac{1}{(n+1)}}_{=1/3<0,5} \cdot \underbrace{\frac{1}{(n+2)}}_{=1/4<0,5} \ ... \ \cdot \underbrace{\frac{1}{(n+k)}}_{=1/(2+k)<0,5}\right)}_{<\ \frac{1}{2}\ \cdot\ \frac{1}{2}\ \cdot\ ...\ \cdot\ \frac{1}{2}}\right)$$

Man kann nun sehen, dass die Reihe R auf jeden Fall kleiner sein muss folgende Reihe R*:

$$R < R^* = \frac{1}{n!} \cdot \left(\frac{1}{2} + \underbrace{\frac{1}{2} \cdot \frac{1}{2} + \ldots + \frac{1}{2} \cdot \frac{1}{2} \cdot \ldots \cdot \frac{1}{2}}_{k \ mal} \right) \quad \text{wir klammern } \frac{1}{2} \text{ aus:}$$

$$\Rightarrow R^* = \frac{1}{n!} \cdot \frac{1}{2} \cdot \left(1 + \frac{1}{2} + \ldots + \underbrace{\frac{1}{2} \cdot \frac{1}{2} \cdot \ldots \cdot \frac{1}{2}}_{(k-1) \ mal} \right) = \frac{1}{n!} \cdot \frac{1}{2} \cdot \left(1 + \frac{1}{2} + \left(\frac{1}{2}\right)^2 \ldots + \left(\frac{1}{2}\right)^{k-1} \right) = \frac{1}{n!} \cdot \frac{1}{2} \cdot S_k$$

Die Reihe in der Klammer können wir nun wie folgt schreiben:

$$S_k = 1 + 1 \cdot \frac{1}{2} + 1 \cdot \left(\frac{1}{2}\right)^2 + \ldots + 1 \cdot \left(\frac{1}{2}\right)^{k-1} = 1 + 1 \cdot q + a \cdot q^2 + \ldots + a \cdot q^{k-1} = a \cdot \frac{q^k - 1}{q - 1} = 1 \cdot \frac{\left(\frac{1}{2}\right)^k - 1}{\left(\frac{1}{2}\right) - 1}$$

Wie wir bereits nachgewiesen haben, strebt diese Reihe bei unendlich vielen Gliedern gegen 2. Also muss für jede entsprechende endliche Reihe gelten: $S_k < 2$ für beliebige $k > 1$

Wir können für R* Folgendes schreiben:

$$\Rightarrow R^* = \frac{1}{n!} \cdot \frac{1}{2} \cdot S_k \leq \frac{1}{n!} < \varepsilon$$

Wenn aber gilt $R^* < \varepsilon$, dann muss auch für die Reihe R Folgendes gelten:
Da $R < R^* \ \Rightarrow \ R < \varepsilon$

Damit haben wir bewiesen, dass die og. Reihe konvergiert.

(2) Gegeben ist die folgende harmonische Reihe:

$$S_{n \to \infty} = \sum_{n=1}^{\infty} \frac{1}{n} = 1 + \frac{1}{2} + \frac{1}{3} + \ldots + \frac{1}{n} + \frac{1}{n+1} + \frac{1}{n+2} + \ldots$$

Wir schreiben direkt die Restsumme auf:

$$R = \left| \sum_{j=n+1}^{n+k} \left(\frac{1}{j} \right) \right| = \left| \frac{1}{(n+1)} + \frac{1}{(n+2)} + \frac{1}{(n+3)} + \ldots + \frac{1}{(n+k)} \right| < \varepsilon$$

Wir lassen nun die Betragsstriche weg (es gilt $n > 1$ und $k > 1$) und stellen dieser Reihe eine zweite Reihe S gegenüber:

$$R = \frac{1}{(n+1)} + \frac{1}{(n+2)} + \frac{1}{(n+3)} + \ldots + \frac{1}{(n+k)}$$

$$S = \underbrace{\frac{1}{2 \cdot n} + \frac{1}{2 \cdot n} + \frac{1}{2 \cdot n} + \ldots + \frac{1}{2 \cdot n}}_{k - mal}$$

Da wir k frei wählen können, setzen wir z.B.: $k = n$

Damit können wir schreiben:

$$R = \frac{1}{(n+1)} + \frac{1}{(n+2)} + \frac{1}{(n+3)} + \; ... \; + \frac{1}{2 \cdot n}$$

$$S = \underbrace{\frac{1}{2 \cdot n} + \frac{1}{2 \cdot n} + \frac{1}{2 \cdot n} + \; ... \; + \frac{1}{2 \cdot n}}_{k \text{ - mal}}$$

Da alle Nenner der oberen Reihe kleiner sind als der letzte der oberen Reihe, sind alle Summanden der oberen Reihe größer oder gleich (letzter Summand) der entsprechenden Summanden der unteren Reihe. Damit gilt natürlich auch: $R > S$

Mit $k = n$ können wir die Reihe S direkt ausrechnen: $S = n \cdot \frac{1}{2 \cdot n} = \frac{1}{2} \quad \Rightarrow \quad R > \frac{1}{2}$

Da wir das ε beliebig klein wählen können, ist damit bewiesen, dass die Reihe R divergiert: $R > \varepsilon$

6.1.3   Regeln für konvergente unendliche Reihen

1. Bei einer konvergenten Reihe darf eine beliebige aber endliche Anzahl von Summanden weggelassen werden, ohne dass sich an der Konvergenz der Reihe etwas ändert. Dabei kann sich die Summe der Reihe ändern.

2. Innerhalb einer konvergenten Reihe darf man die Summanden beliebig durch Klammern zusammenfassen.

3. Eine konvergente Reihe mit ausschließlich positiven Summanden ist immer absolut konvergent.

4. Eine konvergente Reihe darf Gliedweise mit einem konstanten Faktor k multipliziert werden. Es gilt:

$$k \cdot S = k \cdot \sum_{n=1}^{\infty} a_n = \sum_{n=1}^{\infty} k \cdot a_n$$

5. Zwei konvergente Reihen können Gliedweise addiert oder subtrahiert werden, wobei Folgendes gilt:

$$S_1 = \sum_{n=1}^{\infty} a_n \quad \text{und} \quad S_2 = \sum_{n=1}^{\infty} b_n$$

$$\Rightarrow \; S_1 \pm S_2 = \sum_{n=1}^{\infty} a_n \pm \sum_{n=1}^{\infty} b_n = \sum_{n=1}^{\infty} \left(a_n \pm b_n \right)$$

6.2   Potenzreihen

6.2.1   Definition einer Potenzreihe

Unter einer Potenzreihe versteht man eine unendliche Reihe folgender Form:

$$P_{(x)} = \sum_{n=0}^{\infty} a_n \cdot (x - x_0)^n = a_0 \cdot (x - x_0)^0 + a_1 \cdot (x - x_0)^1 + a_2 \cdot (x - x_0)^2 + ... + a_n \cdot (x - x_0)^n + ...$$

Wobei a_0, a_1, a_2, a_n,   ... die Koeffizienten der Potenzreihe sind.

Dabei wird x_0 der Entwicklungspunkt oder das Entwicklungszentrum der Potenzreihe genannt. Für $x_0 = 0$ erhalten wir die in den Anwendungen häufig vorkommende spezielle Form:

$$P_{(x)} = \sum_{n=0}^{\infty} a_n \cdot x^n = a_0 \cdot x^0 + a_1 \cdot x^1 + a_2 \cdot x^2 + ... + a_n \cdot x^n + ...$$

Wobei a_0, a_1, a_2, a_n,   ... die Koeffizienten der Potenzreihe sind.

Wozu Potenzreihen?

1) Mit Potenzreihen kann man relativ genau andere Funktionen und deren Funktionswerte annähern. Dabei wird mit zunehmendem n die Näherung an die Funktion immer genauer.

2) Potenzreihen sind Polynome n-ten Grades. Diese lassen sich beliebig oft differenzieren. Sowohl die Ableitung als auch die Integration eines Polynoms ist dabei relativ leicht durchzuführen.

3) Ist z.B. eine Funktion gegeben, welche nur schwierig berechenbar, oder deren Ableitung oder Integral nur mit sehr großem Aufwand (wenn überhaupt) gebildet werden kann, dann kann eine Näherung mit Hilfe von Potenzreihen mit geringerem Aufwand ein ausreichend genaues Ergebnis liefern.

Im Folgenden wollen wir uns einige Potenzreihen und ihre Annäherung einmal anschauen:

Annäherung der e-Funktion durch eine Potenzreihe

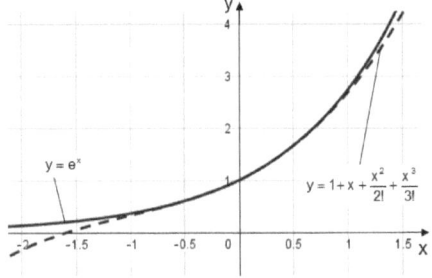

$$e^x = \sum_{n=0}^{\infty} \frac{1}{n!} \cdot x^n = 1 \cdot x^0 + 1 \cdot x^1 + \frac{1}{2!} \cdot x^2 + \frac{1}{3!} \cdot x^3 + \frac{1}{4!} \cdot x^4 ...$$

Für n = 3 erkennen wir die sehr gute Annäherung (Approximation) im Bereich: $-0{,}5 < x < 0{,}7$

Bild 149: Annäherung der e-Funktion

Annäherung der Sinus-Funktion durch eine Potenzreihe

$$\sin x = \sum_{n=0}^{\infty} (-1)^n \cdot \frac{1}{(2 \cdot n + 1)!} \cdot x^{2 \cdot n + 1} = x^1 - \frac{1}{3!} \cdot x^3 + \frac{1}{5!} \cdot x^5 - \frac{1}{7!} \cdot x^7 + - ...$$

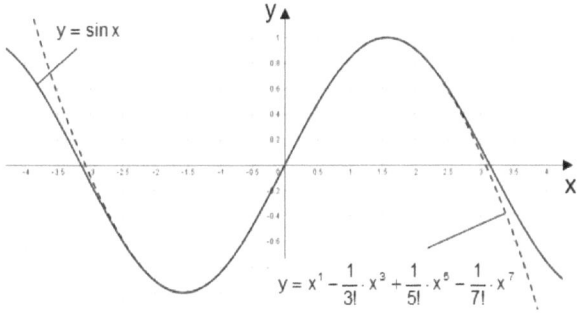

Für n = 7 sehen wir die sehr gute Annäherung (Approximation) im Bereich: $-2{,}5 < x < 2{,}5$

Bild 150: Annäherung der Sinusfunktion

Annäherung der ln-Funktion durch eine Potenzreihe

$$\ln x = \sum_{n=1}^{\infty} (-1)^{n-1} \cdot \frac{1}{n} \cdot (x-1)^n = (x-1)^1 - \frac{1}{2} \cdot (x-1)^2 + \frac{1}{3} \cdot (x-1)^3 - \frac{1}{4} \cdot (x-1)^4 + - ...$$

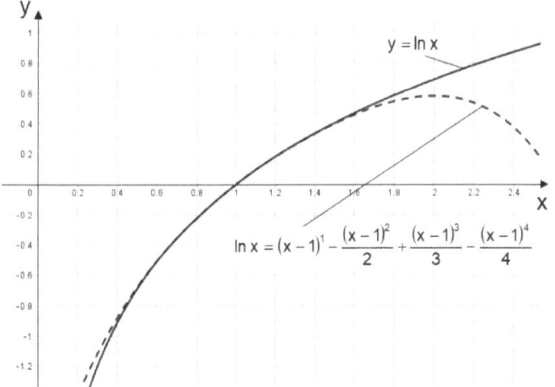

In diesem Fall haben wir den Entwicklungspunkt $x_0 = 1$ gewählt, denn ein Logarithmus ln 0 ist gleich $-\infty$ und damit nicht darstellbar.

Für n = 4 haben wir eine sehr gute Annäherung (Approximation) im Bereich: $0{,}6 < x < 1{,}5$

Bild 151: Annäherung der ln-Funktion

Da die Potenzreihen unendlich viele Glieder enthalten, kann man die Werte der Funktion mit beliebiger Genauigkeit annähern. In diesem Zusammenhang gilt: je größer die Anzahl der Glieder der Potenzreihe, desto besser wird die Annäherung.

Wir sehen auch, dass die Annäherung in der Nähe des sogenannten Entwicklungspunkts (häufig $x_0 = 0$) viel besser gelingt als bei größeren x-Werten. Soll auch bei größeren x-Werten eine sehr gute Näherung erreicht werden, dann muss man die Anzahl der Glieder entsprechend erhöhen.

6.2.2   Der Konvergenzbereich einer Potenzreihe

Wie bei allen unendlichen Reihen stellt sich auch bei Potenzreihen die Frage, ob und in welchem Bereich die Potenzreihen konvergieren. Wir wollen dies an einem einfachen Beispiel näher erläutern. Gegeben sei folgende Potenzreihe:

$$P_{(x)} = \frac{1}{1-x} = \sum_{n=0}^{\infty} x^n = x^0 + x^1 + x^2 + x^3 + x^4 + ...$$

Wenn wir nun für x den Wert 2 einsetzen erhalten wir folgende Reihe:

$$P_{(2)} = \sum_{n=0}^{\infty} 2^n = 2^0 + 2^1 + 2^2 + 2^3 + 2^4 + ... = 1 + 2 + 4 + 8 + 16 + ...$$

Diese Reihe konvergiert mit Sicherheit nicht, weil die Summanden mit zunehmendem Index n immer größer werden. Damit ist das notwendige Konvergenzkriterium aus Abschnitt 6.1.2.1 nicht erfüllt.

Wenn wir nun für x den Wert 1 einsetzen erhalten wir folgende Reihe:

$$P_{(1)} = \sum_{n=0}^{\infty} 1^n = 1^0 + 1^1 + 1^2 + 1^3 + 1^4 + ... = 1 + 1 + 1 + 1 + 1 + ...$$

Auch diese Reihe verstößt gegen das notwendige Konvergenzkriterium aus Abschnitt 6.1.2.1. Die Folge der Summanden dieser Reihe strebt nicht gegen Null.

Im Folgenden wollen wir für x einen Wert mit dieser Eigenschaft einsetzen: $x = k$ mit $0 < k < 1$
Man kann für jeden Wert von k auch schreiben:

$$k = \frac{1}{m} \quad \text{mit} \ 0 < k < 1 \quad \Rightarrow \quad m > 1$$

Mit diesen Annahmen können wir die Reihe wie folgt schreiben:

$$P_{(1)} = \sum_{n=0}^{\infty} \left(\frac{1}{m}\right)^n = \sum_{n=0}^{\infty} \frac{1}{m^n} = \frac{1}{m^0} + \frac{1}{m^1} + \frac{1}{m^2} + \frac{1}{m^3} + ... \quad \text{mit} \ m > 1$$

Mit dem Quotientenkriterium folgt:

$$\left|\frac{a_{n+1}}{a_n}\right| = \frac{\frac{1}{m^{n+1}}}{\frac{1}{m^n}} = \frac{m^n}{m^{n+1}} = \frac{m^n}{m^n \cdot m} = \frac{1}{m} < 0 \quad \text{da gilt} \ m > 1$$

Alle Reihen mit $0 \le x \le 1$ erfüllen das Konvergenzkriterium.

Für x = 0 ist die Potenzreihe nicht definiert. Allerdings strebt die Potenzreihe für kleine x gegen 1.

Bleibt noch der Bereich $k = x$ mit $-1 < k < 0$. Man kann auch hier wieder setzen:

$$k = -\frac{1}{m} \quad \text{mit} \quad -1 < k < 0 \quad \Rightarrow \quad m > 1$$

Mit diesen Annahmen können wir die Reihe wie folgt schreiben:

$$P_{(1)} = \sum_{n=0}^{\infty}\left(-\frac{1}{m}\right)^n = \sum_{n=0}^{\infty}(-1)^n \cdot \frac{1}{m^n} = +\frac{1}{m^0} - \frac{1}{m^1} + \frac{1}{m^2} - \frac{1}{m^3} + - \ldots \quad \text{mit} \quad m > 1$$

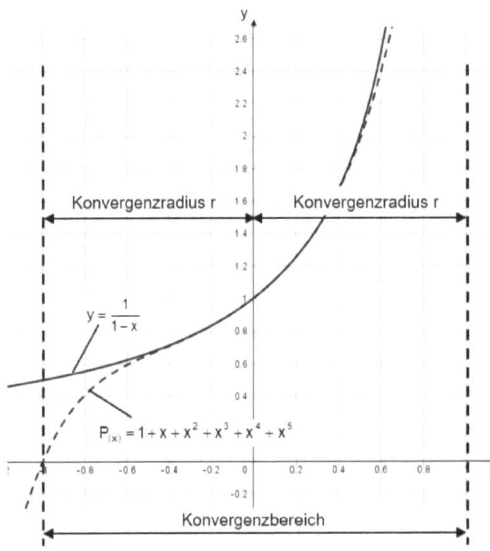

Auch hier wird das Quotientenkriterium erfüllt.

Bleibt noch der Bereich $-\infty < x \leq -1$. Auch hierfür sind die Konvergenzkriterien nicht erfüllt.

Insgesamt haben wir also einen Konvergenzbereich von: $-1 < x < 1$

Das nebenstehende Bild verdeutlicht diesen Zusammenhang.

Der Konvergenzbereich wird auch häufig mit dem sogenannten Konvergenzradius r beschrieben. Dieser kennzeichnet einen Kreis um den Entwicklungspunkt herum (hier $x_0 = 0$), in dem die Potenzreihe konvergiert.

Bild 152: Konvergenzbereich $P_{(x)} = 1 + x + x_2 + x_3 + \ldots$

Über das Konvergenzverhalten einer Potenzreihe in den Randpunkten lassen sich dabei keine allgemeingültigen Aussagen machen. Allgemein können folgende Fälle auftreten:
- Potenzreihe konvergiert in einem der beiden Randpunkte
- Potenzreihe konvergiert in beiden Randpunkten
- Potenzreihe konvergiert in keinem der beiden Randpunkte

Da dieser Zusammenhang für alle Potenzreihen gültig ist, kann man folgende Aussage treffen:

Konvergenzbereich von Potenzreihen

Jede Potenzreihe
$$P_{(x)} = \sum_{n=0}^{\infty} a_n \cdot x^n = a_0 \cdot x^0 + a_1 \cdot x^1 + a_2 \cdot x^2 + \ldots + a_n \cdot x^n + \ldots$$

besitzt einen Konvergenzbereich um den Entwicklungspunkt herum, der mit dem Konvergenzradius r beschrieben ist. Dabei konvergiert die Potenzreihe innerhalb des Intervalls $-r < x < r$. Außerhalb des Bereichs, also für $x < -r$ oder $x > +r$ divergiert die Reihe.
Für die Randstellen $x = -r$ oder $x = +r$ kann keine allgemeingültige Aussage getroffen werden.

6.2.2.1   Konvergenzbereich (Konvergenzradius r) mit Quotientenkriterium

Man kann den Konvergenzradius mit Hilfe des Quotientenkriteriums allgemein berechnen. Gegeben sei die folgende allgemeine Potenzreihe:

$$P_{(x)} = \sum_{n=0}^{\infty} a_n \cdot x^n = a_0 \cdot x^0 + a_1 \cdot x^1 + a_2 \cdot x^2 + ... + a_n \cdot x^n + ... \quad \text{mit } a_n \neq 0$$

Nach dem Quotientenkriterium (vgl. Abschnitt 6.1.2.2) konvergiert eine Reihe

$$P_{(x)} = \sum_{n=0}^{\infty} b_n \qquad \text{wenn Folgendes gilt:} \qquad \lim_{n \to \infty} \left| \frac{b_{n+1}}{b_n} \right| < 1$$

Wir setzen nun $b_n = a_n \cdot x^n$ und $b_{n+1} = a_{n+1} \cdot x^{n+1}$ und erhalten folgende Konvergenzbedingung:

$$\lim_{n \to \infty} \left| \frac{a_{n+1} \cdot x^{n+1}}{a_n \cdot x^n} \right| < 1 \quad \text{Da gilt} \quad \frac{x^{n+1}}{x^n} = x \quad \Rightarrow \quad \lim_{n \to \infty} \left| \frac{a_{n+1} \cdot x^{n+1}}{a_n \cdot x^n} \right| = \lim_{n \to \infty} \left| \frac{a_{n+1}}{a_n} \cdot x \right| = |x| \cdot \lim_{n \to \infty} \left| \frac{a_{n+1}}{a_n} \right| < 1$$

Wir stellen diese Ungleichung nach $|x|$ um und erhalten: $\quad |x| < \dfrac{1}{\lim\limits_{n \to \infty} \left| \frac{a_{n+1}}{a_n} \right|} = \lim_{n \to \infty} \left| \frac{a_n}{a_{n+1}} \right|$

Der Konvergenzradius ergibt sich somit zu: $\qquad |x| < r = \lim\limits_{n \to \infty} \left| \dfrac{a_n}{a_{n+1}} \right| \quad \text{mit } r > 0$

6.2.2.2   Konvergenzbereich (Konvergenzradius r) mit Wurzelkriterium

Es gelingt auch den Konvergenzradius mit Hilfe des Wurzelkriteriums allgemein zu berechnen.

Das Wurzelkriterium lautet: $\lim\limits_{n \to \infty} \sqrt[n]{|b_n|} < 1$

Wieder können wir $b_n = a_n \cdot x^n$ setzen und erhalten als Konvergenzbedingung:

$$\lim_{n \to \infty} \sqrt[n]{|a_n \cdot x^n|} = \lim_{n \to \infty} \sqrt[n]{|a_n| \cdot |x^n|} = \lim_{n \to \infty} \left(|x| \cdot \sqrt[n]{|a_n|} \right) = |x| \cdot \lim_{n \to \infty} \left(\sqrt[n]{|a_n|} \right) < 1$$

Wir stellen die Ungleichung nach $|x|$ um und erhalten: $\quad |x| = \dfrac{1}{\lim\limits_{n \to \infty} \left(\sqrt[n]{|a_n|} \right)} < 1 \quad \Rightarrow \quad r = \dfrac{1}{\lim\limits_{n \to \infty} \left(\sqrt[n]{|a_n|} \right)}$

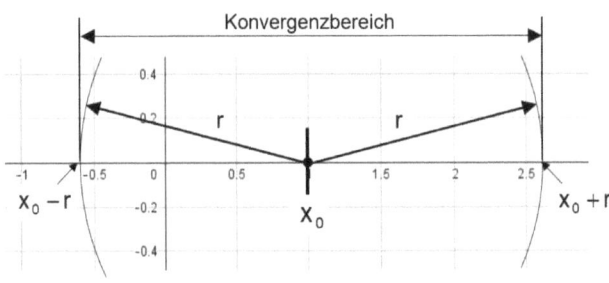

Bild 153: Konvergenzbereich einer allgemeinen Potenzreihe

Man kann nachweisen, dass die Formeln für den Konvergenzradius auch für allgemeine Potenzreihen gelten:

$$P_{(x)} = \sum_{n=0}^{\infty} a_n \cdot (x - x_0)^n.$$

In diesem Fall liegt der Mittelpunkt des Konvergenzradius´ bei x_0.

6.2.2.3 Beispiele

(1) Beschreibe das Konvergenzverhalten folgender Potenzreihe:

$$P_{(x)} = \frac{1}{1-x} = \sum_{n=0}^{\infty} a_n \cdot x^n = a_n \cdot x^0 + a_n \cdot x^1 + a_n \cdot x^2 + a_n \cdot x^3 + a_n \cdot x^4 + \dots \quad \text{mit } a_n = a_n + 1 = 1$$

Wir haben das Verhalten dieser Reihe bereits zu Anfang des Abschnitts relativ umständlich beschrieben. Mit der neuen Kenntnis der Berechnung des Konvergenzradius´ kommen wir jetzt viel schneller zu einem Ergebnis:

$$r = \lim_{n \to \infty} \left| \frac{a_n}{a_{n+1}} \right| = \lim_{n \to \infty} \left| \frac{1}{1} \right| = 1$$

Bleibt also lediglich das Konvergenzverhalten in den beiden Randpunkten zu untersuchen:

Für x = − 1 erhalten wir: $P_{(-1)} = \sum_{n=0}^{\infty} (-1)^n = (-1)^0 + (-1)^1 + (-1)^2 + (-1)^3 + (-1)^4 + \dots = 1 - 1 + 1 - 1 + 1 - \dots$

Für x = 1 erhalten wir: $P_{(1)} = \sum_{n=0}^{\infty} 1^n = 1^0 + 1^1 + 1^2 + 1^3 + 1^4 + \dots = 1 + 1 + 1 + 1 + 1 + \dots$

Nach dem Leibniz´schen-Konvergenzkriterium ist eine alternierende Reihe konvergent, wenn die Summanden der Reihe folgende zwei Bedingungen erfüllen:

1. $a_1 > a_2 > a_3 > a_4 > \quad \dots \quad > a_n > \dots$ für fast alle n

2. $\lim_{n \to \infty} a_n = 0$

$\Rightarrow$ Konvergenz

Dies ist in unserem Fall nicht gegeben. Die o.g. Potenzreihe divergiert also in den Randpunkten.

(2) Bestimme den Konvergenzradius der folgenden Potenzreihe

$$e^x = \sum_{n=0}^{\infty} \frac{1}{n!} \cdot x^n = 1 \cdot x^0 + 1 \cdot x^1 + \frac{1}{2!} \cdot x^2 + \frac{1}{3!} \cdot x^3 + \frac{1}{4!} \cdot x^4 \dots$$

Nach der Formel über den Konvergenzbereich (Abschnitt. 6.2.2.1) mit dem Quotientenkriterium erhalten wir:

$$a_n = \frac{1}{n!} \quad \text{und} \quad a_{n+1} = \frac{1}{(n+1)!}$$

und

$$r = \lim_{n \to \infty} \left| \frac{a_n}{a_{n+1}} \right| = \lim_{n \to \infty} \frac{\frac{1}{n!}}{\frac{1}{(n+1)!}} = \lim_{n \to \infty} \frac{(n+1)!}{n!} = \lim_{n \to \infty} \frac{n! \cdot (n+1)}{n!} = \lim_{n \to \infty} (n+1) = \infty$$

Die Reihe ist im Bereich $-\infty < x < +\infty$ konvergent.

(3) Untersuche das Konvergenzverhalten folgender Potenzreihe:

$$\ln x = \sum_{n=1}^{\infty}(-1)^{n-1} \cdot \frac{1}{n} \cdot (x-1)^n = (x-1)^1 - \frac{1}{2} \cdot (x-1)^2 + \frac{1}{3} \cdot (x-1)^3 - \frac{1}{4} \cdot (x-1)^4 + -\dots$$

Mit der Formel zum Konvergenzbereich (Abschnitt. 6.2.2.1) folgt:

$$a_n = (-1)^{n-1} \cdot \frac{1}{n} \quad \text{und} \quad a_{n+1} = (-1)^n \cdot \frac{1}{n+1} \qquad \text{Es gilt:} \quad \left|(-1)^{n-1}\right| = \left|(-1)^n\right| = 1$$

und

$$r = \lim_{n \to \infty}\left|\frac{a_n}{a_{n+1}}\right| = \lim_{n \to \infty}\left|\frac{(-1)^{n-1} \cdot \frac{1}{n}}{(-1)^n \cdot \frac{1}{n+1}}\right| = \lim_{n \to \infty}\frac{\left|(-1)^{n-1}\right| \cdot \frac{1}{n}}{\left|(-1)^n\right| \cdot \frac{1}{n+1}} = \lim_{n \to \infty}\frac{\frac{1}{n}}{\frac{1}{n+1}} = \lim_{n \to \infty}\frac{n+1}{n} = \lim_{n \to \infty}\left(1+\frac{1}{n}\right) = 1$$

Die Reihe ist im Bereich $-1 < x < +1$ konvergent.

Bleibt noch das Konvergenzverhalten in den beiden Randpunkten.

Für $x_0 = 1$ und $x = x_0 - r = 0$ erhalten wir:

$$\sum_{n=1}^{\infty}(-1)^{n-1} \cdot \frac{1}{n} \cdot (0-1)^n = \sum_{n=1}^{\infty}(-1)^{n-1} \cdot \frac{1}{n} \cdot (-1)^n$$

$$\text{mit} \quad (-1)^{n-1} \cdot (-1)^n = (-1) \quad \Rightarrow \quad \sum_{n=1}^{\infty}(-1) \cdot \frac{1}{n} = (-1) \cdot \underbrace{\sum_{n=1}^{\infty}\frac{1}{n}}_{} = -\underbrace{\left(1 + \frac{1}{2} + \frac{1}{3} + \frac{1}{4} + \dots\right)}_{\text{Harmonische Reihe}}$$

In Abschnitt 6.1.2.2 haben wir gezeigt, dass die positive harmonische Reihe divergiert. Deshalb divergiert natürlich auch die negative harmonische Reihe.

Für $x = x_0 + r = 2$ erhalten wir:

$$\sum_{n=1}^{\infty}(-1)^{n-1} \cdot \frac{1}{n} \cdot (2-1)^n = \sum_{n=1}^{\infty}(-1)^{n-1} \cdot \frac{1}{n} = \underbrace{1 - \frac{1}{2} + \frac{1}{3} - \frac{1}{4} + -\dots}_{\substack{\text{Alternierende} \\ \text{harmonische Reihe}}}$$

In Abschnitt 6.1.2.5 haben wir gezeigt, dass die alternierende harmonische Reihe konvergiert.

Wir erhalten also folgende Aussagen für Konvergenzverhalten in den beiden Randpunkten.

Für linken Randpunkt: $x = x_0 - r = 0 \quad \Rightarrow \quad$ Divergenz

Für rechten Randpunkt: $x = x_0 + r = 2 \quad \Rightarrow \quad$ Konvergenz

(4) Bestimme den Konvergenzradius der folgenden Potenzreihe:

$$\sin x = \sum_{n=0}^{\infty}(-1)^n \cdot \frac{1}{(2\cdot n+1)!}\cdot x^{2\cdot n+1} = x^1 - \frac{1}{3!}\cdot x^3 + \frac{1}{5!}\cdot x^5 - \frac{1}{7!}\cdot x^7 + -\ldots$$

Mit der Formel zum Konvergenzbereich (Abschnitt. 6.2.2.1) folgt:

$$a_n = (-1)^n \cdot \frac{1}{(2\cdot n+1)!} \quad \text{und} \quad a_{n+1} = (-1)^{n+1}\cdot \frac{1}{(2\cdot(n+1)+1)!} = (-1)^{n+1}\cdot \frac{1}{(2\cdot n+3)!}$$

$$\Rightarrow \quad a_n = (-1)^n \cdot \frac{1}{(2\cdot n)!\cdot(2\cdot n+1)} \quad \text{und} \quad a_{n+1} = (-1)^{n+1}\cdot \frac{1}{(2\cdot n)!\cdot(2\cdot n+1)\cdot(2\cdot n+2)\cdot(2\cdot n+3)}$$

$$r = \lim_{n\to\infty}\left|\frac{a_n}{a_{n+1}}\right| = \lim_{n\to\infty}\left|\frac{\dfrac{1}{(2\cdot n)!\cdot(2\cdot n+1)}}{\dfrac{1}{(2\cdot n)!\cdot(2\cdot n+1)\cdot(2\cdot n+2)\cdot(2\cdot n+3)}}\right| = \lim_{n\to\infty}\frac{(2\cdot n)!\cdot(2\cdot n+1)\cdot(2\cdot n+2)\cdot(2\cdot n+3)}{(2\cdot n)!\cdot(2\cdot n+1)}$$

$$\Rightarrow \quad r = \lim_{n\to\infty}[(2\cdot n+2)\cdot(2\cdot n+3)] = \infty$$

Die Reihe ist im Bereich $-\infty < x < +\infty$ konvergent.

6.2.2.4   Wichtige Eigenschaften von Potenzreihen

Potenzreihen verhalten sich im Inneren ihres Konvergenzbereichs wie Polynomfunktionen. Man kann folgende Rechenoperationen mit ihnen durchführen:

Eine Potenzreihe darf im Inneren ihres Konvergenzbereichs gliedweise
- differenziert werden
- integriert werden

Die dadurch entstehenden Potenzreihen haben dabei denselben Konvergenzbereich wie die ursprüngliche Potenzreihe.

Zwei oder mehrere Potenzreihen dürfen im gemeinsamen Konvergenzbereich gliedweise
- addiert oder subtrahiert werden
- miteinander multipliziert werden

Die dadurch entstehenden Potenzreihen haben dabei einen Konvergenzbereich der mindestens genauso groß ist wie der kleinste Konvergenzbereich der beteiligten Reihen.

Beispiele:

(1) Ableitung der Exponentialreihe

$$e^x = 1 + x + \frac{x^2}{2!} + \frac{x^3}{3!} + \frac{x^4}{4!} + \ldots + \frac{1}{n!} \cdot x^n + \ldots$$

Wir bilden nun gliedweise die Ableitung:

$$\frac{d(e^x)}{dx} = \left(e^x\right)' = 0 + 1 + \frac{2 \cdot x}{2!} + \frac{3 \cdot x^2}{3!} + \frac{4 \cdot x^3}{4!} + \ldots + \frac{n \cdot x^{n-1}}{n!} + \frac{(n+1) \cdot x^n}{(n+1)!} + \ldots$$

da gilt: $\dfrac{3}{3!} = \dfrac{3}{1 \cdot 2 \cdot 3} = \dfrac{1}{2!}$ und damit auch $\dfrac{n}{n!} = \dfrac{1}{(n-1)!}$ und $\dfrac{n+1}{(n+1)!} = \dfrac{1}{n!}$

$$\frac{d(e^x)}{dx} = \left(e^x\right)' = 0 + 1 + x + \frac{x^2}{2!} + \frac{x^3}{3!} + \frac{x^4}{4!} + \ldots + \frac{x^n}{n!} + \ldots = e^x$$

Wir erhalten das bekannte Resultat: die Ableitung der e-Funktion ist gleich der e-Funktion.

(2) Bilde die Ableitung der folgenden Funktion:

$$\sin x = \sum_{n=0}^{\infty} (-1)^n \cdot \frac{1}{(2 \cdot n + 1)!} \cdot x^{2 \cdot n + 1} = x^1 - \frac{1}{3!} \cdot x^3 + \frac{1}{5!} \cdot x^5 - \frac{1}{7!} \cdot x^7 + - \ldots$$

Gliedweise abgeleitet erhalten wir:

$$(\sin x)' = 1 - \frac{3}{3!} \cdot x^2 + \frac{5}{5!} \cdot x^4 - \frac{7}{7!} \cdot x^6 + - \ldots \quad \Rightarrow \quad (\sin x)' = 1 - \frac{1}{2!} \cdot x^2 + \frac{1}{4!} \cdot x^4 - \frac{1}{6!} \cdot x^6 + - \ldots$$

Dies ist wie erwartet die Potenzreihe der Kosinusfunktion.

(3) Integriere die folgende geometrische Reihe und weise nach, dass die Ergebnisreihe denselben Konvergenzbereich hat wie die Ursprungsreihe.

$$P_{(x)} = \frac{1}{1-x} = \sum_{n=0}^{\infty} x^n = 1 + x^1 + x^2 + x^3 + x^4 + \ldots$$

Den Konvergenzbereich der Ursprungsreihe haben wir in Abschnitt 6.2.2.3 Beispiel (1) wie folgt ermittelt: $-1 < x < 1$

Gliedweise integriert erhalten wir:

$$\int P_{(x)} \cdot dx = \int 1 \cdot dx + \int x \cdot dx + \int x^2 \cdot dx + \int x^3 \cdot dx + \int x^4 \cdot dx + \ldots + \int x^n \cdot dx + \ldots$$

$$= x + \frac{x^2}{2} + \frac{x^3}{3} + \frac{x^4}{4} + \frac{x^5}{5} + \ldots + \frac{x^{n+1}}{n+1} + \ldots$$

$$= \sum_{n=0}^{\infty} \frac{1}{n+1} \cdot x^{n+1}$$

Formel über den Konvergenzbereich (Abschnitt. 6.2.2.1) mit dem Quotientenkriterium:

$$a_n = \frac{1}{n+1} \quad \text{und} \quad a_{n+1} = \frac{1}{n+2} \quad \Rightarrow \quad \text{Konvergenzradius:} \quad r = \lim_{n \to \infty} \left| \frac{a_n}{a_{n+1}} \right| = \lim_{n \to \infty} \frac{\frac{1}{n+1}}{\frac{1}{n+2}} = \frac{n+2}{n+1} = 1$$

Bleibt also lediglich das Konvergenzverhalten in den beiden Randpunkten zu untersuchen:

Für x = − 1 erhalten wir: $P_{(-1)} = \sum\limits_{n=0}^{\infty} \dfrac{1}{n+1} \cdot (-1)^{n+1} = \underbrace{-1 + \dfrac{1}{2} - \dfrac{1}{3} + \dfrac{1}{4} - \dfrac{1}{5} + - ...}_{\substack{\text{Alternierende} \\ \text{harmonische Reihe}}}$

Für x = 1 erhalten wir: $P_{(1)} = \sum\limits_{n=0}^{\infty} \dfrac{1}{n+1} \cdot 1^{n+1} = \underbrace{1 + \dfrac{1}{2} + \dfrac{1}{3} + \dfrac{1}{4} + \dfrac{1}{5} + - ...}_{\text{Harmonische Reihe}}$

Wir erhalten also folgende Aussagen für das Konvergenzverhalten in den beiden Randpunkten:

Für linken Randpunkt: $x = -1 \;\Rightarrow\;$ Konvergenz
Für rechten Randpunkt: $x = +1 \;\Rightarrow\;$ Divergenz

Den Konvergenzbereich der integrierten Reihe erhalten wir mit: $-1 \le x < 1$

6.3 Taylorreihen

6.3.1 Einleitung

Mit den nach Brook Taylor benannten Taylorreihen gelingt es, eine stetige mathematische Funktion, die unendlich oft differenzierbar ist, in der Umgebung ihres Entwicklungspunktes x_0 durch eine Potenzreihe anzunähern (zu approximieren). Derartige Funktionen werden auch glatte Funktionen genannt. Aus einer unendlichen Taylorreihe lassen sich durch Abbruch der Reihe nach n Summanden einfache Näherungspolynome für die ursprüngliche Funktion erzeugen. Allgemein kann man eine Taylorreihe wie folgt schreiben:

$$f_{(x)} = f_{(x_0)} + \frac{f'_{(x_0)}}{1!} \cdot (x - x_0)^1 + \frac{f''_{(x_0)}}{2!} \cdot (x - x_0)^2 + \frac{f'''_{(x_0)}}{3!} \cdot (x - x_0)^3 + ... + \frac{f^{(n)}_{(x_0)}}{n!} \cdot (x - x_0)^n + ...$$

$$= \sum_{n=0}^{\infty} \frac{f^{(n)}_{(x_0)}}{n!} \cdot (x - x_0)^n$$

mit x_0 als Entwicklungspunkt oder Entwicklungszentrum

Sehr viele wichtige Taylorreihen beziehen sich auf den Entwicklungspunkt $x_0 = 0$. Diese Reihen werden auch Maclaurin-Reihen genannt und sind Spezialfälle der Taylorreihen. Im Folgenden werden wir ausschließlich den Begriff Taylorreihen verwenden.

6.3.2 Taylorreihe mit Entwicklungspunkt $x_0 = 0$

Gegeben sei folgende Funktion $f_{(x)}$, die wir in eine Potenzreihe entwickeln wollen:
$$f_{(x)} = a_0 \cdot x^0 + a_1 \cdot x^1 + a_2 \cdot x^2 + a_3 \cdot x^3 + ...$$

Voraussetzung ist, dass die Funktion in einer gewissen Umgebung von $x_0 = 0$ beliebig oft differenzierbar ist und dass die Funktions- und Ableitungswerte berechnet werden können.

Wir wollen nun zeigen, dass die Koeffizienten a_0 , a_1 , a_2 , a_3 , ... durch den Funktionswert $f_{(0)}$ und die Ableitungswerte $f'_{(0)}$, $f''_{(0)}$, $f'''_{(0)}$, ... bestimmt werden.

Wir können die Potenzreihe und deren Ableitungen wie folgt schreiben:

$$
\begin{aligned}
f_{(x)} &= a_0 &&+ a_1 \cdot x^1 &&+ a_2 \cdot x^2 &&+ a_3 \cdot x^3 &&+ a_4 \cdot x^4 &&+ \ldots \\
f'_{(x)} &= 0 &&+ a_1 &&+ 2 \cdot a_2 \cdot x^1 &&+ 3 \cdot a_3 \cdot x^2 &&+ 4 \cdot a_4 \cdot x^3 &&+ \ldots \\
f''_{(x)} &= 0 &&+ 0 &&+ 1 \cdot 2 \cdot a_2 &&+ 2 \cdot 3 \cdot a_3 \cdot x^1 &&+ 3 \cdot 4 \cdot a_4 \cdot x^2 &&+ \ldots \\
f'''_{(x)} &= 0 &&+ 0 &&+ 0 &&+ 1 \cdot 2 \cdot 3 \cdot a_3 &&+ 2 \cdot 3 \cdot 4 \cdot a_4 \cdot x^1 &&+ \ldots \\
\ldots &&& \ldots &&& \ldots &&& \ldots &&& \ldots &&& \ldots
\end{aligned}
$$

An der Stelle x = 0 gilt:

$$
\begin{aligned}
f_{(0)} &= a_0 &&= (0!) \cdot a_0 \\
f'_{(0)} &= a_1 &&= (1!) \cdot a_1 \\
f''_{(0)} &= 1 \cdot 2 \cdot a_2 &&= (2!) \cdot a_2 \\
f'''_{(0)} &= 1 \cdot 2 \cdot 3 \cdot a_3 &&= (3!) \cdot a_3 \\
\ldots && \ldots && \ldots \\
f^{(n)}_{(0)} &= 1 \cdot 2 \cdot 3 \cdot \ldots \cdot a_n &&= (n!) \cdot a_n
\end{aligned}
$$

Die Koeffizienten der Potenzreihe lassen sich also wie folgt berechnen:

$$
a_0 = \frac{f_{(0)}}{0!}, \quad a_1 = \frac{f'_{(0)}}{1!}, \quad a_2 = \frac{f''_{(0)}}{2!}, \quad a_3 = \frac{f'''_{(0)}}{3!}, \quad \ldots, \quad a_n = \frac{f^{(n)}_{(0)}}{n!}, \quad \ldots
$$

Damit gilt allgemein für die Entwicklung einer Taylorreihe mit Entwicklungspunkt $x_0 = 0$:

$$
f_{(x)} = f_{(0)} \cdot x^0 + \frac{f'_{(0)}}{1!} \cdot x^1 + \frac{f''_{(0)}}{2!} \cdot x^2 + \frac{f'''_{(0)}}{3!} \cdot x^3 + \ldots = \sum_{n=0}^{\infty} \frac{f^{(n)}_{(0)}}{n!} \cdot x^n
$$

6.3.3   Taylorreihe mit Entwicklungspunkt $x_0 \neq 0$

Gegeben sei folgende Funktion $f_{(x)}$, die wir in eine Potenzreihe entwickeln wollen:

$$
f_{(x)} = a_0 \cdot (x - x_0)^0 + a_1 \cdot (x - x_0)^1 + a_2 \cdot (x - x_0)^2 + a_3 \cdot (x - x_0)^3 + \ldots
$$

Voraussetzung ist, dass die Funktion in einer gewissen Umgebung von x_0 beliebig oft differenzierbar ist und dass die Funktions- und Ableitungswerte berechnet werden können.

Wir wollen nun zeigen, dass die Koeffizienten a_0 , a_1 , a_2 , a_3 , ... durch den Funktionswert $f_{(x0)}$ und die Ableitungswerte $f'_{(x0)}$, $f''_{(x0)}$, $f'''_{(x0)}$, ... bestimmt werden.

Zunächst wollen wir das folgende Polynom allgemein ableiten:

$$
y = f_{(x)} = (x - x_0)^n \quad \text{wir setzen:} \quad y = u^n \quad \text{mit} \quad u = x - x_0
$$

$$
\Rightarrow \quad \text{Kettenregel} \quad y' = f'_{(x)} = \frac{dy}{du} \cdot \frac{du}{dx} = n \cdot u^{n-1} \cdot 1 = n \cdot (x - x_0)^{n-1}
$$

Wir können nun die Potenzreihe und deren Ableitungen wie folgt schreiben:

$$
\begin{aligned}
f_{(x)} &= & a_0 &\; + a_1 \cdot (x - x_0)^1 &\; + a_2 \cdot (x - x_0)^2 &\; + a_3 \cdot (x - x_0)^3 &\; + a_4 \cdot (x - x_0)^4 &\; + \ldots \\
f'_{(x)} &= & 0 &\; + 1 \cdot a_1 &\; + 2 \cdot a_2 \cdot (x - x_0)^1 &\; + 3 \cdot a_3 \cdot (x - x_0)^2 &\; + 4 \cdot a_4 \cdot (x - x_0)^3 &\; + \ldots \\
f''_{(x)} &= & 0 &\; + 0 &\; + 1 \cdot 2 \cdot a_2 &\; + 2 \cdot 3 \cdot a_3 \cdot (x - x_0)^1 &\; + 3 \cdot 4 \cdot a_4 \cdot (x - x_0)^2 &\; + \ldots \\
f'''_{(x)} &= & 0 &\; + 0 &\; + 0 &\; + 1 \cdot 2 \cdot 3 \cdot a_3 &\; + 2 \cdot 3 \cdot 4 \cdot a_4 \cdot (x - x_0)^1 &\; + \ldots \\
f^{(4)}{}_{(x)} &= & 0 &\; + 0 &\; + 0 &\; + 0 &\; + 1 \cdot 2 \cdot 3 \cdot 4 \cdot a_4 &\; + \ldots \\
\ldots & & \ldots \;\; \ldots & \;\; \ldots & \;\; \ldots & \;\; + \ldots & \;\; + \ldots
\end{aligned}
$$

An der Stelle $x = x_0$ gilt:

$$
\begin{aligned}
f_{(x_0)} &= & a_0 & & &= (0!) \cdot a_0 \\
f'_{(x_0)} &= & a_1 & & &= (1!) \cdot a_1 \\
f''_{(x_0)} &= & 1 \cdot 2 \cdot a_2 & & &= (2!) \cdot a_2 \\
f'''_{(x_0)} &= & 1 \cdot 2 \cdot 3 \cdot a_3 & & &= (3!) \cdot a_3 \\
\ldots & & \ldots & & & \ldots \\
f^{(n)}{}_{(x_0)} &= & 1 \cdot 2 \cdot 3 \cdot \ldots \cdot a_n & & &= (n!) \cdot a_n
\end{aligned}
$$

Die Koeffizienten der Potenzreihe lassen sich also wie folgt berechnen:

$$
a_0 = \frac{f_{(x_0)}}{0!}, \quad a_1 = \frac{f'_{(x_0)}}{1!}, \quad a_2 = \frac{f''_{(x_0)}}{2!}, \quad a_3 = \frac{f'''_{(x_0)}}{3!}, \quad \ldots, \quad a_n = \frac{f^{(n)}{}_{(x_0)}}{n!}, \quad \ldots
$$

Damit gilt allgemein für die Entwicklung einer Taylorreihe mit Entwicklungspunkt x_0:

$$
f_{(x)} = f_{(x_0)} + \frac{f'_{(x_0)}}{1!} \cdot (x - x_0)^1 + \frac{f''_{(x_0)}}{2!} \cdot (x - x_0)^2 + \frac{f'''_{(x_0)}}{3!} \cdot (x - x_0)^3 + \ldots \quad = \sum_{n=0}^{\infty} \frac{f^{(n)}{}_{(x_0)}}{n!} \cdot (x - x_0)^n
$$

6.3.4 Beispiele für die Entwicklung von Taylorreihen

(1) Berechne die Taylorreihe der Funktion e^x. (Entwicklungspunkt $x_0 = 0$)

Es gilt: $\qquad y = y' = y'' = y''' = \ldots = y^{(n)} = e^x$

Jede Ableitung der e-Funktion ergibt die Funktion selbst. Für die Ableitung an der Stelle $x = x_0 = 0$ erhalten wir: $\quad y = e^0 = 1$ und damit auch $\; y' = y'' = y''' = \ldots = y^{(n)} = 1$

Die Taylorreihe der Funktion e^x lautet somit:

$$
y = e^x = 1 + \frac{x^1}{1!} + \frac{x^2}{2!} + \frac{x^3}{3!} + \frac{x^4}{4!} + \ldots = \sum_{n=0}^{\infty} \frac{x^n}{n!}
$$

(2) Berechne die Taylorreihe der Funktion e^{-x}. (Entwicklungspunkt $x_0 = 0$)

Die Taylorreihe der Funktion e^x lautet: (siehe Beispiel 1)

$$
y = e^x = 1 + \frac{x^1}{1!} + \frac{x^2}{2!} + \frac{x^3}{3!} + \frac{x^4}{4!} + \ldots = \sum_{n=0}^{\infty} \frac{x^n}{n!}
$$

Wir brauchen jetzt nur x durch $-x$ zu ersetzen und erhalten die gewünschte Lösung:

$$
y = e^{-x} = 1 + \frac{(-x)^1}{1!} + \frac{(-x)^2}{2!} + \frac{(-x)^3}{3!} + \frac{(-x)^4}{4!} + \ldots = 1 - \frac{x^1}{1!} + \frac{x^2}{2!} - \frac{x^3}{3!} + \frac{x^4}{4!} + \ldots = \sum_{n=0}^{\infty} (-1)^n \cdot \frac{x^n}{n!}
$$

(3) Berechne die Taylorreihe der Funktion sin x. (Entwicklungspunkt $x_0 = 0$)

Wir bilden zunächst die Ableitungen der Funktion:

$$
\left.
\begin{aligned}
f_{(x)} &= \sin x & \Rightarrow\quad f_{(x=0)} &= \sin 0 = 0 \\
f'_{(x)} &= \cos x & \Rightarrow\quad f'_{(x=0)} &= \cos 0 = 1 \\
f''_{(x)} &= -\sin x & \Rightarrow\quad f''_{(x=0)} &= -\sin 0 = 0 \\
f'''_{(x)} &= -\cos x & \Rightarrow\quad f'''_{(x=0)} &= -\cos 0 = -1
\end{aligned}
\right\}\ \text{Viererzyklus}
$$

$$f^{(4)}{}_{(x)} = f_{(x)} = \sin x \quad \Rightarrow \quad f^{(4)}{}_{(x=0)} = \sin 0 = 0$$

Wir erkennen, dass sich in dem Viererzyklus die Werte der Ableitungen für x = 0 wiederholen. Sie durchlaufen zyklisch folgende Werte: 0 , 1 , 0 , −1

Daraus ergibt sich die Taylorreihe der Sinusfunktion wie folgt:

$$f_{(x)} = 0 + \frac{1}{1!} \cdot x^1 + \frac{0}{2!} \cdot x^2 + \frac{(-1)}{3!} \cdot x^3 + \frac{0}{4!} \cdot x^4 + \frac{1}{5!} \cdot x^5 + \frac{0}{6!} \cdot x^6 + \frac{(-1)}{7!} \cdot x^7 ... =$$

$$= \frac{1}{1!} \cdot x^1 - \frac{1}{3!} \cdot x^3 + \frac{1}{5!} \cdot x^5 - \frac{1}{7!} \cdot x^7 ... = \sum_{n=0}^{\infty} (-1)^n \cdot \frac{x^{2 \cdot n + 1}}{(2 \cdot n + 1)!}$$

(4) Berechne die Taylorreihe der Funktion cos x. (Entwicklungspunkt $x_0 = 0$)

Wir bilden zunächst die Ableitungen der Funktion:

$$
\left.
\begin{aligned}
f_{(x)} &= \cos x & \Rightarrow\quad f_{(x=0)} &= \cos 0 = 1 \\
f'_{(x)} &= -\sin x & \Rightarrow\quad f'_{(x=0)} &= -\sin 0 = 0 \\
f''_{(x)} &= -\cos x & \Rightarrow\quad f''_{(x=0)} &= -\cos 0 = -1 \\
f'''_{(x)} &= \sin x & \Rightarrow\quad f'''_{(x=0)} &= \sin 0 = 0
\end{aligned}
\right\}\ \text{Viererzyklus}
$$

$$f^{(4)}{}_{(x)} = f_{(x)} = \cos x \quad \Rightarrow \quad f^{(4)}{}_{(x=0)} = \cos 0 = 1$$

Auch hier wiederholen sich die Werte der Ableitungen wie folgt: 1 , 0 , −1 , 0

Daraus ergibt sich die Taylorreihe der Kosinusfunktion wie folgt:

$$f_{(x)} = 1 \cdot x^0 + \frac{0}{1!} \cdot x^1 + \frac{(-1)}{2!} \cdot x^2 + \frac{0}{3!} \cdot x^3 + \frac{1}{4!} \cdot x^4 + \frac{0}{5!} \cdot x^5 + \frac{(-1)}{6!} \cdot x^6 + \frac{0}{7!} \cdot x^7 + ...$$

$$= 1 - \frac{1}{2!} \cdot x^2 + \frac{1}{4!} \cdot x^4 - \frac{1}{6!} \cdot x^6 + - ... = \sum_{n=0}^{\infty} (-1)^n \cdot \frac{x^{2 \cdot n}}{(2 \cdot n)!}$$

(5) Berechne die Taylorreihe der Funktion ln x. (Entwicklungspunkt $x_0 = 1$)

Wir bilden zunächst die Ableitungen der Funktion:

$$
\begin{aligned}
f_{(x)} &= \ln x & \Rightarrow\quad f_{(x=1)} &= \ln 1 = 0 \\
f'_{(x)} &= \frac{1}{x} = x^{-1} & \Rightarrow\quad f'_{(x=1)} &= 1 \\
f''_{(x)} &= -x^{-2} & \Rightarrow\quad f''_{(x=1)} &= -1 \\
f'''_{(x)} &= 2 \cdot x^{-3} & \Rightarrow\quad f'''_{(x=1)} &= 2 \\
f^{(4)}{}_{(x)} &= -2 \cdot 3 \cdot x^{-4} & \Rightarrow\quad f^{(4)}{}_{(x=1)} &= -2 \cdot 3 \\
f^{(5)}{}_{(x)} &= 2 \cdot 3 \cdot 4 \cdot x^{-5} & \Rightarrow\quad f^{(5)}{}_{(x=1)} &= 2 \cdot 3 \cdot 4 \\
f^{(6)}{}_{(x)} &= -2 \cdot 3 \cdot 4 \cdot 5 \cdot x^{-6} & \Rightarrow\quad f^{(6)}{}_{(x=1)} &= -2 \cdot 3 \cdot 4 \cdot 5
\end{aligned}
$$

...   .

Daraus ergibt sich die Taylorreihe der ln-Funktion wie folgt:

$$f_{(x)} = 0 + \frac{1}{1!}(x-1)^1 + \frac{-1}{2!}(x-1)^2 + \frac{2}{3!}(x-1)^3 + \frac{-2\cdot 3}{4!}(x-1)^4 + \frac{2\cdot 3\cdot 4}{5!}(x-1)^5 + \frac{-2\cdot 3\cdot 4\cdot 5}{6!}(x-1)^6 + \ldots$$

$$= \frac{(x-1)^1}{1} - \frac{(x-1)^2}{1\cdot 2} + \frac{2\cdot(x-1)^3}{1\cdot 2\cdot 3} - \frac{2\cdot 3\cdot(x-1)^4}{1\cdot 2\cdot 3\cdot 4} + \frac{2\cdot 3\cdot 4\cdot(x-1)^5}{1\cdot 2\cdot 3\cdot 4\cdot 5} - \frac{2\cdot 3\cdot 4\cdot 5\cdot(x-1)^6}{1\cdot 2\cdot 3\cdot 4\cdot 5\cdot 6} + - \ldots$$

Nach Kürzen folgt:

$$f_{(x)} = \frac{(x-1)^1}{1} - \frac{(x-1)^2}{2} + \frac{(x-1)^3}{3} - \frac{(x-1)^4}{4} + \frac{(x-1)^5}{5} - \frac{(x-1)^6}{6} + - \ldots = \sum_{n=1}^{\infty}(-1)^{n+1}\cdot\frac{(x-1)^n}{n}$$

(6) Berechne die Taylorreihe der Funktion $(1+x)^n$. (Entwicklungspunkt $x_0 = 0$)

Wir bilden zunächst die Ableitungen der Funktion:

$$f_{(x)} = (1+x)^n \qquad \Rightarrow \qquad f_{(x=0)} = 1$$
$$f'_{(x)} = n\cdot(1+x)^{n-1} \qquad \Rightarrow \qquad f'_{(x=0)} = n$$
$$f''_{(x)} = n\cdot(n-1)\cdot(1+x)^{n-2} \qquad \Rightarrow \qquad f''_{(x=0)} = n\cdot(n-1)$$
$$f'''_{(x)} = n\cdot(n-1)\cdot(n-2)\cdot(1+x)^{n-3} \qquad \Rightarrow \qquad f'''_{(x=0)} = n\cdot(n-1)\cdot(n-2)$$
$$f^{(4)}_{(x)} = n\cdot(n-1)\cdot(n-2)\cdot(n-3)\cdot(1+x)^{n-4} \qquad \Rightarrow \qquad f^{(4)}_{(x=0)} = n\cdot(n-1)\cdot(n-2)\cdot(n-3)$$
$$f^{(5)}_{(x)} = n\cdot(n-1)\cdot(n-2)\cdot(n-3)\cdot(n-4)\cdot(1+x)^{n-5} \qquad \Rightarrow \qquad f^{(5)}_{(x=0)} = n\cdot(n-1)\cdot(n-2)\cdot(n-3)\cdot(n-4)$$

$\ldots$ $\qquad\qquad\qquad \ldots \quad \ldots$

Daraus ergibt sich die Taylorreihe der Funktion wie folgt:

$$f_{(x)} = f_{(0)}\cdot x^0 + \frac{f'_{(0)}}{1!}\cdot x^1 + \frac{f''_{(0)}}{2!}\cdot x^2 + \frac{f'''_{(0)}}{3!}\cdot x^3 + \ldots = \sum_{n=0}^{\infty}\frac{f^{(n)}_{(0)}}{n!}\cdot x^n$$

$$f_{(x)} = 1 + \frac{n}{1!}\cdot x^1 + \frac{n\cdot(n-1)}{2!}\cdot x^2 + \frac{n\cdot(n-1)\cdot(n-2)}{3!}\cdot x^3 + \frac{n\cdot(n-1)\cdot(n-2)\cdot(n-3)}{4!}\cdot x^4 + \ldots$$

Wir können hier folgendes erkennen:

$$\frac{n\cdot(n-1)\cdot(n-2)\cdot(n-3)}{4!} = \frac{n!/(n-4)!}{4!} = \frac{n!}{4!\cdot(n-4)!} = \binom{n}{4}$$

oder allgemein:

$$\frac{n\cdot(n-1)\cdot(n-2)\cdot(n-3)\cdot\ldots\cdot(n-k+1)}{k!} = \frac{n!/(n-k)!}{k!} = \frac{n!}{k!\cdot(n-k)!} = \binom{n}{k}$$

Wir haben es also mit den bekannten Binomialkoeffizienten zu tun (vgl. Band 1 /1/, Abschnitt 2.2.4). Damit können wir die Taylorreihe wie folgt schreiben:

$$f_{(x)} = f_{(0)}\cdot x^0 + \frac{f'_{(0)}}{1!}\cdot x^1 + \frac{f''_{(0)}}{2!}\cdot x^2 + \frac{f'''_{(0)}}{3!}\cdot x^3 + \ldots = \sum_{n=0}^{\infty}\frac{f^{(n)}_{(0)}}{n!}\cdot x^n$$

$$f_{(x)} = 1 + \binom{n}{1}\cdot x^1 + \binom{n}{2}\cdot x^2 + \binom{n}{3}\cdot x^3 + \binom{n}{4}\cdot x^4 + \ldots = \sum_{k=0}^{\infty}\binom{n}{k}\cdot x^k$$

6.3.5 Tabelle wichtiger Taylorreihen

Funktion	Σ	Potenzreihe	Konvergenz
e^x	$\sum_{n=0}^{\infty} \dfrac{x^n}{n!}$	$1 + \dfrac{x^1}{1!} + \dfrac{x^2}{2!} + \dfrac{x^3}{3!} + \dfrac{x^4}{4!} + \ldots$	$-\infty < x < \infty$
e^{-x}	$\sum_{n=0}^{\infty} (-1)^n \cdot \dfrac{x^n}{n!}$	$1 - \dfrac{x^1}{1!} + \dfrac{x^2}{2!} - \dfrac{x^3}{3!} + \dfrac{x^4}{4!} + \ldots$	$-\infty < x < \infty$
$\ln x$	$\sum_{n=1}^{\infty} (-1)^{n+1} \cdot \dfrac{(x-1)^n}{n}$	$\dfrac{(x-1)^1}{1} - \dfrac{(x-1)^2}{2} + \dfrac{(x-1)^3}{3} - \dfrac{(x-1)^4}{4} + - \ldots$	$0 < x \leq 2$
$\sin x$	$\sum_{n=0}^{\infty} (-1)^n \cdot \dfrac{x^{2 \cdot n+1}}{(2 \cdot n + 1)!}$	$\dfrac{1}{1!} \cdot x^1 - \dfrac{1}{3!} \cdot x^3 + \dfrac{1}{5!} \cdot x^5 - \dfrac{1}{7!} \cdot x^7 \ldots$	$-\infty < x < \infty$
$\cos x$	$\sum_{n=0}^{\infty} (-1)^n \cdot \dfrac{x^{2 \cdot n}}{(2 \cdot n)!}$	$= 1 - \dfrac{1}{2!} \cdot x^2 + \dfrac{1}{4!} \cdot x^4 - \dfrac{1}{6!} \cdot x^6 + - \ldots$	$-\infty < x < \infty$
$\tan x$		$x^1 + \dfrac{1}{3} \cdot x^3 + \dfrac{2}{15} \cdot x^5 + \dfrac{17}{315} \cdot x^7 + \dfrac{62}{2835} \cdot x^9 + \ldots$	$-\dfrac{\pi}{2} < x < \dfrac{\pi}{2}$
$\cot x$		$\dfrac{1}{x} - \dfrac{1}{3} \cdot x - \dfrac{1}{45} \cdot x^3 - \dfrac{2}{945} \cdot x^5 - \dfrac{1}{4725} \cdot x^7 + \ldots$	$-\pi < x < \pi$
$\arcsin x$	$\sum_{n=0}^{\infty} \binom{2 \cdot n}{n} \cdot \dfrac{x^{2 \cdot n+1}}{4^n \cdot (2 \cdot n + 1)}$	$x + \dfrac{1}{2} \cdot \dfrac{x^3}{3} + \dfrac{1 \cdot 3}{2 \cdot 4} \cdot \dfrac{x^5}{5} + \dfrac{1 \cdot 3 \cdot 5}{2 \cdot 4 \cdot 6} \cdot \dfrac{x^7}{7} + \ldots$	$-1 < x < 1$
$\arccos x$	$\dfrac{\pi}{2} - \sum_{n=0}^{\infty} \binom{2 \cdot n}{n} \cdot \dfrac{x^{2 \cdot n+1}}{4^n \cdot (2 \cdot n + 1)}$	$\dfrac{\pi}{2} \cdot \left(x + \dfrac{1}{2} \cdot \dfrac{x^3}{3} + \dfrac{1 \cdot 3}{2 \cdot 4} \cdot \dfrac{x^5}{5} + \dfrac{1 \cdot 3 \cdot 5}{2 \cdot 4 \cdot 6} \cdot \dfrac{x^7}{7} + \ldots \right)$	$-1 < x < 1$
$\arctan x$	$\sum_{n=0}^{\infty} (-1)^n \cdot \dfrac{x^{2 \cdot n+1}}{2 \cdot n + 1}$	$x - \dfrac{x^3}{3} + \dfrac{x^5}{5} - \dfrac{x^7}{7} + - \ldots$	$-1 \leq x \leq 1$
$\sinh x$	$\sum_{n=0}^{\infty} \dfrac{x^{2 \cdot n+1}}{(2 \cdot n + 1)!}$	$\dfrac{1}{1!} \cdot x^1 + \dfrac{1}{3!} \cdot x^3 + \dfrac{1}{5!} \cdot x^5 + \dfrac{1}{7!} \cdot x^7 + \dfrac{1}{9!} \cdot x^9 + \ldots$	$-\infty < x < \infty$
$\cosh x$	$\sum_{n=0}^{\infty} \dfrac{x^{2 \cdot n}}{(2 \cdot n)!}$	$= 1 + \dfrac{1}{2!} \cdot x^2 + \dfrac{1}{4!} \cdot x^4 + \dfrac{1}{6!} \cdot x^6 + \dfrac{1}{8!} \cdot x^8 + \ldots$	$-\infty < x < \infty$
$\tanh x$		$x^1 - \dfrac{1}{3} \cdot x^3 + \dfrac{2}{15} \cdot x^5 - \dfrac{17}{315} \cdot x^7 + \dfrac{62}{2835} \cdot x^9 + \ldots$	$-\dfrac{\pi}{2} < x < \dfrac{\pi}{2}$
$(1+x)^n$	$\sum_{k=0}^{\infty} \binom{n}{k} \cdot x^k$	$1 + \binom{n}{1} \cdot x^1 + \binom{n}{2} \cdot x^2 + \binom{n}{3} \cdot x^3 + \binom{n}{4} \cdot x^4 + \ldots$	$n > 0{:}1 \leq x \leq 1$ $n < 0{:} 1 < x < 1$
$(1-x)^n$	$\sum_{k=0}^{\infty} (-1)^k \cdot \binom{n}{k} \cdot x^k$	$1 - \binom{n}{1} \cdot x^1 + \binom{n}{2} \cdot x^2 - \binom{n}{3} \cdot x^3 + \binom{n}{4} \cdot x^4 - + \ldots$	$n > 0{:}1 \leq x \leq 1$ $n < 0{:} 1 < x < 1$

7 Komplexe Zahlen

7.1 Allgemeines

In Band 1 /1/ Abschnitt 2.1.1 haben wir uns mit den verschiedenen Standardmengen von Zahlen beschäftigt.

Standardmengen von Zahlen		
$\mathbb{N}^*$	$\{1, 2, 3, 4....\}$	Menge der positiven ganzen Zahlen
$\mathbb{N}$	$\{0, 1, 2, 3, ...\}$	Menge der natürlichen Zahlen
$\mathbb{Z}$	$\{...-3, -2, -1, 0, 1, 2, 3,...\}$	Menge der ganzen Zahlen
$\mathbb{Q}$	$\left\{ q \mid q = \dfrac{a}{b} \quad \text{mit } a \in \mathbb{Z} \text{ und } b \in \mathbb{N} \right\}$	Menge der rationalen Zahlen
$\mathbb{R}\backslash\mathbb{Q}$	z.B.: $\sqrt{2}$, $-\sqrt[4]{7}$, $\sin(13°)$, $\ln(3)$, π,...	Menge der irrationalen Zahlen
$\mathbb{R}$	Menge aller Punkte der Zahlengeraden	Menge der reellen Zahlen

Diese Standardmengen konnten wir auf der Zahlengerade wie folgt darstellen:

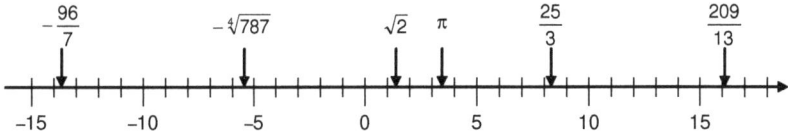

Bild 154: Die Zahlengerade

Alle bisherigen Rechnungen beruhen auf der Menge der reellen Zahlen und wir haben festgestellt, dass die Menge der reellen Zahlen die Menge **aller Punkte** auf der Zahlengeraden repräsentieren. Auf der Zahlengeraden ist also kein Raum für weitere Zahlen vorhanden.

In Band 1 /1/ Abschnitt 2.2.2.2 haben wir festgestellt, dass Wurzelausdrücke mit negativer Wurzelbasis bei ungeraden Radikanden nicht zulässig sind. Als einfaches Beispiel können wir hier Folgendes anführen:

$$\sqrt{-2} = ?$$

Gesucht ist also die Zahl, die mit sich selbst multipliziert – 2 ergibt. Da nun jede Zahl, ob positiv oder negativ mit sich selbst multipliziert eine positive Zahl ergibt, ist diese Aufgabe im Bereich der reellen Zahlen nicht lösbar.

Bei der Behandlung von quadratischen Gleichungen (Band 1 /1/ Abschnitt 3.3) sind wir auf das Phänomen gestoßen, dass die sogenannte Diskriminante (Wurzelbasis) negativ werden kann und wir keine Lösung für die quadratische Gleichung angeben können, z.B.:

$$3 \cdot x^2 + 18 \cdot x + 33 = 0 \quad \mid : 3$$

$$\Rightarrow \quad x^2 + 6 \cdot x + 11 = 0$$

$$\Rightarrow \quad x_{1,2} = -\frac{6}{2} \pm \sqrt{\left(-\frac{6}{2}\right)^2 - 11} = -3 \pm \sqrt{9 - 11} = -3 \pm \sqrt{-2}$$

Wenn es uns gelingt, auch für derartige Gleichungen eine Lösung zu formulieren, so können eine ganze Reihe von mathematischen Problemen einer Lösung zugeführt werden. Bei Wikipedia steht hierzu Folgendes:

Der Zahlenbereich der komplexen Zahlen hat eine Reihe vorteilhafter Eigenschaften, die sich in vielen Bereichen der Natur- und Ingenieurwissenschaften als äußerst nützlich erwiesen haben. Einer der Gründe für diese positiven Eigenschaften ist die algebraische Abgeschlossenheit der komplexen Zahlen. Dies bedeutet, dass jede algebraische Gleichung positiven Grades über den komplexen Zahlen eine Lösung besitzt, was für reelle Zahlen nicht gilt. Diese Eigenschaft ist der Inhalt des Fundamentalsatzes der Algebra. Ein weiterer Grund ist ein Zusammenhang zwischen trigonometrischen Funktionen und der Exponentialfunktion, der über die komplexen Zahlen hergestellt werden kann. Ferner ist jede auf einer offenen Menge einmal komplex differenzierbare Funktion dort auch beliebig oft differenzierbar – anders als in der Analysis der reellen Zahlen.

Der Begriff der komplexen Zahl wurde bereits 1831 von Carl Friedrich Gauß eingeführt. Dieser erweiterte den Bereich der reellen Zahlen in der Weise, dass die Gleichung $x^2 = -1$ lösbar wird. Hierzu wird der bisherige Zahlenbereich in geeigneter oder auch zweckmäßiger Weise so erweitert, dass die bisherigen reellen Zahlen in dem neuen komplexen Zahlenbereich als Untermenge enthalten sind, so dass man in dem neuen Zahlenbereich in ähnlicher Weise rechnen kann wie mit reellen Zahlen. Dies gelingt durch die Einführung einer neuen *imaginären Zahl* **i**, welche folgende Eigenschaft aufweist:

$$i^2 = -1$$

Diese Zahl **i** wird als *imaginäre Einheit* bezeichnet.

Anmerkung: In der Physik wird mit dem Zeichen **i** die Stromstärke bezeichnet. Um Verwechselungen zu vermeiden wird dort deshalb für die *imaginäre Einheit* der Buchstabe **j** verwendet.

Als nächstes wollen wir zu unserem einführenden Beispiel $\sqrt{-2} = ?$ zurückkommen. Wie können wir dies mit Hilfe der Zahl **i** jetzt schreiben: Es gilt Folgendes:

Wenn gilt: $\quad i^2 = -1 \quad \Rightarrow \quad i = \sqrt{-1}$

$$\Rightarrow \quad \sqrt{-2} = \sqrt{2 \cdot (-1)} = \sqrt{2} \cdot \sqrt{-1} = \sqrt{2} \cdot i$$

Nun können wir die Lösung unseres Beispielpolynoms wie folgt schreiben:

$3 \cdot x^2 + 18 \cdot x + 33 = 0 \quad | : \mathbf{3}$

$\Rightarrow \quad x^2 + 6 \cdot x + 11 = 0$

$\Rightarrow \quad x_{1,2} = -\dfrac{6}{2} \pm \sqrt{\left(-\dfrac{6}{2}\right)^2 - 11} = -3 \pm \sqrt{9 - 11} = -3 \pm \sqrt{-2} \cdot \mathbf{i}$

$\Rightarrow \quad x_1 = -3 + \sqrt{2} \cdot \mathbf{i} = -3 + 1{,}4142 \cdot \mathbf{i} \quad \text{und} \quad x_2 = -3 - \sqrt{-2} \cdot \mathbf{i} = -3 - \cdot 1{,}4142 \cdot \mathbf{i}$

Nun besteht natürlich der Wunsch, dieses Ergebnis – wie bei einer reellen Zahl – auch als Bildpunkt in einer Grafik darzustellen. Hierzu ist unsere Zahlengerade nicht geeignet, weil dort schon
jeder Punkt mit einer reellen Zahl belegt ist. Aus diesem Grund weicht man auf eine zweite *imaginäre Zahlengerade* aus, die exakt senkrecht auf unserer bisherigen reellen Zahlengerade steht
und durch deren Nullpunkt geht. Der Nullpunkt der reellen Zahlengerade ist dabei auch der Nullpunkt der imaginären Zahlengerade.

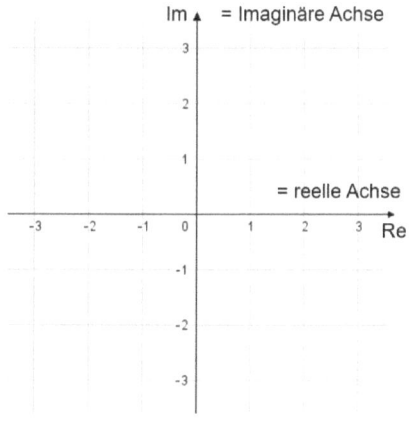

Die nebenstehende Darstellung wird allgemein als *Gaußsche Zahlenebene* bezeichnet.
Auch der Begriff „komplexe Ebene" ist gebräuchlich.

Bild 155: Reelle und imaginäre Zahlengerade

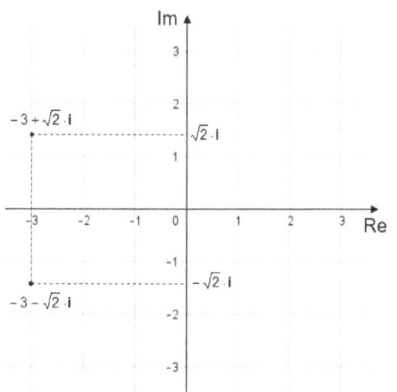

Im nebenstehenden Bild haben wir das Ergebnis unseres Beispielpolynoms in die
Gaußsche Zahlenebene eingezeichnet.

Bild 156: Ergebnis des Beispielpolynoms

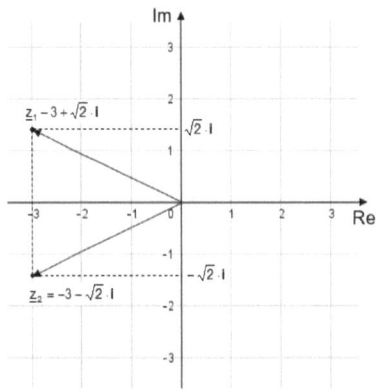

In der Praxis werden komplexe Zahlen auch durch sogenannte Zeiger $\underline{z}$ dargestellt. Im nebenstehenden Bild haben wir die 2 Zeiger unseres Beispiels eingezeichnet.

ACHTUNG: Die Zeiger $\underline{z}$ der komplexen Zahlen sind nicht mit Vektoren vergleichbar. Vektoren und Zeiger unterliegen unterschiedlichen Rechengesetzen.

Bild 157: Zeigerdarstellung einer komplexen Zahl

Jede komplexe Zahl lässt sich wie folgt schreiben:

$z = a + b \cdot i$ $\begin{cases} \text{mit} \quad a:\ \text{Realteil der komplexen Zahl} \\ \text{mit} \quad b:\ \text{Imaginärteil der komplexen Zahl} \end{cases}$ $a, b \in \mathbb{R}$

Besteht eine komplexe Zahl nur aus einem Imaginärteil, so nennt man diese Zahl auch „rein imaginäre Zahl" oder Imaginärzahl. Eine komplexe Zahl ist somit die Summe aus einer reellen Zahl und einer Imaginärzahl.

7.2   Eigenschaften komplexer Zahlen

7.2.1   Gleichheit komplexer Zahlen

Zwei komplexe Zahlen sind gleich, wenn sie in ihrem Realteil und ihrem Imaginärteil übereinstimmen. Man kann schreiben:

Gegeben seien die beiden komplexen Zahlen:

$z_1 = a_1 + b_1 \cdot i$ und $z_2 = a_2 + b_2 \cdot i$

Es gilt: für $a_1 = a_2$ und $b_1 = b_2$ $\Rightarrow$ $z_1 = z_2$

7.2.2   Betrag einer komplexen Zahl

Der Betrag einer komplexen Zahl ist die Länge des zugehörigen Zeigers. Es gilt Folgendes:

Betrag einer komplexen Zahl:

$$|z| = |a + b \cdot i| = \sqrt{a^2 + b^2}$$

Beispiel: Gegeben sei die komplexe Zahl: $z = 4 + 3 \cdot i$ Berechne den Betrag.

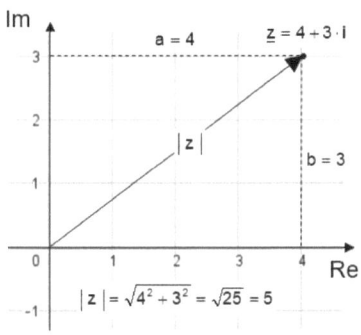

Im nebenstehenden Bild sehen wir die Zeigerdarstellung. Mit dem Satz des Pythagoras gilt:

$$|z| = \sqrt{a^2 + b^2} = \sqrt{4^2 + 3^2} = \sqrt{25} = 5$$

mit: $|z| \in \mathbb{R}$ und $|z| > 0$

Der Betrag einer komplexen Zahl ist also eine reelle Zahl und größer 0.

Bild 158: Betrag einer komplexen Zahl

7.2.3 Konjugiert komplexe Zahlen

Wenn man das Vorzeichen des Imaginärteils einer komplexen Zahl **z** ändert, dann erhält man die zu **z** konjugiert komplexe Zahl **z*** . (manchmal auch $\bar{z}$ geschrieben)

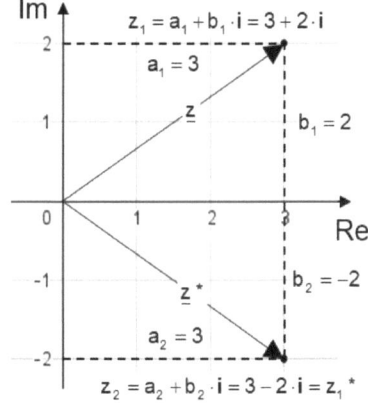

Es gilt:

Gegeben ist die komplexe Zahl:
$z = a + b \cdot i$

Die zu dieser Zahl konjugiert komplexe Zahl lautet:
$z^* = a - b \cdot i$

Es handelt sich in diesem Fall um die Spiegelung des Zeigers $\underline{z}$ an der reellen Achse. Da bei diesem Vorgang die Länge der Zeiger gleich bleibt gilt:

$$|z| = |z^*|$$

Bild 159: Konjugiert komplexe Zahl

Wenn man die konjugiert komplexe Zahl einer konjugiert komplexen Zahl bildet, dann gelangt man wieder zu der ursprüngliche Zahl. Es gilt:

$$(z^*)^* = z$$

7.2.4   Beispiele

(1) Berechne die Beträge folgender komplexer Zahlen:

$$z_1 = 7 + 5 \cdot i \quad z_2 = -4 - 8 \cdot i \quad z_3 = -12 + 4 \cdot i \quad z_4 = 3 - 6 \cdot i$$

$$|z_1| = \sqrt{7^2 + 5^2} = \sqrt{74} = 8{,}6023...$$
$$|z_2| = \sqrt{(-4)^2 + (-8)^2} = \sqrt{80} = 8{,}9442...$$
$$|z_3| = \sqrt{(-12)^2 + 4^2} = \sqrt{160} = 12{,}6491...$$
$$|z_4| = \sqrt{3^2 + (-6)^2} = \sqrt{160} = 6{,}7082...$$

(2) Bilde die konjugiert komplexen Zahlen zu Aufgabe (1).

$$z_1 = 7 + 5 \cdot i \quad \Rightarrow \quad z_1{}^* = 7 - 5 \cdot i$$
$$z_2 = -4 - 8 \cdot i \quad \Rightarrow \quad z_2{}^* = -4 + 8 \cdot i$$
$$z_3 = -12 + 4 \cdot i \quad \Rightarrow \quad z_3{}^* = -12 - 4 \cdot i$$
$$z_4 = 3 - 6 \cdot i \quad \Rightarrow \quad z_4{}^* = z_4 = 3 + 6 \cdot i$$

7.3   Darstellungsformen komplexer Zahlen

7.3.1   Algebraische Form oder Komponentenform

Diese Darstellungsform wird auch kartesische Form genannt. Diese Normalform einer komplexen Zahl haben bereits wie folgt kennen gelernt:

$$z = a + b \cdot i \quad \begin{cases} \text{mit} \quad a: \text{ Realteil der komplexen Zahl} \\ \text{mit} \quad b: \text{ Imaginärteil der komplexen Zahl} \end{cases} \quad a, b \in \mathbb{R}$$

7.3.2   Trigonometrische Form oder Polarform

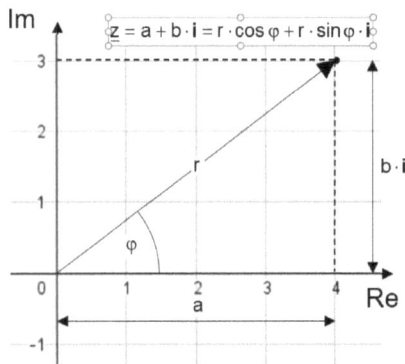

Bild 160: Trigonometrische Form

Der Bildpunkt einer komplexen Zahl kann auch mit Hilfe der Polarkoordinaten beschrieben werden (vgl. Band 1 /1/, Abschnitt 6.1.2). Es gilt:

$$r = +\sqrt{a^2 + b^2} = |z|$$
$$a = r \cdot \cos\varphi \quad \text{und} \quad b = r \cdot \sin\varphi$$

Damit kann man eine komplexe Zahl wie folgt schreiben:

$$z = a + b \cdot i$$
$$\Rightarrow z = r \cdot \cos\varphi + r \cdot \sin\varphi \cdot i = |z| \cdot \cos\varphi + |z| \cdot \sin\varphi \cdot i$$

Wenn man r oder $|z|$ ausklammert folgt auch:

$$\Rightarrow z = r \cdot (\cos\varphi + \sin\varphi \cdot i) = |z| \cdot (\cos\varphi + \sin\varphi \cdot i)$$

7.3.3   Exponentialform

Eine weitere Darstellungsform komplexer Zahlen ist die sogenannte Exponentialform. Es gilt:

$z = r \cdot e^{\varphi i} = r \cdot (\cos\varphi + \sin\varphi \cdot i)$

Wir wollen diesen Zusammenhang anhand der Taylorreihen der beteiligten Funktion beweisen:
Es gilt die Taylor-Reihe

$$e^x = 1 + \frac{x^1}{1!} + \frac{x^2}{2!} + \frac{x^3}{3!} + \frac{x^4}{4!} + \frac{x^5}{5!} + \frac{x^6}{6!} + \frac{x^7}{7!} + \dots$$

Daraus folgt für $x = \varphi \cdot i$ und somit für $e^{\varphi i}$

$$e^{\varphi i} = 1 + \frac{(\varphi \cdot i)^1}{1!} + \frac{(\varphi \cdot i)^2}{2!} + \frac{(\varphi \cdot i)^3}{3!} + \frac{(\varphi \cdot i)^4}{4!} + \frac{(\varphi \cdot i)^5}{5!} + \frac{(\varphi \cdot i)^6}{6!} + \frac{(\varphi \cdot i)^7}{7!} + \frac{(\varphi \cdot i)^8}{8!} + \dots$$

$$= 1 + \frac{\varphi^1}{1!} \cdot i^1 + \frac{\varphi^2}{2!} \cdot i^2 + \frac{\varphi^3}{3!} \cdot i^3 + \frac{\varphi^4}{4!} \cdot i^4 + \frac{\varphi^5}{5!} \cdot i^5 + \frac{\varphi^6}{6!} \cdot i^6 + \frac{\varphi^7}{7!} \cdot i^7 + \frac{\varphi^8}{8!} \cdot i^8 + \dots$$

mit : $i^1 = i$; $i^2 = -1$; $i^3 = -i$; $i^4 = +1$; $i^5 = i$; $i^6 = -1$; $i^7 = -i$; $i^8 = +1$; $\dots$

$$\Rightarrow \quad e^{\varphi i} = 1 + \frac{\varphi^1}{1!} \cdot i - \frac{\varphi^2}{2!} - \frac{\varphi^3}{3!} \cdot i + \frac{\varphi^4}{4!} + \frac{\varphi^5}{5!} \cdot i - \frac{\varphi^6}{6!} - \frac{\varphi^7}{7!} \cdot i + \frac{\varphi^8}{8!} + \dots$$

Wenn wir nun die Glieder ohne und mit imaginärem Anteil gruppieren erhalten wir:

$$e^{\varphi i} = \left(1 - \frac{\varphi^2}{2!} + \frac{\varphi^4}{4!} - \frac{\varphi^6}{6!} + \frac{\varphi^8}{8!} - + \dots\right) + \left(\frac{\varphi^1}{1!} \cdot i - \frac{\varphi^3}{3!} \cdot i + \frac{\varphi^5}{5!} \cdot i - \frac{\varphi^7}{7!} \cdot i + - \dots\right)$$

Wenn wir i ausklammern ergibt sich:

$$e^{\varphi i} = \underbrace{\left(1 - \frac{\varphi^2}{2!} + \frac{\varphi^4}{4!} - \frac{\varphi^6}{6!} + \frac{\varphi^8}{8!} - + \dots\right)}_{\cos\varphi} + \underbrace{\left(\frac{\varphi^1}{1!} - \frac{\varphi^3}{3!} + \frac{\varphi^5}{5!} - \frac{\varphi^7}{7!} + - \dots\right)}_{\sin\varphi} \cdot i$$

Die Taylorreihen für sin(x) und cos(x) lauten (vgl. Abschnitt 6.3.4):

$$\sin\varphi = \frac{1}{1!} \cdot \varphi^1 - \frac{1}{3!} \cdot \varphi^3 + \frac{1}{5!} \cdot \varphi^5 - \frac{1}{7!} \cdot \varphi^7 + - \dots \quad \text{und} \quad \cos x = 1 - \frac{1}{2!} \cdot \varphi^2 + \frac{1}{4!} \cdot \varphi^4 - \frac{1}{6!} \cdot \varphi^6 + \frac{1}{8!} \cdot \varphi^8 - + \dots$$

also gilt: $e^{\varphi i} = \cos\varphi + \sin\varphi \cdot i$

Die o.g. Formel wird nach Leonhard Euler auch Eulersche Formel genannt. Diese stellt eine Verbindung zwischen den trigonometrischen und den komplexen Exponentialfunktionen dar.

7.3.4   Umrechnungen zwischen den Darstellungsformen

Umrechnung: Algebraische Form $\rightarrow$ Trigonometrische Form und Exponentialform

Gegeben sei die folgende komplexe Zahl in algebraischer Form: $z = a + b \cdot i$
Dies läßt sich wie folgt umrechnen:

Berechnung von r bzw. $|z|$: $r = |z| = \sqrt{a^2 + b^2}$

Berechnung von φ : $\tan\varphi = \frac{b}{a} \Rightarrow \varphi = \arctan\frac{b}{a}$ oder $\varphi = \arcsin\frac{b}{r}$ oder $\varphi = \arccos\frac{a}{r}$

Damit gilt : • für die trigonometrische Darstellung : $z = r \cdot (\cos\varphi + \sin\varphi \cdot i)$
               • und für die Exponentielle Darstellung : $z = r \cdot e^{\varphi i}$

Umrechnung: Trigonometrische Form und Exponentialform $\rightarrow$ Algebraische Form

Gegeben sei die folgende komplexe Zahl in trigonometrischer oder exponentieller Form:

$$z = r \cdot (\cos\varphi + \sin\varphi \cdot i) \quad \text{oder} \quad z = r \cdot e^{\varphi i}$$

Dies läßt sich wie folgt umrechnen:

Berechnung von a und b:

Berechnung von a und b: $a = r \cdot \cos\varphi = \dfrac{a}{r}$ und $b = r \cdot \sin\varphi$

$\Rightarrow \qquad\qquad\qquad\qquad z = a + b \cdot i$

7.3.5 Übersicht über die Begriffe bei komplexen Zahlen:

Algebraische Form, kartesische Form, Komponentenform oder Normalform:

$z = a + b \cdot i$ $\begin{cases} \text{mit} \quad \text{a: Realteil der komplexen Zahl} \\ \text{mit} \quad \text{b: Imaginärteil der komplexen Zahl} \end{cases}$ $a, b \in \mathbb{R}$

Trigonometrische Form oder Polarform:

$z = r \cdot (\cos\varphi + \sin\varphi \cdot i)$ $\begin{cases} \text{mit } r = |z| \quad : \text{absoluter Betrag} \\ \text{mit} \quad \varphi \qquad : \text{Argument, Winkel oder Phase} \end{cases}$

Es gilt : $\varphi = \arctan\dfrac{b}{a}$ oder $\varphi = \arcsin\dfrac{b}{r}$ oder $\varphi = \arccos\dfrac{a}{r}$

Exponentialform:

$z = r \cdot e^{\varphi i}$ $\begin{cases} \text{mit } r = |z| \quad : \text{absoluter Betrag} \\ \text{mit} \quad \varphi \qquad : \text{Argument, Winkel oder Phase} \end{cases}$

Es gilt : $\varphi = \arctan\dfrac{b}{a}$ oder $\varphi = \arcsin\dfrac{b}{r}$ oder $\varphi = \arccos\dfrac{a}{r}$

Eulersche Formel:

$e^{\varphi i} = \cos\varphi + \sin\varphi \cdot i$ mit φ : Argument, Winkel oder Phase

7.4 Rechnen mit komplexen Zahlen

7.4.1 Addition und Subtraktion

Gegeben seien die folgenden komplexen Zahlen:

$$z_1 = a_1 + b_1 \cdot i \quad \text{und} \quad z_2 = a_2 + b_2 \cdot i$$

Für die Addition gilt:
$$z_1 + z_2 = (a_1 + a_2) + (b_1 + b_2) \cdot i$$

Für die Subtraktion gilt:
$$z_1 - z_2 = (a_1 - a_2) + (b_1 - b_2) \cdot i$$

Darstellung der Addition und Subtraktion in der Gaußschen Zahlenebene:

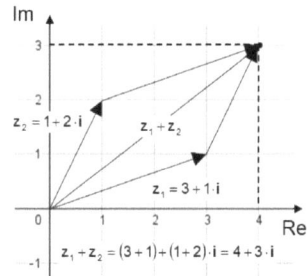 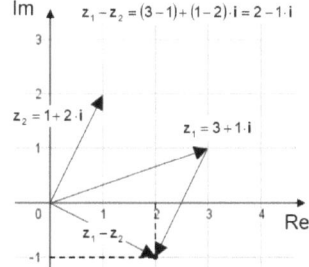

Bild 161: Addition und Subtraktion komplexer Zahlen

7.4.2 Multiplikation

Komponentenform: Gegeben seien die folgenden komplexen Zahlen:

$$z_1 = a_1 + b_1 \cdot i \quad \text{und} \quad z_2 = a_2 + b_2 \cdot i$$

Für die Multiplikation gilt:

$$z_1 \cdot z_2 = (a_1 + b_1 \cdot i) \cdot (a_2 + b_2 \cdot i) = a_1 \cdot a_2 + a_1 \cdot b_2 \cdot i + a_2 \cdot b_1 \cdot i + b_1 \cdot b_2 \cdot i^2$$
$$= a_1 \cdot a_2 + (a_1 \cdot b_2 + a_2 \cdot b_1) \cdot i + b_1 \cdot b_2 \cdot i^2$$

Definitionsgemäß gilt: $i^2 = -1 \quad \Rightarrow \quad z_1 \cdot z_2 = (a_1 \cdot a_2 - b_1 \cdot b_2) + (a_1 \cdot b_2 + a_2 \cdot b_1) \cdot i$

Komplexe Zahlen in der Komponentenform werden multipliziert wie Polynome.

Trigonometrische Form: Gegeben seien die folgenden komplexen Zahlen:

$$z_1 = r_1 \cdot (\cos \varphi_1 + \sin \varphi_1 \cdot i) \quad \text{und} \quad z_2 = r_2 \cdot (\cos \varphi_2 + \sin \varphi_2 \cdot i)$$

Für die Multiplikation gilt:

$$z_1 \cdot z_2 = r_1 \cdot (\cos \varphi_1 + \sin \varphi_1 \cdot i) \cdot r_2 \cdot (\cos \varphi_2 + \sin \varphi_2 \cdot i)$$
$$= r_1 \cdot r_2 \cdot (\cos \varphi_1 \cdot \cos \varphi_2 + \cos \varphi_1 \cdot \sin \varphi_2 \cdot i + \sin \varphi_1 \cdot \cos \varphi_2 \cdot i + \sin \varphi_1 \cdot \sin \varphi_2 \cdot i^2)$$

Es gelten die Umrechnungen für Produkte von Winkelfunktionen (Band 1 /1/ Abschnitt 5.3.2):

$$\cos \alpha \cdot \cos \beta = \frac{1}{2} \cdot [\cos(\alpha - \beta) + \cos(\alpha + \beta)]$$

$$\sin \alpha \cdot \cos \beta = \frac{1}{2} \cdot [\sin(\alpha - \beta) + \sin(\alpha + \beta)]$$

$$\sin \alpha \cdot \sin \beta = \frac{1}{2} \cdot [\sin(\alpha - \beta) - \cos(\alpha + \beta)]$$

Daraus folgt:

$$z_1 \cdot z_2 = r_1 \cdot r_2 \cdot \left\{ \frac{1}{2} \cdot [\cos(\varphi_1 - \varphi_2) + \cos(\varphi_1 + \varphi_2)] + \right.$$

$$+ \frac{1}{2} \cdot [\sin(\varphi_2 - \varphi_1) + \sin(\varphi_2 + \varphi_1)] \cdot i +$$

$$+ \frac{1}{2} \cdot [\sin(\varphi_1 - \varphi_2) + \sin(\varphi_1 + \varphi_2)] \cdot i +$$

$$\left. + \frac{1}{2} \cdot [\cos(\varphi_1 - \varphi_2) - \cos(\varphi_1 + \varphi_2)] \cdot i^2 \right\}$$

Mit $i^2 = -1$ folgt:

$$z_1 \cdot z_2 = r_1 \cdot r_2 \cdot \left\{ \frac{1}{2} \cdot [\cos(\varphi_1 - \varphi_2) + \cos(\varphi_1 + \varphi_2)] + \right.$$

$$+ \frac{1}{2} \cdot [\sin(\varphi_2 - \varphi_1) + \sin(\varphi_1 + \varphi_2)] \cdot i +$$

$$+ \frac{1}{2} \cdot [\sin(\varphi_1 - \varphi_2) + \sin(\varphi_1 + \varphi_2)] \cdot i +$$

$$\left. - \frac{1}{2} \cdot [\cos(\varphi_1 - \varphi_2) - \cos(\varphi_1 + \varphi_2)] \right\}$$

$$= r_1 \cdot r_2 \cdot \left\{ \cos(\varphi_1 + \varphi_2) + \left[\frac{1}{2} \cdot (\sin(\varphi_2 - \varphi_1) + \sin(\varphi_1 - \varphi_2)) + \sin(\varphi_1 + \varphi_2) \right] \cdot i \right\}$$

$$= r_1 \cdot r_2 \cdot \left\{ \cos(\varphi_1 + \varphi_2) + \left[\frac{1}{2} \cdot (\sin\varphi_2 \cdot \cos\varphi_1 - \cos\varphi_2 \cdot \sin\varphi_1 + \sin\varphi_1 \cdot \cos\varphi_2 - \cos\varphi_1 \cdot \sin\varphi_2) + \sin(\varphi_1 + \varphi_2) \right] \cdot i \right\}$$

$$\Rightarrow \quad z_1 \cdot z_2 = r_1 \cdot r_2 \cdot \left\{ \cos(\varphi_1 + \varphi_2) + \sin(\varphi_1 + \varphi_2) \cdot i \right\}$$

Komplexe Zahlen in trigonometrischer Form werden multipliziert, indem man die Beträge multipliziert und die Argumente addiert.

Exponentialform: Gegeben seien die folgenden komplexen Zahlen:

$$z_1 = r_1 \cdot e^{\varphi_1 i} \quad \text{und} \quad z_2 = r_2 \cdot e^{\varphi_2 i}$$

$$\Rightarrow z_1 \cdot z_2 = r_1 \cdot r_2 \cdot e^{\varphi_1 i} \cdot e^{\varphi_2 i} = r_1 \cdot r_2 \cdot e^{\varphi_1 i + \varphi_2 i} = r_1 \cdot r_2 \cdot e^{(\varphi_1 + \varphi_2) i}$$

Komplexe Zahlen in Exponentialform werden multipliziert, indem man die Beträge multipliziert und die Argumente addiert.

Darstellung der Multiplikation in der Gaußschen Zahlenebene:

1. Fall: Multiplikation mit einer reellen Zahl:

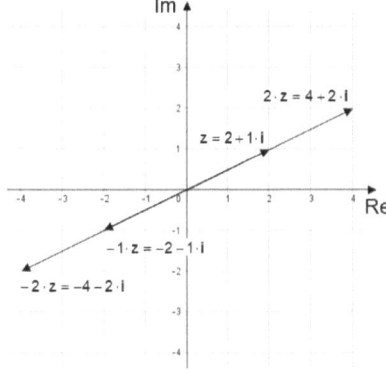

Bild 162: Komplexe Zahl x reelle Zahl

Wir zeigen diesen Fall an folgendem Beispiel:

Gegeben : $z = 2 + 1 \cdot i$

Multiplikation mit 2: $2 \cdot z =$ $4 + 2 \cdot i$
Multiplikation mit -2: $-2 \cdot z =$ $-4 - 2 \cdot i$

Die Multiplikation einer komplexen Zahl z mit einer reellen Zahl bewirkt Folgendes:

$a > 1$: Streckung des Zeigers um den Faktor a
$0 < a < 1$: Stauchung des Zeigers um den Faktor a
$-1 < a < 0 :$ $\begin{cases} \text{Drehung des Zeigers um 180° und} \\ \text{Stauchung um den Faktor a} \end{cases}$
$a < -1 :$ $\begin{cases} \text{Drehung des Zeigers um 180° und} \\ \text{Streckung um den Faktor a} \end{cases}$

2. Fall: Multiplikation mit einer komplexen Zahl vom Betrag 1:

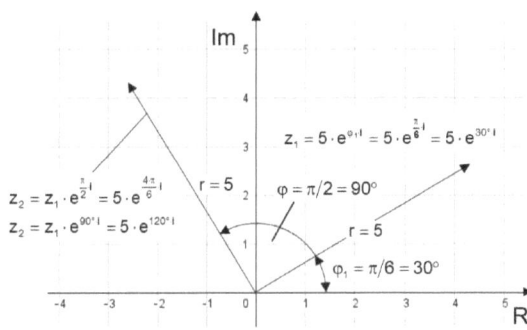

Bild 163: Multiplikation komplexe Zahl x $e^{\varphi i}$

Wir zeigen diesen Fall an folgendem Beispiel:

Gegeben : $z_1 = 5 \cdot e^{\frac{\pi}{6} i} = 5 \cdot e^{30° i}$

Multiplikation mit $z = e^{\frac{\pi}{2} i} = e^{90° i}$

$z_2 = z_1 \cdot e^{\frac{\pi}{2} i} = 5 \cdot e^{\frac{\pi}{6} i} \cdot e^{\frac{\pi}{2} i} = 5 \cdot e^{\left(\frac{\pi}{6} + \frac{\pi}{2}\right) i}$

$\Rightarrow \quad z_2 = 5 \cdot e^{\frac{4 \cdot \pi}{6} i}$

oder
$z_2 = z_1 \cdot e^{90° i} = 5 \cdot e^{30° i} \cdot e^{90° i} = 5 \cdot e^{(30° + 90°) i}$

$\Rightarrow \quad z_2 = 5 \cdot e^{120° i}$

Allgemein bewirkt die Multiplikation mit einer komplexen Zahl z vom Betrag Eins Folgendes:

Gegeben : $z_1 = r \cdot e^{\varphi_1 \cdot i}$

Multiplikation mit $z = e^{\varphi i}$
$z_2 = z_1 \cdot e^{\varphi i} = r \cdot e^{\varphi_1 \cdot i} \cdot e^{\varphi i} = r \cdot e^{\varphi_1 \cdot i + \varphi \cdot i} = r \cdot e^{(\varphi_1 + \varphi) i}$

1. Die Länge r des Zeigers bleibt konstant
2. Der Zeiger r wird um den Winkel φ gedreht: $\varphi > 0$ Linksdrehung $\varphi < 0$ Rechtsdrehung

3. Fall: Multiplikation zweier komplexer Zahlen:

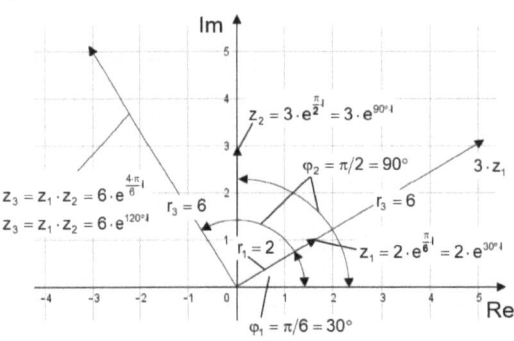

Bild 164: Multiplikation zweier komplexer Zahlen

Beispiel:

Gegeben: $z_1 = 2 \cdot e^{\frac{\pi}{6} \cdot i} = 2 \cdot e^{30° \cdot i}$

und $\qquad z_2 = 3 \cdot e^{\frac{\pi}{2} \cdot i} = 3 \cdot e^{90° \cdot i}$

Multiplikation

$z_1 \cdot z_2 = 2 \cdot e^{\frac{\pi}{6} \cdot i} \cdot 3 \cdot e^{\frac{\pi}{2} \cdot i} = 2 \cdot 3 \cdot e^{\frac{\pi}{6} \cdot i} \cdot e^{\frac{\pi}{2} \cdot i}$

$\qquad = 6 \cdot e^{\frac{\pi}{6} \cdot i + \frac{\pi}{2} \cdot i} = 6 \cdot e^{\left(\frac{\pi}{6} + \frac{\pi}{2}\right) \cdot i} = 6 \cdot e^{\frac{4\pi}{6} \cdot i}$

oder

$z_1 \cdot z_2 = 2 \cdot e^{30° \cdot i} \cdot 3 \cdot e^{90° \cdot i} = 2 \cdot 3 \cdot e^{30° \cdot i} \cdot e^{90° \cdot i}$

$\qquad = 6 \cdot e^{30° \cdot i + 90° \cdot i} = 6 \cdot e^{(30° + 90°)i} = 6 \cdot e^{120° \cdot i}$

Allgemein bewirkt die Multiplikation zweier komplexer Zahlen Folgendes:

Gegeben: $z_1 = r_1 \cdot e^{\varphi_1 \cdot i}$ und $z_2 = r_2 \cdot e^{\varphi_2 \cdot i}$

$$z_1 \cdot z_2 = r_1 \cdot e^{\varphi_1 \cdot i} \cdot r_2 \cdot e^{\varphi_2 \cdot i} = r_1 \cdot r_2 \cdot e^{\varphi_1 \cdot i} \cdot e^{\varphi_2 \cdot i} = r_1 \cdot r_2 \cdot e^{\varphi_1 \cdot i + \varphi_2 \cdot i} = r_1 \cdot r_2 \cdot e^{(\varphi_1 + \varphi_2)i}$$

Die Multiplikation zweier komplexer Zahlen z_1 und z_2 bedeutet eine Drehstreckung von z_1. Man kann diese Operation in folgende 2 Teiloperationen unterteilen:

1. Streckung ($r_2 > 1$) oder Stauchung ($r_2 < 1$) des Zeigers z_1.
2. Drehung des Zeigers z_1 um den Winkel φ_2: $\varphi_2 > 0$ Linksdrehung $\varphi_2 < 0$ Rechtsdrehung

Die beiden Teiloperationen können natürlich auch in umgekehrter Reihenfolge durchgeführt werden. Außerdem gilt das Kommutativgesetz: $z_1 \cdot z_2 = z_2 \cdot z_1$

7.4.3   Division

Komponentenform: Gegeben seien die folgenden komplexen Zahlen:

$z_1 = a_1 + b_1 \cdot i$ und $z_2 = a_2 + b_2 \cdot i$

Für die Division gilt:

$$\frac{z_1}{z_2} = \frac{a_1 + b_1 \cdot i}{a_2 + b_2 \cdot i}$$

Diesen Bruch erweitert man mit dem konjugiert komplexen Nenner z^*_2:

$$\frac{z_1 \cdot z^*_2}{z_2 \cdot z^*_2} = \frac{(a_1 + b_1 \cdot i) \cdot (a_2 - b_2 \cdot i)}{(a_2 + b_2 \cdot i) \cdot (a_2 - b_2 \cdot i)} = \frac{a_1 \cdot a_2 - a_1 \cdot b_2 \cdot i + a_2 \cdot b_1 \cdot i - b_1 \cdot b_2 \cdot i^2}{a_2^2 - b_2^2 \cdot i^2}$$

mit $i^2 = -1$ fogt:

$$\frac{z_1}{z_2} = \frac{(a_1 \cdot a_2 + b_1 \cdot b_2) - (a_1 \cdot b_2 - a_2 \cdot b_1) \cdot i}{a_2^2 + b_2^2} = \frac{a_1 \cdot a_2 + b_1 \cdot b_2}{a_2^2 + b_2^2} - \frac{a_1 \cdot b_2 - a_2 \cdot b_1}{a_2^2 + b_2^2} \cdot i$$

Trigonometrische Form: Gegeben seien die folgenden komplexen Zahlen:

$$z_1 = r_1 \cdot (\cos\varphi_1 + \sin\varphi_1 \cdot i) \quad \text{und} \quad z_2 = r_2 \cdot (\cos\varphi_2 + \sin\varphi_2 \cdot i)$$

Für die Division gilt:

$$\frac{z_1}{z_2} = \frac{r_1 \cdot (\cos\varphi_1 + \sin\varphi_1 \cdot i)}{r_2 \cdot (\cos\varphi_2 + \sin\varphi_2 \cdot i)} = \frac{r_1}{r_2} \cdot \frac{(\cos\varphi_1 + \sin\varphi_1 \cdot i)}{(\cos\varphi_2 + \sin\varphi_2 \cdot i)}$$

Wir erweitern diesen Bruch wie folgt :

$$\frac{z_1}{z_2} = \frac{r_1}{r_2} \cdot \frac{(\cos\varphi_1 + \sin\varphi_1 \cdot i) \cdot (\cos\varphi_2 - \sin\varphi_2 \cdot i)}{(\cos\varphi_2 + \sin\varphi_2 \cdot i) \cdot (\cos\varphi_2 - \sin\varphi_2 \cdot i)}$$

$$= \frac{r_1}{r_2} \cdot \frac{\cos\varphi_1 \cdot \cos\varphi_2 - \cos\varphi_1 \cdot \sin\varphi_2 \cdot i + \sin\varphi_1 \cdot \cos\varphi_2 \cdot i - \sin\varphi_1 \cdot \sin\varphi_2 \cdot i^2}{\cos^2\varphi_2 - \sin\varphi_2 \cdot \cos\varphi_2 \cdot i + \sin\varphi_2 \cdot \cos\varphi_2 \cdot i - \sin^2\varphi_2 \cdot i^2} \qquad \mid \text{ mit } \quad i^2 = -1$$

$$= \frac{r_1}{r_2} \cdot \frac{\cos\varphi_1 \cdot \cos\varphi_2 + \sin\varphi_1 \cdot \sin\varphi_2 + (\sin\varphi_1 \cdot \cos\varphi_2 - \cos\varphi_1 \cdot \sin\varphi_2) \cdot i}{\cos^2\varphi_2 + \sin^2\varphi_2}$$

Es gilt: $\cos^2\varphi_2 + \sin^2\varphi_2 = 1$

$$\Rightarrow \quad \frac{z_1}{z_2} = \frac{r_1}{r_2} \cdot (\cos\varphi_1 \cdot \cos\varphi_2 + \sin\varphi_1 \cdot \sin\varphi_2 + (\sin\varphi_1 \cdot \cos\varphi_2 - \cos\varphi_1 \cdot \sin\varphi_2) \cdot i)$$

$$= \frac{r_1}{r_2} \cdot \frac{1}{2} \cdot [\cos(\varphi_1 - \varphi_2) + \cos(\varphi_1 + \varphi_2) + \cos(\varphi_1 - \varphi_2) - \cos(\varphi_1 + \varphi_2) +$$

$$+ (\sin(\varphi_1 - \varphi_2) + \sin(\varphi_1 + \varphi_2) - (\sin(\varphi_2 - \varphi_1) + \sin(\varphi_2 + \varphi_1))) \cdot i]$$

Es gilt: $\sin(\varphi_1 - \varphi_2) = \sin\varphi_1 \cdot \cos\varphi_2 - \cos\varphi_1 \cdot \sin\varphi_2 = -\sin(\varphi_2 - \varphi_1)$

$$\Rightarrow \quad \frac{z_1}{z_2} = \frac{r_1}{r_2} \cdot \frac{1}{2} \cdot [2 \cdot \cos(\varphi_1 - \varphi_2) + 2 \cdot \sin(\varphi_1 - \varphi_2) \cdot i]$$

$$= \frac{r_1}{r_2} \cdot [\cos(\varphi_1 - \varphi_2) + \sin(\varphi_1 - \varphi_2) \cdot i]$$

Komplexe Zahlen in trigonometrischer Form werden dividiert, indem man die Beträge dividiert und die Argumente subtrahiert.

Exponentialform: Gegeben seien die folgenden komplexen Zahlen:

$$z_1 = r_1 \cdot e^{\varphi_1 \cdot i} \quad \text{und} \quad z_2 = r_2 \cdot e^{\varphi_2 \cdot i}$$

$$\Rightarrow \quad \frac{z_1}{z_2} = \frac{r_1 \cdot e^{\varphi_1 \cdot i}}{r_2 \cdot e^{\varphi_2 \cdot i}} = \frac{r_1}{r_2} \cdot e^{\varphi_1 \cdot i} \cdot e^{-\varphi_2 \cdot i} = \frac{r_1}{r_2} \cdot e^{\varphi_1 \cdot i - \varphi_2 \cdot i} = \frac{r_1}{r_2} \cdot e^{(\varphi_1 - \varphi_2) i}$$

Komplexe Zahlen in Exponentialform werden dividiert, indem man die Beträge dividiert und die Argumente subtrahiert.

Darstellung der Division in der Gaußschen Zahlenebene:

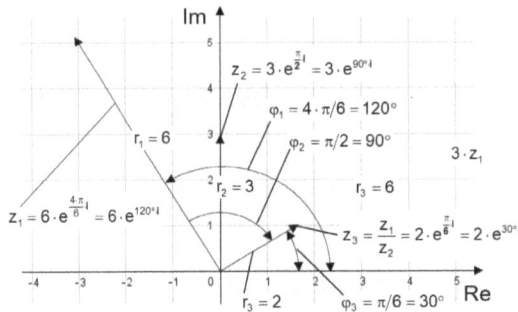

Bild 165: Division zweier komplexer Zahlen

Beispiel

Gegeben : $z_1 = 6 \cdot e^{\frac{4 \cdot \pi}{6} \mathsf{i}} = 6 \cdot e^{120° \cdot \mathsf{i}}$

und $\qquad z_2 = 3 \cdot e^{\frac{\pi}{2} \mathsf{i}} = 3 \cdot e^{90° \cdot \mathsf{i}}$

Division

$$\frac{z_1}{z_2} = \frac{6 \cdot e^{\frac{4 \cdot \pi}{6} \mathsf{i}}}{3 \cdot e^{\frac{\pi}{2} \mathsf{i}}} = \frac{6}{3} \cdot \frac{e^{\frac{4 \cdot \pi}{6} \mathsf{i}}}{e^{\frac{\pi}{2} \mathsf{i}}} = 2 \cdot e^{\frac{4 \cdot \pi}{6} \mathsf{i} - \frac{\pi}{2} \mathsf{i}}$$

$$= 2 \cdot e^{\left(\frac{4 \cdot \pi}{6} - \frac{\pi}{2}\right) \mathsf{i}} = 2 \cdot e^{\frac{\pi}{6} \mathsf{i}}$$

oder

$$\frac{z_1}{z_2} = \frac{6 \cdot e^{120° \cdot \mathsf{i}}}{3 \cdot e^{90° \cdot \mathsf{i}}} = \frac{6}{3} \cdot \frac{e^{120° \cdot \mathsf{i}}}{e^{90° \cdot \mathsf{i}}} = 2 \cdot e^{120° \cdot \mathsf{i} - 90° \cdot \mathsf{i}}$$

$$= 2 \cdot e^{(120° - 90°) \mathsf{i}} = 2 \cdot e^{30° \cdot \mathsf{i}}$$

Allgemein bewirkt die Division zweier komplexer Zahlen Folgendes:

$$z_1 = r_1 \cdot e^{\varphi_1 \cdot \mathsf{i}} \quad \text{und} \quad z_2 = r_2 \cdot e^{\varphi_2 \cdot \mathsf{i}}$$

$$\Rightarrow \quad \frac{z_1}{z_2} = \frac{r_1 \cdot e^{\varphi_1 \cdot \mathsf{i}}}{r_2 \cdot e^{\varphi_2 \cdot \mathsf{i}}} = \frac{r_1}{r_2} \cdot e^{\varphi_1 \cdot \mathsf{i}} \cdot e^{-\varphi_2 \cdot \mathsf{i}} = \frac{r_1}{r_2} \cdot e^{\varphi_1 \cdot \mathsf{i} - \varphi_2 \cdot \mathsf{i}} = \frac{r_1}{r_2} \cdot e^{(\varphi_1 - \varphi_2) \mathsf{i}}$$

Die Division zweier komplexer Zahlen z_1 und z_2 bedeutet eine Drehstauchung von z_1. Man kann diese Operation in folgende 2 Teiloperationen unterteilen:

1. Stauchung ($r_2 > 1$) oder Streckung ($r_2 < 1$) des Zeigers z_1.
2. Drehung des Zeigers z_1 um den Winkel $\varphi_1 - \varphi_2$: $\varphi_1 > \varphi_2$; Rechtsdrehung $\varphi_1 < \varphi_2$ Linksdrehung

Die beiden Teiloperationen können auch in umgekehrter Reihenfolge durchgeführt werden.

7.4.4　Potenzieren

Komponentenform:

Komplexe Zahlen in der Komponentenform können mit Hilfe der Binomischen Formeln unter Berücksichtigung der Potenzen von i potenziert werden. Es gilt:

$$\mathsf{i} = \mathsf{i} \; ; \quad \mathsf{i}^2 = -1 \; ; \quad \mathsf{i}^3 = -\mathsf{i} \; ; \quad \mathsf{i}^4 = +1 \; ; \quad \mathsf{i}^5 = \mathsf{i} \; ; \quad \mathsf{i}^6 = -1 \; \dots$$

Allgemein gilt: $\quad \mathsf{i}^m = \mathsf{i}^{4 \cdot m + 1}$

Unter Anwendung der Binomischen Formeln können wir schreiben:

$$z^2 = (a + b \cdot \mathsf{i})^2 = a^2 + 2 \cdot a \cdot b \cdot \mathsf{i} + b^2 \cdot \mathsf{i}^2 \qquad\qquad = a^2 + 2 \cdot a \cdot b \cdot \mathsf{i} - b^2$$

$$z^3 = (a + b \cdot \mathsf{i})^3 = a^3 + 3 \cdot a^2 \cdot b \cdot \mathsf{i} + 3 \cdot a \cdot b^2 \cdot \mathsf{i}^2 + b^3 \cdot \mathsf{i}^3 \qquad = a^3 + 3 \cdot a^2 \cdot b \cdot \mathsf{i} - 3 \cdot a \cdot b^2 - b^3 \cdot \mathsf{i}$$

$$z^4 = (a + b \cdot \mathsf{i})^4 = a^4 + 4 \cdot a^3 \cdot b \cdot \mathsf{i} + 6 \cdot a^2 \cdot b^2 \cdot \mathsf{i}^2 + 4 \cdot a \cdot b^3 \cdot \mathsf{i}^3 + b^4 \cdot \mathsf{i}^4 \quad = a^4 + 4 \cdot a^3 \cdot b \cdot \mathsf{i} - 6 \cdot a^2 \cdot b^2 - 4 \cdot a \cdot b^3 \cdot \mathsf{i} + b^4$$

...　　　　　　　　　　　　　　　　　　　　　　　　　　　...

Es gilt auch:

$z^2 = (a - b \cdot i)^2 = a^2 - 2 \cdot a \cdot b \cdot i + b^2 \cdot i^2 \qquad\qquad = a^2 - 2 \cdot a \cdot b \cdot i - b^2$

$z^3 = (a - b \cdot i)^3 = a^3 - 3 \cdot a^2 \cdot b \cdot i + 3 \cdot a \cdot b^2 \cdot i^2 - b^3 \cdot i^3 \qquad = a^3 - 3 \cdot a^2 \cdot b \cdot i - 3 \cdot a \cdot b^2 + b^3 \cdot i$

$z^4 = (a - b \cdot i)^4 = a^4 - 4 \cdot a^3 \cdot b \cdot i + 6 \cdot a^2 \cdot b^2 \cdot i^2 - 4 \cdot a \cdot b^3 \cdot i^3 + b^4 \cdot i^4 \quad = a^4 - 4 \cdot a^3 \cdot b \cdot i - 6 \cdot a^2 \cdot b^2 + 4 \cdot a \cdot b^3 \cdot i + b^4$

...   ...

Exponentialform: Hier behandeln wir die Exponentialform zuerst, weil sich daraus sehr leicht die trigonometrische Form ableiten lässt.

$z = r \cdot e^{\varphi \cdot i}$

Es gilt:

$z^2 = r \cdot e^{\varphi i} \cdot r \cdot e^{\varphi i} = r^2 \cdot e^{\varphi i} \cdot e^{\varphi i} = r^2 \cdot e^{(\varphi i)^2} = r^2 \cdot e^{2 \varphi i}$

$z^3 = r \cdot e^{\varphi i} \cdot r \cdot e^{\varphi i} \cdot r \cdot e^{\varphi i} = r^3 \cdot e^{\varphi i} \cdot e^{\varphi i} \cdot e^{\varphi i} = r^3 \cdot e^{(\varphi i)^3} = r^3 \cdot e^{3 \varphi i}$

...

$z^n = \underbrace{r \cdot e^{\varphi i} \cdot r \cdot e^{\varphi i} \cdot r \cdot e^{\varphi i} \cdots}_{n-mal} = r^n \cdot \underbrace{e^{\varphi i} \cdot e^{\varphi i} \cdot e^{\varphi i} \cdots}_{n-mal} = r^n \cdot e^{(\varphi i)^n} = r^n \cdot e^{n \cdot \varphi \cdot i}$

Man berechnet also die n-te Potenz von r und multipliziert den Winkel φ mit n. Überträgt man dies auf die trigonometrische Form, so folgt:

Trigonometrische Form:

Für $z = r \cdot (\cos \varphi + \sin \varphi \cdot i)$

$\Rightarrow \quad z^n = r^n \cdot [\cos(n \cdot \varphi) + \sin(n \cdot \varphi) \cdot i]$

7.4.5 Beispiele

(1) Gegeben sind folgende komplexe Zahlen:

$z_1 = 3 + 7 \cdot i \quad ; \quad z_2 = 6 - 12 \cdot i \quad ; \quad z_3 = 3 + 6 \cdot i \quad ; \quad z_4 = 8 - 3 \cdot i$

Führe folgende Berechnungen durch:

$z_1 + z_2 \quad ; \quad z_1 + z_3 \quad ; \quad z_1 + z_4 \quad ; \quad z_2 + z_3 \quad ; \quad z_2 + z_4 \quad ; \quad z_3 + z_4$
und
$z_1 - z_2 \quad ; \quad z_1 - z_3 \quad ; \quad z_1 - z_4 \quad ; \quad z_2 - z_3 \quad ; \quad z_2 - z_4 \quad ; \quad z_3 - z_4$

Lösungen :

$z_1 + z_2 = 3 + 7 \cdot i + 6 - 12 \cdot i = 3 + 6 + 7 \cdot i - 12 \cdot i = 9 - 5 \cdot i$

$z_1 + z_3 = 3 + 7 \cdot i + 3 + 6 \cdot i = 3 + 3 + 7 \cdot i + 6 \cdot i = 6 + 13 \cdot i$

$z_1 + z_4 = 3 + 7 \cdot i + 8 - 3 \cdot i = 3 + 8 + 7 \cdot i - 3 \cdot i = 11 + 4 \cdot i$

$z_2 + z_3 = 6 - 12 \cdot i + 3 + 6 \cdot i = 6 + 3 - 12 \cdot i + 6 \cdot i = 9 - 6 \cdot i$

$z_2 + z_4 = 6 - 12 \cdot i + 8 - 3 \cdot i = 6 + 8 - 12 \cdot i - 3 \cdot i = 14 - 15 \cdot i$

$z_3 + z_4 = 3 + 6 \cdot i + 8 - 3 \cdot i = 3 + 8 + 6 \cdot i - 3 \cdot i = 11 - 3 \cdot i$

$$z_1 - z_2 = 3 + 7 \cdot i - (6 - 12 \cdot i) = 3 - 6 + 7 \cdot i + 12 \cdot i = -3 + 19 \cdot i$$
$$z_1 - z_3 = 3 + 7 \cdot i - (3 + 6 \cdot i) = 3 - 3 + 7 \cdot i - 6 \cdot i = i$$
$$z_1 - z_4 = 3 + 7 \cdot i - (8 - 3 \cdot i) = 3 - 8 + 7 \cdot i + 3 \cdot i = -5 + 10 \cdot i$$
$$z_2 - z_3 = 6 - 12 \cdot i - (3 + 6 \cdot i) = 6 - 3 - 12 \cdot i - 6 \cdot i = 3 - 18 \cdot i$$
$$z_2 - z_4 = 6 - 12 \cdot i - (8 - 3 \cdot i) = 6 - 8 - 12 \cdot i + 3 \cdot i = -2 - 9 \cdot i$$
$$z_3 - z_4 = 3 + 6 \cdot i - (8 - 3 \cdot i) = 3 - 8 + 6 \cdot i + 3 \cdot i = -5 + 9 \cdot i$$

(2) Gegeben sind folgende komplexe Zahlen:

$$z_1 = 5 \cdot e^{\frac{\pi}{6} i} = 5 \cdot e^{30° \cdot i} \quad ; \quad z_2 = 6 \cdot e^{\frac{\pi}{4} i} = 6 \cdot e^{45° \cdot i} \quad ;$$
$$z_3 = 4 \cdot \left[\cos\left(\frac{\pi}{9}\right) + \sin\left(\frac{\pi}{9}\right) \cdot i \right] = 4 \cdot [\cos 20° + \sin 20° \cdot i]$$

Führe folgende Berechnungen durch:
$$z_1 + z_2 \quad ; \quad z_1 + z_3 \quad ; \quad z_2 + z_3$$
und
$$z_1 - z_2 \quad ; \quad z_1 - z_3 \quad ; \quad z_2 - z_3$$

Wir bringen die Zahlen zunächst in die Komponentenform:

$$z_1 = 5 \cdot e^{\frac{\pi}{6} i} = 5 \cdot e^{30° \cdot i} = 5 \cdot \left[\cos\left(\frac{\pi}{6}\right) + \sin\left(\frac{\pi}{6}\right) \cdot i \right] = 5 \cdot [0,8660 + 0,5 \cdot i] = 4,3301 + 2,5 \cdot i$$

$$z_2 = 6 \cdot e^{\frac{\pi}{4} i} = 6 \cdot e^{45° \cdot i} = 6 \cdot \left[\cos\left(\frac{\pi}{4}\right) + \sin\left(\frac{\pi}{4}\right) \cdot i \right] = 6 \cdot [0,7071 + 0,7071 \cdot i] = 4,2426 + 4,2426 \cdot i$$

$$z_3 = 4 \cdot \left[\cos\left(\frac{\pi}{9}\right) + \sin\left(\frac{\pi}{9}\right) \cdot i \right] = 4 \cdot [0,93969 + 0,34202 \cdot i] = 3,7588 + 1,3681 \cdot i$$

Lösungen :

$z_1 + z_2 =$	$4,3301$	$+2,5 \cdot i$	$+4,2426$	$+4,2426 \cdot i$	$= 8,5727$ $+6,7426 \cdot i$
$z_1 + z_3 =$	$4,3301$	$+2,5 \cdot i$	$+3,7588$	$+1,3681 \cdot i$	$= 8,0889$ $+3,8681 \cdot i$
$z_2 + z_3 =$	$4,2426$	$+4,2426 \cdot i$	$+3,7588$	$+1,3681 \cdot i$	$= 8,0014$ $+5,6107 \cdot i$

$z_1 - z_2 =$	$4,3301$	$+2,5 \cdot i$	$-4,2426$	$-4,2426 \cdot i$	$= 0,0875$ $-1,7426 \cdot i$
$z_1 - z_3 =$	$4,3301$	$+2,5 \cdot i$	$-3,7588$	$-1,3681 \cdot i$	$= 0,5713$ $+1,1319 \cdot i$
$z_2 - z_3 =$	$4,2426$	$+4,2426 \cdot i$	$-3,7588$	$-1,3681 \cdot i$	$= 0,4838$ $+2,8745 \cdot i$

(3) Gegeben sind die komplexen Zahlen aus (1):

$$z_1 = 3 + 7 \cdot i \quad ; \quad z_2 = 6 - 12 \cdot i \quad ; \quad z_3 = 3 + 6 \cdot i \quad ; \quad z_4 = 8 - 3 \cdot i$$

Führe folgende Berechnungen in der Komponentendarstellung durch:

$$z_1 \cdot z_2 \quad ; \quad z_1 \cdot z_3 \quad ; \quad z_1 \cdot z_4 \quad ; \quad z_2 \cdot z_3 \quad ; \quad z_2 \cdot z_4 \quad ; \quad z_3 \cdot z_4$$

Lösungen :

$$z_1 \cdot z_2 = 3 \cdot 6 - 7 \cdot (-12) \quad + [3 \cdot (-12) + 7 \cdot 6] \cdot i \quad = 18 + 84 \quad + [(-36) + 42] \cdot i \quad = 102 \quad + 6 \cdot i$$
$$z_1 \cdot z_3 = 3 \cdot 3 - 7 \cdot 6 \quad + (3 \cdot 6 + 7 \cdot 3) \cdot i \quad = 9 - 42 \quad + (18 + 21) \cdot i \quad = -33 \quad + 39 \cdot i$$
$$z_1 \cdot z_4 = 3 \cdot 8 - 7 \cdot (-3) \quad + [3 \cdot (-3) + 7 \cdot 8] \cdot i \quad = 24 + 21 \quad + [(-9) + 56] \cdot i \quad = 45 \quad + 47 \cdot i$$
$$z_2 \cdot z_3 = 6 \cdot 3 - (-12) \cdot 6 \quad + [6 \cdot 6 + 3 \cdot (-12)] \cdot i \quad = 18 + 72 \quad + (36 - 36) \cdot i \quad = 90$$
$$z_2 \cdot z_4 = 6 \cdot 8 - (-12) \cdot (-3) \quad + [6 \cdot (-3) + 8 \cdot (-12)] \cdot i \quad = 48 - 36 \quad + (-18 - 96) \cdot i \quad = 12 \quad -114 \cdot i$$
$$z_3 \cdot z_4 = 3 \cdot 8 - 6 \cdot (-3) \quad + [3 \cdot (-3) + 8 \cdot 6] \cdot i \quad = 24 + 18 \quad + (-9 + 48) \cdot i \quad = 42 \quad + 39 \cdot i$$

(4) Gegeben sind folgende komplexe Zahlen aus (2):

$$z_1 = 5 \cdot e^{\frac{\pi}{6} i} = 5 \cdot e^{30° \cdot i} \quad ; \quad z_2 = 6 \cdot e^{\frac{\pi}{4} i} = 6 \cdot e^{45° \cdot i} \quad ;$$

$$z_3 = 4 \cdot \left[\cos\left(\frac{\pi}{9}\right) + \sin\left(\frac{\pi}{9}\right) \cdot i \right] = 4 \cdot [\cos 20° + \sin 20° \cdot i]$$

Führe folgende Berechnungen durch:

$$z_1 \cdot z_2 \quad ; \quad z_1 \cdot z_3 \quad ; \quad z_2 \cdot z_3$$

Lösungen:

$$z_1 \cdot z_2 = 5 \cdot 6 \cdot e^{\frac{\pi}{6} i} \cdot e^{\frac{\pi}{4} i} = 30 \cdot e^{\left(\frac{\pi}{6} + \frac{\pi}{4}\right) i} = 30 \cdot e^{\frac{2+3}{12} \pi i} = 30 \cdot e^{\frac{5}{12} \pi i}$$
oder
$$z_1 \cdot z_2 = 5 \cdot 6 \cdot e^{30° \cdot i} \cdot e^{45° \cdot i} = 30 \cdot e^{(30° + 45°) i} = 30 \cdot e^{75° \cdot i}$$

Wir schreiben z_3 in Exponentialform: $z_3 = 4 \cdot e^{\frac{\pi}{9} i} = 4 \cdot e^{20° \cdot i}$

$$z_1 \cdot z_3 = 5 \cdot 4 \cdot e^{\frac{\pi}{6} i} \cdot e^{\frac{\pi}{9} i} = 20 \cdot e^{\left(\frac{\pi}{6} + \frac{\pi}{9}\right) i} = 20 \cdot e^{\frac{3+2}{18} \pi i} = 20 \cdot e^{\frac{5}{18} \pi i}$$
oder
$$z_1 \cdot z_3 = 5 \cdot 4 \cdot e^{30° \cdot i} \cdot e^{20° \cdot i} = 20 \cdot e^{(30° + 20°) i} = 20 \cdot e^{50° \cdot i}$$

$$z_2 \cdot z_3 = 6 \cdot 4 \cdot e^{\frac{\pi}{4} i} \cdot e^{\frac{\pi}{9} i} = 24 \cdot e^{\left(\frac{\pi}{4} + \frac{\pi}{9}\right) i} = 24 \cdot e^{\frac{9+4}{36} \pi i} = 24 \cdot e^{\frac{13}{36} \pi i}$$
oder
$$z_2 \cdot z_3 = 6 \cdot 4 \cdot e^{45° \cdot i} \cdot e^{20° \cdot i} = 24 \cdot e^{(45° + 20°) i} = 24 \cdot e^{65° \cdot \pi i}$$

(5) Gegeben sind die komplexen Zahlen aus (1):

$$z_1 = 3 + 7 \cdot i \quad ; \quad z_2 = 6 - 12 \cdot i \quad ; \quad z_3 = 3 + 6 \cdot i \quad ; \quad z_4 = 8 - 3 \cdot i$$

Führe folgende Berechnungen in der Komponentendarstellung durch:

$$\frac{z_1}{z_2} \quad ; \quad \frac{z_1}{z_3} \quad ; \quad \frac{z_1}{z_4} \quad ; \quad \frac{z_2}{z_3} \quad ; \quad \frac{z_2}{z_4} \quad ; \quad \frac{z_3}{z_4}$$

Lösungen :

$$\frac{z_1}{z_2} = \frac{3 \cdot 6 + 7 \cdot (-12)}{6^2 + (-12)^2} \quad -\frac{3 \cdot (-12) - 7 \cdot 6}{6^2 + (-12)^2} \cdot \mathbf{i} \quad = \frac{18 - 84}{36 + 144} \quad -\frac{(-36) - 42}{36 + 144} \cdot \mathbf{i} \quad = -\frac{11}{30} \quad +\frac{13}{30} \cdot \mathbf{i}$$

$$\frac{z_1}{z_3} = \frac{3 \cdot 3 + 7 \cdot 6}{3^2 + 6^2} \quad -\frac{3 \cdot 6 - 3 \cdot 7}{3^2 + 6^2} \cdot \mathbf{i} \quad = \frac{9 + 42}{45} \quad -\frac{18 - 21}{45} \cdot \mathbf{i} \quad = \frac{17}{15} \quad +\frac{1}{15} \cdot \mathbf{i}$$

$$\frac{z_1}{z_4} = \frac{3 \cdot 8 + 7 \cdot (-3)}{8^2 + (-3)^2} \quad -\frac{3 \cdot (-3) - 8 \cdot 7}{8^2 + (-3)^2} \cdot \mathbf{i} \quad = \frac{24 - 21}{73} \quad -\frac{-9 - 56}{73} \cdot \mathbf{i} \quad = \frac{3}{73} \quad +\frac{65}{73} \cdot \mathbf{i}$$

$$\frac{z_2}{z_3} = \frac{6 \cdot 3 + (-12) \cdot 6}{3^2 + 6^2} \quad -\frac{6 \cdot 6 - 3 \cdot (-12)}{3^2 + 6^2} \cdot \mathbf{i} \quad = \frac{18 - 72}{45} \quad -\frac{36 + 36}{45} \cdot \mathbf{i} \quad = -\frac{6}{5} \quad -\frac{8}{5} \cdot \mathbf{i}$$

$$\frac{z_2}{z_4} = \frac{6 \cdot 8 + (-12) \cdot (-3)}{8^2 + (-3)^2} \quad -\frac{6 \cdot (-3) - 8 \cdot (-12)}{8^2 + (-3)^2} \cdot \mathbf{i} \quad = \frac{48 + 36}{73} \quad -\frac{-18 + 96}{73} \cdot \mathbf{i} \quad = \frac{84}{73} \quad -\frac{78}{73} \cdot \mathbf{i}$$

$$\frac{z_3}{z_4} = \frac{3 \cdot 8 + 6 \cdot (-3)}{8^2 + (-3)^2} \quad -\frac{3 \cdot (-3) - 8 \cdot 6}{8^2 + (-3)^2} \cdot \mathbf{i} \quad = \frac{24 - 18}{73} \quad -\frac{-9 - 48}{73} \cdot \mathbf{i} \quad = \frac{6}{73} \quad +\frac{57}{73} \cdot \mathbf{i}$$

(6) Gegeben sind die komplexen Zahlen aus (2):

$$z_1 = 5 \cdot e^{\frac{\pi}{6}\mathbf{i}} = 5 \cdot e^{30°\mathbf{i}} \quad ; \quad z_2 = 6 \cdot e^{\frac{\pi}{4}\mathbf{i}} = 6 \cdot e^{45°\mathbf{i}} \quad ;$$

$$z_3 = 4 \cdot \left[\cos\left(\frac{\pi}{9}\right) + \sin\left(\frac{\pi}{9}\right) \cdot \mathbf{i} \right] = 4 \cdot [\cos 20° + \sin 20° \cdot \mathbf{i}]$$

Führe folgende Berechnungen durch:

$$\frac{z_1}{z_2} \quad ; \quad \frac{z_1}{z_3} \quad ; \quad \frac{z_2}{z_3}$$

Lösungen:

$$\frac{z_1}{z_2} = \frac{5}{6} \cdot e^{\frac{\pi}{6}\mathbf{i}} \cdot e^{-\frac{\pi}{4}\mathbf{i}} = \frac{5}{6} \cdot e^{\left(\frac{\pi}{6} - \frac{\pi}{4}\right)\mathbf{i}} = \frac{5}{6} \cdot e^{\frac{2-3}{12}\pi\mathbf{i}} = \frac{5}{6} \cdot e^{-\frac{1}{12}\pi\mathbf{i}}$$

oder

$$\frac{z_1}{z_2} = \frac{5}{6} \cdot e^{30°\mathbf{i}} \cdot e^{-45°\mathbf{i}} = \frac{5}{6} \cdot e^{(30° - 45°)\mathbf{i}} = \frac{5}{6} \cdot e^{-15°\mathbf{i}}$$

Wir schreiben z_3 in Exponentialform: $z_3 = 4 \cdot e^{\frac{\pi}{9}\mathbf{i}} = 4 \cdot e^{20°\mathbf{i}}$

$$\frac{z_1}{z_3} = \frac{5}{4} \cdot e^{\frac{\pi}{6}\mathbf{i}} \cdot e^{-\frac{\pi}{9}\mathbf{i}} = \frac{5}{4} \cdot e^{\left(\frac{\pi}{6} - \frac{\pi}{9}\right)\mathbf{i}} = \frac{5}{4} \cdot e^{\frac{3-2}{18}\pi\mathbf{i}} = \frac{5}{4} \cdot e^{\frac{1}{18}\pi\mathbf{i}}$$

oder

$$\frac{z_1}{z_3} = \frac{5}{4} \cdot e^{30°\mathbf{i}} \cdot e^{-20°\mathbf{i}} = \frac{5}{4} \cdot e^{(30° - 20°)\mathbf{i}} = \frac{5}{4} \cdot e^{10°\mathbf{i}}$$

$$\frac{z_2}{z_3} = \frac{6}{4} \cdot e^{\frac{\pi}{4}\mathbf{i}} \cdot e^{-\frac{\pi}{9}\mathbf{i}} = \frac{3}{2} \cdot e^{\left(\frac{\pi}{4} - \frac{\pi}{9}\right)\mathbf{i}} = \frac{3}{2} \cdot e^{\frac{9-4}{36}\pi\mathbf{i}} = \frac{3}{2} \cdot e^{\frac{5}{36}\pi\mathbf{i}}$$

oder

$$\frac{z_2}{z_3} = \frac{6}{4} \cdot e^{45°\mathbf{i}} \cdot e^{-20°\mathbf{i}} = \frac{3}{2} \cdot e^{(45° - 20°)\mathbf{i}} = \frac{3}{2} \cdot e^{25°\pi\mathbf{i}}$$

(7) Gegeben sind die komplexen Zahlen aus (1):

$$z_1 = 3 + 7 \cdot i \quad ; \quad z_2 = 6 - 12 \cdot i \quad ; \quad z_3 = 3 + 6 \cdot i \quad ; \quad z_4 = 8 - 3 \cdot i$$

Führe folgende Berechnungen durch:

$$z_1^2 \quad ; \quad z_2^2 \quad ; \quad z_3^2 \quad ; \quad z_4^2 \quad ; \quad z_1^3 \quad ; \quad z_2^3 \quad ; \quad z_3^3 \quad ; \quad z_4^3$$

Lösungen :

$$z_1^2 = (3 + 7 \cdot i)^2 \quad = 9 + 42 \cdot i - 49 \quad = -40 + 42 \cdot i$$
$$z_2^2 = (6 - 12 \cdot i)^2 \quad = 36 - 144 \cdot i - 144 \quad = -108 - 144 \cdot i$$
$$z_3^2 = (3 + 6 \cdot i)^2 \quad = 9 + 36 \cdot i - 36 \quad = -27 + 36 \cdot i$$
$$z_4^2 = (8 - 3 \cdot i)^2 \quad = 64 - 48 \cdot i - 9 \quad = 55 - 48 \cdot i$$

Lösungen :

$$z_1^3 = (3 + 7 \cdot i)^3 \quad = 27 + 189 \cdot i - 441 - 343 \cdot i \quad = -414 + 154 \cdot i$$
$$z_2^3 = (6 - 12 \cdot i)^3 \quad = 216 - 1296 \cdot i - 2592 + 1728 \cdot i \quad = -2376 + 432 \cdot i$$
$$z_3^3 = (3 + 6 \cdot i)^3 \quad = 27 + 162 \cdot i - 324 - 216 \cdot i \quad = -297 - 54 \cdot i$$
$$z_4^3 = (8 - 3 \cdot i)^3 \quad = 512 - 576 \cdot i - 216 + 27 \cdot i \quad = 296 - 549 \cdot i$$

(8) Gegeben sind die komplexen Zahlen aus (2):

$$z_1 = 5 \cdot e^{\frac{\pi}{6} i} = 5 \cdot e^{30° \cdot i} \quad ; \quad z_2 = 6 \cdot e^{\frac{\pi}{4} i} = 6 \cdot e^{45° \cdot i} \quad ;$$
$$z_3 = 4 \cdot \left[\cos\left(\frac{\pi}{9} \right) + \sin\left(\frac{\pi}{9} \right) \cdot i \right] = 4 \cdot [\cos 20° + \sin 20° \cdot i]$$

Führe folgende Berechnungen durch:

$$z_1^5 \quad ; \quad z_2^4 \quad ; \quad z_3^6$$

Lösungen:

$$z_1^5 = 5^5 \cdot e^{5 \cdot \frac{\pi}{6} i} = 3125 \cdot e^{\frac{5}{6} \pi i} \quad \text{oder} \quad z_1^5 = 5^5 \cdot e^{5 \cdot 30° \cdot i} = 3125 \cdot e^{150° \cdot i}$$

$$z_2^4 = 6^4 \cdot e^{4 \cdot \frac{\pi}{4} i} = 1296 \cdot e^{\pi \cdot i} \quad \text{oder} \quad z_2^4 = 6^4 \cdot e^{4 \cdot 45° \cdot i} = 1296 \cdot e^{180° \cdot i}$$

$$z_3^6 = 4^6 \cdot \left[\cos\left(6 \cdot \frac{\pi}{9} \right) + \sin\left(6 \cdot \frac{\pi}{9} \right) \cdot i \right] = 4096 \cdot \left[\cos\left(\frac{2}{3} \cdot \pi \right) + \sin\left(\frac{2}{3} \cdot \pi \right) \cdot i \right] \quad \text{oder}$$
$$z_3^6 = 4^6 \cdot [\cos(6 \cdot 20°) + \sin(6 \cdot 20°) \cdot i] = 4096 \cdot [\cos(120°) + \sin(120°) \cdot i]$$

Oder z_3 in Exponentialform: $z_3 = 4 \cdot e^{\frac{\pi}{9} i} = 4 \cdot e^{20° \cdot i}$

$$\Rightarrow \quad z_3^6 = 4^6 \cdot e^{6 \cdot \frac{\pi}{9} i} = 4096 \cdot e^{\frac{2}{3} \pi i} \quad \text{oder} \quad z_3^6 = 4^6 \cdot e^{6 \cdot 20° \cdot i} = 4096 \cdot e^{120° \cdot i}$$

(9) Gegeben sind die folgenden komplexen Zahlen:

$$z_1 = 4 + 3 \cdot i \quad ; \quad z_2 = 4{,}33013 + 2{,}5 \cdot i$$

Berechne: z_1^5 und z_2^5

Lösungen:

Umwandlung in Exponentialform :

$$z_1 = r \cdot e^{\varphi \cdot i}$$

mit $r = \sqrt{4^2 + 3^2} = \sqrt{25} = 5$

Es gilt: $\sin\varphi = \dfrac{3}{5} \quad \Rightarrow \quad \varphi = \arcsin\dfrac{3}{5} = 0{,}6435 \quad \Rightarrow \quad z_1^5 = 5^5 \cdot e^{5 \cdot 0{,}6435 \cdot i} = 3125 \cdot e^{3{,}2175 \cdot i}$

$\Rightarrow \quad z_1^5 = 3125 \cdot (\cos 3{,}2175 + \sin 3{,}2175 \cdot i) = 3125 \cdot (-0{,}9971 - 0{,}0758 \cdot i) = -3116 - 236{,}983 \cdot i$

Umwandlung in Exponentialform :

$$z_2 = r \cdot e^{\varphi \cdot i}$$

mit $r = \sqrt{4{,}33013^2 + 2{,}5^2} = \sqrt{25} = 5$

Es gilt: $\sin\varphi = \dfrac{2{,}5}{5} \quad \Rightarrow \quad \varphi = \arcsin\dfrac{1}{2} = \dfrac{\pi}{6} \quad \Rightarrow \quad z_1^5 = 5^5 \cdot e^{5 \cdot \frac{\pi}{6} \cdot i} = 3125 \cdot e^{\frac{5}{6} \pi \cdot i}$

$\Rightarrow \quad z_1^5 = 3125 \cdot \left(\cos\dfrac{5}{6} \cdot \pi + \sin\dfrac{5}{6} \cdot \pi \cdot i\right) = 3125 \cdot (-0{,}8660 + 0{,}5 \cdot i) = -2706{,}33 + 1562{,}5 \cdot i$

8 Literaturhinweise

/1/ Fricke, W.:

Mathematik verstehen, Band 1
von den Grundlagen bis zum Integral
Norderstedt, Books on Demand 2015

/2/ Papula, L.:

Mathematische Formelsammlung
für Ingenieure und Naturwissenschaftler
Wiesbaden, Vieweg + Teubner 2009

/3/ Netz, H.:

Formeln der Mathematik
Braunschweig, Georg Westermann 1965

/4/ Bronstein, I.N.; Semendjajew, K.A.:

Taschenbuch der Mathematik
Thun und Frankfurt/Main: Harry Deutsch 1984

/5/ Papula, L.:

Mathematik für Ingenieure und Naturwissenschaftler Band 1
Wiesbaden, Vieweg + Teubner 2011

/6/ Papula, L.:

Mathematik für Ingenieure und Naturwissenschaftler Band 2
Wiesbaden, Vieweg + Teubner 2012

/7/ Fricke, W.:

Mathematik verstehen, Band 3
Wahrscheinlichkeitsrechnung und Statistik
Norderstedt, Books on Demand 2019

9   Stichwortverzeichnis